冻结法施工手册

主 编 张胜利 杨 杰
副主编 杨维好 王建平 梁洪振 马 进

应急管理出版社
·北京·

图书在版编目（CIP）数据

冻结法施工手册／张胜利，杨杰主编． -- 北京：应急管理出版社，2021
　ISBN 978-7-5020-8570-4

Ⅰ.①冻… Ⅱ.①张… ②杨… Ⅲ.①冻结法施工—手册 Ⅳ.①TU752-62

中国版本图书馆CIP数据核字（2021）第001418号

冻结法施工手册

主　　编	张胜利　　杨　杰
责任编辑	罗秀全　　郭玉娟
责任校对	孔青青　　邢蕾严
封面设计	于春颖
出版发行	应急管理出版社（北京市朝阳区芍药居35号　100029）
电　　话	010-84657898（总编室）　010-84657880（读者服务部）
网　　址	www.cciph.com.cn
印　　刷	中煤（北京）印务有限公司
经　　销	全国新华书店
开　　本	787mm×1092mm $^1/_{16}$　　印张　51　字数　1243千字
版　　次	2021年7月第1版　2021年7月第1次印刷
社内编号	20201767　　　　　　　　　定价　360.00元

版权所有　违者必究

本书如有缺页、倒页、脱页等质量问题，本社负责调换，电话：010-84657880

《冻结法施工手册》编审委员会

主　　　任	孙守仁	朱杰利			
副　主　任	张胜利	杨　杰	史立志	赵士兵	代东生
	周华群	周国庆	陈　嘉	史贵生	陈中毅
	邵东亚				

委　　　员　（按姓氏笔画排序）

马贵纯　卢相忠　刘志强　齐吉龙　杨维好
陆鹏举　陈耀文　李永强　单卫雪　倪世顺
袁兆宽　梁洪振　韩　磊　魏允伯

主　　　编	张胜利	杨　杰		
副　主　编	杨维好	王建平	梁洪振	马　进

编 写 人 员　（按姓氏笔画排序）

马贵纯　王衍森　王建平　王宗金　王　峰
王　恒　王鹏越　王英波　王　杰　王雨寒
石荣剑　孙文彬　刘文彬　刘伟民　刘华玲
刘明根　刘志强　刘晓亭　成中海　许舒荣
阳建涛　张　勇　张庆武　张步俊　张　驰
张明高　张灿灿　张立刚　李锐志　李艮桥
李子祥　陆　路　宋亚楠　杨金宏　杨志江
陈红蕾　岳丰田　单卫雪　周立辉　林艳杰
宣永祥　郝建斌　赵昕婷　赵亚东　郭永富
贾家银　贾振刚　逯心杰　黄以寿　梅小冬
韩　涛　韩圣铭　程志彬　董建刚　臧培刚
潘铮荣

审 稿 人 员　（按姓氏笔画排序）

马　进　王建平　王衍森　仇　平　卢相忠

	刘长安	齐吉龙	吕志江	张胜利	张庆武
	陈耀文	杨维好	杨　杰	沈慰安	单卫雪
	郝麦生	倪世顺	郭永富	徐兵壮	袁兆宽
	梁洪振				

提供资料人员　（按姓氏笔画排序）

	王然方	冯连岱	叶玉西	张全亮	张　磊
	李连华	李志祥	李　静	陈庆雷	陈　哲
	杨岩斌	周世均	金志财	宓炜范	赵玉明
	赵永飞	贺　冲	黄　磊	董　莹	檀鲁新

组织管理单位　中国煤炭建设协会
主 编 单 位　中煤建设集团有限公司
参 编 单 位　中煤第一建设有限公司
　　　　　　　　中煤第五建设有限公司
　　　　　　　　中国矿业大学
　　　　　　　　中煤矿山建设集团有限责任公司
　　　　　　　　中国煤炭科工集团天地科技建井研究院
　　　　　　　　唐山开滦建设（集团）有限责任公司
　　　　　　　　兖矿新陆建设发展有限公司
　　　　　　　　重庆巨能建设（集团）有限公司
　　　　　　　　淮北矿业集团工程建设有限公司
　　　　　　　　中煤邯郸特殊凿井有限公司

前　　言

我国幅员辽阔，人口众多，人均自然资源占有量少。国家经济与社会发展对矿产资源和地下空间资源的需求，促使我国矿产资源和地下空间资源的开发与利用从浅埋向超千米深埋挺进，从中部、东部地区为主，转向西部地区拓展。

近20年来，在开发深埋矿产资源过程中，井巷工程建设面临>10 MPa高土压、>20 MPa高地应力、>40 ℃高地温、>10 MPa高水压、>50 m/d高地下水流速、高瓦斯和恶劣岩性等严酷条件的挑战。在开发地下空间过程中，地下空间特别是城市地下空间的构建须解决空间尺度大、地层强度与稳定性低、变形控制要求高等带来的难题。堵水与加固是破解这些难题的主要技术手段。

冻结法是含水、不稳定地层中最可靠的堵水与加固技术，自1955年引入我国以来，经过60余年特别是近20年来的发展，从冻结孔隙水为主到冻结裂隙水、岩溶水甚至河湖水，从冻结土层为主到冻结土层、岩层兼而有之，从冻结均质岩土到冻结非均质裂隙、溶蚀岩体，冻结对象大大拓展，适用的地质与水文地质条件也大大拓宽。冻结法已成为地下工程施工的重要工法之一，有时甚至是唯一可靠的工法。冻结法的应用已从冻结立井发展到冻结斜井、巷道、硐室，从最初仅应用于煤炭行业工程建设推广至冶金、黄金、有色金属、化工、建材和核工业等非煤矿山建设，从主要应用于矿山工程发展为市政工程、隧道工程、基坑工程等地质条件复杂区段的地下工程。

据不完全统计，1955—2000年，我国共施工立井冻结工程450余个、冻结总长度超过75 km，冻结土层最大深度为383.14 m，冻结岩层最大深度达435 m，混凝土强度等级达C55；施工斜井冻结工程7个，斜井冻结总长度不到400 m，冻结土层最大深度小于50 m，冻结最大斜长小于115 m；施工的非矿山冻结工程屈指可数；2000—2019年，我国共施工完成立井冻结工程660多个、冻结总长度超过240 km，冻结土层最大深度达754.98 m，冻结岩层最大深度达950 m，混凝土强度等级达CF90和C100；施工斜井冻结工程近30

个、斜井冻结总长度超过 7 km，冻结土层最大深度达 206.65 m，冻结斜长最大达 681 m；施工地铁隧道联络通道及盾构机进、出洞井冻结工程 1000 余个。目前在建立井冻结深度最大达 990 m，斜井最大冻结斜长为 1109.3 m。

2000 年以前的我国冻结法凿井技术已体现在 1986 年出版的《建井工程手册》（第四卷）和 2000 年出版的《简明建井工程手册》（下册）中。近 20 年来，在国家重点研发计划项目（2016YFC0600900）、国家高技术研究发展计划项目（2012AA06A400）、国家科技支撑计划项目（2006BAB16B00）、国家自然科学基金重点项目（50534040）等国家科技项目和众多企业重大科技项目的大力支持下，我国冻结法施工技术取得了突飞猛进的发展，综合技术水平已居国际领先水平，屡屡刷新多项世界纪录。为了反映近 20 年来冻结法施工技术的发展与应用成果，推广应用新技术、新材料、新设备、新工艺，为广大工程技术与科研人员提供科学、实用、可靠的技术资料，中国煤炭建设协会组织编写了《冻结法施工手册》。

《冻结法施工手册》是一部大型工具书，共计 12 章，涵盖了冻结法施工的技术、经济、安全、环保内容，包括：冻结法原理与地层冻结系统，冻结工程地质与水文地质，冻结设备与材料，冻结设计，造孔工程，制冷站，立井井筒冻结段掘砌施工，斜井井筒冻结段掘砌施工，地铁隧道联络通道、洞门等其他冻结工程施工，信息化施工监测，安全生产与绿色施工，冻结法凿井工程定额与预算。

《冻结法施工手册》是在系统总结我国冻结法施工 60 余年特别是近 20 年来的科研、设计、施工、管理成果与经验教训的基础上，根据已发布的国家及行业、地方有关技术政策与规程、规范，结合大量工程实践经验，本着科学性、先进性、系统性、实用性和可靠性的原则，遵循安全生产和绿色施工的要求编写而成，充分体现了新技术、新材料、新设备、新工艺的发展与应用。

本手册不仅可供有关建设、施工、监理和管理人员使用，也可供有关专业院校师生和科研、设计人员参考。

《冻结法施工手册》由中国煤炭建设协会组织编写。为了提高编写质量，从大纲的初拟到最终成稿，先后邀请有关专家、学者召开了十余次审稿会，专家、学者们提出了许多建设性意见与建议。在编写过程中引用了许多单位与个人的研究成果与技术总结。许多施工、科研、设计、建设单位以及有关高等院校提供了人力、物力、财力、资料支持与帮助。在此谨向为本手册编写与出版做出贡献的所有单位与个人表示衷心感谢！

由于编者水平有限，错误和不当之处在所难免，恳切希望广大读者和各位专家批评、指正。

编 者

2020 年 12 月

目　　次

1　冻结法原理与地层冻结系统 ······ 1

1.1　冻结法原理 ······ 1
1.1.1　基本原理 ······ 1
1.1.2　冻结法的优缺点与适用条件 ······ 3

1.2　冻结法发展概况 ······ 4
1.2.1　冻结法的起源与应用历史 ······ 4
1.2.2　冻结法在国内的发展 ······ 5
1.2.3　冻结法施工技术面临的新问题 ······ 11

1.3　人工制冷基础知识 ······ 12
1.3.1　理想气体方程与热力学第一定律 ······ 12
1.3.2　卡诺循环与逆卡诺循环 ······ 15
1.3.3　压焓图 ······ 16
1.3.4　氨的制冷过程及计算 ······ 16

1.4　盐水地层冻结系统 ······ 18
1.4.1　氨（或氟利昂）压缩制冷系统 ······ 18
1.4.2　冻结施工中制冷系统的选择 ······ 19

1.5　液氮地层冻结系统 ······ 19
1.5.1　液氮地层冻结法的原理及优缺点 ······ 19
1.5.2　液氮冻结设备 ······ 20
1.5.3　液氮冻结参数 ······ 20
1.5.4　液氮冻结案例 ······ 22

1.6　干冰冻结简介 ······ 22

1.7　影响冻结施工的主要因素 ······ 23
1.7.1　工程及水文地质条件 ······ 23
1.7.2　工程特征与掘砌工艺及其影响因素 ······ 27
1.7.3　气候条件 ······ 29
1.7.4　其他因素 ······ 30

2　冻结工程地质与水文地质 ······ 32

2.1　冻结地层及其工程与水文地质特征 ······ 32
2.1.1　地质基础知识 ······ 32
2.1.2　工程地质基础知识 ······ 37

2.1.3　水文地质基础知识 ……………………………………………………… 49
　　2.1.4　冻结地层的工程与水文地质特征 ………………………………………… 61
2.2　冻结对检查孔的技术要求 ……………………………………………………… 64
　　2.2.1　立井井筒检查孔的技术要求 ……………………………………………… 65
　　2.2.2　斜井井筒检查孔的技术要求 ……………………………………………… 65
　　2.2.3　其他地下工程冻结勘察孔的技术要求 …………………………………… 66
2.3　检查孔的地质、水文地质与工程地质资料 …………………………………… 66
　　2.3.1　立井井筒检查孔的地质、水文地质与工程地质资料 …………………… 66
　　2.3.2　斜井井筒检查孔的地质、水文地质与工程地质资料 …………………… 68
　　2.3.3　其他地下工程冻结检查孔的地质、水文地质与工程
　　　　　 地质资料 …………………………………………………………………… 69
2.4　工程用检查孔资料 ……………………………………………………………… 69
　　2.4.1　工程地质特征 ……………………………………………………………… 69
　　2.4.2　水文地质特征 ……………………………………………………………… 70
　　2.4.3　地温 ………………………………………………………………………… 70
　　2.4.4　井筒涌水量 ………………………………………………………………… 70
　　2.4.5　地下水水质 ………………………………………………………………… 70
2.5　岩土的物理力学特性 …………………………………………………………… 70
　　2.5.1　岩土的基本物理力学性质指标 …………………………………………… 70
　　2.5.2　岩土的基本力学性质指标 ………………………………………………… 74
2.6　人工冻土的物理力学特性 ……………………………………………………… 79
　　2.6.1　岩土冻结过程及其影响因素 ……………………………………………… 79
　　2.6.2　冻土的基本物理性质指标 ………………………………………………… 82
　　2.6.3　冻土的热物理性质指标 …………………………………………………… 83
　　2.6.4　冻土基本力学性质指标 …………………………………………………… 85
　　2.6.5　岩土的冻胀、融沉特性 …………………………………………………… 86
　　2.6.6　冻土的蠕变特性 …………………………………………………………… 87
　　2.6.7　冻土与结构胶结面的抗剪强度参数 ……………………………………… 90

3　制冷设备与材料 ……………………………………………………………………… 91

3.1　制冷钻探设备 …………………………………………………………………… 91
　　3.1.1　制冷钻探设备分类 ………………………………………………………… 91
　　3.1.2　制冷常用钻机 ……………………………………………………………… 92
　　3.1.3　钻塔 ………………………………………………………………………… 97
　　3.1.4　泥浆泵 ……………………………………………………………………… 98
　　3.1.5　测斜、定向设备 …………………………………………………………… 100
3.2　制冷设备 ………………………………………………………………………… 101
　　3.2.1　氨、氟系统设备 …………………………………………………………… 101
　　3.2.2　盐水泵 ……………………………………………………………………… 130

    3.2.3 清水泵 ··· 133
    3.2.4 冷却水净化设备 ·· 136
    3.2.5 制冷站供配电设备——箱式变电站 ··· 137
  3.3 冻结材料 ··· 139
    3.3.1 液氨 ··· 139
    3.3.2 氟利昂 ··· 143
    3.3.3 液氮 ··· 146
    3.3.4 干冰 ··· 147
    3.3.5 氯化钙 ··· 148
    3.3.6 冷冻机油 ·· 150
    3.3.7 冻结管 ··· 151
    3.3.8 供液管材料 ·· 152
    3.3.9 复合盐水干管 ·· 153
    3.3.10 常用隔热材料 ··· 155

4 冻结设计 ·· 156

  4.1 冻结施工组织设计编制的原则、依据和内容 ································· 156
    4.1.1 编制原则 ·· 156
    4.1.2 编制依据 ·· 156
    4.1.3 编制主要内容 ·· 156
  4.2 冻结方式 ··· 158
  4.3 冻结深度设计 ·· 166
    4.3.1 冻结深度设计原则与要求 ··· 166
    4.3.2 立井冻结深度不合理,井筒出水导致二次冻结施工案例 ········ 167
    4.3.3 冻结深度未含基岩含水层导致延长工期施工案例 ·················· 169
    4.3.4 山西潞安古城煤矿主斜井冻结深度确定案例 ························· 171
    4.3.5 陕西榆林袁大滩煤矿主、副斜井冻结深度确定案例 ·············· 173
  4.4 冻结壁设计 ·· 174
    4.4.1 立井井筒冻结壁设计 ··· 174
    4.4.2 斜井井筒冻结壁设计 ··· 188
    4.4.3 基坑冻结壁设计 ·· 192
    4.4.4 地铁联络通道冻结壁设计 ··· 202
    4.4.5 盾构机进、出洞冻结壁设计 ··· 204
  4.5 冻结孔设计 ·· 207
    4.5.1 冻结孔设计原则与要求 ··· 207
    4.5.2 安徽杨村煤矿副井冻结孔设计案例 ·· 209
    4.5.3 庞庞塔煤矿主斜井井筒冻结孔设计案例 ································· 210
    4.5.4 其他地下工程冻结孔设计原则及考虑因素 ···························· 213
    4.5.5 地铁带泵房联络通道冻结孔设计案例 ···································· 217

4.5.6　无附属结构的地铁联络通道冻结孔设计案例 …………………… 217
　　4.5.7　地铁盾构机进、出洞竖直冻结孔设计案例 ………………………… 218
4.6　测温孔设计 ……………………………………………………………………… 219
　　4.6.1　立井测温孔设计 …………………………………………………… 219
　　4.6.2　斜井测温孔设计 …………………………………………………… 221
　　4.6.3　其他地下工程测温孔设计 …………………………………………… 222
4.7　水文孔设计 ……………………………………………………………………… 225
　　4.7.1　水文孔布置原则及要求 ……………………………………………… 225
　　4.7.2　立井水文孔设计施工案例 …………………………………………… 228
　　4.7.3　斜井水文孔设计施工案例 …………………………………………… 229

5　造孔工程 …………………………………………………………………………… 231

5.1　造孔工程施工组织设计 ………………………………………………………… 231
5.2　施工准备及泥浆系统 …………………………………………………………… 233
　　5.2.1　钻孔施工 ……………………………………………………………… 233
　　5.2.2　设备机具选型 ………………………………………………………… 239
　　5.2.3　泥浆系统 ……………………………………………………………… 249
　　5.2.4　施工用水、用电、通信要求 ………………………………………… 252
5.3　钻孔施工 ………………………………………………………………………… 253
　　5.3.1　钻孔质量要求 ………………………………………………………… 253
　　5.3.2　钻孔施工过程控制 …………………………………………………… 254
　　5.3.3　冻结管焊接、下放、试漏、验收 …………………………………… 264
　　5.3.4　测温管的焊接、下放、验收 ………………………………………… 268
　　5.3.5　水文管的焊接、下放、出水、洗孔与验收 ………………………… 268
　　5.3.6　特殊位置冻结管隔温处理 …………………………………………… 269
　　5.3.7　报废事故钻孔的处理 ………………………………………………… 270
　　5.3.8　钻孔质量检测及成果报告 …………………………………………… 270
　　5.3.9　钻孔穿过井下马头门、硐室、巷道时的处理措施 ………………… 273
　　5.3.10　钻孔验收 …………………………………………………………… 274
5.4　保证措施及施工管理 …………………………………………………………… 274
　　5.4.1　保证措施 ……………………………………………………………… 274
　　5.4.2　施工管理 ……………………………………………………………… 275
　　5.4.3　劳动组织 ……………………………………………………………… 275
　　5.4.4　工期安排 ……………………………………………………………… 275
5.5　资料验收 ………………………………………………………………………… 276
5.6　冻结孔施工实例 ………………………………………………………………… 276
　　5.6.1　立井井筒冻结孔施工实例 …………………………………………… 276
　　5.6.2　斜井井筒冻结孔施工实例 …………………………………………… 277
　　5.6.3　轨道交通联络通道及泵站冻结工程冻结孔施工案例 ……………… 278

6 制冷站 ... 285

6.1 制冷站需冷量计算 ... 285
6.1.1 冻结管散热能力计算 ... 285
6.1.2 制冷站需冷量 ... 286

6.2 氨制冷站 ... 286
6.2.1 氨制冷系统设计 ... 286
6.2.2 氨制冷站布置、构筑物施工 ... 317
6.2.3 氨制冷站冻结制冷循环系统安装及试运转 ... 324
6.2.4 制冷站运转 ... 342
6.2.5 制冷站运转中安全注意事项 ... 352
6.2.6 制冷站运转故障及处理方法 ... 353
6.2.7 制冷站冻结系统参数监测 ... 354
6.2.8 制冷站拆除、冻结管充填 ... 356
6.2.9 氨制冷施工措施及记录 ... 359

6.3 氟利昂制冷站 ... 360
6.3.1 制冷站设备配备 ... 360
6.3.2 低温氟利昂盐水机组选型 ... 360
6.3.3 盐水系统、清水系统 ... 362
6.3.4 氟利昂制冷站布置及安装 ... 364
6.3.5 制冷、盐水、清水系统气密性试验 ... 368
6.3.6 低温管路的防腐、保温 ... 369
6.3.7 制冷站联合试运转 ... 371
6.3.8 氟利昂制冷站正式运转标志 ... 374

6.4 液氮制冷站 ... 375
6.4.1 液氮冻结绿色施工 ... 375
6.4.2 液氮冻结法的施工工艺流程 ... 376
6.4.3 液氮冻结施工设备及材料 ... 376
6.4.4 液氮冻结施工系统 ... 377
6.4.5 液氮冻结施工监测 ... 379
6.4.6 液氮冻结施工质量与安全 ... 380

7 立井井筒冻结段掘砌施工 ... 381

7.1 冻结井筒掘砌施工组织设计编制 ... 381
7.1.1 编制原则 ... 381
7.1.2 编制依据 ... 381
7.1.3 编写大纲 ... 382

7.2 施工准备工作 ... 384
7.2.1 施工准备工作的内容及要求 ... 384

7.2.2 工业广场施工总平面的布置原则 ·········· 386
7.2.3 缩短施工准备期的主要途径 ·········· 386
7.3 井筒掘进 ·········· 387
7.3.1 掘砌工艺 ·········· 387
7.3.2 冻结井筒试挖和正式掘进的条件 ·········· 388
7.3.3 井筒锁口施工 ·········· 389
7.3.4 井筒掘砌段高确定 ·········· 390
7.3.5 表土层掘进方法 ·········· 391
7.3.6 基岩掘进方法 ·········· 392
7.3.7 常见问题及预防处理措施 ·········· 392
7.3.8 井筒冻结段钻眼爆破案例 ·········· 396
7.4 井筒支护 ·········· 398
7.4.1 冻结井壁结构形式及适用条件 ·········· 398
7.4.2 混凝土输送方式 ·········· 399
7.4.3 外层井壁（或单层井壁）砌筑 ·········· 402
7.4.4 内层井壁砌筑 ·········· 411
7.4.5 冻结井壁混凝土配制技术 ·········· 415
7.4.6 井壁质量缺陷分析及防治 ·········· 424
7.4.7 井筒径向位移及底鼓检测 ·········· 426
7.5 井壁注浆 ·········· 428
7.5.1 注浆方案的确定原则 ·········· 428
7.5.2 壁间注浆 ·········· 428
7.5.3 壁后注浆 ·········· 429
7.6 冻结段井筒快速施工技术 ·········· 430
7.6.1 实现冻结立井井筒快速施工的途径 ·········· 430
7.6.2 潘一煤矿东区副井井筒冻结表土段快速施工案例 ·········· 432
7.6.3 新庄煤矿主井大直径井筒快速施工案例 ·········· 435
7.6.4 万福煤矿超深厚表土层主井井筒快速施工案例 ·········· 437
7.6.5 红庆河煤矿副井超大直径深立井快速施工案例 ·········· 439
7.7 冻结器处理 ·········· 442
7.7.1 供液管回收 ·········· 442
7.7.2 冻结管回收 ·········· 443
7.7.3 冻结管（孔）与测温管（孔）充填 ·········· 445

8 斜井井筒冻结段掘砌施工 ·········· 448
8.1 斜井井筒冻结段施工组织设计编制 ·········· 448
8.1.1 编制原则和依据 ·········· 448
8.1.2 编制主要内容 ·········· 448
8.2 施工准备与正式开挖条件 ·········· 450

  8.2.1 施工准备工作内容及要求 …………………………………… 450
  8.2.2 工业广场施工总平面布置原则 ………………………………… 451
 8.3 斜井井筒冻结段掘进 ………………………………………………… 452
  8.3.1 斜井井筒冻结段掘进方案 ……………………………………… 452
  8.3.2 装岩与运输 ……………………………………………………… 454
 8.4 斜井井筒冻结段支护 ………………………………………………… 454
  8.4.1 临时支护 ………………………………………………………… 454
  8.4.2 永久支护 ………………………………………………………… 455
  8.4.3 斜井井筒冻结段井壁注浆 ……………………………………… 456
 8.5 冻结器处理 …………………………………………………………… 456
  8.5.1 供液管回收 ……………………………………………………… 456
  8.5.2 穿井筒冻结管割除与处理 ……………………………………… 456
  8.5.3 冻结管拔管 ……………………………………………………… 457
  8.5.4 冻结管（孔）充填 ……………………………………………… 458
 8.6 斜井冻结段掘砌施工常见问题与防治措施 ………………………… 459
  8.6.1 冻结壁开窗 ……………………………………………………… 459
  8.6.2 冻结管漏液 ……………………………………………………… 460
  8.6.3 开挖后局部解冻，片帮、冒顶、钢棚下沉 …………………… 461
  8.6.4 井壁结霜、喷层离层 …………………………………………… 461
  8.6.5 径向位移量检测 ………………………………………………… 461
 8.7 斜井井筒冻结段掘砌施工案例 ……………………………………… 462
  8.7.1 古城煤矿主斜井井筒冻结段施工案例 ………………………… 462
  8.7.2 黑梁煤矿主斜井冻结工程施工案例 …………………………… 470

9 联络通道、洞门等其他冻结工程施工 …………………………… 477

 9.1 基础资料 ……………………………………………………………… 477
  9.1.1 勘察孔资料内容及要求 ………………………………………… 477
  9.1.2 冻土试验资料 …………………………………………………… 477
  9.1.3 其他资料 ………………………………………………………… 478
 9.2 冻结设计 ……………………………………………………………… 478
  9.2.1 冻结壁分类及结构设计要求 …………………………………… 478
  9.2.2 冻结壁设计基本参数的选取 …………………………………… 479
  9.2.3 冻结壁厚度与强度设计 ………………………………………… 479
  9.2.4 冻结孔设计 ……………………………………………………… 480
  9.2.5 测温孔设计 ……………………………………………………… 481
  9.2.6 水文孔（泄压孔）设计 ………………………………………… 482
  9.2.7 冻结壁形成预计 ………………………………………………… 482
 9.3 联络通道施工 ………………………………………………………… 483
  9.3.1 联络通道制冷钻孔施工 ………………………………………… 483

9.3.2 联络通道开挖、构筑施工 ··· 485
9.4 地铁隧道盾构机进、出洞洞门冻结施工 ··· 490
    9.4.1 施工准备 ·· 491
    9.4.2 冻结钻孔施工 ·· 491
    9.4.3 探孔施工 ·· 491
    9.4.4 洞门凿除 ·· 492
    9.4.5 拔管施工 ·· 492
    9.4.6 冻结和盾构机进、出洞与配合工艺 ·· 494
9.5 施工案例 ·· 494
    9.5.1 地铁隧道联络通道及泵房工程冻结施工案例 ·· 494
    9.5.2 地铁隧道洞门竖直冻结施工案例 ·· 497
    9.5.3 地铁隧道盾构机出洞洞门水平冻结施工案例 ·· 500
    9.5.4 港珠澳大桥珠海连接线拱北隧道口岸暗挖段冻结工程
         施工案例 ·· 502
    9.5.5 润扬大桥南锚碇基坑冻结排桩法施工案例 ·· 506
    9.5.6 轨道交通车站建筑物下通道冻结暗挖施工案例 ·· 511

10 信息化施工监测 ··· 514

10.1 概述 ·· 514
10.2 信息化施工监测仪器及监测系统 ··· 514
    10.2.1 传感器 ·· 514
    10.2.2 监测仪器 ·· 516
    10.2.3 监测系统 ·· 516
10.3 冻结立井信息化施工监测 ··· 516
    10.3.1 冻结立井监测的特点 ·· 516
    10.3.2 冻结立井监测内容与方法 ··· 516
    10.3.3 监测数据分析及预测预报 ··· 521
    10.3.4 立井信息化施工监测案例 ··· 523
10.4 冻结斜井信息化施工监测 ··· 530
    10.4.1 冻结斜井监测的特点 ·· 530
    10.4.2 冻结斜井监测内容与方法 ··· 530
    10.4.3 监测数据分析及预测预报 ··· 532
    10.4.4 斜井信息化施工监测案例 ··· 532
10.5 市政冻结工程信息化施工监测 ··· 536
    10.5.1 监测特点 ·· 536
    10.5.2 监测内容与方法 ··· 537
    10.5.3 监测数据分析及预测预报 ··· 541
    10.5.4 联络通道监测案例 ··· 542
    10.5.5 盾构机出洞口监测案例 ·· 544

11 安全生产与绿色施工 ... 548

11.1 安全生产 ... 548
11.2 文明施工 ... 551
11.3 绿色施工 ... 552
11.4 典型施工案例 ... 554
11.4.1 地铁车站洞门冻结法施工案例 ... 554
11.4.2 联络通道透水事故处理案例 ... 557
11.4.3 输气管线越江隧道事故处理案例 ... 562
11.4.4 核桃峪煤矿副立井普通法凿井失败后改冻结法施工案例 ... 568
11.4.5 上海迪斯尼乐园动力管线抢修液氮冻结施工案例 ... 572
11.4.6 某斜井冻结施工工作面透水案例 ... 575

12 冻结法凿井工程定额与预算 ... 581

12.1 工程预算概述 ... 581
12.1.1 工程预算的特点和作用 ... 581
12.1.2 工程预算编制的主要依据 ... 581
12.1.3 工程预算编制的主要步骤 ... 581
12.1.4 工程预算费用组成 ... 581
12.2 预算定额 ... 582
12.2.1 定额的适用范围、结构、出现形式及特点 ... 582
12.2.2 定额的构成 ... 583
12.3 冻结立井井筒工程预算示例 ... 588
12.3.1 某冻结立井井筒工程技术特征 ... 588
12.3.2 某冻结立井井筒冻结设计参数 ... 588
12.3.3 某冻结立井井筒工程预算书 ... 589
12.4 冻结斜井井筒工程预算示例 ... 597
12.4.1 某冻结斜井井筒工程技术特征 ... 597
12.4.2 某冻结斜井井筒冻结设计参数 ... 598
12.4.3 某冻结斜井井筒工程预算书 ... 600
12.5 冻结联络通道工程预算示例 ... 603
12.5.1 某冻结联络通道工程技术特征 ... 603
12.5.2 某冻结联络通道工程冻结设计参数 ... 603
12.5.3 某冻结联络通道工程预算书 ... 603

附录A 1995—2019 年立井井筒冻结法凿井数据统计资料 ... 607
附录B 1970—2019 年斜井井筒冻结法凿井数据统计资料 ... 683
附录C 1993—2019 年联络通道、洞门等其他冻结工程数据统计资料 ... 689

附录 D　2000—2019 年盾构机进出洞冻结法施工数据统计资料 …………………… 768
附录 E　1998—2019 年隧道及其他冻结法施工数据统计资料 ……………………… 782
附录 F　冻结法施工建设单位、设计单位、施工单位全称与简称对照 ……………… 785
参考文献 ……………………………………………………………………………………… 796

1 冻结法原理与地层冻结系统

1.1 冻结法原理

1.1.1 基本原理

人工地层冻结技术是利用人工制冷技术将含水地层中拟施工的结构（包括立井、斜井、地铁联络通道等）周围地层中的水暂时冻结，以提高地层的承载能力与封水性能来保护结构施工安全的一项特殊施工技术。

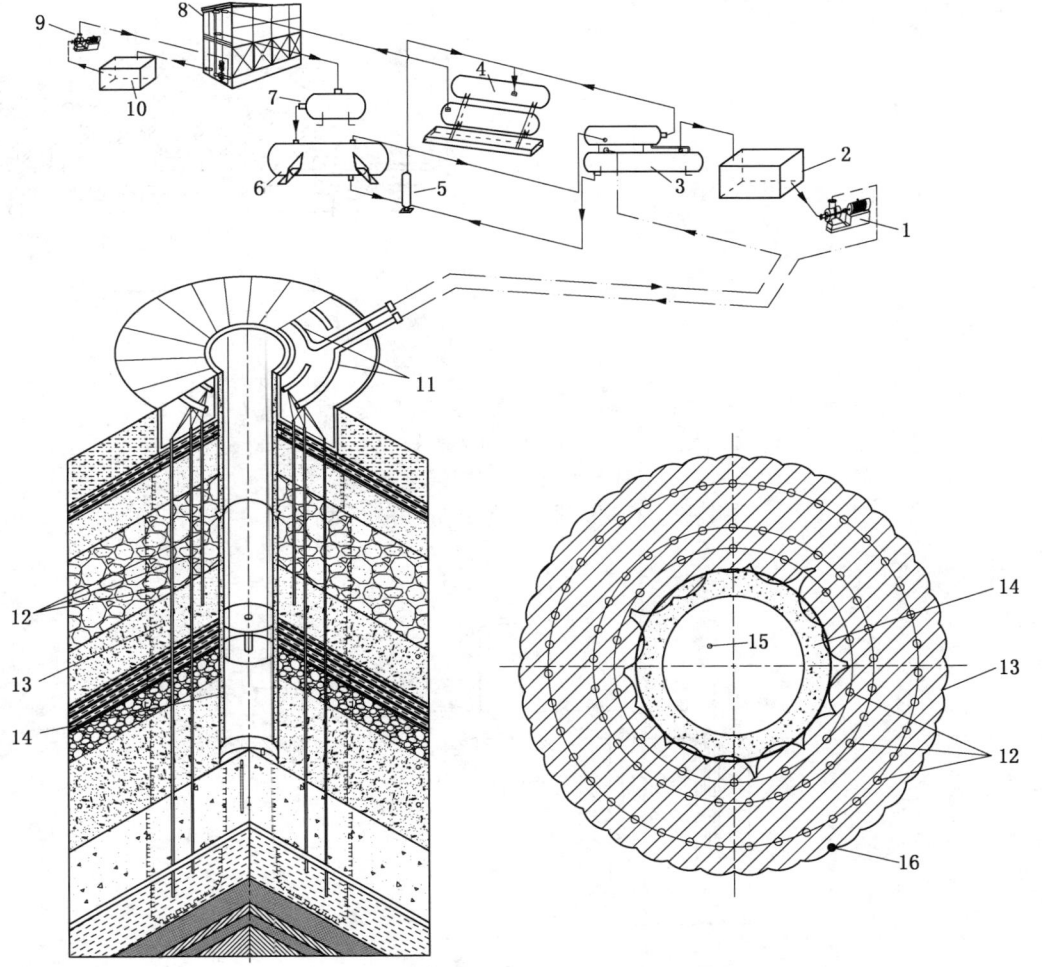

1—盐水泵；2—盐水箱；3—撬块式蒸发器；4—氨制冷机；5—集油器；6—储氨罐；7—虹吸罐；8—蒸发式冷凝器；9—清水泵；10—清水箱；11—集、配液圈；12—冻结器；13—冻结壁；14—井壁；15—水文孔；16—测温孔

图 1-1 立井工程盐水地层冻结系统示意图

人工地层冻结技术中常用的制冷技术分为两大类：机械压缩制冷（用氨或氟利昂作为制冷剂）与制冷剂（液氮或干冰）直接蒸发制冷。人工地层冻结技术原理如图1-1~图1-3所示。

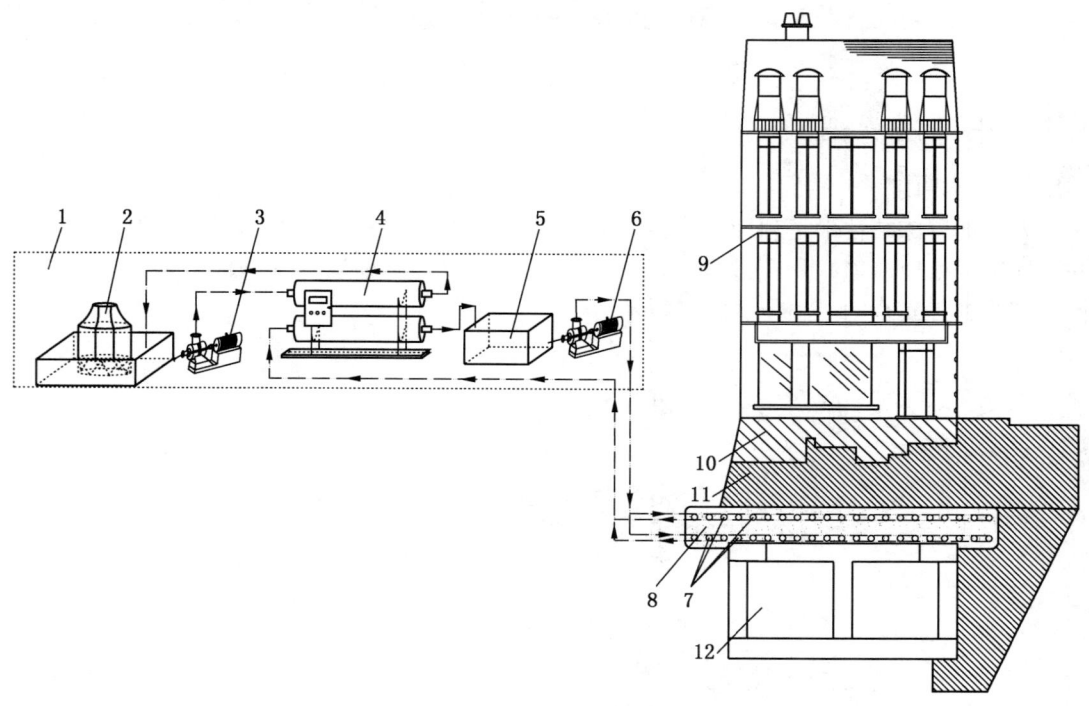

1—制冷站；2—冷却塔；3—清水泵；4—氟利昂制冷机；5—盐水箱；6—盐水泵；
7—冻结器；8—冻结地层；9—地面建筑；10—地基基础；
11—地层；12—地下通道

图1-2 市政工程常见地层冻结系统示意图

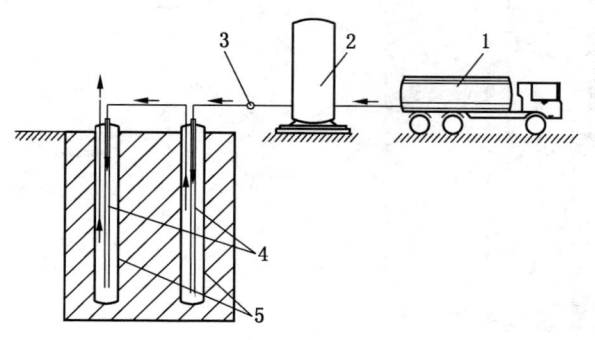

1—液氮车；2—储罐；3—串联冻结器首管；4—供液管；5—冻结器

图1-3 液氮地层冻结系统示意图

利用机械压缩制冷系统实施人工地层冻结技术时，冻结系统按功能分主要由三大部分组成：

（1）冻结制冷系统：安装于制冷站内，负责冻结制冷工作，由制冷机、蒸发器、冷凝器、盐水箱、清水箱、盐水泵和清水泵等设备组成。

（2）冷媒剂收集与配送系统：负责地层冻结冷媒剂的收集与分配工作，由去、回路盐水干管，集、配液圈（管）以及冻结器外露地上部分的集、配液头组成。

（3）地层冻结系统：由地面以下冻结器、测温管与水位观测管等组成。冻结器负责吸收地层中的热量，在拟建结构周围形成具有隔水与承载能力的冻结壁，测温管与水位观测管承担监测冻结壁发展、冻结壁交圈的任务，为计算冻结壁平均温度提供有效数据等。

冻结制冷系统按内部循环可分三个系统：制冷剂（氨、氟利昂）循环系统、冷媒剂（氯化钙盐水）循环系统和冷却水循环系统。立井冻结盐水循环系统如图1-4所示。

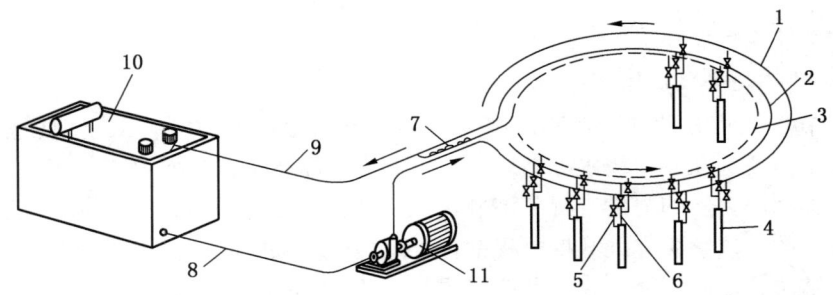

1—配液圈；2—集液圈；3—流量检测管；4—冻结管；5—供液管；6—回液管；
7—流量计；8—去路干管；9—回路干管；10—蒸发器；11—盐水泵

图1-4 立井冻结盐水循环系统示意图

1.1.2 冻结法的优缺点与适用条件

冻结法施工的优缺点与适用条件见表1-1和表1-2。

表1-1 冻结法施工的优缺点

优点	1. 安全性好。冻土强度高（-10℃时不同冻土的瞬时抗压强度从几兆帕至十几兆帕），基本可以满足一般岩土工程施工需要。封水性能好，冻结壁可靠，容易检验 2. 适用范围广。只要是含水（不管含水量大小、是否承压）土层（不管土层颗粒大小）或岩层，大部分均可用冻结法进行施工 3. 可控性好。只要冻结设计科学、合理，冻结施工的质量、工期、投资均可控制在一定范围内 4. 不污染地层。冻结法施工只改变地层的物理性质，不改变地层的化学性质 5. 地层加固的最后手段。在其他加固地层方法都无效的情况下，冻结法往往会提供最后的可能
缺点	1. 一般当地下水渗流速度≥5m/d时，需要采取注浆降地下水流速、强化冻结等专项措施应对，否则冻结壁不能正常按期交圈。有文献报道冻结施工中曾遇到的最大地下水流速为72 m/d，采取相应措施后，顺利完成冻结施工 2. 含盐量大的地层由于结冰温度低，不易冻结，需要采取专项措施 3. 黏性土地层冻结施工时会产生冻胀、融沉。这种特性对后续的结构施工与环境会产生不利甚至破坏性影响 4. 一般冻结施工需要的装机容量大、耗电多，对当地的供电能力要求较高。大量的耗电提高了施工成本 5. 在高温、高湿地区，机械制冷效率较低，地层冻结施工费用较高

表1-2　冻结法适用地层条件及作用

地层		地层描述	作　用
含水表土层		含水表土层大致可分为砾石层、砂土层和黏土层三大类。在这类地层中进行地下施工时，它们一般都没有承载力也不具备隔水的能力，因此大多数采用冻结法施工来加固地层。具备一定条件时，也可用钻井或沉井等其他施工方法通过	这种地层冻结的目的是加固地层并隔绝地层渗水通道；极少情况下仅起加固作用（比如厚黏土层）
含水岩层	含水、不稳定岩层	包括含水破碎岩层、软弱岩层等，其共同点是：含水且在施工中可能产生不稳定变形。特别是注浆堵水效果差的孔隙含水软岩，往往只能采用冻结法封水	这种地层冻结的目的主要以隔水为主，提高地层承载力为辅
	含水、稳定岩层	涌水量较大，但在施工中能维持稳定的岩层	地层冻结的目的是封水

1.2　冻结法发展概况

1.2.1　冻结法的起源与应用历史

19世纪初，人们在西伯利亚印尼塞大森林中开采金矿时发现，由于地层松散、有水无法掘进。于是便选在冬天浇水冻结后开挖，而夏天冰化了以后便停工，年复一年如此施工。这是人类利用自然的力量进行冻结施工的例子。到了1862年，英国南威尔士矿山首次用人工冻结的方法解决立井开挖过程中含水地层的塌陷问题。但由于当时的制冷技术尚未成熟，冻结法施工尚不能成为一种施工方法。直到1876年压缩式制冷机的出现，成功解决了人工制冷技术的难题，才为冻结法施工提供了必要的技术保证。1883年弗德里希·海尔曼·波埃雪在德国获冻结法施工的专利，正式宣告了冻结法施工技术的诞生。

冻结法诞生之后，首先在德国、英国、法国等多个欧洲国家的立井（煤矿、金属矿与钾盐矿等）建设中得到应用。苏联于1928年在苏晨卡姆斯克钾盐矿二号井首次采用冻结法凿井技术；到了1930—1933年，金属矿山与煤矿都采用冻结法。早期立井冻结法施工的深度大多小于200 m，盐水温度一般高于-25 ℃。当时人们甚至认为土层中冻结法应用的理论极限深度为300 m，但后来（1951年）的事实证明冻结法可以施工的深度远大于此。第一次和第二次世界大战期间冻结法施工技术的发展基本处于停滞状态，而战后大量新建立井与市政建设为冻结法的应用提供了广泛的市场。立井冻结技术、市政工程冻结技术和其他地层冻结技术也有了长足进步。与冻结法相关的地层冻结理论、冻结井筒支护理论、冻结孔施工技术、冻结制冷设备等也得到了发展。地层冻结技术也从欧洲传到世界各地。表1-3列举了主要使用冻结法施工国家立井的最大冻结深度。

表1-3　各国立井冻结的最大深度

序号	国　家	井　筒	井筒深/m	净径/m	土层深/m	冻结深度/m
1	中国	核桃峪煤矿副井	1005	9	214.6	950
2	英国	博尔比钾盐矿1号井		5.5		930
3	加拿大	萨尔喀彻温钾盐矿	1052	4.88	<100	915
4	波兰				>350	860

表 1-3（续）

序号	国 家	井 筒	井筒深/m	净径/m	土层深/m	冻结深度/m
5	俄罗斯	格雷米亚钦斯钾盐矿				820
6	比利时	侯泰灵井 2 号井		4.99		638
7	苏联	雅可夫列夫铁矿主井		7.5	571.2	620
8	德国	维尔德风井	1060	6.0	约 300	582
9	法国					550
10	荷兰	马乌里兹 3 号井	810	6.7	300	338

1.2.2 冻结法在国内的发展

1955 年 1 月，在波兰专家的帮助下，我国施工了第一个冻结立井井筒——开滦林西煤矿风井。该井筒净直径为 5 m，深度为 111.95 m，冻结深度为 105 m，第四系表土层厚度为 50.7 m，开创了冻结法在我国应用的先例。1956 年，在苏联专家的帮助下，我国第一次设计并施工了开滦唐家庄煤矿风井井筒冻结工程。该井筒冻结深度为 60.0 m，第四系表土层厚度为 56.31 m，井筒净直径为 5 m。从此，开始了冻结法在我国的应用与推广。从最初 15 年冻结立井深度主要在 100 m 左右，到随后 30 年冻结深度在 450 m 以内徘徊，再到 2000 年以后冻结深度增加至近千米，我国冻结法凿井深度已达到世界第一（表 1-4）。

我国冻结法发展过程大致可以划分为 4 个阶段：

（1）第一阶段：从引入冻结法施工技术到 20 世纪 70 年代初。这一阶段主要应用冻结法的基本技术和工艺，建成国内首批冻结井筒，培养了自己的技术人员与施工队伍。

（2）第二阶段：20 世纪 70 年代初至 80 年代中后期。这一阶段以 500 m 深以内冻结井为目标，开展"二壁一钻"关键技术攻关。解决了深度 400 m 以内立井冻结理论与技术，研制成功了冻结孔专用钻机、小直径新型陀螺测斜仪；开展了定向钻进技术、双层复合井壁技术攻关；进行了（冻结）地层与井壁的应力与位移测量。同时还进行了冻土特性试验及井壁、冻结壁设计等基础理论研究，并应用于指导施工工艺研究等，使我国具备了建设 500 m 深以内冻结井的基本技术条件，建成一批深度大于 300 m 和若干深度超过 400 m 的冻结井。

（3）第三阶段：80 年代中后期至 21 世纪初。这一阶段主要解决了冻结井筒中出现的两大技术难题：深厚表土层中冻结法施工的安全性与疏水沉降地层中冻结井壁的可靠性问题。同时，冻结法凿井技术也逐步向非矿山工程冻结法施工技术转化，冻结法施工不再局限于煤矿井筒，逐渐向市政工程、水利工程、桥梁隧道工程等领域渗透。

（4）第四阶段：21 世纪初以来。这一阶段正赶上煤炭建设的新高潮，冻结立井井筒的总深度、表土层的冻结深度都创造了世界纪录，斜井冻结斜长高达 681 m。以上海地铁隧道联络通道为代表的地铁联络通道冻结工程已经形成了规模效应，也形成了地方性施工规范。地层冻结施工技术已广泛进入了市政工程、隧道施工、非煤矿山等领域。地层冻结技术已经真正成了岩土工程施工的主要工法之一。各类冻结工程典型案例数据见表 1-4~表 1-9。

表1-4 1955—2019年我国采用冻结法施工的立井井筒数量及深度统计

井筒 \ 年份	1955—2019	其中						
		1955—1959	1960—1969	1970—1979	1980—1989	1990—1999	2000—2009	2010—2019
数量/个	1140	18	50	112	128	166	404	262
冻结深度/m <100	187	11	25	26	34	32	49	10
>100	300	7	18	44	50	71	92	18
>200	262		6	32	26	28	90	80
>300	164		1	9	16	30	63	45
>400	81			1	2	5	42	31
>500	60						40	20
>600	44						18	26
>700	23						10	13
>800	13							13
>900	6							6
最大冻深/m 表土段		157.3 荆各庄煤矿副井	324.4 平八煤矿东风井	358.5 潘三煤矿东风井	374.5 陈四楼煤矿副井	383.0 金桥煤矿副井	587.5 郭屯煤矿主井	754.98 万福煤矿主井
全深		162 荆各庄煤矿主井	330 平八煤矿东风井	415 潘三煤矿东风井	435 陈四楼煤矿副井	410 元氏煤矿副井	800 李粮店煤矿副井	950 核桃峪煤矿副井

表1-5 1970—2019年我国采用冻结法施工的斜井井筒数量及斜长统计

井筒 \ 年份	1970—2019	其中				
		1970—1979	1980—1989	1990—1999	2000—2009	2010—2019
数量/个	41	3	3	0	9	26
冻结斜长/m <100	14	3	2	0	4	5
>100	6		1	0	2	3
>200	12				2	10
>300	4				0	4
>400	1				1	0
>500	1					1
>600	3					3
最大斜长/m	681	61.5	114		44.06	681

表1-6 部分冻结表土层深度大于400 m的立井冻结参数

序号	井筒名称		表土层厚度/m	冻结深度/m	井筒净径/m	冻结壁厚度/m	布孔方式	开工年份
1	程村煤矿	主井	429.9	485	4.5	6.0	主(差异)+辅	2001
2		副井	429.9	485	5.0	6.9	主(差异)+辅	2001
3	济西煤矿	主井	457.8	488	4.5	7.5	主+辅	2002
4		副井	458.5	488	5.0	7.6	主+辅	2003
5	龙固煤矿	副井	567.7	650	7.0	11.5	外+中+内(插花)	2003
6	丁集煤矿	主井	530.5	565	7.5	10.8	外+中+内	2003
7		副井	525.3	565	8.0	11.4	外+中+内	2004
8		风井	528.7	558	7.5	10.5	外+中+内	2004
9	顾北煤矿	主井	464.0	490	7.6	9.6	外+中+内+防片	2004
10		副井	462.5	500	8.4	11.0	外+中(差异)+内+防片	2004
11		风井	464.4	502	7.0	9.2	外+中+内	2004
12	郭屯煤矿	主井	587.5	702	5.0	10.0	外+中+内+防片	2004
13		副井	583.1	702	6.5	11.0	外+中+内+防片	2004
14		风井	563.6	702	5.5	10.5	外+中+内+防片	2004
15	花园煤矿	主井	476.8	512	4.5	8.3	外+中+内	2004
16		副井	476.8	512	5.0	8.7	外+中+内	2004
17	涡北煤矿	主井	413.9	477	5.0	6.8	主+辅	2003
18		副井	410.5	483	6.5	7.0	主+辅	2004
19		风井	413.2	474	5.0	6.6	主+辅	2004
20	赵固一号煤矿	主井	518.0	575	5.0	9.5	外+中+内	2004
21		副井	519.7	575	6.5	9.5	外+中+内	2004
22		风井	524.0	575	5.0	8.0	外+中+内	2004
23	赵楼煤矿	主井	473.0	527	7.0	9.0	外+中+内	2004
24		副井	475.0	530	7.2	9.5	外+中+内	2004
25		风井	471.0	534	6.5	9.0	外+中+内	2004
26	泉店煤矿	主井	455.3	513	5.0	7.1	主+辅+防片	2005
27		副井	440.1	500	6.5	8.8	外+中+内	2005
28		风井	455.3	523	5.0	7.1	主+辅+防片	2005
29	郓城煤矿	主井	534.2	590	7.0	10.5	外+中+内+防片	2005
30		副井	536.6	594	7.2	10.8	外+中+内+防片	2005
31	霄云煤矿	主井	420.4	470	5.0	7.0	外+辅+防片	2005
32		副井	403.9	470	5.0	7.0	外+辅+防片	2005
33	赵固二号煤矿	主井	528.9	615	5.0	7.2	主+辅+防片	2006
34	赵固二号煤矿	副井	524.4	628	6.9	9.4	主+辅+防片	2006
35		风井	519.5	628	5.2	7.5	主+辅+防片	2006

表1-6（续）

序号	井筒名称		表土层厚度/m	冻结深度/m	井筒净径/m	冻结壁厚度/m	布孔方式	开工年份
36	口孜东煤矿	主井	568.0	737	7.5	11.5	外+中+内+防片	2006
37		副井	572.0	615	8.0	12.5	外+中+内+防片	2006
38		风井	573.0	626	7.5	11.5	外+中+内+防片	2006
39	梁宝寺二号煤矿	主井	448.9	510	5.0	9.8	外+中+内+防片	2006
40		副井	464.4	536	6.5	11.5	外+中+内+防片	2006
41		风井	453.9	526	5.5	10.5	外+中+内+防片	2006
42	李堂煤矿	主井	427.4	468	5.0	6.6	主+辅+防片	2006
43		副井	430.0	475	5.0	6.6	主+辅+防片	2006
44	城郊煤矿	西进风井	420.86	465	5.0	6.9	外(差异)+中+内	2007
45	陈蛮庄煤矿	主井	568.8	629	5.0	8.5	外+中+内+防片	2008
46		副井	556.9	640	6.5	11.0	外+中+内+防片	2008
47		风井	572.5	644	5.5	10.2	外+中+内+防片	2009
48	杨营煤矿	主井	496.1	540	5.5	8.3	外+中+内+防片	2008
49		副井	496.0	588	6.0	7.9	外+中+内+防片	2008
50	祁南煤矿	进风井	425.0	460	6.5	7.8	外+中+内	2008
51	李粮店煤矿	主井	475	772	5.0	7.0	外+中+内+防片	2009
52		副井	477.4	800	6.5	9.0	外+中+内+防片	2009
53		风井	460.89	540	6.0	7.3	外+中+内+防片	2009
54	山东张集煤矿	主井	456.7	583	5.5	7.8	外+内+防片	2009
55		副井	450.0	615	6.5	8.5	外+中+防片	2009
56	朱集西煤矿	主井	470.6	529	6.0	8.3	外+中+内+防片	2009
57		副井	468.7	540	8.0	10.0	外+中+内	2008
58		风井	479.1	532	7.5	7.9	外+中+防片	2009
59	顺和煤矿	主井	437.0	473	4.5	6.0	主+辅+防片	2009
60		副井	437.7	500	6.0	8.0	外+中+内+防片	2009
61		风井	437.0	473	4.5	6.0	主+辅+防片	2009
62	杨村煤矿	主井	538.3	723	7.5	10.7	外+中(差异)+内+防片(差异)	2009
63		副井	536.7	702	7.5	10.6	外+中(差异)+内+防片(插花、差异)	2010
64		风井	538.9	800	7.8	11.0	外+中+内+防片	2010
65	红四煤矿	主井	466.0	645	5.5	7.5	外+内+防片	2010
66		风井	470.3	642	6.0	8.0	外+中+内+防片	2010
67	安里煤矿	主井	414.15	484.8	5.0	6.2	外+中+内+防片	2010
68		副井	412.20	483.0	5.5	6.5	外+中+内+防片	2010

表1-6（续）

序号	井筒名称		表土层厚度/m	冻结深度/m	井筒净径/m	冻结壁厚度/m	布孔方式	开工年份
69	板集煤矿（钻井井壁修复）	主井	585.9	660	6.2	3.0	单圈孔	2010
70		副井	581.3	673	7.3	5.0	主+辅	2010
71		风井	583.3	666	6.5	3.0	单圈孔	2010
72	信湖煤矿	副井	425.4	492	8.1	9.0	外+中+内+防片	2010
73	潘集三号煤矿	新西风井	441.2	508	7.0	8.6	外+中+内	2010
74	龙固煤矿	北风井	675.6	730	6.0	11.5	外+中+内	2011
75	平八煤矿	二号进风井	415.5	453	7.6	8.3	外+中+内	2011
76	刘庄煤矿	东回风井	467.4	520	6.5	8.7	外+中+内	2012
77	红柳煤矿	副井	476.8	588	9.4	10.0	外+中+内	2013
78	万福煤矿	主井	754.98	840	5.5	11.4	外+中+内+防片	2013
79		副井	754.0	894	7.0	12.5	外+中+内+防片	2013
80		风井	754.0	840	6.0	12.0	外+中+内+防片	2013
81	龙固煤矿	东副井	631.1	958	7.0	11.9	外+中+内+防片	2018

表1-7 部分冻结深度大于800 m的立井冻结参数

序号	井筒名称		井筒深度/m	井筒净径/m	表土层厚度/m	冻结深度/m	开工年份
1	李粮店煤矿	副井	780.6	6.5	477.4	800	2009
2	门克庆煤矿	主井	785.0	9.6	67.3	802	2010
3	杨村煤矿	风井	986.9	7.8	538.9	800	2010
4	高家堡煤矿	副井	841.5	8.5	22.8	850	2010
5		风井	821.5	7.5	22.6	830	2011
6	核桃峪煤矿	副井	1005.0	9.0	214.6	950	2011
7		风井	975.0	7.0	214.6	916	2011
8	新庄煤矿	副井	1025.0	9.0	209.8	908	2012
9		风井	973.5	7.5	210.6	910	2012
10	营盘壕煤矿	主井	849.5	9.4	43.6	865	2012
11		副井	789.5	10.0	48.4	805	2012
12	邵寨煤矿	副井	878.0	8.0	317.9	815	2012
13		风井	864.5	6.0	293.8	830	2012
14	万福煤矿	主井	879.0	5.5	754.98	840	2013
15		副井	893.0	7.0	754.0	894	2013
16		风井	879.0	6.0	754.0	840	2013
17	龙固煤矿	东副井	1041.8	7.0	631.1	958	2018
18	巴愣煤矿	主井	850.0	8.2	205.0	860	停工

注：华能核桃峪煤矿副井和风井两个立井井筒上部采用普通法施工失败后，井筒下部改冻结法施工。

表1-8 部分冻结斜长大于150 m的斜井冻结参数

序号	井筒名称		冻结段起止深度/m		井筒		表土层厚度/m	水平长/m	冻结段斜长/m	开工年份
			起	止	倾角/(°)	断面尺寸(最大宽×高)/(m×m)				
1	马泰壕煤矿	主井	22.5	145.0	16	5.4×4.1	5.2		440.6	2009
2	黑梁煤矿	主井	121.0	220.0	20	5.0×3.9	197.6		289.1	2010
3		副井	113.5	208.0	23	4.5×4.05	203.5		272.0	2010
4	查干淖尔煤矿	主井	16.5	96.1	16		65.0		285.0	2010
5	金鸡滩煤矿	副井	27.0	45.0	5	6.0×4.6	50.8		282.6	2011
6	古城煤矿	主井	13.4	146.3	15		94.0		503.9	2011
7	常家梁煤矿	主井	21.02	94.73	21	4.5×3.85	71.0		204.0	2011
8		副井			21	5.2×4.2				2011
9	大南湖十号煤矿	主井	65.9	72.1	14	5.2×4.1			203.0	2012
10	李家坝煤矿	主井	98.6	154.4	20	6.8×5.85		153.3	163.2	2012
11		副井	96.8	154.0	20	5.8×5.85		157.2	167.2	2012
12		风井	93.7	155.8	24			139.5	152.7	2012
13	袁大滩煤矿*	主井	27.0	11.6		5.95×6.3	97.33		377.0	2013
14		副井	22.0	85.2	6	5.5×6.8	69.17		681.0	2013
15	福城煤矿	副井	40.4	51.2	23	4.6×3.9	172.00		268.7	2013
16	东林煤矿	主井	22.89	132.18	21	6.3×6.0	119.43	322.2	345.06	2014

注：* 由于事故重新冻结。

表1-9 典型市政冻结工程参数

序号	工程名称	工程内容	特点及难点	开工日期
1	上海地铁1号线漕宝路至上海体育馆盾构贯通	原设计用常规盐水冻结施工，但在掘进后由于地下暗流造成局部冻结壁未交圈出水，后选取原冻结管中的4根冻结管进行液氮冻结，顺利完成施工	液氮冻结在我国的首次工程应用	1992年
2	上海地铁2号线陆家嘴至河南中路区间联络通道冻结工程	该工程位于黄浦江下，通道顶部距江底仅7～8 m，冻结钻孔与掘砌的施工风险很大。在克服了钻孔与管片缝间出水的困难后，顺利完成整个工程。钻孔施工仅用8 d，冻结（含掘砌工期）共用42 d。开挖中测得的最大收敛变形为4.2 mm，冻土温度分别为-5.9 ℃（顶板）、-9.0 ℃（底板）、-6.0 ℃与-7.7 ℃（两帮）	国内第一个江底联络通道冻结工程	1998年12月

表1-9（续）

序号	工程名称	工程内容	特点及难点	开工日期
3	广州地铁2号线中山纪念堂站冻结工程	地铁隧道紧邻中山纪念堂和粤王井等国家一级文物和广州市科技馆等重要建筑，地下穿越清泉街断裂带，隧道左线与右线中心间距约11.2 m，隧道净宽5.2 m，净高5.502 m，马蹄形断面，隧道坡度为3‰，隧道顶面距离地表约15 m。采用隧道全断面水平孔单向冻结加固，车站北侧左线隧道冻结长度57 m，右线隧道68 m。冻结工程于2001年3月18日开钻，2001年12月11日结束	国内首次单向水平孔全断面隧道冻结工程	2001年8月
4	上海地铁明珠线上海体育场站与1号线上海体育馆站零距离穿越段	上海地铁明珠线与1号线斜交成77°，方向大致由东向西。新施工段车站顶面紧贴1号线车站底板，穿越段总长22.6 m。1号线地铁站上方地面为高架立交桥，其附近为重要的公共建筑与民宅。施工段范围内地层主要为饱和粉土，冻结管还要穿过两面0.8 m厚的地下连续墙。施工期间，必须满足地铁运行严苛条件：控制轨道高差纵向小于4 mm/10 m，横向小于2 mm；控制轨距变化在−2~+6 mm；地铁站底板上下位移控制在−5~+5 mm等	国内首次成功实现冻结施工零距离穿越正运营地铁线路下方	2003年3月
5	广州地铁3号线天河客运站折返线双线隧道冻结工程	该地铁折返线隧道位于天河区广汕公路下，斜穿广汕公路和沙河立交桥。工程区段道路地下布设有电信、给水、电力、排水、煤气等管线；地面是广汕公路重要交通干道。交通繁忙，不能封路，施工难度较大。折返线长度138.8 m，隧道坡度2‰，隧道顶部距地面约8 m。双线隧道断面为马蹄形，净高9.146 m，净宽11.4 m，最大开挖跨度约13.4 m。施工地层为第四系上覆土和花岗岩残积土。折返线隧道采用138.8 m分南北两端对向水平钻孔，全段同时冻结，中隔墙分层分区施工法暗挖隧道两端同时开挖。工程于2005年7月开冻，2006年8月贯通	国内最长双向水平隧道孔冻结工程	2005年7月
6	福州地铁2号线紫阳站至五里亭站区间联络通道	福州地铁2号线紫阳站至五里亭站区间联络通道长66 m，地质条件复杂，采用冻结法施工。冻结管总数189根，总长度达3436 m，其中长度在30 m以上的冻结管有64根，最长冻结管长度34.8 m	目前全国最长联络通道	2018年9月

1.2.3 冻结法施工技术面临的新问题

冻结法凿井技术自1883年创立以来，从最初为了解决含水岩（土）层的水害问题，发展成为广泛解决含水软弱地层问题的主要技术手段之一。冻结法以其良好的适应性、不改变地层化学性质、对环境影响小以及可控性好等诸多优点，成为地下工程施工中的重要工法之一。特别是改革开放40年来，矿山冻结法施工技术借助于煤炭工业大发展的机遇，使表土冻结深度与井筒总冻结深度双双达到了世界第一。在我国大规模城市化建设中，矿山冻结技术进一步扩展了应用领域，从而成为市政地铁联络通道施工的主要工法，进一步渗透到市政工程施工的各个方面，成为整个岩土工程界主要的施工技术——地层冻结技术。地层冻结技术不但能够解决矿山立（斜）井施工中的难题，还大量应用于地铁工程联络通道、盾构机进出洞加固、地铁车站穿越施工、特殊地段的地铁隧道施工等，在水电、冶金、建筑等行业的应用案例也不乏其数。

随着冻结法施工技术应用的地域与领域扩大，冻结法施工技术又面临着许多新问题：

（1）在我国广大的西部地区，存在浆液可注性极差的大量含水白垩系与侏罗系砂岩，以及其他类似的含水软弱岩层。在其他施工方法无效的情况下不得已使用冻结法进行施工，套用我国东部地区冻结凿井施工经验后，出现了新的问题：

① 不同单位对冻结壁厚度设计有不同的认识，导致同样一个地层出现不同的冻结壁厚度公式，表现在冻结孔的布置方式上也有较大区别。

② 冻结井壁结构与厚度也没有统一的认识，导致同一井筒会出现差异很大的设计图纸。

③ 施工工艺的确定也没有比较可靠的理论依据，大多凭借施工经验与现场观测，这些都严重制约着冻结法施工安全、高效优点的发挥。

（2）虽然我国立井冻结施工技术取得了很大发展，但在表土深度大于 800 m 的冻结技术、深表土段冻结井壁过厚以及井壁结构方面还有许多难题需要研究、解决。新材料在井壁施工中的应用也是今后冻结井壁研究的一个方向。

（3）斜长大于 300 m 的斜井冻结法施工工程近年来越来越多，急需开发出相应的倾斜冻结孔钻机与相应的测斜和纠偏技术。另外，斜井冻结壁计算缺乏成熟、可靠的理论。统计显示 1970—2019 年我国斜井冻结工程案例仅 41 个，工程实践相对较少，斜井冻结壁设计可参考的成功案例不多。

（4）为满足市政冻结工程近水平冻结孔施工需要，迫切需要研制出钻进精度与效率更高、地层扰动更小的专用钻机。同时，还要研究与之相配套的测斜、纠偏设备与技术，以提高市政冻结工程近水平冻结孔钻进的整体技术水平。另外，由于城市地下工程的特殊环境，水平钻孔要解决多重穿障技术难题。小曲率冻结孔施工也是目前急需解决的难题。

（5）为了满足城市环境的特殊要求，首先需要严格控制冻胀、融沉引起地层变形、路面不平以及地层物理性质变化导致的各种问题及不良影响。其次要解决冻结施工中地层冻胀、融沉引起地层变形后使地层中各种人工管道（煤气、自来水、电力等）、地下建筑发生变形带来的安全问题。再次要解决冻结钻孔导致的地层中泥水流失造成的地层扰动对地上与地下建筑物的安全影响。最后，近年越来越多的交叉、穿越工程的冻结施工，无论对冻结钻孔还是冻结制冷都提出了更高的要求。比如上海地铁明珠线上海体育场站与 1 号线上海体育馆站零距离穿越段冻结工程等。随着市政冻结技术的发展还会有更多的新难题出现，并等待我们去解决。

1.3 人工制冷基础知识

人工地层冻结主要采用机械式压缩机制冷技术，只在特殊情况下采用液氮或固体二氧化碳等直接汽化制冷与混合制冷技术。所以，有必要掌握机械压缩制冷基础知识。

1.3.1 理想气体方程与热力学第一定律

1. 理想气体方程

冻结制冷工程所用到的氨气、氟利昂等气体，在工程应用中均视为理想气体进行计

算，在冻结制冷中一般表述为工质。理想气体的状态方程为

$$pV = nR_g T \qquad (1-1)$$

式中　p——绝对气压，Pa；
　　　V——容积，m^3；
　　　R_g——普适气体常数，8.31441 J/(mol·K)；
　　　n——气体的摩尔数，mol；
　　　T——气体的绝对温度，K。

2. 热力学第一定律

热力学第一定律是能量守恒定律，具体为：在任何发生能量转换的热力过程中，转换前、后的能量总量维持恒定。

1）封闭系统中的热力学第一定律表述

如图 1 – 5 所示，在一个封闭系统中，热力学第一定律可表述为

$$Q = \Delta U + W \qquad (1-2)$$

式中　Q——外界传入系统中的热量，一般规定外界对工质加热时 Q 为正，反之则为负，J；
　　　ΔU——系统中工质内能的增量，J；
　　　W——系统中工质对外做的功，一般规定工质对外界做功为正，反之为负，J。

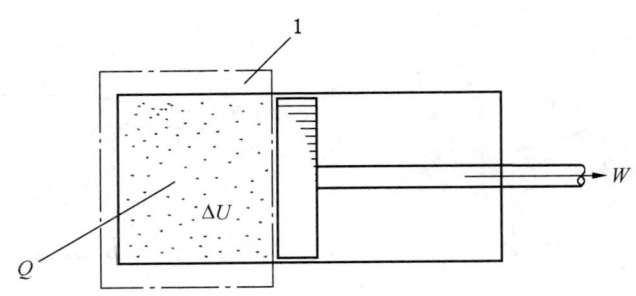

1—封闭系统；Q—外界传入系统中的热量（J）；ΔU—系统中工质内能的增量（J）；
W—系统中工质对外做的功（J）

图 1 – 5　封闭系统内能量转换

对单位质量的工质，上式变为

$$q = \Delta u + w \qquad (1-3)$$

式中　q——外界传递给单位质量的工质的热量，J/kg；
　　　Δu——系统中单位质量的工质的内能增量，J/kg；
　　　w——系统中单位质量的工质对外做的功，J/kg。

$$w = \int_1^2 p dv \qquad (1-4)$$

式中　p——绝对压力，Pa；
　　　v——比容，m^3/kg；
　　　1、2——起始、终止气体状态。

由图 1-6 可以看出，工质做的功大小不仅与工质起、止状态有关，还与过程有关。冻结制冷工程中使用的制冷机也不是封闭系统，而是连续不断地输入与输出不同状态的工质，这种工程上常用的系统称为开口系统。

2）开口系统中的热力学第一定律表述

无论是活塞式，还是螺杆式压缩制冷机，都可看作一个开口系统。开口系统的热力第一定律可以表示如下（在实际工程施工中，由于工质进出口高差一般很小，故忽略了工质的位能差，如图 1-7 所示）：

$$q + (u_1 + p_1 v_1) + \frac{c_1^2}{2} = (u_2 + p_2 v_2) + w + \frac{c_2^2}{2} \quad (1-5)$$

式中　　q——单位质量的工质在开口中系统中吸收的热量，J/kg；

　　　　u_1、u_2——单位质量的工质在进、出口处的内能，J/kg；

　　　　p_1、p_2——工质在进、出口处的绝对压力，Pa；

　　　　v_1、v_2——工质在进、出口处的比容，m³/kg；

　　　　w——单位质量的工质在开口中系统中做的功，J/kg；

　　　　c_1、c_2——工质在进、出口处的速度，m/s。

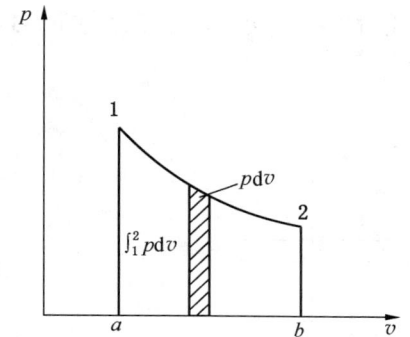
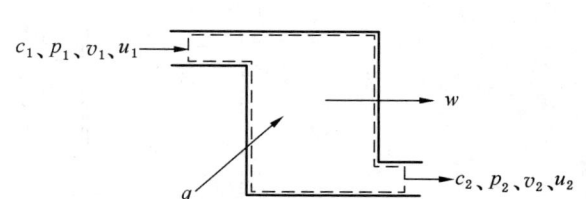

1—气体状态（起始状态）；2—气体状态（结束状态）；
a—起始状态的比容；b—结束状态的比容

图 1-6　$p-v$ 图上表示的封闭系统工质膨胀功　　　　图 1-7　稳定流动开口系统中单位质量工质的能量转换

$h = u + pv$ 称为工质的比焓，是工质的一个重要状态参数。比焓值绝对值无法测定，只能求得变化量。由比焓的表达式可以看出，比焓是比内能与比流动功的和，是温度的函数。这样，式（1-5）可写为

$$q = (h_2 - h_1) + w + \frac{c_2^2 - c_1^2}{2} \quad (1-6)$$

对于制冷循环系统，压缩机、热交热器、节流阀等的进口、出口气流速度变化不大，$(c_1^2 - c_2^2)/2$ 相对于其他几项的值很小，可以忽略不计，则上式变为

$$q = (h_2 - h_1) + w \quad (1-7)$$

对于压缩机，其压缩过程可视为可逆绝热过程，有

$$q = 0 \quad w = h_1 - h_2 \quad (1-8)$$

蒸发器与冷凝器等热交换器不对外界做功,有

$$w = 0 \quad q = h_2 - h_1 \tag{1-9}$$

对于节流阀,节流过程不对外界做功,且可近似视为绝热过程,即为等焓过程

$$w = 0 \quad q = 0 \quad h_2 = h_1 \tag{1-10}$$

1.3.2 卡诺循环与逆卡诺循环

卡诺循环如图 1-8a 所示,包括两个可逆等温过程和两个可逆绝热过程:工质气体从状态 $A(p_1,v_1,T_1)$ 等温吸热膨胀到状态 $B(p_2,v_2,T_2)$,再从状态 B 绝热膨胀到状态 $C(p_3,v_3,T_3)$,随后从状态 C 等温放热压缩到状态 $D(p_4,v_4,T_4)$,最后从状态 D 绝热压缩回到状态 A。

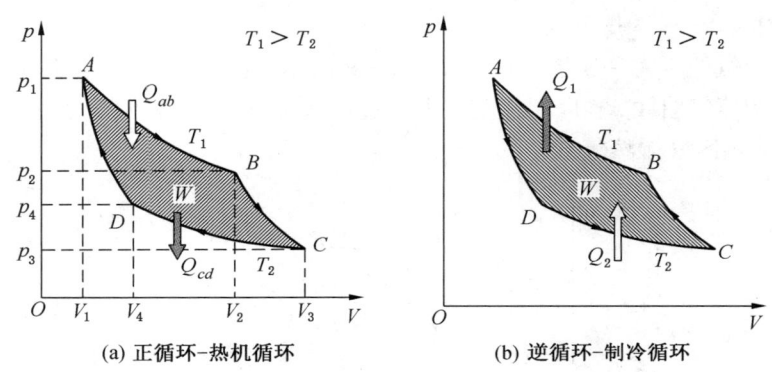

A、B、C、D—气体状态;p—气体压力;V—气体体积;T—气体的绝对温度;Q—热量;W—功

图 1-8 卡诺循环与逆卡诺循环

卡诺循环是热机循环,其效率为

$$\eta = 1 - \frac{T_2}{T_1} \tag{1-11}$$

式中 η——热机循环效率;
　　T_1——状态 A 与 B 的绝对温度,K;
　　T_2——状态 C 与 D 的绝对温度,K。

由上式可以看出:卡诺循环的效率与工质性质无关,它只取决于热源(T_1)与冷源(T_2)的温度。T_1 不可能趋于无穷大,T_2 也不可能趋于零,因此卡诺循环的效率小于 1。

逆卡诺循环是制冷循环,如图 1-8b 所示,其效率为

$$\xi = \frac{T_2}{T_1 - T_2} \tag{1-12}$$

式中 ξ——制冷循环效率;
　　T_1——状态 A 与 B 的绝对温度,K;
　　T_2——状态 C 与 D 的绝对温度,K。

熵是在研究卡诺循环时发现的重要热力学参数,通常以 S 表示,其定义为

$$dS = \frac{dQ}{T} \tag{1-13}$$

对于理想气体的可逆循环,状态 1 与状态 2 的熵差为

$$\Delta S = S_2 - S_1 = \int_1^2 \frac{\mathrm{d}Q}{T} = \int_1^2 \frac{p\mathrm{d}V + nC_{\mathrm{vm}}\mathrm{d}T}{T} = nR_{\mathrm{g}}\ln\frac{V_2}{V_1} + nC_{\mathrm{vm}}\ln\frac{T_2}{T_1} \quad (1-14)$$

式中 ΔS——熵差,J/K;

C_{vm}——平均定容摩尔比热,J/(mol·K);

T——绝对温度,K;

V——气体体积,m³;

n——气体的摩尔数,mol;

p——气体压力,Pa,$p = nR_{\mathrm{g}}T/V$。

由此可知熵是一个状态参数,只与状态有关而无关路径,在计算中一般仅计算熵差。

1.3.3 压焓图

制冷工程中氨的压力-比焓示意图如图 1-9 所示。图中,AK 表示饱和液体曲线 $x = 0$,BK 表示饱和蒸气曲线 $x = 1$。AK 左侧表示过冷液体区,BK 右侧表示过热蒸气区,AK 与 BK 之间为两相区(湿蒸气区)。

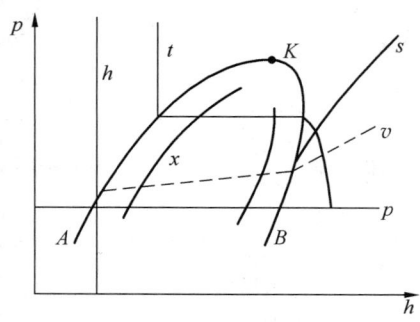

p—气体压力;h—气体的比焓;AK—饱和液体曲线;BK—饱和蒸气曲线;
x—等干度曲线;t—等温线;s—等比熵曲线;v—等比容曲线

图 1-9 制冷剂压力-比焓示意图

曲线 AK、曲线 BK 与横轴所包围的面积代表两相区。等温线 t 由于工质状态变化在 3 个区域表现各异:由于过冷液体的比焓只与温度有关,因而该区等温线接近于竖直线,在两相区由于等温线就是等压线,因而它表现为水平线,在过热蒸气区等温线呈一根下弯的曲线,在低压区等温线接近于竖直线。

干度 x 是 1 kg 湿蒸气中饱和蒸气的含量,比如 $x = 0.2$ 代表 1 kg 湿蒸气中有 0.2 kg 的饱和蒸气。因此等干度曲线 x 仅在两相区内存在。

等比容曲线 v 在湿蒸气与过热蒸气区都是向右上方的倾斜线。

等比熵曲线 s 在湿蒸气与过热蒸气区都是向右上方的倾斜线,但斜率比等比容曲线大。

K 为工质的临界点(极点),对氨来说,临界压力为 115.2 绝对大气压,临界温度为 132.4 ℃,临界比容为 0.00413 m³/kg。

1.3.4 氨的制冷过程及计算

氨的制冷过程与热力循环见表 1-10。

表1–10 氨的制冷过程与热力循环

项目	单级压缩	双级压缩
适用条件	设计盐水温度高于 $-25\ ℃$ 的冻结工程	设计盐水温度低于 $-25\ ℃$ 的冻结工程
制冷示意图	1—低压饱和氨气；2—高温高压氨气；3—常温液氨；4—低温湿氨；Ⅰ—压缩机；Ⅱ—冷却器；Ⅲ—调节阀；Ⅳ—蒸发器；q_0—单位制冷量；q_k—单位冷凝热负荷 单级压缩制冷示意图	1—低压饱和氨气；2—中压过热氨气；3—中压饱和氨气；4—高压过热氨气；5—高压饱和氨气；6—常温高压饱和液氨；7—高压过冷液氨；8、9—中压气液混合物；10—低温低压气液混合物；Ⅰ—低压机；Ⅱ—高压机；Ⅲ—冷凝器；Ⅳ—调节阀；Ⅴ—中间冷却器；Ⅵ—蒸发器 双级压缩制冷示意图
原理	蒸发器中的饱和氨蒸气（压力0.157 MPa，温度 $-25\ ℃$）吸入压缩机，压缩到1.036 MPa，变成过热（110 ℃）蒸气，流入冷凝器，经过冷却水冷却将氨气变成25 ℃的液氨，然后进入储液罐，并通过节流阀降至蒸发压力，进入蒸发器中汽化吸取盐水热量后变成饱和氨蒸气，以便继续被吸入压缩机进行新的循环	单级压缩制冷的压缩比不能大于8，即 $p_k/p_0<8$，因此当冻结工程需要冻结的盐水温度低于 $-25\ ℃$ 时，单级压缩满足不了施工需要，只能以串联双级压缩才能满足工程要求。其原理是从蒸发器出来的低压蒸气被低压机吸入后压缩至中压，被压缩后的过热蒸气进入中间冷却器后，被来自调节阀的液态制冷剂冷却成饱和气体，再被吸入高压机压缩至冷凝压力，进入冷凝器中冷凝成高压液体。高压液体一路经调节阀降至中间压力进入中冷器，利用它的汽化对低压机排出中压蒸气和盘管中的高压液体进行降温；另一路在中冷器盘管内过冷后，经过调节阀降到蒸发压力，进入蒸发器进行汽化吸收盐水热量，再继续被吸入低压机进行新的循环
计算示意图	单级压缩计算示意图	双级压缩计算示意图

表 1-10（续）

项目	单级压缩	双级压缩
热力计算	过程 1→2 对应的是压缩机压缩氨气的过程，可视为绝热过程（等熵）。状态 1 是蒸发器中的气态氨（$p_1 = 0.157$ MPa, $t_1 = -25$ ℃）。状态 2 是经压缩机压缩后的高温（$t_2 = 115$ ℃）、高压（$p_2 = 1.036$ MPa）气态氨。其焓的变化值为（相当压缩机做的功 Ai_0） 　　　　$i_2 - i_1 = 1933 - 1647 = 286$ （kJ/kg） 过程 2→3 对应的是高温氨气从压缩机排气口出来经过冷凝器降温变为液体，可视为等压冷却过程。状态 3 为液态氨（$p_3 = 1.036$ MPa, $t_3 = 25$ ℃），在 2→3 过程中的 2′氨开始液化，到 3 液化全部完成。焓的变化为 　　　　$i_2 - i_3 = 1933 - 536 = 1397$ （kJ/kg） 过程 3→4 对应的是减压阀绝热降压过程，绝热降压过程也是等熵过程。压力从 p_3 到 p_4（1.036 MPa→0.157 MPa），温度从 t_3 到 t_4（25 ℃→-25 ℃），焓值不变 过程 4→1 对应的是蒸发器中液氨蒸发为氨气的过程，是一个等压、等温（$p_0 = 0.157$ MPa, $t_0 = -25$ ℃）吸热过程，焓的变化为 　　　　$i_1 - i_4 = 1648 - 536 = 1112$ （kJ/kg） 如果氨在冷凝器中直接冷却到 3′（$t_{3'} = 20$ ℃, $i_{3'} = i_{4'} = 536$ kJ/kg），那么 1 kg 氨的制冷量就变成 　　　　$i_1 - i_{4'} = 1933 - 536 = 1397$ （kJ/kg） 由此可看出冷凝温度对氨制冷系统的重要性，降低冷凝温度可以大大提高制冷系统的效率	假定二级压缩制冷的条件是冷却水温度为 20 ℃，则冷凝温度约为 20 + 10 = 30（℃），可知 $p_k = 1.205$ MPa；盐水温度 -30 ℃，蒸发温度 -30 - 5 = -35（℃），对应的蒸气压力 $p_0 = 0.096$ MPa。高、低制冷级为 1∶3。理想的中间压力应使双级压缩的两个压缩比相等，经验表明 p_z 与容积比 ξ 在一定条件下成线性关系，且 p_z 的近似值为 　　$p_z = \sqrt{p_k p_0} = \sqrt{1.205 \times 0.09626} = 0.034$ （MPa） 为求最终中间压力，在 0.034 MPa 附近假设两个参数 $p_{z1} = 0.3258$ MPa 和 $p_{z2} = 0.5140$ MPa，分别计算出吸气系数 0.866 和 0.803，再计算出低压级的过氨量与需要汽化多少氨才能冷却这个过氨量，计算出进入高压级的氨量，再分别计算出高压级吸气系数。画出 $p_z - \xi$ 图，按照设计压缩机的容积比选出中间压力 吸气系数 ε 为 $$\varepsilon = \left[1 - c\left(\frac{p_k}{p_0} - 1\right)\right]\frac{T_0}{T_k}$$ 式中　c—压缩机余隙容积（设备厂家给定）； 　　　p_k—排气压力，MPa； 　　　p_0—吸气压力，MPa； 　　　T_k—排气温度，℃； 　　　T_0—吸气温度，℃ 由计算出的中间压力便可计算出二级压缩的实际制冷能力 $$q_s = \frac{V_d \varepsilon_d}{v_0}(i_1 - i_{10})$$ 式中　V_d—压缩机理论排量，m³； 　　　ε_d—供给系数； 　　　v_0—氨蒸发时的比容，m³/kg； 　　　i_1, i_{10}—状态 1、10 的焓值，kJ/kg 按上述条件通过计算得出 1 kg 氨的理论制冷量为 1197 kJ/kg，整个机组的实际制冷能力为 1.36×10^6 kJ/h

注：单级压缩中如果氨气直接从状态 2 经过冷凝器变为过冷状态 3′，焓的变化为 1648 - 512 = 1136（kJ/kg）。从计算中可知，冷凝水的温度对制冷机的制冷效率有很大影响，其温度越低制冷效率越高。

1.4　盐水地层冻结系统

盐水冻结系统是最常用的地层冻结系统，具有成本低、技术可靠的优点。

1.4.1　氨（或氟利昂）压缩制冷系统

氨（或氟利昂）压缩制冷系统由氨（或氟利昂）循环系统、冷却水循环系统和盐水循环系统三大循环系统组成。

盐水循环系统由冻结器、集液圈、配液圈、去路盐水干管、回路盐水干管、盐水箱与水泵组成，它通过蒸发器与氨（或氟利昂）循环系统进行热交换，将其所吸收的地层热量转运给氨（或氟利昂）循环系统，使地层降温、冻结。

氨（或氟利昂）循环系统由制冷压缩机、换热器、分离装置、储液装置及其他装置组成，它通过冷凝器与冷却水循环系统进行热交换，将其所吸收的盐水系统热量和制冷压缩机做的功转运给冷却水循环系统。换热器包括冷凝器、蒸发器、经济器、中间冷却器等。分离装置包括油分离器、液体分离器、集油器、空气分离器等。储液装置包括储液器、低压循环储液器、排液桶等。其他装置包括热虹吸储液罐（器）、紧急泄氨器、液体过滤器、缓冲器、节流阀等。

冷却水循环系统由清水箱和清水泵组成，它通过冷凝器与氨（或氟利昂）循环系统进行热交换，由冷却水将氨（或氟利昂）循环系统的热量转排到大气中。

单级氨压缩系统与双级氨压缩系统见表1-10。

1.4.2 冻结施工中制冷系统的选择

根据工程周围环境要求会采用不同的制冷剂。对于矿山、铁路、隧道等距离人口密集区较远的冻结工程，考虑液氨具有良好的制冷能力且成本低廉，这类冻结工程主要采用氨压缩制冷系统进行冻结。对于市政这种在人口稠密地区进行的冻结施工，由于液氨具有毒性、可爆性等危险因素，则主要采用氟利昂压缩系统进行制冷。冻结施工的设计盐水温度不同，决定了压缩制冷系统是选用单级压缩制冷系统（包括带经济器）还是双级压缩制冷系统。一般设计最低制冷温度在-25℃以上时，采用（带经济器的）单级压缩制冷系统比较合理；设计最低制冷温度在-25℃左右时，采用带经济器的单级压缩制冷系统比较合适；设计最低制冷温度在-25℃以下时，应采用双级压缩制冷系统。制冷系统分类及选用条件见表1-11。

表1-11 制冷系统分类及选用条件

分 类		适 用 条 件
制冷剂	液氨	大型冻结工程，矿山、铁路、隧道等距离人口密集区较远的冻结工程
	氟利昂	小型冻结工程，人口稠密地区的市政工程
制冷温度	≥-25℃	对加固作用要求不高、工期不紧的冻结工程。例如，表土冻结深度≤150 m的井筒，主要冻结地层为含水流砂层时；以封水为主要目的的岩层冻结工程；浅埋的一般市政工程
	<-25℃	对加固作用要求高、要求冻结速度快的冻结工程。例如，表土冻结深度≥150 m的井筒；深埋且地温高的岩层冻结工程；需抢工期或复杂的市政冻结工程

1.5 液氮地层冻结系统

20世纪70年代末，由兖州煤矿建设指挥部科研所、兖州第六工程处、煤炭科学研究院建井研究所、山东煤矿设计院和中国矿业大学合作完成了液氮冻结初步实验。随后中国矿业大学进行了一系列的液氮冻结实验研究，并于1992年与中煤特殊凿井公司和上海隧道工程公司合作完成了国内首例液氮冻结工程（表1-9）。此后，液氮地层冻结技术得到广泛应用。

液氮地层冻结系统具有冻结温度超低、地层冻结速度快、冻结系统简单等优点，主要用于小型工程、应急抢险工程、抢工期的工程以及冻结壁难交圈的工程等。但由于成本较高，要大面积推广也比较困难。

1.5.1 液氮地层冻结法的原理及优缺点

液氮地层冻结法的原理及优缺点见表1-12。

表 1-12　液氮地层冻结法的原理及优缺点

原理及参数	1. 液氮地层冻结技术：利用液氮在冻结器内直接蒸发吸热来迅速降低地层温度，在地层中形成设计所需的冻土结构 2. 液氮在一个大气压下的汽化潜热为 197.6 kJ/kg，相变温度为 -195.8 ℃。它的制冷温度为 -60 ~ -150 ℃，制冷效率约 50%。采用液氮冻结时，冻结壁发展速度为 100 ~ 200 mm/d，单位冻土消耗液氮量在 460 kg/m³ 左右*
适用条件	液氮地层冻结技术主要用于小规模工程或紧急事故抢险工程，也适用于常规盐水冻结所达不到的低温冻结工程，或需要冻结温度很低的特殊地层，比如难冻的含盐地层、地下水流速较大的地层等
优点	1. 液氮冻结系统简单，使用设备少。冻结土层的冷量不用专门的冻结设备制取，而是利用液氮的汽化吸热。液氮冻结储存设备简单、轻便，运输安装容易。因此，简化了冻结组织工作，大大缩短了冻结准备时间 2. 直接汽化不用冷媒。液氮冻结是在冻结管内直接通液氮蒸发制冷，不用冷媒剂（盐水），不用盐水泵，消除了制冷剂与冷媒剂冷量热交换时的损失。即使当冻结管渗漏液氮接触冻土时，也不会像盐水那样融化冻土 3. 冻结速度快、冻土温度低、冻土强度高。1 个大气压下液氮蒸发温度为 -195.8 ℃，冻结温度非常低。在此温度下冻结壁发展速度很快，据国外资料显示，液氮冻结的冻土发展速度为普通盐水的 8 ~ 10 倍，平均在 100 ~ 200 mm/d 之间；同时冻结壁平均温度低，冻结壁强度高 4. 冻结土体的形式灵活，冻结规模可根据工程的实际情况而定，随时可人为控制加固土体的强度，工作方便 5. 液氮是一种防爆和防火的制冷剂，其本身无毒性，且对周围环境无污染，冻结期间无工程噪声污染 6. 因冻结速度快，水分来不及迁移，故土体的冻胀、融沉量远远小于普通盐水冻结
缺点	1. 地层冻结的均匀性差。由于液氮冻结器吸热不如盐水冻结器均匀，控制不当时会出现沿冻结器纵向冻结壁发展严重不均匀的情况 2. 单位体积岩土体的冻结费用很高

注：* 根据国外相关资料。

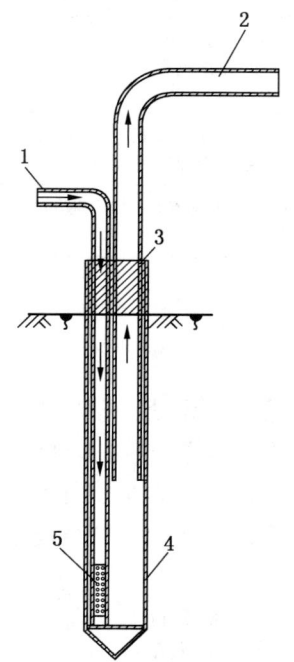

1—供液管；2—回气管；3—保温材料；
4—冻结管；5—供液管花管段

图 1-10　液氮冻结器结构示意图

1.5.2　液氮冻结设备

液氮冻结系统中的设备主要有冻结器、运输液氮的槽车（即液氮车）和储存液氮的专用压力罐（即储罐）。液氮冻结由于温度低，一般采用不锈钢管作为冻结管，不锈钢软管作为液氮的连接管。液氮冻结器结构如图 1-10 所示，液氮冻结器中供液管花管长度一般为 5 m。

1.5.3　液氮冻结参数

1. 液氮冻结的冻结壁发展速度

液氮冻结的冻结壁发展速度远远大于盐水冻结，见表 1-13。

当液氮冻结管表面温度在 -180 ~ -191 ℃时，冻土扩展半径与时间呈幂函数关系：

当冻结砂质黏土含水量为 21.5% 时

$$R = 81.6 \times t^{0.47} \quad (1-15)$$

当冻结黏土含水量为 31.0% 时

$$R = 71.0 \times t^{0.54} \quad (1-16)$$

式中　R——液氮冻结冻土扩展半径，mm；

　　　t——冻结时间，h。

一般液氮冻结设计时，按经验取冻结地层的发展速度

表1-13 液氮冻土扩展范围与冻结壁发展平均速度

项目		冻结时间/h				
		14	24	34	45	56
冻土范围/mm	计算	284	365	435	497	554.5
	实测	294.8	375	432	502	573

为100 mm/d左右，如图1-11所示。

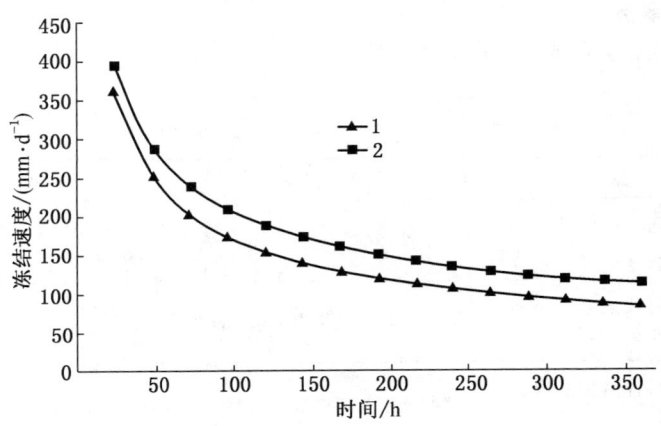

曲线1—式（1-15）；曲线2—式（1-16）

图1-11 不同含水量砂质黏土液氮冻结速度

2. 冻结所需液氮量

从我国液氮冻结实践来看，每立方米冻土在整个冻结施工过程中消耗液氮1.6~1.95 t。这与国外文献（表1-12）报道的液氮消耗量相差很大，还需要进一步的研究来解释其中的差异。

3. 冻结壁平均温度

液氮冻结的冻结壁平均温度远低于常规盐水冻结，见表1-14。这为冻结施工提供了

表1-14 冻土特征面平均温度

冻结时间/h	冻土范围/mm	平均温度/℃	
		液氮管	气氮管
14	284	-43.5	-23.9
24	365	-41.9	-22.0
34	435	-39.8	-21.9
45	497	-37.8	-21.8
56	554	-37.6	-21.8

更加可靠的止水效果与强度。据不完全统计，液氮冻结时冻结壁主面的平均温度在 $-80 \sim -100\ ℃$ 之间，冻结壁界面温度 $\leq -40\ ℃$。实际施工时冻结壁平均温度一般在 $-40 \sim -80\ ℃$ 之间。

4. 液氮冻结管的进出口温度（压力）

液氮冻结的效果与液氮释放速度和蒸发方式有关。为控制液氮冻结的速度与效果，必须严格控制液氮的释放速度。按经验液氮进入冻结管时的温度宜在 $-170 \sim -150\ ℃$ 之间，压力控制在 0.125 MPa 左右。冻结管出口温度控制在 $-70 \sim -50\ ℃$ 之间，压力控制在 0.25 MPa 左右。

1.5.4 液氮冻结案例

液氮冻结工程案例见表 1-15。

表 1-15　液氮冻结工程案例

序号	名　称	所需处理问题	冻　结　方　案
1	上海地铁 9 号线七宝站盾构机出洞	深层搅拌桩漏水、漏泥	采用竖直单排孔冻结，冻结孔间距 600 mm，深度 20 m
2	上海地铁 2 号线陆家嘴至南京中路站联络通道排水管修复	排水管与隧道接口漏水、漏泥	每根排水管布设两根冻结管，冻结管长度为 5 m
3	杭州庆寿路过江隧道工程盾构机检修盾尾刷	密封地层与盾构机的间隙	冻结孔垂直于管片环形布孔
4	内蒙古扎赉诺尔灵东矿副井、风井冻结工程	由于单根水文管报导多个含水层，导致含水层间窜水，冻结壁未交圈	从水文管中直接下冻结管用液氮进行冻结，封堵水文孔窜水通道，使冻结壁自然交圈

1.6　干冰冻结简介

干冰（固体 CO_2）是一种白色结晶体，其密度根据获得方法不同可在 $1100 \sim 1700\ kg/m^3$ 之间波动。常压下（0.101 MPa），干冰的升华温度为 $-78.9\ ℃$；在低压或接近真空状态下，干冰的升华温度可升至 $-10\ ℃$ 甚至更高。干冰具有较大的潜热值，1 kg 干冰在升华过程中可吸收热量 137 kcal，对制冷具有重要意义。

干冰可以溶解于难以冻结的液体中，并根据与难冻液体的混合比例关系可使混合体的温度降低至 $-10\ ℃$。当干冰周围的空气温度下降、流动速度加快，可使干冰升华温度降低。气体 CO_2 不燃烧、不助燃。在常压和常温下，CO_2 是一种惰性化合物，比空气重约 1.5 倍。

利用干冰冻结地层最简单的工艺如图 1-12 所示。

在插入地层的冻结管中直接投入干冰，干冰由于吸收冻结管周围地层的热量而不断升华（图 1-12）。其升华温度依据冻结管中压力不同而处于 $-56 \sim -78.9\ ℃$ 之间。冻结管中由于干冰升华而产生的 CO_2 气体积累到一定程度会向上运动并逸出管外，因而管的上端应敞开以便气相 CO_2 能自由进入大气中，一般升华 1 kg 干冰可产生 $500 \sim 800\ L$ 的 CO_2 气体。因此，在冻结管密封的情况下，管内压力会剧烈升高，并导致冻结管爆裂和升华温度的剧烈提高。采用这种冻结工艺，理论上最大冻结深度取决于冻结管内下部的压力，在冻结管下部的压力不能超过 0.157 MPa（三相点压力）。为能在指定的冻结深度内达到均匀冻结，管中干冰堆积上表面应大致恒定保持在冻结高度上。

为解决干冰与管壁接触不密实而降低热交换效率的问题，可以在冻结地层深度内往管中注入难冻液体（图 1-13）。这种液体结冰温度应低于制冷剂升华温度，难冻液体可保证和管壁密实接触。液体中的干冰从液体中吸取热量，而液体得到冷却后再从冻结管周围吸取热量，从而达到冻结土层的目的。难冻液体中的干冰在升华过程中析出的大量 CO_2 气体通过液体逸出，这个过程会引起液体的剧烈搅动，如沸腾一般。这种剧烈搅动会有助于加强冻结管中的液体和周围土体之间的热交换。此时，冻结管中的散热过程类似于液体在紊流状态时的散热过程。这种冻结工艺的优点是热交换效率高，实施简单，但只能用于有限深度的岩土层冻结或局部冻结。因液柱加大后会使冻结管下部压力超过三相压力点。可用于这种冻结工艺的难冻液有：二氯甲烷，冰点 -96.7 ℃；三氯乙烯，冰点 -87.1 ℃；三氯一氟甲烷，冰点 -111 ℃。

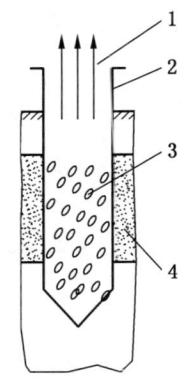

1—气相 CO_2；2—冻结管；
3—固体 CO_2；4—含水层

图 1-12　干冰冻结工艺

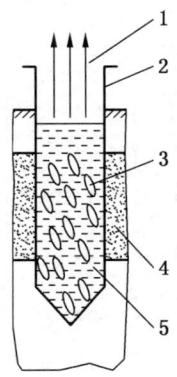

1—气相 CO_2；2—冻结管；3—固体 CO_2；
4—含水层；5—难冻液体

图 1-13　干冰加不冻液冻结工艺

干冰冻结地层工艺简单、廉价、安全、不需水电、环保节能，冻结时间只有盐水冻结的 1/4~1/3。

1.7　影响冻结施工的主要因素

1.7.1　工程及水文地质条件

1. 地层的形成年代

使用冻结法的前提是地层中必须含水。只要达到一定的负温，地层中所含的自由水、毛细水、弱结合水均能变为固体，强结合水一般也处于不流动状态。

岩土的强度等物理参数主要决定于地层形成年代与形成方式。对于冻结前强度很低的地层，例如含水新生界（第四系、新近系和古近系）地层和中生界（白垩系）软弱岩层，冻结施工设计时一定要考虑提高冻土的强度。对于冻结前强度很高的地层，例如中生界

（侏罗系、三叠系）地层的岩石原始强度较高，在其天然强度大于 20 MPa 时可以仅考虑冻结隔水效果。不同地层适用的工法见表 1-16。

表 1-16 地层年代与地质年代所适用的施工方法

界	系	统	距今年龄/Ma	地层适用工法及考虑因素		
				不含水	含 水	
新生界	第四系 Q	全新统 Q_h		冻结法施工时，应考虑冻结壁承载能力与隔水性能	钻井法施工时井筒净径不宜过大	
		更新统 Q_p	2.6			
	新近系 N	上新统 N_2				
		中新统 N_1	23.3			
	古近系 E	渐新统 E_3				
		始新统 E_2				
		古新统 E_1	65			
中生界	白垩系 K	上白垩统 K_2		普通法	冻结法施工时，一般仅需考虑冻结壁隔水性能	注浆法
		下白垩统 K_1	137			
	侏罗系 J	上侏罗统 J_3				
		中侏罗统 J_2				
		下侏罗统 J_1	205			
	三叠系 T	上三叠统 T_3				
		中三叠统 T_2				
		下三叠统 T_1	250			
古生界	二叠系 P	上二叠统 P_3				
		中二叠统 P_2				
		下二叠统 P_1	295			
	石炭系 C	上石炭统 C_2				
		下石炭统 C_1	354			
	泥盆系 D	上泥盆统 D_3				
		中泥盆统 D_2				
		下泥盆统 D_1	410			
	志留系 S	上志留统 S_3				
		中志留统 S_2				
		下志留统 S_1	438			
	奥陶系 O	上奥陶统 O_3				
		中奥陶统 O_2				
		下奥陶统 O_1	490			
	寒武系 C	上寒武统 C_3				
		中寒武统 C_2				
		下寒武统 C_1	543			

2. 土的渗透系数

几类土的渗透系数见表 1-17。根据实验，渗透系数越大的土，其冻结速度就越快，其关系为砾石>砾砂>粗砂>中砂>细砂>砂土>淤泥>黏土。

表 1-17 土的渗透系数

土的名称	渗透系数 $k/(\mathrm{cm}\cdot\mathrm{s}^{-1})$	土的名称	渗透系数 $k/(\mathrm{cm}\cdot\mathrm{s}^{-1})$
黏土	$<1.2\times10^{-6}$	中砂	$6.0\times10^{-3}\sim2.4\times10^{-2}$
粉质黏土	$1.2\times10^{-6}\sim6.0\times10^{-5}$	粗砂	$2.4\times10^{-2}\sim6.0\times10^{-2}$
粉土	$6.0\times10^{-5}\sim6.0\times10^{-4}$	砾砂、砾石	$6.0\times10^{-2}\sim1.8\times10^{-1}$
粉砂	$6.0\times10^{-4}\sim1.2\times10^{-3}$	卵石	$1.8\times10^{-1}\sim6.0\times10^{-1}$
细砂	$1.2\times10^{-3}\sim6.0\times10^{-3}$	漂石（无砂质充填）	$6.0\times10^{-1}\sim1.2$

3. 岩土的比热

几种岩土的比热见表 1-18。对同种岩土，含水量越大，比热就越大。

表 1-18 部分矿井的冻结岩土比热值

矿 名	岩层名称	含水率/%	比热/$(\mathrm{kJ}\cdot\mathrm{kg}^{-1}\cdot\mathrm{℃}^{-1})$
肖尔布拉克西	砂质泥岩	14.2	1.14
	砂砾岩		1.12
	中砂岩	13.6	1.13
	砂砾岩	12.7	1.04
	粉砂岩	12.0	1.02
	含砾粉砂岩	11.5	0.94
平庄	黏土	25.36	1.74
焦作	黏土夹砾石	10.56	1.145
刘河	砂质黏土	14.76	1.28

4. 地层中水的流速

地下水流动是冻结施工最大的困难。一般认为地下水流速不大于 5 m/d 时，不会对正常的冻结施工造成影响。而在地下水流速超过这个值时，就要采取一些特殊手段进行处理，以保证冻结壁正常交圈，有关案例见表 1-19。

5. 地层含盐量

含盐地层常见于近海地区、海相沉积地层、盐矿地层。含盐地层不但冰点低，而且同样温度下冻土的强度也比普通冻土强度低，属于难冻地层。当需要进行冻结施工时，一定要采取专项措施来保证冻结施工的成功。在进行冻结设计前要收集完整的相关地质资料，特别是地层的含盐种类、大小及分布。这些因素对地层冰点温度、冻土强度有重要影响。

表 1-19 部分高流速地下水冻结工程案例

序号	工程名称	流速/(m·d^{-1})	原因与采取措施
1	深圳地铁一期工程4A标段	40~60	1. 加大制冷能力，积极降温 2. 在水流上方施工降水井，降低上游水位达到降低地下水流速的目的 3. 在冻结薄弱区打灌浆孔，灌入水泥、水玻璃等材料，降低冻结区内的水流速度 4. 在冻结最薄弱的地方补打冻结孔进行加强冻结，加快冻结壁的封闭
2	山东杨营煤矿副井	72	提前对流速大的地层进行注浆，冻结中根据测温情况改用测温孔进行注浆，最后进行工作面注浆，顺利通过高流速地层冻结段
3	山东古城煤矿主井	82.2	采用小开孔间距、加大流量、降低盐水温度等措施
4	山东古城煤矿副井	66.4	
5	山东许厂煤矿南风井	17.2~57	冻结孔距不大于1.2 m，采用异径双供液管、低温盐水
6	兖州南屯煤矿混合井	不详	由于井筒东北方向300 m处有一抽水井，排水量140 m^3/h。停止排水后一周，冻结壁交圈
7	北京地铁6号线2号联络通道冻结工程	11~14	采用注浆法降低地下水流速
8	陕西高家堡煤矿风井	27.12~54.24	采用大直径冻结管、大盐水泵循环大流量盐水、大制冷量和小开孔间距等措施

部分含盐地层冻结工程案例见表 1-20。

表 1-20 部分含盐地层冻结工程案例

序号	工程名称	含盐量	结冰温度/℃	采取措施
1	山东仓上金矿主、副竖井	最大阳离子含量为22988.75 mg/L，阴离子含量为26610.82 mg/L	-4.0	主井采用小开孔间距（0.953 m），冻结过程中仍然出现冻结壁无法交圈事故，后采取打补孔等措施才完成了冻结任务
2	华能汕头电厂二期高压线跨海盾构机事故处理	饱和海水地层	-2.2	降低冻结壁设计平均温度5 ℃
3	上海长江隧道2号联络通道工程	含盐量平均14.35‰，最大18.37‰	-2.1	降低冻结壁设计平均温度
4	天津地铁津滨轻轨某联络通道	Cl$^-$和Na$^+$含量分别为32652 mg/L、14127 mg/L	-3.0	开挖出水时才发现地层含盐，加强冻结后通过

含盐地层冻结工程施工案例见表 1-21。

表1-21 仓上金矿新立井矿区主井冻结工程施工案例

项目	主 要 内 容
工程概况	莱州市仓上金矿新立井矿区的主立井井筒距海边仅15 m左右，净直径为4.0 m，深度为680 m，井颈段长约70 m，采用冻结法施工，冻结深度为60 m，冻结段井壁厚度为0.65 m
地质条件	第四系从上向下划分为第四系潜水含水层和第四系承压含水层（Ⅰ、Ⅱ）。第四系潜水含水层位于地表及以下6.1 m深度处，是富含水层，与海水有明显水力联系，地下水水质类似于海水。第四系承压含水层自然状态与海水及其他含水层不发生明显水力联系，水质略好于海水，水位埋深4.1 m，水质很差，为Cl-Na·Mg型水，矿化度为26.6~62.0 g/L。基岩裂隙含水层透水性一般或较弱，为卤水
冻结设计	由于井筒靠近海边且地下水与海水有水力联系，为保证冻结工程成功，特采用小孔距、低温盐水的冻结设计，具体参数见表1-22
施工情况	2001年5月6日开冻，5月28日盐水降到设计温度-30 ℃，6月18日水文孔水位开始有规律上升，到6月26日冒出管口。据6月18日1号、2号测温孔资料计算冻结壁厚度在1.80~2.15 m之间，满足设计要求，随后于6月19日进行试挖
施工中的异常情况	6月12日开始下挖锁口，挖至垂深2.53 m时发现冻结壁开窗现象，随即对测温孔进行检查，发现5 m以上冻结壁存在问题。随后对所有冻结孔在该范围内进行了纵向测温，发现6号~11号与23号~1号冻结孔之间与16号冻结孔局部有开窗现象。为早日开挖，采取补打冻结孔的方式进行加强冻结。每2个冻结孔间补1个冻结孔，深度为5 m。同时降低盐水温度到-35 ℃，冻结15 d后，冻结壁仍未交圈。分析冻结壁未交圈原因，除了海水影响外，井筒附近还有抽水井抽水的影响。因此，在井筒迎水方向挖4.5 m的深槽进行疏干，最终保证了冻结壁交圈
结语	1. 在含盐地层进行冻结施工时一定要充分考虑不利因素的影响，不但要降低设计盐水温度、缩小冻结孔间距，还要在施工中密切注意各种异常现象，及时发现问题，及时进行处理 2. 待水文孔冒水7 d，且溢水量正常，经冻结分析确认冻结壁交圈后，才可以进行井筒试挖，严禁盲目过早开挖

表1-22 仓上金矿新立井矿区主井冻结设计参数

参数名称	井筒净径/m	井筒掘进荒径/m	冻结深度/m	冻结壁厚度/m	冻结孔布置圈径/m	冻结孔数/个	开孔间距/m	冻结壁平均温度/℃	积极冻结期盐水温度/℃	井筒开挖时间/d	井筒需冷量/(MJ·h^{-1})	制冷站装机容量/(MJ·h^{-1})
参数值	4.0	5.3	60.0	0.7	7.0	23	0.95	-10	-30	51	579.2	3081.5

1.7.2 工程特征与掘砌工艺及其影响因素

1. 设计盐水温度

当需要的冻土强度较低时，设计盐水温度不小于-25 ℃，采用单级压缩制冷；反之，设计盐水温度不大于-25 ℃，采用双级压缩制冷，实例见表1-23。

表1-23 冻结工程设计盐水温度实例

序号	工程名称	冻结深度/m	表土深度/m	设计盐水温度/℃	制冷方式	开工年份	备 注
1	平顶山八号煤矿风井	330	324.4	-28*	双级	1968	当时国内冻结深度最大的井筒
2	潘集一号煤矿主井	200	160	-30	双级	1972	
3	潘集一号煤矿东风井	321	292.5	-30	双级	1974	
4	潘集三号煤矿东风井	415	358.5	-32	双级	1979	

表1-23（续）

序号	工程名称	冻结深度/m	表土深度/m	设计盐水温度/℃	制冷方式	开工年份	备注
5	谢桥煤矿主井	363	291.4	-30	双级	1983	
6	潘集一号煤矿东二风井	325	291.8	-30	双级	1989	
7	远大石膏矿风井	43	>43	-24	单级	1995	事故井处理
8	葛泉铁矿井筒	60	78	-24	单级	1995	
9	宣东二号井主井	85	43.56	-26	单级	1996	
10	宣东二号井副井	95	43.56	-26	单级	1996	
11	上海地铁2号线陆-河区间联络通道			-24	单级	1998	国内第一个江底地铁联络通道
12	郭屯煤矿主井	702	587.5	-34	双级	2004	
13	泊江海子煤矿主井	565	7.03	-30	双级	2009	当时净径最大的冻结井
14	泊江海子煤矿副井	556	6.9	-30	双级	2009	
15	泊江海子煤矿风井	569	6.88	-32	双级	2009	
16	核桃峪煤矿副井	950	214.6	-30	双级	2011	当时国内冻结深度最大的井筒
17	万福煤矿副井	894	754.98	-35	双级	2014	目前国内冻结表土厚度最大的井筒

注：*实际最低温度。

2. 冻结施工工艺

对于冻结深度不大（<150 m）或主要冻结地层为砂层时，常规冻结方法为：开冻后盐水温度迅速降至设计要求的温度进行积极冻结，以加快冻结壁交圈。当砂层冻结壁基本达到设计厚度时井筒开始掘进，盐水温度回升（一般在-18~-22℃），转入维护冻结期。维护冻结期的目的是维护冻结壁厚度和强度不变，保证井筒掘砌安全。而在近年来施工的大量深厚黏土层冻结案例中，这种方式已经不能满足安全施工的需要。提出了在积极与维护冻结期之间增加一个强化冻结期的概念。所谓强化冻结期是指在冻结壁交圈，井筒满足开挖条件后，仍然继续进行低温（甚至采用比积极冻结期更低的盐水温度）盐水的冻结，以增强控制层位冻结壁有足够的强度与厚度，直到掘砌通过控制层，方可转入维护冻结期。强化冻结井筒实例见表1-24。

表1-24 强化冻结井筒实例

序号	工程名称	井筒净径/m	黏土层厚度/m	黏土层最大埋深/m	冻结深度/m
1	邱集煤矿主井	4.0	231.4	318.9	338
2	邱集煤矿副井	4.5	215.0	317.0	330
3	顾桥煤矿副井	8.4	145.5	254.5	319
4	郭屯煤矿主井	5.0	340.4	580.3	702
5	赵固一号煤矿主井	5.0	350.6	518.0	575
6	万福煤矿副井	7.0		754.98	894

3. 含水层间窜水

由于不同含水层的水压可能相差很大，为防止含水层间窜水从而影响冻结壁交圈，当水文孔（管）、测温孔（管）等孔（管）需穿过多个含水层时，施工中必须采取阻断含水层间窜水通道的措施。含水层间窜水导致冻结壁不交圈的典型案例见表1-25。

表1-25 含水层间窜水造成的冻结壁不交圈事故

序号	工程名称	冻结壁交圈时间/d 设计	冻结壁交圈时间/d 实际	冻结孔开孔间距/m	冻结深度/m	井筒净径/m	原因及采取措施
1	拾屯煤矿主井	45		1.21	70/166.5	5.0	表土地下水位（2 m）与太原组灰岩地下水位（38 m）以及其他地下水位均不一致，加上钻孔施工中采用了特殊的工艺，导致地下水沿钻孔纵向流动，使冻结壁无法交圈。最终，基岩段改用工作面注浆施工
2	位村煤矿副井	59	195	1.71	140	5.0	经检查发现不同含水层水压头不一样，造成地下水沿水文孔向上流动，造成冻结壁不交圈。用水泥砂浆堵水文孔后，冻结壁"窗口"很快闭合
3	东欢坨煤矿2号井	70*	147	1.22	195	8.0	水文孔160 m以下用水泥封堵，防止基岩水上流。在井深28～130 m之间用止浆塞将上、下两个含水层隔开，使水文孔中的流动水静止，随后冻结壁顺利交圈
4	南屯矿煤矿白马河风井	80*					由于不同含水层压力不同，沿水文孔窜水使冻结壁不能交圈，开挖后井筒出水淹井，经灌水重冻后顺利通过
5	建昌营子煤矿副井	57*	290	1.66	4.5	8.5	经检查发现是由于地下水沿水文孔流动造成冻结壁开窗，后采用灌浆法降低了水文孔中水的流速，随后冻结壁交圈，井筒顺利掘砌完成

注：*设计井筒开挖时间。

1.7.3 气候条件

当地区的平均气温越高，制冷机的制冷效率就越低、制冷系统的保冷层就越厚、冷凝器或冷却塔的换热效率也越低，不利于冻结施工。空气相对湿度越大，越不利于水分的蒸发，越不利于冻结制冷系统的散热，进而影响制冷系统的效率。施工现场的气候还会影响冻结工程（如冻结基坑）开挖过程中冻结壁的稳定性。设计用部分室外气象参数见表1-26。

表 1-26　设计用部分室外气象参数

地区名称	冬季大气压/Pa	通风室外计算温度/℃		夏季空调室外计算日平均温度/℃	夏季通风室外计算相对湿度/%	极限气温/℃	
		冬	夏			最低	最高
北京	102573	-7.6	29.9	29.1	58	-18.3	41.9
天津	102960	-6.5	29.9	29.3	62	-17.8	40.5
邢台	102057	-5.2	31.0	30.2	55	-20.2	41.1
唐山	102903	-9.2	28.5	27.4	67	-23.7	28.7
大同	90153	-15.4	26.5	25.3	47	-28.1	37.2
太原	93467	-8.8	27.8	26.0	57	-23.3	37.4
满洲里	94407	-31.9	24.3	23.7	50	-42.5	38
呼和浩特	90307	-16.1	26.6	25.8	47	-30.5	38.5
东胜	85703	-15.9	24.8	24.5	47	-28.4	35.3
沈阳	102333	-20.6	28.2	27.3	64	-32.9	36.1
长春	99653	-20.1	26.6	26.1	64	-33.7	36.7
佳木斯	101260	-23.0	26.6	25.9	60	-39.5	38.1
上海	102647	3.5	30.8	31.3	69	-7.7	39.6
徐州	102510	-2.3	30.5	30.4	65	-15.8	40.6
淮南	102497	-5.5	30.6	30.5	71	-18.1	39.0
南京	102790	-1.1	30.6	31.2	65	-13.1	40.0
寿县	1025323	-5.5	30.6	30.6	71	-18.1	39.0
福州	101290	8.4	33.2	30.7	60	-1.7	41.7
兖州	102323	-4.1	30.6	29.5	62	-19.3	41.1
郑州	101553	-3.2	30.9	30.1	59	-17.9	42.3
武汉	102447	-2.4	32.0	32.2	63	-18.1	39.6
长沙	101830	-0.8	32.2	32.1	63	-10.3	40.6
广州	102073	10.3	31.9	30.6	66	0.0	38.1
榆林	90330	-14.4	28.0	26.5	67	-30.0	38.6
西安	98097	-4.0	30.7	30.7	54	-16.0	41.8
兰州	85283	-8.5	26.6	26	40	-19.7	39.8
银川	89733	-11.9	27.7	26.2	47	-27.7	38.7
伊宁	95060	-17.5	27.2	26.1	43	-36.0	39.6
焉耆	90523	-17.7	26.6	26.2	38	-30.7	38.8
哈密	94407	-17.0	31.6	29.9	28	-28.9	43.2

1.7.4　其他因素

影响冻结施工的其他因素还有制冷站的位置、盐水干管走向、冷却塔和冷凝器与其他冻结设备及井筒的相对位置等,见表 1-27。

表 1-27 影响冻结施工的其他因素

序号	其他因素	对冻结的影响及采取措施
1	制冷站与井口的距离	制冷站应尽量靠近冻结井口或冻结施工点（距离不大于 500 m），以减少管路冷量损失。否则，在设计制冷系统时应适当加大管路损失系数
2	盐水流量与干管设置	在 2 根盐水干管无法满足施工需要时,应铺设 3 根（含 3 根）以上的盐水干管。在铺设 3 根盐水干管时宜二进一回
3	冷凝器或冷却塔位置	冷凝器或冷却塔应设置在制冷站与变电站的下风位置,以防止其排出的湿气影响制冷站与变电站的正常工作
4	排风、排湿条件	当制冷站需设在地下时,一定要做好排风、排湿工作,否则会影响制冷站的制冷效率
5	变配电设备的位置	制冷站至变配电设备的距离应控制在 500 m 以内,以防止电压降过大影响制冷站设备运转,进而影响冻结施工

2 冻结工程地质与水文地质

2.1 冻结地层及其工程与水文地质特征

2.1.1 地质基础知识

2.1.1.1 地质年代单位与年代地层单位

利用地质学方法，通过地层对比分析，综合考虑生物演化、地层形成顺序、构造运动及古地理特征等因素，把地质历史首先划分为宙（冥古宙、太古宙、元古宙和显生宙），再细分为代、纪、世、期、时。这种国际上通用的衡量地层形成早晚的时间单位，称为地质年代单位。

地质年代单位均有相应的时间地层单位，表示一定年代形成的抽象地层，称为年代地层单位。年代地层单位包括"宇、界、系、统、阶、带"六级，分别对应于"宙、代、纪、世、期、时"。除年代地层单位外，岩石地层单位（群、组、段、层）、生物地层单位也是常用的地层单位。

地质年代单位与年代地层单位的详细对照见表2-1。

表2-1 中国区域地质年代与年代地层划分

地质年代（年代地层）单位				距今年龄/Ma	生物演化阶段
宇（宙）	界（代）	系（纪）	统（世）		
显生宇（宙）（PH）	新生界（代）（Cz）	第四系（纪）Q	全新统（世）Q_h	2.60	人类出现
			更新统（世）Q_p		
		新近系（纪）N	上新统（世）N_2	23.3	近代哺乳动物出现
			中新统（世）N_1		
		古近系（纪）E	渐新统（世）E_3	65	
			始新统（世）E_2		
			古新统（世）E_1		
	中生界（代）（Mz）	白垩系（纪）K	上（晚）白垩统（世）K_2	137	被子植物出现
			下（早）白垩统（世）K_1		
		侏罗系（纪）J	上（晚）侏罗统（世）J_3	205	鸟类、哺乳动物出现
			中侏罗统（世）J_2		
			下（早）侏罗统（世）J_1		
		三叠系（纪）T	上（晚）三叠统（世）T_3	250	
			中三叠统（世）T_2		
			下（早）三叠统（世）T_1		

表 2-1(续)

地质年代(年代地层)单位				距今年龄/Ma	生物演化阶段
宇(宙)	界(代)	系(纪)	统(世)		
显生宇(宙)(PH)	古生界(代)Pz	晚古生界(代)Pz_2	二叠系(纪)P	上(晚)二叠统(世)P_3	295	裸子植物、爬行动物出现
				中二叠统(世)P_2		
				下(早)二叠统(世)P_1		
			石炭系(纪)C	上(晚)石炭统(世)C_3	354	
				中石炭统(世)C_2		
				下(早)石炭统(世)C_1		
			泥盆系(纪)D	上(晚)泥盆统(世)D_3	410	节蕨植物、鱼类出现
				中泥盆统(世)D_2		
				下(早)泥盆统(世)D_1		
		早古生界(代)Pz_1	志留系(纪)S	上(晚)志留统(世)S_3	438	蕨类植物出现
				中志留统(世)S_2		
				下(早)志留统(世)S_1		
			奥陶系(纪)O	上(晚)奥陶统(世)Q_3	490	无颌类出现
				中奥陶统(世)Q_2		
				下(早)奥陶统(世)Q_1		
			寒武系(纪)∈	上(晚)寒武统(世)$∈_3$	543	硬壳动物出现
				中寒武统(世)$∈_3$		
				下(早)寒武统(世)$∈_1$		
元古宇(宙)(PT)	元古界(代)(Pt)	新元古界(代)Pt_3	震旦系(纪)Z	上(晚)震旦统(世)Z_2	680	裸露动物出现
				下(早)震旦统(世)Z_1		
			南华系(纪)Nh	上(晚)南华统(世)Nh_2	800	
				下(早)南华统(世)Nh_1		
			青白口系(纪)Qb	上(晚)青白口统(世)Qb_2	1000	
				下(早)青白口统(世)Qb_1		
		中元古代Pt_2	蓟县系(纪)Jx	上(晚)蓟县统(世)Jx_1	1200	真核细胞生物出现
				下(早)蓟县统(世)Jx_2	1400	
			长城纪(系)Ch	上(晚)长城统(世)Ch_2	1600	
				下(早)长城统(世)Ch_1	1800	
		古元古代Pt_1	滹沱纪(系)Ht		2300	
					2500	
太古宇(宙)(AR)	太古界(代)(Ar)				4000	叠层石出现
冥古宇(宙)(HD)					4600	

2.1.1.2 地质构造

地质构造有三种基本形态，其含义及特征见表 2-2。

表 2-2 基本地质构造形态

基本形态	图 示	含 义
单斜构造		一定范围内大致向同一方向倾斜、倾角也相似的岩层所形成的构造。单斜构造往往是其他构造形态的一部分，如褶曲的一翼或断层的一盘
褶曲构造		岩层受应力作用，发生塑性变形但未丧失连续性而形成的一系列波状弯曲构造；基本单位是岩层的一个弯曲，也叫褶曲
断裂构造		岩层在应力作用下变形，当应力超过其强度时断裂失去连续性而形成。断裂构造分为裂隙（节理）和断层。前者断裂面两侧岩体无显著位移，裂隙呈有规则组合时称为节理系统；后者断裂面两侧岩体有显著位移

2.1.1.3 岩石的成因及分类

岩石按地质成因可分为岩浆岩、沉积岩和变质岩三大类，见表 2-3。

表 2-3 岩石的成因及其主要特征

类别	岩 浆 岩	沉 积 岩	变 质 岩
地质成因	地下岩浆经冷却凝固形成	早期成岩破坏后又经物理或化学作用在地表沉积，并经压实、胶结、硬化，形成具有层状结构的岩石	岩石受高温、高压作用，结构、构造或化学成分发生变化，形成的不同于岩浆岩和沉积岩的一种岩石
结构构造	矿物颗粒未经磨蚀，常呈不完整晶粒。深层岩多块状构造，喷出岩具气孔状、杏仁状、流纹状构造，侵入岩体内可发现捕房体	矿物颗粒经磨蚀呈不同程度滚圆状，排列有规律；具层理构造，层面具波痕、泥裂、结核、化石、缝合线等层面构造	矿物颗粒常定向排列，颗粒周围有压碎等现象，多呈片状、片麻状构造，少数呈均粒结构和块状构造
矿物成分	暗色矿物如橄榄石、辉石、角闪石、黑云母等，浅色矿物如正长石、斜长石、石英等；此外还有金属及非金属等次要矿物或副矿物	多为色浅而稳定的矿物，如石英、白云母、锡石、电气石等；尚含石膏、明矾石、海绿石、铝土矿、方解石、高岭土、白云石、菱铁矿等，深色矿物较少	具变质岩特有矿物，如红柱石、硅线石、蓝晶石、十字石、董青石、石榴石、绿帘石、滑石、石墨等
产状	酸性岩常呈大的岩体和岩基，超基性、基性侵入岩常呈小的侵入体，如岩床、岩盘等，唯喷出岩呈熔岩盖、熔岩台等层状产出	均为层状产出，但有时岩层变化较大，常有扁豆状、透镜状、分叉、尖灭等	常保持岩石原来的产状
外观特征	颜色较杂，风化后岩石表面常有杂色斑点，硬度和比重较大，常造成陡峭的地形	颜色较单一，硬度较小，风化后岩石较松，多造成平缓低矮的地形	颜色较杂，结晶片岩风化后松散，造成的地形随风化程度而异

2.1.1.4 土的成因及分类

各类土的成因及主要特征见表2-4。

表2-4 土的成因及其主要特征

类别	成 因	主 要 特 征	图 示
残积土	岩石风化剥蚀后岩屑原位积存形成	分布受地形控制；颗粒一般呈棱角状，无层理构造，孔隙度大；存在基岩风化层（带），成分和结构呈过渡变化	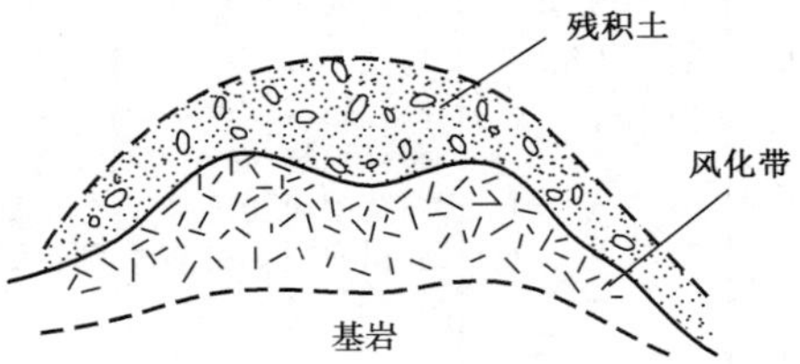
坡积土	岩屑风化剥蚀后经搬运，在重力作用下顺山坡下移形成	多分布于坡腰上或坡脚，与残积土相接；具有分选现象，上部多为黏性土，下部多为碎石、角砾土；土质成分、结构不均一，结构疏松，压缩性高，土层厚度变化大	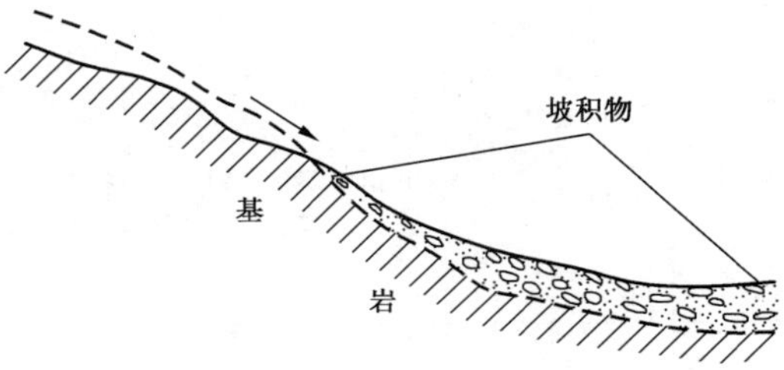
洪积土	岩屑经短暂山洪激流挟带在山沟出口或山前倾斜平原堆积形成	具分选性；常具不规则交替层理构造，夹层、尖灭或透镜体等；近山前洪积土有较高承载力，压缩性低；远处颗粒较细、成分较均匀、厚度较大	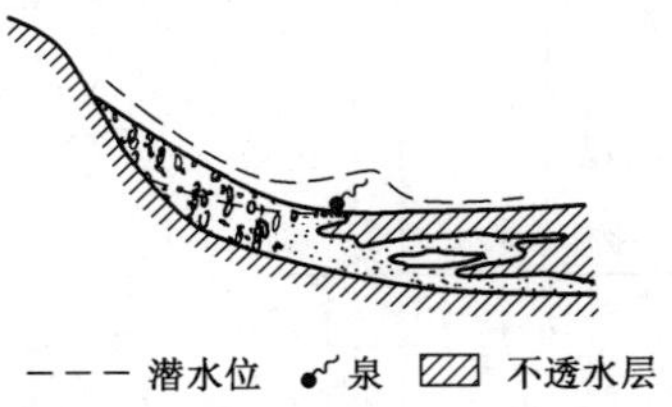
冲积土	经河流搬运作用在河谷中平缓地段堆积形成	发育于河谷内及山区外冲积平原；古河床相土压缩性低，强度较高，而现代河床堆积物密实度较差，透水性强；河漫滩相冲积物具有双层结构，强度较好，易含软弱夹层；牛轭湖相冲积土压缩性很高、承载力很低，不宜作为建筑物的天然地基；三角洲沉积物常为饱和软黏土，承载力低，压缩性高	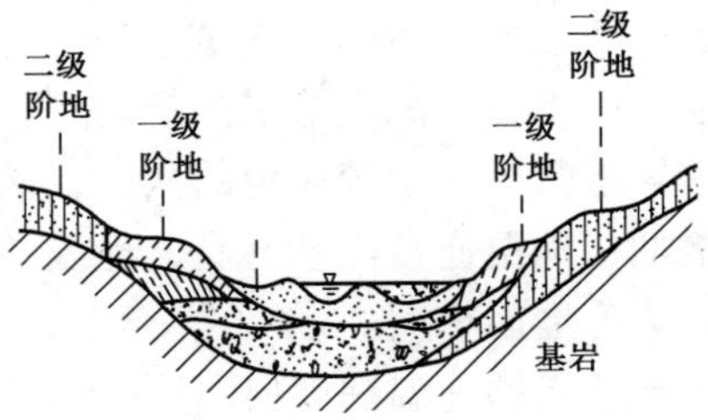
湖积土	湖边及湖心沉积形成	湖边沉积物具斜层理构造，近岸带土承载力高，远岸带略差；湖心沉积物压缩性高，强度很低；若湖泊逐渐淤塞，可形成沼泽土，主要由半腐烂的植物残体和泥炭组成，含水量极高，承载力极低	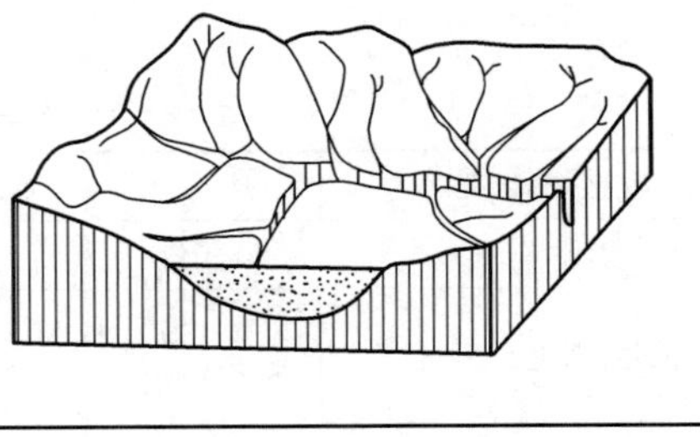

表 2-4（续）

类别	成因	主要特征	图示
海积土	海边及大陆架沉积形成	滨海沉积物主要由卵石、圆砾和砂组成，具近水平或缓倾层理构造，承载力较高，但透水性较大。浅海沉积物主要由细粒砂土、黏性土、淤泥和生物化学沉积物（硅质和石灰质）组成，有层理构造，较滨海沉积物疏松、含水量高、压缩性大而强度低。陆坡和深海沉积物主要是有机质软泥，成分均一	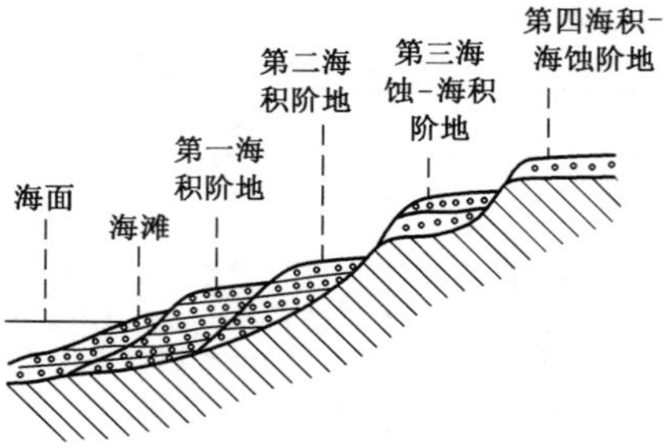
冰积及冰水沉积土	由冰川和冰川融化的冰下水搬运堆积而成	颗粒由巨大块石、碎石、砂、粉土及黏性土混合组成。一般分选性极差，无层理，但冰水沉积常具斜层理。颗粒呈棱角状，巨大块石上常有冰川擦痕	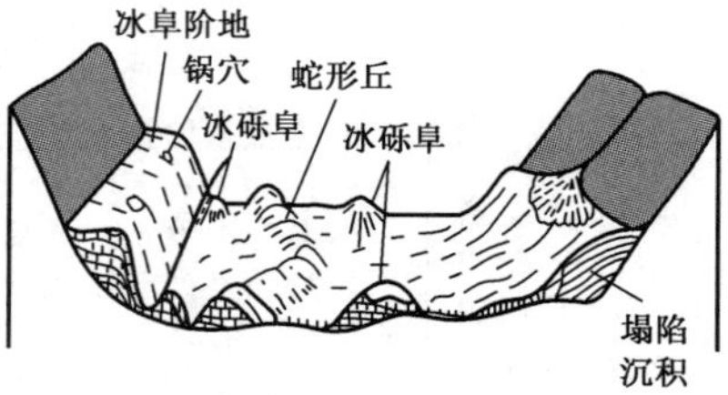
风积土	干旱气候下，岩屑经风力搬运沉积形成	由粉粒或砂粒组成，土质均匀，质纯，孔隙大，结构松散。最常见的是风成砂及风成黄土，后者常具强湿陷性	

2.1.1.5 地温

受地球内部放射性元素核裂变、构造运动、太阳辐射等因素影响，地表以下不同深度的地层往往蕴含着不同的热量，呈现为不同的温度，称为地温。

地表以下一定深度范围内的地层，其地温基本不受太阳辐射及季节变化等环境因素影响，常年维持于一个较稳定的区间，该深度范围的地层称为恒温带。从恒温带向下，随着深度增加，地温通常逐渐升高。地温随深度的增长率，通常采用每百米垂深温度升高量来表示，称为地温梯度。

不同地点的地温梯度值不同，通常为每百米升高 1~3 ℃；地壳的近似平均地温梯度是每百米 2.5 ℃。超过该温度梯度时，一般称为地温梯度异常。

我国部分地区及矿区的地温梯度见表 2-5。

表 2-5 我国部分地区及矿区的地温梯度

地区或矿区	简要说明	地温梯度/[℃·(100 m)$^{-1}$]
华北平原	背景值	2~3（深 300 m 以内）
华北平原边缘地区	靠近地下水补给区、地下水活动强烈，如焦作、峰峰、邯郸、邢台、阳泉等矿区	1~2（深 300 m 以内）

表2-5（续）

地区或矿区	简要说明	地温梯度/[℃·(100 m)$^{-1}$]
华北平原开平盆地	煤系下伏巨厚灰岩含水层	1~3
华北平原隆起区	仓县隆起（局部异常区）	3~4(>4)（深300 m以内）
	内黄隆起、郑州、开封	3~4（深300 m以内）
河南	漯河、许昌至平顶山一带	3~4（深300 m以内）
	东部（西部地下水活动强烈）	3~5（1~3）
山东沭阳盆地	第三系断陷盆地	4.28
山东坊子		1.63~2.79
山东陶庄煤矿		2.13
山东淄博奎山		2.17
安徽九龙岗、淮南、潘集		1.82、2.97、3.11
辽宁抚顺		2.72~4.57（平均3.31）
辽宁北票台吉		2.18
吉林辽源太信四井		3.42
黑龙江双鸭山尖子矿		3.57
广西合山		3.0

2.1.2 工程地质基础知识

2.1.2.1 岩体的工程分类

利用岩体物理力学性质指标，结合地质条件与岩土工程特点，并借鉴岩土工程的设计、施工经验，对工程岩体质量、稳定性进行分类的工作，称为岩体的工程分类。

1. 岩石质量指标（RQD）分级

岩石质量指标（Rock Quality Designation，RQD）最早由笛尔（Deer）于1964年提出，是指用直径为75 mm的金刚石钻头和双层岩芯管在岩石中连续钻进取芯，长度不小于10 cm的岩芯段长度之和与该回次钻进总进尺的比值，以百分比表示：

$$RQD = \frac{L_P(>10 \text{ cm 的岩芯断块累计长度})}{L_t(\text{岩芯进尺总长度})} \times 100\% \qquad (2-1)$$

根据RQD值的大小将岩石质量划分为5级，见表2-6。该方法是根据岩芯完整性进行分类，简便易行，但没有反映节理方位及充填物的影响。

表2-6 基于RQD的岩石质量分级

RQD/%	<25	25~50	50~75	75~90	>90
岩石质量描述	很差	差	一般	好	很好
等级	Ⅰ	Ⅱ	Ⅲ	Ⅳ	Ⅴ

2. 岩体地质力学分类（RMR）

岩体地质力学分类（Rock Mass Rating，RMR）法是南非科学和工业研究委员会提出的岩体分类方法，其基本步骤如下：

第一步，先按完整岩石强度、岩石质量指标 RQD、节理间距、节理条件、地下水共 5 类指标，按表 2-7 中规定的评分标准评分，并累加得到 RMR 初值。

第二步，根据节理方向对工程的影响，按表 2-8 修正 RMR 初值得最终值。

第三步，根据 RMR 最终值，按表 2-9 进行分类，进而获得岩石工程在无支护条件下的自稳时间以及岩体强度指标值（c、ϕ）。

RMR 法适用于较坚硬的节理岩体，对于诱发严重挤压、膨胀变形及涌水严重的极软弱岩体，该方法不适用。

表 2-7 岩体地质力学分类参数及其 RMR 评分值

序号	参数		数值变动范围						
1	完整岩石强度/MPa	点荷载强度	>10	4~10	2~4	1~2	强度较低的岩石宜用单轴抗压强度		
		单轴抗压强度	>250	100~250	50~100	25~50	5~25	1~5	<1
		评分	15	12	7	4	2	1	0
2	岩石质量指标 RQD/%		90~100	75~90	50~75	25~50	<25		
	评分		20	17	13	8	3		
3	节理间距/mm		>2000	600~2000	200~600	60~200	<60		
	评分		20	15	10	8	5		
4	节理条件		节理面很粗糙，节理不连续，节理宽度为 0，节理面岩石坚硬	节理面稍粗糙，宽度小于 1 mm，节理面岩石坚硬	节理面稍粗糙，宽度小于 1 mm，节理面岩石较软弱	节理面光滑或含宽度小于 5 mm 软弱夹层，张开度为 1~5 mm，节理连续	节理含宽度大于 5 mm 的软弱夹层，张开度大于 5 mm，节理连续		
	评分		30	25	20	10	0		
5	地下水	每 10 m 隧道涌水量/(L·min^{-1})	无	<10	10~25	25~125	>125		
		节理水压与最大主应力之比	0	0.1	0.1~0.2	0.2~0.5	>0.5		
		一般情况	完全干燥	潮湿	只有湿气（有裂隙水）	中等水压	水的问题严重		
		评分	15	10	7	4	0		

表 2-8 不同节理方向下 RMR 的修正值

节理走向或倾向		非常有利	有利	一般	不利	非常不利
评分值	隧道	0	-2	-5	-10	-12
	地基	0	-2	-7	-15	-25
	边坡	0	-5	-25	-50	-60

表 2-9　按总 RMR 评分值确定的岩体级别及岩体质量评价

总　　分	100~81	80~61	60~41	40~21	<20
分类号	Ⅰ	Ⅱ	Ⅲ	Ⅳ	Ⅴ
质量描述	很好的岩体	好的岩体	一般岩体	差的岩体	很差的岩体
平均自稳时间	20 年 (15 m 跨度)	1 年 (10 m 跨度)	1 周 (5 m 跨度)	10 h (2.5 m 跨度)	30 min (1 m 跨度)
岩体内聚力/kPa	>400	300~400	200~300	100~200	<100
岩体内摩擦角/(°)	>45	35~45	25~35	15~25	<15

3. 岩体掘进质量指标——Q 分类

挪威岩土工程研究所巴顿（Barton）等人，基于大量地下工程开挖的工程实践及资料分析，1974 年提出了岩体的隧道掘进质量分类法。该方法基于分类指标 Q 值开展隧道围岩质量分类，以确定岩体特征和对应的隧洞支护方案。

Q 指标可由下式计算，Q 值以对数形式表示，通常介于 0.001 到 1000 之间：

$$Q = \frac{RQD}{J_n} \cdot \frac{J_r}{J_a} \cdot \frac{J_w}{SRF} \tag{2-2}$$

式中　RQD——岩石质量指标；

　　　J_n——节理组数；

　　　J_r——节理粗糙度数值；

　　　J_a——节理蚀变程度；

　　　J_w——节理的水折减系数；

　　　SRF——应力折减系数。

根据 Q 值可将岩体分为 8 类，见表 2-10。根据岩体 Q 值与地下工程当量开挖尺寸 D_r 之间的统计关系，可确定工程开挖支护方案。Q 分类法把定性分析、定量评价相结合，较全面地考虑了地质因素的影响，软岩、硬岩均适用该方法，尤其是极软弱岩层中，通常推荐采用该分类方法。

表 2-10　岩体质量 Q 值分类

Q 值	>400	400~100	100~40	40~10	10~4	4~1	1.0~0.1	0.1~0.01
围岩类型	特好	极好	很好	好	一般	坏	很坏	极坏

4. 中国工程岩体分级——BQ 分类

我国《工程岩体分级标准》(GB/T 50218) 提出了岩体质量的两步分级法，该方法考虑了岩体结构特征、岩体的完整性、岩石强度、初始地应力及地下水等因素，分两步进行岩体分级。

1）岩体的基本质量分级

首先根据岩体完整性及结构特性等，获得岩体的基本质量指标 BQ，其次根据指标 BQ 进行岩体基本质量的分级和评价。

岩体基本质量指标 BQ 按下式计算：

$$BQ = 100 + 3R_c + 250K_v \qquad (2-3)$$

式中　R_c——岩石饱和单轴抗压强度，MPa；

　　　K_v——岩体完整性指数。

按照上式计算时，应注意：当 $R_c > 90K_v + 30$ 时，应取 $R_c = 90K_v + 30$ 代入计算；当 $K_v > 0.04R_c + 0.4$ 时，应取 $K_v = 0.04R_c + 0.4$ 代入计算。

岩石饱和单轴抗压强度（R_c）与岩石坚硬程度的对应关系按表 2-11 确定。

表 2-11　R_c 与岩石坚硬程度的对应关系

R_c/MPa	>60	60~30	30~15	15~5	≤5
坚硬程度	坚硬岩	较坚硬岩	较软岩	软岩	极软岩

岩体完整性指数 K_v，利用声波测试资料按下式计算确定：

$$K_v = \left(\frac{V_{ml}}{V_{cl}}\right)^2 \qquad (2-4)$$

式中　V_{ml}——岩体内弹性纵波波速，km/s；

　　　V_{cl}——岩块内弹性纵波波速，km/s。

当无声波测试资料时，由岩体单位体积内的节理数 J_v 查表 2-12 确定。

表 2-12　J_v 与 K_v 对照表

J_v/(条·m^{-3})	<3	3~10	10~20	20~35	>35
K_v	>0.75	0.75~0.55	0.55~0.35	0.35~0.15	<0.15

岩体完整性指数 K_v 与定性划分的岩体完整程度的对应关系，可按表 2-13 确定。

表 2-13　K_v 与定性划分的岩体完整程度的对应关系

K_v	>0.75	0.75~0.55	0.55~0.35	0.35~0.15	≤0.15
完整程度	完整	较完整	较破碎	破碎	极破碎

根据岩体的 BQ 值，以及岩体坚硬性、完整性的定性特征，按表 2-14 进行岩体的基本质量分级。

表 2-14　岩体基本质量分级

岩体基本质量级别	岩体基本质量的定性特征	岩体基本质量指标（BQ）
Ⅰ	坚硬岩，岩体完整	>550
Ⅱ	坚硬岩，岩体较完整 较坚硬岩，岩体完整	550~451

表 2-14（续）

岩体基本质量级别	岩体基本质量的定性特征	岩体基本质量指标（BQ）
Ⅲ	坚硬岩，岩体较破碎 较坚硬岩或软硬岩互层，岩体较完整 较软岩，岩体完整	450~351
Ⅳ	坚硬岩，岩体破碎 较坚硬岩，岩体较破碎~破碎 较软岩或软硬岩互层，且以软岩为主，岩体较完整~较破碎 软岩，岩体完整~较完整	350~251
Ⅴ	较软岩，岩体破碎 软岩，岩体较破碎~破碎 全部极软岩及全部极破碎岩	≤250

2）地下工程岩体分级

工程岩体的分级，应在岩体基本质量分级的基础上，结合不同类型工程的特点，根据地下水状态、初始应力状态、工程轴线或工程走向线方位与主要结构面产状的组合关系等修正因素，确定各类工程岩体的质量指标。

对于地下工程岩体，应考虑地下水、主要软弱结构面、初始应力状态等影响因素，对岩体的基本质量指标 BQ 进行修正，得出其修正值 [BQ]。

BQ 按以下公式进行修正：

$$[\text{BQ}] = \text{BQ} - 100(K_1 + K_2 + K_3) \tag{2-5}$$

式中　[BQ]——地下工程岩体质量指标；
　　　BQ——岩体基本质量指标；
　　　K_1——地下工程地下水影响修正系数；
　　　K_2——地下工程主要结构面产状影响修正系数；
　　　K_3——初始应力状态影响修正系数。

修正系数 K_1、K_2、K_3 分别按表 2-15、表 2-16、表 2-17 取值。

根据修正后的 [BQ]，仍按表 2-14 进行质量分级。

表 2-15　地下工程地下水影响修正系数 K_1

地下水出水状态	BQ 值				
	>550	550~451	450~351	350~251	≤250
潮湿或点滴状出水，$p≤0.1$ 或 $Q≤25$	0	0	0~0.1	0.2~0.3	0.4~0.6
淋雨状或线流状出水，$0.1<p≤0.5$ 或 $25<Q≤125$	0~0.1	0.1~0.2	0.2~0.3	0.4~0.6	0.7~0.9
涌流状出水，$p>0.5$ 或 $Q>125$	0.1~0.2	0.2~0.3	0.4~0.6	0.7~0.9	1.0

注：p 为地下工程的围岩裂隙水压，MPa；Q 为每 10m 洞长的出水量，L/(min·10m)。

表2-16 地下工程主要结构面产状影响修正系数 K_2

结构面产状及其与洞轴线的组合关系	结构面走向与洞轴线夹角<30°，结构面倾角30°~75°	结构面走向与洞轴线夹角>60°，结构面倾角>75°	其他组合
K_2	0.4~0.6	0~0.2	0.2~0.4

表2-17 初始应力状态影响修正系数 K_3

围岩强度应力比（R_c/σ_{max}）	BQ值				
	>550	550~451	450~351	350~251	≤250
<4	1.0	1.0	1.0~1.5	1.0~1.5	1.0
4~7	0.5	0.5	0.5	0.5~1.0	0.5~1.0

对于边坡工程岩体，可类似考虑控制边坡稳定性的主要结构面类型与延伸性、边坡内地下水发育程度、结构面产状与坡面间关系等影响因素，对BQ修正后得到[BQ]值，再利用表2-14重新进行工程岩体分级。

对于地基工程岩体，直接按表2-14所示的基本质量级别进行岩体分级，进而可按相关规定确定基岩承载力基本值 f_0。

工程岩体分级确定后，可根据《工程岩体分级标准》（GB/T 50218）中附录E，对地下工程围岩、边坡岩体等的稳定性进行评估分析。

5. 国内岩土锚喷支护工程围岩分级

我国《岩土锚杆与喷射混凝土支护工程技术规范》（GB 50086）中指出，隧洞、硐室的支护设计，应首先确定围岩级别。锚喷支护工程的地质勘查工作应为围岩分级提供依据；围岩分级应根据岩石坚硬性、完整性、结构特征、地下水和地应力状况等因素综合确定，并推荐了隧洞、硐室围岩分级方法，见表2-18。

表2-18 隧洞、硐室围岩分级

围岩级别	主要工程地质特征						毛洞稳定情况
	岩体结构	岩石强度指标		岩体声波指标		岩体强度应力比	
		饱和单轴抗压强度/MPa	点荷载强度/MPa	岩体纵波速/(km·s^{-1})	岩体完整性指数		
Ⅰ	整体状及层间结合良好的厚层状结构	>60	>2.50	>5.0	0.75	>4	毛洞跨度5~10m时，长期稳定，一般无碎块掉落
Ⅱ	同Ⅰ类围岩结构	30~60	1.25~2.50	3.7~5.2	0.75	>2	毛洞跨度5~10m时围岩较长时间维持稳定，仅出现局部小块掉落
	块状结构和层间结合较好的中厚层或厚层状结构	>60	>2.50	3.7~5.2	0.5	>2	

表 2-18（续）

围岩级别	岩体结构	主要工程地质特征					毛洞稳定情况
		岩石强度指标		岩体声波指标		岩体强度应力比	
		饱和单轴抗压强度/MPa	点荷载强度/MPa	岩体纵波速/(km·s^{-1})	岩体完整性指数		
Ⅲ	同Ⅰ类围岩结构	20~30	0.85~1.25	3.0~4.5	0.75	>2	毛洞跨度5~10m时，围岩维持一个月以上的稳定，主要出现局部掉块、塌落
	同Ⅱ类围岩结构和层间结合较好的中厚层或厚层状结构	30~60	1.25~2.50	3.0~4.5	0.5~0.75	>2	
	层间结合良好的薄层和软硬岩互层结构	>60（软岩>20）	>2.50	3.0~4.5	0.3~0.5	>2	
	碎裂镶嵌结构	>60	>2.50	3.0~4.5	0.3~0.5	>2	
Ⅳ	同Ⅱ类围岩结构和层间结合较好的中厚层或厚层状结构	10~30	0.42~1.25	2.0~3.5	0.5~0.75	>1	毛洞跨度5m时，围岩维持数日到一个月的稳定，主要失稳形式为冒落和片帮
	散粒状结构	>30	>1.25	>2.0	0.15	>1	
	层间结合不良的薄层、中厚层和软硬岩互层结构	>30（软岩>10）	>1.25	2.0~3.5	0.2~0.4	>1	
	碎裂状结构	>30	>1.25	2.0~3.5	0.2~0.4	>1	
Ⅴ	散体状结构			<2.0			毛洞跨度5m时，围岩稳定时间很短，约数小时或数日

注：《岩土锚杆与喷射混凝土支护工程技术规范》（GB 50086）中"隧洞、硐室围岩级别"表中还有"构造影响程度，结构面发育情况和组合状态"一栏，因篇幅所限，此处略去，可参见该规范。

6. 井巷工程围岩分级

《岩土工程勘察技术规范》（YS 5202）给出了井巷工程围岩分类方法，见表 2-19。与表 2-18 中隧洞、硐室围岩分级方法相比，该方法增加了岩石质量指标 RQD、坚固性系数 f 两个因素。

2.1.2.2 土的工程分类

自然界中土的成因、矿物成分、沉积环境、结构特征及物理力学性质往往具有显著差异，不同领域的岩土工程对土的物理力学性质、工程特性的关注重点不尽相同。因此，不同行业领域往往各有土的工程分类标准，见表 2-20。

表2-19 井巷工程的围岩分级

围岩类别	主要工程地质特征							毛洞稳定情况
	岩体结构	岩石强度指标		岩石质量指标RQD/%	岩体声波指标		岩体强度应力比	岩体及土体坚固性系数 f	
		饱和单轴抗压强度/MPa	点荷载强度/MPa		岩体纵波速度/(km·s⁻¹)	岩体完整性指数			
Ⅰ	整体状及层间结合良好的厚层状结构	>60	>2.50	>90	>5.0	>0.75	—	15~20	毛洞跨度5~10 m时，长期稳定，一般无碎块掉落
Ⅱ	同Ⅰ类围岩结构		1.25~2.50	75~90	3.7~5.2	>0.75	—	8~15	毛洞跨度5~10 m时，围岩能较长时间维持稳定，仅出现局部小块掉落
	块状结构和层间结合较好的中厚层或厚层状结构	>60	>2.50			>0.50		6~8	
Ⅲ	同Ⅰ类围岩结构	20~30	0.85~1.25	75~90	3.0~4.5	>0.75	>2	5~6	毛洞跨度5~10 m时，围岩能维持一个月以上的稳定
	同Ⅱ类围岩块状结构和层间结合较好的中厚层或厚层状结构	30~60	1.25~2.50			0.50~0.75	>2		
	层间结合良好的薄层和软硬岩互层结构	>60(软岩>20)	>2.50	50~75	3.0~4.5	0.30~0.80	>2	4~5	—
	碎裂镶嵌结构	>60	>2.50	25~50	3.0~4.5	0.30~0.50	>2	3~4	—
Ⅳ	同Ⅱ类围岩块状结构和层间结合较好的中厚层或厚层状结构	10~30	0.42~1.25	25~50	2.0~3.5	0.50~0.75	>1	3~4	毛洞跨度5 m时，围岩能维持数日到一个月的稳定，主要失稳形式为冒落或片帮
	散粒状结构	>30	>1.25	<2.5	>2.0	>0.15	>1	2~3	
	层间结合不良的薄层、中厚层和软硬岩互层结构	>30(软岩>10)	>1.25	<2.5	2.0~3.5	0.20~0.40	>1	2~3	
	碎裂状结构	>30	>1.25	<2.5	2.0~3.5	0.20~0.40	>1	1.5~2.0	
Ⅴ	散体状结构	—	—	<2.5	<2.0	—	—	1.0~1.5	毛洞跨度5 m时，围岩稳定时间短，约数小时至数日

表 2-19（续）

围岩类别	岩体结构	主要工程地质特征							毛洞稳定情况
		岩石强度指标		岩石质量指标RQD/%	岩体声波指标		岩体强度应力比	岩体及土体坚固性系数f	
		饱和单轴抗压强度/MPa	点荷载强度/MPa		岩体纵波速度/(km·s^{-1})	岩体完整性指数			
Ⅵ	松散结构	—	—	—	1.5~2.0	—	—	1~1.5	围岩稳定时间短，易坍塌，浅埋时易出现地表下沉或坍塌至地表
Ⅶ	松软或松散结构	—	—	—	1.0~1.5	—	—	0.6~1.0	极不稳定，极易坍塌，有水时土、砂常与水一起涌出，浅埋时易坍塌至地表
		—	—	<1.0（饱和状态土小于1.5）	—	—	—	0.6	

注：《岩土工程勘察技术规范》（YS 5202）中"井巷工程围岩分类"表中还有"构造影响程度，结构面发育情况及组合状态"一栏，因篇幅所限，此处略去，可参见该规范。

表 2-20　土的工程分类标准或规范

序号	标准性质或适用范围	名　称	编　号
1	基本分类	土的工程分类标准	GB/T 50145
2	除水利、铁路、公路、桥隧工程外的岩土工程勘察	岩土工程勘察规范	GB 50021
3	铁路工程	铁路工程岩土分类标准	TB 10077
4	公路工程	公路土工试验规程	JTG E40
5	工业与民用建筑地基与基础工程	建筑地基基础设计规范	GB 50007

土的工程分类应遵循以下基本原则：

（1）工程特性差异性原则。以主要影响因素作为分类依据，使不同土类的主要工程特性具有显著差别。

（2）以地质成因和地质年代为基础、工程特性为依据的原则。土是长期地质作用的产物，地质成因、形成年代与土的工程特性具有一定关联性。基于此，并以工程特性为依据开展土的分类，才能更好地服务于工程。

（3）分类指标便于准确测定的原则。土的分类指标一方面应能综合反映土的基本工程特性，另一方面应限于准确测定，以形成定量化的指标，便于分类工作的实施。

1. 《土的工程分类标准》（GB/T 50145）

土颗粒的粒组划分见表 2-21。

表2-21 土颗粒的粒组划分

粒组	颗粒名称		粒径 d 的范围/mm
巨粒	漂石（块石）		$d > 200$
	卵石（碎石）		$60 < d \leq 200$
粗粒	砾粒	粗砾	$20 < d \leq 60$
		中砾	$5 < d \leq 20$
		细砾	$2 < d \leq 5$
	砂粒	粗砂	$0.5 < d \leq 2$
		中砂	$0.25 < d \leq 0.5$
		细砂	$0.075 < d \leq 0.25$
细粒	粉粒		$0.005 < d \leq 0.075$
	黏粒		$d \leq 0.005$

土按不同粒组的相对含量，分为巨粒类土、粗粒类土、细粒类土三大类。

（1）巨粒类土。巨粒类土按粒组相对含量进一步细化，见表2-22。

表2-22 巨粒类土的分类

土类	粗组含量		土类代号	土类名称
巨粒土	巨粒含量>75%	漂石含量大于卵石含量	B	漂石（块石）
		漂石含量不大于卵石含量	Cb	卵石（碎石）
混合巨粒土	50%<巨粒含量≤75%	漂石含量大于卵石含量	BSl	混合土漂石（块石）
		漂石含量不大于卵石含量	CbSl	混合土卵石（块石）
巨粒混合土	15%<巨粒含量≤50%	漂石含量大于卵石含量	SlB	漂石（块石）混合土
		漂石含量不大于卵石含量	SlCb	卵石（碎石）混合土

注：1. 巨粒混合土可根据所含粗粒或细粒的含量进行细分。
　　2. 对试样中巨粒组含量不大于总质量的15%的土，可扣除巨粒，按粗粒土或细粒土的相应规定分类；当巨粒对土的总体性状有影响时，可将巨粒计入砾粒组进行分类。

（2）粗粒类土。粗粒组含量大于50%的土称为粗粒类土。粗粒类土按粒组、级配、细粒土含量进一步划分为砾类土、砂类土，见表2-23。

表2-23 粗粒类土的分类

土类		粒组含量		土类代号	土类名称
砾类土（砾粒组含量>砂粒组含量）	砾	细粒含量<5%	级配 $C_u \geq 5$，$1 \leq C_c \leq 3$	GW	级配良好砾
			级配不同时满足上述要求	GP	级配不良砾
	含细粒土砾	5%≤细粒含量<15%		GF	含细粒土砾
	细粒土质砾	15%≤细粒含量<50%	细粒组中粉粒含量≤50%	GC	黏土质砾
			细粒组中粉粒含量>50%	GM	粉土质砾

表 2-23（续）

土 类		粒 组 含 量		土类代号	土类名称
砂类土（砾粒组含量≤砂粒组含量）	砂	细粒含量<5%	级配 $C_u \geq 5$，$1 \leq C_c \leq 3$	SW	级配良好砂
			级配不同时满足上述要求	SP	级配不良砂
	含细粒土砾	$5\% \leq$ 细粒含量 $<15\%$		SF	含细粒土砂
	细粒土质砂	$15\% \leq$ 细粒含量 $<50\%$	细粒组中粉粒含量≤50%	SC	黏土质砂
			细粒组中粉粒含量>50%	SM	粉土质砂

注：表中 C_u、C_c 分别是土颗粒级配指标——不均匀系数、曲率系数。

（3）细粒类土。细粒组含量不小于 50% 的土称为细粒类土。其中，粗粒组含量不大于 25% 的土称为细粒土；粗粒组含量大于 25% 且不大于 50% 的土称为含粗粒的细粒土；有机质含量小于 10% 且不小于 5% 的土称为有机质土。

细粒类土应按塑性图、所含粗粒类别、有机质含量进行划分。

细粒土应根据塑性图分类，如图 2-1 所示；细粒土的分类应符合表 2-24。

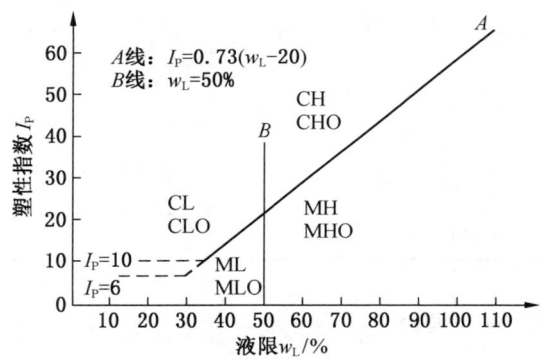

注：1. 图中液限 w_L 为用碟式液限仪测定的液限含水率，或用质量 76 g、锥角 30° 的液限仪锥尖入土深度 17 mm 对应的含水率。
2. 图中虚线之间的区域是黏土－粉土过渡区。

图 2-1 塑性图

表 2-24 细粒土的分类

土的塑性指标在塑性图中的位置		土类代号	土类名称
$I_p \geq 0.73(w_L - 20)$ 和 $I_p \geq 7$	$w_L \geq 50\%$	CH	高液限黏土
	$w_L < 50\%$	CL	低液限黏土
$I_p < 0.73(w_L - 20)$ 和 $I_p < 4$	$w_L \geq 50\%$	MH	高液限粉土
	$w_L < 50\%$	ML	低液限粉土

注：黏土－粉土过渡区（CL-ML）的土可按相邻土层的类别细分。

2.《铁路工程岩土分类标准》(TB 10077)

铁道系统根据《铁路工程岩土分类标准》(TB 10077) 开展土的分类，见表 2-25。

表 2-25 土颗粒大小分类

颗 粒 名 称		粒径 d/mm
漂石（浑圆、圆棱）或块石（尖棱）	大	$d > 800$
	中	$400 < d \leqslant 800$
	小	$200 < d \leqslant 400$
卵石（浑圆、圆棱）或碎石（尖棱）	大	$100 < d \leqslant 200$
	小	$60 < d \leqslant 100$
粗圆砾（浑圆、圆棱）或粗角砾（尖棱）	大	$40 < d \leqslant 60$
	小	$20 < d \leqslant 40$
细圆砾（浑圆、圆棱）或细角砾	大	$10 < d \leqslant 20$
	中	$5 < d \leqslant 10$
	小	$2 < d \leqslant 5$
砂粒	粗	$0.5 < d \leqslant 2$
	中	$0.25 < d \leqslant 0.5$
	细	$0.075 < d \leqslant 0.25$
粉粒		$0.005 < d \leqslant 0.075$
黏粒		$d < 0.005$

（1）碎石类土。碎石类土根据土颗粒的形状和级配划分，见表 2-26。

表 2-26 碎石类土的分类

名　称	颗粒形状	颗粒级配
漂石土	浑圆或圆棱状为主	粒径大于 200mm 的颗粒的质量超过总质量的 50%
块石土	尖棱状为主	
卵石土	浑圆或圆棱状为主	粒径大于 60mm 的颗粒的质量超过总质量的 50%
碎石土	尖棱状为主	
粗圆砾土	浑圆或圆棱状为主	粒径大于 20mm 的颗粒的质量超过总质量的 50%
粗角砾土	尖棱状为主	
细圆砾土	浑圆或圆棱状为主	粒径大于 2mm 的颗粒的质量超过总质量的 50%
细角砾土	尖棱状为主	

注：定名时应根据粒径分组，由大到小，以最先符合者确定。

（2）砂类土。砂类土根据土的颗粒级配划分，见表 2-27。

表2-27 砂类土的分类

名　称	颗　粒　级　配
砾砂	粒径大于 2 mm 的颗粒占总质量的 25%～50%
粗砂	粒径大于 0.5 mm 的颗粒超过总质量的 50%
中砂	粒径大于 0.25 mm 的颗粒超过总质量的 50%
细砂	粒径大于 0.075 mm 的颗粒超过总质量的 85%
粉砂	粒径大于 0.075 mm 的颗粒超过总质量的 50%

注：定名时应根据颗粒级配，由大到小，以最先符合者确定。

（3）粉土。塑性指数 $I_P \leqslant 10$，且粒径大于 0.075 mm 颗粒的质量不超过总质量 50% 的土，定义为粉土。

（4）黏性土。应根据土的塑性指数，对黏性土进一步分类，见表2-28。

表2-28 黏性土的分类

名　称	颗　粒　级　配
粉质黏土	$10 < I_P \leqslant 17$
黏土	$I_P > 17$

注：液限含水率采用圆锥仪法，圆锥仪质量为 76 g，入土深度为 10 mm；塑限含水率试验采用搓条法。

2.1.3　水文地质基础知识

2.1.3.1　水在岩土中的存在形态

岩土中水的存在形态及其特征见表2-29。

表2-29　岩土中水的存在形态及其特征

水的分类		定　义	特　征	图　示
结晶水		存在于晶体内部的水	构成矿物的一部分，一般不移动；一般在温度高于 105 ℃ 时脱离晶格	
结合水	强结合水	又称吸附水或吸着水，指紧紧吸附于岩土颗粒表面，受强大分子引力及电场作用的水	具有极大的黏滞性、弹性与抗剪强度；不受重力影响，不能自由移动，不能传递静水压力；比重 1.2～2.4，结冰温度低达 −78 ℃	
	弱结合水	位于强结合水外侧，但仍受分子引力及电场作用的水	呈黏滞状态；不受重力影响，不能自由移动，但可由水膜较厚处缓慢迁移；一般在 −4～−5 ℃ 开始结冰，直至温度 −30 ℃，绝大多数弱结合水才能结冰	

表 2-29（续）

水的分类		定义	特征	图示
自由水	毛细水	不受矿物颗粒静电吸力作用，存在于地下水位以上，岩土体的毛细孔隙中的水	受表面张力、重力双重作用，能传递静水压力；受毛细管作用，水位随地下水位变化。标准大气压下，冰点接近 0 ℃；压力每升高 1 个大气压，冰点降低约 0.0075 ℃	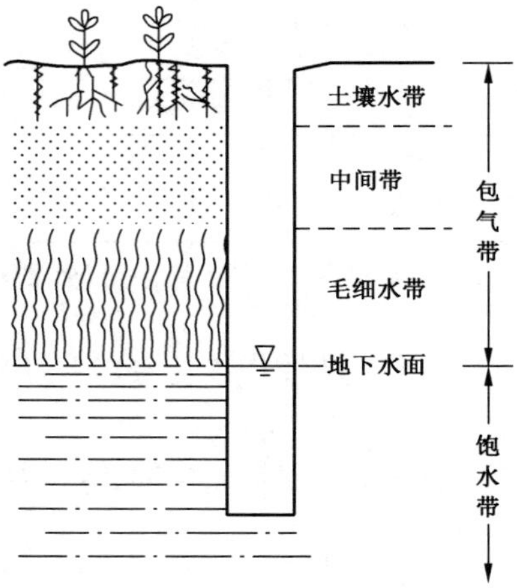
	重力水	不受矿物颗粒静电吸力作用，存在于岩土孔隙、裂隙中，受重力作用，能自由流动的水	受重力作用，能传递静水压力。冰点同毛细水	

2.1.3.2 地下水的赋存特征及分类

地下水按照其赋存特征及性状，可分为上层滞水、潜水、承压水，见表 2-30。

表 2-30 地下水按赋存特征及性状分类

类别	上层滞水	潜水	承压水
定义	包气带内局部隔水层之上积聚的具有自由水面的重力水	地表以下第一个稳定隔水层以上具有自由水面的地下水	充满两个隔水层之间的含水层中的地下水
赋存特征与性状	常分布于砂层中的黏土夹层之上和石灰岩溶洞底部有黏性土充填部位。补给来源多为大气降水；通过蒸发或向隔水底板边缘下渗排泄；水量小，季节性变化剧烈	主要赋存于第四系松散层、基岩表层裂隙带或灰岩溶洞中。潜水以上无连续隔水层，一般不承压。径流受重力控制，岩孔、裂隙中多为层流。排泄靠蒸发进入大气圈中，或以泉的形式出露于地表及人工开采等	位于连续、稳定隔水层之间；分补给、承压及排泄区。补给区具自由水面。排泄区通过上升泉和向浅部含水层越流方式排泄。补给区地势高，具较高势能。承压含水层顶面受大气压和岩土压力，并受静水压力作用；水面非自由表面
图示	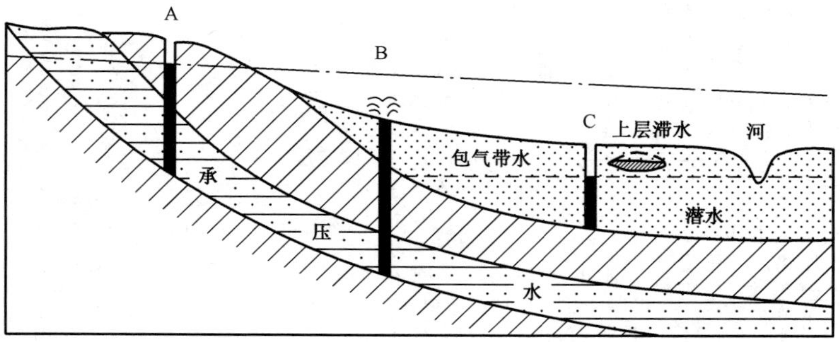		

2.1.3.3 地下水的物理、化学成分及分类

1. 地下水的主要物理性质指标

地下水的主要物理性质包括温度、颜色、透明度、气味、味道、比重、导电性和放射性等，见表2-31。

表2-31 地下水常见物理性质指标

常见物理性质			一 般 指 标	
温度/℃		过冷水		<0
		冷水		0~20
	热水	低温热水		20~40
		中温热水		40~60
		中高温热水		60~80
		高温热水		80~100
	过热水	低温过热水		>100
		高温过热水		>374
颜色		翠绿色		含 H_2S
		浅绿灰色		含低价铁 Fe^{2+}
		黄褐色或锈色		含高价铁 Fe^{3+}
		红色		含硫细菌
		暗红色		含锰的化合物
		暗或黑黄色带荧光		含腐殖酸
		无荧光的淡黄色		含黏土
		悬浮物本身的颜色		含悬浮物
透明度	鉴别特征及可见深度	无悬浮物胶体，60cm可见		透明的水
		少量悬浮物，30~60cm可见		微浊的水
		有较多悬浮物，<30cm可见		混浊的水
		大量悬浮物，似乳状，水深很小不可见		极混浊的水
气味		腐蛋味		含 H_2S
		铁腥味		含低铁 Fe^{2+}
		鱼腥臭味		含有机质
		沼泽味		含腐殖质
味道		咸味		含 NaCl
		涩味		含 Na_2SO_4
		苦味		含 $MgCl_2$、$MgSO_4$
		铁锈味		含铁较多
		清凉可口		含 CO_2
比重		1~1.2		含盐分较少
		1.2~1.3		含盐分较多

2. 地下水的化学成分

地下水常含有各种离子，对地下工程施工或工程结构的耐久性产生不同程度的影响。地下水中常见的化学离子见表2-32。

表2-32 地下水中常见的化学离子

离子	来源	特点
Cl^-	岩盐矿床和其他含氯化物的沉积岩的溶解	
SO_4^{2-}	石膏及其他含硫酸盐的沉积物的溶解	分布较广，含量较多，几毫克/升至数十毫克/升
HCO_3^-	碳酸盐类如石灰岩、白云岩或泥灰岩的溶解	分布广，含量不高，一般<1 g/L。HCO_3^-是低盐量地下水的主要成分
Na^+	岩盐及含钠盐的海相沉积岩的溶解	分布很广，含量变化大，数毫克/升至数十克/升，具有随地下水含盐量增高而增加的特点
K^+	岩盐及含钾盐的海相沉积岩的溶解	钾盐的溶解度很大，但含量却不高，常为Na^+含量的4%~10%
Ca^{2+}	碳酸盐类岩石（如石灰岩、白云岩）及含石膏岩石的溶解	分布很广，绝对含量不高，是含盐量低的地下水中的主要成分，Ca^{2+}在水中常与HCO_3^-及SO_4^{2-}伴存
Mg^{2+}	白云岩的溶解以及岩浆岩、变质岩中含镁矿物的风化	分布广，但绝对含量不高，镁盐的溶解度大于钙盐，Mg^{2+}常少于Ca^{2+}

3. 地下水的硬度及分类

水的硬度是指溶解在水中的盐类物质的含量，即钙盐与镁盐含量的多少。

水的硬度又分为暂时性硬度和永久性硬度。由于水中含有重碳酸钙与重碳酸镁而形成的硬度，经煮沸后可把硬度去掉，这种硬度称为暂时性硬度，又叫碳酸盐硬度。水中含硫酸钙和硫酸镁等盐类物质而形成的硬度，经煮沸后也不能去除，称为永久性硬度。暂时性和永久性两种硬度合称为总硬度。

水的硬度表示方法有多种，我国采用的表示方法与德国相同。

德国度（°dH）：1 L水中含有相当于10 mg的$CaCO_3$，其硬度即为1个德国度。这也是我国最普遍使用的一种水的硬度表示方法。

mmol/L：1 L水中含有相当于100 mg的$CaCO_3$，称其为1 mmol/L的硬度。水的硬度通用单位为mmol/L，也可用德国度（°dH）表示。

美国度（mg/L）：1 L水中含有相当于1 mg的$CaCO_3$，其硬度即为1个美国度。

法国度（°fH）：1 L水中含有相当于10 mg的$CaCO_3$，其硬度即为1个法国度。

英国度（°eH）：1 L水中含有相当于14.28 mg的$CaCO_3$，其硬度即为1个英国度。

水的不同硬度的相互换算关系见表2-33，地下水的硬度分类见表2-34。

表 2-33　水的硬度概念及其换算关系

硬度表示及单位		mmol/L	mg/L	德国度	英国度	法国度	美国度
				°dH	°eH	°fH	mg/L
mmol/L		1	2	5.61	7.02	10	100
mg/L		0.5	1	2.8	3.51	5	50
德国度	°dH	0.178	0.356	1	1.25	1.78	17.8
英国度	°eH	0.143	0.286	0.8	1	1.43	14.3
法国度	°fH	0.1	0.2	0.56	0.7	1	10
美国度	mg/L	0.01	0.02	0.056	0.07	0.1	1

表 2-34　地下水按硬度分类及其特征

水的类别	总硬度		
	通用单位 mmol/L	毫克当量 mg/L	德国度（°dH）
极软水	<0.75	<1.5	<4.2
软水	0.75~1.50	1.5~3	4.2~8.4
弱硬水	1.50~3.00	3~6	8.4~16.8
硬水	3.00~4.50	6~9	16.8~25.2
极硬水	>4.50	>9	>25.2

4. 地下水的矿化度及分类

水的矿化度是指单位体积的水中含有的各种盐（离子、分子与化合物）的总质量。地下水的矿化度分类见表 2-35。

表 2-35　地下水的矿化度分类

矿化度分类	低矿化水（淡水）	弱矿化水（微咸水）	中等矿化水（半咸水）	高矿化水（咸水）	卤水
矿化度值/(g·L^{-1})	<1	1~3	3~10	10~50	>50

5. 地下水的酸碱度及分类

地下水的酸碱度分类见表 2-36。

表 2-36　地下水的酸碱度分类

地下水分类	强酸性水	弱酸性水	中性水	弱碱性水	强碱性水
pH 值	<5	5~7	7	7~9	>9

2.1.3.4　岩土渗透系数

渗透系数又称水力传导系数，是指各向同性介质中，在单位水力梯度下沿渗流路径的

单位流量，表示流体通过孔隙骨架的难易程度，表达式为

$$K = \frac{k\rho g}{\eta}$$

式中　K——渗透系数，m/s；
　　　k——孔隙介质渗透率，只与固体骨架性质有关，m^2；
　　　η——流体介质的动力黏滞性系数，$N \cdot s/m^2$；
　　　ρ——流体密度，kg/m^3；
　　　g——重力加速度，m/s^2。

渗透系数 K 是综合反映土体渗透能力的指标。影响渗透系数大小的因素包括土体颗粒形状、大小、不均匀系数和水的黏滞性等。各向异性介质中，渗透系数以张量形式表示。渗透系数愈大，表明介质的透水性愈强。

常见岩土的渗透系数见表 2-37，岩土的透水性等级见表 2-38。

表 2-37　岩土渗透系数参考值

土 的 名 称	渗透系数 K	
	m/d	m/s
黏土	<0.005	$<6 \times 10^{-8}$
亚黏土	0.005~0.01	$6 \times 10^{-8} \sim 1 \times 10^{-6}$
轻亚黏土	0.1~0.5	$1 \times 10^{-6} \sim 6 \times 10^{-6}$
黄土	0.25~0.5	$3 \times 10^{-6} \sim 5 \times 10^{-6}$
粉砂	0.5~1.0	$5 \times 10^{-6} \sim 1 \times 10^{-5}$
细砂	1.0~5.0	$1 \times 10^{-5} \sim 6 \times 10^{-5}$
中砂	5.0~20	$6 \times 10^{-5} \sim 2 \times 10^{-4}$
均质中砂	35~50	$4 \times 10^{-4} \sim 6 \times 10^{-4}$
粗砂	20~50	$2 \times 10^{-4} \sim 6 \times 10^{-4}$
均质粗砂	60~75	$7 \times 10^{-4} \sim 8 \times 10^{-4}$
圆砾	50~100	$6 \times 10^{-4} \sim 1 \times 10^{-3}$
卵石	100~500	$1 \times 10^{-3} \sim 6 \times 10^{-3}$
无填充物卵石	500~1000	$6 \times 10^{-4} \sim 1 \times 10^{-2}$
稍有裂隙岩石	20~60	$2 \times 10^{-4} \sim 7 \times 10^{-4}$
多裂隙岩石	>60	$>7 \times 10^{-4}$

表 2-38　岩土的透水性等级

透水性等级	渗透系数 $K/(m \cdot d^{-1})$	代表性岩土介质
强透水的	>10	卵石、砾石、粗砂、岩溶发育的灰岩
良透水的	10~1	砂、裂隙发育的坚硬岩石
半透水的	1~0.01	亚砂土、黄土、泥灰岩、砂岩等
弱透水的	0.01~0.001	亚黏土、砂土、黏土泥砂岩等
不透水的	<0.001	黏土、致密结晶岩、泥质岩等

2.1.3.5 地下水的运动形式

地下水的流动可分为层流、紊流,见表 2-39。

表 2-39 地下水的运动形式

运动形式	层 流	紊 流
特点	在岩土孔隙中流动时,水质点有秩序地互不混杂地流动	在岩土孔隙中流动时,水质点无秩序地互相混杂地流动
图示		

地下水在岩土孔隙、裂隙中的流动一般称为"渗流"。法国水利学家达西(Darcy)通过试验得出了水渗透的基本定律,即达西定律

$$Q = K\omega I \tag{2-6}$$

式中 Q——单位时间内通过断面 ω 的渗流流量,m^3/d;

K——砂土的渗透系数,m/d;

ω——过水断面面积,m^2;

I——水力坡度(沿水流方向单位水流长度的水头降低值)。

达西定律表明,地下水渗流过程中,单位时间内通过某断面的水量,等于断面面积、渗透系数与水力坡度之乘积。显然,只要已知岩土体渗透系数 K 与水力坡度 I,根据达西定律可计算出任意给定断面的过水量。这为矿井涌水量计算提供了理论依据,其中,渗透系数 K 是关键的水文地质参数。

完整井是指穿过整个含水层,且含水层全厚范围内的地下水都向井内渗流的井孔,见图 2-2 中 a;非完整井是指未穿过整个含水层,或虽已穿过整个含水层,但仅在含水层部分厚度上取水的井孔,见图 2-2 中 b、c。

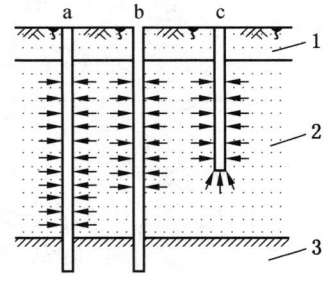

1、3—不含水层;2—含水层

图 2-2 完整井和非完整井示意图

2.1.3.6 水文地质试验

常用的水文地质试验方法有:抽水试验,压水试验,连通试验,地下水流速、流向的测定,流量测井等。

1. 抽水试验

抽水试验是指利用抽水设备把井孔中某含水层地下水抽排至地面,以获取含水层水文地质参数(渗透系数 K、涌水量 Q、降深 S、影响半径 R 等)的试验方法。最常用的是压风抽水试验方法,见表 2-40。

表 2-40 压风抽水试验方法

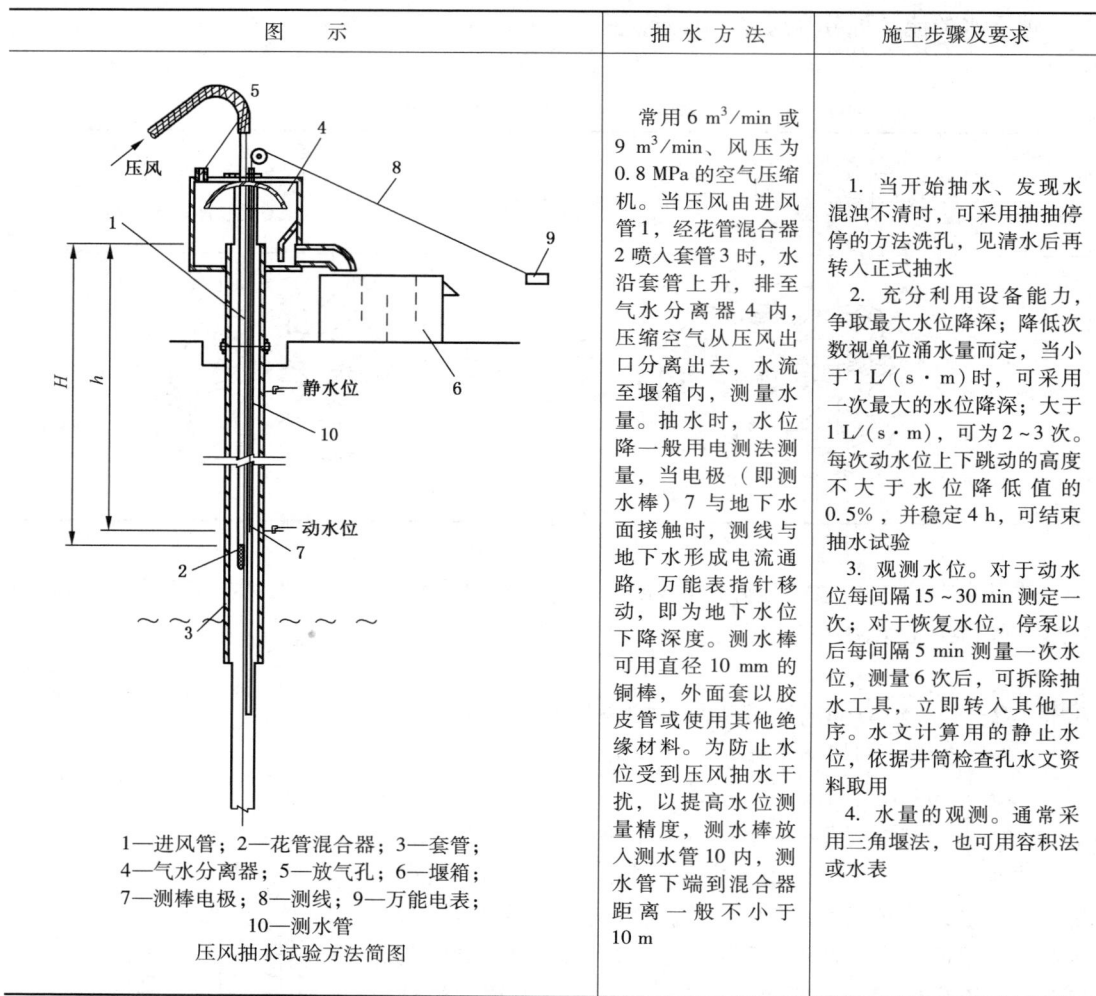

图 示	抽水方法	施工步骤及要求
1—进风管；2—花管混合器；3—套管；4—气水分离器；5—放气孔；6—堰箱；7—测棒电极；8—测线；9—万能电表；10—测水管 压风抽水试验方法简图	常用 6 m³/min 或 9 m³/min、风压为 0.8 MPa 的空气压缩机。当压风由进风管 1，经花管混合器 2 喷入套管 3 时，水沿套管上升，排至气水分离器 4 内，压缩空气从压风出口分离出去，水流至堰箱内，测量水量。抽水时，水位降一般用电测法测量，当电极（即测水棒）7 与地下水面接触时，测线与地下水形成电流通路，万能表指针移动，即为地下水位下降深度。测水棒可用直径 10 mm 的铜棒，外面套以胶皮管或使用其他绝缘材料。为防止水位受到压风抽水干扰，以提高水位测量精度，测水棒放入测水管 10 内，测水管下端到混合器距离一般不小于 10 m	1. 当开始抽水、发现水混浊不清时，可采用抽抽停停的方法洗孔，见清水后再转入正式抽水 2. 充分利用设备能力，争取最大水位降深；降低次数视单位涌水量而定，当小于 1 L/(s·m) 时，可采用一次最大的水位降深；大于 1 L/(s·m) 时，可为 2~3 次。每次动水位上下跳动的高度不大于水位降低值的 0.5%，并稳定 4 h，可结束抽水试验 3. 观测水位。对于动水位每间隔 15~30 min 测定一次；对于恢复水位，停泵以后每间隔 5 min 测量一次水位，测量 6 次后，可拆除抽水工具，立即转入其他工序。水文计算用的静止水位，依据井筒检查孔水文资料取用 4. 水量的观测。通常采用三角堰法，也可用容积法或水表

2. 压水试验

压水试验是指利用高压把水压入井孔内一定地层，根据压水量等研究岩体裂隙的发育情况和透水性，计算获取岩层水文地质参数（如渗透系数 K、预计涌水量等）的一种试验方法。

压水试验中，一般需用专门止水设备把一定长度的钻孔试验段隔离开，然后用固定水头实施压水；水通过孔壁裂隙向岩体渗透，渗透水量最终趋于某稳定值。根据压水水头、试验段长度和稳定渗入水量，可研判岩体透水性。压水试验的设备及装置如图 2-3 所示。

3. 连通试验

连通试验的目的是查明两点间的水力联系，如断层带两侧，以确定该断层导水或隔水；或地下水流动、补给范围等。常用的连通试验方法包括水位传递法（抽水、放水、升压、堵水试验）、示踪法（浮游示踪、染色示踪、化学剂示踪、放射性同位素示踪）、气体传递法等。连通试验方法见表 2-41。

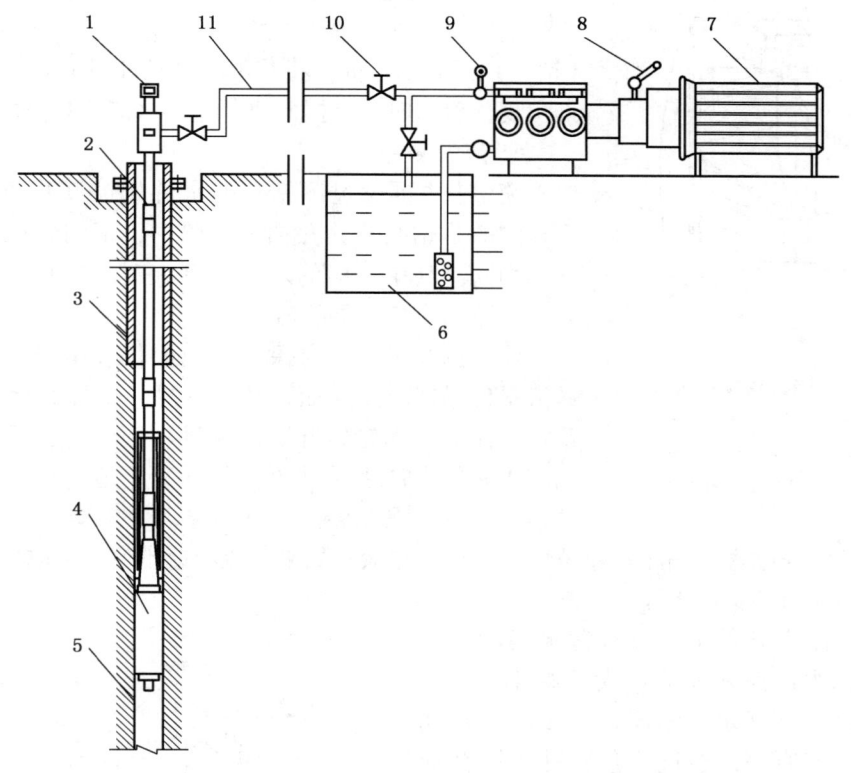

1—注浆器；2—压水管路；3—套管；4—止浆塞；5—压水孔；6—清水池（带刻度）；
7—注浆泵；8—流量调节手柄；9—压力表；10—截止阀；11—高压胶管

图 2-3 压水试验示意图

表 2-41 连通试验方法

	试验方法	用途及适用条件		现场工作要求
水位传递法	抽水试验、放水试验	了解断层带的隔水性和导水性	了解岩溶区域的特征	做断层试验时，抽水孔至观测孔距离越近越好；做井巷水点连通试验时，观测孔要选好位置；做岩溶地区试验时，做好上下游水位、水量的观测
	升压试验、堵水试验	了解井巷出水点和地表泉、井的关系		
示踪法	浮游示踪法	用于裸露岩溶地区了解地下水系连通情况		浮游法是在上游投放漂浮物谷糠、锯末等，其他方法是在水中投入染色或化学剂。注意：染色或化学剂要无毒无害、不污染环境，放射性同位素辐射强度应符合环保标准
	染色示踪法、化学剂示踪法、放射性同位素示踪法	可用于断层带的连通试验、井巷水点连通试验、水流示踪等		
气体传递法	熏烟或烟幕弹	了解无水的岩层裂缝或空洞		在洞内放烟，用人工或自然通风使烟扩散，注意烟应无毒无害，操作时人应避开烟区，防止窒息

4. 地下水流速、流向的测定

地下水流速、流向测定常用示踪法，即在投放点（钻孔）投入示踪剂，在其周围（钻孔或地表）观察示踪剂出现位置与时间，据此研判地下水流速和流向。

5. 流量测井

流量测井是通过测钻孔的水流量推算井的流量，实际检测的是钻孔。钻孔抽水试验中，不同岩层的水流量并不相同。利用专门的水下仪器，测出钻孔中水流变化点，即可测出各岩层的出水量。

流量测井仪由孔内探头和地面仪表组成，主要元件是流量传感器及井（孔）径传感器，如图2-4所示。流量传感器上的涡轮扇叶随水流推动而转动，进而在旁侧的霍尔元件中产生脉冲电信号。利用地面仪表读取该脉冲信号，得到涡轮转速，即可结合井径计算出相应的水流量。水流流速越大，涡轮转速越快，电信号越大；如果水流流速不变，则电信号强度保持恒定，表明该井孔段无涌水。

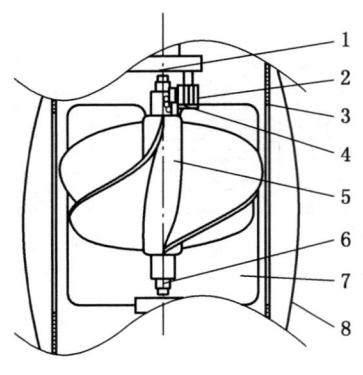

1—轴承；2—感应线圈；3—支架；
4—磁铁；5—涡轮；6—涡轮轴；
7—水流窗；8—井径测板

图2-4　流量测井仪原理示意图

在抽、注水条件下，只有含水层段有涌水或漏水，水流速才相应增大或减小；而隔水层段无涌水、漏水，水流速不变。流量测井就是基于该原理，通过测量钻孔不同截面上的水流速及变化，进行含水层定位、划分，并结合井径测量成果计算含水层厚度、静止水位、渗透系数等水文地质参数。

流量测井是在钻孔混合抽水时进行的。因此，首先需安装好抽水设备，然后将流量测井仪器下入钻孔，如图2-5所示。抽水前，首先提升或下降仪器，测量获取钻孔内水量稳定条件下的基础参数，然后开始抽水，待水量稳定时开展动水条件下的测量。

2.1.3.7　水文地质参数及涌水量计算

1. 水文地质参数的计算

基于水文地质试验，利用不同条件下的水文地质参数的数学关系式，可开展渗透系数等水文地质参数的计算，见表2-42(a、b、c图)。

2. 涌水量的计算

1) 井筒涌水量的计算

基于稳定渗流理论，可利用地下水向竖直集水井运动的公式，计算井筒涌水量。井

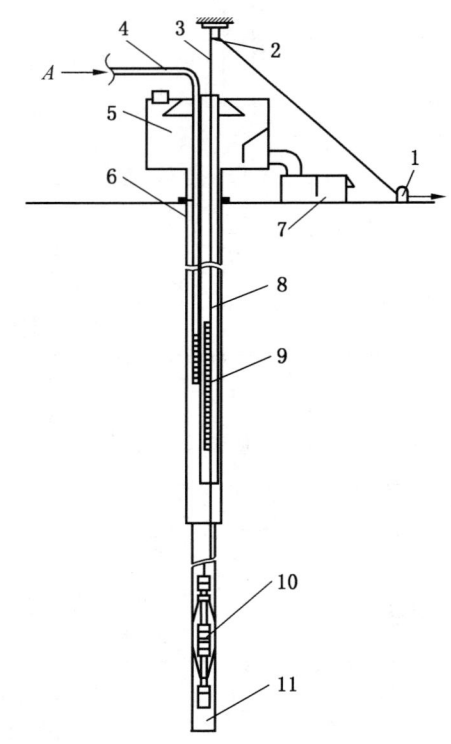

1—绞车；2—定滑轮；3—信号电缆；4—空压机抽水的
压风管；5—气水分离器；6—套管；7—三角堰箱；
8—测水管；9—仪器；10—涡轮；11—钻孔

图2-5　流量测井安装及工艺示意图

筒涌水量计算公式、给定条件均同表2-42，示例计算见表中d、e图，此时 r 是指井筒荒半径。

2）巷道涌水量的计算

对于井下水平巷道的涌水量，可用平面流的地下水动力学公式计算。

当计算大面积区域的涌水量（例如矿井总涌水量）时，考虑到整个矿井在建设或生产过程中，将以巷道系统为中心形成具有一定形状的降水漏斗，因此可将巷道系统的分布范围假设为一个理想的"大井"，进而直接利用地下水动力学公式计算巷道系统的涌水量。"大井"法的计算公式、给定条件与表2-42相同，但此时 r 是指假想的"大井"的半径。

表2-42 水文地质参数计算方法

参数	图示	计算公式	符号意义
抽放水时的渗透系数	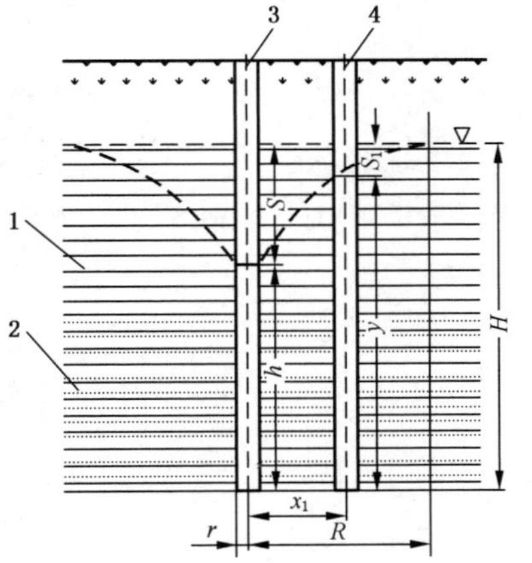 1—弱含水层；2—强含水层；3—抽水孔；4—观测井 （a）潜水含水层抽放水示意图	1. 单孔抽放水时 $K = 0.73Q \dfrac{\lg R - \lg r}{H^2 - h^2}$ 2. 有一个观测孔时 $K = 0.73Q \dfrac{\lg x_1 - \lg r}{y^2 - h^2}$	K—渗透系数，m/d Q—涌水量，m³/d R—影响半径，m r—抽、放水孔半径，m H—静水位至含水层底板高度，m h—由含水层底板至动水位高度，m x_1—抽水孔至观测孔中心距离，m y—观测孔的动水位至含水层底板高度，m
	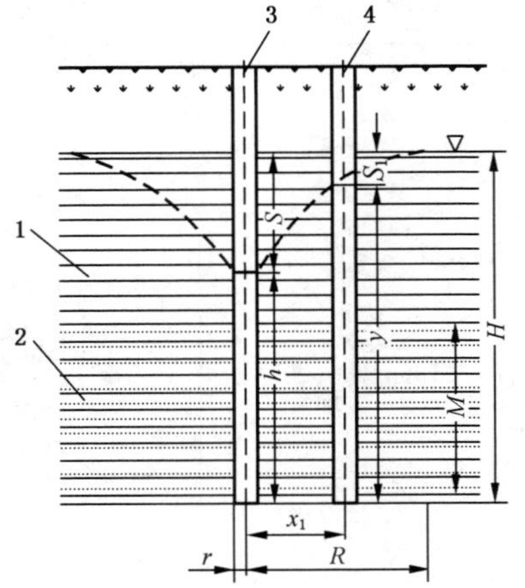 1—隔水层；2—强含水层；3—抽水孔；4—观测井 （b）承压含水层抽放水示意图	1. 单孔抽放水时 $K = 0.366Q \dfrac{\lg R - \lg r}{M \cdot S}$ 2. 有一个观测孔时 $K = 0.366Q \dfrac{\lg x_1 - \lg r}{(S - S_1)M}$	S_1—双测孔的水位降深，m S—抽放水时的水位降深，m M—含水层厚度，m 其他符号意义同上

表2-42（续）

参数		图示	计算公式	符号意义
压水时的渗透系数	潜水含水层		$K_{np}=0.73Q_{np}\dfrac{\lg x_1-\lg r}{h^2-H^2}$	K_{np}—压水时的渗透系数，m/d Q_{np}—压水的耗水量，m^3/d H—潜水含水层的水位高度（相对于该含水层底板） h—压水时潜水含水层底板至动水位高度 其他符号意义同上
	承压含水层	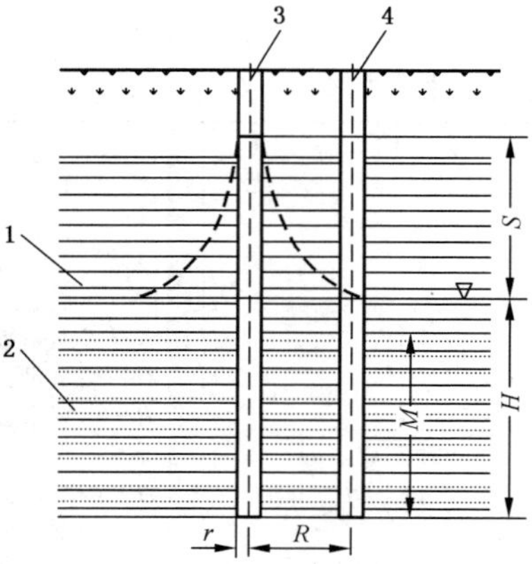 1—弱含水层；2—强含水层；3—抽水孔；4—观测井 （c）承压含水层压水示意图	1. 全孔压水时 $K_{np}=0.366Q_{np}\dfrac{\lg R-\lg r}{M\cdot S_{np}}$ 2. 单孔分段压水时 $K_{np}=0.52704W\lg\dfrac{\alpha L}{r}$	S_{np}—压水时含水层底板至动水位高度，m $S_{np}=H+10(P-P_1)+P_2$ W—压水段单位吸水量，$L/(m\cdot m\cdot min)$ $W=Q_0/PL$ Q_0—压水流量，L/min L—压水段高，m α—系数，当含水层厚度大于$L/3$时，取$\alpha=1.32$；当含水层厚度小于$L/3$时，取$\alpha=0.66$ 其他符号意义同上
影响半径	潜水含水层		$R_1=2S_0\sqrt{K_{cp}H}$ （经验公式）	R_1—井筒排水时的影响半径，m S_0—井筒排水最大的水位降深，m K_{cp}—平均渗透系数，m/d 其他符号意义同上
	承压含水层		$R_1=10S_0\sqrt{K_{cp}}$ （经验公式）	
井筒最大涌水量	潜水含水层	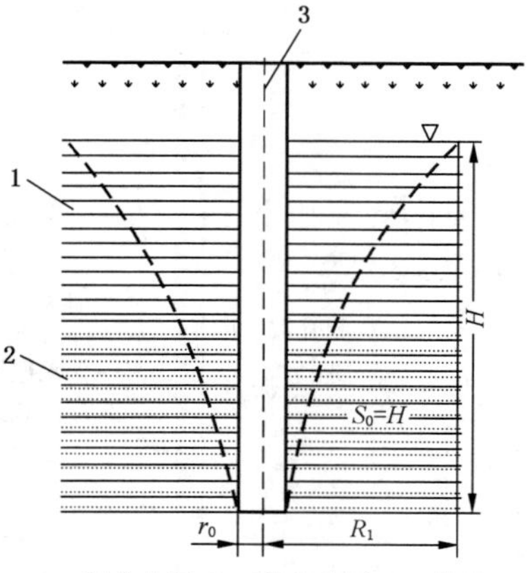 1—弱含水层；2—强含水层；3—井筒 （d）潜水含水层井筒最大涌水量计算示意图	$Q_{max}=1.336K_{cp}\dfrac{H^2}{\lg R_1-\lg r_0}$	Q_{max}—井筒最大涌水量，m^3/d r_0—井筒掘进半径，m R_1—井筒涌水时影响半径，m 其他符号意义同上

表 2-42（续）

参数	图 示	计 算 公 式	符 号 意 义
井筒最大涌水量	承压含水层 1—隔水层；2—强含水层；3—井筒 (e) 承压含水层井筒最大涌水量计算示意图	1. 承压转无压完整井 $$Q_{\max}=1.336K_{cp}\frac{(2H-M)M}{\lg R_1-\lg r_0}$$ 2. 层状含水层承压完整井 $$Q_{\max}=2.73K_{cp}\frac{MS_0}{\lg R_1-\lg r_0}$$	井筒开凿后，承压水转为潜水，可用左侧"承压转无压完整井"公式计算，$S_0=H$

2.1.4 冻结地层的工程与水文地质特征

2.1.4.1 我国的岩土冻结工程

1. 中东部地区的冻结法凿井工程

我国中东部的冻结法凿井工程广泛分布于东北、华北、华东、华中等地区，尤其是山东巨野矿区、安徽淮北与淮南矿区、河南焦作矿区等。

近十余年来，我国中东部的冻结法凿井工程主要呈现出以下特点：

（1）冻结对象以第四系、第三系表土层及其下部的风化基岩段为主，表土层厚度及冻结深度越来越大。例如，鲁西南巨野矿区煤系地层的上覆表土层厚度普遍超过 500 m，其中龙固煤矿副井、北风井表土厚度分别达到 567.7 m、675.6 m，郭屯煤矿主井表土厚度达到 587.5 m，万福煤矿主井表土厚度则达到 754.98 m；淮南矿区的口孜东煤矿主井的表土厚度也达到 578.2 m。

（2）随着井深增加、地压增大，岩土性质越来越复杂。一方面，初始高固结应力状态下岩土取样后，应力环境的变化对试样的影响越来越大，造成深部"原状土样"取样困难，岩土的物理力学性质指标越来越难以准确获取；另一方面，深部高压下岩土的流变特征越来越明显，对冻结工程设计与施工提出了更高的要求。

（3）深部地温越来越高，且深部黏性土的天然含水率及其冻结温度（冰点）呈现下降趋势，导致深部土层冻结难度逐渐增大。例如，巨野矿区龙固煤矿副井深部黏土层的天然含水率最低仅约 11%，该井筒表土层底部地温高达 35 ℃；深部黏土的冻结温度甚至低于 -3 ℃；而万福煤矿主、副井表土层底部地温最高达 42 ℃。

（4）随着高水压条件下注浆治水难度增大，治水效果难以保证，在注浆治水工期、造价难以有效控制的条件下，部分深井逐渐转为采用冻结法封堵强含水岩层。为此，也给井壁设计与施工带来了一系列新课题，例如冻融岩体的物理力学性质及其与井壁的相互作用等基础理论问题。

2. 西部地区的冻结法凿井工程

随着我国西部大开发战略的推进，内蒙古、陕西、甘肃、宁夏、新疆等省区开发建设了多个大型煤炭基地。西部矿区开发建设初期，因对地层特殊性认识不足，立井、斜井凿井中采用注浆法、降水法治水屡遭失败，严重影响了工程进度并浪费宝贵的投资，甚至导致井筒无法建成，而被迫改用冻结法施工。

我国西部地区的冻结法凿井工程具有以下特点：

（1）井筒主要穿过第四系、第三系、白垩系、侏罗系地层。第四系表土厚度一般不超过 250 m；白垩系砂岩具有泥质胶结为主、弱固结、孔隙含水、强度低、扰动后易崩解泥化的特点，是影响井筒采用普通法、注浆法掘进的最主要地层，也是冻结法凿井的最主要冻结对象。

（2）井筒穿过的白垩系、侏罗系岩层的原始含水层间普遍缺乏可靠的隔水层，导致立井井筒多采用全深冻结方式，即冻结孔需穿过井筒马头门等附属巷硐，由此带来了冻结管外环形空间注浆充填等新的技术问题。

（3）白垩系、侏罗系砂岩的强度一般远远超过第四系、第三系土的强度，冻结后强度更高，因此西部地区岩层冻结法凿井中，冻结壁设计主要以封水为主。

（4）我国西部矿井多设计为斜井－立井联合开拓的大型矿井，利用大斜长、小倾角（或缓坡）斜井实现原煤连续运输。在沿轴向冻结技术尚不成熟的条件下，斜井冻结法凿井不得不采用竖直孔冻结方式，为此也面临着造孔工程量与管材消耗量大、冻结分段多、冻结制冷量利用率低等技术难题。

3. 其他地下工程冻结法施工的冻结地层

冻结法除广泛应用于矿井建设外，由于其具有封水效果好、适应性强等诸多优点，在地铁盾构机进出洞、地铁联络通道等市政地下工程的岩土体加固中，也得到了越来越多的应用。

土木工程建设领域的其他岩土冻结工程具有以下特点：

（1）冻结地层以浅部第四系冲积层为主，包括江、河、湖等水体下隧道周围岩土体，深度一般不超过 50 m；冻结对象主要是高含水率的粉土、黏土、淤泥质软土、饱和粉细砂土等。冻结法与其他工法联合使用时，还涉及对水泥土等改性土壤的冻结。

（2）冻结工程多处于地表与地下建（构）筑物密集的城市环境中，冻结土体与地下结构的相互作用问题突出，不仅对冻结设备的小型化、环保性能要求高，而且对地层冻胀、融沉控制的要求严苛。

（3）市政岩土冻结工程常涉及水平或倾斜冻结孔，需采用跟管钻进、夯管成孔技术，钻进技术难度大，一次造孔长度受到较大限制；在饱和粉细砂层中开展水平造孔，尤其是穿透衬砌管片造孔时，具有较高的技术难度与风险。

（4）其他岩土冻结工程，如盾构机进出洞、联络通道、基坑周围土体冻结，因几何特征、冻结目的不同，冻结壁形状、功能不尽相同，可能仅用于封水，也可能既承载又封水。因此，与矿井地层冻结相比，其他岩土冻结工程虽然涉及的地层深度较小，但仍具有很高甚至非常高的技术难度与复杂度，并且安全风险不逊于矿山冻结工程。

2.1.4.2 我国冻结工程的工程与水文地质特征案例

（1）龙固煤矿副井工程与水文地质特征案例见表 2－43。

表2-43 龙固煤矿副井工程与水文地质特征案例

项目	主要内容
工程概况	龙固煤矿位于山东省巨野县境内，设计生产能力为6 Mt/a。矿井采用立井开拓，工业广场内设两主一副一风四个井筒。副井设计井深874.6 m，井筒净直径7 m。副井井筒穿过第四系、第三系表土层总厚567.7 m，表土、基岩风化带以及基岩上部含水层段采用冻结法施工，冻结深度650 m
地质条件	1. 副井自上而下揭露第四系，上第三系，二叠系上、下石盒子组，山西组及石炭系的太原组。第四系厚160.70 m，由黏土、砂质黏土、黏土质砂、粉细砂层组成；黏土厚度占比约为75%。上第三系厚度为407 m，由厚层黏土、砂质黏土、黏土质砂及砂层组成，黏土层厚度占比达80%，多以厚层及巨厚层产出，下部多呈微固结～半固结，黏性及膨胀性较强。大厚度黏土层所处的深度范围为：196.40～275.90 m、289.60～328.60 m、417.70～468.90 m、504.70～567.70 m 2. 基岩段划分为5个含水层，井筒穿过各含水层（组）时的涌水量估算值：风化基岩含水层（Ⅰ含）572.20～585.50 m段为17.72 m^3/h；铝质泥岩以上砂岩含水层（Ⅱ含）606.20～641.50 m段为108.83 m^3/h；铝质泥岩以下砂岩含水层（Ⅲ含）653.60～684.20 m段为21.13 m^3/h；山西组砂岩含水层（Ⅳ含）706.20～774.90 m段为5.48 m^3/h；太原组灰岩砂岩含水层（Ⅴ含）790.40～876.60 m段为7.41 m^3/h 3. 第四系地下水流速流向测试为153.8 m，孔深55.8 m处流速最大6.69 m/d，地下水流向为235°～255°（磁方位） 4. 地温由孔深11 m至冻结深度650 m，简易地温由21 ℃上升至36.7 ℃，平均地温梯度为2.57 ℃/100 m，高于其他矿井
岩土物理力学性质	1. 第四系黏土131.40～139.40 m段自由膨胀率高达79.1%，其余为20%～60%；膨胀力在8.25～48.78 kPa之间。第三系黏土自由膨胀率最高达115.4%，膨胀力最高达507.77 kPa 2. 副井400 m以深含水量低于15%的黏土层有9层，495 m以下平均含水量只有14.3%；525～536.8 m、566～566.2 m段黏土层的含水量分别为11.68%和11.47% 3. 黏土层冻胀率一般大于6%，属强冻胀性土，且-15 ℃时冻胀率最大 4. 黏土冻结温度（冰点）普遍低于-1 ℃，如410～425 m深度段黏土的冰点为-3.14 ℃；500 m以深的第7层黏土试样，测得冰点低至-4.28 ℃ 5. 冻结黏土具有较高强度，且具有较强蠕变性，蠕变破坏应变较小
结语	深部大厚度、强膨胀、强冻胀性黏土冻结过程中，易积聚显著的冻胀变形能，导致井帮开挖后井帮发生显著的弹塑性与流变变形；深部黏土的含水量偏低、冻结温度（冰点）偏低，以及深部较高的地温，会降低冻结壁的发展速度。上述问题，在冻结壁设计、冻结孔布置及冻结施工中需格外关注

（2）哈密大南湖10号矿井工程与水文地质案例见表2-44。

表2-44 哈密大南湖10号矿井工程与水文地质案例

项目	主要内容
工程概况	哈密大南湖10号矿井位于新疆哈密市，建设规模10.00 Mt/a，服务年限84.3年。矿井采用斜井开拓，工业场地内布置主斜井、副斜井及回风立井，其表土段均采用冻结法施工。主斜井净宽5.2 m，净高4.1 m，倾角14°，井筒斜长1542 m，冻结斜长203 m
地质条件	1. 主、副、风井井筒检查孔穿过的地层由新到老分别为第四系、新近系上新统葡萄沟组、侏罗系中统西山窑组地层。松散岩层埋深4.90～11.84 m，主要为砂质黏土、黏土、中细砂及砂砾石层，无胶结散体结构；新近系上新统葡萄沟组埋深4.90～243.78 m，主要为泥岩、粉砂岩、砂岩互层，不同程度风化，结构松散，以Ⅱ、Ⅲ级结构面为主，结构体具塑性特征，易压缩沉降、塑性挤出、鼓胀，属极不稳固型。侏罗系西山窑组浅部风化层，风化深度一般为30～50 m。岩石完整程度受破坏，呈碎块状、薄饼状及短柱状，近散体结构（Ⅳ），风化裂隙较发育，属不稳固型 2. 井筒掘进层段将自上而下穿过三个含水层组，各自特征及井筒涌水量预测如下：

表2-44（续）

项目	主 要 内 容
地质条件	第四系透水不含水层由粗、中、细、粉砂及粉土组成；主检5孔揭露层厚5.70 m。新近系上新统葡萄沟组含水层主要为泥岩、粉砂岩、粗~中粒砂岩、细粒砂岩，主检5孔揭露该层埋深5.7~239.3 m，厚233.6 m，属承压裂隙富水性弱含水层。侏罗系中统西山窑组含水层主要为粉砂岩、中粒砂岩、粗粒砂岩、泥岩及煤层，主检5孔揭露该层埋深239.30~285.52 m，厚46.22 m，属承压裂隙富水性弱含水层 3. 主斜井穿过的地层为新近系上新统葡萄沟组及侏罗系中统西山窑组，分别计算出各层段涌水量：葡萄沟组为252 m³/h，西山窑组为28 m³/h，合计280 m³/h 4. 新近系上新统葡萄沟组弱含水层、侏罗系中统西山窑组弱含水层，均为层间承压水，其间赋存厚层泥岩与粉砂岩隔水层，层位稳定，水文地质特征也不尽相同，初步判断井检孔所处地段基岩含水层间地下水不存在明显水力联系
岩土物理力学性质	砂砾岩：RQD值为18.91%；单轴抗压强度：天然19.3 MPa，饱和2.4 MPa 粗粒砂岩：RQD值为21.31%；单轴抗压强度：天然11.9 MPa，饱和1.3 MPa 中粒砂岩：RQD值为43.03%；单轴抗压强度：天然2.4 MPa 细粒砂岩：RQD值为23.82%；单轴抗压强度：天然0.9~40.7 MPa，饱和2.6~9.4 MPa 粉砂岩：RQD值变化大，为0~81.27%；单轴抗压强度：天然9.7 MPa 泥岩厚度为84.04 m，占本组地层厚度的42.02%，泥质结构，平坦断口，易风化，遇水易膨胀，RQD值为6.25%~49.97%。单轴抗压强度：天然6.9 MPa，干燥10.3 MPa
结语	新近系上新统葡萄沟组埋深4.90~243.78 m，极不稳固，属于承压裂隙富水性弱含水层。对于该类软弱含水岩层，应深入研究注浆法的可行性，以确定更合理的冻结垂深及井筒冻结斜长

（3）南京地铁10号线江心洲站盾构接收井工程与水文地质案例见表2-45。

表2-45　南京地铁10号线江心洲站盾构接收井工程与水文地质案例

项目	主 要 内 容
工程概况	南京地铁10号线越江段中间风井~江心洲站区间全长3598.97 m，采用复合式泥水气压平衡盾构施工，盾构刀盘开挖直径11.62 m，盾体直径11.57~11.61 m，长度（含刀盘）14.23 m。盾构隧道管片内径10.2 m，外径11.2 m，厚度0.5 m，环宽2 m。盾构接收段位于浅覆土地层，上部覆土约为10.48 m。江心洲站盾构接收井基坑深24.50 m，宽24.1 m，基坑采用1.2 m厚的地下连续墙围护。考虑到盾构接收井位于饱和含水砂性土层中，水压高、工程地质条件差，拟采用三轴搅拌桩+高压旋喷桩+竖直冻结+应急降水+水中接收的方式
地质条件	1. 江心洲站盾构接收地层自上而下分别是：杂填土（厚0.4 m）、淤泥质粉质黏土（厚4.1 m）、粉细砂（厚9 m）、粉质黏土（厚1.5 m）、粉细砂（17 m） 2. 淤泥质粉质黏土夹粉砂、粉土薄层，土性软弱；粉细砂层颗粒级配差，饱和含水；粉质黏土层土质不均，同样夹杂粉砂、粉土薄层，层厚0.2~10 cm 3. 盾构隧道断面主要位于粉细砂层中，断面顶部局部进入淤泥质粉质黏土层 4. 江心洲站基坑位于长江岸边，地下水位高
结语	盾构机进洞断面上部为软弱淤泥质粉质黏土，大部为饱和粉细砂，总体而言含水率高、冻胀性显著，且因地处江边，地下水存在一定流动性；此外，其他工法的联合应用还将带来改良土问题。上述问题对冻结温度场发展均有影响，应在冻结设计、施工中加以深入研究分析

2.2　冻结对检查孔的技术要求

检查孔主要用于查明地层岩（土）性、工程地质、构造、地温以及水文地质特征等。工程开工前，施工检查孔是对区域地质资料的可靠性进一步验证。针对冻结法施工，检查孔提供真实可靠的地质、水文地质资料，是冻结法施工方案制定和冻结段衬砌结构设计的关键依据，是指导掘砌施工的重要保障。

若无地质资料或参照邻近检查孔资料，进行冻结段衬砌结构形式、结构尺寸、冻结技术参数以及掘砌施工方案等设计，施工期间极有可能发生衬砌结构破坏、冻结壁变形、地层透水等事故，严重危及施工安全。可见，检查孔对冻结法施工具有重大意义。

2.2.1 立井井筒检查孔的技术要求

根据国家现行有关规范规定，对立井井筒检查孔有如下技术要求：

（1）编制立井井筒冻结法凿井施工组织设计前，应完成检查孔施工，并应有完整、真实的"井筒检查钻孔地质报告"。

（2）每个井筒至少施工一个检查孔，检查孔距井筒中心不应超过 25 m，且不得布置在井筒开挖范围内。

（3）井筒检查孔应全孔取芯，孔径不小于 75 mm 时黏性土层与稳定岩层取芯率不宜小于 75%；破碎带、软弱夹层、砂层取芯率不宜小于 60%。取样时应尽量避免扰动，土（或岩）芯应装箱保存。

（4）每钻进 30~50 m 应进行一次钻孔测斜，并测出倾角和方位角。井检孔偏斜率应按下列要求控制：垂深 0~200 m 段偏斜率不大于 1%，垂深 200~400 m 段靶域半径不大于 2 m，垂深 400~600 m 段靶域半径不大于 3 m，垂深大于 600 m 段靶域半径不大于 4 m。检查孔不得进入掘进断面，并保持安全距离。

（5）检查孔深度应当不小于井筒设计深度以下 30 m，且底部应有保证井筒安全的不透水稳定地层，否则应加深检查孔深度，为井筒设计与施工提供第一手可靠的地质资料。

（6）检查孔施工完成后，必须用抗压强度不小于 10.0 MPa 的水泥砂浆对钻孔进行全封闭，并设永久性标志。水泥砂浆结石率不小于 75%。

（7）检查孔施工要保证所需各项提交检测试验的资料满足准确、完整、可靠性要求。

2.2.2 斜井井筒检查孔的技术要求

根据国家现行有关规范规定，对斜井井筒检查孔有如下技术要求：

（1）编制斜井井筒冻结法凿井施工组织设计前，应完成检查孔施工，并应有完整、真实的"井筒检查钻孔地质报告"。

（2）井筒检查孔布置应符合下列规定：

① 斜井检查孔的数量，应根据具体条件确定。一般应沿斜井中心走向布置，其间距不应超过 50 m，同时冻结始端、冻结中部、冻结终端均需布置一个检查孔。

② 检查孔不得布置在井筒掘进范围内，距井筒纵向中心线不大于 25 m。

③ 每个检查孔深度应当不小于该孔所处斜井底板以下 30 m。

④ 当斜井采用帷幕冻结施工时，检查孔间距不应超过 25 m，每个检查孔深度应满足冻结深度确定的要求。

（3）检查孔施工应符合下列要求：

① 检查孔应全孔取芯，黏性土层或稳定岩层取芯率不小于 75%，砂层、破碎带、软弱岩层取芯率不小于 60%。取样时应尽量避免扰动，岩芯应装箱保存。

② 斜井冻结起点处井筒顶板以上 10 m 至冻结终点处井筒底板以下 10 m 范围内地层宜每层取样，并进行冻土（岩）物理力学性能测定、常规土工物理力学性能测定。

③ 每钻进 30～50 m 应进行一次钻孔测斜，钻孔偏斜率应控制在 1.0% 以内。

（4）检查孔施工完成后，必须用抗压强度不小于 10.0 MPa 的水泥砂浆对钻孔进行全封闭，并设永久性标志。

2.2.3 其他地下工程冻结勘察孔的技术要求

（1）勘察孔应位于土木工程结构外侧，距离结构外缘 5～7 m。

（2）每一土木工程结构处每边应至少布置一个勘察孔，其中一个为取样孔，必要时增加一个静探孔。

（3）勘察孔深度应深于开挖深度 10 m 以上，以便探查联络通道结构底部可能存在的不利地层情况。

（4）应查明受土木工程结构施工影响范围内的地层分布，以及土体和冻土的强度指标，并在勘察报告中说明。

（5）勘察孔资料应提供含水层及地下水活动特征，包括含水层埋深、厚度、渗透系数、地下水水位及其变化幅度，以及含水层与地表水体的水力联系等。对于承压含水层，应详细分析其与联络通道结构或冻结钻孔的相对位置，及其对设计与施工的影响。

（6）当一个勘察孔资料搜集完毕，应立即采取有效措施灌浆封孔。

2.3 检查孔的地质、水文地质与工程地质资料

2.3.1 立井井筒检查孔的地质、水文地质与工程地质资料

井筒检查孔地质报告中应包括下列主要内容：

（1）检查孔位置、深度，检查孔主要施工工艺及主要施工过程。包括施工中的掉钻、抱钻、卡钻深度情况及泥浆漏失位置、漏失量。

（2）检查孔地质柱状图（含测井曲线），包括岩性、层厚、倾角、岩芯采取率、累计深度、岩层主要特征的描述。沿井筒中心线的预测地质剖面图。

（3）井筒地质构造。检查孔可能穿过的断层、破碎带、溶洞的裂隙发育情况、导水性等特征及位置、产状。特别是对井巷施工有影响的不良地质因素。

（4）井筒穿过的基岩风化带的深度、厚度、层位和岩性。

（5）简易测温资料，应包括恒温带深度与温度、地温梯度。

（6）表土层、基岩中各含水层的特征，应包括整个检查孔所穿过的主要含水层（组）数量、埋深、层厚、静水位、水头压力、渗透系数、水质、水温、含水率、富水性，含（隔）水层（组）划分，以及各含水层间的水力联系及与地表水的水力联系，地下水的流向及流速、自然水位标高，含水层抽水试验成果和水文测井，含水层裂隙（孔隙）特征、裂隙（孔隙）率。表土层与基岩的水力联系，基岩掘进时预计井筒涌水量。

（7）表土层、基岩中主要土（岩）层的常规土工试验资料，土工试验取样的层位、深度应与冻土（岩）物理力学性能试验层位一致；人工冻土（岩）物理力学性能试验应有专项试验报告。

（8）人工冻土（岩）试验应符合下列规定：

① 表土层冻土物理力学性能试验，当表土层厚度小于 250 m 时，应至少有 3 个水平的冻土试验资料；当表土层厚度为 250～400 m 时，应至少有 4 个水平的冻土试验资料；当表土层厚度大于 400 m 时，应至少有 6 个水平的冻土试验资料。试验水平层位应涵盖具

代表性的黏性土层和砂性土层，其中应包括冻结壁设计控制层的试验资料。

冲积层较浅，以砂土层为主的井筒，应选择冲积层底部的含水层作为控制层；冲积层较深，且中下部赋存多层厚黏土层，除选择底部含水层作为控制层外，还应选择深部黏土层作为控制层。

② 软弱基岩地层冻岩物理力学性能试验，应有 3~4 个水平的冻岩试验资料。

③ 人工冻土（岩）物理力学性能试验时，试验温度应满足下列条件要求：

表土层，试验温度为：-5 ℃、-10 ℃、-15 ℃、-20 ℃、-25 ℃。

岩层，试验温度为：-5 ℃、-10 ℃、-15 ℃。

④ 试验方法执行煤炭行业标准（MT/T 593）。试验内容包括：比热容，导热系数、导温系数（常温、-10 ℃），冻结温度，冻胀率、冻胀力；单轴抗压强度，弹性模量，泊松比，单轴应力应变关系曲线，单轴蠕变应变与时间关系，三轴剪切强度指标，三轴蠕变应变与时间关系。

⑤ 每个水平的人工冻土（岩）物理力学性能试验项目应符合表 2-46、表 2-47 中的规定。

（9）根据井筒检查孔地质资料并结合施工实践经验，提出冻结法凿井的施工建议。

表 2-46　人工冻土物理力学性能试验项目

试验项目	表土层厚度		
	100~250 m	250~400 m	>400 m
单轴抗压强度	-5~-15 ℃（选 3 种不同温度）	-5~-20 ℃（选 4 种不同温度）	-5~-25 ℃（选 5 种不同温度）
三轴剪切强度	-5~-15 ℃（选 2 种不同温度）	-5~-20 ℃（选 4 种不同温度）	-5~-25 ℃（选 4 种不同温度）
单轴压缩蠕变	-5~-15 ℃（选 2 种不同温度）	-5~-20 ℃（选 4 种不同温度）	-5~-25 ℃（选 4~5 种不同温度）
三轴剪切蠕变	—	-5~-20 ℃（选 4 种不同温度）	-5~-25 ℃（选 4~5 种不同温度）
导热系数	测定	测定	测定
比热容	测定	测定	测定
冻结温度	测定	测定	测定
冻胀率和冻胀力	测定	测定	测定

表 2-47　人工冻岩物理力学性能试验项目

试验项目	基岩深度	
	<400 m	≥400 m
单轴抗压强度	-5~-10 ℃（选 2 种不同温度）	-5~-15 ℃（选 3 种不同温度）
三轴剪切强度	-5~-10 ℃（选 2 种不同温度）	-5~-15 ℃（选 3 种不同温度）
单轴压缩蠕变	-5~-10 ℃（选 2 种不同温度）	-5~-15 ℃（选 3 种不同温度）

表2-47（续）

试验项目	基岩深度	
	<400 m	≥400 m
三轴剪切蠕变	—	-5～-15℃（选3种不同温度）
导热系数	测定	测定
比热容	测定	测定
冻结温度	测定	测定
冻胀率和冻胀力	测定	测定

2.3.2 斜井井筒检查孔的地质、水文地质与工程地质资料

井筒检查孔地质报告中应包括下列主要内容：

（1）检查孔数量、位置、深度，检查孔主要施工工艺及主要施工过程。包括施工中的掉钻、抱钻、卡钻深度情况及泥浆漏失位置、漏失量。

（2）井筒全部检查孔的地质柱状图（含测井曲线），包括岩性、层厚、倾角、岩芯采取率、累计深度、岩层主要特征的描述。沿井筒轴向线地质及水文地质剖面图。

（3）井筒地质构造及地温。

（4）表土层、基岩中各含水层的特征，应包括全部检查孔所穿过的主要含水层（组）数量、埋深、层厚、静水位、水头压力、渗透系数、水质、水温、含水率、富水性，隔水层厚度，以及各含水层间的水力联系及与地表水的水力联系，地下水的流向及流速，地表潜水位，井检孔含水层抽水试验综合成果图和水文测井，含水层裂隙（孔隙）特征、裂隙（孔隙）率，预计井筒施工各阶段涌水量。表土层与基岩的水力联系，基岩掘进时预计井筒涌水量。

（5）表土层、基岩中主要土（岩）层的常规土工试验资料，土工试验取样的层位、深度应与冻土（岩）物理力学性能试验层位一致；人工冻土（岩）物理力学性能试验应有专项试验报告。

（6）人工冻土（岩）试验应符合下列规定：

① 人工冻土（岩）试验，当表土层厚度（或基岩深度）小于150 m时，应至少有2个水平的冻土试验资料；当表土层厚度（或基岩深度）为150～250 m时，应至少有3个水平的冻土试验资料。试验水平层位应涵盖主要的软土（或软岩）地层。

② 每个水平的人工冻土（岩）物理力学性能试验项目应符合表2-48中的规定，试验方法应执行《人工冻土物理力学性能试验》（MT/T 593）有关规定。

表2-48 人工冻土（岩）物理力学性能试验项目

试验项目	地层深度	
	0～150 m	150～250 m
单轴抗压强度	-5～-10℃（选2种不同温度）	-5～-15℃（选3种不同温度）
单轴压缩蠕变	-5～-10℃（选2种不同温度）	-5～-15℃（选3种不同温度）
导热系数	测定	测定

表 2-48（续）

试验项目	地层深度	
	0~150 m	150~250 m
比热容	测定	测定
冻结温度	测定	测定
冻胀率和冻胀力	测定	测定

（7）根据井筒检查孔地质资料并结合施工实践经验，提出冻结法凿井的施工建议。

2.3.3 其他地下工程冻结检查孔的地质、水文地质与工程地质资料

其他地下工程资料中应包括下列主要内容：

（1）施工前应通过物探及调查手段查明周边地面环境及地下管线资料，主要应包括周边地面及地下的建（构）筑物结构、设备、管线特征及其与拟建工程的位置关系，建（构）筑物、设备和管线等的特殊保护要求等。

（2）检查孔地质柱状图、剖面图及相关描述。应包括检查孔位置，深度，检查孔主要施工工艺及主要施工过程，检查孔全深范围内的土层分布图，土层名称，层顶标高，层厚，取样点位置，土体性状，包含物及物理特征等。

（3）含水层及地下水活动特征。应包括含水层埋深，厚度，渗透系数，地下水水位及其变化幅度，以及含水层与地表水体的水力联系等。当冻结工程附近含水层地下水活动频繁，地下水流速有可能超过 5 m/d 时，还应提供该含水层的地下水流向、流速等资料。

（4）应对土木工程附近的水源井、降水井进行调查，收集水源井、降水井的用途、数量、方位、距离、深度、抽水层位及深度、抽水时间、日抽水量以及抽水影响半径等资料。

（5）在联络通道附近透水砂层中，设计时应考虑周围降水对施工的影响，若继续降水施工，冻结设计应考虑降水产生的不利影响。

（6）土层的常规物理力学特征指标。主要包括土层的密度、含水量、塑性指标、颗粒组成、内摩擦角和黏结力、膨胀量和承载力等。

（7）人工冻土物理力学性能指标宜通过冻土试验获取资料。各地区可针对本地区各土层进行冻土试验，供本地区冻结工程参照采用；对海边、高地热等特殊工程应单独进行冻土试验。

（8）冻土试验资料应包含土层的热物理特性指标，包括原始地温、结冰温度、导热系数、比热容、冻胀率和融沉率。

（9）冻土试验资料还应包含冻土的物理力学特性指标，包括弹性模量、泊松比、抗压强度、剪切强度、抗折强度、蠕变参数等。

2.4 工程用检查孔资料

冻结法施工前，应对井筒检查孔资料进行全面分析。针对实际地质条件采取相应措施，为制定科学合理的冻结方案提供保证。

2.4.1 工程地质特征

工程地质特征主要分析内容：

（1）砂性土层：容重、孔隙度、渗透系数、内摩擦角、颗粒分析。

（2）黏性土层：容重、孔隙度、裂隙率、内摩擦角、抗压强度、膨胀性、膨胀量、自由膨胀率、天然含水量、黏土的矿物成分分析及颗粒分析、凝聚力、塑限、液限、塑性指数。

（3）岩层：各岩层容重、含水率、吸水率、膨胀量、自然状态下单轴抗压强度、饱和状态下单轴抗压强度、普氏硬度、抗剪强度、内摩擦角、凝聚力、弹性模量、岩石质量指标（RQD）值、水解破坏程度、岩体质量等级、裂隙发育程度、孔隙率。

（4）断层、破碎带、溶洞等地质构造情况。

（5）基岩风化带的风化程度、深度、厚度。

（6）冻土（岩）的物理力学性能。

2.4.2 水文地质特征

水文地质特征主要分析内容：

（1）含水层、隔水层的划分，岩性特征。

（2）含水层（组）数量、埋深、层厚、静水位或水头压力、渗透系数、水质、水温、含水率、富水性。

（3）含水层之间的水力联系及与地表水的水力联系。

（4）地下水的流向及流速，地表潜水位。

（5）含水层裂隙（孔隙）特征、裂隙（孔隙）率。

（6）表土层与基岩的水力联系。

（7）地下水的补给、径流、排泄条件。

（8）井筒周边 1 km 范围内水源井使用情况。

（9）简易水文资料，如泥浆消耗量、泥浆漏失量与位置。

2.4.3 地温

地温主要分析内容：井温测量成果，恒温带深度、温度，地温梯度。

2.4.4 井筒涌水量

含水层涌水量主要分析内容：

（1）井检孔含水层抽水试验综合成果、水文测井。

（2）含水层裂隙（孔隙）特征、裂隙（孔隙）率，井筒各含水层（组）涌水量。

（3）基岩掘进时预计井筒涌水量。

2.4.5 地下水水质

地下水水质主要分析内容：水质类型、矿化度、水温、总硬度、永久硬度、pH 值。

2.5 岩土的物理力学特性

2.5.1 岩土的基本物理力学性质指标

岩土属于由颗粒骨架、孔隙水、孔隙气体组成的三相介质，其基本物理力学性质从根本上取决于岩土颗粒骨架的矿物成分、粒径及级配，孔隙水（或冰）、孔隙气的相对含量及赋存形态，以及与此有关的岩土颗粒骨架的胶结状况。

岩土介质的三相比例如图 2-6 所示。天然密度、颗粒比重与含水率是最基本的岩土物理性质指标，基于上述三个指标，借助三相比例示意图，可方便地推求出其他物理性质指标。

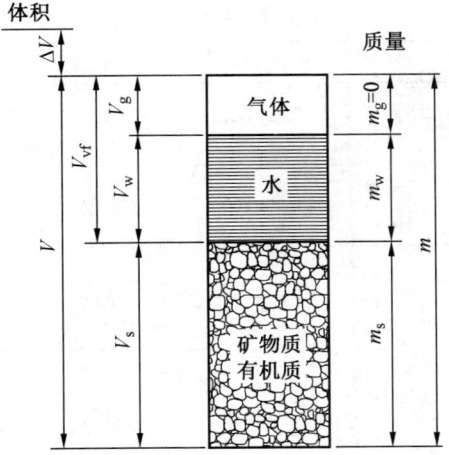

m_s—土粒质量;m_w—土中水质量;$m = m_s + m_w$—土的总质量;V_s、V_w、V_g—土粒、土中水、土中气体积;$V_{vf} = V_w + V_g$—土中孔隙体积;$V = V_s + V_w + V_g$—土的总体积

图2-6 岩土介质的三相比例示意图

需指出的是,由于岩土的密度、孔隙比等指标与岩土体的应力状态密切相关,土样脱离初始的应力环境后,密度、孔隙比、饱和度等指标均会随时间的延长而发生改变。因此,对于深部岩土体,应尽可能通过原位试验,或者现场获取原状土样后尽快开展测试,以获取更为可靠的基本物理性质指标,见表2-49。

表2-49 岩土的基本物理性质指标

指标	定义	公式	单位	测试方法	常见值
密度	天然岩土体的质量与其体积之比	$\rho = \dfrac{m}{V}$	kg/m³	环刀法、蜡封、灌水、灌砂法	1600~2000
容重	天然密度乘以重力加速度 g	$\gamma = \dfrac{mg}{V}$	kN/m³	指标换算	16~20
干密度	干岩土介质质量与其体积之比	$\rho_d = \dfrac{m_s}{V}$	kg/m³	烘干状态下测量,或指标换算	1300~1800
干容重	岩土干密度乘以重力加速度 g	$\gamma_d = \dfrac{m_s g}{V}$	kN/m³	指标换算	13~18
饱和密度	饱和岩土的质量与其体积之比	$\rho_{sat} = \dfrac{m_s + V_v \rho_w}{V}$	kg/m³	饱和状态下测量,或指标换算	1800~2300
饱和容重	岩土饱和密度乘以重力加速度 g	$\gamma_{sat} = \dfrac{m_s g + V_v \rho_w g}{V}$	kN/m³	指标换算	18~23
颗粒比重	岩土颗粒固结质量与4℃条件下等体积水的质量比值	$G_s = \dfrac{m_s}{V_s \rho_{w1}} = \dfrac{\rho_s}{\rho_{w1}}$ ρ_{w1}为4℃水的密度	无量纲	比重瓶法、浮称法、虹吸筒法	黏土:2.72~2.76 粉土:2.70~2.71 砂土:2.65~2.69

表2-49（续）

指标	定义	公式	单位	测试方法	常见值
含水率	岩土体内水质量与岩土颗粒质量的百分比	$w=\dfrac{m_w}{m_s}\times100\%$	无量纲	烘干法、酒精燃烧法	20%~60%
饱和度	岩土体孔隙水体积占孔隙总体积百分比	$S_r=\dfrac{V_w}{V_v}\times100\%$	无量纲	指标换算	0~100%
孔隙比	岩土体内孔隙体积与土颗粒所占体积之比	$e=\dfrac{V_v}{V_s}$	无量纲	指标换算	黏性土和粉土：0.4~1.2 砂类土：0.3~0.9
孔隙率	岩土体内孔隙体积所占土体总体积的百分比	$n=\dfrac{V_v}{V}\times100\%$	无量纲	指标换算	黏性土和粉土：30%~60% 砂类土：25%~45%
液限含水率	黏性土的流动状态和可塑状态的分界含水量	$w_L=\dfrac{m_w}{m_s}\times100\%$	无量纲	蝶式液限仪，液塑限联合测定法	
塑限含水率	可塑状态和半固体状态的分界含水量	$w_P=\dfrac{m_w}{m_s}\times100\%$	无量纲	液塑限联合测定法、搓条法	
塑性指数	液限与塑限的差值乘100	$I_P=(w_L-w_P)\times100$	无量纲	指标换算	
液性指数	黏性土的天然含水量和塑限的差值与塑性指数之比	$I_L=\dfrac{w-w_p}{w_L-w_p}$	无量纲	指标换算	

常见的岩土物理力学性质指标见表2-50~表2-52。

表2-50 土的物理力学性质指标

土的类别		孔隙比 e	含水率 w/%	塑限含水率 w_p/%	密度 ρ/(kg·m^{-3})	内聚力 c/MPa		内摩擦角 φ/(°)	变形模量 E_0/MPa
						标准值	计算值		
砂土	粗砂	0.4~0.5	15~18		2050	0.002	0	42	46
		0.5~0.6	19~22		1950	0.001	0	40	40
		0.6~0.7	23~25		1900	0	0	38	33
	中砂	0.4~0.5	15~18		2050	0.003	0	42	46
		0.5~0.6	19~22		1950	0.002	0	38	40
		0.6~0.7	23~25		1900	0.001	0	35	33
	细砂	0.4~0.5	15~18		2050	0.006	0	38	37
		0.5~0.6	19~22		1950	0.004	0	36	28
		0.6~0.7	23~25		1900	0.002	0	32	24
	粉砂	0.5~0.6	15~18		2050	0.008	0.005	36	14
		0.6~0.7	19~22		1950	0.006	0.003	34	12
		0.7~0.8	23~25		1900	0.004	0.002	28	10

表 2-50（续）

土的类别		孔隙比 e	含水率 w/%	塑限含水率 w_p/%	密度 ρ/(kg·m^{-3})	内聚力 c/MPa 标准值	内聚力 c/MPa 计算值	内摩擦角 φ/(°)	变形模量 E_0/MPa
黏性土	轻亚黏土	0.4~0.5	15~18	<9.4	2100	0.010	0.006	30	18
		0.5~0.6	19~22		2000	0.007	0.005	28	14
		0.6~0.7	23~25		1950	0.005	0.002	27	11
		0.4~0.5	15~18	9.5~12.4	2100	0.012	0.007	25	23
		0.5~0.6	19~22		2000	0.008	0.005	24	16
		0.6~0.7	23~25		1950	0.006	0.003	23	13
	亚黏土	0.4~0.5	15~18	12.5~15.4	2100	0.042	0.025	24	45
		0.5~0.6	19~22		2000	0.021	0.015	23	21
		0.6~0.7	23~25		1950	0.014	0.010	22	15
		0.7~0.8	26~29		1900	0.007	0.005	21	12
		0.5~0.6	19~22	15.5~18.4	2000	0.050	0.035	22	39
		0.6~0.7	23~25		1950	0.025	0.015	21	18
		0.7~0.8	26~29		1900	0.019	0.010	20	15
		0.8~0.9	30~34		1850	0.011	0.008	19	13
		0.9~1.0	35~40		1800	0.008	0.005	18	8
		0.6~0.7	23~25	18.5~22.4	1950	0.068	0.040	20	33
		0.7~0.8	26~29		1900	0.034	0.025	19	19
		0.8~0.9	30~34		1850	0.028	0.020	18	13
		0.9~1.0	35~40		1800	0.019	0.010	17	9
	黏土	0.7~0.8	26~29	22.5~26.4	1900	0.082	0.060	18	28
		0.8~0.9	30~34		1850	0.041	0.030	17	16
		0.9~1.1	35~40		1750	0.036	0.025	16	11
		0.8~0.9	30~34	26.5~30.4	1850	0.094	0.065	16	24
		0.9~1.1	35~40		1750	0.047	0.035	15	14

注：1. 平均比重取值：砂 2.65，轻亚黏土 2.70，亚黏土 2.71，黏土 2.74。
2. 粗砂与中砂 E_0 值适用于不均匀系数 c_u =3 时；当 c_u >5 时，应按表中所列值减少 2/3；c_u 为中间值时，E_0 值按内插法确定。
3. 对于地基稳定计算，采用内摩擦角 φ 的计算值低于标准值 2°。

表 2-51 黏性土的物理力学性质指标

土的类别	孔隙比 e	液性指数 I_L	含水率 w/%	液限含水率 w_L/%	塑性指数 I_p	承载力 R/kPa	压缩模量 E_S/MPa	内聚力 c/MPa	内摩擦角 φ/(°)
下蜀系黏性土	0.6~0.9	<0.8	15~25	25~40	10~18	300~800	>15	0.04~0.10	22~30
一般黏性土	0.55~1.0	0~1.0	15~30	25~45	5~20	100~450	4.0~15	0.01~0.05	15~22
新近代黏性土	0.7~1.2	0.25~1.2	24~36	30~45	6~18	80~140	2.0~7.5	0.01~0.02	7~15

表 2-51（续）

土的类别		孔隙比 e	液性指数 I_L	含水率 w/%	液限含水率 w_L/%	塑性指数 I_p	承载力 R/kPa	压缩模量 E_S/MPa	内聚力 c/MPa	内摩擦角 φ/(°)
淤泥或淤泥质土	沿海	1.0~2.0	>1.0	36~70	30~65	10~25	40~100	1.0~5.0	0.005~0.015	4~10
	内陆						50~110	2.0~5.0		
	山区						30~80	1.0~6.0		
云贵红黏土		1.0~1.9	0~0.4	30~50	50~90	>17	100~320	5~16	0.03~0.05	5~10

表 2-52 软土的物理力学性质指标

成因类型	含水率 w/%	密度 ρ/(kg·m^{-3})	孔隙比 e	内摩擦角 φ/(°)	内聚力 c/MPa
滨海沉积软土	40~100	1500~1800	1.0~2.3	1~7	0.002~0.02
湖泊沉积软土	30~60	1500~1900	0.8~1.8	0~10	0.005~0.03
河滩沉积软土	35~70	1500~1900	0.9~1.8	0~11	0.005~0.025
沼泽沉积软土	40~120	1500~1900	0.52~1.5	0	0.005~0.019

2.5.2 岩土的基本力学性质指标

岩土的基本力学性质指标主要包括单轴抗压强度、三轴剪切强度、抗剪强度指标（内摩擦角、内聚力）。对于岩石，还包括饱和单轴抗压强度、吸水率、崩解系数、软化系数等。土的基本力学性质指标见表 2-53，岩石的基本力学性质指标见表 2-54。

表 2-53 土的基本力学性质指标

指标	定义	公式	单位	测试方法
单轴抗压强度	单向受压条件下，土样破坏时的极限压应力值	$\sigma = \dfrac{P_c}{A}$ 式中 P_c—压力峰值； A—试件受压表面积	MPa	单轴抗压强度试验
内聚力	反映土体颗粒之间的相互黏结力或吸引力的强度参数	$\tau = c + \sigma \tan\varphi$ 式中 τ—对试件施加的剪应力峰值； σ—对应的正应力	MPa	直剪试验或三轴剪切试验
内摩擦角	反映土体内部颗粒间相互错动时摩擦作用的强度参数		(°)	直剪试验或三轴剪切试验
压缩模量	土体在完全侧限条件下竖直受载时，有效压力增量与竖直应变增量之比	$E_s = \dfrac{\Delta p}{\Delta \varepsilon_z}$ 式中 Δp—有效压力增量； $\Delta \varepsilon_z$—竖直应变增量	MPa	侧限压缩试验
变形模量	土体在无侧限条件下瞬时压缩的应力应变比值	$E = \dfrac{\sigma}{\varepsilon}$ 式中 ε—压缩产生的应变	MPa	无侧限压缩试验
压缩系数	土体在侧限条件下孔隙比减小量与有效压应力增量的比值	$a = -\dfrac{de}{dp'}$ 式中 e—孔隙比； p'—有效应力	MPa^{-1}	侧限压缩试验

表2-53（续）

指标	定 义	公 式	单位	测试方法
压缩指数	初始加载时 $e-\lg p$ 曲线的直线段的斜率	$C_c = \dfrac{-\Delta e}{\Delta \lg p}$ 式中 Δe—孔隙比的变化量； p—荷载	MPa^{-1}	侧限压缩试验
泊松比	材料在单向受拉或受压时，横向正应变与轴向正应变绝对值的比值	$\mu = \left\| \dfrac{\varepsilon_x}{\varepsilon_y} \right\|$ 式中 ε_x—横向应变； ε_y—轴向应变	无量纲	无侧限单轴压缩试验
自由膨胀率	烘干、碾细的土试样，在水中膨胀增加的体积与原始体积之比的百分数	$\delta_{ef} = \dfrac{V_w - V_0}{V_0} \times 100\%$ 式中 V_w—浸水饱和的岩石试样体积； V_0—试样原体积	无量纲	自由膨胀率试验
膨胀率	侧限条件下原状土样或重塑土样充分润湿后试样高度变化量与试样原高度之比的百分数	$\delta = \dfrac{\Delta H}{H} \times 100\%$ 式中 ΔH—试样高度变化量； H—试样高度	无量纲	膨胀率试验
膨胀力	膨胀性土在吸水时所产生的内应力	$P_e = \dfrac{W}{A}$ 式中 W—施加在试样上的总平衡荷载； A—试样横截面积	kPa	膨胀力试验（加载平衡法）

表2-54 岩石的基本力学性质指标

指标	定 义	公 式	单位	测试方法
天然单轴抗压强度	标准圆柱体，轴心抗压强度	$\sigma = \dfrac{P_c}{A}$ 式中 P_c—压力峰值； A—试件受压表面积	MPa	单轴压缩试验
饱和单轴抗压强度	标准圆柱体，在水中吸水饱和（24 h以上），轴心抗压强度		MPa	单轴压缩试验
单轴抗拉强度	岩石试件在单轴拉力作用下抵抗破坏的极限能力	$\sigma = \dfrac{P_r}{A}$ 式中 P_r—拉力峰值； A—试件受拉表面积	MPa	单轴拉伸试验
内聚力	反映岩石内部颗粒之间相互黏结作用的强度参数	$\tau = c + \sigma \tan\varphi$ 式中 τ—对试件施加的剪应力峰值； σ—对应的正应力	MPa	剪切试验或三轴压缩试验
内摩擦角	反映岩石内部固相颗粒相互剪切错动时摩擦特性的强度参数		(°)	剪切试验或三轴压缩试验
弹性模量	岩石试样在无侧限条件弹性状态下压缩的应力、应变比值	$E = \dfrac{\sigma}{\varepsilon}$ 式中 ε—压缩产生的应变	MPa	单轴压缩试验
泊松比	材料在弹性状态下单向受拉或受压时，横向正应变与轴向正应变绝对值的比值	$\mu = \left\| \dfrac{\varepsilon_x}{\varepsilon_y} \right\|$ 式中 ε_x—横向应变； ε_y—轴向应变	无量纲	单轴压缩试验

表 2-54（续）

指 标	定 义	公 式	单位	测试方法
吸水率	岩样所吸附水的质量占吸水前干燥岩样质量的百分比	$W = \dfrac{m_w - m_d}{m_d} \times 100\%$ 式中 m_w—饱和 24 h 岩样质量； m_d—烘干后岩样的质量	无量纲	岩石吸水饱和烘干试验
吸水膨胀率	岩石吸水膨胀引起的体积变化量占原体积的百分比	$\delta_{ef} = \dfrac{V_w - V_0}{V_0} \times 100\%$ 式中 V_w—浸水饱和的岩石试样体积； V_0—试样原体积	无量纲	平衡加压法，压力恢复法和加压膨胀法
耐崩解性指数	岩土与水相互作用时失去黏结性并变为完全丧失强度的松散物质的性质	$I_{d2} = \dfrac{m_r}{m_d} \times 100\%$ 式中 I_{d2}—两次循环试验求得耐崩解指数，介于 0~100 间； m_d—原试件的烘干质量； m_r—残留试件的烘干质量	%	干湿循环试验
软化系数	岩土试样饱水状态下的抗压强度与干燥状态下的抗压强度之比	$\eta_c = \dfrac{\sigma_{cw}}{\sigma_c}$ 式中 σ_{cw}—饱水状态下的抗压强度； σ_c—干燥状态下的抗压强度	无量纲	饱和试样单轴压缩试验和干燥试样单轴压缩试验

常见的岩土基本力学性质指标值见表 2-55~表 2-60。

表 2-55 土的静弹性模量 E 值

土 的 名 称	E/MPa
含淤泥的可塑亚黏土	31
饱和的褐色亚黏土	44
密实的重亚黏土	295
湿的中砂	54
混砾石的灰色砂	54
饱和的细砂	85
中砂	83
黄土	100~150

表 2-56 土的动弹性模量 E_d 值

土 的 名 称	E_d/MPa
饱和的黏土	115
天然湿度的黄土	341
细砂	52
中砂	110
砾砂	150
砾石	250

表 2-57 土的泊松比

土 的 名 称	静 泊 松 比	动 泊 松 比
黏土	0.42	0.45~0.50
亚黏土	0.35	0.40~0.45
轻亚黏土	0.30	0.35~0.40
砂	0.30	0.30~0.35
卵石	0.27	—

表2-58 矿山常见岩石的力学性质指标经验取值

岩 性	抗压强度/MPa	抗拉强度/MPa	静弹性模量/GPa	动弹性模量/GPa	泊松比	似内摩擦角/(°)
砾岩	40~250	1.7~7.1	10~114	33~114	0.05~0.36	70~87
砂岩	4.5~110	0.2~5.2	7.8~54	5~91	0.05~0.30	27~85
炭质砂岩	50~140	1.5~4.1	8~22	40~78	0.08~0.25	65~85
炭质页岩	20~80	1.8~5.6	26~55	23~54	0.16~0.20	65~75
带状页岩	6~8	0.4~0.6	5~25	7~9	0.25~0.30	30~40
软页岩	20	1.4	13~21	19	0.25~0.30	45~65
页岩	20~40	1.4~2.8	13~21	19~33	0.16~0.25	45~76
泥灰岩	3.5~60	0.3~4.2	3.8~21	5~44	0.20~0.40	9~76
石灰岩	25~130	0.6~11.6	21~84	10~49	0.04~0.40	27~85

表2-59 常见岩石的耐崩解性指数

岩 性	耐崩解性指数/%
微新泥质砂岩	99.6
弱风化泥质砂岩	98.3
微新泥质粉砂岩	97.7
弱风化泥质粉砂岩	94.3
微新粉砂质泥岩	89.6
弱风化粉砂质泥岩	82.5
强风化粉砂质泥岩	70.5
微新泥岩	81.9
弱风化泥岩	62.5

表2-60 常见岩石的软化系数

岩 性	软化系数
凝灰岩	0.52~0.86
石灰岩	0.58~0.94
砂岩	0.44~0.97
页岩	0.24~0.55
石英岩	0.75~0.97

万福煤矿不同深度土和岩石的基本力学性质指标见表2-61和表2-62。

表2-61 山东巨野矿区万福煤矿不同深度土的基本力学性质指标

取样深度/m	土的名称	压缩系数/MPa^{-1}	压缩模量/MPa	内摩擦角/(°)	内聚力/kPa
9.67	黏土	0.44	4.4	33.0	89.8
25.71	粉土	0.17	9.3	17.5	70.3
47.11	粉质黏土	0.29	5.7	28.0	72.3
65.77	细砂	0.31	5.4	31.6	0
90.78	粉土	0.11	15.0	26.2	42.8
109.1	粉质黏土	0.13	11.0	17.5	183

表 2-61（续）

取样深度/m	土的名称	压缩系数/MPa^{-1}	压缩模量/MPa	内摩擦角/(°)	内聚力/kPa
142.9	粉质黏土	0.15	9.8	33.4	61.0
178.7	黏土	0.17	9.8	23.1	54.0
235.3	细砂	—	—	33.3	0
272.8	粉砂	0.17	8.1	31.8	0
319.9	中砂	—	—	30.8	20.4
372.4	粉土	0.13	11.6	37.6	26.4
429.7	粉土	0.09	16.5	42.3	80.5
475.6	粉质黏土	0.11	15.1	22.8	116
501.8	黏土	0.11	16.5	13.2	12.2
546.5	砂质黏土	0.15	9.8	35.4	266
596.5	黏土	0.50	3.7	10.7	10.2
621.6	细砂	0.05	33.0	34.2	10.2
672.7	粉土	0.07	19.7	32.0	174
704.4	黏土	0.18	8.8	5.0	44.8
730.7	细砂	0.13	13.1	32.3	25.5
748.5	中砂	0.07	24.3	32.0	10.6

表 2-62　山东巨野矿区万福煤矿不同深度岩石的基本力学性质指标

取样深度/m	岩性	破坏荷载/kN	单轴抗压强度/MPa	抗拉强度/MPa	软化系数	变形模量/GPa	泊松比
754.69	细砂岩	37	13.38	2.54	0.47	14.5	0.29
786.74	泥岩	55	9.68	1.11	0.39	13.1	0.30
806.42	石灰岩	261	99.82	3.23	0.84	28.3	0.28
829.62	泥岩	68	17.05	0.75	0.08	5.3	0.34
864.92	粉砂岩	120	29.96	2.57	0.27	11.3	0.32
873.21	细砂岩	121	48.28	3.61	0.12	17.6	0.28
884.92	泥岩	101	25.10	0.98	0.93	14.3	0.26
905.37	泥岩	107	26.57	2.09	0.14	9.9	0.31
931.68	石灰岩	158	63.71	3.90	0.09	31.4	0.26

注：表中单轴抗压、抗拉强度均指天然含水量状态下测定值。

大海则煤矿岩石的基本力学性质指标见表2-63。

表2-63　陕西榆林矿区大海则煤矿岩石的基本力学性质指标

取样深度/m	岩性	单轴抗压强度/MPa	抗拉强度/MPa	软化系数	弹性模量/GPa	泊松比
43.12~55.28	中粒砂岩	4.66	0.35	0.33	12.38	0.22
100.10~109.27	细粒砂岩	3.79	0.32	0.28	12.16	0.19
141.21~153.98	细粒砂岩	3.34	0.28	0.43	8.47	0.23
176.35~186.25	粉砂岩	2.53	0.15	0.57	10.94	0.25
243.60~250.35	中粒砂岩	7.94	0.45	0.39	12.81	0.19
333.91~336.39	泥岩	24.87	1.14	0.65	12.70	0.33
357.62~360.47	粉砂质泥岩	28.3	1.29	0.69	14.92	0.21
381.21~385.12	中粒砂岩	22.36	1.23	0.75	11.92	0.17
394.80~397.26	泥质粉砂岩	43.27	2.29	0.61	22.57	0.21
397.55~398.73	泥岩	37.49	1.72	0.72	16.83	0.22
434.25~438.43	泥岩	13.98	0.61	0.63	10.68	0.25
443.67~448.41	泥质粉砂岩	21.59	0.96	0.51	12.12	0.21
451.20~453.28	粉砂质泥岩	22.12	1.04	0.32	12.83	0.20
454.24~460.47	细粒砂岩	37.15	1.79	0.79	16.75	0.19
559.25~563.56	泥岩	19.11	0.89	0.52	10.68	0.21

注：表中单轴抗压、抗拉强度均指天然含水量状态下测定值。

2.6　人工冻土的物理力学特性

2.6.1　岩土冻结过程及其影响因素

2.6.1.1　岩土冻结过程

岩土冻结过程实质上是土中水降温、结冰并将岩土颗粒胶结为整体，导致其物理力学性质发生转变的过程。岩土中水的结冰可分为以下5个阶段（图2-7）。

冷却段：土层由常温逐渐降低至冰点。

过冷段：土体降温至冰点以下，自由水尚未结冰，呈现出过冷现象。

突变段：水在过冷阶段，一旦出现结晶立即出现潜热释放现象，温度升高。

冻结段：升温至冰点，当外部冷量与结冰潜热释放达到平衡，土中水进入持续、稳定的结冰过程，形成冻土。

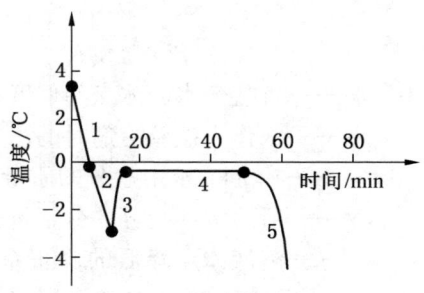

图2-7　土中水的降温结冰过程

冻土继续降温段：土中水结冰完成，随着冷量供给，冻土继续降温。

黏性土中的结合水，由于受土颗粒电场作用力甚至分子引力等的作用，冰点低于 0 ℃。已有研究表明：黏性土中的弱结合水，在温度降低至 -30 ℃时，才接近于全部冻结（一般仍有少量弱结合水处于未冻结状态）。

典型土壤冻结过渡状态的平均温度见表 2-64，冻土中水的相变及未冻水变化见表 2-65。

表 2-64　典型土壤冻结过渡状态的平均温度

土　壤	过渡温度/℃	
	由融态向塑性状态	坚硬冻结状态
砂	0 ~ -0.25	< -0.25
砂质黏土	-0.5 ~ -1.5	< -1.5
黏土	-1.0 ~ -3.0	< -3.0

表 2-65　冻土中水的相变及未冻水变化

	项　目	急剧转变区/℃	缓慢转变的过渡区/℃	实际冻结状态区/℃
水相态变化	砂	0 ~ -0.2	-0.2 ~ -0.5	< -0.5
	粉砂质黏土	0 ~ -2.0	-2.0 ~ -5.0	< -5.0
	饱和覆盖黏土	0 ~ -5.0	-5.0 ~ -10.0	< -10.0
	侏罗纪不含盐黏土	0 ~ -7.0	-7.0 ~ -30.0	< -30
未冻水量的变化		温度每变化 1 ℃时，未冻水的变化量等于或大于 1%（与干土重量相比）	温度每变化 1 ℃时，未冻水的变化量为 0.1% ~ 1%	温度每变化 1 ℃时，未冻水的变化量为小于 0.1%。砂土在 -0.5 ℃时属于这种状态，当温度继续下降时不会引起含水率的变化

2.6.1.2　岩土冻结的影响因素

1. 水中盐分

岩土介质中的自由水，在 1 个标准大气压且不含盐分的条件下，冰点为 0 ℃；当处于高压状态，或水中溶解有盐分时，冰点将受其影响而低于 0 ℃。

水中含盐分导致冰点降低的程度与盐分种类、含量都有关系。

$$\Delta t = \frac{kg\alpha}{M} \tag{2-7}$$

式中　Δt——含盐分水的冰点降低度数，℃；

k——水作为盐分溶剂时的冰点降低常数，取 1.86；

g——在 1 kg 水中盐分的质量，g；

M——所溶解的盐分的分子量；

α——溶液冰点降低的修正系数，由一价金属与一元酸组成的盐类稀溶液，α = 2 ~ 2.3；由二价金属与二元酸组成的盐类稀溶液，α = 3。

2. 压力

水在高压力下的结冰温度不同于常压。有载土体的冻结温度,即土体内承压水的结冰温度,应按下式计算:

$$t_d = t_s + \eta p \qquad (2-8)$$

式中 t_s——无载条件下含盐湿土冻结温度,通常介于 0 ~ -6 ℃;

η——一般取 -0.075 ℃/MPa;

p——土中水压力,MPa。

3. 水的流速及抽水影响半径

岩土体冻结过程中,地下水如果处于流动状态,由于冷量不断被带走,将会影响冻结壁交圈,甚至导致冻结壁无法形成。

绝大多数情况下,地下水流速非常小,一般不超过 5 m/d,此时其对岩土冻结的影响可以不予考虑。然而,实际工程中也会遇到地下水流速较大的情形,其一是自然条件引起的流动,其二是人为原因引起的流动。某水电站工地曾在试验水道内开展过岩石冻结试验,证明:当地下水流速小于 30 m/d 时仍可以顺利冻结。如果地下水流速更高,可采取辅助措施降低地下水流速(如设置围堰、注浆降低岩土体渗透性等),并采取针对性的布孔方案与冻结参数(如在地下水流上游加密布置冻结孔、降低冷媒剂温度、加大冷媒剂流量等),仍可对地下水在一定流速条件下的地层实施冻结。

由于冻结工程往往需要在工业广场范围内钻孔抽取地下水,因此,必须根据钻孔抽水的影响半径评估其对地层冻结的影响,见表 2-66 ~ 表 2-69。

表 2-66 根据钻孔单位降深或单位涌水量确定抽水影响半径

单位涌水量 q_0/ (L·s^{-1}·m^{-1})	单位降深 S_0/ (m·L^{-1}·s^{-1})	抽水影响半径 R/ m	备 注
≥2.0	≤0.5	300 ~ 500	
2.0 ~ 1.0	1.0 ~ 0.5	100 ~ 300	
1.0 ~ 0.5	2.0 ~ 1.0	50 ~ 100	$q_0 = \dfrac{Q_w}{S}$,$S_0 = \dfrac{S}{Q_w}$
0.5 ~ 0.33	3.0 ~ 2.0	25 ~ 50	式中 S—抽水孔内的水位下降,m;
0.33 ~ 0.20	5.0 ~ 3.0	10 ~ 25	Q_w—涌水量,m³/d
<0.20	>5.0	<10	

表 2-67 钻孔使用前对抽水影响半径的估算

公式名称	计算式	符号意义
舒尔采科普	$R = \sqrt{\dfrac{6Hkt_z}{\rho}}$ $R = \sqrt{\dfrac{12t_z}{\rho}} \sqrt[4]{\dfrac{q_1 k}{\pi}}$	R—钻孔抽水影响半径,m; H—含水层厚度,m; k—渗透系数,m/s; t_z—抽水延续时间,s; ρ—含水层的给水度,一般采用以下数值: 砾石:0.30 ~ 0.35 粗砾:0.25 ~ 0.30 中砂:0.20 ~ 0.25 细砂:0.15 ~ 0.20 粉砂:0.10 ~ 0.15 q_1—钻孔的单位时间抽水量,m³/s

表2-68 不同含水层钻孔抽水影响半径的经验数据

土层特性	极细砂	细砂	中砂	粗砂	极粗砂	小砾	中砾	大砾
颗粒直径/mm	0.05~0.1	0.1~0.25	0.25~0.5	0.5~1	1~2	2~3	3~5	5~10
影响半径/m	25~50	50~100	100~200	200~400	400~500	500~600	600~1500	1500~3000

表2-69 钻孔抽水对冻结的影响及注意事项

土层	自然条件下地下水流速/(m·d^{-1})	抽水对冻结的影响	要求及措施
黏性土 粉砂 细砂 中砂	<4	除砾石层外，自然条件下的地下水流速一般小于5 m/d，不会影响正常冻结。但在抽水条件下，动水面就会降低，水力坡度就会增大，地下水流速就可能超过正常冻结要求的限度，延长冻结时间或造成冻结困难。如台吉一矿东风井、东庞煤矿副井、大屯煤矿主井、南屯煤矿主井、孔庄煤矿主井等曾因井筒附近抽水延长冻结壁的交圈时间	1. 避免在抽水影响半径内的水流下方抽水。冻结期间，井筒附近的自流井和抽水井应停止工作 2. 当地下水流速过大时，可布置若干深度超过地下水面的补充冻结孔和采用较低温度的盐水进行冻结
含小砾石的粗砾	≤5		
砾石	5~40		

2.6.2 冻土的基本物理性质指标

冻土的四相比例如图2-8所示，根据天然密度、颗粒比重、总含水率、含冰量指标，可借助四相比例示意图推求出其他物理性质指标。

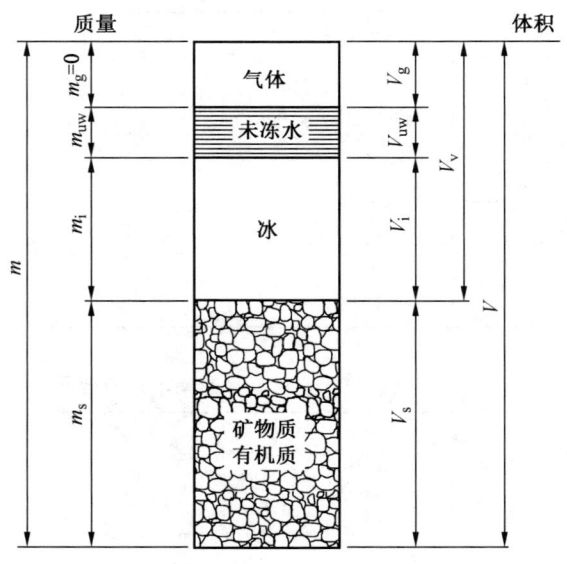

m_s—土粒质量；$m_w = m_i + m_{uw}$—土中水质量；$m = m_s + m_w$—土的总质量；V_s、$V_w = V_i + V_{uw}$、V_g—土粒、土中水、土中气体积；$V_v = V_w + V_g$—土中孔隙体积；$V = V_s + V_w + V_g$—土的总体积；V_i—冰的体积；V_{uw}—未冻水体积；m_i—冰的质量；m_{uw}—未冻水的质量

图2-8 冻土的四相比例示意图

冻结岩土的基本物理性质指标见表2-70。

表2-70 冻结岩土的基本物理性质指标

指标	定义	公式	常用单位	测试方法
总含水率	冻结岩土内水与冰的总质量与岩土固相颗粒质量的百分比	$w = \dfrac{m_w}{m_s} \times 100$	%	浮称法、环刀法、充砂法
未冻水含量	冻结岩土内未冻水的质量与岩土固相颗粒质量的百分比	$w_u = \dfrac{m_w - m_i}{m_s} \times 100$	%	量热法、脉冲核磁共振法（NMR）、时域反射法（TDR）、差示扫描量热法（DSC）
含冰量	冻结岩土内冰的质量与岩土固相颗粒质量的百分比	$w_i = \dfrac{m_i}{m_s} \times 100$	%	指标换算
总饱和度	岩土体孔隙水、冰的总体积占孔隙总体积的百分比	$S_r = \dfrac{V_w}{V_v} \times 100$	%	指标换算
未冻水饱和度	冻结岩土孔隙内的未冻水的体积占孔隙总体积的百分比	$S_{ruw} = \dfrac{V_{uw}}{V_v} \times 100$	%	指标换算
饱冰度	冻结岩土孔隙内冰的体积占孔隙总体积的百分比	$S_{ri} = \dfrac{V_i}{V_v} \times 100$	%	指标换算

注：密度、容重、颗粒比重等其余指标同未冻结岩土。

2.6.3 冻土的热物理性质指标

冻结岩土的热物理性质指标主要取决于四相成分及比例，见表2-71。

表2-71 冻土的热物理性质指标

指标	定义	公式	常用单位	测试方法
质量比热容	单位质量的岩土介质温度升高或降低1℃所吸收或释放的热量	$c_m = \dfrac{c_s + c_w w_u + c_i w_i}{1+w}$ 式中 c_s—土颗粒的比热容，J/(kg·℃)； c_w—水的比热容，J/(kg·℃)； w_u—未冻水含量； w_i—含冰量； w—冰与水的含量； c_i—冰的比热容，J/(kg·℃)	J/(kg·℃)	混合量热法、绝热加热器法、加热冷却法，或指标推算
体积比热容	单位体积的岩土介质温度升高或降低1℃所吸收或释放的热量	$c_v = \rho_{df}(c_s + c_w w_u + c_i w_i)$ 式中 ρ_{df}—冻土干密度； 其他符号意义同上	J/(m³·℃)	指标推算
导热系数	厚度1m且两侧面温差为1℃的物体，单位时间内通过1m²面积传输的热量	$\lambda = \dfrac{\varphi_w x_w \lambda_w + \varphi_a x_a \lambda_a + \varphi_s x_s \lambda_s}{\varphi_w x_w + \varphi_a x_a + \varphi_s x_s}$ 式中 $x_w、x_a、x_s$—单位体积土中水、空气和土颗粒所占体积； $\lambda_w、\lambda_a、\lambda_s$—水、空气和土颗粒导热系数； $\varphi_w、\varphi_a、\varphi_s$—水、空气和土颗粒加权系数，取决于土颗粒的排列和各组成物质导热系数之比	W/(m·℃)	稳态法，如平板法、比较法、热流计法；非稳态法，如球形探针法、瞬态热线法

表 2-71（续）

指　标	定　义	公　式	常用单位	测 试 方 法
导温系数	材料传播温度变化能力大小的指标	$D_h = \dfrac{\lambda}{c_v}$	m²/s	径向稳态热流法，或指标推算
结冰温度	岩土材料中自由水由液态转变为固态的温度	$T = T_0 - 0.075p$ 式中　p—自由水的压力，MPa； T_0—水在无压条件下结冰温度，℃	℃	零温瓶法
容积相变潜热	单位体积的含水岩土在结冰温度下变为冻结岩土所释放的热量	$L = \rho_d L'(w - w_u)$ 式中　L'—水的相变潜热，333.7 kJ/kg； ρ_d—土的干密度，kg/m³； w—冰与水的含量，%； w_u—未冻水含量，%	kJ/m³	

表 2-72 至表 2-74 是几种土的比热导热系数、导温系数的常见值，表 2-75 是山东巨野矿区龙固煤矿不同深度冻土的基本物理力学性质指标、冻结温度及导热系数值。

表 2-72　几种土的比热值

土　名	干密度 ρ_d/ (kg·m⁻³)	含水率 w/ %	融土体积比热容 c_{vu}/ (kJ·m⁻³·℃⁻¹)	冻土体积比热容 c_{vf}/ (kJ·m⁻³·℃⁻¹)
粉土、粉质黏土	1600	10	2425.6	1873.5
		20	2676.5	2208.1
碎石粉质黏土	1800	10	2258.3	1844.3
		15	2634.7	2032.5
砾砂	1800	10	2183.0	1693.7
		18	2785.2	1994.8

表 2-73　几种土的导热系数值

土　名	干密度 ρ_d/ (kg·m⁻³)	含水率 w/ %	融土导热系数 λ_u/ (W·m⁻¹·℃⁻¹)	冻土导热系数 λ_f/ (W·m⁻¹·℃⁻¹)
粉土、粉质黏土	1600	10	0.78	0.74
		20	1.24	1.38
碎石粉质黏土	1800	10	1.17	1.31
		15	1.60	1.82
砾砂	1800	10	1.91	2.61
		18	2.18	3.08

表2-74　几种土的导温系数值

土　名	干密度 ρ_d/ (kg·m^{-3})	含水率 w/ %	融化导温系数 D_{hu}/ (10^{-3} m^2·h^{-1})	冻结导温系数 D_{hf}/ (10^{-3} m^2·h^{-1})
粉土、粉质黏土	1600	10	1.40	1.42
		20	1.67	2.25
碎石粉质黏土	1800	10	1.87	2.56
		15	2.19	3.23
砾砂	1800	10	3.17	5.56
		18	2.82	5.51

表2-75　山东巨野矿区龙固煤矿不同深度冻土物理及热学参数

埋深/ m	土性	含水量/ %	液限/ %	塑性指数	有侧限自由膨胀率/%	自由膨胀率/%	冻结温度/℃	导热系数/(W·m^{-1}·℃$^{-1}$)	
								融化状态	冻结状态/-10℃
201~210	黏土	24.17	50.55	23.25	17.89	94.70	-1.17	1.274	1.813
251~275	砂质黏土	29.53	53.23	23.64	18.83	112.00	-1.13	1.475	1.879
309~326	黏土	27.22	52.37	20.73	18.74	98.00	-1.67	1.301	1.839
385~388	砂质黏土	27.41	47.30	23.16	3.45	113.20	—	1.205	1.703
419~420	砂质黏土	29.97	49.67	22.01	1.96	88.30		1.410	1.887
477~481	黏土	18.36	61.33	25.73	39.34	103.40	-2.31	—	—
517~521	黏土	22.10	51.35	23.10	7.65	58.30	—	1.458	1.865

2.6.4　冻土基本力学性质指标

冻土的基本力学性质指标包括单轴抗压强度、三轴剪切强度、内摩擦角、内聚力、弹性模量、泊松比等。

冻土的强度、弹性模量主要受以下因素影响。

1. 土性

冻土强度受土颗粒矿物成分的影响相对较小，而受土颗粒大小的影响显著。一般来讲，粗颗粒土的冻土强度大，细颗粒土的冻土强度低。

2. 含水率

含水率对冻土强度有显著影响。通常而言，土体饱和前，冻土强度随含水量增大而增大；当土体饱和后，冻结后强度则随含水量增大而减小。

3. 温度

冻土强度、弹性模量均随冻结温度的下降而增大，在常见温度范围内近似与温度呈线性关系增长。

$$\sigma = a + b|t| \tag{2-9}$$

式中　σ——冻土强度，MPa；

t——冻土温度，℃；

a、b——冻土强度随温度线性增长的拟合系数。

需指出的是：冻结法凿井中冻土力学参数的测定，目前仍采用重塑土样先冻结再加载的试验模式，试验条件与深部人工冻土的实际工况差异显著。对于深部冻土的力学特性及试验方法，尚没有相应的试验规程或规范。因此，冻土力学参数的取值，需考虑试验条件与实际工况的差异，根据冻土试验报告，在深入甄别、分析的基础上使用。

赵固二号煤矿冻土力学参数试验结果见表 2-76。

表 2-76　赵固二号煤矿冻土力学参数试验结果

土　性	深度/m	温度/℃	抗压强度/MPa	弹性模量/MPa	泊松比
粉质黏土	211.5~213.1	-5	3.848	112	0.28
		-10	5.541	220	0.25
		-15	7.237	309	0.23
粉质黏土	233.9~240.6	-5	2.110	125	0.27
		-10	3.262	208	0.24
		-15	5.037	291	0.22
粉质黏土	467.5~469.1	-5	2.851	139	0.31
		-10	3.951	204	0.26
		-15	4.889	281	0.23
砂质黏土	516~517.6	-5	2.130	107	0.30
		-10	4.178	199	0.27
		-15	6.293	278	0.24

2.6.5　岩土的冻胀、融沉特性

岩土冻结工程常伴随冻胀、融沉现象，容易对周围建筑及地下结构物造成不利影响，甚至造成损害或诱发工程事故。

冻胀与融沉现象主要发生在土体内。冻胀是由土体内水分结冰膨胀所致，尤其水分迁移容易诱发显著的冻胀。反之，冻结岩土体融化过程中，冰的融化体缩将导致岩土体发生显著固结下沉，产生融沉现象。岩土体的冻胀与融沉，通过影响工程场地内或周边建筑物、结构物的地基变形，而诱发结构附加应力，危害其结构的安全；同时，对于岩体层内埋置的地下管线等结构，则会直接导致其移位甚至断裂，诱发严重的工程事故。

土体的冻胀与融沉特性，一方面与土体的矿物成分、颗粒级配有关；另一方面也与水分补给条件、冻结过程（如降温速度等）、荷载条件等因素密切相关。因此，评估岩土冻结工程中的冻胀、融沉问题，需从土体自身及外部条件两方面考虑。

土体冻胀、融沉特性的常用指标、定义及其计算公式见表 2-77。

根据冻胀率指标，可进行土体的冻胀性分级。我国《冻土地区建筑地基基础设计规范》（JGJ 118—2011）中关于土的冻胀性分级见表 2-78。

需指出的是，上述冻胀系数、融沉系数均是指顶面无荷载作用，即自由状态下的指标。由于岩土工程总是涉及一定埋深，深度越大，初始竖向自重应力越大，而竖向自重应力对于土体的冻胀、融沉变形也具有重要影响。因此，对于深部岩土冻结工程，还应关注深部有载条件下的土体冻胀、融沉特性，以更准确地评估深部岩土的冻胀、融沉现象。

表2-77 土的冻胀与融沉指标

指标	定义	公式	常用单位	常见值
冻胀率	土样在侧向变形受限条件下，最大轴向冻胀变形量与土样冻结前初始高度的百分比	$\eta = \dfrac{\Delta h}{h_0} \times 100$ 式中 η—土的冻胀率； Δh—土样冻胀变形量，mm； h_0—土样冻结前初始高度，mm	%	0~12%
融沉系数	冻土融化过程中，受自重作用所产生的融化变形量与冻土试样的初始高度的百分比	$\delta_0 = \dfrac{\Delta h_0}{h_0} \times 100$ 式中 δ_0—冻土融沉系数； Δh_0—冻土融化变形量，mm； h_0—冻土试样的初始高度，mm	%	0~25%

表2-78 我国冻土的冻胀性分级

冻胀率/%	$\eta \leq 1$	$1 < \eta \leq 3.5$	$3.5 < \eta \leq 6$	$6 < \eta \leq 12$	$\eta > 12$
冻胀等级	不冻胀	弱冻胀	冻胀	强冻胀	特强冻胀

2.6.6 冻土的蠕变特性

冻土通常具有较为显著的流变性，主要包括蠕变、应力松弛现象。冻土的蠕变，是指冻土在恒定的荷载作用下，变形随时间延长而不断发展的现象；而应力松弛则是指为维持冻土的恒定应变状态，应力随时间延长而逐渐减小的现象。

岩土冻结工程中，冻结壁的蠕变特性往往决定着冻结壁与冻结管的安全，进而影响冻结工程的成败；而冻土蠕变与工程结构的相互作用，则通常构成地下工程结构的主要外载，影响地下结构的安全与稳定。因此，冻土蠕变特性是冻土力学研究的重要内容之一。

2.6.6.1 冻土的蠕变规律及影响因素

1. 冻土的蠕变规律

冻土的蠕变通常分为两种类型：衰减蠕变和非衰减蠕变，如图2-9所示。

衰减蠕变：冻土蠕变率随时间延长逐渐减小，最终趋于零，如图2-9a所示。只有当冻土受到的作用力小于一定界限值（通常即冻土的长时强度）时，冻土才呈现为衰减蠕变类型。

非衰减蠕变：冻土蠕变率随时间的延长逐渐增大，直至因大变形而进入破坏状态的蠕变类型，如图2-9b所示。当冻土受到的应力超过其长时抗压强度时，通常会呈现出非衰减蠕变性状。

非衰减蠕变通常经历以下三个阶段：

（1）非稳定蠕变阶段：该过程中微裂隙闭合、压缩，蠕变率逐渐减小，趋近于某一恒定值。

（2）稳定蠕变阶段或黏塑性流动阶段：冻土内原有结构缺陷达到平衡，处于恒蠕变率变形状态。

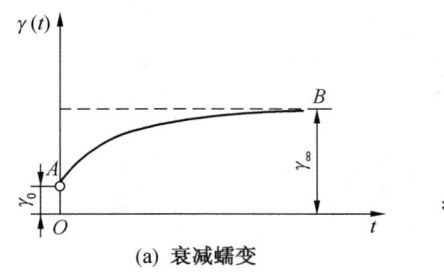 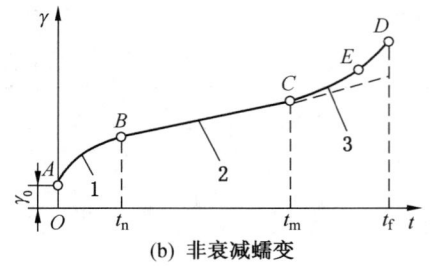

(a) 衰减蠕变　　　　　　　　　　(b) 非衰减蠕变

1—衰减蠕变阶段；2—常速率蠕变阶段；3—非衰减蠕变阶段
图 2-9　蠕变变形随时间变化曲线

（3）渐进流阶段或急剧流动阶段：冻土内逐渐产生新的损坏、裂隙，并演变成大裂隙，导致冻土弱化。土样蠕变率随时间而增大，甚至急剧增大，最终导致冻土破坏。

2. 冻土蠕变影响因素

冻土蠕变的主要影响因素包括其物理力学特性以及应力状态、应力水平等外部条件。

（1）冻土的物理力学特性。冻土的固相矿物成分、颗粒级配，及其与冻结温度直接相关的含冰量、未冻水含量等，无疑是影响冻土蠕变特性的重要因素；同时，冻土自身内部结构与构造也对其蠕变性质具有重要影响。此外，由于含盐量直接影响冻土孔隙水的冰点，因而含盐量也对冻土的常规及蠕变特性有一定影响。

（2）冻土外载及应力状态等外部条件。冻土的蠕变性状最终在一定应力条件下才能呈现。应力水平、应力状态是决定冻土呈现何种蠕变类型的决定性外部因素。通常而言，冻土处于较低的应力水平下，可能不发生或仅发生轻微蠕变，呈现为衰减蠕变类型；而随着应力水平增高，或应力状态的改变，当等效应力接近甚至超过其长时强度时，冻土蠕变会加剧，呈现为非衰减蠕变性状。

2.6.6.2　冻结黏土蠕变数学模型

冻结黏土的蠕变特性，可通过单轴压缩试验或三轴剪切试验开展研究。

利用带冻结室的电液伺服试验机，对经过恒温冻结的土样开展恒荷载下的蠕变试验，直至冻土试样的应变率出现拐点或达到预设的破坏应变值（例如，当应变达到 25% 时可视为已发生变形破坏）时结束试验，而后绘制蠕变试验曲线（$\varepsilon - t$ 曲线）及蠕变速率过程曲线（$\lg\varepsilon - \lg t$ 曲线）。

利用不同负温及应力水平下的单轴压缩蠕变试验，可整理获得以下蠕变本构方程，用于计算不同时刻的蠕变变形：

$$\varepsilon = A\sigma^B t^C \tag{2-10}$$

式中　　ε——蠕变应变，%；

σ——蠕变应力，MPa；

t——蠕变历时，min 或 h；

A、B、C——与冻土温度、应力、时间有关的蠕变参数。

其中，研究表明，A 可以写成以下形式：

$$A = \frac{A_0}{(|T|+1)^k} \quad (2-11)$$

式中 A_0、k——蠕变参数；
T——冻土温度，℃。

实际工程中，冻结壁通常处于三维应力状态，其蠕变分析须按三维应力考虑。为此，应尽可能开展三轴剪切蠕变试验，按等效应力、等效应变整理得到形式相同的蠕变本构方程。单轴蠕变本构方程中的参数 A、B、C 可按下式转换成三维应力状态蠕变参数 A'、B'、C'：

$$A' = \frac{A}{3^{\frac{B+1}{2}}} \quad (2-12)$$

$$B' = B \quad (2-13)$$

$$C' = C \quad (2-14)$$

龙固煤矿、赵固二号煤矿冻土蠕变参数的试验结果见表 2-79~表 2-81。

表 2-79 龙固煤矿副井冻土单轴蠕变参数

土 性	深度/m	温度/℃	A	B	C
黏土	202~222	-5	2.215	0.857	$0.057 + 0.269\sigma$
		-10	0.193	2.970	$-0.073 + 0.209\sigma$
黏土	251.30~275.80	-10	0.941	1.151	$-0.479 + 0.227\sigma$
		-15	0.173	2.009	$-0.505 + 0.178\sigma$
黏土	289.80~320.80	-10	1.230	1.551	$-1.051 + 0.556\sigma$
		-20	0.597	1.090	$-0.734 + 0.230\sigma$
黏土	507~566	-10	0.367	1.984	$0.125 + 0.063\sigma$
		-15	0.128	2.336	$-0.327 + 0.184\sigma$
		-20	0.005	4.107	$-0.040 + 0.056\sigma$

表 2-80 龙固煤矿副井冻土三轴蠕变参数

土 性	深度/m	温度/℃	A	B	C
黏土	507~566	-10	0.037	4.790	$-1.739 + 0.711\sigma$
		-15	1.168	0.738	$-0.812 + 0.252\sigma$
		-20	0.005	4.117	$-0.080 + 0.057\sigma$

注：表中数据是通过围压为 10 MPa 的三轴蠕变试验获得。

表 2-81 赵固二号煤矿深部黏性土层冻土冻胀性能与蠕变参数

取样深度/m	土 性	温度/℃	冻胀性能		蠕变参数			相关系数
			含水量/%	冻胀率/%	A	B	C	
211.50~213.10	粉质黏土	-10	11.11	2.30				
339~240.6	粉质黏土	-10	15.10	4.12	5.4643×10^{-4}	1.4049	0.2506	0.8928

表2-81（续）

取样深度/m	土性	温度/℃	冻胀性能		蠕变参数			相关系数
			含水量/%	冻胀率/%	A	B	C	
467.50~469.10	粉质黏土	-10	12.65	2.48				
516~517.60	砂质黏土	-10	11.14	4.52	1.2875×10^{-4}	1.4418	0.1968	0.8979

2.6.7 冻土与结构胶结面的抗剪强度参数

在地铁联络通道、盾构机进出洞等市政地下工程的冻结法施工中，常涉及冻结岩土结构（冻结壁）与衬砌结构之间通过接触面的胶结作用，共同抵抗外部水土压力的情形。冻土与结构胶结面往往需承受剪切应力。只有当胶结面具有足够的抗剪强度时，才能避免沿界面发生滑移破坏，保证封水性能。

除上述冻结岩土力学性质指标外，根据工程需要，有时还需开展冻土与结构胶结面（如混凝土、钢板等）的剪切试验，获得不同法向应力下二者胶结面的抗剪强度，进而推求其内聚力、内摩擦角等抗剪强度指标，为工程设计提供依据。

冻土与结构胶结面的抗剪强度指标与土性及其含水率、密度、冻结温度、结构物的材质及表面粗糙度等因素都有密切关系，应根据具体工程条件取值。

冻土与结构胶结面的抗剪强度指标见表2-82。

表2-82 冻土与结构胶结面的抗剪强度指标

指标	定义	试验方法	常用单位	常见值
胶结面内聚力	法向应力为零时，冻土与结构胶结面的抗剪强度	直接剪切试验	kPa	20~100
胶结面摩擦角	反映冻土与结构胶结面摩擦特性的参数		(°)	20~45

3 制冷设备与材料

3.1 制冷钻探设备

钻探设备是指用于钻探施工这种特定工况的机械装置和设备,主要由钻机、泥浆泵及泥浆净化设备、泥浆搅拌机、钻塔等组成。

3.1.1 制冷钻探设备分类

1. 按用途分

制冷钻探设备按用途可分为工程地质钻探设备、水文水井钻探设备、工程施工钻探设备、岩芯钻探设备和取样钻探设备等。

1) 工程地质钻探设备

指专门用于工业建筑、民用建筑、桥梁、道路和港口码头等建(构)筑物基础的工程地质勘察孔钻进的装置,由钻机、泥浆泵和三脚架等组成。钻机通常为冲击式、转盘回转-冲击复合式和动力头复合式等。工程地质钻探设备的主要特点是:

(1) 具有冲击、回转、振动、静压等施工方法中的两种或两种以上的组合功能,能够适应松散复杂地层中钻进、取样和工程地质孔内试验的要求。

(2) 多为自行式或拖引式整体装载,运移灵活,适应工程地质勘察孔单孔施工周期短、搬迁频繁的需要。

(3) 一般可钻孔的终孔直径为 76~110 mm、钻孔深度多为 50 m 以内,少数达到 100 m,个别设备能力更大。

2) 水文水井钻探设备

指专门用于水文地质勘察孔和水井钻进的设备,由钻机、泥浆泵、离心泵、钻塔和空气压缩机等组成。钻机常为钢丝绳冲击式、转盘式、立轴式、动力头复合式或转盘复合式。水文水井钻探设备的主要特点是:

(1) 具有多种功能。一个钻探机组往往能实现冲击钻进、回转钻进、振动钻进、冲击回转钻进等不同碎岩方式,使用空气、清水和泥浆等不同循环冲洗介质,以及进行正、反循环等不同钻孔冲洗方式的多工艺钻进。

(2) 设备组成较繁杂。一个机组往往都配备上述五类设备,能完成钻进和成井等多种工序的作业。

(3) 运移性好。多为自行式或拖引式。

(4) 钻进能力大。一般可钻孔的终孔直径为 190~500 mm,孔深为 100~500 m;有的孔径可达 1000 mm 或更大,孔深可达 2000 m。

3) 工程施工钻探设备

指专门用于工程施工孔钻进的设备,比如大口径转盘钻机、螺旋钻孔钻机、潜水钻机、移动回转式钻机、水平孔钻机、建筑安装工程钻机和振动沉管钻机等。由于用途不同,设备种类繁多,适应不同工作条件与地质条件。

(1) 适应不同孔径,最大直径可达 2500 mm。

(2) 钻机工作条件适应广泛,可在水下施工。

4) 岩芯钻探设备

指工程地质勘察孔、水文地质勘察孔和水井等钻进中使用的固体矿床勘探的钻进装置,包括钻机、泥浆泵和钻塔等。其主要特点是:

(1) 采用回转钻进工艺,并从孔底采取岩芯。

(2) 钻机多为立轴式或动力头式,常采用固定方式装载。

(3) 一般可钻孔的终孔直径为 46~91 mm,孔深为 100~1000 m,最深可达 3000 m。

5) 取样钻探设备

取样钻探设备是能够在土、岩石或混凝土层中钻进并采取样品的轻便钻探装置,包括钻机、钻架和水泵等。由小型汽油机或电动机通过带减速器的回转器带动钻具回转,用人力或手动加压装置通过钻架加压。水泵为手动往复泵,钻进中用人力推动向孔内输送冲洗液。可使用硬质合金、金刚石、勺形或螺旋钻头等进行回转钻进。其主要特点是:常为组装式,便于解体;结构简单、轻小,可用人力搬运。

2. 按钻孔角度分

冻结钻探设备按钻孔角度可分为竖直孔钻机、水平孔钻机。

1—柴油机;2—离合器;3—操作手柄;4—液压柱;5—驱动轴

图 3-1 XU1000 型岩芯钻机外形

3.1.2 制冷常用钻机

1. XU1000 型岩芯钻机

XU1000 型岩芯钻机外形如图 3-1 所示,主要技术参数见表 3-1。

表 3-1 XU1000 型岩芯钻机主要技术参数

序号	项目		单位	参数
1	钻孔深度		m	1000
2	钻杆直径		mm	42、53、89
3	扭矩		kN·m	2.86
4	钻孔倾角		(°)	80~90
5	立轴转速/普通回转器	正转	r/min	155、275、375、500、610、820、1095
		反转		80
6	立轴转速/大通径回转器	正转	r/min	90、160、215、290、350、475、630
		反转		45
7	给进油缸行程		mm	500
8	给进油缸上顶力		kN	120
9	给进油缸给进力		kN	80
10	立轴最大起重量		kN	120

表 3-1（续）

序号	项目	单位	参 数
11	卷扬单绳最大提升力	kN	30
12	卷扬提升速度	m/s	0.82～3.15
13	钢丝绳直径	mm	16
14	容绳量	m	90
15	移车油缸行程	mm	500
16	电动机（Y225S-4）功率	kW	30
17	动力柴油机（2135G）马力	hp	40
18	齿轮油泵（YBC45/80）流量	L/min	45（8 MPa）
19	主机质量	kg	2100
20	外形尺寸	mm×mm×mm	2480×1230×1920

XU1000 型岩芯钻机的主要特点如下：

(1) 备有普通型回转器，可进行小口径金刚石钻进，也可进行大口径合金钻进。

(2) 可钻竖直孔，也可钻斜孔。

(3) 上、下卡盘夹持力大，卡瓦使用寿命长。

(4) 一个操纵手柄集中变速，旋转一周即可实现正反 8 个速度的转换。

(5) 配备有水刹车，减轻了操作者的劳动强度。

(6) 双联齿轮油泵，降低了油温，利用功率合理。

(7) 油浸式离合器，启动平稳，附有制动装置。

(8) 卷扬机游星轮密封性好，卷扬提升能力大。

(9) 平稳性好，可拆性强。

XU1000 型岩芯钻机适用于固体矿床勘探，也可用于工程地质、水文地质、冶金、煤田等勘探领域和其他用途的取芯钻探。

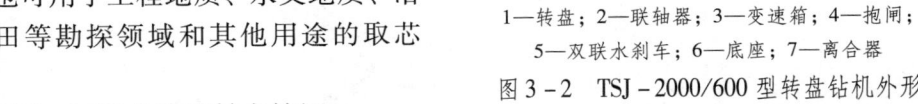

1—转盘；2—联轴器；3—变速箱；4—抱闸；
5—双联水刹车；6—底座；7—离合器

图 3-2　TSJ-2000/600 型转盘钻机外形

2. TSJ-2000/660 型转盘钻机

TSJ-2000/660 型转盘钻机外形如图 3-2 所示，主要技术参数见表 3-2。

表 3-2　TSJ-2000/660 型转盘钻机主要技术参数

序号	项目		单位	参 数
1	钻进深度	钻杆直径 89 mm	m	2000
		钻杆直径 114 mm	m	1500
2	钻杆直径		mm	73、89、114
3	转盘通径		mm	660
4	钻盘转速（正、反）		r/min	37、52、84、145

表3-2（续）

序号	项目	单位	参数
5	转盘输出最大扭矩	kN·m	21
6	转盘最大搓扣扭矩	kN·m	86
7	钢丝绳直径	mm	24.5
8	卷扬机单绳最大提升力	kN	90
9	卷扬机提升速度（按二层计算）	m/s	0.84、1.90、3.30
10	离合器输入转速	r/min	730
11	柴油机型号		6135AN-3-SM
12	功率	kW	110
13	转速	r/min	1500
14	电动机型号		Y315S-4
15	功率	kW	110
16	转速	r/min	1480
17	游动系统		4×5
18	外形尺寸	mm×mm×mm	3880×1965×1290
19	主机质量(不含动力)	kg	7820

TSJ-2000/600型转盘钻机的主要特点是：采用机械传动，转盘回转，重心低、传动平稳、坚固耐用、操作安全、密封性好，钻机布局合理，便于维修和保养；可采用液压油缸上扣或卸扣，也可采用石油钻探拧卸钻具的工艺，用猫头轮装置拧卸钻具。

TSJ-2000/600型转盘钻机主要用于水源、中浅层石油、天然气、煤层气、地热等钻探，也可用于地质、煤矿建井钻探工程。

3. ZDY900ST(MK-5S)型煤矿用全液压钻机

ZDY900ST(MK-5S)型煤矿用全液压钻机外形如图3-3所示，主要技术参数见表3-3。

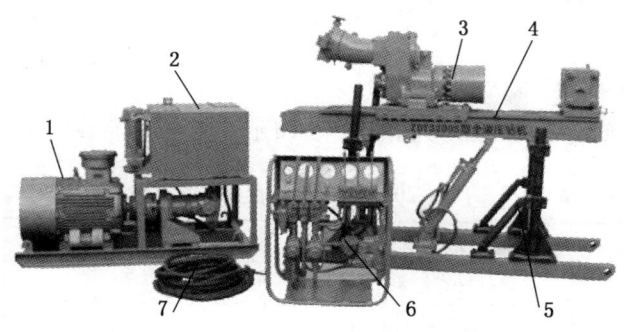

1—电动机；2—泵站；3—主机；4—给进机身；5—支撑油缸；6—操作台；7—油管

图3-3 ZDY900ST(MK-5S)型煤矿用全液压钻机外形

表3-3 ZDY900ST(MK-5S)型煤矿用全液压钻机主要技术参数

序号	项 目	单位	参 数
1	钻孔深度	m	300
2	终孔直径	mm	94
3	钻杆直径	mm	63.5
4	钻孔倾角	(°)	0～±90
5	回转速度	r/min	85～300
6	最大转矩	N·m	1900
7	给进能力	kN	46
8	起拔能力	kN	46
9	功率	kW	37
10	整机质量	kg	2170
11	主机质量	kg	1250

ZDY900ST(MK-5S)型煤矿用全液压钻机的主要特点如下：

(1) 采用全液压动力头结构，分主机、泵站、操纵台三大部分，解体性好，搬迁方便，摆布灵活。

(2) 回转器为通孔结构，钻杆长度不受钻机结构尺寸的限制。

(3) 机械拧卸钻具，卡盘、夹持器与油缸之间，回转器与夹持器之间可联动操作，自动化程度高，工作效率高，操作简便，工人劳动强度小。

(4) 无级调速，转矩与扭矩调整范围大，工艺适应性强。

(5) 用支撑油缸调整机身倾角方便省力。

(6) 操纵台集中操作，人员可远离孔口，有利于人身安全。

(7) 液压系统保护装置完备，性能可靠。液压元件通用性强，便于维修。

ZDY900ST(MK-5S)型煤矿用全液压钻机适用于回转和冲击-回转钻进，主要用于地质勘探孔、瓦斯抽放孔、探放水孔、非开挖过街孔、锚固支护等施工作业。

4. MD-80A型水平孔钻机

MD-80A型水平孔钻机外形如图3-4所示，主要技术参数见表3-4。

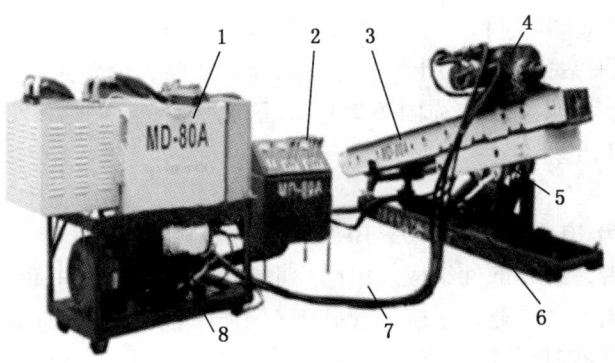

1—泵站；2—操作台；3—给进机身；4—主机；5—支撑油缸；6—底座；7—油管；8—电动机

图3-4 MD-80A型水平孔钻机外形

表3-4　MD-80A型水平孔钻机主要技术参数

序号	项目	单位	参数
1	钻孔直径	mm	100～210
2	钻孔深度	m	60～100
3	钻杆直径	mm	89、102
4	钻杆倾角	(°)	-10～90
5	回转器输出转速	r/min	16、30、38、55、75、105
6	回转器输出扭矩	N·m	4200
7	回转器行程	mm	1800
8	推进架给进行程	mm	600
9	回转器提升力	kN	65
10	回转器提升速度	m/min	0～1可调、1、7.5、8.5
11	回转器加压力	kN	33
12	回转器加压速度	m/min	0～2可调、14.5、16.5
13	输入功率	kW	30+1.5+0.25
14	质量	kg	2600
15	运输状态外形	mm×mm×mm	3400×650×1500

MD-80A型水平钻孔钻机的主要特点如下：

（1）结构紧凑，重量轻，解体性强，便于搬迁和安装。对施工现场适应性强，更适合脚手架上施工。

（2）钻机动力头扭矩大，行程长，钻进效率高。

（3）配有专用的跟管钻进钻具（钻杆、套管、偏心钻头等），在不稳定地层用套管护壁开孔，常规球齿钻头终孔。钻进效率高，成孔质量好。

（4）钻机钻孔角度范围大，由上仰10°到下俯90°；或改装成上仰90°到下俯10°。滑架可沿底架前后滑移，钻孔定位方便可靠。钻机中心低，钻具上下方便。

（5）全液压控制，操作方便灵活，省时、省力。

（6）可选配孔口集尘装置，减少环境污染，改善工作环境。

MD-80A型水平钻孔钻机适用于水电站工程、铁路、公路边坡大吨位预应力锚杆支护孔、排水孔施工，以及危岩体锚固等地质灾害治理工程。行程1200mm的推进架适用于施工空间较小的工况。

5. 夯管设备

夯管常用设备为BH190、BH260、BH300型夯管锤。夯管锤系统由夯管锤、高压胶管、注油系统、润滑系统等部件组成。BH系列气动夯管锤是用于非开挖铺设地下管道的新型设备，适于在黏土层、亚黏土层、含砂砾石土层、杂填地层铺设直径1200mm以下，较短距离的钢管。具有铺管精度高，对地层适应性强，设备操作简单，施工成本低等特点。

夯管锤系统组装如图3-5所示，夯管锤主要技术参数见表3-5。

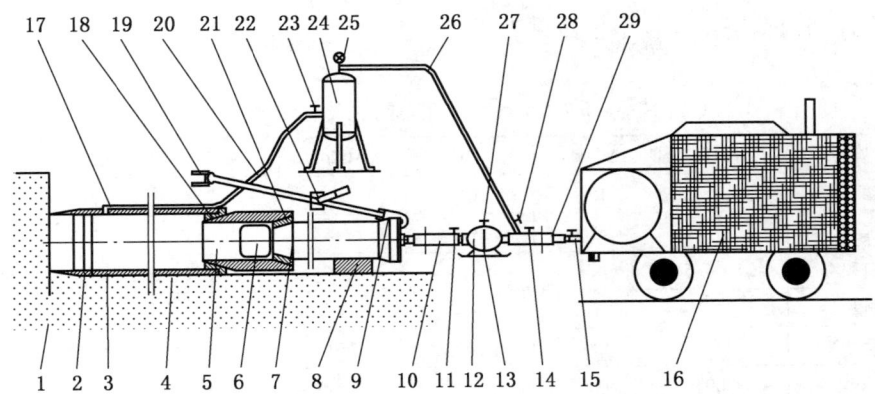

1—地层；2—切削头；3—钢管；4—垫木；5—出土器；6—出土窗口；7—夯管锤；8—滑车；9—钩子；
10—高压气管；11—锤进气阀；12—注油器；13—示油窗；14—主进气阀；15—空压机排气阀；
16—空压机；17—注浆硬管；18—夯管头；19—拉环；20—注浆软管；21—调节锥套；
22—张紧器；23—注浆阀；24—储浆罐；25—压力表；26—进气软管；
27—油量调节阀；28—注浆管进气阀；29—高压软管

图 3-5 夯管锤系统组装

表 3-5 夯管锤主要技术参数

序号	项 目	单位	BH190	BH260	BH300
1	主机外直径	mm	190~200	260~270	300~310
2	主机长度	mm	1600	1900	2100
3	主机质量	kg	200	520	750
4	耗气	m³/min	4~6	6~9	9~12
5	空气压力	MPa	0.4~0.7	0.4~0.7	0.4~0.7
6	适用管径	mm	159~325	219~529	273~630
7	标准配置可铺管道直径	mm	219、273、325	273、325、426	325、426、529
8	可铺设管道的直径	mm	89、108、127、159、219、273、325、377、426、529		

夯管锤实质上是一个低频、大冲击功的气动冲击器。它是以压缩空气为动力，驱动缸体里的冲锤打击砧子，同时将钢管沿导轨的轨迹直接夯入地层中。工作时，夯管锤产生较大的冲击力，这个力直接作用于钢管的一端，通过钢管传递到另一端的管靴上，切割土体，切割的土体进入钢管内。待钢管抵达目标后，取下管靴，排除土芯，管道铺设完成。

夯管锤主要用于钢管的非开挖铺设，另外还可以用于管棚工程、金矿勘探、沉管灌注桩、钢管桩和异型钢板桩等工程。

3.1.3 钻塔

钻塔系列常用产品包括 SG 系列四角钻塔、AG 系列 A 型钻塔。SGZ23 型钻塔适用于 1500 m 左右深孔钻进。SGX17 和 SGX18 型钻塔适用于 1000 m 左右直斜孔钻进。SGX13 型钻塔适用于倾角 75°~90°，孔深 600 m 左右直斜孔钻进。

AG 系列 A 型钻塔适用于岩芯地质勘探，其技术参数见表 3-6。

SG 系列四角钻塔主要技术参数见表 3-7。

表 3-6　AG 系列 A 型钻塔主要技术参数

钻塔型号	AG13	AG15	AG18	AG24	AG27	AG31	AGY22
名义高度/m	13	15	18	24	27	31	22
移摆立根长度/m	9	9	13.5	17.5	17.5	17.5	17.5
底层名义面积/m²	4.5×4.5	4.5×4.5	4.5×6.4	6×6	6×6	5.5×6	4.2×5.15
天车轮数量/个	3	4	4	4	5	6	4
天车负荷/kN	200	300	300	750	900	1350	750
质量/kg	5000	5000	5800	13000	19000	41000	23000

表 3-7　SG 系列四角钻塔主要技术参数

钻塔型号	SGZ26	SGZ24	SGZ23	SGZ18	SGX17	SGX13
名义高度/m	26	24	23	18	17	13
移摆立根长度/m	18	18	18~19	13.5~14.5	13.5~14.5	13.5~14.5
底层名义面积/m²	7×7	6.5×6.5	5.5×5.5	4.5×4.5	4.5×6.4	4.2×5.15
顶层名义面积/m²	1.39×1.39	1.38×1.38	1.2×1.2	1.2×1.2	1.2×1.2	1.2×1.2
天车轮数量/个	5	4	4	3	3	2
天车正常负荷/kN	700	500	230	150	150	100
天车最大负荷/kN	900	680	300	200	250	150
活动工作台最大负荷/kN	800	800	800	800	800	800
质量/kg	16000	11000	6630	4434	5150	4140

3.1.4　泥浆泵

1. TBW 系列煤矿用泥浆泵

TBW 系列煤矿用泥浆泵为卧式双缸双作用活塞泵，主要用于地质、水源、浅层石油、冻结施工建井等钻进中供给冲洗液用，介质可为泥浆、清水等，亦可作为以上钻机的输液泵。该泵通过更换不同直径的缸套、活塞套和活塞，可获得不同的流量与压力。TBW 系列煤矿用泥浆泵外形如图 3-6 所示，主要技术参数见表 3-8。

2. BW 系列泥浆泵

BW 系列泥浆泵为卧式三缸往复单作用活塞泵，该泵具有两种缸径和四挡变量。大缸套用于 1000 m 大口径钻机配套，小缸套用于 1500 m 小口径钻机配套。主要用于岩芯钻机输送泥浆，也可用于其他方面的注浆、矿井排污及远距离送水等

1—齿轮箱；2—离合；3—空气包；4—安全阀；
5—泵体组；6—吸水龙头；7—底座

图 3-6　TBW 系列煤矿用泥浆泵外形

用途。该泵耗能少,操作灵活,优质耐用,分解性好,易于搬迁。BW 系列泥浆泵的特点如下:

表 3-8 TBW 系列煤矿用泥浆泵主要技术参数

序号	项目		单位	TBW-850/5A	TBW-600/6A	TBW-350/8A
1	公称流量		L/min	850	600	350
2	公称压力		MPa	5	6	8
3	吸浆管内直径		mm	152	152	152
4	排浆管内直径		mm	64	64	64
5	活塞行程		mm	260	260	260
6	活塞直径		mm	140	130	95
7	配备动力	Y280M-4 型电动机	kW	90		
8		6135AN-3-SMA 型柴油机	kW	110		
9	三角带规格			C 型 6300-7 根		
10	外形尺寸(不含动力)		mm×mm×mm	3018×1120×2050		
11	主机质量(不含动力)		kg	3100		

(1) 可满足大、小口径钻机所需的各 4 挡流量,流量调节范围大,参数选择合理。可满足不同口径、不同孔深、不同地质岩芯钻探的需要。

(2) 拉杆上设有 5 道防尘密封圈,以防止液力端的泥浆带入动力端和动力端润滑油滤。生产实践证明,该种密封可靠,性能良好,可延长齿轮使用寿命。

(3) 进、排水阀采用钢球,并在阀盖上设有减声橡胶垫,以减少冲击噪声。

(4) 压力表采用 BY-1 型抗震压力表,寿命长。

(5) 结构紧凑,造型美观。

(6) 可拆性好,便于维修和搬迁。

BW 系列泥浆泵外形如图 3-7 所示,主要技术参数见表 3-9。

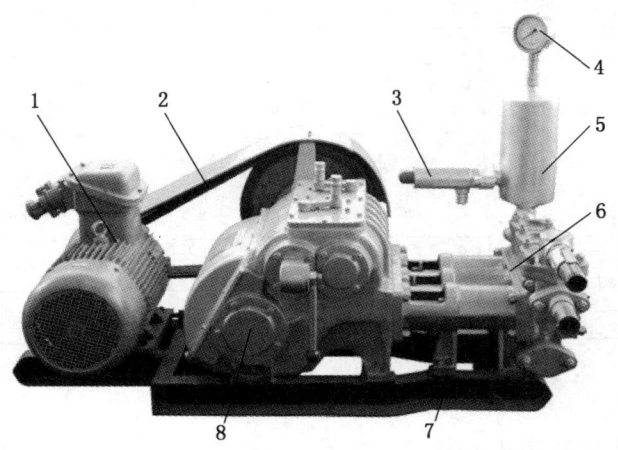

1—电动机;2—皮带;3—安全阀;4—压力表;5—空气包;6—泵头;7—底座;8—曲轴箱总成

图 3-7 BW 系列泥浆泵外形

表3-9 BW系列泥浆泵主要技术参数

项 目	单位	BW150型	BW250型	BW320-Z型
最大流量	L/min	150	250	320
最大压力	MPa	7.0	8.0	10.0
驱动功率	kW	7.5	15	30
吸水管直径	mm	50	75	75
排水管直径	mm	32	50	50
钻进孔深	m		金刚石钻进 <1500 硬质合金钻进 <1000	金刚石钻进 <1800 硬质合金钻进 <1500
外形尺寸	mm×mm×mm		1100×995×650	1280×855×750
质量	kg	560	760	1000

3.1.5 测斜、定向设备

1. 陀螺测斜仪

陀螺测斜仪是指采用陀螺元件确定钻孔倾斜及方位角大小的测斜仪统称。在用的陀螺测斜仪主要是采用机械框架式陀螺元件的测斜仪。该陀螺测斜仪只能测量相对方位,开始测量前需要在地面确定一个基准方向,然后启动机械陀螺进行测量。显然,钻孔的倾向是在陀螺起始方向上起算的,测量结果称作相对方位。对角速度测量有更高灵敏度和精度的光纤陀螺、动力调谐陀螺、激光陀螺,近些年来也被成功应用于测斜仪中。

常用的JDT系列陀螺测斜仪主要技术参数见表3-10。

表3-10 JDT系列陀螺测斜仪主要技术参数

项 目	单位	JDT-3A	JDT-5A	JDT-6
外径	mm	60	54	48
长度	mm	1700	1400	1400
顶角测量范围	(°)	0~3	3~6	0~10
顶角测量精度	(′)	±3	±5	±4
方位/定向测量范围	(°)	360	360	360
方位/定向测量精度	(°)	±4	±5	±2.5

2. 定向设备

定向设备包括螺杆钻具和测斜定向仪等。北京石油机械厂生产的5LZ系列螺杆钻具主要技术参数见表3-11。

表 3-11 5LZ 系列螺杆钻具主要技术参数

型号	外径/mm	马达流量/马达中空流量/(L·s⁻¹)	钻头转速/(r·min⁻¹)	马达压降/MPa	工作扭矩/(N·m)	最大扭矩/(N·m)	推荐钻压/kN	最大钻压/kN	最大功率/kW	长度/m
5LZ73×7.0	73	1.262~5.05	120~480	3.45	275	480	12	25	13.8	3.45
5LZ89×7.0	89	2~7	95~330	4.1	560	980	18	37	19.35	4.67
5LZ95×7.0	95	4.73~11.04	140~320	3.2	710	1240	21	40	23.8	4.21
5LZ130×7.0	130	16~24	155~235	3.2	2000	3200	55	100	49.2	6.15
5LZ172×7.0	172	18.93~37.85	100~200	3.2	3660	5856	100	200	76.6	6.71
5LZ185×7.0	185	18.93~37.85	90~180	4.0	5760	9210	150	300	108.6	7.76

现场一般采用 JDT-5A 型和 JDT-6 型陀螺测斜仪。

3.2 制冷设备

3.2.1 氨、氟系统设备

3.2.1.1 制冷压缩机

地层冻结常用设备的主要类型有活塞式、螺杆式、离心式等。根据使用的制冷剂不同，又分为氨机和氟机两大类，氨机主要用于需冷量较大且允许使用氨的场合，氟机主要用于需冷量较小且对氨限制使用的场合。具体分类见表 3-12。

表 3-12 制冷压缩机分类

类别	特点	适用范围	备注
活塞式制冷压缩机	制冷量大、体积大、噪声大、主要工作部位易损坏	主要用于利用风动操作的压缩空气行业。矿山冻结工程已基本不使用该型设备	按照活塞位置不同分立式、卧式、V型、W型、S型压缩机
离心式制冷压缩机	结构紧凑、体积小、重量轻、排气均匀且量大、震动小、运转可靠、易损件少、不需要润滑油、不污染压缩气体、调节方便	用于化工、医药、空调制冷行业	该型设备是叶片旋转式压缩机，即透平式压缩机
螺杆式制冷压缩机（组）	结构简单、易损件少、排气温度相对较低、体积小、制冷量大、无级调节制冷量、自动化控制程度高、可靠性高、操作维护方便、动力平衡性好	应用于矿山、水利、铁路、道路、桥梁、地铁、医药、科研及需冷量较大的行业	该型设备分为单螺杆压缩机和双螺杆压缩机

国内用于冻结法施工的设备主要为螺杆式制冷压缩机，常用的螺杆式制冷压缩机如下。

1. LG25L20SY 型制冷压缩机

该机属双机双级撬块螺杆式制冷压缩机，集低压机、高压机、中间冷却器、经济器、油分离器、油冷却器、电气控制系统于一体。实行单级或双级压缩，可根据需冷量的大小调节机组运行能效比，以实现高效率运行和节能降耗。

该机外形如图 3-8 所示，主要技术参数见表 3-13。

1—低压机电动机；2—低压机；3—高压机电动机；4—高压机；5—油分离器；
6—中间冷却器；7—低压吸气口；8—控制柜；9—机组底座

图 3-8　LG25L20SY 型制冷压缩机外形

表 3-13　LG25L20SY 型制冷压缩机主要技术参数

序号	项目	单位	参数
1	名义工况	℃	+40/-40
2	名义工况制冷量	kW	575.5
3	制冷剂		R717
4	质量	kg	10000
5	转速	r/min	2960
6	电动机额定电压	V	380
7	电动机额定电流	A	365、433
8	电动机额定功率	kW	200、250
9	吸气口直径	mm	DN250
10	排气口直径	mm	DN100
11	首次充油量	kg	510
12	机油类型		L-DRA/A46
13	运输状态外形	mm×mm×mm	6326×1764×2850

该机主要特点如下：

(1) 压缩机集成度高，系统安装工程量小。

(2) 采用 PLC 控制系统，自动化程度高，安全保护控制齐全。

(3) 单机制冷量大，制冷效率高，耗能低。

(4) 性能优越，操控方便。

(5) 机组损坏率低,易损件少。

(6) 占地面积小,文明施工程度高。

该机是目前国内矿山冻结法施工的主要机型,大型水利、基坑、桥墩冻结施工及大型制冷工程也可应用。施工中具体选型可根据冻结工程需冷量及规模按表3-14参数进行选配。

2. HLG20ⅢDA250/185型制冷压缩机

该类型设备属单机单级制冷压缩机,集压缩机、油分离器、经济器、油冷却器、电气控制系统于一体。实行串联双级压缩时需高压机、低压机配合使用,但高压机可单独使用实行单级压缩。

该类型设备外形如图3-9和图3-10所示,主要技术参数见表3-15。

1—压缩机电动机;2—压缩机;3—油分离器;4—油冷却器;5—油过滤器;6—油泵及电动机;
7—压缩机吸气口;8—控制柜;9—机组底座

图3-9 HLG20ⅢDA185型制冷压缩机外形

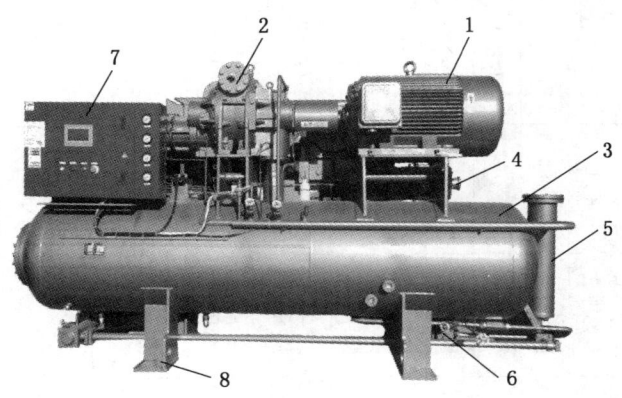

1—压缩机电动机;2—压缩机;3—油分离器;4—经济器;5—油过滤器;6—油泵及电动机;7—控制柜;8—机组底座

图3-10 HLG20ⅢDA250型制冷压缩机外形

表3-14 烟台冰轮公司LG系列双机双级橇块螺杆式制冷压缩机主要技术参数

项目		单位	LG20M12M	LG20L16S	LG25M16M	LG25L20S	LG32S20S	LG32S20M	LG32M20M	LG32L20L
制冷剂	品种		\multicolumn{8}{c}{R717/R22}								
	标准		\multicolumn{8}{c}{《液体无水氨》(GB/T 536)、《工业用二氟一氯甲烷 HCFC-22》(GB/T 7373)}								
压缩机 低压级	型号		LG20BM	LG20BL	LG25BM	LG25BL	LG32BS	LG32BS	LG32BM	LG32L
	理论排量	m³/h	1120	1486	2289	2840	3500	3500	4341	5182
	调节范围		\multicolumn{8}{c}{15%～100%}								
压缩机 高压级	型号		LG12B	LG16BS	LG16BM	LG20BS	LG20BS	LG20BM	LG20BM	LG20BL
	理论排量	m³/h	285	385	598	806	806	1120	1120	1486
	调节范围		\multicolumn{8}{c}{15%～100%}								
名义工况		℃	+40/-40	+40/-40	+40/-40	+40/-40	+40/-45	+40/-40	+40/-40	+40/-40
名义工况制冷量		10⁴ kcal/h	17.6/19.8	23.8/26.9	36.8/41.8	46.4/53.3	53.4/50.9	58.1/66.2	70.4/79.4	83.8/95.7
主电动机功率	低压级	kW	205/230	277/313	428/480	540/620	505/592	676/770	819/923	974/1113
	高压级	kW	110	132	185/200	185/220	280	280	355×	400×
电制		kW	65	90	132	185	185	250	250	315
			\multicolumn{8}{c}{3N50Hz380V}								
外形尺寸		mm×mm×mm	4971×1249×2203	5732×1594×2541	5987×1594×2686	6268×1613×2746	7435×2010×3170	7435×2010×3170	7435×2010×3170	8950×2010×3203

说明
1. 型号：①LG表示开启式螺杆；②压缩机所配电动机；
2. 机组主电动机根据名义工况配置，在该配置下，主电动机的功率仅能满足40℃冷凝温度工况，超出此工况属非标订购。
3. 由于机组使用工况不同，主电动机的功率有所差异，机组在-40℃以下的蒸发温度下可以满载投入运行，外形尺寸也会因主电动机的变化而变化。
4. 带×电制为3N50Hz10kV。
5. R717为氨制冷剂，R22为氟利昂制冷剂。

表 3-15　HLG20ⅢDA250/185 型制冷压缩机主要技术参数

序号	项目	单位	参数	
			HLG20ⅢDA250	HLG20ⅢDA185
1	名义工况	℃	+35/-35	+35/-35
2	名义工况制冷量	kW	600	625
3	制冷剂		R717	R717
4	质量	kg	5500	4200
5	电动机额定电压	V	380	380
6	电动机额定电流	A	434	323
7	电动机额定功率	kW	250	185
8	吸气口直径	mm	DN250	DN150
9	排气口直径	mm	DN150	DN100
10	首次充油量	kg	510	340
11	机油类型		L-DRA/A46	L-DRA/A46
12	运输状态外形	mm×mm×mm	3970×1600×2000	3400×1200×1800

HLG20ⅢDA250/185 型制冷压缩机的主要特点如下：

（1）压缩机为双螺杆式压缩机型，单级压缩可省去中间冷却系统。

（2）采用双级压缩系统时，250 型低压机须与 185 型高压机组合使用，之间安装中间冷却器，系统安装工程量较大。

（3）控制系统和安全保护控制齐全，性能优越，操控方便。

（4）185 型高压机可单独用于单级压缩制冷系统。

（5）机组损坏率较低，易损件少，文明施工程度高。

该类型设备组合使用时，可用于矿山、大型基坑、桥墩冻结施工及大型制冷工程；单独使用时，可用于小规模水利、基坑、医药、化工、冷库等制冷工程。

另外，可根据冻结工程需冷量及规模，选用该类型设备进行匹配组合实行双级压缩模式或单独选用高压机实行单级压缩模式，可选用型号的主要技术参数见表 3-16。

3. BES2035 型制冷压缩机

该机属单螺杆单级压缩机，结构简单，压缩比大，集压缩机、经济器、油分离器、油冷却器、电气控制系统于一体。

该机外形如图 3-11 所示，主要技术参数见表 3-17。

表 3-16 武汉新世界制冷公司Ⅲ系列螺杆式制冷压缩机主要技术参数

参数及型号		单位	(W-)(J/L)LG12.5ⅢDA/F (W-)D(J/L)LG12.5ⅢDA (W-)H(J/L)LG12.5ⅢA/F	(W-)(J/L)LG16ⅢDA/F (W-)D(J/L)LG16ⅢDA (W-)H(J/L)LG16ⅢDA/F	(W-)(J/L)LG16ⅢA/F (W-)D(J/L)LG16ⅢA (W-)H(J/L)LG16ⅢA/F	(W-)(J/L)LG20ⅢDA/F (W-)D(J/L)LG20ⅢDA (W-)H(J/L)LG20ⅢDA/F	(W-)(J/L)LG20ⅢA/F (W-)D(J/L)LG20ⅢA (W-)H(J/L)LG20ⅢA/F	(W-)(J/L)LG20ⅢTA/F (W-)D(J/L)LG20ⅢTA (W-)H(J/L)LG20ⅢTA/F
项目			制冷剂 R717/R22					
螺杆压缩机组	制冷量 标准工况	kW	137/133	233/227	306/300	460/449	618/604	760/738
	制冷量 低温工况	kW	59/66	102/118	134/155	201/233	271/314	339/392
		10^4 kcal/h	5.074/5.676	8.792/10.148	11.524/13.33	17.286/20.038	23.306/27.004	29.154/33.712
	外形尺寸	mm×mm×mm	2570×868×1480	3060×1220×1770	3060×1220×1770	3400×1200×1845	3400×1200×1845 (3890×1500×2220)	3500×1200×1960 (3550×1550×2340)
	螺杆压缩机型号		LG12.5ⅢA/F	LG16ⅢDA/F	LG16ⅢA/F	LG20ⅢDA/F	LG20ⅢA/F	LG20ⅢTA/F
	主电动机功率	kW	65/55	100/85	125/110/100	200/180/160	250/220/200	315/280/250/220

参数及型号		单位	(W-)(J/L)LG25ⅢDA/F (W-)D(J/L)LG25ⅢDA (W-)H(J/L)LG25ⅢDA/F	(W-)(J/L)LG25ⅢA/F (W-)D(J/L)LG25ⅢA (W-)H(J/L)LG25ⅢA/F	(W-)(J/L)LG25ⅢTA/F (W-)D(J/L)LG25ⅢTA (W-)H(J/L)LG25ⅢTA/F	(W-)(J/L)LG31.5ⅢA/F (W-)D(J/L)LG31.5ⅢA (W-)H(J/L)LG31.5ⅢA/F	(W-)(J/L)LG31.5ⅢTA/F (W-)D(J/L)LG31.5ⅢTA (W-)H(J/L)LG31.5ⅢTA/F
项目			制冷剂 R717/R22				
螺杆压缩机组	制冷量 标准工况	kW	918/896	1221/1193	1590/1545	2260/2186	3090/3050
	制冷量 低温工况	kW	391/436	514/574	665/743	987/1104	1355/1514
		10^4 kcal/h	33.626/37.496	44.204/49.364	57.19/63.898	84.882/94.944	116.53/130.204
	外形尺寸	mm×mm×mm	4435×1770×2850	4550×1770×2850	4550×1880×2930	6120×2220×3000	5920×2345×3200
	螺杆压缩机型号		LG25ⅢDA/F	LG25ⅢA/F	LG25ⅢTA/F	LG31.5ⅢA/F	LG31.5ⅢTA/F
	主电动机功率	kW	400/355/315	500/450/400	630/560/500/450	1000/900/800	1250/1000/900

注:标准工况为蒸发温度-15 ℃/冷凝温度+30 ℃;低温工况为蒸发温度-35 ℃/冷凝温度+35 ℃;低温工况的制冷量是带经济器机组制冷量。A—氨;F—氟利昂。

1—压缩机电动机；2—压缩机；3—油分离器；4—油冷却器；5—经济器；6—油泵及电动机；
7—压缩机吸气口；8—控制柜；9—机组底座

图3-11　BES2035型制冷压缩机外形

表3-17　BES2035型制冷压缩机主要技术参数

序号	项目	单位	参数
1	名义工况	℃	+35/-35
2	名义工况制冷量	kW	565
3	制冷剂		R717
4	质量	kg	10450
5	电动机额定电压	V	380
6	电动机额定电流	A	695
7	电动机额定功率	kW	400
8	吸气口直径	mm	DN250
9	排气口直径	mm	DN100
10	首次充油量	kg	750
11	机油类型		EnergolLPT68
12	运输状态外形	mm×mm×mm	4180×2530×3120

该机主要特点如下：
(1) 集成度高，无中间冷却系统，安装量小。
(2) 采用PLC控制系统，自动化程度和安全保护水平高，操控方便。
(3) 单机制冷量大，机组损坏率较低，易损件少，文明施工程度高。
(4) 单级压缩，排气压力较双级压缩高，较双级压缩耗能大。
(5) 对润滑油要求较高，需使用较高标准要求的机油。

该类型设备可用于矿山、大型水利、基坑、桥墩冻结施工及化工制冷工程，也可用于小规模水利、桩基、基坑、医药、冷库等制冷工程。

国内制冷设备公司生产的制冷设备在结构、特点、功能等方面均不相同，实施冻结法施工前可进行调研、比较，选择经济、合理的冻结设备。其中，部分机型见表3-14、表3-16。

3.2.1.2 冻结制冷的辅助设备

冻结制冷剂系统除了压缩机外，还需相应的辅助设备，以形成完整的循环制冷系统。

制冷辅助设备按功能分主要有换热器、分离装置、氨储液装置以及其他装置。氨冻结制冷的辅助设备分类见表3-18。

表3-18 氨冻结制冷的辅助设备分类

名　称	作　用	设　备
换热器	主要用于热量交换，以达到氨的气态和液态之间转换，以及冷却作用	冷凝器、蒸发器、经济器、中间冷却器
分离装置	主要用于液态氨与气态氨、氨与润滑油、气态氨与空气的分离	油分离器、氨液分离器、空气分离器、集油器
氨储液装置	主要用于液氨的储存或排放	氨储液器、低压储液器、排液桶等
其他装置	系统运行辅助装置	紧急泄氨器、缓冲器、液体过滤器、热虹吸氨储液罐（器）等

1. 换热器

1）冷凝器

冷凝器是一个热交换设备，作用是利用环境冷却介质（空气或水），将来自压缩机的高温高压制冷剂蒸气的热量带走，使高温高压制冷剂蒸气冷却、冷凝成高压常温的制冷剂液体。冷凝器在把制冷剂蒸气变为制冷剂液体的过程中，压力是不变的，仍为高压。

地层冻结工程中常用的冷凝器有水冷式、风冷式、蒸发式，具体特征见表3-19。

表3-19 地层冻结工程中常用的冷凝器

名　称	冷却介质	特　征
水冷式冷凝器	水	冷却水一般循环使用，但系统中需设冷却塔，这种冷凝器主要用在市政隧道冻结
风冷式冷凝器	空气	适用于小型氟利昂机组和极度缺水的场合
蒸发式冷凝器	水	水在空气中蒸发吸收汽化潜热，按空气流动方式可分为吸入式和压送式，是矿山冻结的常用设备

其中，蒸发式冷凝器的换热效果好，且新鲜冷却水的补给量最少，较为适合冻结法凿井的需要。目前国内常用的蒸发式冷凝器如下：

（1）上海万享SWL系列蒸发式冷凝器，其外形如图3-12所示，主要技术参数见表3-20。

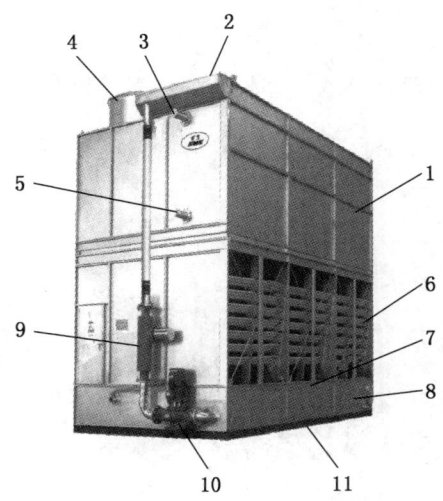

1—镀锌箱体；2—冷却水喷淋系统；3—制冷剂气体进口；4—轴流风机；5—制冷剂液体出口；6—进风格栅；7—带整体挡水板的热交换层；8—冷却水水箱；9—电子水除垢仪；10—循环水泵；11—设备底座

图3-12 SWL系列（1575~3000型）蒸发式冷凝器外形

表3-20 SWL系列（1575~3000型）蒸发式冷凝器主要技术参数

型号	轴流风机			循环水泵			设计工况排热量/kW	外形尺寸/(mm×mm×mm)
	功率/kW	台数	总风量/(m³·h⁻¹)	功率/kW	台数	水量/(m³·h⁻¹)		
SWL-1575	4.0	3	3×60000	4.0		130	1575	5330×2410×4825
SWL-1620	5.5	3	3×65000	4.0		130	1620	5330×2410×4825
SWL-1690	7.5	3	3×72000	4.0		130	1690	5330×2410×4825
SWL-1765B	7.5	3	3×87000	5.5		170	1765	5630×2610×4965
SWL-1935B	5.5	3	3×75000	5.5		170	1935	5630×2610×4965
SWL-2010B	7.5	3	3×87000	5.5	1	170	2010	5630×2610×4965
SWL-2140	5.5	3	3×75000	5.5		170	2140	5630×3010×4965
SWL-2245	7.5	3	3×87000	5.5		170	2245	5630×3010×4965
SWL-2600	7.5	3	3×110000	5.5		170	2600	5630×3210×4965
SWL-2850	7.5	3	3×110000	7.5		220	2850	6000×3210×4965
SWL-3000	7.5	3	3×110000	7.5		220	3000	6000×3210×4965

注：设计工况：①干球温度35℃；②湿球温度24℃；③设计压力2.0MPa。

（2）大连亿斯德EXV-Ⅱ系列蒸发式冷凝器，其外形如图3-13所示，主要技术参数见表3-21。

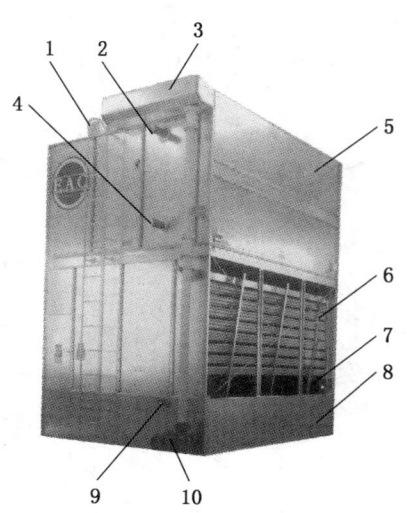

1—轴流风机；2—制冷剂气体进口；3—冷却水喷淋系统；4—制冷剂液体出口；
5—镀锌箱体；6—进风格栅；7—热交换层；8—冷却水水箱；
9—冷却水溢水口；10—循环水泵

图 3-13　EXV-Ⅱ系列蒸发式冷凝器外形

表 3-21　EXV-Ⅱ-340 型蒸发式冷凝器主要技术参数

型　号	轴流风机			循环水泵			设计工况排热量/kW	外形尺寸/(mm×mm×mm)
	功率/kW	台数	总风量/($m^3 \cdot h^{-1}$)	功率/kW	台数	水量/($m^3 \cdot h^{-1}$)		
EXV-Ⅱ-340	3.0	4	4×50000	7.5	1	220	1850	5600×2400×5162

蒸发式冷凝器的主要特点如下：

① 冷凝效果好。由于水的蒸发潜热大，单位质量水的吸热量大，在盘管内、外空气与制冷剂逆向流动，提高了传热效率，从而达到更好的冷凝效果。

② 节水。蒸发式冷凝器充分利用水的汽化潜热，这与风冷式冷凝器和水冷式冷凝器利用显热来吸收制冷剂的热量完全不同，比淋水式冷凝器更能充分利用水的蒸发潜热。风冷式冷凝器虽然不用水源，但需要消耗更多的压缩机和冷凝功耗。

③ 节能。采用蒸发式冷凝器的制冷系统，其制冷系数比水冷式和风冷式冷凝器都高，冷凝温度可以设计得比风冷式或水冷式冷凝器更低一些。它的风机动力消耗与水冷式冷凝器的冷却塔相近，仅为空冷式冷凝器的1/3。

④ 安装、维护方便，占地面积小，运行费用低。

在国内的应用中，由于西北地区水资源匮乏、水资源紧张的实际情况，蒸发式冷凝器的推广和应用较多，在食品、制药、石油、煤炭、化工等行业也越来越多地应用蒸发式冷凝器。但在安装、使用过程中，一定要采用正确的施工、操作方法，如保证设备周围空气流动畅通、各设备之间的压力平衡、水质的检验、放空气等，才能充分发挥出蒸发式冷凝器的使用效果。

2）蒸发器

蒸发器是氨制冷系统中主要的热交换设备之一，是制冷系统中制冷剂与冷媒剂进行热交换的设备。该装置属于吸热装备，主要原理是经节流后的低温低压液体制冷剂在蒸发器中沸腾，制冷剂液体汽化，吸收被冷却介质（如盐水等）的热量，使被冷却介质的温度降低，达到降温制冷的目的。蒸发器的种类比较多，大致可分为四大类：卧式蒸发器、立管式蒸发器、冷却排管、冷风机（空气冷却器）。卧式和立管式蒸发器常用于冻结工程，见表3-22；冷却排管和冷风机则用于冷库。

表3-22 卧式和立管式蒸发器的特征

类型	形式	原 理	特 点
卧式	壳管式蒸发器	液氨在管外、盐水在管内流动，广泛用于闭式盐水系统	结构紧凑、传热系数高。液柱高度对蒸发温度有影响，不利于氟利昂制冷剂系统
卧式	干式蒸发器	制冷剂在管内、载冷剂在管外流动	传热效果不如满液式，无液柱对蒸发温度的影响，制冷剂的充入量只需满液的1/2～1/3，故称为"干式"
立管式	立管式蒸发器	制冷剂在管内蒸发，整个蒸发器管组在盛满载冷剂的箱体内。只能用于开式循环系统	用于以氨为制冷剂的盐水系统，蒸发器管子易被氧化
立管式	螺旋管式蒸发器	制冷剂在管内蒸发，整个蒸发器管组在盛满载冷剂的箱体内。只能用于开式循环系统	用于以氨为制冷剂的盐水系统，蒸发器管子易被氧化

目前国内常用的制冷剂蒸发器有GZF-200A型、GZF-240型（热虹吸）干式蒸发器，其结构如图3-14所示，主要技术参数见表3-23、表3-24。

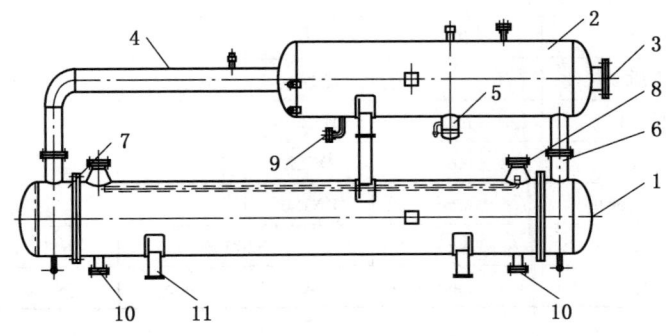

1—内含制冷剂蒸发管程的冷媒剂壳程；2—制冷剂集气壳程；3—制冷剂排气口；
4—制冷剂回气管；5—集油包；6—制冷剂供液管；7—冷媒剂进水口；
8—冷媒剂出水口；9—制冷剂进口；10—壳程排污口；11—蒸发器底座

图3-14 GZF-200A型/GZF-240型干式蒸发器结构

表 3-23　GZF-200A 型干式蒸发器主要技术参数

序号	项目名称	单位	参数		备注
			壳程	管程	执行《制冷装置用压力容器》(NB/T 47012—2010)
1	容器类别		Ⅱ类		
2	设计压力	MPa	1.0	1.6	
3	工作压力	MPa	0.8	<1.2	
4	水压试验压力	MPa	2.0	2.0	
5	气密性试验压力	MPa	1.6	1.6	
6	工作温度（进/出）	℃	−35~40	−35~40	
7	名义传热面积	m²	200		
8	设计温度	℃	40	40	
9	工作介质		冷媒剂	氨	冷媒剂常用氯化钙盐水
10	设备质量	kg	5588		
11	外形尺寸	mm×mm×mm	6010×1130×2515		

表 3-24　GZF-240 型干式蒸发器主要技术参数

序号	项目名称	单位	参数		备注
			壳程	管程	执行《制冷装置用压力容器》(NB/T 47012—2010)
1	容器类别		Ⅱ类		
2	设计压力	MPa	1.0	1.6	
3	工作压力	MPa	<1.0	<1.2	
4	水压试验压力	MPa	2.0	2.0	
5	气密性试验压力	MPa	1.6	1.6	
6	工作温度（进/出）	℃	−35~40	−35~40	
7	名义传热面积	m²	240		
8	设计温度	℃	40	40	
9	工作介质		冷媒剂	氨	冷媒剂常用氯化钙盐水
10	制冷剂排气口	mm	DN200		
11	制冷剂进液口	mm	DN32		
12	冷媒剂进、出液口	mm	DN150		
13	设备质量	kg	8200		
14	外形尺寸	mm×mm×mm	7400×1130×2465		

该类型设备的主要特点如下：
(1) 冷媒剂与制冷剂热交换更充分、更均匀，热交换效率高。
(2) 单体设备热交换面积大。
(3) 制冷剂集气壳程内部设计了制冷剂气液分离装置，能够有效减少压缩机带液运行现象。

(4) 设备体积小，减少了制冷剂和冷媒剂的用量。
(5) 具有保温功能，重复搬运和安装时不需保温。
(6) 占地面积小，且为密闭式，使用安全，文明施工程度高。
(7) 安装简单，方便操作、维护。

该类型设备与制冷压缩机配套可应用于矿山、市政、水利、大型基坑、桥墩冻结施工及化工、制药等制冷工程。

国内烟台冰轮公司生产的 ZFH 系列蒸发器和大连冰山公司生产的 BFHZ 系列蒸发器的结构和原理与 GZF 系列蒸发器基本相同，也可以选择使用，见图 3-15 和表 3-25。

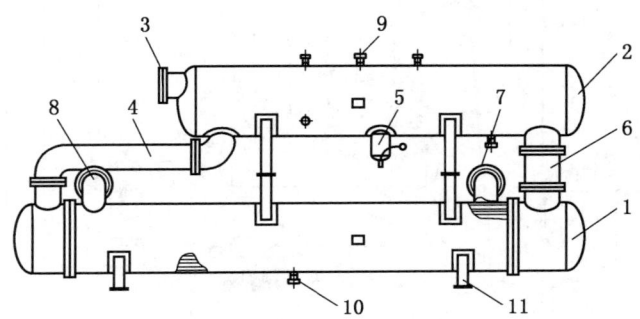

1—内含制冷剂蒸发管程的冷媒剂壳程；2—制冷剂集气壳程；3—制冷剂排气口；4—制冷剂回气管；5—集油包；6—制冷剂供液管；7—冷媒剂进水口；8—冷媒剂出水口；9—制冷剂进口；10—壳程排污口；11—蒸发器底座

图 3-15　BFHZ-240 型蒸发器结构

表 3-25　烟台冰轮公司 ZFH 系列（氨虹吸）蒸发器主要技术参数

型　号	ZFH30	ZFH56	ZFH90	ZFH120	ZFH160	ZFH200	ZFH250	ZFH300	ZFH360	ZFH420
设计工况热负荷/kW	160	295	475	635	850	1060	1325	1590	1905	2225
名义换热面积/m^2	30	56	90	120	160	200	250	300	360	420

3）经济器

经济器是一个壳管结构的换热器，通过制冷剂自身节流蒸发吸收热量从而使另一部分制冷剂得到过冷，用于二次补气的螺杆式压缩制冷系统中。来自冷凝器的高压制冷剂液体分成两部分：一部分经节流后进入经济器壳程在盘管外吸收管内液体热量而蒸发，产生的中压制冷剂蒸气被带有中间补气口的螺杆压缩机连续抽走；另一部分通过经济器排管管程，通过排管的高压液体制冷剂被强烈冷却后经节流阀进入蒸发器。

从带与不带经济器的氨制冷系统流程（图 3-16、图 3-17）和经济器的工作原理图（图 3-18）可以看出：带经济器补气口螺杆制冷压缩机的运行效果，相当于一个准双级压缩循环。经济器制冷循环可以大幅度提高制冷量及制冷系数，如在 +35℃/-35℃ 低温工况下，制冷量及制冷系数可分别提高 25% 和 15%，如图 3-19 所示。

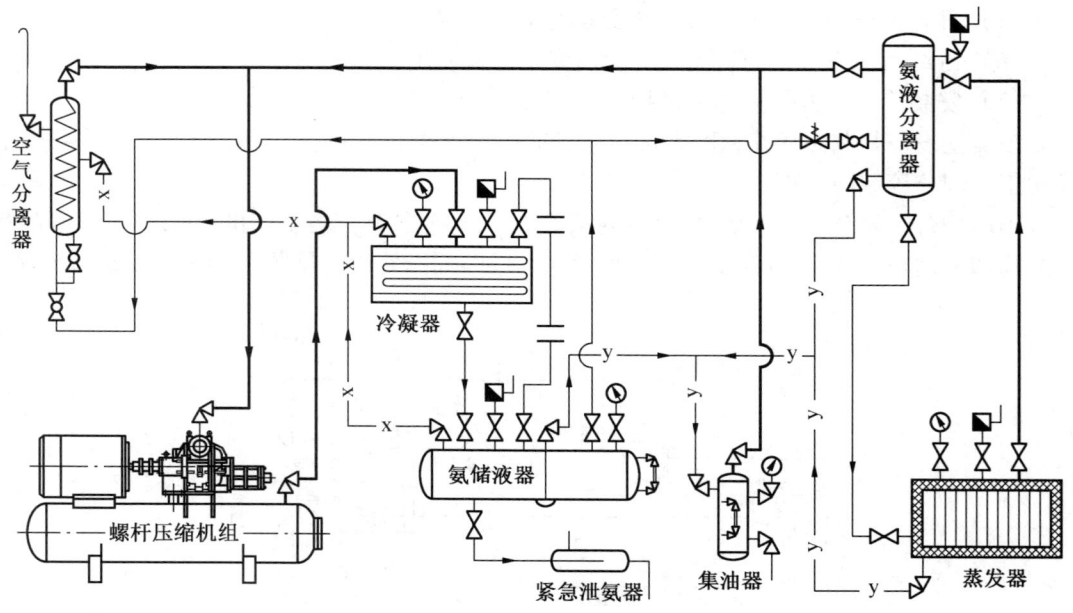

图 3-16 不带经济器的氨制冷系统流程

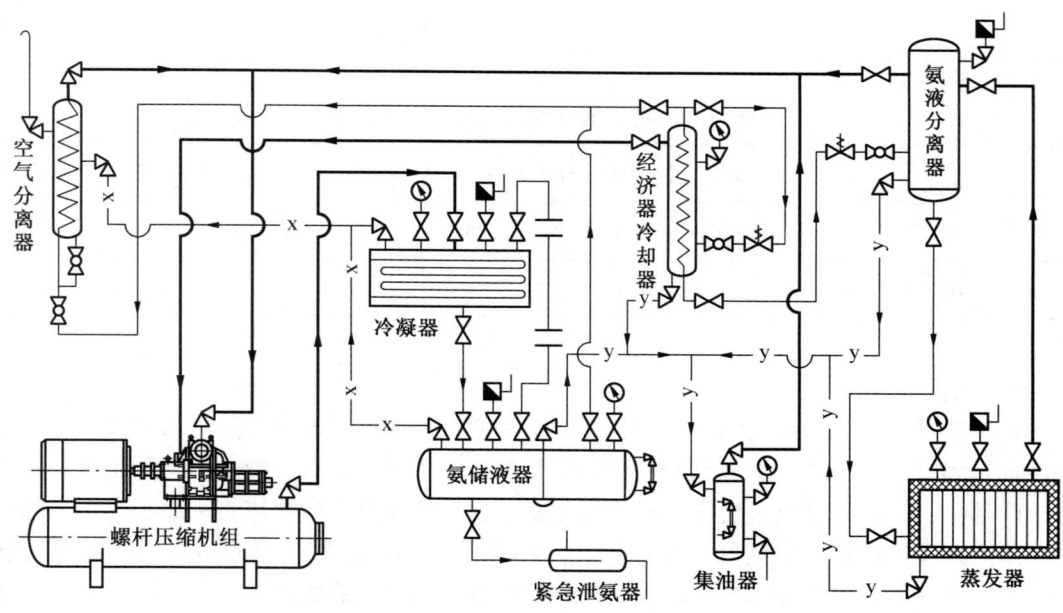

图 3-17 带经济器的氨制冷系统流程

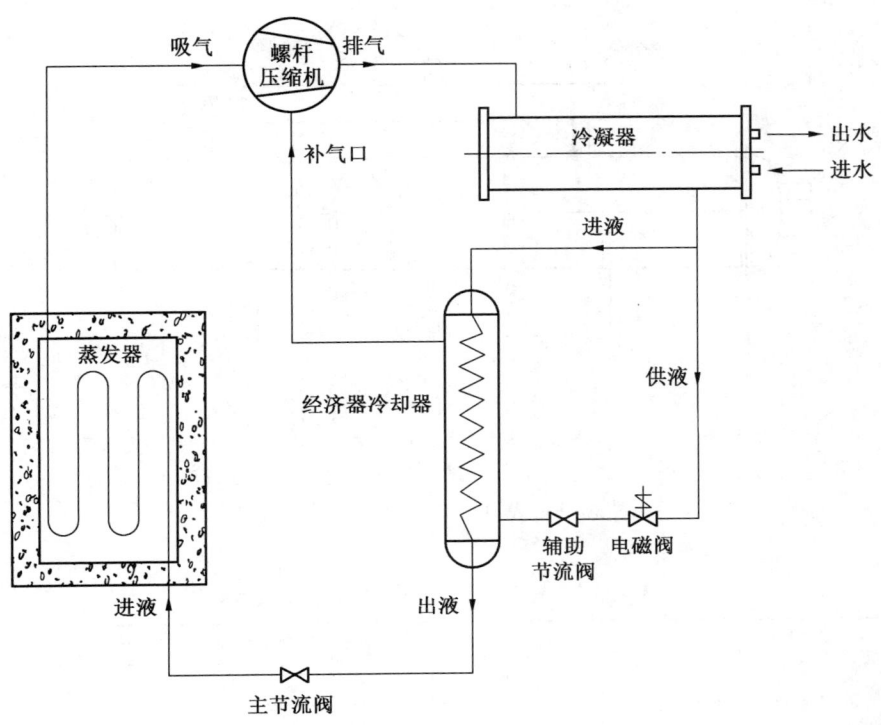

图 3-18 经济器工作原理

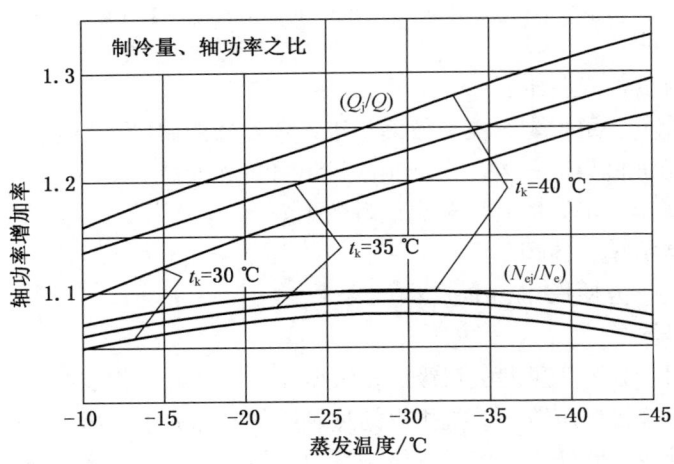

图 3-19 氨经济器系统制冷量及轴功率增加率曲线

目前常用的 WJL 系列卧式经济器结构如图 3-20 所示,主要技术参数见表 3-26。该类型设备与制冷压缩机配套应用,在制冷工程需要提供较低温度的冷媒剂时选用。

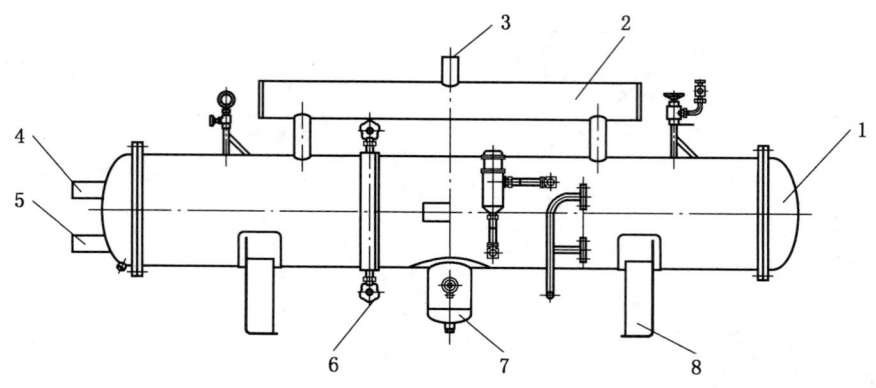

1—内含排管的壳程；2—制冷剂集气壳程；3—制冷剂排气口；4—制冷剂进液口；
5—制冷剂出液口；6—液面镜；7—集油包；8—设备底座

图 3-20 WJL 系列卧式经济器结构

表 3-26 WJL 系列卧式经济器主要技术参数

型 号	换热面积/m²	筒体直径/mm	质量/kg	外形尺寸/mm		
				长	宽	高
WJL30.0	30.0	DN550	1290	3563	960	1345
WJL40.0	40.0		1880	3970		1130
WJL140.0	140.0	DN750	3920	5765	1110	1880

注：WJL30.0、WJL40.0 型卧式经济器进液氨口为一个，WJL140.0 型卧式经济器进液氨口为两个。

该类型设备的主要特点如下：
（1）热交换充分、更均匀，能有效降低进入蒸发器的制冷剂温度。
（2）一般与压缩机集成一体，大型制冷机组可单独安装。
（3）冷媒剂降至一定温度后再开启设备效果好。
（4）设备结构简单，体积小。
（5）安装简单，方便操作、维护。

4）中间冷却器

中间冷却器用于分体式压缩机双级或多级压缩制冷系统，安装在低压级的排气管与高压级的吸气管之间。将低压级压缩机排出的过热蒸气冷却为中间压力下的饱和蒸气，同时对高压氨液进行过冷。此外，分离低压级排气中夹带的润滑油，降低通往制冷剂蒸发器液体的温度，提高制冷剂蒸发的过冷度，以提高制冷量。一体集成式双级压缩机组省去了该设备。

中间冷却器有用于Ⅰ级节流和Ⅱ级节流中间完全冷却系统两类。

ZLI 系列中间冷却器用于Ⅰ级节流中间完全冷却系统。从高压储液器回来的高压氨液分两路进入蒸发器：一路进入盘管内过冷后供给系统制冷；另一路经节流阀节流后进入中间冷却器的壳体内蒸发,吸收管内高压氨液的热量,并对低压级的排气进行洗涤降温后,同低压级排气一起被高压级吸走。

ZLⅡ系列中间冷却器用于Ⅱ级节流中间完全冷却系统。从高压储液器回来的液体,经过一级节流后产生的气、液混合物分成两部分进入中间冷却器,在中间冷却器中气液混合物被分离成饱和液体和饱和蒸气两部分,饱和液体经再次节流到蒸发压力,进入蒸发器蒸发制冷;饱和蒸气与已被冷却成饱和蒸气的低压级排气混合后进入压缩机的高压级。

目前国内常用的中间冷却器有ZQ-100(A)型、ZL-8.0型中间冷却器,ZQ-100(A)型中间冷却器结构如图3-21所示,主要技术参数见表3-27。

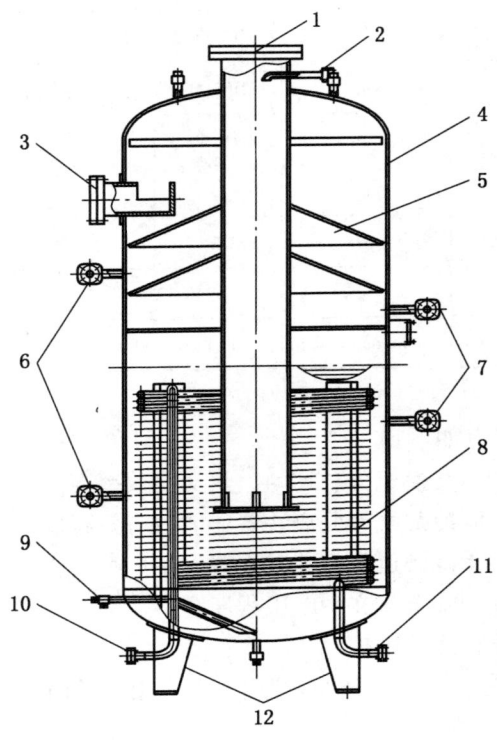

1—壳程出气口;2—壳程进液口;3—壳程进气口;4—壳程;5—气液分离装置;6—壳程液位指示装置接口;
7—壳程平衡管接口;8—管程;9—壳程放油口;10—管程出液口;11—管程进液口;12—设备底座

图3-21 ZQ-100(A)型中间冷却器结构

表3-27 ZQ-100(A)型中间冷却器主要技术参数

序号	项目名称	单位	参数		备注
			壳程	管程	执行《制冷装置用压力容器》(NB/T 47012—2010)
1	容器类别		Ⅱ类		
2	设计压力	MPa	1.4	2.0	
3	工作压力	MPa	1.25	1.83	

表3-27（续）

序号	项目名称	单位	参数		备注
4	耐压试验压力	MPa	1.75	4.0	执行 ZWH/TR12—2007《压力容器试压工艺规程》
5	气密性试验压力	MPa	1.4	2.0	
6	工作温度（进/出）	℃	<38	<50	
7	换热面积	m²	8.0		
8	设计温度	℃	38	50	
9	工作介质		R717蒸气	R717液体	
10	进气口	mm	DN200		
11	出气口	mm	DN150		
12	进、出液口	mm	DN32		
13	容器容积	m³	2.18		
14	设备质量	kg	1255		
15	外形尺寸	mm×mm×mm	1100×1100×3440		

该类型设备的主要特点如下：

（1）管程浸入式结构热交换充分、均匀，热交换效率高。

（2）壳程上部设置了制冷剂气液分离装置，能够有效减少高压机带液运行。

（3）具有保温功能，重复搬运和安装时不需保温。

（4）占地面积小，使用安全，文明施工程度高。

（5）安装简单，方便操作、维护。

该类型设备与分体式制冷压缩机配套使用，可应用于矿山、水利、大型基坑、大型桥墩冻结施工及化工、制药等制冷工程。

国内其他厂家生产的中间冷却器结构和原理与ZQ-100（A）型中间冷却器基本一致，其主要技术参数见表3-28、表3-29。

表3-28 烟台冰轮公司ZLI系列中间冷却器主要技术参数

型号		ZLI2	ZLI3.5	ZLI5	ZLI6.5	ZLI8	ZLI10	ZLI12	ZLI16	ZLI20	ZLI24
换热面积/m²		2	3.5	5	6.5	8	10	12	16	20	24
筒体直径/mm		516	616	616	716	816	1020	1220	1220	1424	1628
外形尺寸/mm	长	927	1027	1027	1127	1211	1431	1655	1655	1863	2070
	宽	764	864	865	975	1075	1227	1427	1427	1631	1835
	高	2799	2858	3057	3111	3162	3492	3644	3659	3809	4000

表3-29 武汉新世界制冷公司ZQ系列中间冷却器主要技术参数

型号		ZQ2.5	ZQ3.0	ZQ3.5	ZQ4.5	ZQ6.0	ZQ8.0	ZQ10.0	ZQ12.0	ZQ16.0	ZQ25.0
换热面积/m²		2.5	3.0	3.5	4.5	6.0	8.0	10.0	12.0	16.0	25.0
筒体直径/mm		500	500	600	700	700	900	1000	1000	1200	1600
外形尺寸/mm	长	800	800	900	1040	1040	1200	1500	1500	1500	1950
	宽	665	685	710	860	860	1110	1165	1165	1365	1760
	高	2480	2580	3050	2850	3100	3125	3675	3935	4380	4480

2. 分离装置

1）油分离器

在蒸气压缩式制冷系统中，经压缩后的氨蒸气（或氟利昂蒸气）是处于高温高压的过热状态。它排出时的流速快、温度高，气缸壁上的部分润滑油由于受高温作用难免变成油蒸气及油滴微粒与制冷剂蒸气一同排出，且排气温度越高、流速越快，则排出的润滑油越多。对于氨制冷系统来说，由于氨与油不相互溶解，所以当润滑油随制冷剂一起进入冷凝器和蒸发器时会在传热壁面上凝成一层油膜，使热阻增大，降低制冷效果。所以必须在压缩机与冷凝器之间设置油分离器。

目前常见的油分离器类型有洗涤式、填料式、离心式、过滤式，见表3-30。

表3-30 常见的油分离器类型

类型	原理	特征
洗涤式	它在工作时主要是利用混合气体在筒体内氨液中被洗涤和冷却来分离油（分油效率为80%~85%），同时还利用降低气流速度与改变气流运动方向，使油滴自然沉降而分离	适用于氨制冷系统，要求筒体内必须保持一定高度的氨液
填料式	依靠降低流速、填料吸附及改变气流方向来实现分油的目的，分油效率可达95%，其中以填料层的吸附作用为主	适用于氨制冷系统，对气流阻力较大，填料（一般采用不锈钢丝网）价格较贵
离心式	压缩机排气进入筒体，沿螺旋导向叶片高速旋转并自上而下流动，借离心力的作用将油抛在筒壁上分离出来，沿壁流下	适用于大型制冷系统，油分离器分离效果较好，结构相对复杂
过滤式	气体进入分离器后，由于过流截面较大，气体流速突然降低并改变方向，加上进气时几层金属丝网的过滤作用来分离润滑油	用于氟利昂系统，结构简单，应用普遍，但分油效果不及填料式

常用设备有：烟台冰轮公司的YFL-G系列高效油分离器、YFL-XD系列洗涤式油分离器（图3-22）和YFL-TL系列填料式油分离器（图3-23），武汉新世界制冷公司的YFT200型油分离器。

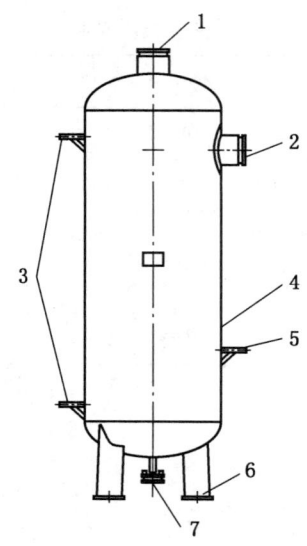

1—出气口；2—进气口；3—液面镜接口；4—筒体；
5—放油口；6—设备支座；7—排污口

图 3-22　YFL-XD 系列洗涤式油分离器

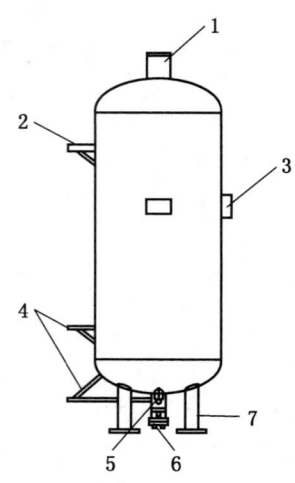

1—出气口；2—安全阀接口；3—进气口；4—液面镜
接口；5—放油口；6—排污口；7—设备支座

图 3-23　YFT-TL 系列填料式油分离器

2) 氨液分离器

氨液分离器是将蒸发器所蒸发的气体在被吸入压缩机前，分离出其中的氨液，防止氨液进入压缩机产生湿行程和液击现象；此外，还用以分离节流而产生的气体，提高蒸发器有效传热面积，稳定重力供液液面。氨液分离器分为立式和卧式两类，如图 3-24、图 3-25 所示，主要技术参数见表 3-31。

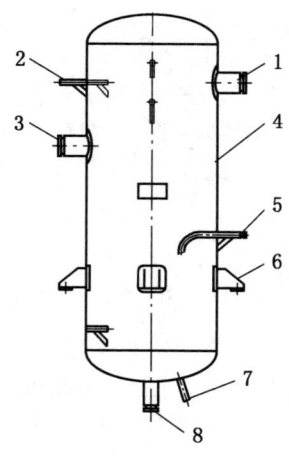

1—出气口；2—平衡口；3—进气口；4—筒体；
5—供液；6—设备支座；7—放油排污口；
8—出液口

图 3-24　QFL 系列立式氨液分离器

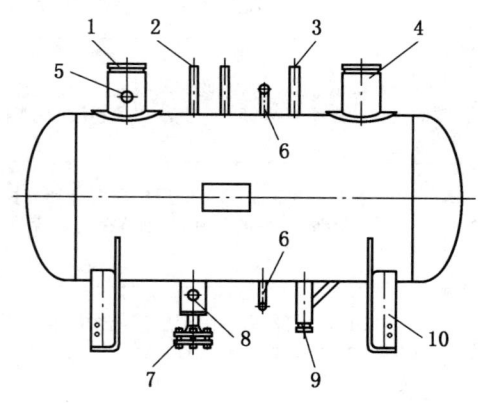

1—进气口；2—综合口；3—平衡口；4—出气口；
5—供液；6—液面镜接口；7—排污口；
8—放油口；9—出液口；10—设备支座

图 3-25　QFW350~600 系列卧式氨液分离器

表3-31 氨液分离器主要技术参数

	型号		QFL400	QFL500	QFL600	QFL800	QFL1000	QFL1200	QFL1400	QFL1600	QFL1800	QFL2000
烟台冰轮公司	筒体直径/mm		426	516	616	816	1020	1220	1424	1628	1828	2032
	外形尺寸/mm	长	699	777	863	1172	1380	1630	1836	2205	2407	2613
		宽	786	876	976	1176	1380	1842	2056	2260	2492	2679
		高	1651	2003	2553	3112	3216	3311	3418	3622	3729	3818
	型号		QFW450	QFW500	QFW550	QFW600	QFW800	QFW1000	QFW1200	QFW1400	QFW1600	QFW2000
	筒体直径/mm		466	516	566	616	816	1020	1220	1424	1628	2032
	外形尺寸/mm	长	1298	1524	1548	1574	3037	3078	3285	3337	4139	4491
		宽	673	723	773	823	1023	1220	1420	1771	1913	2241
		高	896	946	996	1046	1455	1659	1990	1990	2154	2574

	型号		WAF800			WAF1000			WAF1200			
武汉新世界制冷公司	筒体直径/mm		800			1000			1200			
	容积/m³		1.5			2.4			3.6			
	外形尺寸/mm	长	3166			3266			3370			
		宽	1213			1495			1660			
		高	1452			1753			1922			

立式氨液分离器的特点是自蒸发器排出的氨气从设备中部进气口进入，分离液滴后的氨气从设备上部的出气口排出，由压缩机吸入进行压缩。设备安装在蒸发器与压缩机之间，需要制作安装支架，能有效降低压缩机带液运行现象。

卧式氨液分离器的特点是自蒸发器排出的氨气从设备中部进气口进入，分离液滴后的氨气从设备的一端或中部的出气口排出，由压缩机吸入进行压缩。设备安装在蒸发器与压缩机之间，水平放置在基础上即可，安装方便，能有效分离蒸发器排气中夹带的液体。

3) 空气分离器

空气分离器可将制冷系统中的空气和不凝性气体分离出来并排出系统，因此，空气分离器对降低制冷系统的冷凝压力、提高制冷效率、保证系统运行安全和维持系统在最经济的状况下运行起到了至关重要的作用，一般大中型制冷系统中都会使用空气分离器。而在小型制冷系统中，通常直接从冷凝器、高压储液器或排气管上的放空气阀把空气等不凝气体放出。

常用的空气分离器有烟台冰轮公司生产的KFZ系列自动空气分离器和KF系列手动空气分离器两种。

KFZ系列自动空气分离器结构如图3-26所示，主要技术参数见表3-32。其主要特点是：能自动连续不断地将不凝性气体（主要指空气）从制冷系统中分离出来并排出系统，设备安装方便，安全可靠。

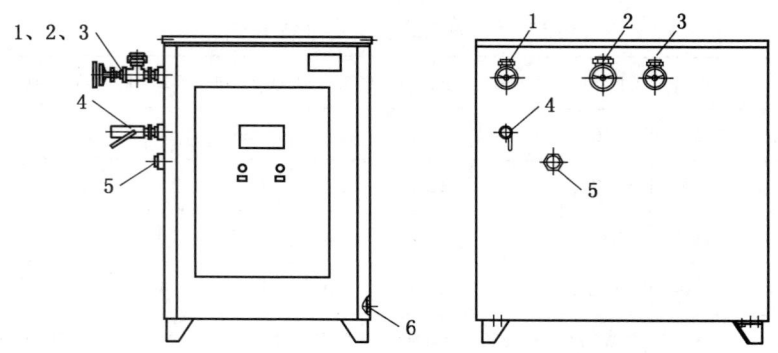

1—供液口；2—回气口；3—进气口；4—进水口；5—出水口；6—高压接口

图 3-26 KFZ 系列自动空气分离器结构

表 3-32 KFZ 系列自动空气分离器主要技术参数

型　号		KFZ4	KFZ8	KFZ12	KFZ16	KFZ24
设计压力/MPa		\multicolumn{5}{c}{2.0}				
设计温度/℃		\multicolumn{5}{c}{50}				
制冷剂		\multicolumn{5}{c}{R717}				
最大排点/个		4	8	12	16	24
蒸发压力(高于真空度)/Pa		0~1500			1500~3000	
蒸发压力(在真空范围)/Pa		0~750			750~1500	
外形尺寸/mm	长	900				
	宽	650				
	高	1800				

KF 系列手动空气分离器结构如图 3-27 所示，主要技术参数见表 3-33。其主要特

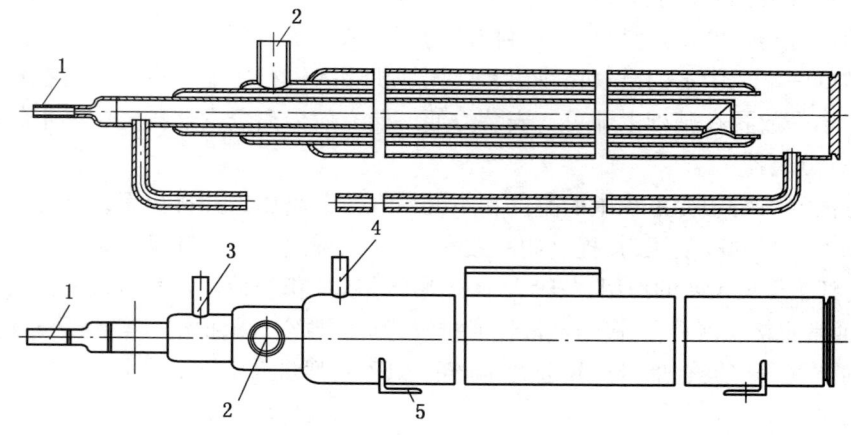

1—供液口；2—回气口；3—放空气口；4—混合进气口；5—设备支座

图 3-27 KF 系列手动空气分离器结构

点是：通过手动方式将不凝性气体（主要指空气）从制冷系统中分离出来并排出系统；操作人员根据冷凝压力随时进行操作，放空气及时，设备安装方便，操作安全。

表 3-33　KF 系列手动空气分离器主要技术参数

型　号		KF32	KF50
设计压力/MPa		管程：1.4；壳程：2.0	
设计温度/℃		管程：38；壳程：50	
制冷剂		R717	
换热面积/m²		0.47	1.12
质量/kg		39	238
外形尺寸/mm	长	1629	2949
	宽	65	130
	高	207	389

4）集油器

氨制冷系统运转时少量冷冻机油被制冷剂从制冷压缩机油系统带入制冷管道和换热设备中。机油如果附着或停滞在换热管上会降低设备的换热效果；停滞在换热设备中会减少换热设备的换热面积，从而影响换热效果。油系统润滑油流失过多，也会影响压缩机的正常运转。因此制冷系统中的润滑油需要通过集油器收集起来，回收重新利用。

集油器分低压集油器和高压集油器两类，见图 3-28、图 3-29、表 3-34。

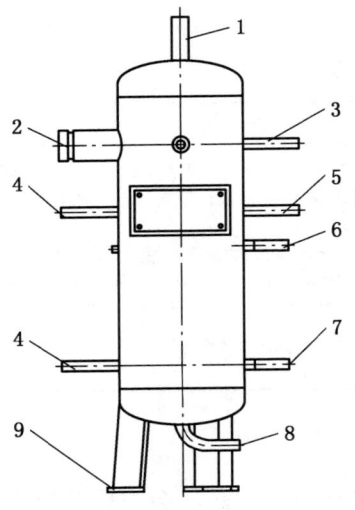

1—回气口；2—进油口；3—压力表接口；
4—液位计接口；5—加压接口；6—热气进口；7—热气出口；8—放油口；
9—设备支座

图 3-28　JYD219 型集油器结构

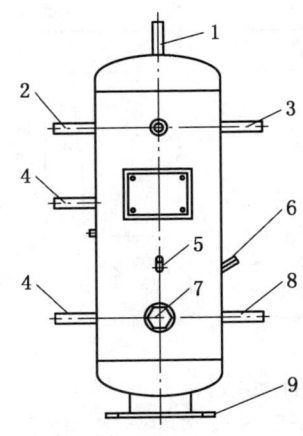

1—出气口；2—进油口；3—安全阀接口；
4—液位计接口；5、6—温度套管接口；
7—电加热罩接口；8—放油口；
9—设备支座

图 3-29　JY219~JY800 系列集油器结构

表 3-34 JY 系列和 JYD 系列集油器主要技术参数

型号		JYD219	JY219	JY325	JYD500	JY500	JY800
设计压力/MPa		\multicolumn{6}{c}{2.0}					
设计温度/℃		\multicolumn{6}{c}{50}					
制冷剂		\multicolumn{6}{c}{R717}					
筒径/mm		219	219	325	500	500	800
容积/m³		0.03	0.03	0.075	0.24	0.24	0.75
外形尺寸/mm	长	319	319	448	648	610	910
	宽	419	419	525	716	790	1350
	高	982	982	1208	1471	1720	2070

低压集油器的主要特点是：在低压状态下进行放油操作，当桶内油稠或靠重力不易放出时，可采用对桶内加压的方式促使油流出筒体，操作安全；但需要额外增加加压设施，排出的油会夹带一定量的氨成分。该类型设备放油时可采取在集油器顶部用水淋浇加热的措施促进放油和氨排放。

高压集油器的主要特点是：在低压状态下进行放油操作，当桶内油稠或靠重力不易放出时，可采用对桶内油体电加热的方式，降低油的黏稠度，增加桶内压力，同时促使夹带在油中的氨液汽化，排出桶体，操作安全；但需要额外增加电能，排出油夹带氨成分较少。

3. 氨储液装置

氨储液装置有高压储液器和低压储液器两类，见表 3-35。

表 3-35 储液器安装位置与作用

名称	安装位置	作用
高压储液器	一般安装在冷凝器与节流元件之间	1. 当制冷系统在运行过程中，由于工况的变化或对制冷系统进行调整时，可将制冷剂回流到储液器中，以稳定系统内制冷剂的循环量，使制冷剂装置处于正常运行状态 2. 当制冷装置的某一部位发生故障需要拆修时，可以通过一定的操作将系统内的制冷剂收集到储液器中，以避免大量制冷剂外流造成浪费
低压储液器（气液分离器）	安装在蒸发器与压缩机之间	防止液体进入压缩机，造成压缩机的液击

1) 高压储液器

由冷凝器所凝结的液态制冷工质，如不能及时排出，则必然会占据冷凝器的一定容积，相应地减少了冷凝传热面积，使冷凝压力升高，影响制冷效果。故在制冷系统中设储液器，用来储存来自冷凝器的高压液态制冷工质，并保证供应和调节有关设备的液态制冷工质的循环量。

国内常用的氨储液器有 HGZ 和 HG 热虹吸式系列、ZA 系列及 ZY 系列氨储液器，见图 3-30～图 3-33、表 3-36～表 3-38。

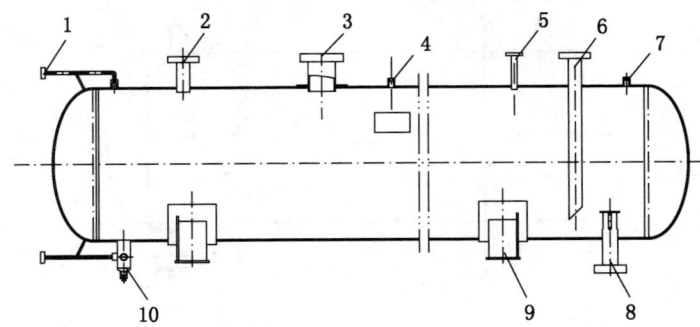

1—液面计接口；2、3—进液口；4—压力表接口；5—放空口；6—供蒸发器出液口；
7—安全阀接口；8—供油冷却器出液口；9、10—放油口、排污口

图3-30　HGZ 3.5型氨储液器

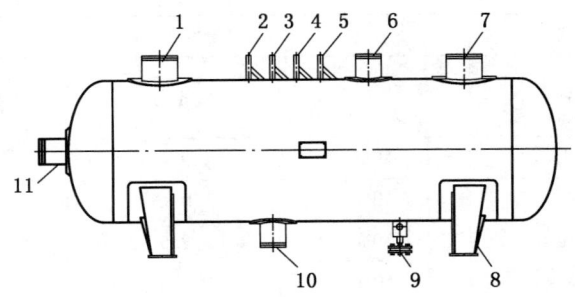

1—出气口；2—压力表接口；3—安全阀接口；4—平衡口；5—放空口；6—进液口；
7—进气口；8—设备支座；9—排污口；10—出液口；11—溢流口

图3-31　HG0.5~3.5系列氨储液器

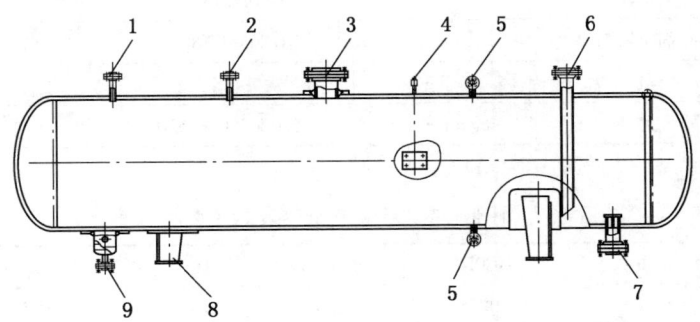

1—安全阀接口；2—平衡管接口；3—进液口；4—压力表接口；5—液位计接口；
6—供蒸发器出液口；7—供油冷却器出液口；8—设备支座；
9—放油口、排污口

图3-32　ZA1.0~20.0系列氨储液器结构

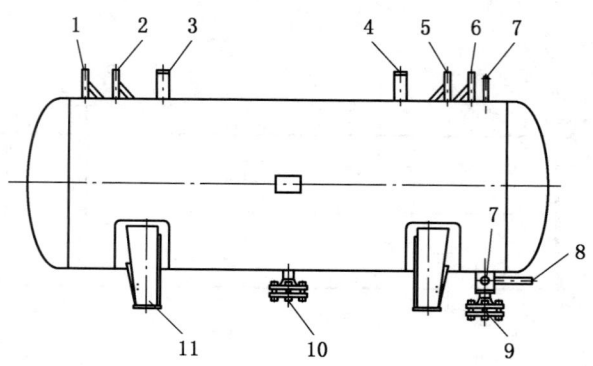

1—压力表接口；2—安全阀接口；3—进液口；4—出液口；5—平衡管接口；6—综合管接口；
7—液位计接口；8—放油口；9—排污口；10—油冷供液口；11—设备支座

图3-33 ZY0.5~20系列氨储液器结构

表3-36 HGZ-3.5型氨储液器主要技术参数

序号	项目	单位	参数	备注
1	容器类别		Ⅱ类	执行《制冷装置用压力容器》（NB/T 47012—2012）
2	设计压力	MPa	2.0	
3	工作压力	MPa	1.83	
4	耐压试验压力	MPa	2.5	
5	气密性试验压力	MPa	2.0	
6	工作温度	℃	<50	
7	设计温度	℃	50	
8	工作介质		氨	
9	容积	m^3	3.5	
10	制冷剂进液口	mm	DN150	
11	制冷剂出液口	mm	DN65/DN80	
12	质量	kg	1425	
13	外形尺寸	mm×mm×mm	4620×760×1520	

表3-37 HG0.5~3.5系列氨储液器主要技术参数

型号		HG0.5	HG0.75	HG1.0	HG1.5	HG2.5	HG3.5
容积/m^3		0.5	0.75	1.0	1.5	2.5	3.5
筒体直径/mm		516	616	716	816	1016	1220
质量/kg		336	410	526	672	876	1335
外形尺寸/mm	长	2678	2728	2790	3140	3254	3349
	宽	571	669	771	869	1071	1275
	高	946	1056	1136	1246	1453	1648

表 3-38 ZY0.5~20 系列氨储液器主要技术参数

型号		ZY0.5	ZY1.0	ZY1.5	ZY2.5	ZY3.5	ZY5	ZY8	ZY10	ZY15	ZY20
容积/m³		0.5	1.0	1.5	2.5	3.5	5	8	10	15	20
筒体直径/mm		566	720	820	1024	1228	1228	1632	1632	1832	1832
质量/kg		338	454	602	813	1209	1663	2671	3143	4463	5721
外形尺寸/mm	长	2348	2628	2978	3382	3182	4682	4511	5411	6117	8117
	宽	603	760	860	1062	1265	1265	1669	1668	1871	1871
	高	996	1150	1250	1454	1658	1658	2062	2062	2262	2262

2）低压（循环）储液器（桶）

低压（循环）储液器（桶）在氨泵供液制冷系统中，用于储存低压液体氨和调节液体氨的流量，并具有分离气液和排液筒的作用，以防氨液随氨气进入压缩机内造成湿压缩事故。

（1）氨泵循环系统如图 3-34 所示。

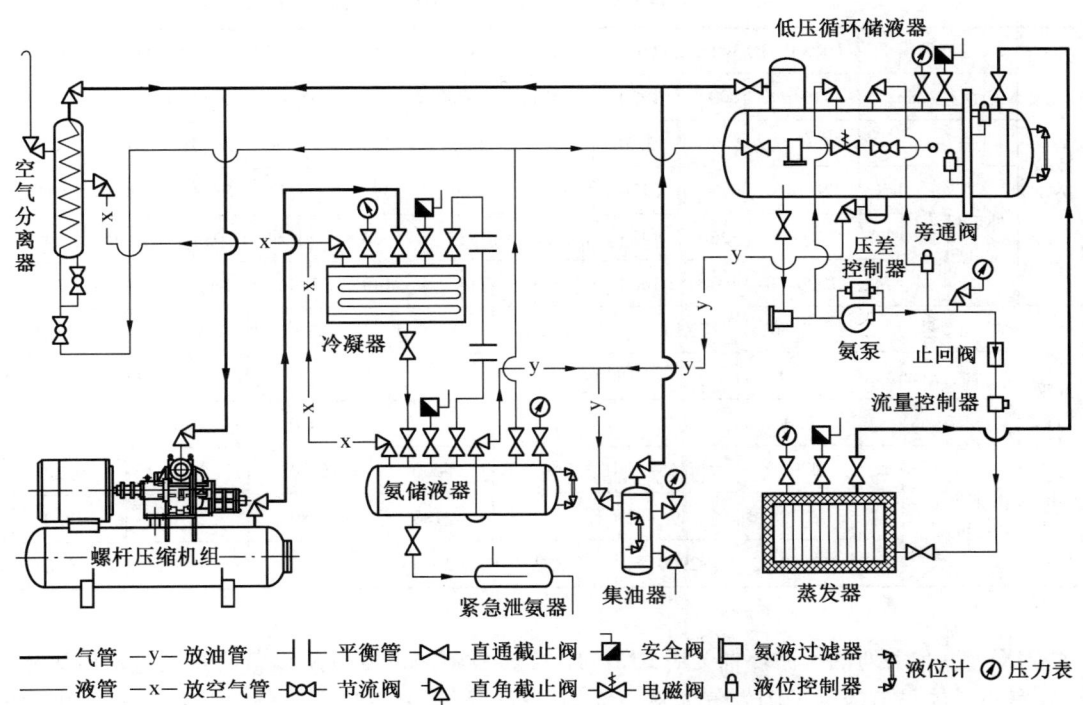

图 3-34 氨泵循环系统

（2）DXL 和 DX 系列立式低压循环储液器主要技术参数见表 3-39。

表3-39 DXL和DX系列立式低压循环储液器主要技术参数

	型号		DXL1.2	DXL2	DXL3	DXL4	DXL6	DXL8	DXL10
烟台冰轮公司	筒径/mm		816	1020	1220	1424	1628	1628	1828
	容积/m³		1.2	2.0	3.0	4.0	6.0	8.0	10.0
	外形尺寸/mm	长	1172	1585	1790	1998	2381	2381	2407
		高	3210	3306	3404	3540	3870	4979	4687
	型号		DX1.5L	DX2.5L	DX3.5L	DX5.0L	DX7.0L		DX8.0L
武汉新世界制冷公司	筒径/mm		800	1000	1200	1400	1600		
	容积/m³		1.5	2.5	3.5	5.0	7.0		8.0
	外形尺寸/mm	长	80		105		140		
		宽	1230	1440	1640	1850	2225		
		高	3260	3370	3470	3570	3880		4380

（3）DXW和DX系列卧式循环储液器主要技术参数见表3-40，DXW1~5系列低压循环桶结构如图3-35所示。

表3-40 DXW和DX系列卧式循环储液器主要技术参数

	型号		DXW1	DXW2.5	DXW3.5	DXW5	DXW8	DXW10	DXW15	DXW20	DXW30	DXW40
烟台冰轮公司	筒径/mm		716	1000	1220	1424	1628	1628	1828	1828	2032	2232
	容积/m³		1.0	2.5	3.5	5.0	8.0	10.0	15.0	20.0	30.0	40.0
	外形尺寸/mm	长	2924	3078	3174	3278	4191	5391	6511	8178	9882	10912
		宽	923	1226	1426	1630	1833	1834	2034	2035	2239	2439
		高	1096	1400	1600	1804	2145	2145	2345	2405	2609	2814
	型号		DX8.0	DX10.0		DX12.0	DX15.0		DX20.0	DX25.0		DX40.0
武汉新世界制冷公司	筒径/mm		1600	1800			2000			2400		
	容积/m³		8.0	10.0		12.0	15.0		20.0	25.0		40.0
	外形尺寸/mm	长	4795	4865		5380	6600		5700	8770		9720
		宽	2070			2162	2180		2280	2270		2820
		高	2650	2900		3250	2950		3250	3350		3650

DXW1~5系列低压循环桶为卧式结构，自蒸发器来的氨气从设备两端的进气管进入，经分离的气体与节流后的闪发气体从中部的出气管被压缩机吸走，分离下来的氨液和高压节流后的低压氨液从下部出液管供给氨泵。

4. 其他装置

1) 紧急泄氨器

为防止制冷设备在发生意外事故时引起爆炸，把制冷系统中有大量氨存在的容器

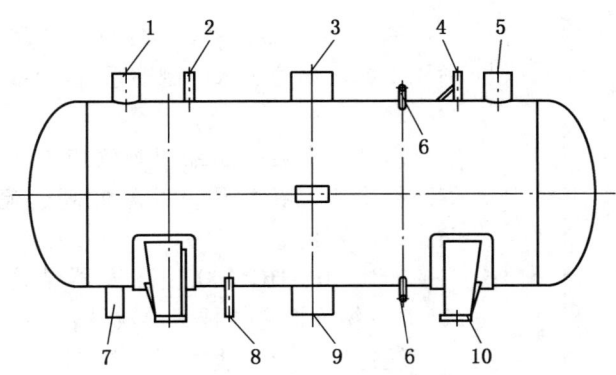

1、5—进气口；2—综合口；3—出气口；4—排液进口；6、7—液位计接口；
8—氨泵抽气口；9—出液口；10—设备支座

图 3-35　DXW1~5 系列低压循环桶结构

（如储氨器、蒸发器）用管路与紧急泄氨器连接；当情况紧急时，可将紧急泄氨器的液氨排出阀和通往紧急泄氨器的自来水阀打开排出，将氨液溶解入水中，防止事故扩大。JX 系列紧急泄氨器结构如图 3-36 所示，主要技术参数见表 3-41。

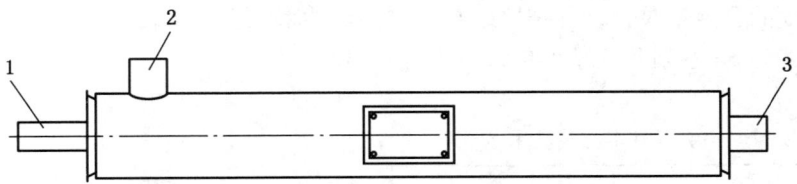

1—进液口；2—进水口；3—出液口

图 3-36　JX 系列紧急泄氨器结构

表 3-41　JX 系列紧急泄氨器主要技术参数

	型　号		JX108	JX133	JX159
烟台冰轮公司	设计压力/MPa		1.4		
	设计温度/℃		38		
	制冷剂		R717		
	筒径/mm		108	133	159
	外形尺寸/mm	长	865	1135	1292
		宽	164	191	216
		高	167	192	219
武汉新世界制冷公司	型号				JX159
	筒径/mm				159
	外形尺寸/mm	长			1300
		高			239

紧急泄氨器设备结构简单，安装方便，操作安全，适用于氨或易溶于水的制冷系统出现事故时的紧急排泄。

2）缓冲器

缓冲器安装在压缩机吸气口前，其主要作用是分离气态氨中非气相物质，并降低高速流动气体的冲击力，防止对压缩机造成影响。

HC1200、HC1400 型缓冲器结构如图 3-37 所示，HC 系列缓冲器主要技术参数见表 3-42。

缓冲器安装在蒸发器与压缩机之间，安装方便，运行安全，适用于氨、氟利昂等气液两相变化的制冷系统。

3.2.2 盐水泵

盐水泵的主要作用是为盐水系统中的冷媒液（氯化钙溶液）提供循环动力。由于目前尚无专用的盐水泵，对冻结盐水只好采用清水泵输送。泵的选型主要考虑泵的流量、扬程和电动机功率，因为冻结盐水的密度比清水的密度大 1/4 以上，所以输送盐水比输送清水消耗的功率要相应增大 1/4 以上。选用水泵时，除流量和扬程必须满足设计要求外，最好由水泵厂提供高强度的合金钢泵轴，并把原水泵的电动机功率加大 1/4 较为适用。冻结施工中使用的盐水泵多为 Sh 系列和 S 系列单级双吸卧式离心泵。

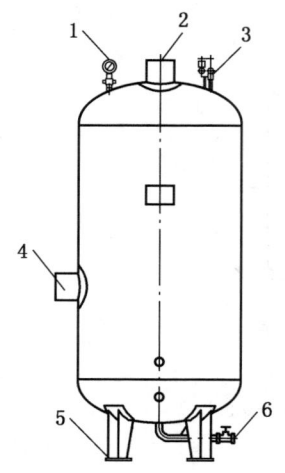

1—压力表；2—出气口；3—安全阀；
4—进气口；5—设备支座；6—放油口

图 3-37　HC1200、HC1400 型缓冲器结构

表 3-42　HC 系列缓冲器主要技术参数

型号		HC1200	HC1400	HC1600
容积/m³		3.25	4.46	5.42
容器类别			Ⅱ	
筒径/mm		1200	1400	1600
外形尺寸/mm	长	120	120	160
	宽	1445	1645	2267
	高	400	450	550

1—电动机；2—接线盒；3—联轴器及护罩；
4—泵壳体；5—轴承座；6—进水口；
7—出水口；8—设备底座

图 3-38　Sh 系列单级双吸卧式离心泵外形

1. Sh 系列单级双吸卧式离心泵

Sh 系列单级双吸卧式离心泵外形如图 3-38 所示，主要技术参数见表 3-43。

该设备的主要特点是：结构紧凑，运行平稳，噪声低，外形美观，结构简单，安装后不需调整；吸水口与出水口均在泵轴中心线下方，水平方向与轴线成竖直位置，便于维修装配；泵壳体中开，检修时无须拆卸进水、出水阀门及管路。从联轴器向泵的方向看，水泵均为逆时针方向旋转。

该设备主要适用于工业供水系统、自来水厂、空调循环用水、建筑供水、灌溉、排水泵站、电站、消防系统、船舶工业等。

表3-43 Sh系列单级双吸卧式离心泵主要技术参数

型号	流量V		扬程H/m	转速/(r·min^{-1})	功率/kW		效率/%	允许吸上真空高度/m	叶轮直径D/mm	接管管径/mm	
	m³/h	L/s			轴功率	配用功率				吸入	排出
6Sh-6	126	35	84.0	2930	40.0	55	72	5.0	251	150	100
8Sh-6	180	50	100.0	2900	68.0	100	72	4.5	282	200	125
8Sh-9	216	60	69.0	2930	55.0	75	74	5.3	233	200	125
8Sh-9A	180	50	54.5	2930	41.0	55	65	5.5	218	200	125
8Sh-13	216	60	48.0	2900	34.9	55	81	5.0	204	200	125
10Sh-6	360	100	71.0	1465	88.1	135	79	6.0	460	250	200
10Sh-6A	342	95	61.0	1450	72.0	110	79	6.0	430	250	200
10Sh-9	360	100	42.5	1450	55.5	75	75	6.0	367	250	200
10Sh-9A	324	90	35.5	1450	41.8	55	75	6.0	338	250	200
10Sh-13	360	100	27.0	1450	33.1	55	80	6.0	296	250	200
12Sh-6	590	164	98.0	1450	213.0	300	74	5.4	540	300	250
12Sh-6A	576	160	86.0	1450	190.0	260	71	5.5	510	300	250
12Sh-9	576	160	65.0	1450	127.5	190	80	4.5	435	300	250
12Sh-9A	529	147	55.0	1450	99.2	155	80	4.5	402	300	250
12Sh-9B	504	140	47.2	1450	82.5	135	79	4.5	378	300	250
12Sh-13	612	170	38.0	1450	76.2	100	83	4.5	352	300	250
12Sh-13A	551	153	21.0	1450	58.1	75	80	4.5	322	300	250

2. S系列单级双吸卧式离心泵

S系列单级双吸卧式离心泵外形如图3-39所示,主要技术参数见表3-44。

1—电动机;2—联轴器及护罩;3、5—轴承座;4—泵壳体;6—进水口;7—电动机座;8—设备底座

图3-39 S系列单级双吸卧式离心泵外形

表3-44　S系列单级双吸卧式离心泵技术参数

型号	流量 V		扬程 H/ m	转速/ (r·min^{-1})	功率/kW		效率/ %	叶轮直径 D/ mm
	m³/h	L/s			轴功率	配用功率		
200S-63	216 280 351	60.0 78.0 97.5	69.0 63.0 50.0	2950	55.1 59.3 67.8	75	73.7 81.0 70.5	235
200S-63A	180 270 324	50.0 75.0 90.0	54.5 46.0 37.5	2950	41.1 48.3 50.9	55	65.0 70.0 65.0	215
250S-65	360 485 612	100.0 134.7 170.0	71.0 65.0 56.0	1450	92.8 108.7 129.6	132	75.0 79.0 72.0	450
250S-65A	338 462 535	93.8 128.3 148.6	60.0 53.0 49.0	1450	73.6 84.4 95.2	110	75.0 79.0 75.0	410
250S-39	360 485 612	100.0 134.7 170.0	42.5 39.0 32.5	1450	54.8 62.1 68.6	75	76.0 83.0 79.0	367
250S-39A	324 468 576	90.0 130.0 160.0	35.5 30.5 25.5	1450	42.3 49.2 50.9	55	74.0 79.0 77.0	338
300S-90	590 790 936	164.0 219.0 260.0	93.0 90.0 82.0	1450	202.0 242.0 279.0	315	74.0 80.0 75.0	531
300S-90A	576 756 918	160.0 210.0 255.0	86.0 78.0 70.0	1450	190.0 217.0 247.0	280	71.0 74.0 71.0	500
300S-90B	546 720 900	150.0 200.0 250.0	72.0 67.0 57.0	1450	151.0 180.0 200.0	220	70.0 73.0 70.0	470
300S-58	576 790 972	160.0 219.0 270.0	65.0 58.0 50.0	1450	136.0 148.5 165.5	185	75.0 84.0 80.0	440
300S-58A	529 735 893	147.0 204.0 248.0	55.0 50.0 42.0	1450	99.2 122.0 131.0	160	80.0 82.0 78.0	410
300S-58B	504 685 835	140.0 190.0 232.0	47.2 43.0 37.0	1450	88.8 100.2 108.0	132	73.0 80.0 78.0	390
300S-32	612 790 900	170.0 219.0 250.0	38.0 32.0 28.0	1450	76.2 79.2 86.0	110	83.0 87.0 80.0	348
300S-32A	537 700 790	149.0 194.4 249.4	29.5 26.0 22.8	1450	53.9 58.9 62.9	75	80.0 84.0 78.0	318

表 3-44（续）

型　号	流量 V		扬程 H/ m	转速/ (r·min^{-1})	功率/kW		效率/ %	叶轮直径 D/ mm
	m^3/h	L/s			轴功率	配用功率		
300S-19	612 790 935	170.0 219.0 260.0	22.0 19.0 14.0	1450	45.9 46.9 47.6	55	80.0 87.0 75.0	290
350S-125	845	235.0	56.0	970	161.0	220	80.0	655

该设备的主要特点是：吸水口和出水口均在泵轴中心线下方，泵壳体中开，检修时无须拆卸进水、出水阀门及管路；轴封为软填料密封，亦可改为机械密封；高效节能，结构简单，性能优良。

该设备适用于工业和城市给排水，亦可用于农田灌溉、输送不含固体颗粒的清水或物理、化学性质类似于水的其他液体。

3.2.3　清水泵

清水泵的主要作用是为冷却水系统提供循环动力。冷却水的作用：一是冷却冷凝器中的过热蒸气氨，使之冷凝成液体；二是降低活塞式制冷压缩机缸套温度或水冷油式螺杆制冷压缩机油温，保证压缩机正常运转。

1—进水口；2—出水口；3—泵壳体；
4—联轴器；5—电动机；6—设备底座
图 3-40　IS 系列单级单吸
卧式离心泵外形

清水泵大多采用 IS 系列单级单吸卧式离心泵和 BA 系列单级单吸卧式离心泵。

1. IS 系列单级单吸卧式离心泵

IS 系列单级单吸卧式离心泵外形如图 3-40 所示，主要技术参数见表 3-45。

表 3-45　IS 系列单级单吸卧式离心泵主要技术参数

型　号	叶轮类型	流量/ (m^3·h^{-1})	扬程/ m	转速/ (r·min^{-1})	功率/kW		效率/ %
					轴功率	电动机功率	
100-65-160*	O	30.0 50.0 60.0	36.0 32.0 29.0	2900	4.8 6.0 6.6	7.5	61.0 73.0 72.0
	A	28.2 49.6 56.3	31.7 28.2 25.5		4.1 5.1 5.6	7.5	60.0 71.0 70.0
	B	25.9 43.2 51.9	26.9 23.9 21.7		3.2 4.2 4.6	5.5	59.0 67.0 66.0
	C	24.1 40.1 48.2	23.2 20.6 18.7		2.7 3.3 3.9	5.5	57.0 64.0 63.0

表 3-45（续）

型　号	叶轮类型	流量/ (m³·h⁻¹)	扬程/ m	转速/ (r·min⁻¹)	功率/kW 轴功率	功率/kW 电动机功率	效率/ %
100-80-125	O	60.0 100.0 120.0	24.0 20.0 16.5	2900	5.9 7.0 7.3	11	67.0 78.0 74.0
100-80-125	A	56.6 94.2 113	21.3 17.8 14.7	2900	5.2 6.1 6.5	11	63.5 73.0 70.0
100-80-125	B*	53.5 89.2 107	19.1 15.9 13.1	2900	4.6 5.5 5.9	7.5	60.0 70.0 65.0
100-80-125	C	47.9 79.1 95.0	15.0 12.5 10.3	2900	3.6 4.2 4.3	5.5	54.5 64.0 62.5
100-80-160	O	60.0 100.0 120.0	36.0 32.0 28.0	2900	8.4 11.2 12.2	15	70.0 78.0 75.0
100-80-160	A	56.9 94.8 114	32.4 28.8 25.2	2900	7.2 9.6 10.5	15	69.7 77.5 74.2
100-80-160	B	53.4 89.0 107	28.5 25.4 22.2	2900	6.0 8.0 8.8	11	69.3 76.6 73.8
100-80-160	C	50.6 84.4 101.0	25.6 22.8 19.9	2900	5.1 6.9 7.5	11	69.0 76.0 73.5
150-125-250	O	120.0 200.0 240.0	23.2 20.0 17.0	1450	10.7 13.5 14.3	18.5	71.0 81.0 78.0
150-125-250	A	112.0 187.0 224.0	20.2 17.4 14.8	1450	9.0 11.5 12.0	15	68.5 77.0 75.0
150-125-250	B	103.0 171.0 205.0	16.9 14.6 12.4	1450	7.3 9.1 9.8	15	64.5 75.0 71.0
150-125-250	C	95.4 159.0 191.0	14.7 12.6 10.7	1450	6.2 7.7 8.2	11	61.5 71.0 68.0

注：*100—泵吸入口直径，mm；65—泵排出口直径，mm；160—叶轮名义直径，mm。

该设备的主要特点是：卧式安装，水平轴向吸入，向上径向排出。泵为悬架式结构，检修时不需拆卸进、出水口阀门及管路，即可退出转子部件进行检修。泵是通过普通弹性联轴器或加长弹性联轴器与电动机联结，泵的轴封采用软填料密封。轴承为单列向心球轴承，采用润滑油润滑。从电动机端看，泵为顺时针方向旋转。

该设备适用于工业和城市给排水，亦可用于农业排灌、输送不含固体颗粒的清水或物理、化学性质类似于水的其他液体。

1—进水口；2—出水口；3—泵壳体；
4—泵底座；5—联轴器；6—电动机；
7—设备底座；8—底座螺栓孔

图3-41 BA系列单级单吸卧式离心泵外形

2. BA系列单级单吸卧式离心泵

BA系列单级单吸卧式离心泵外形如图3-41所示，主要技术参数见表3-46。

表3-46 BA系列单级单吸卧式离心泵主要技术参数

型 号	流量		扬程/m	转速/(r·min^{-1})	功率/kW		效率/%	允许吸填空隙/m	叶轮直径/mm	接管管径/mm	
	m^3/h	L/s			轴功率	配用功率				吸入	排出
6BA-8B	110 140 180	30.6 38.8 50.0	24.4 22.0 18.1	1450	10.2 11.3 13.6	17	71.3 74.0 65.0	6.6 6.3 5.9	275	150	100
6BA-12	10 160 200	30.6 44.5 55.6	22.7 20.1 17.1	1450	9.0 10.8 11.8	17	76.0 81.0 79.0	8.5 7.9 7.0	268	150	100
6BA-12A	95 150 180	26.4 41.7 50.0	17.8 15.0 12.6	1450	6.2 7.7 8.1	10	74.5 80.0 76.6	8.6 8.0 7.6	240	150	100
6BA-18	126 162 187	35.0 45.0 52.0	14.3 12.5 9.6	1450	6.3 6.6 6.6	7.5	78.0 84.0 74.0	6.0 5.5 6.0	220	150	125
6BA-18A	115 144 162	32.0 40.0 45.0	11.0 9.5 8.0	1450	4.9 5.0 5.2	7.5	70.0 74.0 68.0	6.0 5.5 5.0	200	150	125
8BA-18A	200 260 320	55.5 72.2 87.0	17.5 15.7 12.7	1450	11.9 13.3 13.9	17	80.1 83.5 78.0	5.8 5.8 5.8	250	200	150
8BA-25	216 270 324	60.0 75.0 90.0	14.5 12.7 11.0	1450	10.6 11.3 11.8	17	80.0 83.0 82.0	5.5 5.0 4.5	226	200	150
8BA-25A	191 238 285	53.0 66.0 79.0	11.4 9.9 8.6	1450	7.7 8.0 8.6	10	77.0 80.0 78.0	5.0 4.5 4.0	212	200	150

该系列泵主要是供汲送清水及物理、化学性质类似于水的液体之用。泵的总扬程范围为 8~93 m，流量范围为 4.5~360 m³/h，液体的最高温度不得超过 80 ℃，适合于工厂、矿山、城市给排水和农田灌溉等。

3.2.4 冷却水净化设备

在工程施工中，冷却水水源一般取自地下井水或者城镇自来水，但往往水中含有泥沙等固形物以及钙、镁等离子。这些水中的杂质接触高温物体时会在设备的传热体表面形成污垢，对设备的工作效率造成很大影响。为此，需要根据水质情况和需水量大小配备功能不同的水净化设备。

常用的水处理设备是将原水经过颗粒石英砂过滤器、颗粒活性炭过滤器、压缩活性炭过滤器、精细过滤器等，分别过滤不同大小的颗粒杂质，再通过泵加压，利用孔径为 1/10000 μm 的反渗透 RO 膜，使较高浓度的水变为低浓度水，有效去除水中的带电离子、无机物、胶体微粒、细菌及有机物质等。设备主要由电控箱、高压泵、粗滤器、精滤器、超滤膜、显示面板部件组成。10T 水处理设备外形如图 3-42 所示，工作原理如图 3-43 所示，主要技术参数见表 3-47。

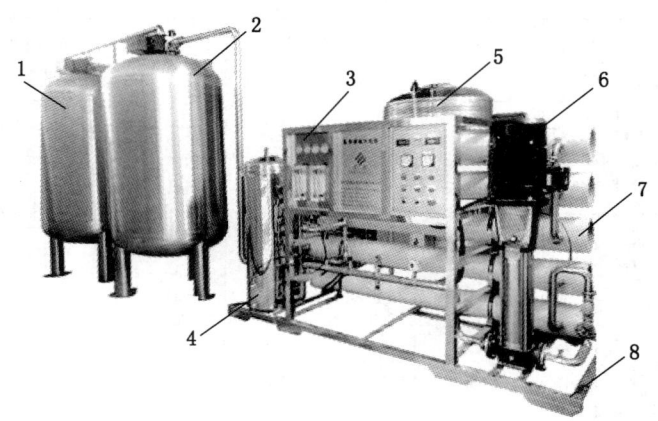

1—石英砂过滤器；2—活性炭过滤器；3—电控板；4—精密过滤器；
5—储水罐；6—高压泵；7—RO 超滤膜；8—底座

图 3-42　10T 水处理设备外形

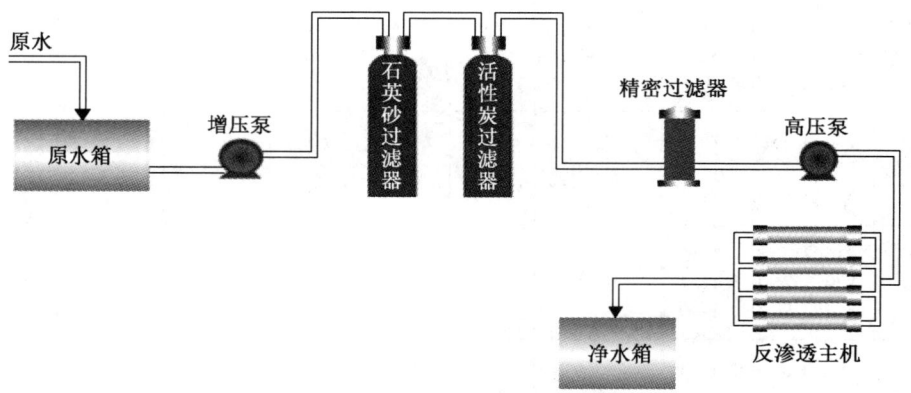

图 3-43　水处理设备工作原理

水处理设备的特点如下：
(1) 全套配置齐全，一体化结构，占地面积少，安装使用方便。
(2) 工艺先进、设计合理、可连续生产纯水，无须酸碱再生。
(3) 维护简单、运行费用低。
(4) 全自动运行，具有缺水保护和低压保护等安全保护装置。
(5) 高效产水，水质100%达标，有效去除重金属、病毒、细菌、悬浮物等，满足生活用水和多种工业对水质的用水要求。

表 3-47 水处理设备主要技术参数

设备类型	砂器 直径(mm)×高度(mm)×数量	碳滤 直径(mm)×高度(mm)×数量	软化、阻垢 直径(mm)×高度(mm)×数量	主 机 类 型
0.25T 一体机	—	—	—	0.25T 一体机
0.25T 标准型	250×1450×1	250×1450×1	250×1450×1	0.25T 反渗透主机
0.5T 标准型	250×1450×1	250×1450×1	250×1450×1	0.5T 反渗透主机
1T 标准型	350×1650×1	350×1650×1	350×1650×1	1T 反渗透主机
2T 标准型	500×1750×1	500×1750×1	500×1750×1	2T 反渗透主机
3T 标准型	600×1900×1	600×1900×1	600×1900×1	3T 反渗透主机
4T 标准型	750×1900×1	750×1900×1	阻垢剂加药箱	4T 反渗透主机
6T 标准型	1000×2100×1	1000×2100×1	阻垢剂加药箱	6T 反渗透主机
8T 标准型	1200×2200×1	1200×2200×1	阻垢剂加药箱	8T 反渗透主机
10T 标准型	1500×2400×1	1500×2400×1	阻垢剂加药箱	10T 反渗透主机

3.2.5 制冷站供配电设备——箱式变电站

箱式变电站又叫预装式变电所或预装式变电站，是一种将高压开关设备、配电变压器和低压配电装置，按一定接线方案排成一体的工厂预制户内、户外紧凑式配电设备，即将变压器降压、低压配电等功能有机组合在一起，安装在一个防潮、防锈、防尘、防鼠、防火、防盗、隔热、全封闭、可移动的钢结构箱内。箱式变电站特别适用于城网建设与改造，是继土建变电站之后崛起的一种崭新的变电站。主要包括高压进线柜、高压空气开关、高压计量、数字综合保护装置、变压器、高压配电柜、低压配电柜、电容补偿、各种继电器保护装置、开关等。

目前，用于冻结法施工的 ZXB-10/6-1250 型箱式变电站外形如图 3-44 所示，ZXB-10/6-1250/800 型箱式变电站主要技术参数见表 3-48。

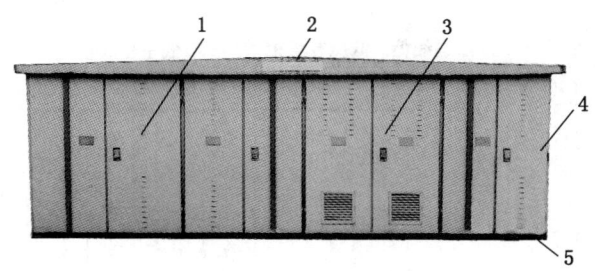

1—低压配电间；2—防水箱顶；3—变压器间；4—高压间；5—设备底座
图 3-44 ZXB-10/6-1250 型箱式变电站外形

表3-48　ZXB-10/6-1250/800型箱式变电站主要技术参数

型号	电压/kV	频率/Hz	质量/kg	外形尺寸/(mm×mm×mm)
ZXB-10/6-1250	10/6	50	9500	7150×2300×2550
ZXB-10/6-800	10/6	50	5200	6150×2400×2900

箱式变电站的特点如下：
（1）高压开关设备、变压器、低压开关设备三位一体，成套性强。
（2）高、低压保护完善，运行可靠，维护简单。
（3）占地面积小，投资少，生产周期短，移动方便。
（4）接线简单，安装方便，操作安全。
（5）技术先进，安装可靠，自动化程度高，组合方式灵活。
（6）安全文明程度高，室内、室外均可放置，防风、防雨，适应性强。

箱式变电站适用于矿山、工厂企业、油气田和风力发电站，替代了原有的土建配电房、配电站，成为新型的成套变配电装置。

箱式变电站主要由高压、变压、低压三部分组成。

（1）高压部分：由高压进线柜、高压计量柜、高压环网柜、高压出线柜组成，如图3-45所示。

图3-45　箱式变电站高压部分组成

（2）变压器：箱式变电站内可安装各种型号的油浸式变压器及干式变压器。
（3）低压部分：由低压进线柜、低压补偿柜、低压出线柜组成，如图3-46所示。

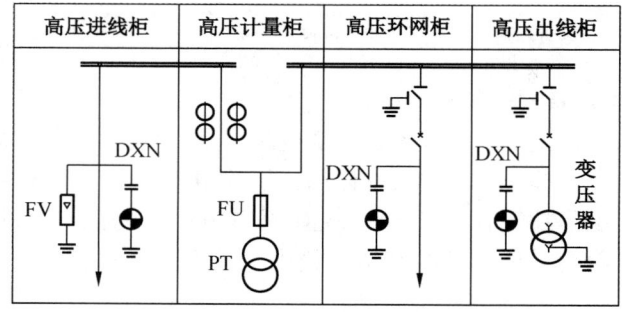

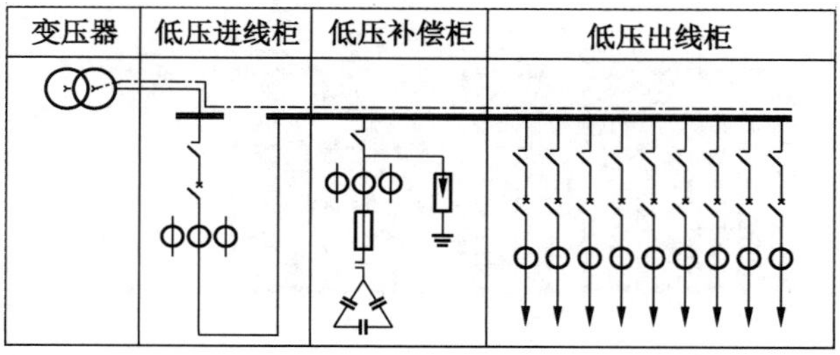

图3-46　箱式变电站低压部分组成

3.3 冻结材料

3.3.1 液氨

液氨在人工地层冻结施工中占有重要地位，它以价格低廉、制冷性能优异、容易获得而普遍应用于冻结施工。液氨的物理化学性质及危险特性见表3-49。

表3-49 液氨的物理化学性质及危险特性

标识	化学品名称	液氨（Liquid Ammonia）	分子式	NH₃
	危险货物编号	23003	CAS号	7664-61-7
	UN编号	1005	分子量	17.03
物理化学性质	外观与性状	无色、有刺激性恶臭气味液体		
	熔点/℃	-77.7	沸点/℃	-33.5
	临界温度/℃	132.25	临界压力/MPa	11.3330
	相对密度（水=1）	0.82	蒸气密度（空气=1）	0.6
	饱和蒸气压/kPa	506.62（4.7℃）		
	溶解性	微溶于水、乙醇、乙醚		
毒性及健康危害	侵入途径	吸入		
	毒性	LD_{50}：350 mg/kg（大鼠经口）；LC_{50}：1390 mg/m³，4 h（大鼠吸入）		
	健康危害	低浓度氨对黏膜有刺激作用，高浓度可造成组织溶解坏死，急性中毒。轻度者出现流泪、咽痛、声音嘶哑、咳嗽、咯痰等；眼结膜、鼻黏膜、咽部充血、水肿；胸部X线征象符合支气管炎或支气管周围炎。中度中毒者上述症状加剧，出现呼吸困难、发绀；胸部X线征象符合肺炎或间质性肺炎。严重中毒者可能发生中毒性肺气肿，或有呼吸窘迫综合征，患者剧烈咳嗽，咯大量粉红色泡沫痰，呼吸窘迫、谵妄、昏迷、休克等；可发生喉头水肿或支气管黏膜坏死脱落窒息。高浓度氨可引起反射性呼吸停止。液氨或高浓度氨可致眼与皮肤灼伤		
	急救方法	1. 皮肤接触：应立即脱去被污染的衣服，用2%硼酸溶液或大量流动的清水冲洗，并及时送医院救治 2. 眼睛接触：提起眼睑，用大量流动清水冲洗15 min，并及时送医院救治 3. 吸入：迅速脱离现场至空气清新处，保持呼吸通畅；如呼吸困难，应输氧；如停止呼吸应立即进行人工呼吸，并及时送医院救治		
爆炸危险特性	燃烧性	易燃	燃烧分解物	氧化氮、氨
	爆炸上限/V%	27.4	爆炸下限/V%	15.7
	引燃温度/℃	651	《建筑防火设计规范》火险等级	乙
	稳定性	稳定	聚合危害	不聚合
	禁忌物	卤素、酰基氯、酸类、氯仿、强氧化剂		
	危险性	与空气混合能形成爆炸性气体。遇明火、高温能引起燃烧、爆炸。与氟、氯等接触会发生剧烈的化学反应。在密闭容器内遇高热时会发生爆炸。不能与下列物质共存：乙醛、丙烯醛、硼、卤素、环氧乙烷、次氯酸、硝酸、汞、氯化银、硫、锑、过氧化氢等		
	储运与泄漏处理	1. 储运：储存于阴凉、通风仓间内，防止阳光直射。与卤素、酸类等不宜共存的物质应分开存放。搬运时要轻拿轻放，避免损坏容器。搬运时要全身穿戴防护服（橡胶手套、围裙、化学面罩）。钢瓶运输时必须戴好钢瓶安全帽，钢瓶一般平放，瓶口方向一致，不可交叉。摆放高度不得超过栏板，下方应垫软木，防止钢瓶滚动		

表 3-49（续）

爆炸危险特性	储运与泄漏处理	2. 泄漏处理：迅速撤离泄漏污染区人员至上风处，并隔离在 150 m 以外。应急人员应佩戴正压式空气呼吸器，穿戴防毒服。不要直接接触泄漏物，尽可能切断泄漏源。合理通风，加速扩散。禁止将液体冲入下水道、排洪沟等限制性空间。泄漏气体应用排风扇等送到空旷处，允许气体安全排放至空气中。高浓度泄漏区应喷含盐酸的雾状水进行中和、稀释、溶解。构筑围坑收集废水。如有可能将残余气或漏出气吸入水洗塔或与洗塔相连的管道中。储罐区最好设有稀酸喷洒设施
	灭火方法	消防人员必须穿戴全身防火、防毒服，切断气源。若无法立即切断气源，则不允许熄灭正在燃烧的气体。喷水冷却容器，如有可能应将容器从火场移到空旷地带进行处理 适用的灭火剂：雾状水、抗溶性泡沫、二氧化碳、砂土

冻结用液体无水氨质量等级不得低于《液体无水氨》(GB/T 536) 中规定的一等品标准。氨饱和液体与气体的物理化学性质见表 3-50，其压焓图如图 3-47 所示。

表 3-50 氨饱和液体与气体物理化学性质

温度 $t/$ ℃	绝对压力 $p/$ MPa	密度 $\rho/$ (kg·m^{-3})		比容 $v/$ (m^3·kg^{-1})	比焓 $h/$ (kJ·kg^{-1})		比熵 $s/$ (kJ·kg^{-1}·K^{-1})		质量比热 $c_p/$ (kJ·kg^{-1}·K^{-1})	
		液体	气体	气体	液体	气体	液体	气体	液体	气体
−77.65[a]	0.00609	732.9	15.6020		−143.15	1341.23	−0.4716	7.1213	4.202	2.063
−70	0.01094	724.7	9.0079		−110.81	1355.55	−0.3094	6.9088	4.245	2.086
−60	0.02189	713.6	4.7057		−68.06	1373.73	−0.1040	6.6602	4.303	2.125
−50	0.04084	702.1	2.6277		−24.73	1391.19	0.0945	6.4396	4.360	2.178
−40	0.07169	690.2	1.5533		19.17	1407.76	0.2867	6.2425	4.414	2.244
−38	0.07971	687.7	1.4068		28.01	1410.96	0.3245	6.2056	4.424	2.259
−36	0.08845	685.3	1.2765		36.88	1414.11	0.3619	6.1694	4.434	2.275
−34	0.09795	682.8	1.1604		45.77	1417.23	0.3992	6.1339	4.444	2.291
−33.33[b]	0.10133	682.0	1.1420		48.76	1418.26	0.4117	6.1221	4.448	2.297
−32	0.10826	680.3	1.0567		54.67	1420.29	0.4362	6.0992	4.455	2.308
−30	0.11943	677.8	0.96396		63.60	1423.31	0.4730	6.0651	4.465	2.326
−28	0.13151	675.3	0.88082		72.55	1426.28	0.5096	6.0317	4.474	2.344
−26	0.14457	672.8	0.80614		81.52	1429.21	0.5460	5.9989	4.484	2.363
−24	0.15864	670.3	0.73896		90.51	1432.08	0.5821	5.9667	4.494	2.383
−22	0.17379	667.7	0.67840		99.52	1434.91	0.6180	5.9351	4.504	2.403
−20	0.19008	665.1	0.62373		108.55	1437.68	0.6538	5.9041	4.514	2.425
−18	0.20756	662.6	0.57428		117.60	1440.39	0.6893	5.8736	4.524	2.446
−16	0.22630	660.0	0.52949		126.67	1443.06	0.7246	5.8437	4.534	2.469
−14	0.24637	657.3	0.48885		135.76	1445.66	0.7597	5.8143	4.543	2.493
−12	0.26782	654.7	0.45192		144.88	1448.21	0.7946	5.7853	4.553	2.517
−10	0.29071	652.1	0.41830		154.01	1450.70	0.8293	5.7569	4.564	2.542
−8	0.31513	649.4	0.38767		163.16	1453.14	0.8638	5.7289	4.574	2.568

表 3-50（续）

温度 t/ ℃	绝对压力 p/ MPa	密度 ρ/ (kg·m^{-3}) 液体	比容 v/ (m^3·kg^{-1}) 气体	比焓 h/ (kJ·kg^{-1}) 液体	比焓 h/ (kJ·kg^{-1}) 气体	比熵 s/ (kJ·kg^{-1}·K^{-1}) 液体	比熵 s/ (kJ·kg^{-1}·K^{-1}) 气体	质量比热 c_p/ (kJ·kg^{-1}·K^{-1}) 液体	质量比热 c_p/ (kJ·kg^{-1}·K^{-1}) 气体
-6	0.34114	646.7	0.35970	172.34	1455.51	0.8981	5.7013	4.584	2.594
-4	0.36880	644.0	0.33414	181.54	1457.81	0.9323	5.6741	4.595	2.622
-2	0.39819	641.3	0.31074	190.76	1460.06	0.9662	5.6474	4.606	2.651
0	0.42938	638.6	0.28930	200.00	1462.24	1.0000	5.6210	4.617	2.680
2	0.46246	635.8	0.26962	209.27	1464.35	1.0336	5.5951	4.628	2.710
4	0.49748	633.1	0.25153	218.55	1466.40	1.0670	5.5695	4.639	2.742
6	0.53453	630.3	0.23489	227.87	1468.37	1.1003	5.5442	4.651	2.774
8	0.57370	627.5	0.21956	237.20	1470.28	1.1334	5.5192	4.663	2.807
10	0.61505	624.6	0.20543	246.57	1472.11	1.1664	5.4946	4.676	2.841
12	0.65866	621.8	0.19237	255.95	1437.88	1.1992	5.4703	4.689	2.877
14	0.70463	618.9	0.18031	265.37	1475.56	1.2318	5.4463	4.702	2.913
16	0.75303	616.0	0.16914	274.81	1477.17	1.2643	5.4226	4.716	2.951
18	0.80395	613.1	0.15879	284.28	1478.70	1.2967	5.3991	4.730	2.990
20	0.85748	610.2	0.14920	293.78	1480.16	1.3289	5.3759	4.745	3.030
22	0.91369	607.2	0.14029	303.31	1481.53	1.3610	5.3529	4.760	3.071
24	0.97268	604.3	0.13201	312.87	1482.82	1.3929	5.3301	4.776	3.113
26	1.0345	601.3	0.12431	322.47	1484.02	1.4248	5.3076	4.793	3.158
28	1.0993	598.2	0.11714	332.09	1485.14	1.4565	5.2853	4.810	3.203
30	1.1672	595.2	0.11046	341.76	1486.17	1.4881	5.2631	4.828	3.250
32	1.2382	592.1	0.10422	351.45	1487.11	1.5196	5.2412	4.847	3.299
34	1.3124	589.0	0.09840	361.19	1487.95	1.5509	5.2194	4.867	3.349
36	1.3900	585.8	0.09296	370.96	1488.70	1.5822	5.1978	4.888	3.401
38	1.4709	582.6	0.08787	380.78	1489.36	1.6134	5.1763	4.909	3.455
40	1.5554	579.4	0.08310	390.64	1489.91	1.6446	5.1549	4.932	3.510
42	1.6435	576.2	0.07863	400.54	1490.36	1.6756	5.1337	4.956	3.568
44	1.7353	572.9	0.74450	410.48	1490.70	1.7065	5.1126	4.981	3.628
46	1.8310	569.6	0.07052	420.48	1490.94	1.7374	5.0915	5.007	3.691
48	1.9305	566.3	0.06682	430.52	1491.06	1.7683	5.0706	5.034	3.756
50	2.0340	562.9	0.06335	440.62	1491.07	1.7990	5.0497	5.064	3.823
55	2.3111	554.2	0.05554	466.10	1490.57	1.8758	4.9977	5.143	4.005
60	2.6156	545.2	0.04880	491.97	1489.27	1.9523	4.9458	5.235	4.208
65	2.9491	536.0	0.04296	518.26	1487.09	2.0288	4.8939	5.341	4.438
70	3.3135	526.3	0.03787	545.04	1483.94	2.1054	4.8415	5.465	4.699
75	3.7105	516.2	0.03342	572.37	1479.72	2.1823	4.7885	5.610	5.001

表 3-50（续）

温度 t/°C	绝对压力 p/MPa	密度 ρ/(kg·m^{-3}) 液体	比容 v/(m^3·kg^{-1}) 气体	比焓 h/(kJ·kg^{-1}) 液体	比焓 h/(kJ·kg^{-1}) 气体	比熵 s/(kJ·kg^{-1}·K^{-1}) 液体	比熵 s/(kJ·kg^{-1}·K^{-1}) 气体	质量比热 c_p/(kJ·kg^{-1}·K^{-1}) 液体	质量比热 c_p/(kJ·kg^{-1}·K^{-1}) 气体
80	4.1420	505.7	0.02951	600.34	1474.31	2.2596	4.7344	5.784	5.355
85	4.6100	494.5	0.02606	629.04	1467.53	2.3377	4.6789	5.993	5.777
90	5.1167	482.8	0.02300	658.61	1459.19	2.4168	4.6213	6.250	6.291
95	5.6643	470.2	0.02027	689.19	1449.01	2.4973	4.5612	6.573	6.933
100	6.2553	456.6	0.01782	721.00	1436.63	2.5797	4.4975	6.991	7.762
105	6.8923	441.9	0.01561	754.35	1421.57	2.6647	4.4291	7.555	8.877
110	7.5783	425.6	0.01360	789.68	1403.08	2.7533	4.3542	8.360	10.460
115	8.3170	407.2	0.01174	827.74	1379.99	2.8474	4.2702	9.630	12.910
120	9.1125	385.5	0.00999	869.92	1350.23	2.9502	4.1719	11.940	17.210
125	9.9702	357.8	0.00828	919.68	1309.12	3.0702	4.0483	17.660	27.000
130	10.8977	312.3	0.00638	992.02	1239.32	3.2437	3.8571	54.210	76.490
132.25[c]	11.3330	225.0	0.00444	1119.22	11192.20	3.5542	3.5542	∞	∞

注：a 表示三相点；b 表示 1 个标准大气压下的沸点；c 表示临界点。

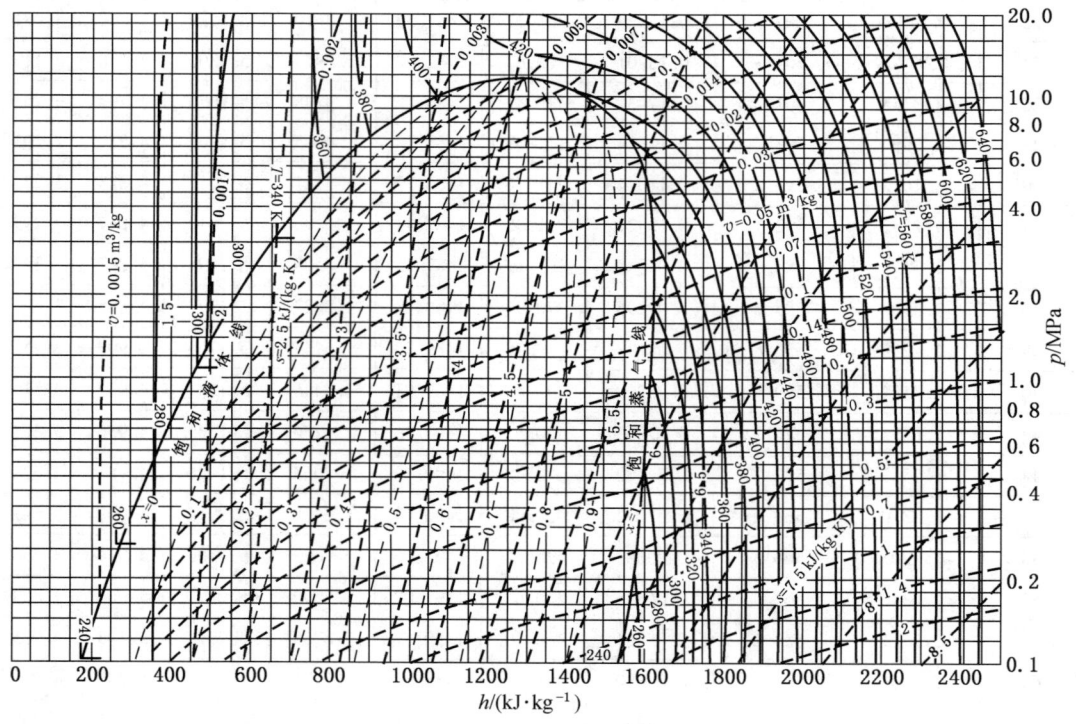

图 3-47 氨压焓图

3.3.2 氟利昂

氟利昂（R22）又名一氯二氟甲烷，无毒或低毒，化学性质稳定。氟利昂的理化性质及危险特性见表3-51。

表3-51 氟利昂（R22）的物理化学性质及危险特性

标识	化学品名称	氟利昂（freon）	分子式	$CHClF_2$
	危险货物编号	22039	CAS号	75-45-6
	UN编号	1018	分子量	86.47
物理化学性质	外观性状	常温下无色，不浑浊，无异味		
	熔点/℃	-146	沸点/℃	-40.8
	相对密度（空气）	3.0	临界温度/℃	96
	大气存活寿命/a	15.8	蒸气压/kPa	13.33（-76.4℃）
	溶解性	微溶于水，0℃和30℃在水中的溶解度分别为0.06 g/100 g、0.15 g/100 g；能溶于醚、氯仿等有机溶剂		
健康危害、危险特性、不利环境	健康危害	本品毒性低，亚急性和慢性毒性：兔、大鼠、小鼠吸入0.2%浓度，6h/d，共10个月，均无毒性反应；1.4%浓度，体重减轻，血清蛋白降低，球蛋白升高。剖检肺见肺泡间质增厚、肺水肿，心肝、肾及神经系统退行性病变		
	危险特性	若遇高热或燃烧，分解出四氟乙烯、氟化氢等有毒气体，毒性较大，可引起中毒。吸入高浓度裂解气，初期仅有轻咳、恶心、发冷、胸闷及乏力感，但经24~72 h潜伏期后出现明显症状，发生肺炎、肺水肿、呼吸窘迫综合征，后期有纤维增生征象		
	不利环境	氟利昂属于对臭氧层有破坏作用和产生温室效应的气体，对环境影响较大，根据蒙特利尔议定书规定，在发达国家已停止使用和生产，在发展中国家还可以生产，但其生产和使用截至期限是2030年。生产过程有废弃物产生，存在不利环境因素，应按照环境保护要求严格管理		

氟利昂饱和液体与气体的物理化学性质见表3-52，其压焓图如图3-48所示。

表3-52 氟利昂（R22）饱和液体与气体物理化学性质

温度 t/℃	绝对压力 p/MPa	密度 ρ/(kg·m^{-3})		比容 v/(m^3·kg^{-1})		比焓 h/(kJ·kg^{-1})		比熵 s/(kJ·kg^{-1}·K^{-1})		质量比热 c_p/(kJ·kg^{-1}·K^{-1})	
		液体	气体	液体	气体	液体	气体	液体	气体	液体	气体
-100	0.00201	1571.3		8.2660		90.71	358.97	0.5050	2.0543	1.061	0.497
-90	0.00481	1544.9		3.6448		101.32	363.85	0.5646	1.9980	1.061	0.512
-80	0.01037	1518.2		1.7782		111.94	368.77	0.6210	1.9508	1.062	0.528
-70	0.02047	1491.8		0.94342		122.58	373.70	0.6747	1.9108	1.065	0.545
-60	0.03750	1463.7		0.53680		133.27	378.59	0.7260	1.8770	1.071	0.564
-50	0.06453	1435.6		0.32385		144.03	383.42	0.7752	1.8480	1.079	0.585

表 3-52（续）

温度 t/ ℃	绝对压力 p/ MPa	密度 ρ/ (kg·m^{-3})	比容 v/ (m^3·kg^{-1})	比焓 h/ (kJ·kg^{-1})		比熵 s/ (kJ·kg^{-1}·K^{-1})		质量比热 c_p/ (kJ·kg^{-1}·K^{-1})	
		液体	气体	液体	气体	液体	气体	液体	气体
−48	0.07145	1429.9	0.29453	146.19	384.37	0.7849	1.9428	1.081	0.589
−46	0.07894	1424.2	0.26837	148.36	385.32	0.7944	1.8376	1.083	0.594
−44	0.08705	1418.4	0.24498	150.53	386.26	0.8039	1.8327	1.086	0.599
−42	0.09580	1412.6	0.22402	152.70	387.20	0.8134	1.8278	1.088	0.603
−40.81[b]	0.10132	1409.2	0.21260	154.00	387.75	0.8189	1.8250	1.090	0.606
−40	0.10523	1406.8	0.20521	154.89	388.13	0.8227	1.8231	1.091	0.608
−38	0.11538	1401.0	0.18829	157.07	389.06	0.8320	1.8186	1.093	0.613
−36	0.12628	1395.1	0.17304	159.27	389.97	0.8413	1.8141	1.096	0.619
−34	0.13797	1389.1	0.15927	161.47	390.89	0.8505	1.8098	1.099	0.624
−32	0.15050	1383.2	0.14682	163.67	391.79	0.8596	1.8056	1.102	0.629
−30	0.16389	1377.2	0.13553	165.88	392.69	0.8687	1.8015	1.105	0.635
−28	0.17819	1371.1	0.12528	168.10	393.58	0.8778	1.7975	1.108	0.641
−26	0.19344	1365.0	0.11597	170.33	394.47	0.8868	1.7937	1.112	0.646
−24	0.20968	1358.9	0.10749	172.56	395.34	0.8957	1.7899	1.115	0.653
−22	0.22696	1352.7	0.09975	174.80	396.21	0.9046	1.7862	1.119	0.659
−20	0.24531	1346.5	0.09268	177.04	397.06	0.9135	1.7826	1.123	0.665
−18	0.26479	1340.3	0.08621	179.30	397.91	0.9223	1.7791	1.127	0.672
−16	0.28543	1334.0	0.08029	181.56	398.75	0.9311	1.7757	1.131	0.678
−14	0.30728	1327.6	0.07485	183.83	399.57	0.9398	1.7723	1.135	0.685
−12	0.33038	1321.2	0.06986	186.11	400.39	0.9485	1.7690	1.139	0.692
−10	0.35479	1314.7	0.06527	188.40	401.20	0.9572	1.7658	1.144	0.699
−8	0.38054	1308.2	0.06103	190.70	401.99	0.9658	1.7627	1.149	0.707
−6	0.40769	1301.6	0.05713	193.01	402.77	0.9744	1.7596	1.154	0.715
−4	0.43628	1295.0	0.05352	195.33	403.55	0.9830	1.7566	1.159	0.722
−2	0.46636	1288.3	0.05019	197.66	404.30	0.9915	1.7536	1.164	0.731
0	0.49799	1281.5	0.04710	200.00	405.05	1.0000	1.7507	1.169	0.739
2	0.53120	1274.7	0.44240	202.35	405.78	1.0085	1.7478	1.175	0.748
4	0.56605	1267.8	0.41590	204.71	406.50	1.0169	1.7450	1.181	0.757
6	0.60259	1260.8	0.39130	207.09	407.20	1.0254	1.7422	1.187	0.766
8	0.64088	1253.8	0.36830	209.47	407.89	1.0338	1.7395	1.193	0.775

表 3-52（续）

温度 t/ °C	绝对压力 p/ MPa	密度 ρ/ (kg·m^{-3}) 液体	比容 v/ (m^3·kg^{-1}) 气体	比焓 h/ (kJ·kg^{-1}) 液体	比焓 h/ (kJ·kg^{-1}) 气体	比熵 s/ (kJ·kg^{-1}·K^{-1}) 液体	比熵 s/ (kJ·kg^{-1}·K^{-1}) 气体	质量比热 c_p/ (kJ·kg^{-1}·K^{-1}) 液体	质量比热 c_p/ (kJ·kg^{-1}·K^{-1}) 气体
10	0.68095	1246.7	0.03470	211.87	408.56	1.0422	1.7368	1.199	0.785
12	0.72286	1239.5	0.03271	214.28	409.21	1.0505	1.7341	1.206	0.795
14	0.76668	1232.2	0.03086	216.70	409.85	1.0589	1.7315	1.213	0.806
16	0.81244	1224.9	0.02912	219.14	410.47	1.0672	1.7289	1.220	0.817
18	0.86020	1217.4	0.02750	221.59	411.07	1.0755	1.7263	1.228	0.828
20	0.91002	1209.9	0.02599	224.06	411.66	1.0838	1.7238	1.236	0.840
22	0.96195	1202.3	0.02457	226.54	412.22	1.0921	1.7212	1.244	0.853
24	1.0160	1194.6	0.02324	229.04	412.77	1.1004	1.7187	1.252	0.866
26	1.0724	1186.7	0.02199	231.55	413.29	1.1086	1.7162	1.261	0.879
28	1.1309	1178.8	0.02082	234.08	413.79	1.1169	1.7136	1.271	0.893
30	1.1919	1170.7	0.01972	236.62	414.26	1.1252	1.7111	1.281	0.908
32	1.2552	1162.6	0.01869	239.19	414.71	1.1334	1.7086	1.291	0.924
34	1.3210	1154.3	0.01771	241.77	415.14	1.1417	1.7061	1.302	0.940
36	1.3892	1145.8	0.01679	244.38	415.54	1.1499	1.7036	1.314	0.957
38	1.4601	1137.3	0.01593	247.00	415.91	1.1582	1.7010	1.326	0.976
40	1.5336	1128.5	0.01511	249.65	416.25	1.1665	1.6985	1.339	0.995
42	1.6098	1119.6	0.01433	252.32	416.55	1.1747	1.6959	1.353	1.015
44	1.6887	1110.6	0.01360	255.01	416.83	1.1830	1.6933	1.368	1.037
46	1.7704	1101.4	0.01291	257.73	417.07	1.1913	1.6906	1.384	1.061
48	1.8551	1091.9	0.01226	260.47	417.27	1.1997	1.6879	1.401	1.086
50	1.9427	1082.3	0.01163	263.25	417.44	1.2080	1.6852	1.419	1.113
52	2.0333	1072.4	0.01104	266.05	417.56	1.2164	1.6824	1.439	1.142
54	2.1270	1062.3	0.01048	268.89	417.63	1.2248	1.6795	1.461	1.173
56	2.2239	1052.0	0.00995	271.76	417.66	1.2333	1.6766	1.485	1.208
58	2.3240	1041.3	0.00944	274.66	417.63	1.2418	1.6736	1.511	1.246
60	2.4275	1030.4	0.00896	277.61	417.55	1.2504	1.6705	1.539	1.287
65	2.7012	1001.4	0.00785	285.18	417.06	1.2722	1.6622	1.626	1.413
70	2.9974	967.7	0.00685	293.10	416.09	1.2945	1.6529	1.743	1.584
75	3.3177	934.4	0.00595	301.46	414.49	1.3177	1.6424	1.913	1.832
80	3.6638	893.7	0.00512	310.44	412.01	1.3423	1.6299	2.181	2.231
85	4.0378	844.8	0.00434	320.38	408.19	1.3690	1.6142	2.682	2.984
90	4.4423	780.1	0.00356	332.09	401.87	1.4001	1.5922	3.981	4.975
95	4.8824	662.9	0.00262	349.56	387.28	1.4462	1.5486	17.310	25.290
96.15[c]	4.9900	523.8	0.00191	366.90	366.90	1.4927	1.4927	∞	∞

注：b 表示 1 个标准大气压的沸点；c 表示临界点。

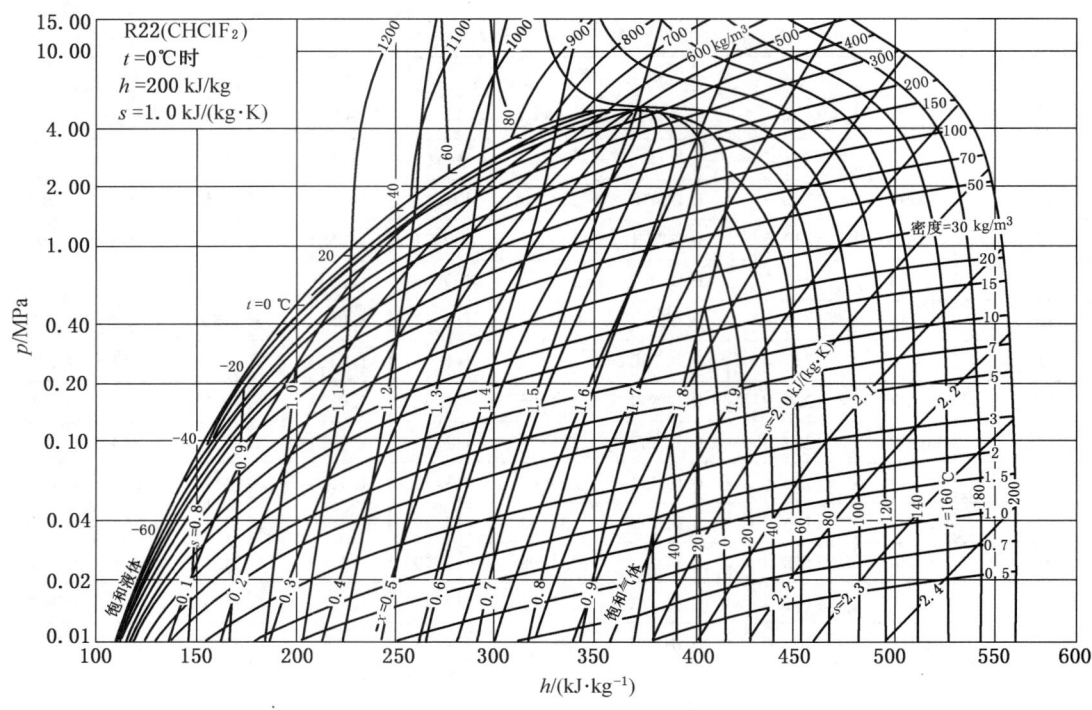

图 3-48 氟利昂（R22）压焓图

3.3.3 液氮

液氮的物理化学性质及危险特性见表 3-53。

表 3-53 液氮的物理化学性质及危险特性

标识	化学品名称	液氮（Liquid nitrogen）	分子式	N_2
	危险货物编号	22006	CAS 号	7727-37-9
	UN 编号	1977	分子量	28
物理化学性质	外观与性状	无色、无臭，液化气体		
	熔点/℃	-209.8	沸点/℃	-195.6
	临界温度/℃	-147.0	临界压力/MPa	3.4
	液体密度（水=1）	0.81（-196℃）	蒸气密度（空气=1）	0.97
	饱和蒸气压/kPa	1026.42（-173℃）		
	溶解性	微溶于水、乙醇		
毒性及健康危害	侵入途径	吸入		
	毒性	LD_{50}、LC_{50}：无资料		
	健康危害	1. 皮肤接触液氮可冻伤 2. 常温下汽化产生过量氮气，可使空气中的氧气含量降低，引起缺氧窒息		
	急救方法	1. 皮肤接触：若有冻伤，就医治疗 2. 吸入：迅速脱离现场至空气新鲜处，保持呼吸通畅。如呼吸困难，给氧；如呼吸停止，则人工急救，就医		

表 3-53（续）

危险特性	危险性	遇高温，容器内压增大，有开裂及爆炸危险
	储运与泄漏处理	1. 储运：储存于阴凉、通风仓间内，温度不宜超过30℃，避免阳光直射。验收时注意商品名、验瓶日期，防止钢瓶及附件损坏 2. 泄漏处理：迅速撤离泄漏污染区人员至上风处，并进行隔离。应急人员应佩戴正压式空气呼吸器，穿戴防寒服。不要直接接触泄漏物，尽可能切断泄漏源。禁止将液体冲入下水道、排洪沟等限制性空间。泄漏气体应用排风扇等送至空旷处，允许气体安全排放至空气中
	灭火方法	本品不燃，用雾状水保持火场中容器冷却，可用雾状水喷淋加速液氮蒸发，但不可使水枪射至液氮

3.3.4 干冰

干冰的物理化学性质及危险特性见表 3-54。

表 3-54 干冰的物理化学性质及危险特性

中文名	干 冰	化 学 式	CO_2
英文名	Dry Ice	分子量	44.0095
别名	固态二氧化碳	CAS 号	124-38-9
升华点/℃	-78.5	沸点/℃	-56.6（在0.52 MPa压力下液体 CO_2）
水溶性	不溶于水	外观	白色冰状固体
应用	人造雨，舞台表演	安全性描述	不高于沸点
密度/$(kg \cdot m^{-3})$	1560（-78℃）	危险性描述	干冰在密封条件下高于-78℃可能会爆炸
液体转化为气体比率	0.5447 m^3（气体）/kg（液体，-17.8℃，2.06 MPa）	潜热/$(kcal \cdot kg^{-1})$	137
		液体转化为固体比率	0.46(-17.8℃)/0.57(-48℃)
干冰直接升华体积膨胀倍数		600~800	

干冰与液氮冻结对比见表 3-55。

表 3-55 干冰与液氮冻结对比

项 目	单位	干冰	液氮	比 较
冻结最低温度	℃	-78.5	-196	利用干冰冷冻溶液在盐水冻结循环系统进行实验时，冻结管最低温度可达68℃，而直接将干冰溶解在冻结管内则可得到-78.5℃的低温
潜热	kcal/kg	137	47.6	干冰约为液氮的2.88倍
价格*	元/kg	6.0	6.6	液氮冻结的成本约是干冰的4倍
冻结1 m^3 土（含水率28%）消耗量**	kg	478	1600~1950	

表 3-55（续）

项 目	单位	干冰	液氮	比 较
冻土扩展距离	mm	196	375	冻结最初的 24 h
冻结工艺		简单	复杂	由于温度太低，液氮冻结器及附件需要不锈钢材料的制品
运输		汽车运输	液氮槽车	干冰在运输中要求保温
储存		集中码放	液氮罐	干冰在储存中要求保温

注：* 价格仅做参考。
** 影响液氮冻结消耗量的因素很多，不同文献的数据有一定差异。《第四届、第五届国际地层冻结会议论文选》P152~158，在含水率为 2.5%~5.7% 时，平均液氮消耗量为 726.3 kg/m³。《国外井巷特殊施工技术》（王耀林译，1992 年 10 月）报导平均液氮消耗量为 700~1000 kg/m³。

3.3.5 氯化钙

氯化钙为无机化合物，是一种由氯元素和钙元素构成的盐，为典型的离子型卤化物；性状为白色、硬质碎块或颗粒，微苦，无味。

地层冻结时常用的冷媒剂为工业氯化钙溶液。盐水冰点随氯化钙含量的增加而降低，见表 3-56。氯化钙溶液的冰点、比重和比热等与传热有关的物理性质随其浓度变化而变化，见表 3-57。

表 3-56 1 m³ 盐水中的氯化钙含量

盐水比重	1.22	1.23	1.24	1.25	1.26	1.27	1.28	1.286
冰点/℃	-25.7	-28.3	-31.2	-34.6	-38.6	-43.6	-50.1	-55.0
氯化钙含量/(kg·m^{-3})	290.4	303.8	318.7	332.5	346.5	360.7	376.3	385.7

表 3-57 氯化钙水溶液的热物理性质

质量浓度/%	凝固点/℃	比重/(kg·m^{-3})	温度/℃	比热/(kcal·kg^{-1}·℃$^{-1}$)	导热系数/(kcal·m^{-1}·h^{-1}·℃$^{-1}$)	动力黏度/(10^4 kgf·s·m^{-2})	运动黏度/(10^6 m^2·s^{-1})	导温系数/(10^4 m^2·h^{-1})
9.4	-5.2	1080	20	0.870	0.502	1.26	1.15	5.35
			10	0.868	0.490	1.58	1.44	5.23
			0	0.866	0.478	2.20	2.00	5.11
			-5	0.860	0.472	2.69	2.36	5.08
14.7	-10.2	1130	20	0.803	0.495	1.52	1.32	5.46
			10	0.800	0.484	1.90	1.64	5.35
			0	0.795	0.472	2.61	2.27	5.26
			-5	0.792	0.466	3.10	2.70	5.20
			-10	0.790	0.459	4.14	3.60	5.15
18.9	-15.7	1170	20	0.752	0.492	1.84	1.54	5.60
			10	0.750	0.480	2.28	1.91	5.47
			0	0.747	0.468	3.05	2.56	5.37
			-5	0.740	0.462	3.50	2.94	5.34
			-10	0.737	0.455	4.76	4.00	5.29
			-15	0.732	0.450	6.27	5.27	5.28

表 3-57（续）

质量浓度/%	凝固点/℃	比重/(kg·m^{-3})	温度/℃	比热/(kcal·kg^{-1}·℃$^{-1}$)	导热系数/(kcal·m^{-1}·h^{-1}·℃$^{-1}$)	动力黏度/(10^4 kgf·s·m^{-2})	运动黏度/(10^6 m^2·s^{-1})	导温系数/(10^4 m^2·h^{-1})
20.9	-19.2	1190	20	0.735	0.489	2.04	1.68	5.59
			10	0.730	0.477	2.50	2.06	5.50
			0	0.727	0.466	3.34	2.76	5.38
			-5	0.720	0.460	3.90	3.22	5.38
			-10	0.720	0.448	5.17	4.25	5.30
			-15	0.720	0.486	6.72	5.53	5.23
23.8	-25.7	1220	20	0.710	0.486	2.40	1.94	5.62
			10	0.705	0.474	2.93	2.35	5.50
			0	0.700	0.463	3.80	3.13	5.43
			-5	0.695	0.456	4.50	3.63	5.38
			-10	0.695	0.450	6.04	4.87	5.32
			-15	0.695	0.445	7.70	6.20	5.27
			-20	0.690	0.439	9.66	7.77	5.20
25.7	-31.2	1240	20	0.690	0.483	2.68	2.14	5.66
			10	0.690	0.471	3.28	2.51	5.60
			0	0.685	0.460	4.34	3.43	5.43
			-5	0.680	0.448	6.81	5.40	5.32
			-10	0.680	0.442	8.53	6.75	5.25
			-15	0.670	0.437	10.77	9.52	5.23
			-20	0.670	0.431	13.16	10.40	5.20
			-25	0.670	0.425	13.16	12.00	5.20
27.5	-38.6	1260	20	0.690	0.483	2.68	2.14	5.66
			10	0.690	0.471	3.28	2.51	5.60
			0	0.685	0.460	4.34	3.43	5.43
			-5	0.680	0.448	6.81	5.40	5.32
			-10	0.680	0.442	8.53	6.75	5.25
			-15	0.670	0.437	10.77	9.52	5.23
			-20	0.670	0.431	13.16	10.40	5.20
			-25	0.670	0.429	15.00	11.70	5.20
			-30	0.655	0.423	17.50	13.60	5.12
			-35	0.650	0.418	22.00	17.10	5.12
28.5	-43.6	1270	20	0.690	0.483	2.68	2.14	5.66
			10	0.690	0.471	3.28	2.51	5.60
			0	0.685	0.460	4.34	3.43	5.43
			-5	0.680	0.448	6.81	5.40	5.32
			-10	0.680	0.442	8.53	6.75	5.25
			-15	0.670	0.437	10.77	9.52	5.23
			-20	0.670	0.431	13.16	10.40	5.20
			-25	0.670	0.425	13.16	12.00	5.20
			-30	0.645	0.422	19.20	14.90	5.16
			-35	0.645	0.416	25.00	19.30	5.10
			-40	0.640	0.411	31.00	24.00	5.07
29.4	-50.1	1280	20	0.670	0.477	3.4	2.65	5.57
			0	0.658	0.454	5.6	4.30	5.40
			-10	0.650	0.444	8.8	6.75	5.35
			-20	0.640	0.433	14.1	10.8	5.28
			-30	0.635	0.421	21.7	16.6	5.19
			-35	0.630	0.415	26.0	19.90	5.15
			-40	0.630	0.410	33.0	25.30	5.10
			-45	0.625	0.404	41.0	31.40	5.05
			-50	0.625	0.399	50.0	38.3	4.68

3.3.6 冷冻机油

制冷机使用的润滑油称为冷冻机油，主要用于润滑制冷机中需要润滑的部位。它具有润滑、冷却散热、清洁清洗、密封、降噪等功能。由于使用场合和制冷剂的不同，制冷设备对冷冻机油的选择主要是从冷冻机油的黏度、浊点、凝固点、闪点，以及冷冻机油的化学稳定性、抗氧性、水分和机械杂质以及绝缘性能等各方面来进行判断。由于各类制冷剂的特性有所不同，制冷系统的工作温度相差较大，对制冷机润滑油一般可以这样选择：低速、低温工况下的制冷设备可选用黏度小、凝固点低的润滑油，高速或空调工况下的制冷设备应选用黏度大、凝固点高的润滑油。

冷冻机油的功能及要求见表3-58，常用冷冻机油的规格及性能见表3-59。

表3-58 冷冻机油的功能及要求

类别	内　　容
功能	1. 润滑。冷冻机油在机械零部件互相摩擦时可减小摩擦因数，在机械零部件的表面会产生一种油膜。因此机械零部件摩擦的面部会被油膜覆盖。润滑功能可减少压缩机的摩擦和零件的磨损 2. 冷却散热。冷冻机油可以带走机械零部件摩擦时所产生的摩擦热量，使机械零件摩擦部位不会出现温度过高的现象，使压缩机处于可控的工作温度环境下 3. 密封。冷冻机油在压缩机工作环境下会在机械零部件之间产生一层油膜，这层油膜可起到阻止油泄漏和阻挡气体泄漏的作用 4. 清洁清洗。冷冻机油在机械零部件摩擦时可带走因摩擦产生的杂质和磨屑，以预防零部件之间的磨损 5. 降噪。冷冻机油在零部件表面产生油膜后能起到一定的降噪功能
要求	1. 黏度。应符合摩擦部件工作条件的要求。润滑油的黏度是油料特性中一个重要参数，使用不同制冷剂要相应选择不同的冷冻机油。此外，润滑油的黏度还与制冷机的温度有关，温度升高，油的黏度就降低。制冷设备中润滑油的黏度过大会使机械摩擦功率、摩擦热量和启动力矩增大；若黏度过小，则会使运动件之间不能形成所需的油膜，达不到应有的润滑和冷却效果 2. 浊点（絮凝点）。润滑油的浊点是指润滑油中开始析出石蜡，使润滑油变得浑浊的温度。制冷设备所用润滑油的浊点应低于制冷剂的蒸发温度；否则当润滑油析出石蜡时，会积存在节流阀处，使节流阀堵塞；或者可能积存于蒸发器的传热表面，影响传热性能 3. 凝固点。润滑油在试验条件下冷却到停止流动的温度称为凝固点。凝固点必须低于制冷剂的蒸发温度。在制冷系统中，热交换设备和管道通常在低温下工作，而管壁上或多或少有油膜层出现，如果油的凝固点过高就会影响制冷剂的流动，增加流动阻力，影响传热效果。一般来说，用于制冷设备，其凝固点应越低越好，比如R-22的压缩机，制冷机润滑油的凝固点应在-55℃以下；如果用于低温装置，其凝固点则应更低 4. 闪点。这是指润滑油加热到它的蒸气与火焰接触时发生闪火的最低温度。制冷设备所用的润滑油，其闪点必须比排气温度高15~30℃，以免引起润滑油的燃烧和结焦。通常R-12和R-22的润滑油，闪点要求在160℃以上 5. 化学稳定性和抗氧化。纯净润滑油的化学成分稳定，不氧化，不会腐蚀金属。但是，当润滑油内含有制冷剂或水分时便会产生腐蚀作用，润滑油氧化后会生成酸性物，腐蚀钢材。润滑油在高温时会出现焦炭。若这种物质附在阀片上，将会影响阀的正常工作；同时会造成过滤器和节流阀堵塞。因此，必须选用化学稳定性和抗氧化性都较好的制冷机润滑油 6. 水分和机械杂质。如果润滑油含有水分，会加剧油的化学变化，使油变质，引起对金属的腐蚀作用；同时还会在节流阀或膨胀阀处造成"冰堵"。而润滑油中含有机械杂质，会加剧运动件摩擦表面的磨损，很快堵塞过滤器和节流阀或膨胀阀，所以制冷机润滑油不应含有机械杂质 7. 绝缘性能。在半封闭和全封闭的制冷机中，润滑油和制冷剂都直接和电动机的绕组及接线柱接触，因而要求润滑油具有良好的绝缘性质和较高的击穿电压。纯净的润滑油绝缘性能较好，但含有水分、杂质和灰尘时其绝缘性能就会下降。一般制冷机润滑油要求击穿电压在2.5kV以上 8. 冷冻机油还应有良好的抗泡沫性，对橡胶、漆包线等材料不溶解、不膨胀，在封闭式制冷机中使用时应有良好的电绝缘性

表3-59 常用冷冻机油的规格及性能

项 目	单位	N16	N22	N32	N46	N68	试验方法
运动黏度（50℃）	cP	13.5~16.5	19.8~24.2	28.8~35.2	41.4~50.6	61.2~74.8	GB/T 265
闪点（开口）(不低于)	℃	150	160	160	170	180	GB 267
凝固点（不高于）	℃	-40				-35	GB/T 510
倾点	℃	报告					GB/T 3535
酸值（不大于）	mg(KOH)/g	0.02			0.03	0.05	GB 264
水溶性酸和碱		无					GB 259
腐蚀（T3铜片100℃，3 h）级（不大于）		1					GB/T 5096
氧化后酸值（不大于）	mg(KOH)/g	0.05	0.2	0.05	0.10	0.10	SY 2652
氧化后沉淀物（不大于）	%	0.005	0.02	0.005	0.02	0.02	
机械杂质	%	无					GB/T 511
水分		无					GB/T 260
灰分（不大于）	%	0.005	0.01	0.005	0.01	0.01	GB 508
浊点（与氟氯烷的混合液）(不高于)	℃	—	—	-28	—	—	SY 2666

注：1. 氧化条件：140℃，14 h，空气流量50 mL/min。
  2. N32冷冻机油不得加入降凝剂。

3.3.7 冻结管

冻结管一般选用符合GB/T 8163标准的低碳钢无缝钢管，其规格见表3-60。在某些特殊情况下也选用聚乙烯塑料管，比如在盾构机进、出洞冻结工程中，应用聚乙烯塑料管作为冻结管，可以免去拔除冻结管这道工序。

表3-60 常用低碳钢无缝钢管规格（管子外径×壁厚） mm×mm

32×2.5	70×5.0	89×9.0	108×7.0	133×6.5	180×8.0	245×12.0	377×11.0
32×3.5	70×7.0	89×10.0	108×8.0	133×7.0	180×10.0	273×8.0	377×14.0
42×3.0	73×3.5	89×11.0	108×13.0	133×8.0	180×12.0	273×9.0	402×9.0
42×4.0	73×5.0	89×12.0	114×4.0	133×9.0	180×16.0	273×10.0	402×10.0
45×4.0	73×8.5	89×13.0	114×4.5	133×9.5	194×6.0	273×12.0	402×12.0
45×6.0	76×5.0	89×14.0	114×5.0	133×10.0	194×8.0	273×14.0	402×14.0
50×4.0	76×7.0	89×15.0	114×5.5	140×6.0	194×8.5	299×8.0	402×16.0
50×6.0	76×8.0	95×3.5	114×6.0	140×8.0	194×10.0	299×10.0	426×12.0
54×4.5	76×9.0	95×5.5	114×6.5	146×8.0	194×12.0	299×12.0	426×14.0
54×6.5	76×10.0	95×6.5	114×7.0	159×6.0	203×10.0	299×16.0	426×16.0
57×4.5	76×11.0	95×7.5	114×7.5	159×10.0	203×12.0	325×8.5	426×18.0
57×6.5	83×6.0	95×9.0	114×8.0	159×12.0	219×6.0	325×12.0	426×20.0

表 3-60（续） mm × mm

60 × 4.5	83 × 8.0	95 × 10.0	114 × 10.0	168 × 6.0	219 × 8.0	325 × 14.0	530 × 10.0
60 × 6.5	89 × 4.0	102 × 5.5	114 × 16.0	168 × 7.0	219 × 10.0	325 × 16.0	530 × 14.0
60 × 7.5	89 × 4.5	102 × 6.0	121 × 5.0	168 × 7.5	219 × 11.0	351 × 9.0	530 × 16.0
63.5 × 5.0	89 × 5.0	102 × 7.0	121 × 6.0	168 × 8.0	219 × 12.0	351 × 10.0	530 × 18.0
63.5 × 7.5	89 × 6.0	102 × 14.0	121 × 7.0	168 × 10.0	219 × 14.0	351 × 12.0	560 × 14.0
68 × 5.0	89 × 6.5	102 × 16.0	121 × 9.0	168 × 12.0	219 × 16.0	351 × 14.0	560 × 18.0
68 × 6.5	89 × 7.0	108 × 4.0	121 × 12.0	180 × 6.0	245 × 8.0	351 × 16.0	560 × 20.0
68 × 7.5	89 × 8.0	108 × 5.5	133 × 6.0	180 × 7.0	245 × 10.0	377 × 9.0	560 × 22.0

3.3.8 供液管材料

我国冻结法施工中供液管多采用聚乙烯塑料管，因为它具有摩擦阻力小、安装方便、相对密度小且便于回收等多个优点，工程中被广泛使用。通过试验获得的力学性能见表 3-61、表 3-62，其中试验材料型号线型聚乙烯塑料管（$\phi75\ mm \times 6\ mm$）如图 3-49 所示，常用聚乙烯塑料供液管规格见表 3-63。

表 3-61 塑料管抗拉强度与断裂伸长率试验结果

材质	温度/℃	编号	抗拉强度/MPa	伸长率/%
全新原料生产线型聚乙烯塑料管	20	1	11.4	125
		2	11.3	129
		3	10.2	122
		平均值	10.97	125.33
	-20	1	19.1	79
		2	20.1	80
		3	20.0	81
		平均值	19.73	80
	-35	1	25.2	51
		2	23.7	44
		3	24.1	48
		平均值	24.33	47.67

表 3-62 耐内压试验结果

材质	温度/℃	编号	内压值/MPa
全新原料生产线型聚乙烯塑料管	20	1	3.57
		2	3.42
		3	3.50
		平均值	3.49

表 3-62（续）

材　　质	温度/℃	编　　号	内压值/MPa
全新原料生产线型聚乙烯塑料管	-35	1	3.62
		2	3.67
		3	3.58
		平均值	3.62

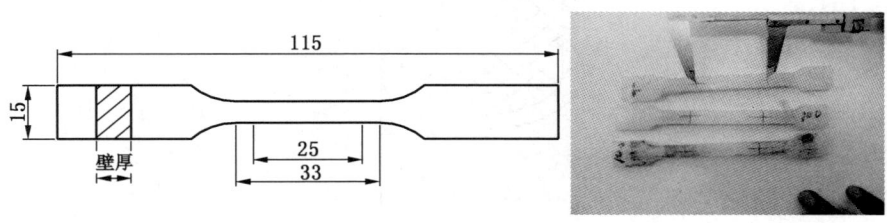

(a) 试件加工尺寸　　　　　　　(b) 试件加工后图片

图 3-49　试验材料型号线型聚乙烯塑料管

表 3-63　常用聚乙烯塑料供液管规格　　　　　　　　　　　　mm × mm

序号	规　格	适应冻结管规格	序号	规　格	适应冻结管规格
1	$\phi50 \times 4$	$\phi89 \times (4.5 \sim 5)$	4	$\phi70 \times 5$	$\phi133 \times (5 \sim 6)$
2	$\phi55 \times 5$	$\phi108 \times 5$	5	$\phi75 \times 6$	$\phi140 \times (5 \sim 6)$
3	$\phi65 \times 5$	$\phi127 \times (5 \sim 6)$	6	$\phi80 \times 7$	$\phi159 \times (5 \sim 7)$

聚乙烯塑料管的内部抗压试验采用的试件总长为 420 mm，有效试验长度为 240 mm，管内加入盐水。加压设备及测试仪表为试压泵、精密压力表、制冷机、温控设备、专用试验架及堵塞夹具。

3.3.9　复合盐水干管

立井和斜井冻结工程中盐水干管均使用过超高分子量聚乙烯钢骨架复合管替代 GB/T 8163 标准的无缝钢管，使用过程取得了很好的效果。对比钢管，超高分子量聚乙烯钢骨架复合管具有以下特点：

(1) 适合低温流体，超低温下的抗冲击机械性能完全能满足工艺要求。
(2) 耐腐蚀、耐磨性强，是钢材的 3~6 倍，使用寿命长。
(3) 管壁的摩擦因数小，光洁度高，流体阻力小，同样流量时管道内径比钢材减少 10%~15%。
(4) 重量轻，只有钢材的 1/3~1/4，连接方便且施工省时。
(5) 性价比高，工程造价低。
(6) 连接方式：采用法兰连接、承插式连接或外管箍热熔连接。

（7）低温下管子收缩较大，长距离使用应安装补偿装置。

超高分子量聚乙烯钢骨架复合管结构如图 3-50 所示，主要技术参数见表 3-64，常用高分子复合管规格见表 3-65。

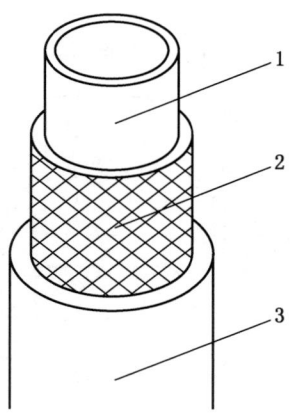

1—超高分子量聚乙烯管材；2—缠绕钢丝网；3—HDPF 包覆层

图 3-50　超高分子量聚乙烯钢骨架复合管结构

表 3-64　超高分子量聚乙烯钢骨架复合管与钢材技术参数对比

项　目	单　位	钢骨架复合管材	20 号无缝钢管（GB/T 8163）
密度	g/cm³	>1.4	7.85
抗拉屈服强度	MPa	<22	245
抗拉断裂强度	MPa	<25	410
使用温度	℃	-35~80	-20~425
线膨胀系数	10^{-6}/℃	35.4~35.9	10.6~12.2
断裂伸长率	%	<10	25
冲击强度	kJ/m²	<27	<18
承压能力	MPa	1.6	7
摩擦因数		0.085	>0.85
结垢		不易结垢	结垢
抗腐蚀		良	差

表 3-65　常用高分子复合管规格　　　　　　　　mm

序号	外径	壁厚	序号	外径	壁厚
1	168	8~10	4	325	15~19
2	200	10~12	5	377	18~22
3	250	12~15			

3.3.10 常用隔热材料

常用隔热材料有泡沫塑料制品、泡沫橡胶制品、泡沫玻璃制品等。

（1）泡沫塑料及其制品 25 ℃时的导热系数应不大于 0.0044 W/(m·℃)，密度不大于 60 kg/m³，吸水率应不大于 4%，并应具有阻燃性能，氧指数不应小于 30%，硬质型制品的抗压强度不小于 0.15 MPa。

（2）泡沫橡胶及其制品 0 ℃时的导热系数应不大于 0.036 W/(m·℃)，密度不大于 95 kg/m³，真空吸水率不大于 10%。

（3）泡沫玻璃及其制品 25 ℃时的导热系数应不大于 0.064 W/(m·℃)，密度不大于 180 kg/m³，吸水率应不大于 0.5%。

保温材料应注明最低使用温度与线膨胀系数或线收缩率；应具有良好的化学稳定性；对设备和管道无腐蚀作用；当遭受火灾时，不致大量逸散有毒气体；在低温情况下使用不易变脆，耐低温性能好。

4 冻 结 设 计

4.1 冻结施工组织设计编制的原则、依据和内容

冻结施工组织设计是用来指导冻结施工项目全过程各项活动的技术、经济和组织的综合性文件，是施工技术与施工项目管理有机结合的产物，它能保证工程开工后施工活动有序、高效、科学合理地进行。施工单位据此科学地组织和指导冻结施工项目建设，确定施工总工期及施工顺序。冻结施工组织设计是编制掘砌施工组织设计的重要依据。

4.1.1 编制原则

（1）冻结施工组织设计要满足符合施工合同与招标文件中有关冻结工程进度、质量、安全、环境保护与造价等方面的要求。

（2）坚持科学、合理地安排冻结施工顺序，采用最新技术编排冻结施工的网络计划图，科学配置相关冻结设备，合理利用现场环境布置制冷站位置，对于跨季节施工的项目要有相关季节的安全技术措施，实现均衡施工，达到合理的经济技术指标。

（3）在冻结工程施工中应积极开发、使用新技术、新工艺、新材料和新设备，推进技术进步。

4.1.2 编制依据

（1）国家有关冻结工程建设的法律、法规和文件以及现行有关技术标准和技术经济指标。

（2）冻结工程所在地行政主管部门的批准文件，建设单位对冻结施工的要求。

（3）冻结施工招、投标文件与冻结施工合同。

（4）工程设计文件、工程施工范围内的现场条件、地质条件、当地的气象条件。

（5）施工企业的生产能力、设备状况、技术水平与可利用的社会资源情况。

4.1.3 编制主要内容

以立（斜）井井筒建设项目为例，冻结施工组织设计大纲见表 4-1。

表 4-1　立（斜）井井筒冻结施工组织设计大纲

项目	内　　　容
工程概况	1. 矿区及矿井的基本情况、气象条件等自然条件 2. 井筒主要技术参数：立井井筒井口标高、井筒净径、井壁结构、深度；斜井井筒不同截面的几何尺寸、倾斜角、井壁结构等
地质条件	1. 井筒冻结段穿过地层的工程地质条件：地层柱状、地质构造、岩性等 2. 相应地层的水文地质条件：含水层、隔水层、地温、涌水量、水流速度、流向、水质等 3. 未冻结与冻结岩土的物理力学性质 4. 对以上问题的研究、分析及对地层特点的描述

表 4-1（续）

项目		内　　容
冻结方案		1. 立井冻结方案 （1）冻结深度确定 （2）控制层确定 （3）冻结方式确定 （4）冻结壁平均温度确定 （5）冻结壁厚度设计 （6）冻结孔布置方案设计 （7）测温孔、水文孔设计 2. 斜井竖直孔冻结方案（倾斜孔冻结方案参见立井冻结方案） （1）冻结起止位置确定 （2）分段冻结长度确定 （3）冻结方式确定 （4）顶板、底板和侧帮冻结壁平均温度确定 （5）顶板、底板和侧帮冻结壁厚度设计 （6）冻结孔布置方案设计 （7）分段冻结孔及封头孔设计 （8）分段测温孔、水文孔设计 3. 立井井筒冻结孔主要技术参数确定 （1）合理确定冻结孔布置圈数、圈径，各圈冻结孔的深度、个数及开冻时间间隔 （2）选用合理的钻孔靶域半径、径向内偏值、成孔间距、冻结管直径、盐水温度、冻结壁内外侧厚度比例、控制层位的井帮温度、冻土强度安全系数以及冻结管导热系数和冷量损失系数 4. 斜井井筒冻结孔主要技术参数确定 （1）合理确定冻结孔布置排数、排间距，各排冻结孔的深度、孔间距及开冻时间间隔 （2）选用合理的钻孔靶域半径、边排孔径向内偏值、成孔间距、冻结管直径、盐水温度、冻结壁内外侧厚度比例、控制层位的井帮温度、冻土强度安全系数以及冻结管导热系数和冷量损失系数 （3）采用帷幕冻结方式时，一定要确认斜井下部隔水层的厚度与起、止位置以及隔水性能 （4）采用穿断面冻结方式时，要严格控制冻结孔布置与地层中隔水层位置的关系 5. 其他主要技术参数确定 （1）根据冻结管吸热能力随冻结时间的变化，计算出立井每圈冻结管的需冷量，以及多圈冻结管冻结时间部分或全部重叠情况下的需冷量；斜井井筒每个冻结段的需冷量，以及多个冻结段冻结时间部分或全部重叠情况下的需冷量，然后进行制冷站最大需冷量设计 （2）提出水文孔和测温孔的布置原则与质量要求。对于斜井分段冻结，每个冻结段至少设计 3~4 个测温孔 （3）冷却水井的布置原则和质量要求，设计出水量
制冷站设计与施工	制冷系统	1. 根据制冷站最大需冷量，进行压缩机的选型并确定台数 2. 根据工程需要，选择制冷方式及循环系统设计 3. 根据井筒不同冻结阶段需冷量，合理分配压缩机数量，选定与制冷量相配的电动机功率 4. 制冷附属设备（蒸发式冷凝器、撬块式蒸发器、氨液分离器、油氨分离器、储液桶、空气分离器等）的选型与计算 5. 设备平面布置及设备基础设计 6. 制冷剂管路设计 7. 制冷站房屋结构 8. 制冷剂和冷冻机油的质量要求与需要量计算 9. 制冷剂低温管路和中冷器、蒸发器的保温层厚度设计与计算 10. 自动控制设计
	盐水系统	1. 根据冻结制冷设计的盐水温度，确定氯化钙盐水的浓度 2. 按制冷量与盐水循环量，计算出实际氯化钙固体的需要量与备用量 3. 盐水管路（盐水干管、集配液圈、冻结管、供液管）参数的设计计算 4. 盐水泵参数与所配电动机功率的计算及选用

表 4-1（续）

项目		内　容
制冷站设计与施工	冷却水系统	1. 冷却水需要量设计计算 2. 水源泵和冷却水循环泵的设计计算与选用 3. 冷却水管路参数设计计算 4. 冷却水循环水池参数设计
供、配电系统		1. 打钻、冻结供电系统选择 2. 打钻、冻结供电负荷的设计计算 3. 供电线路的设计计算 4. 变压器（箱式变电站）选型及台数确定，优先选用箱式变电站 5. 高、低压配电设备的选择 6. 大功率电动机启动设备的选择
工期与劳动组织		1. 工期进度计划 2. 每个施工期的人员、劳动组织
施工保证措施		1. 质量要求及保证措施 2. 工期保证措施 3. 安全、文明施工技术措施 4. 环保施工保证措施 5. 季节性施工措施
附表		1. 按（预想）井筒地质检查孔柱状图列出的地质柱状表 2. 冻结设计主要参数表 3. 打钻、冻结施工设备表 4. 立井冻结所需的主要材料表、各施工阶段人员数量配备表 5. 冻结施工工期表
附图		1. 钻孔位置设计图、实际施工的钻孔孔位图、各个钻孔的偏斜图 2. 每个控制性层位的冻结壁预想交圈图 3. 制冷站内设备布置图 4. 冻结系统制冷图 5. 制冷站配电图（或箱式变电站配电图）

4.2　冻结方式

冻结方式，泛指为满足岩土工程安全施工的需要，从制冷系统选择、地层冻结深度确定、冻结与掘砌时间安排、冻结管结构特征、冻结孔布置方案等角度考虑，所采取的地层冻结模式。可从不同角度对冻结方式进行分类，各种冻结方式有各自的特点及适用条件。常见的冻结方式分类、特点及适用条件见表 4-2。

岩土工程冻结，应根据具体的工程与水文地质条件、工程结构特征、冻结目的或性质，综合考虑技术可行性、经济合理性等因素，选择适宜的冻结方式。

冻结方式的选择可参照以下次序：

（1）根据工程与水文地质条件、冻结目的、冻结工程规模、环境条件等因素，选择合适的地层冻结制冷系统。

（2）根据工程拟穿过地层的稳定性、含水性、可注性，结合工期、成本要求，确定拟冻结地层范围及冻结深度，进而选择全深或非全深冻结、分期分批或同期同批冻结、差

4 冻结设计

表4-2 常见的冻结方式分类、特点及适用条件

依据	类别	定义	特点	适用条件	图示	实例
制冷系统原理	氨压缩冻结	利用氨循环压缩制冷，获取低温氯化钙盐水，通过盐水循环冻结	制冷量大，成本低；但系统复杂，占用场地大，制冷剂危险性高，且盐水温度一般不低于-35℃	盐水温度一般不低于-35℃，施工场地、环境允许的大型岩土工程	图4-1a	冻结法凿井工程
	氟利昂冻结	利用氟利昂循环压缩制冷，获取低温氯化钙盐水，通过盐水循环冻结	制冷量较大，成本较低，制冷剂安全性高；但系统复杂，占用场地大，盐水温度一般不低于-35℃	盐水温度一般不低于-35℃，场地环境受限的中小型岩土工程	图4-1a	广州地铁2号线纪念堂站—纪念堂站区间隧道过清泉街断裂带冻结加固
	液氮冻结	利用液氮汽化吸热制冷，直接对地层实施冻结	系统简单，可实现超低温(-60~-150℃)，冻速冻结(冻土发展可达20 cm/d)，环保；但成本高，冻结壁温度不均匀性显著	施工环境受限，不便采用盐水循环冻结的小型工程；需超低温快速冻结的抢险工程	图4-1a	上海轨道交通明珠线二期工程；上海体育场站—宜山路站区间隧道冻结加固
	干冰冻结	利用干冰升华吸热制冷，或通过冷媒剂(乙醇或盐水)对地层实施冻结	系统简单，冻结速度快(最低可达-70℃)，冻土发展速度可达10 cm/d)，环保；但成本高	冻结工程量较小的市政等岩土工程	图4-1b	旬东煤矿永久避难硐室二氧化碳制冷系统
	混合冻结	利用两种或多种制冷方式，实施冻结，例如氨(或氟利昂)与干冰联合冻结	充分利用不同制冷方式的优点，降低制冷成本；温度低(-40~-70℃)，冻结速度较快(冻土发展速度可达3~5 cm/d)	氨或氟利昂制冷盐水冻结无法满足更低温度要求的岩土工程	图4-2a	袁大滩煤矿副斜井氨-盐水冻结，液氮补强冻结工程
冻结深度与工程深度的关系	全深冻结	冻结深度超过井筒等地下工程最大深度，工程开挖全程范围内均有冻结壁提供临时支护	沿深度全程创造无水环境，掘砌质量高，与注浆法相比，穿过含水层时造价更可控；但造价偏高	工程竖向穿过表土层、岩含水层，目基岩含水层同缺少有效隔水层，效果难以保证治水的工程	图4-2a	我国西部区穿过白垩、侏罗系孔隙含水岩层的立井，如门克庆煤矿的主、副、风井等
	非全深冻结	冻结深度小于井筒等地下工程最大深度，仅冻结其穿过的部分地层	冻结的针对性相对强，能有效降低冻结造价；但非冻结含水层段掘砌作业环境较差，工期与治水造价不易控制	工程穿过表土层及基岩风化带后，更深部含水层较少，或含水层能采用注浆法有效治水的工程	图4-2b	我国中东部立井多仅冻结表土层与风化带含水岩层，如龙固煤矿的副井等

表 4-2（续）

依据	类别	定义	特点	适用条件	图示	实例
地层冻结时间批次	分期分批冻结	拟冻结地层分期分批开展冻结，地层冻结与工程掘砌交替进行	能减小制冷装机容量，有助于冻结与掘砌速度匹配；但冻结工期延长	斜井竖直孔冻结工程；冻结工程量大，难以一次开展冻结的立井工程	图 4-3	斜井多沿走向分段冻结，如黑梁煤矿副斜井、芦岭煤矿西风井穿过表土 240 m，以深度 179 m 穿界为界分两段冻结
	同期同批冻结	拟冻结地层同期同一批次开展冻结，以形成工程掘砌所需的冻结壁	工序简便，可缩短总工期；但制冷站装机容量大，冻砌速度匹配难度大，易浪费冷量或造成深部地层冻实，掘进难度增大	立井井筒、基坑、盾构机进出洞、地铁联络通道等绝大多数冻结工程		立井普遍采用同期同批冻结，如葛村煤矿、赵楼煤矿主、副、风井
冻结管外径变化	异径管冻结	冻结管外径沿管长方向存在变化	便于冷量分配与调控，节约冷量；但变径部位冻结管受力不利，断裂风险	不同地层内，冻结速度差异显著，或对冻结效果有不同要求的工程，如斜井竖直冻结，在仅需对井筒断面上、下部一定高度范围内的地层进行冻结	图 4-4	福城煤矿北翼副斜井，竖直孔采用上细下粗的冻结管，冻结段垂深为 90～195 m
	等径管冻结	冻结管外径沿管长方向保持不变	冻结管换热沿轴向变化小，有利于防止冻结管断裂；但不能针对不同地层进行冷量分配与调控	需沿冻结管全长开展冻结的各类岩土工程		绝大多数井筒冻结工程
同圈冻结孔的深度	差异冻结	立井冻结工程中，同圈冻结孔的深度不同，长、短冻结孔交错布置，又称长短腿（管）冻结	能兼顾不同地层冻结时不同冷量需求，可减小钻孔工程量，节约冷量，冻结孔数量突变致冻结壁厚度变化较大，对冻结管受力不利	需对不同地层同步冻结的立井井筒工程	图 4-5	枣庄留庄煤矿主、副井均采用 100/230 m 差异冻结。平顶山八矿东风井采用 210/330 m 差异冻结
	等深冻结	立井冻结工程中，同圈冻结孔的深度相同	冻结壁冻结发展无冻结影响，有利于冻结安全。但对于冷量小的深部地层（如岩石），冷量差异较小的情况，易造成冷量浪费，或井心冻实，增大了开挖难度	地层性质相近，冻结要求及需冷量差异小的情形，如仅冻结表土层与风化基岩时		仅冻结表土与风化基岩的井筒，普遍采用等冻结

表4-2（续）

依据	类别	定义	特点	适用条件	图示	实例
冻结管对地层的供冷状态	局部冻结	沿冻结管轴向，仅在其一定长度范围内开展冻结，其余部位采取隔热措施，防止或减少对地层的冻结	冷量供给更具针对性，能提高冻结效率，降低冷量浪费，减轻冻结施工对非冻结段的不利影响；但冻结管需采取隔热等特殊结构或措施，增大了造孔或冻结器安装难度	仅部分地层需冻结而其余地层不需冻结或禁止冻结的情形。如斜井竖直孔局部冻结、浅部用普通法已成井的立井深部地层冻结	图4-6	淮南潘集一号井东风井，表土层厚度292.5 m，事故恢复时局部冻结深度为190~320 m
	全长冻结	沿冻结管全长，对其穿过的地层开展全面冻结	冻结造孔及冻结管配管、安装简便；但不能针对不同岩性及含水状况差异，进行冷量的分配与调控	冻结管穿过的地层需全部冻结的情形		绝大多数地层冻结工程均采用全长冻结
冻结孔圈（排）数	单圈（排）孔冻结	采用单圈（排）主冻结孔，或辅以少量防片帮孔	冻结孔布置简便，造孔工程量小；但冻结壁发展速度慢，平均温度较高；一旦断管诱发淹井风险高	岩层或300 m以浅土层冻结立井工程；冻结壁厚度一般不超过4 m、平均温度≥-12 ℃	图4-7a	位村矿主、副井井筒（冲积地层厚110 m）冻结工程
	双圈（排）孔冻结	采用两圈（排）主冻结孔，或辅以少量辅助孔	冻结速度快，断管诱发淹井风险较小；但钻孔工程量大，双圈管之间易积聚冻胀变形能	表土层厚度较大（300~500 m），冻结壁厚度需达到4~7 m	图4-7b	程村煤矿主、副井（冻结土层深429 m）冻结工程
	多圈（排）孔冻结	采用三圈（排）及以上主冻结孔	冻结速度快，冻结壁厚度大、平均温度低，断管不易诱发淹井。但钻孔工程量大，冻结壁内易积聚冻胀变形能	特厚或超深厚表土层（深度超过500~600 m），冻结壁厚度超过7~11 m	图4-7c	龙固煤矿副井（表土厚567.7 m）、郭屯煤矿主井（表土厚587.5 m）等冻结工程
各圈（排）冻结孔的开始冻结时间	分圈（排）异步冻结	同一冻结段的各圈（排）孔分批、间隔一定时间开机冻结	可调控各圈管的冻结速度及深部冻结壁发展速度，抑制冻胀力积聚，节约冷量；但冻结系统调控及管理较复杂，技术要求高	表土层厚度大、多圈孔冻结、深部与浅部冻结壁厚度与平均温度要求差异大的工程		万福煤矿主、副、风井井筒冻结工程
	各圈（排）同步冻结	同一冻结段的各圈（排）孔同一批次、同时开机冻结	施工管理简单，但冻结壁形成速度与掘砌匹配难度大，易造成深部冻结壁厚度过大，增加开挖难度	表土层厚度较小、双圈及多圈孔冻结的工程		山东单县张集煤矿主、副井井筒冻结工程

表 4-2（续）

依据	类别	定义	特点	适用条件	图示	实例
冻结孔的方向	竖直孔冻结	冻结孔沿垂直或接近垂直方向，冻结锋面近似沿水平方向发展	冻结孔及冻结器安装方便，偏斜易控制。但对于非竖向开挖工程（如斜井、隧道），造孔工程量与冷量浪费严重	沿竖向开挖的立井井筒、深基坑等工程的周围岩土体冻结	图 4-8a	立井井筒冻结工程
	水平孔冻结	冻结孔普遍沿水平或近水平方向，冻结锋面在竖直平面内向各个方向发展	对于近水平开挖的工程，造孔工程量小，冻结造价低。但水平方向造孔及冻结器安装技术难度大，冻结长度受限	沿水平方向掘砌的地下工程，如地铁联络通道、盾构机进出洞周围岩土加固	图 4-8b	南京地铁 2 号线集庆门站北端头盾构机进洞周围土体水平冻结加固工程
	倾斜孔冻结	冻结孔与水平或竖直方向具有明显的夹角	对于沿一定倾角开挖的工程量小，冻结造价低。但倾斜造孔及冻结器安装技术难度大，偏斜控制困难	斜井冻结	图 4-8c	倾斜冻结孔冻结工程仅见于国外报道，国内未有实例。英国博尔比钾盐矿主井采用倾斜孔冻结
冻结孔群的轴向分布特征	平行布孔冻结	所有冻结孔轴线相互平行的冻结方式	便于冻结造孔及偏斜控制，沿轴线方向冻结壁发展较一致，便于交圈判断。但随冻结深（长）度增加，进入开挖面的冻结岩土增多，开挖难度增大	掘砌断面沿冻结孔轴线方向变化不大的工程，如立井井筒、基坑等竖向的工程；或有效冻结壁厚度沿轴向变化不大的工程	图 4-9a	目前的立井与斜井冻结工程；青岛隆基汇源基坑柱状冻结加固工程，冻结深度 10~20 m
	放射状布孔冻结	群冻结孔设计时，冻结孔轴线呈放射状，逐渐向外发散或收缩	能成形，反锥状冻结壁，适应特殊工程需要。但冻结交圈判断及控制技术难度大；造孔偏斜控制难度大	对冻结壁形状有特殊需求的冻结工程，如地铁在双向施工时，贯通段的冻结壁工程	图 4-9b	南京地铁 2 号线中和村站—油坊桥站盾构井 1 号联络通道冻结工程采用双向放射状布孔冻结方式
斜井竖直孔冻结时的冻结壁形态	斜井穿断面冻结	竖直冻结孔及其断面在斜井筒断面及周围形成结一定厚度的冻结壁；井筒荒断面内可对冻结管做局部隔热处理，减少冻土开挖量	冻结造孔简便，冻结效果及安全性可靠保障；但冻结造孔工程量大，有效冻结深度范围小，工程造价高，冻结孔存在竖向导水隐患	埋深较小，穿过各类散表土或含水岩层的斜井井筒	图 4-10a	马泰壕煤矿主斜井、副斜井，古城煤矿斜井等冻结工程
	斜井帷幕冻结	在下方存在稳定隔水层的前提下，利用深入隔水层的竖冻结孔，在一定长度段做形成冻结壁的斜井前后两端及左右两侧冻结壁，前后及左右四面冻结壁加上隔水层形成箱型帷幕	除端头外，冻结孔不进入开挖断面，有利于提高开挖段速度，降低造价；但适用的地层条件有限，须确保底部稳定可靠隔水	斜井井筒冻结段底板下方在稳定水岩层的隔水层厚度大，稳定可靠	图 4-10b	榆树林子煤矿主斜井第 3~5 段，利用底部隔水层实施帷幕冻结。金鸡滩煤矿主斜井穿过部分砂层时，利用底部的稳定黏土隔水层实施帷幕冻结

注：鉴于表中"图示"栏空间有限，示意图集中放置于表后。

异或等深冻结等冻结方式。

（3）根据冻结目的、井壁结构特征、掘砌方向等，确定冻结壁基本形态、冻结孔群布置特征（平行、放射状）及冻结孔方向（竖直、水平、倾斜等）。

（4）根据冻结目的、承载要求，基于冻结壁厚度设计值、冻结温度场发展规律等，确定单圈（排）孔、双圈（排）孔或多圈（排）孔冻结方式。

（5）针对上述冻结方式，从冻结管结构、开机次序等角度开展优化。

① 针对工程施工对不同地层的冻结要求以及冻结的难易程度，从冻结管轴向、径向结构角度，确定变径或等径冻结、局部或全长冻结等冻结方式。

② 针对双圈（排）、多圈（排）孔冻结工程，从控制冻结壁发展速度、优化冻结壁受力、节约制冷量等角度，确定异步冻结或同步冻结等冻结方式。

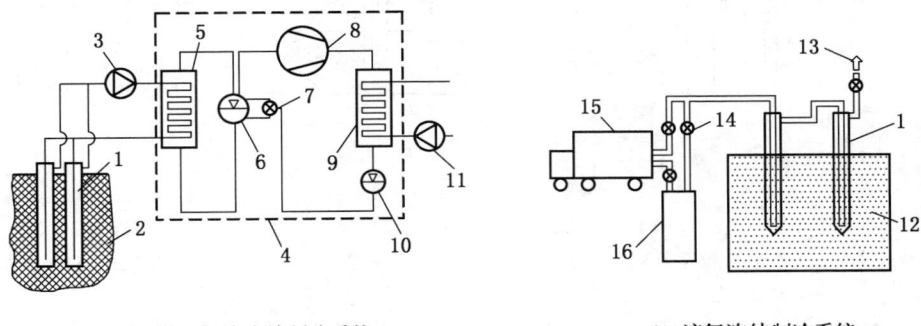

(a) 氨(氟利昂)压缩冻结制冷系统　　(b) 液氮冻结制冷系统

1—冻结管；2—冻土；3—盐水泵；4—制冷站；5—蒸发器；6—油液分离器；7—膨胀阀；8—压缩机；9—冷凝器；10—集液器；11—冷凝水泵；12—冷冻地层；13—蒸气排出口；14—阀门；15—液氮槽车；16—液氮罐

图 4-1　不同原理的冻结制冷系统

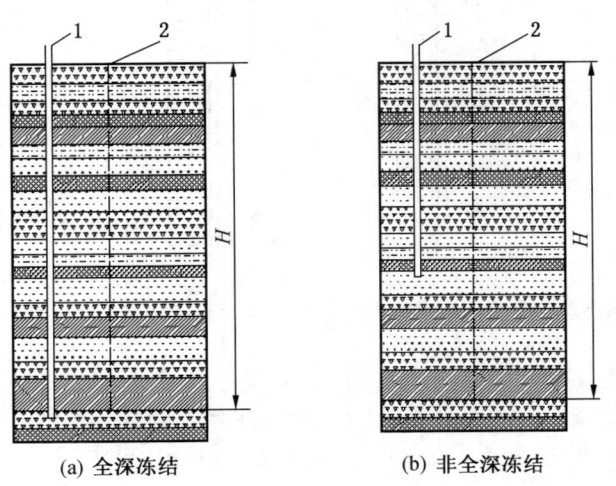

(a) 全深冻结　　(b) 非全深冻结

1—冻结管；2—井帮位置；H—井筒全深

图 4-2　全深冻结与非全深冻结

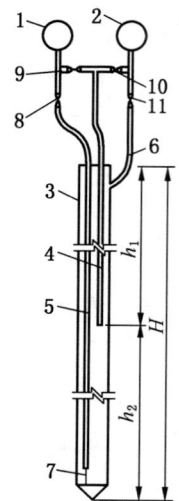 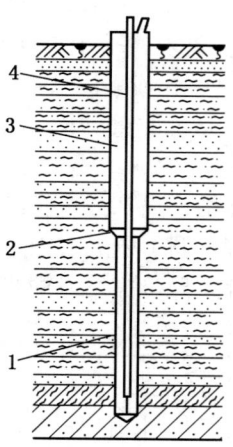 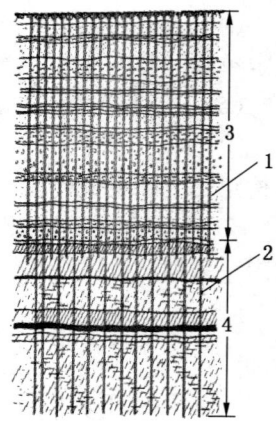

1—配液圈;2—集液圈;3—冻结管;4—上、下段冻结时分别为供、回液管;5—下段冻结时供液管;6—上段冻结时回液管;7—支撑;8~11—阀门;h_1—上段冻结深度;h_2—下段冻结深度;H—冻结全深

图 4-3 分期分批冻结

1—小直径管;
2—过渡段;
3—大直径管;
4—供液管

图 4-4 异径管冻结

1—短冻结管;2—长冻结管;
3—表土段;4—基岩段

图 4-5 差异冻结

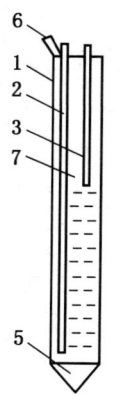 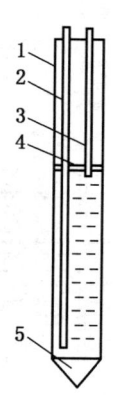 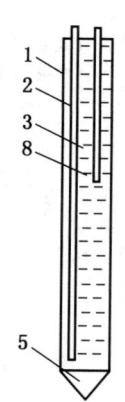 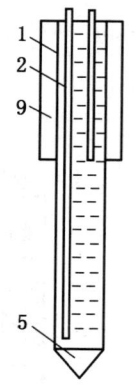

(a) 压气隔热式　　(b) 隔板式　　(c) 充填盐水式　　(d) 套管隔热式

1—冻结管；2—供液管；3—回液管；4—横隔板；5—底锥；6—压气管；
7—压气隔热层；8—静止盐水隔热层；9—隔热套管

图 4-6 冻结管局部冻结的隔热方式

4 冻结设计

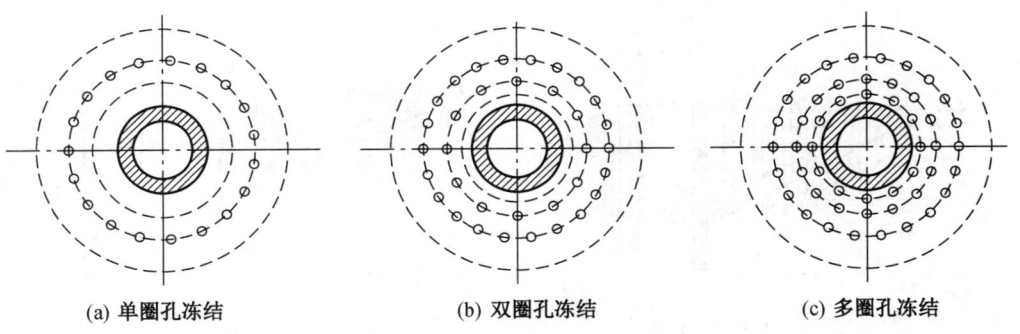

(a) 单圈孔冻结　　　(b) 双圈孔冻结　　　(c) 多圈孔冻结

图 4-7　冻结孔圈数

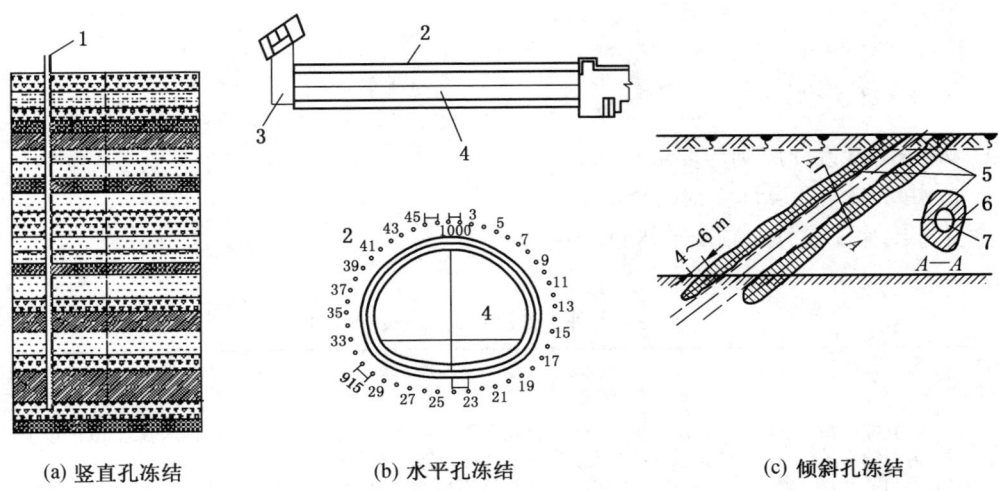

(a) 竖直孔冻结　　　(b) 水平孔冻结　　　(c) 倾斜孔冻结

1—竖直冻结孔；2—水平冻结孔；3—工作井；4—水平隧道；5—倾斜冻结孔；6—冻结壁；7—斜井

图 4-8　冻结孔不同方向

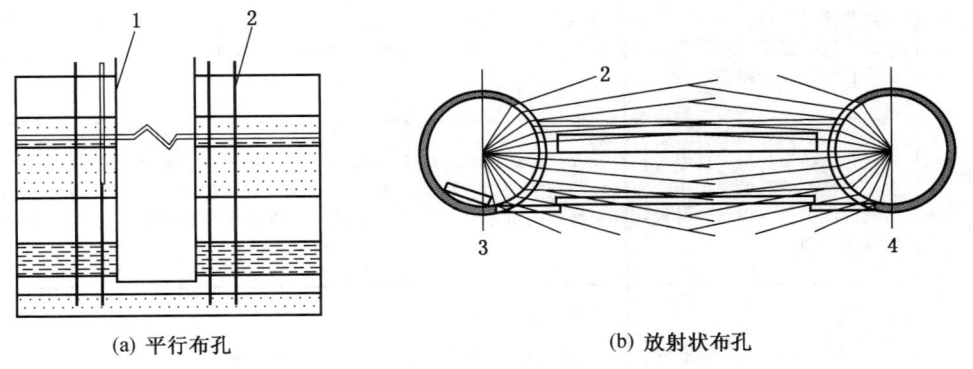

(a) 平行布孔　　　　　　　　(b) 放射状布孔

1—井帮；2—冻结孔；3—左线隧道；4—右线隧道

图 4-9　冻结孔群的轴向形态

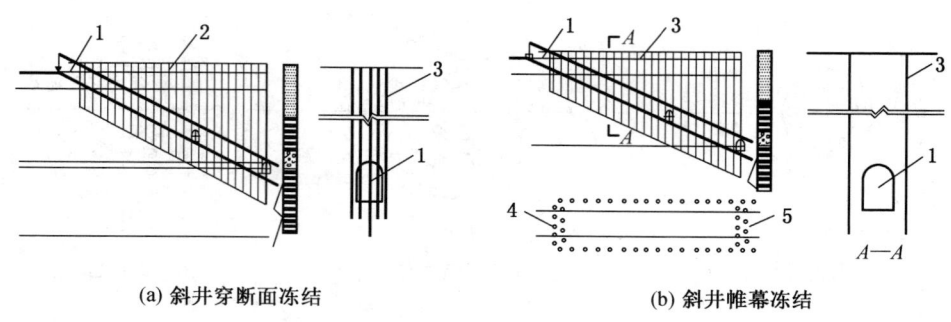

(a) 斜井穿断面冻结　　　　　　　　(b) 斜井帷幕冻结

1—井筒；2—冻结管；3—侧边冻结管；4—封头冻结管；5—封尾冻结管

图 4-10　斜井竖直孔冻结

4.3　冻结深度设计

4.3.1　冻结深度设计原则与要求

1. 立井冻结深度设计原则与要求

立井冻结深度设计原则与要求见表 4-3。

表 4-3　立井冻结深度设计原则与要求

项目	技　术　要　求
设计原则	立井冻结深度应根据地层埋藏条件及井筒掘砌深度确定，并应深入稳定的不透水基岩 10 m 以上，基岩段涌水量较大时，应延长冻结深度，冻结孔深度应符合下列规定： （1）单圈冻结孔、多圈孔的主冻结孔的深度不应小于井筒冻结深度，深入不透水岩层深度宜按表 4-4 选取 （2）辅助冻结孔深度应穿过冲积层深入基岩风化带 5 m 以上 （3）防片帮孔冻结深度宜符合井筒连续施工的要求 （4）冻结段井筒的掘砌深度应浅于主冻结孔设计深度，其值应符合表 4-5 的规定
深入稳定岩层长度确定	立井冻结深度的确定，冻结孔深入稳定不透水岩层的长度，按照国家现行有关规范执行。如冻结深度超出现行规范适用范围，冻结孔插入稳定岩层深度值可参照工作面注浆止水岩帽计算方法进行验算，且不宜小于 2 倍掘进半径
冻结保护段长度确定	立井冻结保护段是冻结井筒掘砌至冻结段底部必须预留的最小冻结段长度，即冻结段井筒的掘砌深度浅于主冻结孔的深度值，是考虑供液管收缩、配重长度，以及冻结管底部沉淀等影响有效冻结长度的预留保护段，以防止井筒掘砌至底部时冻结段长度不足而透水，冻结保护段的长度随井筒冻结深度延深而增加

表 4-4　单圈冻结孔、多圈孔的主冻结孔深入不透水稳定岩层的深度　　　　　　　　　　　　　　　m

冻结深度	≤300	300~400	400~500	500~700
单圈冻结孔或多圈孔的主冻结孔深入不透水稳定岩层的深度	10	10~12	12~14	14~18

表4-5 冻结段井筒的掘砌深度取值　　　　　　　　　　　　　　　　　　　m

冻结深度	掘砌深度浅于单圈冻结孔、主冻结孔设计深度值
≤200	5~8
200~400	8~11
400~600	11~13
>600	13~15

2. 斜井冻结深度设计原则与要求

斜井冻结垂深应根据地层埋藏条件确定，见表4-6。

表4-6 斜井冻结深度设计原则与要求

项目	技术要求
设计原则	1. 斜井冻结起始位置的井筒掘进断面底板，宜高于地下水静水位0.5 m 2. 沿斜井长轴线方向冻结终端位置应使斜井井筒掘进断面顶板进入相对稳定的隔水地层5 m以上 3. 每冻结分段冻结孔深度应穿过斜井冻结段井筒底板5 m以上

3. 其他土木工程冻结设计

其他工程的冻结深度应参照上述要求，根据具体条件确定。

盾构机进、出洞垂直冻结深度应根据地层埋藏条件确定，宜不小于盾构机底部3 m，下部涌水量较大或存在动水时，应延伸冻结深度；盾构机进、出洞水平冻结，水平向深度按加固要求确定，宜不小于3 m。

4.3.2 立井冻结深度不合理，井筒出水导致二次冻结施工案例

立井冻结深度不合理，井筒出水导致二次冻结施工案例见表4-7。

表4-7 立井冻结深度不合理，井筒出水导致二次冻结施工案例

项目	主要内容
工程概况	吴村煤矿所属张屯矿位于河南辉县，采用立井开拓方式，主井井筒净直径为3.5 m，冻结段井壁厚度为0.85 m；副井井筒净直径为4.5 m，冻结段井壁厚度为0.85 m
地质条件	1. 主、副井井筒穿过的地层由上而下为：第四系、第三系地层及二叠系地层。第三系、第四系地层埋深225.65 m，二叠系地层揭穿在260 m处。井筒地层结构见表4-8 2. 该井筒第三系、第四系地层由黏土、砂质黏土、黏土夹砾石及砾石（砾岩）层组成。其中黏土层共计19层，累计厚度95.1 m，占第四系、第三系地层总厚度的42.15%。黏土层含有少量粉砂质，可搓成短条，有少数地层中夹砾石，多数含钙质小结核。下部黏土层中局部弱固结。砂质黏土一层，厚12.4 m，含钙质结核，夹有小砾石，粒径2~7 cm。黏土夹砾石共计12层，累计厚度为35.15 m，占土层总厚度的15.57%。砾石层（砾岩）共计15层，累计总厚度为53.85 m，占土层总厚度的23.86%。粒径在10~20 cm之间。100 m以下砾石地层局部胶结或半胶结，胶结物为粗砂和钙质，较坚硬 3. 根据"吴村井检孔施工中间资料概况"中提供的水文地质资料：115~269 m层段进行混合抽水试验一次，并对松散层（115~225）进行流量测井一次。钻孔抽水试验流量为27.8 m³/h，混合水位埋深15.63 m

表 4-7（续）

项目	主要内容
冻结设计	1. 主、副井均采用一次冻全深冻结方案 2. 根据合同要求，主、副井冻结深度终止在第四系地层 180 m 处的黏土层中，进入黏土 8.65 m。因地质资料不详以及对冻结深度合理性存在异议，施工单位在设计时建议主、副井冻结深度均暂定为 180 m，待冻结孔施工时打检验孔取芯核实地层后，最终确定冻结深度 3. 主井布孔圈径为 8.8 m，22 个/180 m，开孔间距 1.25 m；副井布孔圈径为 10.0 m，25 个/180 m，开孔间距 1.25 m。主、副井各布置 2 个测温孔，深度均为 180 m，1 个布置在地下水流上方冻结孔主面圈径外侧 1.0 m 处，1 个布置在冻结孔终孔间距最大处外侧面上，距冻结孔布孔圈径 1.0 m。水文孔各布置 2 个，深度分别为 157 m 和 19 m。总钻孔量：主井 4496 m，副井 5036 m
地层检验孔及建议	主井冻结孔于 2002 年 12 月 6 日正式开工，先施工的 10 号冻结孔作为地层检验孔进行了取芯施工，于 2002 年 12 月 13 日结束，终孔深度 235 m。检验孔取芯起止深度为 219～235 m，取芯发现 224～227 m 砾石层，层厚 4.5 m，水位埋深 14 m，为承压水，并且在钻孔施工中发现该含水层补给条件好，含水丰富。因此，施工单位在"关于确定吴村煤矿张屯矿主井井筒冻结深度的建议"中提出主、副井井筒冻结深度由原 180 m 变更为 235 m，但由于各种原因未采纳
施工过程	主、副井分别于 2003 年 2 月 8 日和 4 月 3 日开机冻结，3 月 28 日和 5 月 21 日试挖，同年 9 月 9 日和 10 月 13 日停止冻结。但在揭露后续砾石层后，由于水量大、压头高，矿建单位采用工作面注浆等措施半年无效果，均出水淹井
事故处理	为加快建井速度，业主决定再次采用冻结法施工。该矿井二次冻结钻孔施工于 2004 年 1 月 10 日开始，拔冻结管、钻孔施工，至 2004 年 2 月 17 日钻孔施工全部结束。冻结深度由 180 m 延深至 240 m，延深冻结工程于 2004 年 3 月 3 日开始冻结，4 月 28 日井筒开挖，于 2004 年 5 月 16 日顺利通过冻结段施工，停止冻结
结语	张屯矿表土层厚 225.65 m，而初次设计冻结深度仅 180 m，由于设计不合理，导致井筒出水淹井，二次延深冻结，延误建井工期、增加工程造价，留下了深刻教训

表 4-8　张屯矿井筒检查孔地层结构　　　　　　　　　　　　　　m

序号	岩石名称	累计深度	层厚	序号	岩石名称	累计深度	层厚
1	表土	10.00	10.00	15	砂质黏土	77.90	12.30
2	黏土	10.50	0.50	16	砾石	83.95	6.05
3	砾石	18.35	7.85	17	黏土	87.60	3.65
4	黏土	22.00	3.65	18	黏土夹砾石	90.40	2.80
5	砾石	23.75	1.75	19	黏土	97.75	7.35
6	黏土夹砾石	25.65	1.90	20	砾石	100.30	2.55
7	砾石	27.55	1.90	21	黏土	104.05	3.75
8	黏土	29.65	2.10	22	砾石	110.35	6.30
9	黏土夹砾石	34.60	4.95	23	黏土夹砾石	111.90	1.55
10	黏土	42.30	7.70	24	黏土	115.40	3.50
11	黏土夹砾石	47.85	5.55	25	黏土夹砾石	116.55	1.15
12	砾石	56.20	8.35	26	砾石	117.95	1.40
13	黏土	61.90	5.30	27	黏土	119.40	1.45
14	黏土夹砾石	65.60	3.60	28	砾石	121.30	1.90

表4-8（续） m

序号	岩石名称	累计深度	层厚	序号	岩石名称	累计深度	层厚
29	黏土	122.35	1.05	43	黏土	170.20	4.00
30	黏土夹砾石	126.50	4.15	44	黏土夹砾石	171.35	1.15
31	黏土	128.85	2.35	45	黏土	206.50	35.15
32	砾石	131.00	2.15	46	砾石	209.50	3.00
33	黏土	132.30	1.30	47	黏土	218.95	9.45
34	黏土夹砾石	134.20	1.90	48	砾石	225.65	6.70
35	砾石	135.70	1.50	49	砂质泥岩	230.80	5.15
36	黏土	141.25	5.55	50	泥岩	233.80	3.00
37	砾石	147.60	6.35	51	砂质砾岩	234.70	0.90
38	黏土	151.50	3.90	52	泥岩	248.10	13.40
39	砾石	157.30	5.80	53	砂质泥岩	251.45	3.35
40	黏土夹砾石	161.40	4.10	54	泥岩	252.75	1.30
41	黏土	163.85	2.45	55	细粒砂岩	254.10	1.35
42	黏土夹砾石	166.20	2.35	56	粉砂岩	260.00	5.90

4.3.3 冻结深度未含基岩含水层导致延长工期施工案例

内蒙古某矿副井冻结，未冻全深，下部基岩采用普通法施工，冻结段掘砌过后，下部基岩涌水过大，导致掘砌困难，工期延长，施工案例见表4-9。

表4-9 冻结深度未含基岩含水层导致延长工期施工案例

项目	主要内容
工程概况	内蒙古某矿，工业广场内布置主、副和中央回风井，其中副井井筒设计净直径10.0 m，最大掘进荒径12.9 m，井筒深度705 m，冻结深度525 m
地质条件	1. 根据井筒检查钻孔揭露资料，地层自下而上有：三叠系上统延长组（T_3y）、侏罗系、白垩系及第四系（Q）。副井井筒检查孔地层结构见表4-10 2. 第四系全新统（Q_4^{eol}）风积砂层孔隙潜水含水层：岩性为中细砂、粉细砂，结构松散；揭露地层厚度为35.00~42.93 m，平均39.66 m；富水性强，透水性能良好，与大气降水的水力联系密切，与下部白垩系下统志丹群（K_{1zh}）含水层也有一定的水力联系。该含水层为矿床的间接充水含水层，为井筒的直接充水含水层 3. 白垩系下统志丹群（K_{1zh}）孔隙~裂隙~承压水含水层：岩性为各种粒级的砂岩、含砾粗粒砂岩夹砂质泥岩；揭露地层厚度为334.29~343.62 m，平均337.73 m；富水性不均匀，中等~强，没有较好的隔水层，与上、下部含水层均有一定的水力联系，为井筒的直接充水含水层 4. 侏罗系中统安定组（J_{2a}）直罗组（J_{2z}）碎屑岩类承压水含水层：下部岩性为中粗粒砂岩、粉砂岩及砂质泥岩，上部岩性为中粗粒砂岩、砂质泥岩夹粉砂岩及细粒砂岩；揭露该地层厚度为231.33~233.87 m，平均232.53 m；含水层的富水性弱，地下水的径流条件差。该含水层与上部承压水含水层有一定的水力联系，与下部承压水含水层的水力联系较小，为矿床的间接充水含水层，为井筒的直接充水含水层 5. 井筒地层的泥岩、中粒砂岩、粗粒砂岩全部为软弱岩石，粉砂岩为软弱~半坚硬岩石，砂质泥岩与细粒砂岩为软弱~坚硬岩石。砂质泥岩遇水后抗压强度变化很大，有的崩解破坏。井筒岩石以软弱岩石为主，个别为半坚硬岩石及坚硬岩石

表 4-9（续）

项目	主要内容
冻结设计	1. 采用主孔差异加防片帮孔的冻结施工方案。主孔深孔 525 m，浅孔 445 m，过侏罗系中统安定组以下 10 m，使基岩段形成足够强度和厚度的冻结壁。防片帮孔深为 46 m，穿过第四系超过表土层 5.0 m，防止井筒掘进初期上部片帮。 2. 主冻结孔布置圈径为 19.9 m，50 个孔，孔深 525 m/445 m，开孔间距 1.25 m；防片帮孔布置圈径为 15.3 m，20 个孔，孔深 46 m，开孔间距 2.393 m。布置 3 个测温孔，深 525 m/2 个，深 515 m/1 个，在地下水流上方外侧和最大孔间距处外侧和内侧各 1 个。水文孔各布置 2 个，深度分别为 38 m 和 112 m。总钻孔量 26885 m。 3. 150 m 以深最大孔间距不大于 2.0 m，设计开冻至开挖 65 d。
井筒施工情况	副井 2009 年 11 月 1 日开冻，12 月 16 日冻结 45 d 进行了试挖。井筒 150 m 以下为单层井壁施工，2010 年 8 月 10 日至 8 月 21 日井筒掘砌至 451 m，因炸药供应不足，井筒暂停掘砌，2010 年 8 月 22 日恢复掘砌。2010 年 9 月 6 日掘砌至 512 m，停止冻结。过冻结段后，采用工作面注浆法施工，因基岩涌水过大，导致掘砌困难。
事故处理	因砂岩孔隙含水，涌水量大，注浆效果不理想，施工困难。施工单位只能采取边注浆封堵，边排水强行通过。过冻结段后到井筒落底不到 200 m 高的一段井筒，施工了近一年，大大延长了建井工期。
结语	由于对孔隙含水岩层的涌水量和注浆堵水难度认识不足，未采取全深冻结方案，下部采用工作面注浆，因注浆效果差，施工环境恶劣，井筒施工受阻，延误建井工期，增加工程造价，留下了深刻教训。

表 4-10 内蒙古某矿副井井筒检查孔部分地层结构　　　　　　　　m

地层系统	层序	累计深度	层厚	岩石名称	地层系统	层序	累计深度	层厚	岩石名称
Q	1	27.90	27.90	风积砂	K₁	19	148.20	13.11	细粒砂岩
K₁	2	41.05	13.15	泥岩		20	160.35	12.15	中粒砂岩
	3	45.15	4.10	中粒砂岩		21	172.85	12.50	细粒砂岩
	4	49.70	4.55	砂质泥岩		22	195.22	22.37	中粒砂岩
	5	50.90	1.20	细粒砂岩		23	198.32	3.10	粗粒砂岩
	6	57.98	7.08	砂质泥岩		24	202.55	4.23	细粒砂岩
	7	63.13	5.15	细粒砂岩		25	209.65	7.10	粗粒砂岩
	8	68.43	5.30	砂质泥岩		26	222.10	12.45	中粒砂岩
	9	70.88	2.45	细粒砂岩		27	236.57	14.47	细粒砂岩
	10	71.48	0.60	砂质泥岩		28	249.67	13.10	中粒砂岩
	11	73.28	1.80	细粒砂岩		29	256.90	7.23	细粒砂岩
	12	76.08	2.80	砂质泥岩		30	270.31	13.41	中粒砂岩
	13	85.00	8.92	中粒砂岩		31	285.22	14.91	细粒砂岩
	14	101.40	16.40	细粒砂岩		32	305.54	20.32	中粒砂岩
	15	105.72	4.32	中粒砂岩		33	316.78	11.24	细粒砂岩
	16	106.52	0.80	砂质泥岩		34	329.39	12.61	中粒砂岩
	17	121.99	15.47	细粒砂岩		35	336.95	7.56	细粒砂岩
	18	135.09	13.10	中粒砂岩		36	343.25	6.30	中粒砂岩

表 4-10（续） m

地层系统	层序	累计深度	层厚	岩石名称	地层系统	层序	累计深度	层厚	岩石名称
K_1	37	357.29	14.04	细粒砂岩		54	481.94	36.60	砂质泥岩
	38	372.31	15.02	中粒砂岩		55	490.99	9.05	细粒砂岩
	39	376.34	4.03	细粒砂岩		56	495.99	5.00	砂质泥岩
J_{2a}	40	383.44	7.10	砂质泥岩		57	498.94	2.95	细粒砂岩
	41	386.54	3.10	细粒砂岩		58	500.19	1.25	砂质泥岩
	42	390.39	3.85	砂质泥岩		59	502.79	2.60	中粒砂岩
	43	391.39	1.00	中粒砂岩		60	504.19	1.40	细粒砂岩
	44	393.39	2.00	砂质泥岩		61	508.79	4.60	砂质泥岩
	45	394.89	1.50	细粒砂岩	J_{2z}	62	513.12	4.33	细粒砂岩
	46	397.29	2.40	砂质泥岩		63	531.44	18.32	粉砂岩
	47	398.99	1.70	细粒砂岩		64	550.54	19.10	砂质泥岩
	48	405.19	6.20	砂质泥岩		65	554.94	4.40	细粒砂岩
	49	414.80	9.61	中粒砂岩		66	561.24	6.30	砂质泥岩
	50	424.18	9.38	砂质泥岩		67	569.86	8.62	粉砂岩
	51	426.83	2.65	中粒砂岩		68	579.06	9.20	砂质泥岩
	52	440.54	13.71	砂质泥岩		69	586.06	7.00	粉砂岩
	53	445.34	4.80	粉砂岩		70	589.16	3.10	砂质泥岩

4.3.4 山西潞安古城煤矿主斜井冻结深度确定案例

山西潞安古城煤矿主斜井冻结深度确定案例见表 4-11。

表 4-11 山西潞安古城煤矿主斜井冻结深度确定案例

项目	主 要 内 容
工程概况	山西潞安古城煤矿主斜井井筒地面标高 +940.8 m，井筒净宽 6 m，净高 4.2 m，荒宽 7.8 m，荒高 7.0 m，倾角 15°，冻结斜长 504 m，冻结垂深 147 m，表土层厚度 94 m，连续黏土层 55 m，厚度大，埋藏深，是当时国内穿黏土最厚的斜井
地质条件	1. 地层从上到下为第四系和二叠系。表土层以粉质黏土与细砂土为主，基岩层以砂岩与泥岩为主。井筒地层结构见表 4-12 2. 第四系（Q）：埋深 0~94.00 m，岩性为含砂黏土夹粉砂、细砂、中砂及粗砂，局部夹数层棕灰~浅灰钙质结核 3. 二叠系（P）：埋深 94.00~153.68 m，井筒检查孔揭露上统上石盒子组（P_{2s}），其岩性主要为砂岩与泥岩互层，底部为含砾中粗石英砂岩 4. 第四系及基岩风化带进行混合抽水试验，水位 11.09 m，含水层为第四系冲、洪积及基岩风化带组成的潜水含水层，分 3 层含水层： （1）10.55~25.45 m，厚 14.9 m，为黄土砂层含水层 （2）31.30~51.50 m，厚 20.2 m，为第四系砂层含水层 （3）96.05~133.55 m，厚 37.5 m，为基岩风化带裂隙含水层

表 4-11（续）

项目	主 要 内 容
冻结深度确定	1. 冻结壁厚度：根据斜井井筒穿过不同深度地层特点，分 6 个控制层计算冻结壁厚度，确定顶板厚度 4.0~6.0 m，侧帮 2.2~4.5 m，底板 3.0~5.0 m 2. 井筒起终深度确定 起始深度：根据地质报告提供静水位 11.09 m，确定起点水平长度 41.05 m，倾斜长度 42.5 m，起始冻结孔深度 14 m 终止深度：招标文件暂定主斜井垂直冻结深度为 147 m，终止在泥岩中，下端冻结深度 147 m，井筒斜长 503.91 m，水平 486.74 m，筒分为 8 段 3. 冻结深度变更 施工中发现实际静水位 10.5 m，与井检孔报告提供的静水位 11.09 m 不符，2008 年 4 月 25 日及时向业主递交报告并协商，进行设计优化变更，重新确定冻结起始位置 （1）变更冻结起始位置，向井口方向平移 1.525 m，增加一行孔（孔数 5 个），原封头孔相应移至首行 （2）冻结起点水平长度变更为 39.525 m，倾斜长度变更为 40.96 m，冻结孔深度为 14 m （3）第 1、2、3 段已完成的边排冻结孔其深度仍维持原设计深度，中排孔和未完成的第 3 段边排孔井筒底板井壁以下冻结孔深由原设计 3 m 变更为 4 m，相应其余冻结段的冻结深度比原设计冻结壁厚度再增加 1 m （4）变更后共施工各类钻孔 1664 个，测温孔 27 个，水文孔 4 个，总钻孔长度 140516.833 m
施工情况	古城煤矿主斜井于 2011 年 4 月 21 日开冻，2011 年 6 月 18 日冻结 58 d 第一段达到开挖条件，明槽转暗挖施工准备滞后，6 月 24 日正式开挖，2012 年 10 月 21 日井筒冻结段掘砌完成，2012 年 10 月 20 日制冷站停机
结语	1. 斜井冻结起始位置很重要，必须处于地下静水位以上，施工中应及时了解实际地质资料，确保冻结起始深度的合理性，利于井筒明槽转暗挖施工 2. 斜井明槽转暗挖施工是关注重点之一，大多数斜井由于起始冻深确定不合理，浅部采用降水大开挖施工，导致在明槽转暗挖过渡段出现问题 3. 该井筒在调整冻结深度后，除因前期准备不充分，施工进度稍慢外，整个施工过程是比较顺利的，掘砌施工最高进尺 60 m/月，最低 19.5 m/月，平均 32.47 m/月

表 4-12　山西潞安古城煤矿主斜井井筒地层结构（检 5 孔）　　　　　　　　m

年代	层序	累计深度	层厚	岩石名称	年代	层序	累计深度	层厚	岩石名称
第四系Q	1	2.00	2.00	表土	第四系Q	14	56.64	7.37	黏土
	2	13.50	11.50	砂质黏土		15	59.64	3.00	砂质黏土
	3	15.80	2.30	黏土	二叠系上统 P_{2s}	16	60.19	0.55	粉砂质黏土
	4	19.44	3.64	砂质黏土		17	73.65	13.46	砂质黏土
	5	19.94	0.50	钙质结核		18	93.43	19.78	黏土
	6	21.94	2.00	细砂		19	97.64	4.21	粗粒砂岩
	7	24.99	3.05	粉砂质黏土		20	99.44	1.80	粉砂岩
	8	27.04	2.05	细砂		21	111.39	11.95	砂质泥岩
	9	33.49	6.45	黏土		22	112.89	1.50	粉砂岩
	10	34.49	1.00	粉砂质黏土		23	118.05	5.16	中粒砂岩
	11	38.49	4.00	砂质黏土		24	125.89	7.84	泥岩
	12	38.99	0.50	细砂		25	129.29	3.40	泥质粉砂岩
	13	49.27	10.28	砂质黏土		26	131.79	2.50	泥岩

表 4-12（续）　　　　　　　　　　　　　　　　　　　　　　　　　　　　　　m

年代	层序	累计深度	层厚	岩石名称	年代	层序	累计深度	层厚	岩石名称
二叠系上统 P_{2s}	27	135.42	3.63	细粒砂岩	二叠系上统 P_{2s}	30	152.56	0.60	粗粒砂岩
	28	150.46	15.04	砂质泥岩		31	153.96	1.40	粉砂岩
	29	151.96	1.50	粉砂岩					

4.3.5　陕西榆林袁大滩煤矿主、副斜井冻结深度确定案例

陕西榆林袁大滩煤矿主、副斜井冻结深度确定案例见表 4-13。

表 4-13　陕西榆林袁大滩煤矿主、副斜井冻结深度确定案例

项目	主　要　内　容
工程概况	陕西中能煤田有限公司袁大滩煤矿位于榆林市榆阳区，设计产能 5 Mt/a。该矿主斜井井筒倾角为 14°，原冻结斜长为 377 m，变更延长 8 m，总斜长 385 m；副斜井井筒倾角为 6°，原冻结斜长为 611 m，变更延长 70 m，总斜长 681 m，是 2020 年之前国内已完工程中地层最复杂、冻结斜长最大的工程。副井井筒冻结段荒高 5.95 m，荒宽 6.3 m，井壁厚度为内壁 0.35 m、外壁 0.3 m
地质条件	主、副斜井没有进行地质勘探，仅提供主、副斜井穿过地层岩芯鉴定，井筒穿过的连续砂层厚度为 97.6 m，这也为后续施工不顺利埋下了伏笔 主、副斜井地层结构见表 4-14
冻结设计	1. 冻结壁厚度：计算确定顶板厚度为 6.0 m，侧帮 2.8~3.4 m，底板 3.5~5.0 m 2. 冻结设计原则 （1）采用在地面打竖直孔冻结方式，钻孔深度由浅入深，主斜井最浅 26.6 m，最深 119 m；副斜井最浅 21.8 m，最深 93.5 m （2）采用局部冻结方式：斜井顶板冻结壁厚度以上的冻结管为非冻结段，其余为冻结段；中排孔穿入井筒断面段，采用聚氨酯隔热保温措施 （3）中排孔采用插花布置，以缩小相邻排之间最大孔间距，尽早交圈，增强冻结壁的均匀性 3. 钻孔设计及变更 根据综合成井速度 40 m/月要求，冻结区段按每 40 m 一段划分。副斜井原设计划分 15 段，前 14 段每段斜长 40 m，最后 1 段斜长 51 m，总冻结斜长 611 m。3 次取芯确定地层性质后设计变更 3 次，冻结斜长共延长 70 m，冻结总斜长为 681 m，钻孔总长度为 106195.6 m 4. 交圈及开挖时间：外排孔最大孔间距控制为 1.8~2.2 m，中排孔最大孔间距不大于 3.6 m，含水层冻结 45~58 d 交圈，开机至试挖时间为 50~65 d 5. 井筒需冷量及配机：根据井筒最大需冷量及斜长走向，先期设 2 个制冷站，分别安装 6 套和 7 套制冷机组，总装机容量分别为 1038×10^4 kcal/h 和 1211×10^4 kcal/h。因主斜井工艺改变和副斜井冻结斜长变更较多，两井增加 2 个制冷站，各增加 8 套制冷机组
井筒施工情况	1. 主斜井于 2013 年 8 月 31 日开冻，10 月 23 日提交开挖报告，10 月 27 日组织开挖。开挖后，由于掘砌工艺问题，明槽转暗挖施工荒断面扩挖超挖，浇筑井壁时未充填混凝土，而用沙袋堵壁后空洞，且施工中破坏了明槽转暗挖过渡段设置的环形冻结管，造成地表水沿壁后空洞进入井筒，直至 11 月 5 日处理完成后才正常掘砌。2014 年 3 月 10 日主斜井取芯核验地层后，冻结长度延长 8 m。2014 年 11 月 29 日，主斜井井筒冻结段全部掘砌结束，制冷站停机 2. 副斜井于 2013 年 8 月 26 日开冻，10 月 22 日开挖，到 2015 年 4 月 27 日掘完。其中，2014 年 5 月 20 日、7 月 20 日、12 月 15 日 3 次取芯核检地层后，冻结斜长分别延长 30 m、20 m、20 m，累计延长 70 m 3. 主、副斜井开挖后，人工掘进每天进尺 1 m 多。2013 年底，业主购进综掘机，要求掘砌施工速度按每月 60 m 考虑，并要求冻结施工单位于 2014 年 4 月和 7 月在主、副斜井各增加安装了 2 号和 3 号制冷站，各安装 8 套制冷机组

表4-13（续）

项目	主 要 内 容
结语	1. 袁大滩煤矿斜井明槽转暗挖段出水，是典型的明槽施工与冻结段接茬处理不当造成接缝漏水案例，大多斜井浅部出水都发生在明转暗过渡段，应吸取教训 2. 掘砌施工工艺与冻结工艺应相互匹配。施工中改变掘砌工艺和计划施工速度，必然会对冻结设计与施工带来较大影响 3. 袁大滩煤矿井筒穿过厚达97.6 m的巨厚富水砂层，地下水流速大，但未进行地质勘探，给施工和井筒质量带来很多问题。实践再次表明，井筒地质勘探工作是非常必要的

表4-14 袁大滩煤矿主、副斜井地层结构（F1号钻孔岩芯鉴定） m

地层系统	层 序	累计深度	层厚	岩石名称
Q_4^{eol}	1	7.60	7.60	粉砂
$Q_3 s$	2	16.83	9.23	细砂
$Q_3 s$	3	25.30	8.47	中砂
$Q_3 s$	4	33.60	8.30	粉砂
$Q_3 s$	5	72.20	38.60	细砂
$Q_3 s$	6	79.10	6.90	粉砂
$Q_3 s$	7	97.60	18.50	细砂
$Q_2 l$	8	98.90	1.30	黄土
$J_2 a$	9	110.33	11.43	砂质泥岩
$J_2 a$	10	112.30	1.97	中粒砂岩

4.4 冻结壁设计

冻结壁设计主要指其平均温度与厚度的设计，是岩土工程冻结设计的核心内容之一。冻结壁的承载特性不仅与平均温度、厚度有关，还与冻结壁形状、外载分布特征等密切相关。

冻结地层的目的有两类，一类以临时加固地层和封水为主要目的，另一类以封水为主要目的。前者须考虑地层冻结与解冻对工程掘进、支护、运营等环节的影响，对支护结构和冻结壁的设计与施工要求更高、更复杂，例如在含水不稳定土层中用冻结法凿井时。后者称为冻结法封水，类似于注浆法封水，一般用单排（圈）孔冻结地层形成隔水帷幕即可满足封水要求，且在保证冻结壁不发展至开挖区的情况下，可基本上不考虑地层冻结与解冻对工程掘进、支护、运营等环节的影响，例如在含水稳定岩层中用冻结法封水、普通法凿井时。

立井、斜井及其他岩土冻结工程中，冻结壁往往具有不同的几何性状与荷载分布特征，设计方法存在较大差异，以下分别介绍。

4.4.1 立井井筒冻结壁设计

在含水不稳定土层中凿井，冻结土层须达到临时加固地层和封水两大目的。此种情况下冻结壁的设计最为困难、复杂。

在含水稳定岩层中凿井，冻结岩层往往只需达到封水目的即可。在此情况下，可以以孔（裂）隙水压乘以岩体孔（裂）隙率为当量冻结壁外载，按弹性理论设计冻结壁；采用单圈管冻结岩层形成冻结壁；按井帮为正温的要求设计冻结管布置圈径和控制冻结过程。

1. 立井井筒冻结壁设计的基本假设、原则与步骤

立井井筒冻结壁设计的基本假设、原则与步骤见表 4-15。

表 4-15 立井井筒冻结壁设计的基本假设、原则与步骤

项　目	内　　容
基本假设	1. 冻结壁按其平均温度视为温度均匀的厚壁圆筒结构 2. 冻结壁的土性、外载沿周向不变 3. 冻结壁视为一次瞬间开挖的无限长厚壁筒或考虑时空效应的有限开挖段长问题 4. 冻结壁外载，可忽略冻胀诱发的地压变化，按永久水平地压取值 5. 冻土介质可视为弹性、弹塑性或黏弹塑性介质
设计原则	1. 按强度条件，有条件时按变形条件开展初步设计 2. 结合工程经验，对于特厚土层还需要结合理论分析、数值计算、模拟试验研究等的成果，进行最终设计
基本步骤	1. 确定冻结壁设计的控制地层：应选择冻结壁强度与外载之比最小的地层为控制层，埋深最大的砂层与黏土层是常见的候选控制地层 2. 确定冻结壁设计的平均温度：参照工程经验，根据外载、冻土强度或拟达到的井帮温度，初步确定冻结壁的平均温度 3. 按重液公式，计算控制层位水平地压：$P = 0.013H$（H 为埋深，m；P 为水平地压，MPa） 4. 根据井检孔冻土试验资料，结合初步设计的冻结壁平均温度，确定冻结壁厚度计算所需的冻土强度或其他力学参数值 5. 选择合适的冻结壁厚度计算公式，按强度条件或变形条件计算确定冻结壁厚度，参见表 4-19 6. 根据冻结壁厚度要求，参照相关规范、规程或工程经验，开展冻结孔、测温孔、水文孔布置、管材参数等的设计 7. 基于井筒参数、盐水温度（表 4-18）与降温计划，结合井筒掘砌计划进度，开展井筒施工中冻结壁厚度、平均温度的预测、校核；必要时进行参数调整

黏土层中井帮温度、有效冻结壁平均温度可参考表 4-16、表 4-17 中经验值取值。

表 4-16 黏土层井帮温度

井筒垂深/m	0~200	200~400	400~600	>600
黏土层井帮温度/℃	4~-4	-4~-8	-8~-10	<-10

表 4-17 有效冻结壁平均温度

冲积层厚度/m	0~200	200~400	400~600	>600
有效冻结壁平均温度/℃	-5~-10	-10~-15	-15~-20	<-20

冻结法凿井工程中，盐水温度可参照表 4-18 取值，并符合下列规定：

（1）地温高于 28 ℃，盐水温度适当降低。

(2) 当土层含盐量过多，应经冻土力学试验、地层冰点试验等确定盐水温度。

(3) 井筒掘砌期间，盐水温度应根据冻结壁发展情况、井帮温度和测温孔温度资料等分析确定。

表 4-18　井筒冻结盐水温度取值　　　　　　　　　　　　　　　　　　　　℃

冲积层厚度/m		0~200	200~400	400~600	>600
井筒净直径/m	≤6.0	−24	−24~−27	−27~−30	−30~−34
	>6.0	−24~−27	−27~−30	−30~−32	−32~−34

2. 立井冻结壁厚度计算公式

土层中立井冻结壁厚度设计计算常用公式见表 4-19。

表 4-19　土层中立井冻结壁厚度设计计算常用公式

公式名称	图示	计算公式	符号意义	适用土层深度/m
无限长弹性厚壁筒（拉麦）公式		$E = R\left(\sqrt{\dfrac{[\sigma_s]}{[\sigma_s] - KP}} - 1\right)$	E—冻结壁计算厚度，m；R—井筒掘进荒半径，m；P—计算层位的地压，MPa；$[\sigma_s]$—冻土的许用应力，可由瞬时抗压强度除以 1.2~1.4 得到，MPa；K—系数，第三强度理论时为 2，第四强度理论时为 $\sqrt{3}$	<120
无限长弹塑性厚壁筒（多姆克）公式		$E = R\left[B\left(\dfrac{P}{\sigma_s}\right) + C\left(\dfrac{P}{\sigma_s}\right)^2\right]$	σ_s—冻结壁塑性屈服极限强度，可取冻土瞬时单轴抗压强度的 1/(1.2~1.4)，MPa；B、C—系数，对第三强度理论 $B = 0.29$、$C = 2.3$，对第四强度理论 $B = 0.56$、$C = 1.33$；其余符号意义同上	<400
无限长弹塑性厚壁筒（KLEIN）公式		$E = R\left[(0.29 + 1.42\sin\varphi) \times \left(\dfrac{P}{\sigma_s}\right) + (2.3 - 4.6\sin\varphi) \times \left(\dfrac{P}{\sigma_s}\right)^2\right]$	φ—冻土的内摩擦角，(°)；其余符号意义同上	<400

表4-19（续）

公式名称	图示	计算公式	符号意义	适用土层深度/m
无限长全塑性厚壁筒公式	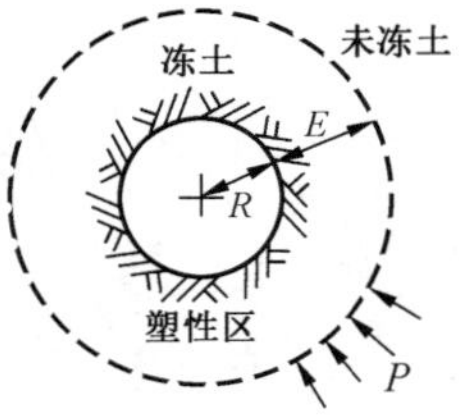	$E = R\left[\mathrm{e}^{\frac{K_1 P}{\sigma_s}} - 1\right] K_2$	K_1—与强度理论有关的系数，第三强度理论取1，第四强度理论取$\sqrt{3}/2$；K_2—安全系数，可取1.1~1.3；其余符号意义同上	
无限长全塑性厚壁筒（维亚洛夫）公式	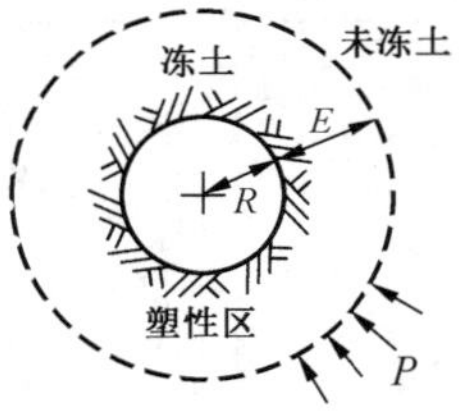	$E = R\left[\left(\dfrac{P}{\sigma_s}\dfrac{2\sin\varphi}{1-\sin\varphi} + 1\right)^{\frac{1-\sin\varphi}{2\sin\varphi}} - 1\right]$	符号意义同上	大段高无支护状态
有限段高塑性模型之里别尔曼公式	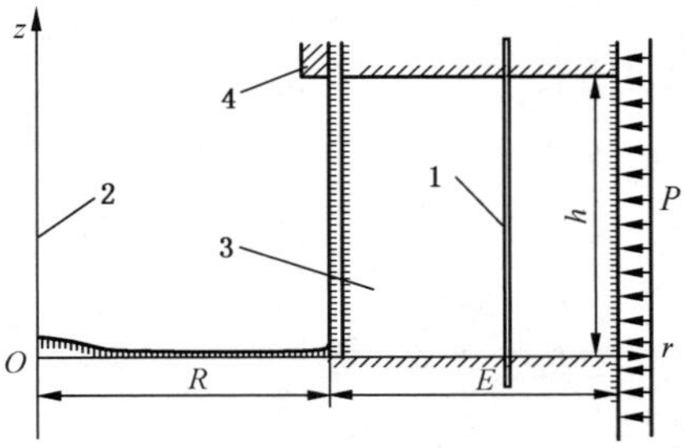 1—冻结管；2—井筒中心线；3—冻结壁；4—外层井壁	$E = \dfrac{P}{\sigma_\tau} h K$	h—安全掘进段高，m；σ_τ—与冻结壁暴露时间相应的冻土松弛强度，可取冻土长时强度，MPa；K—安全系数，取1.1~1.2；其余符号意义同上	深厚黏土层
有限段高塑性模型之维亚洛夫、扎列茨基公式（按强度条件）	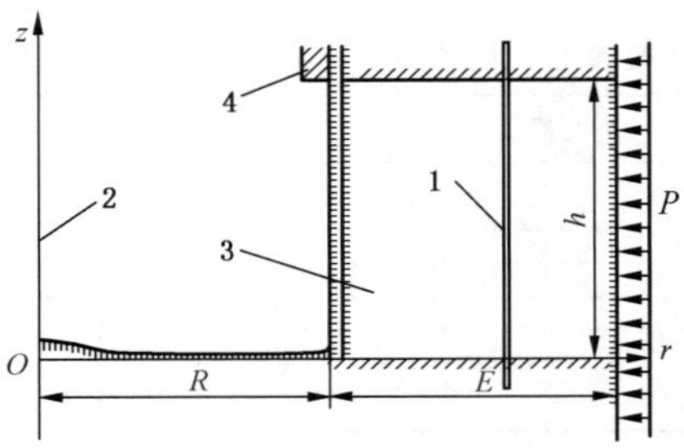 1—冻结管；2—井筒中心线；3—冻结壁；4—外层井壁	$E = \sqrt{3}\eta\dfrac{P}{\sigma_\tau}h$	η—反映井帮两端约束状态的系数，$0.5 \leqslant \eta \leqslant 1$，井筒工作面土体冻实取0.5，非冻结状态时取1；其余符号意义同上	深厚黏土层

表 4-19（续）

公式名称	图示	计算公式	符号意义	适用土层深度/m
有限段高黏塑性体模型公式（按强度条件）	1—冻结管；2—井筒中心线；3—冻结壁；4—外层井壁	$E = \sqrt{3}(1-\xi)\dfrac{P}{\sigma_\tau}hK$	ξ—井帮暴露段两端的固定程度系数，见表 4-20；K—安全系数，取 1.1~1.3；其余符号意义同上	深厚黏土层
有限段高黏塑性模型之维亚洛夫、扎列茨基公式（按变形条件）	1—冻结管；2—径向变形；3—冻结壁；4—外层井壁；5—井筒中心线	$E = R\left\{\left[1+3^{\frac{1+m}{2}}(1-\xi)\times\dfrac{(1-m)P}{A(\tau,t)}\times\left(\dfrac{h}{R}\right)^{1+m}\times\left(\dfrac{R}{u_a}\right)^m\right]^{\frac{1}{1-m}}-1\right\}$	u_a—井帮暴露段最大允许位移，m；ξ—冻结壁两端约束状态差异系数，$0\leq\xi\leq0.5$，上端固定而下端不固定时取 0.5；$A(\tau,t)$—冻土蠕变满足 $\varepsilon_i^m = 3^{\frac{1+m}{2}}\dfrac{\sigma_i}{A(\tau,t)}$ 时的变形参数（MPa），通过蠕变试验测定；m—冻土强化系数，通过蠕变试验测定；其余符号意义同上	深厚黏土层

参照《矿山立井冻结法施工及质量验收标准》(GB/T 51277) 中的表 4.5.4，当采用表中有限段高黏塑性体模型公式（按强度条件）计算冻结壁厚度时，井筒暴露段的固定程度系数 ξ 按表 4-20 取值。

表 4-20 井筒冻结暴露段的固定程度系数 ξ

土 性	冻土进入荒径的距离			
	$(0\sim0.2)r_w$	$(0.2\sim0.4)r_w$	$(0.4\sim0.6)r_w$	$(0.6\sim0.8)r_w$
砂、砂砾	0~0.14	0.14~0.28	0.28~0.38	0.38~0.46
砂性土	0~0.12	0.12~0.24	0.24~0.32	0.32~0.38
黏性土	0~0.11	0.11~0.22	0.22~0.28	0.28~0.32

3. 冻结壁设计中的冻土强度取值

1）冻土强度试验方法

冻土的单轴抗压强度是开展冻结壁设计的关键参数，应委托有资质的单位开展冻土单轴抗压强度等力学试验。

我国早期冻土单轴抗压强度采用立方体试件及(30 ± 5)s 破坏控制式的加载试验方法。针对世界各国人工冻土试验方法的不统一问题，相关专家工作组在征求各国意见的基础上，推荐了统一的冻土试验方法大纲，建议改用圆柱状冻土试件，并采用恒应变速率（$\dot{\varepsilon}_1 = 0.8\%/\text{min}$）的加载方式。

目前我国人工冻土单轴抗压强度已改用 $\phi61.8\text{ mm}\times150\text{ mm}$ 或 $\phi50\text{ mm}\times100\text{ mm}$ 的圆柱体试件，并采用恒应变速率（$\dot{\varepsilon}_1 = 1.0\%/\text{min}$）的加载方式开展试验，详见《人工冻土物理力学性能试验　第4部分：人工冻土单轴抗压强度试验方法》（MT/T 593.4）。

煤炭科学研究总院北京建井所等开展的两种试验模式下冻土强度的对比研究表明：采用国际统一的试验方法后，圆柱体试件冻土单轴抗压强度值约为原立方体试件试验方法的 50%。

《煤矿井巷工程施工规范》（GB 50511）规定：冻结壁设计时的冻土允许抗压强度，可由单轴抗压强度除以安全系数得到；对于砂性土、黏性土，安全系数可分别取 1.2、1.4。

2）深部冻土的原位强度

冻结法凿井中人工冻土力学参数的测定，目前均采用"重塑土样，先冻结再加载"的试验模式，与冻土实际工况差异显著，难以准确反映其原位力学性状。

2000 年以来，我国学者提出了"先侧限加载固结（即 K_0 固结），后恒压冻结，再试验"的冻土试验新模式。研究发现：原位冻土与重塑冻土力学性质存在重大区别，前者抗压强度高 15% 以上，破坏应变小 55% 以上；提出应采用原位冻土的力学参数设计冻结壁，获得了新模式与传统模式（"不固结且无压冻结，再试验"）下冻土强度、变形指标的转换关系：

$$\sigma_s = K_1 K_2 \sigma_c \tag{4-1}$$
$$c_s = K_1 K_2 c \tag{4-2}$$

式中　σ_s——原状、原位冻结条件下冻土的强度，MPa；

　　　K_1——无压冻结重塑土与原状土冻土抗压强度差异系数，$K_1 = 1.15\sim1.2$；

　　　K_2——重塑土有压、无压冻结时的抗压强度差异系数，$K_2 = 1.15\sim1.2$；

　　　σ_c——无压冻结条件下重塑冻土的抗压强度，MPa；

　　　c_s——原状、原位冻结条件下冻土的内聚力，MPa；

　　　c——无压冻结条件下重塑冻土的内聚力，MPa。

深厚土层冻结壁设计过程中，可参照上述成果进行冻土力学参数的修正。

4. 立井冻结壁厚度设计计算实例

随着土层深度增加，冻结壁由弹性逐渐进入弹塑性甚至全塑性状态，导致拉麦公式、多姆克公式不再适用，考虑冻结法凿井的时空效应，按变形条件开展冻结壁厚度设计变得极为必要，也更为可行。

考虑蠕变变形进行冻结壁设计，需开展冻土蠕变试验，设计较复杂的冻土力学参数取值问题，计算工作较复杂。2000 年以来，在深度超过 400 m 的特厚土层冻结法凿井中，冻结壁设计大量采用了数值计算方法，部分工程还开展了冻结壁承载性能的相似模型试验，为冻结法凿井顺利实施发挥了重要作用。

龙固煤矿副井在不同深度地层中的冻结壁厚度设计计算结果见表 4-21。

表 4-21 龙固煤矿副井不同深度地层的冻结壁厚度计算结果

序号	控制层位/m	采用公式	地压/MPa	冻土平均温度/℃	单轴极限抗压强度/MPa	安全系数	允许抗压强度/MPa	暴露段高/m	冻结壁厚度计算值/m
1	328.6	有限段高公式	4.27	-12	4.47（黏土层）	2.3	1.94	2.0	7.04
								2.2	7.75
2	400	有限段高公式	5.2	-15	7.55（取试验值）	2.5	3.02	2.0	5.51
								2.5	6.89
3	468.9	有限段高公式	6.10	-17	6.95（粉砂层）	2.5	2.78	2.0	7.02
								2.5	8.87
4	567.7	有限段高公式	7.38	-17	6.54（黏土层）	2	3.27	2.0	7.22
								2.5	9.03
						2.5	2.61	2.0	9.05
								2.5	11.3
		里别尔曼公式	7.38	-17	6.54（黏土层）	2	3.27	2.0	7.06
								2.5	8.83
						2.5	2.61	2.0	8.84
								2.5	11.1

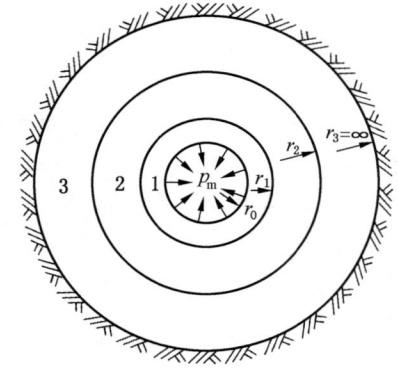

1—冻结壁塑性区；2—冻结壁弹性区；
3—弹性围岩区

图 4-11 弹塑性冻结壁与弹性围岩相互作用模型

5. 冻结壁厚度设计研究进展

考虑开挖卸载作用建立了冻结壁与围岩相互作用的弹塑性力学模型（图 4-11），建立了新的弹塑性冻结壁厚度计算公式。

研究表明，新公式较传统的多姆克公式更合理，并建议选用 Coulomb-Mohr 屈服准则进行冻结壁厚度计算。进一步的研究分析表明，可不考虑冻土的流变性，并假定井筒为一次瞬间开挖、无支护，采用该弹塑性理论解开展冻结壁厚度计算。具体的设计计算方法如下。

（1）计算荷载 p_j 按下式确定：

$$p_j = \gamma_0 \gamma_G p_m \qquad (4-3)$$
$$p_m = 0.013H \qquad (4-4)$$

式中　p_j——冻结壁计算荷载，MPa；

γ_0——结构重要性系数，因冻结壁是临时支护结构，可取 1；

γ_G——荷载分项系数，因原始地压取较高值，故 γ_G 取 1.1；

p_m——原始水平水土压力，MPa；

H——冻结壁控制层埋深，m。

(2) 按下式确定冻土强度、内聚力和内摩擦系数的计算值：

$$\sigma_j = \frac{\sigma_s}{\gamma_m} \quad (4-5)$$

$$c_j = \frac{c_s}{\gamma_m} \quad (4-6)$$

式中 σ_j——强度计算值，MPa；
　　　σ_s——原状、原位冻结冻土的抗压强度，MPa；
　　　γ_m——材料分项系数，对于弹塑性材料，参考有关规范，取 1.1；
　　　c_j——内聚力计算值，MPa；
　　　c_s——原状、原位冻结冻土的内聚力，MPa。

(3) 采用 Coulomb-Mohr 屈服准则，有

$$A_j = \frac{2c_j \cos\phi_j}{1-\sin\phi_j} \quad (4-7)$$

$$B_j = \frac{1+\sin\phi_j}{1-\sin\phi_j} \quad (4-8)$$

式中 A_j、B_j——与冻结壁土体内聚力、内摩擦角计算值有关的参数；
　　　ϕ_j——内摩擦角计算值，可取 $\phi_j = \phi$。

有成果表明：冻结原状土的内摩擦角大于冻结重塑土，因此这里取内摩擦角计算值 ϕ_j 等于冻结重塑土的内摩擦角 ϕ 是偏安全的。

(4) 冻结壁厚度计算公式为

$$t = r_0(y-1) \quad (4-9)$$

式中 t——冻结壁厚度，m；
　　　r_0——掘进荒半径，m；
　　　y——按下式通过迭代计算求得

$$y = \sqrt[n]{\eta_1 + \eta_0 y^{n-1}} \quad (4-10)$$

$$n = \frac{b_j}{2} \quad (4-11)$$

$$a_j = \frac{A_j}{P_j} \quad (4-12)$$

$$b_j = B_j - 1 \quad (4-13)$$

$$\eta_1 = \frac{2(a_j + b_j)}{a_j(2+b_j)} \quad (4-14)$$

$$\eta_0 = \frac{b_j(M-1)}{M(2+b_j)} \quad (4-15)$$

$$M = \frac{\zeta + \psi_f}{1 + \psi_f} \quad (4-16)$$

$$\psi_f = 1 - 2\mu_f \quad (4-17)$$

$$\zeta = \frac{G_f}{G_u} \quad (4-18)$$

$$G_{\mathrm{f}} = \frac{0.5 E_{\mathrm{f}}}{1 + \mu_{\mathrm{f}}} \tag{4-19}$$

$$G_{\mathrm{u}} = \frac{0.5 E_{\mathrm{u}}}{1 + \mu_{\mathrm{u}}} \tag{4-20}$$

式中　　E_{f}、μ_{f}——冻结壁的弹性模量（MPa）与泊松比；

E_{u}、μ_{u}——未冻土的弹性模量（MPa）与泊松比。

在冻结壁计算时，需要通过试验或其他方法得到冻土、未冻土的以下力学参数：E_{f}、μ_{f}、E_{u}、μ_{u}、c_j、ϕ_j；而后根据埋深得到设计荷载 p_j，进而按以上公式进行计算可得出冻结壁厚度 t。在迭代计算时，y 的初值可取 1。

6. 冻结壁的平均温度

不同冻结条件下立井冻结壁平均温度可选用表 4 – 22 中的公式计算。

表 4 – 22　立井冻结壁平均温度的计算公式

类别	计算公式	符号意义
单圈管冻结条件下稳态导热理论计算公式	$\bar{t}_i = t_1 + \dfrac{(t_2 - t_1)\left[\left(\dfrac{r_2}{r_1}\right)^2 \left(\ln \dfrac{r_2}{r_1} - \dfrac{1}{2}\right) + \dfrac{1}{2}\right]}{\left[\left(\dfrac{r_2}{r_1}\right)^2 - 1\right] \ln \dfrac{r_2}{r_1}}$ $\bar{t}_o = t_2 + \dfrac{(t_3 - t_2)\left[\left(\dfrac{r_3}{r_2}\right)^2 \left(\ln \dfrac{r_3}{r_2} - \dfrac{1}{2}\right) + \dfrac{1}{2}\right]}{\left[\left(\dfrac{r_3}{r_2}\right)^2 - 1\right] \ln \dfrac{r_3}{r_2}}$ $\bar{t} = \dfrac{\bar{t}_i (r_2^2 - r_1^2) + \bar{t}_o (r_3^2 - r_2^2)}{r_3^2 - r_1^2}$	$\bar{t}_i$、$\bar{t}_o$——冻结管布置圈内侧区域、外侧区域的平均温度，℃ $\bar{t}$——冻结壁的总平均温度，℃ r_1、r_2、r_3——冻结壁内表面、轴面、外表面的半径，m；冻结壁进入井内时，r_1 按井帮半径取值 t_1——冻结壁内表面平均温度，℃；冻土未进入井内时，$t_1 = t_d$（t_d 为岩土结冰温度）；冻土进入井内时，$t_1 = t_n$（t_n 为井帮温度） t_2——冻结管布置圈位置即冻结轴面平均温度，℃；可按轴面平均温度或冻结管外表面温度取值 t_3——冻结壁外表面平均温度，℃；取 $t_3 = t_d$
国外单圈管冻结条件下轴面平均温度计算公式	$t_{zm} = t_y \left(0.77 + 0.03 \dfrac{l}{2R_0} - 0.4 \dfrac{l}{E_2} + \dfrac{d_y}{l} + 0.07 \dfrac{E_1}{E_2} \right)$	t_{zm}——冻结壁轴面平均温度，℃ t_y——冻结管外表面温度，℃ l——冻结管间距，m R_0——冻结管布置圈半径，m d_y——冻结管外直径，m E_1、E_2——冻结壁在冻结管布置圈径内、外侧的厚度，m
国内经验公式（成冰公式）	$t_{0c} = t_b \left(1.135 - 0.352\sqrt{l} - 0.785 \dfrac{l}{\sqrt[3]{E}} + 0.266 \dfrac{l}{\sqrt{E}} \right) - 0.466$ $t_c = t_{0c} + \omega t_n$	t_{0c}——冻土未进入开挖荒径时，冻结壁的平均温度，℃ t_c——冻土进入荒径时，冻结壁有效厚度范围内的平均温度，℃ t_b——盐水温度，℃ E——冻结壁厚度，m ω——经验系数，取 0.25～0.30 t_n——井帮冻土温度，℃；井帮未冻结时取 0℃

表 4 – 22（续）

类别	计 算 公 式	符 号 意 义
и. м. 斯捷潘诺娃公式	$t_c = t_y \left(\begin{array}{l} 0.42 + 0.09 \dfrac{l}{2R_0} - 0.2 \dfrac{l}{E_2} + \\ 0.37 \dfrac{d_y}{l} + 0.01 \dfrac{E_1}{E_2} \end{array} \right)$	符号意义同前
и. д. 纳斯诺夫与 м. н. 苏普利克公式	$t_c = t_b \left(0.32 + 0.8 \dfrac{d_n}{l} - 0.2 \dfrac{l}{E} \right)$	d_n—冻结管内直径，m 其余符号意义同前
n 圈管冻结条件下的冻结壁平均温度	$t_m = \dfrac{A_W t_{mW} + A_N t_{mN} + \sum\limits_{i=1}^{n-1} A_i t_{m_i}}{A_W + A_N + \sum\limits_{i=1}^{n-1} A_i}$ $A_W = \pi [(R_W + E_W)^2 - R_W^2]$ $A_i = \pi (R_{i+1}^2 - R_i^2)$ $A_N = \pi (R_1^2 - R_J^2)$	t_m—n 圈孔冻结壁的平均温度，℃ t_{mW}—外圈管外侧冻结壁的平均温度，一般为 $-11 \sim -14$ ℃，在去、回路盐水温度平均值不低于 -30 ℃ 的条件下，盐水温度低、冻结时间长、地温低时则取下限值，反之取上限值；常规情况下取 -12.5 ℃ t_{mN}—内圈管内侧冻结壁的平均温度，一般为 $-14 \sim -20$ ℃，在井帮温度低于 -10 ℃ 的条件下，井帮温度低时取下限值，反之取上限值 t_{m_i}—由内向外数第 i 圈冻结管与第 $i+1$ 圈冻结管之间冻土的平均温度，一般为 $-21 \sim -24$ ℃，盐水温度低、冻结时间长时平均温度低，故取下限值；反之取上限值 A_W—外圈管外侧冻土的面积，m² A_N—内圈管至井帮范围内冻土的面积，m² A_i—第 i 圈冻结管与第 $i+1$ 圈冻结管之间冻土的面积，m² E_W—外圈管外侧冻结壁有效厚度，m R_i—第 i 圈冻结管的布置圈半径，$i=1$ 时为内圈冻结管布置圈半径；$i=n$ 时为外圈冻结管布置圈半径，$R_n = R_W$，m R_J—内圈管内侧冻结壁锋面位置的半径，当冻土进入掘进荒半径时取掘进荒半径值，m

注：表中计算公式，是把多圈管冻结壁分为内圈管内侧、外圈管外侧、相邻两圈管之间三种圆环形区域，分别计算出各区域的平均温度，再按各区域的冻土横截面面积计算出加权平均值；其中内圈管内侧、外圈管外侧区域的冻结壁平均温度，可参照单圈管计算方法；相邻两圈管之间的冻结壁平均温度，参照工程与科研实践经验取值。

7. 冻结壁设计的数值计算方法

冻结壁是非定常、非均匀温度场下的冻土结构，其承载与变形特性从根本上取决于其非均匀温度场及冻土的温度非线性力学性质。现有冻结壁厚度的理论计算方法，把冻结壁简化为定常、均温冻土结构，固然方便了计算，满足了早期冻结施工设计的要求。但当冻结壁处于复杂温度场（多圈孔冻结、不规则冻结孔布置等情况）或冻结壁深度太大（表土层≥400 m，基岩≥600 m 等）时却很难满足设计需要。

随着有限元等数值模拟技术的发展，基于该技术的冻结壁设计或校核方法得到了越来越多的应用，尤其是在 2000 年以来深厚表土层冻结法凿井和市政冻结工程中发挥了重要作用。

数值模拟方法，主要应用于冻结温度场数值模拟、井筒开挖过程应力场数值模拟两大环节，其各自的目的、基本假设、基本步骤分别见表4-23、表4-24。

表4-23　立井冻结壁温度场的数值模拟

项目	内　　容
目的	冻结壁温度场的数值模拟，通常拟达到以下目的之一： 1. 基于冻结孔布置方案、盐水降温计划等条件，模拟冻结壁形成与发展过程，掌握特定地层的冻结壁厚度、平均温度的演变规律 2. 针对特定地层中安全凿井对冻结壁厚度与平均温度的要求，开展不同冻结孔布置参数、盐水温度或降温曲线条件下的数值模拟分析，实现冻结方案或参数的优化 3. 基于测温孔中获得的冻结壁内部温度、凿井过程中测得的井帮温度等数据，通过冻结温度场的数值模拟，开展计算深度处地层的热物理参数反演分析，为类似地层中开展冻结壁温度场的预测分析提供参数
基本假设	1. 忽略沿井筒轴向的地层热交换 2. 地层冻结对井筒周围地层的影响仅局限在一定直径的范围内 3. 冻结管外表面温度为随时间变化的温度荷载，一般比盐水温度高2~8℃，冻结初期取大值，后期取小值 4. 忽略冻胀诱发的水分迁移，以及由此造成的土、冻土的基本物理参数、热参数的变化
计算步骤	1. 确定拟开展冻结温度场数值模拟的地层 2. 根据冻结孔设计孔位或实际孔位，以井筒中心为圆心，取一定直径（可取冻结壁外锋面最大直径的5~10倍），建立井筒横断面的全断面平面模型，或按一定圆心角建立非全断面模型 3. 有限元网格剖分：冻结管周围温度梯度大的区域一般需进行加密剖分 4. 材料参数赋值：对土体赋予温度非线性的热参数，并可通过焓值变化模拟冻土相变 5. 模型外表面设置为恒温边界，并对模型全部节点设置初始温度 6. 设置计算时间步长：根据盐水降温过程、温度场计算结果的提取需要而确定 7. 开展瞬态温度场的数值模拟，并根据设定的时间步保存温度场计算结果 8. 提取不同时间步的温度场计算结果，开展数值计算结果分析
计算所需参数	1. 地层初始温度、含水率、密度、导热系数、比热，土的结冰温度、相变温度区间、焓值 2. 冻结孔布置参数（圈径、孔间距，或每个孔孔位）、冻结管外径 3. 模型外边界到井心的半径，非全断面模型的圆心角 4. 盐水降温计划（盐水温度随时间变化），以及与此相关的冻结管外表面温度变化
主要分析内容	1. 冻结壁内、外部温度场的时空演变规律 2. 主冻结管的周向交圈状态、时间，不同圈径主冻结管的径向交圈状态、时间 3. 各圈冻结管的冻结主面、界面、轴面温度分布及其随时间演变规律 4. 冻结孔分布最不利部位的冻结壁有效厚度、平均温度随时间的演变规律
计算实例示意	说明：某冻结井采用三圈主冻结孔与内侧辅助冻结孔（防片帮孔）的冻结方案，拟通过计算，掌握特定深度黏土层中冻结壁交圈及其径向温度分布情况 数值计算模型 (a) 计算网格总图　　(b) 网格局部放大

表 4-23（续）

项目	内容
冻结温度场发展云图 计算实例示意 冻结温度场发展曲线	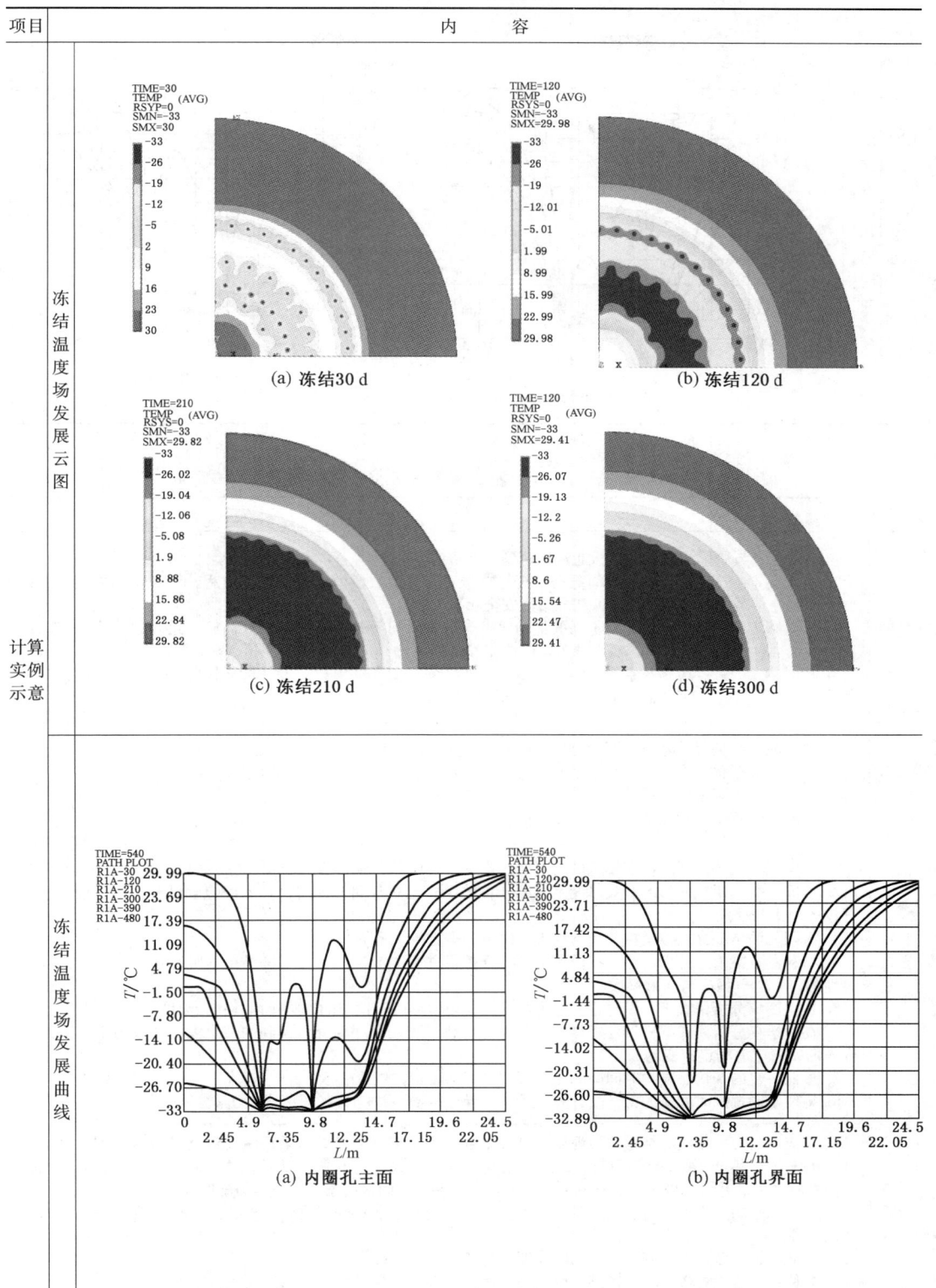

表 4-23（续）

项目	内 容
计算实例示意	冻结温度场发展曲线 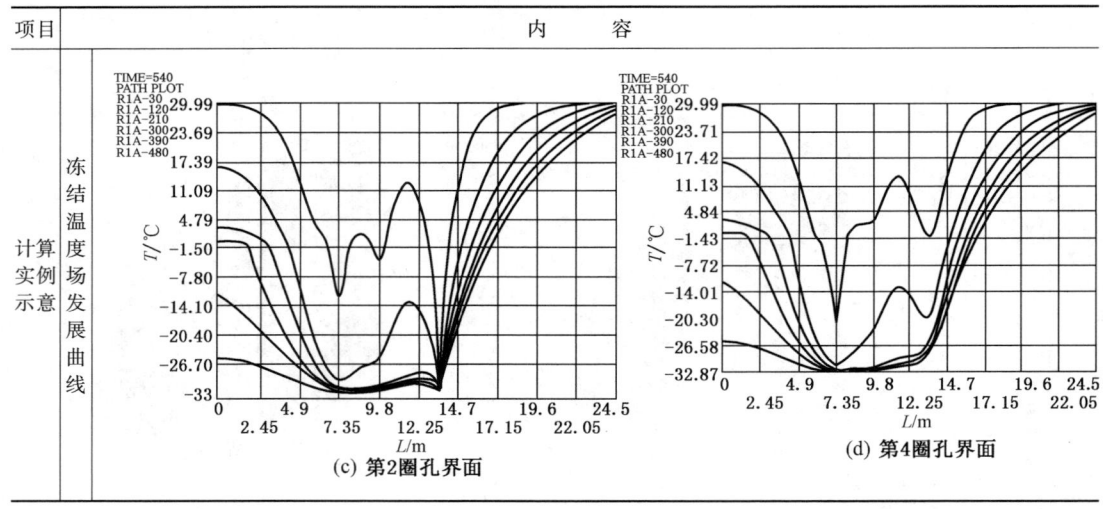 (c) 第2圈孔界面　　(d) 第4圈孔界面

表 4-24　立井冻结壁受力与变形的数值模拟

项目	内 容
目的	冻结壁受力与变形的数值模拟，通常拟达到以下目的之一： 1. 基于给定的冻结壁厚度、井筒掘砌段高与空帮时间等参数，模拟井筒施工过程，计算得到冻结壁、井壁受力及井帮最大位移等参数，评估冻结壁安全状况 2. 针对特定的冻结壁厚度，在不同的掘砌段高与空帮时间等条件下，开展井筒施工过程数值模拟，以控制井帮最大位移为最终目标，实现井筒掘砌施工参数的优化 3. 针对特定的掘砌段高与空帮时间，在不同的冻结壁厚度条件下，开展井筒开挖的数值模拟，以控制井帮最大位移为目标，确定能保证凿井安全的冻结壁厚度
基本假设	1. 忽略冻结孔偏斜及冻结壁厚度沿周向的不均匀状态，视为空间轴对称问题 2. 忽略水分迁移诱发的土体含水率及土、冻土热物理参数、力学参数的相应变化 3. 忽略土体冻胀及由此造成的冻结壁初始应力场、外载变化 4. 忽略冻结管刚度对冻结壁受力与变形的影响
计算步骤	1. 确定拟开展井筒开挖数值模拟的地层，收集建模与计算必需的参数 2. 按冻结壁最薄弱方位的有效厚度及温度分布状况，建立空间轴模型；模型应包含已开挖支护段、模拟开挖段、未开挖段 3. 有限元网格剖分：拟模拟开挖与衬砌的区域，需进行加密剖分 4. 材料参数赋值：分别对已支护段井壁、待开挖段井内土或冻土、外部冻结壁区域冻土等，赋予温度非线性的热参数、强度与变形参数 5. 在温度场分析模式下，设定边界温度与荷载，模拟形成开挖前的冻结壁内外初始温度场 6. 在力学场分析模式下，设定边界约束条件与荷载，读入温度场分析得到的节点温度，模拟形成冻结壁内外的初始应力场、应变场 7. 按照一定的开挖、支护时间间隔，开展井筒掘砌过程的数值模拟 8. 提取不同掘砌时间步的力学场计算结果，开展冻结壁、井壁受力与变形的力学分析
计算所需参数	1. 相应地层开挖前的冻结壁初始温度场节点温度，可基于以下参数，采用瞬态温度场模拟得到：地层温度、土体含水率、密度、导热系数、比热、结冰温度等参数；也可基于以下参数，采用温度场近似模拟得到：井心温度、井帮温度、各圈孔轴面平均温度、各圈管之间最高温度、外锋面温度等 2. 土、冻土的强度准则与参数，弹塑性本构关系与变形参数；当考虑蠕变时，还需要提供三轴蠕变本构及相关参数 3. 井筒支护参数：井壁等支护结构的厚度、材料的力学参数 4. 井筒掘砌施工参数：掘砌段高、分层掘进速度（决定空帮时间）、混凝土浇筑时间等

表 4-24（续）

项目	内容
主要分析内容	1. 井筒开挖后，冻结壁内的应力场、应变场，尤其是塑性应变区的演变状况 2. 冻结壁空帮暴露段的井帮最大径向位移 3. 井壁受冻结壁作用力的演变状况 4. 井壁变形状况等
计算实例示意 / 说明	某冻结井 550 m 深度处是厚黏土层，通过井筒开挖的数值模拟，拟掌握冻结壁内应变场演变及井帮最大位移状况
计算实例示意 / 数值计算模型	（图：数值计算模型，标注有顶部已支护段、模拟开挖段、底部下卧段、井帮暴露段，载荷 P_v、P_h）
计算实例示意 / 冻结壁内切向塑性应变云图（冻结壁厚 10 m）	（a）掘砌段高 2 m　　（b）掘砌段高 3 m

表4-24（续）

项目	内容
计算实例示意	冻结壁径向位移云图（冻结壁厚10 m）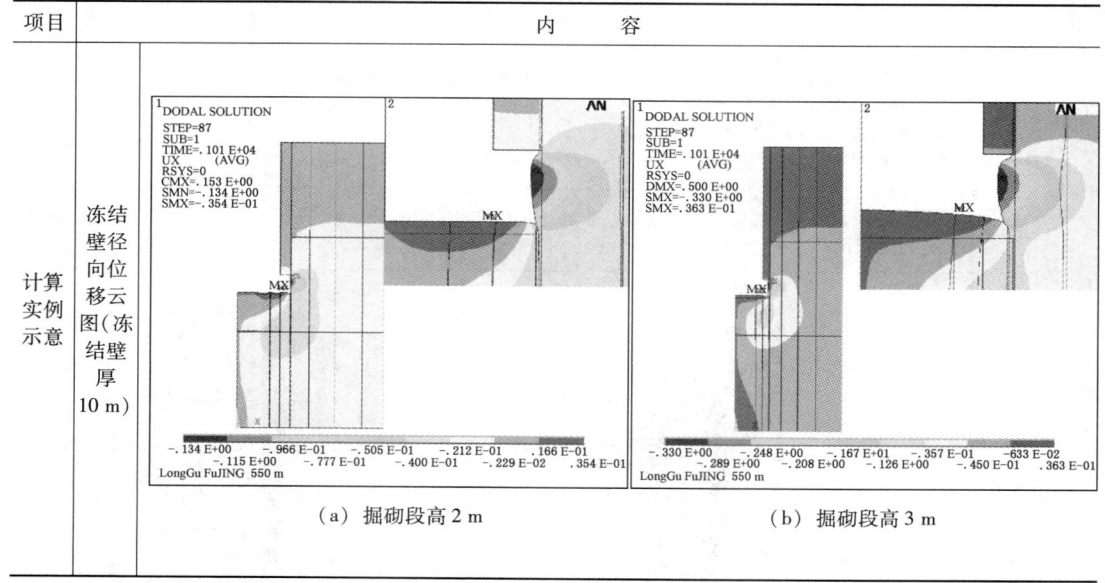 (a) 掘砌段高 2 m　　(b) 掘砌段高 3 m

4.4.2　斜井井筒冻结壁设计

1. 斜井井筒冻结壁设计的基本假设、原则与步骤

斜井最理想的冻结方式是沿井筒轴向施工倾斜冻结孔、形成冻结壁。然而，倾斜冻结孔造孔技术与装备尚不成熟，导致斜井冻结不得不采用竖直孔冻结。斜井多采用非圆断面，且外载沿周向非均匀分布，其冻结壁设计难度远较立井冻结壁设计更为复杂，目前尚缺乏成熟、简便的设计理论。

斜井井筒冻结壁设计的基本假设、原则与步骤见表4-25。

表4-25　斜井井筒冻结壁设计的基本假设、原则与步骤

项目	内容
基本假设	1. 斜井冻结壁作为封闭的冻土结构，按其不同部位的平均温度，可分别视为温度均匀的筒状、板状结构，基于一定的端部约束条件，按结构力学方法开展计算 2. 忽略冻胀的影响，冻结壁外载可分别按竖直、水平地压取值；水土压力计算方法根据土性选择，粗颗粒土可采用水土分算，黏性土可采用水土合算 3. 冻土介质可视为弹性、弹塑性或黏塑性介质
设计原则	1. 斜井采用竖直孔分段冻结时，应按各分段的控制层位最大埋深及相应的地压荷载取值，分别进行冻结壁厚度设计 2. 斜井冻结壁的顶板、底板、侧帮冻结壁，性状与受力状况存在较大差异，应分别进行厚度设计计算 3. 具备数值计算条件时，应考虑冻结壁与未冻结地层的相互作用，采用数值计算手段，进行斜井冻结壁设计计算或校核 4. 在相同或邻近矿区、具备类似地层的斜井冻结法凿井案例时，可通过工程类比方法开展冻结壁的设计 5. 深厚土层中的长大斜井的冻结壁厚度设计，宜采用多种设计或计算方法综合确定 6. 可把斜井开挖断面外接圆视为冻结壁内缘，按不均匀地压基于厚壁圆筒模型计算斜井冻结壁厚度；然后取此厚度作为侧帮冻结壁的厚度，并取1.5~2.0倍此厚度为顶、底板冻结壁的厚度

表 4-25（续）

项目	内　容
基本步骤	1. 确定冻结壁设计的控制地层：通常按每个冻结分段的最大埋深，选择砂层或黏土层作为控制地层 2. 确定冻结壁设计的平均温度：根据埋深（外载）、不同温度的冻土强度，结合工程经验，参照表4-26，初步确定冻结壁的平均温度（不同部位，平均温度可取不同数值） 3. 根据冻结壁平均温度，确定冻结壁厚度计算所需的冻土强度或其他力学参数 4. 按水土压力分算或合算方法，分别计算冻结壁不同部位的荷载，并选择合适的冻结壁厚度计算公式计算冻结壁厚度，见表4-27；冻结壁厚度的取值宜符合表4-28的规定 5. 开展冻结孔、测温孔、水文孔布置及管材参数设计 6. 基于布孔参数、盐水温度与降温计划，结合井筒掘砌预计进度，对井筒掘砌到相应深度时的冻结壁厚度、平均温度开展预测、校核；必要时进行参数调整；斜井冻结的盐水温度，可参照表4-29取值

表 4-26　斜井冻结壁平均温度的参考值

表土层厚度/m	冻结壁平均温度/℃		
	顶板	侧帮	底板
≤100	-8 ~ -10	-6 ~ -8	-8 ~ -10
100 ~ 150	-10 ~ -12	-8 ~ -10	-10 ~ -12
150 ~ 200	-12 ~ -15	-10 ~ -12	-12 ~ -15

2. 斜井竖直孔冻结壁的设计方法

斜井竖直孔冻结壁的厚度设计方法见表4-27。

表 4-27　斜井竖直孔冻结壁的厚度设计方法

类别	计算方法与公式	备注或符号意义
外接圆法设计	以井筒开挖断面的外接圆为厚壁圆筒冻结壁的内缘，根据井筒倾角、竖直地应力、水平地应力计算得到厚壁圆筒冻结壁外缘的荷载分布与大小，按弹性或弹塑性厚壁圆筒计算冻结壁的厚度。然后取此厚度为侧帮冻结壁的厚度，并取1.5~2.0倍此厚度为顶、底板冻结壁的厚度	垂深100 m以浅的表土层内，冻结壁厚度可采用弹性厚壁筒公式；垂深100~200 m范围内，砂性土层可采用弹塑性厚壁筒计算
秦氏巷道自然平衡拱理论	计算得到斜井井筒两侧冻土滑动体宽度c、顶部冻土成拱高度e；相应部位的冻结壁厚度设计值应分别不小于c、e： $$c = h\tan\left(45° - \frac{\varphi}{2}\right)$$ $$e = \frac{a+c}{f}$$	c—冻土滑动体的宽度，m h—井筒横断面开挖高度，m φ—冻土内摩擦角或似内摩擦角，(°) e—井筒顶部冻土自然成拱的高度，m a—斜井井筒掘进宽度，m f—未冻土坚固性系数

表 4-27（续）

类别		计算方法与公式	备注或符号意义
结构力学方法	顶板竖直地压	$P_a = \gamma H_a \cos\alpha$	P_a—顶板压力，MPa γ—土的容重，kg/m³ H_a—控制层的井筒顶板埋深，m α—井筒倾角，(°)
	两帮水平地压	$P_b = 0.13 H_b$	P_b—压力，MPa H_b—控制层的井筒中心深度，m
	底板竖直压力	$P_c = \gamma_w H_c$	P_c—顶板压力，MPa γ_w—水的重度，10 kN/m³ H_c—控制层的井筒底板处水头高度，m
	冻结壁厚度计算	顶板、底板、侧帮的冻结壁，均可简化为两端固支的梁柱模型进行计算	梁柱模型沿轴向存在初始压应力；在侧向面荷载（竖向或水平地压）作用下，应控制其内缘为受压状态或拉应力不超过允许值

注：斜井冻结壁设计方法总体尚不成熟，表中仅为建议方法，可参照工程经验等综合多种方法确定。

斜井冻结壁厚度的取值可参照表 4-28。

表 4-28 斜井冻结壁厚度的参考值

表土层厚度/m		≤100	100~150	150~200
冻结壁厚度/m	顶部	≥5.0	≥5.5	≥6.0
	侧帮	2.0~3.0	2.8~3.4	应根据地层条件合理取值
	底板	≥5.0	≥5.5	≥6.5

注：软岩层内的冻结壁厚度可按土层计算，正常基岩冻结段的冻结壁厚度应按可靠封水原则确定。

斜井冻结法施工中的盐水温度可参照表 4-29 取值。

表 4-29 斜井冻结时的盐水温度取值   ℃

土层厚度/m		≤100	100~150	150~200
井筒掘进宽度或高度/m	≤6	-23~-25	-24~-27	-26~-30
	>6	-24~-26	-26~-29	-29~-32

3. 斜井冻结壁厚度设计计算实例

部分斜井的冻结壁厚度设计计算实例见表 4-30、表 4-31。

表中冻结壁厚度实际取值，是考虑了井筒断面形状非圆形、冻结壁不均匀外载及存在应力集中等特点，并综合斜井冻结施工经验后的结果。

表4-30 古城煤矿主斜井井筒冻结壁厚度计算结果

冻结区段	采用公式	位置	控制层岩性	控制层底板埋深/m	压力/MPa	冻结壁平均温度/℃	冻土抗压强度/MPa	冻土允许抗压强度/MPa	安全系数	冻结壁计算厚度/m	冻结壁厚度取值/m
I	拉麦公式	顶板	砂土	19.53	0.366	-10	12.26	5.33	2.3	0.31	4.0
		侧帮	砂土	26.53	0.338	-6	8.829	4.013	2.2	0.39	2.2
		底板	砂土	15.53	0.152	-8	10.791	4.905	2.2	0.11	3.0
II	拉麦公式	顶板	粉质黏土	35.06	0.657	-10	12.26	5.33	2.3	0.83	4.0
		侧帮	粉质黏土	42.06	0.536	-6	8.829	4.013	2.2	0.86	2.2
		底板	粉质黏土	31.06	0.304	-8	10791	4.905	2.2	0.78	3.0
III	拉麦公式	顶板	砂土	50.59	0.937	-10	12.26	5.33	2.3	1.43	4.0
		侧帮	砂土	57.59	0.734	-6	8.829	4.013	2.2	1.42	2.5
		底板	砂土	46.59	0.457	-8	10.791	4.905	2.2	1.26	3.0
IV	拉麦公式	顶板	黏土	66.12	1.189	-10	5.297	2.408	2.2	2.14	5.0
		侧帮	黏土	73.12	0.932	-10	5.297	2.408	2	1.82	3.5
		底板	黏土	62.12	0.609	-10	5.297	2.408	2	1.32	4.0
V	有限段高公式	顶板	黏土	81.65	1.154	-10	5.297	2.408	2.2	2.64	6.0
		侧帮	黏土	88.65	1.129	-10	5.297	2.408	2	2.21	4.5
		底板	黏土	77.65	0.761	-10	5.297	2.408	2	1.65	5.0
VI	有限段高公式	顶板	黏土	95	1.879	-10	5.297	2.408	2.2	3.14	6.0
		侧帮	黏土	95	1.21	-10	5.297	2.408	2	2.51	4.5
		底板	黏土	84	0.823	-10	5.297	2.408	2	1.95	5.0

表4-31 黑梁煤矿主斜井井筒冻结壁厚度计算结果

冻结区段	采用公式	位置	控制层岩性	控制层底板埋深/m	压力/MPa	冻结壁平均温度/℃	冻土计算强度/MPa	冻土允许抗压强度/MPa	安全系数	冻结壁计算厚度/m	冻结壁厚度取值/m
I	多姆克公式	顶板	细砂	167.63	3.15	-12	6.14	15.34	2.5	2.7	6.5
		侧帮	细砂	174.30	2.27	-8.5	5.53	13.82	2.5	2.1	3.1
		底板	细砂	174.30	1.74	-12	8.39	20.97	2.5	1	5.5
II	多姆克公式	顶板	砾石层	179.60	3.38	-12	5.84	14.60	2.5	3.1	6.5
		侧帮	砾岩	188.68	2.45	-8.5	5.22	13.05	2.5	2.44	3.2
		底板	砾岩	188.67	1.89	-12	8.33	20.83	2.5	1.1	5.5
III	多姆克公式	顶板	砾岩	194.99	3.67	-15	6.30	15.76	2.5	3.12	6.5
		侧帮	砾岩	200.00	2.6	-9.5	5.42	13.55	2.5	2.5	3.3
		底板	砾岩	200.00	2	-15	7.88	19.71	2.5	1.24	5.5
IV	多姆克公式	顶板	细砂岩	207.21	3.89	-15	6.13	15.32	2.5	3.45	6.5
		侧帮	细砂岩	214.28	2.79	-9.5	5.44	13.59	2.5	2.7	3.3
		底板	细砂岩	214.28	2.15	-15	7.83	19.58	2.5	1.35	5.5

4.4.3 基坑冻结壁设计

4.4.3.1 基坑冻结壁（冻土墙）荷载的确定

1. 作用在冻土墙上的主要荷载

（1）侧土压力（图 4-12）。
（2）冻土墙体的自重。
（3）温度荷载。
（4）其他荷载。

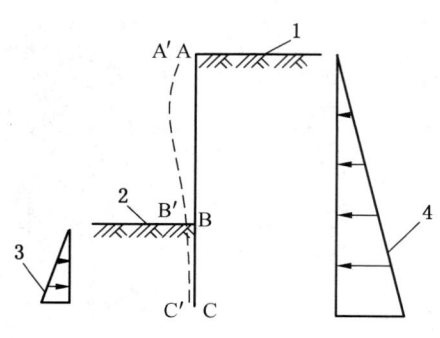

1—被动土压力；2—基坑底；3—地面；
4—主动土压力

图 4-12　冻土墙所受侧土压力

2. 主动土压力与被动土压力的计算

冻土墙所受水、土压力如图 4-13 所示。土压力的计算，当不考虑地下水的存在时，比较简单。但是在地下水位以下，而且基坑内外存在较大的水位差的条件下，土压力应包括两部分，即水压力和有效土压力。目前，比较统一的认识是对于渗透性好的砂粉土或杂填土，同时考虑水压力，即进行水土压力分算法；对于透水性差的黏土，宜进行水土压力合算法。

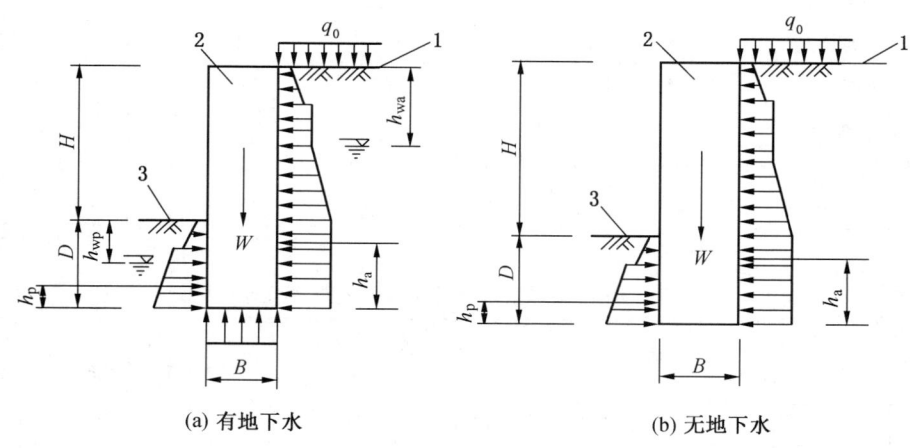

(a) 有地下水　　　　(b) 无地下水

1—地面；2—冻土墙；3—基坑底

图 4-13　冻土墙受力

1) 主动土压力计算

如图 4-13a 所示，砂性土、粉土及透水性好的杂填土按水土压力分算原则确定主动土压力为

$$e_{aik} = \sigma_{aik} K_{ai} - 2c_i \sqrt{K_{ai}} + \gamma_w (z_i - h_{wa})(1 - K_{ai}) \tag{4-21}$$

式中　e_{aik}——作用于冻土墙上的主动土压力，MPa；

σ_{aik}——作用于深度 z_i 处不考虑水浮力的正压力的标准值，MPa；

z_i——计算点深度，m；

c_i——第 i 层土的内聚力，根据直剪试验确定，MPa；

γ_w——水的重度，MN/m^3；
h_{wa}——基坑外侧水位深度，m；
K_{ai}——第 i 层土的主动土压力系数。

$$K_{ai} = \tan^2\left(45° - \frac{\varphi_i}{2}\right)$$

式中 φ_i——第 i 层土的内摩擦角。

如图 4-13b 所示，对于黏性土根据水土合算原则确定主动土压力为

$$e_{aik} = \sigma_{aik}K_{ai} - 2c_i\sqrt{K_{ai}} \qquad (4-22)$$

多数基坑支护工程的实测资料证明：主动土压力在基坑开挖深度以下与朗肯主动土压力有较大的差距，在基坑底以下主动土压力不再随深度呈线性增加。从另一角度分析，在按传统的计算重力式挡土墙的方法进行稳定性验算时，出现基坑底以下随着挡土墙深度增加而降低的趋势。因此，在计算主动土压力时，采用如下修正方法：计算点位于基坑开挖面以下时，可以取 $\sigma_{aik} = \gamma h$（式中 γ 指开挖面以上土层的加权平均值，h 指基坑开挖深度）。

2）被动土压力计算

对于砂性土、粉土及透水性好的杂填土，采用水土分算原则计算被动土压力为

$$e_{pjk} = \sigma_{pjk}K_{pj} + 2c_j\sqrt{K_{pj}} + \gamma_w(z_j - h_{wp})(1 - K_{pj}) \qquad (4-23)$$

对于黏性土按水土分算原则确定被动土压力为

$$e_{pjk} = \sigma_{pjk}K_{pj} + 2c_j\sqrt{K_{pj}} \qquad (4-24)$$

式中 e_{pjk}——作用于冻土墙上的被动土压力，MPa；
K_{pj}——第 j 层土的被动土压力系数。

$$K_{pj} = \tan^2\left(45° - \frac{\varphi_j}{2}\right)$$

其他符号意义同前。

4.4.3.2 冻土墙墙体嵌固深度的确定

1. 按临时支护作用考虑

采用冻结法施工的工程，为确保施工阶段基坑的稳定性，必须将墙体深入基坑底面以下某一深度；同时，为了降低工程造价，在确保安全的前提下，应尽量减少嵌固深度。

冻土墙的嵌固深度与基坑抗隆起稳定、挡墙抗滑动稳定、墙体整体稳定、管涌等因素有关。墙体嵌固深度主要取决于土的强度与墙体的稳定性，而不是变形大小，即嵌固深度满足墙体稳定最小值要求的条件下，与变形量关系不大。因此，确定冻土墙嵌固深度时应通过稳定性验算取最不利条件下所需的嵌固深度。

1）按整体稳定计算嵌固深度

如图 4-14 所示，采用圆弧滑动简单条分法计算，则有

$$K_s = \sum_{i=1}^{n} c_i l_i + \sum_{i=1}^{n}(q_i b_i + W_i)\cos\alpha_i\tan\varphi_i \Big/ \sum_{i=1}^{n}(q_i b_i + W_i)\sin\alpha_i \geq 1.0 \sim 1.25$$

$$(4-25)$$

式中 c_i——最危险滑动面上第 i 土条滑动面上的内聚力，MPa；

φ_i——最危险滑动面上第 i 土条滑动面上的内摩擦角，(°)；

l_i——第 i 土条的弧长，m；

b_i——第 i 土条的宽度，m；

q_i——作用在第 i 土条上的附加分布荷载标准值，MN/m^2；

W_i——第 i 土条的单位宽度的实际重量，MN/m；

α_i——第 i 土条弧线中点切线与水平线夹角，(°)。

2）按抗隆起稳定确定嵌固深度

抗隆起稳定采用极限承载力法来计算，它是将围护结构的底平面作为极限承载力的基准面，其滑动线如图 4-15 所示。

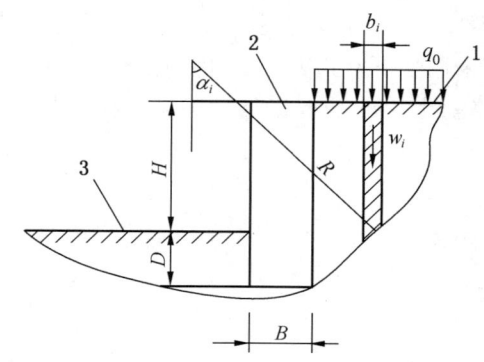

1—地面；2—冻土墙；3—基坑底

图 4-14 整体滑动计算

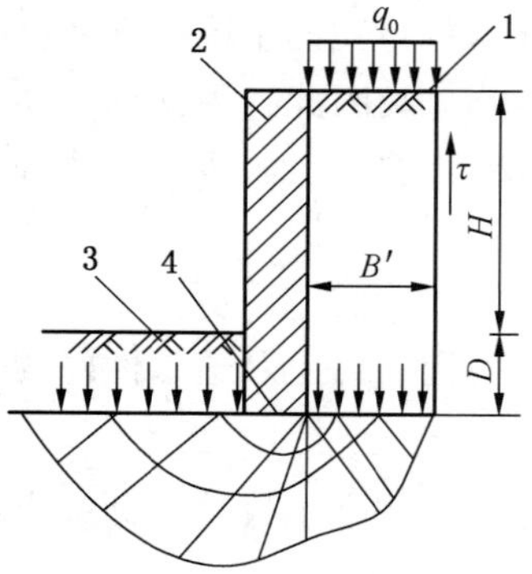

1—地面；2—冻土墙；3—基坑底；4—冻土墙底面

图 4-15 抗隆起稳定计算

$$D \geqslant \frac{K_s(H+q_0) - \frac{c}{\gamma}(k_p e^{\pi \tan\varphi} - 1)\frac{1}{\tan\varphi}}{k_p e^{\pi \tan\varphi} - K_s} \quad (4-26)$$

式中　γ——土层的平均重度，MN/m^3；

φ——土体的内摩擦角，(°)；

c——土体的内聚力，MPa；

q_0——地面超载，MPa。

3）按抗滑动稳定确定嵌固深度

此法认为开挖面以下墙体能起到抵抗基底土体隆起的作用，并假定土体沿墙体底面滑动，认为墙体底面以下的滑动面为一圆弧，如图 4-16 所示。将滑动力与抗滑动力分别对圆心取力矩得

滑动力矩：$\qquad M_s = \frac{1}{2}(\gamma H + q_0)D^2$

抗滑动力矩：$\quad M_T = \int_0^H \tau_1 dz \cdot D + \int_0^{S_1} \tau_2 ds \cdot D + \int_0^{S_2} \tau_3 ds \cdot D + \frac{B}{2}W$

$M_T = k_a \tan\varphi \left[\left(\frac{\gamma H^2}{2} + q_0 H\right)D + \frac{1}{2}(\gamma H q_0)D^2 \right] + \tan\varphi \left[\frac{\pi}{4}(\gamma H + q_0)D^2 + \frac{4}{3}\gamma D^3 \right] +$

$$c(HD+\pi D^2)+\frac{B}{2}W \tag{4-27}$$

为保证抗隆起安全系数必须满足

$$K_s=\frac{M_T}{M_s}\geqslant 1.2\sim 1.3 \tag{4-28}$$

即可从上式中求得最小嵌固深度 D。

2. 按止水作用考虑

冻土墙作为止水帷幕有两种作用,一种是防止流土出现;另一种是阻止或减少坑外地下水向坑内的渗流。

1) 防止流土的嵌固深度验算

当地下水位较高且基坑底面以下为砂土、粉土地层时,冻土墙作为帷幕墙的插入深度应满足防止发生流土现象的要求。

如图 4-17 所示,离墙体距离为 B_w 的范围内单位宽度地下水上浮力为

$$F=\gamma_w B_w h_w$$

式中 h_w——B_w 范围内单位宽度地下水头平均高度,其按经验取 $h_w=H_w/2$,$B_w=D/2$;

γ_w——水的重度,MN/m^3。

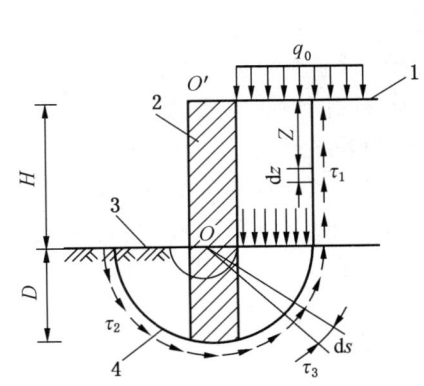

1—地面;2—冻土墙;3—基坑底;4—圆弧滑动面

图 4-16 抗滑动稳定计算

1—地面;2—冻土墙;3—基坑底;4—渗透压力分布

图 4-17 流土计算

离墙体距离为 B_w 的范围内墙底端高程以上土重为

$$W=J_{cr}\gamma_w DB_w$$

式中 J_{cr}——临界水力坡度,$J_{cr}=(G_s-1)(1-n)$;

G_s——土的比重;

n——土的孔隙比。

当 $W\geqslant F$ 时不会发生流土现象,则嵌固深度为

$$D\geqslant K_s\frac{H_w}{2J_{cr}} \tag{4-29}$$

式中 K_s——抗流土安全系数,一般取 1.5~2.5。

2) 阻止地下水渗流的冻土墙嵌固深度确定

为阻止或减少坑外地下水向坑内的渗流,冻土墙嵌固深度的确定常与土层的分布有关。坑底以下存在黏土层时,冻土墙仅需进入黏土层一定的深度;在深厚含水层中,冻土墙原则上应穿透含水层。在这种情况下,随着冻土墙嵌固深度的增加,水土压力也增大,这样势必也要增大墙体厚度,大大增加了工程造价和施工难度。这时可以考虑采用降水方案或在基坑开挖面以下形成冻土垫层与冻土墙相结合的方法。

通过以上按冻土墙的临时支护作用和止水作用所确定的最大嵌固深度即为所需的冻土墙嵌固深度计算值。当引入地区性的安全系数和基坑安全等级进行修正后,即为嵌固深度的设计值,一般取计算值的 1.1~1.2 倍。

4.4.3.3 冻土墙墙体厚度的确定

1. 基本假设

冻土墙的厚度取决于外部压力的大小、冻土强度特性和变形特性、冻土墙暴露高度和时间、冻土和周围环境的温度状况以及其他因素,所以冻土墙厚度的计算是个复杂的热学与力学问题。特别是当考虑空间影响、蠕变影响、非均质影响等因素后,要取得一般的显式简单解是极其困难的。因此在设计中做出如下假定:

(1) 未冻土为线弹性体。
(2) 冻土为各向同性、均质的弹性体。
(3) 冻土墙为等厚度。

2. 圆形基坑冻土墙墙体厚度的确定

对于圆形基坑,假定计算图形如图 4-18 所示,

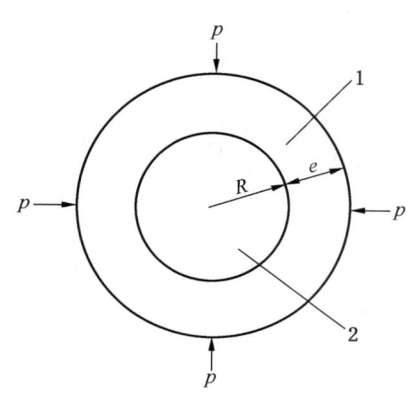

1—冻土墙;2—圆形基坑

图 4-18 冻土墙厚度计算

则冻土墙厚度可按下式计算:

$$e = R\left(\sqrt{\frac{\sigma}{\sigma - 2p}} - 1\right) \quad (4-30)$$

式中 e——冻结壁厚度,m;
R——冻结壁内半径,m;
σ——冻土极限抗压强度(已考虑安全系数),可用长时强度替代,MPa;
p——地压,MPa。

3. 矩形基坑冻土墙墙体厚度的确定

对于矩形基坑,可以按照下面的方法计算冻土墙墙体厚度。

1) 按抗倾覆稳定确定墙体厚度

重力式围护结构的嵌固深度确定后,墙厚对抗倾覆稳定起控制作用。而在所确定的嵌固深度条件下,当抗倾覆满足后,抗滑动自然满足。因此按重力式围护结构的抗倾覆极限平衡条件来确定最小结构厚度,取单位长度(1 m)墙体进行计算。

(1) 对砂性土、粉土及透水性好的杂填土(图 4-13a)

倾覆力矩:
$$M_s = \sum E_a h_a$$

抗倾覆力矩：$M_\mathrm{T} = \sum E_\mathrm{p} h_\mathrm{p} + \left[\gamma_\mathrm{D}(H+D) - \dfrac{\gamma_\mathrm{w}}{2}(H + 2D - h_\mathrm{wa} - h_\mathrm{wp})\right]\dfrac{B^2}{2}$

满足 $M_\mathrm{T} \geqslant 1.5 M_\mathrm{s}$，则求得冻土墙厚度 B

$$B \geqslant \sqrt{2\left(1.5\sum E_\mathrm{a} h_\mathrm{a} - \sum E_\mathrm{p} h_\mathrm{p}\right) \Big/ \left[(\gamma_\mathrm{D} - \gamma_\mathrm{w})(H+D) + \gamma_\mathrm{w}(H + h_\mathrm{wa} + h_\mathrm{wp})/2\right]} \tag{4-31}$$

式中 $\sum E_\mathrm{a}$——基坑主动侧水平力的总和，MN；

$\sum E_\mathrm{p}$——基坑被动侧水平力的总和，MN；

h_a——基坑主动侧水平合力作用点距墙底部的距离，m；

h_p——基坑被动侧水平合力作用点距墙底部的距离，m；

h_wa——基坑外侧地下水位埋深，m；

h_wp——基坑内侧地下水位埋深，m；

γ_D——冻土的重度，MN/m³。

（2）对黏性土（图 4-13b）

倾覆力矩：$M_\mathrm{s} = \sum E_\mathrm{a} h_\mathrm{a}$

抗倾覆力矩：$M_\mathrm{T} = \sum E_\mathrm{p} h_\mathrm{p} + \left[\gamma_\mathrm{D}(H+D)\right]\dfrac{B^2}{2}$

满足 $M_\mathrm{T} \geqslant 1.5 M_\mathrm{s}$，则求得冻土墙厚度 B

$$B \geqslant \sqrt{2\left(1.5\sum E_\mathrm{a} h_\mathrm{a} - \sum E_\mathrm{p} h_\mathrm{p}\right) \Big/ \left[(\gamma_\mathrm{D} - \gamma_\mathrm{w})(H+D)\right]} \tag{4-32}$$

2）按变形条件确定墙体厚度

按变形条件确定冻土墙厚度，然后按强度条件来对墙身截面承载力及剪应力进行验算，且所求得的墙体厚度满足抗倾覆稳定，这样所求得的冻土墙厚度即为设计厚度。

作为深基坑支护结构，冻土墙和其他支护结构一样必须满足基坑支护结构位移的控制标准 δ；另外还应考虑到冻土是一种黏弹性体，它作为重力式挡土墙时表现出较大的转动变形 U_1 和弹性挠曲变形 U_2 以及蠕变变形 U_3。即使冻土墙在没有被破坏、没有丧失承载力之前，墙体的弹性挠曲变形 U_2 以及蠕变变形 U_3 也可能导致冻结管断裂，引发工程事故。这时，应根据冻结管相对挠度不超过其允许值的原则来确定，即 $f \leqslant [f]$。冻结管的相对挠度 f 可表示为冻土墙的弹性变形 U_2 和蠕变变形 U_3 之和与冻结管长度 H_d 比值。综合以上两方面的变形要求，冻土墙的最大位移应满足

$$\begin{cases} U_2 + U_3 \leqslant [f] \cdot H_\mathrm{d} \\ U_1 + U_2 + U_3 \leqslant \delta \end{cases} \tag{4-33}$$

（1）墙体的转动位移 U_1。

假定墙体的刚度无限大，即不计其本身挠曲变形的影响，挡墙在土、水压力作用下只产生转动，按极限平衡状态理论进行计算（取墙长 1.0 m 为计算单元），如图 4-19 所示。下面对墙体两侧和底端进行受力分析。

① 墙体两侧。

挡墙墙背侧主动土压力分布如图 4-19 所示，可按前文主动土压力公式计算，并等效

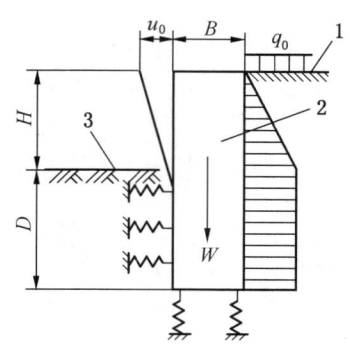
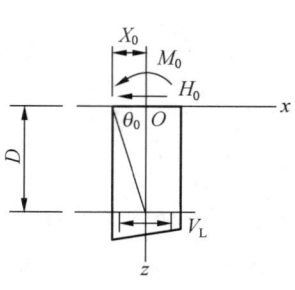

1—地面；2—冻土墙；3—基坑

图 4-19 墙体转动位移计算简图

到挡墙坑底截面处（为 M_0、H_0）。

将墙前被动土体视为弹簧，土的弹簧系数随深度增加，用"m"法则有 $k=mZ$，其中 m 为土的水平地基反力系数。

设坑底截面处的水平位移为 X_0，墙体转角为 θ_0，则坑底以下墙身任一点的水平位移为

$$X = X_0 - \theta_0 Z$$

则墙前被动土体的水平抗力为

$$P_p = kX = mZ(X_0 - \theta_0 Z) \tag{4-34}$$

② 墙体底端。

将墙底土体也等效为一组弹簧，则各点的弹簧系数为 $k_v = m_v D$，式中 m_v 为土的竖向地基反力系数，经过计算比较，m_v 对 X_0、θ_0 影响很小，可近似取 $m_v = m$。

在墙体的倾斜变形下，墙体将产生梯形分布的基底竖直反力，如图 4-20 所示。其反力可分解为由墙体竖向位移引起的矩形分布力和墙体转动在基底边缘产生位移引起的三角形分布力。矩形分布力的合力与墙重 W 相平衡；三角形分布力对墙底产生力偶 M_θ，其值为

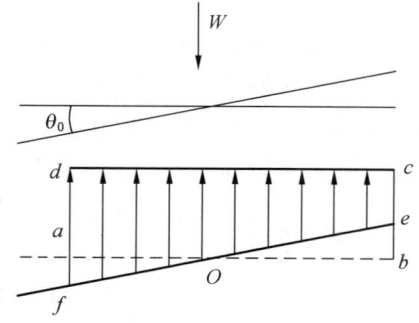

图 4-20 墙底受力图

$$M_\theta = 2 \times \frac{1}{2} \times \frac{B}{2} \times m_v \times D \times \frac{B}{2} \times \tan\theta_0 \times \frac{2}{3} \times \frac{B}{2} \approx mDI_B\theta_0 \tag{4-35}$$

式中　　B——墙体宽度，m；

m_v——地基土的竖向地基反力系数，kN/m^3；

D——墙体在坑底截面以下的高度，m；

θ_0——坑底截面处的墙体转角，（°）；

m——土的水平地基反力系数，kN/m^3；

I_B——挡墙墙底宽度方向的惯性矩，m^4。

另外，除竖向受力外，墙体还受有水平方向的墙底与土层间的摩阻力 S_L，可按下式计算：

$$S_L = c_u B$$

或

$$S_L = W\tan\varphi + cB$$

式中　c_u——墙底土的不排水抗剪强度；

　　　c、φ——墙底土的固结快剪强度指标。

取墙长 1.0 m 为计算单元，根据平衡条件可以求得

$$\sum F_X = 0 \quad \int_0^D P_p \mathrm{d}z = H_0 + E_a - S_L$$

$$\sum M = 0 \quad \int_0^D P_p(D-z)\mathrm{d}z + M_W + M_\theta = M_0 + E_a h_a + H_0 D$$

则

$$\begin{cases} X_0 = \dfrac{D(24M' - 8H'D)}{mD^4 + 36mI_B} + \dfrac{2H'}{mD^2} \\ \theta_0 = \dfrac{36M' - 12H'D}{mD^4 + 36mI_B} \end{cases} \tag{4-36}$$

式中　X_0——坑底截面处的水平位移，m；

　　　θ_0——坑底截面处的墙体和水平方向的夹角，(°)；

　　　D——挡墙墙体在坑底截面以下的高度，m；

　　　M'——主动土压力等效到挡墙坑底截面处的力矩，kN·m；

　　　H'——主动土压力等效到挡墙坑底截面处的水平力，kN；

　　　m——土的水平地基反力系数，kN/m³；

　　　I_B——挡墙墙底宽度方向的惯性矩，m⁴。

由上式可求出 X_0 和 θ_0。

冻土墙墙体顶端的转动位移为

$$U_1 = X_0 + H\theta_0$$

由以上计算公式可以看出，冻土墙墙体的转动位移计算只涉及墙体的几何尺寸和土层的性质参数以及冻土的容重，而与冻土本身的温度、强度、变形等性质无关。

(2) 墙体弹性挠曲变形 U_2。

采用弹性地基反力法，即假定地基土为弹性体，用梁的弯曲理论来求墙的水平抗力。将坑底以上的墙背土压力简化到挡墙坑底截面处，坑底以下墙体视为桩头有水平力 H_0 和力矩 M_0 共同作用的完全埋置桩（图 4-21），按"m"法可求得坑底处墙身的位移为

$$\begin{cases} X_0 = \dfrac{1}{\alpha^2 EI}\left(\dfrac{H_0}{\alpha}Y_{OH} + M_0 Y_{OM}\right) \\ \varphi_0 = \dfrac{1}{\alpha EI}\left(\dfrac{H_0}{\alpha}\varphi_{OH} + M_0 \varphi_{OM}\right) \end{cases} \tag{4-37}$$

式中　α——挡墙截条的变形系数（b_1 为挡墙计算单元长度），$\alpha = \sqrt[5]{\dfrac{mb_1}{EI}}$；

　　　Y_{OH}、Y_{OM}、φ_{OH}、φ_{OM}——α 的函数。

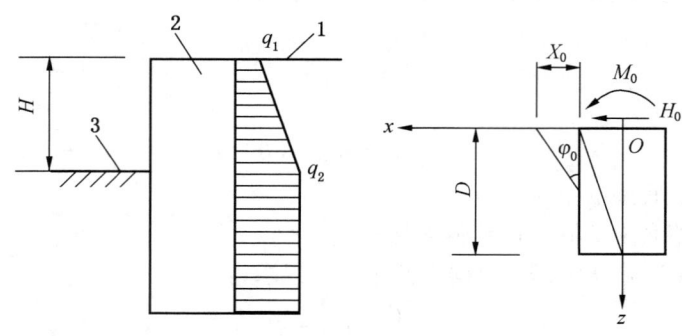

1—地面；2—冻土墙；3—基坑底

图 4-21 弹性变形计算简图（"m"法）

作用在坑底处挡墙截面上的力矩 M 包括坑底以上的墙背上压力产生的力矩 M_0 和坑底以上的墙体自重产生的力矩 M_{W1}，当 $M = M_0 - M_{W1} < 0$ 时，略去力矩对位移的影响。

取墙长 1.0 m 为计算单元，可得墙顶最大挠曲变形为

$$U_2 = X_0 + \varphi_0 H + \frac{11q_1 + 4q_2}{120EI} H^4 \tag{4-38}$$

式中 X_0——坑底截面处的水平位移，m；

φ_0——坑底截面处的墙体和垂直方向的夹角，（°）；

H——墙体在坑底截面以上的高度，m；

q_1——墙顶处所受的均布荷载，kN/m；

q_2——挡墙坑底截面处所受的均布荷载，kN/m；

E——弹性模量；

I——挡墙计算单元惯性矩，m⁴。

(3) 确定墙体厚度。

冻土墙墙体的最大位移 $U = U_1 + U_2$，根据所计算的位移，由前述公式可求得冻土墙的厚度 B。

(4) 按强度条件对墙身截面承载力及剪应力进行验算。

以抗倾覆稳定和冻土墙变形要求所求得的冻土墙厚度和所设计平均温度为基础，进行墙体应力校核。

求得基坑底面处的最大弯矩 M_{max}，则该截面处所受到的最大压应力为

$$\sigma_{max} = \gamma_D H + \frac{M_{max}}{W} \tag{4-39}$$

最大拉应力为

$$\sigma_{min} = \left| \gamma_D H - \frac{M_{max}}{W} \right| \tag{4-40}$$

基坑底面处剪力最大，求得坑底截面最大剪应力为

$$\tau_{max} = \frac{H_0}{1 \times B} \tag{4-41}$$

对冻土墙抗压强度和抗剪强度进行校核

$$\sigma_{max} \leq [\sigma] \tag{4-42}$$

$$\tau_{max} \leq [\tau] \tag{4-43}$$

式中 $[\sigma]$、$[\tau]$——冻土许用长时抗压强度和抗剪强度。

视平面冻土墙两端为铰支边，墙底和墙顶分别为固定边和自由边，按弹性理论的李兹方法得其自由边中点的位移为墙的最大位移公式

$$U_{max} = \frac{2pH^4}{3\pi D \left[2 + \left(\frac{4}{3} - 2\mu\right)\left(\frac{\pi H}{L}\right)^2 + \frac{1}{10}\left(\frac{\pi H}{L}\right)^4\right]} \leq [U] \tag{4-44}$$

式中 $[U]$——平面冻土墙允许变形，邻近无建筑物时，由冻结管允许挠度确定，为 $0.02H$；

p——冻土墙所受土压力的等效均布值，MPa；

H——冻土墙计算深度，m；

D——冻土的抗弯刚度，$D = Ee^3/12(1-\mu^2)$，MN·m；

E——长时弹模；

e——冻土壁厚度，m；

μ——冻土的泊松比；

L——冻土墙跨距，m。

计算出冻土墙厚度后，尚需进行下列强度验算。

① 抗倾覆验算。

冻土墙的受力状态如图 4-22 所示。

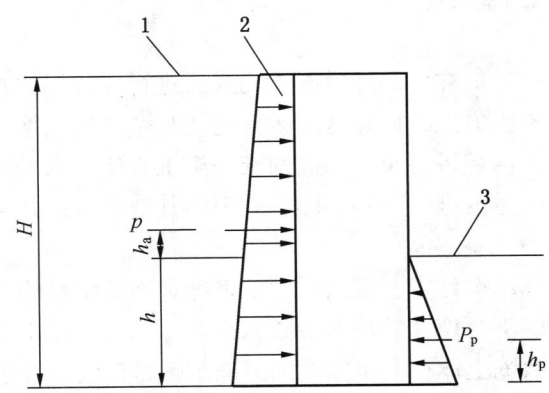

1—地面；2—冻土墙；3—基坑底

图 4-22 冻土墙的受力状态

$$K_g = \frac{0.5Ge}{p_a(h_a + h) - p_p h_p} \geq 1.5 \tag{4-45}$$

式中 K_g——抗倾覆系数；

$h_a + h$——主动土压力作用点距墙底的距离，m；

G——每米长冻土墙自重，$G = 1 \times \rho_d eH$，kN/m；

ρ_d——冻土密度，kN/m³；

p_a——每米长冻土墙所受主动土压力的合力，kN/m；

h_p——被动土压力作用点距冻土墙底的距离，m；

p_p——每米长冻土墙在基底以下部分所受被动土压力的合力，kN/m。

② 抗剪切验算。

$$K_j = \frac{1 \times e\tau}{p_a} \geq 1.5 \quad (4-46)$$

式中 K_j——抗剪系数；

τ——冻土的抗剪强度，MPa。

③ 抗弯验算。

$$\sigma_{max} = \frac{\dfrac{p_a h_a e}{2}}{I} = \frac{3 p_a h_a}{e^2} \leq [\sigma_e] \quad (4-47)$$

式中 σ_{max}——冻土最大拉应力，发生于冻土墙跨中的坑底处，MPa；

$[\sigma_e]$——冻土墙最大允许拉应力，MPa。

4.4.3.4 冻土墙高度的确定

冻土墙高度（包括挡土部分高度和基坑底面下的入土深度）与基坑设计深度、土压力、墙体稳定系数关系密切。当基坑设计深度以下有含水层且其埋藏深度在基坑设计深度的70%~80%范围内时，冻土墙高度应穿过含水层，坐落在隔水层中，并进行坑底抗隆起和抗管涌验算。

4.4.4 地铁联络通道冻结壁设计

1. 概述

地铁联络通道的施工一般在区间隧道施工完成后进行，常规的施工方法很难进行，一般多采用矿山暗挖法的施工方式，而在地质条件比较复杂的情况下，使用水平冻结法加固土体几乎是联络通道施工区域进行土体加固的唯一施工方法。水平冻结法加固土体的施工可以全部在已经完成的隧道内进行，不会影响周围的其他施工，并且可以有效减少施工对周围环境造成的影响。

在隧道联络通道的冻结设计中，最重要的就是确定冻结帷幕的厚度。冻结帷幕的厚度是评定应用冻结法加固经济合理性的基本参数，是人工冻结法技术设计的核心。过大或过小的冻结帷幕厚度将导致冻土体积大幅度增加或冻结帷幕破裂，甚至导致地下水涌入开挖空间，从而造成整个地下工程的失败。

2. 冻结帷幕结构计算

冻结帷幕是联络通道开挖施工的临时支护结构物，其功能是隔绝联络通道外的地下水和抵抗外部的水土压力，其厚度取决于结构外水土压力的大小和冻土强度。冻结帷幕的力学计算模型可按均质线弹性体简化，其力学特性参数取冻结帷幕平均温度下的冻土力学特性试验值。

联络通道上部结构简化的刚架如图 4-23 所示，拱上作用均布荷载，竖直部分受梯形水土压力荷载。

由于结构和荷载是对称的,取左侧一半为研究对象,在拱顶截面有一个弯矩 M_0 和一个轴力 F_x,如图 4-24 所示。

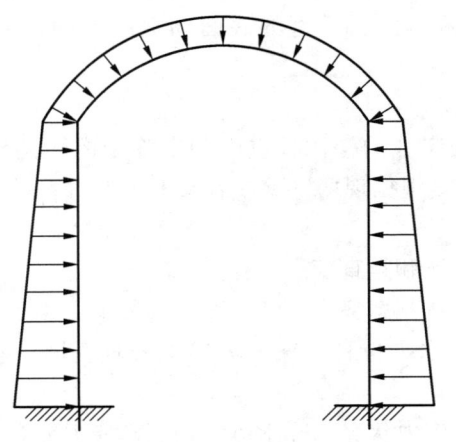
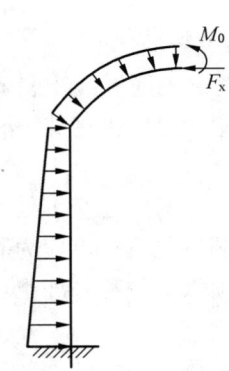

图 4-23　上部模型简化成的刚架　　　　图 4-24　上部刚架受力分析

根据不同的检验指标,相应的安全系数选取如下:抗压验算取 2.0,弯拉取 3.0,抗剪取 2.0。

3. 冻结帷幕受力的数值计算

1)几何模型

根据隧道和冻结体及周边土体建立模型。根据结构和荷载对称性的特点,可以建立 1/2 结构的几何计算模型。沿联络通道纵轴面方向取结构的 1/2 进行计算,如图 4-25 所示(虚线代表对称部分)。根据结构的具体工况分别选取相应的冻结帷幕厚度进行计算。

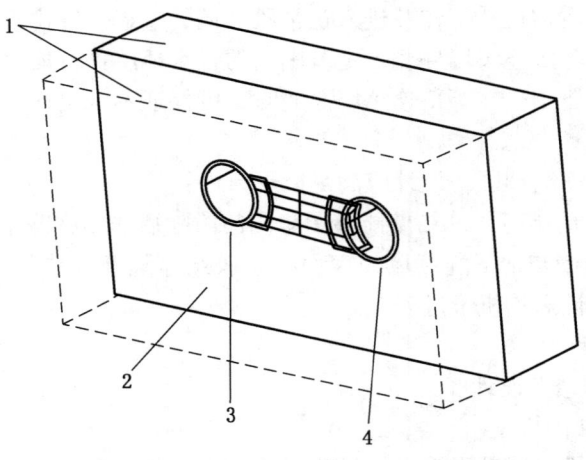

1—隧道上部土体顶面;2—对称面;3—左线隧道;4—右线隧道
图 4-25　计算结构图及边界条件

2）边界条件

隧道上部土体的顶面取为自由面。根据对应于联络通道纵轴面结构和荷载对称性的特点，认定在纵轴面上沿垂直于它的 Z 方向不发生变形，对应于纵轴面两侧的应力和变形相应对称。其余各面（模型长度的两端面，模型的底面和宽度的两面）均取为固端约束。

3）材料参数的选取

对于隧道的钢筋混凝土衬砌的弹性模量、泊松比、重度和未冻土的弹性模量、泊松比、重度，冻土的弹性模量、泊松比、重度根据现场试验或者参考类似材料进行选取。

4）计算内容

（1）冻土体与隧道交汇处衬砌水平变形和竖直变形。

（2）破洞口位置衬砌应力和衬砌应力变化态势。

（3）拱顶水平位移、冻土墙体和底板水平位移、冻土体拱顶竖直变形、冻土体底部竖直变形。

（4）冻土体结构两端顶部应力、端部应力状况和冻土体结构底部应力分布。

4. 平均温度计算

地铁联络通道冻结壁平均温度参考表 4-22 进行计算。

4.4.5 盾构机进、出洞冻结壁设计

4.4.5.1 概述

盾构机进、出工作井的施工技术，特别是盾构机进、出洞口土体加固技术是困扰盾构机隧道施工的技术难题。当调试好的盾构机切削机构抵紧井壁、凿除洞门、刀盘切进，盾构机正待进入推进时，如果岩土体加固不当，在巨大压力作用下将出现大量水土坍塌，引起周围地表下陷，并危及各种管线及建筑物的安全。

目前盾构机进、出洞的土体加固方法有冻结法、注浆法、旋喷法、搅拌法等很多方法。冻结法由于安全、可靠性好而得到大量应用。

盾构机进洞：指盾构机在区间隧道推进完成后，由正常段隧道进入工作井的过程。

盾构机出洞：指盾构机从工作井进入正常段隧道的过程。盾构机进、出洞过程中，需预先对隧道与工作井基坑连续墙外侧一定范围内的含水地层进行加固，使之具有一定的强度和封水性。这样，盾构机在等待连续墙凿通时，可保证不会出现地层涌砂出水、坍塌等问题。

盾构机进、出洞冻结加固，设计应满足以下条件：

（1）盾构机进、出洞时，冻结壁能够承担洞门凿除后作用在冻结壁上的荷载。

（2）形成的冻结壁与地下连续墙外表面完全胶结，隔断盾构机掘进部分与其他部分的地下水的联系，保证盾构机推进安全。

4.4.5.2 冻结壁设计

1. 盾构机出洞冻结壁设计

1）盾构机出洞加固模型

冻结壁可在盾构机出洞过程中起临时替代基坑连续墙封水挡土的作用。为此，要求冻结壁必须能承受基坑连续墙洞口处水土压力的作用。盾构机出洞加固体、荷载、计算模型及冻结管布置如图 4-26 所示。

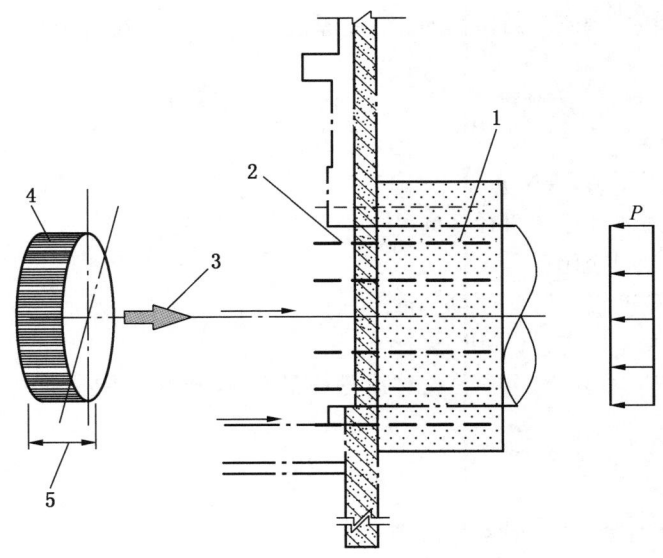

1—冻结加固区；2—冻结管；3—盾构机推进方向；4—受剪切面；5—加固体厚度
图 4-26　盾构机出洞加固体、荷载、计算模型及冻结管布置示意图

2）地层水、土压力计算

盾构机中心深度水土侧压力按重液公式和经验公式分别计算：

重液公式：
$$P = 0.013H \tag{4-48}$$

经验公式：
$$P = k\gamma H \tag{4-49}$$

式中　P——盾构机中心深度水土侧压力，MPa；

k——侧压力系数，取 0.7；

γ——土的平均重度，取 0.0185 MN/m³；

H——盾构机中心埋深，m。

3）盾构机出洞冻结壁计算

（1）冻结壁厚度。假定加固体为整体板块而承受水土压力，运用日本计算理论计算加固体的厚度，见下式：

$$h = \left(\frac{K\beta \cdot P \cdot D^2}{4\sigma}\right)^{\frac{1}{2}} \tag{4-50}$$

式中　σ——冻土弯拉强度，MPa；

P——水土压力，kN/m²；

D——加固体开挖内直径，m；

β——系数；

K——安全系数；

h——计算冻结加固体厚度，m。

（2）最大弯曲应力验算。计算出冻结壁厚度 h 后，按下式对圆板中心所受最大弯曲应力进行验算：

$$\sigma_{max} = \frac{P(D/2)^2}{16}(3+\mu)\frac{6}{h^2} \qquad (4-51)$$

式中　P——水土压力，kN/m^2；
　　　D——加固体开挖内直径，m；
　　　μ——冻土泊松比；
　　　h——计算冻结加固体厚度，m；
　　　σ_{max}——最大弯拉应力，MPa。

（3）最大剪切应力验算。按下式对沿地下连续墙开洞口周边加固体剪切应力进行验算：

$$\tau_{max} = \frac{PD}{4h} \qquad (4-52)$$

式中　D——加固体开挖内直径，m；
　　　h——计算冻结加固体厚度，m；
　　　τ_{max}——最大剪切应力，MPa。

2. 盾构机进洞冻结壁设计

1）盾构机进洞加固模型

冻结壁还可在盾构机进洞过程中起临时替代基坑连续墙封水挡土的作用。为此，要求冻结壁必须能承受基坑连续墙洞口处水土压力的作用。盾构机进洞冻结壁受力如图 4-27 所示。

2）地层水、土压力计算

地层水、土压力计算公式见式（4-21）、式（4-22）。

3）盾构机进洞冻结壁计算

按弹性固定板计算冻结壁，如图 4-28 所示。

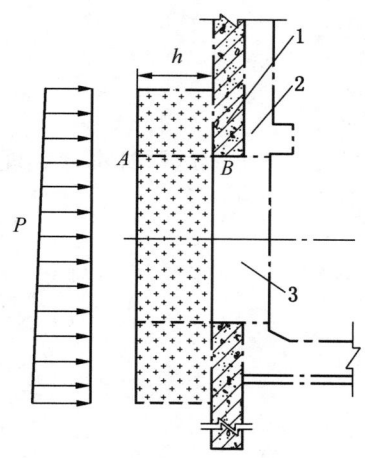

1—冻结加固区连续墙；2—内衬；3—连续墙洞口

图 4-27　盾构机进洞冻结壁受力简图

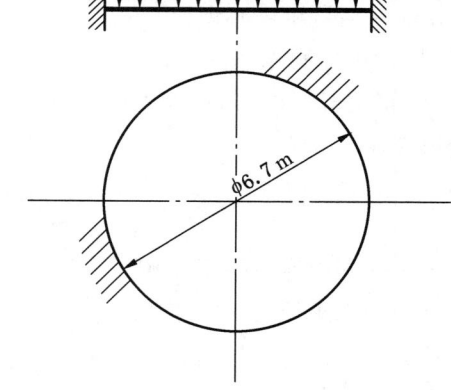

图 4-28　弹性固定板计算简图

板中最大弯拉、压应力为

$$\sigma_{\max} = \frac{3\mu PD^2}{16h^2} \tag{4-53}$$

式中　P——计算水、土压力，MPa；
　　　D——洞口凿除净直径，m；
　　　μ——冻土泊松比；
　　　h——冻结壁厚度，m。

板中最大变形为

$$U_{\max} = \frac{3P(1-\mu^2)D^4}{64Eh^3} \tag{4-54}$$

式中　E——冻结壁弹性模量，MPa；
　　　其他符号意义同前。

4.5　冻结孔设计

4.5.1　冻结孔设计原则与要求

（1）立井、斜井冻结孔设计一般原则见表4-32、表4-33。

表4-32　立井冻结孔设计一般原则

项目	要点和依据	基本要求
冻结孔深度	应根据地层埋藏条件及冻结段掘砌深度确定，并应深入稳定的不透水基岩10m以上。基岩涌水量较大时，经论证后，应加深冻结深度至含水层底板以下不小于10m。冻结孔深度应符合下列规定： 1. 单圈冻结孔、多圈孔的主冻结孔（用于形成冻结壁主体的冻结孔）的深度不应小于冻结深度；对于冻结深度≤300m、300~400m、400~500m、>500m的情况，单圈冻结孔或多圈孔的主冻结孔深入不透水基岩的深度分别为10m、10~12m、12~14m、14~18m 2. 辅助冻结孔（用于增大土层段冻结壁厚度和降低冻结壁平均温度的冻结孔）深度应穿过土层深入基岩风化带5m以上 3. 防片冻结孔（用于缩短冻土扩入井帮的时间和防止或减少片帮的冻结孔）深度应符合井筒连续施工要求，且宜为冲积层厚度的1/2~3/5	深入稳定的不透水地层10m以上
冻结孔布置	1. 根据冻结壁厚度、井筒掘砌荒径、土层厚度和冻结深度等选取单圈或多圈冻结孔布置方式 2. 根据控制层位冻结壁厚度及井帮温度的分布要求等确定主冻结孔布置圈的位置 3. 根据井壁截面埋深、地质条件等确定各圈冻结孔的深度	1. 在计划掘砌速度下，经济合理地实现冻结壁设计的主要技术指标和技术参数，确保冻结壁安全 2. 实现合理的井帮温度分布，为安全快速施工创造良好的条件
冻结孔间距	冻结孔的偏斜率：位于土层的钻孔不宜大于0.3%，但主冻结孔相邻两个钻孔终孔的间距不应大于3.0m；位于风化带及含水基岩的钻孔，不宜大于0.5%，但相邻两个钻孔终孔的间距不应大于5.0m。当相邻两个钻孔的偏斜值超过上述规定时，应补孔	根据土层深度和钻孔技术水平确定成孔间距指标

表 4-33　斜井冻结孔设计一般原则

项目	要点和依据	基本要求
冻结区域	根据地层埋藏条件及冻结段井壁设计情况设计冻结深度： 1. 斜井冻结起始位置的井筒掘进断面底板，宜高于地下水静水位 0.5 m 2. 沿斜井轴线方向冻结终端位置应使斜井井筒掘进断面顶板进入相对稳定的隔水地层 5 m 以上 3. 每冻结分段冻结孔深度应穿过斜井冻结段井筒底板 5 m 以上	1. 沿斜长方向冻结终端位置应保证斜井井筒顶板位于相对稳定的隔水地层 5 m 以上 2. 起始端冻结孔布置应使上过渡段位于静水位之上或处于隔水层中；终端冻结孔的深度应使下过渡段的井筒顶板进入稳定不含水地层垂深 5 m 以上
冻结孔布置	1. 确定封头孔布置及冻结管排数、排间距、孔间距及钻孔偏斜要求 2. 竖孔冻结分为设置或不设置掘砌断面隔热管两种 3. 当冻结段井筒底板下具有稳定的隔水层时可采用帷幕冻结；帷幕冻结段井顶部一定范围内含有砂性土层或破碎岩层等不稳定地层时，应采用帷幕和井筒顶板竖孔组合冻结	1. 尽可能利用隔水层等地质条件，选用帷幕冻结、帷幕和顶板竖孔组合冻结 2. 土层段穿过掘砌断面的竖孔冻结宜采用高效的冻结隔热管，并加强冻掘配合措施
顶底板冻结	顶底板冻结壁可视为板块结构，扣除两帮和封头冻结管范围后均匀插花布置，各冻结管之间距离尽可能均衡	应坚持顶底板冻结壁闭合与两帮冻结壁交圈基本同步的原则
冻结段划分	斜井冻结段的段长划分，应结合冻结壁交圈时间和井筒掘砌速度综合考虑，宜在满足井筒连续掘砌条件下，尽可能地经济、合理	合理划分若干个不等长的冻结段

（2）立井、斜井冻结孔设计要求见表 4-34。

表 4-34　立井、斜井冻结孔设计要求

项目	立井	斜井
冻结孔布置	1. 土层以下基岩风化带涌水量大，围岩稳定性差，宜采用单圈全深冻结方案，所有冻结孔全部穿过土层、风化带，进入不透水稳定岩层 2. 土层及以下基岩风化带厚度较大且围岩稳定性较好，或靠近风化带下部赋存含水层时，宜采用差异冻结方案 3. 冻结深厚土层且深部有厚黏土层，冻结壁厚度大于 6.5 m 时，可采用双圈或多圈孔冻结方案 4. 地下水流速大及含盐量高的地层，也可采用双圈孔或多圈孔冻结方案 5. 深井冻结时，可采用在主冻结孔与井筒荒径之间布置辅助冻结孔的主辅孔冻结方案，辅助孔布置圈径和深度应根据地质条件、冻结壁状况及井筒开挖时间、掘砌速度等因素确定	1. 当斜井井筒掘进宽度大于 4.5 m 时，沿井筒走向宜布置 4~6 排垂直孔 2. 外排冻结孔至井帮的距离，应根据侧帮冻结壁厚度确定，一般斜井浅部距离井帮 1.3~1.5 m，深部距离井帮 1.5~1.7 m

表4-34（续）

项目	立 井	斜 井
冻结孔间距	1. 土层中主冻结孔相邻两孔终孔间距不应超过下列规定：孔深200 m以浅时应为1.8~2.0 m；孔深200~400 m时应为2.0~2.5 m；孔深400~600 m时应为2.5~2.8 m；孔深超过600 m时不大于3.0 m 2. 岩层中主冻结孔的终孔间距不大于5.0 m 3. 圈间距：多圈孔布置时圈距不应大于3.5 m	1. 边排孔：土层中开孔间距宜为1.4~1.7 m，岩层中开孔间距不宜大于1.8 m 2. 中排孔开孔间距宜为1.8~2.4 m 3. 冻结孔排间距在土层中不宜大于2.6 m，在基岩中不宜大于3 m 4. 边排孔终孔最大孔间距：土层不应大于3 m，基岩或风化带不大于4.0 m 5. 冻结区域内部中间终孔最大孔间距不应大于5.0 m
冻结孔偏斜	1. 钻孔偏斜控制，应同时满足偏斜率、钻进靶域半径和允许内偏值的控制要求。主冻结孔的偏斜控制应按照表4-35执行，并应满足上述第二条要求 2. 当相邻钻孔的偏斜超过上述规定时，应补孔	1. 土层的钻孔偏斜率不大于3‰，基岩或风化带的钻孔偏斜率不大于5‰ 2. 当相邻钻孔的偏斜超过上述规定时，应补孔

表4-35 钻孔偏斜控制

深度/m	0~200			200~400			400~600			>600		
控制方式	允许偏斜率/%	靶域半径/m	允许内偏值/m	允许偏斜率/%	靶域半径/m	允许内偏值/m	允许偏斜率/%	靶域半径/m	允许内偏值/m	允许偏斜率/%	靶域半径/m	允许内偏值/m
土层		0.4	0.3	0.3	0.6	0.4	0.3	1.0	0.8	0.3	1.4	1.0
基岩段	0.6	0.4	0.5	0.8	0.5	0.5	1.5	1.0	0.5	1.8	1.2	

4.5.2 安徽杨村煤矿副井冻结孔设计案例

安徽杨村煤矿副井第四系土层厚度为536.65 m，445 m处深厚砂质黏土层厚度达38.05 m，冻土蠕变变形大，冻胀力大。该井筒冻结孔设计案例见表4-36。

表4-36 安徽杨村煤矿副井冻结孔设计案例

项目	主 要 内 容
工程概况	国投新集能源股份有限公司杨村煤矿，位于安徽省淮南市凤台县杨村乡，设计生产能力5.0 Mt/a。其副井井筒深度为1001.9 m，净直径为7.5 m，井壁最大厚度为2.3 m
地质条件	1. 副井井筒检查孔揭露的地层为二叠系山西组和上下石盒子组、第三系、第四系。第四系埋深536.65 m，第三系埋深671.90 m，强风带埋深674.95 m，弱风带埋深703.55 m。第四系松散层主要由细砂、中砂和砂质黏土互层组成，第三系主要由细砂岩、砂质泥岩组成 2. 井田内含水层（组）由新生界砂层孔隙水、煤系地层砂岩裂隙水和石炭系太原组石灰岩岩溶裂隙水三部分组成。第四系土层中共有4个含水层、4个隔水层。下第三系砂砾岩含水层（组）厚度约为133.9 m，岩性以砂砾岩为主，粒径2~10 cm，以泥质胶结为主，固结较差，夹有少量薄层泥岩和砂质泥岩，节理、裂隙发育，富水性较强，RQD通常为0~30%，少数达70%~90%，水浸试验多崩解和碎裂，少数稳定

表 4-36（续）

项目	主 要 内 容
冻结孔设计	1. 第三系上部 641.7 m 软岩作为控制层，平均温度为 -18 ℃，冻结壁厚度为 10.60 m 2. 采用三圈冻结加防片帮孔的冻结方式，副井冻结深度为 725 m，终止在砂质泥岩中。外圈孔采用局部冻结方式，300 m 以上为非冻结段 　（1）防片帮孔：孔深 210 m/420 m，差异、插花冻结方式，实现井筒提早开挖，防止井筒掘进时片帮 　（2）内圈孔：孔深 660 m，为加强冻结孔，确保冻结壁平均温度与第三系上部松软岩层冻结壁的厚度和强度，提高冻结壁的稳定性 　（3）中圈孔：孔深 687 m/725 m，为主冻结孔，差异冻结方式，短腿穿过强风化带，加强表土层冻结壁的强度和厚度，基岩中达到封止水的目的 　（4）外圈孔：孔深 681 m，为加强冻结孔，确保表土层与第三系上部松软岩层冻结壁的厚度和强度 3. 积极冻结期盐水温度为 -31 ～ -33 ℃，主孔盐水流量不小于 14 m³/h，设计开冻至试挖时间为 80 d 冻结孔布置参数见表 4-37
井筒施工	2012 年 4 月 8 日杨村煤矿副井开冻，8 月 8 日正式开挖，2013 年 1 月 3 日副井掘至 408 m 揭露深厚黏土层，1 月 5 日掘砌至 411 m，检测发现井帮位移及底鼓量突然增大，冻土蠕变变形大，掘砌采取减小段高乃至停止掘砌强化冻结一段时间后，井筒正常掘进，2014 年 3 月 4 日冻结段掘砌结束开始套壁，2014 年 5 月 2 日套壁结束停机
结语	冻结法施工是措施工程，施工中需加强监测，及时分析发现问题，采取措施，冻掘配合是关键。杨村煤矿副井地层条件复杂，实际揭露 400 m 深厚黏土层与提供为砂质黏土不符，冻土物理力学性能差异较大，井帮位移和底鼓大，积极采取措施，减小段高和强化冻结一次通过

表 4-37　杨村煤矿副井冻结孔布置参数

序号	项　目		数　值
1	冻结孔布置圈径/m	防片帮孔	12.9/14.5
		内圈孔/中圈孔/外圈孔	17.4/22.4/29.1
2	冻结孔数/个	防片帮孔	10/10
		内圈孔/中圈孔/外圈孔	25/26/56
3	冻结孔开孔间距/m	防片帮孔	3.99/4.48
		内圈孔/中圈孔/外圈孔	2.18/1.35/1.63
4	冻结孔深度/m	防片帮孔	210/420
		内圈孔/外圈孔	660/681
		中圈孔	687/725
5	测温孔（深度/数量）/(m/个)		725/2、681/2、660/1
6	水文孔（深度/数量）/(m/个)		32/1、85/1、320/1、514/1
7	钻孔总工程量/m		95520

4.5.3　庞庞塔煤矿主斜井井筒冻结孔设计案例

庞庞塔煤矿主斜井冻结斜长 291 m，冻结段综合进度 32.4 m/月，庞庞塔煤矿主斜井井筒冻结孔设计案例见表 4-38。

表4-38 庞庞塔煤矿主斜井井筒冻结孔设计案例

项目	主 要 内 容
工程概况	庞庞塔煤矿隶属于霍州煤电集团吕临能化有限公司,主斜井表土砂砾石层段采用冻结法施工。主斜井井筒倾角16°,斜长1465.785 m,冻结斜长291 m。冻结表土段净宽5.2 m,掘进宽度为6.6 m,净高4.10 m,掘进高度为5.40 m
地质条件	1. $B_1 \sim B_6$ 号勘察孔查明了井筒拟通过的松散层分层厚度和赋存规律,揭露的地质结构分别见表4-39、表4-40、表4-41 2. 井筒穿过的地层主要有3个含水层: (1) 第一砂砾石潜水含水层:位于表土层以下,大部分发育在水位之上形成透水层,含水层(饱水带)厚度为0.93~1.65 m。砂砾石层充填物为黏土、粉质黏土,水量小,富水性差且不均一 (2) 第二砂砾石承压含水层:为勘探范围内最富水的含水层,厚度为15.40~18.90 m,平均17.30 m,含水层厚度大,富水性最强 (3) 第三砂砾石层加基岩风化带承压含水层:第三砂砾石层上覆于基岩风化带之上,两者空隙连通,形成了统一的含水体,只是富水性垂向上有差异,因为含水介质的孔隙率不一致
冻结孔设计	1. 采用地面打直孔冻结方式,5排孔冻结,钻孔深度由浅入深,边排孔最浅孔为41.554 m,边排孔最深孔为122.289 m;中排孔最浅孔为41.554 m,中排孔最深孔为122.449 m 2. 中排孔穿入井筒断面段采用聚氨酯隔热保温措施,减少冷量向井筒内扩散,以便尽量少挖冻土,创造良好的掘砌施工条件 3. 主斜井井口标高+1139.4 m,冻结段起点标高+1102.63 m,距井口标高竖直距离为36.77 m。冻结段终点标高+1023.15 m,冻结孔工程量69060 m,配备9套机组,总装机容量1557×10^4 kcal/h 4. 根据地层特征及井筒综合掘进速度60 m/月指标,分为5个冻结段,分段打钻、分段冻结、分段掘砌施工。设计顶板、侧帮、底板冻结壁厚度分别为7~8 m、2.2~2.5 m、4~5 m,平均温度-10 ℃ 5. 设计积极冻结期盐水温度为-30~-32 ℃,盐水流量不小于6.0 m^3/h。边排最大孔间距不大于1.80 m,中排最大排间距不大于2.80 m,开冻至开挖60 d 6. 主斜井冻结孔参数见表4-42
井筒施工	主斜井于2009年9月25日开冻,2009年11月13日开挖,2010年10月12日冻结段安全顺利通过,12月5日内壁施工完成,制冷站停机
结语	庞庞塔主斜井施工过程中冻掘配合密切,冻结段安全、顺利通过,高效、圆满地完成了施工任务,综合进尺32.4 m/月

表4-39 B_1 号检查孔地层结构

序号	累深/m	层厚/m	岩石名称
1	0.55	0.55	黄色、粉砂质黏土
2	5.65	5.10	砂砾石
3	35.30	29.63	黏土

表4-40 B_3 号检查孔地层结构

序号	累深/m	层厚/m	岩石名称
1	1.10	1.10	表土
2	3.30	2.20	砂砾石
3	44.60	41.30	黏土
4	63.50	18.90	砂砾石
5	65.65	2.15	黏土

表4-41 B₅号检查孔地层结构

序号	累深/m	层厚/m	岩石名称
1	0.75	0.75	表土
2	2.10	1.35	砂砾石
3	48.31	46.21	黏土
4	66.88	18.57	砂砾石
5	73.65	6.77	黏土
6	80.44	6.79	砂砾石
7	107.73	27.29	灰黄色中砂岩
8	116.70	8.97	铝质泥岩

表4-42 庞庞塔煤矿主斜井冻结孔参数

项目		第Ⅰ段	第Ⅱ段	第Ⅲ段	第Ⅳ段	第Ⅴ段	合计
冻结段水平长度/m		57.68	57.68	57.68	57.68	48.75	279.47
冻结段倾斜长度/m		60	60	60	60	50.71	290.71
井筒净断面底板垂深/m		36.77~53.31	53.31~69.85	69.85~86.39	86.39~102.93	102.93~116.91	
冻结部位		顶、帮、底	顶、帮、底	顶、帮、底	顶、帮、底	顶、帮、底	
计算冻结壁厚度/m		5.29、0.74、0.74	5.29、0.74、0.74	6.7、1.04、1.04	6.7、1.04、1.04	6.7、1.04、1.04	
确定冻结壁厚度/m		7、2.2、4.0	7、2.2、4.0	8、2.5、5.0	8、2.5、5.0	8、2.5、5.0	
冻结孔排数/排		5	5	5	5	5	
冻结孔排距/m		2.3	2.3	2.4	2.4	2.4	
冻结孔间距/m	左排/左中排/中排	1.518/1.989/1.989	1.518/1.989/1.989	1.518/1.989/1.989	1.518/1.989/1.989	1.477/1.95/1.95	
	右中排/右排	1.989/1.518	1.989/1.518	1.989/1.518	1.989/1.518	1.95/1.477	
冻结孔孔数/个	左排/左中排/中排	38/29/30	37/28/29	37/28/29	37/28/29	32/24/25	181/137/142
	右中排/右排	29/38	28/37	28/37	28/37	24/32	137/181
冻结孔深度/m	左排	41.554~57.649	58.529~74.189	76.108~91.678	92.648~108.308	109.176~122.289	
	左中排	41.554~57.514	58.664~74.054	76.243~91.633	92.783~108.173	109.312~122.169	
	中排	41.554~57.799	58.379~74.339	75.958~91.918	92.498~108.458	109.033~122.449	
	右中排	41.554~57.514	58.664~74.054	76.243~91.633	92.783~108.173	109.312~122.169	
	右排	41.554~57.649	58.529~74.189	76.108~91.678	92.648~108.308	109.176~122.289	

表 4-42（续）

项 目	第Ⅰ段	第Ⅱ段	第Ⅲ段	第Ⅳ段	第Ⅴ段	合 计
左/右排冻结孔最大孔间距/m	1.80	1.80	2.10	2.10	2.10	
左中/中/右中排冻结孔最大孔间距/m	2.80	2.80	3.00	3.00	3.00	
封头孔/封尾孔（孔数/深度)/(个/m）	7/41.554	7/58.094	7/75.673	7/92.213	7/108.753、7/122.73	42/3493.119
壁龛孔（孔数/深度)/(个/m）	3/48.305	3/59.331、3/70.356	3/81.381	3/92.405、3/103.431	3/114.456	21/1708.995
测温孔（孔数/深度)/(个/m）	3/41.554、3/49.825、3/58.094	3/66.364、3/75.673	3/82.904、3/92.213	3/99.443、3/108.753	3/115.983、3/122.73	33/2740.608
冻结孔工程量/m	8564.784	11346.800	14119.996	17209.001	17819.698	69060.279
钻孔总工程量/m	9013.203	11772.911	14645.347	17833.589	18535.837	71800.887

注：冻结孔深度数据均按井口标高 +1139.4 m 计算所得。

4.5.4 其他地下工程冻结孔设计原则及考虑因素

其他地下工程冻结孔设计原则及考虑因素见表 4-43。

表 4-43 其他地下工程冻结孔设计原则及考虑因素

类别	内 容
基坑冻结	1. 基坑冻结孔布置要考虑抗基坑底的隆起和管涌需要，即要封底。封底方法通常有 4 种： （1）冻结壁深入稳定岩层 10 m 以上 （2）基坑开挖底部有足够厚的黏土层 （3）基坑底部进行人工加固 （4）冻结孔超过基坑底部有足够深度 2. 基坑冻结孔布置排距 1.5~2.0 m，孔间距 1.2~2.0 m，盐水温度 -28~-30 ℃，冻结管规格 $\phi159\text{ mm}\times6\text{ mm}$、$\phi127\text{ mm}\times5\text{ mm}$、$\phi104\text{ mm}\times4\text{ mm}$ 等，制冷站装机容量要考虑基坑开挖后大面积冻结壁面的冷量损失，冻结壁平均温度一般取 -10 ℃，冻结壁有效厚度根据深度不同取 3.0~5.0 m 基坑冻结孔布置如图 4-29 所示
盾构机出洞	1. 盾构机进、出洞冻结孔设计应根据盾构机出洞结构及冻结加固范围布置，冻结孔间距一般为 0.8 m 左右，排间距一般为 1.0 m 左右，盐水温度 -28~-30 ℃，冻结管规格一般为 $\phi127\text{ mm}\times5\text{ mm}$ 2. 冻结壁设计平均温度一般取 -10 ℃，冻结壁有效厚度 1.5~3.0 m，应考虑连续墙破洞后的冷量损失 盾构机出洞冻结孔布置如图 4-30 所示

表 4 – 43（续）

类别	内　　容
地铁联络通道	1. 应根据冻结帷幕设计厚度及联络通道的结构来布置。布孔前，应熟悉该通道的管片配筋图，冻结孔开孔位置应避开管片主筋，对照调整并绘制实际冻结孔布置图 2. 泵站和通道分为两个独立的冻结区域，在联络通道和泵站四周分别按上仰、近水平、下俯三种角度布置冻结孔。通道下部必须布置一排冻结孔，加强通道下部冻结壁厚度 3. 施工泵站和通道两侧冻结孔时，应考虑避开对侧冻结孔，防止穿孔。一般调整冻结孔方位角 0.2° 以避开 联络通道兼泵房冻结孔布置如图 4 – 31 ~ 图 4 – 33 所示
常规考虑因素	1. 节能减排，减少对外部环境影响，隔离外部环境对冻结施工环境影响 2. 冻结设计应确保钻孔施工、土方开挖和结构施工的安全，并使周围环境和建（构）筑物不受损害 3. 开挖后，冻结壁应具备临时承载能力，并及时采取初次支护 4. 冻结壁表面直接与大气接触或通过导热物体与大气产生热交换时，应在冻结壁或导热物体表面采取保温措施 5. 冻结壁形成期间，冻结壁外 200 m 区域内的透水砂层中不应采取降水措施。必须降水施工时，冻结设计应考虑降水产生的不利影响
专项考虑措施	1. 地下水流速大于 5 m/d，或有集中水流、地下水位有明显（≥2 m/d）波动 2. 土层结冰温度低于 – 2 ℃，或有地下热源可能影响土体冻结时 3. 土层含水量低、过饱和土层可能影响土体冻结强度 4. 扰动过的地层 5. 有其他可能影响地层冻结或地层冻结可能严重影响周围环境的情况

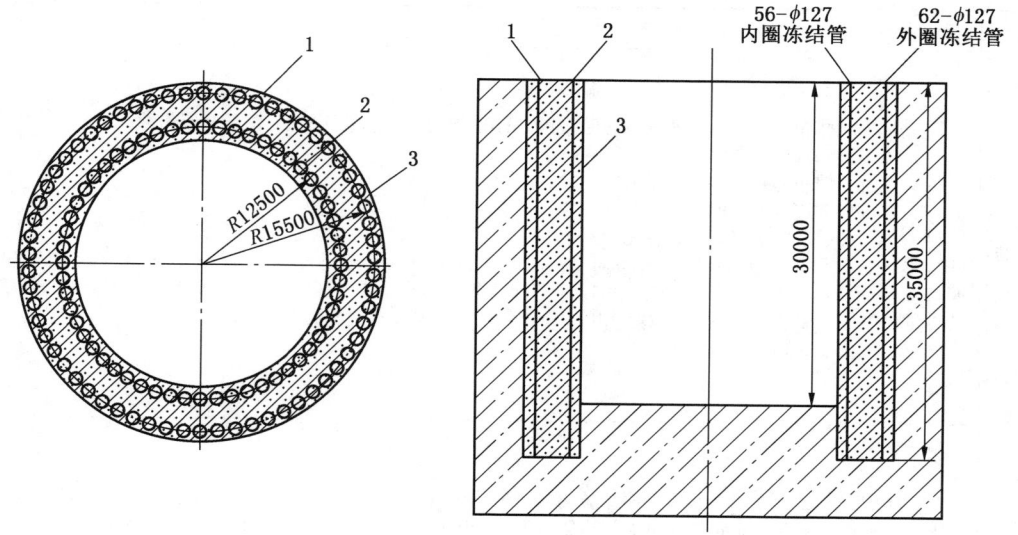

1—外侧冻结孔；2—内侧冻结孔；3—混凝土体

图 4 – 29　基坑冻结孔布置示意图

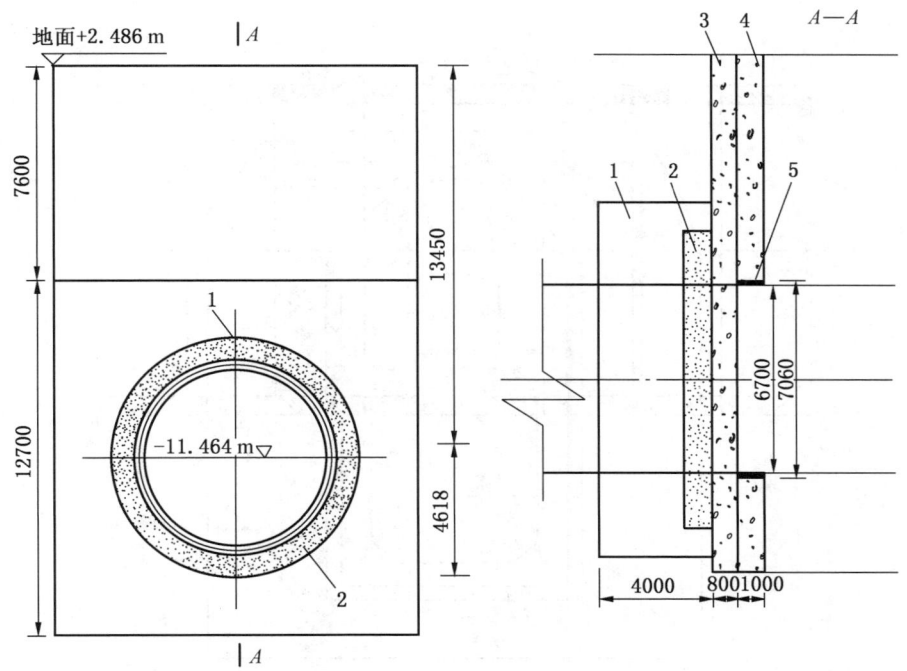

1—搅拌桩加固区；2—冻结加固区；3—连续墙；4—内衬墙；5—冻结圈

图 4-30　盾构机出洞冻结孔布置示意图

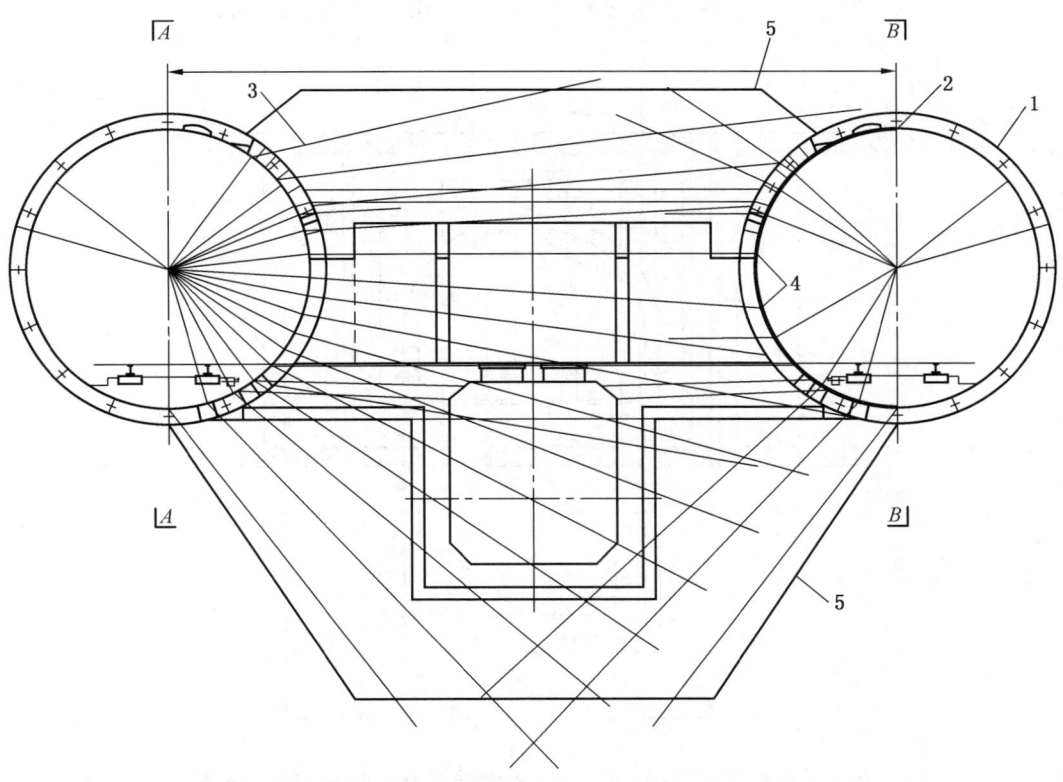

1—隧道管片；2—冷排管；3—冻结孔；4—透孔；5—冻结帷幕

图 4-31　联络通道兼泵房冻结钻孔布置透视示意图

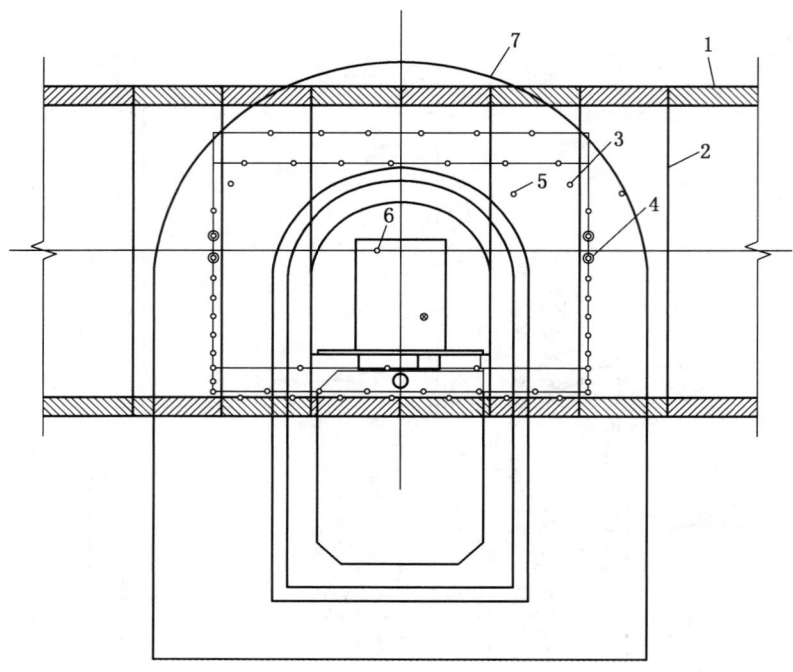

1—隧道管片；2—管片环缝；3—冻结孔；4—透孔；5—测温孔；6—泄压孔；7—冻结帷幕

图 4-32 联络通道兼泵房左线冻结钻孔 $A—A$ 剖面布置示意图

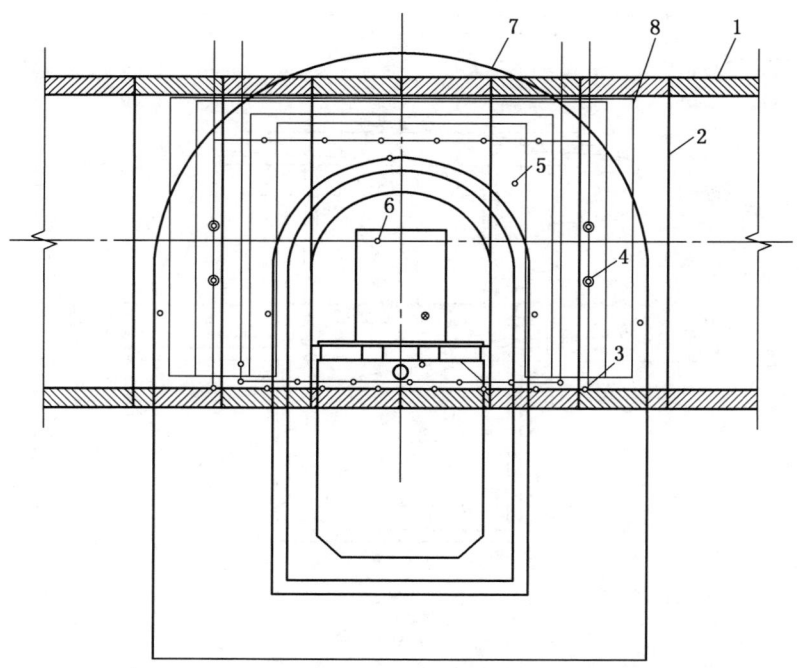

1—隧道管片；2—管片环缝；3—冻结孔；4—透孔；5—测温孔；6—泄压孔；7—冻结帷幕；8—冷排管

图 4-33 联络通道兼泵房左线冻结钻孔 $B—B$ 剖面布置示意图

4.5.5 地铁带泵房联络通道冻结孔设计案例

地铁带泵房联络通道冻结孔设计案例见表4-44。

表4-44 地铁带泵房联络通道冻结孔设计案例

项目	主 要 内 容
工程概况	1. 上海轨道交通2号线东延段张江高科站—金科路站区间联络通道及泵站,位于祖冲之路靠近藿香路下方。隧道内径为ϕ5.5 m,管片厚0.35 m。联络通道的隧道管片为钢管片,盾构隧道里程为SDk3+649.404(XDk3+649.362),中心距为12.200 m,上、下行线隧道中心标高分别为-14.966 m、-14.966 m,地面标高约为+3.96 m 2. 联络通道由与隧道管片相连的喇叭口、水平通道和泵站构成。其中通道和喇叭口为直墙圆拱形结构,泵站为矩形结构,均采用二次支护方式。所有初期支护层厚度为200 mm,采用型钢架结合早强素喷C20混凝土。通道拱部、两侧墙结构层厚450 mm,底板结构层厚700 mm;喇叭口拱部、底板结构层厚700 mm,两侧墙结构层厚750 mm;泵站结构层均厚450 mm
地质条件	1. 地层为④灰色淤泥质黏土、⑤$_1$灰色粉质黏土。④、⑤$_1$层土含水量高、孔隙比大、呈流塑~软塑状态,且强度低、压缩性高、渗透性弱,具有明显的触变、流变特性,在动力作用下,土体结构易破坏,开挖后天然土体本身难以自稳。该地层内开挖构筑联络通道,必须先对施工影响范围内的土体进行稳妥、可靠的加固处理 2. 本场地潜水的地下水位埋深一般为0.3~1.5 m;第一承压含水层⑦$_1$层顶板埋深28.79 m,含水量丰富,水头埋深一般为地表下5.0~7.0 m
冻结孔设计	1. 设计冻结壁的有效厚度为1.8 m,平均温度为-10 ℃。根据冻结帷幕厚度及联络通道的结构,把泵站和通道分为两个独立的冻结区域,冻结孔按上仰、水平、下俯三种角度布置在联络通道和泵站四周 2. 采取在两条隧道两侧分别施工钻孔的方案,一侧隧道布置两排孔,插花布置,封闭联络通道和泵站两侧;同时在通道另一侧底部布置两排孔,插花布置,确保底部冻土的厚度和强度,减少冻土的挖掘量 3. 冻结孔数共计66个,下行线隧道53个,含4个透孔,上行线隧道13个。根据管片配筋情况和钢管片肋板位置,避开主筋调整布置 4. 制冷站对侧隧道沿通道外围冻结壁敷设5排冷冻排管,排管间距为450 mm
施工情况	1. 使用MD-80A型钻机钻孔,ϕ89 mm×8 mm低碳钢无缝钢管跟管钻进。制冷站布置在隧道内,制冷机组选用W-HJYSLGF300Ⅲ型(2台,运行1台,备用1台) 2. 开挖构筑施工工序:施工准备→拉管片→通道开挖和初期支护→喇叭口开挖(刷大)和初期支护→防水层施工→钢筋绑扎、预埋件安设→立模→混凝土浇筑→集水井开挖和初期支护→集水井防水层施工→集水井钢筋绑扎→集水井混凝土浇筑 3. 停止冻结后3~5 d内进行衬砌后充填注浆
结语	冻结壁厚度、平均温度满足设计要求,开挖过程中无渗漏水现象,结构施工满足工程质量要求,融沉注浆效果较好,实测地表隆起、下沉量均小于规范控制指标

4.5.6 无附属结构的地铁联络通道冻结孔设计案例

无附属结构的地铁联络通道冻结孔设计案例见表4-45。

表4-45 无附属结构的地铁联络通道冻结孔设计案例

项目	主 要 内 容
工程概况	1. 上海西藏南路越江隧道工程盾构隧道内径为10.36 m,管片厚0.5 m。联络通道所在位置的隧道管片为钢管片。联络通道1处盾构隧道中心距约23.028 m,联络通道处隧道中心设计标高-29.66 m,江底标高-11.850 m。联络通道2处盾构隧道中心距约23.424 m,联络通道处隧道中心设计标高-31.12 m 2. 在西线里程WK1+447、东线里程EK1+419附近,西藏南路东、西隧道均穿越M8线上、下行线。西藏南路隧道东、西线平面净距11.4 m,M8线隧道上、下行线平面净距为4.6 m。隧道与M8线最小净距为2.79 m。离浦东工作井约400 m,离黄浦江约100 m 3. 联络通道由与隧道管片相连的喇叭口和水平通道构成。其中联络通道1水平通道距江底16.09 m,喇叭口距江底15.69 m。两个联络通道均为圆形结构,均采用二次支护方式。所有临时支护层厚度为250 mm,采用钢拱架结合喷射C25混凝土。水平通道结构层厚300 mm,喇叭口结构层厚700 mm,垫层厚280 mm

表 4-45（续）

项目	主 要 内 容
地质条件	1号联络通道位于黄浦江下，所处地层为⑤$_4$灰绿色粉质黏土层、⑦$_{1-1}$黄色砂质粉土层；2号联络通道位于浦东路下，所处地层为⑦$_{1-1}$黄色砂质粉土层、⑦$_{1-2f}$灰黄色粉砂层。⑤$_4$层土含水量高、孔隙比大、强度低，具有明显的触变、流变特性；⑦$_{1-1}$、⑦$_{1-2f}$层含水丰富。因此，必须先对联络通道施工影响范围内的土体进行稳妥、可靠的加固处理
冻结孔设计	1. 根据冻结帷幕设计及联络通道的结构，冻结孔按水平角度布置在联络通道的四周，在东线打内排孔，西线打外排孔，两排孔插花布置将联络通道封闭，开挖时挖不到冻结管，确保了冻土的强度及安全 2. 冻结孔数共计42个（东线隧道内排18个、西线隧道外排24个）。根据管片配筋情况和钢管片肋板位置，在避开主筋的前提下可适当调整 3. 为安全考虑，隧道两侧沿联络通道外围冻结壁敷设5排冷冻排管 4. 冻土强度的设计指标为：单轴抗压强度不小于4.0 MPa，弯折抗拉强度不小于2.3 MPa，抗剪强度不小于1.8 MPa（-14℃）；设计的冻结壁有效厚度为2.5 m，喇叭口处为2.1 m，平均温度为-14℃
施工情况	使用MD-80A型钻机钻孔，ϕ89 mm×8 mm低碳钢无缝钢管跟管钻进。制冷站布置在隧道内开挖构筑施工工序：施工准备→拉管片→通道开挖和初期支护→喇叭口开挖（刷大）和初期支护→防水层施工→钢筋绑扎、预埋件安设→立模→混凝土浇筑 停止冻结后3~5 d内进行衬砌后充填注浆
结语	联络通道地层为承压含水地层。实践证明：冻结壁厚度、平均温度等设计参数合理可行；开挖过程中无渗漏水现象，结构施工质量合格；通过融沉注浆，地表隆起、沉降量小于控制指标

4.5.7 地铁盾构机进、出洞竖直冻结孔设计案例

地铁盾构机进、出洞竖直冻结孔设计案例见表4-46。

表 4-46 地铁盾构机进、出洞竖直冻结孔设计案例

项目	主 要 内 容
工程概况	1. 上海西藏南路隧道用盾构法施工。盾构机直径11.58 m，长度11.245 m，在盾构机出洞处洞口中心标高为-10.613 m。工作井附近自然地坪标高约为+3.8 m。为了避免在盾构机出洞时扰动地层，造成涌水、出砂，拟对盾构机出洞口附近的地层进行冻结加固 2. 浦东工作井平面尺寸为37.6 m×21.6 m，开挖深度为23.298 m
地质条件	1. 拟建场地地基土在基坑开挖深度影响的范围内，上部15 m以上主要为黏性土及淤泥质粉质黏土，其标贯击数平均值为2~3击，自身强度较差，土质不均，15~18 m主要以淤泥质黏土、黏土为主，局部夹薄层粉砂及贝壳碎屑层，其特点为高含水量、大孔隙比、高压缩性和低强度的软弱黏性土，具高灵敏度及弱渗透性。地层结构见表4-47 2. 拟建场地地基地层中微承压含水层分布于⑤$_2$砂质黏土中，其顶板埋深16.50~17.90 m，⑤$_2$层水头埋深为4.54 m，⑤$_2$与⑦承压含水层连通 3. 本场地浅部地下水为潜水，地下水位1.20 m
冻结孔设计	1. 采取竖直孔冻结方式。加固区地层分三段，第一段是洞门封口段，冻土厚度3.3 m。第二段为出洞土层稳定段，为拱顶部+两侧墙冻结，长度为6.7 m，拱顶冻土厚度2.5 m，两侧墙冻土墙厚度1.5 m。第三段为前冻墙段，冻土墙厚度1.2 m。隧道纵向加固长度为11.2 m。第一段、第三段及第二段两侧墙采用一次冻全深，第二段拱顶部采用局部冻结，竖直冻结深度5.8~8.3 m，非冻结段为0~5.8 m；行车基础附近孔采用局部冻结，非冻结段为0~2 m。考虑到本次盾构机直径较大，为了确保安全，对冻结的宽度和深度做调整，确保冻土和地下连续墙2 m宽的搭接。双隧道冻结区总宽度为36.702 m，单隧道冻结加固区为18.351 m 2. 冻结深度： （1）出洞口封口段冻结孔深度为25.1 m/23.1 m （2）土层稳定段顶部冻结孔深度为8.3 m，两侧帮冻结孔深度为23.6 m （3）出洞前冻墙段冻结孔深度为23.6 m 3. 设计冻结孔布置参数见表4-48

表 4-46（续）

项目	主 要 内 容
施工情况	1. 钻孔施工采用 GXY-1 型和 SH-30 型钻机，于 2007 年 2 月 1 日正式开工，4 月 3 日东西线全部结束，除去春节放假 10 d，历时 51 d。制冷站安装 32 d 达到开机条件 2. 西线于 2007 年 6 月 4 日正式开机冻结；7 月 13 日分析冻土墙达到设计要求；由于西线盾构机出洞日期推迟，7 月 25 日起拔前三排影响盾构机的冻结孔，并恢复 8 m 冻结段；7 月 30 日通过并停机，冻结 56 d，比设计冻结 45 d 超 11 d 3. 东线于 2007 年 8 月 10 日正式开机冻结；9 月 19 日根据盐水温度和测温孔数据分析，冻土墙达到设计要求；由于东线盾构机出洞日期推迟，9 月 29 日起拔前三排的冻结孔，并恢复 8 m 冻结段；10 月 12 日通过并停机，共冻结 63 d，比设计冻结 45 d 超 18 d
结语	本案例冻结深度大，双隧道冻结宽度、体积大。采用竖直冻结技术，施工中根据冻土发展实际情况，加强加密监测分析，及时增加或减少制冷机组，调整盐水流量，确保了盾构机顺利出洞。破洞门各项冻结技术参数符合设计要求

表 4-47 地 层 结 构

序号	地层名称	层厚/m	累计厚度/m	序号	地层名称	层厚/m	累计厚度/m
1	杂填土	1.6	1.6	6	灰色黏土	3.0	17.4
2	褐黄色粉质黏土	0.6	2.2	7	砂质黏土	8.9	26.3
3	灰黄色粉质黏土	1.0	3.2	8	灰色砂质黏土	8.9	35.2
4	灰色淤泥质、粉质黏土	4.8	8.0	9	灰色粉质黏土	12.8	48.0
5	灰色淤质黏土	6.4	14.4	10	灰绿色粉质黏土	2.0	50.0

表 4-48 设计冻结孔布置参数

排序	排间距/mm	孔间距/mm	孔数/个	深度/m
A	400（距连续墙）	1000、1400/1130	35	25.1
B	1200	1400/1130	33	25.1
C	1200	1400/1130	33	23.1
D	1250	1200/1300	26	D_1、D_2、D_{12}～D_{15}、D_{25}、D_{26} 号孔为 23.6，其余孔为 8.3
E	1250	1200/1300	26	E_1、E_2、E_{12}～E_{15}、E_{25}、E_{26} 号孔为 23.6，其余孔为 8.3
F	1250	1200/1300	26	F_1、F_2、F_{12}～F_{15}、F_{25}、F_{26} 号孔为 23.6，其余孔为 8.3
G	1250	1200/1300	26	G_1、G_2、G_{12}～G_{15}、G_{25}、G_{26} 号孔为 23.6，其余孔为 8.3
H	1250	1200/1300	26	H_1、H_2、H_{12}～H_{15}、H_{25}、H_{26} 号孔为 23.6，其余孔为 8.3
I	1250	1200/1600	22	23.6
J	900	1200/1400	24	23.6
合计			277	5245.7

4.6 测温孔设计

4.6.1 立井测温孔设计

立井冻结法凿井中，需通过测温孔对不同地层中冻结温度场的发展状况进行监测，分析评估冻结壁交圈、厚度发展状况。

立井测温孔及测温点布置见表4-49。

表4-49 立井测温孔及测温点布置

项目	技 术 要 求
测温孔布置原则	1. 单圈孔冻结时，测温孔不少于3个；双圈孔冻结时，测温孔不少于4个；多圈孔冻结时，测温孔不少于5个 2. 测温孔宜在冻结孔施工结束后施工，测温孔深度不应小于相应部位的冻结孔深度 3. 测温孔应重点根据表土层段的冻结孔偏斜状况，布置在主冻结孔终孔（成孔）间距最大（或较大）处界面等冻结壁发展最不利部位，并应在该部位的冻结壁内侧、外侧分别布置测温孔，以监测冻结壁向井内、外两个方向的发展状况（图4-34） 4. 多圈孔冻结时相邻两圈主冻结孔之间，且在背向偏离最大的冻结孔之间，宜布设测温孔，以掌握冻结壁内部交圈及温度场发展状况（图4-35） 5. 测温孔应综合考虑多个控制层位进行布置，尽量兼顾主要含水层、膨胀性黏土层、高流速含水层等冻结难度较大的地层；外圈测温孔应布置在地下水流向的上游；受钻孔偏斜影响，同一测温孔难以兼顾深、浅部不同重要地层时，应增设测温孔 6. 深井尤其是超深表土层中，应综合考虑冻结孔布置、钻孔偏斜、地层性状、地下水流速流向等因素，适当增加测温孔数量
测温管规格及下放要求	1. 测温管材质同冻结管；应根据管材自重及泥浆浮力计算下沉安全系数，并兼顾测温探头及线缆下放的需要，选择适宜直径的测温管；测温管外径不宜小于89 mm 2. 测温管应采用外接箍对焊式接头；测温管下放时不得加注配重水；测温管下放到底后，应使管口高出地表0.5 m，并设置管口防护措施 3. 测温管环形空间采用缓凝水泥浆充填封堵时，测温管管材壁厚选取应根据测温管所承受的浮力进行校核计算，确保测温管自身质量大于浮力 4. 测温管内测温探头安装后，管口应封堵，以提高测温精度
测温点布置原则	1. 测温孔内温度测点（即测温点）的纵向间距原则上不大于20 m；重点监控主要含水层、强膨胀黏土层、地下水流速大的地层，且须包含冻结壁设计控制地层 2. 测温探头可采用热敏电阻、铜-康铜热电偶、半导体测温传感器、光纤光栅温度计等测温元件，精度应达到±0.5 ℃，同时应采用自动数据采集系统

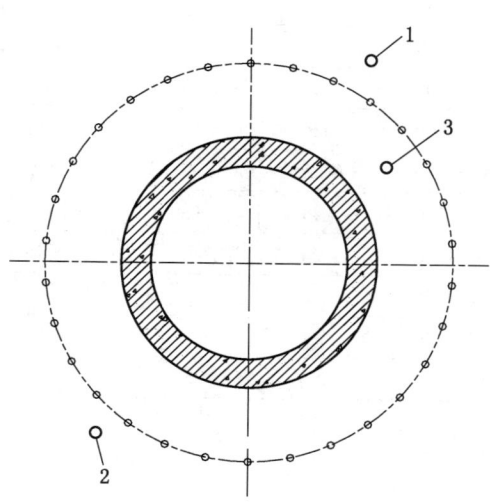

1—1号测温孔；2—2号测温孔；3—3号测温孔

图4-34 立井单圈孔冻结条件下测温孔布置

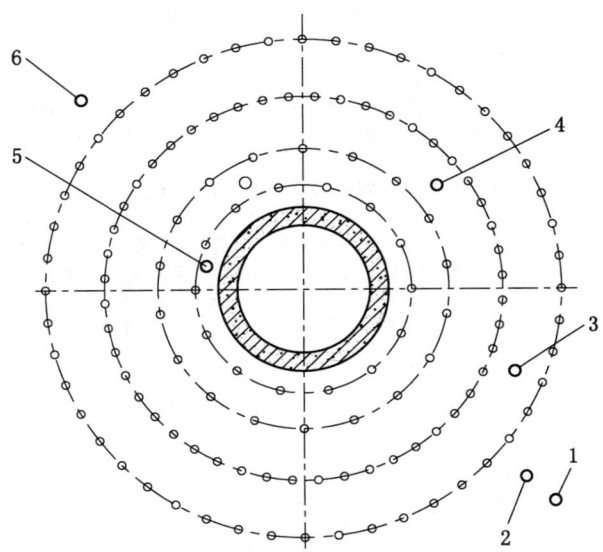

1—1号测温孔；2—2号测温孔；3—3号测温孔；4—4号测温孔；5—5号测温孔；6—6号测温孔

图 4-35 立井多圈孔冻结条件下测温孔布置

4.6.2 斜井测温孔设计

斜井竖直孔冻结时的测温孔及测温点布置见表 4-50。

表 4-50 斜井测温孔及测温点布置

项目	技 术 要 求
测温孔布置原则	1. 测温孔应针对各冻结分段之正常冻结段的顶板、底板、侧帮冻结壁安全评估的需要进行布置，布置时应避开端头部位，如图 4-36 所示；当特定冻结分段的封头端、封尾端需监控端部冻结壁的厚度时，应在端部增设测温孔 2. 外排冻结孔的内、外侧测温孔，应布置在其终孔间距最大（或较大）部位，且位于两孔连线中点的内、外侧一定距离处，重点监控侧帮冻结壁的发展状况 3. 中排冻结孔之间的测温孔，应根据冻结孔的实际偏斜状况，布置在冻结孔背向偏斜严重，即间距最大（或较大）的部位，重点监控顶板、底板冻结壁的发展状况 4. 当斜井井筒穿过流速较大的含水层时，在地下水流向的上游应布置测温孔 5. 斜井竖直孔分段冻结时，每个冻结分段应布置 3~4 个测温孔；当地质条件复杂、冻结分段长度大、钻孔偏斜严重时，应适当增设测温孔
测温管规格及下放要求	1. 测温管材质同冻结管；应根据管材自重及泥浆浮力计算其下沉安全系数，并兼顾测温探头及线缆的下放需要，选择适宜直径的测温管；测温管外径不宜小于 89 mm 2. 测温管采用外接箍对焊式接头，测温管下放时不得加注配重水；测温管下放到底后，应使管口高出地表 0.5 m，并设置管口防护措施 3. 测温管内测温探头安装完毕，管口应封堵，以提高测温精度

表 4-50（续）

项目	技 术 要 求
测温点布置原则	1. 测温孔内的温度测点主要布置在井筒开挖断面及其上、下部一定高度的有效冻结段内，重点对顶板、侧帮、底板冻结壁开展监测；至少在井筒掘进轮廓线的顶板上 1 m、底板下 1 m、井筒腰线 3 个层位各布置 1 个测点 2. 主要含水层或控制层距离井筒掘进轮廓线顶板、底板的距离小于 5 m 时，以及地下水的流速加大时，应加密布置测点 3. 从制冷站正式运转至水文孔冒水、冻结壁交圈期间，应每隔 8~24 h 观测 1 次；从井筒正式开挖到套壁结束期间，应每天观测 1 次；从套壁结束后冻结壁局部融化期间，应定时观测冻结壁温度回升状况及井壁有无漏水现象 4. 测温探头可采用热敏电阻、铜-康铜热电偶等测温元件，精度应达到 ±0.5 ℃，同时应采用自动数据采集系统

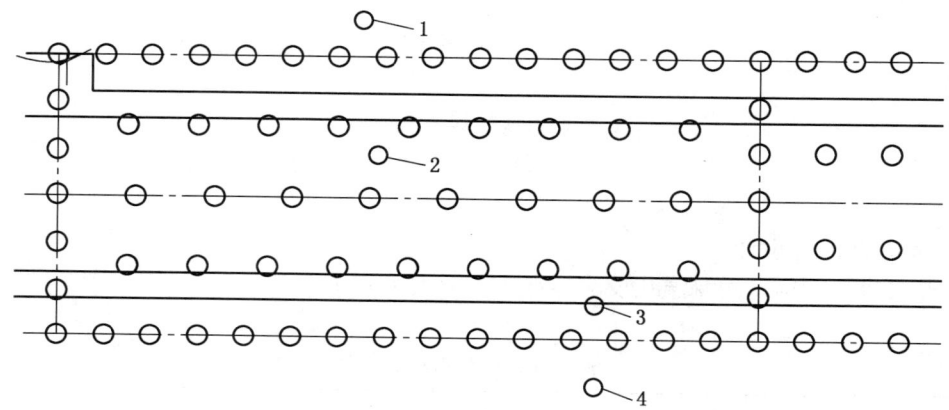

1—1 号测温孔；2—2 号测温孔；3—3 号测温孔；4—4 号测温孔

图 4-36 斜井竖直孔冻结工程测温孔布置

4.6.3 其他地下工程测温孔设计

1. 基坑测温孔布置

可参考立井、斜井冻结工程测温孔的布置原则，一般在基坑冻结壁内侧、外侧和相邻两圈冻结管之间各布置 4~8 个测温孔，如图 4-37 所示。

2. 盾构机进、出洞测温孔布置

可参考立井、斜井冻结工程测温孔的布置原则，一般在盾构机工作井冻结壁内、外侧布置测温孔，每排冻结孔之间和冻结孔与连续墙之间不少于 1 个测温孔，如图 4-38 所示。

3. 地铁联络通道测温孔布置

地铁联络通道冻结工程测温孔布置原则见表 4-51。

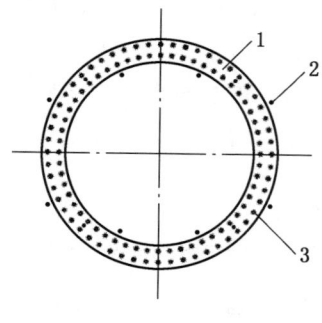

1—双圈孔冻结壁；2—测温孔；3—冻结孔

图 4-37 典型基坑测温孔布置

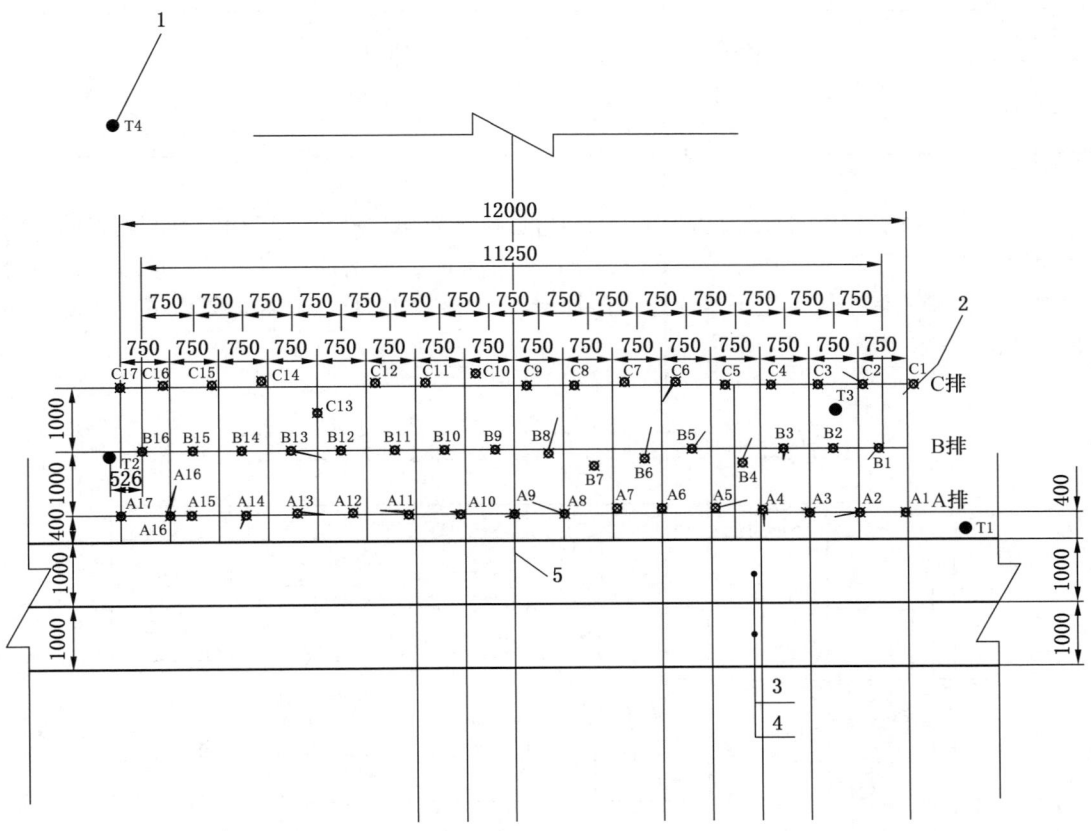

1—测温孔；2—冻结孔；3—基坑地下连续墙；4—基坑连续墙衬砌；5—盾构机线路中心线

图4-38 典型盾构机进、出洞测温孔布置

表4-51 地铁联络通道冻结工程测温孔布置原则

序号	测温孔布置原则
1	测温孔应根据联络通道冻结壁的形式布置在典型断面上，应满足判断冻结壁形成和开挖施工的要求
2	根据土层中冻结孔偏斜状况，布置在终孔（成孔）间距偏大（或较大）的冻结孔界面上，即冻结壁发展最薄弱部位，根据冻结壁设计厚度在该界面的冻结壁内侧、外侧各布置测温孔，以便分别监测冻结壁向内、外两方向的发展状况，获得最薄弱处冻结壁的厚度和平均温度
3	多排孔冻结时，应在相邻两排之间且背向偏离最大的冻结孔之间的位置布置测温孔，以监测掌握内部土柱交圈及冻结壁温度发展状况
4	测温孔应综合考虑所冻结地层不同地质条件进行布置，考虑主要含水层、膨胀性黏土层、高流速含水层等冻结难度较大的地层。外圈测温孔应布置在地下水流向的上游以便根据监测资料获得冻土发展速度
5	冻结范围内地质条件和周边环境复杂，应综合分析冻结孔布置方案、钻孔偏斜、地层性状、地下水流速流向和周边环境等因素，增加测温孔数量，并合理确定其布置位置

表4-51（续）

序号	测温孔布置原则
6	单排孔冻结时，测温孔数量不少于8个；双排孔冻结时，测温孔数量不少于12个。具体测温孔数量可根据实际工况适当调整

可参考立井、斜井冻结工程测温孔的布置原则布置测温孔。测温孔内温度测点的纵向间距原则上不大于1 m；地层产状复杂、土性变化大时，应增加测点数量；重点监控主要含水层、强膨胀黏土层、地下水流速大的地层，隧道结构与冻土交界面等位置。测温孔的布置如图4-39、图4-40所示。

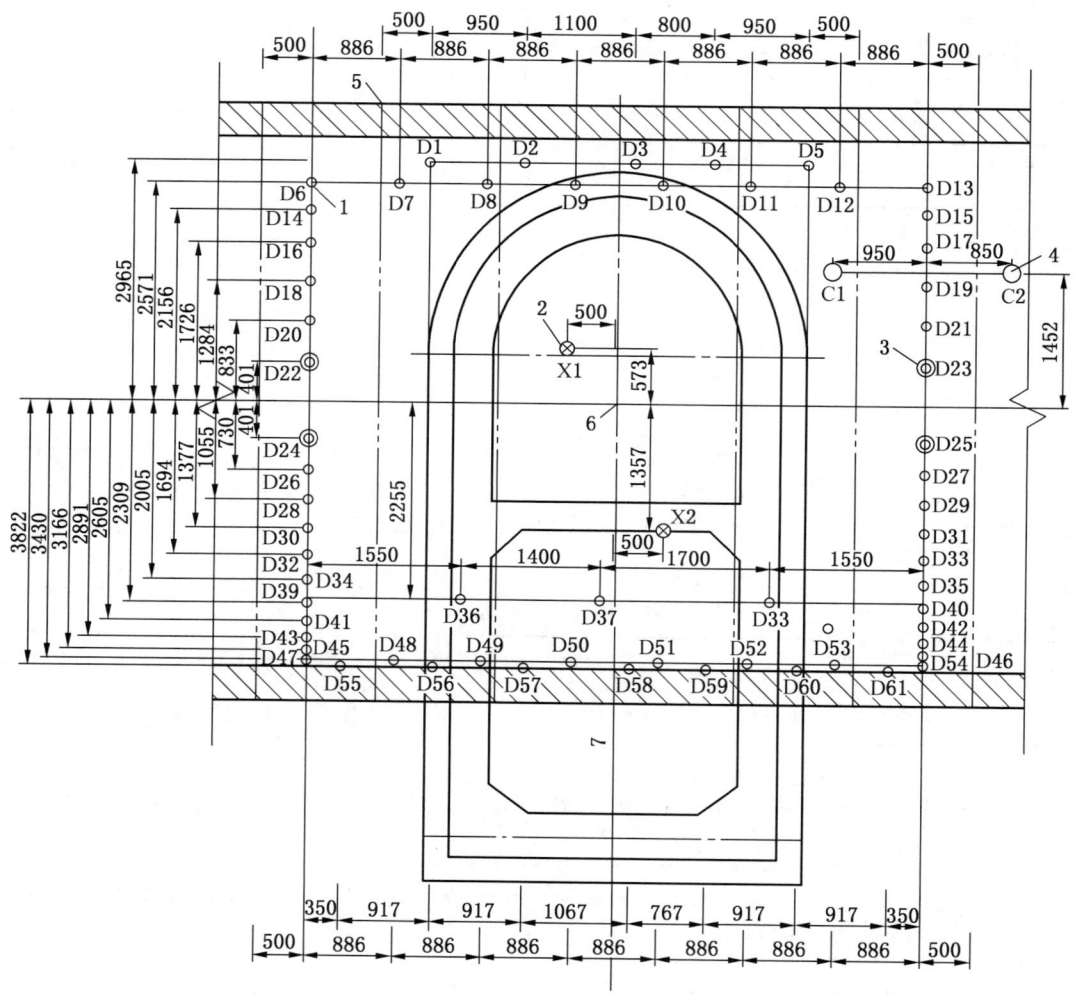

1—冻结孔；2—泄压孔；3—透孔；4—测温孔；5—隧道管片缝；6—隧道中心线；7—联络通道中心线

图4-39 典型地铁通道测温孔A—A剖面布置示意图

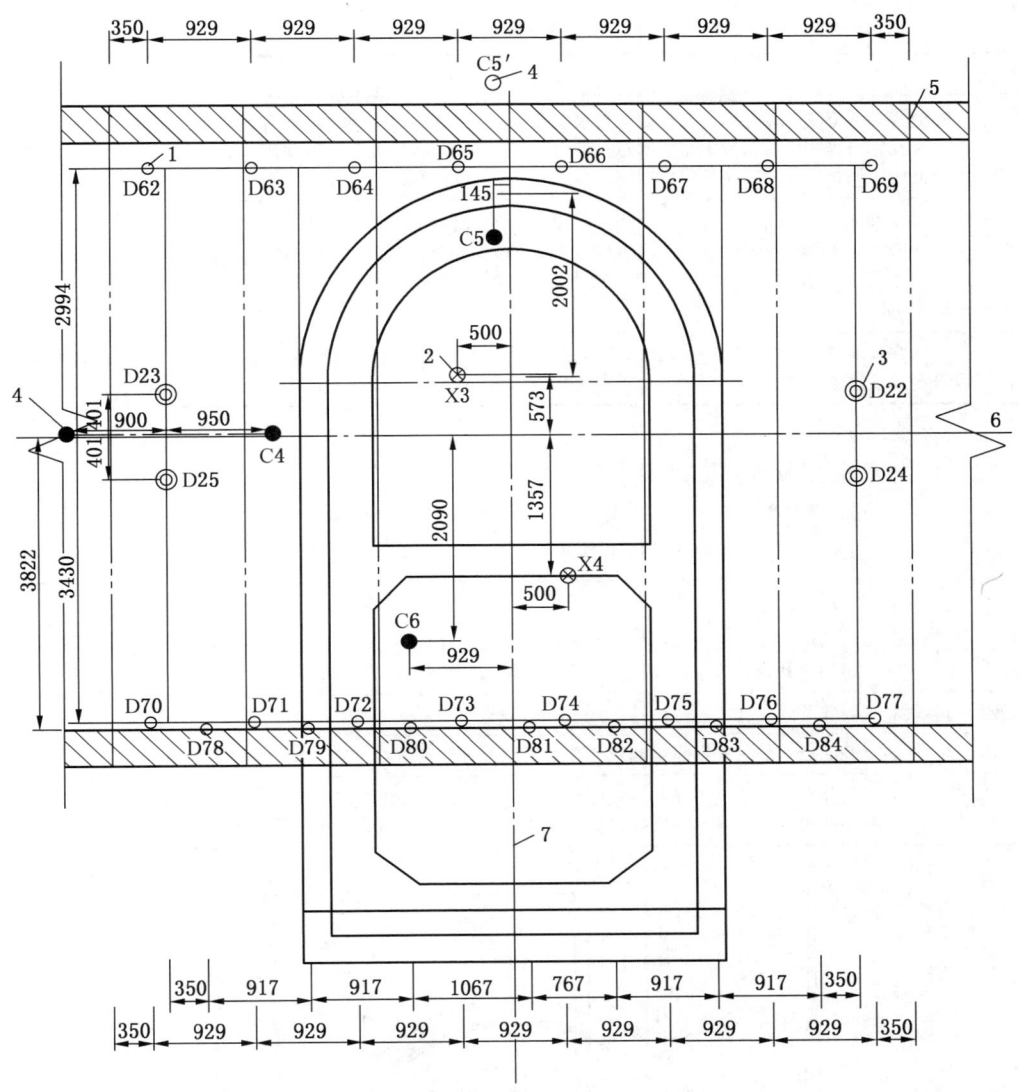

1—冻结孔;2—泄压孔;3—透孔;4—测温孔;5—隧道管片缝;6—隧道中心线;7—联络通道中心线

图4-40 典型地铁通道测温孔 B—B 剖面布置示意图

4.7 水文孔设计

4.7.1 水文孔布置原则及要求

(1)立井水文孔布置原则及要求见表4-52。

表4-52 立井水文孔布置原则及要求

项目	技 术 要 求
布置原则	1. 水文孔不应占据提升位置,深部水文孔的深度宜进入表土层底部主要含水层中,但不得超过最深隔水层,不得偏入井筒掘进区域。若表土层厚度较浅,而基岩冻结厚度所占比例较大时,深水文孔的深度宜进入基岩主要含水层中

表 4-52（续）

项目	技 术 要 求
布置原则	2. 冻结深度不超过 200 m，可设置 1 个水文孔，报导主要含水层水位；冻结深度超过 200 m，应设置 1~3 个水文孔，可采用 1 孔报导 1 个含水层或采用套管、隔板等方式 1 孔报导多个含水层，但必须保证套管、隔板的施工质量，防止含水层之间窜水
管材及结构要求	1. 水文管材质及焊接要求与冻结管相同，宜采用外接箍焊接 2. 水文管底部应设底锥与适当长度的沉淀管，含水层部位设置滤水网，管口应高出地下水位并加盖 3. 水文孔成孔后，应立即进行洗孔和检查水位状况，发现异常情况要立即进行处理，待水位正常后方可撤走钻机
检测要求	井筒开始冻结后，应每天定时检测水文孔的水位，检测工作持续到水位持续上涨时，应缩短监测时间间隔直至地下水溢出管口，必要时还应测量流出管口水的流量，以确认冻结壁交圈

（2）斜井水文孔布置原则及要求见表 4-53。

表 4-53 斜井水文孔布置原则及要求

项目	技 术 要 求
布置原则	每个冻结段中部至少设置 1 个水文孔。水文孔的滤水管位置应深入井筒断面内主要含水层中，不得偏入井帮，含水层部位应设置滤水网。开挖断面内保温冻结管及水文孔如图 4-41 所示
管材及结构要求	同立井水文孔
检测要求	开冻后，应每天定时检测水文孔的水位，直到水位高过地下水的水位并溢出管口为止
保护措施	斜井水文孔不同于立井，水文孔处于冻结区内，受温度场影响，水文孔内水极易结冰，因此应有保证水文孔不结冰的措施，例如下软管及时冲孔，或设置循环管保证孔内水不结冰

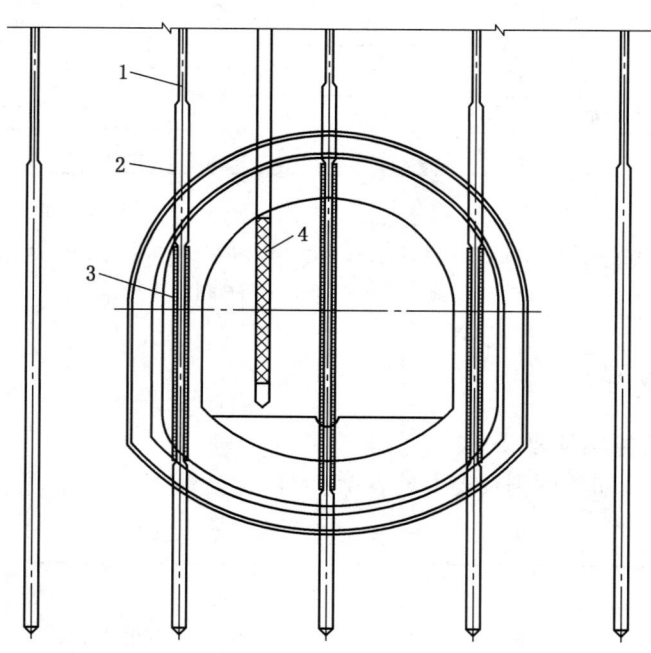

1—正常冻结管；2—加粗冻结管；3—保温管；4—水文孔滤水层
图 4-41 开挖断面内保温冻结管及水文孔示意图

(3) 盾构机进、出洞及地铁隧道联络通道冻结水文孔设计原则及技术要求见表 4-54。

表 4-54 盾构机进、出洞及地铁隧道联络通道冻结水文孔设计原则及技术要求

类别	技术要求
盾构机进、出洞	盾构机进、出洞冻结为实体板块，不是封闭的冻结帷幕，不布置水文孔
联络通道	1. 为了减少冻结过程中土体冻胀对地表及通道的影响，以及观测水文情况，一般在联络通道开挖断面内布置泄压孔，释放冻胀水及冻胀压力，并测试水文情况 2. 通过泄压孔压力的测试，以及对泄压孔内水流观察，可以判断冻土发展情况。泄压孔压力的变化也是冻结壁发展过程和冻结壁交圈判断的依据 3. 制冷站运转前，泄压孔的压力应与地质资料的水位压力吻合，发现异常必须查明原因进行处理。在冻结壁形成后，泄压孔的压力应大于地层水压 0.1 MPa 4. 冻结初期压力会逐渐增大，随着冻结进行，冻土不断扩展，泄压孔的压力越来越大，直到冻结壁交圈，此时泄压孔的压力不再增大，而打开泄压孔，水流逐渐变小直至不再流出 5. 制冷站运转前期，应每隔 24~48 h 观测 1 次。在压力开始上涨后宜每隔 6~24 h 测量 1 次 地铁隧道联络通道泄压孔（水文孔）布置如图 4-42 所示，泄压孔（兼水文孔）压力表布置安装如图 4-43 所示

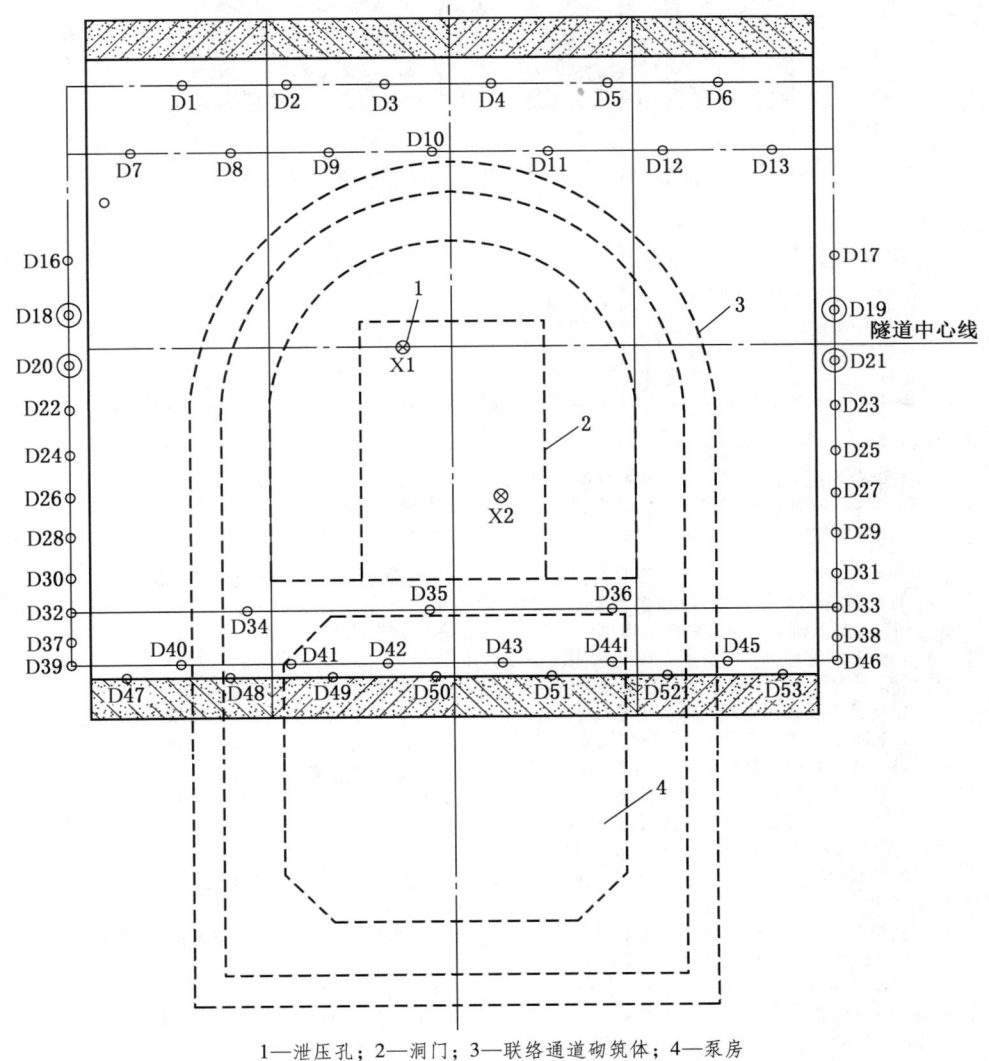

1—泄压孔；2—洞门；3—联络通道砌筑体；4—泵房

图 4-42 地铁隧道联络通道泄压孔布置示意图

图 4-43　泄压孔压力表布置安装示意图

4.7.2　立井水文孔设计施工案例

立井水文孔设计施工案例见表 4-55。

表 4-55　立井水文孔设计施工案例

项目	主　要　内　容
工程概况	高家堡煤矿隶属于陕西正通煤业有限责任公司，位于陕西长武县彬长矿区西北部。主井井口标高 +926.50 m，地表标高 +929.03 m，净直径 7.5 m，井壁厚度为 1.0~1.8 m，井深 859 m，冻结深度为 783 m
地质条件	1. 井筒穿过第四系、白垩系、侏罗系和三叠系地层，冻结难点是白垩系地层大流速高压地下水 2. 第四系全新统冲、洪积层孔隙潜水含水层（Ⅰ）：岩性上部主要为黄土、粉土、砂质黏土、黏土，下部为中~粗砂及砾卵石层，钻孔揭露厚度为 26.50 m，分布于泾河河谷中 3. 白垩系下统环河华池组基岩风化带裂隙潜水含水层（Ⅱ）：基岩风化带厚 49.5 m，主要为砂质泥岩、粉砂岩，具少量裂隙，见水锈痕迹及大量溶孔，岩芯局部较破碎 4. 白垩系下统洛河组砂、砾岩孔隙、裂隙承压水含水层（Ⅲ）：岩性主要为中粗粒砂岩，上部夹薄层泥岩，中下部夹砾岩，泥质胶结，胶结欠佳，较疏松。该含水层的水流向为西北向，磁方位角为 315°，流速为 1.13 m/h；井检孔在井深 355~445.45 m 处为强出水层段，富水性强，水压大 5. 白垩系下统宜君组砂、砾岩孔隙、裂隙承压水含水层（Ⅳ）：本次揭露厚度 4.43 m，主要为含砾粗砂岩和中砾岩等，填隙物为砂质，砾径一般在 2~6 cm，富水性较好。该水层单位涌水量为 0.0088 L/(s·m)，渗透系数为 0.020 m/d，属富水性不均一的弱含水层，水温 15~18 ℃ 6. 侏罗系中统砂岩孔隙、裂隙承压水含水层（Ⅴ）：由直罗组底部砂岩和延安组 4 煤顶、底板的中粗粒砂岩构成 7. 三叠系上统胡家村组砂岩裂隙承压水含水层（Ⅵ）：本组均未揭穿，该层段为富水性弱的含水层，但在裂隙发育地段，则富水性较好，具有富水性不均的特点 8. 本井筒穿过地层共有 4 个隔水层，分别为：白垩系下统环河华池组粉砂岩、砂质泥岩隔水层，白垩系下统洛河组底部粉砂岩、砂质泥岩隔水层，侏罗系中统泥岩、砂质泥岩、粉砂岩隔水层，三叠系上统胡家村组砂质泥岩、粉砂岩隔水层

表 4-55（续）

项目	主 要 内 容
水文孔设计	1. 设计水文孔 2 个，深度分别为 75 m 和 447 m。1 号水文孔滤水层位置在 22~26 m、62~64 m、70~74 m，2 号水文孔滤水层位置在 345~349 m、425~429 m、441~446 m 2. 封止水位置：1 号水文孔在 8~15 m 段封止水带；2 号水文孔在 180~185 m、250~255 m、295~300 m 共 3 段封止水带，封止水材料为海带、黏土 3. 水文管采用 $\phi 159$ mm × 6 mm 无缝钢管，内接箍连接方式，接箍规格为 $\phi 146$ mm × 5 mm 无缝钢管，接箍长度为 150 mm
冻结施工情况及处理措施	1. 主井于 2011 年 10 月 26 日开机运转，至 12 月 11 日 1 号水文孔冒水，结合测温数据分析，浅部 300 m 以上已交圈，且冻结壁厚度及强度满足掘砌要求。而深部 340 m 以下，由于 2 号水文孔静水位标高 +949.67 m，埋深 355~445.45 m，比井口设计标高 +926.50 m 高出 23.17 m，未冻结时地下承压水便从水文管内溢出，呈自流状态。从测温数据分析深部 340 m 以下，因承压水流大，冻结时间相对长，迟迟未交圈 2. 为加快主井建井，根据测温数据和掘砌速度分析，掘砌至该层前，冻结壁能够交圈，且冻结壁厚度和强度满足掘砌要求。经研究，决定对 2 号水文孔进行注浆封堵，断绝上下水力联系沟通。采用往 2 号水文孔内下塑料管，用 0.6:1 的水泥浆液进行注浆封堵。2012 年 2 月 4 日开始封堵水文孔，5 日结束，2 月 6 日井筒正式开挖。2012 年 2 月 20 日，检测测温孔温度，发现 300 m 以下降温速度加快，冻土发展正常，验证采取措施得力。2012 年 10 月 2 日，主井井筒掘砌至 773 m，预留 10 m 保护段，安全顺利通过，井筒转入套内壁施工
结语	由于 2 号水文孔报导含水层为高承压水，钻孔施工导通地下水溢出地表，给冻结提前开挖带来困扰，施工及时发现问题并采取了封堵措施，阻断水流对冻结交圈影响，确保了井筒正常施工。今后深部高承压水水文孔报导层位应慎重考虑，虽然招标文件要求报导，但施工中应及时分析，采取措施，防止高承压水导通影响冻结交圈

4.7.3 斜井水文孔设计施工案例

斜井水文孔设计施工案例见表 4-56。

表 4-56 斜井水文孔设计施工案例

项目	主 要 内 容
工程概况	马城铁矿位于河北滦南县南马城镇。主斜坡道净断面 20.17 m²，净高 4.7 m，净宽 4.8 m，硐口标高 +17.3 m，斜长 1234 m，平均坡度 11.6%，最大坡度 12%，冻结段斜长 1109.3 m
地质条件	1. 含水层的分布与划分： (1) 第四系潜水含水层段（0~66.0 m）：岩性为粉质黏土、细中砂、圆砾等，渗透系数 550 m/d，水温 22 ℃，属强富水性含水层 (2) 第四系潜水含水层段（66.0~99.0 m）：岩性为粉质黏土、细中砂、卵石等，渗透系数 8.84~23.94 m/d，水温 22 ℃，属中等富水性含水层 (3) 基岩构造破碎带及构造裂隙含水层段（99.0~141.1 m）：主要由磁铁石英岩、混合岩等组成，属承压水，渗透系数 0.2736 m/d，水温 22 ℃，属弱富水含水层 2. 隔水层的分布与划分： 本区第四系主要由粗颗粒土组成，⑦层、⑪层粉质黏土为相对隔水层，除④层粉质黏土厚度较小，处于地表，隔水效果不明显；⑦层、⑪层粉质黏土，厚度较大，隔水效果表明显；基岩风化带部分、基岩部分完整性较好的岩体，节理、裂隙不发育或发育较少，可视为相对隔水层
水文孔设计	1. 根据井检孔资料及招标文件要求，共设计 20 个水文孔，总工程量为 1421 m。每段水文孔滤水层位依据 ZK1~ZK7、ZK39-B1、ZK39-B2、ZK8 井检孔柱状及孔深布设在卵石层 2. 封止水位置：依据 ZK1~ZK7、ZK39-B1、ZK39-B2、ZK8 井检孔柱状及孔深布设在土层 3. 水文管采用 $\phi 89$ mm × 5 mm 无缝钢管，接箍为 $\phi 102$ mm × 5 mm 无缝钢管，接箍长度为 150 mm

表 4-56（续）

项目	主 要 内 容
冻结施工情况	1. 主斜坡道明槽冻结段于 2018 年 5 月 11 日开机冻结，水文孔水位持续上涨；于 6 月 26 日管内结冰，深度 5.23 m，7 月 24 日对水文管采取升温措施，保证了水文孔正常报导 2. 处理措施：在水文管下置套管，套管内下放循环管，循环热水逐步使管内冰体升温化冻，保证水文管水位正常上涨
结语	今后对斜井冻结工程的水文孔布设位置及水文管的结构应加以重视，防止管内结冰，影响报导

5 造 孔 工 程

5.1 造孔工程施工组织设计

造孔施工前首先要编制施工组织设计，内容见表5-1。

表5-1 造孔工程施工组织设计大纲

项 目	内 容
工程概况	1. 对已批准的冻结方案设计有关参数进行简单描述：立井井筒冻结孔布置圈直径、深度、孔数、开孔间距、允许偏斜率及终孔间距、冻结管直径，水文孔、测温孔布置深度、原则及质量要求；斜井井筒冻结孔布置排数、排间距、开孔间距、允许偏斜率及终孔间距、冻结管直径，测温孔的布置原则及质量要求 2. 井筒地质、水文地质情况描述 3. 临时工业场地的布置 4. 水源井的布置原则及质量要求
打钻准备工作	1. 场地平整及交通运输 2. 施工供配电、供水及通信 3. 钻场总平面布置 4. 临时建筑工程（包括生活区、库房、机修间等）施工 5. 打钻设备选型及材料供应 6. 钻场基础、灰土盘施工 7. 钻机、钻塔的布置及安装 8. 泥浆站及泥浆循环系统施工 9. 泥浆泵的布置及安装 10. 施工队伍培训
冻结孔及观测孔钻进	1. 钻孔结构和钻进方法选择 2. 钻具的组合设计 3. 泥浆的配制和主要技术参数 4. 开孔钻进及注意事项 5. 各类地层钻进参数选择 6. 钻孔的防偏、纠偏及防漏 7. 温度观测孔施工、水文观测孔施工及洗孔 8. 特殊位置钻孔的泥浆参数调整与置换
钻孔测斜及验收	1. 钻进过程偏斜率和孔间距的控制与要求 2. 测斜仪器的选择和测斜步骤 3. 单孔测斜记录的整理和要求 4. 冻结孔验收及处理

表 5-1（续）

项　目	内　容
冻结管的安装、验收及处理	1. 冻结管结构及要求 2. 冻结管质量验收 3. 冻结管的除锈、配套加工和地面试压 4. 冻结管焊接、下放 5. 冻结管试漏 6. 冻结管验收及漏孔处理 7. 特殊位置冻结管处理
工期与劳动组织	1. 工期进度计划 2. 打钻施工的劳动组织
施工保证措施	1. 质量要求及保证措施 2. 工期保证措施 3. 安全、文明施工技术措施 4. 环保施工保证措施 5. 季节性施工措施
水源井施工	1. 水源井结构 2. 施工机具及材料 3. 钻进方法及参数 4. 井管安装 5. 洗井方法及设备 6. 深井泵安装和试抽水
资料整理	1. 原始记录的整理及管理 2. 测斜成果图的绘制要求，包括冻结孔偏斜总平面图、偏斜分层平面图 3. 施工总结报告编制
附图	1. 岩层柱状图 2. 钻场总平面布置图 3. 冻结孔及观测孔布置图 4. 钻场基础施工图 5. 泥浆站和泥浆循环系统图 6. 钻机供电、配电系统图 7. 冻结管结构及加工图 8. 水文观测孔管的结构及加工图 9. 水源井结构图 10. 施工进度横道图或网络图
附表	1. 主要施工设备表 2. 主要材料明细表 3. 劳动力平衡表 4. 钻场准备工程进度表

5.2 施工准备及泥浆系统

5.2.1 钻孔施工

1. 钻孔施工准备工作

钻孔工程施工前应首先做各项准备工作,如临时建筑、水源、道路、设备、材料、供电等,见表 5-2。

表 5-2 钻孔施工准备工作内容

项 目	内 容	要 求
设备、材料准备	1. 造孔设备及供电等辅助设备 2. 冻结管、水文管和测温管的准备加工及特殊位置处理 3. 泥浆、缓凝水泥浆等材料	1. 优先选用先进、高效、节能、环保设备 2. 冻结管应符合设计要求及相关标准 3. 材料规格、质量应符合设计要求,存放便于运输,减少二次倒运
供水水源	1. 利用当地的河、塘和水井 2. 新打水源井 3. 供水池和供水管施工	1. 利用河、塘水时,水温、水质应符合要求,必要时进行净化 2. 新打水源井时,水量、水质应满足要求
交通运输	修筑场内外简易的运输道路	应尽量利用当地已有道路,如需新修公路应和矿井永久道路结合考虑
临时建筑	1. 平整场地 2. 修筑钻场基础 3. 修建生产、生活设施 4. 修筑灰土盘 5. 修筑泥浆池及泥浆沟槽	1. 尽量利用永久建筑物和附近原有的房屋建筑 2. 用装配式活动房屋 3. 要保证防雨、防风,特别是测斜房
供电、通信	1. 输电线路架设,临时供配电设备安装 2. 开通有线或无线通信	输电线路和通信线路应尽量利用矿井永久线路
造孔设备安装	1. 造孔设备安装 2. 泥浆循环管路安装 3. 配制泥浆	
泥浆配制	1. 选择泥浆材料 2. 根据设计要求及地层特性配制泥浆 3. 选用易处理环保材料	

2. 钻场基础施工

钻场基础的结构形式和尺寸确定见表 5-3。

表 5-3 钻场基础的结构形式和尺寸确定

类型	钻场基础结构形式图示	基础尺寸计算	符号意义
混凝土盘形式（单圈冻结孔）	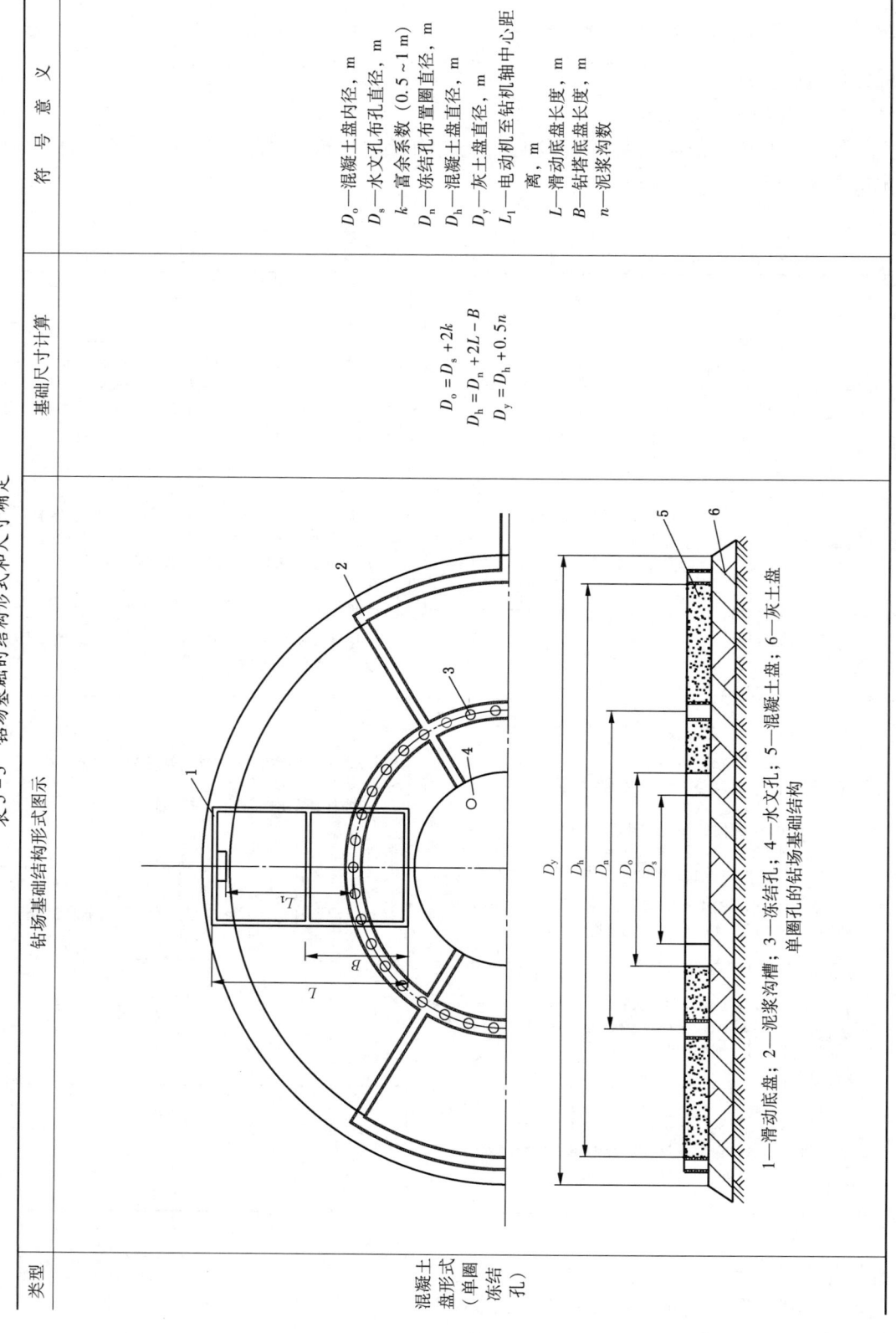 1—滑动底盘；2—泥浆沟槽；3—冻结孔；4—水文孔；5—混凝土盘；6—灰土盘 单圈孔的钻场基础结构	$D_o = D_s + 2k$ $D_h = D_n + 2L - B$ $D_y = D_h + 0.5n$	D_o—混凝土盘内径，m D_s—水文孔布孔直径，m k—富余系数（0.5~1 m） D_n—冻结孔布置圈直径，m D_h—混凝土盘直径，m D_y—灰土盘直径，m L_1—电动机至钻机轴中心距离，m L—滑动底盘长度，m B—钻塔底盘长度，m n—泥浆沟数

表 5-3（续）

类型	钻场基础结构形式图示	基础尺寸计算	符号意义
混凝土盘形式（多圈式冻结孔）	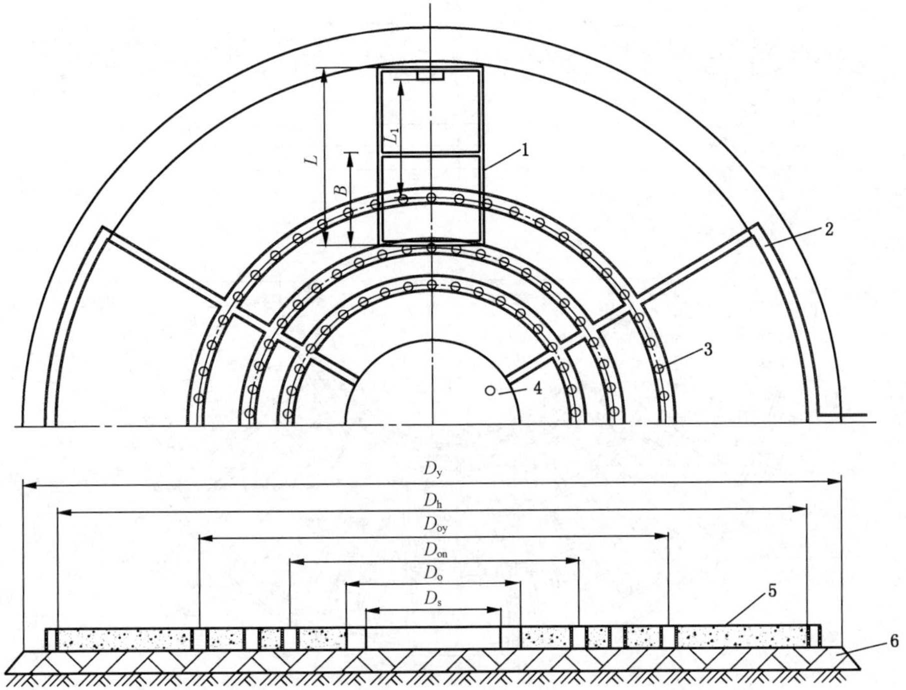 1—滑动底盘；2—泥浆沟槽；3—冻结孔；4—水文孔；5—混凝土盘；6—灰土盘 多圈孔的钻场基础结构	$D_o = D_s + 2k$ $D_h = D_{oy} + 2L - B$ $D_y = D_h + 0.5n$	D_o—混凝土盘内径，m D_s—水文孔布孔直径，m k—富余系数（0.5～1 m） D_y—灰土盘直径，m D_{on}—内圈孔布孔直径，m D_{oy}—外圈孔布孔直径，m D_h—混凝土盘直径，m L_1—电动机轴中心距离，m L—滑动底盘长度，m B—钻塔底盘长度，m n—泥浆沟数

表 5-3（续）

类型	钻场基础结构形式图示	基础尺寸计算	符号意义
枕木+环形轨道形式（单圈冻结孔）	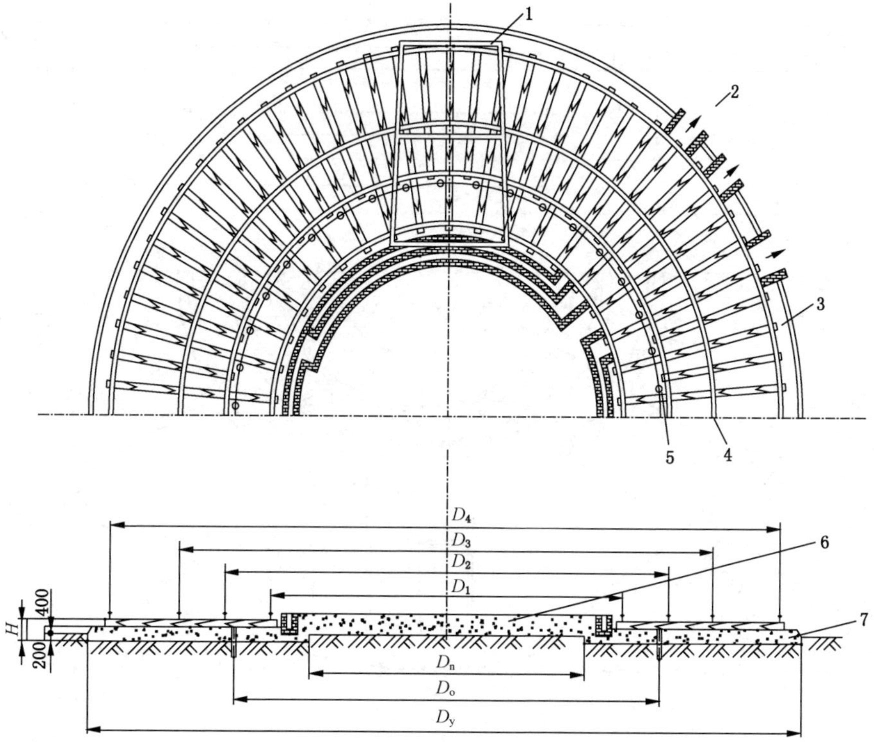 1—滑动底盘；2—泥浆沟槽；3—枕木；4—环形轨道；5—钻孔；6—黏土垫层；7—灰土盘 单圈孔的钻场基础结构及轨道	$D_1 = \sqrt{D_0^2 - 2D_0B + 2B^2} + 2k$ $D_2 = D_0 + 2a$， 或 $D_2 = D_0 + 1$ $D_3 = \sqrt{D_0^2 + 2D_0B + 2B^2} - 2k$ $D_4 = D_0 + 2L_1$ $D_n = D_1 - 2b$ $D_y = D_0 + 2L - B$	D_0—单圈冻结孔的布置圈直径，m D_1、D_2、D_3、D_4—第一、第二、第三、第四圈环形物的圈径，m D_n—灰土盘内径，m D_y—灰土盘外径，m L—滑动底盘底跨长度 L_1—电动机至钻机轴中心距离，一般取 5 m B—钻塔底跨度，m k—富余系数，一般取 0.2 m a—第二圈环形轨道至钻孔中心的距离，一般取 0.5 m b—第一圈环形轨道至灰土盘内径的距离，一般取 1.5~2.0 m

表 5-3（续）

类型	钻场基础结构形式图示	基础尺寸计算	符号意义
枕木+环形轨道形式（双圈冻结孔）	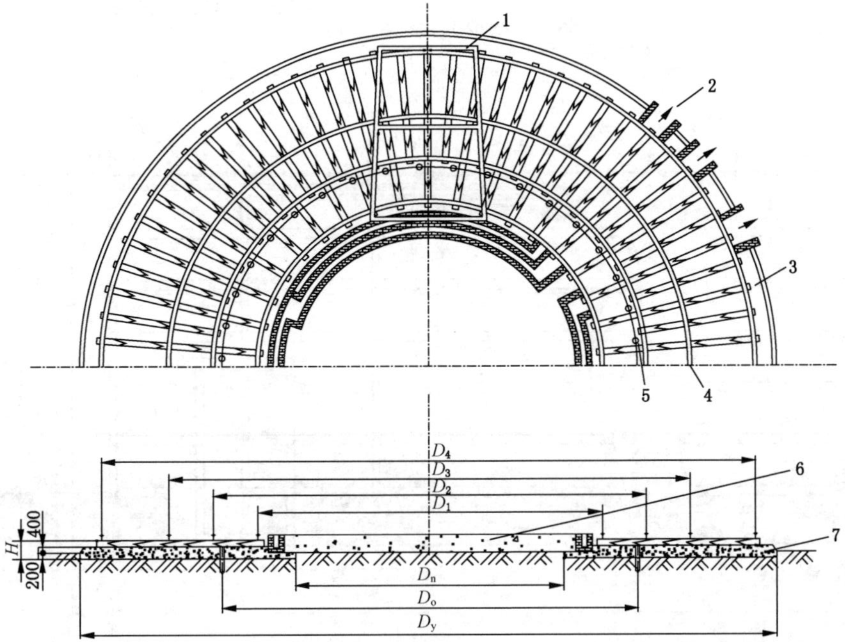	$D_1 = \sqrt{D_{0n}^2 - 2D_{0n}B + 2B^2} + 2k$ $D_2 = \sqrt{D_{0y}^2 - 2D_{0y}B + 2B^2} + 2k$ $D_3 = D_{0y} + 1$ $D_4 = \sqrt{D_{0y}^2 + 2D_{0y}B + 2B^2} - 2k$ $D_5 = D_{oy} + 2L_1$ $D_n = D_1 - 2b$ $D_y = D_{oy} + 2L - B$ D_{0n} 和 D_{0y} 间距大于 3 时，D_1、D_2 间可加一圈环形轨道	D_{0n}—双圈冻结孔的内布置圈直径，m D_{0y}—双圈冻结孔的外布置圈直径，m D_1、D_2、D_3、D_4、D_5—第一、第二、第三、第四、第五圈环形轨道径，m D_n—灰土盘内径，m D_y—灰土盘外径，m L—滑动底盘长度，m L_1—电动机至钻机轴中心距离，一般取 5 m B—钻塔底跨度 k—富余系数，一般取 0.2 m a—第二圈环形轨道至钻孔中心的距离，一般取 0.5 m b—第一圈环形轨道至灰土盘内径的距离，一般取 1.5~2.0 m

1—滑动底盘；2—泥浆沟槽；3—枕木；4—环形轨道；5—钻孔；6—黏土垫层；7—灰土盘双圈冻结孔的钻场基础结构及轨道

表 5-3（续）

类型	钻场基础结构形式图示	基础尺寸计算	符号意义
斜井灰土盘形式	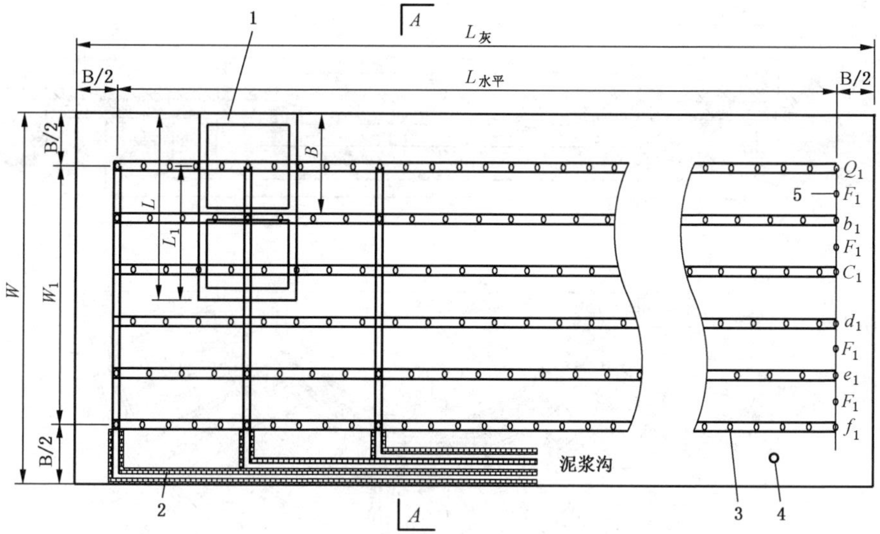 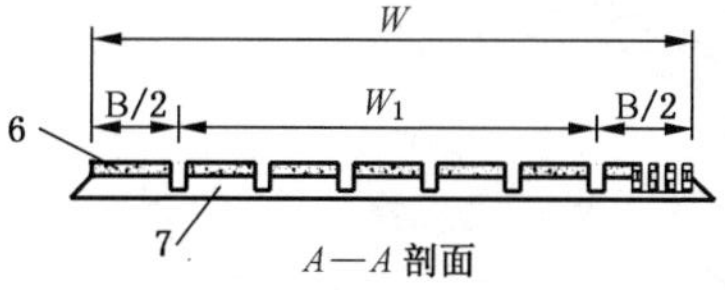 施工工艺： 1. 平整场地并夯实； 2. 铺设三七灰土垫层400 mm，分层铺设并夯实； 3. 铺设不低于C20混凝土200 mm厚，要求上平面平整度误差不大于10 mm； 4. 灰土盘沟槽宽度500 mm，深度400 mm。 5. 泥浆槽均为240槽。 1—滑动底盘；2—泥浆沟槽；3—冻结孔；4—测温孔；5—封堵孔；6—混凝土盘；7—灰土盘 斜井井筒冻结孔钻场基础结构及轨道	$L_{灰} = L_{水平} + B$ $W = W_1 + B$	L—滑动底盘长度，m $L_{灰}$—灰土盘长度，m $L_{水平}$—斜井冻结段纵向水平长度，m L_1—电动机至钻机轴中心距离，m B—钻塔底座长度，m W_1—冻结段横向两边排孔间距离，m W—灰土盘宽度，m $a_1、b_1、c_1、d_1、e_1、f_1$—各排冻结孔的编号 F_1—封堵孔

钻场基础施工要求及注意事项见表 5-4。

表 5-4 钻场基础施工要求及注意事项

项目	施 工 要 求	注 意 事 项
灰土盘	1. 将灰土盘范围内的原土挖掉 200 mm 深，夯实，挖出的土不宜作为灰土盘用料 2. 采用石灰∶黏土 = 3∶7（体积比），灰土盘顶面应高出原地平面，其厚度应大于 600 mm 3. 分层铺设，压实厚度为 150~200 mm 4. 井中附近黏土垫层也应随之铺平夯实（可用挖出的原土） 5. 灰土盘和泥浆池的相对标高差为 1.0~1.5 m，以保证泥浆沟的坡度不小于 1%	1. 适当控制灰土含水量，以手握紧成团，两指轻捏即碎为宜 2. 灰土拌合均匀，颜色一致。拌好后，应及时铺夯实，不得隔日夯打。夯实后，3 d 内不得受水浸泡 3. 雨季施工时，刚打完毕或尚未夯实，突然遇水淋泡，应将积水及松软土除去，填补夯实，稍受浸湿的灰土可晾干夯 4. 不得采用冻土或夹有冻土块的土料和灰料，冬季施工应采取有效防冻措施，防止灰土冻结
操平与定孔位	1. 灰土铺好后，应用水准仪操平，高差 +10 mm 2. 立井用经纬仪按角度和冻结圈直径等分确定，或钢尺丈量冻结圈半径、孔间距（弦长）来确定 3. 斜井按排间距、孔间距确定孔位 4. 孔间距应相等，允许误差为 ±2 mm	1. 两孔夹角 = $\dfrac{360°}{冻结孔数}$ 2. 孔间弦长 = 冻结圈直径 × $\sin\dfrac{180°}{冻结孔数}$ 3. 木桩钉牢，桩上钉 25 mm 圆钉为标记
混凝土盘的制作	1. 用砖或模板预留出泥浆沟和孔位位置 2. 按设计厚度在灰土盘上施工混凝土盘，混凝土等级不低于 C20，上平面平整度误差不大于 10 mm 3. 做好孔位桩，并做好标志	1. 按施工钻机数预留泥浆沟 2. 混凝土盘按要求养护，强度达到设计要求后方可进行设备安装
孔位测量	用经纬仪或全站仪测量孔位坐标并做好记录	
沟槽砌筑	按钻机数量做好泥浆沟、池	

5.2.2 设备机具选型

1. 打钻设备

目前常用的打钻设备与机具选择见表 5-5。

表 5-5 打钻设备与机具（钻机）

名　称	型　号　规　格
钻机	一般立井用 DZZ500-1000、TSJ-600、TSJ-1000 和 TSJ-2000 型钻机，浅孔或斜井也可采用 300 型水井钻机或移动汽车钻机
钻塔	一般采用 17 m、18 m、22 m、24 m 四角钻塔或配套钻塔，17 m、18 m、22 m、24 m 钻塔的底跨分别为 5.1 m×5.1 m、5.4 m×5.4 m、6.5 m×6.5 m、7.2 m×7.2 m；也可以采用 22 m、24 m "人"字塔
泥浆泵	常用 BW-250、BW-600、TBW-850/50、BW-1200/7B 型等大流量泥浆泵，以适应冻结孔快速施工的需要
钻杆	常用 ϕ73 mm、ϕ89 mm、ϕ114 mm、ϕ127 mm 钻杆，以增加钻具刚度、方便测斜、防止孔斜
钻铤	常用 ϕ105 mm、ϕ105 mm（无磁）、ϕ120 mm、ϕ146 mm、ϕ159 mm 钻铤等
螺杆钻具	孔斜超标时使用，常用 5LZ65×3.5、5LZ73×3.5、5LZ90×3.5、5LZ95×3.5、5LZ120×3.5 型螺杆钻具

表5-5（续）

名 称	型 号 规 格
钻头	三翼刮刀硬质合金镶焊钻头、矿用三牙轮钻头、钢齿三牙轮钻头和镶齿三牙轮钻头等
陀螺测斜仪	TCX-5型陀螺测斜仪，JDT-Ⅲ型陀螺仪，JDT-5A、6A型陀螺测斜定向仪（现在常用）

1）钻机

常用回转式转盘钻机的主要技术参数见表5-6，回转式立轴钻机的主要技术参数见表5-7。

表5-6 回转式转盘钻机的主要技术参数

型 号		DZZ500-1000	TSJ-1000	TSJ-2000	TSJ-2600	SPS-2000	SPS-2600
钻井深度/m	ϕ89mm 钻杆	1000	1000	2000	2600	2000	2600
	ϕ114mm 钻杆			1500	2000		
	ϕ127mm 钻杆					1600	2200
转盘通径/mm		ϕ250	ϕ435	ϕ445	ϕ445	ϕ520	ϕ445
转盘转速 正、反/(r·min^{-1})		55、77、124、215	48、69、110、190	37、52、84、145	45、65、103、178	25、37、56、87、130、194	43、63、93、156
转盘输出扭矩/(kN·m)		11.76	18	21	25	25	30
钢丝绳直径/mm		24.5	24.5	24.5	24.5	24	24.5
转盘最大搓扣扭矩/(kN·m)		55	55	86			
卷扬机单绳最大提升力/kN		58.8	90	90	100	85	105
卷扬机二层绳速/(m·s^{-1})		0.82、1.87、3.22	0.84、1.90、3.3	0.84、1.90、3.3	1.0、2.3、3.9	0.84、1.24、1.86、2.92、4.63、6.49	1.1、2.4、4.1
电动机功率/kW		75	110	110	154	120	2×90
输入转速/(r·min^{-1})		1407	730	730	901		
外形尺寸/(mm×mm×mm)		3400×1740×1200	4320×2300×1290	3880×1965×1290	4477×2288×1245		7575×2948×1760
质量（不含动力）/kg		4800	6600	7820	9100	7500	9960

表5-7 回转式立轴钻机的主要技术参数

型号	TXB-1000B/C	TK-3	XY-5	XY-6B
钻杆直径/mm	50、60	50	50、60、89	50、60、89
钻井深度/m	800~1000	1000	1000~1500	1500~2000
立轴通径/mm	89	93	80	96
给进油缸行程/mm		550	500	600

表 5-7（续）

型号		TXB-1000B/C	TK-3	XY-5	XY-6B
立轴转速/(r·min^{-1})	正转	75、150、300	34、92、161、181	85、166、261、294、335、577、906、1232	80、175、225、260、360、490、730、1000
	反转		51、102	65、225	62、170
卷扬机提升能力/kN		40	44.4	40	60
电动机功率/kW		55	30	55	55
移车油缸行程/mm			500	500	550
主机质量/kg		2485	3280	3500	3800
外形尺寸/(mm×mm×mm)		1703×1651×1280	2600×1330×1860	3190×1495×2140	3450×1500×2250

2）钻塔

常用钻塔的主要技术参数见表 5-8。

表 5-8　常用钻塔的主要技术参数

	技术参数 \ 钻塔型号		HS17-16	HS18-36	HS22-36	HS24-50	HS27-75	HS30-110
HS系列钻塔	公称承载能力/kN		160	360	360	500	750	1100
	塔架高度/m		17	18	22	24.5	27	30
	前大门高度/m		6.144	7.5	8.5	8.7	8.2	9
	后门及侧门高/m		6.144	2.5	4	8.7	6.2	9
	钻台面积/m^2		5×5	5.5×5.5	6×6	6.5×6.5	7.025×7.025	7.5×7.5
	天台车面积/m^2		1.609×1.609	1.404×1.404		1.4×1.4	1.517×1.517	2×2
	塔架质量/kg		4600	7340	8830	13500	16650	34700
	配套天车		三轮座式			四轮座式	五轮座式	六轮座式
	限制风荷/(kg·m^{-2})		≤35					≤130
AS系列钻塔	技术参数 \ 产品型号		AS17-30 4408	AS24-50 4402	AS27-50 4407	AS27-70 4406	AS27-70 4460	AS31-130 4450
	主体材料		钢管	角钢	钢管	钢管	钢管	钢管
	大钩最大负荷/kN		300	500	500	700	700	1300
	塔架高度/m		17	24	27	27	27	31
	跨度/(m×m)		4.2×3.1	5×3.5	5.5×3.5	5.5×3.5	5.5×3.5	6.3×7.85
	二层平台安装高度/m		8.0	17.5	17.5	17.5	17.5	17.5
	配套天车		四轮定滑车		五轮定滑车		六轮定滑车	
	钻塔质量/kg	塔架自重	5400	10956	14593	14208	14208	26874
		塔底自重	1600	1950	3691	5435	14500	25526
	三角支架形式，垂直高度/m		斜拉杆，4.73	斜拉杆，5.06	斜拉杆，5.06	斜拉杆，5.06	斜拉杆，5.06	三角支架短横梁，6.91
	工作平台高度/m		底座	底座	底座	底座	1.2	1.59

3）泥浆泵

常用泥浆泵的主要技术参数见表 5-9。

表 5-9　常用泥浆泵的主要技术参数

型号	BW-250	TBW-350	BW-600	TBW-850/5A	TBW-1000	TBW-1200/7B
缸套直径/mm	80	95	130	140	150	160
活塞行程/mm	100	260	600	260	270	270
理论排量/(L·min^{-1})	250	350	600	850	1000	1200
额定压力/MPa	6	8	7	5	8	7
吸水管直径/mm	75	152	89	152	203	203
排水管直径/mm	50	64	51	64	75	75
电动机功率/kW	15	30	90	90	185	185
外形尺寸/(mm×mm×mm)	1100×995×650	3018×1120×2050	1000×995×650	3015×1120×2050	5045×1440×2420	3045×1440×2420
重量/kN	7.6	10	14	31	72	72

4）钻具

常用钻具两端外加厚钻杆、外加厚钻杆接箍、钻铤及接箍的技术参数等分别见表 5-10～表 5-15、图 5-1～图 5-5。

表 5-10　常用钻具两端外加厚钻杆的技术参数

钻杆外径	壁厚	公称内径	加厚部分					螺纹长度	钻杆全长	理论质量	
			外径	内径	端部内径	加厚长度	过渡长度			每米质量	两端加厚每根附加量
D	b	d	D_1	d_1	d_1'	L_1	L_2	G			
mm										kg	
$60^{+0.72}_{-0.36}$	$6^{+0.90}_{-0.30}$	48	69	$48_{-3.0}$	51	120	65	60	(4500～6000)±200	8	1.5
73	7	59	81.8			120	65	67		11.4	2.5
89±0.89	$10^{+1.25}_{-1.00}$	69	99	$69_{-3.0}$	73	130	65	67	(6000～8000)±600	19.5	3.5

表 5-11　外加厚钻杆接箍的技术参数

钻杆外径	接箍外径	端部螺纹内径	镗孔直径	镗孔深度	端部厚度	退刀槽宽	接箍长度	毛料尺寸	质量
	D_M	d_1	d_0	L_0	B	H	L	外径×壁厚	G
mm									kg
60	86±0.9	64.182	$70^{+0.5}$	3	4	5～6	140±3	89×16	2.7
73	105±1.2	78.483	84.9	3	5	5～6	165±3	110×16	4.7
89	118±1.2	93.840	$100.3^{+1.2}$	3	6.5	8～10	165±3	121×17	5.2

5 造孔工程

表5-12 钻铤及接箍的技术参数

钻铤					接箍				
外径 D	壁厚 b	定尺长度 L	端部螺纹外径 d	每米质量	外径 D_M	端部螺纹内径 d_r	终孔直径 d_0	长度 L	毛料尺寸 外壁×壁厚
mm				kg/m	mm				
70	20	3000~4500	66.558	24.66	85	68.005	72	170	87×14
85	25	3000~4500	81.558	36.99	100	83.005	87	170	102×14

注：1. 目前因 ϕ70 mm 钻铤的工具尚未配套，若用 ϕ68 mm×20 mm 钻铤代用，其规格为：外径 68 mm，壁厚 20 mm，内径 28 mm，每米质量 23.4 kg，钻铤长度 4500 mm，质量 105.3 kg。
2. 钻铤采用 1:16 锥度，每英寸母扣、圆锥螺纹，表列尺寸符号参考钻杆部分。

表5-13 钻铤的技术参数

公称尺寸/mm	外径 D/mm	内径 d/mm	单位长度质量/(kg·m^{-1})
105	105	50	67.8
121	121	55	76.6
133	133	60	86.6
146	146	70	111.2
159	159	75	121.2
165	169	75	127.3
178	178	75	164.3
203	203	75	219.3

表5-14 细扣内加厚钻杆的技术参数

公称尺寸/mm	钻杆/mm							接箍/mm					理论质量/kg		
	外径 D	壁厚 S	内径 d	内加厚部分				外径	长度	镗孔		端部厚度≈	每米光管	两端加厚每根增重	每个接箍≈
				加厚长度 L_3	过渡部分长度 L_4	内径				直径	长度				
						加厚处 d_1	端面倒角 d_i								
73(2$^{7/8}''$)	73.0	5.5 / 7 / 9	62.0 / 39.0 / 55.0	90	40	48 / 45 / 34	— / 54 / 43	95	165	76.2	3	5	9.16 / 11.4 / 14.2	2	4.3
89(3$^{1/2}''$)	88.9	7 / 9 / 11	74.9 / 70.9 / 66.9	100	40	60 / 49 / 45	69 / 58 / 54	108	165	92	3	6.5	14.2 / 17.2 / 21.2	3.2	4.4
102(4″)	101.6	7 / 9 / 11	87.6 / 83.6 / 79.6	115	55	74 / 66 / 58	83 / 75 / 67	127	184	104.8	3	6.5	16.4 / 20.4 / 24.6	5	7.4
114(4$^{1/2}''$)	114.3	7 / 9 / 11	100.3 / 96.3 / 92.3	127	55	82 / 74 / 68	91 / 83 / 77	140	203	117.5	3	6.5	18.5 / 23.3 / 28.0	6	9.2

表 5-15 细扣外加厚钻杆的技术参数

公称尺寸/mm	钻杆/mm			外加厚部分			接箍/mm		镗孔			理论质量/kg		
	外径 D	壁厚 S	内径 d	外径 D_1	加厚长度 L_3	过渡部分长度 L_4	外径	长度	直径	长度	端部厚度≈	每米光管	两端加厚每根增重	每个接箍≈
60 ($2^3/8''$)	60.3	5 7	50.3 46.3	67.5	110	65	86	140	70.6	3	4	6.8 9.15	1.5	2.7
73 ($2^7/8''$)	73	5.5 7 9	62.0 59.0 55	81.8	120	65	105	165	84.9	3	5	9.16 11.4 14.2	2.5	4.7
89 ($3^1/2''$)	88.9	7 9 11	74.9 70.9 66.9	97.1	120	65	118	165	100.3	3	6.5	14.2 17.8 21.2	3.5	5.2
102 ($4''$)	101.6	7 9 11	87.6 83.6 79.6	114.3	140	65	140	203	117.5	3	6.5	16.4 20.4 24.6	4.5	9
114 ($4^1/2''$)	114.3	7 9 11	100.3 96.3 92.3	127	140	65	152	203	130.2	3	6.5	18.5 23.3 28.0	5	11
140 ($5^1/2''$)	139.7	7 9 11	125.7 121.7 117.7	154	145	65	185	216	157.2	3	8	22.9 29.0 35.0	7	15

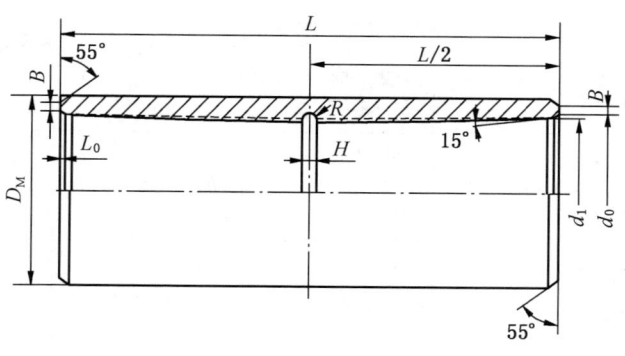

图 5-1 外加厚钻杆接箍加工示意图

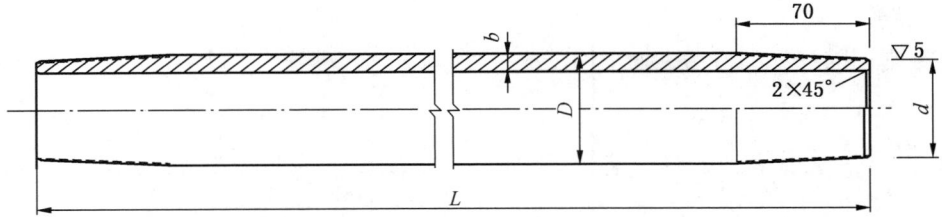

图 5-2 钻铤及接箍加工示意图

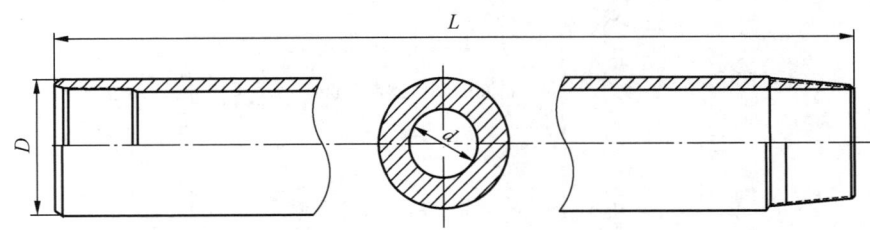

图 5-3 钻铤加工示意图

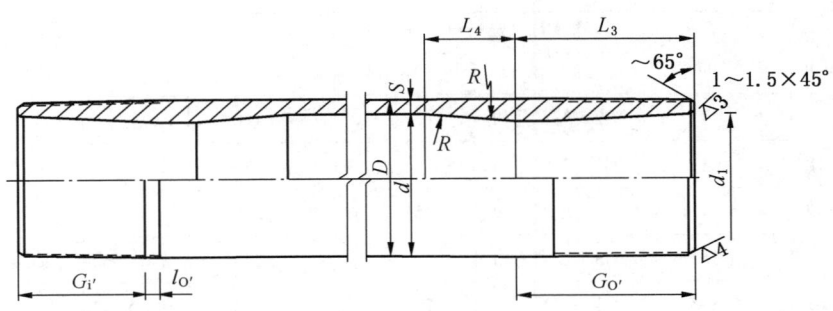

图 5-4 细扣内加厚钻杆加工示意图

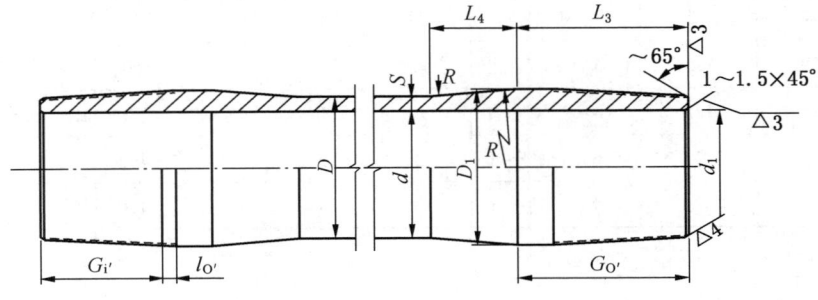

图 5-5 细扣外加厚钻杆加工示意图

5) 钻头

打钻常用的三翼刮刀钻头加工如图5-6所示。

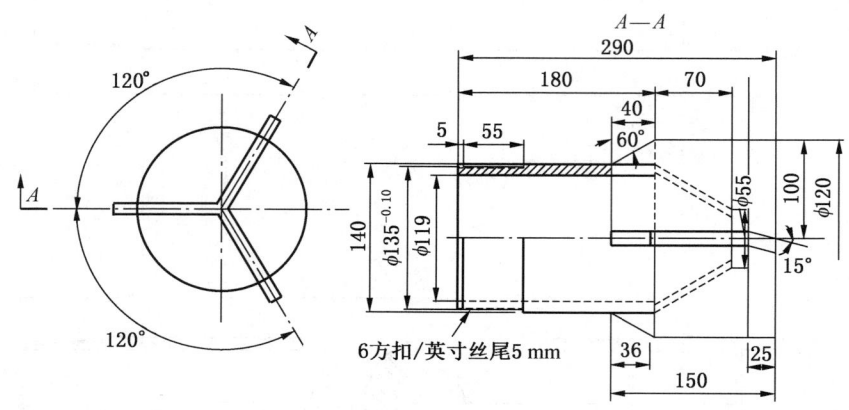

图5-6 三翼刮刀钻头加工示意图

常用牙轮钻头的技术参数见表5-16。

表5-16 牙轮钻头的技术参数

钻头号	钻头直径/mm	直径公差/mm	连接螺纹 规格	长度/mm	代号	钻头高度/mm	质量/kg	水眼总截面积/cm²	钻头体结构
4A	97	1	2G2 3/8″公扣	65	231A	160	4	2.5	无体
5	118	1	2G2 7/8″公扣	70	231	185	6	3.5	无体
6	142	1	2G3 1/2″公扣	75	331	200	10	5.4	无体
6B	152	1.5	2G3 1/2″公扣	75	331	220	12	5.4	无体
7A	161	1.5	2G3 1/2″公扣	75	331	220	15	6	无体
7B	165	1.5	2G3 1/2″公扣	75	331	235	18	6	无体
8	190	1.5	GY4 1/2″公扣	75	421	245	20	11.5	无体
9	215	1.5	GY4 1/2″公扣	80	421	275	35	11.5	无体
10	244	1.5	GY4 1/2″公扣	80	421	295	45	14	无体
11	269	1.5	GY5 9/16″公扣	95	521	320	60	15	无体
12	295	1.5	GY6 9/16″公扣	95	521	345	75	18	无体
13	311	2	Gr6 5/8″公扣	133	620	400	115	21	无体
14	346	2	Gr6 5/8″公扣	133	620	400	120	21	有体

6) 螺杆钻具

常用螺杆钻具的技术参数见表5-17。

表 5-17 螺杆钻具的技术参数

钻具型号		5LZ65×3.5	5LZ73×3.5	5LZ90×3.5	5LZ95×3.5	5LZ95×3.5Ⅱ	5LZ95×3.5Ⅲ	5LZ120×3.5
钻孔尺寸	mm	79~95	89~114	114~152	118~152	120~152	120~152	146~200
	in	$3^{1}/_{8}$~$3^{3}/_{4}$	$3^{1}/_{2}$~$4^{1}/_{2}$	$4^{1}/_{2}$~6	$4^{5}/_{8}$~6	$4^{3}/_{4}$~6	$4^{3}/_{4}$~6	$5^{3}/_{4}$~$7^{7}/_{8}$
马达压降/MPa		3.4	3.4	2.8	2.8	2.5	3.6	2.8
输出扭矩/(N·m)		200	200	900	900	1000	1600	1700
推荐钻压/kN		4	4	10	10	10	18	18
最大钻压/kN		7	7	15	15	15	22	23
输入流量/(L·s^{-1})		3~4	3~4	6~8	6~8	8~10	9~12	10~12
钻头水眼压降/MPa		1.0~3.4	1.0~3.4	1.0~3.4	1.0~3.4	1.0~3.4	1.0~3.4	1.0~3.4
钻头转速/(r·min^{-1})		240~380	200~240	110~170	110~170	100~180	90~150	100~180
外径尺寸/mm		65	73	90	95	100	100	120
连接螺纹	上端	1.900TBG	$2^{3}/_{8}$TBG	$2^{7}/_{8}$TBG	$2^{7}/_{8}$TBG	$2^{7}/_{8}$TBG 或 $2^{7}/_{8}$UPTBG	$2^{7}/_{8}$UPTBG	$2^{7}/_{8}$UPTBG
	下端	1.900TBG	$2^{3}/_{8}$TBG	$2^{7}/_{8}$TBG	$2^{7}/_{8}$UPTBG	$2^{7}/_{8}$REG 或 $2^{7}/_{8}$UPTBG	$1/_{2}$UPTBG	

7) 测斜设备

常用测斜设备的技术参数见表 5-18。

表 5-18 测斜设备的技术参数

项目	陀螺仪型号				
	JDT-Ⅲ	JDT-5A	JDT-6A		无线光纤 ACX-6C
仪器精度/(′)	±3~±5	±3	±1	±5	-1~+1
测向范围/(°)	0~360	0~360	0~360		0~360
静止漂移/[(°)·h^{-1}]	<15	12	≤12		≤0.01
动漂移/[(°)·h^{-1}]		15	≤15		
测量范围/(°)	0~6	0~7	0~10	0~30	89~70 / 0~89
测量深度/m	700	1500	1500		2000
适用冻结管内径/mm	65~160	54~160	54~160		≥58
使用环境温度/℃	-10~+45	-10~+45	井下-10~+70	地面0~+40	10~+70
井下仪器尺寸/(mm×mm)	φ60×1900	φ54×1400	φ48×1400		φ53×1100
测量方法	连续测量、自动记录、计算打印	连续测量、自动记录、计算打印	连续测量、自动记录、计算打印		设置测量点数及间距,定时定点测量

2. 钻机安装

打钻设备安装顺序如图 5-7 所示。

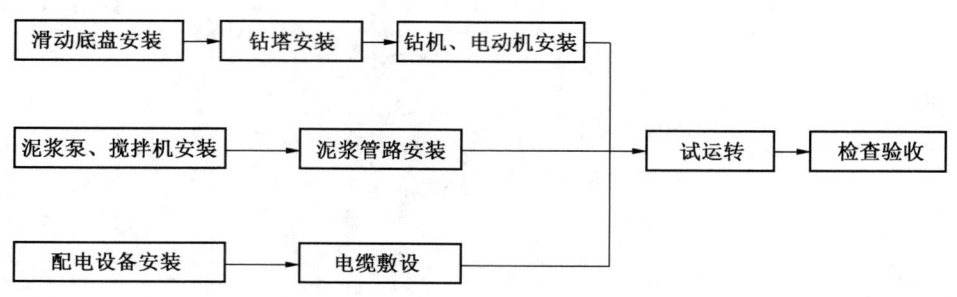

图 5-7 打钻设备安装顺序

滑动底盘、钻机布置与安装见表 5-19 和表 5-20。

表 5-19 滑动底盘的安装

作 用	结 构 图 示	安 装
滑动底盘是钻机机房的基础和整体移动的托盘，也是固定钻塔、钻机、提升设备、电动机及电控设备的底座，钻机沿混凝土盘面移动，使钻机本身、钻塔和钻具的重量保持平衡	1—电动机梁；2—钻机梁；3—主梁；4—钻塔（钻孔）中心；5—横梁 滑动底盘安装示意图 用 24~30 号工字钢，厚 10 mm 钢板和 M22 螺栓连接成长方形，根据钻塔底跨及设备布置而定	1. 钻机主轴（转盘）中心、钻机中心和钻塔中心重合，并落在底盘中心 2. 钻机固定梁中心距比钻机底座螺孔中心距小 60~70 mm，并使螺孔在工字钢外侧，以便于拧紧螺栓 3. 应保证相邻底座间距每侧为 2~3 个冻结孔

表 5-20 钻机布置与平移

项 目	内 容		布 置 形 式
	钻孔布置圈径/m	同时施工钻机台数	
钻机布置	10~12	2~3	沿圆周均匀布置
	13~15	3~4	
	15~20	4~6	
	>20	>6	
备注	斜井按冻结段长度、宽度、分段长度、首段交圈时间确定钻机安装台数，多为 4~6 台		

表 5-20（续）

项 目	内 容
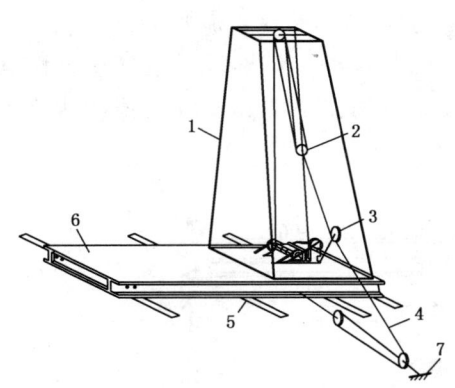 1—井塔；2—滑轮；3—导向轮；4—钢丝绳；5—可移轨道；6—底盘；7—地锚 钻机平移示意图	移动方法： 1. 整体移动所需牵引力： $$Q_1 = fQ$$ 式中 Q_1—所需牵引力，kN 　　f—摩擦因数，有润滑油时 $f=0.12$；无润滑油时 $f=0.15\sim0.2$ 　　Q—移动设备总重量，kN 2. 可附加液压系统进行移动 3. 常采用钢丝绳、滑轮组、钻机提升系统与地锚组成迁移系统，使钻机自移（用滑动螺栓固定前后位置） 4. 自移一般按顺时针方向，移动注意事项如下： （1）专人统一指挥明确分工 （2）清除障碍物 （3）塔盘下安装短管 （4）检查各设备是否完整无损 （5）应使主轴中心、天轮中心和钻机中心在一条直线上，转轴要水平，机座应稳固 （6）所使用钢丝绳、固定点滑轮安装牢固、可靠 （7）移动时应设专人监护，发现问题应立即停止操作，待问题处理后再继续 （8）如遇不利情况，可用千斤顶辅助操作

项目		工作绳数 n	1	2	3	4	5	6	7	8
滑轮组安装	1—定滑轮；2—导向轮；3—钢丝绳 滑轮组受力示意图 $$P=\dfrac{kQ}{n}$$ 式中 k—系数，$k=n\alpha$； P—钢丝绳所受拉力或绞车提升力，kN； Q—提升物体重量，kN； n—工作绳数，或滑轮组转轮数加1.0； α—省力系数	滑轮组转轮数	0	1	2	3	4	5	6	7
		导向轮数 0　α	1.00	0.507	0.346	0.265	0.215	0.184	0.160	0.143
		k	1.00	1.014	1.038	1.060	1.075	1.104	1.120	1.144
		1　α	1.040	0.527	0.360	0.276	0.225	0.191	0.165	0.149
		k	1.040	1.054	1.080	1.104	1.125	1.146	1.155	1.192
		2　α	1.082	0.549	0.375	0.287	0.234	0.199	0.173	0.155
		k	1.082	1.098	1.125	1.148	1.170	1.194	1.211	1.240
		3　α	1.125	0.751	0.390	0.298	0.243	0.207	0.180	0.161
		k	1.125	1.142	1.170	1.192	1.215	1.242	1.260	1.288

5.2.3　泥浆系统

1. 泥浆站

泥浆站一般由泥浆泵、供浆池、供浆管路、回浆沟槽、沉淀池、储浆池、药剂池、清水池、搅拌池等组成，泥浆站设在井口附近。

泥浆站的布置形式有集中式和分散式两种。集中式的特点是将所有的泥浆泵安装在一个泥浆站内,供浆池紧靠泥浆站,便于集中管理和调配泥浆。分散式的特点是每个钻机配备独立的泥浆站,互不干扰,但管理不便。

由于冻结孔施工是几台钻机同时工作,而且每台钻机的进尺和所穿过的地层不一致,故一般每台钻机采用独立式泥浆循环系统,如图 5-8 所示。独立式泥浆循环的特点是每台钻机具有独立的泥浆泵、供浆池、供浆管路、回浆沟槽、沉淀池,以便于调配各台钻机所需的不同泥浆参数,互不影响、便于管理。常用泥浆池和回浆沟槽的规格见表 5-21。

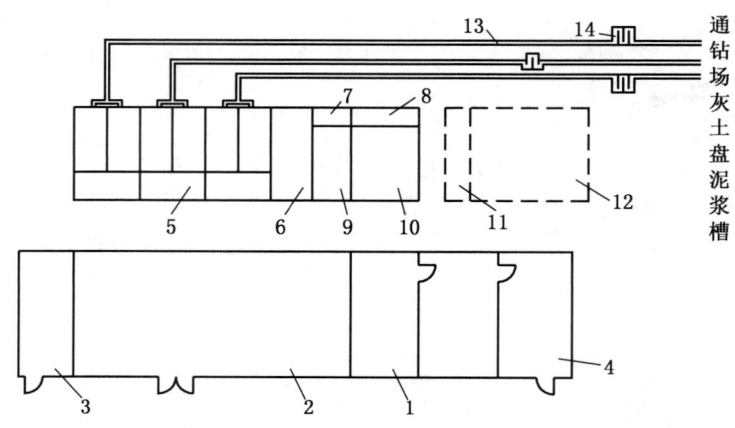

1—值班室;2—泥浆泵;3—化验室;4—配电室;5—供浆池;6—储浆池;7—药池;8—清水池;
9—搅拌池;10—泡土池;11—搅拌机;12—黏土;13—循环沟槽;14—中间沉淀池

图 5-8 独立式泥浆循环系统

表 5-21 泥浆池和回浆沟槽的规格

名称	规格(长×宽×深)/ (m×m×m)	要　求
供浆池	5×3×(1.5~2)	1. 每台钻机用一个,隔成泥浆池和循环池,用来循环泥浆和制浆 2. 砖砌,水泥砂浆抹面 15 mm 厚,混凝土铺底,池壁高出地面 200 mm
沉淀池	2×1.5×(1.0~1.5)	1. 每台钻机用一个 2. 砖砌,水泥砂浆抹面 15 mm 厚,混凝土铺底,池壁高出地面 200 mm
储浆池	5×2×(1.5~2)	1. 几台钻机共用 2. 砖砌,水泥砂浆抹面 15 mm 厚,混凝土铺底,池壁高出地面 200 mm
泡土池	4×3×(2~1.5)	
搅拌池	4×2×(2~1.5)	
药剂池	2×1×(2~1.5)	
清水池	3×1×(2~1.5)	
回浆沟槽	(40~60)×0.4×0.4	1. 每台钻机用一条,坡度:上段 2%,下段 3%,以便于沉淀岩屑 2. 砖砌,水泥砂浆抹面 15 mm 厚,混凝土铺底,池壁高出地面 200 mm

2. 泥浆配制

泥浆的作用及配制要求见表 5–22。

表 5–22 泥浆的作用及配制要求

作 用	要 求				
	土层名称	漏斗黏度/s	重度/(kN·m^{-3})	含沙量/%	胶体率/%
	使用一般钻具				
1. 携带和排除岩粉	砂土	20~22	12	<4	>97
2. 冷却与润滑钻头	黏土	16~18	11	<4	>97
3. 保护孔壁，减少孔斜	姜（砾）土	20~22	12	<4	>97
4. 防止地层水进入钻孔和孔壁坍塌掉块	风化带	18~20	11.5	<4	>97
5. 堵漏，减少泥浆漏失	基岩	17~19	11	<4	>97
6. 可作螺杆钻具传递动力的液体	使用螺杆钻具				
		21	12	<1	

普通泥浆与水泥泥浆的性能参数见表 5–23。

表 5–23 普通泥浆与水泥泥浆的性能参数

名 称	1 m^3 泥浆加入水泥量/kg	黏度/s	比 重	失水量/[cm^3·(30 min)$^{-1}$]
普通泥浆	0	23	1.15	20
水泥泥浆	50	60~70	1.32	30
煤碱剂泥浆	0	22	1.12	18
煤碱剂水泥浆	40	70~80	1.25	28

常用化学泥浆的适用条件和配方见表 5–24。

表 5–24 常用化学泥浆的适用条件和配方

名称	材料	性 质	适用地层	配 方
煤碱剂泥浆	烧碱（NaOH）、褐煤	失水量小，黏度大，胶体率高，泥皮薄而坚韧，触变性好	黏土，流砂和风化岩层，砾石层	1. 烧碱∶干褐煤∶水 = 1∶10∶50（重量比） 2. 褐煤∶烧碱 = 15∶2~3，浓度为 1/5 3. 按体积的 15%~20% 将煤碱剂加入泥浆中
纯碱泥浆	纯碱（Na$_2$CO$_3$）	黏度大，泥浆颗粒分散、润滑性好	砂层和一般地层	1. 将纯碱配成 1/5、1/10、1/20、1/50、1/100 等浓度的溶液 2. 纯碱加入量不超过黏土重量的 5%
水泥泥浆	32.5~42.5 号硅酸盐水泥	提高黏度、比重	易塌砂层，砾石层，不稳定地层	1 m^3 泥浆加入 25~50 kg 水泥

表 5-24（续）

名 称	材 料	性 质	适用地层	配 方
石灰泥浆	生石灰（CaO）	提高黏度，防漏堵漏	裂隙、断层风化带和不整合带	1. 按重量比 1:10 加入泥浆中，黏度达 70 s 2. 按重量比 1:3 加入泥浆中，黏度达 100 s
水玻璃泥浆	水玻璃（Na_2SiO_3）	提高黏度，防漏堵漏	裂隙、漏水地层	1. 加入泥浆重量的 1.5%，黏度可达 45 s 2. 加入泥浆重量的 5%，黏度可达 100 s 3. 一般不能超过泥浆重量的 15%，否则黏度会降低
锯末和锯末碱剂泥浆	锯末烧碱	增黏，堵漏	裂隙、断层、漏水地层	1. 1 m^3 泥浆加入 1~2 麻袋锯末 2. 锯末碱剂：烧碱：锯末 = 2:10（重量比） 3. 将锯末碱剂按体积比 20% 加入泥浆中
钠羧甲基纤维素泥浆	钠羧甲基纤维素（Na-CMC）	提高黏度，降低失水量，加固井壁，增加悬浮力和携带力	流砂等地层	加入泥浆重量的 10% 左右
单宁碱剂泥浆	单宁粉、烧碱	稀释，降低黏度	黏土等地层	1. 单宁碱剂（NaT）：单宁：烧碱 = 2:1（重量比），浓度为 1/5、1/10 2. 单宁碱剂水（体积比）:单宁碱剂：清水 = (2~5):1000 3. 将单宁碱剂水按体积比试验加入泥浆中

3. 打钻过程中泥浆的净化与调配

打钻过程中泥浆的净化与调配见表 5-25。

表 5-25 打钻过程中泥浆的净化与调配

项目	方 法	要 求
净化	1. 用旋流器、震动筛清砂 2. 设专人捞砂	1. 循环沟槽长度应大于 40 m，井口段坡度为 2%，其余为 3%，每隔 2 m 左右加挡板，以便沉淀 2. 及时清除泥浆内岩粉，使含砂量符合要求
调配处理	1. 处理前进行试验，确定药品种类、配方和加入方法 2. 在地面处理好后，再按循环量均匀加入	1. 随时检查和测定泥浆性能，合格后方可使用 2. 如有改变，必须进行处理 3. 加入药剂时，不得过猛，防止泥浆性能突变，造成孔内事故
稀释	1. 按循环量加入清水搅拌，和泥浆混合均匀 2. 用煤碱剂水（煤碱剂：水 = 1:9）、单宁碱剂水（单宁碱剂：水 = 1:20），向泥浆池内加入搅拌，至黏度符合要求为止，静放 8~10 h，上部为泥浆，下部为沉淀物	黏土造浆时，应注意防止泥浆颗粒增加，和原来没有分散的颗粒重新分散增稠，保证黏度始终符合要求

5.2.4 施工用水、用电、通信要求

施工用水、用电、通信要求见表 5-26。

表 5-26 施工用水、用电、通信要求

项目	内 容	要 求
水源	1. 利用当地的河、塘和已有水井 2. 新打抽水井 3. 利用已有水源管路	1. 如打水井满足冻结用水，则水源井至井筒距离应大于600 m，且在水流上方 2. 利用河、塘、水井水时，应对水质进行化验、净化，满足泥浆配制要求
供电	1. 优先考虑永久电源线路，架设输电线路 2. 无永久电源线路时，可自发电，按用电负荷配备发电机组	1. 输电线路应严格按相关规程要求架设 2. 现场用各种电缆要保证绝缘性良好
通信	1. 采用无线或有线通信 2. 现场人员要保证通信畅通 3. 有条件可增加网络化信息管理	

5.3 钻孔施工

5.3.1 钻孔质量要求

钻孔质量及工艺要求见表 5-27。

表 5-27 钻孔质量及工艺要求

类别	质 量 要 求	工 艺 要 求
冻结孔	1. 视井筒地层赋存情况，对首批冻结孔（立井1~3个，斜井根据冻结段长度确定个数）取芯钻进，校核松散层底界面和风化带埋深，最终确定冻结孔深度 2. 开孔（10~20 m）直径比正常钻进直径大 20~40 mm，终孔直径比冻结管外箍大 15~20 mm 3. 一般立井井筒要求表土层段钻孔偏斜率不宜大于0.3%，相邻两个主冻结钻孔的间距不大于 3.0 m；位于风化带及含水基岩的钻孔不宜大于 0.5%，相邻两个主冻结钻孔终孔的间距不得大于 5.0 m。施工时，应根据冻结施工组织设计有关要求执行，不满足要求时应补孔 4. 斜井井筒钻孔偏斜率要求同立井，孔间距要求按施工组织设计控制 5. 深立井冻结偏斜要求应根据冻结施工组织设计执行，通常 400 m 以深冻结井向井心偏斜距不应大于 600~800 mm 6. 冻结孔深度应大于冻结深度，冻深小于 250 m 的应深0.5 m，冻深大于 250 m 的应深 1 m 7. 冻结管下放深度不小于设计深度	1. 除取芯孔外，一般不取芯和分次扩孔 2. 用优质泥浆护壁 3. 按钻进地层的性质采用不同的压力、钻速和流量 4. 每隔 30~50 m 测斜 1 次，超过规定及时纠偏 5. 造孔过程中严禁出现大的拐点，控制向井心方向的内偏值
测温孔	1. 质量要求和冻结孔相同，终孔应进行成孔测斜，合格后下入测温管 2. 要求管接头不渗不漏，下管后不打压测试，加盖，防止泥浆或杂物掉入孔内 3. 测温孔应布置在偏值较大的冻结孔界面上，每个井筒的孔数不应少于 3 个，具体位置、孔深应按冻结施工组织设计规定执行	钻进工艺同冻结孔施工

表5-27（续）

类别	质 量 要 求	工 艺 要 求
水文观测孔	1. 质量要求和冻结孔相同 2. 过滤器（花管）包扎应符合要求，下管时接头部位应重新包扎 3. 偏斜率控制要求应与冻结孔相同 4. 下管后可下入钻具用清水洗孔，直至水清为止，水文孔管内沉淀物小于0.5 m	1. 按设计要求将各种规格的管材搭配、配组编号，将过滤器准确下到含水层位置 2. 在含水层部位设过滤器，滤水孔直径为15 mm，孔隙率为20%，孔距、排距均为33.5 mm，插花排列，外包单层铁纱布，其上均匀牢固地缠绕12~14号铅丝，间距为3~5 mm

5.3.2 钻孔施工过程控制

1. 钻进参数及注意事项

钻进参数及注意事项见表5-28。

表5-28 钻进参数及注意事项

名称	岩石名称	钻压/kN	泵量/(L·min^{-1})	转速/(r·min^{-1})
钻进参数	砂土	400~600	500~800	75
	黏土	600~800	400~600	150
	砾石	400~500	500~800	75
	风化岩	500~800	500~800	75~150
	基岩	800以上	500~800	150
注意事项	1. 0~20 m作为开孔范围，开孔是整个钻孔钻进的关键，应严格保持竖直 2. 根据不同地层调配泥浆参数 3. 注意软硬变层的操作。根据地质柱状图判断变层部位，软变硬时注意控制进尺，在变层部位，上、下窜动钻具扫孔钻进，适当增加钻速；硬变软时立即减压，适当控制进尺 4. 上、下钻具和测斜时，应向孔内注入泥浆，保持泥浆液面在孔口，防止塌孔。终孔要用泥浆循环30 min以上，将孔底岩粉全部排出，以防岩粉沉淀、冻结管下不到底			

2. 钻进防偏和纠偏措施

钻进防偏和纠偏措施见表5-29和表5-30。

表5-29 钻进防偏措施

孔斜产生的原因	防偏措施
钻机扭矩小，泥浆泵流量小，钻具刚性差	使用扭矩大的钻机、大流量的泥浆泵、刚性大的钻具
钻场基础修筑得不坚固、不水平；钻机安装不水平；天轮中心、立轴中心和钻孔中心三点不在一条铅垂线上，机器震动太大，使立轴倾斜；立轴导管与主动钻杆间隙大	钻场基础的修筑和设备的安装应符合质量要求，勤找正；保持钻机水平；保持三点在一条铅垂线上；导向装置竖直、间隙合理；立轴导管与主动钻杆空隙过大时要及时更换
人工控制，加之制动闸不灵活，压力忽大忽小，进尺忽快忽慢	修复制动闸，使之灵活可靠，注意精心操作，采用电控或液控装置，实现稳压匀速钻进

表 5-29（续）

孔斜产生的原因	防偏措施
开孔时没有按顺序使用加重管，加重管重量不够，中和点不在加重管上；加重管和接头直径不够，不起导正作用	合理使用加重管、扶正器和防磨接头，实现孔底给压，使中和点落在加重管上
钻具弯曲，钻头不符合要求，钻头损坏，糊钻时没有及时提钻	使用符合要求的钻具、钻头，发现不进尺立即提钻，更换钻头
转速过大，钻压过大，钻具波状弯曲	采取减压慢转的钻进方法
变径时没找好垂直点，换层和通过砂砾石层时，操作不注意，压力不稳	掌握好开孔；在砂砾石变层处钻进时，每 10~20 m 测斜 1 次，发现问题及时处理，操作应一致
泥浆质量差，孔壁刷大或坍塌，两孔串道，泥浆循环量不够，孔底岩粉多	加强泥浆管理，做到用优质泥浆护孔，提钻灌孔，增大泥浆循环量

表 5-30 钻进纠偏措施

纠偏措施	做法
扫	利用翼片较多的扫孔钻头，慢慢从偏斜处上方往下扫孔
扩	换用比原来钻头大的钻头扩大孔径，修直钻孔。扩至原来深度再换用原钻头，将钻具悬吊 1 m 左右，慢慢下放开出一个新孔，钻进 1~2 m 测斜合格，再转入正常
铲	从偏斜部位上部，用加重管带铲孔钻头，以竖直冲击的力量将偏斜部分铲掉，每次冲程 2 m 左右，边铲边转动钻具，铲完一至二圈后，再进行第二冲程，铲出台阶后，再利用扩孔钻头，扩大已铲过的一段。铲、扩交替，直至铲不下去，再扩孔到底。铲孔时要注意找正三点一线，防止提升中心偏斜，影响铲孔
导向楔	在导斜部位上方下入导向楔，用小钻头按指定方向导斜，导斜段形成后，取出导向楔，继续钻进
螺杆钻具	1. 开始钻进时应观察泵压大小，表压一般在 2~3 MPa 较为适宜 2. 泵压超过螺杆钻许可压力范围，易使螺杆钻具损坏。发现泵压大时应立即停泵，查清原因，及时排除 3. 在钻进过程中发现钻杆转动，应重新下测斜仪找方位，严禁不测斜将钻杆转一角度继续向下钻进

3. 钻孔测斜

1) 测斜要求

（1）测量数据要准确。测点的深度、顶角、方位角三者是确定钻孔轴心线在地层内空间位置的重要参数。若数据不准，就不能反映钻孔在地层内的真实位置，给冻结孔钻进造成假象，使冻结工程遭受损失。

（2）测斜工作要及时。测斜按要求测距进行，严防盲目追求进尺而拖延测量时间，造成钻孔偏斜过大难以纠偏的恶果。

（3）测量间距要合理。测量间距愈小，反映结果愈真实。不提钻时测距一般为 10~20 m，提钻时测距为 20~40 m。

（4）绘制图表要精确。

（5）测斜制度要健全。例如冻结孔偏斜质量检查和验收制，测斜人员技术责任制等。

2）经纬仪灯光测斜法

经纬仪灯光测斜法见表 5-31，记录表见表 5-32。

表 5-31　经 纬 仪 灯 光 测 斜

项目		内　　容
特点		精度高、设备简单、操作方便、直观，但受钻孔深度（一般 <100 m）和弯曲的限制
测斜工具		1. 经纬仪：要求具有光学对点器或偏心的经纬仪 2. 测灯：36 V，100～200 W 灯泡（或手电筒），放入直径比测斜管小 20～30 mm 的铁皮圆筒内 3. 测线（电缆）及小绞车：测灯可采用测绳带电线下放，或采用有尺寸标记的橡胶电缆通过放线盘手摇放线 4. 坐标圆盘、管口盖（见图 1） 5. 水平尺、量角器、钢卷尺等 1—活动盘盖板；2—活动盘定位螺栓；3—活动盘；4—管口固定螺钉 图 1　坐标圆盘、管口盖示意图
测量方法	直角坐标法	1. 将直角坐标圆盘的管口套在钻孔管上 2. 以管口的中心 O 为原点，与井筒中心连线为 X 轴，向井心方向为正，作直角坐标系 3. 在钻孔管口上安设经纬仪，高度应大于其最短视距（一般为 1.2～1.5 m），且对点器应接近管口中心或重合 4. 使对点器垂下，在圆盘上定出竖直视线的投影点 $B(x_b, y_b)$ 5. 若钻孔偏斜，则对点器与 L 深处灯光 E 形成倾斜视线，其在坐标上的投影点 C（x_c, y_c）在 L 深度与孔口对应坐标上，根据相似三角形原理求得，则 $$x_e = x_c + \frac{l}{h}(x_c - x_d)$$ $$y_e = y_c + \frac{l}{h}(y_c - y_d)$$ 式中　h—仪器高； 　　　l—测点垂深，即测灯长度 1—倾斜视图；2—垂直视线；3—测灯；4—测斜管（冻结管） 图 2　直角坐标系经纬灯光测斜图

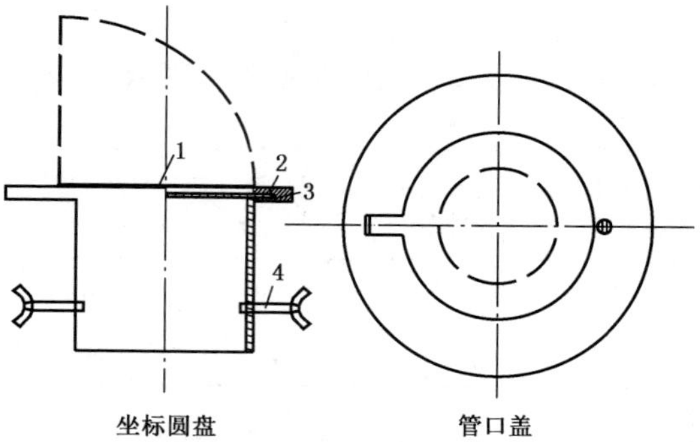

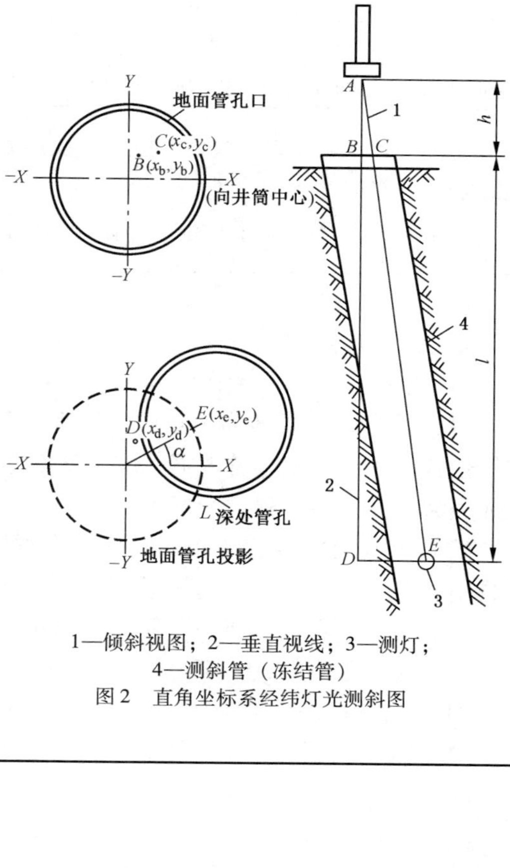

表 5-31（续）

项目		内　　容
测量方法	直角坐标法	因为 $$x_d = x_b, \quad y_d = y_b$$ 所以，钻孔在所测深处管口中心对地面管口中心的偏斜距离 (m) 为 $$m = OE = \sqrt{x_e^2 + y_e^2}$$ 钻孔偏斜方位角是 OE 线逆时针偏离 X 的夹角（α）： $$\alpha = \tan^{-1} \frac{y_e}{x_e}$$ 测斜时，在测灯下放时测 1 次，上提时再测 1 次，以便校正，测量数据及计算结果记录在表中，结果取 2 次测值的平均值，如图 2 所示
	同心圆坐标法	为了简化测量计算，采用同心圆坐标来代替直角坐标，分度盘每一同心圆的距离为 1 mm，外圈为分度器（0°~360°），每格 1°按顺时针方向分度。通过圆心作十字线，测量时，必须保证光学经纬仪对点器的十字线与分度盘的十字线重合，以井筒中心方向为 O 的基线，根据相似三角形原理得出测深处钻孔的实际偏距： $$m = \frac{n}{h}(l + h)$$ 式中　m—钻孔的实际偏距，m；n—分度坐标的偏值读数，m；h—仪器高度，m；l—测点深度，视为图 2 中线段 AD 的长度，m 分度盘上倾斜视线的投点与圆心连线所指的度数就是钻孔在该处偏斜的方位角（顺时针方向）
	图解法	图解法是以记录纸代替圆盘上的刻度。如图 3 所示，在纸上画出管口中心点 O 和通过此点向井筒中心方向的定向线。按直角坐标法测得垂直视线和倾斜视线的投点 B 和 C，连接 BC 即得偏值。算出 DE，在记录纸上延长 BC 到 F，令 $BF = DE$，此时 $\triangle OBF = \triangle O'DE$，则 OF 连线的长度为冻结孔在该处测深的实际偏斜距离。OF 与定向线的夹角（顺时针）为钻孔偏向角，即是方向角，OF 与测点深度的比即是偏斜率　　　　　　　　　　O—中心点；α—钻孔偏斜方位角 图 3　图解法示意图

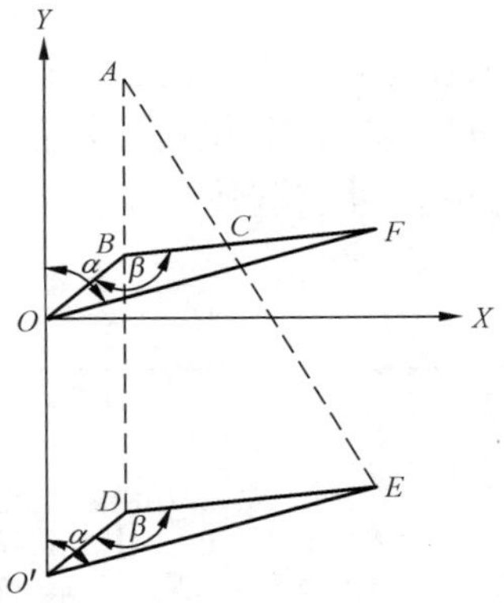

表 5-32　孔灯光测斜记录表

l/m	h/m	x_c/mm	y_c/mm	x_b/mm	y_b/mm	x_c-x_b/mm	y_c-y_b/mm	$\frac{l}{h}$	x_e/mm	y_e/mm	m/mm	d/(°)	$\frac{m}{L}$/%
		上测 下测 平均	上测 下测 平均	上测 下测 平均	上测 下测 平均								

3) 陀螺仪测斜法

陀螺测斜仪的特点是测量精度高,但测量范围小。JDT-Ⅲ、JDT-Ⅴ、JDT-Ⅵ型机械陀螺仪外径小,可以实现不提钻具测斜,缩短了非生产时间,实现了10 m 30个测点的连续测量,并且实现了自动测量、计算、打印结果。下面介绍常用的机械陀螺仪测斜法,光纤或激光陀螺仪测斜法可参见其使用说明书。

(1) 冻结孔机械陀螺测斜仪的组成见表5-33。

表5-33 冻结孔机械陀螺测斜仪的组成

名称	作　用
井下仪器	1. 由高速陀螺马达定向,不受磁性矿区和钢管影响 2. 把钻孔偏斜的顶角和方位角转变为电信号 3. 通过仪器坐标点与冻结孔坐标点之间相差的仪器原始方位角,求出真正的方位角
地面测量仪器	测量由井下仪器送来的与顶角成比例的电信号,以角、分刻度表示
变流器	将直流电变成井下仪器所需的三相400 Hz交流电源
直流稳压器	将220 V交流电源变为20~25 V的直流电源,供变流器作电源
测井电缆	外部钢丝绳承载提升重量,内部多芯电缆作为陀螺的电源线和电信号传输线
测井绞车	供提升和下放测井电缆与井下仪器之用,它有1个7芯滑环,可以保证绞车在转动过程中向井下测量仪器供电不中断
附属器材	校核台、滑轮、导向轮、专用工具和陀螺仪自动测量装置

(2) 机械陀螺测斜仪的主要技术参数见表5-18。

(3) 机械陀螺测斜仪的检查和调试。机械陀螺测斜仪在使用前必须有步骤地进行检查、调整、试验并校核其精度,方法见表5-34。

表5-34 机械陀螺测斜仪的检查与调整

调试项目	调试步骤和方法
参考电压的确定	1. 将整套仪器用专用导线连接起来,井下仪器通过电缆和地面仪器连接,并将井下仪器立放在地面上 2. 将井下仪器上与电缆连接处B、C(2、3线)用导线引出,接上0~25 V的电压表 3. 开启稳压器,调节"输出微调",使之输出21 V直流电压;开启变流器输出最大功率 4. 数分钟后,变流器输出三相电压应明显上升,三相电流明显下降,这时再转换"输出匹配"使启动电流仍保持较高值,当 V_{BC} 参考电压接近估计值时,将变流器转换到"正常"挡位,这时变流器输出变小;调节稳压器的"输出微调",直流输出电压增高至23 V左右,同时注意观察2、3线电压表读数,不断调节使其电压稳定在36 V上。此时井下仪器启动完毕,一般情况变流器 I_B 相电流为0.35 A左右 5. 当电压表稳定在36 V时,与此对应的变流器上的 V_{BC} 读数就是所求的"参考电压",这一电压是测量的基准值,只有在更换电缆、仪器或进行检修后才需重新测定 6. 当冬季温度很低时,会出现变流器输出功率大大降低、长时间启动不了的情况,可以采用调整振荡器中 R_1、R_2 电位器,提高振荡幅度的办法增加输出功率 7. 变流器空载输出时电压平衡,连接井下仪器后电压出现不平衡时,可调节移相器中的电位器 R_6,使之达到平衡 8. 电缆应有深度标记,井下仪器应放在测深位置,每隔50 m应有特殊标记,测量时应有特殊联络信号 9. 下放速度不宜太快,防止仪器震动,仪器不宜放至底锥部分

表 5 - 34（续）

调试项目	调 试 步 骤 和 方 法
井下仪器的零位调整	1. 将井下仪器的固定框和相敏整流部分分开，将定向框部分放入校核台上，并用螺钉固定，然后接上相敏整流部分 2. 连接好各部导线，如果调试时不带测量电缆，变流器的输出电压应控制在 36 V 3. 把其中任一个传感器 x 或 y 的摆锤面转到和校核台微调螺丝一致的方向，以便于控制某一传感器的倾角 4. 调节校核台底板螺钉和调角螺钉，使 x、y 两个传感器的测值都接近 $10'\sim 30'$ 5. 对每个传感器分别校正零位。例如，将 y 轴传感器摆锤位于调节螺钉的方向，测得 y 值为 $+10'$，轻轻将活框转 180°，再测 1 次，设为 $-16'$，则 y 轴传感器的平均值为 $3'$，通过调节摆锤微调螺旋，使零位的偏差达到最小值，一般应小于 $0.5'$ 6. 当两个传感器分别调好零位后，调节校核台底板螺旋，使摆锤处于铅直状态，此时 x、y 输出均为零
井下仪器的精度调整	1. 调好零位后，保持仪器铅直（吊挂好），此时 x、y 均为零，在校核台转轴中心垂直距离 100 mm 处安置百分表，并将表盘指示值调整为零 2. 调节调角螺钉，使校核台倾斜 $\pm 10'$、$\pm 20'$、$\pm 30'$，此时百分表指示值和面板指示值相应变化 3. 将活框架置于任意方向，再按 $\pm 10'$、$\pm 20'$、$\pm 30'$等测出 x、y 的角分值。将测出的 x、y 的角分值用坐标纸图解法合成，或用 $\alpha = \sqrt{x^2+y^2}$ 的公式计算，将计算结果与百分表的指示值比较，误差不得大于 $5'$ 4. 当传感器精度出现偏差时，可通过调节精度电位器 R_{52}、R_{53}，改变传感器输出电压 V_{sc} 的大小
检查方位旋转方向	1. 将井下仪器倾斜一个方向，测得方位，再按顺时针方向，依次每隔 90°将井下仪器倾斜一个角度，测各点方位 2. 测出四个方位的变化应与井下仪器倾斜的旋转方向一致，均为顺时针方向 3. 如果旋转方向不符，可将井下仪器 4、6 线互换一下
检查静止方向的漂移	1. 将井下仪器在校核台上倾斜 60′左右角度，启动仪器，在静止情况下，四个方向的漂移每小时不大于 6° 2. 漂移超过规定时，应检查每个框架轴承，配合是否松动

（4）机械陀螺测斜仪的测斜方法见表 5 - 35。

表 5 - 35 机械陀螺测斜仪的测斜方法

项目	测 斜 方 法
准备工作	1. 每套仪器都带有一个小校核台，可对心脏部分的精度进行现场检查，检查证明顶角在 3°以内的误差不超过 $3'$ 2. 仪器心脏放入保护管内，加上、下定心装置，在孔内相同点考验重复性，以校验保护管的同心度、间隙误差及定心装置误差 3. 将井下仪器竖立在冻结孔口，并使它向井筒中心倾斜约 5°，通过井中垂线观察和调整仪器，使它只向井中倾斜，而不向两边倾斜。仪器外壳必须和井中垂线一致，这时称仪器的倾斜方位为 0°，即开始原始方位测量 4. 开启地面测量仪电源，在按键开关四挡都不按下的情况，调节仪器面板上的"调零"电位器，使指针到零

表 5-35（续）

项目	测 斜 方 法
准备工作	5. 开启稳压器，调节"输出微调"，当电压调至 24 V 左右再开启"变流器"，把启动正常开关拨至启动位置。调节匹配器的转换开关，使输出电压为最大，但不宜超过预定值 U_{BC}（36 V 加电缆降压） 6. 检查三相电源电压值是否基本一致 7. 当电压不再上升或上升很慢时，将"启动正常"开关拨至"正常"位置 8. 调节变流器的匹配器开关及稳压器的"输出微调"，使变流器 BC 线间电压达到预定值
测量工作 — 定向测量	1. 报警深度设置，仪器通电 按预置键，缆长显示器百位闪动：按数键逐次加 1，直到所需值为止，然后按置位键，缆长显示器十位闪动，按置数键逐次加 1，直到所需值为止。最后按确认键，将置数存入内存储 2. 测原始方位 （1）现场钻具组合要求将定向探头底部安装合适的导向靴，要求探头外壳母线必须与靴子键槽的中线严格对应，并检验与倾斜器的定向键（定向标记）入靴配合情况，要求入靴顺利，不受阻 （2）将井下仪竖直置于被测井口，并使母线对准已选定好的参考方位（如冻结井大井与被测孔的中心连线或大地磁北连线等）。要求：观测点—地垂线—母线三点成一线。以上工作完毕（待井下探头通电 3~5 min 后）方可进行测量 3. 按初始键记录探头母线与参考方位的相对位置，称为初始方位。此值需要保留并与上井之后的测量值进行比较，用于判别仪器本次测量过程的漂移大小 4. 按当前键，此时显示值应为零值（不论初始值大小，在执行了当前键之后，都被微机处理为零），表示以后的测量都是以零为起点，以上均是地面操作，之后即可下井。随着探头下放待探头导向靴与键啮合后，地面仪显示值为当前导向靴的位置（即以参考位置为零，顺时针的角度）。此值提供给定向工艺技术人员，然后根据工艺要求，并考虑反扭矩等因素设计出工作面角，决定转动钻具的角度，随着这一转动，地面显示装置便在其原有显示值上，自动地连续地变化一直达到设计值为止 5. 按打印键可将显示的数值记录下来永久保存 打印格式为：____年____月____日 No:____（孔号） 初始方位值_____（°） 6. 同时按初始和当前键可将系统复位；系统复位或上电时，深度值才能预置 7. 复测初始方位 探管上井后，若需要测初始方位则方法同上，两次的测值之差大小与全过程时间长短有关，但两次的差值 $\Delta\alpha \leq 15°/h$
测量工作 — 连续测量	1. 日期与孔号的设定：按日期键待指示灯亮（显示年、月、日、孔号），再按下挡键进入相应的年、月、日、孔号（每位各占两位），最后按数字键输入相对应的年、月、日、孔号数字，若对应的输入数字为一位数字时，前面补 0 2. 方位角设定：将井下仪器调整好方位后，按下方位键，记录下原始方位，按下放键将井下仪器下放至冻结孔管口，再按执行键打印原始方位角 3. 下放连测设定：按下连测键连测指示灯亮起，按下放键仪器进入下放状态，再按下执行键，开动绞车下放井下仪器，测斜仪连续记录冻结孔的偏距及方位角 （1）当井下仪器在下放或上提过程中停止到 7s 后，地面仪自动锁定，显示为连续闪光，当井下仪器继续下放或上提时，可以自动解除 （2）当累加偏距超过 8 m 时，显示出现 EEEE （3）当井下仪器在下放过程中卡住，需要拉动时，可按下"锁定"键，此时，不记深度偏值，到井下仪器可以继续下放时，按下"解开"键，即可继续测量 4. 召唤设定：按召唤键待指示灯亮起，按下挡键表示可设定任意所测深度的值，按数字键输入需要的深度值，召唤出该深度的测量值，按执行键，显示出深度、偏距、偏向和偏斜率，打印相应的数据 5. 上提连测时，日期与方位角设定与上述操作相同。在井下仪器下放过程中，测斜仪只记录深度，不记录偏斜，直至冻结孔终孔深度。井下仪器开始上提时，仪器记录冻结孔的偏斜等情况，测量结果打印与上述召唤设定相同

表 5-35（续）

项目	测斜方法	
作图、计算	1. 按测量记录进行作图、计算 2. 作图：计算出平均分值后，用累计值作图（见右图），作图步骤如下： （1）在坐标纸上先画出孔口 x、y 的原始方位坐标点 A，连接 OA，其指向井筒中心方向 （2）以 1 mm 代表顶角 1′，将深度每隔 10 m 测得分量 x、y 的平均值，用逐点叠加法画在坐标纸上，得到合成矢量点（B、C、D、E、…），连接各点即得钻孔倾斜折线 3. 求偏距，如图中 C 点表示 20 m 深处的钻孔位置，用 1∶3 的比例尺量一下 OC 的距离，即得钻孔在 20 m 处的偏距数（因为冻结孔每 10 m 一测，而顶角 α 一般 < 30°），其正切函数差每 1′ 为 0.00029 = 0.3‰，偏距相当于顶角的 3 倍。当以 1 mm 代表 1′ 作图时，可用 1∶3 比例尺直接量其实际毫米数 4. 连接 OC，OC 线与 OA 线的夹角（逆时针）即代表 20 m 深处钻孔的偏斜方位角 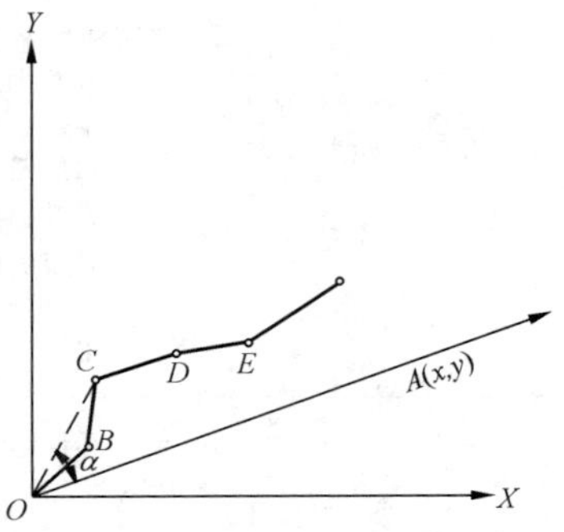	OB、BC、CD、DE—偏距； X—正北方向；A—井心方向 钻孔偏距示意图
投点误差	在同一孔内进行多次测量，求出每级孔底位置，将它们和多次的平均值进行比较，取其最大的一个值定为最大的投点误差。根据误差理论，当消除了恒定误差后进行多次测量，出现的误差有正有负，分布在以真值为轴的对称的误差分布图形上，当测量次数为无限多时，其算术平均值即为真值。实际上一般大于 10 次的平均值就很接近于真值	

（5）机械陀螺测斜仪的维护要求与故障处理。机械陀螺测斜仪的维护要求见表 5-36、故障处理见表 5-37。

表 5-36　机械陀螺测斜仪的维护要求

要 求	措 施
保持清洁	井下仪器在现场尽可能不打开，不允许灰土进入仪器内，特别是井下仪器陀螺部分
保持各活动部分接触良好	如有脏物，可用酒精、香蕉水擦洗干净
保持仪器干燥	在半年之内不使用时，要通电一定时间，防止电阻、电容等电器元件受潮
电源电压要符合规定	当电源电压不符合 $(220 + 10\%)$ V 时，必须进行调整，否则容易击穿晶体管，或得不到 36V 的稳定电压
检查绝缘电阻	电测绞车的电缆对地绝缘电阻应大于 10 MΩ，每次测完后应不小于 5 MΩ
防止卡仪器	使用前首先要了解孔内情况，对不安全的钻孔应提前采取措施，避免发生卡仪器事故
精心操作	测量时，人员要明确分工，不允许乱动旋钮，整个测量过程中记录人员要随时注意操作面板的读数，发现参考电压变化时要及时调整

表5-37 机械陀螺测斜仪常见故障原因分析

故障情况	故障原因分析
动漂移过大（即下井与上井方位值相差过大，超过每小时6°）	动漂移过大时，需通过解体检查判断原因并进行处理。故障原因在井下仪器部分： 1. 测量时，操作不当，倾角过大或用力过猛，使卸荷系统来不及把陀螺主轴拉回与定向轴相垂直的位置 2. 用井中垂线观测仪器倾斜位置时，误差过大 3. 陀螺内框轴承摩擦力矩过大 4. 陀螺及各框轴间隙过大，产生偏心力矩 5. 静漂移没有调整好 6. 测角传感器转子摆锤螺丝松动 7. 卸荷系统故障，如灯泡坏，光敏电阻失效 8. 陀螺马达使用轴承间隙过大
面板指针时正时负，不断反复	1. 卸荷电动机的两个控制绕组接反，卸荷力矩与摩擦力矩同向，使定向框不停地转动 2. 灯泡不亮，光敏电阻失效 3. 霍尔元件损坏，计深传感器失效 4. 倍压整流二极管损坏
面板指针缓慢移动，指针不是按倾角改变而正常变化	1. 测量电缆断芯 2. 井下仪器滑环与电刷接触不良
面板指针颤抖，手触接线，指针变化	1. 测量电缆信号芯线断线 2. 测井绞车信号芯线滑环接触不良
面板"+、-"不翻转，指针往反方向偏	1. "+、-"翻转放大器有故障、控制电流过小，需调节电位器 R_{115} 2. 双稳态线路或继电器故障
手碰面板外壳，指针发生变化	1. 井下仪器进水受潮 2. 测量面板电源中心断线
变流器输出不稳定	1. 振荡器三极管工作不稳定或损坏 2. 功放三极管不稳定或损坏 3. 插件松动，接触不良 4. 陀螺马达一相断线
上、下重复性不好	1. 井下仪器零位变动，摆锤螺丝松动 2. 井下仪器相敏整流器失效 3. 电缆绞车电刷与滑环接触不良 4. 冻结管内壁不平，这种情况下可错开100~200 mm重测 5. 井下仪器定心脚与管子内径不相适应，不能保证井下仪器与测斜管严格同心
带电缆与不带电缆时，仪器零位精度不一样	由于电缆芯线间存在分部电容所引起，三相400 Hz交流电流通过分布电容时，x、y量芯线产生干扰信号，使仪器零位精度发生变化。处理时，可在 x、y 线与地线之间接一个 4~20 μF 电容，交流干扰信号旁路

4. 钻孔施工常见事故及处理

钻孔施工常见事故及处理见表5-38。

表 5-38 钻孔施工常见事故及处理

事故分类	发生原因	事故征兆		处 理 方 法
钻具折断、脱扣、跑管	1. 加工质量不符合要求或已经损坏 2. 拉力、压力、扭力过大或操作不当 3. 固定不牢,操作不规范	1. 阻力突然增加,又突然减少 2. 泵压突然减弱 3. 钻具重量突然减轻 4. 进尺突然增加	捞	1. 用公母锥打捞 2. 用原丝扣接头"对扣"打捞 3. 用公母锥带导向打捞 4. 用卡具卡住打捞 5. 用钩子扶正或打捞 6. 用铣刀钻头将"坏头"磨平后打捞
卡钻	1. 地层不稳定 2. 有探头石或缩径现象 3. 孔内掉入异物	1. 钻具提升回转阻力大,蹩车 2. 有蹩泵现象	冲	钻具被卡后,尽量保持回转和泥浆循环,中断的循环设法恢复,用大泵量、大压力将挤夹物冲掉
			扫	钻具被卡后,开车回转上下窜动,将挤夹物扫碎,或挤入孔壁
埋钻	1. 泥浆质量差,泵量太小,孔内积累大量岩粉 2. 孔壁坍塌脱落 3. 停泵时间长,钻具没有提至安全地带	1. 钻不到底 2. 提升回转有蹩车现象 3. 严重蹩泵,孔口不能返浆	提	对上扣后,用绞车提拔,如拔不动,可增加滑轮和工作绳数
			顶	如起拔不出,用千斤顶顶
			反	顶不下来时,可用反丝钻杆和丝锥将钻杆一根根倒扣反拉上来,反拉力不要过大
插腊	1. 钻具折断后又脱扣,插入下段钻具和孔壁之间 2. 由于突然蹩车,又突然停车,使上部钻具脱扣和插入下部钻具与孔壁之间	钻具折断后,事故头低于应在位置	反	用反丝钻杆和丝锥将钻杆一根根倒扣反拉上来,反拉力不要过大,否则易拉断
			劈	如系两个接头相挤夹,可用扫铁钻头切劈
			扩	钻具埋入,顶不上来,底部可用较大直径的岩芯管,岩芯管底部焊接合金钢刃,从加重管外扩扫,用优质泥浆护孔,然后打捞
孔内掉入小物件	操作不当将工具掉入孔内	钻具回转蹩车,有响声,或无法钻进		粘取法:岩芯管中装入黏泥粘取,用磁铁粘取 套取法:将物体装入岩芯管,再进行取芯钻进,将物体取出 抓取法:利用抓齿筒,下入孔底,将物体装入套住,再给一定压力,慢车回转使抓齿收拢,将物体取出 消灭法:可下入切铁钻头将物体割碎、套取或消灭
漏水	1. 砾石层,孔隙较大的粗砂层,裂隙、溶洞发育地层 2. 扰动地层,塌陷区以及井壁漏水严重的处理井	从孔内返出泥浆少于进入泥浆		1. 用低比重、高黏度泥浆(煤碱剂、水玻璃泥浆等) 2. 用锯末碱剂泥浆 3. 投入黄泥球,高出漏水层2~3 m,捣实后再钻进,通过后,改用黏度为40 s泥浆钻进
		向孔内注入泥浆,但返不上来,泥浆面低于孔口		1. 用锯末或锯末碱剂泥浆 2. 黏土加锯末或麻刀、干树叶、碎草做成黄泥球投入孔内捣实,泥球段高度应大于漏浆段,钻进通过后,再改用高黏度泥浆钻
		向孔内注入大量泥浆,很快漏失,泥浆面低于孔口很深		1. 用石灰乳泥浆或氯化钙快干水泥堵漏 2. 通过钻孔向漏失地层注入大量高黏度泥浆或水泥浆,直至注不下去为止

5.3.3 冻结管焊接、下放、试漏、验收

1. 冻结管的结构及要求

冻结管结构由无缝钢管、底锥、管箍、隔板组成（图5-9和图5-10），其质量好坏关系到冻结工程的成败，因此冻结管材质要符合标准，结构要合理。冻结管结构及质量要求见表5-39。

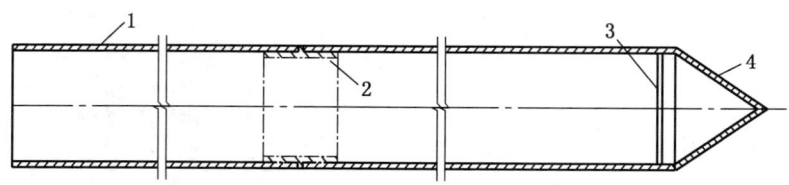

1—无缝钢管；2—内接箍；3—隔板；4—底锥

图5-9 内接箍冻结管结构示意图

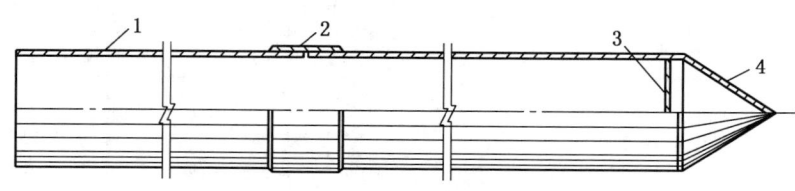

1—无缝钢管；2—外接箍；3—隔板；4—底锥

图5-10 外接箍冻结管结构示意图

表5-39 冻结管结构及质量要求

组成部分	结构与规格			连接方式	质量要求
冻结管	松散层深度/m	冻结管壁厚/mm	冻结管外径/mm	管箍	1. 冻结管应有出厂合格证和有关试验报告 2. 冻结管必须采用无缝钢管，每批新钢管应抽样试验，其压力为冻结深度静水压力的1.3倍时，无渗漏现象为合格。当复用旧冻结管时，应逐根检查，试验压力与新钢管相同 3. 严密不漏，能在低温（-35℃）下工作 4. 能承受地压、盐水压力及温度应力 5. 不得弯曲变形
	≤200	≥5	108～168		
	200～400	≥6			
	400～600	≥7			
	>600	≥8			
	基岩 <300	≥5	127～168		
	基岩 ≥300	≥6			
管箍	按设计要求加工			外箍丝扣	符合规范质量要求
	长度应为150～180 mm，厚度不小于母体厚度，管箍两端必须有坡口			外箍焊接	1. 焊缝不得渗漏，不得有砂眼和裂纹，且低于管外缘 2. 同心偏差<1.5 mm 3. 内衬管对焊每根冻结管需打坡口 4. 管箍的材质应与管材的材质相同
	长度应为80～120 mm，厚度不小于5 mm，管箍两端必须有坡口			内衬管对焊	

表 5-39（续）

组成部分	结构与规格	连接方式	质量要求
底锥	1. 上口外径等于管材外径 2. 高度等于管材外径 3. 壁厚≥8 mm（隔板同）	焊接	1. 用与母体同材质的低碳钢钢板 2. 焊缝不得渗漏，不得有砂眼和裂缝，且低于表面

冻结管管箍结构如图 5-11~图 5-13 所示，部分冻结管管箍参数见表 5-40。

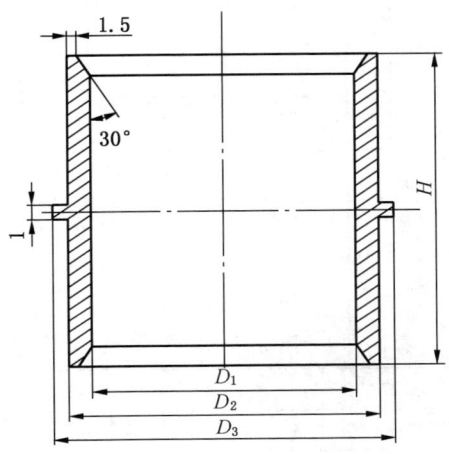

H—管箍高度；D_1—内接箍内径；D_2—加工后内接箍外径；D_3—内接箍管材外径

图 5-11 冻结管内接箍示意图

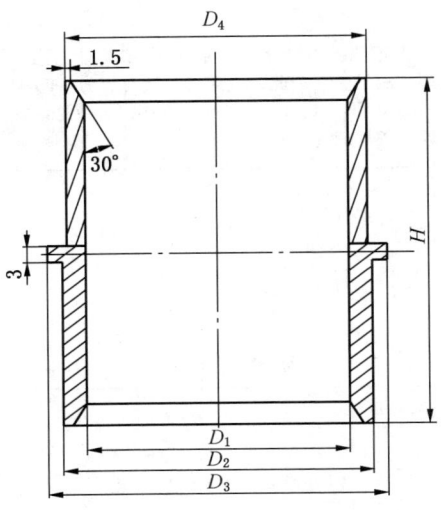

H—管箍高度；D_1—内接箍内径；D_2—加工后内接箍外径；D_3—内接箍管材外径；D_4—加工后内接箍外径

图 5-12 冻结管内接箍变径示意图

266　冻结法施工手册

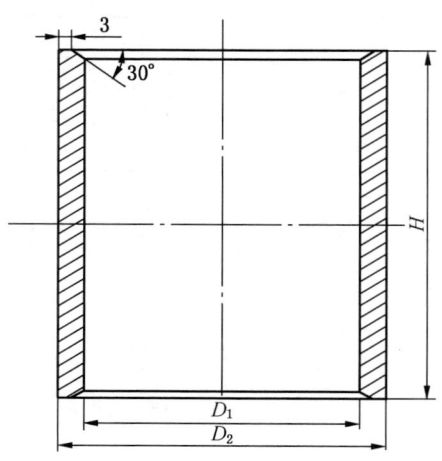

H—管箍高度；D_1—加工后外接箍内径；D_2—外接箍管材外径

图 5-13　冻结管外接箍示意图

表 5-40　部分冻结管管箍参数

规格/mm		φ108	φ127			φ133			φ140			φ159			φ168		
壁厚/mm		5	5	6	7	5	6	7	5	6	7	5	6	7	5	6	7
内接箍	D_1	90	107	105	101	111	109	107	117	115	113	136	134	132	145	142	141
	D_2	96	115	113	111	121	119	117	128	126	123	147	145	143	156	154	152
	D_3	102	121	121	121	127	121	121	133	133	127	152	152	146	159	159	159
外接箍	D_1	110	129			135			142			161			170		
	D_2	121	140			146			152			180			180		
备注		\multicolumn{16}{l}{1. 多年来实践证明，内接箍连接对焊的抗破坏能力强，能够减少因地层膨胀或冻胀所引起的冻结管断裂事故发生。因此，内接箍连接对焊为目前常用的冻结管管材连接方式 2. 外接箍多使用于水文孔、测温孔管材连接，或冻结深度浅于 150 m，地层自然膨胀率较小、冻胀率较小的地层冻结施工中}

2. 冻结管的下放和试漏

冻结管的下放和试漏见表 5-41。

表 5-41　冻结管的下放和试漏

工序	操作方法	注意事项
下管	1. 下管前，复核配管尺寸，检查质量，并做记录，确保下管长度准确 2. 按下放顺序在冻结管端部安装管卡，用钻机卷扬机提升，沿滑道平稳起吊，逐根垂直下放	1. 管子提起后用小锤敲打，清除管内异物 2. 冻结管焊接时，管头应对齐，以防卡住测斜仪器和供液管 3. 焊好后，冷却 5~10 min，再放入孔内，以防管材急冷变脆

表 5-41（续）

工序		操 作 方 法	注 意 事 项
下管		3. 确保焊缝质量，一般低碳钢管用 J422 电焊条 4. 冻结管下入后，管子四周填土，管口加盖，防止杂物落入管内	4. 管子放不下去时，先用人力扭转加压，再提起缓冲几下，如果无效，再加钻机滑车向下加压。严禁加压过猛，损坏管口和底锥 5. 配管和下管设专人，原则上施焊人员每孔中途不得换人，并做好相关记录，以便发生渗漏时查清原因、采取措施
试漏	动压	冻结管下放到底后立即注满清水，用水压机进行动压试漏 向孔内打压至设计压力，经 30 min 压力下降不超过 0.05 MPa，再延续 15 min，压力保持不变为合格 试漏设计压力 $P = 2 \times [P_1 + H(\gamma - \gamma_w)]$ 式中　　P—动压试漏设计压力，MPa； 　　　　P_1—盐水泵工作压力，MPa； 　　　　γ、γ_w—盐水与水的容重，MN/m^3； 　　　　H—冻结管深度，m	1. 试压工具、连接管路、盖板等，必须严密不漏 2. 观察期间必须以压降符合规范要求为合格 3. 冻结管应下放到底后试漏，不得用管卡悬吊在井口板上，以防猛脱、撞坏底锥和管接箍
	静压	向安装好的冻结管内灌入清水，经 1~2 d 后再注入 30~40 mm 厚的机油，油面距管口 100~200 mm，注油后 8~12 h 进行液面降落测量，测量时应选择管口较平的位置做上标记，以便每次在同一位置测量，减少误差，每昼夜测 1 次，连续 3~4 d，液面下降不超过 1 mm 为合格，否则应进行处理	观察期间严禁向管内充注水、油或其他物质

3. 冻结管漏孔处理方法

冻结管漏孔处理方法见表 5-42。

表 5-42　冻结管漏孔处理方法

处理方案	适应条件	操 作 方 法
氯化钙溶液锈丝扣法	动压试漏 30 min，压力降小于 0.1 MPa 的轻微漏失的丝扣管	把比重为 1.20~1.25 的氯化钙溶液灌入管内，加压 0.4~0.8 MPa，使盐水溶液从渗水接头丝扣中渗出，经 2~4 h，排除盐水，使冻结管空置 2~4 d，由于丝扣受腐蚀生锈起阻止渗水作用
硅胶堵漏法	动压试漏 30 min，降压 0.1~0.2 MPa 的中等漏失	1. 排出管内清水，注入比重 1.3 的水玻璃溶液，然后逐渐加压至 0.8 MPa、1.6 MPa、2.4 MPa，每种压力保持 1 h 左右 2. 提出水玻璃并用清水冲洗两遍，然后注入比重为 1.20~1.25 的氯化钙溶液，停放 2 h 再逐渐加压至 0.4 MPa、0.8 MPa、1.2 MPa、1.6 MPa，每种压力保持 1 h 左右，使水玻璃与氯化钙和水起化学反应，产生硅胶 3. 提出氯化钙溶液，使冻结管空置 24 h
水泥浆循环堵漏	动压试漏 30 min，降压为 0.2 MPa 以上的严重漏失	利用泥浆泵用比重 1.2 的水泥浆通过钻杆循环，泵压由 2.0 MPa 逐渐下降至 1.5 MPa、1.0 MPa、0.5 MPa，时间为 3 h 左右，然后用清水冲洗干净（控制为最小压力或无压力），停 7 h 后进行试压。如再漏，用上述方法再次处理，直至试压合格为止

表 5-42（续）

处理方案	适应条件	操作方法
水泥浆封闭底锥法	估计为底锥渗漏或上述方法无效果时	在水泥浆中加入2%～3%氯化钙（重量比）或水玻璃，搅匀，用泥浆泵注入底锥2 m左右，待水泥凝固（7 d左右）后进行试压
重新安装冻结管	在冻结管试漏不合格后立即起拔冻结管，且能拔出的前提下	利用钻机将试压不合格冻结管全部拔出，再用钻头扫孔后重新安装冻结管，下入原孔内
下入小直径冻结管	冻结管试漏不合格且不能拔出原冻结管时	利用钻机在试压不合格冻结管（深度及偏斜满足设计要求前提下）内，安装小直径冻结管，否则必须重新打补孔

4. 冻结管的验收

冻结管安装完毕，必须进行检查和验收，验收内容见表 5-43。

表 5-43 冻结管的验收

验收内容	验收方法	不合格时可按以下方式处理
严密性	所有冻结孔按规范要求进行动压试验，以检查与原试压有无出入，或无被邻孔打穿、渗漏现象，并做验收记录	1. 堵漏处理 2. 套管法处理 3. 拔管、重新下管；如拔不出管，则重新打孔、下管
垂直度和孔间距	根据成孔测斜资料，检查冻结孔偏斜率、终孔间距是否达到设计要求	1. 根据终孔测斜结果，确定是否需纠偏或补孔 2. 如需补孔应制定补孔措施
深度和管内有无充填物	用测绳测量所有冻结管深度，复核打钻下管记录，检查管内有无铁锈、泥浆、沙子等沉淀物	1. 充填物为泥浆时，用清水循环 2. 钻孔不够深，影响冻结时，应拔重打、重下管；如不能拔出冻结管，则重新打孔、下管

5.3.4 测温管的焊接、下放、验收

测温管的焊接、下放同冻结管，其验收内容为垂直度、与冻结孔间距、深度等，见表 5-44。

表 5-44 测温管的验收内容、验收方法、处理方法

验收内容	验收方法	处理方法
垂直度和孔间距	根据成孔测斜资料，检查孔斜、与冻结孔间距是否达到设计要求	若不符合设计要求，可拔管后重新纠偏、下管；如拔不出管，则补孔
深度和管内有无充填物	用测绳测量深度，复核打钻下管记录，检查管内有无铁锈、泥浆、沙子等沉淀物	若孔内有异物，进行处理

5.3.5 水文管的焊接、下放、出水、洗孔与验收

水文管的焊接、下放同冻结管，其验收内容、验收方法、处理方法见表 5-45。

表 5-45　水文管的验收内容、验收方法、处理方法

验收内容	验 收 方 法	处 理 方 法
垂直度	根据成孔测斜资料,检查孔斜是否达到设计要求	若不符合设计要求,可拔管后重新纠偏、下管;如拔不出管则补孔
滤水管位置	按钻孔柱状图与下管记录核对滤水管位置	如不符合设计要求,拔管后重新下管;如拔不出管则补孔
洗孔	水文管下放完毕,进行洗孔,直至返出清水	可采用先压水、后下管冲洗的方法,保证滤水管位置与管外含水层通畅
深度和管内有无充填物	用测绳测量深度,复核打钻下管记录,检查管内有无铁锈、泥浆、沙子等沉淀物	1. 充填物为泥浆时,用清水循环清洗 2. 钻孔不够深,影响水文孔水位报导,应拔管重打孔、重下管;如拔不出管则补孔
水位变化	洗孔结束,水位下降迅速	如水位下降缓慢,重新洗孔

5.3.6　特殊位置冻结管隔温处理

在需要局部冻结的工程中,非冻结段冻结管采取的隔温方法、原理、适用范围见表 5-46。

表 5-46　特殊位置冻结管的隔温方法、原理、适用范围

隔温方法	隔 温 原 理	适 用 范 围
充填盐水	冻结管内下供、回液管,其中一根管下至冻结管底部,另一根管下入非冻结段底部,使供、回液管外盐水不循环,减弱非冻结段盐水与地层间的热交换,实现对非冻结段的隔温效果	斜井、立井局部隔温
管外加保温层	冻结管管壁外加设保温材料,隔温层厚度一般选用 20~30 mm。丈量冻结管长度并预留好接头长度（每根隔温管两端部预留 300 mm）,同时记录。对冻结管表面进行除锈,用手砂轮打磨冻结管外壁,将铁锈清除干净。冻结管外套高密度聚乙烯管并加注聚氨酯,实现冻结管隔温	斜井、立井局部隔温。须防止套管渗漏或失稳破坏
热水孔隔温	在冻结孔与构筑物间设热水循环孔,利用热水循环,阻止冷量向已成井壁或其他构筑物方向扩散,以防止因冻胀造成位移、不均匀沉降或冻裂	保护立井已成井壁、保护永久井架基础等
热水瓶胆式隔温	对于非冻结段,首先,宜在冻结管外表面涂敷反辐射层,或缠反辐射膜,以减少辐射换热量;其次,在外套管与冻结管间形成密封腔后,宜利用空压机抽真空,形成真空腔,以减弱传导换热和对流换热。采取上述措施后,可取得最好的隔热效果。实际中,根据投入产出情况,有时不设反辐射层,甚至也不抽真空	斜井、立井局部隔温。须防止套管渗漏或失稳破坏
充填压气	冻结管上部非冻结段内压入空气,使盐水不能进入上部冻结管内,利用空气的导热系数小原理,减少冷量向地层的扩散,实现隔温效果	斜井、立井局部隔温。须防止漏气和压扁供液管
隔板式	在冻结管内用隔板将下部循环盐水段与上部非冻结段隔开;非冻结段管内下入供、回液管,其中一根管下至冻结管底部,另一根管下至隔板下方。利用非冻结段的空气腔体隔热	斜井、立井局部隔温。须防止非冻结段供、回液管渗漏、破坏

5.3.7 报废事故钻孔的处理

报废事故钻孔处理方法见表 5-47。

表 5-47 报废事故钻孔处理方法

项 目	处 理 方 法
未下管报废孔	全孔注水泥浆充填
已下管报废孔	拔管后对全孔进行水泥浆充填；拔不出管时对管内进行水泥浆充填，并通知有关方面

5.3.8 钻孔质量检测及成果报告

钻孔施工质量的检测要求及方法见表 5-48。

表 5-48 钻孔施工质量的检测要求及方法

项目		内 容
测斜方法	经纬仪灯光测斜法	精度较高、设备简单、操作方便、直观，但受钻孔深度（一般<150 m）和弯曲的限制，要求具有光学对点器或偏心经纬仪
	陀螺仪测斜法	测量精度高，可以不提钻连续测斜，投点误差小于 0.3%，但测量范围较小
	磁性单点测斜仪测斜法	可用于内径为 50 mm 以上的钻杆，沿钻杆内壁将测斜仪放入孔底进行测斜，结构简单，使用方便，坚固耐用
测量结果的绘制	绘制内容及目的	1. 单孔测斜数据收集及汇总 2. 绘制冻结孔偏斜平面图、偏斜分层平面图 3. 根据测斜数据了解钻孔偏斜情况和相互关系，分析冻结孔间距情况，决定是否打补孔，及作为编制井筒施工技术安全措施的依据
	冻结孔偏斜总平面图的绘制	偏斜总平面图是将全部冻结孔的开孔位置以及各测量水平的偏斜位置水平投影在一张图上绘制而成，绘制方法如下： 1. 按比例（一般 1/20～1/40）先画出井筒净径、荒径、冻结孔布置圈径 2. 按方位标出冻结孔孔口的实际位置和号数，并以实际孔口位置为原点 3. 以井筒中心为定向点，按照各孔测点的偏距和方位，以小圆标示，注明深度 4. 以细线将各点按顺序联起来，即得全部钻孔的偏斜情况 冻结孔偏斜总平面图如图 5-14、图 5-15 所示
	分水平冻结壁预想交圈图	分水平偏斜平面图是将全部冻结孔的开孔位置及分水平的偏斜距离和方位水平投影在一张图上绘制而成，供绘制冻结壁预想交圈使用，绘制方法如下： 1. 选用与冻结孔偏斜总平面图相同的比例 2. 画出井筒的净径、荒径和冻结孔布置圈直径 3. 标出冻结孔的孔口位置以及此水平孔口偏斜位置和最大距离 4. 冻结壁内、外侧厚度比取 55:45，即在冻结孔的实际位置向井心方向移动 1/10 冻结圆柱半径（$R/10$）作圆心，以冻结扩展半径 R 为半径作圆，得出此孔的冻结圆柱，依次画出各冻结孔形成的冻结圆柱、去掉相交部分，得出该水平的冻结壁形成预想图 5. 一般每隔 30 m 作一张图，在钻孔底部、基岩面、软硬地层交界面、含水量大的层位、最大地压处以及差异冻结、分期冻结、局部冻结等分界处都应有相应的冻结壁交圈图 6. 斜井冻结壁预想交圈图可按斜井段长、冻结壁厚度、地质和水文地质特征、斜井倾斜角度等因素确定绘图水平，边排冻结孔实际位置应向斜井轴心方向移 1/10 冻结圆柱半径作圆心，中间孔冻结孔以实际位置作圆心，交圈图做法与立井相同 立井分水平冻结壁预想交圈图如图 5-16 所示，斜井分水平冻结壁预想交圈图如图 5-17 所示

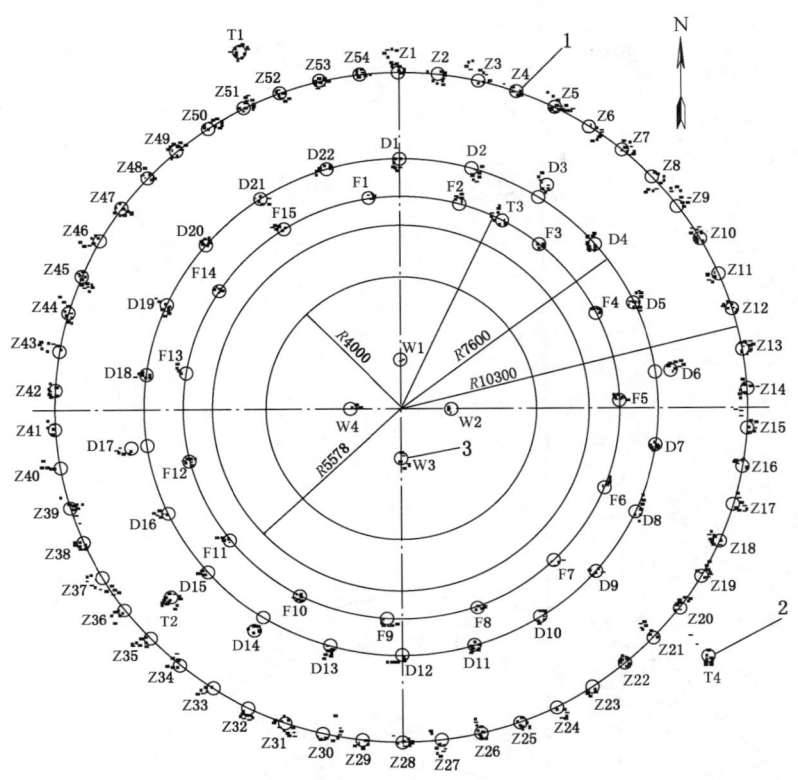

Z1~Z54—主冻结孔；D1~D22—一般冻结孔；F1~F15—防片帮冻结孔；T1~T4—测温孔；W1~W4—水文孔；1—主冻结孔；2—测温孔；3—水文孔

图 5-14 某立井多圈冻结孔偏斜总平面图

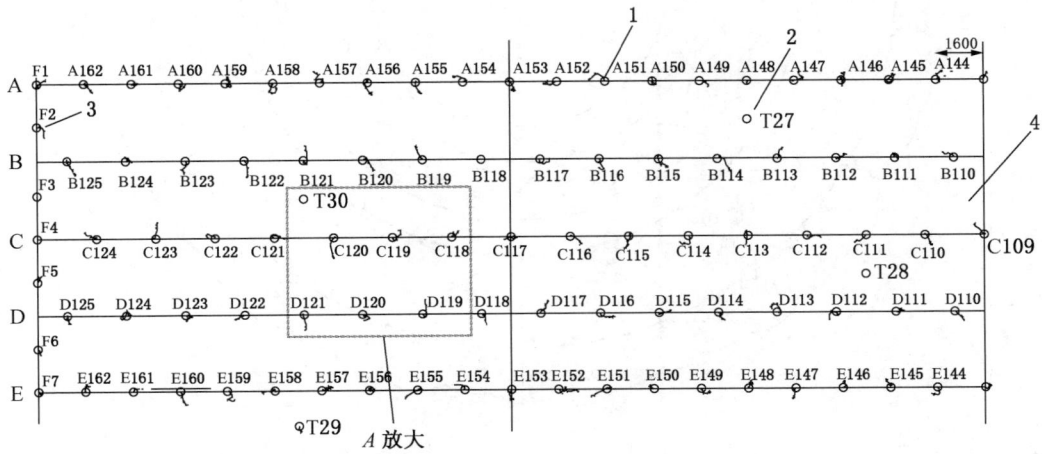

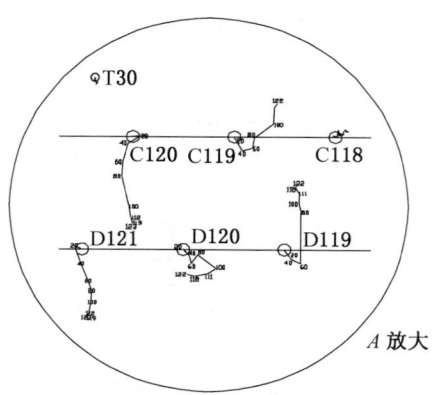

1—冻结孔；2—测温孔；3—封头冻结孔；4—灰土盘
图 5-15　某斜井分水平冻结孔偏斜平面图

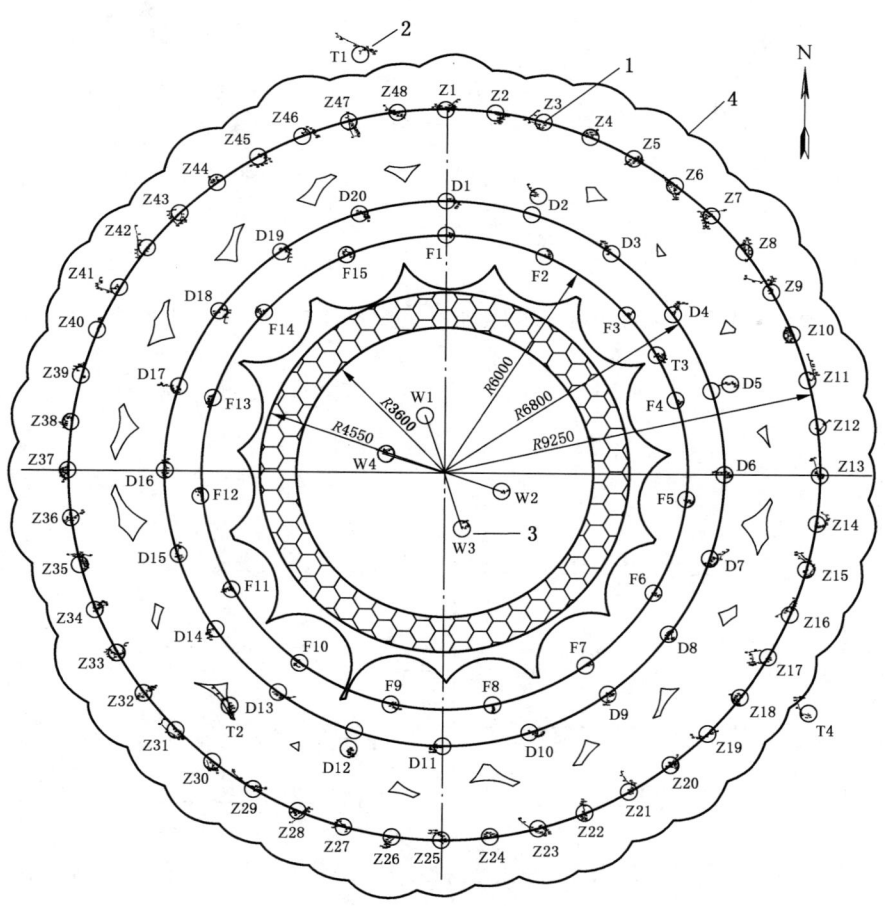

1—冻结孔；2—测温孔；3—水文孔；4—冻结壁
图 5-16　某立井井筒深 160 m 水平冻结壁预想交圈图

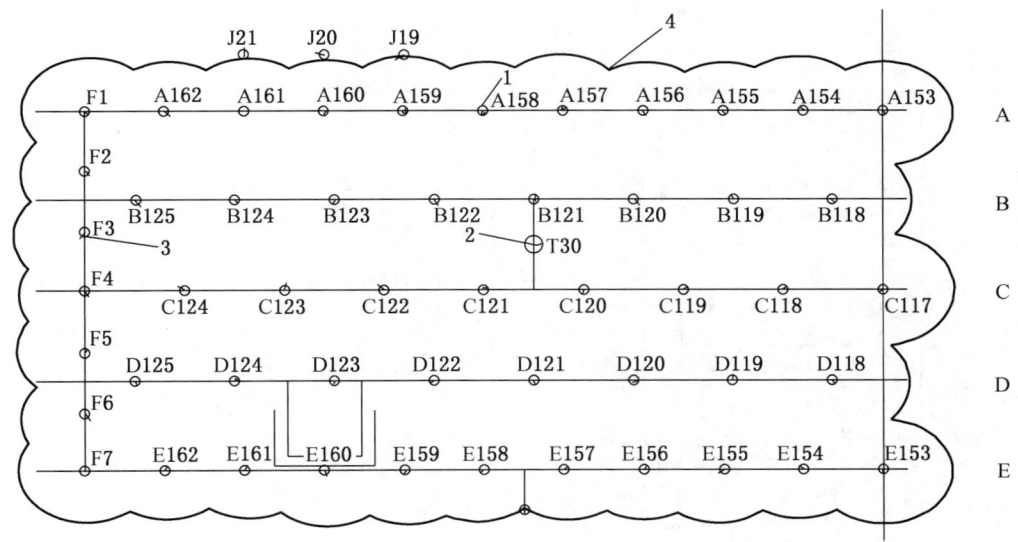

1—冻结孔；2—测温孔；3—封头冻结孔；4—冻结壁

图 5-17　某斜井 120 m 分水平冻结壁预想交圈图

5.3.9　钻孔穿过井下马头门、硐室、巷道时的处理措施

当冻结孔或测温孔穿过井下马头门、硐室、巷道时，冻结壁解冻后，孔壁与冻结管或测温管之间的环形空间可能成为导水通道，造成井筒（矿井）被淹。因此，对于穿过马头门、硐室、巷道的冻结孔、测温孔和马头门、硐室、巷道附近的冻结孔、测温孔，应用缓凝水泥浆置换钻孔中的泥浆固管，封堵钢管和钻孔壁之间的环形空间导水通道。

缓凝水泥浆固管分全长固管和下部局部固管两种：

（1）全长固管是利用下入冻结孔中的冻结器，通过供液管、冻结器底锥上特设的单向阀向孔底压入缓凝水泥浆，置换冻结管和钻孔壁之间的泥浆，直到地表冒出水泥浆；也可利用附着在冻结管或测温管外的注浆管向孔底压浆。

（2）下部局部固管是在下冻结管或测温管之前，先利用钻杆将耐高温、长时缓凝、低密度、低黏度、高结石率的水泥浆下入孔底，置换设定高度的打钻泥浆，然后再下冻结管或测温管；当冻结管或测温管插入缓凝水泥浆时，排挤出的水泥浆上移置换管子和钻孔壁之间的泥浆，见表 5-49。

目前，缓凝水泥浆充填高度为马头门、硐室、巷道顶板向上不少于 100 m。

表 5-49　钻孔下部局部固管方法

项目	主要内容及要求
缓凝水泥浆配比	1. 缓凝水泥浆一般由水、水泥、钠基膨润土、缓凝剂等按照一定比例配制而成 2. 首先，针对气候条件、地层岩性条件、打钻泥浆特性、地温、冻结孔深度、冻结孔与冻结管之间环形空间尺寸等影响因素，进行缓凝水泥浆的配比试验，保证缓凝水泥浆在下管时间内不初凝，下管完成一定时间后能够终凝，且有一定强度。记录其初凝和终凝时间及凝固效果 3. 其次，根据实际施工冻结孔下管时间确定初凝和终凝时间，选取水泥浆配比方案

表 5-49（续）

项目	主 要 内 容 及 要 求
准备工作	1. 根据每个钻孔的水泥浆置换量进行缓凝水泥浆搅拌站的建设 2. 计算水泥浆置换量和置换完成后需要冲洗钻具的泥浆量 3. 钻孔施工到底后，需先进行冲孔和泥浆调整，同时进行缓凝水泥浆配制 4. 冲孔完成后，将钻具下置距孔底不大于 0.2 m 时，开始水泥浆置换
置换作业	1. 将搅拌好的缓凝水泥浆通过泥浆管路与下入冻结孔的钻杆连接，根据计算的置换量通过钻杆将缓凝水泥浆压入钻孔孔底。压浆结束后提出钻杆，按顺序进行冻结管或测温管下放 2. 采用钻孔施工时的泥浆对压浆管路、钻杆进行冲洗，防止水泥浆凝固堵管。冲洗用的泥浆必须严格按照计算量进行冲洗，既保证充填质量，又能使管路得到冲洗
注意事项	1. 制备缓凝水泥浆时，必须严格按照试验配比进行调制 2. 钻孔施工到底后必须调整钻孔用泥浆比重，确保缓凝水泥浆的比重大于钻孔用泥浆比重 3. 充填时注意缓凝水泥浆的结石率，保证凝固后的水泥柱高度能够满足设计要求 4. 调整泥浆时，要保证泥浆的黏度，防止塌孔

5.3.10 钻孔验收

单孔验收内容及要求见表 5-50。

表 5-50 单孔验收内容及要求

类别	验 收 内 容	要 求
冻结孔	1. 开孔孔位 2. 孔偏斜、与邻孔孔间距 3. 冻结管、接箍、底锥、焊条材质证明材料，下放和焊接记录、下放深度、打压记录 4. 泥浆置换记录	1. 各项指标均满足设计要求 2. 设计中未指明的验收项应达到《煤矿井巷工程质量验收规范》（GB 50213—2010）及《煤矿井巷工程施工规范》（GB 50511—2010）的标准要求
测温孔	1. 开孔孔位 2. 孔偏斜、与相邻冻结孔孔间距 3. 测温管、接箍、底锥、焊条材质证明材料，下放和焊接记录、下放深度 4. 泥浆置换记录	
水文孔	1. 开孔孔位 2. 孔偏斜 3. 水文管、接箍、底锥、焊条材质证明材料，下放和焊接记录、下放深度 4. 滤水管规格及下放深度 5. 洗孔记录	

5.4 保证措施及施工管理

5.4.1 保证措施

为保证造孔工程质量，应采取必要的保证措施，见表 5-51。

表 5-51 造孔质量保证措施

人员保证	选择有资质的造孔施工队伍，按照施工需要配齐各类人员，如项目部管理人员、钻机操作人员、测斜人员等
设备保证	按照施工需要合理选择施工钻机、泥浆泵等设备型号和台数，进场前进行检修，确保完好，配齐钻杆、钻具、测斜和导斜仪器
材料保证	备足冻结管、焊条、泥浆配料等材料，提前做好材料检验
技术保证	制定科学合理的施工组织设计、专项技术措施，应用先进施工工艺

5.4.2 施工管理

造孔施工全过程应加强施工管理，见表 5-52。

表 5-52 造孔施工管理及要求

实行项目经理负责制	明确各部门的职责，将各项任务落实到人，使全体人员熟悉工程的工期、质量、安全施工、文明施工等目标
计划制定	制定严密的进度计划、材料计划、资金使用计划、人力需求计划，严格按计划实施、落实
专项措施	制定防钻孔偏斜、防钻进事故、防冻结管焊接泄漏等关键工序的专项技术措施
认真做好各种记录	做好日常钻机班报、测斜原始记录、焊接打压原始记录、钻孔偏斜平面图、钻孔孔间距计算表等记录整理，及时发现问题并采取纠正措施
严格验收	严格按施工组织设计要求进行验收，发现不合格项不得进行下道工序施工

5.4.3 劳动组织

造孔施工项目部一般由项目管理层、技术管理、安全生产管理、钻机班组、泥浆制备、机械维修、后勤保障等部门组成，其组织机构见表 5-53。

表 5-53 造孔施工劳动组织

项目部层次	人 员 构 成
项目管理层	一般设项目经理、书记各 1 名，生产、技术、经营副经理各 1 名
技术管理	由测斜人员、钻探技术人员、地质技术人员组成
安全生产管理	由安全员、调度人员等组成
钻机班组	为造孔施工基本单位，主要由钻工组成，包括机长 1 名，实行三班制，每台钻机每班 4~6 人
泥浆制备	负责泥浆的制备、浆液的除砂等，视工程大小每个项目配工长 1 人，每班配备 2~3 人，实行三班制
机械维修	负责钻机、泥浆泵、除砂泵等设备的日常维护，由钳工、电工组成，实行三班制，视工程大小每个项目每班配备 3~5 人
后勤保障	由材料员、厨师、司机等人员组成

5.4.4 工期安排

造孔工程应按工期计划完成，其工期安排见表 5-54。

表 5-54　造孔工期安排

工期组成	工　期　说　明
准备工期	一般需要 7~15 d，由安装钻机台数、灰土盘大小而定
钻进工期	1. 主要由造孔工程量和施工效率决定，立井造孔工期由总造孔量除以钻机数，再除钻进速度得出。斜井造孔工期一般采取分段施工的方式，仅前 2~3 段占冻结法凿井总工期 2. 施工天数 = 总造孔工作量/钻机台数×钻效
拆除工期	该工期主要由拆除钻塔工期、拆解钻具工期等组成

5.5　资料验收

造孔施工全过程应有原始记录，工程验收和资料验收同时完成，验收资料见表 5-55。

表 5-55　造孔施工资料验收

项目	内　容	备　注
材质证明	冻结管、接箍、底锥、隔板、焊条材质证明材料	材质单、合格证、力学实验报告等
测斜	孔斜原始记录，孔斜、孔间距汇总表	
冻结管下放	下管记录、打压记录、复测记录	
观测孔	水文孔、测温孔下管记录，水文孔结构和洗孔记录	
泥浆	泥浆性能记录	要准确记录漏失泥浆的位置及漏失量
偏斜总平面图	按 GB 50213、GB 50511、MT/T 1124 标准执行，以及按手册和施工组织设计	
偏斜分层平面图		
质量验收记录表	按 GB 50213 规范要求验收	要有建设、监理、施工单位负责人签字、盖单位章
钻孔施工总结报告	要求按造孔施工概况、工期、质量、安全等详细论述	

5.6　冻结孔施工实例

5.6.1　立井井筒冻结孔施工实例

国内部分立井井筒冻结孔施工实例见表 5-56。

表 5-56　立井井筒冻结孔施工实例

序号	项目	单位	丁集煤矿副井（多圈孔）	红一煤矿风井（多圈孔）	袁大滩煤矿风井（双圈孔）	白家海子煤矿（双圈孔）	磁西煤矿副井（单圈孔）
1	井筒净直径	m	7.5	6.0	7.5	7.0	8.0
2	井筒荒径	m	12.4	9.25	9.9	10.206	10.8
3	土层厚度	m	530.45	363.89	129.71	47.0	189.0

表5-56（续）

序号	项目	单位	丁集煤矿副井（多圈孔）	红一煤矿风井（多圈孔）	袁大滩煤矿风井（双圈孔）	白家海子煤矿（双圈孔）	磁西煤矿副井（单圈孔）
4	冻结孔圈径	m	31/23.3/16	17.7/13.5/10.2	14.7/11.4	15.8/11.5	13.2
5	水文孔个数	个	3	2	1	2	2
6	测温孔个数	个	6	4	3	3	3
7	钻孔深度	m	530/570/(443/530)	(455/407)/369/235	359.4/129	719/180	220/250
8	总造孔工程量	m	76779	26919	15202.4	31266	8967
9	使用钻机型号，台数		TSJ-2000，6台	TSJ-2000，5台	TSJ-2000，4台	TSJ-2000，4台	TSJ-2000，4台
10	使用泥浆泵型号，台数		TBW-850/50，6台	TBW-850/50，5台	TBW-850/50，5台	TBW-850/50，4台	TBW-850/50，4台
11	使用测斜设备型号		JDT-60-5A	JDT-60-5A	JDT-60-5A	JDT-60-5A	JDT-60-5A
12	使用冻结管规格	mm×mm	$\phi140\times8$ $\phi159\times7$ $\phi159\times8$	$\phi159\times7$ $\phi133\times6$	$\phi140\times5$ $\phi140\times6$ $\phi127\times5$	$\phi140\times5$ $\phi140\times6$	$\phi140\times5$
13	钻孔偏斜率	‰	表土≤2 基岩≤3.5	表土≤2 基岩≤3.5	表土≤2 基岩≤4	表土≤2 基岩≤3	表土≤2 基岩≤3
14	造孔工期	d	160	60	63	162	35

5.6.2 斜井井筒冻结孔施工实例

国内部分斜井井筒冻结孔施工实例见表5-57。

表5-57 斜井井筒冻结孔施工实例

序号	项目	单位	李家坝煤矿副斜井	庞庞塔煤矿副斜井	镶黄旗煤矿主斜井
1	井筒断面	m²	31.84	20.49	15.29
2	井筒冻结斜长	m	167.2	129.96	345.06
3	表土层深度	m	177	90	119.43
4	冻结孔深度	m	102.8~159.9（含水层底界）	32.55~102.12	23.5~144.69
5	冻结孔排数	排	5	5	5
6	冻结孔分段数	段	4	4	16
7	冻结管规格	mm×mm	$\phi127\times5/\phi108\times5$	$\phi127\times5$	$\phi127\times5$
8	总造孔工程量	m	50850	31225.48	59377
9	使用钻机型号，台数		TSJ-2000，6台	TSJ-2000，6台	TSJ-2000，8台
10	使用泥浆泵型号，台数		TBW-850/50，6台	TBW-850/50，7台	TBW-850/50，10台
11	使用测斜设备型号		JDT-6A	JDT-5A	JDT-5A

表 5-57（续）

序号	项目	单位	李家坝煤矿副斜井	庞庞塔煤矿副斜井	镶黄旗煤矿主斜井
12	钻孔偏斜率	‰	≤2	≤2	≤2
13	造孔工期	d	40	50	40

5.6.3 轨道交通联络通道及泵站冻结工程冻结孔施工案例

福州轨道交通 2 号线工程金屿站~福州大学站区间联络通道及泵站冻结孔施工案例见表 5-58。

表 5-58　金屿站~福州大学站区间地铁隧道联络通道及泵站冻结孔施工案例

项目	主要内容
工程概况	福州轨道交通 2 号线金屿站~福州大学站区间联络通道及泵站采用隧道内水平冻结法加固 + 矿山暗挖法施工。区间左右线隧道中心线间距为 13.693 m，左线隧道中心标高 -10.179 m（右线为 -10.175 m），地面标高 +8.58 m（右线为 +8.87 m），联络通道处上覆土厚度为 16.349 m。 联络通道所在位置的隧道管片为钢管片。隧道内径为 ϕ5.5 m，管片厚度为 350 mm。衬砌采用二次衬砌方式，初期支护和二衬钢筋混凝土结构层之间设防水层。联络通道及泵站结构如图 5-18 所示
地质条件	联络通道及泵站处的土层自上而下依次为：淤泥质土（2-4-2）、淤泥夹砂（2-4-4）、淤泥质土（2-4-2）、卵石（3-8）
冻结孔设计	根据冻结设计施工图，冻结孔布置如图 5-19 和图 5-20 所示；冻结孔及其他孔参数见表 5-59 和表 5-60
冻结孔施工准备	1. 从附近高压电箱接入施工用电；清理隧道及施工场地，保证施工通行顺畅 2. 在隧道内铺设两根管路至联络通道施工工作面，用于冻结孔打钻供水、排污和冻结时的供、排水。在施工工作面安装排污泵 1 台，水泵有专人负责，以防水泵烧坏 3. 打钻施工平台：在隧道内搭设 2~3 挡（每挡平台尺寸长 4 m、宽 3 m）打钻施工平台。平台由 I18 工字钢等加木板组成，工字钢横向搭设在隧道管片上，每 2 m 内架设一道，工字钢底部焊接立管支撑在管片上 4. 施工设备进场：合理安排施工设备运抵安装地点的时间顺序 5. 冻结孔定位：严格按照施工设计要求进行冻结孔的定位工作，对于部分与管片缝、手孔重合部分进行适当调整
冻结孔施工	1. 冻结管、测温管和供液管规格 冻结管选用 ϕ89 mm×8 mm 低碳钢无缝钢管；单根管材长度以 1.5~2 m 为宜，部分长 1.0 m 用于最后收尾；采用丝扣加坡口对焊连接；单根冻结管配管根据现场实际情况进行配管。测温管型号、材质与连接方式与冻结管相同。供液管采用 ϕ48 mm 钢管 2. 钻孔设备 选用 MD-80A 型钻机 1 台、BW-200 型泥浆泵 1 台；或选用 H190 型或 H200 型夯管机，配备风量不小于 6 m³/min 的空压机 3. 冻结孔质量要求 孔位偏差不大于 100 mm。冻结孔钻进至设计深度，可能接触对侧管片的冻结孔以碰到对侧隧道管片为准。冻结孔偏斜值不大于 150 mm，采用经纬仪灯光测斜法检测 4. 冻结孔开孔 管片上冻结孔开孔采用 ϕ120 mm 金刚石取芯钻。每个钻孔安装孔口管，孔口管用 ϕ121 mm×5 mm 无缝钢管加工，混凝土管片上的孔口管头部加工 250 mm 长的鱼鳞扣，安装时在鱼鳞扣外面缠绕麻丝，安装深度不小 200 mm。安装完成后孔口管与管片之间采用双快水泥抹平固定。钻孔时，在孔口管尾端连接孔口密封装置。安装孔口管时，管片要留 100 mm 以上的保护层，其上布设 4 个球阀，用于钻孔后注浆充填空隙。若冻结孔位置为钢管片，则将孔口管直接焊接在钢管片上，如图 5-21 所示。冻结孔开孔采用二次开孔工艺，如图 5-22 所示 5. 冻结孔钻进与冻结器安装

表 5-58（续）

项　目	主　要　内　容
冻结孔施工	（1）按冻结孔设计方位要求固定钻机导轨，调整钻进方向 （2）压紧孔口密封装置，打开孔口阀门，开始钻（夯）进 （3）为了保证钻（夯）进精度，开孔段是关键。钻进前 2 m 时，要反复校核冻结管方向，调整钻机位置，并用精密罗盘检测偏斜无问题后方可继续钻（夯）进。施工过程中，冻结管连接处焊接完成后需静置 15 min 方可钻（夯）进，严禁焊接完成后立即进行钻（夯）进 （4）冻结管下入孔内前要先配管，保证冻结管同心度。冻结管钻（夯）进完成后，用测斜仪进行测斜，然后复测冻结孔深度，并进行冻结管打压试漏。冻结孔试漏压力应为冻结工作面盐水压力的 1.5～2 倍，一般不小于 0.8 MPa，30 min 内压力下降不超过 0.05 MPa，再延续 15 min 不变为合格。对于上仰的冻结孔，可以安装供液管后再打压，或者适当延长稳压时间 （5）冻结管安装完毕，将冻结管与孔口管的间隙焊死。测温孔施工方法与冻结管相同 （6）在冻结管内下入供液管。供液管底端连接不小于 150 mm 长的支架。然后安装去、回路羊角和冻结管端盖 （7）冻结孔成孔后立即进行孔口注浆，然后拆卸孔口密封装置 （8）冻结管钻（夯）进完成后采用圆钢或钢板进行封孔 6. 水平冻结孔施工技术措施 （1）采用二次开孔方法开孔并安装孔口密封装置，防止冻结孔穿透隧道管片和夯管时孔口涌水喷砂。施工流程如图 5-23 所示。开孔施工中如出现涌水、冒泥等状况，可及时关闭球阀，并通过旁通管路注浆后完成封堵，待浆液强度达到要求后，调整工艺继续进行钻孔施工 （2）用夯管法或跟管钻进法下冻结管，夯管和钻进时安装类似轴封的孔口止水装置。对于需要穿透对侧隧道管片的对穿冻结孔，用钻进法钻透对侧隧道管片。跟管钻进时，钻头部位安装逆止阀，防止泥、水通过冻结管回流 （3）冻结管钻（夯）进完成后，对冻结管与孔口管、套管的间隙和孔口附近地层进行注浆充填 （4）下泄压管时，在泄压管上加设土堵，以免下泄压管时出水影响施工，施工完成后再将丝堵捅出 （5）确保钻孔定位准确，钻孔时预设向外（隧道外结构面法向）偏角，以免冻结孔太靠近开挖面而影响冻结壁有效厚度 （6）确保夯管锤或钻机固定牢固，开孔段方位准确，保证冻结管连接的同心度和不弯曲，并及时进行测斜，从而提高冻结孔的偏斜控制精度。采用灯光经纬仪测斜 （7）必要时补孔以保证冻结孔的终孔间距，以便按时形成冻结壁。如发现冻结孔施工过程中有地层沉降，及时进行补偿注浆 钻孔施工如图 5-22 所示 7. 钻孔测斜结果 每个钻孔结束后要立即进行灯光测斜。测斜结果见表 5-61

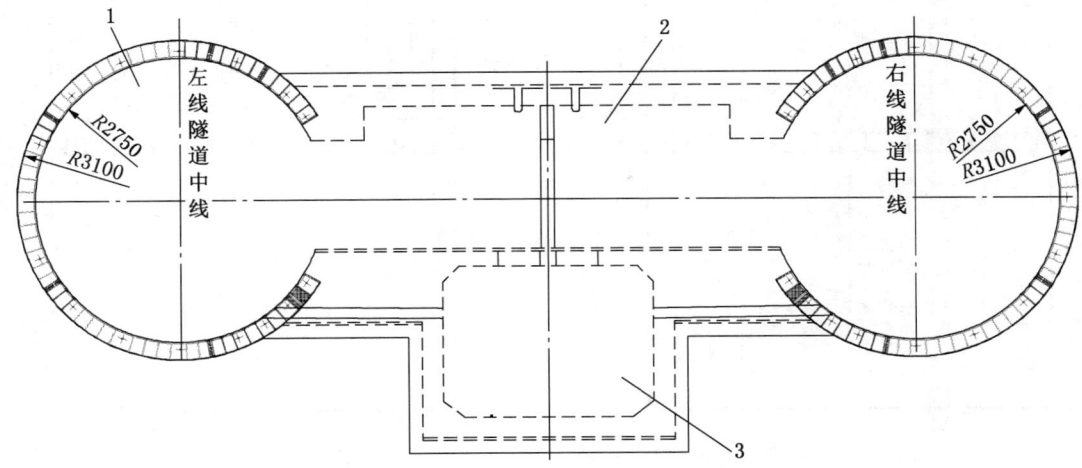

1—隧道；2—通道；3—泵站

图 5-18　联络通道及泵站结构示意图

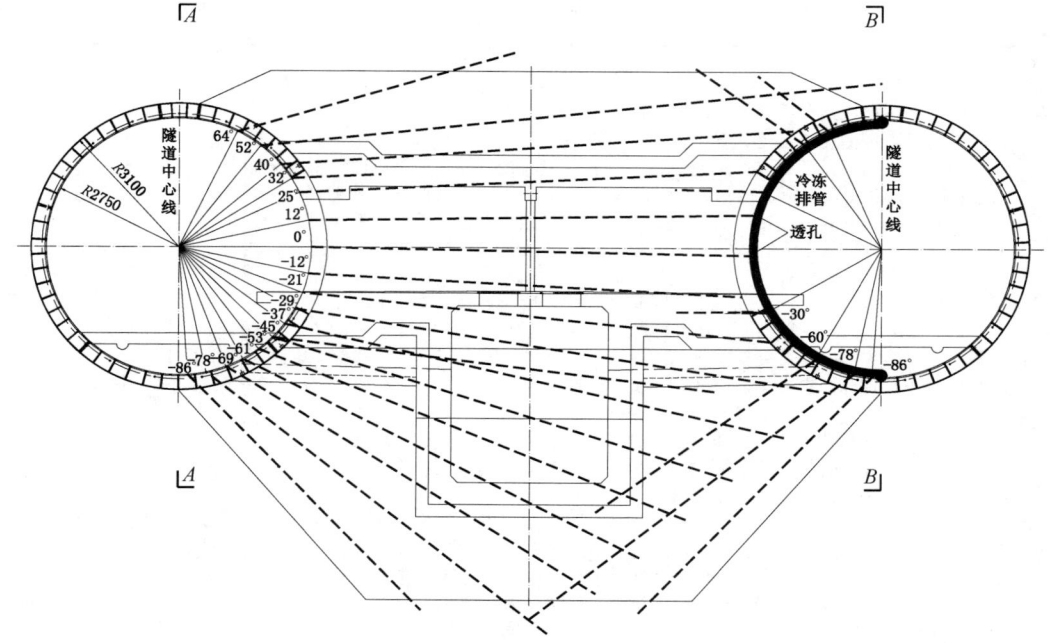

图 5-19 冻结孔布置透视图

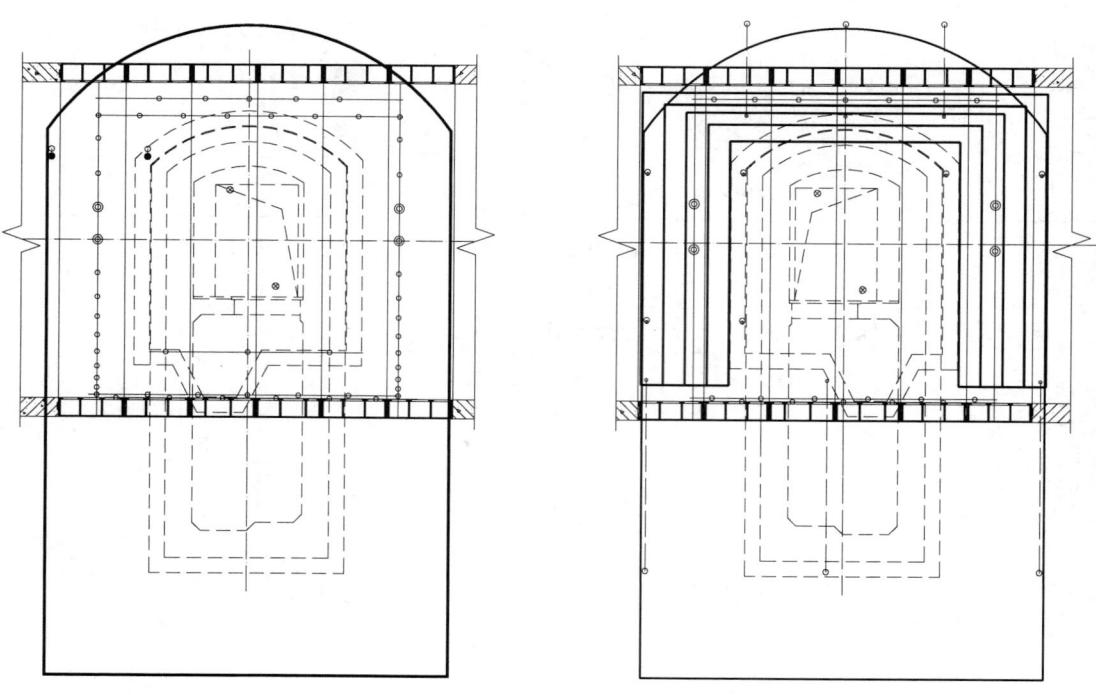

图例： ○冻结孔　⊗泄压孔　●透孔　——测温孔

图 5-20 冻结孔开孔位置示意图

表 5-59 冻结孔参数

冻结孔	定位角度/(°)	打孔仰角/(°)	深度/m	孔数/个	总深度/m	备注
A1~A5	74.5	29.8	3.740	5	18.70	
A6~A13	63.0	15.2	7.862	8	62.90	
D1~D2	50.0	12.2	9.251	2	18.50	
D3~D4	38.0	8.9	10.156	2	20.31	
D5~D6	26.0	7.0	9.242	2	18.48	
D7~D8	15.0	4.7	8.294	2	16.59	
D9~D10	5.0	2.2	7.907	2	15.81	
D11~D12	-6.0	0	8.221	2	16.44	透孔
D13~D14	-18.0	-2.0	8.583	2	17.17	透孔
D15~D16	-27.0	-4.8	8.896	2	17.79	
D17~D18	-36.0	-7.8	11.467	2	22.93	
D19~D20	-45.0	-10.4	10.819	2	21.64	
D21~D22	-53.0	-15.5	10.080	2	20.16	
D23~D24	-61.0	-21.0	9.711	2	19.42	
D25~D26	-69.0	-26.8	9.489	2	18.98	
D27~D28	-77.0	-32.7	9.413	2	18.83	
M1~M8	-85.0	-39.4	8.719	8	69.75	
M9~M15	-93.0	-46.0	7.439	7	52.07	
B1~B5	74.5	29.8	3.740	5	18.70	
B6~B12	63.0	15.2	5.957	7	41.70	
N1~N7	-85.0	-39.4	8.444	7	59.11	
N8~N13	-93.0	-45.5	7.502	6	45.01	
F1~F3	-55.0	-8.3	9.419	3	28.26	
合计				84	659.25	

表 5-60 其他钻孔参数

孔类型	钻孔编号	孔数/个	深度/m	定位角度/(°)	打孔仰角/(°)	打孔水平角/(°)	总深度/m
测温孔	C1~C2	2	2.0	32	8.6	0	4.00
	C3~C4	2	5.0	45	9.1	0	10.00
	C5~C6	2	2.0	19.6	-2.7	0	4.00
	C7~C9	3	6.2	-55	-39	0	18.60
	C10~C11	2	2.0	-55	0	0	4.00
合计		11					40.60
泄压孔	X1、X2	2	3.5	0	0	0	7.00
	X3、X4	2	3.5	0	0	0	7.00
合计		4					14.00

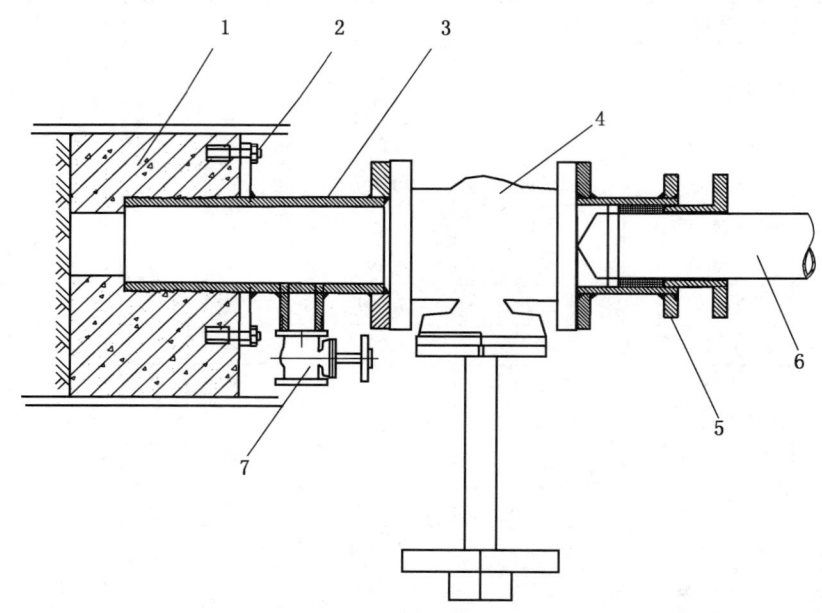

1—管片；2—膨胀螺丝；3—孔口管；4—Dg100 球阀；5—防喷装置；
6—钻杆；7—Dg25 球阀

图 5-21　孔口管及开孔安全装置示意图

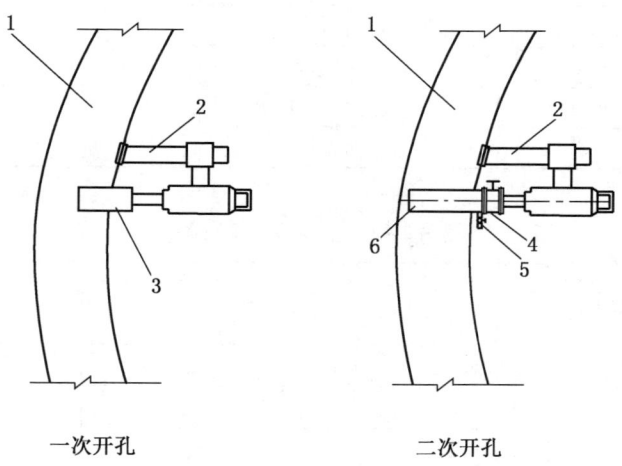

一次开孔　　　　　　　二次开孔

1—管片；2—导轨及开孔钻机；3—ϕ120 mm 钻头；4—Dg100 球阀；
5—Dg25 截止阀；6—ϕ90 mm 钻头

图 5-22　钻孔二次开孔工艺示意图

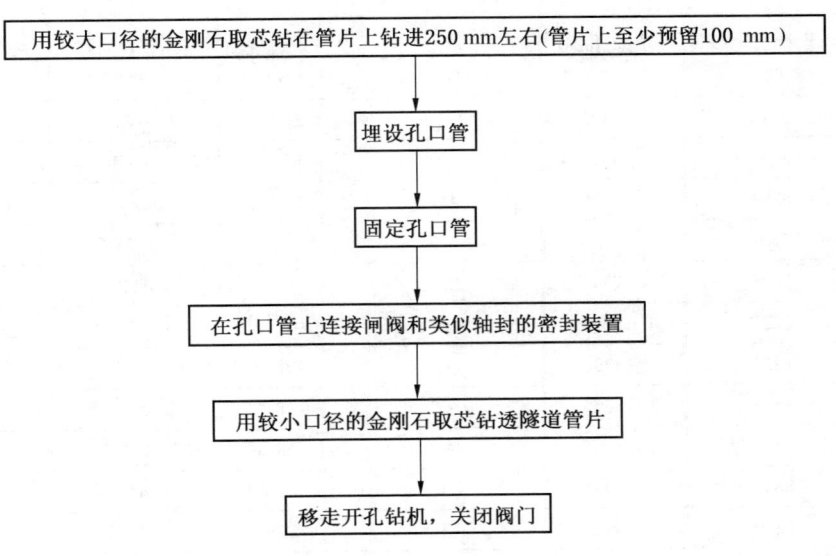

图 5-23 开孔流程

表 5-61 冻结孔及其他孔测斜结果

孔号	设计孔深/mm	施工孔深/mm	设 计 角 度		终孔竖直偏差/mm	终孔水平偏差/mm
			顶角/(°)	定位角/(°)		
A1	3740	4120	29.8	74.5	11	-46
A2	3740	4150	29.8	74.5	21	-57
A3	3740	3960	29.8	74.5	23	-24
A4	3740	4070	29.8	74.5	8	-41
A5	3740	3990	29.8	74.5	20	47
A6	7862	8035	15.2	63	63	-2
A7	7862	8055	15.2	63	46	63
A8	7862	8120	15.2	63	-37	-24
A9	7862	8050	15.2	63	88	74
A10	7862	8020	15.2	63	-63	-100
A11	7862	8130	15.2	63	98	64
A12	7862	8090	15.2	63	-28	31
A13	7862	8040	15.2	63	-94	-13
D1	9251	9305	12.2	50	-49	30
D2	9251	9365	12.2	50	-56	-34
D3	10156	10225	8.9	38	-33	98
D4	10156	10260	8.9	38	46	120
D5	9242	9310	7	26	-37	14

表 5-61（续）

孔号	设计孔深/mm	施工孔深/mm	设计角度		终孔竖直偏差/mm	终孔水平偏差/mm
			顶角/(°)	定位角/(°)		
D6	9242	9325	7	26	-43	-57
D7	8294	8320	4.7	15	-27	65
D8	8294	8335	4.7	15	-54	-5
D9	7907	7920	2.2	5	-74	32
D10	7907	7940	2.2	5	-115	61
D11	8221	8265	0	-6	7	-106
D12	8221	8795	0	-6	-17	-64
D13	8583	8655	-2	-18	57	-61
D14	8583	8595	-2	-18	101	-60
D15	8896	8925	-4.8	-27	44	16
D16	8896	8945	-4.8	-27	32	60
D17	11467	11650	-7.8	-36	24	-22
D18	11467	11575	-7.8	-36	44	98
D19	10819	10980	-10.4	-45	48	-12
D20	10819	10850	-10.4	-45	57	-84
D21	10080	10090	-15.5	-53	27	-23

6 制 冷 站

制冷站是为进行冻结施工集中设置制冷设备、设施以及为地层冻结施工提供负温循环盐水的施工场所，主要包括制冷剂循环、盐水循环、冷却水循环系统及供电系统。根据制冷剂及冻结方式不同，制冷站又分为氨制冷站、氟利昂制冷站、液氮及干冰制冷站。

6.1 制冷站需冷量计算

6.1.1 冻结管散热能力计算

冻结管散热能力计算见表 6-1。

表 6-1 冻结管散热能力计算

计算公式	符号意义
冻结管总的散热能力：$Q_t = S \times k_t$	Q_t—冻结管总散热能力，kJ/h S—冻结管总表面积，m^2 k_t—冻结管散热系数或单位热流量，与盐水温度、运动状态、岩层的导热性能、冻结时间、冻结壁厚度等等有关，见表 6-2，$kJ/(m^2 \cdot h)$
等径冻结管面积计算：$S = \pi D_e \times (H_1 \times N_1 + H_2 \times N_2 + \cdots + H_i \times N_i)$	D_e—冻结管外直径，m H_1—冻结管深度，m N_1—冻结管深度为 H_1 的冻孔数，个 H_2—冻结管深度，m N_2—冻结管深度为 H_2 的冻孔数，个 H_i—冻结管深度，m N_i—冻结管深度为 H_i 的冻孔数，个
异径冻结管面积计算：$S = \pi D_1 \times L_1 + \pi D_2 \times L_2 + \cdots + \pi D_i \times L_i$	D_1—冻结管外直径，m L_1—冻结管外直径为 D_1 的冻结总长度，m D_2—冻结管外直径，m L_2—冻结管外直径为 D_2 的冻结总长度，m D_i—冻结管外直径，m L_i—冻结管外直径为 D_i 的冻结总长度，m

注：带保温措施的冻结管的散热能力应在其散热面积前乘以折减系数 K。

表 6-2 冻结管最大散热系数（单位热流量）k_t 参考值

盐水运动状态	冻结管最大散热期的盐水温度/℃	k_t 值/$[kJ \cdot m^{-2} \cdot h^{-1}]$	备 注
层流	$-20 \sim -25$ $-25 \sim -30$	$756 \sim 882$ $882 \sim 1080$	表中 k_t 值按冻结段平均地温为 23.5℃ 计算，平均地温升高（或降低）1℃，k_t 值约增加（或减少）12.6 $kJ/(m^2 \cdot h)$
紊流	$-20 \sim -25$ $-25 \sim -30$	$983.8 \sim 1146.6$ $1146.6 \sim 1310.4$	

6.1.2 制冷站需冷量

制冷站需冷量计算见表 6-3。

表 6-3 制冷站需冷量计算

用 途	计算公式	符 号 意 义	说 明
为1个井筒服务	$Q_1 = m_c Q_t$	Q_t—冻结管的总散热能力，kJ/h Q_1—为1个井筒服务时的冻结需冷量，kJ/h m_c—低温系统（包括制冷站内、外的低温设备和管路）的冷量损失系数，一般取 1.10～1.25。当制冷站制冷能力大、盐水管路短、保温质量好、在冬季进行积极冻结时，m_c 取 1.10～1.15；当制冷站制冷能力小、盐水管路长、保温质量差、在夏季进行积极冻结时，m_c 取 1.20～1.25 Q_c、Q_b—主井、副井冻结需冷量（计算方法同 Q_1），kJ/h μ—维护冻结期的冷量供给系数，根据冻结时间确定，一般取 0.3～0.5；如果要求 2 个井筒同时开冻，则取 1.0	1. 主、副井共用一个制冷站时，一般考虑到副井直径较大，从减少总需冷量出发，最好先冻副井，待副井转入维护冻结后再进行主井的积极冻结，以便更好地发挥制冷设备的使用效率，即 $Q_2 = \mu Q_b + Q_c$。但从井筒改装方便出发，往往先冻主井而后冻副井，即 $Q_2' = \mu Q_c + Q_b$。 2. 制冷站的装机容量一般要考虑一定的备用系数 m，当需冷量小于 6.3×10^9 kJ/h 标准制冷能力时，m_n 取 1.15；当需冷量大于 12.6×10^9 kJ/h 标准制冷能力时，m_n 取 1.1
为2个井筒服务	$Q_2 = \mu Q_b + Q_c$ 或 $Q_2' = \mu Q_c + Q_b$		
多圈异步冻结		多圈异步冻结指的是多圈孔开启冻结时间不一致，此时计算冻结需冷量应先分别计算单圈需冷量，再根据每圈开启冻结时间早晚综合计算最高峰时需冷量，一般是最后开启冻结的各圈冻结孔按 100% 计取冷量，其他早开启冻结的各圈根据提前开启的时间分别乘以一定的折减系数（0.5～1.0）计算高峰时需冷量，最后将所有各圈的需冷量累加就是最高峰时需冷量	

6.2 氨制冷站

6.2.1 氨制冷系统设计

6.2.1.1 氨循环系统设计

常采用单机双级制冷机组，工艺流程如图 6-1 所示。

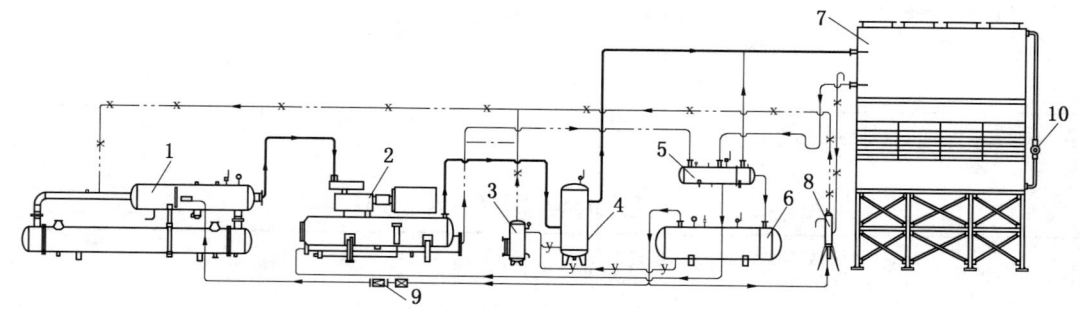

1—虹吸式蒸发器；2—螺杆式氨压缩机；3—集油器；4—油氨分离器；5—氨虹吸罐；
6—储液器；7—蒸发式冷凝器；8—空气分离器；9—节流阀；10—循环水泵

图 6-1 单机双级制冷机组氨循环系统工艺流程

1. 氨制冷方式、压缩机组选用

1）氨制冷方式及应用条件

根据冻结工程制冷工况需要，可以选择单级或串联双级压缩制冷方式。制冷方式和应用见表6-4、表6-5。

表6-4 单级与串联双级压缩制冷方式

方式	制 冷 过 程
单级压缩制冷	1—压缩机；2—冷凝器；3—节流阀；4—蒸发器 氨单级压缩制冷过程示意图 蒸发器中的饱和蒸气氨经氨液分离器将夹带的液氨离析后，被压缩机吸入并压缩至冷凝压力变成过热蒸气，通过油脂分离器将油脂析出后流入冷凝器，经冷却水冷却后变成液态氨，然后进入氨液储存器，再通过管路，经节流阀降至蒸发压力，进入蒸发器中汽化，并吸取盘管周围盐水的热量后变成饱和蒸气，以便再继续被压缩机吸入，进入新循环，如此不断地循环以制取冷量
串联双级压缩制冷	1—低压机；2—高压机；3—冷凝器；4、5—节流阀；6—中间冷却器；7—蒸发器 氨串联双级压缩制冷过程示意图 用一台氨压缩机作低压机，将蒸发器中的饱和蒸气氨吸入并压缩至中间压力（p_{in}）而变成过热蒸气氨，过热蒸气进入中间冷却器冷却后，再由另一台压缩机（高压机）吸入并压缩至冷凝压力（p_c），随后氨进入冷凝器，经水冷却降至冷凝温度（t_c）凝结成液体，并进入中间冷却器盘管再次冷却，经节流阀调至蒸发压力（p_e）流入蒸发器中蒸发，吸收盘管周围盐水的热量，如此不断地循环以制取冷量

表6-5 单级与串联双级压缩制冷的应用

方式	运 用 条 件	实际应用范围	优 缺 点
单级压缩制冷	1. 冷凝压力（p_c）/蒸发压力（p_e）≤8 2. 冷凝温度≤30℃ 3. 蒸发温度为5～-25℃ 4. $p_c - p_e$ ≤1.4 MPa	1. 浅井冻结，设计需冷量小，设备少，盐水温度在-22℃左右 2. 冷却水的温度低于25℃	1. 系统简单 2. 在左栏条件下能达到安全运转，制冷效率较高 3. 冷却水温度不能太高 4. 制冷温度较高

表6-5（续）

方式	运用条件	实际应用范围	优缺点
串联双级压缩制冷	1. 冷凝压力/蒸发压力≥8 2. 冷凝温度≥33 ℃ 3. 蒸发温度≤-35 ℃ 4. $p_c - p_e > 1.4$ MPa	1. 深井冻结，设计需冷量大，设备多，积极冻结后期和维护冻结初期的盐水温度低于-25 ℃ 2. 冷却水的温度≥25 ℃	1. 降低压缩比和排气温度，减少压缩机的压缩功，由于提高供给系数，制冷效率高 2. 在左栏条件下运转，比单级压缩制冷安全，效率较高 3. 管路安装较为复杂 4. 在冷却水温度较低和蒸发温度较高的条件下，不如单级压缩制冷的效率高
单双级两用制冷	单级同单级 双级同双级	冻结深度大于100 m时的制冷站均适用	1. 根据需要既可单级压缩，又可双级压缩，灵活性大 2. 在降温初期和井筒维护冻结期，如果用单级压缩制冷较为经济合理

2) 压缩机的标准制冷量与实际工作制冷量及其换算

（1）氨压缩机的标准制冷量和工作制冷量。标准制冷量是指冷凝温度 t_c 为30 ℃，过冷温度为25 ℃，蒸发温度 t_e 为-15 ℃，吸气温度为-10 ℃条件下的小时制冷量。实际工作制冷量是指在冷凝温度、蒸发温度的工作条件下的小时制冷量。

氨压缩机的标准制冷量可由说明书查得。氨压缩机的工作制冷量一般需要根据压缩机的冷凝温度 t_c 及蒸发温度 t_e 来确定，见表6-6。

压缩机的冷凝温度 t_c 及蒸发温度 t_e，当采用立式蒸发器和套管冷凝器时，t_c 和 t_e 可按表6-6确定，并可从表6-7查得相应的蒸发压力 p_e 和冷凝压力 p_c 及其焓值。

表6-6 冷凝温度和蒸发温度的确定

计算项目	计算条件	计算公式	符号意义
冷凝温度	采用水冷却的冷凝器	$t_c = \dfrac{t_{s1} + t_{s2}}{2} + (5 \sim 7)$	t_c—制冷剂的冷凝温度，℃ t_{s1}—冷凝器冷却水进口温度，℃ t_{s2}—冷凝器冷却水出口温度，℃
蒸发温度	采用壳管式、螺旋管式或立壳蒸发器	$t_e = t_p - (4 \sim 6)$	t_e—制冷剂的蒸发温度，℃ t_p—蒸发器槽箱中的冷媒剂盐水出口温度，℃

表6-7 氨的热力性质

温度	压力	比容		比重		焓		汽化热	熵	
$T/$℃	$P/$MPa	液体/(L·kg^{-1})	蒸气/(L·kg^{-1})	液体/(kg·L^{-1})	蒸气/(10^{-3} kg·L^{-1})	液体/(kJ·kg^{-1})	蒸气/(kJ·kg^{-1})	$r/$(kJ·kg^{-1})	液体/(kJ·kg^{-1}·K^{-1})	蒸气/(kJ·kg^{-1}·K^{-1})
-60	0.02190	1.4006	4.69999	0.7140	0.2128	233.20	1674.31	1441.11	0.9010	7.6620
-59	0.02338	1.4029	4.42335	0.7128	0.2261	236.92	1676.11	1439.18	0.9134	7.6388
-58	0.02494	1.4052	4.16250	0.7116	0.2402	241.69	1677.81	1436.12	0.9406	7.6156
-57	0.02658	1.4076	3.92271	0.7105	0.2549	245.39	1679.60	1434.21	0.9577	7.5930
-56	0.02832	1.4099	3.69622	0.7093	0.2705	250.12	1681.29	1431.17	0.9795	7.5702

表6-7（续）

温度	压力	比容		比重		焓		汽化热	熵	
$T/$ ℃	$P/$ MPa	液体/ (L·kg^{-1})	蒸气/ (L·kg^{-1})	液体/ (kg·L^{-1})	蒸气/ (10^{-3} kg·L^{-1})	液体/ (kJ·kg^{-1})	蒸气/ (kJ·kg^{-1})	$r/$ (kJ·kg^{-1})	液体/(kJ· kg^{-1}·K^{-1})	蒸气/(kJ· kg^{-1}·K^{-1})
-55	0.03015	1.4122	3.48642	0.7081	0.2868	254.31	1683.02	1428.71	0.9988	7.5480
-54	0.03208	1.4146	3.29060	0.7069	0.3039	258.48	1684.74	1426.26	1.0179	7.5260
-53	0.03411	1.4170	3.10648	0.7057	0.3219	263.16	1686.42	1423.26	1.0391	7.5041
-52	0.03624	1.4104	2.93446	0.7045	0.3408	267.82	1688.08	1420.26	1.0002	7.4824
-51	0.03849	1.4218	2.77473	0.7034	0.3604	271.94	1689.79	1417.84	1.0788	7.4612
-50	0.04085	1.4242	2.62526	0.7022	0.3809	276.05	1691.48	1415.44	1.0973	7.4402
-49	0.04332	1.4266	2.48431	0.7010	0.4025	280.66	1693.13	1412.48	1.1178	7.4193
-48	0.04592	1.4290	2.35228	0.6998	0.4251	285.24	1694.77	1409.53	1.1382	7.3986
-47	0.04865	1.4315	2.22941	0.6986	0.4485	289.30	1696.45	1407.15	1.1562	7.3784
-46	0.05151	1.4340	2.11331	0.6974	0.4732	293.85	1698.07	1404.22	1.1763	7.3582
-45	0.05450	1.4364	2.00436	0.6962	0.4989	298.38	1699.69	1401.31	1.1961	7.3382
-44	0.05764	1.4389	1.90243	0.6950	0.5256	302.63	1701.32	1398.68	1.2147	7.3185
-43	0.06093	1.4414	1.80666	0.6937	0.5535	306.87	1702.94	1396.07	1.2332	7.2991
-42	0.06436	1.4440	1.71627	0.6925	0.5827	311.35	1704.54	1393.19	1.2525	7.2798
-41	0.06796	1.4465	1.63125	0.6913	0.6130	315.80	1706.12	1390.32	1.2718	7.2606
-40	0.07171	1.4491	1.55124	0.6901	0.6446	320.24	1707.70	1387.46	1.2908	7.2415
-39	0.07563	1.4516	1.47589	0.6889	0.6776	324.65	1709.27	1384.62	1.3097	7.2230
-38	0.07973	1.4542	1.40491	0.6877	0.7118	329.05	1710.83	1381.78	1.3284	7.2046
-37	0.08431	1.4568	1.33799	0.6864	0.7474	333.43	1712.38	1378.96	1.3469	7.1863
-36	0.08847	1.4694	1.27462	0.6852	0.7845	338.04	1713.90	1375.87	1.3664	7.1681
-35	0.09312	1.4621	1.21508	0.6840	0.8230	342.37	1715.44	1373.07	1.3846	7.1502
-34	0.09797	1.4647	1.15863	0.6827	0.8631	346.94	1716.94	1370.00	1.4037	7.1324
-33	0.10302	1.4674	1.10553	0.6815	0.9045	351.24	1718.46	1364.23	1.4216	7.1148
-32	0.10828	1.4701	1.05514	0.6802	0.9477	355.77	1719.95	1364.18	1.4404	7.0974
-31	0.11376	1.4728	1.00750	0.6790	0.9926	360.27	1721.43	1361.15	1.4590	7.0801
-30	0.11946	1.4755	0.96244	0.6770	1.0390	464.76	1722.89	1358.14	1.4775	7.0631
-29	0.12538	1.4782	0.91976	0.6765	1.0872	369.22	1724.35	1355.13	1.4957	7.0462
-28	0.13154	1.4810	0.87941	0.6752	1.1371	373.66	1725.80	1352.14	1.5139	7.0294
-27	0.13795	1.4837	0.84117	0.6740	1.1888	378.09	1727.24	1349.16	1.5138	7.0129
-26	0.14460	1.4865	0.80492	0.6727	1.2424	382.49	1728.67	1346.19	1.5496	6.9965
-25	0.15150	1.4893	0.77048	0.6715	1.2979	386.99	1730.08	1343.09	1.5678	6.9802
-24	0.15857	1.4921	0.73781	0.6701	1.3554	391.47	1731.48	1340.01	1.5858	6.9641
-23	0.16611	1.4950	0.70681	0.6689	1.4148	395.93	1732.87	1336.94	1.6036	6.9481
-22	0.17382	1.4978	0.67731	0.6676	1.4764	400.50	1734.24	1333.74	1.6217	6.9323

表6-7（续）

温度 $T/℃$	压力 $P/$ MPa	比容 液体/ $(L·kg^{-1})$	比容 蒸气/ $(L·kg^{-1})$	比重 液体/ $(kg·L^{-1})$	比重 蒸气/ $(10^{-3} kg·L^{-1})$	焓 液体/ $(kJ·kg^{-1})$	焓 蒸气/ $(kJ·kg^{-1})$	汽化热 $r/$ $(kJ·kg^{-1})$	熵 液体/ $(kJ·kg^{-1}·K^{-1})$	熵 蒸气/ $(kJ·kg^{-1}·K^{-1})$
-21	0.18182	1.5007	0.64937	0.6664	1.5400	404.91	1735.61	1330.69	1.6393	6.9168
-20	0.19011	1.5036	0.62275	0.6651	1.6058	409.43	1736.95	1327.52	1.6571	6.9011
-19	0.19876	1.5065	0.59745	0.6638	1.6738	413.93	1738.29	1324.36	1.6748	6.8857
-18	0.20750	1.5094	0.57340	0.6625	1.7440	418.40	1739.62	1321.21	1.6923	6.8705
-17	0.21681	1.5124	0.55046	0.6612	1.8167	422.98	1740.92	1317.94	1.7101	6.8553
-16	0.22634	1.5154	0.52869	0.6599	1.8915	427.41	1742.22	1314.82	1.7273	6.8404
-15	0.23620	1.5184	0.50790	0.6586	1.9689	431.94	1743.51	1311.57	1.7449	6.8255
-14	0.24640	1.5214	0.48811	0.6573	2.0487	436.45	1744.78	1308.33	1.7622	6.8108
-13	0.25695	1.5244	0.46926	0.6560	2.1310	440.93	1746.04	1305.11	1.7794	6.7962
-12	0.26785	1.5275	0.45124	0.6547	2.2161	445.52	1747.28	1301.76	1.7970	6.7817
-11	0.27912	1.5306	0.43408	0.6534	2.3037	450.02	1748.51	1298.49	1.8141	6.7673
-10	0.29075	1.5337	0.41770	0.6520	2.3941	454.56	1748.72	1295.17	1.8313	6.7531
-9	0.30277	1.5368	0.40206	0.6507	2.4872	459.07	1750.93	1291.85	1.8484	6.7390
-8	0.31517	1.5398	0.38712	0.6494	2.5832	463.63	1752.11	1288.49	1.8655	6.7250
-7	0.32797	1.5431	0.37286	0.6481	2.6820	468.16	1753.29	1285.13	1.8825	6.7111
-6	0.34117	1.5463	0.35923	0.6467	2.7837	472.67	1754.54	1281.78	1.8993	6.6973
-5	0.35479	1.5495	0.34619	0.6454	2.8885	477.22	1755.60	1278.38	1.9162	6.6837
-4	0.36883	1.5527	0.33372	0.6440	2.9965	481.80	1756.72	1274.92	1.9332	6.6701
-3	0.38331	1.5560	0.32179	0.6427	3.1076	486.36	1757.84	1273.48	1.9500	6.6566
-2	0.39822	1.5593	0.31038	0.6413	3.2219	490.90	1758.94	1268.04	1.9667	6.6433
-1	0.41359	1.5626	0.29945	0.6401	3.3395	495.47	1760.03	1264.55	1.9835	6.6300
0	0.42941	1.5659	0.28899	0.6386	3.4604	500.00	1761.10	1261.08	2.0001	6.6169
1	0.44571	1.5693	0.27896	0.6372	3.5848	504.01	1762.15	1257.54	2.0106	6.6038
2	0.46248	1.5727	0.26935	0.6359	3.7126	509.18	1763.19	1254.02	2.0333	6.5909
3	0.47974	1.5761	0.26015	0.6345	3.8439	513.72	1764.22	1250.50	2.0497	6.5780
4	0.49750	1.5795	0.25132	0.6331	3.9790	518.33	1765.23	1246.90	2.0662	6.5652
5	0.51576	1.5830	0.24285	0.6317	4.1178	522.91	1766.22	1243.31	2.0826	6.5526
6	0.53454	1.5865	0.23472	0.6303	4.2603	527.50	1767.20	1239.70	2.0990	6.5400
7	0.55385	1.5900	0.22693	0.6289	4.4067	532.07	1768.17	1236.09	2.1152	6.5275
8	0.57370	1.5936	0.21944	0.6275	4.5570	536.68	1769.11	1232.43	2.1315	6.5151
9	0.59409	1.5972	0.21225	0.6261	4.7114	541.29	1770.04	1228.75	2.1478	6.5027
10	0.61503	1.6008	0.20535	0.6247	4.8698	545.88	1770.96	1225.08	2.1639	6.4905
11	0.63655	1.6044	0.19871	0.6233	5.0325	550.50	1771.85	1221.35	2.1801	6.4783
12	0.65864	1.6081	0.19233	0.6219	5.1993	555.10	1772.74	1217.63	2.1961	6.4663

表 6-7（续）

温度 T/°C	压力 P/MPa	比容 液体/(L·kg^{-1})	比容 蒸气/(L·kg^{-1})	比重 液体/(kg·L^{-1})	比重 蒸气/(10^{-3} kg·L^{-1})	焓 液体/(kJ·kg^{-1})	焓 蒸气/(kJ·kg^{-1})	汽化热 r/(kJ·kg^{-1})	熵 液体/(kJ·kg^{-1}·K^{-1})	熵 蒸气/(kJ·kg^{-1}·K^{-1})
13	0.68132	1.6118	0.18620	0.6204	5.3705	559.71	1773.60	1213.89	2.2121	6.4543
14	0.70459	1.6155	0.18030	0.6190	5.5463	564.35	1774.45	1210.09	2.2282	6.4423
15	0.72848	1.6193	0.17463	0.6176	5.7264	568.97	1775.28	1206.31	2.2441	6.4305
16	0.75298	1.6231	0.16917	0.6161	5.9111	573.60	1776.09	1202.49	2.2600	6.4187
17	0.77811	1.6269	0.16392	0.6147	6.1007	578.26	1776.88	1198.62	2.2760	6.4070
18	0.80388	1.6308	0.15886	0.6132	6.2949	582.90	1777.66	1194.77	2.2918	6.3954
19	0.83029	1.6347	0.15399	0.6117	6.4940	587.54	1778.42	1190.88	2.3075	6.3838
20	0.85737	1.6386	0.14930	0.6103	6.6981	592.19	1779.17	1186.97	2.3235	6.3723
21	0.88513	1.6426	0.14478	0.6088	6.9072	596.85	1779.89	1183.04	2.2290	6.3609
22	0.91356	1.6466	0.14042	0.6073	7.1215	601.54	1780.60	1179.09	2.3547	6.3495
23	0.94269	1.6507	0.13622	0.6058	7.3411	606.18	1781.29	1175.10	2.3703	6.3382
24	0.97252	1.6547	0.13217	0.6043	7.5659	610.85	1781.96	1171.12	2.3858	6.3270
25	1.00307	1.6589	0.12827	0.6028	7.7962	615.51	1782.62	1167.10	2.4013	6.3158
26	1.03434	1.6630	0.12450	0.6013	8.0321	620.20	1783.25	1163.05	2.4169	6.3047
27	1.06635	1.6672	0.12860	0.5998	8.2737	624.90	1783.86	1158.70	2.4324	6.2936
28	1.09911	1.6714	0.11736	0.5938	8.5211	629.60	1784.46	1154.86	2.4478	6.2826
29	1.13263	1.6757	0.11397	0.5968	8.7744	634.30	1785.03	1150.73	2.4632	6.2717
30	1.16693	1.6800	0.11070	0.5952	9.0337	639.01	1785.59	1146.57	2.4786	6.2608
31	1.20201	1.6844	0.10754	0.5937	9.2991	643.73	1786.12	1142.39	2.4940	6.2500
32	1.23788	1.6888	0.10449	0.5921	9.5707	648.46	1786.64	1138.18	2.5093	6.2392
33	1.27456	1.6933	0.10154	0.5906	9.8487	653.19	1787.14	1133.95	2.5245	6.2284
34	1.31205	1.6978	0.09869	0.5890	10.1332	657.93	1787.61	1129.69	2.5398	6.2177
35	1.35038	1.7023	0.09593	0.5874	10.4242	662.67	1788.07	1125.40	2.5550	6.2071
36	1.38955	1.7069	0.09327	0.5859	10.7220	667.42	1788.50	1121.08	2.5702	6.1965
37	1.42958	1.7115	0.09069	0.5843	11.0266	672.18	1788.92	1116.74	2.5853	6.1859
38	1.47047	1.7162	0.08820	0.5827	11.3384	676.95	1789.31	1112.36	2.6004	6.1754
39	1.51223	1.7210	0.08578	0.5811	11.6572	681.74	1789.68	1107.94	2.6256	6.1650
40	1.55480	1.7257	0.08345	0.5795	11.9832	686.51	1790.03	1103.52	2.6306	6.1545
41	1.59845	1.7306	0.08119	0.5778	12.3167	691.31	1790.35	1099.05	2.6457	6.1441
42	1.64293	1.7355	0.07900	0.5762	12.6579	696.12	1790.66	1094.53	2.6607	6.1338
43	1.68833	1.7404	0.07688	0.5746	13.0067	700.92	1790.94	1090.01	2.6757	6.1235
44	1.73407	1.7454	0.07483	0.5729	13.3634	705.76	1791.20	1085.44	2.6907	6.1132
45	1.78196	1.7505	0.07234	0.5713	13.7232	710.59	1791.43	1080.84	2.7057	6.1029
46	1.83022	1.7556	0.07092	0.5696	14.1011	715.44	1791.64	1076.21	2.7206	6.0927

表6-7（续）

温度	压力	比容		比重		焓		汽化热	熵	
$T/$ ℃	$P/$ MPa	液体/ $(L·kg^{-1})$	蒸气/ $(L·kg^{-1})$	液体/ $(kg·L^{-1})$	蒸气/ $(10^{-3}kg·L^{-1})$	液体/ $(kJ·kg^{-1})$	蒸气/ $(kJ·kg^{-1})$	$r/$ $(kJ·kg^{-1})$	液体/$(kJ·$ $kg^{-1}·K^{-1})$	蒸气/$(kJ·$ $kg^{-1}·K^{-1})$
47	1.87945	1.7608	0.06905	0.5679	14.4823	720.28	1791.83	1071.55	2.7355	6.0825
48	1.92968	1.7660	0.06724	0.5662	14.8722	725.15	1791.99	1066.84	2.7504	6.0723
49	1.98090	1.7713	0.06548	0.5645	15.2707	730.03	1792.13	1062.10	2.7653	6.0622
50	2.03314	1.7767	0.06378	0.5628	15.6782	734.92	1792.25	1057.33	2.7801	6.0521

（2）氨压缩机实际工作制冷量与标准制冷量换算：

$$Q_{co} = A \times Q_{st} \tag{6-1}$$

式中 Q_{co}——压缩机的实际工作制冷量，可根据表6-8的换算系数直接进行换算；也可以根据压缩机的制冷性能参数表（表6-9、表6-10）或压缩机性能曲线（图6-2）直接查出，kW；

Q_{st}——压缩机标准制冷量，kW；

A——压缩机的实际工况制冷量与标准制冷量的换算系数。

表6-8 单级氨压缩机的实际制冷量与标准制冷量换算系数A

蒸发温度/℃	冷凝温度/℃													
	-30	-25	-20	-15	-10	-5	0	5	10	15	20	25	30	35	40
-35	0.670	0.645	0.620	0.584	0.546	0.505	0.472	0.430	0.392	0.350	0.308	0.266	0.244		
-30		0.836	0.815	0.775	0.737	0.692	0.646	0.595	0.553	0.496	0.442	0.388	0.352	0.331	
-25			1.032	1.005	0.970	0.920	0.863	0.805	0.753	0.700	0.630	0.563	0.505	0.453	0.406
-23			1.150	1.092	1.064	1.022	0.960	0.900	0.851	0.785	0.725	0.640	0.610	0.538	0.475
-22			1.200	1.160	1.110	1.076	1.006	0.950	0.895	0.825	0.787	0.703	0.635	0.575	0.516
-20				1.263	1.230	1.180	1.120	1.064	1.010	0.930	0.865	0.777	0.720	0.650	0.480
-18				1.410	1.340	1.300	1.250	1.180	1.110	1.040	0.970	0.890	0.813	0.750	0.672
-15					1.550	1.490	1.430	1.370	1.304	1.235	1.154	1.057	0.980	0.890	0.818
-13					1.680	1.630	1.570	1.510	1.403	1.350	1.270	1.190	1.180	1.030	0.950
-12					1.770	1.700	1.640	1.580	1.523	1.430	1.345	1.265	1.180	1.128	1.005
-10						1.860	1.780	1.718	1.650	1.560	1.470	1.380	1.300	1.205	1.115
-8						1.999	1.950	1.870	1.790	1.720	1.625	1.540	1.430	1.300	1.243
-6						2.184	2.112	2.050	1.965	1.864	1.700	1.670	1.585	1.460	1.390
-5							2.210	2.140	2.060	1.960	1.855	1.750	1.660	1.565	1.467
-4							2.297	2.230	2.140	2.050	1.980	1.870	1.780	1.650	1.540
-3							2.384	2.322	2.250	2.165	2.055	1.970	1.860	1.740	1.620
-2							2.494	2.425	2.340	2.250	2.160	2.040	1.930	1.820	1.700
-1							2.592	2.560	2.447	2.350	2.240	2.130	2.015	1.900	1.785
±0							2.620	2.520	2.470	2.330	2.210	2.115	2.000	1.885	

表6-9 武汉双机双级螺杆式压缩机性能参数（工质R717）

SA(H)LG20Ⅲ T/16Ⅲ	制冷量/kW			轴功率/kW		
	冷凝温度/℃			冷凝温度/℃		
蒸发温度/℃	30	35	40	30	35	40
-30	472.8	471.9	470.9	177.5	193.6	210.6
-35	378.3	377.5	376.7	157.3	173.6	190.7
-40	299.0	298.4	297.7	141.6	156.0	171.2
-45	233.1	232.6	232.2	126.4	139.1	152.4
-50	179.4	178.5	178.1	109.4	123.0	135.1
-55	136.0	135.3	135.0	96.2	108.6	119.4

SA(H)LG25Ⅲ T/20Ⅲ	制冷量/kW			轴功率/kW		
	冷凝温度/℃			冷凝温度/℃		
蒸发温度/℃	30	35	40	30	35	40
-30	953.7	952.0	950.1	356.1	387.3	420.4
-35	763.2	761.7	760.1	314.2	345.6	378.8
-40	603.4	602.2	600.9	281.4	309.1	338.6
-45	470.5	469.6	468.5	250.3	274.4	300.9
-50	361.1	361.0	359.5	220.7	238.9	265.6
-55	274.2	274.3	273.3	190.9	205.4	228.0

SA(H)LG31.5Ⅲ T/25Ⅲ	制冷量/kW			轴功率/kW		
	冷凝温度/℃			冷凝温度/℃		
蒸发温度/℃	30	35	40	30	35	40
-30	1896.3	1893.0	1889.4	711.9	773.9	838.9
-35	1517.7	1514.7	1511.7	627.5	690.5	756.5
-40	1200.1	1197.7	1195.0	562.5	618.1	677.4
-45	936.0	933.9	931.8	500.0	549.6	602.5
-50	719.6	717.0	715.2	435.8	484.2	531.9
-55	545.5	545.0	542.2	382.4	416.4	467.9

表6-10 烟台冰轮双机双级螺杆式压缩机性能参数（工质R717）

LG2016MS	制冷量/kW			轴功率/kW		
	冷凝温度/℃			冷凝温度/℃		
蒸发温度/℃	30	35	40	30	35	40
-25	424	422.5	420.8			
-30	340.8	339.8	338.6	161.6	170.3	179.9
-35	272.0	273.5	270.4	143.8	152.4	161.8
-40	213.3	212.8	212.1	128.7	137.1	146.4
-45	164.0	163.6	163.1	104.6	111.2	118.5

表 6-10（续）

LG2016MS	制冷量/kW			轴功率/kW		
	冷凝温度/℃			冷凝温度/℃		
蒸发温度/℃	30	35	40	30	35	40
−50	123.4	123.0	122.6	96.5	104.6	113.6
−55	90.7	90.3	89.9	89.5	97.5	106.3

LG2520MS	制冷量/kW			轴功率/kW		
	冷凝温度/℃			冷凝温度/℃		
蒸发温度/℃	30	35	40	30	35	40
−30	707.7	705.7	703.4	292.4	310.0	329.7
−35	567.9	566	561.6	262.1	279.5	298.8
−40	442.7	441.6	440.4	241.8	256.3	272.5
−45	340.4	339.5	338.6	214.5	228.6	251
−50	256.1	255.4	254.6	197.9	214.5	233.1
−55	188.1	187.4	186.7	183.9	200.3	218

LG3225LS	制冷量/kW			轴功率/kW		
	冷凝温度/℃			冷凝温度/℃		
蒸发温度/℃	30	35	40	30	35	40
−25	1967.1	1960.6	1953.4	715.8	754.6	797.7
−30	1593.1	1588.2	1582.7	638.1	676.2	818.7
−35	1270.5	1267.0	1262.7	571.5	609.0	650.8
−40	995.8	993.0	989.8	515.4	552.4	593.6
−45	765.7	763.4	760.9	468.9	505.3	545.9
−50	576.4	574.4	572.2	430.7	466.6	506.7
−55	423.7	421.8	419.7	400.0	435.4	475.0

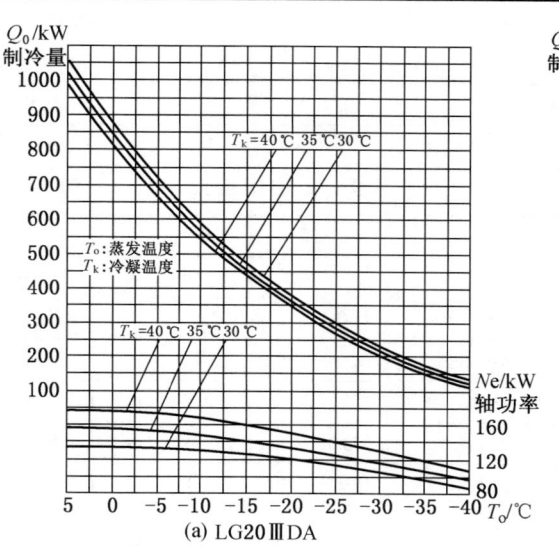

(a) LG20ⅢDA

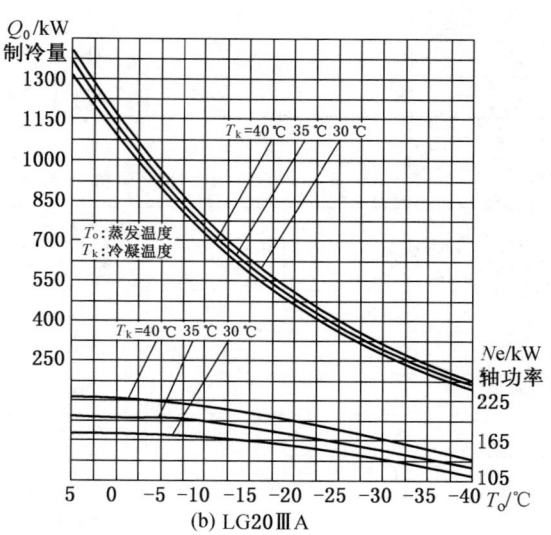

(b) LG20ⅢA

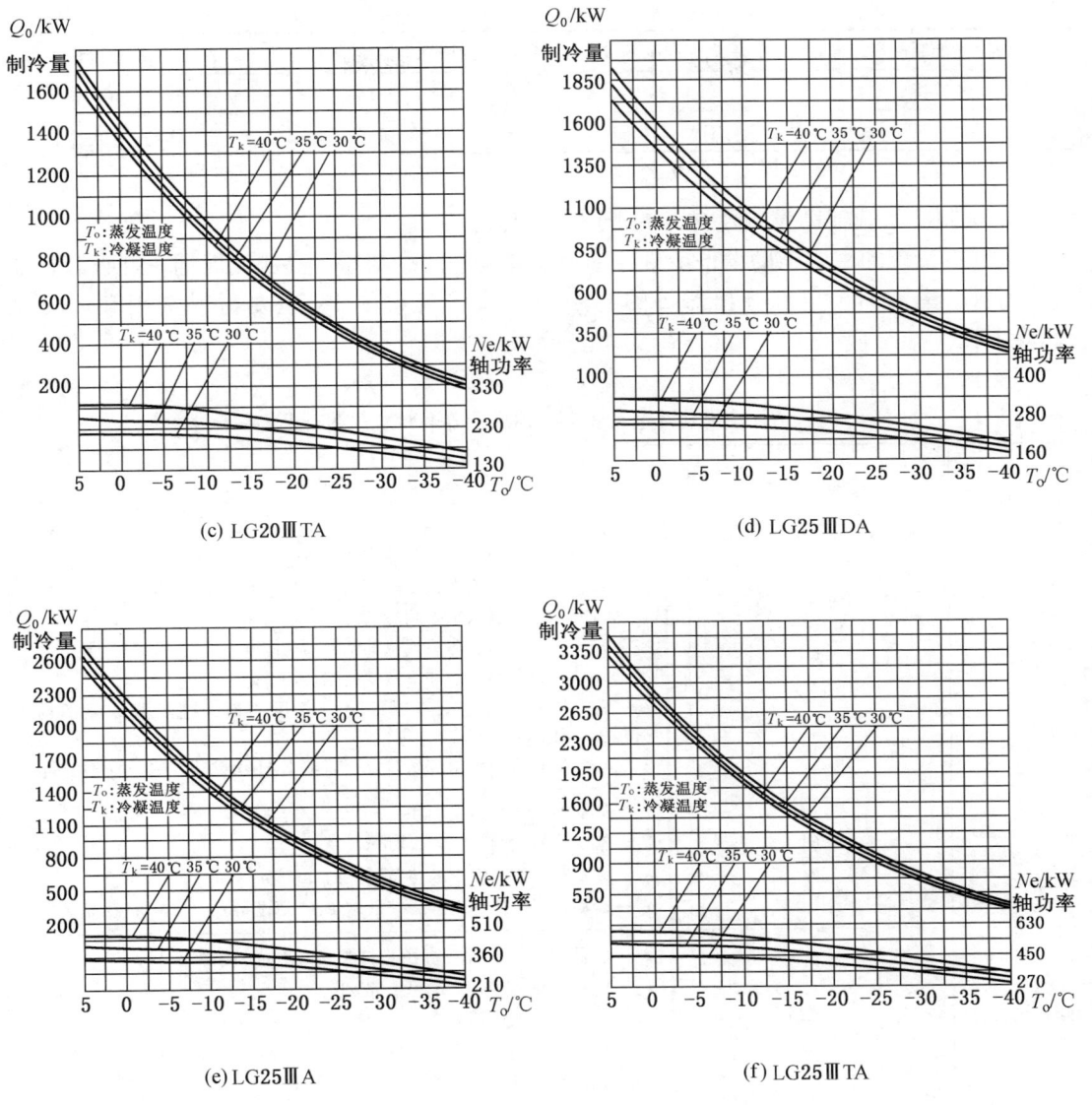

图 6-2 武汉螺杆式压缩机机组性能曲线

3) 制冷压缩机选型

目前冻结施工常用制冷压缩机已全部采用螺杆式压缩机,制冷形式多为串联双级压缩。近几年新的双机双级螺杆式制冷压缩机(将串联双级压缩的高压机和低压机集中在一起的新型压缩机)已作为主要制冷设备应用于实际工程中。

单机制冷量是表示每台压缩机在一定工作温度下的每小时制冷量,单机标准制冷量可按冻结需冷量大小选用,见表 6-11。一个制冷站内尽可能选择一种系列型号的制冷机。同一级(低压或高压)的单机标准制冷量最好相同,否则会影响合理的配组,造成系统中压缩机吸气不平衡而降低制冷效果。

表6-11 压缩机单机制冷量的选择　　　　　　　　　　　　　　　　　　　　　kW

设计标准制冷量	单机标准制冷量	设计标准制冷量	单机标准制冷量
<1745	233~581	3488~5814	581~1163
1745~3488	349~1163	>5814	581~2326

2. 氨制冷系统辅助设备及材料的选用和计算

氨制冷系统的主要辅助设备冷凝器、蒸发器、中间冷却器、高压储液桶、虹吸罐、油氨分离器、集油器、空气分离器等的选用和计算见表6-12，主要材料选用和计算见表6-13。

表6-12 氨制冷系统主要辅助设备和材料选用计算

设备及材料名称	计算公式	符号意义
冷凝器	$F_c = \mu_c Q_{cs}/q_c$ $Q_{cs} = G(i_e - i_c)$ 或 $F_c = \mu_c Q_{cd}/q_c$ $Q_{cd} = G_H(i_4 - i_6)$	F_c—冷凝器的计算总冷却面积，m^2 q_c—冷凝器单位面积的冷却能力，$kJ/(m^2 \cdot h)$ Q_{cs}、Q_{cd}—单级、双级压缩制冷的总热负荷，kJ/h i_e—压缩终了过热蒸气氨的焓，kJ/kg i_c、i_6—在冷凝温度条件下液氨的焓，kJ/kg i_4—从中间压力绝热压缩至冷凝压力时，过热蒸气氨的焓，kJ/kg μ_c—冷凝器工作条件系数，一般取1.1(新设备)~1.25(旧设备)
蒸发器	$F_e = \dfrac{Q_f}{q_e} \mu_e$	F_e—蒸发器的计算蒸发面积，m^2 Q_f—制冷站最大制冷能力，kJ/h q_e—蒸发器单位面积上的热负荷，$kJ/(m^2 \cdot h)$ μ_e—蒸发器工作条件系数，一般取1.1(新设备)~1.25(旧设备)
中间冷却器	$D_{in} = \sqrt{\dfrac{4V_H \varepsilon_H}{n_{in} \omega_{in} \cdot \pi \cdot 3600}}$	D_{in}—中间冷却器的桶身直径，一般取1.2 m V_H—低压机的理论吸气容积，m^3/h ε_H—高压机的吸气系数 n_{in}—拟用的中冷器数量，个 ω_{in}—氨的允许流速，一般为0.5~0.8 m/s
高压储液（氨液）桶	$V_a = \dfrac{\varphi G_总 v_c}{0.8 \times 1000}$	V_a—储液桶容积，m^3 $G_总$—单级压缩时为压缩机氨的总量，双级压缩时为高压机氨的循环量，kg/h v_c—冷凝压力下氨的比容，m^3/kg φ—制冷系统的氨液总循环量以30%计 0.8—储液桶内最大允许装满系数
油氨分离器	$D_0 = \sqrt{\dfrac{4V_0 \varepsilon_0}{n_0 \omega_0 \cdot \pi \cdot 3600}}$	D_0—油氨分离器桶身直径，m V_0—单级压缩时为压缩机总吸气量，双级压缩时为高压机总吸气量，m^3/h ε_0—单级压缩时为压缩机的吸气系数，双级压缩时为高压机的吸气系数 n_0—拟用油氨分离器的数量，个 ω_0—油氨分离器内氨气的允许流速，一般取0.8 m/s

表 6-12（续）

设备及材料名称	计算公式	符 号 意 义
虹吸罐		按氨虹吸罐内制冷剂储存量大于油冷却器换热所需的制冷剂流量 15% 确定
集油器		一般标准制冷量小于 1100 kW/h 的制冷站，安装 1 个直径为 325 mm 的集油器；标准制冷量为 1100~2300 kW/h 的制冷站，安装 2 个直径为 325 mm 的集油器；标准制冷量大于 2300 kW/h 的制冷站，安装 3 个以上的集油器，并根据系统制冷设备的机油损耗设计数量
空气分离器		设计氨制冷系统，应安装空气分离器并根据制冷站制冷量的大小设计台数，并考虑备用

表 6-13 氨制冷系统主要材料选用和计算

项目名称	计算公式	符 号 意 义
氨管路直径	$d_n = \sqrt{\dfrac{4G_n v}{\omega_n \pi \cdot 3600}}$	d_n—氨管内径，m G_n—通过管路的氨量，kg/h v—氨在该管内流动时的比容，m³/kg ω_n—氨的允许流速，气态 12~20 m/s，液态 0.5~0.8 m/s
氨管路壁厚	$\delta_{min} = \dfrac{P_n d_p}{200 \sigma_n} + \delta_c$	δ_{min}—氨管的最小壁厚，cm P_n—计算压力，MPa d_p—氨管内径，cm σ_n—管材的许用应力，MPa δ_c—氨管附加裕厚，用于各种用途的无缝钢管 $\delta_c = 1$ mm，用于接触氨的无缝钢管 $\delta_c = 1.5$ mm，其他管路 $\delta_c = 2$ mm
氨	首次充氨量： $G_a = \dfrac{kQ_a}{1000}$ 总用氨量： $G = G_a[1 + n(0.05~0.1)]$	G_a—首次充氨量，t k—系数，一般取 1.2； Q_a—需充氨设备说明书中标注的充氨量，t G—总用氨量，t n—运转工期，月
冷冻机油	$W = W_1 + W_2$	W_1—首次加油量（按压缩机数量及压缩机说明书要求加油量计算） W_2—中间加油量（按实际运转台班，每台 0.22 kg/h 计算）

6.2.1.2 冷却水循环系统设计

1. 冷却水循环系统及其作用、要求

蒸气氨的液化和压缩机的冷却都需要冷却水降温，保证机器正常运行，其冷却水循环系统及其作用、要求见表 6-14。

表6-14 冷却水循环系统及其作用、要求

项目		内容
图示		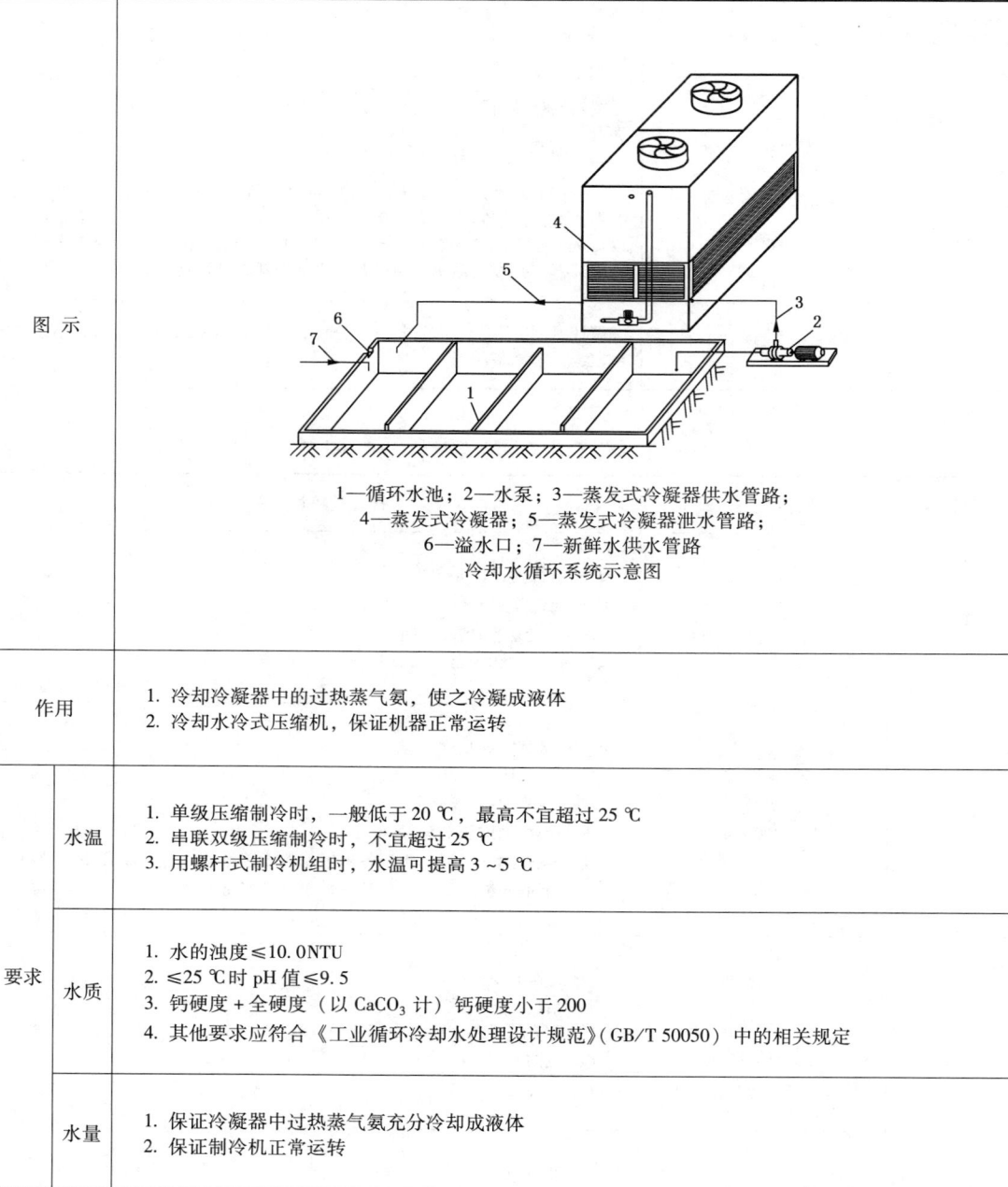 1—循环水池；2—水泵；3—蒸发式冷凝器供水管路； 4—蒸发式冷凝器；5—蒸发式冷凝器泄水管路； 6—溢水口；7—新鲜水供水管路 冷却水循环系统示意图
作用		1. 冷却冷凝器中的过热蒸气氨，使之冷凝成液体 2. 冷却水冷式压缩机，保证机器正常运转
要求	水温	1. 单级压缩制冷时，一般低于20℃，最高不宜超过25℃ 2. 串联双级压缩制冷时，不宜超过25℃ 3. 用螺杆式制冷机组时，水温可提高3~5℃
	水质	1. 水的浊度≤10.0NTU 2. ≤25℃时pH值≤9.5 3. 钙硬度+全硬度（以$CaCO_3$计）钙硬度小于200 4. 其他要求应符合《工业循环冷却水处理设计规范》(GB/T 50050) 中的相关规定
	水量	1. 保证冷凝器中过热蒸气氨充分冷却成液体 2. 保证制冷机正常运转

2. 冷却水量的计算方法

目前广泛采用高效蒸发式冷凝器，选用冷却水泵时只需要考虑新鲜冷却水的补给量。按照蒸发式冷凝器设计满负荷时的冷却水蒸发量，适当考虑损耗，计算新鲜水的总补给量，选用冷却水泵的排量。冷却水量的计算方法见表6-15。

表6-15 冷却水量的计算方法

用量类别	计算原则	计算公式	符号意义
壳管式冷凝器冷却水总需用量	冷却水是将制冷系统所吸收与产生的热量带走的媒介，所以冷却水所需总量应按其吸收的热量计算	$W = W_1 + W_2 = \dfrac{Q_c}{4.18 \times 1000 \times \Delta t}$ $W_1 = n_{gc} g_\omega$	W—冷却水的总需用量，m^3/h W_0—新鲜冷却水用量，m^3/h W_1—制冷机的冷却水需用量，m^3/h W_2—冷凝器的实际需水量，$W_2 = W - W_1$，m^3/h Q_c—冷凝器的总热负荷，近似计算时可取制冷站设计需冷量的1.3倍，J/h Δt—冷凝器进、出口水的温差，与设备新旧程度及冷却面积的清洁程度有关，一般取3~5℃ g_ω—每台制冷机的冷却水需用量，一般由制造厂提供，m^3/h n_{gc}—制冷机的台数 t_2—冷凝器的进水温度，℃ t_1—从冷凝器流回循环水池的水温，℃ t_0—新鲜冷却水进入循环水池的温度，℃
壳管式冷凝器新鲜水需用量	为满足冷凝器和制冷机的冷却需要，尚需补充部分温度较低的新鲜水	$W_0 = \dfrac{W(t_2 - t_1)}{t_2 - t_0}$	
蒸发式冷凝器新鲜水需用量	目前国内矿山冻结工程常用蒸发式冷凝器，它具有冷凝效率高、补充水量少等特点		蒸发式冷凝器是自身进行冷却水循环，新鲜水只是补充蒸发消耗及跑冒滴漏消耗的水，新鲜水补充量根据设备说明书要求补充，常用蒸发式冷凝器单台新鲜水补充量约$2\ m^3/h$

3. 冷却水水源及节水、除垢措施

应选取合理的水源，并采取节水与除垢措施，见表6-16。

表6-16 冷却水水源及节水、除垢措施

项 目	主 要 内 容
水源	抽取地下水时，可打专用水源井（条件许可应借用永久水源井），冬季或浅井冻结施工时亦可用河水
水源井的位置	1. 应在水流上方（相对井筒），一般水源井距井筒应大于300 m，但也应视矿区实际情况而定（如淮北矿区影响范围可达380 m，永夏矿区陈四楼煤矿采用群井抽水影响范围达750 m）；若水源影响范围大时，水源井应对称布置，使水源井抽水时保持井筒附近动水流速不变 2. 不应采用群井抽水，两水源井间距应大于150 m 3. 当水源井的水来自富含水层，水量较大时，应适度控制其抽水量
水源井设计个数	$$n' = \dfrac{0.6 W_0}{Q}$$ 式中 n'—水源井个数； W_0—冷却水新水补给量，m^3/h（除冷却水需要的新鲜水补充量外，还应考虑制冷站生活用水及其他生产用水）； Q—每个水源井抽水量，m^3/h（另40%水量应采取节水措施，一般采用冷却塔冷却）

表6-16（续）

项目	主要内容
水泵扬程	$H_{bu} = 1.15(h_1 + h_2 + h_3) + h_4 + h_5$ 式中 H_{ub}——冷却水泵需要的扬程，m； h_1——冷却水干管中的压头损失，m； h_2——冷却水支管中的压头损失，m； h_3——冷却水管路中弯头、三通、阀门等的压头损失，一般按 $h_1 + h_2$ 的20%计算，m； h_4——冷却水泵的压头损失，一般取2~3 m； h_5——回路水管高出清水泵的高度，一般取2 m
冷却水节水措施	1. 安装冷却塔 2. 对立式壳管冷凝器可采用冷凝器反向供水和雾化降温新工艺节约用水量 3. 积极推广耗水量低的蒸发式冷凝器，该冷凝器耗水量仅为水冷式冷凝器的3%~5%
冷却水处理与冷凝器除垢措施	冷凝器结垢，导致冷凝效果差、耗电、降低制冷效率及影响安全运转，为此冷却水须进行处理。目前常用方法是利用专用设备对水源井补充水进行过滤及软化处理

6.2.1.3 盐水循环系统设计

1. 常用盐水循环系统

常用盐水循环系统见表6-17。

表6-17 盐水循环系统

图 示	循 环 方 式
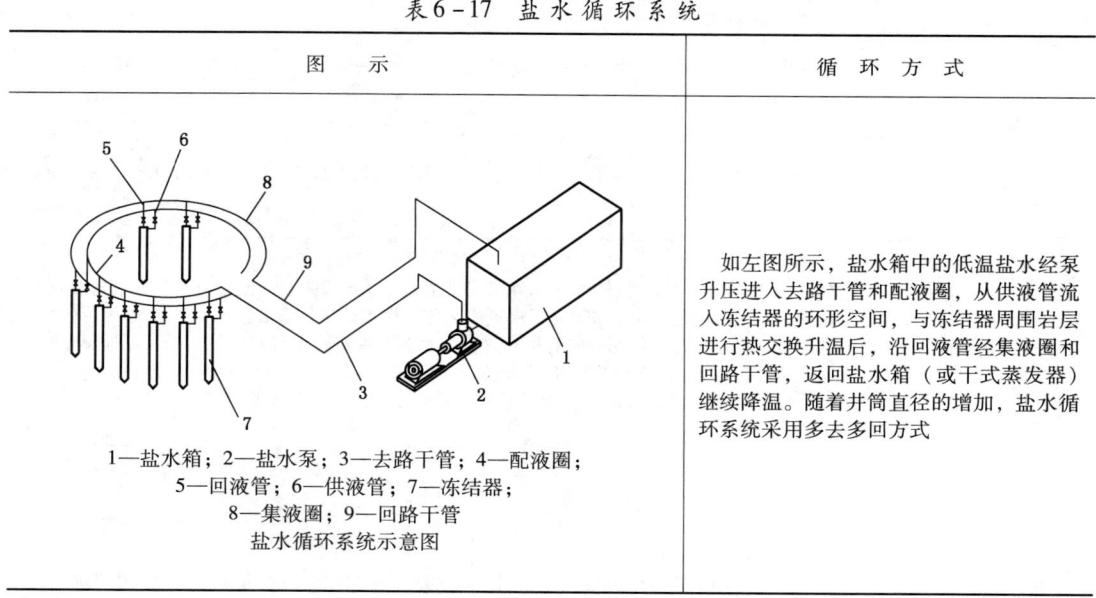 1—盐水箱；2—盐水泵；3—去路干管；4—配液圈； 5—回液管；6—供液管；7—冻结器； 8—集液圈；9—回路干管 盐水循环系统示意图	如左图所示，盐水箱中的低温盐水经泵升压进入去路干管和配液圈，从供液管流入冻结器的环形空间，与冻结器周围岩层进行热交换升温后，沿回液管经集液圈和回路干管，返回盐水箱（或干式蒸发器）继续降温。随着井筒直径的增加，盐水循环系统采用多去多回方式

2. 盐水输送方式

常用盐水输送方式见表6-18。

表6-18 常用盐水输送方式

项目	输送方式		
	一去一回	两去一回	两去两回
图示	1—盐水箱；2—去路盐水干管 3—回路盐水干管；4—盐水泵 一去一回示意图	1—盐水箱；2、3—去路盐水干管 4—回路盐水干管；5—盐水泵 两去一回示意图	1—盐水箱；2、3—去路盐水干管 4、5—回路盐水干管；6—盐水泵 两去两回示意图
主要内容	盐水干管一去一回，可串联1台或2台盐水泵。地沟槽内设1个配液圈、1个集液圈	盐水干管两去一回，两去路分别串1台或2台盐水泵。地沟槽内设2个配液圈、1个集液圈	盐水干管两去两回，去路分别串1台或2台盐水泵。地沟槽内设2个配液圈、2个集液圈
适用条件	冻结深度小于300 m，井筒净直径4.5~6.5 m，采用单圈管冻结	冻结深度大于300 m，井筒净直径7~8 m，采用双圈管冻结	冻结深度大于400 m，井筒净直径7~8 m，采用多圈管冻结

注：1. 兖州矿区济宁三号井主井冻结深度375/175 m、井筒净直径7.5 m，采用两去一回，副井冻结深度395/190 m、井筒净直径8 m，采用两去两回，均取得较好效果。
   2. 深井冻结时，主圈冻结孔、辅助冻结孔、防片孔宜单独进行盐水循环，宜采用多去路、多回路输送盐水。

3. 氯化钙水溶液浓度及用量计算

我国冻结井筒常用的冷媒剂为氯化钙（盐水）溶液，它具有适用温度范围较广、热容量较大、来源充裕、价格较便宜等优点。苏联采用氯化钙、氯化镁、氯化钠的混合水溶液。德国采用85%氯化钙+10%氯化镁+5%甲醇混合水溶液。

为了降低溶液的冰点，可用85%氯化钙、10%氯化镁和5%甲醇混合水溶液作为冷媒剂，其冰点在-35 ℃以下。

为了减轻氯化钙对金属的腐蚀作用，可在溶液中加入一些防腐剂。如加入氯化钙缓蚀剂N-587，其适应pH值较宽，pH值在6~10之间均为有效。氯化钙缓蚀剂的特点：①耐氯性较好，在运行中不受氯的影响；②适应pH值较宽，pH值在6~10之间均为有效；③通过实验和实践，在冷冻盐水系统中对碳钢、不锈钢、铜合金、铝合金等多种材质均有良好缓蚀性能，缓蚀率≥95%；④在氯化钙溶液中性能稳定，不易降解失效，保障系统长期稳定运行；⑤较小的投加量就能达到缓蚀效果，利于控制成本；⑥产品环保，无毒害。

1）氯化钙水溶液浓度计算

氯化钙水溶液浓度通常用波美度表示，用波美比重计测定。波美度和比重的关系是

$$°Be = \frac{145(\gamma - 1)}{\gamma} \tag{6-2}$$

式中　°Be——波美度；
　　　γ——溶液比重。

2）氯化钙用量计算

氯化钙水溶液总体积按下式计算：

$$V_{br} = V_1 + V_2 + V_3 \tag{6-3}$$

式中　V_{br}——氯化钙水溶液总体积，m³；
　　　V_1——冻结管总容积，m³；
　　　V_2——盐水干管和配、集液圈总容积，m³；
　　　V_3——盐水箱总容积，m³。

氯化钙用量按下式计算：

$$G_{ca} = 1.2 \times G_{br} \times \frac{V_{br}}{\rho} \tag{6-4}$$

式中　G_{ca}——固体氯化钙的总用量，kg；
　　　G_{br}——单位体积溶液中固体氯化钙的含量（可查表3-56），kg/m³；
　　　ρ——固体氯化钙纯度，无水氯化钙取96%，晶体氯化钙取70%。

3）普朗特数计算

$$P_r = \frac{\alpha}{\nu} \tag{6-5}$$

式中　α——盐水的导温系数，m²/s；
　　　ν——盐水的运动黏度，m²/s。

上式中α、ν的取值详见表3-57。

4. 盐水泵的流量、扬程和功率计算

盐水泵的选用应通过流量、扬程和功率计算后选取，见表6-19。

表6-19　盐水泵的流量、扬程和功率计算

项目	计算公式	符号意义
流量	$W_{br} = \dfrac{Q_f}{\Delta t \cdot \gamma_{br} \cdot C_{br}}$	W_{br}—盐水流量，m³/h Q_f—制冷站制冷能力，kJ/h γ_{br}—盐水密度，kg/m³ C_{br}—盐水比热，kJ/(kg·℃) Δt—去、回路盐水温度差，一般浅井（<200 m）取2~4℃，冻深200~500 m取4~5℃，冻深500~1000 m取6~9℃
扬程	$H_{bu} = 1.15(h_1 + h_2 + h_3 + h_4) + h_5 + h_6$ $h = \lambda \dfrac{L}{d} \dfrac{W_{br}^2}{2g} = h_1 + h_2 + h_3$ 紊流时：$\lambda = \dfrac{0.3164}{\sqrt[4]{Re}}$ 层流时：$\lambda = \dfrac{64}{Re}$ $Re = \dfrac{\omega_{br} d \gamma_{br}}{u_{br} g}$	H_{bu}—盐水泵需要的扬程，m h_1—盐水干管和集、配液圈中的压头损失，m h_2—供液管中的压头损失，m h_3—冻结器环形空间的压头损失，m h_4—盐水管路中弯管、三通、阀门等的压头损失，一般按$h_1 + h_2 + h_3$的20%计算，m h_5—盐水泵的压头损失，一般取3~5 m h_6—回路盐水管高出盐水泵的高度，一般取1.5 m d—管子直径，m L—管子长度，m

表 6-19（续）

项目	计算公式	符号意义
电动机功率	$N_{pu} = 1.25 \times \dfrac{W_{br} H_{bu} \gamma_{br}}{75 \times 3600 \times \eta_1 \eta_2}$	g—重力加速度，9.81 m/s² ω_{br}—盐水流动速度，m/s λ—盐水流动阻力系数，取决于盐水的物理性质和流动状态 Re—雷诺数，Re<2320，盐水呈层流状态；Re=2320~13000，盐水从层流向紊流转化；Re>13000，盐水为稳定的紊流 u_{br}—盐水动力黏滞系数，应遵照《矿山立井冻结法施工及质量验收标准》（GB/T 51277—2018）中的表4.9.4选用，10^{-4} kg·s/m² N_{pu}—盐水泵的电动机功率，kW η_1—盐水泵的效率，0.75 η_2—电动机的功率，0.85

5. 盐水管路

冻结管选用应遵循国家的现行标准并通过计算后合理选择，见表6-20。

表6-20 冻结管规格的选择

直径计算公式	常用规格
$d_t = \sqrt{\dfrac{W_{br}}{2830 W'_{br} n_t}} + d'^2$ 式中　d_t—冻结管内直径，m； 　　　W_{br}—盐水总流量，m³/h； 　　　n_t—冻结管数量，个； 　　　W'_{br}—冻结管环形空间的盐水允许流速，一般取0.15（冻结深度小于100 m时）~0.5 m/s（冻结深度大于300 m时）； 　　　d'—供液管外径，m	一般采用$\phi(127\sim168)$mm×$(5\sim10)$mm优质20号低碳钢无缝钢管（GB 8163） 应遵照《矿山井巷工程施工规范》与《矿山井巷工程验收规范》选用

供液管和盐水干管、配集液圈的选择应符合施工设计要求，见表6-21。

表6-21 供液管和盐水干管、集配液圈的材质及规格的选择

种类	材质	直径计算公式	符号意义	常用规格
供液管	过去一般采用钢管，现已普遍推广聚乙烯软管。聚乙烯软管的隔热性能好、耐低温、无接头或少接头，安装方便，使用效果好	$d' = \sqrt{\dfrac{W_{br}}{2830 n' \omega'_{br}}}$	d'—供液管直径，m d_m—盐水干管及集配液圈内直径，m W_{br}—盐水总循环量，m³/h ω'_{br}—供液管内盐水允许流速，一般取0.6~1.5 m/s ω''_{br}—干管及配集液圈内盐水允许流速，一般取1.5~2 m/s n'—供液管数量，根	一般采用$\phi60\sim75$ mm聚乙烯塑料管
盐水干管、集配液圈	一般均采用无缝钢管。干管可试验使用聚乙烯增强塑料管或玻璃钢管	$d_m = \sqrt{\dfrac{W_{br}}{2830 \omega''_{br}}}$		$\phi200\sim400$ mm

6.2.1.4 供电系统设计

工业广场内一般提供中压配电电源,机房的配电系统采用放射式和树干式相结合方式,对于螺杆式压缩机及盐水泵等单台容量较大的负荷或重要负荷采用放射式供电;对于其他负荷采用树干式和放射式相结合的供电方式,见表6-22、表6-23。

表6-22 制冷站供电特点及要求

项 目	特 点	要 求
供电的可靠性	中断供电将影响冻结工程,容易引起螺杆式压缩机损坏和跑氨事故	供电列为矿山企业二类负荷,应具有一定的可靠性
供电的安全性	1. 当空气中氨蒸气浓度达到15%~28%(107~200 mg/L)时,遇明火可引起爆炸 2. 当机房内达到了0.3 mg/L的浓度时,眼睛和喉部已经受不了刺激,而这个浓度仅相当于爆炸下限的千分之三。要在机房内继续工作,一定要采取措施,阻止事态发展 3. 氨的比重很轻,如果扩散条件良好,它难以聚积到爆炸极限的浓度 4. 氨的自燃点约为630℃,为了保持火焰,必须在火焰周围维持足够的热量,如果燃烧产生的热量不足,那么火源一旦移动,就会熄灭 5. 相关资料及事故显示,氨气不能作为易燃气体,只能作为可燃气体	根据《冷库设计规范》(GB 50072)规定,氨制冷机房电气设备不采用防爆型的前提是: 1. 氨制冷机房应设置氨气浓度报警装置、事故排风机 2. 当空气中氨气浓度达到100 ppm或150 ppm时,应自动发出报警信号,并自动开启制冷机房内的事故排风机 3. 事故排风量应按183 m³/(m²·h)进行计算确定,且最小排风量不应小于34000 m³/h 4. 氨制冷机房的事故排风机必须选用防爆型 5. 氨浓度传感器应安装在氨制冷机组及储氨容器上方的机房顶板上 6. 排风口应位于侧墙高处或屋顶
负荷调整的灵活性	1. 不同冻结阶段的需冷量差异较大,变配电室的负荷变化也较大 2. 负荷率低,设备功率因数低	1. 供电系统和供电变压器应能方便、灵活地调整负荷 2. 进行无功功率补偿
供电质量		电压降低范围应能满足启动转矩的需要,电压波动值一般不超过±5%
组装拆运	服务时间段,浅冻结井服务期为1年左右,深冻结井服务期为2~3年	1. 系统尽可能简单 2. 电气设备选用成套定型设备,便于组装拆运
远距离控制	氨能腐蚀锌、铜、青铜及铜的合金	1. 电动机的启动设备装在变配电室中,与制冷机房分开 2. 采用远距离控制和检视系统

表6-23 制冷站供电方式及节电措施

项目	主 要 内 容
供电方式	1. 制冷站用电量大,要求可靠性高,并连续供电。输电线路或35 kV永久变电所及设备安装应能满足冻结孔施工和安装制冷站平行作业的需求 2. 制冷站应设专用配电室及专用变压器 3. 制冷站负荷计算应采用分组方式,要计算制冷站所用设备运行时的有功功率、无功功率、视在功率 4. 变压器选择要遵循一台变压器因故障停用或定期检修时,其余变压器应能承担最大负荷的75%以上 5. 当制冷站装机标准制冷量达到5024×10⁴ kJ/h时,宜采用6 kV高压同步电动机

表 6-23（续）

项目	主 要 内 容
节电措施	1. 变电所应增加无功就地补偿器，提高功率因数，使 $\cos\varphi$ 达到 0.9，把无功功率减小到最小值 2. 制冷站采用配组式双级压缩制冷时，串联在低压侧的电动机运行负载率 $\beta<0.3$ 时会造成电动机功率因数低。为提高功率因数，可把中型制冷机作低压机使用时，把配套电动机 JS136-8 由三角形接线改为星形接线法，每台每小时节电量为 8.15 kW·h 左右

1. 供电系统

冻结工程一般情况下需业主提供 10 kV（6 kV）的电源接口，现场配电由施工单位采用三级配电，三级保护，一机一闸一漏一箱的配电系统。施工现场线路从电源接口接至 10kV（6kV）预装式变电站的进线计量柜，再从预装式变电站的低压馈线柜通过 4 芯聚氯乙烯或橡套电缆接入用电设备的启动柜或临时控制柜。

供电电源一般采用一路电源单回路母线供电系统，如图 6-3 所示；在电源方便的情况下，线路较长或可靠性较差以及雷雨频繁地区也可以采用双回路电源供电，见图 6-4、表 6-24。为保证冻结的连续性及施工安全，制冷站应采用双回路电源供电。

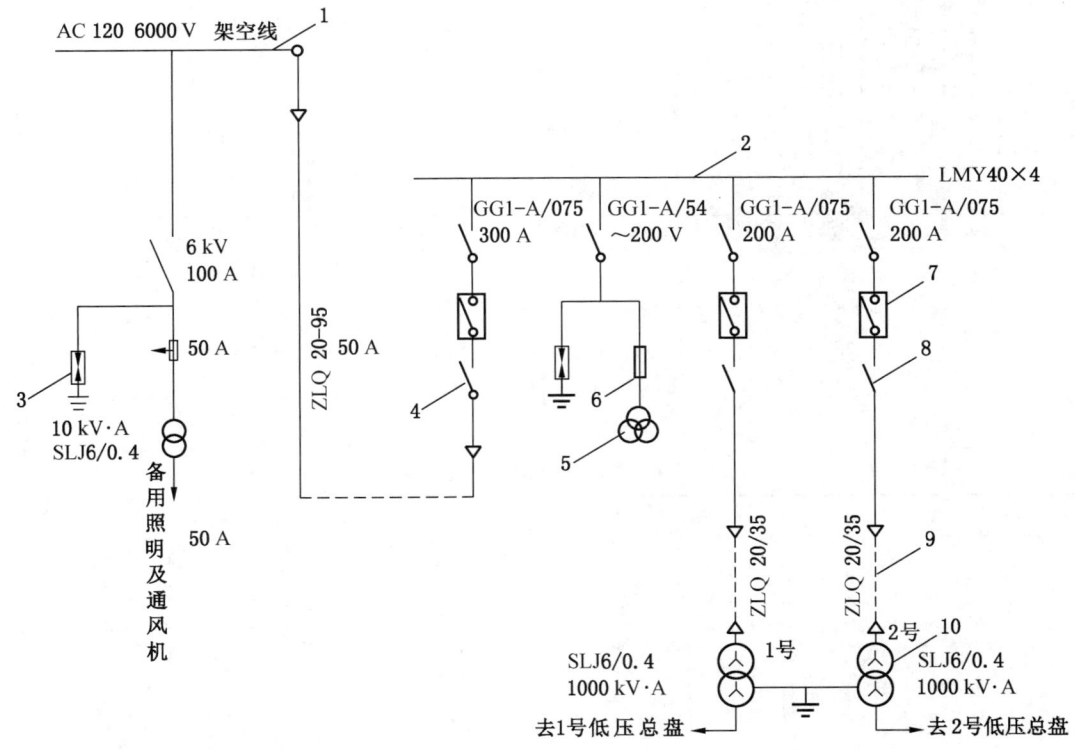

1—高压进线；2—高压母线；3—避雷器；4—隔离开关；5—电压互感器；
6—熔断器；7—断路器；8—刀开关；9—电力电缆；10—三相变压器

图 6-3 单回路有高压母线的供电系统图示例

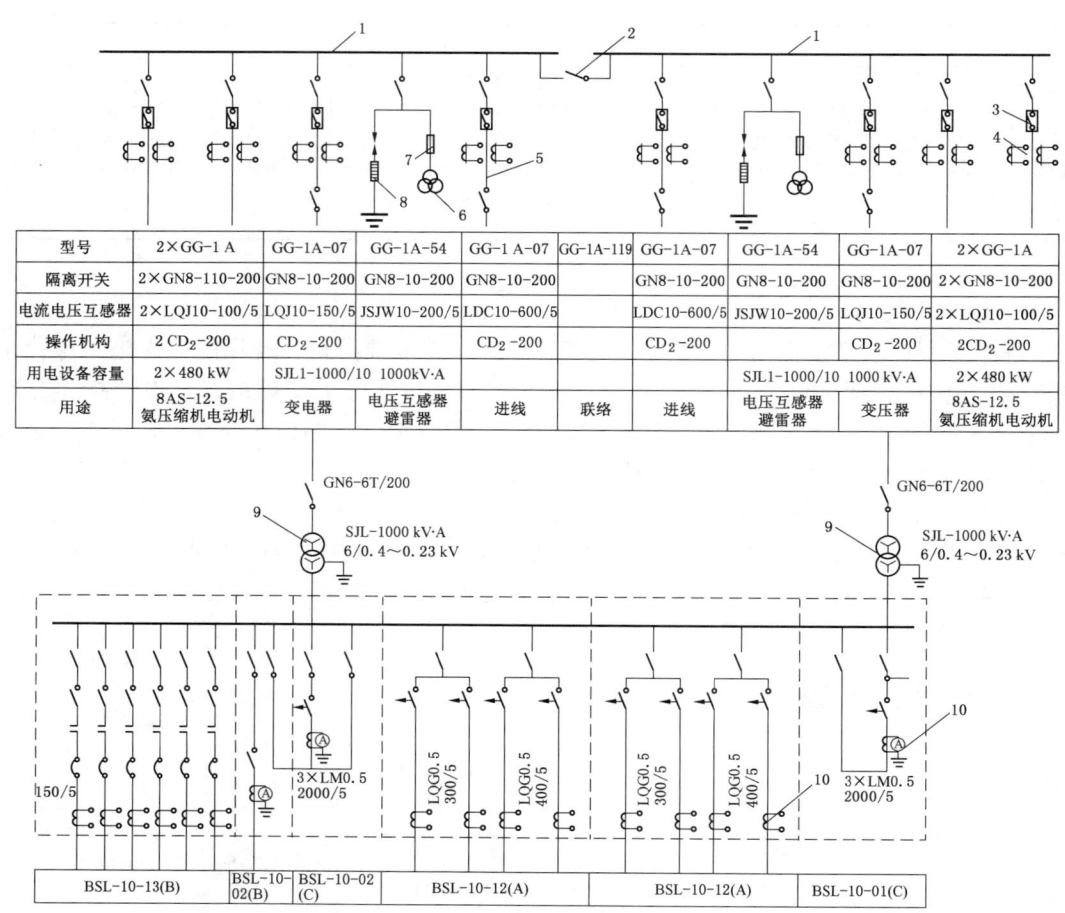

1—高压母线；2—联络开关；3—断路器；4—电流电压互感器；5—高压进线；6—电压互感器；
7—熔断器；8—避雷器；9—三相变压器；10—电流互感器及电流表

图 6-4　双回路有高压母线的供电系统图示例

表 6-24　无高压母线的供电系统选择

进线方式	电缆进线		架空进线		
接线系统	(a)	(b)	(c)	(d)	(e)

表6-24（续）

容量范围/(kV·A)	560~1000	560~1000	180~750	560~1000	560~1000

主要电气设备

名称	型号	数量				
		(a)	(b)	(c)	(d)	(e)
电力变压器	SCB10型、SCB11型、SCB13型、SCB15型	1	1	1	1	1
跌落式熔断器	RW_4-10型		3	3		2
隔离开关	GN_2型（200A）GN_6型（200A）	1			1	
柱上油断路器	DW5-10G型 DWT-10型	1			1	
负荷开关	FN2-10R型（200A）FN3-10R型（200A）		1			1
阀型避雷器	FS1-4-6型 FS1-4-10型			3	3	3

2. 负荷计算

进行负荷计算时，需将用电设备按其性质分为不同的用电设备组，然后确定设备功率。

1）用电设备容量的确定

冻结用电设备如螺杆式压缩机电动机、盐水泵电动机与冷凝器风机电动机等，都属于长期工作制，长期工作制的设备容量就是该设备的铭牌额定功率。

2）用需要系数法确定计算负荷

在所计算的范围内（如制冷机房内），所有用电设备的计算负荷并不等于其设备容量之和，两者之间存在一个比值关系，这个比值就是需要系数。形成该系数的原因是：用电设备的设备容量是指输出容量，它与输入容量之间有一个平均效率；用电设备不一定满负荷运行；用电设备本身及配电线路有功率损耗；所有设备不一定同时运行等。

（1）用电设备组的计算负荷：

$$P_c = K_d P_e \qquad (6-6)$$

$$Q_c = P_c \tan\varphi \qquad (6-7)$$

$$S_c = \sqrt{P_c^2 + Q_c^2} \qquad (6-8)$$

$$I_c = \frac{S_c}{\sqrt{3}U_N} \qquad (6-9)$$

式中　　P_c——有功功率，kW；

K_d——需要系数；

P_e——设备容量，kW；

Q_c——无功功率，kvar；

$\tan\varphi$——设备功率因数角的正切值；

S_c——视在功率，kW；

I_c——计算电流，A；

U_N——用电设备额定电压，kV。

（2）电干线的计算负荷：

$$P_c = K_{\sum p} \sum (K_d P_e) \quad (6-10)$$

$$Q_c = K_{\sum q} \sum (K_d p_e \tan\varphi) \quad (6-11)$$

$$S_c = \sqrt{P_c^2 + Q_c^2} \quad (6-12)$$

式中　　P_e——用电设备组的设备功率，kW；

K_d——需要系数，见表6-25；

$\tan\varphi$——用电设备功率因数角的正切值，见表6-25；

$K_{\sum p}$、$K_{\sum q}$——有功功率、无功功率同时系数，分别取0.8~1.0和0.93~1.0；

其他符号意义同前。

表6-25　工业用电设备的K_d、$\cos\varphi$及$\tan\varphi$表

用电设备组名称	K_d	$\cos\varphi$	$\tan\varphi$
泵、活塞型压缩机、空调设备送风机、电动发电机组	0.75~0.85	0.8	0.75
制冷机组	0.85~0.90	0.8~0.9	0.48~0.75

注：表中数值参照《工业与民用配电设计手册》（第三版），实际选取结合实际经验合理选择。

（3）配置每台箱式变压站用电设备时，一般按照最大负荷率85%左右分配，所以变压器的功率损耗可以概略计算如下：

$$\Delta P_T = 0.01 S_c \quad (6-13)$$

$$\Delta Q_T = 0.05 S_c \quad (6-14)$$

式中　S_c——低压侧计算负荷。

3. 主变压器容量和台数的确定

1）主变压器与配电设备组合类型选择

箱式变电站是一种把高压配电装置、电力变压器、低压配电装置和电能计量装置等组合在一个或几个箱体内，按一定接线方案连成一体，可以吊装运输的紧凑型成套配电装置，简称箱变。箱式变电站具有成套性强、体积小、占地少、提高供电质量、减少损耗、送电周期短、选址灵活、对环境适应性强、移动安装方便、维修量少、运行安全可靠、投资少、见效快等一系列特点。现在多采用欧式箱变（美式箱变不属于箱式变电站的范畴），也称为紧凑型变电站或预装式变电站。

为了更好地服务工程使用，箱式变电站的中高压侧断路器选用六氟化硫或真空断路器，高压侧加装计量柜，低压侧安装总开关及分路馈线开关、补偿电容器及其相应的断路器，配电变压器选用干式变压器。

2）箱式变电站现场使用及位置

箱式变电站真正实现了变电站制造工厂预制化，不仅简化了设计思路、方案，同时缩短了工程施工周期，现场安装调试施工仅需将已组装完好的箱体进行定位，需要时可采用电缆将不同箱体组合连接，并进行保护定值校验、传动试验以及其他相关调试工作后，就能投入实际工程应用中。一般采用环网式或终端式高供高计（环网式为带联络柜的箱变），计量柜的加入可以作为单位用电计量和核准之用。

为了减小供配电线路路端损失，提高供电电能综合质量水平，要求将中高压输电线路尽量设置在电力负荷中心，甚至采取高压进户线路（通常以 10 kV 为主）直接引入负荷中心，集中向用电量非常大的制冷机房供电。工程应用中，通常将 1000～2500 kV·A，10/0.4 kV 的配电变压器置于电力负荷用电中心进行集中供电，尤其是施工现场占地面积较小的地方，更需要这种紧凑型成套配电装置。

3）容量和台数的确定

根据负荷表显示的 10 kV 侧总负荷（kV·A），按照变压器负荷为 85% 计算出拟选变压器容量。由现场可以使用的箱变容量，合理选择每台箱变的容量和实际台数。

4. 供配电线路设计

提供给项目部 10 kV 电源接口，每趟回路的电缆通过架设到达冻结用电中心，接入预装式变电站，另设一个照明专用配电箱。

机房内临时用电敷设根据项目总体布置和规范要求，均采用 VV 型或 YC 型电缆通过电缆桥架或埋地敷设，临时用电按照《施工临时用电安全技术规范》和《建筑施工安全检查标准》及施工工地所在地的意见要求，通常采用 TN-S 专用保护零线系统配电，临时施工用电设三级配电二级保护，即总电室的配电屏—预装式变电站—开关箱，实行一机一箱一闸一漏保。

5. 电线、电缆选择及敷设

1）电线、电缆类型、用途及特点

电线、电缆类型、用途及特点见表 6-26。

表 6-26 电线、电缆类型、用途及特点

电缆类型	用途	特点
聚氯乙烯电缆（VV）	主要用于电压在 6 kV 及以下电力电缆线路中	1. 优点：较高的化学稳定性，即耐油、耐酸、耐碱、耐腐蚀，并属于非延燃性材料。价格比其他绝缘材料低廉，敷设运行简单，接头和终端简单，受潮气影响小，适用性广 2. 缺点：耐热性能差，一旦燃烧，会释放氯气，不但对人体有害，且游离的氯原子会与氢结合形成盐酸，严重腐蚀邻近其他电气设备，在安全性要求较高的场所需穿在管子中。规定长期允许工作温度不超过 70 ℃，短路时的导体最高温度不超过 160 ℃
交联聚氯乙烯电缆（YJV）	可用于各种电压等级的电力电缆线路中	电气性能好，即击穿强度高，绝缘电阻系数大，介电常数小，介质损耗因数低，较高的耐热性和耐老化性能。电缆的长期允许工作温度为 90 ℃，允许过载温度为 105～130 ℃，允许短路温度为 250 ℃
重型橡套软电缆（YC）	可用于交流额定电压 450/750 V 及以下动力，以及各类移动电气设备和工具	能承受较大的机械外力。电缆的长期允许工作温度为 65 ℃

由于冻结工程多处于偏离闹市的荒野之地，冻结工程一般处于整体工程的建设初期，各种施工作业单位处于准备阶段，工业广场内区域划分处于模糊阶段等原因，造成场地内诸多限制，故配电网供电线路多选择铜芯绝缘电缆。结合各种类型电缆特点和现场情况，建议采用以下电缆：

（1）工业广场内变电站高压柜至预装式箱变采用交联聚氯乙烯电缆 YJV_{22} – 10 kV，沿室外电缆沟或架空敷设。

（2）变压器至低压配电室低压配电柜由箱变部分预装提供，采用密集铜母线。

（3）低压配电系统。400/230 V 低压配电采用 VV 型或 YC 型电缆供电。

2）电线、电缆截面的选择

电缆导体截面的选择常由负荷电流决定，但在短路容量大的电力系统中，有时也由短路电流热稳定性决定，如发电厂的厂用电缆。所以在制冷机房中使用的电缆一般只需在满足负荷电流的基础上，适当增加安全系数即可。

3）导线选择的原则

（1）按机械强度选择，必须保证导线不致因一般机械损伤而折断。

（2）按负荷电流选择，导线应能承受负荷电流长时间通过所引起的温升。

（3）按允许电压降选择。

所选用的导线截面应同时满足以上三项要求，并以求得三个截面中的最大者为准。考虑到一般工程配电线路比较短，电压降均能满足规范要求，而且通过电缆桥架架设或电缆沟敷设至启动柜，导线截面主要考虑由负荷电流选定。

4）负荷电流计算公式

（1）单相用电设备：

$$I = \frac{P_e}{U\cos\varphi\eta} \tag{6-15}$$

式中　　P_e——铭牌上的额定功率，kW；
　　　　U——相电压，$U = 0.22$ kV；
　　　　I——相电流，A；
　　　　$\cos\varphi$——功率因数，取 0.7；
　　　　η——电动机铭牌上的效率，取 0.75。

（2）三相用电设备：

$$I = \frac{P_e}{\sqrt{3}U\cos\varphi\eta} \tag{6-16}$$

式中　　P_e——铭牌上的额定功率，kW；
　　　　U——线电压，$U = 0.38$ kV；
　　　　I——线电流，A；
　　　　$\cos\varphi$——功率因数，取 0.89；
　　　　η——电动机铭牌上的效率，取 0.875。

负荷计算和无功功率补偿示意见表 6–27。

表6-27 负荷计算和无功功率补偿示意

序号	设备名称	台数	设备容量	总容量	需要系数 K_d	$\cos\varphi$	$\tan\varphi$	计算负荷			
								P/kW	Q/kvar	S/(kV·A)	I/A
1	低压级螺杆式压缩机				0.85~0.90	0.8~0.9	0.48~0.75				
2	高压级螺杆式压缩机				0.85~0.90	0.8~0.9	0.48~0.75				
3	盐水泵				0.75~0.85	0.8	0.75				
4	冷凝器				0.75~0.85	0.8	0.75				
5	清水泵										
6	潜水泵										
7	机房照明、消防及其他用电										
8	生活用电										
9	其他用电										
10	小计										
11	380 V 侧未补偿时的总负荷（同时系数取 $k_p=0.93, k_q=0.95$）										
12	380 V 侧无功补偿容量（kvar）										
13	380 V 侧补偿后总负荷					0.95	0.33				
14	变压器损耗							$0.01S_e$	$0.05S_e$		
15	10 kV 侧总负荷					0.93	0.39				
16	拟选变压器容量（85%）										

注：1. 计算表格中，无功功率计算时，有功功率值保持不变。

2. 按照上面的表格计算出无功功率补偿量要不大于实际箱变变电站所配备的值，如无法满足则重新计算。根据用户要求，低压侧可装设低压无功补偿装置，其补偿容量一般为变压器容量的15%~25%。能根据电网无功功率的变化实现电容器的自动投入，亦可手动投入。

3. 低压电容器在变压器低压母线上采取集中补偿方案。

4. 可以根据单位的用电测量数据统计得出合理的电动机工作电流，根据该值计算出电动机实际输入功率。所有电动机的实际输入功率相加得出制冷机房实际功率损耗，再查找当时的功率因数，计算出总的视在功率。该值与用需要系数法确定的计算负荷比较，校核需要系数的选取，保证计算负荷值的准确性。

6. 电气安全、接地与防雷

电气安全、接地与防雷内容及要求见表6-28。

表6-28　电气安全、接地与防雷内容及要求

类别	内　容	要　求　或　措　施
电气安全	电气安全包括人身安全和设备安全两个方面。必须采取切实有效的措施杜绝事故发生，一旦发生事故，也应懂得现场应急处理的方法	1. 电气安全措施： （1）建立完整的安全管理机构 （2）健全各项安全规程，并严格执行 （3）严格遵循设计、安装规范 （4）加强运行维护和检修试验工作 （5）按规定正确使用电气安全用具 （6）采用安全电压和符合安全要求的电器 （7）普及安全用电知识 2. 电气防火和防爆： （1）选择适当的电气设备及保护装置，应根据具体环境、危险场所的区域等级选用相应的防爆电气设备和配线方式。所选用的防爆电气设备的级别不低于该爆炸场所内爆炸性混合物的级别 （2）保持必要的防火间距及良好的通风 （3）制定合理有效的电气防火措施，并严格贯彻执行 3. 触电防护： （1）直接触电防护：对直接接触正常带电部分的防护，如对带电体加隔离栅栏或保护罩，使用绝缘物等 （2）间接触电防护：故障时可带危险电压而正常时不带电的外露可导电部分的防护，例如装设接地故障保护装置
电气装置接地设计	保护接零系统（TN系统）接地装置是由接地体和接地线（包括地线网）组成。接零装置是由接地装置和零线网（不包括工作零线）组成。每个接地装置的接地线应以单独的接地线与接地干线连接，不能在一个接地线中串接几个需要接地的电气装置	1. 接地装置： （1）在施工现场的TN-S接零保护系统中，电气设备的金属外壳必须与保护零线连接，保护零线应由工作接地线、配电室（总配电箱）电源侧零线或总漏电保护器电源侧零线处引出。采用TN系统作保护接零时，工作零线（N线）必须通过总漏电保护器，保护零线（PE线）必须由电源进线零线重复接地处或总漏电保护器电源侧零线处，引出形成局部TN-S接零保护系统 （2）电源变压器（或自备发电机）的中性点采用人工接地体。在TN-S接零保护系统中，电气设备的金属外壳与专用保护零线连接 （3）重复接地与保护零线相接。TN-S系统中的保护零线除必须在配电室或总配电箱处重复接地外，还必须在配电系统中间外和末端作重复接地。对设备集中、线路拐弯、开关箱处也应作重复接地。在TN系统中，保护零线每一处重复接地装置的接地电阻值不应大于10Ω。在工作接地电阻值允许达到10Ω的电力系统中，所有重复接地的等效电阻值不应大于10Ω。重复接地线必须与PE线连接，严禁与N线连接 2. 接地类别： （1）工作接地：变压器中性点接地或自备发电机中性点接地，$R\leqslant 4\Omega$ （2）保护接地：设备外壳接地，$R\leqslant 4\Omega$ （3）保护接零：设备外壳与零线相接，$R\leqslant 4\Omega$ （4）重复接地：设备接地线上一处或多处通过接地装置与大地再次连接的接地，$R\leqslant 10\Omega$（每处） 3. 选择接地材料及敷设方式： （1）根据施工方法，接地体可分为人工接地体和自然接地体。工程施工用电工程的接地，采用优先自然接地体。自然接地体是指与地有良好接触的建筑物、金属构件、设施。施工现场可利用基础钢筋作为接地体，电阻达1Ω左右 （2）在条件不能满足时，接地体需要设人工接地体。人工接地体分竖直安装和水平安装两种。一般以竖直接地体为主要接地装置。接地体通常采用钢管、圆钢、角钢。接地体（线）连接应采用扁钢焊接连接，并要求采用搭接 4. 箱式变电站避雷方式： （1）设置良好的接地线：箱式变压器接地并不能确保变压器无雷击之虑，但良好的接地可降低变压器（中性线）上雷电高电位，减轻高电反击强度。变压器良好接地可泄放更多雷电流，避免或减轻雷电流对低压终端用户的危害。要改良变压器接地性能，除尽可能降低接地工频电阻值外，还要尽量用短、直、粗的接地线以降低线感

表6-28（续）

类别	内 容	要 求 或 措 施
电气装置接地设计	保护接零系统（TN系统）接地装置是由接地体和接地线（包括地线网）组成。接零装置是由接地装置和零线网（不包括工作零线）组成。每个接地装置的接地线应以单独的接地线与接地干线连接，不能在一个接地线中串接几个需要接地的电气装置	（2）进行全面的高压瞬态等电位连接：对变压器常态非等电位部位全部实现高压瞬态等电位连接，包括在变压器高压侧和低压侧分别安装高压、低压避雷器各3只，所有避雷器与中性线、箱式变压器壳其他金属的支撑件共同接地。连接处理之后，遭到雷击时，变压器所有金属部位的电力瞬时同升同降，因而变压器不会被雷电损坏。 目前，在箱式变压器的高压侧和低压侧安装避雷器是最有效、最简单的方法 5. 低压配电系统的等电位连接： 等电位连接就是把建筑物附近的所有金属物、电力系统的零线、建筑物的接地系统，用电气连接的方法连接起来（含截获可靠的导线连接），使整座建筑物成为一个良好的等电位体。接地端均应以最短的距离就近与等电位网络可靠连接。等电位连接的目的是防止设备与设备之间、系统与系统之间危险的电位差，确保设备和操作人员的安全
防雷设计	根据现场地域位置、机房高度、位置及邻近设施防雷装置等情况确定为防直击雷和感应雷应采取的接地措施	1. 防雷装置的接地主要是用作防雷击，将雷电流泄入大地，防止雷害。防雷装置包括避雷针（接闪器）、引下线及接地体。 2. 根据建筑物防雷设计规范规定，结合制冷站施工经验，制冷机房划为二类防雷建筑，按滚雷法选取防雷半径为45 m 3. 施工现场设避雷针（接闪器）防直击雷，避雷针（接闪器）的高度应满足45°保护角的要求，使被保护设备在接闪器保护角内。为防感应雷，机房防雷接地应沿机房一周采用多点接地，其接地引下点间距一般为20 m 4. 作防雷接地设备上的电气设备，所连接的PE线必须同时作重复接地。同一台电气设备的重复接地和机械的防雷接地可共用同一个接地体，但接地电阻应符合重复接地电阻的要求（阻值不大于10 Ω）。施工现场的电气设备和避雷装置可利用自然接地体接地，应保证电气连接，并校验其热稳定。可利用机房基础钢筋和其他自然接地体，但必须连接可靠 5. 防雷接地所用材料最小尺寸稍大于其他接地装置所用材料的最小尺寸。采用圆钢的最小值为10 mm，扁钢最小厚度为4 mm，最小截面面积为100 mm^2，角钢的最小厚度为4 mm，钢管的最小壁厚为3.5 mm 6. 防雷接地共用接地装置：防雷接地共用到保护接地的接地装置上，除满足接地电阻要求外，还要满足共用后往地下有不少于两个电流方向的装置，这样雷击电流到了地下后，不会反击到电气设备的外壳上，但引下线不能共用。特殊地区比如干燥地区，接地电阻难以达到共用要求时，不能共用 7. 漏电保护器的安装与接线：漏电保护器负载侧的线路保持独立，即负载侧的线路（包括相线和工作零线）不得与接地装置相连接，也不得与其他电气回路连接，在TN-S系统中，漏电保护器接线如图6-5所示

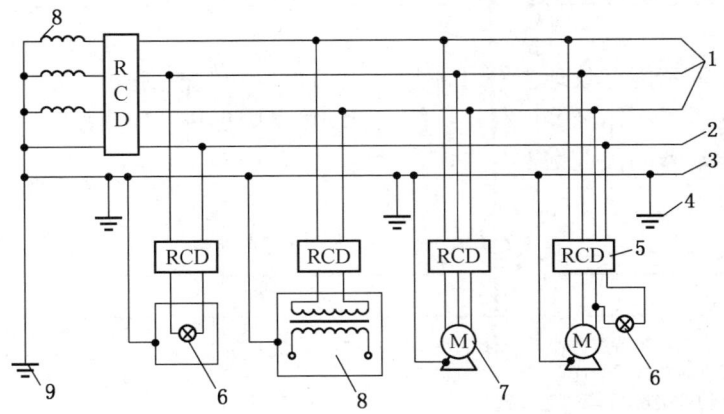

1—相线；2—工作零线；3—保护零线；4—重复接地；5—漏电保护器；
6—灯、信号灯；7—电动机；8—变压器；9—中性点接地

图6-5 漏电保护器接线示意图

7. 绘制临时用电工程图纸

主要包括用电工程总平面图、配电装置布置图、配电系统接线图、接地装置设计图。

8. 电动机的启动和控制

笼型异步电动机传统启动方式有直接启动、星角启动、软启动与变频器启动等，各种启动方式及特点见表 6-29。

表 6-29 电动机启动方式及特点

类别	直接启动	星角启动	软启动	变频器启动
所需电网容量	高	较高	中	低
启动平稳性	差	较差	好	最好
控制方式	无	无	直接转矩控制	矢量控制
调速	无	无	无	可调速，配合相应控制实现机组节能
保护	配合其他元件	配合其他元件	集成多种保护，过载、欠载热保护、相序保护等	集成多种保护，过载、欠载热保护、相序保护等
通信方式	无	无	配有 RS485 通信接口，方便用户网络连接控制，提高系统的自动化水平及可靠性，Modbus/Profibus 标准协议可选，方便组态连接	配有 RS485 通信接口标准、Modbus 通信协议
调试	元件多，不方便	元件多，不方便	通过人机界面容易设置参数及诊断	更友好的人机界面，各种应用宏，更方便进行机组调试及维护
价格	低	较低	中等	高
应用机型	小型机组、轻型商用空调、空气压缩机	中大型活塞式、螺杆式、离心式冷水机组及空压机	中大型活塞式、螺杆式、离心式冷水机组及空压机	中大型活塞式、螺杆式、离心式冷水机组及空压机

电动机软启动器能有效地限制交流异步电动机启动时的启动电流，可广泛应用于风机、水泵、输送类及压缩机等负载，是传统启动设备的理想换代产品。

电动机软启动器的优点见表 6-30。

表 6-30 电动机软启动器的优点

类别	内容
启动方式	根据负载特点选择不同的启动模式及参数设置，可最大限度地使电动机实现最佳的启动效果。三种启动方式的优点：电压斜坡启动可得到最大的输出扭矩，限流启动可有效地限制启动电流，点动可实现试车调试功能
高技术性能	由于采用了高性能微处理器及强大的软件支持功能，使控制电路得以简化，无须对电路参数进行调整，即可获得一致、准确及快速的执行速度和较高的抗干扰功能

表 6 – 30（续）

类别	内容
高可靠性	电动机软启动器所有电器元件均经过严格的筛选，其主控板还须经过 72 h 高温循环试验和振动试验，从而保证了出厂产品的高可靠性
结构优化	独特紧凑的模块化结构及上进线下出线的连接方式，非常方便用户的集成、成套
键盘设置功能	电动机软启动器拥有便捷直观的操作显示键盘，可根据不同负载，对启停、运行、保护等参数进行设置、修改
价格优势	价格适中，便于推广

9. 供电系统节能设计要求

供电系统节能设计要求见表 6 – 31。

表 6 – 31 供电系统节能设计要求

内容	要求
选用节能的制冷工艺设计方案	采用先进的制冷工艺技术，优化工艺设计方案，是系统设计节能的关键。另外选择先进的节能制冷设备也很重要
合理配备冷量	制冷系统设计应进行节能计算，在冷量计算时，应根据实际使用情况，正确划分系统并优化组合，明确压缩机制冷系数和各蒸发温度系统的制冷系数，实现压缩机制冷量与井筒实耗冷量的合理匹配 设计时往往采用最大负荷来进行压缩机的选型，实际运行过程中往往和初始设计不相适应，根据负荷合理调整压缩机的台数或减少压缩机的工作能量，使系统负荷和压缩机冷量相匹配，防止"大马拉小车"现象，增加能耗
提高自动化水平	氨制冷系统，真正实现全自动化的机房较少。随着电子技术的发展，可编程控制器（PLC）的功能越来越强大，自动控制已成为系统节能设计中不可缺少的环节。通过对温度、压力、流量等数据的采集和计算，实现对供液方式及压缩机、蒸发器、冷风机等设备的自动调节，从而对整个制冷系统进行控制，使系统在经济高效的状态下运行，达到节能目的
采用节能型电气产品	在照明设计中优先选用节能灯具等，利用电子技术等实现压缩机等设备的能量调节，开发节能制冷设备，如采用高效节能电动机（或高压电动机），采用较大截面导线（不仅导线处于轻载运行状态，导线损耗降低，而且寿命也会大大延长），选用 S10 型节能变压器（经济分配变压器间负载，就地无功补偿提高变压器负载功率因数）等
加强管理	除了利用科学技术节能降耗，还需要加强管理。必须十分重视管理，包括制定耗电定额、奖惩条件，定期对电气设备维修和测试。对耗电多的设备进行改造，推广运用节电新产品，建立健全能源设备档案管理制度（建立节电管理机构）等，切实负责

6.2.1.5 隔热层计算

1. 隔热材料应具有的特性

（1）导热系数小，耐低温性能好。

（2）容重小，吸水率低，且耐水性好，不易腐烂，经久耐用。

（3）抗水蒸气渗透性能好。

（4）材料本身不能燃烧或不易燃烧。

（5）施工方便，劳动条件好，成本低。

2. 常用隔热材料的特性

为了提高制冷站制冷效率，对制冷站管道应采取保温措施，常用隔热材料的特性见表 6-32。

表 6-32 制冷站常用隔热材料特性

材料名称	密度/(kg·m^{-3})	导热系数/(W·m^{-1}·℃$^{-1}$)	吸水率/%
聚苯乙烯泡沫塑料	22~50	0.023~0.042	≤0.1
硬质聚氨酯泡沫塑料	<40~65	0.023~0.028	≤0.2
硬质聚氯乙烯泡沫塑料	≤45	≤0.043	≤0.2
橡塑保温材料	<45	0.034	湿阻 $\mu \geq 5000$
棉絮	100~150	0.035~0.046	0.8~1.0

因制冷站均为临时性工程，为提高保温效果和方便施工，目前常用的管道保温材料为橡塑保温材料（防火等级不得低于 B1 级，材料厚度 20~50 mm），并在内外裹两层塑料薄膜（防潮层），板状保温材料多用聚乙烯泡沫塑料板（防火等级不得低于 B1 级，材料厚度 50~100 mm）。

橡塑保温材料还具有以下优点：

（1）抗振特性：橡塑绝热材料具有很高的弹性，因而能最大限度地减少冷冻水和热水管道在使用过程中的振动和共振。

（2）使用安全不刺激皮肤，亦不会危害健康，并可防止霉菌生长，避免害虫、鼠啮咬，且耐酸抗碱，性能优越。

3. 隔热层厚度计算

在冻结法凿井过程中，管路冷量损失一般占制冷站全部冷量的 15% 左右。因此，做好隔热保温工作经济效益显著，低温管路和设备的隔热层厚度和冷量损失计算见表 6-33、表 6-34，施工中常用橡塑保温材料隔热层厚度见表 6-35。

表 6-33 低温管路和设备的隔热层厚度计算

类别	原则	计算公式	符号意义
平板式	低温管路和设备的隔热层厚度，应保证隔热层外表面的温度不低于空气露点（即表面不凝水的要求），否则空气中的水汽会在隔热层内凝结成水或冻结成冰，将大大降低隔热性能，并可能使隔热层的结构受到破坏	$\delta = \dfrac{\lambda}{\alpha} \cdot \dfrac{t_b - t_0}{t_n - t_b}$	δ—隔热层厚度，m λ—导热系数，$\lambda = \lambda_0 + 0.00012 t_p$，kJ/(m·h·℃) λ_0—隔热材料在 0℃ 时的导热系数，kJ/(m·h·℃) t_p—材料在制冷装置工作时的平均温度，$t_p = 0.5(t_0 + t_b)$，℃ α—空气对隔热层外表面的放热系数，一般取 7 kJ/(m^2·h·℃) t_0—被隔热物体（介质）的温度，℃ t_n—周围空气温度，参考当地气象资料取值，℃ t_b—隔热层外表面温度，一种是取比当地大气露点（t_s）高 1~2℃，参考当地的气象资料；另一种是取当地大气露点温度，℃。但在算得厚度之后，选取比计算结构略大一点的厚度值 d_2—隔热层外径，m d_1—被隔热的管道或筒形设备的外直径，m
管道及筒形设备		$d_2 \cdot \ln \dfrac{d_2}{d_1} = \dfrac{2\lambda}{\alpha} \cdot \dfrac{t_b - t_0}{t_n - t_b}$ $\delta = \dfrac{d_2 - d_1}{2}$	

表6-34 低温管路和设备的冷量损失计算

项目	计算公式	符号意义
平板式	$q_\mathrm{p} = \dfrac{t_\mathrm{n} - t_0}{\dfrac{1}{\alpha} + \dfrac{\delta}{\lambda}}$	q_p—单位面积的平壁冷量损失，kJ/(m²·h) t_n—周围空气温度，℃ t_0—被隔热物体（介质）的温度，℃ α—空气对热隔层外表面的放热系数，kJ/(m²·h·℃) δ—隔热层厚度，m λ—隔热材料的导热系数，kJ/(m·h·℃)
管道及筒形设备	$q_1 = \dfrac{\pi(t_\mathrm{n} - t_0)}{\dfrac{1}{2\lambda} \cdot \ln \dfrac{d_2}{d_1} + \dfrac{1}{\alpha d_2}}$	q_1—单位长度管道或筒形设备的冷量损失，kJ/(m·h) d_1—被隔热管道或筒形设备的外直径，m d_2—隔热层外径，m

表6-35 常用橡塑保温材料隔热层厚度　　　　　　　　　　　　　mm

管直径/mm	426	377	325	273	219	159	133	108	89	76	57	45	38	32
温度/℃ -33	90	90	90	75	75	75	60	60	50	50	30	30	25	25
温度/℃ -8	60	60	60	50	50	50	40	40	30	30	25	25	20	20

6.2.2　氨制冷站布置、构筑物施工

6.2.2.1　制冷站布置原则

应根据业主方总体规划安排，制冷站位置应以供冷、供电、供水和排水方便为原则；同时应不影响冻结期内永久建筑施工；尽量少占地；为减少冷量损失，制冷站离井口尽量近些；一般为一个井筒服务时，距离井口20～50 m，为两个井筒服务时，应选在两井中间合适位置，距离50～60 m为宜；有关防火、通风等应符合国家现行有关规范规定。

制冷站临时建筑物主要包括：配套的变电站（采用箱式变电站时，应在室外预留出足够的安放位置，并考虑在箱式变电站周围设置封闭围栏）、站内油库、机修房、检修间、交接班室、测温房、冷却循环水池等，建筑面积主要取决于各种设备的类型及数量。

6.2.2.2　制冷站施工程序

项目及步骤如下：

（1）场地平整，主要设备基础打夯（对于较大型设备和运行时震动较大的设备，基础必须打夯，例如制冷机组、盐水泵、蒸发式冷凝器等）。

（2）按照设计基础图纸放样，浇筑设备和厂房混凝土基础。

（3）冻结设备安装。

（4）制冷站厂房组装（先安装墙柱，后垒砌墙体和安装门窗）。

（5）清水循环水池垒砌、水泵房施工（如需要）。

（6）配电设备的安装调试。

（7）氨系统管路安装、试压试漏，低温管路、设备保温层施工。

（8）清水系统安装与试运转。

（9）盐水系统安装（盐水泵，盐水干管，集、配液圈等）、试压试漏、调试及保温层

施工、灌注盐水。

（10）氨系统充氨。

（11）氨系统、盐水系统、清水系统联合试运行。

制冷站临时构筑物施工及制冷设备安装程序如图6-6所示。

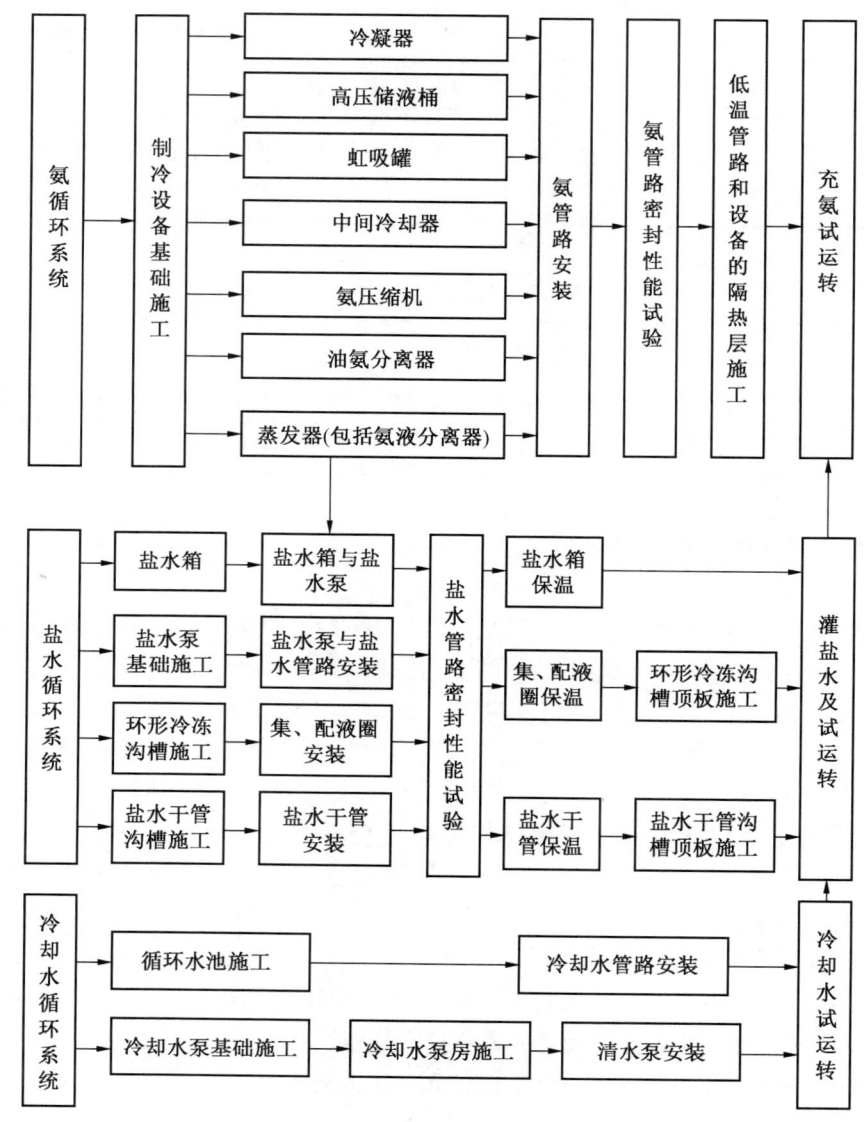

图6-6 制冷站临时构筑物施工及制冷设备安装程序

6.2.2.3 制冷站临时建筑物施工

1. 制冷站布置位置与要求

制冷站建筑物的种类、位置及要求见表6-36。

表6-36 制冷站建筑物的种类、位置及要求

种类	制冷机房、箱式变电站、清水池、修配间、盐水干管沟槽、环形集配液圈沟槽等
位置	1. 不应妨碍井筒掘进时提升绞车房及稳车的布置 2. 避开掘进排矸线路及广场运输线路 3. 避开砂、石、砖、水泥、木材等施工材料的堆放场地 4. 盐水系统干管的弯头最少 5. 方便供冷、供电、供水和排水 6. 不影响冻结期内永久建筑施工,尽量少占地 7. 制冷站离井口尽量近,一般为一个井筒服务时,距离20~50 m;为两个井筒服务时,应选在两井中间合适位置,距离50~60 m为宜 8. 有关防火、通风、安全距离等应符合相关规范规定
要求	1. 站房宜用装配式钢结构（檩条采用"C"钢,房柱与房梁采用"H"钢,屋顶可采用彩钢瓦与采光瓦以保证室内明亮度）,易施工,速度快 2. 防雨、防火、通风、采光性好 3. 寒冷地区站内应有取暖设施,禁止使用明火取暖 4. 制冷厂房净高应满足起吊设备和安装管路的需要（采用永久厂房作为制冷车间时,永久厂房必须满足制冷车间的使用和安全要求）,制冷机房应有至少两个不相邻的安全出口,门窗均应向外开 5. 变配电设备宜采用箱式变电站 6. 地面用素土夯实,细石混凝土铺底,表面压光 7. 测温室可设在机房外墙内侧,出口附近;如设在井口附近,距离井口不应大于25 m,且地基无振动 8. 制冷机房周围应设置避雷针,其接地极应单独设置,不得与供电系统混用

2. 制冷站主要临时构筑物面积

1) 制冷机房

(1) 机房净面积计算。采用串联双级压缩制冷时,制冷机房净面积可按下式计算:

$$F = LB = [nb_1 + (n-1)b_2 + 2m](l_1 + l_2 + l_3 + C_1 + C_2 + C_3 + C_4) \quad (6-17)$$

式中 F——制冷机房净面积,m^2;

L——制冷机房净长度,m;

B——制冷机房净宽度,m;

b_1——低压制冷机之间的宽度,m;

b_2——低压制冷机之间的操作距离,m;

n——低压制冷机台数,台;

m——低压制冷机至房墙之间的走道宽度,m;

l_1——高压制冷机的长度,m;

l_2——低压制冷机的长度,m;

l_3——蒸发器的长度,m;

C_1——高压制冷机与房墙之间的走道宽度,一般取1.2~1.5 m;

C_2——高、低压制冷机之间的通道宽度,该通道直通机房大门,作为机房内交通要道,下面设有电缆沟,一般宽度为1.6~2.2 m;

C_3——低压制冷机至蒸发器之间的活动距离,且基本上位于机房桁架的中间和机房屋顶两面坡的分界部位,需要加支柱,一般宽度取3.5 m左右;

C_4——蒸发器至房墙的距离,作为布置盐水管路之用,一般取4.5~5.0 m。

(2) 机房外建筑面积计算:

$$F_y = LB_y = B_y\left[nb_1 + (n-1)b_2 + 2m \right] \qquad (6-18)$$

式中 F_y——制冷机房外建筑面积,m^2;

B_y——机房外建筑宽度,一般取 13～15 m;

其他符号意义同上。

2) 制冷站主要临时建筑物面积参考值

制冷站主要临时建筑物面积参考值见表 6-37。

表 6-37 制冷站主要临时建筑物面积参考值 m^2

名 称		制冷站标准制冷量/(10^4 kcal·h^{-1})							
		100	200	300	400	500	600	800	1000
制冷机房	室内	180	220	360	500	600	700	910	1120
	室外	65	80	135	185	210	260	340	420
冷却水泵房		30	30	40	40	45	50	55	60
站内油库		10	10	15	15	20	20	25	30
机修房				30	30	40	50	60	80
测温房		15	15	20	20	25	25	30	30
交接班房		15	15	20	25	30	35	45	50
检修间		40	40	40	40	40	40	50	50

3. 制冷站主要临时构筑物施工

1) 制冷设备基础的布置原则及施工要求

制冷设备基础的布置原则及施工要求见表 6-38。

表 6-38 制冷设备基础的布置原则及施工要求

类 别	内 容
分类	1. 静负荷基础：蒸发式冷凝器、集油器、储氨桶、热虹吸储液器、油氨分离器、中间冷却器、蒸发器等设备基础 2. 动负荷基础：氨制冷机组、盐水泵、清水泵
布置原则	1. 便于设备维护、操作、整齐美观 2. 两台相邻制冷机组突出部位间距不应小于 1.5 m,且应保证留有维修和吊装电动机、机头的空间 3. 制冷机组上的阀门、压力表、排气阀等应面向主要操作通道 4. 阀门高度不宜高于 1.5 m,超出高度应设置操作台 5. 中间冷却器应靠近高压机布置 6. 蒸发式冷凝器设置于室外 7. 储液器基础应保证冷凝液氨自重下流,无虹吸罐时蒸发式冷凝器出液口高于储液桶上部 250～300 mm。采用虹吸罐时蒸发式冷凝器出液口高于虹吸罐上部 2000 mm 8. 盐水泵应安装在蒸发器附近,多台时应有修理及吊装电动机、大轴的间隙 9. 热虹吸储液器出液口应高于螺杆式制冷机组油冷却器进液入口 1.5～2 m 10. 如选用洗涤式油氨分离器,其液冷入口应低于热虹吸储液器出液口 350～500 mm

表6-38（续）

类别			内容
施工要求	基础		1. 基础规格应符合现场使用设备的要求。混凝土基础强度等级不应低于C25。另外由于蒸发式冷凝器为条形基础，应考虑适当使用钢筋混凝土基础 2. 基础位置应以制冷站布置中心线为准，用经纬仪和水平尺标定基础的埋入深度及顶面标高 3. 压缩机基础深度应达到硬底，经夯实后，方可浇筑混凝土基础 4. 为减少误差和便于安装施工，设备预留地脚螺栓可用预埋件代替 5. 基础应连续施工，冬季加2%~3%氯化钙或加三乙醇胺复合早强剂，并应采取适当措施保温养护
	地脚螺栓	一次浇筑	1. 适用范围：油氨分离器、集油器、高压储液桶、房柱 2. 螺栓位置固定板允许偏差：中心距±3~±5 mm，垂直度≤1/100，高差≤±5~±10 mm
		二次浇筑	1. 适用范围：盐水泵 2. 要求：预留螺栓盒要有一定的锥度，以便于拔起
	预埋件		1. 适用范围：大部分设备基础（盐水泵除外） 2. 要求：应布设在设备重心处（如支腿处等），如设备自带底盘，应布设在底盘四角和中间。布设预埋件时应注意，预埋件应超出设备重心处或底盘至少1/2，同一设备预埋件埋设标高偏差应控制在±2 mm以内

单级压缩、串联双级压缩制冷设备基础布置如图6-7、图6-8所示。

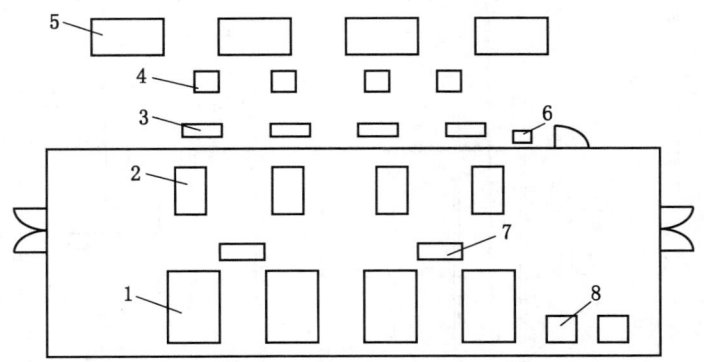

1—蒸发器；2—压缩机；3—油氨分离器；4—储液器；5—立式冷凝器；
6—集油器；7—氨液分离器；8—盐水泵

图6-7 单级压缩制冷设备基础布置示意图

2）循环水池及冷却水泵基础的布置和施工要求

循环水池及冷却水泵基础的布置和施工要求见表6-39。

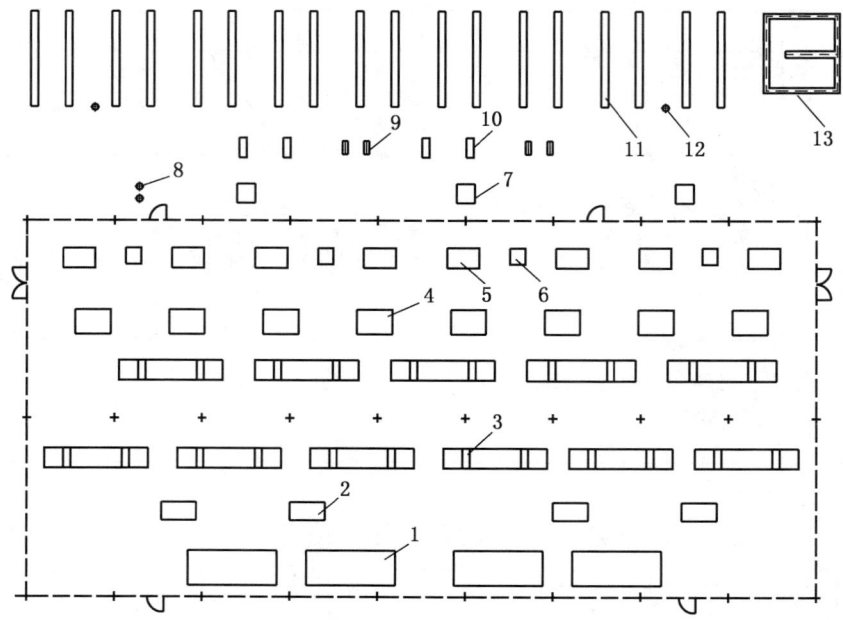

1—循环盐水箱；2—盐水泵；3—蒸发搁块；4—低压机；5—高压机；6—中间冷却器；
7—油氨分离器；8—集油器；9—虹吸罐；10—储液器；
11—蒸发式冷凝器；12—空气分离器；13—清水池

图6-8 串联双级压缩制冷设备基础布置示意图

表6-39 循环水池及冷却水泵基础的布置和施工要求

布置形式	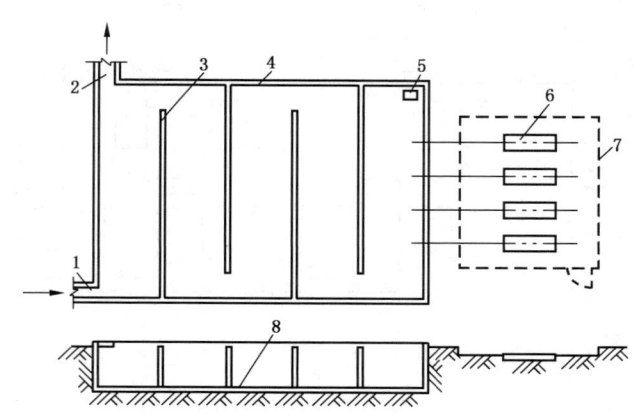 1—循环水沟；2—泄水沟；3—隔墙（平砖、水泥挂面）；4—循环水池；5—集水井；6—水泵基础；7—水泵房；8—水池底板 循环水池及冷却水泵基础布置示意图

表 6-39（续）

施工要求	循环水池	1. 水池的容量为制冷站每小时总需水量的 1/2~1/3 2. 水池在水泵吸水管处预埋吸水管，其预埋深度按水泵放空气口在水池水面以下 100 mm 计算
	水泵基础	1. 冷却水泵基础面的高度，根据吸水口中心到泵底的高度计算 2. 水泵基础螺栓位置视泵底而定 3. 混凝土强度等级不低于 C15
	潜水泵	目前绝大多数制冷站已采用蒸发式冷凝器，大部分水在冷凝器内自身循环，补充水量及经清水池循环水量较少，水池可适当减小，并采用潜水泵向冷凝器供水，这时需在水池内设置钢支架作为潜水泵的托架，高度 500 mm 即可

3) 盐水干管沟槽及环形冷冻沟槽施工

盐水干管沟槽及环形冷冻沟槽施工见表 6-40。

表 6-40　盐水干管沟槽及环形冷冻沟槽施工

项目	施工要求及图示	
盐水干管沟槽	1. 干管沟应位于地下水位以上，底板铺一层防水混凝土，表面抹 30 mm 水泥砂浆。当干管沟为地下式或半地下式时，侧墙及底板均应做防水处理，盖板上应做防水处理 2. 安装干管后砌墙，管沟两侧墙用砖砌筑，内表面为 1:2 水泥砂浆抹面，防止渗水 3. 沟槽顶部根据现场沟槽高度、上覆荷载等实际情况，采用混凝土盖板、防水彩钢盖板等，混凝土盖板上必须铺设防水层并加以保护 4. 橡胶保温材料防火等级不得低于 B1 级 5. 基础上放垫片，安装干管后加楔形垫片，以固定干管 6. 跨场区道路段，要用钢管或者预制板做顶，并用水泥砂浆抹平	1—夯实素土；2—混凝土垫层；3—砖墙；4—混凝土盖板； 5—防水层及砂浆层；6—砖垛；7—保温垫块； 8—盐水干管；9—干管保温层；10—防水砂浆 盐水干管沟槽剖面示意图
环形冷冻沟槽	1. 环形冷冻沟槽底板应在地下静水位以上。为防止从沟槽往井筒漏水，底板用混凝土浇筑；内、外墙砌砖，水泥砂浆抹面。当沟槽底板在静水位以下时，沟槽底板混凝土及两侧墙均应做防水处理。当沟槽内径与井筒锁口的外径相近时，可利用井筒锁口作为沟槽内墙 2. 沟槽的净尺寸以方便行人和检查工作为原则，一般净高为 1.7~1.8 m，净宽按冻结孔圈径及排数确定（偏宽的一侧作人行道） 3. 沟槽底板略有坡度，并有水沟和集水小井，便于排除积水，冻结孔四周用 1:2 水泥浆抹面，保持冻结孔固定 4. 顶板盖板以上应做防水处理，盖板以上应有覆土回填层，回填层上部再做井口施工层，防止井口施工动荷载及静荷载直接冲击沟槽盖板 5. 地沟槽内集、配液圈待试压试漏完成后即可进行保温，冻结管去、回路胶皮管待冻结全部工作正常后可进行保温，可采用橡塑保温材料 6. 地沟槽顶面标高与井口盘标高协调，便于凿井提升高度布置	

表 6-40（续）

项目	施 工 要 求 及 图 示
图示	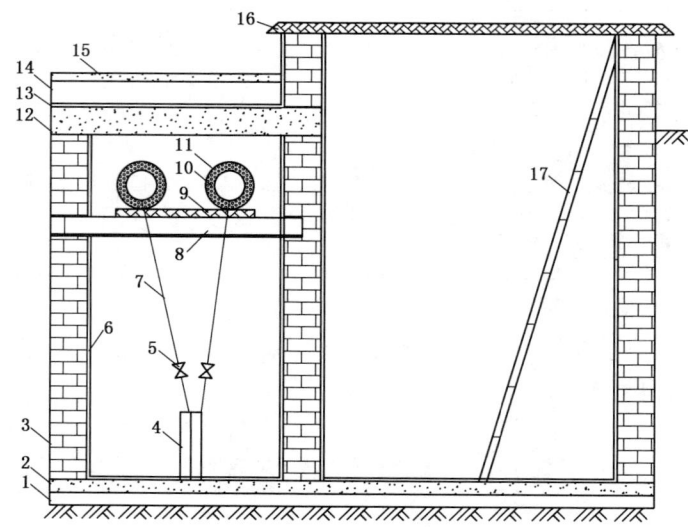 1—夯实素土；2—混凝土垫层；3—砖墙；4—冻结管；5—去、回路阀门；6—防水砂浆； 7—去、回路胶皮管；8—槽钢；9—木垫块；10—盐水干管；11—保温层； 12—混凝土盖板；13—防水层；14—回填层；15—井口地坪； 16—出口盖板；17—人行梯 集配液圈及地沟槽剖面示意图

4）箱式变（配）电站平面布置

箱式变（配）电室的位置应符合下列要求：

（1）接近负荷中心，但须避开压缩机震动的影响，一般都是将箱式变（配）电站布置于制冷站蒸发器一侧。

（2）高、低压进出线方便，电缆线路较短。

（3）要与井筒开挖施工设备布置统一考虑，避免相互干扰。

（4）多个变（配）电室共同使用时，应将每个单元统一放置，一般沿长度方向顺序排列，单元之间及与制冷站之间要留有不少于 3 m 的空间，便于安装及维护。

（5）制冷站变（配）电室一般独立设置，距制冷站 10 m 左右。在山区还需考虑充分利用地形，依山顺势，尽量减少石方的开挖和回填工程量。

6.2.3　氨制冷站冻结制冷循环系统安装及试运转

6.2.3.1　氨制冷系统安装

氨制冷系统安装应符合《风机、压缩机、泵安装工程施工及验收规范》（GB 50275）和《制冷设备、空气分离设备安装工程施工及验收规范》（GB 50274）要求。

1. 氨制冷机组安装

（1）氨压缩机安装程序和要求见表 6-41。

表6-41 氨压缩机安装程序和要求

项目	安装程序	安装要求
制冷机组	1. 浇筑混凝土基础，养护7d终凝。使用预埋件时，在浇筑混凝土之后，初凝之前埋设 2. 安放地脚螺栓，压缩机就位，拧上螺帽 3. 加放垫铁，垫平找正 4. 使用百分表测量并调整压缩机轴与电动机的同轴度 5. 二次浇筑混凝土，固定螺栓，充填设备与基础之间的空隙	1. 机组周围应留出足够的维修空间，该空间建议最小为1.5 m。基础浇筑过程中，应注意检查水平度，长边倾斜不超过0.4°，短边倾斜不超过0.5°。埋设预埋件时注意，同一设备预埋件埋设标高偏差应控制在±2 mm以内 2. 机组落位前将地脚螺栓孔内的碎石、泥土清理干净，不允许有积水存在。对基础进行外观检查，应无裂纹、蜂窝、空洞等缺陷。在基础检查合格后，方可开始吊装机组。将机组起吊或以滚棒滚至基础上落位，起吊时不允许利用机组上压缩机或电动机的吊环螺栓而应利用机组上预留的起吊孔。用铲车或滚棒移动机组时，要利用滑动垫木，不允许铲或推动油分离器的筒体及支座 3. 在预留的地脚螺栓孔两侧放置垫铁组，每组垫铁需由两块斜铁和一块平铁组成，以便调节机组的水平度 4. 轴安装的允许角偏差与平行偏差见表6-42 5. 当找正水平工作完成后，以混凝土浇筑将地脚螺栓固定。待混凝土干涸后（7~10 d），旋紧地脚螺栓，最后以垫铁再次找水平。当确认无误时固定垫铁，然后用水泥砂浆填满机组与基础空隙，并抹光基础表面。使用预埋件时，用水泥砂浆抹面，盖住预埋件
电动机		1. 压缩机轴封与轴承的寿命以及电动机轴承的寿命取决于联轴器的正确安装与校准。机组出厂前已对联轴器作了平行偏差及角偏差的调整，但在机组的运输搬运过程中可能发生变形移动，因此在现场安装后必须重新检测压缩机安装盘和电动机安装盘之间的距离并重新找正。机组在启动之前必须作初次找正并在热运行4 h后重新检查 2. 找正时可用指针百分表及连接工具来测量轴的角偏差与平行偏差。联轴器的调节，就是交替测量角偏差和平行偏差，并调整电动机位置直到偏差值在规定的范围内为止，见表6-42

表6-42 轴安装的允许角偏差与平行偏差

压缩机型号	联轴器型号	百分表指示值/mm			间距/mm	拧紧力矩/(N·m)	最大许用补偿量	
		角向	径向	轴向			角向/(°)	轴向/mm
LG16	D4-112	0.08	0.08	0~+0.4	120	39~43	2/3	4.5
LG20	D4-220	0.11	0.10		125	137~154		6.4
LG25	D6-440	0.10	0.10		120	95~100		3.4
LG31.5	TD6-840	0.10	0.10		80	95~100		3.6

（2）氨制冷机组辅助设备安装要求见表6-43。

表6-43　氨制冷机组辅助设备安装要求

项目	相互关系	安装要求
蒸发式冷凝器	有油氨分离器时： 油氨分离器出气→蒸发式冷凝器进气→蒸发式冷凝器出液→储液器进液 无油氨分离器时： 制冷机组排气→蒸发式冷凝器进气→蒸发式冷凝器出液→储液器进液	1. 蒸发式冷凝器安装必须牢固可靠且通风良好，安装时其顶部应高出邻近建筑物300 mm，或至少不低于邻近建筑物的高度，以免排出的热湿空气沿墙面回流至进风口；若不能满足上述要求时，安装时应在蒸发式冷凝器顶部出风口上装设渐缩口风筒，以提高出口风速和排气高度，减少回流 2. 蒸发式冷凝器的安装有单台式和多台并列式等安装形式。安装时需注意蒸发式冷凝器之间以及与邻近建筑物的间距，以保证最大限度地减少空气回流： （1）单台安装时，当蒸发式冷凝器处于双面（角墙）/三面/四面受限情况，安装时长度方向的最小间距应为1800 mm，宽度方向的最小间距应为900 mm （2）多台安装时，最小间距均应为1800 mm 3. 多台蒸发式冷凝器组合使用时，冷凝器的每个出液支管到储液器的管道在竖直方向必须设置一存液弯（U形弯），以减少气堵，存液弯高度一般不小于300 mm 4. 冷凝器的出液口至储液器的水平管道应保持一定的坡度（2%），以利于液体自动流入储液器中 5. 冷凝器进出管道上应安装放空气阀来排除不凝性气体 6. 设计系统时必须确保液氨首先进入热虹吸储液器
热虹吸干式蒸发器	氨制冷系统： 1. 双机双级螺杆式压缩机组：螺杆式压缩机组经济器出液→调节站→热虹吸干式蒸发器进液→热虹吸干式蒸发器出气→螺杆式压缩机组吸气 2. 单机螺杆式压缩机组：立式中间冷却器出液→调节站→热虹吸干式蒸发器进液→热虹吸干式蒸发器出气→螺杆式压缩机组吸气 盐水系统：盐水泵出水→热虹吸干式蒸发器进水→热虹吸干式蒸发器出水→盐水干管进水	1. 安装前应检查设备及接口是否完好，有无缺损、锈蚀。对放置时间过长、锈蚀严重设备应除锈、排污后再安装 2. 安装前应对设备进行单体气密性试验，试验介质为空气，试验压力为1.2 MPa。如检查发现设备有缺陷应停止安装，并及时联系生产厂家以便找出合理的解决方案，减少损失 3. 安装时应注意在设备四周留出足够的维修和操作空间 4. 安装时要注意阀门方向，切不可装反 5. 系统管道的安装和焊接要符合《工业金属管道工程施工及验收规范》（GB 50235）的相关规定 6. 对随机配套的组件在安装时应检查其相互之间的密封是否完好并重新紧固 7. 系统安装完成后应用0.8 MPa（表压）的压缩空气对系统管道进行分段排污，并在距离排污口300 mm处以白色标识板设靶检查，直到无污物排出为止 8. 系统安装完毕应采用干燥空气或氮气进行1.2 MPa（表压）的气密性试验 9. 系统试验完成后应对设备和管道进行防腐和保冷施工，并应符合设计文件的要求
热虹吸储液器	1. 蒸发式冷凝器出液→热虹吸储液器进液→热虹吸储液器出液→储氨桶 2. 制冷机组油冷排气→热虹吸储液器进液→热虹吸储液器出液→制冷机组油冷进液	1. 油冷供液总管不得向上弯曲成"气囊"，否则会造成油冷却器供氨不足 2. 每台制冷机组油冷进液管只能从热虹吸供液总管的侧面或底部接入，禁止从上部接入，否则会在油冷进液支管内形成"气囊"，无法正常供液 3. 油冷回气水平总管通常应高于热虹吸储液器进气口，此时每台油冷却器出气支管可以从油冷回气水平总管下部接入 4. 如因受现场安装条件的限制油冷回气水平总管低于热虹吸储液器进气口时，每台油冷却器出气支管不得从油冷回气水平总管上部接入，最好从油冷回气水平总管底部接入，也可以水平从侧面接入，以利氨气顺利回到热虹吸储液器内 5. 及时排出热虹吸储液器内的冷冻机油，避免冷冻机油进入油冷却器和高压储液器内

表 6-43（续）

项目	相互关系	安装要求
油氨分离器	制冷机组排气→油氨分离器进气→油氨分离器出气→蒸发式冷凝器进气	1. 工作时有振动，应加弹簧垫圈和双螺帽固定 2. 复用设备应用热烧碱（NaOH）水清除油脂及氨 3. 洗涤式油氨分离器的进液口必须低于冷凝器出液口 200~250 mm，进液管应从冷凝器出液管底部接入
中间冷却器	低压制冷机组排气→中间冷却器进气→中间冷却器出气→高压制冷机组进气；高压储液器出液→中间冷却器进液→中间冷却器出液→调节站	1. 竖直安装 2. 安全阀安装前必须经过检验 3. 在安装前，复用设备、油分离器及中间冷却器应用热烧碱（NaOH）水或四氯化碳（CCl_4）清洗内部油脂及氨，至无油为止
高压储液器	热虹吸储液器出液→高压储氨器→中间冷却器	1. 向放油器端微倾斜 2. 应安装液面指示器 3. 多台并联使用时，桶径应一致，并用平衡管连接

2. 氨制冷系统管路安装与布置

氨制冷系统管路安装内容及注意事项见表 6-44。

表 6-44　氨制冷系统管路安装内容及注意事项

内容	注意事项
现场安装系统管道	1. 对于制冷机组，吸气、排气管路等按所需的长度准备好，内部的氧化皮等应彻底清理干净，并准备好必要的管路支架。连接吸气、排气系统管路，不可强制连接，以免造成连接件变形和机器与电动机中心偏移。如果是水冷型制冷机组，在连接水冷式油冷却器的进、出水管路时，在进水管路上安装水量调节阀 2. 在系统试压和真空试验后，吸气管路包扎绝热层，吸气、排气管路涂上代表压力范围的颜色，将各管路紧固在管路支架或吊架上 3. 对带有冷凝器、蒸发器的机组，冷却水、载冷剂循环系统应根据产品技术参数要求设计安装。另外必须在蒸发器进水管前加装水流开关，对蒸发器进行断水保护。要保证有足够的流量，并在冷凝器、蒸发器水路上安装阀门以便于调节流量。为了便于操作和观察，可在冷凝器进出水口和蒸发器载冷剂进出口安装温度计、压力表。水系统和氨制冷系统管路安装完毕应充以 1.0 MPa 压力的气体进行气密性试验，蒸发器的氨进、出管路及阀门应包扎绝热层，绝热层外再作防潮密封处理
现场预制、加工系统管道	1. 断管：根据现场测绘草图，在选好的管材上划线，按线断管。采用砂轮锯断管、气割断管等方式 2. 管段调直：安装前应将安装的管段进行调直，调直一般采用调直机。采用人工调直时要将管段放在调管架上或调管平台上，一般两人操作为宜，一人在管段端头目测，另一人在弯曲处用手锤敲打，边敲打、边观测，直至调直管段无弯曲为止，并在两管段连接点处标明印记，卸下一段或数段，再接上另一段或数段直至调完为止 3. 在装好管件的管段丝扣处涂铅油，连接两段或数段，连接时不能只顾预留口方向而要照顾到管材的弯曲度，相互找正后再将预留口方向转到合适部位并保持正直 4. 管段连接后，调直前必须按设计图纸核对其管径、预留口方向、变径部位是否正确 5. 对于管件连接点处的弯曲过死或直径较大的管道，可采用烘炉或气焊加热到 600~800 ℃（火红色）时，放在管架上将管道不停地转动，利用管道自重使其平直，或用木版垫在加热处用锤轻击调直，调直在冷前要不停地转动，等温度降到适当时在加热处涂抹机油。凡是经过加热调直的丝扣，必须标好印记，卸下来重新涂铅油缠麻，再将管段对准印记拧紧 6. 配装好阀门的管段，调直时应先将阀门盖卸下来，将阀门处垫实再敲打，以防震裂阀体 7. 镀锌碳素钢管不允许用加热法调直 8. 管段调直时不允许损坏管材

氨系统管路的布置原则与安装要求见表6-45。

表6-45 氨系统管路的布置原则与安装要求

布置原则	1. 必须保证设备安全运转、操作、检修方便，使管内介质流动阻力小 2. 管道布置整齐、美观，经济、合理
安装准备工作	1. 新、旧阀门均应清洗和做密封试验，水压试验的高压为3.0 MPa、中低压为2.4 MPa，气压试验的高压为1.8 MPa、中低压为1.2 MPa 2. 安全阀应做开、闭压力试验 3. 所用管材、弯头应除锈和刷洗内壁 4. 管材、弯头应按设计图在地面进行试装配，并丈量具体长度 5. 试装配合格后进行管路的正式吊装
组装要求	1. 管路组装前，应加工好弯头、法兰、接头，按尺寸配好管，备好阀门。氨管弯头最小弯曲半径和常用曲率半径见表6-46 2. 装管时，禁止强力拉紧和硬扭对中，如管道有偏差或长度不合适，应拆下纠正，无法纠正的应更换新管 3. 每条管道的最后一节闭合管，应根据实际尺寸使用样板精确制备，禁止采用厚垫圈补救管子过短的缺陷 4. 阀门手轮禁止朝下设置 5. 压缩机排气管的水平管段应向冷凝器方向倾斜，吸气管应向压缩机方向适当提高，倾斜度一般为0.1%~0.5%，见表6-47 6. 氨系统管路管架部分，应予以固定，支承跨度必须小于允许跨度，见表6-48 7. 冷凝器至调节站之间应安设流量计（涡轮式或孔板式），以测量氨液的循环量，充氨管上亦应安装流量计

表6-46 氨管弯头最小弯曲半径和常用曲率半径　　　　　　　　　　　　　　　　mm

管子公称直径	最小弯曲半径	常用曲率半径	弯头两端的直线段长度
57	200	240	100
76	250	300	120~150
89	300	360	120~150
108	350	450	150~180
133	400	540	180~200
159	500	640	200~300
168	550	680	200~300

表6-47 氨系统管道安装坡度

管道名称	倾斜方向	倾斜度参考数值/%
压缩机排气管至油氨分离器水平管段	向油氨分离器	0.3~0.5
与安装在室外冷凝器相连接的排气管	向冷凝器	0.3~0.5
压缩机吸气管的水平管段	向氨液分离器或低压循环储液桶	0.1~0.3
冷凝器至储液器的出液管水平管段	向储液桶	0.05~0.1

表6-48 氨系统管路安装的允许跨度

外径×壁厚/(mm×mm)	管道最大吊点间距/m	
	氨液管（无隔热层）	氨液管（有隔热层）
22×2.0	1.85	0.76
32×2.0	2.35	1.02
38×2.0	2.50	1.16
45×2.2	2.80	1.40
57×3.5	3.33	1.90
76×3.5	3.94	2.42
89×3.5	4.32	2.6
108×4.0	4.75	3.00
133×4.0	5.40	3.65
159×4.5	6.10	4.30
219×6.0	7.32	5.60
273×7.0	8.80	6.40
325×8.0	9.60	6.80

注：1. 正常间距应为最大间距的0.8倍。
2. 压缩机排气管线支架间距：当外径＞108 mm时为3 m，排气管在拐弯处必须有一支架。

6.2.3.2 盐水循环系统安装

目前制冷系统中多采用热虹吸干式蒸发器作为盐水换热设备，其优点如下：

（1）具有满液式制冷剂完全浸泡的优点，不存在供液分配不均的情况。

（2）供液为饱和液体，具有更高的传热效率，在-35 ℃盐水工况下，单位面积热负荷仍高于$3.4 kW/m^2$，而其他型式仅为$1.3 \sim 1.8 kW/m^2$。

（3）重量轻，占地面积少，外形尺寸为7500 mm×1500 mm×2500 mm，便于搬运。

（4）有利于盐水回收，经济、环保。

盐水循环系统安装内容及要求见表6-49。

表6-49 盐水循环系统安装内容及要求

内容	安装要求
盐水泵的安装	1. 机座的安装：①基础的质量必须经过检查和验收，铲出麻面和放好垫板。②安装机座，操平找正。③机座与基础之间必须牢固地固定在一起 2. 泵的安装：①吊装泵体，调整标高，操平找正。安装后泵的轴线必须成水平，中心线位置和标高必须符合设计要求。②各连接部分必须具备较好的严密性。③泵体与机座之间用螺栓连接牢靠。④泵的进水口要装过滤器及闸阀，进水口中心线与盐水箱出水口中心线要在一个水平面上。⑤多台泵并联使用时，应保持泵体在同一高度上。⑥泵的出水口处必须安装阀门和压力表 3. 电动机的安装：①电动机轴中心线与泵轴中心线必须在一条直线上（即联轴节找正），高差不超过0.1 mm，中心线误差不超过0.1 mm。②电动机与泵的两半联轴节之间，轴向间隙按设计要求调整，达到手可转动和不抗劲。③泵和电动机完全装好后，对地脚螺栓孔进行二次灌浆 4. 试车：①泵的各配件部分必须运转正常。②泵和电动机的振动必须很小。③轴承温度、进口真空度和出口压力都必须符合设计要求

表6-49（续）

内容	安装要求
干式蒸发器管道泵的安装	1. 机座与基础之间必须牢固地固定在一起，操平找正 2. 泵体与机座之间用螺栓连接牢固 3. 安装后泵的轴线必须成水平，中心线位置和标高必须符合设计要求 4. 泵的进出水口均要装闸阀，进水口中心线与蒸发器出水口中心线要在一个水平面上 5. 多台泵并联使用时，应保持泵体在同一高度上
冷、热盐水集配装置（箱）	1. 安装在常温环境下的低温设备，其支座下应增设硬质垫木，垫木的厚度应按设计文件要求确定 2. 若两台及以上并联安装，则要标高一致，箱体要进行隔热 3. 冷、热盐水混合装置要安装液位指示器。指示器要指示灵活、清晰 4. 安装盐水液位控制报警装置，并调试正常
盐水管路安装	盐水管路安装内容及要求见表6-50
盐水流量计安装	宜采用插入式流量计或涡街式流量计 1. 涡街流量计安装要求： （1）涡街流量计应安装在水平、竖直、倾斜（液体流向自下而上）的与其公称通径相应的管道上。流量计的上游和下游应配置一定长度的直管段，直管段的内壁应清洁、光滑，无明显凸凹、积垢和起皮等现象。安装在上、下游的配管应与流量计同心，同轴偏差应不大于0.5mm。直管段长度应符合要求，如图6-9所示（DN：管道公称直径） （2）直管段的内径尽可能与流量计通径一致，若不能一致，应采用比流量计通径略大的管道，误差要≤3%，并不超过5mm （3）安装流量计的附近管道内应充满盐水（被测液体） （4）流量计应避免安装在有强烈机械振动的管道上，特别是横向振动，建议安装在盐水干管合适位置处。当振动不可避免时，应考虑在距流量计前、后2DN处的直管段上分别设置管道紧固装置（固定支撑架），并加防振垫 （5）流量计应避免安装在有较强电磁场干扰、有热辐射、有腐蚀性气体、空间小和维修不方便的场所 （6）被测液体含有较多杂质时，应在流量计上游直管段要求的长度以外加装过滤器 （7）根据测量需要，如需在流量计附近测量压力和温度时，测压点应布置在流量计下游的3DN~5DN处，测温点应布置在流量计下游的6DN~8DN处 2. 注意事项： （1）专用法兰与直管段焊接时不能带着流量计焊接 （2）安装时应使流量计的流向标志与管道内流体流向一致 （3）流量计安装前，法兰凹槽内必须放好密封圈 （4）测量高温介质时，切勿用隔热材料把传感器连接杆周围包起来 （5）连接流量计的屏蔽电缆走向，应尽可能远离强电磁场的干扰场合。绝对不允许与高压电缆一起敷设，屏蔽电缆要尽量缩短，并且不得盘卷，以减少分布电感，最大长度不应超过200m （6）安装传感器前，管道必须进行清洗，以冲掉管内杂质，避免通流后堵塞传感器。测量液体的管道必须充满被测液体，防止气泡的干扰

表6-50 盐水管路安装内容及要求

内容	安装要求
盐水干管	1. 盐水干管均采用无缝钢管，大管径多采用螺旋焊管 2. 干管采用法兰盘连接或焊接，连接严密，不渗不漏；相邻管路的法兰盘要错开布置 3. 涡街流量计的前后都要装闸板阀门，并要装有旁路 4. 管路应安设流量计（电磁阀或孔板式、大口径水平螺翼式），以测量盐水循环量 5. 根据管路跨度，用方木垫平管路 6. 从制冷站至环形冷冻沟槽的盐水干管应直线安装并稍向下倾斜，不得上下起伏，制冷站盐水干管出口应高于集、配液圈进口管100mm以上 7. 盐水管路（有隔热层）为$\phi(159~250)$mm×$(6~8)$mm时，允许跨度为5~6m 8. 目前市政冻结工程长距离盐水干管多采用超高分子量聚乙烯钢骨架复合管，它具有重量轻、安装方便、阻力小、流量大、不易生锈和结垢等优点，但在大温差下易产生冷缩，安装时应在管路中增加伸缩接头

表 6-50（续）

内容	安 装 要 求
集、配液圈	1. 集、配液圈均应采用无缝钢管，集、配液圈之间的距离，应考虑处理冻结器故障时能顺利提、放供液管 2. 采用法兰连接，集、配液圈的法兰接头要错开 3. 接头必须不渗不漏 4. 封闭端应装设放气阀门 5. 集、配液圈本身应在同一水平面上，不得倾斜
冻结器头部与集、配液圈的连接	1. 冻结器头部是指与集、配液圈相连接的冻结器部分 2. 配液圈与供液管相连，集液圈与回液管相连，连接一般采用 8 层线耐压 1.5 MPa 的橡胶管，具体耐压值应根据盐水的工作压力计算获得 3. 供、回液管上均设温度计插座，其开口必须向上，以便在插座内充油。冻结管上的插座应有一定的长度（≥200 mm），以便准确测得流动盐水的温度 4. 应在供液管（或回液管）上安装流量计（电磁式或孔板式），以测量冻结器的盐水循环量
温度计插座	1. 用简易铜-康铜热电偶测温时，采用 φ10 mm×2 mm 的无缝钢管做安放测点用插座；棒式水银温度计测温时，采用 φ14 mm×2 mm 无缝钢管作插座，测温管应朝上，深入被测管内一定深度 2. 安装前先将钢管锯成温度计插座的长度，一端用气焊堵死 3. 安装时，将插座焊在管路的待测位置上，并将敞开端包上，以防止进入杂物 4. 管路投入运行前，应先检查管内有无堵塞物，合格后灌入冷冻机油，插入温度计或感温元件

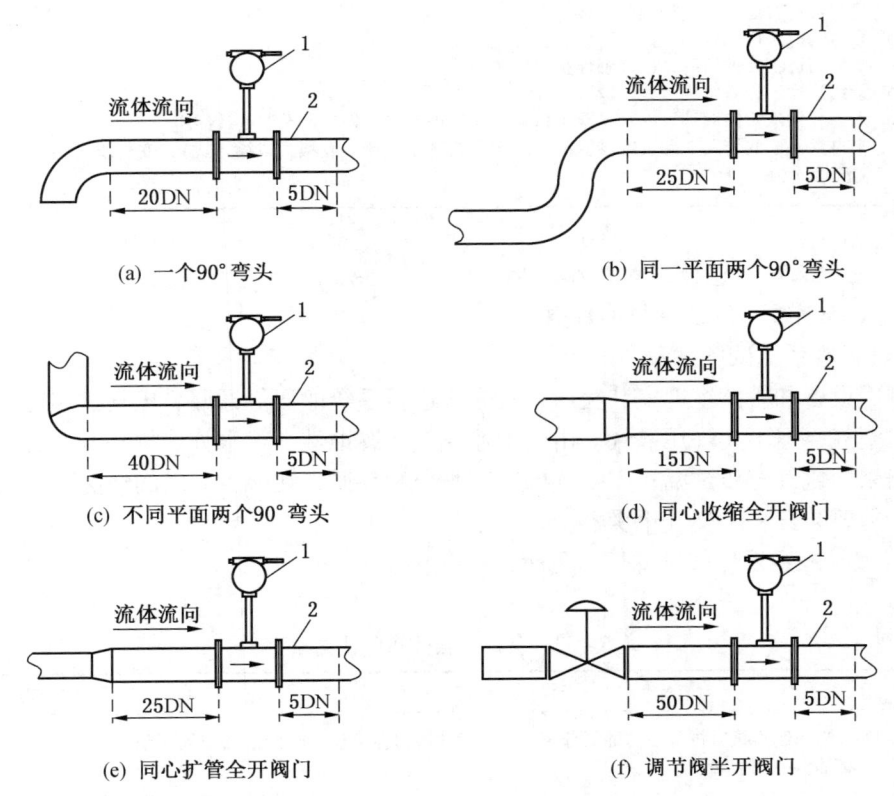

1—流量计；2—盐水管道

图 6-9　涡街流量计直管段安装长度示意图（DN：管道公称直径）

盐水循环系统安装完成后，要确保盐水循环系统不渗、不漏，须进行系统清水压试漏。试漏操作应缓慢升压，升至 0.6 MPa 时（当盐水工作压力≥0.6 MPa 时，应根据工作时盐水泵压适当加大），经 5 min 压力不降为合格。否则，应对渗漏部分进行处理，并做补充打压试漏，直至合格为止。

6.2.3.3 冷却水循环系统安装

冷却水循环系统安装内容及要求见表 6-51。

表 6-51 冷却水循环系统安装内容及要求

内容	安 装 要 求
安装期限	冷却水循环系统的安装工作要在盐水管路打压试漏前 10 d 完成，以便为配制盐水和制冷站试运转提供足够水源
水泵安装	1. 深水泵的传动轴心和电动机轴心要在同一直线上，并保持竖直，用手转动不抗劲后将电动机固定牢靠 2. 清水泵的泵体轴心和电动机轴心在同一直线上，并保持水平。多台水泵并联使用时，应保证泵体在同一高度上，出口及进口设阀门，出口设压力表。水泵上端放风口标高应低于循环水池水面 100 mm 3. 深井泵出口处应装设阀门及压力表 4. 水源井水泵及蒸发式冷凝器供水水泵亦可根据需水量和扬程采用潜水泵，方便快捷
管路安装	1. 冷却水管路包括水源井至循环水池、冷却水泵至冷凝器和制冷机的全部管路。水源井至冷却水池的管道应埋设在冰冻线以下，其余设在地面 2. 管路可用普通钢管、法兰盘连接 3. 全部阀门采用闸板阀 4. 管路通过主要道口时，应加强保护，以防断管 5. 管线沿途不得漏水 6. 水源井来水管路两端、冷却水泵出口及冷凝器进、出口处应设有温度计插座 7. 来自深井泵的管路上和去冷凝器的管路上应安设流量计（孔板式或插入式），安装质量要求与盐水管路上安装流量计相同

6.2.3.4 三大系统气密性（或试漏）试验

1. 氨制冷系统压气试漏与抽真空

1）氨制冷系统试压试漏

当制冷设备和管路全部安装完后，首先应进行系统的压气试漏。压气试漏可用氮气或干燥压缩空气，但不允许用氧气。由于工业氮气无腐蚀性、无水分、价格又便宜，故有条件时应当采用氮气充压试漏；因空气中含有水分和杂质，在缺少氮气的情况下才用压缩空气试漏，但要装设一个空气干燥器。

(1) 氨制冷系统压气试漏压力见表 6-52。

表 6-52 氨制冷系统压气试漏压力

系 统	设 备 名 称	试验表压力/MPa
高压系统	高压制冷机组排气口→油氨分离器→蒸发式冷凝器→热虹吸储液器→储氨桶→集油器→调节站	1.8
中压系统	低压机排气口→中间冷却器→高压机吸气口	1.4
低压系统	调节站→热虹吸蒸发式撬块（氨液分离器→蒸发器）→制冷机组吸气口	1.2

（2）氨制冷系统压气试漏步骤、注意事项及检查处理方法见表6-53。

表6-53　氨制冷系统压气试漏步骤、注意事项及检查处理方法

要求	试压时间为24 h，初始6 h压力允许下降0.05 MPa，后18 h压力不下降为合格
步骤	1. 打开专用活塞压缩机（此时系统未充氨，应事先根据系统大小临时安装1台或多台活塞压缩机组）吸气腔通向大气的阀门，与空气干燥器连接 2. 开启氨压缩机，将整个氨制冷系统升压至0.5~0.8 MPa，停机并关闭压缩机排气阀15~20 min，待压缩机缸壁冷却后，再开机继续升压至1.2 MPa 3. 关闭调节阀，记录低压部分压力，进行低压系统试漏检查，待停机15~20 min后再开始记录低压部分的表压力 4. 关闭通向大气的阀门，打开排气阀门，开启压缩机，打开吸气阀，利用低压部分的压缩空气作为压缩机的吸气，将中压及高压部分升至1.4 MPa，记录中压部分压力，进行中压系统试压试漏 5. 关闭通向大气的阀门，打开排气阀门，开启压缩机，打开吸气阀，利用低压或中压部分的压缩空气作为压缩机的吸气，将高压部分升压至1.8 MPa 6. 停机并关闭排气阀，记录高压系统表压力，进行高压系统试漏检查。正式打压前，应用酚酞试纸检查有无氨气
注意事项	1. 向压缩机、冷凝器供水，空气干燥器内装好吸湿填料 2. 试漏前应用压缩空气吹洗管路，排除污物，用酚酞试纸检查油分离器、中间冷却器出风口处有无残存氨气，如有应继续吹风，至无氨时才可升压 3. 排气温度应小于100 ℃，吸排气压力之差应小于1.4 MPa 4. 试压完后，压缩机必须进行清洗，除掉试压过程中积存在机器内部的水，检查部件和更换冷冻油 5. 压缩机能量调节阀应根据排气温度及进气量进行调节
检查与处理方法	1. 查漏可采用看、查、听、分段检查等方法，用肥皂水、胶布、水等进行检漏，最常用的是将肥皂水喷滴至焊缝、法兰盘和氨阀卡兰上，发现漏气处，做上记号 2. 处理前将系统内压缩空气放尽，然后对漏气处进行修补，处理后再重新打压试漏，直至不漏为止

（3）温差引起试验压力变化的计算。气密性试验压力须在整个系统密封的情况下静持24 h。在前6 h内系统中的气体冷却而产生的压力降，一般不应大于0.02~0.03 MPa；后18 h内除去因温度变化而引起的误差外，压力无变化时方认为严密合格。

总体气密性试验时，由于空气温度变化（在±10 ℃范围内）而产生的压力变化，可用下式进行计算：

$$P_2 = P_1 \left(1 + \frac{t_2 - t_1}{273}\right) \quad (6-19)$$

式中　P_1——试验开始时的压力，MPa；
　　　P_2——试验终了时的压力，MPa；
　　　t_1——试验开始时的温度，℃；
　　　t_2——试验终了时的温度，℃。

2）氨制冷系统抽真空

氨制冷系统抽真空应在试漏合格的基础上进行，抽真空的要求、步骤及注意事项见表6-54。

表6-54 氨制冷系统抽真空要求、步骤及注意事项

目的	在压气试漏之后进一步检查系统在真空条件下的密封性,排除系统中残存的气体和水分(因水分在真空条件下容易蒸发成气体而被抽除),为系统充氨准备条件
要求	系统内初始真空度应为 0.097~0.10 MPa,24 h 后压力在 0.090~0.093 MPa 为合格
抽真空步骤	1. 关闭排气阀,打开排气阀上的多用通道,以便排除空气 2. 关闭系统中通向大气的阀门(如充氨阀、放空气阀等),打开系统中其他阀门 3. 开动压缩机,打开吸气阀,抽真空 4. 停车,关闭压缩机通往蒸发器的吸气阀,记录真空度,进行真空试漏检查
注意事项	1. 该工作必须在系统排污后进行 2. 抽真空前应先放尽冷凝器中的冷却水,否则,会因水温低,系统中的水分不易蒸发而难以抽除 3. 压缩机启动后,应缓慢打开吸气阀,因排气阀上的多用通道孔径小,避免排出压力过高 4. 在抽真空过程中,油压应不低于表压 0.05 MPa 或保持在 0.15~0.2 MPa 5. 抽真空最好分几次间断进行,因抽吸过快,积累在管道内的水分和空气不易抽尽 6. 抽真空后,先关闭多用通道,然后停车,防止停机后的回气现象

2. 盐水循环系统水压试漏

为确保盐水循环系统在运行过程中不渗、不漏,在管路安装完成后,对其进行水压试漏。试压时应缓慢升压,试验压力不得小于盐水泵工作压力的 1.5 倍,并持续 15 min 不降压为合格。

3. 清水系统水压试验

清水系统安装完成后要进行系统管路的水压试验,试验压力不低于正常供水压力并连续工作不低于 10 min。试验过程中要检查清水管路系统中各个阀门、法兰、弯头、焊接处等容易出现滴漏的位置。发现有泄漏处,停止供水再进行补救,直至达到试验压力要求为止。

6.2.3.5 管道吹扫、阀门检查、防腐内容及要求

管道吹扫、阀门检查、防腐内容及要求见表 6-55。

表6-55 管道吹扫、阀门检查、防腐内容及要求

内容	要 求
系统管道的吹扫与清洗	1. 管道系统压力试验合格后,应进行吹扫与清洗(吹洗),管道吹扫与清洗方法应根据对管道的使用要求、工作介质、系统回路、现场条件及管道内表面的脏污程度确定 2. 管道吹洗前应仔细检验管道支、吊架的牢固程度,对有异议的部位应进行加固,对不允许吹洗的设备及管道应进行隔离 3. 吹洗顺序应按主管、支管、疏排管依次进行 4. 清洗排放的脏液不得污染环境,严禁随地排放。吹洗出的脏物,不得进入已吹洗合格的管道。管道吹洗合格并复位后,不得再进行影响管内清洁的其他作业 5. 吹扫时应设置安全警戒区域,吹扫口处严禁站人 6. 制冷站的管道吹扫与清洗可分为空气吹扫和水冲洗,空气吹扫适用于氨制冷系统,水冲洗适用于冷却水循环系统和盐水循环系统 7. 空气吹扫实施要点:①宜利用生产装置的大型空压机或大型储气罐进行间断性吹扫。吹扫压力不得大于系统容器和管道的设计压力,吹扫流速不宜小于 20 m/s。②吹扫油管道时,气体中不得含油。吹扫过程中,当目测排气无烟尘时,应在排气口设置贴有白布或涂刷白色涂料的木制靶板检验,吹扫 5 min 后靶板上无铁锈、尘土、水分及其他杂物为合格 8. 水冲洗实施要点:①水冲洗应尽量使用洁净水。冲洗不锈钢管时水中氯离子含量不得超过 25 ppm。②水冲洗流速不得低于 1.5 m/s,冲洗压力不得超过管道的设计压力。③水冲洗排放管的截面积不应小于被冲洗管截面积的 60%,排水时不得形成负压。④应连续进行冲洗,当设计无规定时,以排出口的水色和透明度与入口水目测一致为合格。管道水冲洗合格后,应及时将管内积水排净,并及时吹干

表 6-55（续）

内容	要 求
阀门检查	1. 阀门外观检查。阀门应完好，开启机构应灵活，阀门应无歪斜、变形、卡涩现象，标牌应齐全，阀芯洁净无铁锈等杂物 2. 阀门应进行壳体压力试验和密封试验：①阀门壳体试验压力和密封试验应以洁净水为介质，不锈钢阀门试验时，水中的氯离子含量不得超过 25 ppm。②阀门的壳体试验压力为阀门在 20 ℃时最大允许工作压力的 1.5 倍，密封试验为阀门在 20 ℃时最大允许工作压力的 1.1 倍，试验持续时间不得少于 5 min，无特殊规定时，试验温度为 5 ~ 40 ℃，低于 5 ℃时，应采取升温措施。③安全阀的校验，应按照国家现行标准《安全阀安全技术监察规程》（TSG ZF001）和设计文件的规定，进行整定压力调整和密封试验，委托有资质的检验机构完成，安全阀校验应做好记录、铅封，并出具校验报告
管道涂漆防腐	1. 管道及其绝热保护层的涂漆应符合本章和国家现行标准《工业设备、管道防腐蚀工程施工及验收规范》（HG/T 20229）的规定 2. 涂料应有制造厂的质量证明书 3. 有色金属管、不锈钢管、镀锌钢管、镀锌铁皮和铝皮保护层，不宜涂漆 4. 焊缝及其标记在压力试验前不应涂漆 5. 管道安装后不易涂漆的部位应预先涂漆 6. 涂漆前应清除被涂表面的铁锈、焊渣、毛刺、油、水等污物 7. 涂料的种类、颜色，涂敷的层数和标记应符合设计文件规定 8. 涂漆施工宜在 15 ~ 30 ℃的环境温度下进行，并应有相应的防火、防冻、防雨措施 9. 涂层质量应符合下列要求：①涂层应均匀，颜色应一致。②漆膜应附着牢固，无剥落、皱纹、气泡、针孔等缺陷。③涂层应完整，无损坏、流淌。④涂层厚度应符合设计文件规定。⑤涂刷色环时，应间距均匀，宽度一致

6.2.3.6 灌盐水、充氨

灌盐水、充氨是冻结运行前的重要准备，其工作内容及具体要求见表 6-56。

表 6-56 灌盐水、充氨内容及要求

内容	要 求
灌盐水	1. 盐水作为载冷剂时应注意以下问题： （1）要合理选择盐水浓度。盐水浓度增高，虽可降低凝固点，但使盐水密度加大、比热减小。而盐水密度加大与比热减小，都会使输液泵的功率消耗加大。因此，不应选择过高的盐水浓度，而应根据使盐水的凝固点低于载冷剂系统中可能出现的最低温度为原则来选择盐水浓度。目前一般在选择盐水浓度时，使其凝固温度比制冷剂的蒸发温度低 5 ~ 8 ℃为宜 （2）注意盐水对设备及管道的腐蚀问题。盐水对金属的腐蚀随溶液中含氧量的减少而变慢。为此，最好采用闭式盐水系统，以减少盐水与空气接触机会，从而降低对设备及管道的腐蚀。此外，盐水的含氧量随盐水浓度的降低而增高。因而，从含氧量与腐蚀性来要求，盐水浓度不可太低。另外，为了减轻盐水的腐蚀性，还应在盐水中加入一定量的防腐剂并使其具有合适的酸碱性。一般 1 m^3 氯化钠水溶液中应加 3.2 kg 重铬酸钠和 0.88 kg 氢氧化钠；1 m^3 氯化钙水溶液中加入 1.6 kg 重铬酸钠和 0.44 kg 氢氧化钠。加入防腐剂后，必须使盐水呈弱碱性（pH 值为 7.5 ~ 8.5）。这可通过氢氧化钠的加入量进行调整。添加防腐剂时应特别小心并注意毒性 （3）盐水载冷剂在使用过程中，会因吸收空气中水分而使其浓度降低。为防止盐水浓度降低，引起凝固点温度升高，必须定期检测盐水的比重。若浓度降低，应适当补充盐量，以保持适当的浓度 2. 灌盐水注意事项见表 6-57

表 6-56（续）

内容	要　　求
充氨	1. 首次充氨的操作步骤： （1）必须确认制冷系统检漏合格和隔热层施工结束后方可进行 （2）加氨前应做好充分准备工作。例如，组织加氨操作人员学习氨的性能和安全操作注意事项；准备好防护用具和加氨工具等，详见表 6-58 （3）开始加氨时，可在不开动制冷压缩机的情况下，利用系统真空状况，通过加氨站自行加入。待系统压力达到 0.4 MPa 时，可关闭高压储液器的出液阀，使高低压隔离。然后调整节流阀，开动制冷压缩机继续加氨。为提高加氨速度，可将低压降到 0.05~0.1 MPa （4）整个系统的降温和加氨工作是同时进行的，降温速度应按规定周期进行。在加氨降温过程中，由于系统压力较高，只宜启动单级氨压缩机，而不宜开动双级氨制冷压缩机。加氨降温完成后，制冷站即可正式投产，根据需要则可启动双级压缩机 （5）加氨过程中，高压不得超过 1.4 MPa，低压不得超过 0.4 MPa。当系统氨量加至总需要量的 60% 时，应停止加氨工作，使整个系统投入工作，观察液面和各部结霜情况，如液面基本一致且无异常现象时，可根据使用情况再充氨，不得一次全部加入系统中 2. 制冷系统运行中补充液氨的步骤及计算方法 系统中氨量不足时，一般可根据以下现象判断： （1）高压储液器液面经常低于规定的高度，储液器底部及液体管路比正常时温暖。制冷剂蒸发压力、冷凝压力低于正常情况。压缩机吸入过热蒸气，同时排气温度升高 （2）盐水温度下降缓慢或升高，开大供液阀门时，温度仍不下降 当出现上述现象时，表明制冷系统中氨量不足。查出泄漏原因并修复后，可对系统补充加氨。加氨数量一般根据高压储液器、低压循环储液器中的液面情况进行估算。对于储液器容量较大的系统，可将制冷剂全部抽回至储液器中，然后根据蒸发器容量和储液器液面情况进行估算 3. 系统中各设备的制冷剂容量见表 6-59

表 6-57　氯化钙水溶液的配制和灌盐水注意事项

盐水配制前应具备的条件	1. 盐水管路系统（包括冻结管，集、配液圈等）全部安装好 2. 盐水管路系统进行严格试压并符合规定要求 3. 盐水泵安装合格 4. 氨低压系统打压结束后，盐水箱用清水冲洗干净，上盖密封好
盐水配制方法	1. 盐水浓度根据设计要求配制，单级压缩制冷时，盐水密度一般按 1.23~1.25 kg/L 温度 15 ℃时的比重配制；双级压缩制冷时，盐水密度按 1.25~1.27 kg/L 温度 15 ℃时的比重配制 2. 可用铁箱或砖砌的水池溶化氯化钙，但严禁用冷却循环水池溶化氯化钙。专为溶化氯化钙用的水池，表面应抹水泥砂浆，砂浆干后应刷 1~2 mm 沥青，否则水池要先灌水试漏，注意防漏 3. 固体氯化钙先用大锤打碎装入铁丝笼，放在铁箱或水池上面，用循环水反复冲刷，直至氯化钙全部溶解 4. 用比重计测定盐水的比重是否符合设计要求的浓度 5. 可一次或分次配出系统所需盐水数量 6. 向系统内灌注盐水时，应设过滤网清除污物，防止运转过程堵塞管路
灌注盐水注意事项	1. 灌注前应用水冲洗管路，排除污物 2. 严禁用高浓度盐水灌入冻结管内，防止氯化钙沉淀结晶，堵塞冻结管，应由化盐水池灌入盐水箱（蒸发器） 3. 向系统内灌注盐水过程，应经常在集、配液圈的封闭端放空气，做到系统内不积存空气 4. 螺旋盘管式及直管式蒸发器水箱内的盐水液面应高出蒸发器排管 200 mm 5. 利用盐水泵使系统内盐水溶液循环，检查溶液比重是否符合设计要求。如盐水箱内盐水已达半箱，应使用系统内低浓度盐水继续溶化氯化钙至符合使用要求

表6-58 充氨准备工作及注意事项

工序	内容
充氨前应具备的条件	1. 氨制冷系统已经过压气试漏和真空试漏并符合要求 2. 已排除氨管路系统内的污物 3. 已完成低温氨管路的隔热和涂色工作 4. 冷却水循环系统运转正常,可保证供水 5. 盐水循环系统安装完毕,灌好盐水,系统运转24 h以上,并已从盐水过滤器内清除杂物2~3次,无较大块状杂物。流量计运转正常。各盐水箱及各冻结孔流量均匀 6. 制冷站内安全设施全部具备 7. 氨压缩机全部检验合格,运转正常 8. 变配电设备安装完毕,运转正常 9. 氨瓶或氨罐使用前应经特种设备管理部门批准 10. 集中控制自动调节使用正常
充氨时的准备工作	1. 准备好充氨用的瓶架和充氨管 2. 准备好防毒面具、橡胶手套、水桶等劳动保护用品及记录表格

表6-59 系统中各设备的制冷剂容量

设备名称	加入量/%	设备名称	加入量/%
立管式蒸发器	60~80	储液器	60~80
直接蒸发排管	50	再冷却器	100
干式蒸发器	20	中间冷却器	30
蒸发式冷凝器	20	液体分离器	20
立式冷凝器	20	液管	100
低压循环桶	50~70	卧式冷凝器	15

注:以上仅为参考值。低压系统取上限值,高压系统取下限值。

6.2.3.7 低温管道、设备的隔热

只对低压、低温管道在试压、试漏合格后进行隔热保温,进行隔热保温时要注意:

(1)隔热层与设备管道要贴实,不得留空隙。

(2)隔热层内外加防潮层,外防潮层允许有一定的搭接,并粘贴密实,防止水气进入隔热层,见表6-60。

表6-60 低温管路和设备隔热施工的作用和施工方法

项目	作用	施工方法
防锈层	保护管路和设备表面不被腐蚀	1. 清除被隔热的管路和设备表面的泥沙、铁锈、油脂及其他污物 2. 包裹一层塑料薄膜(螺旋形缠绕)或涂防锈漆
隔热层	限制热量的传递,减少冷量损失	1. 在直径小于300 mm的筒形设备和管道上敷设硬质隔热材料(如聚苯乙烯泡沫材料)时,每隔300~500 mm绑扎一道镀锌铁丝(直径1~2 mm,退火后使用);在直径较大的筒形设备(如中冷器)上敷设硬质材料时,可根据具体情况用铁丝网包络增强 2. 在筒形设备和管道上敷设半硬质隔热材料时,可用直径1~2 mm的退火镀锌铁丝绑扎牢固,要求同上

表 6-60（续）

项目	作 用	施 工 方 法
隔热层	限制热量的传递，减少冷量损失	3. 用软质材料（如棉花、毛毡）做隔热材料时，应先剪成 150～200 mm 宽的长条，以螺旋形缠绕，每圈应搭压一半，在收口处用直径 1～2 mm 的退火镀锌铁丝绑紧，隔热材料绑好后，外面用铁丝网压紧，并用铁丝扎紧 4. 用散料（如稻草、麦秸、锯末等）做隔热层时，可用砖或木板做外壳，并依防潮需要先做好防潮层，后充填散料（捣压，填塞）
防潮层	防止隔热层材料受潮	隔热层表面螺旋形缠绕两层聚乙烯塑料薄膜，每隔 100 mm 用铅丝扎紧绑牢

6.2.3.8 盐水流量监测

冻结器及冻结孔盐水流量应实时监测，并及时反馈冻结信息，监测要求见表 6-61。

表 6-61 冻结器及冻结孔盐水流量监测

类 别	监测目的	监测内容	监测方法	监测仪器	监测记录
冻结制冷系统运转指标监测	监测盐水系统，分析冻结制冷系统运转情况，确保其安全、高效运行	盐水温度，盐水压力，盐水去、回路温度	安装期间在管路适当位置安装测温元件、压力表等，实现运转监测	温度计、压力表、电流表等，运转开始后每天 24 h 监控，每 2 h 记录一次，直至停机	制冷站各种运转日志，盐水降温曲线等
冻结器工作状况监测	监测冻结器工作状态，确保冻结器工作正常	冻结器盐水去、回路温差	在每个冻结器去、回路上安装温度计插座，利用热电偶监测	采用一线制数字测温系统，可实现自动监测	冻结器头部去、回路温差记录表，自冻结开始每天监测 1 次
流量传感器布置	监控盐水总流量和冻结器流量，掌握向冻结地层送冷量	盐水干管总流量，冻结器分流量	盐水干管流量传感器布置在去路上；在地沟槽内冻结管上留有流量测量口，可随时监测	采用涡街式流量传感器	盐水干管及冻结器流量记录

6.2.3.9 电气系统安装

电气系统安装应做到设备安装牢固、线路布置整齐、防雷接地和电气接地安全可靠等，具体要求见表 6-62。

表 6-62 电气系统安装的一般要求

项目	要 求
照明配电	1. 照明线路应布线整齐、相对固定。室内安装的 220 V 固定式灯具（型号：GYZ220V/250W）悬挂高度不得低于 2.5 m；室外安装的 220 V 照明灯具（型号同上）不得低于 3 m；安装在露天工作场所的照明灯具应选用防水型灯头，照明灯具数量由现场确定 2. 碘钨灯及钠、铊、铟等金属卤化物灯具的安装高度宜在 3 m 以上，灯线应固定在接线柱上，不得靠近灯具表面

表 6-62（续）

项目	要　　求
照明配电	3. 现场办公室、宿舍、工作棚中的照明线，除橡套软电缆和塑料护套线外，均应固定在绝缘子上，并应分别敷设；穿过墙壁时应套绝缘管 4. 照明电源线路不得接触潮湿地面，并不得接近热源和直接绑挂在金属构架上。在金属构架上安装临时照明时，应设木横担和绝缘子 5. 灯具内的接线必须牢固，灯具外的接线必须做可靠的防水绝缘包扎 6. 照明灯具与易燃物之间，应保持一定的安全距离，普通灯具不宜小于 300 mm；聚光灯、碘钨灯等高热灯具不宜小于 500 mm，且不得直接照射易燃物。当间距不够时，应采用隔热措施 7. 如现场仅有一个高压电源供电时，应急电源与正常照明电源可分别接自同一高压电源的不同变压器 8. 正常照明电源与应急照明电源必须分开集中控制，两者线路应分别单独敷设 9. 应急照明电源应采用防爆型灯具
启动柜及配电柜安装	1. 螺杆式压缩机、盐水泵等启动柜底盘用普通砖砌筑，并列启动柜之间必须采用电气相连，方可作为整体与主接地线焊接 2. 安装时应牢固、平正，距离螺杆式压缩机组要有一定距离，保证周围空气有效流通。电缆配线要排列整齐并绑扎成束固定，柜体引出或引进线留有适当余度，以便于检修。启动柜电缆上进下出 3. 导线剥削处不应损坏芯线和芯线过长，导线接头应牢固可靠，压接时不得减少导线股数。按接线顺序理顺，逐个剥削套入标志头压线，同一接线端子每个接线部位两侧压的导线截面积相同，而且压接的导线不能多于 2 根 4. 接完线后，剥削下来的电缆绝缘材料等现场垃圾要及时清理，箱体内要求无杂物，保证配电箱内绝缘良好，保证设备正常运行；保留启动柜原厂所带的配电板的单线系统图，贴在箱门背后，以便于检修 5. 启动柜安装且配线完毕，应及时上锁 6. 螺杆式压缩机启动柜盘面朝向对应压缩机以便于操作，具体安装位置可以视现场情况稍微调整
电缆桥架	1. 户外电缆桥架为梯式桥架，钢制梯架的直线段超过 30 m 时，应留有不少于 20 mm 的伸缩缝。梯架宽度在 200 mm 以上（含 200 mm）时，两段桥架连接处连接固定螺丝不少于 6 个，并在连接处设置可靠的电气连接 2. 振动场所的桥架系统，包括接地部位的螺栓连接处，应设置弹簧垫圈，烤漆的桥架与支架还须加爪型垫片后用螺母将支、托架与桥架压接牢靠 3. 在电缆桥架上可以无间距敷设电缆，电缆在桥架内横断面的填充率：电力电缆不应大于 40%，控制电缆不应大于 50%，应留有一定的备用空位以便增添电缆用 4. 电缆桥架水平敷设时，距地面高度不宜低于 2.5 m，桥架上部距离顶棚或其他障碍物不应小于 0.3 m；支撑间距一般为 1.5~3 m。桥架竖直敷设时，在建筑物上固定的间距宜小于 2 m 5. 考虑桥架跨越伸缩缝的补偿问题，不建议采用焊接，要用螺栓连接。桥架与支架间螺栓、桥架连接板螺栓固定紧固无遗漏，螺母位于桥架外侧 6. 电缆桥架内缆线竖直敷设时，在缆线的上端和每间隔 1.5 m 处应固定在桥架的支架上；水平敷设时，在缆线的首、尾、转弯及每间隔 3~5 m 处进行固定
电缆、导线敷设	1. 室外架空线： （1）架空线必须架设在专用电杆上，严禁架设在树木架及其他设施上 （2）电杆埋设深度宜为杆长的 1/10 加 0.6 m，回填土应分层夯实。在松软土质处宜加大埋入深度或采用卡盘等加固 （3）电杆拉线宜采用不少于 3 根 φ4.0 mm 镀锌钢丝。拉线与电缆的夹角应在 30°~45°之间。拉线埋设深度不得小于 1 m。电杆拉线如从导线之间穿过，应在高于地面 2.5 m 处装设拉线绝缘子 （4）因受地形环境限制不能装设拉线时，可采用撑杆代替拉线，撑杆埋设深度不得小于 0.8 m，其底部应垫底盘或石块，撑杆与电杆的夹角宜为 30° （5）室外架空中压电力电缆采用交联聚乙烯绝缘、聚氯乙烯护套钢带铠装电缆 2. 电力电缆线路： （1）电缆线路应埋地或架空敷设，严禁沿地面明设，并应避免机械损伤和介质腐蚀。埋地电缆路径应设方位标志 （2）电缆直接埋地敷设的深度不应小于 0.7 m，并应在电缆紧邻上、下、左、右侧均匀敷设不小于 50 mm 厚的细沙，然后覆盖砖或混凝土板等硬质保护层 （3）埋地电缆在穿越易受机械损伤、介质腐蚀等场所时，引出地面从 2.0 m 高到地下 0.2 m 处，必须加设防护套管（PVC 穿扎管）；PVC 穿扎管两端有 500 mm 的预留。防护套管内径不应小于电缆外径的 1.5 倍 （4）室内架空电缆应沿支架或墙架敷设，并采用绝缘子固定，绑扎线必须采用绝缘线，固定点间应保证电缆能承受自重所带来的负荷 （5）制冷机房内低压电力电缆采用聚氯乙烯绝缘或橡套绝缘电力电缆

表 6-62（续）

项目	要　　求
防雷接地	1. 根据《建筑物防雷设计规范》(GB 50057)，制冷机房属第二类防雷建筑物 2. 避雷针接闪线用 φ20 mm 热镀锌圆钢制作，顶部磨成尖状；避雷带宜采用镀锌圆钢或扁钢，优先采用圆钢，圆钢直径不应小于 8 mm（扁钢宽度不应小于 48 mm，其厚度不应小于 4 mm），沿机房的屋角、屋脊、屋檐和檐角敷设；引下线采用圆钢或扁钢，圆钢直径不小于 8 mm（扁钢截面不小于 12 mm×4 mm），应沿建筑物外墙敷设，并经最短路径接地；竖直接地体采用镀锌角钢、圆钢等，圆钢直径不小于 10 mm，角钢厚度不小于 4 mm，埋设深度不小于 0.5 m，避雷电阻不大于 10 Ω 3. 引下线应通长焊接，下端在室外地面下 0.8 m 与接地装置焊接，0.5 m 高处用一块截面尺寸为 60 mm×6 mm、长 100 mm 的扁钢作连接板，供测试用 4. 各蒸发式冷凝器支架之间用 25 mm×4 mm 的扁钢连成一体，每隔 25 m 就近至接地装置上 5. 蒸发式冷凝器避雷处接地装置可以与电气设备接地装置公用
电气接地	1. 电气接地体用镀锌角钢（50 mm×50 mm×5 mm）或镀锌钢管（直径为 50 mm，管壁不小于 3.5 mm）制作，每根角钢或钢管的长度为 2~3 m，竖直嵌入地下后顶部距地面 0.5~0.8 m，角钢或钢管的根数视接地体周围的土壤电阻率而定，一般不少于 2 根，每根的间距为 3~5 m。接地体电阻不大于 1 Ω 2. 在箱变基础的一侧或四周埋设好接地极，引至箱变基础平台的接地引线不应小于 2 条，并确保接地电阻 $R < 4$ Ω 3. 电气设备底盘应以独立接地线与主接地线连接，严禁在一条接地线上穿几个需接地的部分 4. 主接地线（采用 40 mm×4 mm 扁钢）与设备接地（采用 25 mm×4 mm 扁钢）的连接应采用搭接焊，焊接在底盘上，焊接必须牢固无虚焊，焊接长度为扁钢宽度的 2 倍（且至少 3 个棱边焊接）。其中，接至电气设备上的接地线，应用镀锌螺栓连接；设备机组接地线至相应的机组底盘上 5. 机房内接地线靠地表浅埋敷设，埋深 200 mm 左右 6. 蒸发式冷凝器可以利用电缆桥架作接地连接，接头处焊接 7. 所有电缆托架、保护管均应设置可靠的电气连接并接地 8. 镀锌桥架之间可利用镀锌连接板作为跨接线，把桥架连成一体。在连接板两端的两只连接螺栓上加镀锌弹簧垫圈，桥架之间用不小于 4 mm² 软铜线进行跨接，再将桥架与接地线相连，形成电气通路。桥架整体与接地干线应有不少于 2 处的连接 9. 多台设备的启动柜单列布置时，其两端应做重复接地，各启动柜必须与共用的底盘支架保持可靠的电气连接
预装式箱变吊装、运输及安装调试	1. 吊装与运输： （1）起吊时必须使用由制造厂提供的专用起吊工具起吊，起吊时顶角不得大于 40° （2）在装车时应注意箱体与车箱前、后的距离，防止预装式变电站在运输过程中因车的急刹、爬坡而前后撞击，预装式变电站必须固定牢固。顶盖在固定时必须用专用防护板保护好，以免变形；在运输过程中每隔一段时间应检查一下固定部分是否松动 （3）预装式变电站到达现场后，应对其进行检查，看是否有损坏，并履行交接手续。暂不使用时，应根据正常使用条件规定，存放于适当的场所 2. 安装： （1）预装式变电站的安装地点不应选在低洼积水之处，应尽量避开有复杂地下公共设施的场所，最好设在通风、阴凉、干燥的高地并尽可能靠近负荷中心 （2）将预装式变电站吊装于预先备好的基础之上 3. 调试： （1）预装式变电站在安装后、投入运行前，应清洁高低压开关设备、控制设备和变压器，并检查各操动机构、电器安装、母线连接、仪表、二次接线等，如有必要，对箱变内部各元器件重新紧固，并重做试验 （2）检验合格后，按操作程序，先合 10 kV 电源开关，观察高压侧指示仪表；然后合低压主开关，观察低压侧指示仪表；最后合各分路开关，进行观察。若经以上操作后均观察无异常，则变压器可投入正常运行

6.2.3.10　制冷站联合试运转

制冷站联合试运转和压缩机运行参数调试见表 6-63。

表6-63 制冷站联合试运转和压缩机运行参数调试

项目	要　　求
压缩机运行前准备	1. 确认设备附近无易燃、易爆物质 2. 确认系统内有足量的制冷剂 3. 确认系统处于正常工作状态 4. 确认已注足量的冷冻机油 5. 确认中间冷却器与系统连接的阀门处于开启状态 6. 确认油冷却器与系统连接的阀门处于开启状态 7. 盘动压缩机联轴器，无卡阻现象 8. 调整设备内各阀门处于正确状态
压缩机启动	1. 检查阀门状态 2. 合上高压级压缩机主电动机电源和控制电源 3. 将设备设在调试状态 4. 开启设备上的排气阀 5. 确认油泵电动机和高压级压缩机主电动机的转向；启动油泵电动机，同时观察油泵转向。转向不正确，急停，切断油泵电动机电源，调整油泵电动机接线顺序。油泵转向正确后，调整油压高于排气压力 0.3~0.5 MPa，将高压级压缩机卸载到零载位，油泵电动机启动延时约20 s启动高压级压缩机，同时观察高压级压缩机主电动机转向。转向不正确，急停，切断电源，调整主电动机接线顺序，正确后合上高压级压缩机主电动机电源 6. 启动油泵，确认油压 7. 油泵启动约20s启动高压级压缩机，调节吸、排气阀，使中间压力、排气压力在正常运行范围内 8. 调整高压级压缩机油压到高于排气压力 0.3 MPa 9. 高压级压缩机在零载位下运转30 min，并随时观察运行状况，如有异常立即停机，查明原因并排除故障后，再按上述操作程序重新开机 10. 高压级压缩机运转正常后增载，按20%的级差间隔10 min 逐级加载至100%，同时调整吸、排气阀，保证中间压力、排气压力在设备正常工作范围内，且所配主电动机不超载运行，如有异常，立即停机，查明原因并排除故障后，再按上述操作程序重新开机 11. 调整吸、排气阀，控制吸气压力、排气压力在正常运行范围内，将低压级压缩机卸载到零载位，按低压级压缩机启动按钮，延时 20 s，观察低压级压缩机主电动机转向。转向不正确，急停，切断电源，调整低压级压缩机主电动机接线顺序正确后合上电源。按上述程序重新启动高压级压缩机和低压级压缩机 12. 调整高压级压缩机油压到高于排气压力 0.3 MPa 13. 低压级压缩机在最低载位下运转30 min，并随时观察运行状况，保证吸气压力、中间压力、排气压力在设备正常工作范围内。如有异常，立即停机，查明原因并排除故障后，再按上述操作程序重新启动 14. 低压级压缩机运转正常后，调节吸、排气阀，保证吸气压力、中间压力在设备正常工作范围内，且所配主电动机不超载运行，按20%的级差间隔10 min 逐级加载至100%，如有异常，立即停机，查明原因并排除故障后，按上述步骤重新启动
压缩机运行参数调试	1. 调整吸气阀使吸气压力保持在正常工作范围内 2. 调整油压高于排气压力 0.15~0.3 MPa。顺时针旋转油压调节阀调节杆升高油压，反之，降低油压 3. 调整油冷却器冷却水流量或制冷剂流量，保持油温在40~55 ℃ 4. 调整油分离器的回油节流阀，通过回油视镜观察回油情况，以能看见回油油滴又略带有少量气体为合适 5. 根据高、低压级压缩机运行状态和高、低压级压缩机主电动机运行电流，调整高、低压级压缩机喷油节流阀 6. 调整中间冷却器热力膨胀阀的开启度，以中间冷却器出气温度高于中间压力对应的饱和温度 3~6 ℃为宜。热力膨胀阀的调整方法：面对调整杆，逆时针旋转一圈，过热则减小1 ℃；反之则增加 1 ℃。调整时，以旋转1圈为最大调整量（可分别1/4圈、1/2圈、1圈）。每次调整后，设备要运行20 min以上，使工况稳定，然后观察是否满足使用要求。如仍不能满足要求，可进行第二次调整，直至工况适合 7. 设备稳定运行4h后，如无异常，即可停机

表 6-63（续）

项目	要　　求
压缩机停机	1. 调整压缩机吸、排气阀，保证吸气压力、中间压力、排气压力在设备正常工作范围内，低压级压缩机按 20% 的级差间隔 10 min 逐级减载至零载位，停低压级压缩机 2. 调整压缩机吸、排气阀，保证中间压力、排气压力在设备正常工作范围内，高压级压缩机按 20% 级差间隔 10 min 逐级减载至零载位，停高压级压缩机。关闭吸气阀，油泵延时自动停止 3. 关闭排气阀 4. 切断主电动机电源
压缩机加油	1. 吸气截止阀关闭 2. 开启油分离器底部的油出口截止阀 3. 启动前油泵加油，将油加到一次油分离器 4. 当油分离器内有较多油时，应启动机组加油，使油充满在油冷却器内
水泵（清水、盐水泵）试运转	1. 开泵： （1）查看停泵原因，如事故或正常维修停泵，应查明是否交付使用 （2）检查润滑油的油量、油质是否符合要求 （3）盘动联轴器，试验启动，新安装的泵要检查电动机旋转方向是否正常 （4）吸水水位低于水泵者，应往泵体和吸水管内灌水、放空气 （5）关闭排出阀，开启吸入阀，然后启动电动机 （6）当水泵达到规定转速时，逐渐开启排出阀，并注意压力表及电流表直至需要范围（一般不超过额定值的 80%） 2. 停泵： （1）缓慢关闭排出阀，停止电动机运转，再关闭吸入阀 （2）冬季应放尽清水泵内的水，以防冻裂

6.2.4　制冷站运转

制冷站运转必须在供水、供电、盐水系统运行正常，安全设施齐备，备用器具仪表齐全，操作人员合格的前提下进行，具体要求见表 6-64。

表 6-64　制冷站运转要求

项目	要　　求
制冷站运转应具备的条件	1. 冷却水水量、水温满足设计要求，供水系统运转正常 2. 完成充氨、灌注盐水、隔热工作，盐水循环正常 3. 输、配电线可正常供电 4. 制冷站的防火栓、防毒面具、电气接地、避雷装置等安全设施已完成 5. 操作人员已进行技术培训，熟知氨、冷却水、盐水系统的操作技术规程，以及岗位责任制等各项制度 6. 冷冻机油、压缩机阀片、涨圈等易损件及压力表、温度计均有一定数量的备用量
螺杆式制冷机组操作注意事项	1. 做好运行记录。在运转过程中，应每小时至少记录 1 次吸气压力、吸气温度、排气压力、排气温度、油压、油温、油压差、电流、水泵压力等运行参数。这些参数有利于对运行情况进行分析。所用的仪器仪表必须准确，每年至少校验 1 次 2. 环境温度较低时开机前的工作。如果在气温较低的季节开机前，应首先开油分离器上的电加热器，提高油温和蒸发油分离器内凝结的制冷剂液体，螺杆压缩机开机前要求油温高于 25 ℃。油泵开启后油加热器自动断电，在手动控制方式下开机，按主机旋转方向盘动联轴器数圈，使油在机组内循环，充分润滑 3. 长期停机的要求。机组长期停机应每隔 10 d 开启一次油泵，保证压缩机内部都有润滑油，每次油泵运转 10 min 即可，每 3 个月开动压缩机 1 次，每次 30 min 即可，保证压缩机内运动部件的润滑。在冬季较冷地区，应将油冷却器、冷凝器等冷却水放掉，以防结冰冻坏管道及容器

表 6-64（续）

项目	要 求
阀门及管路的安全操作	1. 一般情况下，要求阀门的开启和关闭都应缓慢进行 2. 向容器内充装制冷剂时，阀门应缓慢开启，以免引起容器的脆性破坏 3. 开启供液和回气阀门时，应缓慢进行，防止压力波动过大或引起液击 4. 液体制冷剂管路及水路的阀门应缓慢关闭，防止发生"液锤"现象破坏管路及阀门 5. 安全阀必须定期检验，每年校验 1 次，并加以铅封；安全阀起跳后必须重新校验，确保其严密性和准确性。为了便于检修和更换，安全阀前一般设置截止阀，但必须处于开启状态 6. 严禁敲击、碰撞低温设备的阀门，防止低温脆性；系统制冷剂侧严禁使用灰铁阀门
制冷设备的使用维护	1. 氨压缩机的供油及注意事项如下： （1）螺杆式制冷机组冷冻机油的加入： ① 初次加油。关闭油粗过滤器进口和油精过滤器出口的管道截止阀，将加油管连在油粗过滤器前的加油阀上，启动机组中的油泵，油经加油阀、油粗过滤器、油泵及单向阀进入油冷却器，油充满油冷却器后流入油分离器，直至油分离器中的油面到达上视液镜中心时，停止加油 ② 补充加油。当机组内已有制冷剂时，需补充加油，首先应停机，关闭吸、排气阀，通过油分离器放空气阀泄压至 0.1～0.2 MPa，再按初次加油方法加油 （2）换油。首先停机，然后切断电源，关闭压缩机之前的吸气止回截止阀及油分离器出口的排气止回截止阀，若机组带有喷液装置和经济器，则还应关紧喷液电磁阀和补气口前的截止阀。从油分离器放空气阀处排空制冷剂，并从油分离器底部的几个排污螺塞处放空油，放空油过滤器中的油，如果机组中有油冷却器，也应放空其中的油。清洗或更换油精、粗过滤器等处，抽真空，给机组加油，开启吸、排气止回截止阀，开启喷液电磁阀及补气口前的截止阀。接通电源，开机 2. 氨压缩机辅助设备的使用维护见表 6-65 3. 盐水泵、清水泵、深井泵的运转和维护分别见表 6-66、表 6-67；盐水泵、清水泵、深井泵常见故障原因及消除方法见表 6-68 4. 常见故障原因及消除方法分别见表 6-69、表 6-70

表 6-65 氨压缩机辅助设备的使用维护

设备名称	使 用 维 护
立式冷凝器	1. 要定期放空气（一般 7～10 d 放 1 次），可在冷凝器顶部放气阀处进行；每隔 30 d 放 1 次油 2. 经常测量进、出水温度，一般二者相差 4～6 ℃为宜
立式盘管蒸发器	1. 盐水面高度要高出蒸发总管 100～150 mm，检查盐水液面，发现盐水漏失及时处理 2. 检查盐水温度，不同类型盐水非经检验不能混用 3. 检查出、进水温差 4. 检查盐水搅拌机和盐水泵的润滑 5. 每 30 d 放油 1 次
中间冷却器	1. 经常观察液面高低是否符合要求，应不低于高度的 1/3 2. 远距离液面指示器必须指示正确 3. 每 5 d 放油 1 次，或采用自动放油
高压储液桶	1. 液面位于 1/2～2/3 高度，不得超过容积的 80% 2. 检查有无漏氨，每 10 d 放油 1 次，或采用自动放油 3. 安全阀要按规定压力起作用
油氨分离器	1. 集油器应在低压状况下放油 2. 通过集油器每天放油 1 次或采用自动放油 3. 洗涤式油氨分离器，必须保持液氨供给达到其规定液位

表 6-65（续）

设备名称	使 用 维 护
蒸发式冷凝器	1. 每月清理 1 次清水池，每周检查 1 次浮球阀、溢流阀是否正常工作 2. 清除盘管外水垢时，要注意不得破坏设备的镀锌层 3. 新安装的冷冻系统在运行后应持续打开空气分离器，直到不凝性气体放完为止，之后每周至少放空气 1 次 4. 每天测量进、出水温度，一般二者相差 10 ℃ 以内
热虹吸式蒸发器	1. 液面位于 1/3~2/3 高度为宜 2. 检查盐水温度，不同类型盐水非经检验不能混用 3. 检查盐水出、进水温差 4. 氨制冷系统吹扫不干净的情况下，液位电磁控制阀易发生堵塞，因此系统吹扫工作一定要细致、全面
热虹吸储液器	1. 液面位于 1/2 高度，不得超过容积的 80% 2. 检查有无漏氨，每 10 d 放油 1 次，或采用自动放油 3. 安全阀要按规定压力起作用

表 6-66 盐水泵、清水泵的运转与维护

项目	内 容
启动	1. 检查托架内的黄油或用游标卡尺来测量润滑油位是否在规定范围内 2. 试验启动，检查电动机旋转方向是否正确 3. 从泵体上部螺孔向水泵和吸水管内灌水 4. 关闭出水管上的闸阀及压力表的旋塞 5. 启动电动机，并打开压力表旋塞 6. 当水泵达到规定转速时，压力表显示适当压力，然后打开真空表旋塞，并逐渐打开出水管路上的闸阀达到需要范围为止 7. 停止水泵时，应先关闭出水管路上闸阀，关闭真空表旋塞，并停止电动机，然后关闭压力表旋塞
维护	1. 注意水泵轴承温度，不应超过外界温度 35 ℃，且最高温度不应大于 75 ℃ 2. 托架内油位必须保持在油标尺的两刻度之间 3. 在水泵工作的第一个月内，运转 1000 h，应更换一次托架的润滑油；运转一个月以后，稀油 500 h 换 1 次，黄油 200 h 换 1 次 4. 填料函漏水程度以每分钟 10~20 滴为适宜，否则应压紧或放松填料压盖加以调节 5. 定期检查弹性联轴器，注意电动机轴承温升 6. 运转过程中，如发现噪声或不正常声音时，应立即停车，检查其原因 7. 水泵每工作 200 h，就应检查 1 次，叶轮与密封环配合处的间隙不能磨损过大。吸水口直径等于或小于 100 mm 的水泵，其间隙最大值为 1.5 mm；吸水口直径等于或大于 150 mm 的水泵，其间隙为 2 mm，超过时要更换密封圈 8. 长期停用水泵时应将其拆开，零件擦洗干净，加涂防锈油，冬季应放尽存水，以防冻坏

表 6-67 深井泵的运转与维护

项目	内 容
启动前的准备工作	1. 检查水泵各处螺栓 2. 检查水泵轴承润滑情况 3. 检查水泵填料松紧是否适宜 4. 检查出水管上的闸阀开闭是否灵活 5. 清除妨碍工作的杂物 6. 检查水泵转动方向是否正确 7. 灌水，启动深井泵

表6-67（续）

项目	内容
运行中的维护	1. 注意水泵有无振动，有无不正常声音，发现振动或响声过大时，应停机检查 2. 经常检查水泵润滑情况是否良好，轴承要及时加添机油，每月更换一次润滑油 3. 注意轴承温度和电动机壳温度是否正常，温升值一般可参考下列数值： （1）滚动轴承：最大容许温度90℃，最大容许温升60℃ （2）电动机定子绕组：最大容许温升为100℃（A级绝缘）或120℃（B级绝缘） （3）轴承温度若有烫手感，应立即停车 4. 注意水泵密封是否漏水、温度是否过高。应注意调节水泵填料压盖 5. 注意水泵进、出水口的真空表和压力表指示值是否正常 6. 做好运转记录
停泵后的注意事项	1. 检查各处螺栓有无松脱现象 2. 擦净水泵外部的水和其他污物，保持清洁 3. 检查水泵基础和水管的垫墩、支墩等有无倾斜、裂纹和下沉 4. 水泵在冬季使用时，应在停机后放空进、出水管和泵内的积水，以免把泵冻坏

表6-68 盐水泵、清水泵、深井泵常见故障原因及消除方法

故障现象	产生原因	消除方法
启动困难或无法启动	电压低、断相或保险丝熔断，叶轮间隙配合不当或泵体内杂物阻塞	检查电路、轴承配合间隙并清理泵体
水泵不吸水，压力表与真空表的指针剧烈跳动	注入水泵的水不够，水管与仪表漏气	再往水泵内注水，拧紧、堵塞漏气处
水泵不吸水，但真空表显示高度真空	底阀没有打开或淤塞，吸水管阻力太大，吸水高度太高	校正或更换底阀，清洗更正吸水管，减少吸水高度
水泵出水处的压力表显示有压力，而水管仍不出水	出水管阻力太大，旋转方向不对，叶轮淤塞，水泵转速不够	检查或缩短水管，检查电动机，取下水管接头，清洗叶轮，增加泵轴转速
流量低于预计数	水泵淤塞，双吸密封环磨损过多，转速不足	清洗水泵及管子，更换双吸密封环，增加泵轴转速
水泵消耗的功率过大	填料压盖太紧，填料环发热（因叶轮磨损坏了），水泵供水量过大	拧松填料压盖，或将填料取出来一些；更换叶轮，增加水管阻力，减少水量
水泵内部声音反常，水泵不上水	流量太大，吸水管阻力过大，吸水高度过大，在吸水处有空气渗入，所压送的液体温度过高	增加出水管内的阻力，以减少流量。检查泵吸水管底阀，减少吸水高度，拧紧堵塞漏水处。降低液体温度或吸水高度
水泵振动	泵轴和电动机轴不在同一条中心线上，或泵轴不正，地脚螺钉松动，轴承损坏	对准水泵和电动机的轴中心线，检查并拧紧地脚螺钉，更换轴承
轴承过热	没有油。水泵轴与电动机轴不在同一条中心线上，油圈不旋转	把中心线对准，并加润滑油

表6-69　螺杆式制冷机组运转不正常现象的原因及消除方法

故障现象	产生原因	消除方法
压缩机内有异物	如果操作不当，会造成吸气过滤网破碎进入机器内以及压缩机吸入大量液体制冷剂或润滑油，压缩机会出现异常声音	应定期清洗吸气过滤网，并检查是否破损
轴承、平衡活塞磨损或转子与机体摩擦	当润滑油质量差、喷油量不足、压缩机吸入杂质或较多液体会造成运动部件磨损，主要表现在运转电流增大，机体及排气温度升高，噪声增大	应定期清洗油粗、精过滤器和吸气过滤器，每次开机前先盘动联轴器几圈，检查有无卡阻现象
吸气压力过低	螺杆压缩机吸气腔处于较高的真空度时，压缩机会产生异常的震动或噪声	此时应检查供液量大小与压缩机荷载是否匹配，另外检查一下止回式吸气截止阀是否全部开启、吸气过滤网是否堵塞
滑阀在机体内震动	在部分负荷情况下，因转子或机体对滑阀的约束减弱，滑阀有可能在机体内震动，产生噪声，这为正常现象	要尽量避免压缩机长时间在这种状态下工作
压缩机与电动机同轴度偏差过大	压缩机与电动机同轴度偏差过大、联轴器安装不当，不但会引起机器运转不平稳、噪声增高，而且对转子、轴承和轴封会产生异常损伤	需要重新调整同轴度
联轴器的键松动	联轴器的键松动，会造成异常声音	需要紧固螺栓或更换键
止回式排气截止阀瓣往复运动	在部分负荷情况下，因排气压力不足以完全克服阀门内部弹簧力和阀瓣重力的作用，阀瓣有可能在阀门内往复运动，产生噪声，这为正常现象	当机组的能量逐步增加满负荷时，此响声会逐步消除
吸入过多制冷剂液体	蒸发器供液量过大，会使机器内部进入大量的液体，因为液体不可以压缩，因此压缩机会产生异常震动	应减少供液量

表6-70　氨制冷系统常见故障的原因及消除方法

故障现象	产生原因	消除方法
吸气压力或蒸发压力过低	1. 蒸发器供液量不足 2. 干式蒸发器管程垫片泄漏 3. 蒸发器内制冷剂传热效果差 4. 蒸发器载冷剂侧传热效果差 5. 管路阻力损失过大	1. 加大制冷剂供液量 2. 检查干式蒸发器管程垫片，修复垫片 3. 停止蒸发器使用，排净液氨，清洗内侧 4. 停止蒸发器使用，排净液氨，清洗载冷剂侧 5. 检查阀门是否打开，清洗疏通管路
蒸发器供液量不足	1. 系统制冷剂不足 2. 液体过滤阀堵塞 3. 供液电磁阀未打开或失灵 4. 供液阀开度过小 以上情况同时会伴有吸气过热度增大现象	应当从冷凝器、储液器至节流阀逐一排除 1. 补充制冷剂到规定量 2. 进行清洗或更换 3. 打开供液电磁阀，供液电磁阀失灵要更换 4. 适当调大（氟利昂机组还应注意热力膨胀阀是否有冰塞以及过热度调整过大的情况）。热力膨胀阀过热度旋钮顺时针旋转为减小供液量、提高过热度，反之则是减小过热度。每调整一次节流阀应观察吸气压力和吸气温度的变化情况，观察30 min左右，直至调到所需要的运行参数

表 6-70（续）

故障现象	产 生 原 因	消 除 方 法
干式蒸发器管程垫片泄漏	干式蒸发器管程垫片破损或移位会产生泄漏，部分制冷剂短路直接流到吸气管，实际进入蒸发器蒸发换热的制冷剂量减少，此种情况会伴有吸气温度降低甚至吸气带液现象	应关闭供液阀，将蒸发器中的制冷剂回收至冷凝器或储液器，拆开端盖更换管程垫片
蒸发器内制冷剂侧传热效果差	如果制冷剂含油量较大，在蒸发器内随着制冷剂的蒸发，油会分离出来，附着在换热管的表面，影响热交换	应当尽量减小压缩机的耗油量，及时排放冷凝器、储液器、蒸发器内的存油。根据使用温度选用合适凝固温度的润滑油
蒸发器载冷剂侧传热效果差	蒸发器载冷剂侧生锈、结水垢或者结冰以及排管和冷风机结霜都会影响换热器的换热效果，蒸发温度降低	载冷剂系统应定期清洗水路，排管及冷风机及时冲霜。因此应根据使用温度选择合适浓度的载冷剂溶液。盐水溶液有腐蚀性，应采取防腐措施
吸气管路阻力损失过大	止回式吸气截止阀没有完全打开或者阀芯卡死、脱落，吸气过滤器脏堵或者冰堵	未打开的止回式吸气截止阀打开；如止回式吸气截止阀阀芯卡死、脱落，要修理或更换；如吸气过滤器脏堵或者冰堵，要清洗、修理
排气压力或冷凝压力过高	1. 冷却水温度高或水量不足 2. 冷凝器水侧结垢 3. 冷凝器内积存制冷剂过多 4. 冷凝器存油量较多 5. 冷凝器内有不凝性气体 6. 空气湿度大 7. 排气管路阻力过大	1. 增加新鲜水补充或降低冷却水温、增加水量 2. 清除水垢或用药剂杀菌 3. 可通过触摸，感觉冷凝器中液体的高度，适量放出制冷剂 4. 应当尽量减少机组的耗油量，并及时排放冷凝器内的存油 5. 通过空气分离器放空气或冷凝器直接放空气 6. 提高冷却水的循环量或减少不必要的热负荷 7. 从油分滤芯至冷凝器依次排查，管路阀门必须完全打开
喷油温度过高	1. 冷却水温度高或水量不足 2. 冷凝压力（温度）过高 3. 热虹吸油冷却器制冷剂侧存油量较多	1. 加大冷却水存量与流量 2. 热虹吸油冷却器的出油温度一般比冷凝温度高 10～20℃，设法降低排气压力，从而降低油温 3. 应当及时排放热虹吸油冷却器中油
喷液量不足	喷液过滤器堵塞、喷液电磁阀未打开或失灵、喷液高温热力膨胀阀开度过小；蒸发压力过高及排气压力过低也会导致喷液量不足	前者应当从冷凝器、储液器至喷液高温热力膨胀阀逐一排查，后者应当降低蒸发压力和提高排气压力以保证喷液量有足够的压差
压缩机带液运行	1. 氨液分离器液位过高 2. 蒸发器供液量过大 3. 干式蒸发器端盖导程垫片泄漏 4. 蒸发器换热效果变差 5. 吸气管路阻力过大	1. 氨液分离器应避免有存液，低压循环储液器在工作时液位应控制在筒体高度的 1/3～2/3 之间，如液位过高，应检查液位控制器和供液电磁阀 2. 应适当调节节流阀开度或热力膨胀阀的过热度 3. 应关闭供液阀，将蒸发器中的制冷剂回收至冷凝器或储液器，拆开端盖更换导程垫片 4. 加强蒸发器放油、放水，及时清理内、外部结垢 5. 主要检查吸气过滤器是否脏堵或冰堵 压缩机发生吸气带液时应马上关小止回式吸气截止阀并减载，之后关闭供液阀

表 6-70（续）

故障现象	产 生 原 因	消 除 方 法
油压差过大	1. 油分离器内油位过低 2. 油路系统或油粗、精滤芯堵塞 3. 油温度过高 4. 压缩机内部件磨损，间隙过大	1. 应及时回油或加油 2. 应当进行清洗，建议新使用的机组运行 72 h 后拆洗 1 次油粗、精过滤器，按此时间进行 3 次后再每运行 3 个月清洗 1 次 3. 检查油温 4. 磨损部件应当检修，间隙超差部件应予以更换
压缩机耗油量增大	1. 喷油量增大 2. 压缩机吸气带液 3. 排气温度高 4. 排气温度低 5. 油分离器效果差 6. 三级油分离器内存油过多或回油不畅	1. 将油温调至合适值，磨损部件予以检修或更换 2. 应及时关小止回式吸气截止阀并减载，调整蒸发器及经济器的供液量 3. 适当开大喷液节流阀 4. 控制排气温度 5. 检修或更换滤芯 6. 观察三级油分离器视油镜的油位，正常情况下，此油腔不允许存油，如果存油，打开回油阀回油至压缩机吸气端
启动负荷过大、不能启动或启动后立即停车	1. 滑阀未停在零位，带载启动 2. 机体内充满润滑油或大量液体制冷剂 3. 运动部件严重磨损，摩擦力增大 4. 压缩机与电动机同轴度偏差过大 5. 电源断开器未合上或柜上急停开关未拧开 6. 压差控制器或继电器断开后没有复位 7. 压力控制器或温度传感器调节不当，使触点常开 8. 温度控制器调整不当或有故障 9. 接触器、中间继电器线圈烧毁、触头接触不良或控制电路故障 10. 电动机绕组烧毁或断路	1. 将四通换向阀拨入减载，使指针显示回到零位 2. 应盘动联轴器数圈，将液体排至油分离器，感觉松动后再开启压缩机 3. 必须进行检修 4. 需要重新调整同轴度 5. 排除电路故障，按产品要求供电，松开急停开关 6. 查明故障原因，并排除后手动复位，或等待自动复位后再开机 7. 进行参数保护，应按要求进行检查，并予更换 8. 调整温度控制器的设定值或更换温度控制器 9. 重新检查相关电子元件及电路 10. 需对电动机进行检修
压缩机运行中自动停机	1. 起自动保护作用的继电器或程序动作 2. 电源主回路热继电器保护动作 3. 控制线路松脱 4. 控制元器件故障	1. 根据保护动作的项目进行排查。必须查明故障原因并排除，才能再次开机 2. 先盘车检查是否机械故障，如果盘车过紧，找专业人员检修；如果是热负荷过大，表现为吸气压力过高，应减小热负荷或再次开机后减载运行 3. 对相应的线路进行排查、紧固 4. 继电器、传感器应至少每年校验一次。另外电压波动较大以及雷击等原因，很可能造成保险丝、电子元件烧毁，烧毁件予以更换
机组振动过大	1. 吸气压力过低 2. 吸入过多制冷剂液体 3. 压缩机与电动机同轴度偏差过大 4. 系统管路引起机组振动 5. 机组及主机、电动机地脚螺栓未紧固	1. 检查供液量大小与压缩机荷载是否匹配，另外检查一下止回式吸气截止阀是否全部开启，吸气过滤网是否堵塞 2. 减小供液量 3. 需要重新调整同轴度 4. 需增加支撑固定或割断管路重新连接，或改变系统管道支撑点的位置 5. 拧紧螺栓

表 6-70（续）

故障现象	产 生 原 因	消 除 方 法
机组安装基础质量差	安装基础振动或塌陷会导致机组振动	根据使用地区地质情况适当加强基础施工深度
吸气严重过热	满液式蒸发器结构的压缩机的吸气过热度应控制在 0.5~1℃，干式蒸发器结构的压缩机的吸气过热度应控制在 5~15℃。如果吸气过热度过大，吸气温度过高，排气及机体温度会过高	检查蒸发器供液量是否充足，以及回气管路保温是否严密
排气压力过高	由于压力与温度相对应，排气压力过高，排气及机体温度会随之升高	需检查高压系统及冷却水循环系统
压缩机喷油量、喷液量不足或油温过高	润滑油、制冷剂液体在压缩机中的一个作用是冷却被压缩的气体，喷油量、喷液量不足或油温过高会导致排气温度升高	要保证润滑油、制冷剂液体的流量，定期检查油压表是否合格，油路及喷油孔是否堵塞，喷液管路是否畅通，定期清洗和维护油粗过滤器、油精过滤器、喷液滤器及油冷却器
排气温度或油温下降	1. 压缩机吸气带液 2. 压缩机连续低负荷运转 3. 排气压力过低	1. 关小供液阀，并适当关小油冷却器进水或进液 2. 根据热负荷的大小适当调整能量滑阀，注意观察是否因为能量滑阀隔板泄漏出现自动减载现象 3. 根据情况减小冷却水流量或适当减少冷凝、冷却塔运行台数，蒸发式冷凝器还可以关闭水泵和风机运行
滑阀动作不灵活或不动作	1. 油路堵塞、油压过低 2. 电磁换向阀及电位器失灵 3. 油活塞密封圈泄漏 4. 滑阀、油活塞、滑阀导杆、螺旋杆及位移传递杆卡住	1. 清洗油粗、精过滤器，检查油路相关部件 2. 修复电磁换向阀及电位器 3. 更换密封圈 4. 通知设备厂家专业维修人员进行维修
能量、内容积比自动增载或减载	1. 电磁换向阀及电位器失灵 2. 油活塞密封圈泄漏 3. 自动机组程序控制错误	1. 检查电磁换向阀是否脏堵关闭不严，胶圈是否损坏、是否漏油 2. 更换密封圈 3. 进行排查或重新输入程序
压缩机制冷能力不足	1. 能量调节指示不正确 2. 吸气压力过低 3. 高、低压系统窜气 4. 润滑油密封效果减弱 5. 压缩机内主要部件磨损 6. 排气压力过高 7. 蒸发器面积配用过小	1. 进行检修 2. 经常清洗各个过滤器，定期检查及更换止推轴承。压缩机年度检验期限为一年，压缩机大修期限为三年 3. 检修窜气阀门，更换蒸发器 4. 更换润滑油密封 5. 更换压缩机内磨损部件 6. 控制吸气压力、排气压力在正常状态 7. 增加蒸发器面积
机组主机轴封泄漏	1. 轴封密封环磨损，O 型圈磨损或老化变形 2. 油温过高 3. 喷油内含有大量制冷剂液体 4. 压缩机与电动机同轴度偏差过大 5. 安装、检修轴封时装配不良	1. 保证轴封的喷油量、油封的安装方向并定期清洗油精过滤器 2. 控制油温 3. 调整供液量及对压缩机减载，并关小油冷却器进水阀或进液阀，情况严重时停机 4. 调整同轴度 5. 更换或重新装配轴封

表 6-70（续）

故障现象	产 生 原 因	消 除 方 法
润滑油泵轴封漏油	参考主机轴封漏油分析	定期清洗油粗过滤器
润滑油泵不能产生足够的油压	1. 油分离器内油位过低 2. 油路系统或油粗滤网、油精滤芯堵塞 3. 油泵故障 4. 压力变送器或压力、压差控制器失准	1. 加油 2. 定期清洗油路系统或油粗滤网、油精滤芯 3. 检修油泵 4. 对电子元件进行校检、更换
润滑油泵有噪声	1. 油泵联轴节损坏 2. 螺栓松动 3. 油泵损坏	1. 更换联轴节 2. 重新紧固螺栓 3. 更换油泵
油分离器油位下降	1. 排气温度下降 2. 油分离器中滤芯没固定好或损坏	1. 关小节流阀 2. 检查并固定好滤芯或更换
停车时油分离器油位急剧下降	1. 止回式吸气截止阀、经济器补气管路中的止回式补气截止阀止回动作不到位 2. 压缩机补气口和经济器之间的单向阀损坏	进行检修
油分离器油位上升	1. 系统内的油回到压缩机 2. 过多的制冷剂进入油内 3. 油分离器出油管路堵塞	1. 油位高应及时排放多余的润滑油，安全起见，放油时应停机 2. 应提高油温，使其中的制冷剂从润滑油中蒸发出来，进行检修 3. 进行检修
停机时主机反转	1. 止回式吸、排气截止阀关闭不严 2. 旁通管路不畅通	1. 进行检修，消除卡阻现象。长时间停机必须关闭止回式吸、排气截止阀，检修期限为两年 2. 检查旁通管路，检修其上的电磁阀
吸气温度过高	1. 系统中制冷剂不足 2. 节流阀开度小或管路堵塞 3. 吸气管路保温不良 4. 含水量超过规定	1. 对系统各管路接头、法兰连接处、阀门阀杆及轴封进行检漏 2. 补充制冷剂到规定量 3. 调节系统中供液节流阀，如节流阀开大后，吸气压力与温度仍无变化，应检查调节站相关阀是否有故障以及管路和过滤器是否堵塞。氟利昂制冷系统注意节流阀是否产生冰塞 4. 制冷系统低温回气管路加强保温
压缩机头结霜异常	1. 热力膨胀阀开启过大 2. 热负荷过小 3. 热力膨胀阀感温包未扎紧或捆扎位置不正确	1. 适当关小阀门 2. 减小供液或压缩机减载 3. 按要求重新捆扎
油温波动	系统运行工况波动过大	应稳定工况
吸气压力过高	1. 节流阀开启过大 2. 热力膨胀阀感温包未扎紧或捆扎位置不正确	1. 适当关小阀门 2. 按要求重新捆扎

表 6-70（续）

故障现象	产 生 原 因	消 除 方 法
制冷剂蒸发温度过低	1. 蒸发器的盘管内、外表面有污垢 2. 节流阀的开度过小或节流阀、液体管路有堵塞 3. 系统中制冷剂数量不够 4. 蒸发器的管内有空气 5. 盐水流量太小	1. 清除污垢，减少热阻，改善热交换 2. 调整节流阀开度，拆下清洗，排除污垢 3. 补充一定量的制冷剂 4. 排除空气，增加传热效率 5. 加大盐水流量
制冷剂蒸发温度过高	1. 氨压缩机与蒸发器配合不当 2. 氨压缩机工作不良 3. 节流阀的开启过大 4. 排气管内有油	1. 重新调整配合 2. 停机检查修理 3. 关小节流阀，使之达到蒸发温度要求 4. 放油
制冷剂冷凝温度过高、压力过高	1. 供水量不足或冷却水温过高 2. 冷凝器内部水的流量分布不均匀 3. 冷凝器内、外表面有污垢 4. 冷凝器内有大量空气存在 5. 节流阀开度太小或节流阀及液体管路局部堵塞 6. 冷凝器周围空气温度过高	1. 检查冷却水数量或流量，采取措施进行降温 2. 检查修理 3. 清洗污垢，增加热交换能力 4. 及时放出空气 5. 调整节流阀开度或找出堵塞部位，然后清洗修理 6. 可搭凉棚，避免阳光直射
制冷剂冷凝压力过低	1. 制冷剂在系统中数量不足 2. 压缩机排气阀泄漏 3. 冷却水温度过低和水的流量过大	1. 补充制冷剂系统中的制冷剂数量 2. 检查排气阀并修理 3. 减小水的流量
压缩机吸气温度过高	1. 节流阀调整不当 2. 系统中制冷剂数量不足 3. 高、低压机的吸气管道隔热质量差	1. 将节流阀调节到回气温度高于蒸发温度 5~10℃ 2. 增加系统中制冷剂的数量 3. 隔热层损坏处及漏洞应进行修补
蒸发压力与压缩机回气压力之差比平常高	1. 压缩机吸气管上阀门未开足 2. 机上过滤器太脏和有堵塞现象或吸气管上有较多污物 3. 几台压缩机合用一根吸气管 4. 吸气管阻力太大	1. 检查并开足 2. 停机，拆除过滤器清洗或清除堵塞 3. 根据压缩机制冷能力和情况重新调整 4. 改装调整蒸发压力和回气管道长度
压缩机排气温度过高	1. 节流阀开度过小 2. 制冷系统中加入的制冷剂不足 3. 压缩机冷却水套内的水量供应不足 4. 压缩机的进排气活门、安全活门泄漏 5. 压缩机回气管道隔热层质量差 6. 制冷系统中有大量空气 7. 压缩机吸气管路过长 8. 蒸发器泄漏 9. 压缩机各摩擦部分润滑油中断或不足 10. 压缩机的吸气管阻塞，节流阀未打开或阻塞	1. 开度适当放大，使吸气温度高于蒸发温度 5~10℃ 2. 增添系统中制冷剂量 3. 检查冷却水套的进水阀开度，增加冷却水量 4. 停机检查并修理 5. 及时修补隔热层 6. 通过放气阀将系统中空气放尽 7. 适当缩短吸气管路长度 8. 找出泄漏处，修补 9. 检查润滑系统，加强油的供给 10. 检查节流阀开启度，清除堵塞，消除吸气管堵塞物

表 6-70（续）

故障现象	产 生 原 因	消 除 方 法
压缩机排气温度过低	1. 节流阀开度过大 2. 制冷系统中加入的制冷剂数量过多 3. 高、低压机配比不当	1. 开度适当缩小 2. 放出多余制冷剂 3. 调整高、低压机配比
压缩机排气压力与冷凝压力之差比正常高	1. 压缩机排气管阀门未开足 2. 压缩机排气管局部阻塞 3. 几台压缩机合用一根排气管 4. 压缩机排气管路阻力太大 5. 逆止阀阻塞	1. 检查并完全打开排气管阀门 2. 清除阻塞部位 3. 在可能条件下，重新设计布置管路 4. 根据压缩机排气压力和管道长度重新计算 5. 拆修逆止阀
中间冷却器的压力过高	1. 制冷剂的冷凝压力高 2. 制冷剂的蒸发压力高 3. 中间冷却器内的供液中断 4. 中间冷却器供液不正常 5. 中间冷却器隔热层厚度不够 6. 中间冷却器内的油量过多 7. 高压机进气阀未开 8. 高压机开得少	1. 找出压力过高原因，消除方法与制冷剂冷凝温度过高相同 2. 找出压力过高原因，消除方法与制冷剂蒸发温度过高相同 3. 如安有浮球阀，应备手动阀，球阀失灵时，保证正常运转 4. 工作中注意液面，及时调整 5. 进行隔热层处理 6. 放油 7. 检查进气阀并全部打开 8. 增开 1 台高压机
双级压缩的高压机排气温度过高	1. 中间冷却器内的液体温度高 2. 中间冷却器液体量不足 3. 制冷剂的冷凝温度过高 4. 高压机的冷却水套水量流动不足 5. 高压机的进排气活门、安全活门等有泄漏 6. 低压机少，高压机多 7. 冷凝压力过高 8. 高压机进气管道隔热层厚薄不均匀 9. 高压机摩擦部位润滑油供应不足 10. 节流阀未打开或被堵塞 11. 高压机进气管道堵塞	1. 检查温度过高原因，提出消除方法 2. 增加液体量，保证一定的液位 3. 查明原因并消除 4. 检查水套上进水阀是否打开，增加冷却水流量 5. 停机检查并修理 6. 调整高、低压机配比 7. 找出原因，放出冷凝器内空气 8. 检查，修补 9. 检查润滑系统，补充润滑油 10. 检查开度是否适度，拆下清洗 11. 根据中间温度与高压机进气温度比判断，然后确定排除措施
盐水温度降低困难	1. 节流阀开启过小 2. 盐水浓度不够 3. 盐水箱隔热不好，冷量损失大	1. 按蒸发温度低于盐水温度 5~6 ℃ 的标准调整开启度 2. 适度增加盐水浓度 3. 检查隔热层破损处，加以修补

6.2.5 制冷站运转中安全注意事项

制冷站是压力容器、压力管道集中安装使用的场所，需遵守国家特种设备使用、管理相关规定。制冷站运转中安全注意事项见表 6-71。

表 6-71　制冷站运转中安全注意事项

要求	内　容
防火	1. 严防易燃物品存入车间内 2. 严禁在车间内吸烟点火，车间应放置灭火工具 3. 气体放空不可过于剧烈，防止产生静电作用，引起火花而着火 4. 氨气泄漏着火时用灭火弹、二氧化碳灭火机灭火。电气设备着火应切断电源，然后用二氧化碳或黄沙扑火
防爆	1. 氨在空气中含量达到 16%～25% 时，遇火焰或达到一定温度和压力时会引起爆炸，因此设备必须彻底清洗，压缩机中需使用符合要求的润滑油 2. 防止压缩机的油封漏油 3. 注意从冷凝器及储液器经空气分离器放空气 4. 设备管路使用前必须经过水压试验，设备管道应涂上防腐漆 5. 定期检查压力表和安全阀是否失灵，压缩机油闪点应符合要求 6. 充氨时禁止用任何方式对氨瓶加油
防毒	1. 做好防泄漏工作，发现阀门、法兰处有泄漏时应及时处理 2. 车间内保证良好通风 3. 备有防毒面具及有关劳动保护用品 4. 发生中毒时，要采取急救措施
消防	1. 制冷机房应增设与机房电源独立的应急照明和消防泵 2. 在同一灭火器配置场所，宜选用相同类型和操作方法的灭火器 3. 灭火器应设置在位置明显和便于取用的地点，且不得影响安全疏散 4. 灭火器的摆放应稳固，其铭牌应朝外。手提式灭火器宜设置在灭火器箱内或挂钩、托架上，其顶部离地面高度不应大于 1.50 m；底部离地面高度不宜小于 0.08 m。使用灭火器箱时，不得上锁 5. 每个设置点的灭火器数量不宜多于 5 具 6. 灭火器不宜设置在潮湿或强腐蚀性的地点。当必须设置时，应有相应的保护措施。灭火器设置在室外时，应有相应的保护措施 7. 灭火器不得设置在超出其使用温度范围的地点，二氧化碳驱动式干粉灭火器的使用温度为 -10～50 ℃

6.2.6　制冷站运转故障及处理方法

冻结过程中易发生的问题及预防、处理方法见表 6-72。

表 6-72　冻结过程中易发生的问题及预防、处理方法

问题	现　象	原　因	预防、处理方法
冻结管及供液管堵塞	去、回路盐水温差小，流量小或无流量	1. 使用旧管材时除锈清洗不彻底 2. 盐水浓度大，造成沉淀、结晶堵塞 3. 下管后，污物、泥浆落入管内未排除	1. 加强防锈和除锈。在运转过程中发现问题可将供液管提起一定距离，然后用水泵强力循环冲洗 2. 盐水浓度应按设计要求配制，配好后再用 3. 保护好管口，防止污物进入盐水管路
盐水短路循环	去、回路盐水温差较其他冻结器小得多	供液管连接不牢、断开或有缺口	检查修补，重新连接

表6-72（续）

问题	现　象	原　因	预防、处理方法
蒸发器盐水箱水位下降	水位浮标下降至一定位置时，发出信号	1. 箱体有渗漏，盐水泵及搅拌机密封不严 2. 冻结管断裂，造成大量盐水漏失	1. 关闭阀门，对渗漏点和密封处进行处理，恢复正常运转 2. 关闭断裂的冻结器，必要时可拔出供液管，在原冻结器内下入小直径冻结管恢复冻结
冷冻沟槽跑盐水	盐水从短节与胶管连接处或集、配液圈焊缝渗漏	1. 短节与胶管绑扎不牢 2. 胶管有损伤 3. 胶管强度不够 4. 集、配液圈焊缝渗漏	1. 重新将胶管与短节绑牢 2. 更换胶管 3. 改用棉线编织输水胶管 4. 关闭阀门，去掉隔热层，渗漏处补焊
冻结管出现裂口，造成盐水漏失	盐水箱水位下降，井帮或已砌井壁缝隙渗出盐水，严重者井帮渗漏部出现坍落或压坏井壁等	1. 焊缝强度不够，焊条质量不符合要求 2. 钻孔偏斜过大，下管后受力大 3. 冻结壁位移值大，折断冻结管 4. 掘进爆破震裂冻结管	1. 采用与冻结管材质相适应的焊条 2. 钻孔偏斜超过设计要求的应补孔 3. 合理选择掘进段高，发现漏盐水后立即关闭去、回路盐水阀门 4. 控制每次爆破装药量、炮眼至冻结管的距离
蒸发器排管渗漏	蒸发器盐水箱盐水产生大量泡沫	蒸发器盘管局部焊缝或砂眼渗漏	停止使用，排出盐水，修补或更换蒸发器排管
打压试漏爆炸		打压时管路系统内未排净的氨与空气混合达到爆炸条件	彻底吹净系统中残存的氨气

6.2.7　制冷站冻结系统参数监测

螺杆式制冷机组正常工作标志如下：

（1）排气压力为 1.47~1.8 MPa（表压）。

（2）排气温度为 45~90 ℃，最高不得超过 105 ℃。

（3）机组的油温为 40~55 ℃。

（4）运行过程中声音应均匀、平稳，无异常声音。

制冷辅助设备的正常工作标志见表 6-73。

表6-73　制冷辅助设备的正常工作标志

设备名称	正常工作标志
油氨分离器	放油阀关闭，其他阀打开。并联使用时，各分离器壁的温度应一致，氨液位稳定，不存大量的油，不震动
壳管式冷凝器	放油、放空气阀关闭，其他阀打开。冷凝器中不应储存液氨，以免减小冷却面积。冷凝器壁不应发热，其出水温度高于进水温度 4~6 ℃
调节站	一般开启 1/4~1/8 圈较为适中，压缩机温度正常稳定，盐水温度稳定下降
储液桶	放油阀关闭，其他阀打开，桶内的氨量为容器高度 50%~70%，液面指示器应加保护罩

表 6-73（续）

设备名称	正常工作标志
中间冷却器	放油阀和紧急泄氨阀关闭，其余阀打开。中间冷却器液面应在规定高度（见设备说明书），出液温度应在 ±5 ℃ 左右，高压机吸入温度比中冷器温度高 5~8 ℃，安全阀要按规定压力起作用
盘管式蒸发器	盐水面高度要高出蒸发总管 100~150 mm，至少每小时检查一次盐水水位，发现盐水漏失及时处理
卧式壳管满液式蒸发器	液氨液面位于 1/3~2/3 高度，浮球阀控制器动作应灵敏可靠，盐水进、出水阀门应处于全开启状态，放油阀、排污阀关闭；若使用玻璃管液面指示器，液面指示器应加保护罩
蒸发式冷凝器	放油、放空气阀关闭，其他阀打开，每天测量进、出水温度，其出水温度高于进水温度 10 ℃ 以内，风机、水泵运行无异响，水泵电动机应加装防淋盖
热虹吸式蒸发器	液氨液面位于 1/3~2/3 高度，液位电磁控制阀动作应灵敏可靠，盐水进、出水阀门应处于全开启状态，电子液位显示器所显示的数值应与金属液位计一致；若使用玻璃管液面指示器，液面指示器应加保护罩
热虹吸储液器	液氨液面位于 1/2 高度，不得超过容积的 80%，液面指示器应加保护罩，安全阀要按规定压力起作用
冷却水泵和盐水泵	轴承温度不超过 60~70 ℃，运转无噪声和冲击声音，吸入阀打开，电流稳定，盘根无大量漏水，压力稳定
压力表与管路	压力表指针跳动应均匀，管路不应有明显跳动
各设备上的安全阀	安全阀应呈开启状态，与其连接的管道上的阀也应呈开启状态
压缩机的吸气侧和排气侧应设温度计插座	插座应焊在距压缩机吸、排气阀的 400 mm 以内的管道上
阀门	放空气阀、放油阀、排污阀、充氨阀等在压缩机正常运转过程中应关闭
各设备上的隔热层	如中冷器、氨液分离器、低压管道等隔热层应完整，不得有破裂现象
玻璃管液面指示器	应有坚固的保护罩

制冷系统中的压力与温度正常工作标志见表 6-74。

表 6-74 制冷系统中的压力与温度正常工作标志

工作指标	正常工作标志
氨压缩机吸入温度	1. 单级压缩制冷时的吸入温度较蒸发温度高 5~8 ℃ 2. 双级压缩制冷时高压机吸入温度较中冷器温度高 5~8 ℃
氨压缩机的排气温度	1. 应低于冷冻机油闪点温度 25 ℃ 以上，即低于 140 ℃ 2. 双级压缩制冷时低压机的排气温度应在 70~90 ℃ 之间
氨的冷凝温度	应比冷凝器中冷却水出口温度高 3~5 ℃
经中间冷却器盘管冷却后的氨液温度	正常情况下应比中间冷却器内的温度高 4~5 ℃

表 6-74（续）

工作指标	正常工作标志
冷凝器中冷却水的出水温度	一般应比进水温度高 4~6 ℃
蒸发器中的盐水温度	应高于管内氨的蒸发温度 5 ℃
盐水的凝固温度	1. 采用立管式蒸发器时，应低于氨的蒸发温度 6~8 ℃ 2. 采用卧式管壳式蒸发器时，应低于 6~10 ℃
曲轴箱中加油时的压力	降低至 0.1 MPa 以下
氨压缩机排气压力	1. 单级压缩制冷时，排气压力为 1.0~1.2 MPa 2. 双级压缩制冷时，低压机排气压力为 0.3~0.4 MPa，不超过 0.5 MPa；高压机排气压力为 1.0~1.4 MPa，不应超过 1.4 MPa

6.2.8 制冷站拆除、冻结管充填

制冷站拆除、冻结管充填步骤与方法见表 6-75。

表 6-75 制冷站拆除、冻结管充填步骤与方法

项目	步骤与方法
前期准备	1. 氨制冷系统拆除前，应把系统中的氨油放尽；由厂家安排专人进行氨的回收 2. 利用排氨期间的系统汽化压力将设备或管道中的油排出 3. 拆除所需设备、材料备齐；人员配备到位，做好安全培训
氨的回收	1. 液氨的回收要严格按照如下步骤进行： （1）在回收前，开启高压储氨桶的放油阀，将系统内残存的油通过集油器放出并加以回收 （2）启动一台压缩机，关闭调节站的回液阀门，开启其他阀门，进行运转 2. 具体回收方式：关闭通往低压系统的通路，通过螺杆式压缩机的运行，把低压系统内的氨排至高压，最后到达调节站前供液母管的充氨管阀门，开启阀门把液氨排至氨罐中 3. 当储液桶的氨液面低于出液管口，即停止回收 4. 等到系统内的氨基本排放后，打开系统主管道阀门，加强通风，把系统内残存的液氨排出。也可以开启一台压缩机，向系统内注入空气，加大残存氨的流通速度，把氨迅速排出系统 5. 排出的氨气通过管路进入专用水池，不得直接对空排放
冷冻机油回收	1. 开启各设备的放油阀，把设备内残存的冷冻机油通过放油管放至集油器或蒸发器 2. 由于在低压、低温环境下，冷冻机油为黏稠状物质，流动性差，无法从放油管自动流出。因此，应将低压系统适当加热，增加油的流动性使冷冻机油自动流出 3. 等低压系统的温度回升后，开启低压系统的放油阀，将冷冻机油排至油箱内 4. 由于系统内冷冻机油很难一次放净，所以需要分次、分阶段放油，直至把低压系统内的油释放干净为止 5. 低压系统内残存的机油可以在用空气吹扫系统内的残存氨时一起排出
盐水回收	1. 关闭盐水泵，盐水系统停止运行 2. 将热虹吸式蒸发器排放口打开，将热虹吸式蒸发器内的盐水排出，并用潜水泵排至盐水箱内 3. 其他剩余盐水可排至业主指定的位置，避免影响周围环境；在盐水箱内放置潜水泵，将盐水箱内的盐水抽出排至业主指定的位置

表 6-75（续）

项目	步骤与方法
保温材料回收	1. 保温材料的拆除与回收安排在管道、阀门与设备的拆除之前。在进行管道、阀门与设备的拆除时，一定要将保温材料移除出拆除现场，防止不阻燃保温材料着火，并方便施工 2. 对于不可复用的保温材料，要利用剪刀等工具把保温材料剪开，然后把保温材料拆除，统一堆放并回收。对于可复用的保温材料，要利用剪刀等工具将固定保温材料的胶布等材料剪开、除拆，然后把保温材料拆除，统一回收
供液管回收	1. 供液管回收前，应准备好拔管机、盘管机与捆扎带等 2. 供液管回收后，要封住冻结管的开口（用塑料布包扎冻结管口），防止异物落入管内，影响充填质量
管道及阀门拆除	1. 管道拆除前，认真检查系统内的氨、冷冻机油是否已经排放干净，经检查无误后方可进行管路拆除工作 2. 把管道上的压力表、温度计、流量计以及各种监测元件等拆除 3. 管道的拆除方式是由高到低、先小后大、先支管后干管 4. 利用剪刀等工具拆除管路上的保温材料 5. 把小管道用氧气、乙炔割除，放置于地面，堆放整齐 6. 割除主管道前，利用房梁，先用具有相应起重能力的手拉葫芦把主管路的管道固定，检查吊装器材的情况 7. 用氧气、乙炔把主管道分段截成 8 m 左右的短管道，以便装车回运 8. 利用手拉葫芦和绳套等工具，把短管道逐个缓慢放至地面，在回收区内统一堆放 9. 把管道上和设备、阀门连接的螺栓逐个拆下，阀门、螺栓统一回收
设备拆除	1. 先将管道拆除，再拆除设备 2. 首先拆除设备上的保温材料，利用剪刀等工具把保温材料剪开，然后把保温材料拆除，统一堆放 3. 保温材料拆除后，把设备和设备基础连接的地脚螺栓拆下 4. 设备拆除和厂房拆除可以同时平行作业 5. 在拆除设备的同时，可以把厂房的墙面及部分房梁支架拆除，方便吊车吊装设备 6. 等设备全部拆除完毕，可以继续拆除厂房剩余部分
材料装车运输	1. 管材和设备分车装运 2. 起吊装车时统一协作，听从指挥 3. 吊车在装车过程中，起吊点要牢固，起重要平稳，留好稳绳 4. 施工设备在装车时一定要绑扎牢靠，并注意严禁超高、超宽、超载 5. 在材料装车完毕，经检查绑扎牢靠后，方可发车 6. 每车均要有随车清单，记录所装设备、材料型号及数量等
基础破除	1. 待场地内各种设备、材料均已装车回运完毕，并经现场检查无误后方可进行基础破除工作 2. 破除前各项现场安全、环境保护措施要到位，如封闭破除现场，洒水降尘设备可正常启用等 3. 洒水降尘工作必须贯穿基础破除施工的全过程 4. 现场的临时道路和已硬化的地面暂时保留，以方便各种工机具、施工车辆进出 5. 对于小型独立基础如高压储液桶、油氨分离器、热虹吸式蒸发器、热虹吸储液器、房柱基础等，可采用履带式反铲挖掘机一次性挖出、装车 6. 对于中、大型基础及条形基础如蒸发式冷凝器、中间冷却器、盐水泵、清水池、盐水箱基础应先使用气锤进行破碎，再使用履带式反铲挖掘机装车 7. 运输车辆出场时必须对车身进行喷水降尘、车顶覆盖帆布或编织网等以防止运输过程中掉落土石，影响道路安全 8. 最后对现场内的临时道路、硬化地面进行破除、装车，对揭露出的素土地面进行最后一次洒水降尘工作 9. 由于矿井建设中对工序和工期的安排，全深冻结的井筒在破除井口地沟槽时，井口可能正在进行永久锁口施工，所以在破除时一定要严格注意对井口的临时封闭，严禁掉落土石到井下

表 6-75（续）

项目	步骤与方法
冻结管充填	1. 充填材料：一般采用水灰比为 0.8~1.0 的水泥浆进行充填 2. 充填： （1）充填范围为大于冻结孔全长的 95% （2）供液管回收完毕再充填冻结管。供液管回收后，要用塑料布包扎冻结管口，防止杂物落入管内，影响充填质量 （3）冻结管充填时要分次充填，每次充填要保证充填质量，以防充填不实。充填冻结管可以交叉进行 （4）充满冻结管后，盐水将被逐渐挤压出冻结管。盐水被挤压出冻结管后，用排水泵把盐水排出，统一存放 （5）充填时做好充填原始记录，并有参加充填人员签字，每一个冻结管充填完毕，3 d 后请筹建处、监理部人员进行检查，并认证签字

制冷站拆除安全要求见表 6-76。

表 6-76 制冷站拆除安全要求

项目	
制冷站拆除安全要求	1. 液氨回收时所有参与回收的工作人员必须佩戴胶皮手套、防护靴和防毒面具等防护用品，机房内的窗户全部打开，以保持空气流通，无关人员禁止进入回收作业现场围观 2. 管道拆除前必须认真检查系统内的氨和冷冻机油是否排放干净，经检查无误后方可进行管道拆除工作 3. 现场工作人员严禁酒后施工。所有操作人员应持证上岗，特别是国家规定的特种行业必须有国家相关的上岗资质 4. 登高作业必须系好安全带，衣着要灵活，禁止穿软底鞋，必须戴安全帽 5. 施工现场要有充足的灭火器材 6. 施工前要认真检查使用工具的可靠性。比如，手拉葫芦是否满足起重要求，性能是否可靠；安全带、绳套是否可靠等 7. 系统内残存的氨排除干净后再使用氧气、乙炔，一旦遇有明火应及时用消防器材扑灭 8. 拆除机房期间由于地面有油或其他易燃物，工地禁止吸烟，每天下班前仔细检查工地是否有未灭火种存在 9. 设备吊装听从指挥，统一调度 10. 严禁从高处滚放管道，放管时要用稳绳固定慢慢下放，有专人负责，统一指挥 11. 吊车在起吊过程中，起吊点要牢固，起重平稳，留好稳绳，起吊信号由专人负责。严禁在起吊物下停留或作业 12. 注意机房通风，氧气、乙炔割除完毕及时检查，严禁留有火种 13. 使用撬棍时，不可随意松手，多人同时作业，须有统一指挥 14. 施工设备在拆除和运输过程中一定要绑扎牢靠，工作人员要相互照应，协调一致，以免损坏设备和造成人身事故 15. 厂房屋顶拆除后，遇到雨雪天气，用塑料布覆盖配电设备及主要设备 16. 机房拆除过程中要设立安检员，落实监督各项安全制度 17. 所有参加施工的作业人员必须学习充填措施及有关安全规程、标准 18. 拆除、破除现场要临时封闭、设置围挡，严禁无关人员进入 19. 地沟槽底部必须清理干净，防止杂物 20. 坚持"安全第一"的方针，做好多项预防工作。矿井掘砌单位倒矸部位下面的冻结管在倒矸时不进行充填 21. 地沟槽内设置 24 V 照明灯，保证施工时光线充足 22. 所有用电设备必须配备漏电保护器，确保良好接地 23. 井口冻结管充填过程中要设立安监员，监督落实各项安全制度 24. 仔细检查地沟槽顶帮支护状态是否完好，铺设好运输道路，施工人员配备劳动保护用品，防止出现意外

6.2.9　氨制冷施工措施及记录

氨制冷施工措施及记录见表 6-77。

表 6-77　氨制冷施工措施及记录

名　称	内　容
工程施工措施	1. 临时用电安全措施（电源、电压、布置、防护等） 2. 制冷站制冷系统安装施工措施 3. 充氨、化氯化钙施工措施 4. 制冷系统操作规程
工程作业指导书	制冷站焊接作业指导书
工程应急预案及措施	1. 冻结管断裂应急预案 2. 氨泄漏及氨中毒应急预案 3. 潜在火灾应急预案 4. 氧气、乙炔气泄漏应急预案 5. 高空坠落应急预案 6. 物体打击应急预案 7. 触电事故应急预案 8. 起重、吊装应急预案 9. 氨和盐水冻伤应急预案 10. 制冷站通风措施
工程记录	1. 技术交底记录 2. 图纸会审记录 3. 安全交底记录 4. 冻结管下放措施贯彻学习记录 5. 冻结管安装记录 6. 焊接施工记录 7. 冻结管复核试压记录 8. 供液管下放施工记录 9. 三大循环系统试压试漏、保压记录 10. 氨制冷系统试充氨记录 11. 充氨、化氯化钙记录 12. 机房内设备试运行记录 13. 制冷站日报表 14. 制冷站低压系统运转日志 15. 制冷站高中压系统运转日志 16. 制冷站盐水系统运转日志 17. 制冷站水泵运转日志 18. 制冷站变电所运行日志 19. 制冷站压缩机运转日志 20. 测温孔水文孔日报表 21. 冻结器头部盐水温度日报表 22. 井下实测记录表

6.3 氟利昂制冷站

市政冻结施工环境要求高、单项工程需冷量小,主要采用氟利昂低温盐水机组制冷,它具有集成化、自动化、小型化等特点,系统便于安装、操作、拆除、运输。与氨制冷系统类似,氟利昂冻结制冷系统包括氟利昂循环系统、盐水循环系统、冷却水循环系统。

6.3.1 制冷站设备配备

(1) 工程需冷量。市政冻结工程一般工作工况为:盐水温度 -28 ℃(蒸发温度 -33 ~ -35 ℃),冷凝温度 32 ℃。

根据设计要求,计算制冷工程在工作工况下的实际需冷量:

$$Q_x = \pi m d H k_t \tag{6-20}$$

式中 Q_x——制冷工程需冷量,kJ/h;
H——联络通道冻结管总长度(含冷排管长度),m;
d——冻结管直径,m;
k_t——冻结管散热系数,kJ/(m²·h)(取值见表 6-2);
m——冷量损失系数,1.3 ~ 1.5。

(2) 制冷站制冷量配备:

$$Q_p = (1.1 \sim 1.2) Q_x \tag{6-21}$$

式中 Q_p——实际工况下制冷站最低配备冷量,kJ/h。

6.3.2 低温氟利昂盐水机组选型

目前,国内常用的低温盐水机组出厂时配有该机组的技术参数表及机组性能曲线,如有特殊需要厂家还可以另行提供其他工况下的参数。以武汉新世界制冷工业有限公司生产的设备为例。

(1) 制冷压缩机组的特点及使用条件见表 6-78。

表 6-78 制冷压缩机组的特点及使用条件

项目	产 品 内 容
机组特点	1. 采用高、低压差供油,基本排除油泵故障,节省油泵电动机功率 2. 在不同的环境与负荷下,能量可在 10% ~ 100% 之间进行无级调节 3. 可变内容积比调节,使机组适应不同的运行负荷和工况 4. 低温时可以启动经济器,制冷量及制冷系数分别可提高 33%、19% 5. 冷凝器、蒸发器均采用高效换热管,机组体积小,重量轻,结构更紧凑
使用条件	1. 冷却水进水温度:20 ~ 32 ℃,并应符合《工业循环冷却水处理设计规范》(GB/T 50050) 2. 盐水溶液:氯化钠水溶液适用于 3 ~ -15 ℃,氯化钙水溶液适用于 3 ~ -35 ℃ 3. 制冷剂 R22 符合标准:《工业用二氟一氯甲烷(F22)》(GB/T 7373) 4. 冷冻机油符合标准:《冷冻机油》(GB/T 16630) 5. 电压允许偏差:±5%

(2) 制冷压缩机组的技术参数及性能曲线见表 6-79 及图 6-10。

表6-79　制冷压缩机组的技术参数

项　目		(W)JYSLGF240Ⅲ	(W)JYSLGF300Ⅲ	(W)JYSLGF480Ⅲ	(W)JYSLGF600Ⅲ
制冷量/kW	0℃/32℃	306	407	613	818
	-10℃/32℃	205	274	412	550
	-15℃/32℃	166	221	333	444
	-20℃/32℃	132	176	265	354
轴功率/kW	0℃/32℃	85	113	168	218
	-10℃/32℃	80	106	158	205
	-15℃/32℃	75	101	150	194
	-20℃/32℃	71	94	140	181
制冷剂及加入量/kg		R22/280(满蒸)、135(干蒸)		R22/380(满蒸)、235(干蒸)	
冷冻机油品种		LDRA/B46 或 LDRA/B68（WL5）			
机组首次加油量/L		300		490	
机组质量/kg		4450	4800	7500	8300
机组运行质量/kg		5350	5700	9000	9500~10900
螺杆型号		LG16ⅢDF	LG16ⅢF	LG20ⅢDF	LG20ⅢF
转子名义直径/mm		160		200	
转子长度/mm		182	240	228	300
理论排气量/(m³·h⁻¹)		436	574	852	1120
制冷量调节范围		10%~100%无级调节			
内容积比		2.5~5.0无级调节			
压缩机转向		面对压缩机轴伸出端为顺时针			
主电动机功率/kW	0℃/32℃	100	125	185	250
	-10℃/32℃	85	110		220
	-15℃/32℃			160	
	-20℃/32℃		100		200
电动机额定转速/(r·min⁻¹)		2960			
油泵型式		转子泵			
油泵流量/(L·min⁻¹)		50			
油泵电动机功率/kW		1.1			
油泵电动机转速/(r·min⁻¹)		910			
冷却水进水温度/℃		≤32			
冷却水流量/(m³·h⁻¹)		≥14	≥16	≥22	≥24

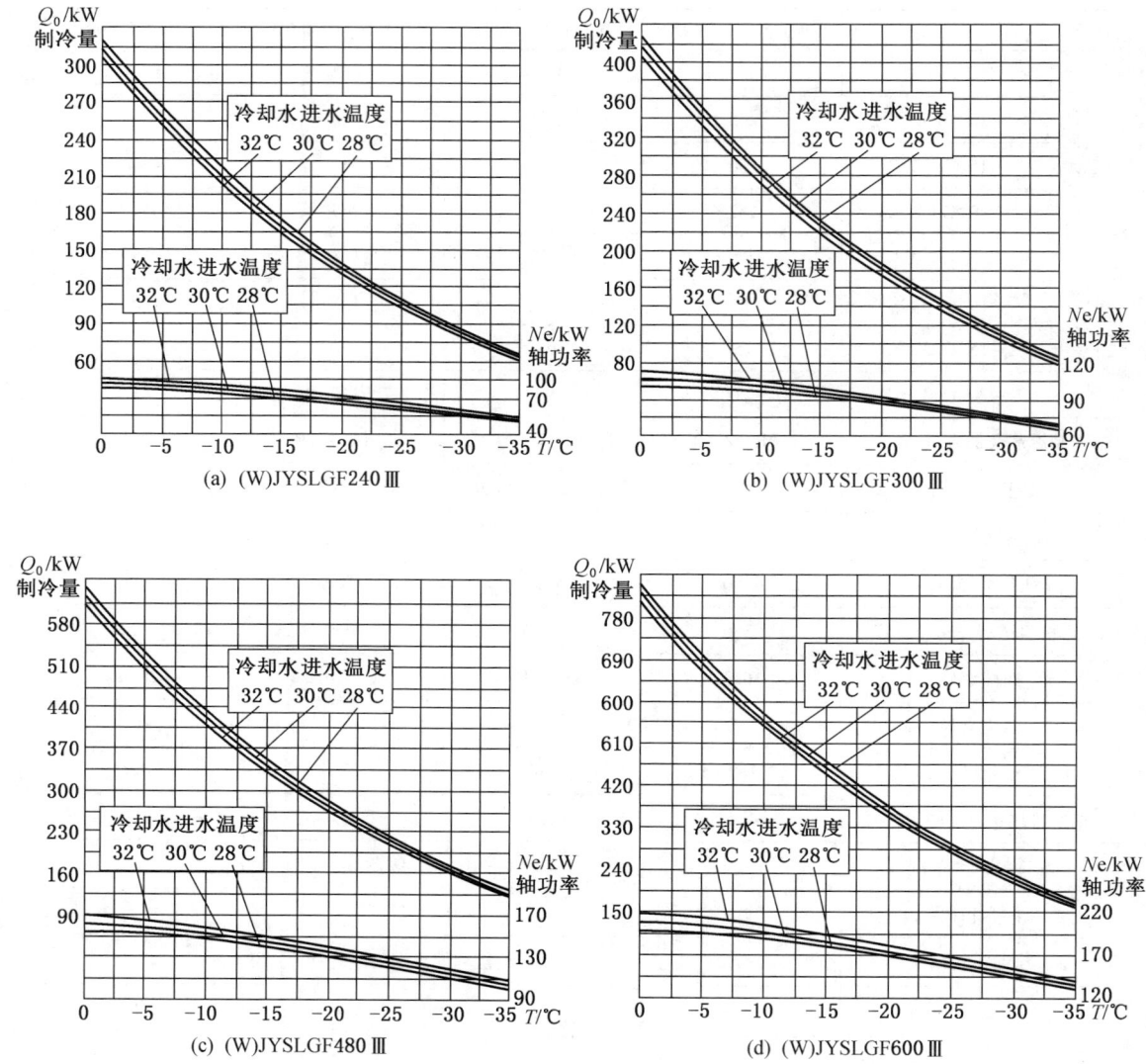

图 6-10 制冷压缩机组性能曲线

冻结工程需冷量必须按实际工况的需冷量计算并按规定增加富余冷量。由于市政工程安全风险极大，不允许单机施工（压缩机必须一用一备）。

6.3.3 盐水系统、清水系统

1. 盐水系统

1）盐水流量

一般市政冻结工程多为旁通道（联络通道）等水平冻结，盾构机进、出洞有水平冻结也有竖直冻结，但竖直冻结深度基本都小于 40 m。水平冻结多采用 $\phi 89$ mm × 8 mm 低碳钢无缝钢管，竖直冻结多采用 $\phi 127$ mm × 5 mm 低碳钢无缝钢管。设计要求单孔流量不小于 5 m³/h，并采用 2~4 个孔串联循环，设计时可根据单孔最低盐水循环量和串联循环组数计算最低盐水流量。

2）盐水泵及盐水干管

（1）盐水泵扬程及电动机功率可参照氨制冷站进行计算。

（2）盐水干管选择也可参照氨制冷站进行计算。

2. 清水系统

1）冷却水的总需用量

$$W = W_1 + W_2 \tag{6-22}$$

式中　W——冷却水的总需用量，m³/h；

　　　W_1——冷凝器的冷却水需用量，m³/h（厂家提供）；

　　　W_2——油冷却器的冷却水需用量，m³/h（厂家提供）。

2）新鲜水需用量

$$W_0 = \frac{W(t_2 - t_1)}{t_2 - t_0} \tag{6-23}$$

式中　t_1——冷凝器的进水温度，℃；

　　　t_2——从冷凝器流回循环水池的水温，℃；

　　　t_0——新鲜冷却水进入循环水池的温度，℃。

3）冷却水泵、冷却塔

（1）清水泵扬程及电动机功率按厂家提供的参数进行计算。

（2）清水散热冷却塔。国内冷却塔生产厂家很多，但冷却原理和内部结构差别不大。应用于市政冻结工程的散热冷却塔以外形为圆形、处理水量在 100~500 m³/h 的居多。NBL 和 BL 系列玻璃钢冷却塔性能参数见表 6-80、表 6-81。

表 6-80　NBL 系列玻璃钢冷却塔性能参数

项　目	型　号				
	NBL-100	NBL-150	NBL-200	NBL-300	NBL-500
处理水量/(m³·h⁻¹)	100	150	200	300	500
冷却能力/(10⁴ kcal·h⁻¹)	50	75	100	150	250
外形高度/mm	4040	5062	5227	6144	6826
最大直径/mm	3400	3932	4700	5708	7140
风机功率/kW	5.5	10	10	17	22
进塔水压/MPa	≥0.4	≥0.5	≥0.5	≥0.6	≥0.6
运转质量/kg	3700	6050	7850	11700	18200
设计参数	进塔水温 $t_1 = 36$ ℃，出塔水温 $t_2 = 32$ ℃，湿球温度 $t = 28$ ℃				

表 6-81　BL 系列玻璃钢冷却塔性能参数

项目	型号			
	BL-100	BL-200	BL-300	BL-500
处理水量/(m³·h⁻¹)	100	200	300	500
冷却能力/(10^4 kcal·h⁻¹)	50	100	150	250
外形高度/mm	3520	4740	5510	6390
风机功率/kW	4	7.5	13	18.5
进塔水压/MPa	≥0.32	≥0.38	≥0.42	≥0.5
运转质量/kg	2200	4500	5500	9000
设计参数	进塔水温 t_1 = 37 ℃，出塔水温 t_2 = 32 ℃，湿球温度 t = 28 ℃			

6.3.4　氟利昂制冷站布置及安装

6.3.4.1　氟利昂制冷站布置原则

制冷站位置选择要求如下：

（1）制冷站可设置在地铁车站地面广场、车站地下站厅层或联络通道附近的隧道内；制冷站优先布设在联络通道附近，优先采用高压供电。

（2）制冷站厂房防火应符合现行国家标准《建筑设计防火规范》（GB 50016）的规定。

（3）制冷站应通风良好。采用冷却塔给冷却水降温时，冷却塔应通风排热，冷却塔通风条件不能满足设备降温需求时可安装轴流风机强制通风。

（4）制冷站设在地面时，制冷系统的高压部分应避免阳光直晒。

氟利昂制冷站设备布置原则见表 6-82，隧道内氟利昂制冷站设备布置如图 6-11 所示。

表 6-82　氟利昂制冷站设备布置原则

分类	制冷机组、盐水泵、清水泵、冷却塔
布置原则	1. 便于设备的维护、操作，整体美观 2. 多台制冷机组并联使用时，两两之间要留足设备的检修空间距离 3. 压缩机组的压力表、油表、操作阀门等应面对巡检通道，便于观察记录 4. 盐水系统安装应靠近冻结区域位置，方便管路布置和安装 5. 盐水机组安装要保证其卧式冷凝器的检修空间 6. 冷却塔布置应利于散热，方便施工
设备基础	1. 设备基础应符合出厂要求的尺寸大小，如空间不能保证需改变，要做计算分析后再应用 2. 在保证设备运行稳定的情况下，应优先选用钢结构固定架基础，尤其在地铁隧道内施工时，不能改变隧道的结构和外观 3. 采用钢结构基础时，为避免单体基础对整体的影响，要求所有设备基础要整体连接，并可有效避免设备基础间共振的产生 4. 单体设备与钢结构整体基础采用螺栓连接时允许偏差：中心距 ±3～5 mm，垂直度 ≤1/100，高差 ≤ ±5～10 mm

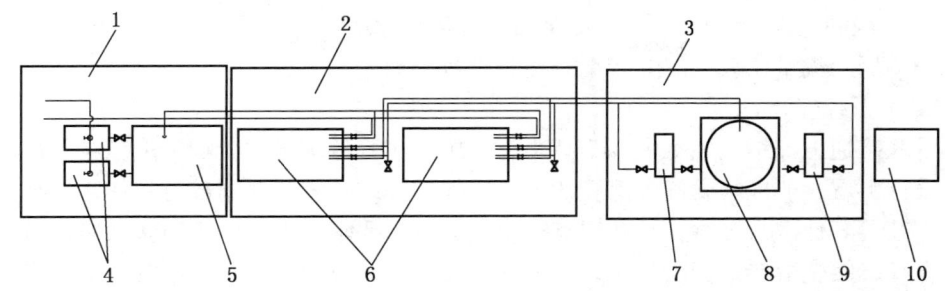

1—盐水系统；2—氟利昂制冷系统；3—清水系统；4—盐水泵；5—盐水箱；
6—氟利昂制冷机组；7、9—清水泵；8—冷却塔；10—箱式变电站

图 6-11 隧道内氟利昂制冷站设备布置示意图

6.3.4.2 设备、系统管路安装

市政冻结工程中一般施工用地狭小，因此布置制冷站时要充分考虑设备的紧凑性，并要求设备的运行和检修得到保障。设备的安装要符合《制冷设备、空气分离设备安装工程施工及验收规范》(GB 50274)、《机械设备安装工程施工及验收通用规范》(GB 50231)、《工业金属管道工程施工规范》(GB 50235) 中的有关规定。配电系统安装及调试应符合现行国家标准《电气装置安装工程 盘、柜及二次回路接线施工及验收规范》(GB 50171) 的相关规定。地铁联络通道冻结施工应参照上海市建设规范《联络通道冻结法技术规程》(DG/TJ 08—902) 相关要求。

1. 盐水机组安装

基础应采用符合要求的混凝土连续浇入事先制好的基础框架中，根据图纸预留基础螺栓孔。

市政冻结一般在隧道内、二层平台施工或在已经硬化的地坪上施工，可以不施工基础，但应制作钢底盘。机组放在底盘上，将底盘与混凝土地坪用膨胀螺栓固定，在隧道内底盘可与平台固定。

基础凝固后，将随机附带的地脚螺栓装于公共底座上，然后将机组放在基础上。每个地脚螺栓附近放置斜铁，利用调整斜铁将公共底座找正、水平。各垫铁应垫实，然后用与浇制基础一样的混凝土填满。在机组安装后应重新找正。

2. 制冷系统安装

市政冻结工程中的安装多采用模块化设计，因此多以连接各个模块为主的管路安装速度快、效率高。

制冷站采用的设备、压力容器及管道阀门必须清洗干净并经压力试验合格。安全阀等安装前应进行灵敏性试验。

(1) 系统的水池、清水系统和冷却塔及各种水处理装置的配置必须满足本机组对循环水量、流量和温度的要求，调试时被冷媒水带出的制冷量要有一定的消耗途径，冷却水的热量要保证及时散发，各进水口应加过滤器。

(2) 连接蒸发器、冷凝器进出水管，在"两器"的两个出水管水平段各装一个水流

继电器。

（3）机组的蒸发器和回气管路要保温，冷媒盐水管路也要保温，所有机组外管路上的测温、测压、流量仪表都应安装在光亮、干燥的地方。

3. 冷板系统安装

地铁联络通道冻结法施工中，为减小冻结施工对其他施工的影响一般冻结孔从单侧施工。从设计上看，非冻结孔施工侧管片与地层间的冻结壁就是薄弱部位；加之钻孔施工中地层及工艺等其他因素影响，钻孔很难完全达到设计要求。因此，为防止联络通道在施工构筑中存在冻结壁薄弱的安全隐患，目前联络通道冻结设计都会在对侧管片上敷设一定数量的冷冻盘管，加强贴近管片位置冻结壁的强度和厚度。

冷冻盘管一般为1根或2根单独循环的盐水低温管路。施工时从地铁一侧打通到另一侧。透孔贯穿后，冻结钢管留在地层中防止水砂喷出，并配备快速水泥浆封堵流水，保证施工安全。联络通道冷板施工如图6-12所示。

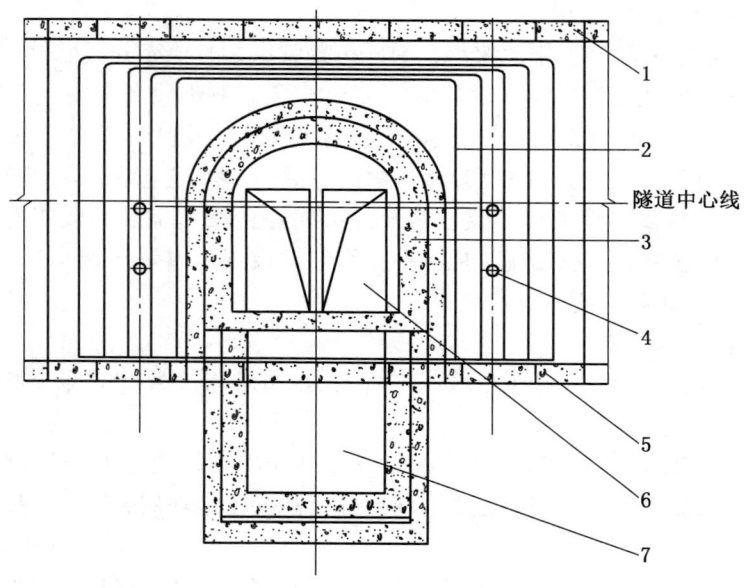

1—隧道顶板管片；2—冷板；3—联络通道衬砌结构；4—对穿冻结管；
5—隧道底板管片；6—联络通道防护门；7—联络通道底部集水坑

图6-12 联络通道冷板施工示意图

冷冻盘管制作：一般采用 $\phi 32 \sim 51\ mm$ 的无缝钢管，坡口对接焊连接。要求采用保温措施把冻结区域整体包围，并采取相应的防潮措施，尤其避免淋水使冷冻盘管结冰影响冷量输送。冷冻盘管要根据隧道管片的弧度制作，紧靠管片安装敷设。冷冻盘管的盐水循环安装要采用串联连接，可以有效增加盐水流量。

冷冻盘管的最高处要留设放空气阀门，以利于定期进行放空气操作；根据施工需要情况，可以安装流量计进行流量监测。

冷冻盘管组（简称"冷板"）安装完成后要进行整体水压试验，试验要求同盐水循环系统一并进行。

4. 盐水系统管路安装

市政冻结施工与矿井冻结施工盐水循环系统区别较大，地铁联络通道施工整个制冷站以布置在隧道内为主。因此，盐水系统循环以把盐水送往上部为主。因联络通道冻结器布置十分密集，空间狭小，对盐水系统布置应特殊设计。盐水系统管路安装要求见表6-83。

表6-83 盐水系统管路安装要求

安装类别	安装要求及注意事项
盐水干管	1. 盐水干管宜采用无缝钢管，且符合 GB/T 8163 的要求；长距离盐水干管也可采用高分子钢丝骨架管，法兰或热熔焊接连接，但必须加装伸缩装置 2. 盐水系统管路不应与制冷机组直接相连，应设中间盐水箱，避免制冷机组检修时影响盐水系统的循环 3. 盐水干管的走向要根据现场地势合理确定，避免转向多，增加系统阻力 4. 根据设计要求，流量计宜安装在盐水干管上并安装温度计插孔
盐水集、配液管	1. 盐水集、配液管分配的冻结器头部盐水流量要相应均匀、合理 2. 在冻结器与集、配液管之间的连接管路上，应安装控制阀门和温度测点，管路连接应便于安装流量计检测单孔（组）盐水流量 3. 集、配液管距离冻结器头部按照就近原则连接，并用胶管连接，软管在工况温度下耐压不应低于 1.00 MPa 4. 为提高冻结效率，冻结器宜采用串联连接成组后接入集、配液管。但串联时严禁相邻冻结管串联在一组，每组串联冻结管不得超过 3 根 5. 盐水干管及集、配液管上要安装温度计插孔，插孔尺寸及角度应符合有关规定和设计要求，以便于监测支路的温度变化
其他要求	1. 所有的盐水管路及冻结器头部等要进行保冷处理，其厚度不低于 50 mm 2. 保冷层的表面应进行防潮层处理，可以包设塑料膜等，以免水汽侵入管道及设备表面，引起结冰降低保冷效果 3. 低温盐水管道与支撑之间要防止冷桥的产生，做好防护处理 4. 所有管路安装前要进行内部氧化皮及杂物的清理 5. 盐水循环系统最高部位处应设置排气阀，盐水箱应安设盐水液面可视自动报警系统

5. 清水系统管路安装

清水系统管路安装要求见表6-84。市政冻结工程的冷却水一般采用自来水作为补充水源。冷却水源水质不符合冷凝器等设备的使用要求时，应安设冷却水水质处理装置。

表6-84 清水系统管路安装要求

安装类别	安装要求及注意事项
清水干管	1. 清水管路引进制冷站区域一般距离较长，需从施工场区的接水阀门处接入，可以根据现场情况采用钢管或 PVC 供水管路，法兰连接较方便 2. 清水管路应最先引入冻结施工场地，可以方便钻孔及其他施工用水，利于文明施工 3. 管路走向要根据现场地势合理确定，避免转向多，增加系统的循环阻力 4. 管路接入位置要安装流量计并进行保护 5. 进入水箱前应安装闸阀并留设三通，以便控制冻结运行时的补水量和其他用途接口 6. 清水管路沿途各个位置连接均不得有漏水点出现，保证节约用水和文明施工

表 6-84（续）

安装类别	安装要求及注意事项
其他要求	1. 施工地点要根据冻结的最低气温确定管路是否需要保温，确保正常供水 2. 施工场区内管路如需进行地下埋设时，要标示警示保护 3. 所有管路安装前要进行内部氧化皮及杂物的清理

6.3.5 制冷、盐水、清水系统气密性试验

1. 氟利昂制冷系统气密性试验

氟利昂制冷系统气密性试验包括压气试验和真空试验两种方式。机组制冷系统安装完毕，首先要进行压气试验。压气试验宜用氮气。在缺少氮气的地方也可以使用干燥空气代替，但是严禁使用氧气定压试验、检漏。

1）压气试验

氟利昂制冷系统压气试验的步骤、注意事项及处理方法见表 6-85。

表 6-85 氟利昂制冷系统压气试验的步骤、注意事项及处理方法

要 求	制冷系统压力为 1.4 MPa，保持 24 h；前 6 h 允许下降 0.03 MPa，以后 18 h 去除环境变化影响外应保持不变
试验步骤	1. 旋下油分离器和油冷却器底部螺塞，放尽余油 2. 用 0.6 MPa 的压力压入氮气或干燥的空气，吹除管路和容器内的氧化物及杂质，由各容器底部孔口排出 3. 安装截止阀门，以便在检修时使用 4. 关闭机组制冷系统与大气及外系统相通的所有阀门，开启制冷系统各个辅助设备间相连的阀门 5. 将氮气充入系统内，气体压力（表压）到 0.6 MPa，用肥皂水检漏，检验阀门、焊缝、法兰、螺纹连接处，如有漏气进行补救 6. 试漏压力：高压 1.6 MPa，低压 1.2 MPa 7. 如有降压，继续查漏点；如无降压，通过油分离器上的放空气阀降压到 0.6 MPa 8. 对机组进行排污和排除凝结水操作
注意事项	1. 试验介质采用惰性气体，推荐氮气，如供应困难，可以采用干燥空气代替，但严禁使用氧气 2. 系统检漏时，不允许使用本机组替代空压机 3. 试压结束后要更换冷冻机油，或者对冷冻机油进行过滤净化处理
处理方法	1. 检漏采用看、查、听、分段检查等方法，肥皂水检查漏点位置；晚间通过听漏气声音，发现漏点并做好标记 2. 处理漏点前必须把内部压力释放为常压，再进行补焊或压紧处理

2）真空试验

氟利昂制冷系统真空试验的步骤及注意事项见表 6-86。

2. 盐水系统水压试验

为了确保盐水系统在运转过程中不渗、不漏，在管路安装完成后必须进行系统的水压试漏。试漏时应缓慢升压，当压力升至正常工作压力的 1.5 倍并不低于 0.6 MPa 后，经 15 min 压力不下降为合格，否则应对法兰、接头、阀门及头部胶皮管连接处进行检查处

理,并做补充打压试漏,直到符合要求为止。处理渗漏部分前,务必要把系统压力降为自然状态。

表 6-86 氟利昂制冷系统真空试验的步骤及注意事项

要 求	1. 利用反向验证方法验证气密性,排除系统内残留的气体和水分 2. 形成负压状态,为充入制冷剂做准备
试验步骤	1. 关闭所有与大气相通的阀门 2. 用真空泵或抽氟机从干燥过滤器附近的抽液阀处将机组抽真空 3. 使其绝对压力保持 5.33 kPa 两小时,去除气温影响观察压力升降变化 4. 如压力无变化,进行下部充氟利昂操作;如有升压变化,继续查找漏点,直到符合真空要求
注意事项	不能用本机进行抽真空操作,以避免系统内留有油分离器残留气体

3. 清水系统水压试验

清水系统安装完成后要进行系统管路的水压试验,试验压力不低于正常供水压力并连续工作不低于 10 min。试验过程中要检查清水管路系统中各个阀门、法兰、弯头、焊接处等容易出现滴漏的位置。发现泄漏处,停止供水再进行补救,直至达到试验压力要求为止。

6.3.6 低温管路的防腐、保温

1. 防腐要求

制冷设备中的低温设备部分和低温管路可要求出厂时进行整机防腐、保温处理。制冷系统中相对比较固定、可以随机整体移动的管路,其外壁防腐主要工艺见表 6-87。

表 6-87 低温管道外壁防腐主要工艺

施工步骤	工 艺 要 求
表观除锈	用刮刀、锉刀将管道表面的氧化皮除掉,利用钢丝刷把管道外反复除锈,直至露出本色为止,用棉丝再擦一遍,将其表面的浮灰等去掉
外侧刷油	刷冷底子油隔绝空气与金属表面,防止氧化
外侧刷漆	先刷一道防锈漆,待交工前再刷两道面漆,防护层的厚度不小于 3 mm
包裹面层	以上步骤完成后,在外表面包裹一层塑料薄层,首先可保护涂层,其次可隔绝空气中的水汽,以防在管壁外形成冰层,也防止冷量散失

2. 保温要求

低温设备和管路必须在系统运行前进行保温处理,以减少冷量损失。保冷工作是在系统吹扫、试压、试漏、真空试验、防腐处理结束后并在正式灌注制冷剂之前进行。由于制冷机组一般均在出厂时根据现场施工工况进行保冷处理,工程现场基本以安装的管道保冷为主,一般包括:盐水系统管路及盐水箱、制冷机组与盐水箱的连接管道、阀门,冻结器头部及相连的胶皮管、冷板等。

市政冻结工程中常用的保温材料主要有聚氨酯发泡保温材料和橡塑保温材料两种。这两种材料现场施工方便,供货渠道广且满足环保要求。

（1）聚氨酯保温材料的性能指标见表6-88、表6-89。

表6-88　硬泡聚氨酯性能指标

项　　目		指　　标
干密度/(kg·m^{-3})		35~65
导热系数/(W·m^{-1}·℃$^{-1}$)		0.025
压缩强度/MPa		>0.15
拉伸强度/MPa		>0.15
燃烧性（垂直法）	平均燃烧时间/s	<30
	平均燃烧高度/mm	<250

表6-89　聚氨酯浆料性能指标

项　　目	指　　标
湿表观密度/(kg·m^{-3})	350~420
干表观密度/(kg·m^{-3})	≤230
导热系数/(W·m^{-1}·℃$^{-1}$)	≤0.059
压缩强度/kPa	≥250
难燃性	B1级
抗拉强度/kPa	≥100
压剪黏结强度/kPa	≥50
线性收缩率/%	≤0.3
软化系数	≥0.7

聚氨酯保温材料在施工使用中既可以现场发泡，也可以采用壳管进行包裹。其中壳管接茬缝要对接密实，否则要进行特殊处理，最外层要包裹一层塑料薄膜隔绝空气中的水蒸气侵入。对于阀门、法兰、三通、弯头等管件的保冷段，要进行特殊处理或采用其他形式的材料，如棉花、岩棉、橡塑保温材料等。

（2）橡塑保温材料的性能指标见表6-90。

表6-90　橡塑保温材料性能指标

项　　目	国家标准	指　　标	检　测　机　构
表观密度/(kg·m^{-3})	40~95	58	国家建筑材料测试中心
0℃导热系数/(W·m^{-1}·℃$^{-1}$)	≤0.038	0.034	
真空吸水率/%	≤10	2	
尺寸稳定性/%	≤10	7.7	
压缩回弹率/%	≥70	90	
氧指数/%	≥32	35.7	国家防火建筑材料质量监督检验站
燃烧时间/s	≤30	10	
燃烧高度/mm	≤250	80	
烟密度等级	≤75	52	
燃烧剩余长度最小值/mm	>0	140	
燃烧剩余长度平均值/mm	≥150	158	
平均烟气温度/℃	≤200	99	
焰尖高度/mm	<150	30	
湿阻因子	≥450	7500	

管道安装时，可将橡塑保温管套上后一起安装，也可将橡塑保温管材纵向切开后再用

铝箔胶带黏合而成。对阀门、三通、弯头等复杂部件，可将橡塑保温板材裁剪后，按不同形状包上黏合，确保整个系统的严密性，从而保证整个系统的保冷要求。又因材料外表有橡胶的光滑平整，以及它本身的优异性能，不需另加隔气层、防护层，减少了施工工序，也保证了外形美观、平整。当设备或管道检修时，剥离下来的材料可重复使用，性能不变。

橡塑保温管（板）使用起来十分安全，既不会刺激皮肤，也不会危害健康。还具有以下优点：防止霉菌生长，避免害虫或老鼠啃咬，耐酸抗碱，不受环境腐蚀。

冷冻系统保冷除要满足上述要求外，还要符合《工业设备及管道绝热工程设计规范》（GB 50264）和《冷库设计规范》（GB 50072）的相关要求。

6.3.7 制冷站联合试运转

制冷站联合试运转是对安装过程的整体检验与验收，也是下一步制冷施工的开端。此过程需调试各个单体设备的运行状况和系统各个环节的工作状况，该工作步骤也是整个冻结工程的重要一步。

1. 联合试运转应具备的条件

（1）补充水量应能达到制冷运转时供水量的 1.5 倍，且水温及水质达到设计要求；冷却水循环系统运转正常。

（2）盐水浓度及总流量应达到设计要求；盐水循环系统应正常运转，氨循环系统内空气放净，无杂物堵塞。

（3）在充制冷剂时，系统压力应控制在 0.2~0.3 MPa，宜用专用仪器检漏，运转前应充好制冷剂。

（4）输、配电线路正常，各个电器仪表的指示均处于正常状态。

（5）操作人员已进行相关的安全、技术培训；运行时各工种的操作规程和岗位责任制要悬挂在施工现场的操作部位。

（6）检测信号的仪器、仪表、传感器等均进行了单体试验，并正常指示工作。

（7）各种防火、防毒、应急措施的器材、装备等均到现场。

（8）具备批准的联合试运行的技术措施等相关文件。

2. 联合试运转的具体实施步骤

1）盐水配制

溶化氯化钙时必须先开启盐水泵循环，随时补充氯化钙溶液。初次溶化盐水时，要充分考虑配制过程中氯化钙溶液增加浓度后体积的膨胀。

开启盐水泵后，要进行约 10 min 的清水循环，并通过盐水箱的排污阀排除管道系统内的铁锈及杂物。

盐水配制一般在系统试运转期间进行，盐水浓度根据工程设计的盐水温度选定，溶化初期盐水比重应略小于设计比重值（比设计值小 0.2 kg/L 左右），这样既能满足设计需要，又可以减小黏滞阻力对盐水系统流量的影响。溶化盐水应用专门的溶化池。

盐水溶化过程中要定时检测盐水浓度，检测仪器采用比重计。盐水浓度最好在正温溶化氯化钙时达到设计要求，防止正常冻结时补充氯化钙导致的盐水温度回升，影响冻结效果。

溶化氯化钙过程伴随温度上升，此时可以进行冻结器和冷板等检测点的温度检测，如发现温度异常区域，要进行检查系统的校正，并改善检测方案。如果非检查系统缘故，要找出原因、排除故障。另外，根据实测的冻结器头部温差可以初步判定盐水的流量分配，更合理地调节不同区域的盐水流量均匀性。

2）冷冻机油加入

制冷机组首次开车运行前要加冷冻机油，确保正常运转时的工作油量。具体的加机油操作步骤为：关闭油粗过滤器进口和油精过滤器出口管道截止阀，将加油管连在油粗过滤器前的加油阀上，启动机组中的油泵，油经加油阀、油粗过滤器、油泵及单向阀进入油冷却器，油充满冷却器后流入油分离器，直至油分离器中的油面到达上视液镜中心时，停止加油。

冷冻机油要具备出厂合格证明及各项技术指标的测定值，加入的冷冻机油要留有样品保存，以便需要时进行检验。

3）氟利昂加入

冷冻系统真空试验符合要求后，即可加入氟利昂。制冷机组的氟利昂加入量应根据机组型号确定。氟利昂（R22）的比重为1.3，机组各制冷辅助设备的制冷剂加入量见表6-91，加入氟利昂的操作步骤及注意事项见表6-92。

表6-91 制冷机组辅助设备的制冷剂加入量

设备名称	加入量/%	设备名称	加入量/%
立管式蒸发器	60~80	储液器	60~80
直接蒸发盘管	50	冷却器	100
干式蒸发器	20	中间冷却器	30
蒸发式冷凝器	20	液体分离器	20
立式冷凝器	20	液管	100
低压循环桶	50~70	卧式冷凝器	15

表6-92 加入氟利昂的操作步骤及注意事项

要求	制冷剂的加入总量应预先计算，初次加入后现场要预留后期补充部分
试验步骤	1. 开启冷凝器、蒸发器进出水阀并启动水泵，使水路循环 2. 使氟利昂瓶倾斜，通过外接管将氟利昂出液头与机组或系统充液阀连接 3. 利用氟利昂瓶内的压力，将连接管内的空气排出，再拧紧充液阀门 4. 打开充液阀门、冷凝器出液阀、节流阀、电磁阀等和制冷剂瓶的出液阀门，氟利昂借助压差自动进入系统 5. 当系统与瓶内的压力平衡时，按照正常程序启动机组，在空载或轻载状态下运行，循环加入制冷剂到系统，满足预先设计量并保证正常运转 6. 关闭系统充液阀，并拆除氟利昂充入的管路和其他装置
注意事项	1. 制冷站具备防漏失措施，方可充入氟利昂，并应记录充入数量 2. 要具备防冻伤劳动保护用品，并不得一人独自操作
应急预案	针对可能出现的各种情况，充入前要编制安全应急预案，配备应急设施，并做好现场抢救准备

4）制冷机启动开车

制冷机组开车前的准备工作包括以下几项：
(1) 检查机组各项保护参数的设定值是否符合要求。
(2) 检查各个阀门的开启/关闭是否符合正常开车要求。
(3) 检查制冷机组油位是否在油分离器的上视镜中心处。
(4) 检查冷凝器、蒸发器、油冷却器的水路是否畅通，调节水阀、水泵能否正常工作。

制冷机启动的操作步骤及注意事项见表 6-93。

表 6-93 制冷机启动的操作步骤及注意事项

操作步骤	1. 检查各电气设备的电压是否正常 2. 检查各阀门状态是否符合正常运转要求 3. 打开冷凝器供水阀正常供水，使水路循环；蒸发器处于正常工作状态 4. 盘动压缩机联轴器，看转动是否正常 5. 合上电源控制开关，检查控制灯指示是否正确 6. 启动油泵，使其升压到工作压力，将能量调节装置调节到最小挡位，以便于压缩机空载启动 7. 开启压缩机主机，并快速开启吸、排气阀门 8. 注意观察吸排气温度、压力以及油温、油压的变化，听机组是否有异常声音，若一切正常，可逐步增载到满负荷
注意事项	1. 联轴器盘动时要切断电源 2. 待油温升高到 35 ℃以上时，再逐渐增载 3. 初次启动压缩机时，运行时间不宜超过 30 min，然后减载到 0%；停机一段时间后，重新启动主机，即可进入正常运转模式

5) 系统放空气操作

系统在抽真空时，不可能形成绝对的真空。因此，总有部分空气（不凝性气体）仍存在制冷系统中。另外，充入制冷剂（氟利昂）及试运行过程中又会不可避免地带入部分空气。这些空气混在制冷系统中，成为不凝性气体，会降低制冷效率，必须进行放空气操作。

制冷机组放空气操作步骤如下：
(1) 停止运行机组主机和油泵，并停止盐水系统运行，但要保持清水系统正常运转。
(2) 保持清水系统运行 30 min，制冷剂液化，系统中的空气集聚在冷凝器上部。
(3) 缓慢打开冷凝器上部阀门，听到"刺刺"声并保持观察。
(4) 当声音减小，并伴随白色雾气出现，说明冷凝器中的空气基本放完，制冷剂经过节流后汽化成白色雾气，此时应停止放空气，关闭阀门。
(5) 重新启动盐水系统、制冷系统，正常运转。
(6) 对照制冷剂的热力性质，根据实测温度和压力，若发现系统中仍含有大量空气，可重复以上操作。

6) 冻结器工作状况检查

试运转时，根据冻结器头部及测温孔温度反应情况，可基本判断冻结器工作状况。如有异常，应核实各冻结器头部的温度，确定异常冻结器后，打开其冻结器头部进行检验。

试运转常见故障分析及处理方法见表 6-94。

表6-94 试运转常见故障分析及处理方法

故障现象	原 因 分 析	处 理 方 法
主机启动负荷大，不能启动或启动后立即停车	1. 冷量调节未到零位 2. 主传动轴偏差过大 3. 主机内磨损烧伤 4. 电压过低 5. 压差继电器或控制器没复位或调节不当 6. 电动机绕组烧伤或断路 7. 接触器、中间继电器、温度控制器烧坏或接触不良 8. 控制电路故障	1. 减载至零位 2. 调整传动轴，重新找正 3. 拆卸检修 4. 排除故障，调整供电电源 5. 调整触头接点并重新复位 6. 检修电动机及电路 7. 重新整定各个电器元件的接触及整定值 8. 检查、复核控制电路
压缩机机体温度过高	1. 吸气过热度高 2. 部件磨损造成摩擦部位发热 3. 排气压力过高 4. 油温过高 5. 喷油量或喷液量不足 6. 由于杂质等原因造成压缩机损伤	1. 调大节流阀 2. 停车检修 3. 检查高压系统和冷却水循环系统 4. 采取措施降低油温 5. 调节喷油量和喷液量降温 6. 停车检修，清洗设备
机组油分离器中油位逐渐下降	1. 吸气过热度太小，压缩机带液，排气温度过低 2. 油分离器滤芯损坏或固定不牢	1. 开小节流阀 2. 检修油分离器
机组油温过高	1. 水冷机组原因分析： （1）冷却水温度过高 （2）冷却水水量不足 （3）换热管热交换差，存在结垢现象 2. 喷液冷却机组原因分析： （1）喷液量不足 （2）蒸发压力太高 （3）吸气过热度太大 （4）喷液管路阻塞导致供液不畅 （5）伺服电磁阀未动作	1. 水冷机组： （1）降低冷却水温度 （2）增大供水量 （3）清洗换热管路 2. 喷液冷却机组： （1）调节喷液阀门的开启度 （2）检查冷凝液位和喷嘴前压力 （3）增大供液量，降低蒸发压力 （4）检查、清洗管路 （5）检查、检修电磁元器件
机组油温过低	1. 冷却水温度过低 2. 吸入湿蒸气过量 3. 伺服阀控制器设置过低	1. 调节供水温度和水量大小 2. 减小供液量 3. 重新调整设定值
机组油温波动	系统运行工况波动过大	稳定工况

6.3.8 氟利昂制冷站正式运转标志

1. 制冷站正式运转前应满足的要求

（1）配电系统应能连续正常供电。

（2）制冷站内灭火器材、防雷装置、电器接地等安全设施应齐全。

（3）制冷机易损件、仪表、制冷剂和冷冻机油均应有足够备用。

2. 制冷站正常运转规定

（1）盐水、冷却水循环系统的温度、流量、压力应正常，积极冻结7 d后盐水温度宜

降至 -18 ℃以下，积极冻结 15 d 后盐水温度应降至 -24 ℃以下，开始开挖时盐水温度应降至设计最低盐水温度以下。各冻结器回液温度正常、一致，各冻结器头部、胶管结霜宜均匀。

（2）冷媒温度应比制冷剂蒸发温度高 5~7 ℃，冷凝温度应高于冷却水温度 3~5 ℃。
（3）冷却水进、出水温差宜为 3~5 ℃。
（4）开挖期间盐水去、回路温差不应大于 2 ℃。

3. 制冷站的运转日志
（1）制冷机及其辅助设备中的温度、压力、液位、电流、电压等的记录，每次制冷剂加入量及冷冻润滑油加油量的记录。
（2）制冷机台班运转值班记录，包括：盐水系统压力、清水系统压力、制冷机上各仪表的数值、盐水箱液位、盐水进水和回水温度、清水进水和回水温度等数据。

6.4 液氮制冷站

6.4.1 液氮冻结绿色施工

液氮冻结是利用液氮汽化吸热原理来快速冻结，汽化后的氮气允许安全排放至空气中，属绿色施工。液氮绿色施工标准见表 6-95。

表 6-95 液氮绿色施工标准

项目	标 准 要 求
液氮冻结知识	1. 液氮在一个大气压下的汽化潜热为 197.6 kJ/kg，氮的显热为 1.05 kJ/(kg·℃) 2. 液氮制冷温度：-60~-150 ℃；制冷效率：50%；冻土发展速度：200 mm/d 左右；单位冻土消耗液氮量估算：460 kg/m³
冻结适用条件	时间不长的小规模、小范围冻结施工处理、工程事故应急处理以及需要快速冻结的工程
液氮冻结施工	1. 液氮冻结管一般选用 $\phi 89$ mm×5 mm 不锈钢管，供液管选用 $\phi 25$ mm×2.5 mm 不锈钢管，回气管管口应高出地面 2 m 以上 2. 液氮冻结系统简单，冻土发展速度快，但由于目前相关技术不成熟，采用液氮冻结时冻结壁发展不太均匀。其供液管结构需根据工程要求进行有针对性的设计，一般将供液管底部封死，在需冻结区的供液管四周每隔 0.5 m 开直径 10~12 mm 的小孔便于液氮喷射，液氮冻结应隔段时间进行冻结孔纵向温度检测，必要时上下移动供液管以改善冻结壁发展的不均匀性 3. 液氮冻结应制作液氮分配器，一般采用 $\phi 89$ mm×5 mm 无缝钢管焊接制作，通过 $\phi 32$ mm 不锈钢软管和液氮槽车连接。槽车与分配器间采用 DN40 低温截止阀控制液氮流量；分配器与供液管间采用 DN25 低温截止阀控制液氮流量 4. 开冻前，需要对整个冻结系统进行预冷处理，使用低温氮气对整个冻结系统进行充分预冷。预冷时，控制阀门，使进入供液管内的氮气维持在 -30 ℃以上，预冷 1 h 后，逐渐开启阀门，降低氮气温度，预冷 10~20 h 后，逐渐加大向供液管内输入的液氮量，正式冻结 5. 冻结过程控制：液氮冻结的关键环节为温度控制，根据液氮冻结的经验，液氮储罐出口的温度宜控制在 -150~-170 ℃之间，压力控制在 0.05~0.10 MPa 为宜；冻结管出口温度宜控制在 -50~-100 ℃之间，压力控制在 0.05~0.1 MPa 为宜。压力调节可使用液氮储罐上的控制阀门，使用每组回路上的截止阀调节温度。前期回气温度可控制在 -70~-90 ℃之间，冻结壁交圈后可控制在 -50~-60 ℃之间。具体应根据测温数据，调整液氮的供应压力和供应量，充分发挥液氮的载冷量，实现快速低温冻结 6. 液氮的理化性质及危险特性见表 3-53

表 6-95（续）

项目	标 准 要 求
液氮冻结安全	1. 系统各类计量和检测仪表齐全准确，并有足够备件。液氮正常循环前应进行管路试漏检测。建立及实施检查和监督机制，做好记录和巡察工作 2. 对系统进行分部调试，严把各个环节质量关，做到所有管路、设备正常运转 3. 管路首次充入液氮时，要严格按照相关规定进行，以避免焊缝因急冷造成脆裂渗漏，一旦渗漏要及时处理。应特别注意施工场地氮气浓度，防止氮气浓度过高造成缺氧，危及人身安全 4. 为保证施工人员安全，在人员进入现场施工区域前，应先进行强制通风，或提前 2 h 停止液氮冻结，确认施工区域氧气含量满足安全要求后人员才能进入 5. 在液氮冻结系统管路中安装电子测温器（+50 ~ -200 ℃）、氮气压力表（测量范围 0 ~ 1.6 MPa，精度等级 2.5）及低温截止阀（公称压力 PN4.0 MPa，适用温度 -196 ~ +80 ℃） 6. 低温管路采用 50 mm 厚橡塑板作为保温材料 7. 液氮操作注意事项： （1）操作人员开关阀门必须戴棉手套 （2）液氮出气管口要高出地面 2 m 以上 （3）严格控制进气压力不超过 0.2 MPa （4）一旦液氮外漏，立即关闭供液阀门 （5）液氮管路设置安全警示牌

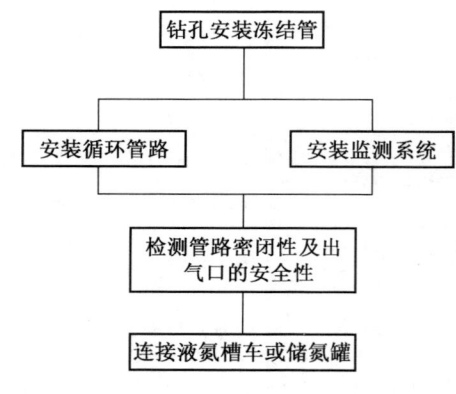

图 6-13 液氮冻结施工工艺流程

6.4.2 液氮冻结法的施工工艺流程

液氮冻结施工工艺流程如图 6-13 所示。

液氮冻结系统由冻结管、液氮分配器、不锈钢软管和液氮槽车等组成，如图 6-14 所示。液氮槽车进场后，即进行冻结系统的连接。各支路的冻结管通过不锈钢软管与分配器连接；分配器通过不锈钢管与液氮槽车携带的不锈钢软管连接。

6.4.3 液氮冻结施工设备及材料

1. 液氮冻结施工主要设备

液氮冻结施工主要设备包括：打钻设备、测斜设备、液氮槽车、储氮罐、液氮控制与分配系统（由输送与分配液氮的不锈钢或铜管、安全阀、控制阀等组成）、液氮冻结器（液氮专用冻结管与供液管）、监测设备等。

2. 液氮冻结主要材料

（1）液氮需用量：根据多年施工经验，液氮冻结时液氮消耗量与工期关系极大。一般情况下积极冻结期按冻土体积估算，形成 1 m³ 冻土需消耗液氮 4 ~ 5 m³，维护冻结期 1 m³ 冻土需消耗液氮 2 ~ 3 m³。

（2）冻结管：宜采用无缝不锈钢管；盐水改液氮冻结也可采用原有的 20 号低碳钢优质无缝钢管，但需控制降温速度。

（3）分配器（分配干管）、供液管应采用不锈钢无缝管，连接软管采用不锈钢软管。

（4）各种阀门应采用耐低温不锈钢阀门。

（5）隔热可采用橡塑海绵保温材料，也可采用棉被。

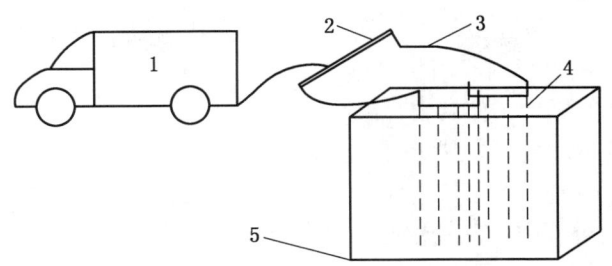

1—液氮槽车；2—液氮分配器；3—不锈钢软管；4—冻结管；5—冻结区域

图 6-14 液氮冻结系统示意图

6.4.4 液氮冻结施工系统

液氮制冷系统简单，主要工艺系统涉及地面槽车、储氮罐、分配器、连接管路及控制阀门等。

1. 槽车和储氮罐

1）液氮槽车

槽车是运输和储存液氮的容器，对外绝热，装有控制阀门，可以调节压力来控制液氮流量。液氮槽车的管路和控制阀门如图 6-15 所示。

图 6-15 液氮槽车的管路和控制阀门

2）储氮罐的使用与保管

（1）使用前的检查：储氮罐在使用之前，要检查外壳有无凹陷，真空排气口是否完好。检查罐内部，防止内胆腐蚀。

(2) 充液氮：新罐或处于干燥状态的罐体要缓慢充装，并进行预冷。盖塞为绝热材料，可防止液氮蒸发并有固定提筒的作用，尽量减少其磨损以延长使用寿命。

(3) 使用检查：用眼观测或用手触摸外壳，若发现外表挂霜，应停止使用。颈管内壁附霜结冰时应将液氮排出，使其自然融化。

(4) 放置：储氮罐要存放在通风良好的阴凉处，不准倾斜、横放、倒置、堆压、相互撞击或与其他物件碰撞，并保持直立。

(5) 运输：运输过程中，储氮罐必须装在木架内、垫好软垫并固定好，要防止颠簸撞击、严防倾倒，不得在地上随意拖拉。

2. 液氮冻结管路系统

1) 冻结管的结构

冻结管、供液管和排气管均使用不锈钢管（若供液管、排气管采用铜管，则铜管与钢管的连接采用铜焊）。为保证冻结土体的均匀性，处于冻结区域的供液管壁上间隔开对穿孔，并使排气管的底端布置在非冻结区域的边缘，减少对非冻结区域的影响，节省液氮使用量。供液管底端封头处理，从距底端 100 mm 开始，间隔 300 mm 打十字对穿孔。液氮冻结器加工如图 6-16 所示。

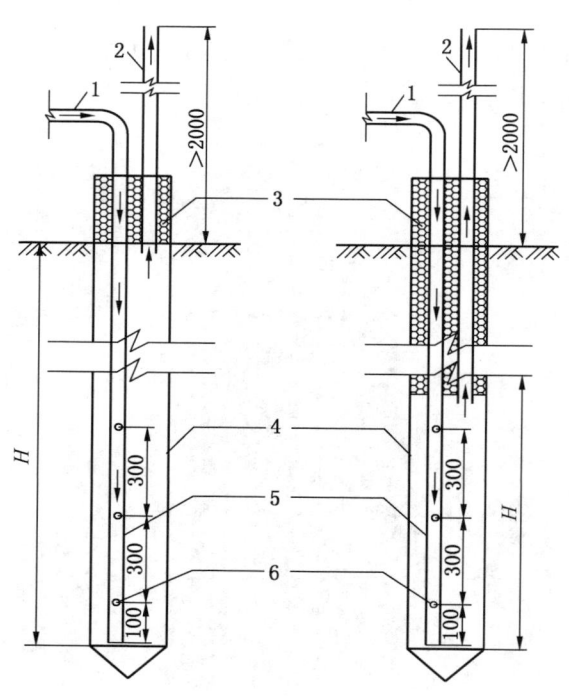

1—液氮进口；2—氮气出口；3—隔温材料；4—不锈钢冻结管；
5—不锈钢供液管；6—供液管花管；H—冻结范围

图 6-16 液氮冻结器加工示意图

2) 冻结系统的连接

液氮冻结系统一般由多组冻结器组成，需要同时为多个冻结器供应液氮，需根据现场情况制作液氮分配器,采用不锈钢管制作,两端封头,在分配管上一侧均匀开孔焊接带法兰不锈钢支管(数量根据循环冻结器组数而定),另一侧焊接与液氮槽车相连接的带法兰不锈钢支管。

在冻结过程中,考虑到液氮的低温,液氮槽车(或储氮罐)与液氮分配器的连接、液氮分配器与每组冻结器的连接均采用不锈钢软管,不锈钢软管两端均通过法兰盘和控制阀门与液氮槽车、液氮分配器、冻结器连接。当多组冻结器串联使用时,每组冻结器之间亦应采用不锈钢软管连接。

为保证施工安全和便于控制液氮流量,根据液氮工作的低温环境,在液氮分配器的每个支管法兰上加装不锈钢低温阀门,保证液氮冻结系统运行安全。液氮冻结系统的组成如图6-17所示。

3)低温不锈钢软管

液氮冻结系统管路连接应使用低温不锈钢软管。软管两端使用法兰盘与其他管路连接,方便调整和施工操作。

4)系统保温

暴露在空气中的管路及控制元件均需保温。采用4层橡塑板,板间用薄膜封闭处理,保温层总厚度不小于100 mm。排气管路的保温处理如图6-18所示。

图6-17 液氮冻结系统的组成

图6-18 排气管路的保温处理

5)系统预冷

开始冻结前,必须用低温氮气预冷整个冻结系统。一般预冷10~20 h,待管路充分预冷,方可进行积极冻结。

液氮槽车氮气排出管路与冻结器连接,形成预冷系统。氮气温度不低于-30 ℃,压力保持在0.3 MPa以上。另外,可以排出冻结器内残存的水,预冷1 h后,逐渐降低温度。一般6 h后可将温度降低到-190 ℃,然后将不锈钢软管换接到液氮槽车的液氮管路,逐渐向供液管内输入液氮,开始正式冻结。

6.4.5 液氮冻结施工监测

在液氮制冷系统去路干管和冻结器排气管上安装测温传感器,监测液氮进入温度和氮气排出温度,每2h记录一次监测数据。

在积极冻结和维护冻结过程中,监测液氮槽车或液氮瓶压力,及时调整压力控制阀,保持压力维持在设计范围内。

6.4.6 液氮冻结施工质量与安全

针对液氮冻结施工难度大、安全隐患多的特点,必须专门建立施工质量和安全管理网络,严格实施过程控制,从放线、钻孔施工至冻结施工各个环节保证冻结加固效果。在施工过程中,需要注意如下事项。

1. 人员防护

液氮的主要危害是有窒息危险和低温引起冻伤。

1) 手和脚防护

由于和液氮或未保温氮容器接触会引起冻伤,因此操作人员的手、脚必须加以防护。应选取液氮操作专用手套,袖口要长,大小要合适,以便当液氮流入手套里边能很容易脱掉。工作时也应穿毛皮高筒靴,以防止液氮进入。裤脚不能有卷边,并且穿在鞋子外面。

2) 头、面部和身体防护

处理液氮时,应当戴酸型护目镜或面罩、防毒面具或帽子,以防护头部和面部。若在敞开系统处理液氮,则应穿上合适材料制成的围裙。如果衣服是由能够吸收液氮的材料(如毛织品)制成的,一旦泄漏的液氮被衣服吸收,和身体接触将引起冻伤。因此,在液氮可能喷出或飞溅的地方,必须穿不吸收液氮的材料做成的衣服。

3) 呼吸器官防护

除非处理量很少,否则在不通风的场地处理液氮时必须戴隔绝式防毒面具防护呼吸器官。过滤式防毒面具对防护氮的窒息作用没有效果,因此不能使用。

2. 安全技术

(1) 所有液氮操作人员应进行上岗前培训,并必须清楚液氮所有潜在的危险性。

(2) 从事液氮处理和输送的人员应戴护目镜或面罩,穿防护衣,戴手套和穿靴子。

(3) 液氮处理应至少由2个及以上人员来完成,特别是在封闭或低于地面的环境中工作时,应随时可使用自供式防毒面具。在使用液氮的低处或封闭场地必须配备用于救生的报警系统。

(4) 特别注意防止湿气积聚在管路、活门、分离器等处,以避免冻结和堵塞管路,造成破坏。也同样要防止液氮积聚在系统不能排出的部位。

(5) 在液氮储存场地准备充足的水源,以便冲洗、安全淋浴和去污。安全淋浴要定期检查,而且在进行任何液氮操作之后都要检查。

(6) 只有在通风良好的场地才能储存、使用和处理液氮。

(7) 施工人员应了解个人防护衣和防护设备的使用及保管,学会自救和急救。

7 立井井筒冻结段掘砌施工

7.1 冻结井筒掘砌施工组织设计编制

7.1.1 编制原则

冻结井筒掘砌施工组织设计编制原则见表 7-1。

表 7-1 冻结井筒掘砌施工组织设计编制原则

序号	编 制 原 则
1	严格执行国家及行业建设的方针和政策
2	统筹安排冻结工程与凿井措施工程、永久设施协调施工,通过综合平衡,科学配置资源,确定合理的施工工期
3	充分利用时间和空间,合理组织冻结与凿井过程的各个环节、各项工作及各工程项目之间的平行交叉作业和协调建设
4	积极采用新技术、新工艺、新装备、新材料,优化施工方案,合理安排施工顺序,加快施工进度
5	合理利用永久设施建井,减少大临工程;因地制宜、就地取材,采取有效措施,节约原材料,节约施工用地,降低工程成本;节约工程投资,达到合理的经济技术指标
6	做好人力、物力、资金等综合平衡,做好冬季、雨季施工安排,实现均衡施工
7	搞好文明施工、环境保护,节约能源,推行绿色施工

7.1.2 编制依据

(1)《煤矿井巷工程施工规范》(GB 50511)。
(2)《煤矿井巷工程质量验收规范》(GB 50213)。
(3)《煤矿安全规程》。
(4)《煤矿建设安全规范》(AQ 1083)。
(5)《煤矿防治水细则》。
(6)《防治煤与瓦斯突出细则》。
(7)《煤矿冻结法开凿立井工程技术规范》(MT/T 1124)。
(8)《矿山立井冻结法施工及质量验收标准》(GB/T 51277)。
(9) 国家颁发的有关矿山建设方面的技术政策、法令、规定、规程、规范、标准、定额等。
(10) 井筒设计图纸及施工合同。
(11) 批准的井田核查地质报告、矿井初步设计、井筒检查孔及主要工程地质、水文地质等相关资料。

（12）矿井建设条件，邻近矿井的工程地质及水文地质资料等。

7.1.3 编写大纲

冻结立井井筒掘砌施工组织设计编写大纲见表7-2。

表7-2 冻结立井井筒掘砌施工组织设计编写大纲

项目	内　　容
编制说明	1. 编制原则（见表7-1） 2. 编制依据（见7.1.2节）
工程概况	1. 矿井概况。说明地理位置、交通情况、生产能力、矿井开拓方式，建设、勘察设计、监理单位等 2. 工程内容及工程技术特征。简要说明冻结井筒设计参数，冻结井壁设计参数，冻结设计的主要技术参数，井筒各相关硐室设计参数，并附相关图表 3. 井筒地质及水文地质条件。依据井检孔提供的地质资料，简要说明井检孔钻进深度、揭露的地层、各地层厚度；然后按系、统由上至下依次说明各地层的工程地质特征，对影响井筒正常施工的特殊地层的特性、强度、结构、稳定性做具体详细的描述和分析；针对井检孔揭露的各含水地层，对各含水层的岩性、涌水量、水位标高、赋水种类、水力联系、隔水性等内容进行描述，划分含水层，明确各含水层涌水量、井筒总涌水量，其中对影响井筒正常施工的特殊含水层赋水性做重点描述和分析
施工准备	1. 施工组织准备。确定项目施工组织机构，组织施工队伍，明确岗位职责，做好入场培训 2. 施工技术准备。明确近井点，确定井筒施工方案，会审井筒施工图等施工图纸，编制施工作业指导书等 3. 施工现场准备。包括施工临时设施、道路、供排水、供电、通信及场地平整等准备工作
施工方案选择	1. 冻结表土及风化基岩段、冻结基岩段及与井筒相连接的相关工程施工方案。依据井筒设计技术特征、工程地质情况、现场踏勘情况、合同签订情况，制定为实现合同工期进度指标、质量目标的井筒施工方案，明确凿井主要设备布置方案、井筒掘砌方案、施工顺序、相关硐室掘砌方案，同时考虑一、二期工程衔接、转换的工程需要 2. 机械化作业线配置。根据井筒掘砌方案、施工顺序，确定机械化作业线配置方式及内容。对井架、"三盘两台"、提升、凿岩、装岩、砌壁、翻（排）矸、混凝土搅拌与运输、供电、通风、供排水、通信、信号、监控等凿井提升运输系统、辅助系统的设置情况进行具体描述
施工工艺	1. 采用新技术、新工艺、新设备、新材料，加快施工速度。针对该工程阐述所采取的"四新"技术和为提高施工单进水平所采取的工艺 2. 利用永久设施施工。说明业主先期形成的可为井筒施工提供服务的施工条件，同时说明依据合同可利用业主提供的永久设施、构筑物、工器具等部分内容 3. 井筒试挖。试挖条件，试挖段施工方式（掘进、提升、出矸、支护等），防片帮措施，防井壁下坠措施等 4. 临时锁口施工。根据井壁结构设计情况及特征、井口永久标高、井颈段水文地质条件、井口构筑物或设施情况等，确定锁口形式。制定合理的施工方案，同时考虑锁口段相关硐室、设施的施工及锁口上下部工程结构联系。说明锁口段相关硐室（风硐、安全出口）预留口方式。说明锁口至井内吊挂设施形成前井筒段施工方法、施工深度，井筒内吊挂设施安装时间和内容等 5. 冻结表土段掘进施工。针对预测及实际揭露地层工程地质情况、冻结壁形成和发展情况，确定表土段相应的掘进施工方法，合理确定施工段高。采用风镐配合机械挖掘时，说明其采取的组织、管理和技术措施。采用钻爆法施工时，明确钻孔方法与机具、爆破材料规格参数，编制爆破图表。制定防止冻结管断裂的措施、冻土爆破措施、机具防冻措施等 6. 冻结风化基岩段和冻结基岩段掘进施工。根据岩性，确定掘进施工方法、施工段高。采用风镐配合机械挖掘时，说明其不同于表土段施工的针对性技术措施。采用钻爆法施工时，明确伞钻、钢钎、钻头、爆破材料规格参数，根据掘进最大荒径编制爆破图表 7. 外层井壁施工。明确外壁施工方法，并介绍施工方法。说明泡沫塑料板铺设方法与时机。明确钢筋连接方式和标准。确定混凝土配制技术、来源、运输方式、入井方式、振捣方式、养护方式。制定防止外壁产生温度裂缝措施、防止外壁产生坠裂措施等

表 7-2（续）

项目	内　容
施工工艺	8. 壁座施工。包括中间套壁壁座、永久壁座两种。说明壁座临时支护、钢筋连接、混凝土浇筑、模板组立等的方法 9. 内层井壁施工。明确内壁施工方法，并介绍施工方法。说明内层井壁分段施工长度及必要性。介绍塑料夹层铺设方法。阐明内壁不能连续浇筑时采取的措施及施工缝处理措施。介绍钢筋连接方式和标准。确定混凝土配制技术、来源、运输方式、入井方式、振捣方式、养护方式。制定防止内壁产生温度裂缝措施、防止跑模措施等 10. 内、外井壁夹层注浆。说明夹层注浆时机选择，注浆材料、工艺、参数、结束标准，浆液配制方式、方法、配制浓度等 11. 非冻结段探水与注浆施工。探水时机安排，预留岩帽的位置与厚度，探水深度与施工方法，含水层的判断与涌水量估算办法，工作面注浆预案 12. 与井筒连接处配套工程施工。说明与井筒相连接的硐室（转水站、管子道、安全出口、风硐、箕斗装载硐室等）及连接处（马头门、清理斜巷）工程位置关系、结构设计情况等内容。确定掘砌施工方案、施工方法。制定马头门开口探水设计并报批后执行。说明马头门施工工器具、施工方法、与井筒施工的顺序关系。明确施工时遇到冻结管的处理方案和处理方法 13. 关键部位施工技术及处理特殊地质变化的技术措施： （1）说明井筒遇到膨胀黏土层的施工方法 （2）说明井筒通过不稳定岩层及断层破碎带的施工方法 （3）说明井筒探、揭煤施工方式方法（应单独编制过煤层措施） （4）说明基岩段防治水措施 （5）说明硐室和平巷施工遇冻结管处理措施 14. 突发事件应急措施。主要说明发生冻结管断裂时的处理方法，冻结管进入掘进范围情况下的处理方法，冻结壁未交圈出现涌水的处理方法，冻结壁变形过大时的应对措施
主要施工生产系统设备、设施的选型与计算	1. 提升系统：井架、提升容器、提升机、绞车、钢丝绳、天轮、钩头等的选型及计算 2. 悬吊系统：吊盘、装岩机、压风管路、排水管路、供水管路、爆破电缆等悬吊提升钢丝绳及其稳车选型与验算 3. 运输系统：装岩、排矸、下灰以及伞钻、挖掘机运输等设备、设施的选型与计算 4. 通风系统：通风方式选择，风筒、风机选型及通风能力验算 5. 排水系统：排水方式选择，排水管路规格、型号及排水能力计算 6. 压气系统：压风管、压风机选型及供风量验算 7. 供电系统：设备负荷，变电设备、开关、电缆等选型及验算 8. 井下照明系统：井下照明方法，设备配置 9. 监测监控系统：井下监控系统探头的位置、数量 10. 信号与通信系统：通信方式、电话类型和地面交换系统等 11. 井筒测量：说明近井点位置、导线等级、井筒中心线材质、配重大小、井筒中心线的复测频次等
施工组织与管理	1. 施工组织管理机构。根据项目施工管理要求，说明项目组织机构的设立情况（附项目部组织机构图） 2. 施工管理。根据凿井作业特点及机械化作业组织与管理的需要，确定筹备期、正常施工期等不同时期井上、下作业班组和专业化班组的劳动组织方式及劳动力配备计划。说明井下直接工、辅助工、管服人员劳动作业方式。附冻结表土段正规循环作业图表、冻结基岩段正规循环作业图表
施工进度计划与进度控制	1. 工期安排。依据合同工程量、进度指标和工期要求，结合技术装备、施工水平、管理水平、预测地质条件等因素，制定筹备期工程、施工期分部、单位工程各项进度指标，编制井筒掘砌工程施工网络计划，从而确定井筒施工工期 2. 工期保证措施。制定为实现进度计划与工期安排目标、满足合同要求，所采取的组织措施、管理措施、技术措施等
施工技术安全措施、灾害预防和安全保证体系	1. 安全工作目标 2. 安全管理体系 3. 安全管理措施 4. 施工安全技术措施：制定提升、运输、防坠、爆破、"一通三防"、机电管理等方面专项措施 5. 灾害预防：针对本工程可能产生的灾害制定专项防治措施 6. 其他分项和专项措施：根据工程特点编制施工过程中的其他分项与专项措施

表 7-2（续）

项目	内 容
工程质量检测管理措施和质量保证体系	1. 施工质量保证措施。说明为达到质量目标、保证工程质量，围绕施工各环节、工序、过程而采取的主要措施 2. 质量保证体系。说明执行的通过审核、认证的质量体系。建立本工程项目的质量保证体系和管理机构，并按照质保体系程序文件的规定要求实施质量管理。附工程质量管理体系图、工程质量保证体系图、工程质量组织机构图
文明施工及环境保护、职业健康保证措施	1. 文明施工及环境保护措施。制定污染物（噪声、粉尘、污水、固废等）的排放及处置方法、节能降耗及环境保护措施，针对不符合项采取纠正和预防措施，并对措施的实施过程进行控制 2. 文物保护措施 3. 职业健康保证措施
冬季、雨季施工措施及地下管线等保护加固措施	1. 冬季、雨季施工措施。根据井口和生活区位置及当地可能造成的灾害天气情况，制定冬季防风雪、井口防冻、防滑等措施，夏季防雷、防汛、防洪涝等措施 2. 地下管线及其他地上、地下设施保护加固措施。向建设单位索要施工区内地下管线和地上、地下设施布置图，制定相应的保护措施和应急处理措施
附图	1. 工业广场总平面布置图 2. 凿井设备平面、立面布置图 3. 地面稳绞布置平面图 4. 立井上下监控平面布置示意图 5. 高压供电系统图 6. 低压供电系统图 7. 施工进度计划网络图
附表	1. 主要施工设备计划表 2. 主要施工材料计划表 3. 主要供电设备计划表 4. 钢丝绳选型参数表 5. 钢丝绳选择计算书

7.2 施工准备工作

7.2.1 施工准备工作的内容及要求

试挖前施工准备工作的内容及要求见表 7-3。

表 7-3 试挖前施工准备工作的内容及要求

类别	工作内容及要求
技术准备	1. 施工合同签订后，应按照施工合同及施工规范要求，收集符合国家技术规范要求的井筒检查孔地质及水文地质报告、井检孔地质柱状图、井筒预想地质剖面图和矿井相关地质资料 2. 应收集的图纸资料包括井壁结构图、井筒相关硐室施工图、永久工业广场平面布置图和近井点资料、冻结沟槽图纸、冻结孔布置图及其偏斜图；采用"上冻下注"施工的井筒及利用永久井架（塔）凿井时，应收集相关图纸资料 3. 在老矿区凿井时，应收集施工现场及毗邻区域内供水、排水、供电、供气、供热、通信、广播电视等地下管线资料，气象和水文资料，相邻建筑物和构筑物、地下工程的有关资料，并保证资料真实、准确、完整

表 7-3（续）

类别	工作内容及要求
技术准备	4. 施工单位应对施工图进行审查，并参与建设单位组织的施工图会审，保留会审记录 5. 施工单位应组织编制施工组织设计，其施工方案应征求建设单位的意见；施工组织设计应经上级管理部门审批及监理、建设单位审查后，逐级进行技术交底 6. 施工前，项目部应根据施工组织设计、现场施工条件和相关资料，编制施工作业规程和相关专项安全技术措施，报总工程师批准后贯彻执行，并做好贯彻考核记录
工程准备	1. 完成施测定位：根据建设单位提供的测量控制点资料，设置井筒十字基桩点，标定施工设施的位置 2. 完成"四通一平"： （1）场外公路及场内主要运输线路已能满足井筒施工设备和材料运输的需要 （2）供、配电系统已正常供电，供电量能适应井筒施工的需要 （3）工程施工供水系统已正常运行，满足井筒施工的需要 （4）通信联络系统已正常使用，能满足井筒施工的需要 （5）施工场地的平整程度已能适应井筒施工的需要。场内临时道路应平整、畅通，方便运输，并满足大型车辆通行要求 3. 完成照明、场内外排水与排污、宿舍、食堂、浴室等必要的生活福利设施的施工，保证施工队伍进场后的工作条件和生活条件 4. 完成提升和信号系统施工： （1）井架、天轮、翻矸台、溜矸槽和矸石仓安装完毕，质量合格 （2）提升机、绞车（或稳车）安装完毕，试运转正常 （3）提升机钢丝绳缠绕完毕，提升系统运转正常 （4）信号系统安装完毕，联络方便、准确 5. 完成压风系统施工： （1）压风机安装完毕，试运转正常 （2）压风管路和压风干燥装置安装完毕，质量合格 6. 完成混凝土搅拌及运输系统施工： （1）混凝土搅拌系统安装完毕，试运转正常 （2）砂石堆放和清洗场地施工完毕，系统安装和试运转正常 （3）混凝土运输器具、线路等试运转正常 （4）砂、石、水泥过磅装置及运输系统已安装完毕，试运转正常 7. 通风系统已安装调试、运转正常 8. 已完成机修车间、井井房、材料库等的施工或安装。井口棚用不燃性材料构筑，标高应比附近地面高 0.5 m 以上 9. 井口盘、固定盘、吊盘和稳绳盘已加工好，并在地面完成整体试组装工作 10. 应完成临时锁口或永久井颈施工。风井还应统一考虑风硐口和安全出口的施工
资源配置	1. 施工单位应设置工程项目部，并配备满足施工要求的管理人员、专业技术人员和各工种岗位人员。按各施工阶段的需要，编制施工劳动力需用计划。完成各工种的安全、质量和技术操作的培训工作，特殊工种要考试合格后持证上岗。做好调配工作，并根据工程进展需要组织各类人员进场 2. 施工单位应按照施工组织设计，编制设备供应计划，配备施工设备及生产、生活设施。所有施工设备均应有出厂合格证明和使用说明书。需要检测检验的设备及送检的材料设施，应由有资质的检测机构提供合格证明 3. 钢材、木材、水泥、砂石等物资的供应，应以施工组织设计和施工图预算为依据，编制材料供应计划，落实货源和供应渠道，组织及时进场。各类物资应有一定量的储备，要做到既保证施工的需要，又避免积压浪费 4. 工程实体所用原材料，应符合设计规定及国家现行有关规范和产品质量标准，具有合格证明，并经有资质的质量检验机构检验合格后方可使用 5. 施工用混凝土原材料应现场取样，提前做好混凝土配合比试验
要求	1. 尽可能利用永久建筑物、设备、设施进行施工，以减少大临工程 2. 临时锁口、井架基础应和环形冷冻沟槽协同施工，临时锁口的底板应位于隔水层中，比环形冷冻沟槽的底板深 0.5 m 以上。应注意井架基础与环形冷冻沟槽的相互关系，当井架基础与冻结管、集液圈位置相互影响时，应提出具体处理方案和施工图

7.2.2　工业广场施工总平面的布置原则

工业广场施工总平面的布置原则见表7-4。

表7-4　工业广场施工总平面的布置原则

序号	布置原则
1	1. 宜尽可能利用永久建筑、设施和设备施工 2. 临时设施不应影响永久设施的施工，一般要求不占用永久设施的位置，在井口附近集中布置 3. 动力设施应靠近负荷中心布置 4. 临时建筑物宜采用装配式结构，以便多次周转使用 5. 尽可能按永久工业广场标高施工
2	场内临时道路应平整、畅通，方便运输，并满足大型车辆通行要求
3	机修场区及加工设施宜邻近料场与仓库布置；办公、生活区应与生产区分开布置，保持安全距离，并应避开噪声、粉尘等环境污染源；办公、生活区的选址应当符合安全性要求
4	临时炸药库、油脂库、加油站的设置应符合国家现行有关规范
5	寒冷地区冬季施工，应设置供热、防冻设施。临时锅炉房应布置在井口和生活区的下风向，尽量靠近主要用气、供热用户，远离清洁度要求较高的车间和建筑
6	临时建筑物应分区布置，满足卫生与安全要求，并符合安全规定
7	混凝土搅拌站宜在井口附近集中布置，周围应有较大的场地以满足砂、石堆放。水泥库需布置在搅拌站附近。宜利用地形、地势条件，并留有足够的场地，以利于运输和材料堆积，满足供水、供电等要求
8	凿井提升机房的位置，须根据提升机的型号、数量、井架高度以及提升机钢丝绳的倾角、偏角等来确定，布置时应避开永久建筑物位置，不影响永久提升、运输、永久建筑的施工；并考虑提升方位与永久提升方位的关系，使之能适应井筒开凿、平巷开拓、井筒装备各阶段提升的需要

7.2.3　缩短施工准备期的主要途径

缩短施工准备期的主要途径见表7-5。

表7-5　缩短施工准备期的主要途径

序号	主要途径
1	合理安排各项施工准备工作。采用网络技术统筹安排矿建、土建、安装三类工程的施工顺序，抓住关键线路，合理配置资源，进行科学管理
2	提前利用永久建筑物和设施是矿井建设的一项重要经验，可有效减少临时设施数量，简化工业广场总平面布置，缩短施工准备期，同时还可改善生产条件和施工人员的生活条件。立井井筒施工，通常可考虑利用的永久设施有金属永久井架或井塔，压风、供电、机修等生产设施和食堂、澡堂、宿舍、办公室等生活设施
3	利用新技术、新工艺，减少凿井设施布置。例如利用井壁吊挂技术可有效减少悬吊设施

7.3 井筒掘进

7.3.1 掘砌工艺

近年来,我国冻结井筒掘砌技术水平有了很大提高,特别是在深立井和深厚表土井筒施工方面得到了迅速发展,使用了以大型凿井绞车、大吊桶、双联伞钻、小型挖掘机和整体移动金属模板等为主要设备的综合机械化作业线。立井混合作业方式得到了广泛应用,工序转换时间少,施工速度快,大幅度提高了立井井筒施工速度和工程质量,保证了施工安全。

目前的掘砌技术有如下主要特征:

(1) 冻结法凿井表土层段井壁多为双层井壁或双层复合井壁。外层井壁要求能抵抗冻结压力作用,内层井壁要求能承受全部水压作用而不漏水。

(2) 外层井壁较普遍地采用短掘短砌工艺;多用整体移动式金属模板筑壁;掘进段高一般取 2~4 m,当遇易片帮或冻结壁变形大的情况时,段高取小值。

(3) 内层井壁的浇筑,正常情况下,多采用液压滑模或装配式组合金属模板倒模法自下而上一次套壁,特殊情况下也可分次套壁。

(4) 随着土层厚度加大,井壁混凝土的强度等级也需要提高。目前井壁混凝土、钢纤维混凝土的设计强度等级已经达到 C90、CF90,现场试验达 CF110。

(5) 冻结表土段一般用人工、风铲或挖掘机挖掘,在遇到挖掘困难的卵砾石层或井内冻土时采用爆破掘进方式。基岩段一般采用钻眼爆破法掘进。

(6) 冻结段井筒浅部井壁厚度相对较薄而深部相对较厚,井筒掘进断面自上而下由小变大。在变断面处,井壁呈现锥形或台阶形。变断面处应力状态复杂,应防止外层井壁断裂。

(7) 冻结段井筒施工设备布置,不考虑安设排水设施,但须预留排水设施空间。

冻结井筒掘砌的特点和要求见表 7-6。

表 7-6 冻结井筒掘砌的特点和要求

特 点	要 求	
	掘 进	筑 壁
冻结段穿过的地层稳定性差、地压大、含水丰富、水头高	冻结壁应能抵抗地压与水压的作用	1. 井壁既能承受地压,又能封水 2. 内壁能承受全部水压而不漏水
冻结壁为弹黏塑性体,易产生较大的流变变形,并使井壁受到较大的冻结压力作用	1. 严格控制掘进段高 2. 缩短空帮时间	1. 外壁应能抵抗冻结压力而不破坏 2. 采用泡沫塑料板让压 3. 用早强混凝土适应冻结压力增长
井帮温度随着深度增大而降低,可达 -15~-20 ℃	1. 压风管路和风动工具要防冻 2. 有合适的冻土挖掘机具 3. 有合适的打孔机具	当井帮温度很低时,混凝土入模温度不宜低于 20 ℃
基岩冻结壁变形小,外壁受到的冻结变形压力小	可适当加大段高	1. 外壁与井帮间不铺泡沫塑料板 2. 井帮温度低时,混凝土要防冻害

表 7-6（续）

特 点	要 求	
	掘进	筑壁
表土半深以浅冻结壁有时变形较小、对井壁的围抱力小	1. 防外壁下沉 2. 防外壁在变截面处附近断裂	1. 围抱力小时应取消泡沫塑料板 2. 避免外壁内、外缘同时变径
在多圈孔同步冻结情况下，表土段井帮有时变形小且为正温	1. 防外壁下沉 2. 疏干井帮外未冻区、冻结壁融化区的水，以防冻胀破坏井壁	1. 围抱力小时应取消泡沫塑料板 2. 增大外壁厚度、抗拉强度、内缘配筋率，防止不均匀冻胀力破坏外壁
深大井筒井壁强度高、厚度大	要有与大掘进直径井筒相适应的掘、支、装、运等装备	内、外层井壁均需采取措施防止大体积混凝土开裂
在冻结壁的保护下进行掘砌工作，无涌水	在转入非冻结段施工前安装好排水设备即可	内层井壁应喷水养护，或在井筒内放满水养护，防止或减少裂缝

7.3.2 冻结井筒试挖和正式掘进的条件

冻结井筒试挖和正式掘进的条件及注意事项见表 7-7。

表 7-7 冻结井筒试挖和正式掘进的条件及注意事项

项目		内容和要求
试挖	条件	1. 井筒试挖前应具备如下技术资料： （1）检查钻孔的地质报告及井筒地质柱状图 （2）冻结孔、测温孔、水文观测孔测斜资料及冻结孔偏斜平面投影图 （3）测温孔测温资料及根据测温数据绘制出的冻结壁交圈图 （4）水文观测孔水位变化及其纵向水温资料 （5）井筒水位及距井筒 600 m 左右范围以内的各水源井水位变化情况 （6）制冷站运转报表（包括盐水温度、流量资料及制冷机组运转情况） （7）井壁结构施工图 （8）井筒冻结掘砌施工组织设计与技术、安全措施 2. 已完成试挖前的准备工作，见表 7-3。"四通一平"及凿井提升、压风、通风、信号、照明、供热、混凝土搅拌等建井生产系统均已形成，并应具备连续施工能力 3. 确定冻结壁已交圈：水文观测孔一层或多层水位都必须均匀有规律地上升并溢出管口，最深一层水位溢出管口 7 d，并保持稳定；或者提前冒水的水文观测孔水压曲线出现明显拐点且稳定上升 7 d；当井筒工作面有积水时，积水与井筒外部含水层无水力联系，且水位有规律上升。当出现冻结时间达到或超过设计规定，而水文观测孔仍未冒水的情形时，未查明原因，严禁试掘 4. 测温孔所测温度达到设计要求 5. 对于浅冻结井筒，冻结壁形成时间达到设计规定；对于深冻结井筒，浅部冻结壁的厚度和强度（平均温度）已达开挖要求，深部冻结壁已交圈并达到一定的厚度 6. 各种材料储备充足、供应渠道畅通，满足井筒连续施工要求 7. 应有冻结施工单位或工程监理部门的试挖通知文件
	注意事项	1. 试挖深度应满足安设吊盘要求，一般不应少于 15 m，且不应大于 40 m 2. 试挖段高以不片帮为原则，一般不宜超过 2.5 m 3. 试挖期间第 1~3 个段高应探明冻结壁内缘的位置 4. 试挖期间，水文观测管应保留，需截断时，应与相关单位协商决定 5. 试挖期间，若出现水文观测孔冒水量突然增大、水文观测管周围涌水或井帮与工作面土层出现涌水现象时，必须立即停止试挖，并尽快向井内灌水至静止水位，严禁强行排水掘进 6. 试挖期间继续进行积极冻结，使冻结壁进一步扩展，以适应抵抗深部地压的要求

表7-7（续）

项目	内容和要求
正式开挖	条件	1. 应按照施工组织设计和国家现行有关规范的要求，完成相关施工设施及设备的安装 2. 冻结情况正常；完成试挖段的施工且无异常，证实冻结壁已达到预定的厚度与强度 3. 按冻土扩展速度和井筒掘砌施工进度计划推算，不同深度处的冻结壁，特别是辅助冻结孔终止处下方、深厚黏土层位置处的冻结壁，其厚度和强度均能按时符合冻结设计要求和安全掘砌的需要，可实现连续施工。当推算发现冻结壁发展同掘进速度不相适应时，应暂缓正式开挖、避免造成中间停掘待冻的被动局面 4. 井口盘、固定盘、吊盘和稳绳盘安装完毕，质量合格。已完成井内风筒、压风管、电缆、安全梯等正常砌壁的主要设备与设施的安装、吊挂等工作，质量合格 5. 应通过施工单位和上级管理部门组织的工程开工验收，符合条件后方可正式开工
	注意事项	1. 井筒掘砌速度必须与冻结壁扩展速度相适应，避免因掘进速度过快而冻结壁强度不足引起的井壁下沉、井壁压裂、冻结管断裂等事故 2. 冻结和掘砌施工应紧密配合，在保证安全的前提下尽量少挖冻土 3. 深井冻结法凿井宜开展信息化施工

7.3.3 井筒锁口施工

井筒锁口用于固定井筒位置、封闭井口和安装井盖，分临时锁口和永久锁口两类。

永久锁口是指井颈上部的永久井壁和井口封口框架（锁口框）。

临时锁口由井颈上部的临时井壁（锁口圈）和井口临时封口框架组成，在后期砌筑永久井壁时要拆掉。因此，临时井壁常用砖石或素混凝土砌筑而成。应尽可能利用永久锁口代替临时锁口，以减少临时锁口的拆除工作量。

锁口施工可使用凿井（永久）井架和临时（永久）提升机提升，人力或机械抓斗挖土，吊桶装土和V型矿车或自卸式汽车运输。有条件时，可使用挖掘机挖土，自卸汽车运输，以加快锁口施工速度。

临时锁口施工方法与注意事项见表7-8。

表7-8 临时锁口施工方法与注意事项

项目	内 容
上平面标高确定	临时锁口的上平面标高应尽量与永久标高一致，以防洪水进入井筒。临时锁口上平面标高应超出自然地坪0.3~0.5 m。当场区内整体自然地坪标高低于井筒设计标高时，应在场区内规划好排水沟渠位置
深度确定	临时锁口的深度要根据井筒用途和井壁结构设计确定。回风立井的临时锁口下表面为风硐底板，副立井、主立井的临时锁口深度要超出安全出口、管道通过口等通过口底板，故临时锁口的深度通常为5~8 m
支护形式确定	1. 临时锁口井壁支护形式要结合永久锁口设计结构、冻结钻孔布置位置确定。当永久锁口设计为单层井壁结构时，临时锁口的净径应不小于永久锁口的设计荒径，采用素混凝土或单层钢筋混凝土支护；当永久锁口设计为双层井壁时，按照外层井壁的设计结构施工。当具备条件时，可按照永久锁口的结构施工 2. 临时锁口掘进施工时的临时支护形式根据所处地层性质确定。现场应准备井圈、锚杆、网片等临时支护材料，稳定土层中可不设置临时支护，松散砂层中可采取纵向管桩配合井圈背板临时支护，风化基岩层中可采取锚喷临时支护

表 7-8（续）

项目	内　容
预留硐口方式	永久锁口段的硐室及通过口在临时锁口施工期间如进行预留，硐口或硐口施工长度应不超过井壁厚度，并有与井壁同时浇筑、厚度不小于 200 mm 的纵向混凝土挡墙
掘进段高确定	临时锁口段要采用小段高掘进，第一个段高结合冻结沟槽的高度确定，继续下行掘进的段高应不超过 2 m
施工顺序	1. 临时锁口掘够深度后，先浇筑临时锁口，再进行冻结沟槽和井架基础的砌筑工作。如果条件允许，宜将临时锁口、冻结沟槽及永久或临时井架基础平行作业、联合施工 2. 风井在风硐顶与冻结沟槽底板交接处，将风硐顶板的局部作成平顶过渡，待以后外接风硐时再恢复原形 3. 如果风硐和井筒同时冻结，采用永久锁口作为临时锁口，井筒施工至风硐下口底板标高时停止掘进，改掘风硐连接部分，然后砌筑井筒和风硐的支护结构
注意事项	1. 临时锁口及周边施工区域由于要设置井口永久或临时井架基础，预留有关通道、孔口和设备基础。因此，施工前设计部门应及时提交施工图并进行技术交底，施工测量要准确无误 2. 临时锁口要有足够的强度，施工深度达到 5 m 时，应对井口进行临时封口 3. 锁口框梁的位置应避开井内测量中、边线位置 4. 临时锁口施工必须采取防止下沉措施，有两种方式可结合使用： （1）掘进第一个段高时，在下部设置深度 500 mm 左右的壁座，并在浇筑混凝土时放置 4 根直径 20 mm 以上钢丝绳，绳端生根于井架基础 （2）第一个段高井筒部分与井口地坪同时浇筑，设置弯折钢筋将井筒竖筋与井口地坪横向钢筋连接，浇筑为整体 5. 锁口应尽量避开雨季施工，为防止地表水进入井内，可在井口周围挖砌排水沟

7.3.4　井筒掘砌段高确定

冻结井筒掘砌段高应根据地层性质、冻结壁强度、井帮稳定性、井壁结构、施工工艺、掘砌速度等因素综合分析确定，并应符合下列规定：

（1）冲积层掘砌段高：①试挖阶段不宜大于 2 m；②正式开挖阶段，应严格控制空帮时间内井帮径向位移不大于 50 mm，段高不大于 4.0 m；膨胀性厚黏土层施工时，井帮暴露时间不应大于 24 h，井帮径向位移不大于 50 mm，段高不应大于 2.5 m。

（2）基岩段掘砌段高不宜大于 4 m。

（3）壁座应按设计要求一次掘出，掘进过程中应进行临时支护。

冻结段井筒井帮暴露时间及掘砌段高选择见表 7-9。

表 7-9　冻结段井筒井帮暴露时间及掘砌段高选择

土（岩）性情况	建议段高/m	最长不支护时间/h
砂层、胶结较好的砾石层	≤6	≤48
砂质黏土层、胶结较差的卵石层	≤5	≤36
表土层厚度小于 200 m 的黏土层	≤3.6	≤36
表土层厚度大于 200 m 的厚黏土层	≤2.5	≤30

表 7-9（续）

土（岩）性情况	建议段高/m	最长不支护时间/h
强膨胀性黏土层	≤1.5	≤20
风化带、破碎带的不稳定岩层且无临时支护	≤2.5	≤24
基岩段围岩稳定，且无临时支护	≤4.0	≤30

注：在强膨胀性黏土层 24 h 位移量应控制在 50 mm 以内。

7.3.5 表土层掘进方法

冻土进入掘进范围情况下的挖掘方法有以下几种：

（1）冻土进入井帮以内较少时，可采用风镐或小型挖掘机直接挖掘冻土。

（2）井心接近冻实或全冻实时，可用小型挖掘机或液压振动锤和中心回转抓岩机配套作业，进行冻土挖掘工作。冻土挖掘很困难时，可用钻爆法掘进。

（3）当遇到砾石结核或风化基岩时，可采用钻爆法掘进。

冻土掘进方法及注意事项见表 7-10。

表 7-10 冻土掘进方法及注意事项

方 法	适用条件	优 缺 点	注 意 事 项
风镐、风铲直接破碎冻土	1. 冻结黏土层、砂性土层及风化基岩 2. 掘进工作面冻土较少 3. 冻结管偏斜较大，不适宜钻眼爆破	1. 工艺简单，容易实现 2. 体力劳动强度大、效率低 3. 风镐尖消耗量大	1. 工作面每 2~3 m² 配备 1 台风镐或风铲 2. 一般铲型钎头适用于破碎冻结黏土，尖铲型钎头适用于破碎冻结砂质黏土，尖型钎头适用于破碎冻结砂层、卵石层等 3. 风镐钎头消耗量估算：冻结黏土层取 0.5 根/m³，冻结砂层取 0.4 根/m³，冻结卵石层及基岩取 2~3.5 根/m³。掘进冻结卵石层和硬黏土层时钎头易折断，应考虑 1 倍的备用量
小型挖掘机配破碎锤破碎冻土	1. 各类冻结土层及风化基岩 2. 直径大于 5 m 的井筒可用多台挖掘机	1. 机械化程度高，挖掘机可进行平底、装土作业 2. 作业人员少，劳动强度小	1. 根据掘进断面、岩性等选择挖掘机型号，可 1 台单独使用，也可多台同时分区作业 2. 作业时，机械臂下方不得有人，确保作业人员安全
液压破碎锤、挖掘机配合，直接破碎冻土和装载	1. 各类冻结岩土 2. 工作面大部或全部冻结 3. 掘进断面较大，适宜于挖掘机工作	1. 效率高，劳动强度小 2. 设备较为复杂	1. 常用小型挖掘机的型号：CX-45~75、YC35-7、SW30/20、NWD3.3、CT45-7A、PC60-7 2. 挖掘机最小尺寸应比井口盘和吊盘的喇叭口小 50 mm 以上，卸载高度应比吊桶高 30 mm，斗容宜大于 0.2 m³，最小挖掘半径应和井筒允许有效挖掘半径相近 3. 在过煤层时，应使用防爆电动挖掘机 4. 司机要经过严格培训

表7-10（续）

方法	适用条件	优缺点	注意事项
中心回转抓岩机抓取冻土	冻土进入荒径不多，砂性土层	挖、装合一，效率高，劳动强度小	掘进范围内冻土占比例大时不适用
钻眼爆破	1. 工作面土层大部分冻结情况下 2. 各类冻土，特别是冻结砂砾层或卵石层	1. 比风镐或风铲的效率高，但冻土温度较高时比挖掘机的效率低 2. 打眼劳动强度大 3. 爆破震动大时可能损坏冻结管 4. 温度较高的冻结黏性土打孔吐渣困难	1. 除应满足普通法凿井钻爆法掘进的有关规定外，还需编制专项冻土爆破技术、安全措施，严格履行审批手续 2. 其他具体注意事项见表7-11

表7-11 立井冻土爆破注意事项

事项名称	具体注意内容
炮眼布置	1. 炮眼圈距0.8~1 m，眼距0.7~1 m 2. 周边眼为直眼，周边眼布置时要对照冻结孔偏斜投影图，周边眼与冻结管的间距不得小于1.2 m；对向井内偏斜大的冻结孔，钻眼前应在工作面做出醒目标记；周边眼间距应小于0.45 m 3. 炮眼深度：土层中不宜大于2.5 m，在保证安全情况下可适当加深；岩层中不宜大于5 m
打眼	1. 采用风动工具打眼时，应采取措施防止压风管和风动工具结冰堵塞 2. 应采取综合防尘措施
装药	1. 爆炸材料应选用防冻安全炸药、毫秒延期电雷管 2. 周边眼装药的药卷长度应不超过炮眼深度的1/2
防崩坏冻结管	1. 遇有距井帮不足1.2 m的冻结管时，打钻前应在井帮上标记出冻结管的位置 2. 爆破前宜关闭该冻结器的进出液阀门；爆破后观察工作面及冻结器有无异常情况，及时恢复盐水循环，并加强对盐水箱液面的监测

7.3.6 基岩掘进方法

冻结基岩采用钻爆法施工，伞形钻架凿岩、中心回转抓岩机配合小型挖掘机装矸，整体移动模板砌壁，施工时应注意以下几点：

（1）爆炸材料应选用耐寒性好、有毒气体生成量少的抗冻乳化水胶炸药、毫秒延期电雷管。

（2）在风化破碎带岩层中，应实行短段掘砌，段高不应超过4.0 m；在较稳定岩层中，可视实际情况加大段高，并应进行临时支护。

（3）壁座应按照设计规格尺寸一次掘出，掘进过程中应进行临时支护。

（4）做好局部通风能力核定，形成安全监控系统；爆破后，人员入井进行安全检查时，井筒内CO浓度要降至24 ppm以下。

7.3.7 常见问题及预防处理措施

掘进中经常遇见的问题及预防、处理措施见表7-12。

表 7-12 掘进中经常遇见的问题及预防、处理措施

问题	现 象	原 因	预防、处理措施
冻结管偏入井内	1. 局部井帮温度显著降低，结霜较厚 2. 冻结管裸露前一般能见到钻孔泥浆	1. 打钻措施不当，钻孔偏斜大 2. 测斜误差大，未能准确定出偏斜位置	1. 根据钻孔偏斜图初步确定偏入井内的冻结管号，然后用击管法查明后关闭阀门，停止盐水循环 2. 当冻结管偏入荒径小于 0.2 m 和偏入长度小于 2 m 时，可不必割除，而用黄泥和油毡纸包扎，使之与混凝土隔离。该部位的井壁厚度和标号应适当增大 3. 当冻结管偏入荒径大于 0.2 m 和偏入长度大于 2 m，且对井壁厚度和强度影响较大时，冻结管偏入部分应当割除并封闭管端，即先关闭阀门，再用风镐击破管子，放出盐水，严禁将该管留在井壁内 4. 在查明或提出处理措施前，破土时要特别注意防止风镐击破冻结管 5. 偏入部分冻结壁薄弱时，应缩短段高，及时支护
冻结管断裂	1. 盐水从冻结壁或井壁流出 2. 制冷站盐水箱液面明显下降	1. 冻结管接头质量差或适应冻结壁变形能力小 2. 冻结壁强度低，井帮稳定性差，段高过大，冻结壁变形过大 3. 爆破影响	1. 一旦发现断裂的冻结管，必须立即关闭其阀门，停止盐水循环 2. 当两个相邻冻结管断裂时，应尽可能在原冻结管中下直径较小的新管，以恢复冻结 3. 断管较多时，除做好提前套壁的准备工作外，要加快掘砌速度，尽快施工至要求深度，进行套壁。当发现危及安全施工时，应提前套壁 4. 冻结管偏斜严重部位最好用风镐破土。若采用钻爆法施工时要严防崩坏冻结管 5. 在强度低的冻结黏土层中，采用小段高施工 6. 冻结管采用套管接头时，要确保焊接质量 7. 当盐水泄漏融化冻结壁导致涌水涌砂现象时，必须迅速往井筒内充填沙土、灌水直至静水水位
冻结壁变形严重	1. 黏土冻结壁变形大，使外层井壁或临时井壁压裂、变形、钢筋鼓出 2. 黏性土层底鼓严重，将井壁刃角挤裂	1. 冻结壁强度低，塑性变形大 2. 新砌井壁强度低于冻结压力产生的井壁应力	1. 变形如是黏土膨胀引起的，可在井帮上挖膨胀压力释放槽，或适当增加壁后泡沫塑料板的厚度；反之，可增设井圈背板作临时支护 2. 适当加大掘进直径，预留一定的冻结壁变形空间，确保井壁厚度 3. 提高井壁厚度和强度等级，采取早强措施，确保井壁的强度增长速度与冻结压力的增长速度相适应 4. 采取措施强化冻结壁，必要时冻实井心 5. 拆除破损的井壁，重新砌筑，必要时可在壁后增加支护材料
片帮和抽帮	1. 未冻土或井帮融土片落或坍塌 2. 卵石层中井帮表面融化、坍塌 3. 上段井壁壁后未填密实，壁后砂层往下坍塌	1. 冻土未扩入井帮 2. 井帮岩土吸湿砂化或温度偏高的井帮冻土受热融化 3. 地压大和冻结壁强度低导致井帮稳定性差、塑性变形大 4. 壁后未充填密实	1. 减小段高，缩短井帮暴露时间，及时封闭井帮 2. 加强冻结，减少壁后未冻土的厚度 3. 在卵石层中，要设置尼龙网或钢筋保护网 4. 壁后出现空洞时，要及时充填和采取其他相应措施，防止从壁后向下坍落

表 7-12（续）

问题	现象	原因	预防、处理措施
冻结壁豁口出水	1. 沿水文观测管外壁出水 2. 从水文管冒水 3. 从工作面冒水 4. 继续向下掘进时水量增大 5. 水中夹带泥砂，水色混浊	1. 制冷站供冷量不足，冻土发展速度慢 2. 水文孔未冒水或失灵导致误判 3. 井筒过早开挖，导致冻结时间不足 4. 盐水循环流量未达到设计要求 5. 冻结管出现堵塞 6. 供液管接头脱开造成盐水短路 7. 控制层位相邻冻结孔孔间距过大 8. 个别冻结孔深度不符合设计要求 9. 个别冻结管焊接接头处出现盐水渗漏现象 10. 水文孔单孔多含多层或单含多层的报导，引起以水文孔为通道的地下水暗流 11. 地下水自身流速大 12. 地层地温高 13. 冻结井周边水源井至井筒之距较近，导致地下水流速加大 14. 冻结用新鲜水的水源井位于地下水流向的下方 15. 报废钻孔竖向导水，影响冻结壁交圈 16. 冻结深度不足	1. 增加制冷机组，降低盐水温度 2. 停止掘进，向井内灌水至静止水位，以消除冻结壁内外的水压差，避免更多的水土涌入井内 3. 针对过早开挖影响冻结壁正常交圈，应持续冻结，延长冻结时间 4. 查明原因，采取应对措施提高盐水循环流量 5. 检测冻结管盐水流量，查明和排除故障，恢复冻结 6. 检查去路盐水和回路盐水的异常现象，查明和排除故障，恢复冻结 7. 提高相邻冻结孔盐水流量，加强冻结，以弥补孔间距过大的影响 8. 采取液氮冻结，以解决个别冻结孔深度不足的问题 9. 冻结管内部下放套管，恢复冻结，解决盐水渗漏 10. 采用灌浆堵塞滤水管或水文管内部下置套管，切断地下水暗流通道 11. 降低盐水温度，提高盐水流量，强化冻结；或在地下水流向的上方设置挡水墙，改变地下水流方向；或在地下水流向的上方采取降水措施，减缓地下水流速 12. 降低盐水温度，提高盐水流量，延长冻结时间 13. 冻结壁豁口交圈前，停止冻结井周边水源井使用 14. 停止地下水流向下方的水源井使用，在地下水流向上方重新施工水源井，且与冻结井距离应在抽水影响半径之外 15. 若证实是废孔隐患引起的事故，则应设法利用废孔进行冻结，或采取注浆、强化冻结等措施阻断导水通道 16. 冻结段掘砌深度、冻结深度应符合规范规定 17. 对现有的地质资料研判，或对冻结底部地层取芯，调整冻结深度，而后在原冻结孔外围施工一圈冻结孔实施局部冻结，待底部地层冻结壁豁口闭合且冻结壁厚度、强度满足设计要求后，再恢复冻结段掘砌施工
基岩裂隙出水	1. 水清不含砂，涌水量大小不等 2. 继续向下掘进时水量逐渐增大	1. 水文观测孔进入基岩含水层中出水 2. 接近冻结管底部，爆破引起出水	1. 立即施工混凝土止水垫，尽快浇筑井壁 2. 采取工作面预注浆或冻结等封水措施，确认切断井筒内外水力联系时，再向下施工
冻胀水释放	刚见水时，水量大、水头高，但水清、时间短，随着水的涌出，水量、压头逐渐减小	冻结壁形成后，因水文观测孔堵塞而使井内含水层中的冻胀水无处释放，当掘进接近该处时突然涌出	总水量不大，对施工安全无影响，涌出的水用吊桶排出即可

当井内空气温度低于 0 ℃ 时，压风管路和风动工具应采取防冻措施。可采取的措施有：

（1）使压风管经过冻结沟槽降温，让压风经预冷之后脱水。
（2）在井口安设离心式压风脱水器，利用离心原理将压风里的水分脱出。
（3）在井筒内，让压风管路远离井壁；避免压风管路断面突变。
（4）在吊盘上安装风、水分离装置等。
（5）每班施工前给风动工具加一次酒精。

压风管路和风动工具的防冻措施见表 7-13。

表 7-13　压风管路和风动工具的防冻措施

方法	图示或特点	注意事项
气水分离器法	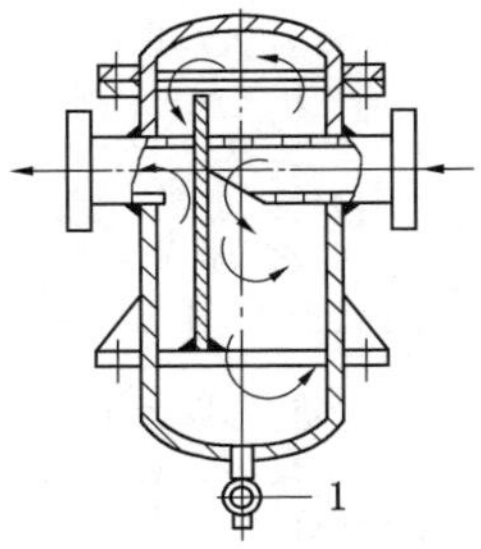 挡板式气水分离器结构示意图（1—排污口）；旋风式气水分离器结构示意图（1—导液管；2—旋流换向管；3—分液板；4—集液过滤器；5—自动放水阀） 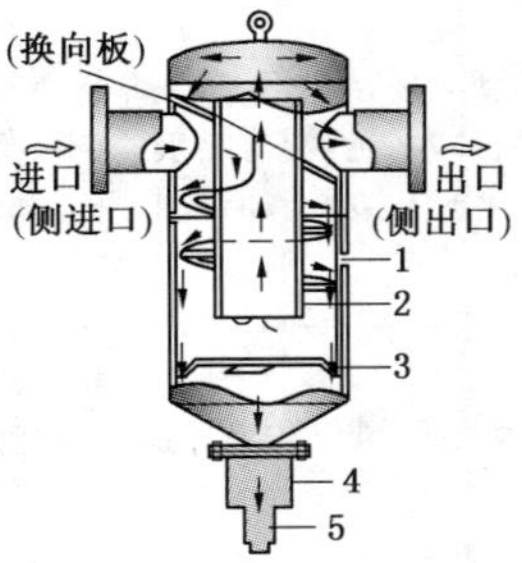	1. 检查安装位置和流向是否正确，确保按阀体上方向安装 2. 装在水平管道上、排水口竖直朝下。为保证分离器液体尽快排走，排液口必须要连接相应的自动疏水阀 3. 悬空安装要有相应的支撑机构，以减小管道设备负压 4. 可以设旁路和进出口切断阀，以便检修不影响生产。用风量较大时可设置多台
压风过滤干燥法（吸附式）	压风入井前，通过装有活性炭或固体氯化钙的过滤器，水分被活性炭等吸收而提高干燥度。吸附式气水分离器结构示意图（1—吸附垫；2—湿蒸气；3—水滴下落并凝结）；压风干燥器示意图（1—压风进口；2—压风出口；3—放水口） 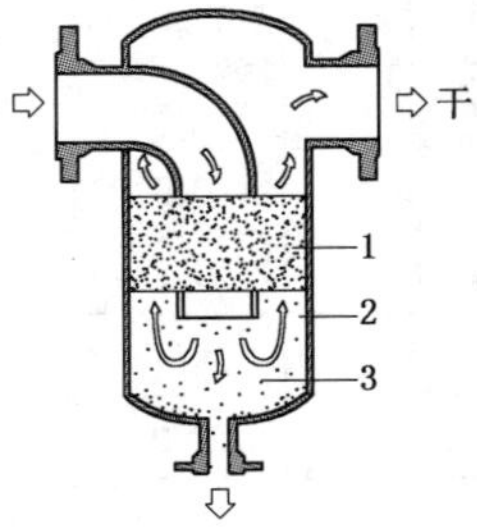 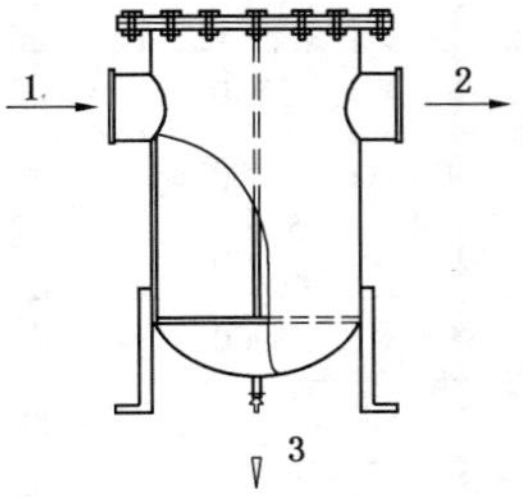	1. 要经常放水 2. 定期更换活性炭或固体氯化钙 3. 大部分水分析出后，剩余少量水分再通过压风冷凝分离法除去

表 7-13（续）

方法	图示或特点	注意事项
压风冷凝分离法	压风通过低温冷凝器突然降温，使水蒸气凝结成水 1—压风进口；2—低温盐水进口；3—放水口；4—压风出口 压风冷凝分离法示意图	1. 使用过程中要注意放水，一般每隔 $1\sim2$ h 放一次积水 2. 大部分水分离析出后，剩余少量水分再通过压风干燥过滤器去除
降低冰点法	在压风管路上安装一个盛有酒精与冷冻机油混合溶液的小容器，每隔 1 h 左右向压风管路内注入半公斤左右的混合溶液，起降低压风中水分的冰点和润滑风动工具作用，保证风动工具正常工作	1. 注入混合溶液前必须把井筒内压风分配器中的积水放出 2. 每次注入混合溶液的数量要根据压风消耗量、压风中残存的水汽量确定
检修风动工具	风动工具因压风中的水分冻结堵塞进风口和出风口，而造成不动作，应将风动工具送地面检修	不宜将风动工具浸入高温热水中或用火直接烘烤，因为这样做有损机件

7.3.8 井筒冻结段钻眼爆破案例

井筒冻结段钻眼爆破案例见表 7-14。

表 7-14 井筒冻结段钻眼爆破案例

井筒名称（掘进荒径）	岩层	眼名	眼数/个	圈径/mm	眼深/mm	眼距/mm	装药量 kg/眼	装药量 kg/圈	起爆顺序
鹿洼煤矿主井（ϕ6.2 m）	表土层	掏槽眼	5	1100	1200	700	0.45	2.25	Ⅰ
		辅助眼	9	2200	1000	800	0.3	2.70	Ⅱ
		辅助眼	14	3600	1000	800	0.3	4.20	Ⅲ
		辅助眼	20	5000	1000	800	0.3	6.00	Ⅳ
		周边眼	38	6000	1000	500	0.15	5.70	Ⅴ
丁集煤矿风井（ϕ12.0 m）	砾石层	掏槽眼	6	1800	3000	800	2.0	12.00	Ⅰ
		掏槽眼	12	3200	3000	850	2.0	14.00	Ⅱ
		崩落眼	18	5300	2800	920	2.0	36.00	Ⅲ
		辅助眼	27	7300	2800	850	2.0	54.00	Ⅳ
		辅助眼	38	9600	2800	800	1.6	57.60	Ⅴ
		周边眼	65	11600	2800	560	1.0	65.00	Ⅵ

表 7-14（续）

井筒名称 （掘进荒径）	岩层	眼名	眼数/ 个	圈径/ mm	眼深/ mm	眼距/ mm	装药量		起爆顺序
							kg/眼	kg/圈	
许楼煤矿主井 （φ6.6 m）	砾岩段	掏槽眼	6	1200	2200	630	2.075	12.45	Ⅰ
		掏槽眼	12	2200	2200	580	1.660	19.92	Ⅰ
		辅助眼	18	3700	2000	650	1.245	22.41	Ⅱ
		辅助眼	24	5100	2000	670	1.245	29.88	Ⅲ
		周边眼	36	6200	2000	540	1.079	38.84	Ⅳ
潘北煤矿风井 （φ6.6 m）	风化基岩	掏槽眼	7	1200	2200	630	2.0	11.20	Ⅰ
		掏槽眼	12	2400	2200	630	2.0	19.20	Ⅰ
		辅助眼	18	3800	2000	660	1.5	21.60	Ⅱ
		辅助眼	24	5200	2000	680	1.5	28.80	Ⅲ
		周边眼	42	6200	2000	460	1.0	33.60	Ⅳ
宣东二矿主井 （φ7.8 m）	基岩	掏槽眼	6	1400	3200	733	4.98	29.88	Ⅰ
		掏槽眼	9	2200	3200	768	4.19	37.35	Ⅰ
		辅助眼	12	3600	3000	942	3.32	39.84	Ⅱ
		辅助眼	15	5200	3000	1089	3.32	49.80	Ⅲ
		辅助眼	24	6600	3000	864	1.05	25.20	Ⅳ
		周边眼	45	7400	3000	517	0.9	40.50	Ⅴ
胡家河煤矿主井 （φ8.8 m）	基岩	掏槽眼	7	1700	4200	738	4.5	31.5	Ⅰ
		辅助眼	14	3400	4000	757	3.2	44.8	Ⅱ
		辅助眼	21	5100	4000	760	3.2	67.2	Ⅲ
		辅助眼	28	6800	4000	761	3.2	89.6	Ⅳ
		周边眼	46	8400	4000	573	1.8	82.8	Ⅴ
红庆河煤矿主井 （φ12.0 m）	基岩	掏槽眼	8	2000	4700	785	4.95	39.6	Ⅰ
		辅助眼	15	3600	4500	754	3.2	48	Ⅱ
		辅助眼	20	5400	4500	848	3.2	64	Ⅲ
		辅助眼	24	7400	4500	968	3.2	76.8	Ⅳ
		辅助眼	32	9200	4500	900	3.2	102.4	Ⅴ
		辅助眼	39	11000	4500	886	3.2	124.8	Ⅵ
		周边眼	65	11600	4500	599	1.8	117	Ⅶ
门克庆煤矿主井 （φ13.2 m）	基岩	掏槽眼	6	1600	5000	837	4.95	29.7	Ⅰ
		掏槽眼	12	3300	4800	864	3.65	43.8	Ⅰ
		辅助眼	19	5300	4800	876	3.65	69.35	Ⅱ
		辅助眼	26	7300	4800	881	3.65	94.9	Ⅲ
		辅助眼	33	9300	4800	885	3.65	120.45	Ⅳ
		辅助眼	41	11100	4800	851	3.65	149.65	Ⅴ
		周边眼	66	12800	4800	600	1.8	118.8	Ⅵ

表7-14（续）

井筒名称 （掘进荒径）	岩层	眼名	眼数/ 个	圈径/ mm	眼深/ mm	眼距/ mm	装药量		起爆 顺序
							kg/眼	kg/圈	
核桃峪煤矿副井 （φ12.8 m）	基岩	掏槽眼	8	2000	4700	785	4.95	39.6	I
		掏槽眼	15	3600	4500	754	3.65	54.75	I
		辅助眼	20	5400	4500	848	3.65	73	II
		辅助眼	24	7400	4500	968	3.65	87.6	III
		辅助眼	32	9200	4500	900	3.65	116.8	IV
		辅助眼	39	11000	4500	600	3.65	142.35	V
		周边眼	65	12400	4500	460	1.8	117	VI

7.4 井筒支护

7.4.1 冻结井壁结构形式及适用条件

经过多年的实践，我国冻结法凿井经历了引进探索、推广改进、完善提高的发展过程，冻结深度由浅到深，冻结地层由第四系、第三系表土层逐渐向基岩含水层延深，冻结井地区亦由中东部矿井向西部的陕西、宁夏、内蒙古等地区扩展。至2019年，冻结深度已超过950 m，C90、CF90混凝土已大量应用。

目前，我国冻结立井井筒的井壁结构形式主要有双层复合井壁、双层井壁、单层井壁等。常用的冻结井壁类型和适用条件见表7-15。

表7-15 常用的冻结井壁类型和适用条件

类型	结构示意图	优缺点	适用条件
单层井壁	1—混凝土；2—接茬止水钢板 单层井壁示意图	1. 井壁主要承受冻结压力、注浆压力、永久水压和地压；从上往下分段施工，普通单层井壁因接茬不防水、井壁裂缝较多，解冻后漏水严重 2. 因能利用围岩的承载力，仅井壁外表面孔隙与裂隙受水压作用，故井壁厚度小、造价低 3. 掘砌工程量小，施工速度快 4. 采用钢质接茬板、补偿收缩混凝土或纤维混凝土等防裂技术后，新型单层井壁封水性良好，但对施工技术要求较高	1955—1963年，普通单层井壁被我国普遍采用，后随冻结深度超过200 m，因漏水严重被双层井壁取代。近年来，我国开发了钢质接茬板技术、井壁防裂技术和筑壁期间井壁检漏与注浆技术，有效地解决了单层井壁大量漏水问题，新型低渗漏单层井壁已成功应用于16个深大井筒 适用于冻结基岩段井筒，特别是在深大井筒中；也可用于深度较小的冻结表土和风化基岩段井筒

表 7-15（续）

类型	结构示意图	优 缺 点	适 用 条 件
双层井壁	1—内壁；2—外壁 双层井壁示意图	1. 外壁主要承受冻结压力；从上往下分段施工，普通井壁接茬不防水，普通混凝土可能产生温度裂缝 2. 内壁主要承受水压；自下而上连续浇筑，无接茬，利于防漏水，但普通混凝土会因温度应力产生裂缝而漏水 3. 内、外层按共同承受土压；整体井壁的封水性较好，通过壁间与壁后注浆一般均能满足封水要求 4. 不能利用围岩的承载力，内壁外缘受水压作用面积大，井壁总厚度大，造价高	1963—1980 年，双层井壁曾被我国广泛采用；井筒埋深在 200 m 以内时，基本可做到不漏水或少漏水；后随冻结深度增大，因内壁开裂漏水严重被双层复合井壁取代。近年来，采用补偿收缩混凝土或纤维混凝土技术防止内壁开裂，在此条件下双层井壁的封水性能可比肩双层复合井壁 适用于冻结表土和风化基岩段井筒；可用于冻结基岩段，但井壁厚度很大，特别是在深大井筒中
双层复合井壁	1—内壁；2—塑料夹层；3—外壁 双层复合井壁示意图	1. 外壁与双层井壁之外壁相同 2. 塑料夹层主要起减弱内、外壁间约束的作用，可减少内壁约束温度应力 3. 内壁主要承受水压；自下而上连续浇筑，无接茬，利于防漏水，但当厚度大于 1 m 时普通混凝土会因温度应力产生裂缝，进而漏水 4. 内、外层按共同承受土压；一般内壁厚度小于 1 m 时封水性良好；厚度大于 1 m 时封水性能变差，但通过壁间与壁后注浆一般均能满足封水要求 5. 不能利用围岩的承载力，内壁外表面全部受水压作用，对于深大冻结井筒，井壁总厚度大，造价高	1979 年以后双层复合井壁在我国冻结井筒中广泛采用；内壁厚度小时（<1.0 m）基本不漏水；随厚度增大（>1.0 m），普通混凝土内壁漏水量增大。近年来，采用补偿收缩混凝土或纤维混凝土技术防止内壁开裂，在此条件下内壁基本不漏水 适用于冻结表土和风化基岩段井筒；可用于冻结基岩段，但井壁厚度很大，特别是在深大井筒中

7.4.2 混凝土输送方式

一般采用底卸式吊桶或溜灰管向井下输送混凝土，见表 7-16。

表 7-16 井壁混凝土输送方式比较

方式	输送特点	优点	缺点	适用范围
底卸式吊桶输送	提升机将底卸式吊桶下放至吊盘受料槽上方后,搬动吊桶杠杆手把,将吊桶底部带滚轮的闸门与橡胶密封板脱开,混凝土从吊桶底部流至料槽,经分料器、高压胶管最后进入筑壁模板内	1. 在输送中能保持混凝土质量的稳定性 2. 适用混凝土坍落度范围广 3. 不会因堵管影响施工 4. 不需要用凿井稳车悬吊管路而占用井上下空间	1. 输料速度较管路输送慢 2. 输料电费较高 3. 要占用提升机,影响部分排矸和人员上下	各种情况均适用,特别是深冻结井及高强度等级混凝土施工
管路输送	利用自重,拌匀的流态混凝土顺管路连续自溜,开始是自由落体运动,以后随速度增大,管内空气阻力增大和管壁碰撞次数变多,形成以竖直运动为主,含斜射、径射复杂运动的掺混匀流,最后在缓冲器的作用下,减速进入筑壁模板内	1. 不占用提升绞车,提升可与筑壁平行作业 2. 节省提升电力等费用 3. 下料速度比底卸式吊桶快 1 倍左右	1. 需采用大流态混凝土 2. 坍落度小的混凝土易堵管 3. 碎石在自溜碰撞中形成石粉,会降低混凝土质量	1. 大流态混凝土输送 2. 石子粒径不大于 40 mm,坍落度不宜小于 15 cm 3. 缺少吊桶或重新制作设备有困难时

底卸式吊桶输送系统适用于各种模板,其特征见表 7-17。

表 7-17 底卸式吊桶输送系统

系统组成	设施安装	使用注意事项
折叠式脚手架分灰系统	1. 搅拌机的卸料口高度略大于吊桶口,井口门上设折页轨道 2. 容积 2 m³ 以上的吊桶应采用不摘钩方式转运(带式输送机、螺旋输送机、溜槽等转载方式),或采用 900 mm 轨距以上平板车转运 3. 用提升机将折叠式脚手架下放至吊盘下层盘位置,并将其安设于吊盘下层盘喇叭口上方,在脚手架上组装好溜灰槽(坡度保持在 45°~50°),混凝土由底卸式吊桶下料口下放到溜灰槽内,再经分布在吊盘周边的溜灰管浇筑入模	1. 专人在脚手架上操作吊桶闸门,控制料流速度 2. 专人管理溜灰槽和分灰器 3. 每班要清洗吊桶、溜灰槽、溜灰管等 4. 吊桶闭锁装置、闸门等部件定期检修
分灰器	1. 地面和井内提升运输与折叠式脚手架分灰系统相同 2. 用提升机将分灰器下放至吊盘下层盘位置,并将其安装在吊盘下层盘喇叭口上方,混凝土由底卸式吊桶下料口下放到分灰器内,再通过分灰器下方的溜灰管浇筑入模	1. 专人操作吊桶闸门开闭 2. 混凝土浇筑完毕,将分料器用钩头提上井进行清洗、检修

溜灰管输送系统见表 7-18。

表7-18 溜灰管输送系统

系统组成	系统部件结构	部件安装与用途	输送系统图示
受料漏斗	用薄铁板制成	漏斗置于井口盘上；上口接收搅拌机的混凝土，下口管用法兰与套管相连	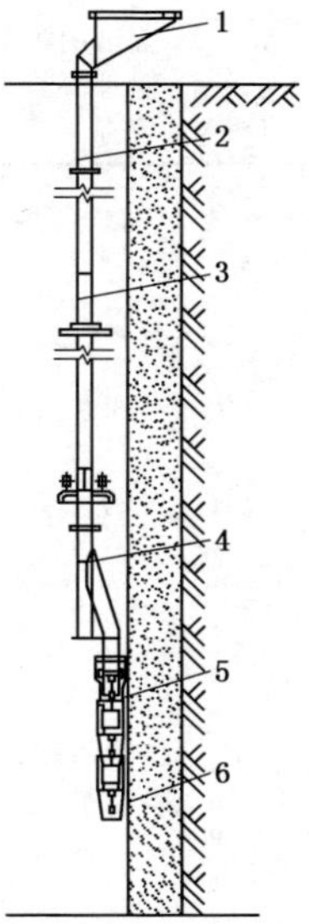 1—漏斗；2—套管；3—输料钢管；4—缓冲器；5—活节管；6—导灰管 溜灰管输送系统示意图
套管	一般为φ125 mm钢管，长5～6 m	上端与漏斗连接并通过卡子架在特设钢梁上，下端插入输料管内用于调节输送管路的长度，以便接长输料管	
输料管	为内径≥150 mm钢管，管壁厚6～8 mm，用法兰盘连接，随井深不断接长	上端套在套管外，通过管卡与凿井绞车钢丝绳系为一体，下端用法兰盘与缓冲器连接，可自由升降输料高度	
缓冲器	常用分岔式内径≥150 mm钢管制成，分岔角以15°为宜，下部死头长约180 mm	上连输料管，下部分岔管与分灰器相连，用于降低混凝土速度	
活节管	活节管是由厚2 mm铁板制成的锥形短管，通过拉挂钩铁环连成8～10 m软管，也可用φ150～200 mm胶皮软管	上挂缓冲器分岔管，下挂设导灰短管，进入分灰器后入模浇筑	
导灰管	导灰管由厚2 mm钢铁板围制而成的	导灰管联结在最下一节活节管下，使混凝土竖直入模，避免斜射、离析	

溜灰管输送混凝土故障预防措施见表7-19。

表7-19 溜灰管输送混凝土故障预防措施

项目	主 要 措 施
预防离析	1. 降低混凝土的水灰比，控制在0.65以下，坍落度不小于150 mm 2. 采用高强、容重小的石子，石子粒径不超过40 mm，使之与砂浆黏结表面增大 3. 输料管送料前，先输送少量水泥砂浆，并加强振捣，最好是配制抗离析流态混凝土 4. 下混凝土要均匀、连续，末端安装缓冲装置，并安装分灰器入模
预防堵管	1. 为防止大块物体溜入管内造成堵管，在搅拌机至溜灰管的溜槽内设一道算子横挡，混凝土流过大块被挡住。设专人看管溜槽，一旦发现大块物体或水泥袋等杂物，立即拣出 2. 溜灰管上口焊一横钢筋，防止大块物体漏入溜灰管 3. 严格控制混凝土流入套管的速度和流量，保持半管送料，不得满管下溜混凝土 4. 溜灰管下口活节筒必须调整好长短，不能太长，特别是在浇筑溜灰管对面一帮时；拉过井管的活节筒弯度不能太大，以免造成大弯度积聚混凝土而堵管 5. 加强井上下信号联系，一旦发生堵管征兆应立即停止送料，并及时处理

表7-19（续）

项目	主 要 措 施
减小管路磨损	1. 溜灰管悬挂要竖直，中间加一个弯形管节（图7-1），出口加叉形缓冲器（图7-2），以缓和出料速度，减少冲击力和磨损 2. 法兰盘制作、焊接、安装要平直，石棉、橡胶垫圈不能露出管内，也可用活节连接管子 3. 宜选用耐磨性好的锰钢管做溜灰管 4. 粗骨料粒径不能太大，石子粒径不超过30 mm为宜。河卵石比碎石对管子的磨损小

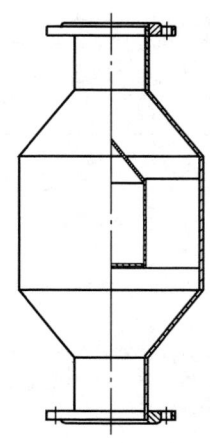

图7-1　S型弯形管节

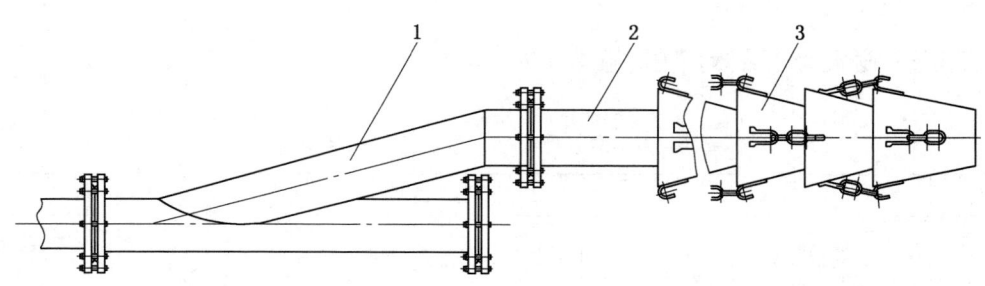

1—叉管；2—短管；3—活节管
图7-2　叉形缓冲器（左侧为上端）

7.4.3　外层井壁（或单层井壁）砌筑

冻结井筒外层井壁（或单层井壁）砌筑包括泡沫塑料板铺设、钢筋绑扎、模板组立、混凝土浇筑、脱模、接茬处理、养护、临时支护等主要工序。

（1）泡沫塑料板的作用、要求、铺设条件与方法见表7-20。

表 7-20 泡沫塑料板的作用、要求、铺设条件与方法

项目	内　　容
作用	在现浇钢筋混凝土外层井壁（或单层井壁）与井帮之间铺设泡沫塑料板，可起到让压、保温、隔水和匀压的作用
要求	1. 一般泡沫塑料板的厚度为 25 mm、50 mm、75 mm、100 mm，以不大于冻结壁的径向位移为宜 2. 压缩率达 50% 时抗压强度不宜高于 0.20 MPa 3. 在浇筑混凝土的冲击力下不碎裂 4. 密度宜介于 $18 \sim 25 \ kg/m^3$ 之间 5. 一般按施工尺寸定制泡沫塑料板：厚度为设计或设定的厚度，高度一般等同于模板高度，宽度一般为 1200～1500 mm
铺设条件	泡沫塑料板只在冻结壁变形较大时铺设；在冻结壁变形很小时，特别是在冻结基岩段不应铺设。当不铺设泡沫塑料板时，要注意防止外层井壁（或单层井壁）新筑混凝土受冻害
铺设方法	1. 找平井帮 2. 采用长度比泡沫板厚度大 50 mm 以上的钢钉，配合用胶皮自制的 30～50 mm 厚方垫，将泡沫塑料板钉在井帮上，相邻两块接缝应密合；铺设 2 层及以上时，接茬缝应错开

（2）钢筋的加工、运送与连接方法见表 7-21。

表 7-21 钢筋的加工、运送与连接方法

项目	内　　容
加工	1. 根据段高、掘进直径、井壁厚度、下井运输和人工搬运的方便性、钢筋下料废品率等确定钢筋长度，一般竖向钢筋长度不超过 5 m、环向钢筋不超过 4 m 2. 用钢筋切断机将长钢筋截为施工需要的长度 3. 对环向钢筋，用弯钢筋机将其弯成规定尺寸的弧形 4. 对竖向钢筋，把钢筋两端按照要求现场用滚丝机滚制成螺纹，剥肋和滚制螺纹一次性完成。钢筋一端按要求拧上套筒，另一端用保护帽套住以免碰坏螺纹。为防止套筒内进入杂物，套筒另一端用专用的塑料盖堵住
运送	1. 竖向钢筋与环向钢筋应分别运送，运输过程中要防止损伤钢筋螺纹 2. 吊桶运输：将钢筋竖向插入吊桶，用棕绳捆紧，下至工作面（工作盘）上悬吊解绳，将钢筋抽出，横放在工作面（工作盘）上 3. 小料桶运输：将钢筋插入 $\phi500 \sim 600$ mm 的专用小料桶，用绳捆牢，在小吊桶落至工作面（工作盘）上方时，边下放边拉吊桶，使钢筋横放在工作面（工作盘）上 4. 无论采用何种运输方式，下放时应缓慢，防止冲击工作盘
连接	1. 总体要求： （1）必须按设计要求的规格、数量、间距布筋，不得随意更改 （2）钢筋保护层厚度不得小于设计规定，更不许有露筋现象 （3）钢筋接头连接有绑扎、机械连接及焊接三种。井壁竖向（轴向）钢筋一般采用等强直螺纹连接；环向钢筋仍然使用绑扎方法；特定情况下用焊接连接竖向、环向或径向钢筋 （4）钢筋搭接长度要符合规范规定，井壁下露钢筋不得小于规定的搭接长度 （5）钢筋机械连接必须符合《钢筋机械连接技术规程》（JGJ 107）的相关规定。套筒要符合《建筑用钢筋滚轧直螺纹连接套筒》（DB 13/T 1463）的规定 （6）钢筋焊接必须符合《钢筋焊接及验收规程》（JGJ 18）的相关规定 （7）绑扎钢筋时，竖向要直，横筋要平。钢筋结点要靠严绑紧 （8）开展多点、多人同时作业及各工序间的平行交叉作业以加快施工速度 2. 竖筋直螺纹连接：按照要求将竖直钢筋一端插入刃角模板定位孔内，带连接套筒的另一端拧入上段井壁底部的钢筋接头，螺纹满丝扭紧即可。套内壁施工中，连接套筒与钢筋的上端头连接 3. 连接好每层竖直钢筋后，再绑扎该层环向钢筋，一般采用 18～20 号铁丝绑扎不少于 3 道，$\phi16$ mm 以上钢筋用 360 mm 长铁丝绑扎，$\phi25$ mm 以上钢筋用 400 mm 长铁丝绑扎 4. 绑扎好各层竖直、环向钢筋后，最后绑扎径向钢筋

(3) 井壁模板的立模和脱模方法见表7-22。

表7-22 井壁模板的立模和脱模方法

模板类型	脱、立模方法
整体钢模板	1. 爆破后，出矸深度要与砌壁高度相对应，荒径达到设计要求，然后平整好坐底矸石，模板刃角周围铺砂袋或砂层 2. 用吊桶下放气动油泵到工作面，将泵管与模板的相应油管接通，使模板直径收缩到设计内径（两次砌壁间隔不宜超过48 h，否则需中途松模）脱模，然后将模板下坐到砂袋或砂层上 3. 用竖井激光指向仪或竖直中心线指向投点，通过起落模板悬吊绳找正模板后，用沙包等封堵刃角周围防止漏浆，以免接茬面上及其邻近井壁上产生蜂窝麻面 4. 脱模时间应根据施工速度、混凝土强度增长速率等确定： （1）脱模时，混凝土强度不小于0.7 MPa，以防井壁垮塌或坠裂 （2）一般混凝土浇筑后8h即可脱模；混凝土越早强，脱模时间就可越短 （3）因模板的约束作用益于井壁防裂，故在保证能顺利脱模的前提下应尽可能晚地脱模
组合钢模板	1. 工作面找平 2. 下放或组立刃角模板并找平、找正 3. 在刃角模板上分块组立直模板，用螺栓连接，期间注意找平、找正模板；最后用沙包等封堵刃角周围防止漏浆，以免接茬面上及其邻近井壁上产生蜂窝麻面 4. 拆模时先拆楔形模

注：在深冻结井施工中，应备有部分1.0~1.5 m高度的短模板作为应急之用。

(4) 井壁混凝土浇筑的要点与注意事项见表7-23。

表7-23 井壁混凝土浇筑的要点与注意事项

项目	要点和注意事项
保温	1. 冬季施工时需提前将骨料存于暖料棚，暖料棚温度不得低于5 ℃ 2. 搅拌用水如需提前加热，水温不宜低于50 ℃，也不应高于80 ℃ 3. 搅拌前提前用热水冲洗搅拌机 4. 混凝土入模温度宜为15~25 ℃，不应低于10 ℃，也不应高于30 ℃。入模温度高对混凝土防冻、强度增长有利，对防裂不利。应综合气候条件、搅拌用水条件、井帮温度条件、混凝土配合比、混凝土强度增长要求、防混凝土温度裂缝要求等确定经济、合理的入模温度。当混凝土无防冻、较快提升强度需要时，或当井壁厚度大于1 m时，入模温度取适当低值
运输	1. 采用底卸式吊桶下放混凝土，经吊盘分灰器入模 2. 采用溜灰管输送混凝土时，必须制定安全技术措施。混凝土强度等级大于C40或输送深度大于400 m，严禁采用溜灰管输送
浇筑	1. 浇筑混凝土应分层进行，每层混凝土下料高度不得超过500 mm或不得大于振动棒作用部分长度的1.25倍。采用表面振动捣实时，分层厚度不得超过200 mm。使用滑升模板施工时，分层厚度以300 mm为宜，其滑升间隔时间不得超过1h，要随浇随振捣 2. 浇筑工作应连续进行，间断时间不得超过混凝土初凝时间；超过时凿成毛面，用水冲净，铺上一层水泥浆，然后进行浇筑 3. 浇筑时应对称作业。为防止模板受力不均而产生位移和混凝土离析，2~4根溜灰管应沿圆周均匀分布，分区同步浇筑。内层井壁施工时，溜灰管出口连接导灰筒，尽量使混凝土竖直入模，避免斜射回弹造成质量事故 4. 混凝土的水灰比和坍落度应按设计施工，严格控制。采用机械、人工振捣时，坍落度宜分别为40~60 mm、80~150 mm。当井壁厚度大、振捣条件差时，例如深、大冻结井筒外层井壁施工时，坍落度宜为190~220 mm，接近不离析、自流平混凝土最好。在满足工作性要求的前提下，宜尽量降低坍落度（水灰比），以利于提高混凝土强度 5. 每浇筑100 m³ 混凝土，或砌筑井筒段高20~30 m内，要按规定进行试块强度试验

表 7-23（续）

项目	要点和注意事项
振捣	1. 应设专人分片负责，宜采用插入式高频振动棒，分层均匀振捣；振动棒要插入下层混凝土 50～100 mm，每次移动 400 mm 左右，振动时间一般为 20～30 s，下插快、上拔要慢，防止留有插孔痕迹，但不要触及模板和预埋件 2. 用整体移动金属模板筑壁时，也可用附着式振动器振动

（5）接茬处理方式见表 7-24。

表 7-24　井壁接茬处理方式

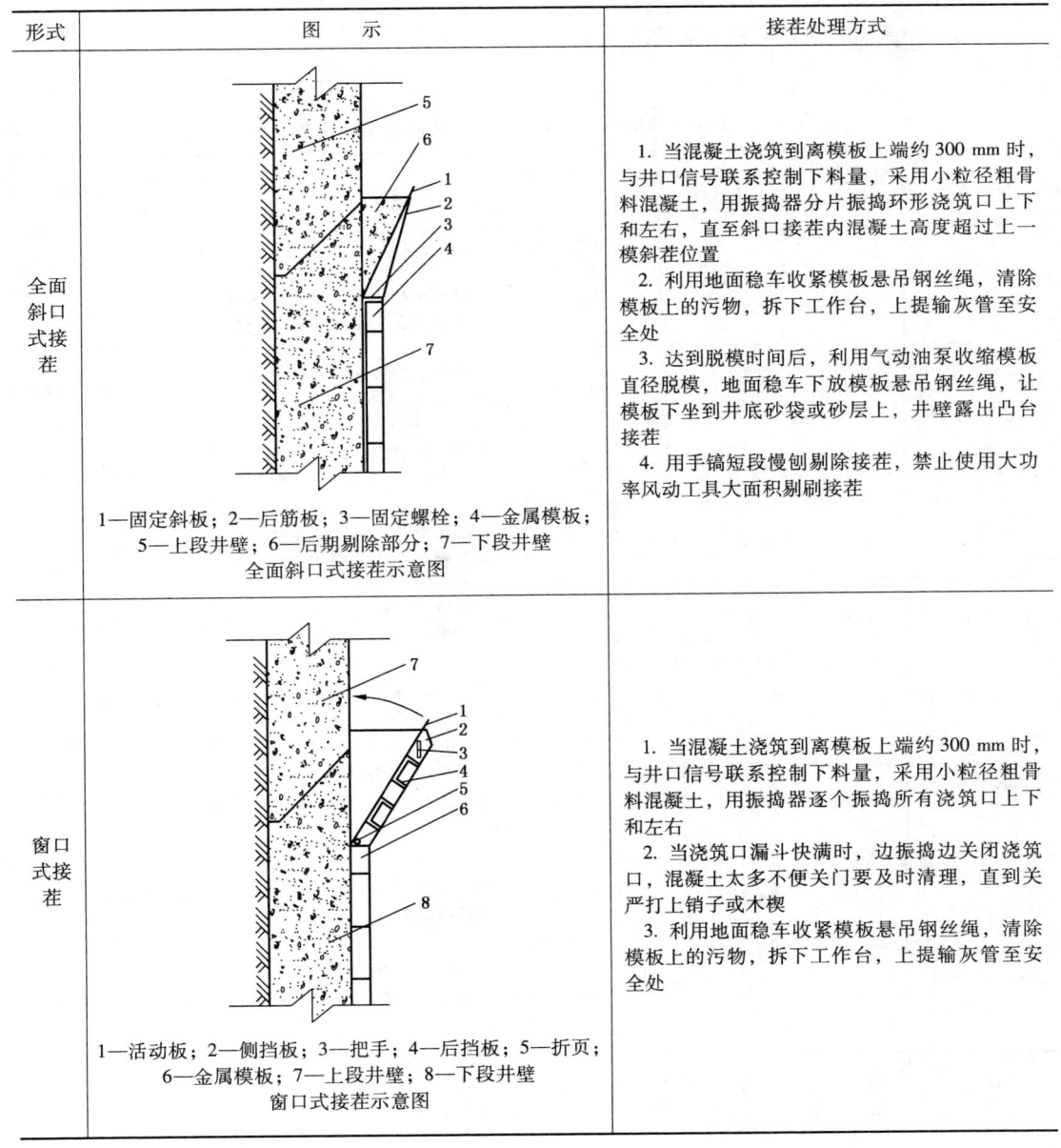

形式	图　示	接茬处理方式
全面斜口式接茬	1—固定斜板；2—后筋板；3—固定螺栓；4—金属模板；5—上段井壁；6—后期剔除部分；7—下段井壁 全面斜口式接茬示意图	1. 当混凝土浇筑到离模板上端约 300 mm 时，与井口信号联系控制下料量，采用小粒径粗骨料混凝土，用振捣器分片振捣环形浇筑口上下和左右，直至斜口接茬内混凝土高度超过上一模斜茬位置 2. 利用地面稳车收紧模板悬吊钢丝绳，清除模板上的污物，拆下工作台，上提输灰管至安全处 3. 达到脱模时间后，利用气动油泵收缩模板直径脱模，地面稳车下放模板悬吊钢丝绳，让模板下坐到井底砂袋或砂层上，井壁露出凸台接茬 4. 用手镐短段慢刨剔除接茬，禁止使用大功率风动工具大面积剔刷接茬
窗口式接茬	1—活动板；2—侧挡板；3—把手；4—后挡板；5—折页；6—金属模板；7—上段井壁；8—下段井壁 窗口式接茬示意图	1. 当混凝土浇筑到离模板上端约 300 mm 时，与井口信号联系控制下料量，采用小粒径粗骨料混凝土，用振捣器逐个振捣所有浇筑口上下和左右 2. 当浇筑口漏斗快满时，边振捣边关闭浇筑口，混凝土太多不便关门要及时清理，直到关严打上销子或木楔 3. 利用地面稳车收紧模板悬吊钢丝绳，清除模板上的污物，拆下工作台，上提输灰管至安全处

(6) 冻结基岩段临时支护。在冻结基岩段，冻结壁强度高、厚度大、整体性强，一般均处于弹性状态，其临时支护的作用与强度远远超过普通井巷工程的锚、喷、网、架联合支护。因此，理论上无须对冻结基岩段再进行支护。由于冰的黏结作用，井帮只要处于冻结状态，一般就不会掉渣、落碎石。在冻结基岩段，挂网或喷射混凝土的目的是预防井帮浅层化冻掉渣。

在冻结基岩段，当外壁或单层井壁采用大段高施工时，可在井帮上挂菱形网防掉渣，网眼不宜大于 50 mm × 50 mm。在施工冻结段壁座时，可视地层情况采用网、喷支护；喷层厚度不宜小于 150 mm、强度等级不宜小于 C15；网片可采用 $\phi6$ mm 钢筋网或 10 号铁丝网，网孔不宜大于 150 mm × 100 mm。为减少冻结岩帮的回弹量，关键在于喷射混凝土所用水的温度应介于 60 ~ 80 ℃之间。

(7) 我国冻结立井井筒外壁快速掘砌案例见表 7 - 25。

表 7 - 25　1998—2018 年我国冻结立井井筒外壁快速掘砌案例

井筒名称	净直径/m	表土层厚度/m	井壁厚度/m	冻结深度/m	作业方式简述	最高月进尺/m	时 间
一、中煤第一建设公司施工案例							
岱庄煤矿风井	5.0	276.0	0.95	315.0	掘砌滚班制作业，整体移动式金属模板高 3.3 m，2.0 m³ 吊桶	191.6	1998 年 2 月
星村煤矿副井	6.0	128.5	1.00	178.0	掘砌滚班制作业，移动式金属模板高 3.0 ~ 3.6 m	149.5	2003 年 10 月
孙疃煤矿副井	7.0	220.0	1.20	264.0	掘砌滚班制作业，移动式金属模板高 4.0 m，5.0 m³ 吊桶	142.0	2005 年 2 月
吴桂桥煤矿副井	5.2	388.0	0.90	425.0	掘砌滚班制作业，整体移动式金属模板高 4.0 m，4.0 m³ 吊桶	170.2	2005 年 3 月
郭屯煤矿风井	5.0	563.61	1.15	702.0	掘砌滚班制作业，整体移动式金属模板高 3.6 m，3.0 m³ 吊桶	151.3	2005 年 7 月
赵楼煤矿主井	7.0	473.0	1.00	527.0	掘砌滚班制作业，整体移动式金属模板高 4.0 m，4.0 m³ 吊桶	153.6	2005 年 10 月
口孜东煤矿风井	7.5	585.6	1.10	626.0	"三掘一砌"循环作业，移动式金属模板高 3.5 ~ 3.7 m，3.0 m³ 吊桶	172.0	2007 年 6 月
口孜东煤矿副井	8.0	609.5	1.01	617.0	掘砌滚班制作业，整体移动式金属模板高 3.5 m，4.0 m³ 吊桶	155.7	2007 年 7 月
顾桥煤矿回风井	7.2	307.0	1.05	350.0	"三掘一砌"循环作业，移动式金属模板高 3.5 ~ 3.8 m，3.0 m³ 吊桶	162.6	2007 年 7 月
王庄煤矿回风井	5.5	151.0	1.00 ~ 1.10	268.0	掘砌滚班制作业，移动式金属模板高 3.5 ~ 3.6 m	140.0	2007 年 12 月

表7-25（续）

井筒名称	净直径/m	表土层厚度/m	井壁厚度/m	冻结深度/m	作业方式简述	最高月进尺/m	时间
一、中煤第一建设公司施工案例							
霄云煤矿主井	5.0	422.72	0.80	472.0	掘砌滚班制作业，整体移动式金属模板高3.6m，3.0 m³吊桶	158.7	2008年6月
梁宝寺二号井风井	5.5	453.85	1.05	526.0	掘砌滚班制作业，整体移动式金属模板高3.6m，4.0 m³吊桶	152.0	2008年10月
潘一东煤矿副井	8.6	207.55	1.25	288.0	"两掘一砌"滚班制作业，整体式金属模板高2.5~3.7m，5.0 m³吊桶	171.6	2008年11月
麻家梁煤矿风井	8.0	350.0	1.15/1.60	350.0	掘砌滚班制作业，整体移动式金属模板高4.0m，5.0 m³吊桶	172.0	2009年2月
张集煤矿主井	5.5	452.0	0.90	583.0	掘砌滚班制作业，整体移动式金属模板高3.6m，3.0 m³吊桶	162.5	2009年5月
龙王庙煤矿副井	6.0	259.6	0.95	290.0	掘砌滚班制作业，整体移动式金属模板高3.6m，4.0 m³吊桶	173.0	2009年11月
梁宝寺煤矿主井	5.0	510.0	1.10	510.0	"三掘一砌"循环作业，移动式金属模板高3.8m，3.0 m³吊桶	150.0	2010年3月
王村煤矿风井	7.5	140.0	1.05	140.0	掘砌滚班制作业，移动式金属模板高3.8m	150.0	2010年3月
葫芦素煤矿副井	10.0	143.0	0.60	525.0	掘砌滚班制作业，整体移动式金属模板高4.0m，5.0 m³吊桶	154.6	2010年4月
陈蛮庄煤矿副井	6.5	556.85	1.20	640.0	掘砌滚班制作业，整体移动式模板高3.6m，3.0 m³、4.0 m³吊桶	162.3	2010年8月
孟村煤矿主井	6.5	110.0	0.95	580.0	掘砌滚班制作业，整体移动式金属模板高3.6m，4.0 m³吊桶	153.9	2010年9月
双合煤矿主井	5.5	207.15	1.50	305.0	掘砌滚班制作业，整体移动式金属模板高3.6m，4.0 m³吊桶	151.2	2011年4月
新庄煤矿副井	9.0	206.0	1.20	908.0	掘砌滚班制作业，整体移动式金属模板高3.6m，4.0 m³吊桶	152.0	2011年10月
高家堡煤矿主井	7.5	26.5	1.30	788.0	掘砌滚班制作业，整体移动式金属模板高4.0m，5.0 m³吊桶	154.0	2012年4月
临涣煤矿东回风井	6.5	219.6	1.35	278.0	"三掘一砌"滚班制作业，移动式金属模板高3.6m，4.0 m³吊桶	153.0	2012年6月

表 7-25（续）

井筒名称	净直径/m	表土层厚度/m	井壁厚度/m	冻结深度/m	作业方式简述	最高月进尺/m	时间
一、中煤第一建设公司施工案例							
白家海子煤矿进风井	6.8	45.4	0.45	715.0	掘砌班制作业，整体移动式金属模板高4.0 m，5.0 m³ 吊桶	151.0	2013 年 7 月
石拉乌素煤矿风井	7.5	7.0	1.25	726.0	掘砌班制作业，整体移动式金属模板高4.0 m，4.0 m³、5.0 m³ 吊桶	152.0	2013 年 8 月
红庆河煤矿主井	9.5	11.0	1.60	689.0	掘砌滚班制作业，移动式金属模板高4.0 m	142.0	2013 年 11 月
葫芦素煤矿西翼风井	5.5	41.5	0.80	673.0	掘砌滚班制作业，整体移动式金属模板高4.0 m，3.0 m³、5.0 m³ 吊桶	152.5	2017 年 7 月
纳林河二号煤矿二号回风立井	6.0	65.58	1.50	555.3	掘砌滚班制作业，整体移动式金属模板高4.0 m，双提升，均配备5.0 m³ 吊桶	152.1	2018 年 10 月
二、中煤矿山建设集团公司施工案例							
灵东煤矿风井	6.0	21.5	1.00	341.9	掘砌班制作业，整体移动式金属模板高3.5 m	186.0	2008 年 7 月
胡家河煤矿风井	7.0	14.1	0.95	534.634	短掘砌班制作业，整体移动式金属模板高3.8 m	162.0	2008 年 8 月
邹庄煤矿主井	5.0	252.4	1.053	316.0	掘砌滚班制作业，整体移动式金属模板高3.5 m	151.5	2009 年 11 月
泊江海子煤矿风井	7.6	6.9	1.40	569.0	掘砌混合作业，深孔光面爆破，一掘一砌，模板高3.6 m	151.0	2009 年 12 月
祁南煤矿风井	7.5	338.55	1.60	389.0	掘砌滚班制作业，整体移动式金属模板高3.6 m	151.0	2012 年 3 月
临涣煤矿东回风井	6.5	219.6	1.35	278.0	掘砌滚班制作业，整体移动式金属模板高度3.6 m	153.0	2012 年 6 月
孙疃煤矿北风井	6.5	220.0	1.00~1.05	230.0	掘砌滚班制作业，整体移动式金属模板高4.0 m，4.0 m³ 吊桶	140.0	2014 年 3 月
万福煤矿主井	5.5	754.0	2.10	894.0	掘砌滚班制作业，整体移动式金属模板高3.0 m，4.0 m³ 吊桶	154.5	2015 年 7 月
三、中煤第五建设公司施工案例							
新驿煤矿主井	5.0	241.8	0.80	279.6	"两掘一砌"滚班制作业，整体金属模板高3.6 m，3.0 m³ 吊桶	155.8	2002 年 8 月
锦丘煤矿副井	5.0	92.0	0.80	119.0	"两掘一砌"滚班制作业，整体金属模板高3.6 m，3.0 m³ 吊桶	164.0	2003 年 12 月

表 7-25（续）

井筒名称	净直径/m	表土层厚度/m	井壁厚度/m	冻结深度/m	作业方式简述	最高月进尺/m	时 间
三、中煤第五建设公司施工案例							
山东阳城煤矿主井	5.0	223.8	0.95	288.0	"两掘一砌"滚班制作业,整体金属模板高2.5 m,3.0 m³吊桶	183.2	2004年4月
山东阳城煤矿副井	6.5	232.6	1.15	293.0	掘砌滚班制作业,整体移动式金属模板高2.5 m,3.0 m³吊桶	142.5	2004年6月
河南薛湖煤矿主井	5.0	391.0	1.70	460.0	"两掘一砌"滚班制作业,整体金属模板高2.5 m,2.0 m³、3.0 m³吊桶	180.0	2005年1月
河南薛湖煤矿副井	6.5	398.28	1.90	460.0	"两掘一砌"滚班制作业,整体金属模板高2.5 m,4.0 m³吊桶	190.0	2005年2月
河南薛湖煤矿东风井	5.5	362.3	1.70	430.0	掘砌滚班制作业,整体移动式金属模板高2.5 m,3.0 m³吊桶	143.0	2005年9月
赵固二号煤矿主井	5.0	528.85	1.70	615.0	"两掘一砌"滚班制作业,整体金属模板高2.5 m,4.0 m³吊桶	156.8	2007年1月
赵固二号煤矿风井	5.2	519.5	1.65	628.0	"三掘一砌"滚班制作业,整体金属模板高3.6 m,3.0 m³、4.0 m³吊桶	150.7	2007年2月
河南陈四楼煤矿北风井	5.0	376.3	1.60	410.0	掘砌滚班制作业,整体移动式金属模板高3.6 m,5.0 m³吊桶	140.0	2007年10月
						147.6	2007年11月
淮北袁店煤矿中央风井	5.0	244.0	1.328	305.0	掘砌滚班制作业,整体移动式金属模板高3.6 m,3.0 m³吊桶	140.0	2008年1月
潘一煤矿东区二副井	8.6	203.6	1.15	276.0	"三掘一砌"滚班制作业,整体金属模板高4 m,4.0 m³、5.0 m³吊桶	219.6	2009年4月
纳林河二号煤矿副井	7.0	83.94	1.80	600.0	"一掘一砌"叫班制作业,整体金属模板高3.6 m,4.0 m³、5.0 m³吊桶	142.6	2009年3月
						151.2	2009年5月
						140.4	2009年6月
杨营煤矿主井	5.5	496.1	1.90	540.0	"三掘一砌"滚班制作业,整体金属模板高2.5 m、3.6 m,5.0 m³吊桶	151.2	2009年3月
						140.5	2009年4月
						140.0	2009年5月
朱集西煤矿副井	8.0	468.7	2.10	540.0	"三掘一砌"滚班制作业,整体金属模板高4.0 m,4.0 m³、5.0 m³吊桶	185.0	2009年8月
						140.0	2009年9月
顺和煤矿副井	6.0	437.66	1.75	500.0	"三掘一砌"滚班制作业,整体金属模板高4.0 m,4.0 m³、5.0 m³吊桶	153.0	2009年10月
						244.0	2009年11月

表 7-25（续）

井筒名称	净直径/m	表土层厚度/m	井壁厚度/m	冻结深度/m	作业方式简述	最高月进尺/m	时间
三、中煤第五建设公司施工案例							
李粮店煤矿主井	5.0	479.2	1.55	772.0	"三掘一砌"滚班制作业，整体金属模板高 4.0 m，4.0 m³、5.0 m³ 吊桶	155.1	2010 年 3 月
						150.0	2010 年 4 月
刘塘坊铁矿北风井	5.0	260.25	1.20	310.0	"三掘一砌"滚班制作业，整体金属模板高 4.0 m，3.0 m³、5.0 m³ 吊桶	228.0	2010 年 8 月
红四煤矿风井	6.0	470.3	1.80	642.0	"三掘一砌"滚班制作业，整体金属模板高 4.0 m，4.0 m³、5.0 m³ 吊桶	164.0	2010 年 12 月
						150.5	2011 年 1 月
张庄铁矿副井	7.3	203.6	1.40	257.0	"二掘一砌"滚班制作业，整体金属模板高 4.0 m，3.0 m³、4.0 m³、5.0 m³ 吊桶	209.0	2011 年 6 月
磁西一号煤矿副井	8.0	189.0	1.35	250.0	"二掘一砌"滚班制作业，整体金属模板高 4.0 m，4.0 m³、5.0 m³ 吊桶	154.0	2011 年 8 月
潘三煤矿深部进风井	8.6	274.6	1.60	380.0	"三掘一砌"滚班制作业，整体金属模板高 4.0 m，4.0 m³、5.0 m³ 吊桶	152.0	2011 年 10 月
小庄煤矿白家宫二号副井	6.5	245.98	1.40	533.0	挖掘机与中心回转抓岩机配套作业，双钩提升，4.0 m³、5.0 m³ 吊桶，"三掘一砌"滚班制作业，整体金属模板高 4.0 m	184.0	2011 年 12 月
祁南煤矿主井	7.2	336.85	1.55	398.0	"二掘一砌"滚班制作业，整体金属模板高 3.6 m，4.0 m³、5.0 m³ 吊桶	152.7	2012 年 4 月
恒源煤矿北进风井	7.0	182.0	1.20	316.0	"三掘一砌"滚班制作业，整体金属模板高 4.0 m，4.0 m³、5.0 m³ 吊桶	171.0	2012 年 7 月
张集煤矿东进风井	7.2	277.69	1.35	373.0	"三掘一砌"滚班制作业，整体金属模板高 4.0 m，4.0 m³、5.0 m³ 吊桶	173.4	2013 年 4 月
内蒙古红庆河煤矿副井	10.5	10.35	2.20	694.0	掘砌叫班制作业，整体移动式金属模板高 4.0 m，5.0 m³、7.0 m³ 吊桶	148.0	2013 年 10 月
内蒙古红庆河煤矿二号风井	9.5	14.8	2.10	695.0	掘砌叫班制作业，整体金属模板高 4.0 m，5.0 m³、7.0 m³ 吊桶	140.0	2014 年 4 月

表 7-25（续）

井筒名称	净直径/m	表土层厚度/m	井壁厚度/m	冻结深度/m	作业方式简述	最高月进尺/m	时 间
三、中煤第五建设公司施工案例							
唐口煤矿进风井	7.0	218.40	1.40	470.0	"三掘一砌"滚班制作业，整体金属模板高 2.5 m、4.0 m，4.0 m³、5.0 m³、7.0 m³ 吊桶	154.0	2014 年 9 月
万福煤矿副井	7.0	754.96	2.55	840.0	"三掘一砌"滚班制作业，整体金属模板高 4.0 m，5.0 m³、7.0 m³ 吊桶	150.9	2015 年 7 月

7.4.4 内层井壁砌筑

1. 外层井壁表面的处理

外壁内缘有接茬缝和裂纹等，有时还有冰霜。其处理方法见表 7-26。

表 7-26 内壁施工前对外壁表面的处理方法

处理内容	不处理的危害	处 理 方 法
表面冰霜	1. 增加混凝土的水灰比，降低混凝土强度 2. 降低混凝土的入模温度或早期强度 3. 掩盖外壁表面缺陷 4. 内、外壁之间残留间隙，影响内、外壁结合质量，削弱井壁的整体性	1. 供热风，提高壁面气温，融化冰霜 2. 用热水冲洗，但较费事，水汽大，冲洗 1 次只能维持 15 d 左右
孔洞、裂缝与接茬缝	影响内、外壁结合质量，可能是漏水、涌砂通道	1. 凿掉蜂窝、孔洞的不坚实部分 2. 裂缝或接茬面要凿成斜面，宽度大于 70 mm
凸台、污物	影响内、外壁结合质量，同时使内壁有效厚度减薄，降低内壁质量	用风镐凿掉凸台，清理干净污物

2. 井壁夹层的施工

塑料夹层可解除外壁对内层井壁的约束，大幅度减小内壁的约束温度应力，对防止温度裂缝有重要作用。夹层的材质和施工工艺见表 7-27。

表 7-27 夹层的材质和施工工艺

项 目	特 点 及 要 求
夹层材质	一般采用聚乙烯塑料薄板。它具有质软、耐水、耐磨、耐寒及化学稳定性好等特点，其拉伸强度 ≥ 17 MPa，断裂伸长率 $\geq 450\%$，直角撕裂强度 ≥ 80 N/mm，通过 -70 ℃ 低温冲击脆化性能，水蒸气渗透系数 $\leq 1.0 \times 10^{-14}$ g/(m·s·Pa)

表 7-27（续）

项目	特点及要求
铺设工艺	1. 夹层的铺设应随内层井壁同步施工，并超前一段距离，可利用吊盘的上层盘作工作盘，严禁单独沿井深一次铺设完 2. 铺设方法：自下而上铺设，为减少竖向接头，均事先将成捆塑料板按外壁内径裁截成段，每段留有搭接余地，也可成捆放置在吊盘上，通过特制的转动装置展开铺设 3. 搭接方式：竖向与水平接头采用自然搭接，搭接长度应不小于 150 mm，夹层上、下层采用鱼鳞式搭接，上层应搭接在下层上表面，不影响每段上端在外壁上的固定，夹层应与外层井壁紧贴 4. 固定方式：一是采用风动凿岩机钻眼塞木橛，再将夹层利用铁钉垫圈固定在木橛上，眼深不宜大于 100 mm，木橛端部与外壁持平，不应外露；二是用射钉枪将夹层固定在外壁上，相邻固定点间距不宜大于 600 mm。有条件的可用隧道防水板焊接机对接头进行焊接

3. 钢筋的加工、运送与连接方法

内壁钢筋的加工、运送与连接方法与外壁基本相同，参见表 7-21。

4. 模板的组装与使用

（1）内壁模板的特点及优缺点见表 7-28。

表 7-28　内壁模板的特点及优缺点

类型	特点	优缺点
液压滑升模板	1. 模板高 1.4 m 左右，由模板、滑模盘、滑升动力装置自下而上砌壁，连续浇筑，连续滑升，直至所需高度 2. 操作控制技术要求较高	1. 连续浇筑、连续滑升，消灭了接茬缝，实现了机械化施工，施工快速，工人劳动强度小 2. 浇筑作业始终在模板上口进行，容易振捣和检查，易于保证混凝土浇筑质量，井壁整体性、封水性好 3. 节省多次立模和拆模时间，节约木材和钢材 4. 简化浇筑工艺，实现多工序平行作业，加快砌壁速度 5. 筑壁作业在滑模盘上进行，安全性好
装配式金属模板	1. 按井筒直径加工制作，弧形金属模板高度为 1.0~1.5 m 2. 每块弧形模板用型钢焊成，骨架之间加肋，用 3~5 mm 厚钢板做弧板 3. 工作面操平找正，铺上托盘和底模，按井筒中线立模；立模后，经操平找正，打上撑杆；对称浇筑混凝土至模板高度，打掉撑杆，模板之间用插销连接 4. 一圈一圈浇筑，施工时可在砌壁工作吊盘下设一拆模吊盘	1. 根据混凝土初期强度和拆模要求强度之间的关系，利用多层金属模板循环使用，实现内壁的连续浇筑；适用于各种条件，易于控制混凝土质量，有利于工序立体交叉平行作业 2. 模板强度大，不需要另加井圈，具有经济、耐用、施工方便等优点 3. 井壁表面光滑 4. 模板重，搬运立模、操作劳动强度大

（2）液压滑升模板的组装与滑升方法见表 7-29。

表7-29 液压滑升模板的组装与滑升方法

地面组装	在地面进行组装，调好模板锥度（0.3%～-0.7%），插好支承杆（下垫70 mm×70 mm×5 mm钢板），捆扎钢筋，经检查调整后，试滑3～5个行程，再检查各部位工作情况，调试合格后，将各部件编号、拆除、分类存放，等待下井
井下组装	1. 将吊盘调平找正，然后与井壁（井帮）固定 2. 定出井筒中心，在井帮上放方向线，并划出模板下口及支承杆中心的圆周线，标出支承位置 3. 在工作面上按中心线及方向线位置组装滑模辅助盘，调平找正后进行固定 4. 在辅助盘上搭设工作台，在工作台上组装滑模操作盘，操平找正，对正中心线后固定 5. 按编号组装提升架及千斤顶，操平找正后固定 6. 安装液压控制系统，进行千斤顶空载打压试验 7. 插入支承杆，对准工作面划出的支承杆中心点，底部垫上小铁板或小槽钢，找正后支撑杆插到底固定 8. 绑扎钢筋，组装模板、围圈及调整丝杠等，调整好模板直径和锥度 9. 组装完检查合格后，空滑1～2个行程，合格后拆除木垛，转入正式滑升
滑升方法	1. 初次滑升： （1）第一次浇筑厚度为100 mm左右的水泥砂浆，接着按分层厚度200～300 mm浇筑第二、三层，高度达700 mm左右时，开始第一次滑升，高度为30～50 mm （2）检查脱模的混凝土凝固程度是否合适 （3）第四层浇筑300 mm后，第二次滑升50 mm （4）第五层浇筑300 mm后，第三次滑升300 mm （5）浇筑第六层后，滑升200 mm。若无异常，即可转入正常滑升 2. 正常滑升： （1）每次滑升高度可与浇筑厚度相适应，或与横向钢筋间距一致 （2）出模混凝土应无流淌和拉断，表面湿润不变形，手按有硬感并有1 mm左右深的指印，能用抹子抹平。一般脱模强度应控制在0.05～0.25 MPa。为保证混凝土施工质量，滑模速度应不超过12 m/d （3）由专人掌握模板上升情况，观察支承杆受力状态是否正常，检查滑模盘水平度 （4）混凝土出模后应对井壁表面及时修整和养护 3. 停滑措施：遇有故障，混凝土停止浇筑，每隔0.5 h或1 h时滑升1～2个行程，直到模板与混凝土不再黏结为止
注意事项	1. 对称分层浇筑，经常改变浇筑和振捣方向，以防模板扭转和中心偏移 2. 振捣器不得直接振动钢筋、支承杆和模板，振动棒插入深度不得超过前层混凝土50 mm，滑升过程应停止振捣，以防刚脱模的混凝土振坍 3. 第一次滑升时，浇筑混凝土的总厚度应超过200 mm，否则混凝土的自重不足以克服混凝土与模板的摩阻力，以致被拉裂。第一次正常滑升后应检查滑模盘、模板、提升架、液压系统等有无异常情况，发现问题应及时处理 4. 前三次的滑升高度应控制在100 mm以内，否则易造成支承杆弯曲变形 5. 对于C40以上高强高性能混凝土，应有防黏模措施
图示	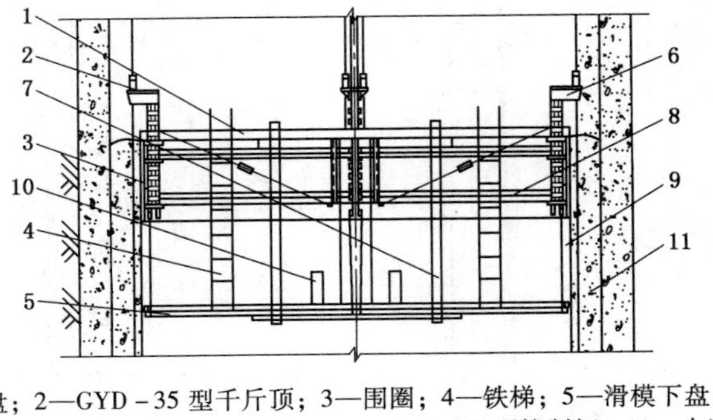 1—滑模上盘；2—GYD-35型千斤顶；3—围圈；4—铁梯；5—滑模下盘；6—顶架；7—立柱；8—模板；9—爬杆；10—YJK-35型控制柜；11—内壁 压杆式滑模砌筑井壁示意图

(3) 装配式金属模板的组装与倒模方法见表7-30。

表7-30 装配式金属模板的组装与倒模方法

准备工作	1. 提前准备壁座段临时支护用的锚杆、网片，喷射混凝土用的骨料、速凝剂等；提前加工壁座下部安设的止水板。内壁钢筋需提前加工，内壁施工开始前必须完成总量的一半 2. 施工用的装配式金属模板准备13套，一套备用。模板到场后，先在地面进行试组装。准备一套刃角模板，在第一次立模时，需将金属装配式小模板组装在刃角模板上 3. 施工前，对吊盘进行改装。将吊盘中、下层盘外圈拆除。拆除中、下层盘喇叭口，用70 mm厚的木板加工的盖板盖严。主提喇叭口加工两扇折页式盖门，上下人员、提升模板时将门打开，不用时将盖门关好。其他不使用的通过口盖好封牢 4. 在吊盘上安装1个混凝土接料斗，接料斗下方安装4个分灰管，分灰管下方连接软管，混凝土由此入模 5. 对井筒中心线进行复测，误差不得超过5 mm；将高程传递至井下并在井壁上做3组高程控制点 6. 准备加固模板用的撑木、木楔、大锤、风动扳手、射钉枪等小型工具和材料
倒模方法	1. 利用吊盘的上层盘作为铺设塑料夹板和分灰器放灰的施工盘，中层吊盘作为绑扎外层钢筋施工盘，下层吊盘拆除喇叭口并设置折页式盖门后作为绑扎内层钢筋、立模、混凝土入模振捣施工的操作盘，辅助盘作为拆模施工盘 2. 壁座段整体荒掘面初期支护完成后，进入壁座及内壁套砌施工 (1) 在井壁设计标高位置组装刃角，作为第一段内壁模板的生根点 (2) 在刃角上组装金属装配式模板，开始套壁施工；封闭第三层吊盘主提喇叭口，逐模浇筑完成12模混凝土 (3) 拆除最下部的1套金属装配式模板，组装双层辅助盘 (4) 将拆除完毕的金属装配式模板提升至第三层吊盘，重新进行组装、浇筑混凝土，如此反复拆除下层模板倒至上层进行混凝土浇筑，实现内壁连续施工，形成"倒模法"施工
注意事项	1. 井筒内风筒、压风管等悬吊管路设施，根据内层井壁向上施工情况随时进行拆除，并注意其他材料的回收，防止坠入井底 2. 脱模时混凝土强度不小于0.7 MPa，且套壁施工速度每天不得超过12 m 3. 拆除模板时，辅助作业人员必须将保险带生根于安设在双层拆模盘的环形保险绳上；每次拆模只准拆除1块，未拆模板要使用挂钩与上部模板手柄处连接，以防未拆模板坠落；拆下的模板要及时清理刷油，以备循环利用 4. 拆下的模板要及时提到吊盘上，其余的模板要存放于双层拆模盘中心处，不得随意摆放，以防止辅助盘出现偏重倾斜现象。辅助盘只允许存放1圈金属装配式模板
图示	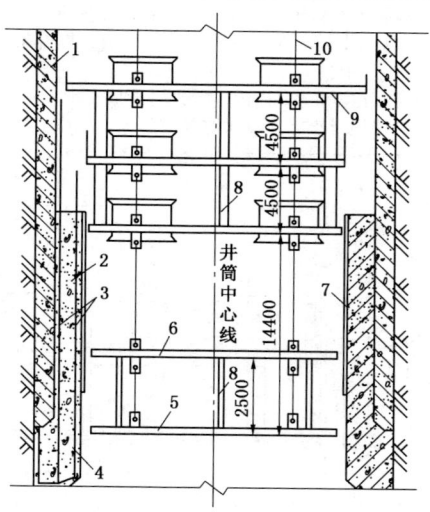 1—外层井壁；2—内层井壁；3—井壁钢筋；4—壁座；5—拆模工作盘；6—拆模保护盘； 7—套壁模板；8—连接立柱；9—3层吊盘；10—悬吊绳 井筒倒模套壁施工示意图

表 7-30（续）

套壁收尾工作	1. 套壁至设计位置时，按设计要求预留出与锁口段连接钢筋的长度 2. 待最后一模混凝土浇筑完成 24 h 后，拆除金属装配式模板并升井 3. 落盘，接风水管路、冲刷井壁、排水、清理工作面、拆除辅助盘，恢复井筒掘砌施工

5. 内壁混凝土浇筑

内壁混凝土浇筑的要点与注意事项与外壁基本相同，见表 7-23。

7.4.5 冻结井壁混凝土配制技术

1. 高强高性能混凝土

高强高性能混凝土的主要特性体现在：有较高的早期强度、密实性好；体积稳定性和耐久性好；高和易性，易于施工；抗冻融、抗碳化性好。为适应冻结井壁特殊的施工环境和养护条件，其配制要求见表 7-31。

表 7-31 高强高性能混凝土的配制要求

项目	要　　求
强度	8~10 h 可拆模，3 d、7 d 强度不小于井壁设计强度的 70%、90%，后期强度正常发展
工作性	黏度小，不泌水，不离析，流淌性好，坍落度不小于 160 mm，扩展度不小于 500 mm
耐久性	1. 抗渗性好：密实性好，无宏观孔、裂隙；不收缩，甚至必要时体积膨胀 $200\ \mu\varepsilon \sim 400\ \mu\varepsilon$ 2. 抗冻性强：经历 2 次冻融循环强度不降低 3. 抗侵蚀性强：抗地下水中硫酸盐、氯盐等的腐蚀 4. 抗碳化性好：降低水灰比；掺加减水剂、引气剂等外加剂；采用小粒径、级配良好的骨料；充分振捣，填充密实等提高混凝土强度和密实度的措施均可提高抗碳化性能 5. 碱骨料反应：控制混凝土中含碱量不超过 $3\ kg/m^3$；掺硅灰、粉煤灰、细磨矿渣等有效抑制碱骨料反应
防裂	1. 抗拉强度高 2. 水泥用量不宜大于 $500\ kg/m^3$，胶凝材料总量不宜超过 $620\ kg/m^3$。胶凝材料水化热应尽量低，对于大体积高性能混凝土的温控防裂是至关重要的
其他	1. 混凝土入模温度不低于 15 ℃ 2. 配制材料的相容性好，特别是矿物外加剂与化学外加剂；且便于掺入，配制工艺简单

2. 混凝土砌壁材料选择及要求

目前，我国冻结井筑壁混凝土强度等级已从 20 世纪末的 C55 逐步提高到 C70、C80、C90、C100、CF110。配制高强高性能混凝土的主要方法，是在混凝土中掺入各类化学外加剂和矿物外加剂，通常称为双掺技术。其中，高强高性能混凝土配制材料的选择见表 7-32。

表 7-32　高强高性能混凝土配制材料的选择

材料	要求
水泥	配制高强高性能混凝土应采用强度等级达 42.5 及以上的硅酸盐水泥或普通硅酸盐水泥
碎石	1. 对于配制强度等级高于 C60 的混凝土，碎石最大粒径不应大于 25 mm 2. 针片状颗粒含量不宜大于 5% 3. 含泥量（重量比）不应大于 0.5%，泥块含量（重量比）不应大于 0.2% 4. 碎石母岩的单轴抗压强度（水饱和状态）与混凝土强度等级之比不应小于 1.5，且对于火成岩、变质岩、沉积岩，母岩单轴抗压强度分别不应低于 80 MPa、60 MPa 和 30 MPa 5. 压碎指标不大于 10%
砂	1. 采用中粗砂，其细度模数宜大于 2.6，一般可在 2.7~3.1 之间 2. 含泥量（重量比）不应大于 2%，泥块含量（重量比）不应大于 0.5%
化学外加剂	减少用拌合水量是配制高强高性能混凝土的关键之一，其基本措施就是掺入高效减水剂。常用减水剂的性能及适用范围见表 7-33
矿物外加剂	国内外常用的矿物外加剂主要是优质粉煤灰、硅粉、磨细矿渣及其复合物。一般矿物外加剂具有填充效应、形态效应和火山灰效应。常用矿物外加剂的特性及适用条件见表 7-34

表 7-33　常用减水剂的性能及适用范围

类型	主要成分	一般掺量/%	主要功能	适用范围
普通减水剂	木质素磺酸盐	0.2~0.3	1. 在混凝土和易性及强度不变的条件下，可节约水泥 5%~10% 2. 在保证混凝土工作性和水泥用量不变时，减少用水量 10% 3. 在保持混凝土用水量和水泥用量不变的情况下，可增大混凝土流动性	1. 用于最低气温 5 ℃ 以上的混凝土施工 2. 各种预制及现浇混凝土、钢筋混凝土和预应力混凝土 3. 大模板施工、滑模施工、大体积混凝土、泵送混凝土及商品混凝土
高效减水剂	萘系减水剂 三聚氰胺减水剂 氨基磺酸盐减水剂 聚羧酸系减水剂	0.5~1.0 0.5~1.0 0.3~1.0 1.0 左右	1. 保证混凝土工作性和水泥用量不变时，减少用水量 15%，混凝土强度提高 20% 左右 2. 在保持混凝土用水量和水泥用量不变的情况下，可大幅提高混凝土流动性 3. 可节约水泥 10%~20%	1. 用于最低气温 0 ℃ 以上的混凝土施工 2. 高强混凝土、大流动性混凝土、早强混凝土、高性能混凝土
引气减水剂	烷基磺酸钠	0.005~0.01	1. 提高混凝土抗冻性和抗渗性 2. 提高混凝土和易性，减少离析和泌水 3. 具有减水剂的基本功能	1. 抗冻混凝土、防渗混凝土 2. 抗盐类破坏和耐碱混凝土 3. 泵送混凝土、流态混凝土和普通混凝土
缓凝减水剂	高掺量木质素系减水剂 糖蜜系减水剂	0.3~0.5 0.1~0.3	1. 延缓混凝土凝结时间 2. 降低水泥初期水化热 3. 具有减水剂的基本功能	1. 大体积混凝土 2. 夏季和炎热地区混凝土 3. 有缓凝要求的混凝土 4. 最低气温 5 ℃ 以上的混凝土
早强减水剂	普通减水剂复合硫酸钠 高效减水剂复合硫酸钠	0.15 左右减水剂 + 1.5 左右硫酸钠 0.5 左右减水剂 + 1.5 左右硫酸钠	1. 提高混凝土的早期强度 2. 缩短混凝土养护时间 3. 具有减水剂的基本功能	1. 用于气温 -5 ℃ 以上及有抗冻早强要求的混凝土 2. 用于常温和地温下有早强要求的混凝土

表 7-34 常用矿物外加剂的特性及适用条件

类型	特性	用量/%	适用条件
粉煤灰	替代部分水泥，降低成本；降低混凝土水化热，降低渗透性和提高耐久性	≤45	适用于大体积混凝土、泵送混凝土、高强混凝土
硅粉	提高新拌混凝土黏聚性，减少泌水，大幅度提高混凝土早期和后期强度，显著降低渗透性和提高耐久性	≤10	高强、耐磨、抗渗要求高的混凝土
磨细矿渣	降低或提高混凝土强度决定于矿粉磨细度，降低渗透性和提高耐久性	≤50	抗渗及高强混凝土
复合矿物外加剂	采用两种或两种以上矿物原料复合，达到优势互补，改善混凝土综合性能	≤50	高强高性能混凝土

3. 混凝土强度与温度的关系

温度对水化作用有较大影响。混凝土的强度增长速度与温度成正比关系，即温度高，水化作用进展就迅速、完全，混凝土的强度增长也快；反之则水化作用缓慢。混凝土强度与养护温度的关系见表 7-35。

表 7-35 混凝土强度与养护温度的关系

水泥种类	混凝土硬化期/d	混凝土的平均温度/℃							
		1	5	10	15	20	25	30	35
		混凝土强度与正常条件硬化 28 d 强度的百分率/%							
普通水泥	3	17	22	29	34	42	47	52	56
	5	26	34	40	47	57	64	69	73
	7	35	43	52	61	68	75	78	83
	10	46	55	65	75	82	87	91	95
	15	57	70	80	89	99	—	—	—
	28	75	86	95	100				

温度对混凝土早期（1~3 d）强度影响大，对后期（7~28 d）强度影响小。混凝土早期受冻对抗压强度损失大，后期受冻则影响较小，见表 7-36。

表 7-36 温度对混凝土早期强度的影响

降至 0 ℃的时间	抗压强度的损失	原因	要求
3~6 h	>50%	当温度降至 0 ℃以下时，水泥水化作用基本停止，混凝土早期冻结，游离水冻胀（水结冰时体积膨胀 9%），使混凝土出现裂缝，强度降低，抗渗性能严重下降	1. 受冻前混凝土强度达到设计的 40%以上，并不低于 5 MPa 2. 混凝土早期强度增长应比冻结压力来压速度快
2~3 d	15%~20%		
5~7 d	影响较小		

4. 混凝土井壁温度状况和强度增长特征

冻结井筒外层井壁浇筑后，由于低温井帮及井筒气温的影响，靠近井帮部位的混凝土出现降温；随后由于水泥水化产生的热量比壁后地层及井筒空气所吸取的热量多，混凝土出现升温；随着热交换继续，混凝土的热量进一步散失而转入缓慢降温过程，直至0℃以下。停止冻结后，随着冻结壁融化，混凝土温度出现回升，并逐渐接近地层的自然温度。总之，混凝土在降至0℃前有一定的正温养护期，获得一定的强度，在降至0℃后混凝土强度还会继续增长，回至正温养护后强度仍有所提高。在施工条件相同时，井壁厚度愈大，养护温度愈高，则强度增长愈快。

混凝土冻结前，要使其在正温下有一段预养期，以加速水泥的水化作用，使混凝土获得不遭受冻害的最低强度（一般称临界强度），即可达到预期效果。对于临界强度，各国规定取值不等，我国规定为不低于设计强度等级的30%，也不得低于3.5 MPa。

5. 流态防冻混凝土

大流态混凝土一般采用适量的硫化剂（高效减水剂或普通减水剂）作为外加剂，加到坍落度低的混凝土混合物中使其流动性大幅度提高，混凝土在浇筑过程中无须振捣而完全依靠重力自由流淌并充分充填模板内的空间。混凝土硬化后，由于其密实充填的特点，较普通混凝土拥有更好的力学性能和耐久性能。硫化剂除了能减少用水量外，还有一定的早强性能，因此在低温环境下凝结硬化性能和普通混凝土相近，常用于钢筋密集、无法振捣的部位。大流态防冻混凝土配方与强度增长特性见表7-37。

表7-37 大流态防冻混凝土配方与强度增长特性

强度等级 水灰比 W/C 砂率 S_p	减水剂用量/%	早强剂	坍落度/mm	养护方式	抗压强度/MPa 百分比/%				
					8 h	1 d	3 d	7 d	28 d
C30 W/C = 0.48 S_p = 43%	1.0	—	210	标准养护	—	10.5	23.5	33.9	41.9
						25	56	81	100
		—		模拟外壁温度养护	0.70	9.2	18.9	28.4	35.3
					1.7	22	45	68	84
		Na$_2$SO$_4$ 1.2%	190	模拟外壁温度养护	0.91	15.0	24.4	32.7	39.2
					2.2	36	58	78	94
		—	60	模拟外壁温度养护	0.80	10.1	19.1	28.0	45.7
					1.9	24	46	67	85
C50 W/C = 0.32 S_p = 35%	1.2		185	标准养护	—	26.4	43.9	58.0	71.4
						37	61	81	100
				模拟外壁温度养护	1.0	23.0	36.2	52.8	64.3
					1.4	32	51	74	90
			35	模拟外壁温度养护	1.10	22.2	37.0	53.5	62.5
					1.5	31.1	51.8	74.9	87.5

6. 高强高性能钢纤维混凝土应用

混凝土强度越高，其韧性越差，脆性越大，结构延性和抗裂能力越不足。在井壁混凝土中加入钢纤维，不仅可提高混凝土的抗拉、抗折、抗剪强度，而且由于其阻裂性能，使原来本质上是脆性材料的混凝土，呈现出很高的抗裂性、延性和韧性，从而能够有效地阻止混凝土内部微裂缝的扩展及宏观裂缝的形成，显著提高工程结构安全度。

1) 原材料质量要求

高强高性能钢纤维混凝土要求具有高强、高耐久性和良好的工作性，对原材料的要求较高，配制要求是：采用高强度等级水泥、低水胶比、高效减水剂、优质的骨料和矿物掺合料。与配制高强高性能混凝土的要求相同，配制高强高性能钢纤维混凝土的要求，以及对水泥、粗骨料、细骨料、化学外加剂、矿物外加剂、水的要求见表7-31~表7-34。对钢纤维的要求为：

（1）应选择投料方式简单、搅拌不易结团，且与混凝土黏结好、强度高的钢纤维。

（2）钢纤维必须满足《钢纤维混凝土》(JG/T 3064)、《纤维混凝土应用技术规程》(JGJ/T 221) 的要求：抗拉强度≥1000 MPa，弯折性能>90%，表面有害杂质<1%；采用的粗骨料粒径不宜大于20 mm（或钢纤维长度的2/3）。

（3）普通钢纤维混凝土中的纤维体积率不宜小于0.35%（约27.475 kg/m³）；当采用抗拉强度不低于1000 MPa的高强异型钢纤维时，钢纤维的体积率不宜小于0.25%（约19.625 kg/m³）。

2) 搅拌工艺

（1）搅拌时的投料次序和方法应以搅拌过程中钢纤维不结团，不产生弯曲或折断，不因拌合机超负荷而停止运转，出料口不堵塞为原则。搅拌时间也是关键因素，时间不够钢纤维打不开，时间过长钢纤维易弯曲。搅拌时间应通过现场搅拌试验确定，并应比普通混凝土规定的搅拌时间延长1~2 min。钢纤维混凝土拌制时必须使用强制式搅拌机，搅拌的检验标准为：钢纤维分布均匀（不结团）、纤维无弯曲或折断、混凝土流动性佳，同时兼顾工艺简便。

为了提高普通钢纤维的均匀分散效果，应将钢纤维通过分散机分散后，再进入搅拌机。目前，常用的钢纤维分散机有振动式、摇拨式、筛筒旋转式和离心式。我国现有的钢纤维分散机多为振动式，它由分散筛、弹簧支架、集料斗和电动机组成。分散筛架设在弹簧支架上，在电动机的驱动下，分散筛产生振动，钢纤维便从筛网上不断落到分散筛下方的集料斗内，然后再由集料斗送入搅拌机料斗，与其他物料一起搅拌。

但有的钢纤维产品，钢纤维间通过水溶性材料黏结成排，遇水后即能够分散，这样成排的钢纤维可直接投入石子上料斗里，送入搅拌机搅拌即可。

由于钢纤维为端勾状，为防止钢纤维搅拌时间长而发生结团现象，其投放时间应与加水保持同步。其工艺流程图如图7-3所示，搅拌工艺为：

① 先加入石子、砂、胶凝材料与钢纤维，开动强制式搅拌机，钢纤维应尽量均匀添加，避免钢纤维大体积堆放，搅拌10~30 s。

② 注入水，继续搅拌3~4 min，具体搅拌时间视混凝土流动性而定。

③ 出料。

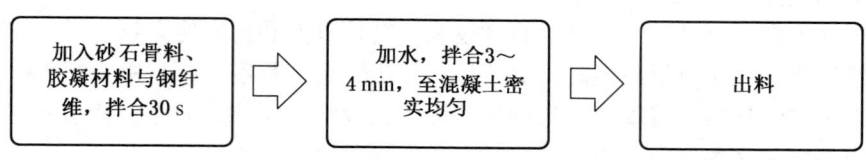

图 7-3 钢纤维混凝土搅拌工艺流程

矿物掺合料采用复合掺料,在加入粉状材料后应充分搅拌,且在加水后搅拌时间不低于 3 min,才能保证高效减水剂的减水率。

(2) 原材料计量应准确,其允许偏差符合以下规定:

① 胶凝材料(水泥、矿物添加剂等):±1%。

② 化学外加剂(高效减水剂、其他化学外加剂):±1%。

③ 粗、细骨料:±2%。

④ 拌合用水:±1%。

⑤ 钢纤维:±0.5%。

(3) 各种原材料经过计量后按次序投入搅拌机,应派专人负责投料监督,防止投料时遗漏,尤其是化学外加剂和水从料斗中流出。

(4) 拌合用水的计量应准确。加水采用潜水泵结合储水水箱加水的方式,通过时间继电器控制加水时间来计算加水量。应严格测定粗、细骨料的含水量(每班抽测不少于 2 次),并根据其含水量变化来计算施工拌合用水量,相应地调整定量水箱的容量。

(5) 每次搅拌第一盘混凝土时,应加大胶凝材料、砂用量 5%~10%,水胶比保持不变,以便搅拌机挂浆。

(6) 为防止钢纤维结团,保证分散均匀,搅拌机的一次搅拌量不宜大于其额定搅拌量的 80%。

3) 井壁的浇筑与振捣

(1) 在浇筑混凝土前,模板及钢筋间的所有杂物必须清理干净,检查井壁配筋是否绑扎良好,并检查模板支撑的稳定性和接缝的密合情况,保证模板在井壁浇筑过程中不失稳、不漏浆。

(2) 应加强对混凝土搅拌工人的培训,提高工人工作的责任感,这对混凝土质量稳定是至关重要的。

(3) 井壁混凝土的入模温度宜控制在 15~20 ℃,既保证了混凝土早期快速水化,以达到早期强度增加的目的,又有利于降低井壁内的温度最大值。

(4) 钢纤维混凝土的浇筑方法应保证钢纤维的分布均匀性和井壁结构的连续性,在浇筑施工中不得中断,同时严禁因拌合料干涩而加水。

(5) 振捣时间宜按照混凝土稠度和振捣部位等不同情况,控制在 10~15 s,当混凝土拌合物表面出现泛浆,基本无气泡逸出时,可视为捣实;对坍落度达到 220 mm 以上的钢纤维混凝土振捣时间应控制在 10 s 以内,避免混凝土粗骨料与浆体分离。

(6) 在振捣时,由于高性能钢纤维混凝土黏度大,内部杂乱地分布着钢纤维,振捣棒插入困难,应当密切关注,避免振捣不到位、振捣不足或过振的情况发生;采用高频振动器振捣,每次浇筑一层振捣一层,务必做到垂直点振,不得平拉。

4) 案例

龙固煤矿北风井,井深 746 m,表土层厚 675.6 m,冻结深度 730 m。采用当地原材料和专用的高效矿物掺合料,配制出 CF80 高强高性能钢纤维混凝土。实验室模拟和现场试验研究表明,CF80 高强高性能钢纤维混凝土完全可以满足深厚表土层冻结井筒井壁施工要求。实际施工过程中,外壁和内壁在井深超过 580 m 以后,均采用 CF80 高强高性能钢纤维混凝土浇筑,显著提高了工程结构安全度。

万福煤矿主井井筒,井深 886.768 m,表土层厚 754.98 m,冻结深度 894 m。在井深 520~827 m 段设计采用 CF80~CF90 高强高性能钢纤维混凝土。采用粒径为 10~21.5 mm 的玄武岩碎石、中粗河砂、抗拉强度不低于 1100 MPa 的钢纤维以及高性能矿物掺合料,所配制的 CF80~CF90 高强高性能钢纤维混凝土具有黏度低、流动性好、保坍性好、早期强度高及后期强度发展稳定等特点,满足了施工要求。

7. 提高冻结井筒井壁混凝土早期强度的措施

井壁与井帮交界面混凝土的温度较井壁横截面其他部位的温度低,强度增长慢,特别是外壁与井帮之间不铺设泡沫塑料板时。针对某井壁的研究表明,1~3 d 井壁与井帮交界面部位的混凝土强度相当于井壁横截面平均强度的 35%~50%,7 d、14 d、28 d 的强度分别为井壁横截面平均强度的 60%、70%、90%。井壁愈薄,井帮部位温度愈低,混凝土强度增长愈慢。

针对某井筒外壁的研究表明,当外层井壁厚度为 300~400 mm 时,井帮部位温度降至 0 ℃ (7 d) 前的混凝土强度为设计强度的 33%~37%,28 d 的强度为 69%~72%,刃角部位的混凝土温度降至 0 ℃ (5 d) 前的强度为设计强度的 24%~28%,强度显然偏低,必须采取早强措施以适应抵抗冻结压力的需要。

根据冻结井筒施工的特点,为了使井壁在温度降至 0 ℃ 前获得足够的强度以防止冻害、适应抵抗冻结压力的需要,需采取可靠的措施来提高混凝土的早期强度。外层井壁混凝土的早期强度要求见表 7-38。

表 7-38 外层井壁混凝土的早期强度要求

冻结深度	要 求
<200 m	7 d 应达到混凝土设计强度的 50%~70%
≥200 m 且含有膨胀量大的黏土层	3 d 应达到混凝土设计强度的 50%~70%
>350 m 土层	1 d、3 d、7 d 应达到混凝土设计强度的 30%、70%、90%

1) 掺入低温早强剂

冻结井壁混凝土工程常用的早强剂有三乙醇胺与亚硝酸钠复合早强剂等,均起早强和防冻作用,其中三乙醇胺复合早强剂效果较好。混凝土常用低温早强剂的种类及掺量见表 7-39,也可参考混凝土外加剂手册。

表7-39 混凝土常用低温早强剂的种类及掺量

种类	主要成分	掺量（占水泥重量）/%	适用范围	效果
硝酸盐类	亚硝酸钠	1~2	宜用于冻结井筒素混凝土	促凝、早强、防冻，在低温条件下早强作用显著，能起防止钢筋锈蚀的作用
	硫酸钠 亚硝酸钠	0.8 1.0		能够达到很好的早强防冻效果，应避免亚硝酸钠的掺量在0.6%~0.8%，此范围混凝土强度波动较大
有机类	亚硝酸钠 三乙醇胺	0.5~1 1	冻结井筒钢筋混凝土井壁	2d强度比不掺者提高60%；养护时间可缩短养护期1/2，对钢筋基本不腐蚀，混凝土干缩增大
	亚硝酸钠 二水石膏 三乙醇胺	1 2 0.05		2d强度比不掺者提高40%~50%；养护时间可缩短养护期1/4，有抑制钢筋腐蚀的作用，混凝土干缩增大
复合型	硅粉 NF减水剂	5~7 1~1.2		1d、3d、7d分别能达到28d强度的30%~40%、60%~70%、80%；可配制高强或超高强混凝土
	NC早强剂	2~4		可缩短养护期1/2~3/4
	J851早强复合	2.5~3		具有早强、增强作用，28d可提高强度20%~30%

2）掺入减水剂

混凝土中掺入减水剂或复合早强减水剂是配制高强混凝土的主要手段，可降低水灰比，增强密实性，从而提高混凝土的早期强度和后期强度。要求外加剂对钢筋无锈蚀作用。混凝土常用减水剂的种类及掺量见表7-40。

表7-40 混凝土常用减水剂的种类及掺量

种类	主要原料	掺量（占水泥重量）/%	减水率/%	提高强度/%	节约水泥/%
JP-1减水剂	乙-萘磺酸甲醛缩合物钠盐	0.5~1	12~25	15~30	10~20
NF减水剂	精萘	1.5	20	30	25
MF减水剂	聚次甲基萘磺酸钠	0.3~1	10~22	8~30	10~20
M剂（木质素碳酸钙）	纸浆废液	0.15~0.4	10~15	22~29	5~15
NNO	精萘	0.50~0.75	10~25	20~25	9~15
MF复合剂	MF 木质素碳酸钙 海波（硫代硫酸钠） 三乙醇胺	0.50~0.70 0.10 1.00 0.03	28~30	10	25~30
NNO复合剂	NNO 纸浆废液 加气剂 三乙醇胺	0.50 0.20 0.08 0.03	29	50	15

表 7-40（续）

种类	主要原料	掺量（占水泥重量）/%	减水率/%	提高强度/%	节约水泥/%
HSB 脂肪族高效减水剂	羰基焦醛	1~2	15~25	30~40	25~30
OPQC 系列减水剂	羧酸类接枝多元共聚物	0.4~2.0	45	40~80	15~25

3）掺入防裂密实剂

为提高混凝土的密实性，可采用 JQ、FZ、WG、H-505 等防裂密实剂。防裂密实剂的作用机理是：通过引入密实和膨胀组分使混凝土在硬化过程中产生膨胀作用来抵消冷缩、干缩等收缩作用，以克服混凝土收缩开裂；通过引入减水、增黏、增强组分来减少混凝土拌合物的需水量、泌水率，改善混凝土的和易性和孔隙结构，提高混凝土的早期强度、后期强度和抗渗标号；通过引入辅助组分以改善混凝土的其他性能。防裂密实剂的主要技术指标：含水率小于 5%；氧化锌小于 5%；0.08 筛余细度小于 8%；减水率不小于 10%；泌水率比不大于 70%；含气量不大于 3%；混凝土初凝时间不小于 2.5 h，终凝时间不大于 12 h；水养 14 d 的纵向限制膨胀率不小于 3×10^{-4}；28 d 的纵向限制干缩率不大于 -2.0×10^{-4}，28 d 抗压强度不小于 25 MPa。

防裂密实剂的掺量应根据冻结情况、施工季节、水泥品种等因素而定，并进行配比试验。

4）提高混凝土的入模温度 T_r

对于外层井壁，混凝土的入模温度 T_r 宜控制在 15~20 ℃，当井帮铺设泡沫塑料板后 T_r 可不低于 12 ℃。对于双层井壁的内层井壁，T_r 应不低于 15 ℃；对于双层复合井壁的内层井壁，T_r 应不低于 10 ℃。对于基岩段单层冻结井壁，T_r 不宜低于 20 ℃。高温季节施工时，T_r 应不高于 30 ℃。

为确保混凝土具有较高的养护温度，应采取的措施见表 7-41。

表 7-41 常用提高混凝土养护温度的措施

措施	使用方法	适用范围
热水搅拌	热水温度为 70~80 ℃，加料顺序为：先加砂、石，再加热水，最后加水泥	华东地区冬季用热水搅拌，一般都能达到混凝土入模温度的要求
砂石预热	严寒地区应设砂、石专用预热车间，将砂、石加热，以保证入模温度	我国北方严寒地区，冬季施工应用此法效果良好
吊桶下料	井筒内用吊桶输送混凝土以减少输送过程中的热量损失	地面如使用胶带输送混凝土时，则应设皮带走廊，冬季在走廊中设取暖装置
井筒加热	使用防火取暖设施	适用范围广，暖气设施效果好、安全

说明：混凝土拌合料和水是否加热，应根据当地气温和施工条件确定。在北方冬季施工时，为了获得必要的混凝土入模温度，应考虑对混凝土的拌合料、水或砂石进行加热。

7.4.6 井壁质量缺陷分析及防治

1. 井壁漏水

井壁漏水部位及防治措施见表 7-42。

表 7-42 井壁漏水部位及防治措施

漏水部位	漏水原因	预防措施	处理方法
接茬处	1. 上段井壁刃角未凿毛，表面砂土未清除 2. 接茬处混凝土充填振捣不密实 3. 井壁下沉	1. 外壁采用单斜面接茬；单层井壁采用台阶式双斜面接茬。严格按规程处理接茬部位 2. 接茬位置宜放在黏土层位置 3. 接茬处加钢板止水带或接茬钢板 4. 内壁连续套砌，消灭内壁施工缝	注浆
出水点	1. 混凝土未分层下料振捣，振捣质量不好 2. 漏振，未振捣就继续浇筑上层混凝土 3. 模板缝隙不严，水泥浆流失 4. 混凝土下料不当，石子、砂浆离析 5. 水灰比大，混凝土不密实 6. 井帮掉落土块未清理，形成土包 7. 泡沫塑料板碎裂，混入井壁混凝土中	1. 严格控制水灰比 2. 用吊桶下料，均匀浇筑，加强振捣 3. 严格施工质量管理，避免出现蜂窝、麻面、孔洞等缺陷 4. 及时清理掉入混凝土中的土块 5. 选用密度和韧性合格的泡沫塑料板	1. 注浆 2. 局部修补
裂缝	1. 冻结压力大，挤裂井壁 2. 温差裂缝及干缩裂缝 3. 井帮融化片落的土块未清除，在混凝土中埋入球状或片状砂土包 4. 水灰比大，浇筑及振捣质量差 5. 施工缝未认真处理 6. 井壁下沉断裂	1. 采取加厚井壁、提高混凝土强度等级、早强混凝土等措施抵抗冻结压力 2. 采取控制内、外边界温度和入模温度；降低混凝土水泥水化热；加纤维提高混凝土抗拉强度；加膨胀剂补偿混凝土收缩；施加井壁轴向预压应力；合理增加内、外缘钢筋密度；加强养护（有条件时放水养护）；合理延迟脱模等措施预防温度裂缝及干缩裂缝 3. 提高混凝土施工质量 4. 采取收紧模板绳，增加混凝土早期强度，晚挖刃角下岩土等措施防止井壁下沉	1. 漏水时注浆 2. 压坏的井壁局部修补
梁窝	1. 梁窝后面混凝土厚度小，隔水性差 2. 梁窝周围浇筑质量不合格	1. 加厚梁窝位置处的井壁 2. 振捣密实梁窝周围	1. 注浆 2. 安罐道梁时加强封堵

2. 井壁破裂

井壁破裂原因及防治措施见表 7-43。

表 7-43 井壁破裂原因及防治措施

破坏情况	破坏特征	原因	预防措施	处理方法
严重拉断	1. 井壁横向断裂缝宽 5~50 mm，贯穿全厚 2. 部分钢筋拉断 3. 拉裂部位往往发生在砂层	1. 井帮冻土融化抽帮，井壁自重下沉 2. 围岩下移，将井壁拉断 3. 温度应力 4. 冻结壁离荒径较远，掘进时井帮、抽帮，井壁下沉 5. 围抱力不足，井壁下沉 6. 井壁变断面设计不当	1. 采取临时支护以防片帮、抽帮 2. 加强井壁竖向抗拉性能 3. 接茬处加钢质接茬板 4. 冻结壁径向位移小时，取消泡沫塑料板 5. 避免外壁内、外缘在同一段高内变直径 6. 采取预防井壁温度裂缝、下沉裂缝措施，见表 7-42	1. 稳定后，将缝凿成斜口，并将破裂面凿毛清洗 2. 用高于设计强度的混凝土浇筑，或用树脂材料堵缝
严重压裂	1. 井壁压裂成碎块，混凝土碎石压裂 2. 钢筋压弯成"麻花"形 3. 黏土从裂缝中挤出 4. 井壁位移严重	1. 冻结压力大，冻结壁塑性变形大 2. 钙质黏土等围岩的膨胀性强、冰点低 3. 井壁强度增长慢于抵抗冻结压力增长的需求 4. 因设计、施工质量、受冻害等原因致使外壁承载力小于冻结压力 5. 受不均匀冻胀力作用 6. 受冻结壁不均匀变形压力作用 7. 井壁结构不合理，不让压	1. 加强冻结，提高冻结壁强度，减小冻结壁变形 2. 在强膨胀地层井帮架设井圈背板等，以减小冻结壁变形 3. 提高井壁早期强度 4. 合理设计井壁强度与厚度；严格施工技术管理，保证井壁施工质量；防止新筑混凝土受冻害 5. 阻断水的迁移通道，防止壁后未冻区或融化区积水；在回冻前导出积水 6. 保证冻结壁厚度和强度的环向均匀性 7. 采用具有匀压、让压特性的井壁结构，如铺设泡沫塑料板等	拆除井壁破裂部分，重新绑扎钢筋浇筑混凝土
局部压裂	1. 井壁局部压裂掉块 2. 钢筋保护层剥皮掉片 3. 钢筋鼓出，压断 4. 井壁位移	1. 不均匀冻胀或膨胀压力大 2. 混凝土强度等级低；混凝土强度增长慢于抵抗冻结压力增长的需求 3. 片帮、泡沫塑料板碎裂、漏灰浆、漏振捣等原因造成局部井壁薄弱 4. 冻结管偏入井内，局部冻结壁薄弱，不均匀冻结压力大	1. 防止壁后未冻区或融化区积水产生冻胀，采取让压措施 2. 合理设计井壁，提高井壁混凝土早期强度 3. 保证井壁施工质量，无厚度、强度薄弱点 4. 保证冻结孔造孔质量与冻结壁形成质量	拆除井壁压坏部分后重新砌壁

表7-43（续）

破坏情况	破坏特征	原　　因	预　防　措　施	处理方法
刃角压裂	1. 刃角处斜向裂缝 2. 混凝土剥皮掉块	1. 浇筑过程片帮 2. 刃角部分砂浆漏失，振捣不密实 3. 混凝土强度低 4. 冻结壁塑性变形大	1. 采取防片帮措施 2. 保证混凝土浇筑质量 3. 钝化刃角，适当加厚；提高混凝土的早期强度 4. 强化冻结，减小冻结壁变形	拆除刃角压坏部分后，与下一段高整体浇筑混凝土

7.4.7 井筒径向位移及底鼓检测

掘砌施工过程中应对井帮径向位移及工作面底鼓进行检测。检测方法及数据整理见表7-44，检测记录表分别见表7-45、表7-46。

表7-44 井筒径向位移量及底鼓量检测

项目	内　　容
测点布置与检测方法	1. 径向位移量： （1）设置在黏土层，在距工作面2/3段高的部位，沿井帮圆周对称选4~8个点 （2）用收敛计进行检测，也可在已砌井壁刃脚处挂铅垂线，检测垂线与井帮径向距离的变化 2. 底鼓量： （1）在垂深大于200 m的深厚黏土层中，在掘进工作面布设3~5个点 （2）以井壁下沿为参照点，用钢尺测量工作面与井壁下沿平面的垂直距离变化 径向位移和底鼓量检测见下图 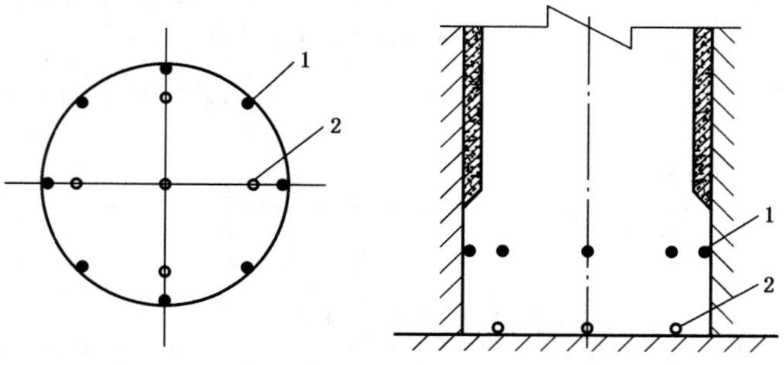 平面图　　　剖面图 1—井筒径向位移检测点；2—井筒底鼓检测点 井筒测点布置示意图
检测数据收集与整理	1. 径向位移量由掘砌施工单位负责检测并记录，报送建设、监理等有关单位 2. 检测工作应由专人负责，实行定岗、定员，做到及时、准确 3. 径向位移量各测点应从设置测点到砌壁开始为止，检测2~3次 4. 底鼓量各测点每段高掘进结束时检测一次，待下一段高掘进之前再检测一次 5. 根据收集整理的数据，施工单位应及时分析，发现影响安全施工的异常情况应立即会同有关方面研究并采取相应防范措施

表 7-45 冻结立井开挖井帮位移检测记录表

日 期	段高/m	垂深/m	土 性	测点方位及径向位移量/mm							
				检测次数	ES(东南)	S(南)	WS(西南)	W(西)	WN(西北)	N(北)	EN(东北)	E(东)
				1								
				2								
				3								
				时间间隔/h								
				位移平均速率/(mm·h^{-1})								
备 注												

检测人员：

表 7-46 冻结立井开挖工作面底鼓量检测记录表

日 期	段高/m	工作面垂深/m	土 性	检测记录	工作面底鼓测点				
					E(东)	S(南)	W(西)	N(北)	点 C(中心)
				停止掘进时间(日,时)					
				砌壁结束时间(日,时)					
				底鼓量/mm					
				停掘时间/h					
				底鼓平均速率/(mm·h^{-1})					
备 注									

检测人员：

7.5 井壁注浆

7.5.1 注浆方案的确定原则

（1）根据井筒地层特征、井壁结构、施工工艺及漏水情况来确定采用壁间注浆或壁后注浆。内层井壁浇筑完毕，应择机进行壁间注浆（最好在冻结壁解冻"开窗"前完成）。当井筒漏水量大，壁间注浆效果不理想时，应采用壁后注浆措施。当注浆孔穿透外层井壁可能发生突水、涌砂时，未经特别批准禁止采用壁后注浆。

（2）根据漏水量及受注区导水通道的特征来选择注浆材料。一般采用水泥、水玻璃双液浆；当漏水量较大时，可采用复合注浆方法，先注入惰性材料，然后注入水泥、水玻璃浆液；止水效果不理想时，可用化学浆液补注。导水通道的直径或开度大时，可用黏度大、粒径大的注浆材料；反之，则应用黏度小、粒径小的注浆材料。例如，低黏度聚丙烯酰胺浆液——溶液型浆液，超细水泥浆液——悬浊液型浆液。

（3）根据井壁裂缝及出水点的分布、井壁结构及强度布置钻孔，确定注浆参数（注浆压力、凝胶时间、注入量、浆液扩散半径等）。

（4）根据注浆止水的要求确定注浆结束标准。

7.5.2 壁间注浆

在冻结壁解冻前，冻结井筒壁间注浆工艺及要求见表7-47。

表7-47 冻结壁解冻前壁间注浆工艺及要求

项 目	主 要 内 容
注浆目的	充填内、外壁之间的空隙，外壁上的接茬缝、裂缝，内壁上的裂缝、施工缝等孔隙和缝隙，大幅减少井壁内的导水通道
注浆时机	1. 夹层周围井壁混凝土温度应不低于4℃ 2. 冻结壁尚未解冻"开窗"，仍有封水作用 3. 结合凿井施工工序的转换，合理安排注浆时间。一般在内壁套砌结束后立即进行壁间注浆，这样具有注浆条件好、效果好、工期短的优点
注浆工艺	1. 应先采用上行式注浆，由下往上分段进行，一般段高在30 m左右，最大段高不得超过50 m；然后在吊盘下行过程中补注 2. 每段注浆孔应沿内壁圆周均匀布置，一般为4~6个孔，上下排注浆孔位应交错布置，孔深应穿透夹层，进入外壁深度不得大于100 mm，严禁穿透外壁。亦可在内壁施工时按设计要求，预埋注浆管。孔口管宜选用焊环式孔口管或马牙扣孔口管；孔口管必须固定牢固，在最高注浆压力作用下不脱出；孔口管外接防喷装置和高压球阀 3. 注浆段壁后为土层时，注浆孔的深度应小于井壁厚度200 mm；双层井壁，注浆孔应穿过内层井壁进入外层井壁，进入外层井壁深度应不大于100 mm 4. 每次注浆必须先钻完上下两排注浆孔，当下排注浆孔注浆时，上排注浆孔作为观察孔，观察出浆情况，并依次调整注浆参数，分析每段注浆效果 5. 每段注浆前应先注清水冲洗夹层与井壁间空隙，待水路畅通后方可正式注浆
注浆设备	1. 气动注浆泵1台 2. 0.4 m³自动搅拌桶1个、0.5 m³水泥浆液桶1个、0.5 m³水玻璃桶1个、0.5 m³清水桶1个、耐震压力表1个 3. 气腿式凿岩机凿眼，ϕ40 mm孔口管配高压阀门

表 7-47（续）

项目	主 要 内 容
注浆材料及参数	1. 常用的注浆材料为水泥、水玻璃。应以水泥单液浆为主，当发现吸浆量较大，或注浆即将结束时，亦可采用水泥、水玻璃双液浆 2. 水泥浆配合比为水泥∶水 = (0.5∶1) ~ (0.7∶1)；双液注浆水泥浆与水玻璃的体积比宜为 1∶(0.6 ~ 0.8)，最大不得超过 1∶1，水玻璃浓度应选用 40°Bé 3. 注浆压力应控制在 1.4 ~ 2.0 MPa 之间。当浆液不通畅时，也可适当提高注浆压力，但不得大于注浆处静水压力的 1.4 倍
注意事项	1. 注浆时根据注浆顺序，开启相应注浆孔口管与出浆孔管口盖，并在注浆孔管上安设安全阀，进行承压试验 2. 各孔注浆结束后，必须用膨胀水泥封堵注浆孔 3. 注浆过程中当发现注浆孔内有出水并带砂时，应立即封堵注浆孔
结束标准	1. 注浆压力达到施工技术措施的规定 2. 注浆压力稳定，进浆均匀，出浆孔正常出浆，且出浆量与进浆量基本持平

7.5.3 壁后注浆

冻结井筒壁后注浆工艺及要求见表 7-48。

表 7-48 冻结井筒壁后注浆工艺及要求

项目	主 要 内 容
适用条件	建成后的井筒或正在施工的井壁段，符合下列之一情况时，在壁间注浆效果不理想时，均应进行壁后注浆处理，并采取防止井壁破裂的措施： 1. 冻结深度 ≤400 m 的井筒，漏水量超过 0.5 m^3/h 2. 冻结深度 >400 m 的井筒，每百米漏水增加量超过 0.5 m^3/h 3. 井壁有集中出水孔或含砂的水孔
注浆材料	根据井壁结构、漏水特征与壁后地质、水文地质条件等因素，经技术经济分析确定
施工顺序	根据含水层的厚度分段进行。对漏水段较长的井筒，宜采取由上往下逐段进行注浆，每个分段内宜先由下往上注浆，再由上往下复注 1 次
注浆设备	见表 7-47
注浆孔布置	1. 注浆孔的数量应根据堵水需要选定，在含水层上下界面位置或裂隙含水层中的注浆孔宜加密 2. 注浆孔穿过土层段井壁注浆应制定专项安全技术措施；当注浆孔穿透井壁可能发生突水、涌砂时，未经特别批准禁止采用壁后注浆 3. 漏水的井筒段壁后为含水层时，注浆孔宜进入含水层 1.0 m 以上 4. 井壁漏水量较大的基岩段井筒，宜布设导水孔和泄水孔
注浆压力	宜大于静水压力 0.5 ~ 1.5 MPa，在岩石裂隙中注浆压力可适当提高，亦可按表 7-46 计算
注意事项	1. 井上、下均应有可靠的通信设施，升降注浆作业吊盘或工作盘时，应得到值班人员的允许 2. 井筒内进行钻孔注浆作业时，作业点下方不得有人。注浆中应观察井壁，发现问题应立即停止作业，并及时处理 3. 钻孔时应经常检查孔内涌水量和含砂量。涌水量较大或涌水带砂时，应停止钻进并及时注浆；钻孔中无水时，应及时严密封孔 4. 注浆管漏出井壁的管端与提升容器之间的间隙，必须符合现行《煤矿安全规程》的有关规定
结束标准	1. 各注浆孔的注浆压力达到设计压力 2. 各钻注孔的涌水应已封堵、无喷水，且其涌水量应小于施工设计规定

井壁注浆压力及浆液注入量的计算见表7-49。

表7-49 井壁注浆压力及浆液注入量的计算

计算内容	计算公式	计算条件
注浆压力	$p_a = p_0 + (1 \sim 3) \times 0.1$ $p_b = p_0 + (3 \sim 5) \times 0.1$ $p_c = p_0 + (5 \sim 8) \times 0.1$ 式中 p_0—注浆点静水压力，MPa；$1 \sim 8$—富余压力，MPa；p_a—初始注浆压力，MPa；p_b—正常注浆压力，MPa；p_c—最终注浆压力，MPa	富余压力值的选取：壁后注浆时可取低值，充填加固时取高值，堵水为主或砌块井壁取低值
井壁强度校核	$$p = \frac{f(B^2 + 2R_0 B)}{2(R_0 + B)^2}$$ 式中 p—注浆处井壁能承受的压力，MPa；B—井壁厚度，mm；R_0—井筒内半径，mm；f—井壁材料允许抗压强度，MPa；$f = R_c/k$（R_c为井壁材料轴心抗压强度，MPa；k为安全系数，$k=2$）	注浆终压用井壁材料允许抗压强度校核，确定的注浆终压在一般情况下不能超过校验值。
注浆量确定	$Q = aVn$ 式中 Q—注浆量，m^3；V—需固结或充填的体积，m^3；n—被加固体孔隙率，%；a—浆液损失系数，取 $a=1.1 \sim 1.5$	对于砂层，$n = 26\% \sim 40\%$，充填空洞时 $n = 1$

7.6 冻结段井筒快速施工技术

7.6.1 实现冻结立井井筒快速施工的途径

冻结立井井筒掘砌经过多年的发展，已基本形成了"四大一小"的机械化作业线施工工艺，即采用大绞车、大抓岩机、大吊桶、大模板和小型挖掘机，采用光面、光底、弱震、弱冲深孔爆破技术，短段掘砌混合作业，"滚班制"劳动组织。该工艺的优点是：充分利用井筒立体空间进行平行交叉作业；取消了临时支护，工艺简单；缩短了围岩暴露时间，施工安全；利于工种专业化，成井速度快，成本较低。至今形成了立井机械化快速施工工法、立井冻结表土机械化施工工法、大直径深立井冻结井筒快速施工工法等省部级、国家级工法。

1. 立井快速施工机械化作业线

根据快速施工的需要及井筒直径、深度等条件，通常采用混合作业的机械化配套方案：

(1) 凿井井架：采用 IV_G 型及以上钢管井架。

(2) 提升机：采用 2JKZ-3.6 型或 JKZ-2.8 型及以上提升机

(3) 凿井绞车：采用 JZ-10、JZ-16、JZ-25、JZ-40 型凿井绞车。

(4) 凿岩及出矸：采用 FJD6、FJD9 或 FJD6.11S 型伞钻钻眼，采用 HZ-6A 型中心回转抓岩机抓岩、小型无尾挖掘机配合清底出矸。

(5) 吊盘：采用两层或三层吊盘，内壁施工时增加两层辅助盘。

(6) 混凝土搅拌及运输：采用强制式自动计量混凝土搅拌系统、$2 \sim 4 \, m^3$ 底卸式吊桶。

(7) 砌壁：外层井壁采用大段高整体移动式金属模板，内层井壁采用液压滑升模板或装配式金属模板。

(8) 井上、下运输：采用 3~7 m³ 吊桶。

(9) 排矸：翻矸平台设落地式矸石溜槽，采用铲车和自卸式汽车排矸。

2. 劳动组织

施工期间共计分 4 个直接工班组和 2 个辅助工班组，直接工班组为：打眼爆破班、出矸找平班、砌壁班、出矸清底班。辅助工班组为：机电运转维修班、岗位运转班。直接工采用"滚班"作业制度，采用"一掘一砌"作业方式，机电运转维修及岗位运转工均采用"三八"作业制。

3. 做好凿井准备工作

参见 7.2 节、7.3.2 节。

4. 制定合理的施工工艺

采用短段掘砌混合作业方式，不受井筒断面、深度和地质条件的限制，工序转换少，有利于机械化作业，已被行业广泛认可。掘进参数尤其是掘进段高的选择至关重要，要根据地质条件、掘进断面、炮眼深度、井壁厚度、提升能力、机械设备配备等综合考虑选择，使施工工艺与井筒工程条件、施工队伍素质和机械化作业线相适应，使之相互协调、充分发挥机械效能，实现快速、高效、优质、安全的作业循环。

深厚土层中冻结法凿井的重要经验是采用内壁一次套砌施工工艺作为正规施工方案，而把分段套壁施工工艺作为应急预案。也就是说在冻结段掘砌过程中，当冻结壁、外层井壁的强度和稳定性不能满足安全、质量要求，或冻结管断裂、外层井壁压坏程度严重危及继续向下施工安全时，应提前进行上部套壁，之后再转入下部施工，把分段套壁工艺作为冻结段施工的应急预案。

5. 开展信息化施工

在施工中开展信息化监测，及时分析并预测制冷站、冻结壁和井壁的工作状态，实现科学决策，超前调整有关施工方案与工艺参数，是实现安全、优质、快速施工的主要途径，详见第 10 章。

6. 使用钻爆法破碎冻土

由于在冻结之后土层强度增大，挖掘难度加大，为了提高效率，国内外均采用钻爆法破碎冻土，其中实现压风吹渣可大幅提高钻炮孔速度。使用钻爆法进行表土段施工较人工挖掘，效率可提高 3~5 倍。冻结段采用爆破作业时，必须使用抗冻炸药，并制定专项措施，爆破技术参数应在作业规程中明确。

7. 凿井机械化作业线案例

葫芦素煤矿副井井筒净直径为 10.0 m，掘进最大直径为 13.0 m，凿井机械化作业线配套设施见表 7-50。

表 7-50 葫芦素煤矿副井凿井机械化作业线配套设施

序号	设备名称		型号规格	单位	数量	主要技术特征
1	提升	主提升机	2JK-4.0/15	台	1	$F_J = 24500$ kg, $F_{JC} = 18000$ kg, $V = 6.84$ m/s, $N = 2 \times 1000$ kW
		副提升机	JKZ-2.8/15.5	台	1	$F_J = 15000$ kg, $F_{JC} = 15000$ kg, $V = 5.59$ m/s, $N = 1000$ kW
		副提升机	JKZ-2.8/18	台	1	$F_J = 15000$ kg, $F_{JC} = 15000$ kg, $V = 5.78$ m/s, $N = 1000$ kW

表 7-50（续）

序号	设备名称	型号规格	单位	数量	主要技术特征
1	提升	吊桶	5 m³	个	3	质量 1690 kg
		提升天轮	φ3.0 m	个	3	质量 3290 kg
		提升钩头	11 t	个	3	质量 215 kg
2	凿井绞车		JZ-16/1000	台	2	提升抓岩机，$N=37$ kW
			2JZ-16/1000	台	2	提吊风筒，$N=55$ kW
			JZ-25/1300	台	11	提吊吊盘、大模板，$N=45$ kW
			2JZ-25/1320	台	4	提吊排水、压风、溜灰管，$N=90$ kW
			JZA-5/1000	台	1	提安全梯，$N=22$ kW
3	凿岩	伞钻	XJZ-6.11S	台	2	质量 9.8 t，最大打孔范围的直径为 14.6 m 收拢后直径 2 m，高 7.94 m
4	装岩	中心回转抓岩机	HZ-6	台	2	抓斗容积 0.6 m³，生产效率 50 m³/h
		破碎挖掘机	CX-55B	台	1	斗容 0.28 m³
		电动挖掘机	SW30	台	1	斗容 0.3 m³，质量 7000 kg
5	排矸	矸石溜槽	落地式	套	3	质量 6000 kg
		装载机	ZL-50B	台	3	
		自卸汽车	12 t	台	5	
6	砌壁	搅拌机	JS-1000	台	2	生产效率 2×50 m³/h，60 kW/台
		配料机	PL-1600	台	1	
		液压整体模板	MJY-4.0/10	套	1	直径 10 m，高 4.0 m
		装配式钢模板		圈	12	直径 10 m，高 1.0 m
		底卸式吊桶	HTD-2.4	个	3	容积 2.4 m³，质量 1250 kg
7	井架	凿井井架	新研制井架	座	1	天轮平台高 29.2 m，平面尺寸 9 m×9 m
8	吊盘	凿井吊盘	两层 φ9.6 m	套	1	层间距 5 m，质量 30000 kg

7.6.2 潘一煤矿东区副井井筒冻结表土段快速施工案例

潘一煤矿东区副井井筒冻结表土段快速施工案例见表 7-51。

表 7-51 潘一煤矿东区副井井筒冻结表土段快速施工案例

项目	主要内容
工程概况	淮南矿业集团潘一煤矿东区，位于安徽省淮南市潘集区境内，副井井筒（2008 年施工）采用永久井架提升，设计净直径 8.6 m，井筒全深 904.2 m，冻结段深度 288 m，风化带厚度 20~25 m，基岩段深度 623。表土段采用双层复合钢筋混凝土井壁结构，外壁为单排钢筋混凝土井壁。外壁净直径 9.8 m，壁厚 550 mm，外壁与井帮间铺设 25 mm 聚苯乙烯泡沫板，混凝土强度 C30~C60，掘进半径 5.5 m，掘进断面 95 m²
地质条件	井筒自上而下穿过新生界土层和石炭系岩层、二叠系岩层。土层主要由钙质黏土、粉砂、细砂、黏土、粗砂等组成；黏土总厚 115.55 m，占土层总厚的 59.9%，具有吸水膨胀特性，其中含有厚度 5 m 以上的钙质黏土和黏土层 5 层；黏质粉砂、细砂、粗砂总厚 77.45 m，占土层的 40.1%

表 7-51（续）

项目	主 要 内 容
施工方案	井筒表土段采用"四大一小"工艺进行施工，即大绞车、大吊桶、大抓岩机、大模板和小型无尾挖掘机，配以人工 4 个班掘砌滚班制作业。井筒立面布置如图 7-4 所示，主要凿井设备见表 7-52
施工方法及施工工艺	1. 冻土掘进： （1）锁口施工。临时锁口设计深 6 m，内、外砌 370 mm、240 mm 普通砖墙，中间浇筑 360 mm 混凝土。底部浇筑 300 mm×850 mm 圈梁。为防止片帮，采用木板和立柱临时支护 （2）掘进施工。合理调控制冷站冷量分配，适时改变循环方法，使冻结和掘砌达到最佳匹配，保证可以挖"糖芯"。利用冻土还未进入荒径这一有利时机，采用 2 台小型挖掘机、2 台 HZ-6 型中心回转抓岩机、3 个 5 m³ 吊桶同时施工。采用挖超前小井控水，台阶式掘进，帮部采取人工风镐和高效风铲进行刷帮，吊盘副圈内布设一圈 ϕ54 mm 钢管，均匀布设 20 对闸阀，形成环状供气系统，可同时连接 18~20 台风镐或风铲在相应的区位进行作业，以扩大施工空间，改善施工环境 2. 泡沫板铺设： 自井帮温度降至 0 ℃时开始铺设泡沫板。利用 2~4 架竹梯相向钉泡沫板，泡沫板要紧贴井帮，上下左右接缝严密，并用 100 mm 铁钉将其固定在井帮上，以防浇筑混凝土时掉落至模板内 3. 钢筋工程： 为节约施工时间，泡沫板铺设可与绑扎钢筋同步进行。竖筋与上部直螺纹接头连接用牙钳紧固，环筋搭接长度为 35 倍钢筋直径，同一截面钢筋搭接面积不得大于钢筋总面积的 25%，采用 18 号铁丝绑扎连接，每个接头不少于 3 道扎丝，要求做到横平竖直 4. 模板工程： 冻土未进入荒径前采用 2.8 m 高模板；冻土进入荒径后，首次选用 4.3 m 大模板。严格控制空帮时间在 24 h 之内。加强井帮位移监测，控制在 50 mm 之内，以防片帮。地面由 3 台 25 t 稳车悬吊大模板，起落大模板时 3 台稳车应尽量同步，严禁生拉硬拽，以防模板变形，立模半径为 4.9 m 5. 外壁砌筑： 加入 NF 型高效减水剂的商品混凝土，经 3 个 3.0 m³ 底卸式吊桶输送至工作面自制分灰器，经溜槽进入整体移动式金属模板。采用 6 台插入式电动振动器分层振捣。脱模时间不少于 8 h。浇筑时井内温度不低于 0 ℃。混凝土的入模温度不得低于 20 ℃，冬季用 60~70 ℃热水搅拌 6. 内壁砌筑： 采用内爬杆式金属液压滑升模板自下而上一次套内壁施工。套壁前，先在工作面砌筑 0.3 m 厚混凝土并精确找平，为组装滑模做准备。滑模下井组装前，要先在地面预组装、试滑，经试滑合格后再下井组装。混凝土采用底卸式吊桶下料，吊桶下灰到滑模操作盘上方后，通过溜槽送灰入模。初滑时，先浇筑一层厚 100 mm 左右骨料减半的混凝土，接着按 300 mm 为一分层，浇筑 3~4 层后滑升 30~50 mm。检查脱模混凝土强度（在 0.05~0.25 MPa 之间）是否合适，然后浇筑一层混凝土再滑升 50 mm。继续浇筑后滑升 100~150 mm，最后浇筑混凝土距模板上口 100 mm，若无异常现象便可转入正常浇筑和滑升。滑升过程中要加强质量管理，混凝土浇筑必须严格按分层、均匀、对称浇筑，加强井壁表面修饰和养护。规范规定正常滑升每天不超过 12 m 7. 壁座施工： 外壁掘砌施工至壁座上口后，停止砌壁并拆除外壁施工大模板，然后采用锚网喷一次支护掘进至壁座底口。锚网喷支护可采用 1.6 m 长的 ϕ45 mm 全长锚固管缝式锚杆（间排距 900 mm 左右）和 ϕ6 mm 钢筋网（网格 100 mm×100 mm）施工。壁座段掘进和一次支护结束后，利用吊盘先由上而下绑扎壁座外层钢筋，再由下而上利用套壁液压滑模砌壁至壁座上口，筑壁的同时绑扎内层钢筋 8. 冻结基岩段施工： 采用钻爆法掘进，采用 FJD-6G 型伞钻配 YGZ-70 型凿岩机凿岩，B25×5000 mm 六角中空合金钢钎，ϕ55 mm 十字形合金钻头；爆破材料采用三级煤矿许用防冻炸药和抗杂散秒延期电雷管，脚线长 6.5 m；采用光面、光底、弱震、弱冲爆破技术。冻结基岩段掘进合理调整炮眼深度，使爆破进尺与施工模板配套，以达到正规循环。施工时要制定防冻结管意外断裂的措施
生产辅助系统	1. 压风系统：由建设单位永久压风机房接入井口，布置 2 路 ϕ110 mm 压风管接到吊盘上，再通过高压胶管经分风器接入工作面 2. 照明系统：选用 DGC175Ⅱ127 型隔爆投光灯，投光距离 40 m，各班组均配备矿灯以防停电 3. 通信系统：吊盘上设置抗噪声电话，井下通过井口可方便地联系压风机房、绞车房、调度室

表 7-51（续）

项目	主 要 内 容
劳动组织	实行3个掘进班和1个浇筑班"滚班制"作业，地面工种采用"三八制"作业。施工期间项目部全员配置229人，其中直接工147人，机电运输工58人，机关辅助人员24名
实际效果	1. 利用信息化施工技术，使冻结和掘砌达到最佳匹配，保证挖干井而不挖过硬冻土 2. 根据地质特征结合冻土强度，在通过深厚黏土层时，首次采用4.3m大段高，这不仅加快了掘进速度，而且减少了外壁接茬，也有利于套壁时塑料板的铺设 3. 采用"四大一小"机械化作业线，不仅很大程度上缩短了工期，同时降低了膨胀黏土层等不良地层段的井帮暴露时间，确保了施工安全，并节约了劳动力 4. 选用商品混凝土，既保证了混凝土质量，又简化了施工管理 5. 严格监督管理施工全过程，保证了施工安全、质量和进度，使得该井筒外壁单月成井171.6m，创淮南矿业集团同类同期井筒掘砌单月进尺最高纪录

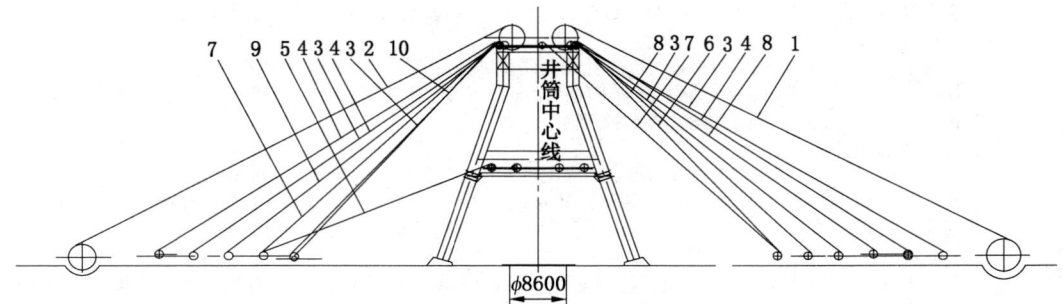

1—主提升钢丝绳；2—副提升钢丝绳；3—稳绳；4—模板悬吊钢丝绳；5—安全梯钢丝绳；6—压风管悬吊绳；
7—抓岩机悬吊绳；8—吊盘悬吊绳；9—放炮电缆用稳车；10—卧泵动力电缆绳

图 7-4 井筒立面布置示意图

表 7-52 潘一煤矿东区副井机械化作业线主要凿井设备

序号	设 备 名 称	规 格 型 号	单位	数量
1	永久井架	R	套	1
2	主提升绞车	2JKZ-4.0/15	台	1
3	副提升绞车	JKZ-2.8/15.5	台	1
4	提升吊桶	5 m³/4 m³	个	5
5	底卸式吊桶	DX-3.0 m³	个	3
6	稳车	JZ-25/1320	台	9
		JZ-16/1000	台	4
		JZ-10/600A	台	2
		JZ-5/1000A	台	1

表 7-52（续）

序号	设备名称	规格型号	单位	数量
7	双层吊盘	自制	个	1
8	模板	MJY型整体移动金属模板	套	1
9	局部通风机	FBDN082×45	台	4
10	抓岩机	HZ-6	台	2
11	挖掘机	CX55B	台	2
12	气动破碎机	B87	台	2
13	装载机	ZL-50	台	1
14	自卸汽车	10 t	台	2

7.6.3 新庄煤矿主井大直径井筒快速施工案例

新庄煤矿主井大直径井筒快速施工案例见表 7-53。

表 7-53 新庄煤矿主井大直径井筒快速施工案例

项目	主要内容
工程概况	新庄煤矿位于甘肃省庆阳市宁县新庄镇。主立井净直径9 m，井深790.5 m，表土层厚30 m。井筒采用冻结法凿井，冻结深度673 m；冻结段采用双层复合井壁，内、外壁均为双层钢筋混凝土
地质条件	主立井揭露的地层自下而上为：三叠系上统延长群，侏罗系中统延安组、直罗组、安定组，白垩系下统宜君组、洛河组、华池组和第四系地层。主井揭露的主要煤层共8层。 主立井井径大，井筒掘进直径最大达13.4 m，每循环需出矸900 m³（段高4 m）。井壁最厚处达2.2 m，每米需浇筑混凝土77.5 m³（内壁+外壁）
快速施工工艺	1. 钻眼爆破： 井筒岩石普氏系数 $f=4\sim6$。井筒实际施工中，布置炮眼310个，眼深5.8 m。每茬炮消耗炸药860 kg，平均进尺为5.2 m。钻眼采用FJD-8G型伞形钻架，配8台YGZ-70型导轨式凿岩机，中深孔光面爆破。采用T220型水胶炸药，毫秒延期电雷管配导爆管起爆。掏槽眼、辅助眼药卷规格ϕ40 mm×600 mm，每卷质量900 g；周边眼药卷规格ϕ35 mm×400 mm，每卷质量450 g。周边眼多打眼，少装药，并严格控制炮眼角度，以防超挖、欠挖。先钻掏槽眼，再钻辅助眼。待辅助眼钻完后由技术员画出周边眼轮廓线，按轮廓线钻眼。钻眼时要将伞形钻架撑到位，控制好角度 2. 装岩出矸： 装岩采用HZ-6型中心回转抓岩机。采用2套单钩提升，主提升选用2JKZ-3.6/12.96型提升机，配4.0 m³吊桶；副提升选用JK-2.8/15.5型提升机，也配4.0 m³吊桶。针对井筒直径大、工作面空间大的特点，为加快装岩出矸速度，采用甩吊桶法出矸。共使用3个4.0 m³吊桶，在工作面始终放置1个吊桶，为"坐底吊桶"。出矸时，将空吊桶甩下，并将装满矸石的重吊桶提走；然后抓岩机再往空吊桶里面装矸石，循环出矸。甩吊桶时，设专人检查钩头保险销。采用甩吊桶法出矸，钩头保险销使用过于频繁易损坏，为此钩头保险销加工时要加固、加厚，保证质量。钩头保险销弹簧要使用高强特制弹簧，以保证钩头保险销既灵敏又耐用 3. 浇筑井壁： 浇筑井壁采用MJY型整体移动金属模板。模板采用小刃角，刃角与直模板直接用螺栓相连。直模板由4台16 t凿井绞车悬吊，设计有效砌壁段高4 m。考虑到主立井壁厚，混凝土用量大，设置2台1.5 m³的混

表 7-53（续）

项目	主 要 内 容
快速施工工艺	合式搅拌机搅拌混凝土，由溜灰系统输送至工作面。使用溜灰系统存在一定的弊端：施工深度增加后，输送距离增加，混凝土会出现离析现象，影响混凝土强度。为此，采取混凝土二次搅拌措施，即在吊盘上层盘上安设 1 台 1.5 m³ 的卧式搅拌机，搅拌机上设置阀门，混凝土在卧式搅拌机内经二次搅拌后，将阀门打开，通过分灰器入模 在浇筑混凝土井壁的同时，可以出井筒中心部位的矸石。待混凝土浇筑完毕，小心地掏帮部矸石。如混凝土没有凝固，可继续出井筒中心部位的矸石；如确认已凝固，即可进行全断面出矸。为使混凝土能够较快凝固，浇筑底部混凝土时，适当掺入了速凝剂。冬季施工时将搅拌用水加热至 70 ℃，保证混凝土入模温度不低于 15 ℃，以缩短混凝土凝固时间 机械化作业线主要凿井设备见表 7-54
施工工艺对比分析	1. 8 臂伞形钻架钻眼： 主立井直径大，6 臂伞形钻架有效半径较小，不能满足钻眼施工要求。如想使用 6 臂伞形钻架钻眼，必须采用对接法。即同时使用 2 台 6 臂伞形钻架，在井下对接后钻眼。该矿副立井采用此方法施工，下伞形钻架对接就要花 1.5 h，每循环钻眼时间平均为 10 h，施工工序烦琐，且光爆成型差。主立井与副立井直径相同。根据实际调查，在同等岩石条件下，主立井使用 8 臂伞形钻架钻眼，每循环钻眼时间平均为 8 h 2. 溜灰管下混凝土： 使用自卸式吊桶下混凝土，浇筑混凝土期间不能出矸。根据现场统计，主立井每模浇筑混凝土时间平均为 3 h。使用溜灰管下混凝土，浇筑混凝土期间能出矸；减去平行作业影响时间，每小时出矸 10~12 桶，3 h 共计出矸 30~36 桶。按照主立井平均出矸能力计算，出 30~36 桶矸石相当于节约 2 h 综合以上分析，主立井 8 臂伞形钻架钻眼，甩ול桶法出矸，溜灰管下混凝土，合计每循环时间可缩短 6 h
实际效果	新庄煤矿主立井冻结深度 673 m，采用新工艺、新技术，合理组织，仅用 7 个月就掘砌到底，取得了平均月进尺超过 90 m、最高月进尺达 110 m 的好成绩
说明	由于现在特大吊桶的使用，能满足提升能力要求，可不用座底罐

表 7-54 新庄煤矿主井机械化作业线主要凿井设备

序号	设备名称		型号规格	单位	数量	主要技术特征
1	提升	主提升机	JKZ-3.2×3/18	台	1	$F_J = 18000$ kg, $F_{JC} = 18000$ kg, $V = 5.4$ m/s, $N = 1250$ kW
		副提升机	JKZ-3.2×3/18	台	1	$F_J = 18000$ kg, $F_{JC} = 18000$ kg, $V = 5.4$ m/s, $N = 1250$ kW
		吊桶	5 m³	个	2	质量 1690 kg，桶径 1.85 m
		提升天轮	ϕ3.0 m	个	2	质量 3290 kg
		提升钩头	13 t	个	2	质量 260 kg
2	凿井绞车		JZ-25/1320	台	10	提升吊盘、大模板，$N = 450$ kW
			JZ-16/1300	台	2	提升抓岩机，$N = 74$ kW
			2JZ-25/1320	台	1	提吊排水管，$N = 90$ kW
			JZ-10/800	台	1	提吊爆破电缆，$N = 22$ kW
			JZA-5/1000	台	1	提升安全梯，$N = 22$ kW
3	凿岩	伞钻	XFJD-6.11S	台	2	质量 9.2 t，高 8.2 m，收拢后直径 2.0 m，最大直径 14.6 m

表 7-54（续）

序号	设备名称		型号规格	单位	数量	主要技术特征
4	装岩	中心回转抓岩机	HZ-6	台	2	抓斗容积 0.6 m³，生产效率 50 m³/h
		小型挖掘机	CX55B	台	1	美国凯斯
5	排矸	矸石溜槽	落地式	套	2	质量 6500 kg
		装载机	ZL-50B	台	1	
		自卸汽车	12 t	台	5	
6	砌壁	搅拌机	JS-1000	台		理论生产效率 2×35 m³/h
		配料机	PL-1600	台	1	
		液压整体模板	MJY-3.6/9.0	套	1	ϕ9050 mm，高 3600 mm
			MJY-3.6/11		1	ϕ11050 mm，高 3600 mm
		模板	组合式	圈	14	ϕ9050 mm，高 1000 mm
		底卸式吊桶	TD-3	个	2	容积 3.0 m³，桶径 1.85 m，质量 1300 kg
7	井架	凿井井架	V型钢管	座	1	天轮平台高 26.364 m
8	吊盘	凿井吊盘	两层 ϕ8.6 m	套	1	层间距 5 m，质量 20000 kg

7.6.4 万福煤矿超深厚表土层主井井筒快速施工案例

万福煤矿超深厚表土层主井井筒快速施工案例见表 7-55。

表 7-55 万福煤矿超深厚表土层主井井筒快速施工案例

项目	主要内容
工程概况	兖煤菏泽能化有限公司万福煤矿位于山东省菏泽市巨野县柳林镇，设计生产能力 1.8 Mt/a。主井井筒净直径为 5.5 m，表土层厚 754.98 m，井筒深 886.763 m，采用冻结法凿井，冻结深度为 894 m。井壁为双层复合钢筋混凝土结构，内层井壁厚 450~1000 mm，外层井壁厚 450~1175 mm，混凝土强度等级为 C30~CF90
地质条件	揭露的地层由上至下依次为第四系、上第三系、二叠系下统山西组、石炭系上统太原组。第四系总厚度为 154.25 m，以细砂、黏土、黏土质粉砂为主，夹薄层粉砂。其中黏土层占总厚度的 68.5%，砂层占总厚度的 31.5%，富水性差。上第三系总厚度为 599.7 m，以含黏土质砂、黏土质细砂、黏土、砂质黏土为主。281.70~431.89 m 深度段以黏土、砂质黏土为主，夹黏土质粉砂、黏土质细砂。431.89~534.30 m 深度段以厚层黏土为主，夹细砂，黏土可塑性强、具膨胀性。二叠系下统山西组厚 17.30 m，主要由细砂岩组成，裂隙发育，多被泥质充填，局部破碎。石炭系上统太原组厚 115.55 m，主要由粉砂岩、泥岩及细砂岩、中砂岩、石灰岩及薄层煤层组成，裂隙发育，多充填方解石，含煤层 5 层
施工方案	外壁至井深 25 m 左右开始安装两盘、吊挂管线，其后开始正式掘砌施工。采用综合机械化配套的短段掘砌混合作业方式，掘砌段高 3.6 m。机械化作业线主要凿井设备见表 7-56
施工工艺	1. 冻结段试挖： 首先在井筒的对角线方向选 4 处探槽，探槽自井帮向冻结壁方向深 1.2~1.4 m，宽 0.6 m，高 1.2 m，观察冻结壁形成情况，当冻结壁距荒径 400~600 mm，并证实冻结壁具有一定厚度，按冻岩扩展速度推算，不同深度的冻结壁厚度和强度可以适应掘进速度要求时，即可正式开挖。试挖段高 1.2 m，短段掘砌外壁至 25 m 深度时停止掘砌，进行两盘吊挂和一次改绞工作 2. 冻结段井筒施工：

表 7-55（续）

项目	主 要 内 容
施工工艺	（1）冻结表土掘进。井深 160 m 以上掘砌段高 2.4 m，160 m 以下掘砌段高 3.6 m。当冻土未进入荒径或进入荒径较少时，稳定地层采用小型挖掘机配合抓岩机挖土、装罐；松散不稳定土层采用小型挖掘机配合抓岩机挖掘净径部分，人工刷帮。当冻土进入荒径较多时，先用小型挖掘机配合抓岩机挖出井心土，再用小型挖掘机配合风镐挖掘周圈土 （2）冻结基岩段掘进。采用钻爆法掘进，光面爆破。钻眼使用 SJZ-6.9 型伞钻，$B=25$ mm、$L=4500$ mm 中空六角钢钎，$\phi 55$ mm 十字形钻头，眼深 4 m。采用抗冻水胶炸药，毫秒延期电雷管。为防止冻结管受损，周边眼采用 $\phi 35$ mm 药卷。装岩采用 1 台 HZ-6 型中心回转抓岩机，实行分层、分区抓矸，小型挖掘机辅助清底 （3）外壁砌筑。采用整体移动金属模板，模板由直模板和刃角模板通过螺栓连成整体，模板由地面稳车悬吊。当掘够一个段高后，先下放刃角模板，然后下放直模板，连接校模后浇筑外壁 ① 钢筋施工。钢筋在地面加工，运至井下按设计位置安装，竖向钢筋采用 CABR/M 等强度机械连接，即剥肋滚压螺纹套筒连接 ② 模板下放。钢筋及接茬钢板安装好，经验收合格后，将整体模板落于刃角上，利用油压控制系统把模板撑开，然后操平找正，固定牢固 ③ 浇筑及振捣混凝土。混凝土浇筑应分层、对称、连续进行，浇筑层厚不超过 300 mm，间歇时间不超过混凝土初凝时间，超过 2 h 应采取措施处理。专人分片负责振捣混凝土，振捣棒插入下层 50~100 mm，每次移动距离 300~350 mm，振捣混凝土表面出浆，无气泡上浮为止 ④ 采用窗口式井壁接茬 （4）内壁砌筑。先施工壁座，然后施工内壁。施工内壁时，在三层吊盘下再安装两层临时吊盘辅助盘。上层吊盘作为保护盘，中层吊盘作为铺设塑料板、井壁除霜、分灰、放灰的施工盘，下层吊盘作为绑扎外层钢筋的施工盘，吊盘辅助盘作为拆模盘和养护盘 ① 壁座（整体浇筑）段掘进施工。采用钻爆法掘进，施工工艺同冻结基岩段相同，以 2 m 为一个支护段高，视围岩情况采用锚网初期支护 ② 塑料夹层铺设。在中层吊盘铺设高密度塑料薄板，上段压下段的压茬宽度为 100 mm 左右，两层塑料板接头应错开铺设；塑料板采用射钉枪固定；若混凝土强度较高，则用风钻打眼，打入木橛用铁钉加垫子固定 ③ 井壁浇筑。采用 14 套 1.2 m 高的装配式组合钢模板，自下而上采取倒模法施工。当外壁掘砌至井深 802 m 位置后套砌内壁。套砌内层井壁顺序为除霜、绑扎钢筋、立模浇筑混凝土 3. 锚网临时支护外壁井壁段施工： 井深 802~885 m 段井筒外壁为锚网临时支护，外壁施工时，当出矸至一个支护段高后，及时进行锚网支护。当支护够一个浇筑段高后及时进行混凝土浇筑
劳动组织	采用掘进与机电维修相结合的综合施工队。掘砌施工期间，直接工采用专业工种"滚班"作业制度，采用"一掘一砌"作业方式；机电运转维修及施工辅助工种均采用"三八"作业制
实际效果	万福煤矿主井井筒工程实现了国内深厚土层冻结井筒 827 m 一次套壁，创造了冻结井筒外壁一次掘砌深度之最，未发生冻结管断裂现象，外壁掘砌最高月进尺 154.5 m，平均月进尺 90 m，内壁套砌平均月成井 360 m

表 7-56 万福煤矿主井机械化作业线主要凿井设备

序号		设备名称	型号规格	单位	数量	主要技术特征
1	提升	主提升机	2JKZ-3.6×1.85/12.96	台	1	$F_J=21000$ kg, $F_{JC}=16000$ kg, $V=8.57$ m/s, $N=1600$ kW
		副提升机	JKZ-2.8×2.2/15.5	台	1	$F_J=15000$ kg, $F_{JC}=15000$ kg, $V=5.6$ m/s, $N=1000$ kW
		吊桶	3 m³（非标）	个	1	质量 903 kg，桶径 1.45 m
		吊桶	4 m³（非标）	个	1	质量 1210 kg，桶径 1.65 m
		提升天轮	$\phi 2.5$ m	个	2	质量 2385.4 kg
		提升钩头	11 t	个	2	质量 215 kg

表 7-56（续）

序号	设备名称		型号规格	单位	数量	主要技术特征
2	凿井绞车		JZ-16/1300	台	10	提吊吊盘、抓岩机、大模板，$N=37\ kW \times 10$
			JZ-10/800A	台	1	提放炮电缆，$N=22\ kW$
			JZA-5/1000	台	1	提安全梯，$N=22\ kW$
3	凿岩		伞钻	SJZ-6.9	台	1	质量 8200 kg，高 7.7 m，收拢后直径 1.9 m
4	装岩	中心回转抓岩机	HZ-6	台	1	抓斗容积 0.6 m³，生产效率 50 m³/h
		小型挖掘机	CX58C	台	1	美国凯斯
5	排矸	矸石溜槽	落地式	套	2	质量 6500 kg
		装载机	ZL-50B	台	1	
		自卸汽车	12 t	台	3	
6	砌壁	搅拌机	JS-1000	台	2	生产效率 $2 \times 50\ m^3/h$，51 kW/台
		配料机	PL-1600	台	1	
		整体移动金属模板	MYJ-3.6/5.5	套	1	高 3600 mm，$\phi 5550$ mm
			MYJ-3.6/7.2		1	高 3600 mm，$\phi 7250$ mm
		装配式钢模板	自制	圈	14	$\phi 5550$ mm，高 1200 mm
		底卸式吊桶	HTD-2.4	个	1	容积 2.4 m³，桶径 1.65 m，质量 1106 kg
		底卸式吊桶	HTD-2.0	个	1	容积 2.0 m³，桶径 1.45 m，质量 1066 kg
7	井架		凿井井架	IV_G	座	1	天轮平台高 25.87 m，质量 58541 kg
8	吊盘		凿井吊盘	三层 $\phi 5.2$ m	套	1	层间距 4 m，质量 13000 kg

7.6.5 红庆河煤矿副井超大直径深立井快速施工案例

红庆河煤矿副井超大直径深立井快速施工案例见表 7-57。

表 7-57 红庆河煤矿副井超大直径深立井快速施工案例

项目	主要内容
工程概况	红庆河煤矿位于内蒙古自治区鄂尔多斯市伊金霍洛旗境内，矿井设计生产能力 15 Mt/a。副井井筒净直径 10.5 m、深度 718 m，冻结深度 694 m。外壁厚度：表土段 850 mm、基岩段 600 mm。内壁厚 900~1600 mm。非冻结段井壁厚度：垂深 660~693 m，1600 mm；垂深 693~704 m，1300 mm；垂深 704~718 m，900 mm
地质条件	1. 地质条件。副检孔孔深 741.25 m，揭露地层由上而下依次为第四系、白垩系、侏罗系、三叠系。第四系钻孔揭露深度 0~10.35 m，以细砂、粉细砂为主。白垩系钻孔揭露深度 10.35~521.39 m，为含砾粗砂岩、粗砂岩、中砂岩、细砂岩与泥岩、砂质泥岩互层。侏罗系安定组钻孔揭露深度 521.39~540.82 m，上部为泥岩与砂质泥岩、粉砂岩、细~中粒砂岩呈互层产出，下部为中~粗粒砂岩夹粉砂岩。侏罗系延安组钻孔揭露深度为 575.7~682.44 m，为本区主要含煤地层，主要由泥岩、砂质泥岩、砂岩和煤层组成。 2. 水文地质条件。第四系潜水含水层，厚度 10.35 m，以细砂、粉细砂为主，次为粉质黏土，为透水不含水层。第Ⅰ含水岩组：白垩系碎屑岩类孔隙裂隙潜水、承压水含水层，以砂岩为主，富水性中等。第Ⅱ含水岩组：侏罗系中统直罗组底至 3 煤组底承压水含水层；含水层第一段埋深在 574.20~605.62 m 之间，$Q=0.295$ L/s；第二段埋深在 605.61~673.13 m 之间，$Q=0.635$ L/s；其他含水层涌水量较小 3. 工程地质条件。各类岩石自然状态下的单轴抗压强度值：志丹群为 1.4~29.6 MPa，安定组为 8.3~17.2 MPa，直罗组 4.5~25.1 MPa，延安组为 4~51.3 MPa 4. 地温是 15.29~26.73 ℃

表 7-57（续）

项目	主 要 内 容
凿井设备	机械化作业线主要凿井设备见表 7-58
锁口施工设计	1. 临时锁口座在井筒外壁上，采用素混凝土结构，壁厚 400 mm，强度为 C30 2. 采用二四砖墙作外模，外壁施工用大模板作内模。待凿井提升系统形成且上部冻结交圈后进行施工 3. 采取短段掘砌工艺，模板段高 2.5 m（可根据井帮稳定情况调整模板段高） 4. 采用吊桶提升，挖掘机配合人工挖掘，整体金属模板砌筑混凝土 5. 临时支护的第一道井圈采用钢丝绳卡在井架基础上，每段井壁间采用挂钩及钢丝绳连接牢固，防止锁口下沉。采用地面搅拌系统配制混凝土入模
外壁施工设计	1. 施工方案。采用短段掘砌施工方案，整体金属下行模板砌壁，掘砌段高为 2.5 m/4.0 m 2. 冻结表土段外壁施工。采用人工配合挖掘机掘进，风镐刷帮，整体金属下行模板砌壁。施工前期因无井口盘，搅拌机拌制的混凝土从溜槽下到上层吊盘布置分灰器内，上层吊盘上布置两个分灰器，每个分灰器安装 3 根 8 英寸弹簧橡胶软管作为输料管 3. 冻结基岩段外壁施工。采用立井机械化快速施工工法施工。采用专业化"滚班制" （1）凿岩爆破。采用 SYZ6×2-15 型双联伞钻配 YGZ-70 型凿岩机凿岩，采用光面、光底、弱震、弱冲、中深孔爆破技术实施爆破。井下装药采用反向装药 （2）装岩排矸。采用挖掘机配合 HZ-6 型中心回转抓岩机将矸石装入吊桶，挖掘机清底。矸石上井后经溜矸槽溜到地面，再由自卸式汽车排入指定场地 （3）钢筋绑扎。井壁竖筋采用直螺纹机械连接，环筋采用搭接连接 （4）砌壁。钢筋绑扎完毕，再落模板浇筑混凝土。外壁采用 4.0 m 高整体金属下行刃角模板砌筑，模板由直模和刃角通过螺栓构成整体。混凝土由井口混凝土搅拌站配制；通过活动送灰溜槽送入井口存灰装置，再由活动送灰溜槽卸入下灰漏斗；通过溜灰管、井下缓冲装置进入中层吊盘位置搅拌机；搅拌机搅拌后均速卸入两个分灰器内。每个分灰器安装两个 8 英寸弹簧橡胶软管，每个弹簧橡胶软管对应 4~5 个下灰口。模板自带操作脚手架和翻转挤压式受灰合茬窗口，保证合茬严密平整。混凝土入模应对称、均匀、分层浇筑，分层振捣。每段混凝土浇筑时，均应进行混凝土的入模温度及坍落度控制
内壁施工设计	1. 施工方案。采用 12 套段高为 1.2 m 的装配式金属模板自下而上套砌施工 2. 施工工艺。壁座掘进结束，组装钢刃角作为第一段模板的生根点，并形成井壁斜接茬面，之后在刃角上组装块模开始套壁施工。逐模浇筑完成 12 模井壁混凝土后，拆除最下部的一套块模，再组装双层拆模盘并用 4 根 ϕ40 mm 钢丝绳悬吊在吊盘下，之后采用"倒模法"进入正常段施工。套壁时，利用吊盘作为工作盘。其中上层吊盘作为铺设塑料板、二次搅拌、分灰、放灰的施工盘；中层吊盘作为绑扎外层钢筋的施工盘；下层吊盘拆除喇叭口封闭后作为绑扎内层钢筋、组装模板、混凝土浇筑施工的操作盘。套壁期间，在上层吊盘上方安装一层临时保护盘。下层吊盘下方悬吊刚性连接的双层拆模盘作为拆模及井壁洒水养护的工作盘，其下层为操作盘，上层为保护盘。 3. 施工质量控制。该模板的特点是可自下而上连续砌筑井壁，无施工缝。套砌内壁时，必须采取有效措施将外层井壁内表面上的冰霜清除干净，必须严格控制混凝土配合比、坍落度与入模温度。每次拆模后模板均涂刷脱模剂。井壁采用洒水养护，以防温度应力造成井壁开裂
施工情况	该井筒于 2013 年 8 月 22 日（冻结 51 d）试挖。2014 年 4 月 30 日井筒冻结段外壁（工程量 644.5 m）施工结束，2014 年 5 月 1—7 日施工壁座 15.5 m（垂深 660 m），2014 年 5 月 12 日—7 月 29 日施工冻结段内壁。自开工至内壁施工结束，共历时 341 d。实测井帮温度见表 7-59 若不考虑掘砌期间停工时间 58 d，该井筒冻结段掘砌实际用时 283 d，比设计时间提前 10 d。冻结段掘砌综合进度达到 70 m/月，其中冻结段外壁掘砌施工速度平均为 100.2 m/月，最高月进尺达 148 m，实现了立井井筒超大直径、深厚基岩地层冻结段安全、快速、高效掘砌施工
结语	1. 西部软弱含水岩层中的立井开凿，建议采用全深冻结方案 2. 副井井筒安全快速高效施工，体现了独立一家打钻、冻结、掘砌等工程的施工优势 3. 冬季施工期间，混凝土搅拌站、井口棚及二平台以上部分采取封闭保暖措施，同时砂、石子进行加热，控制混凝土入模温度，保证了井壁浇筑混凝土质量 4. 快速掘砌施工的关键在于施工机械化装备配套

表7-58 红庆河煤矿副井机械化作业线主要凿井设备

序号	设备名称		型号规格	单位	数量	备注
1	提升	凿井井架	Ⅵ	座	1	
		绞车	JKZ-4×3/18	台	2	2500 kW
		绞车	JKZ-3.2×3/18	台	1	1250 kW
		吊桶	7 m³/5 m³	个	4/2	
2	凿井绞车		JZ-25/1300	台	5	提吊盘
			JZ2-25/1000A	台	4	提模板
			2JZ-25/1300	台	1	提溜灰管
			JZ2-16/800	台	4	提抓岩机2台、提吊稳绳2台
			JZA-5/800	台	1	提安全梯
			JZ2-10/800	台	1	提动力电缆
			JZ2-10/600	台	1	提放炮电缆
			2JZ-10/600	台	1	悬吊 ϕ250 mm PVC 压风管
3	凿岩	伞钻	SYZ6×2-15,双联伞钻	部	1	
4	装岩	挖掘机	CX75	台	1	
		抓岩机	HZ-6	台	2	
5	排矸	装载机	ZL-50	台	1	
		自卸汽车	10 t	辆	4	
6	砌壁	搅拌机	JW1500	台	2	
		混凝土配料机	PLD1600	套	2	
		外壁模板	ϕ12.3 m/ϕ13 m/ϕ13.7 m	套	各1	段高2.5 m/3.6 m/4.0 m
		套壁模板	ϕ10.5 m装配式金属模板	套	13	高度1.2 m,备用1套
		吊桶	DX-3	个	4	底卸式吊桶,套壁用
7	辅助系统	通风机	FBD-Ⅱ-No10.0	台	4	2×37 kW,2台备用
		压风机	GA250	台	5	
8	吊盘	凿井吊盘	ϕ10.2 m	副	1	三层吊盘(层间距4.5 m)

表7-59 红庆河煤矿副井井帮温度监测结果

深度/m	岩性	冻结时间/d	井帮温度/℃			
			东	南	西	北
6.5	风积砂	54	-1.5	-2.3	-1.8	-3.1
50	细砂岩	81	-4	-5.3	-4.2	-4.5
70	细砂岩	88	-4.3	-4.6	-5.6	-5
102	泥岩	96	1.4	2	2.9	2.9
150	中粒砂岩	107	1.9	1.7	2.2	1.6
202	含砾粗砂岩	117	2.7	2.2	2.9	2.6

表7-59（续）

深度/m	岩 性	冻结时间/d	井帮温度/℃			
			东	南	西	北
246	泥岩	126	1.3	2.3	2.1	2.1
290	含砾粗砂岩	136	1.4	1.6	2.4	2.1
310	细粒砂岩	145	-2.5	-2.2	-1.9	-1.8
350	细粒砂岩	156	-3	-3.3	-2.9	-2.8
402	细粒砂岩	229	-5.5	-5.3	-5	-5.2
450	含砾细砂岩	243	-5.1	-5.4	-5.3	-6.1
518	砾岩	262	-10.9	-10.2	-9.7	-10.6
549.1	砂质泥岩	272	-8.3	-8.4	-7.7	-8.3
601.1	中粒砂岩	286	-7	-6.6	-7.3	-6.9
633.1	细粒砂岩	299	-6.1	-6.2	-6.4	-6.2
659	煤层	309	-7.5	-6.7	-7.2	-6.8

7.7 冻结器处理

7.7.1 供液管回收

（1）用人工、绞车或者自制拔管设备拔出供液管，拔供液管的方法见表7-60。

表7-60 拔供液管的方法

项目	步骤和方法
准备工作	1. 在拆除供液管前必须先除去地沟槽中的冰，用风镐、风钻或其他方法，对地沟槽地面和每根冻结管周围进行除冰，冰融化时要及时进行排水，防止水流入井筒 2. 用氧气乙炔割去冻结管头部羊角，使供液管暴露于空气中
起拔	1. 用人工试拔，将供液管拔出管口 2. 将供液管插入拔管设备中
拔管	1. 用拔管设备将供液管拔出 2. 用排水泵将沟槽内残余的盐水排出

（2）供液管起拔困难的原因及处理方法见表7-61。

表7-61 供液管起拔困难的原因及处理方法

原 因	处 理 方 法
供液管中间有节接头，接头卡在管箍处	用牙钳来回转动供液管，松动后继续尝试拔管
掘砌时，冻结管及供液管埋入井壁内	放弃回收供液管或将下部割断后，继续拔管
供液管多次使用后老化，易断裂	拔管时注意观察并缓慢操作，若断裂后下打捞器打捞

表 7-61（续）

原 因	处 理 方 法
低温下起拔供液管，易出现冷裂纹导致断裂	拔管时注意观察并缓慢操作，若断裂后下打捞器打捞
冻结管变形过大	放弃回收供液管

7.7.2 冻结管回收

（1）一般冻结管埋深小于 200 m 时，可考虑回收冻结管；反之，因阻力大，难以拔出冻结管。拔冻结管的方法见表 7-62。

表 7-62 拔冻结管的方法

步骤和方法		图 示
人工局部解冻	手段	在冻结器内循环热盐水，使冻结管周围的冻土融化达 100 mm 左右，以利于拔管
	加热盐水	1. 向盐水储存池或盐水箱通蒸气加热盐水，也可直接用地炉加热盐水箱中盐水 2. 冬天采用蒸气加热盐水时，应注意盐水箱的隔热
	循环热盐水	1. 用盐水泵正、反交替循环热水，尽可能使上、下部冻土融化范围一致 2. 先循环 30~40 ℃的盐水 5 min 左右，再循环 60~80 ℃的盐水 30 min 左右 3. 测量去路和回路盐水的温度，当回路盐水温度上升到 25~30 ℃时，即可边循环边起拔
起拔		1. 用 100 t 拔管机或 50~100 t 千斤顶给 30~50 t 的试拔力，起拔 500 mm 左右，即可停止循环热盐水，用压风将管内盐水排至盐水箱中 2. 继续将冻结管拔出 1~1.5 m，截去管盖并迅速拔出供液管 3. 若试拔力达 50~70 t 仍拔不动冻结管时，则应继续送入热盐水循环 4. 使用拔管机起拔时，给油量要由小到大，不得超过额定压力强力起拔

1—盐水箱；2—盐水泵；3—冻结管；4—加热器
热盐水循环示意图

1—电动机；2—对轮；3—注塞泵；4—油箱；5—进油阀；
6—压力表；7—回油管；8—调节器；9—油管；
10—冻结管；11—安全压板；12—螺栓；
13—上帽；14—千斤顶；15—齿瓦；
16—底座；17—垫木
起拔冻结管示意图

表 7-62（续）

步骤和方法		图 示
拔管	供液管	1. 利用三脚架的滑车、钢丝绳以及拔管机、卷缆机具快速提拔供液管 2. 存在提拔阻力的供液管可以割断后随冻结管一起回收	1—冻结管；2—管卡；3—两穿滑车；4—三穿滑车；5—扒杆头；6—10 t 凿井绞车；7—拉力计；8—10 t 滑车 拔管系统示意图
	冻结管	1. 当起拔压力降至 25～35 t 时，便可改用绞车通过滑车慢速提升 2. 如在起拔过程中发现负荷显著增大，应继续循环热盐水，消除挤夹力量后再起拔	

冻结管的起拔力与单位面积摩擦力经验数据见表 7-63。

表 7-63 冻结管的起拔力与单位面积摩擦力经验数据

冻结管规格/ （mm×mm）	最 大 值		最 小 值		计算公式	符号意义
	f/kPa	n	f/kPa	n		
$\phi 159 \times 7.5$	7.02	8	5.02	6	$f = \dfrac{P-G}{S}$ $n = \dfrac{P}{G}$	f—单位侧面积摩擦力，kPa P—冻结管实测起拔力，kN G—冻结管总重量，kN S—冻结管外表面积，m^2 n—最大起拔力与冻结管总重量之比
$\phi 127 \times 7.5$	5.23	7.4	4.47	6.5		

注：1. 拔管时间应在停冻后 3～5 个月内进行。
　　2. 黏土的摩阻力大，砂层的摩阻力小。
　　3. 冻结管偏斜率大时摩阻力大。
　　4. 解冻过程容易出现下部解冻合适，而上部解冻过多，造成摩阻力增大。

（2）冻结管起拔困难的原因及处理方法见表 7-64。

表 7-64 冻结管起拔困难的原因及处理方法

原 因	处 理 方 法
冻结管底部积有沉淀物，热水循环不到底，下部未化冻	应用高扬程、大流量盐水泵冲洗，再重新用热盐水循环
采用聚乙烯供液管时，容易在循环热盐水过程中引起管壁破裂而造成盐水短路	应将供液管起拔检查，换铁供液管，再进行热盐水循环
掘砌时，冻结管埋入井壁内	放弃回收冻结管或将下部割断
停冻时间长，冻土自然解冻，土层围抱力增大	1. 加大起拔力，但容易断管 2. 利用割刀切断冻结管，分段起拔，减小土层围抱力
由于负压作用，在冻结管起拔过程中孔底的吸力大	在管内放炮炸掉底锥（一般采用防水硝铵炸药，炸药量不超过 0.3 kg，冻结管底锥与井壁距离应不小于 1.5 m），减小孔底吸力

7.7.3 冻结管（孔）与测温管（孔）充填

冻结工程结束后，应将所有冻结管和测温管内充填密实。为保证充填效果，宜在拔出供液管后下入耐高压注浆软管至冻结管底部，通过注浆管压入能抵抗氯化钙溶液速凝、防冻作用的黏稠土浆之类的充填材料，边压浆边提注浆管。其中上部 20 m 范围内采用 C10 细石混凝土充填，混凝土中掺入防冻剂。

对于没有在下管时采用缓凝水泥浆固管的情况，冻结工程结束后，为防止冻结壁解冻后冻结管（孔）和测温管（孔）成为含水层的导水通道，导致井筒（或巷道）发生透水事故，或产生上部强含水层向下部弱含水层窜水的有害现象，应及时将冻结管（孔）和测温管（孔）充填密实。若冻结管拔出，可以直接充填冻结钻孔空间；如冻结管无法拔出，应采用射孔或割孔注浆等方法进行充填，见表 7-65。

表 7-65 冻结管（孔）和测温管（孔）充填方法

项 目		主要内容及要求
强制解冻时机与范围		1. 尽可能在冻结壁自然解冻后实施冻结管（孔）和测温管（孔）的充填工作，不得已时才采用冻结壁强制解冻措施 2. 若必须强制解冻冻结孔和测温孔周围的地层，要保证在每个管（孔）充填工作完成前，其周围的冻结帷幕能可靠地封水。一般基岩解冻时机不宜超过停止冻结 3 个月 3. 解冻半径一般为 300~500 mm，视冻结壁平均温度和注浆施工时长而定
配比		因氯化钙溶液是水泥浆的速凝剂，解冻后宜用清水将孔中氯化钙盐水置换出来，然后再进行充填作业。充填注浆宜采用水灰比为 1∶1 的水泥浆
充填方法	拔管与充填作业	1. 充填作业前，首先进行冻结管起拔。冻结管起拔前，应采用割刀将冻结管底部割断 2. 割刀工作原理： 水力式内割刀在液压作用下，活塞下移推动刀片，绕内销轴向外转动，此时转动工具管柱，刀片切入被切割管壁。随着液压排量的不断增加，刀片进刀深度不断增加，直至完成切割 3. 割管与拔管施工顺序： （1）采用钻具将水力内割刀下放至冻结管底部 （2）开动泥浆泵，利用泥浆泵的压力将水力割刀张开 （3）转动钻具带动水力割刀旋转，将冻结管割断，以减小孔底负压吸力 （4）冻结管割断后，利用起管机配合钻机起拔冻结管

表 7-65（续）

项目		主要内容及要求
充填方法	拔管与充填作业	4. 充填作业： （1）充填与拔管交替作业： ① 用钻杆作填料管，下至孔底 ② 每次起拔冻结管 20～30 m，便往钻杆内灌入充填物，由钻杆与冻结孔之间环形空间向外泄水 ③ 边下充填物，边提拔钻杆，或用钻杆上、下窜动捣实 ④ 每次充填前，应计算起拔高度范围内所需要的充填物体积 ⑤ 充填过程应循环进行，直至单孔内冻结管全部拔出孔外，完成充填工作 ⑥ 该法充填及时，能够避免出现孔洞和孔壁塌落堵塞，充填质量好，适用于深冻结孔充填 （2）充填与拔管顺序作业： ① 冻结管起拔结束前，仅在孔口处余留出 1 根管，作为填充下料管，并固定牢固可靠，实施全孔一次充填 ② 冻结管管口与下料灰斗直接相连，钻孔内下放 1 根泄压管，泄压管长 30～40 m，采用丝扣连接，其下部开 3～5 个进气长孔，上部用绞车悬吊 ③ 该种充填法是利用填充材料自重进行充填，工序简单，但易堵孔，充填质量比"充填与拔管交替作业方法"差，仅适用于浅冻结孔充填
	未拔管，割管充填作业	1. 割管充填工作原理： （1）采用水力内割刀将所需注浆开口部位的冻结管割断 （2）将冻结管管口焊接封堵严密，地面连接注浆管，利用冻结管作为充填通道 （3）开启注浆泵，将水泥浆液沿冻结管割断开口位置注入冻结管外部环形空间，隔断上下含水层导水通道 （4）水力内割刀割管作业操作，与"拔管与充填作业"描述内容一致 2. 根据设计充填注浆位置，确定割断部位 3. 充填作业方法： （1）割管完成后，采用钢板将冻结管管口焊接封堵，而后开启注浆泵压入清水，打通注浆充填通道，同时观察注浆泵压力。最后利用注浆泵输送水泥浆，注入冻结孔环形空间 （2）从地面冻结管管口往下压水，有两种可能：一种是注浆泵压力表基本无压，说明冻结管外部空间导水通道顺畅，这时应压水至浆液从孔口地面冒出为止；另一种是注浆泵压力表显示压力，说明导水通道不是很顺畅，可以适当提高压力注浆，直至压力升高到设计压力，注不进浆为止 （3）充填注浆时必须监测注浆压力和吸浆量，及时调整实际注浆参数，并认真做好记录，发现异常情况及时采取措施进行处理 （4）注浆压力一般不超过注入点附近井壁承载力的 80%。注浆时，必须安排专人观察井壁，若井壁质量出现异常，必须立即停止注浆 （5）需要多层位割孔注浆时，应自下而上进行。每次注浆完成后，及时采用清水将冻结管内部浆液压出管外，且管内浆面必须低于上一层割管位置 10～20 m，待浆液凝结后再进行上一层位割孔注浆充填作业。最上部层位注浆充填完毕，不再压入清水，同时要求冻结管内部应全部充填密实
	未拔管，射孔充填作业	1. 射孔充填作业原理： 射孔是利用石油钻探行业聚能射孔器来完成的。采用聚能式爆破射孔技术，将专用的射孔枪体沿冻结管内部空间下放到预定的注浆地层部位，通过引爆射孔枪中的磁电雷管，使枪体内一定数量的射孔弹定时定向爆破，穿透枪体及冻结管管壁，并进入地层一定深度，从而形成新的注浆通道。地面设置注浆泵，利用注浆泵输送浆液，充填冻结管外部环形空间。射孔作业原理如图 7-5 所示 2. 射孔层位应选在冻结管中下部，且位于相对隔水地层中 3. 射孔作业流程与要求： （1）射孔相位为 90°。根据注浆泵实际流量与相应射孔深度确定孔密度。一般情况下 10 孔/m，枪体长 1 m，射孔弹均匀布置 （2）射孔前应在现场设置围挡，禁止无关人员进入，井下人员全部撤离至地面安全地点 （3）组装射孔枪：将射孔弹装入弹架内，要求射孔弹装配到位，导爆索要拉紧，射孔弹压丝一正一反，并用木棒将压丝敲紧，装好弹架扶正环，将弹架平稳轻轻推入射孔枪内，安装枪头、中间接头和枪尾，并用管钳上紧，最后连接电缆。电缆连接前应放电 （4）射孔枪下放：井口安装定滑轮，将射孔枪放入冻结管内，启动液压驱动绞车下放射孔枪。严禁空档下放，上提或下放中禁止滚筒使用紧急刹车。下放过程中，绞车司机应注意观察张力指示，以防射孔枪遇阻。若遇阻，下放电缆长度不得超过 10 m

表 7-65（续）

项	目	主要内容及要求
充填方法	未拔管，射孔充填作业	（5）点火：射孔枪下放至射孔设计位置后，作业队长、放炮员和现场负责人分别独立核查射孔深度。3 人全部确认无误后，由作业队长发令，将起爆箱钥匙交至放炮员，放炮员打开起爆箱，将起爆器钥匙插入起爆器点火 （6）射孔枪上提：点火后上提射孔枪，绞车司机应注意观察张力指示。若发现射孔枪遇卡，且张力突然增大并超过 5 kN 时，应及时下放电缆，上下活动；待张力正常后，方可继续上提电缆 （7）拆除射孔枪：下井起爆后的射孔枪拆卸时，首先释放射孔枪内部压力，确认内部压力完全释放后，方可进行拆卸 （8）未能起爆的射孔枪，当提至距管口 70 m 时，应切断引爆电源。作业队长确认模式转换开关处于安全挡，并保管起爆箱钥匙。地面放炮员确认输出控制开关打至安全挡，拔出起爆器钥匙并随身携带，方可将射孔枪提出管口。由专人拆除起爆器或雷管，将其引线短路，并妥善保管。未拆除起爆器或雷管，严禁进行射孔枪拆卸作业 4. 充填作业方法同"未拔管条件下割管充填作业方法"
注意事项		1. 充填时应连续下料，以免中间停顿引起塌孔、堵孔及注浆管路堵塞 2. 泄压管应保持畅通，发现堵塞，可用压风机吹或提出处理

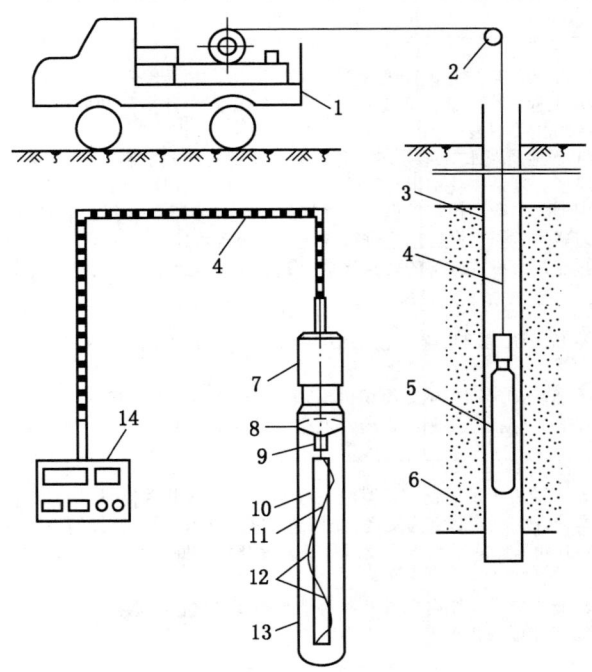

1—仪器车；2—井口滑轮；3—冻结管；4—铠装电缆；5—射孔枪；6—基岩；7—枪头；8—接地环；
9—雷管；10—托架；11—导爆索；12—射孔弹；13—枪体；14—安全起爆仪

图 7-5 射孔作业原理

8 斜井井筒冻结段掘砌施工

8.1 斜井井筒冻结段施工组织设计编制

8.1.1 编制原则和依据

斜井井筒冻结段施工组织设计编制原则和依据分别与立井井筒冻结段施工组织设计编制原则和依据基本相同，具体参见7.1.1节和7.1.2节相关内容。

8.1.2 编制主要内容

斜井井筒冻结段施工组织设计编写大纲见表8-1。

表8-1 斜井井筒冻结段施工组织设计编写大纲

项目	内 容
概况	1. 工程概况：说明地理位置、交通情况、矿井生产能力、开拓方式、建设、勘察设计、监理单位等 2. 工程内容及工程技术特征：简要说明斜井冻结井筒设计参数和冻结井壁设计参数，井筒各相关硐室设计参数，并附相关图表 3. 斜井井筒工程地质及水文地质：依据井检孔提供的地质资料，简要说明井检孔钻进深度、揭露的地层、各地层厚度，按系、统由上至下依次说明各地层工程地质特征；对影响斜井井筒正常施工的特殊地层的特性、硬度、结构、稳定性做具体详细的描述和分析；对各含水层的岩性、涌水量、水位标高、赋水种类、水力联系、隔水性等内容进行描述，划分含水层、隔水层，明确各含水层涌水量、井筒总涌水量，其中对影响井筒正常施工的特殊含水层赋水性做重点描述和分析
施工准备	1. 施工技术准备：明确近井点，施工图纸会审、井筒施工图，斜井井筒施工方案确定，编制施工作业指导书等 2. 施工组织准备：确定项目施工组织机构，组织施工队伍，明确岗位职责，做好入场培训 3. 施工现场准备：包括施工临时设施，道路、供排水、供电、通信及场地平整，设备、材料进场等
施工方案	1. 明槽开挖、冻结表土及风化基岩段施工方案：依据斜井井筒设计技术特征、工程地质情况、现场勘查情况、合同签订情况，制定为实现合同工期进度指标、质量目标的施工方案，明确斜井施工主要设备布置方案，斜井明槽、冻结表土段及风化基岩段开挖、掘砌方案，同时考虑一、二期工程衔接、转换的工程需要 2. 冻结基岩段施工方案：结合斜井井筒特征与揭露基岩性质选择适宜的施工方案 3. 与斜井井筒相连接的相关工程施工方案
施工工艺	1. 采用新技术、新工艺、新设备、新材料的措施，加快施工进度的方法：针对该工程阐述所要采取的"四新"技术和为提高施工单进水平所采取的工艺 2. 利用永久设施施工：说明业主先期形成的可用于为井筒施工提供服务的施工条件，同时说明依据合同可利用业主提供的永久设施、构筑物、器具等部分内容 3. 明槽开挖与浇筑：根据开挖量选用合适的开挖、排土设备，根据岩土特性选择合适的边坡角度、边坡临时支护措施，雨季施工需注意地面防排水措施，根据斜井井筒明槽段长度确定一次整体浇筑或分段浇筑方案 4. 明槽转暗槽施工：根据斜井井筒断面特征、岩土特性、水文地质条件确定明槽进入暗槽超前支护方法，明槽与暗槽结合位置的防漏顶措施、防窜水措施等

表 8-1（续）

项目	内　　容
施工工艺	5. 斜井井筒试挖：根据井筒观察孔冒水规律和井帮测温孔温度变化规律，确定冻结壁交圈后开始试挖的条件 6. 斜井井筒冻结表土及风化基岩段施工：针对预测及实际揭露地层工程地质情况、围岩稳定情况、冻结壁形成和发展情况，确定表土段相应的施工方法。风化基岩段采用风镐配合机械挖掘、钻爆法施工时，说明其采取的组织、管理和技术措施 7. 斜井井筒冻结基岩段及基岩段施工： （1）冻结基岩段外壁及基岩段施工：冻结基岩段采用钻爆法掘进，明确凿岩机型号、钢钎、钻头、爆破材料规格参数。根据斜井井筒冻结基岩段掘进断面编制爆破图表，同时制定防止冻结管意外断裂的措施 （2）临时支护：根据设计临时支护参数及临时支护、永久支护与工作面的距离 （3）井壁浇筑：明确井壁浇筑施工方法，说明井壁表面养护方法，编写井壁不能连续浇筑时采取的措施及施工缝处理措施；说明钢筋连接方式和标准；明确混凝土来源、运输方式、入井方式、振捣方式、养护方式；说明壁后充填注浆的时机、材料、方式、参数、结束标准等 （4）对双层复合井壁，说明内层井壁施工的时间，壁间夹层注浆时间、注浆方式、方法、标准，浆液配制方式、方法、配制浓度 8. 与斜井井筒连接的配套工程施工：说明与井筒相连接的硐室巷道（躲避硐、信号硐室、管子道、联络巷等）工程位置关系、设计结构情况等内容，确定掘砌施工方案、施工方法；说明相关硐室、巷道施工工器具、施工方法，与井筒施工的顺序关系；明确施工时遇到冻结管的处理方案和处理方法 9. 关键部位施工技术及处理特殊地质变化的技术措施： （1）斜井井筒遇到膨胀性黏土层的施工方法 （2）斜井井筒通过不稳定岩层及断层破碎带的施工方法 （3）斜井井筒探、揭煤施工方式方法（应单独编制过煤层措施） （4）基岩段防治水措施 （5）相关硐室或巷道施工遇冻结管处理措施 （6）冻结斜井井筒内揭露冻结管割断、封堵措施 10. 突发事件应急措施：主要说明遇到冻结管断裂时的处理方法、冻结管进入井壁的处理方法，冻结壁未交圈出现涌水的处理方法
施工生产主要系统	1. 提升系统：主提升、辅助提升设备选型 2. 压风系统：压风机、供风管路选型及供风量计算 3. 排水系统：排水方式选择，排水设备、管路选型与排水能力计算 4. 通风系统：局部通风机选型及风量计算 5. 安全监控系统：设备型号及传感器安设位置 6. 供电系统：设备负荷、变电设备、开关、电缆选型与验算 7. 通信、信号及照明系统 8. 供水系统：供水管路选型及水压 9. 混凝土搅拌、输送系统：确定自制或商品混凝土，搅拌站设置及输送方式 10. 安全设施：斜井运输安全设施设置位置
施工组织与管理	1. 施工组织管理机构：根据项目施工管理要求，说明项目组织机构的设立情况（附项目部组织机构图） 2. 施工管理：根据凿井作业特点及机械化作业组织与管理的需要，确定筹备期、正常施工期等不同时期井上下作业班组的劳动组织方式及劳动力配备计划。说明井下直接工、辅助工、管服人员劳动作业方式。附冻结表土段正规循环作业图表、冻结基岩段正规循环作业图表
施工进度计划与进度控制	1. 工期安排：依据合同工程量、进度指标和工期要求，结合技术装备、施工水平、管理水平、预测地质条件等因素，制定筹备工程及施工期分部、单位工程各项进度指标，编制斜井井筒掘砌工程施工网络计划，从而确定井筒施工工期 2. 工期保证措施：制定为实现进度计划与工期安排目标、满足合同要求，所采取的组织措施、管理措施、技术措施等

表 8-1（续）

项目	内 容
施工技术安全措施、灾害预防和安全保证体系	1. 安全工作目标 2. 安全管理体系 3. 安全管理措施 4. 施工安全技术措施：制定提升、运输、爆破、"一通三防"、机电管理等方面专项措施 5. 灾害预防：针对本工程可能产生的灾害制定专项防治措施 6. 本工程需编制的分项和专项措施：根据工程特点编制施工过程中的专项措施
工程质量检测管理措施和质量管理体系	1. 施工质量保证措施：达到合同质量要求或验收标准所采取的措施 2. 质量管理体系：组织机构与职责（附组织机构图）
文明施工及环境、职业健康保证措施	1. 文明施工及环境保护措施 2. 职业健康保护措施
冬、雨季施工措施及地下管线等保护加固措施	1. 冬、雨季施工措施：根据井口和生活区位置以及当地可能造成的灾害天气情况制定冬季防风雪、井口防冻、防滑等措施，夏季防雷、防汛、防洪涝措施 2. 地下管线及其他地上、地下设施保护加固措施：向建设单位索要施工区内地下管线和地上、地下设施布置图，制定相应的保护措施和应急处理措施
附图	1. 工业广场总平面布置图 2. 凿井设备平面布置图 3. 斜井上、下监控平面布置示意图 4. 高压供电系统图 5. 低压供电系统图 6. 施工进度计划网络图
附表	1. 主要施工设备计划表 2. 主要施工材料计划表 3. 主要供电设备计划表 4. 钢丝绳选型参数表 5. 钢丝绳选择计算书

8.2 施工准备与正式开挖条件

8.2.1 施工准备工作内容及要求

施工准备工作内容及要求见表 8-2。

表8-2 施工准备工作内容及要求

类别	工作内容及要求
技术准备	1. 施工前应按照施工合同及施工规范要求，收集符合国家技术规范要求的井筒检查孔地质及水文地质报告、井检孔地质柱状图、井筒预想地质剖面图和矿井相关地质资料 2. 应收集的图纸资料还包括：井壁结构图、井筒相关硐室施工图、永久工业广场平面布置图和近外点资料、冻结孔布置图及其偏斜图等 3. 在老矿区施工时，应收集施工现场及毗邻区域内供水、排水、供电、供气、供热、通信、广播电视等地下管线资料，气象和水文资料，相邻建筑物和构筑物、地下工程的有关资料，并保证资料真实、准确、完整 4. 施工单位应对施工图进行审查，并参与建设单位组织的施工图会审，保留会审记录 5. 施工单位应组织编制施工组织设计，其施工方案应征求建设单位的意见；施工组织设计应经上级管理部门审批及监理、建设单位审查后，逐级进行技术交底 6. 施工前，项目部应根据施工组织设计、现场施工条件和相关资料，编制施工作业规程和相关专项安全技术措施，报总工程师批准后贯彻执行，并做好贯彻考核记录
工程准备	1. 完成实测定位：根据建设单位提供的测量控制点资料，设置井筒十字基桩点，标定施工设施的位置 2. 完成"四通一平"及必要的生活福利设施：井筒开工前应完成供水、供电、照明、通信、场内外道路、场内外排水与排污、宿舍、食堂、浴室等的施工，并尽可能利用永久建筑物和设施减少大临工程，保证施工队伍进场后的工作条件和生活条件 3. 完成必要的施工用工业建筑与设施：井筒开工前应完成提升、运输、通风、排矸、压风系统，以及机修车间、混凝土搅拌站、井口房、材料库等的施工，尽可能利用永久建筑物，以减少大临工程 4. 完成井筒开工工程：应完成斜井明槽开挖
资源配置	1. 施工单位应设置工程项目部，并配备满足施工要求的管理人员、专业技术人员和各工种岗位人员。按各施工阶段的需要，编制施工劳动力需用计划，做好调配、培训工作，并根据工程进展需要组织进场 2. 施工单位应按照施工组织设计编制设备供应计划、配备施工设备及生产、生活设施，所有施工设备均应有出厂合格证明和使用说明书，需要检测检验的设备及送检的材料设施应由有资质的检测机构提供合格证明 3. 钢材、木材、水泥、砂石及二、三类物资的供应，应以施工组织设计和施工图预算为依据，编制材料计划，落实货源和供应渠道，组织及时进场。各类物资应有一定量的储备，要做到既保证施工需要，又避免积压浪费 4. 工程实体所用原材料，应符合设计规定及国家现行有关规范和产品质量标准，具有合格证明，并经有资质的质量检验机构检验合格后方可使用 5. 施工用混凝土应现场取样，提前做好混凝土配合比试验

8.2.2 工业广场施工总平面布置原则

工业广场施工总平面应遵循临时设施避开永久设施位置、生产设施集中布置的原则进行布置，见表8-3。

表8-3 工业广场施工总平面布置原则

项目	内容
布置原则	1. 临时设施应避开永久设施位置，在井口附近集中布置，动力设施靠近负荷中心；修建临时建筑物宜采用装配式结构，以便多次周转使用；宜利用永久建筑设施和设备施工 2. 场内临时道路应平整、畅通，方便运输，并满足大型车辆通行要求 3. 机修场区及加工设施宜邻近场与仓库布置，办公、生活区应与生产区分开布置，保持安全距离，并应避开噪声、粉尘等环境污染影响；办公、生活区的选址应符合安全性要求 4. 临时炸药库、油脂库、加油站的设置应符合国家现行有关安全规定 5. 寒冷地区冬季施工，应设置供热、防冻设施。临时锅炉房应布置在井口和生活区的下风向，尽量靠近主要用气、供热用户，远离清洁度要求较高的车间和建筑物 6. 临时建筑物应分区布置，满足卫生与安全要求，并符合安全规定 7. 混凝土搅拌站宜在井口附近集中布置，周围有较大的场地以满足砂、石堆放要求，水泥库也需布置在搅拌站附近。宜利用地形、地势条件并留有足够的场地，以利于运输和材料堆积，满足供水、供电等要求 8. 凿井提升机房的位置，须根据提升机的型号、数量、翻矸栈桥高度以及提升机钢丝绳的倾角、偏角等来确定，布置时应避开永久建筑物位置，不影响永久提升、运输、永久建筑的施工

8.3 斜井井筒冻结段掘进

8.3.1 斜井井筒冻结段掘进方案

根据斜井井筒分段冻结特点,井筒掘砌必须分段进行,掘进先行,临时支护紧跟工作面,砌壁滞后,滞后段长一般不超过 50 m。根据井筒围岩条件、冻结壁强度,滞后段长可适当调整。

如果设计为双层复合井壁结构,内层井壁套砌时机应根据外层井壁状况,确定采用分段或自下而上一次套砌施工。

施工过程中若发现两帮外侧冻结管断裂和临时支护被压坏等现象危及井筒安全施工时,应暂停掘进并提前进行永久支护。

具体流程如图 8-1 所示。

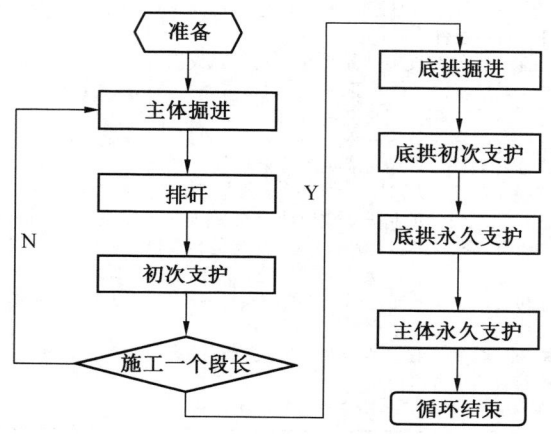

图 8-1 斜井井筒冻结段开挖流程

斜井井筒冻结段掘进方法应根据斜井冻结井筒岩层条件、技术参数等综合确定,常用的掘进方法见表 8-4。

表 8-4 斜井井筒冻结段常用掘进方法

序号	掘 进 方 法		施工方法	适用条件
1	人工开挖法		双侧导硐或台阶法	土层
2	钻爆法		全断面	岩层
3	机械开挖法	挖掘机掘进	双侧导硐或台阶法	土层
		掘进机掘进	全断面	岩层

斜井井筒冻结段掘进开挖条件、掘进方法、安全注意事项见表 8-5。

表8-5 斜井井筒冻结段掘进开挖条件、掘进方法、安全注意事项

项 目		内容与要求
试挖条件		1. 水文观测孔内的水位应有规律上升，并溢出孔口7~10 d，保持稳定；当冻结时间达到或超过设计规定，而水文观测孔仍未冒水时，必须进行综合分析，确认冻结壁厚度、强度达到设计要求后方可开挖；未设置水文观测孔的冻结段，经测温资料分析，斜井井筒顶底板、两侧帮处冻结壁厚度、强度达到设计要求 2. 斜井井筒顶底板、两侧帮处测温孔测点温度达到设计要求 3. 为井筒掘砌服务的人员、材料、设备均已到场，提升、运输等施工系统已安装就位，并具备井筒连续施工条件 4. 应有冻结施工单位或工程监理部门的开挖通知文件
正式开挖条件		1. 已完成8.2.1节所述的施工准备工作 2. 地层冻结情况正常，冻结壁已达到设计要求，能满足连续施工的需要 3. 按照施工组织设计和有关规范的要求，已完成施工设施及设备的安装 4. 材料储备充足，供应渠道畅通 5. 通过施工单位和上级管理部门组织的正式开挖前工程验收
斜井井筒冻结段掘进方法	人工开挖法	人工掘进以铁锹、风镐为主要机具，对于冻实的黏土层，也可用风镐或改进后的风铲进行掘进；掘进作业应定人定岗，分区、分层进行。对于掘进时间长且位移量大的区段，应先开挖井筒中部，后开挖井帮。装土（岩）可采用人工，也可采用挖掘机、铲车
	钻爆法	冻结段内采用钻爆法应符合以下规定： 1. 侧帮周边炮眼布置须对照冻结孔偏斜图，侧帮周边眼与冻结管的水平距离不得小于1.2 m。周边眼间距应控制在0.45 m以内，黏性冻土层中钻眼宜选用风动煤电钻配麻花钻杆，岩层中炮眼深度不宜大于1.8 m，土层中炮眼深度不宜大于1.6 m。钻眼过程中要采取综合防尘措施 2. 爆破时宜采用全断面一次爆破成型；断面较大时，可采取分次爆破方式，先爆破工作面拱部，后爆破工作面墙部。炸药选用煤矿安全许用二级抗冻乳化水胶炸药，毫秒延期电雷管 3. 在爆破作业期间，应加强检查冻结器、盐水系统运转情况
	机械开挖法	机械开挖方式分为挖掘机掘掘、掘进机破岩两种： 1. 挖掘机掘进： 采用小型挖掘机掘掘时，结合地质条件，遇大块矸石时，可采用免爆锤处理，为防止顶板冒落，以井筒中心线为准，先挖掘两侧及基础，即先挖掘出两侧墙体及基础的土方，宽度为1~1.5 m，掘进深度达1000 mm时由下而上挖掘，最后挖开顶部 2. 掘进机破岩： 采用EBZ-160或EBZ-200型等掘进机掘进为主，配小型挖掘机进行排土。掘进机切割时先掏槽，然后再正式截割。如井筒掘进断面较大，为保证周边切割成型，需分部截割（先下后上，先左后右）。截割前仔细观察工作面黏土冻结情况，从底部选择掏槽位置，截割时应先无负荷地启动掘进机截割部，然后再开动掘进机，以截割滚筒不打滑为宜，铲板下放到底板上，使之受力后稳定，开动掘进机到迎头，使截割臂在底下左帮位置，这时截割臂可以从底部右帮截割到巷中位置，向前开动掘进机，深度视迎头顶板情况或截割滚筒不打滑为宜，再从巷中往左截割到左帮位置，再向前开动掘进机，这样循环往复几个过程，把截割滚筒全部截割进去，这个过程即为底部掏槽结束。底部掏槽结束后，把铲板下放到底，使之受力把掘进机略微抬起，将后稳定器放下，使之受力，然后把截割臂慢慢抬起，掘进机抬起高度视迎头实际情况而定，然后从左到巷中，再由巷中到右截割到所需巷道断面为止。巷道右侧的截割掘进方法和左侧是一样的，完成一个掘进循环
底拱施工	人工开挖法	人工开挖方法同井筒施工，底拱装岩可采用人工装岩、耙矸机装岩、挖掘机装岩等方式
	钻爆法	钻爆法施工方法同该段井筒，装岩可采用人工装岩、耙矸机装岩、挖掘机装岩等方式
	机械开挖法	机械开挖宜采用挖掘机开挖和装岩

表8-5（续）

项目	内容与要求
冻结管割除与处理	掘进时需对井筒施工范围内冻结管进行割除并封堵。具体要求如下： 1. 掘进工作面前方6 m范围内穿过井筒掘进断面的冻结管内部盐水，应在掘进施工前抽放完毕 2. 对井筒内揭露的冻结管割除，应采用气割方式 3. 冻结管割除后，应采用水泥砂浆对管内进行充填 4. 施工过程中应对封头冻结管、封尾冻结管以及底板冻结壁测温管采取保护措施。应按要求恢复封头管的冻结
掘进施工安全注意事项	1. 掘进过程中因冻结壁"开天窗"而导致工作面冒水涌砂，必须立即停止掘进，尽快向井内灌水填砂直至静止水位或施工挡水墙实施封闭，查明原因并采取补救措施，待冻结壁具有足够强度后方可排水，继续掘进 2. 掘进过程中应定期检查井壁，发现井壁开裂破坏并危及安全时，应立即停止施工，待加固处理后方可掘进 3. 掘进过程中若发现冻结管偏入井内，应立即停止该冻结管盐水循环，排出管内盐水，割除偏入部分并封闭管端，严禁将该管留在井壁内 4. 掘进过程中因冻结管断裂，井帮、工作面发生渗、漏盐水，应立即停止盐水系统运转并关闭总阀门和冻结器阀门，及时排出工作面盐水。同时确定断裂冻结管的数量和孔号，及时采取有效补救处理措施，以确保掘砌施工继续安全进行 5. 斜井冻结段末端的掘进工作面底板至封尾孔距离不少于5 m

8.3.2 装岩与运输

斜井井筒冻结段施工装岩与运输方式见表8-6。

表8-6 斜井井筒冻结段施工装岩与运输方式

项目	工作内容
装岩方式	可采用人工装岩、耙矸机装岩、挖掘机装岩等方式
运输方式	斜井运输方式可采用无轨胶轮车运输、带式输送机运输、箕斗运输方式，施工时应根据井筒坡度选择合理的运输方式： 1. 倾角不大于6°的井筒，宜采用无轨胶轮车或带式输送机排矸运输。矸石经挖掘机装至无轨胶轮车运输出井。矸石经挖掘机（刮板输送机）转载至带式输送机运输出井 2. 倾角6°~16°的井筒，可选择箕斗轨道运输，矸石经刮板输送机（耙斗式装岩机或挖掘机）装入箕斗提升出井 3. 倾角大于16°的井筒，宜选择箕斗轨道运输，矸石经耙斗式装岩机装入箕斗提升出井

8.4 斜井井筒冻结段支护

8.4.1 临时支护

斜井井筒冻结段不同于普通井巷，不宜采用锚杆、锚索支护，一方面是因为冻土中打孔困难，另一方面更重要的是打孔可能打穿冻结管，造成冻结壁被从冻结管漏出的盐水融化"开窗"，进而可能导致淹井重大事故。临时支护宜采用架设U型钢棚+网喷支护，临时支护的形式与技术要求见表8-7。

表 8-7　临时支护的形式与技术要求

支护形式	技 术 要 求
钢棚支护	1. 钢棚规格型号、扶棚间距、连接方式应符合《煤矿井巷工程施工规范》《煤矿井巷工程质量验收规范》规定及设计要求 2. 钢棚固定方式可根据现场实际情况确定 3. 钢棚后应采用背板背实，背板后面应用不燃性材料充填密实 4. 钢棚必须紧跟工作面，严禁架无腿棚
网、喷支护	1. 加挂网格为 100 mm、网幅大小 1000 mm×2000 mm 的焊接钢筋网，钢筋规格为 $\phi6.5$ mm，网与网之间压茬 100 mm 并绑扎 2. 喷射前检查巷道规格，挂线、埋设喷厚标桩 3. 一次喷厚宜控制在 50~80 mm，二次喷射厚度应将钢棚封闭 4. 喷浆时，严格按操作规程使用喷浆机，调整有风压、水压，以减小回弹、降低粉尘浓度、保证喷层质量 5. 喷浆时先开水、后开风；喷完浆后先关风、后关水；喷浆压风软管使用前check牢，以防伤人 6. 为保证冻结井内喷浆强度，喷浆结束后在井壁附上一层塑料薄膜以保证喷射混凝土温度 7. 网喷支护应符合《煤矿井巷工程施工规范》《煤矿井巷工程质量验收规范》规定要求

8.4.2　永久支护

永久支护宜采用钢筋混凝土砌碹支护，其技术要求见表 8-8。一般临时支护与外壁永久支护距离不宜超过 24 m，外壁支护与内壁支护距离不宜超过 24 m，应及时完成永久支护。

表 8-8　钢筋混凝土砌碹支护技术要求

名称	技 术 要 求
钢筋绑扎	1. 先墙后拱 2. 钢筋材质、钢筋连接、保护层厚度符合设计与规范要求 3. 先检验后使用
稳模	1. 模板可采用组合模板、液压模板台车。模板选择应根据斜井冻结长度、井筒倾角等因素综合确定。为保证井壁环向的整体性、消除环向接茬缝，宜选择全断面一次浇筑模板，特别是在表土层中 2. 冻结斜长不超过 100 m 宜采用组合模板，冻结斜长超过 100 m 宜选用液压模板台车。但井筒倾角超过 16°，不宜采用液压模板台车 3. 根据斜井冻结长度优先选择液压模板台车，液压模板台车可采用 2 个 10 t 手拉葫芦（或稳车）固定在底板，并预留钢丝绳套牵引下放。井筒外壁施工时宜采用液压模板台车自下向上稳模浇筑
井壁浇筑（外壁或单层井壁）	1. 宜采用混凝土输送泵输料。当输送距离过长时，可从地面利用预先施工好的溜灰孔（或利用井内截断的冻结管）下料至井筒内，然后转为输送泵输料 2. 一般先浇筑反底拱，再浇筑墙部，最后浇筑顶拱 3. 分层对称浇筑，每分层厚度不大于 300 mm 4. 严格按照混凝土配合比通知单配制混凝土，确保井壁混凝土施工质量符合要求 5. 接茬处在间隔浇筑前，先冲洗再加上一薄层灰浆，以确保接茬的密实性 6. 顶部合拢时输送泵要上足混凝土料，闭合固定合拢模板后，振动合拢模板至模板缝出浆为止
内壁浇筑	1. 对于双层复合井壁，套砌内层井壁可根据斜井冻结段长度采取自下而上一次浇筑，也可自上而下分段浇筑 2. 自上而下分段浇筑在施工组织设计中明确套壁滞后工作面距离，一般以不影响外层井壁浇筑作业距离为宜，浇筑进度与外层井壁进度相匹配

8.4.3 斜井井筒冻结段井壁注浆

无论是井壁壁后冻土解冻前,还是解冻后,均需要进行壁间、壁后注浆:

(1) 在双层复合井壁施工期间,为防止水从上方已解冻段含水层沿内、外壁之间的空隙窜至工作面,壁间注浆应跟随内壁施工进行,一般在一段内壁砌筑 7 d 后即可对其进行壁间注浆。

(2) 在外层井壁(或单层井壁)掘砌施工期间,为防止水从上方已解冻段含水层沿井壁与冻结壁间的空隙窜至工作面,壁后注浆应跟随外壁施工进行。一般在一段外壁砌筑 7 d 后即可对其进行壁后注浆;也可在一个冻结分段的外壁施工完成后再进行该段壁后注浆。

(3) 在冻结壁解冻后,如果井壁涌水量较大,则需要注浆堵水。

斜井井筒冻结段壁间、壁后注浆与立井井筒冻结段基本相同,参见"7.5 井壁注浆"。

8.5 冻结器处理

垂直孔冻结的斜井掘进过程中应把穿过井筒的冻结管割除。冻结结束后,要进行冻结器的拆除工作,并应把冻结孔充填好。具体工作流程为供液管回收、拔冻结管、冻结孔充填。

8.5.1 供液管回收

1. 人工拔供液管

根据供液管在盐水中的浮力,一般要自动上浮 1/3 长度,剩余部分人工拔出亦不困难,而且人工拔出时简单,易于操作控制。现阶段斜井使用人工拔出供液管方式较多被施工单位采纳。

2. 机械拔供液管

机械拔管较省力,效率高;但是机械拔管不能像人工一样感知冻结器内是否有卡阻等现象,且机械连续拔管故障率较高。在一些冻结深度较深的矿井中,采用机械拔供液管的方式较多,其原理如图 8-2 所示。两个凹轮相对设计,供液管从中间穿过,电动机带动主动轮转动,靠供液管与两轮的摩擦使供液管上升拔出冻结器,上升后的供液管再到地面盘旋成圆圈状,便于装卸和运输。

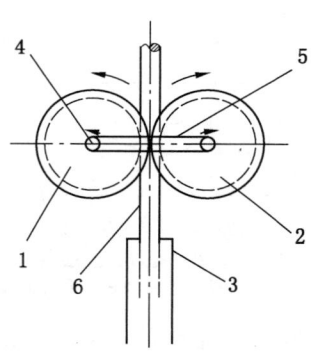

1—主动凹轮;2—从动凹轮;
3—冻结管;4—凹轮主轴;
5—轮间固定板;
6—供液管

图 8-2 机械拔管机原理示意图

3. 整体拔冻结器

冻结器周围自然解冻或进行强制解冻后,消除了冻土与冻结器之间因冻结而产生的黏结力,用起拔机具连同供液管整体起拔,冻结管和供液管一起回收。此方法的优点是减少了供液管单独拔出的工序,而且缩短了供液管拔出用时。但整体起拔时操作较为复杂,供液管随冻结管被分段切割,且安全控制要求高,施工现场很少采用。

8.5.2 穿井筒冻结管割除与处理

(1) 掘进工作面前方 6 m 范围内穿过井筒掘进断面的冻结管内部盐水,应在掘进施工前抽放完毕。

（2）对井筒内掘进后露出的冻结管宜采用气割方式割除。

（3）冻结管割除后应及时用钢板封闭，需恢复冻结的立即恢复冻结，不需恢复冻结的冻结管管内应按充填要求进行充填。

8.5.3 冻结管拔管

斜井冻结在拔冻结管前，要做好安全、技术等准备工作，见表8-9。

表8-9 冻结管拔管前的安全、技术准备工作及注意事项

作业项目	内 容	注 意 事 项
制定拔管安全技术措施	1. 确定拔管、充填方法及施工工期 2. 编制劳动组织和技术安全措施 3. 编制拔管设备及物资需求计划	1. 热循环加热拔管可在停冻后进行 2. 若冻结壁自然解冻，以停冻后3~5个月内拔管最有利
拔管前准备工作	1. 确认拔管位置永久井壁已支护，且距工作面有足够安全距离 2. 清理影响拔管场地上的障碍物	拔管设备要有防护措施，拔管时有专人负责安全监督检查，拔管位置井下有专人监控
拆除盐水集、配干管	1. 拆除所拔冻结管头部与集、配干管的连接管 2. 拆除拔管位置盐水集、配干管	如果采用强制热循环方式拔管，可在热循环结束后再拆除冻结管头部羊角等
安装拔管机具和管路	1. 安装拔管机具：钻机、绞车、滑车或吊车等 2. 改装原有盐水循环系统以便循环热盐水	合理布置机具和管路的位置，并应提前吹扫管内盐水，做好环保工作

斜井冻结管拔出一般有两种方式：一种是自然解冻后拔出冻结管，另一种是人工解冻后拔出冻结管。斜井冻结管拔管方法与立井冻结管拔冻结管方法相同，参见"7.7.2 冻结管回收"。其拔管设备见表8-10。

表8-10 斜井冻结管拔管设备

设 备 名 称		规格	数量	备 注
起拔设备	绞车（钻机、吊车）	100 kN	2台	S-600型钻机、25 t吊车（管深≤30 m）
	拔管机	1000 kN	2台	可用液压千斤顶
	水泵	离心式	2台	制冷站盐水泵
	三脚架		2对	
	滑车	三穿		
	压风机	10 m^3		

8.5.4 冻结管（孔）充填

根据《矿山斜井冻结法施工及质量验收标准》（GB/T 51288）的要求，已拔出冻结管的裸孔和未能拔出的冻结管在废弃之前，应通过注浆或充填等方式对冻结管（孔）进行处理，将冻结管内以及冻结管与冻结孔壁之间的空间充填密实，防止上、下含水层串通，并形成静止水压作用在斜井井壁上，影响工程安全。因此，必须做好冻结管（孔）充填工作，消除隐患。冻结管（孔）充填方法见表8-11。

表8-11 冻结管（孔）充填方法

充填物配比		冻结管（孔）下部充填1:3水泥砂浆，上部充填C15细石混凝土，砂浆或混凝土中掺入一定比例的防冻剂（在-25℃环境下不结冰）
充填方法	拔管与充填交替作业	1. 冻结管起拔1.5~2.0m后，先将底锥扫掉（炸药或割刀），以减小孔底负压吸力 2. 用钻杆做填料管下至孔底，每当冻结管拔出20~30m，便往钻杆内注入一次充填物，由钻杆与冻结管的环形空间向外泄气或水，边下充填物边提钻杆，或用钻杆上下窜动捣实 3. 该法充填及时，可防止出现空洞和孔壁塌落堵塞，充填质量较好，但施工烦琐，适用于深冻结孔充填
	拔管与充填顺序作业	1. 冻结管拔出后，重新再下入一根冻结管（端头不封堵）作为下料孔口管，孔口管端固定后进行一次充填 2. 管口与溜灰漏斗连接，由溜灰漏斗内下一根泄压管（管径1.5″，长30~40m，丝扣连接），泄压管下部割几个进气长孔，上部用调度绞车提吊 3. 该法工序简单，但充填质量略差，适用于浅孔充填
	不拔管射孔或割管注浆作业	1. 冻结管拔不出来时，可用此法充填，质量可靠，应待冻结管周围环形空间化冻后进行，且多在基岩中进行 2. 用专用射孔器射穿冻结管，或用割刀切断冻结管，然后注浆充填冻结管与土层之间的环形空间及冻结管内部。射孔或割管方法详见7.7.3节 3. 充填方法： （1）射孔后从地面冻结管口往下注浆，若连续注入说明浆液进入冻结管外的岩层中，甚至进入井筒，直到冻结向外冒浆为止；若浆液通过不畅，则至注不进浆为止，但应控制注浆压力 （2）注浆工作在每个冻结管的不同水平射孔注浆
	冻结管内充填	当冻结管无法拔出，也不采用射孔或割管注浆方式时，直接在冻结管内充填砂浆或细石混凝土，充填方法可参照充填与拔管交替作业或充填与拔管顺序作业，两种方式均可
注意事项		1. 充填时应连续下料，以免引起中间停顿 2. 泄压管应保持畅通，发现堵塞可用压风疏通或提出泄压管处理

（1）边排孔、中间孔或斜孔能拔出的应尽量将冻结管拔出，拔管后紧接着充填，充填要密实。冻结管拔出后若不充填密实，冻结壁解冻后将给工程带来许多隐患。

（2）如冻结管拔不出来，可直接用砂浆或细石混凝土将冻结管充满。

① 处在井筒周边的边排孔或斜孔完全处在井筒荒径之外，可直接采用在冻结管内充填砂浆或细石混凝土的办法封堵冻结管。

② 中排穿井筒的冻结孔由于施工中需将冻结管沿顶底板截断，分为上下两部分，应分别处理。井筒底板以下的剩余冻结管，截断后即可将管内盐水排出，用砂浆或细石混凝土充填密实，再用钢板将管口焊接密封。井筒顶板以上的冻结管截断后先用钢板重新将冻结管下口封堵，封堵强度必须大于满管水柱压力的 1.5 倍，便于今后管内充填或注浆。

③ 中排冻结管截断后，顶板以上部分应先在地面将管口封闭，待此位置井筒永久支护完成且达到设计强度后再进行管内充填。

（3）必要时还应采用穿孔充填法将管内及管外环形空间注浆填实。

（4）井筒完全处在基岩中时，在冻结孔下冻结管时，应先采用缓凝水泥浆将冻结管周围环形空间充填封堵，冻结结束后再将冻结管内充填密实。

8.6 斜井冻结段掘砌施工常见问题与防治措施

8.6.1 冻结壁开窗

冻结壁开窗的主要原因及防范措施见表 8 – 12。

表 8 – 12 冻结壁开窗的主要原因及防范措施

主 要 原 因	防 范 措 施
冻结壁的设计强度与厚度不足	严把设计关，确保冻结壁的设计强度与厚度满足施工要求
冻结孔位置、深度出现偏差；冻结孔斜偏过大，孔间距过大，冻结壁厚度不够	严把冻结孔施工质量关，确保冻结孔位置、深度、偏斜、孔间距满足设计要求
冻结器塑料管脱落或堵塞，导致冻结孔间距扩大，影响冻结壁正常交圈	监测各冻结器的工作状况，发现异常情况及时恢复正常
冻结管接头强度低，运行中断裂漏盐水	改变接头方式，提高冻结管接头焊接强度
地下水流速过大，影响冻结壁正常交圈	采取注浆、加密冻结孔、强化热交换、降低盐水温度等措施，保证冻结壁按时交圈
因水文孔故障等原因造成冻结壁交圈判断失误	采取防冻、防堵等措施保证水文孔正常工作；必要时冲孔或重打水文孔
冻结不正常，盐水温度偏高，盐水流量偏小，冻结壁局部偏薄，强度偏低	检查制冷系统和盐水系统，降低盐水温度，增加盐水流量
冻结时间不够，过早开挖	通过测温孔、水文孔观测数据，计算、分析冻结壁发展状况，综合分析确认冻结壁已满足井筒开挖条件后才能开挖
井帮暴露时间过长，冻土融化片帮、冒顶严重削弱冻结壁	每一段高掘砌完成后，快速进行底板、侧帮、顶板的临时支护，迎头停止掘砌超过 24 h，应采用临时支护对掘进工作面进行封闭

表 8-12（续）

主 要 原 因	防 范 措 施
掘砌段高大，井帮暴露时间长，临时支护不及时，冻结壁变形过大，导致冻结管断裂漏盐水	1. 减小掘砌段高，减少井帮暴露时间 2. 临时支护距离迎头工作面不应大于 0.8 m 3. 开展信息化施工，加强冻结壁与井壁工作状态监测，及时预测预报各段冻结壁和井壁的安全状况，为冻结、掘砌施工提供依据
掘进底板以下冻结壁厚度不够	增加设计冻结深度，加大底板冻结壁厚度
永久支护滞后，底板冻结壁升温、严重弱化	1. 临时支护总长度不宜超过 30 m，每段井筒开挖面至永久支护间隔时间不宜超过 20 d 2. 适当加大侧帮冻结管的深度 2~3 m，以利于维护底板冻结壁
掘进措施不当，中腰线控制误差造成开挖偏斜	严格控制开挖中腰线与成型质量，严禁超挖
已解冻段地层水沿壁后、壁间空隙向工作面流动，融化冻结壁或冲蚀冻结壁	永久支护段与侧帮、顶板、底板维护冻结段交叉距离必须满足要求，永久支护段必须及时进行壁后充填注浆和壁间封堵注浆，避免形成导水通道
冻结最底端预留冻结岩帽长度不够	根据规范要求和实际地质情况，冻结段底端预留足够的冻结保护岩帽，且不小于 5 m
冻结段掘砌完毕，探水孔穿过冻结岩帽进入含水地层，将水导出	冻结段掘进至冻结岩帽后应对工作面进行封闭，继续掘进前探孔时必须做好防喷预案
井筒中间顶板以上截断冻结孔或测温孔封堵不严，导致上部水流入	对顶板以上截断冻结管严格检查，截断后下端均应采用钢板焊接封闭，管内及时充填水泥浆
井筒中间底板下截断冻结孔或测温孔充填封堵不严，导致底板冻结壁以下水进入井筒	对底板以下截断冻结管严格检查，截断后及时对冻结管充填并用钢板封闭冻结管
冻结孔穿井筒段采用隔热措施的冻结孔，隔热段下放时位置不对，导致顶、底板冻结壁局部薄弱或有窗口	根据现场实际条件，逐孔计算中间隔热段位置并严格控制下管深度，控制精度满足设计位置要求
上部已施工段井壁与冻结段交界处冻结保护长度不够或冻土与已施工井壁胶结差，导致上部水流入	增加已施工段井壁与冻结段交界处冻结保护长度，顶部、侧帮、底部冻结管距施工井壁距离必须能确保冻土与已施工井壁有足够的冻结强度
每段封头孔、封底孔截断后需要恢复冻结的没有及时恢复	根据设计要求，截断冻结孔需要恢复冻结的应快速封闭并恢复冻结

8.6.2 冻结管漏液

冻结管漏液的主要原因及防范措施见表 8-13。

表 8-13 冻结管漏液的主要原因及防范措施

常见原因	防范措施
开挖后，截除中间暴露冻结管后封堵不严	井筒开挖后，切割中间揭露的冻结管时，要保持切面平整、易于封堵焊接作业。焊接作业人员要有作业资格，焊接完后要做检查，测试不漏液后才可隐蔽
两侧帮未揭露冻结管受剪切破坏	开挖后及时支护，架设钢棚紧跟工作面，对局部超挖要充填密实，及时喷浆封闭，防止局部解冻冒顶、塌帮形成壁后空洞，并导致冻结壁受力严重不均
爆破冲击破坏	采用钻爆法掘进时，控制打眼角度及控制周边眼装药量，减少炮震对围岩及两侧冻结管的破坏

8.6.3 开挖后局部解冻，片帮、冒顶、钢棚下沉

冻结段开挖后局部解冻，发生片帮、冒顶、钢棚下沉的主要原因及防范措施见表 8-14。

表 8-14 片帮、冒顶、钢棚下沉的主要原因及防范措施

主要原因	防范措施
1. 掘支循环时间过长，冻结壁暴露时间长 2. 循环作业方式不正确，开挖后未及时喷浆封闭或采取保温措施 3. 钢棚施工安装后没有对顶、帮背实，存在空洞，导致临时支护钢棚受力不均 4. 钢棚垫脚接触面不足或发生了沉陷	1. 井筒周边尽量采用人工刷掘，控制成型质量 2. 开挖一个循环步距（一般一个棚间距 800 mm）后，立即架设钢棚支护，钢棚顶、帮采用背板接实；喷浆紧跟工作面，及时封闭，防止冻结土层暴露时间过长而融化、片帮、冒顶 3. 钢棚要设计足够尺寸的垫脚钢板，增大底部受压面积 4. 底拱掘进时预留钢棚底脚基础最后挖掘，以防局部失稳、钢棚下沉 5. 及时安装反底拱梁，形成环形支护 6. 喷射混凝土按设计要求添加防冻剂与早强剂，施工质量满足设计要求；不得出现孔洞，防止局部解冻漏砂 7. 临时支护与永久支护距离不超过 24 m，及时完成永久支护 8. 尽早进行壁间、壁后注浆，封堵轴向、径向与环向导水通道

8.6.4 井壁结霜、喷层离层

喷射混凝土前人工清除井壁冻霜或冰层，不得在冰霜层上直接喷射混凝土。

钢筋网（背板）与钢棚连接为整体，具备条件时可采用焊接方式。

喷射混凝土局部发生喷层离层时，应及时清理后进行复喷。

8.6.5 径向位移量检测

临时支护段应加强径向位移量检测，检测方法及数据整理见表 8-15。

表 8-15 径向位移量检测

项 目	内 容
测点布置与检测方法	1. 掘进工作面后方 1 m 侧帮距掘进断面底板高度 1.5 m 位置起布点，左、右侧帮对称，上、下各两个点 2. 拱部左、右肩窝及正顶各布置 1 个点 3. 侧帮位移量宜用收敛计进行检测，拱部采用尺量的方法检测

表 8-15（续）

项　目	内　容
测点布置与检测方法	1—帮部测点；2—拱部测点；3—顶部测点 测点布置示意图
检测数据收集与整理	1. 径向位移量由掘砌施工单位负责检测并记录，报送建设、监理等有关单位 2. 检测工作应由专人负责，实行定岗、定员，做到及时、准确 3. 径向位移量各测点应每日检测一次，直到永久支护完成 4. 根据收集整理的数据，施工单位应及时分析，发现影响安全施工的异常情况应立即会同有关方面研究并采取相应防范措施

8.7　斜井井筒冻结段掘砌施工案例

8.7.1　古城煤矿主斜井井筒冻结段施工案例

古城煤矿主斜井井筒冻结段施工案例见表 8-16。

表 8-16　古城煤矿主斜井井筒冻结段施工案例

项　目	主　要　内　容
工程概况	古城煤矿位于山西省长子县、屯留县交界处，设计产能为 10 Mt/a。其主斜井表土及风化基岩段采用冻结法施工，冻结斜长 503.91 m。主斜井倾角为 15°，净宽 6 m、净高 4.2 m；掘进宽度为 7.7 m，掘进高度为 6.98 m（其中拱高 3.85 m，墙高 1.35 m，底拱 1.78 m） 临时支护为 36U 型钢棚 + 钢筋网喷射混凝土。钢筋网为 $\phi 6.0$ mm 的钢筋焊接而成，网片长×宽 = 2.0 m×1.0 m，网孔规格为 100 mm×100 mm。网与网之间采用 16 号铁丝绑扎连接，压茬长度 100 mm，铁丝绑扎间距不大于 100 mm/道。钢棚与钢棚之间采用 $\phi 25$ mm 螺纹钢拉钩连接，每架棚采用 8 根拉钩连接；喷射混凝土厚度为 140 mm，强度等级为 C25 钢筋混凝土井壁厚度为 710 mm，强度等级为 C45；拱以上充填混凝土强度等级为 C20；受力筋为 $\phi 25$ mm 螺纹钢，间距为 300 mm；钢筋下层面与内碹面之间的间隙采用钢筋点焊支撑，保护层厚度不小于 70 mm 每 40 m 设置一躲避硐，躲避硐室设计为矩形，规格为净宽 1.4 m，净高 1.8 m，净深 0.8 m。永久支护形式：25U 型棚 + 厚度 700 mm 浇筑混凝土
地质与水文地质条件	1. 地质条件。根据检 5 号、检 6 号井筒地质检查孔揭露，主斜井井筒地层从上到下为第四系、二叠系。第四系（Q）地层埋深 0~94.00 m，岩性为含砂黏土夹粉砂、细砂、中砂及粗砂，局部夹数层钙质结核。二叠系（P）地层埋深 94.00~153.68 m，岩性主要为砂岩与泥岩互层，底部为含砾中粗石英砂岩。有的土层有显著湿陷性，岩土胶结不好，稳定性差 2. 水文条件。共划分 3 层含水层：10.55~25.45 m 深度段，厚 14.9 m，为黄土砂层含水层；31.30~51.50 m 深度段，厚 20.2 m，为第四系砂层含水层；96.05~133.55 m 深度段，厚 37.5 m，为基岩风化带裂隙含水层。抽水水位为地面下 11.2 m，抽水后恢复水位为地面下 11.09 m

表 8-16（续）

项 目		主 要 内 容
施工方案及综合机械化作业线		冻结段采用 EBZ-200 型掘进机掘进，CX58C 型挖掘机清底、装岩，2JK-3.5/18E 型提升绞车牵引，8 m³ 箕斗排矸，衬砌台车稳模，地面配料机、搅拌机制作混凝土；输送泵上料浇筑。其掘砌设备配备见表 8-17 井筒内布置有风筒、电缆、供水管、供风管、排水管及输料管等，断面布置见下图： 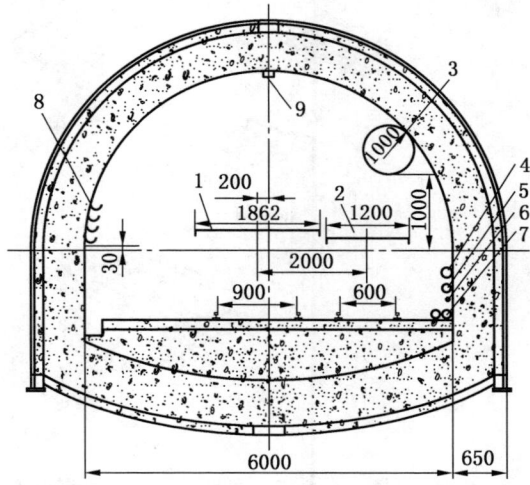 1—箕斗；2—1.5 t 矿车；3—风筒；4—压风管；5—排水管；6—供水管； 7—输混凝土管；8—电缆；9—激光 井筒断面布置示意图
施工方法及施工工艺	掘进出土	施工单位在掘进前与冻结单位书面联系，将工作面向前 3 排即 6 m 掘进范围内的冻结管停止冻结，边排孔持续冻结；在地面将停止冻结的管内盐水由清水替换出，清水在管内结冰 根据冻结孔布置图，工作面即将截割至冻结管时，由人工刷掘出冻结管，切断冻结管后将切割管口用钢板焊接封实，防止清水解冻进入井下工作面 工作面采用 EBZ-200 型掘进机掘进为主，配小型挖掘机进行排土，为保证 U 型棚腿窝处标高，掘进机掘进至腿窝上 300 mm 停止，人工利用 B47、B87 风镐刷掘欠挖部分，直至符合断面设计尺寸 掘进机切割时先进行掏槽，然后再进行正式截割。掘进机切割范围：截割高度 5.0 m，截割宽度 6.0 m。截割前仔细观察工作面黏土冻结情况，从底部选择掏槽位置。截割时应先无负荷地启动掘进机截割部，先在底部掏槽，然后把截割臂慢慢抬起，截割左半断面，依次截割右半断面，整个截割过程为一个循环，进尺 2.4 m。切割路线见下图： 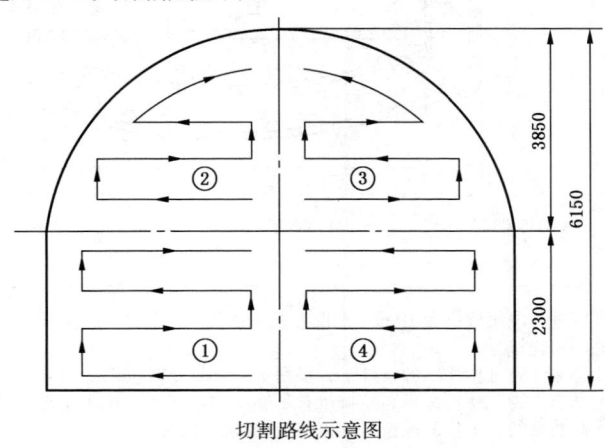 切割路线示意图

表 8-16（续）

项　目		主　要　内　容
施工方法及施工工艺	临时支护	为减小冻结壁变形，防止发生冒顶，在 24 h 内对切割部分进行 36U 型钢棚临时支护，棚后铺设钢筋网片并喷射混凝土封闭，喷层厚度为 140 mm。棚间距为 800 mm，扶棚时先人工立棚腿，然后采用掘进机配置的机载临时支护装置形成工作平台顶升棚梁，平台采用液压系统，控制台可操作升降，支护装置与掘进机配套见下图： 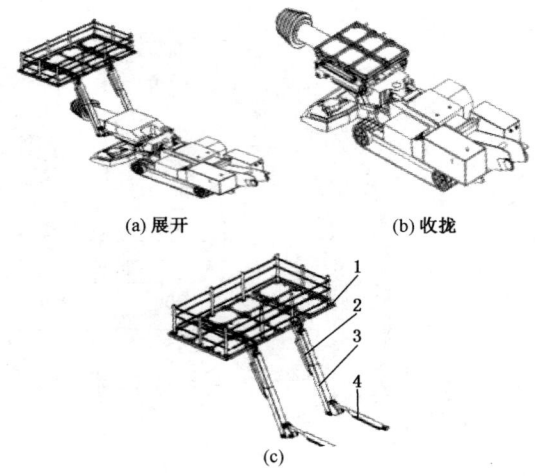 (a) 展开　　　(b) 收拢 1—工作平台；2—调平油缸；3—主臂；4—折合油缸 支护装置与掘进机配套示意图 利用 PZ-7B 型喷浆机喷射混凝土。喷射前检查巷道规格，挂线、埋设喷厚标桩，一次喷厚为 50~80 mm。喷射顺序：由下向上，先底角、墙，后拱肩、顶。斜井井筒支护断面见下图： 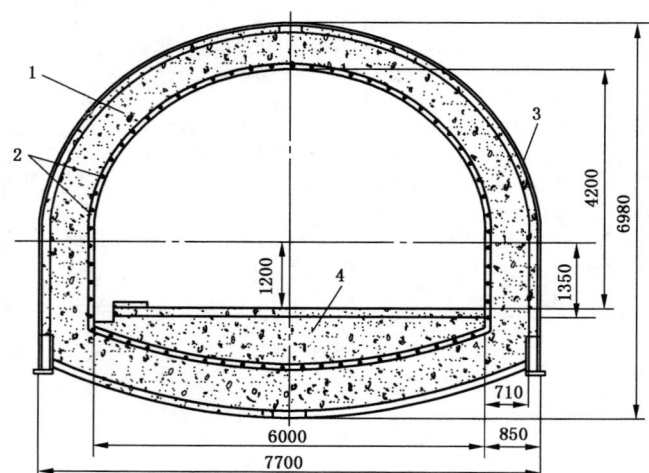 1—C45 混凝土；2—ϕ25 螺纹钢筋（300 mm×300 mm）；3—36U 型钢；4—C20 混凝土 斜井井筒支护断面
	底拱施工	底拱掘进与浇筑段长为 10 m，挖掘方式为挖机挖掘配人工进行刷掘，达到设计断面后架设底拱梁与两侧棚腿连接 在外排冻结管维护冻结的条件下，根据实测，60 d 范围内冻结壁平均温度在 -1~-4 ℃，能够保证施工安全。为了使掘进机与挖掘机有足够的作业空间，并且有助于掘进机辅助切割底拱部分，达到平行作业的目的，工作面段长达到 40 m 时浇筑底拱为宜

表 8-16（续）

项 目		主 要 内 容
施工方法及施工工艺	绑扎钢筋	地面进行钢筋成品加工，底拱掘进、扶底拱梁结束后，由后往前进行底拱、墙部钢筋绑扎，钢筋连接要符合设计要求，保护层厚度不小于 70 mm。躲避硐随井筒钢筋施工同时进行，并且钢筋与井筒钢筋绑扎连接
	底拱浇筑	地面混凝土搅拌站设 2 台 JS-1500 型强制式搅拌机拌料，PLD-1600 型电子自动计量系统配料。交替对同一台输送泵送料。输送过程连续供料、严格控制漏水，防止混凝土析水沉淀堵管。底拱上部底板随底拱浇筑同时进行；每模底拱及墙拱部接茬处安装止水带
	拆上模前移衬砌台车	1. 准备移动衬砌台车时，首先将主提升箕斗下放至衬砌台车上沿 15 m 位置，停放牢固后，在箕斗后沿用两根 φ18.5 mm 钢丝绳与台车连接牢固，再将主提钢丝绳绷紧（主提钢丝绳仅作"防护绳"用）。与此同时检查台车上方起牵引作用的手拉葫芦的安全性（手拉葫芦固定在预埋的钢丝绳套上）。定期检查箕斗与台车连接的钢丝绳及相关连接位置是否牢固 2. 拆卸固定装置后，2 个手拉葫芦同时松绳，台车设备下移 3. 台车到达预定位置后锁定行走轮（加上卡轨器），旋出基脚千斤撑紧钢轨，防止台车移动 4. 台车达到预定位置并固定好后，开始拉中、腰线校正滑模台车。施工人员全力配合测量人员，操作多路换向阀手柄，通过调整使模板外形达到施工要求 5. 最后上堵头模板，堵头模板需在原有基础上自制加工，将钢筋穿出口留出，堵头模板长 1 m 左右，便于人工架抬安装 6. 安装堵头模板时，顶部预埋观察孔。每次浇筑前，在台车尾部正顶上，斜角度埋设 1 根 3 英寸钢管，将钢管一端切割成斜角，与衬砌台车模板连接，另一端延伸至掘进顶板下 150 mm 位置，穿过堵头模板预留的管孔，钢管在里端与钢筋加固稳定。下放台车时，台车上部下放至 3 英寸管路端口（作观察孔用），当混凝土即将合拢时，混凝土会经钢管流出，可以起泄压作用，保证台车不会因压力过大而变形，另外还可以减少混凝土不必要的浪费。衬砌台车结构与堵头板安装见下图： 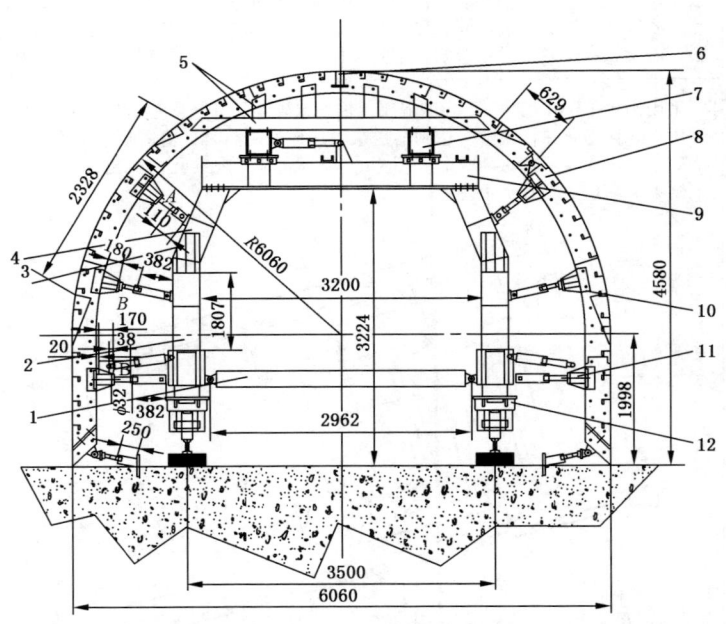 1—门撑活动杆；2—液压缸支撑板；3—10 mm 钢板；4—6 件立柱；5—小立柱与模板横撑梁；6—工作口；7—上纵梁；8—模板系统；9—上横梁；10—单头丝杆；11—模板系梁；12—铰支座销子 衬砌台车结构示意图

表 8-16（续）

项 目	主 要 内 容
拆上模前移衬砌台车	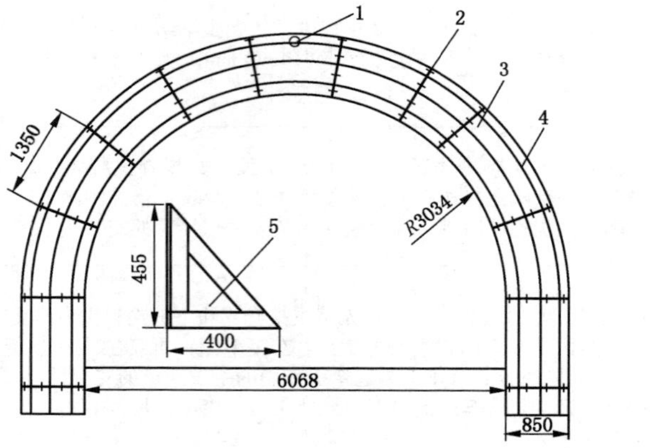 1—预留观察孔；2—堵头模板法兰；3—堵头模板；4—堵头模板环肋 说明：1. 图中尺寸以 mm 计，材质 Q235；2. 面板 $\delta = 8$ mm； 3. 现场根据实际需要割出钢筋伸出孔，未注尺寸现场定即可 堵头板安装示意图 堵头模板为长 1 m 左右、宽 0.85 m、厚 10 mm 的弧形完整钢板，外侧边沿打磨光滑，弧形便于压紧止水带且与井壁紧密接触，防止跑料 整个碹头需 11 块堵头模板。在上述基础上，堵头模板仍需自制加工钢筋穿出孔及固定槽。堵头模板由巷顶至两帮顺次安装，到最后两块时，留出入口，供人员进入清理模板、喷脱模剂、安装测压装置等。上堵头模板后，用 $\phi25$ mm 的螺纹钢筋焊接在 U 型棚上固定，视具体情况，间隔 1~2 m 焊接 1 根，长度不超过 1 m，就近焊接。施工中曾出现过巷顶堵头板开缝，袋子被冲出而急速跑料现象，因此，后来多了一道焊接加固工序。堵头模板外沿与喷浆井壁之间会有 1 cm 左右的缝隙，为了防止跑料，需用软物塞紧。经过摸索，学习其他类似工程经验，决定采用编织袋从堵头板内侧封塞的方法
施工方法及施工工艺 混凝土浇筑	采用两台 HBMD12/4-22S 型混凝土输送泵输料，布置 2 趟管路，管路为 $\phi159$ mm 钢管，入模接头采用 6 m 长钢质弹簧软管，达到输送泵输送最长距离时，输送泵采用接力方式输送。浇筑时必须对称浇筑，每层厚度不超过 300 mm。混凝土浇筑满时由观察孔内流出，此时可人工堵住观察孔钢管，浇筑结束。埋设观察孔见下图： 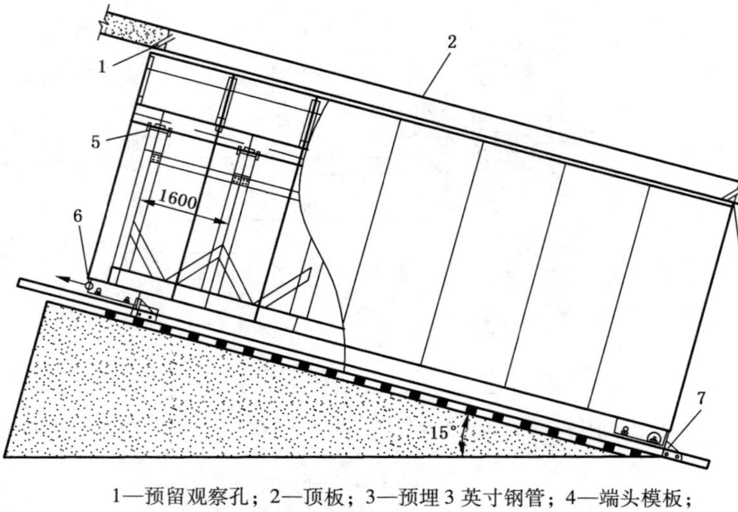 1—预留观察孔；2—顶板；3—预埋 3 英寸钢管；4—端头模板； 5—防倾覆台座；6—牵引环；7—止退器 埋设观察孔示意图

表 8-16（续）

项目		主 要 内 容
施工方法及施工工艺	混凝土浇筑	混凝土井壁厚度为 710 mm，强度等级为 C45。采用晋牌 P.O42.5 水泥、10~30 mm 石子、中粗砂、BR-3 型防冻剂、防冻剂和热水配制混凝土，配合比为：水泥：水：砂子：石子：外加剂=1：0.39：1.20：2.54：0.06，可保证混凝土的入模温度高于 15 ℃。浇筑顺序：先底拱，后直墙，再顶拱；从下往上分层对称浇筑。浇筑时确保混凝土整体性，每分层厚度不大于 300 mm，随浇筑随振捣，振动棒有专人负责。地面设集中搅拌站，采用两套独立的输送泵系统输料，高频振动泵对称振捣。浇完后 48 h 后方可拆模。拆模后，在自然湿度下，每班至少洒水 3 次，并采用塑料薄膜对混凝土进行覆盖保温，此时该段后 10 m 边排冻结孔停止冻结 长距离输送混凝土防堵管措施： 1. 浇筑前一天，安排专人负责检修设备是否正常，包括配料机、输送泵、钢模台车，检查管路布置是否平、直、齐 2. 搅拌站与井下设专用电话，加强井上、下联系，随时掌握混凝土料是否正常到达出料口，统一指挥和调度 3. 安排一人在井筒内巡视，巡视人配对讲机，发现堵管，立即通知井上、下人员，进行处理 4. 配料人员应由经验丰富的人担任，严格按混凝土设计配合比配料。去除配料机上方的箅子，加密上料斗的箅子，严格控制粒径大于 5 cm 的卵石进入入料斗 操作输送泵应注意以下事项： 1. 当混凝土泵出现压力升高且不稳定、油温升高、输送管明显振动等现象，不得强行泵送，应立即查明原因，进行排除。通知井筒内巡视人员检查管路是否堵塞 2. 时刻关注输送泵泵压，当压力超过允许范围时，应立即停止泵送，查明原因 3. 确认堵管后，应重复进行反泵和正泵操作，逐步吸出混凝土至料斗中，重新泵送 4. 处理堵管后重新泵送前，应清除空气 5. 堵管时间超过混凝土初凝时间时，应清除搅拌机内已拌好的料 6. 浇筑前、后冲洗管路，应使用球阀，以便将管路清理干净
生产辅助系统	运输系统	工作面采用 CX58C 型挖掘机出碴、8 m³ 箕斗运输、φ3.5 m 提升绞车提升。巷道中设置双轨（900 mm 轨距）运输
	压风系统	施工用压风由 3 台 SA-120A 型和 1 台 OGFD-21.018B 型 20 m³ 的螺杆式压风机提供，由 φ159 mm 管路输送至工作面，工作面用风地点风压不低于 0.5 MPa
	通风系统	采用压入式通风方式，配 2 台低噪声 DKJ(B)-NO9.6(2×30 kW) 型轴流通风机，1 台使用，1 台备用。实现双风机、双电源和风机自动切换。安装瓦斯断电仪，实现瓦斯电、风电闭锁。工作面配 1 趟 φ1000 mm 阻燃、抗静电胶质风筒，出风口距迎头工作面不大于 10 m
	供电系统	在主斜井负荷中心附近建临时变电所 1 座，安装 1 台 KBSG-315kVA/10(6)/1.14/0.66 kV 型变压器作为风机专用变压器，1 台 KBSG-315kVA/10(6)/1.14/0.66 kV 型变压器作为井下动力变压器
	通信	在工作面配 1 部电话，并保证对讲机畅通
	信号	通信系统和声光控制信号用于井上、下互相联系
	照明	在工作面两侧增设 2 台防爆探照灯，保证施工过程照明需要
	供水系统	施工用水由地面水源井经 φ50 mm 钢管接至工作面。地面施工及生活用水也取自于水源井，分别敷设管路向施工点、生活用水点供水
劳动组织与循环作业	劳动组织	掘进与浇筑单行作业。掘进三班作业，混合班组，每班 19 人（班长 1 名，掘进机司机 2 名，挖掘机司机 1 名，刷帮、底工 6 名，喷浆手 1 名，喷浆机司机 1 名，上料工 2 名，机电维修工 1 名，照灯工 1 名，信号工 2 名，把钩工 1 名）。浇筑与绑扎钢筋三班作业，混合班组，每班 18 人（班长 1 名，输送泵司机 1 名，稳模工 4 名，扎筋工 6 名，振捣工 1 名，信号工 2 名，机电维修工 2 名，把钩工 1 名）。采用"三八"制作业，掘进正规循环作业图表见表 8-18，主斜井冻结段循环作业图表见表 8-19

表 8 – 16（续）

项目		主要内容
劳动组织与循环作业	循环作业	为了使掘进机与小型挖掘机有足够的作业空间，并且有助于掘进机辅助切割底拱部分，达到平行作业的目的，因而工作面段长达到 40 m 再进行井壁混凝土浇筑为宜。掘进段长范围内边排冻结管持续冻结，减缓顶、底板的解冻速度。达到 30~35 m 时钉悬浮道 10 m，有助于人工卧底、挖掘机出土、掘进机切割的平行作业。为增快浇筑速度，减少 1 次安装及冲刷输送混凝土管路时间。前一模底拱浇筑与后一模井壁浇筑同时进行
结语		古城煤矿井主斜井采用长距离大断面冻结斜井掘砌机械化作业线配套与科学的施工组织，月成井稳步增加至 50 m，其中 2012 年 3 月月成井达到 60 m

表 8 – 17　古城煤矿主斜井井筒冻结段施工掘砌设备配备

序号	设备名称	规格型号	数量
1	提升绞车	2JK – 3.5/18	1
2	提升绞车	JK – 2.5/18	1
3	箕斗	8 m³ 前卸式	1
4	掘进机	EBZ – 200	1
5	矿车	1.5 t	4
6	喷浆机	PZ – 7B	2
7	挖掘机	CX58C	1
8	风镐	B47、B87	2
9	配料系统	PLD – 1600	2
10	搅拌机	JS – 1500	2
11	混凝土输送泵	HBMD12/4 – 22S	2
12	局部通风机	DKJ（B）– NO9.6（2×30 kW）	2
13	激光指向仪	YBJ – 1100	1

表 8 – 18　掘进正规循环作业图表

工序名称	时间 min	一班								二班								三班							
		1	2	3	4	5	6	7	8	9	10	11	12	13	14	15	16	17	18	19	20	21	22	23	24
交接班	10																								
切割	120																								
敲帮问顶	10																								
挖机倒土	100																								
文明施工	10																								
挖机排土	120																								
人工卧反底	460																								
挂网扶棚	180																								
喷浆	60																								

8 斜井井筒冻结段掘砌施工

表 8-19 主斜井冻结段循环作业图表

工序名称	工时 (h)	工时 (min)	第一天 0:00~8:00	第一天 8:00~16:00	第一天 16:00~24:00	第二天 0:00~8:00	第二天 8:00~16:00	第二天 16:00~24:00	第三天 0:00~8:00	第三天 8:00~16:00	第三天 16:00~24:00	第四天 0:00~8:00	第四天 8:00~16:00	第四天 16:00~24:00	第五天 0:00~8:00	第五天 8:00~16:00	第五天 16:00~24:00	第六天 0:00~8:00	第六天 8:00~16:00	第六天 16:00~24:00
掘进	19/24[①]				2.4m			2.4m			2.4m					3.2m			
倒出土	24																			
挂网扶棚	4																			
喷浆	1																			
钉临时道	3																			
卧反底拱	16/24[②]																			
绑扎拱部钢筋	24/19[③]									3d										
下放台车	4																			
堵头及台车固定	24																			
拆临时道	2																			
卧反底拱(道心下)	6																			
扶反底拱及钢扎钢筋	16																			
浇筑墙部、拱顶	7																			
浇筑底拱	7																			
冲洗管道	7																			
钉主副道及钢模轨道	2																			
拆台车横撑	8																			

注: ① 因工程施工实际需要,每天(24 h)为一个小循环,4 天(96 h)为一个大循环,其中前 3 天循环掘进作业时间均为 19 h,每次进尺均为 2.4 m;第 4 天循环掘进作业时间为 24 h,进尺 3.2 m。
② 因工程施工实际需要,每天(24 h)为一个小循环,4 天(96 h)为一个大循环,其中第 1 天卧反底拱作业时间为 16 h,后 3 天卧反底拱作业时间均为 24 h。
③ 因工程施工实际需要,每天(24 h)为一个小循环,3 天(72 h)为一个大循环,其中前 2 天绑扎拱部钢筋作业时间均为 24 h,第 3 天绑扎拱部钢筋作业时间为 19 h。

8.7.2 黑梁煤矿主斜井冻结工程施工案例

黑梁煤矿主斜井井筒采用普通法掘砌施工至斜长 333 m 处时，底板涌砂出水导致停工；而后采取工作面注浆堵水措施，未达到封水效果，被迫改为冻结法施工。将新近系含水地层分为 7 个冻结段，采用 5 排竖直冻结孔、分段冻结的施工方案顺利通过新近系地层。该斜井井筒冻结法凿井工程施工案例见表 8-20。

表 8-20 黑梁煤矿主斜井井筒冻结法凿井工程施工案例

项目	主 要 内 容
工程概况	黑梁煤矿位于内蒙古自治区鄂托克前旗上海庙煤田西部，矿井设计生产能力为 1.8 Mt/a，主、副井为斜井，风井为立井。主斜井井筒倾角 20°，设计总斜长 1291.777 m，井筒净宽 5.0 m，净高 3.9 m。冻结段冻结斜长里程为 332~621.08 m，掘进高度 6.646 m，掘进宽度 6.8~7.0 m。冻结段井壁采用网喷+钢筋混凝土双层井壁支护结构，拱部、侧帮壁厚 0.9 m，其中外层网喷井壁厚度为 200 mm，内层钢筋混凝土厚度为 700 mm；底部为反底拱，反底拱壁厚 1.0~1.2 m
地质条件	井检孔揭露地层：第四系、新近系、石炭系太原组地层，埋深分别为 23.65 m、197.55 m、302.65 m。基岩风化带深度为 216.72 m，厚度 19.44 m，风化岩层为黏土岩、细砂岩、中砂岩、粉砂岩 新近系底部含水砂砾层共 4 层：①细砂：埋深 163.9~165.9 m；②细砂：埋深 168.6~175.8 m；③砾石层：埋深 178.1~181.1 m；④砾岩：埋深 188.5~201.4 m。地下水流向西北，流速较小 地质报告显示，该井筒预计总涌水量 339.67 m³/h。其中，第四系涌水量 21.13 m³/h，新近系涌水量 191.92 m³/h，煤系地层涌水量 126.62 m³/h
冻结方案设计	1. 冻结法施工起、止斜井里程为 332 m、621.08 m，冻结总斜长 289.08 m，冻结深度 220.13 m 2. 采用在地面打竖直孔方式冻结，钻孔深度由浅入深 3. 采用异径管冻结方式。斜井顶板冻结壁厚度以上为非冻结段，采取 $\phi108$ mm×5 mm 冻结管可有效减小冷量损失。冻结范围内用 $\phi159$ mm×5 mm 冻结管可加快冻结壁形成 4. 为保证井筒施工安全，沿井筒轴向前方预留 2 m 安全岩帽 5. 采用分段打钻、分段冻结工艺，确保造孔、冻结、掘砌连续施工 6. 将整个冻结段分为 7 段，5 排孔冻结，排距 2.5~2.75 m。冻结钻孔布置参数见表 8-21。冻结孔平面布置如图 8-3 所示，冻结孔剖面布置如图 8-4 所示 7. 针对穿入井筒断面段内的中排冻结管，除第Ⅰ段采取全深冻结外，其余各段均在斜井断面部位采取变径管隔热措施进行局部冻结，即井筒断面内 $\phi108$ mm×5 mm 冻结管的外部焊接 $\phi159$ mm×6 mm 无缝钢管作为套管，其套管内环形空间抽真空隔温，有效控制冷量向井筒内扩散，创造良好的掘砌施工条件。中排孔隔温管结构如图 8-5 所示
冻结工程施工	1. 冻结段采取长掘长砌，普通钻爆法掘进，整体液压钢模台车砌筑混凝土。采用绞车配合箕斗提升矸石和运送物料、井巷挖掘机装岩、轨轮式混凝土搅拌运送车、矿用混凝土输送泵为主的机械化作业线。斜井井口设置自动卸矸架，并安装工业电视监控装置 2. 施工工序流程：打眼→爆破→通风排烟→敲帮问顶、清除浮矸→瞎炮检查处理→排矸→临时支护→永久支护（先铺底，而后浇筑侧墙和拱部混凝土） 3. 冻结段掘砌期间，穿过井筒断面的中排冻结管必须进行割除。为确保井筒掘砌施工安全，三个中排冻结管应超前工作面 4~6 m 排空盐水，避免中排冻结管泄漏的盐水溶化冻结壁。盐水排空采取压风方式，压风系统由空气压缩机、储气罐、压风总管组成。根据冻结深度及盐水比重，计算冻结管内水压，其排空风压应大于管内水压。现场配备 W-2/40 型空气压缩机 1 台，3/4.0 型立式储气罐 2 台 4. 斜井于 2012 年 5 月 20 日开始冻结，7 月 12 日开挖，至 2013 年 3 月 3 日掘砌斜长 79.3 m，掘砌工期 234 d，平均综合成井施工速度 10.1 m/月。更换施工队伍后，2013 年 3 月 4 日—9 月 25 日掘砌斜长 209.78 m，掘砌工期 205 d，平均综合成井施工速度 30.7 m/月

表 8-20（续）

项目	主 要 内 容
掘进期间炮眼出水原因分析	1. 冻结情况。第Ⅳ冻结段斜长里程 461.08～505.35 m，冻结水平长 41.60 m，冻结斜长 44.27 m，冻结深度为 159.56～174.70 m。该段于 2013 年 3 月 1 日供冷，4 月 11 日盐水温度降至 -30 ℃以下 2. 炮眼出水情况。2013 年 4 月 20 日（冻结 50 d）进行第Ⅳ段开挖，4 月 23 日井筒掘进施工至斜长 464 m。掘砌单位施工炮眼时，发现迎头右肩窝处（斜长 464.7 m）仅有 1 个炮眼出水，其钻孔深度为 1.3 m，距南帮 1.1 m，距 1 号水文孔 0.3 m（钻孔在 1 号水文孔南侧）。起初出水的水平射程约 2 m，而后逐渐减小。该炮眼出水点邻近的两个炮眼深度为 1.0～1.3 m，眼底温度为 -2.6～-3.5 ℃；炮眼出水点北侧 2.2 m 处的两个炮眼深度为 1.4 m，眼底温度为 -4 ℃；其他钻眼均无出水 3. 出水原因分析。根据冻结相关参数、炮眼出水现象、炮眼眼底温度等资料进行分析论证，冻结 46 d 时第Ⅳ段地层冻结壁已形成。第Ⅳ段 1 号水文孔至第Ⅲ段末端水平距离仅 3.3 m。第Ⅳ段开机时，第Ⅲ段已冻结 220 余天，致使水文管结冰冻实，失去正常报导效果，冻结壁交圈后，造成冻胀水无法释放，掘砌施工时冻胀水势必自炮眼中溢出 4. 验证判断。为了进一步分析迎头工作面出水原因，再次通过工作面施工 6 个探水孔进行验证。其中 2 个探孔未出水，4 个探孔均出现不同程度出水。溢水的探孔水温约 0 ℃、无水头、水颜色清而不混浊、溢水时间短、溢水量逐渐减小。该段恢复掘砌施工后，未发生任何异常现象。充分说明迎头工作面溢出的水是井筒断面内的冻胀水
结语	1. 从工程实践情况来看，拱、帮临时支护长度宜为 20～25 m。井筒开挖至永久支护间隔时间：拱、帮不宜超过 30 d，底板不宜超过 25 d 2. 根据井筒断面内地层富水性情况，每个区段应合理布设一定数量的水文观测孔，有利于判断冻结壁交圈时间，且有利于释放地层冻胀水 3. 建议对穿过井筒断面内的中排冻结管采用真空隔温措施

表 8-21　斜长里程 332～621.08 m 段冻结钻孔布置参数

序号	名　称	第Ⅰ段	第Ⅱ段	第Ⅲ段	合计
1	冻结段水平长度/m	311.98～341.11	341.11～377.91	377.91～433.27	
2		29.13	36.80	55.36	121.29
3	冻结段井筒倾斜长度/m	332～363	363～402.16	402.16～461.08	
4		31	39.16	58.92	129.08
5	冻结段井筒荒顶板垂深/m	108.44～119.05	119.05～132.44	132.44～152.59	
6	冻结段井筒荒底板垂深/m	115.20～125.80	125.80～139.19	139.19～159.34	
7	冻结部位	顶/帮/底	顶/帮/底	顶/帮/底	
8	冻结壁厚度/m	6.5/3.1/5.5	6.5/3.1/5.5	6.5/3.1/5.5	
9	冻结孔深度/m	121.05～131.65	131.65～145.05	145.05～165.41	

表 8-21（续）

序号	名称		第Ⅰ段	第Ⅱ段	第Ⅲ段	合计
10	冻结孔	冻结孔排数/排	5	5	5	
11		冻结孔排距/m	2.5	2.5	2.5	
12		外排孔 孔数/个	17/17	22/22	34/34	146
13		外排孔 开孔间距/m	1.618	1.6	1.6	
14		外排孔 最大孔间距/m	2.1	2.1	2.1	
15		外排孔 管材规格/(mm×mm)	非冻结段 $\phi 108 \times 5$，冻结段 $\phi 159 \times 5$			
16		中排孔 孔数/个	13/13/13	17/16/17	25/25/25	164
17		中排孔 开孔间距/m	2.081	2.2	2.2	
18		中排孔 最大孔间距/m	2.7	2.7	2.7	
19		中排孔 管材规格/(mm×mm)	非冻结段 $\phi 108 \times 5$ 冻结段 $\phi 159 \times 5$	非冻结段 $\phi 108 \times 5$，冻结段 $\phi 159 \times 5$ 隔热段 $\phi 108 \times 5/\phi 159 \times 6$		
20		封头孔 孔数/个	7/7	7	—	21
21		封头孔 深度/m	121.05/131.65	145.05	—	
22		封头孔 管材规格/(mm×mm)	非冻结段 $\phi 108 \times 5$，冻结段 $\phi 159 \times 5$			
23		壁龛孔 孔数/个	—	1/1/1	3/3	9
24		壁龛孔 深度/m	—	132/133/133	146/160	
25		壁龛孔 管材规格/(mm×mm)	非冻结段 $\phi 108 \times 5$，冻结段 $\phi 159 \times 5$			
26	测温孔	孔数/个	3	4	4	11
27		深度/m	125	143	164	
28		管材规格/(mm×mm)	$\phi 108 \times 5$			
29	水文孔	孔数/个	1	1	1	3
30		深度/m	120	137	157	
31		管材规格/(mm×mm)	$\phi 108 \times 5$			
32		冻结孔工程量/m	10992.55	14423.93	23114.04	48530.52
33		钻孔总工程量/m	11487.52	15133.23	23924.67	50545.42

序号	名称	第Ⅳ段	第Ⅴ段	第Ⅵ段	第Ⅶ段	合计
1	冻结段水平长度/m	433.27~474.87	474.87~513.27	513.27~550.07	550.07~583.62	
2		41.60	38.40	36.80	33.55	150.35
3	冻结段井筒倾斜长度/m	461.08~505.35	505.35~546.21	546.21~585.37	585.37~621.08	
4		44.27	40.86	39.16	35.71	160.00

表8–21（续）

序号	名称			第Ⅳ段	第Ⅴ段	第Ⅵ段	第Ⅶ段	合计
5	冻结段井筒荒顶板垂深/m			152.49~167.63	167.63~181.60	181.60~194.99	194.99~207.21	
6	冻结段井筒荒底板垂深/m			159.56~174.70	174.70~188.67	188.67~202.06	202.06~214.28	
7	冻结部位			顶/帮/底	顶/帮/底	顶/帮/底	顶/帮/底	
8	冻结壁厚度/m			6.5/3.1/5.5	6.5/3.2/5.5	6.5/3.3/5.5	6.5/3.4/5.5	
9	冻结孔深度/m			165.41~180.55	180.55~194.52	194.52~207.91	207.91~220.13	
10	冻结孔		冻结孔排数/排	5	5	5	5	
11			冻结孔排距/m	2.6	2.65	2.70	2.75	
12		外排孔	孔数/个	25/25	23/23	22/22	20/20	180
13			开孔间距/m	1.6	1.6	1.6	1.6	
14			最大孔间距/m	2.2	2.2	2.2	2.2	
15			管材规格/(mm×mm)	非冻结段 $\phi108\times5$，冻结段 $\phi159\times5$				
16		中排孔	孔数/个	19/18/19	17/17/17	17/16/17	15/15/15	202
17			开孔间距/m	2.2	2.2	2.2	2.2	
18			最大孔间距/m	2.8	2.8	2.8	2.8	
19			管材规格/(mm×mm)	非冻结段 $\phi108\times5$，冻结段 $\phi159\times5$，隔热段 $\phi108\times5/\phi159\times6$				
20		封头孔	孔数/个	8/8	8	8	8	40
21			深度/m	165.41/180.55	194.52	207.91	220.13	
22			管材规格/(mm×mm)	非冻结段 $\phi108\times5$，冻结段 $\phi159\times5$				
23		壁龛孔	孔数/个	3	3	3	3	12
24			深度/m	174	188	201	215	
25			管材规格/(mm×mm)	非冻结段 $\phi108\times5$，冻结段 $\phi159\times5$				
26	测温孔		孔数/个	4/4	4	4	4	20
27			深度/m	167/179	192.5	206	218.11	
28			管材规格/(mm×mm)	$\phi108\times5$				
29	水文孔		孔数/个	1/1	1/1	1/1	1	7
30			深度/m	164.4/172.8	175.0/180.6	190.7/199.9	200.9	
31			管材规格/(mm×mm)	$\phi108\times5$				
32	冻结孔工程量/m			21627.31	20307.71	21186.58	20599.19	83720.79
33	钻孔总工程量/m			23348.35	21433.64	22400.52	21672.75	88855.26

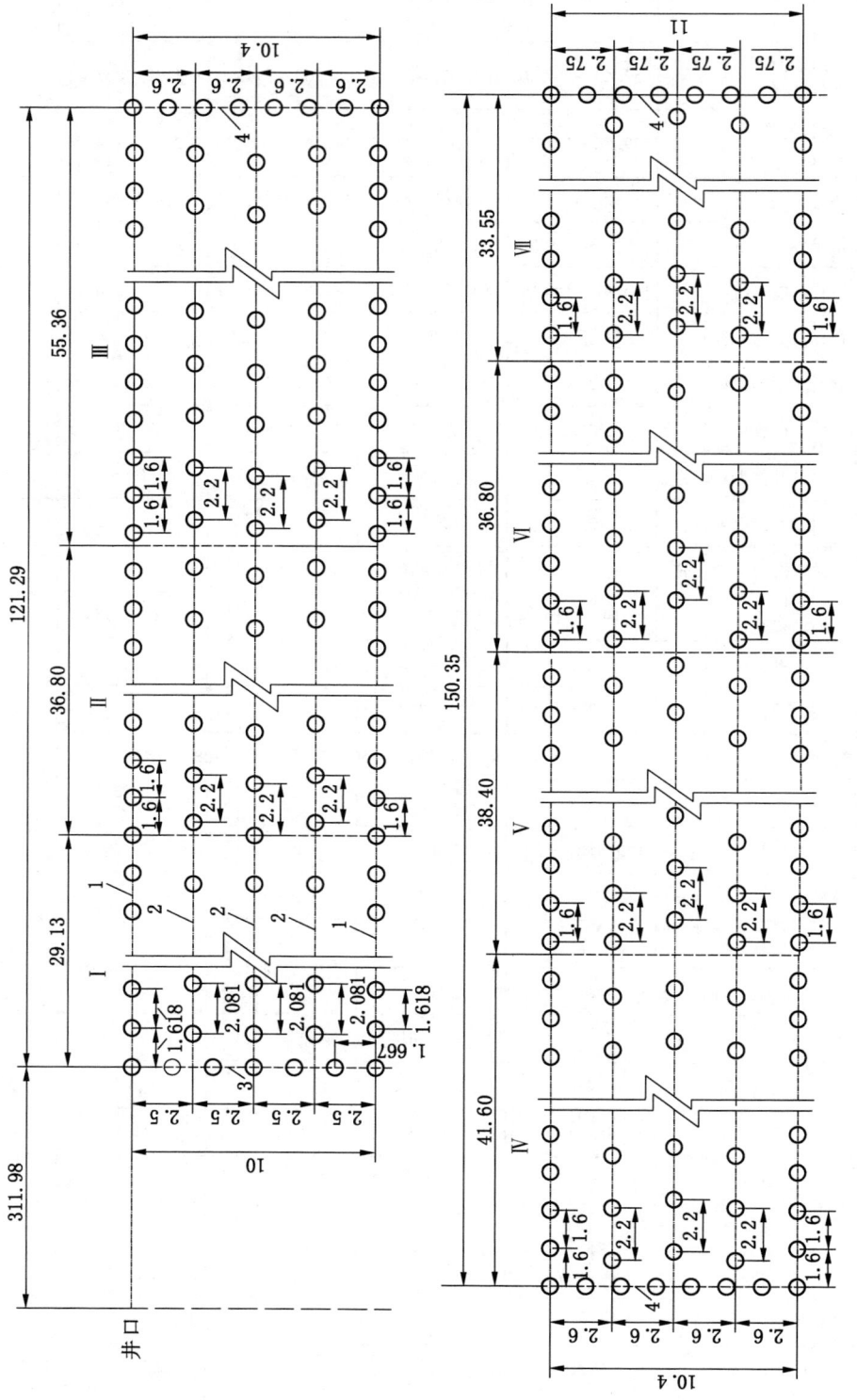

图中尺寸单位：m
1—外排孔；2—中排孔；3—封头孔；4—封尾孔
图 8-3 冻结孔平面布置示意图

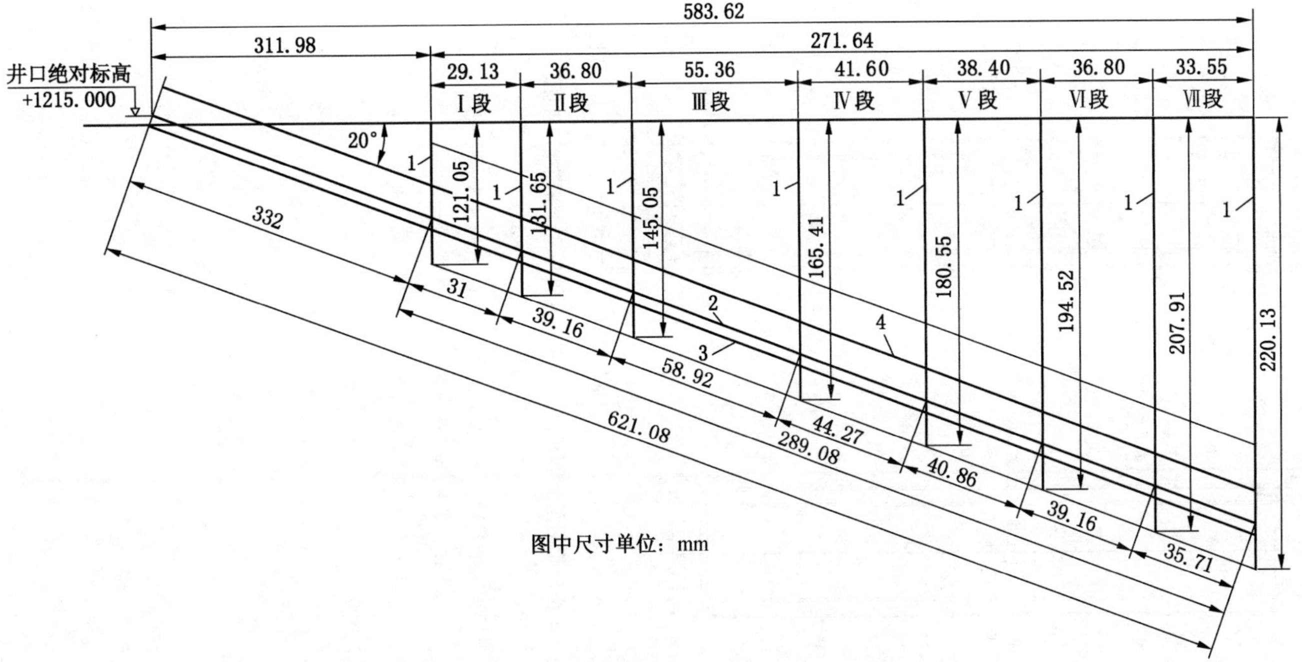

图中尺寸单位：mm

1—冻结段分界孔；2—净底板；3—荒底板；4—荒顶板

图 8-4　冻结孔剖面布置示意图

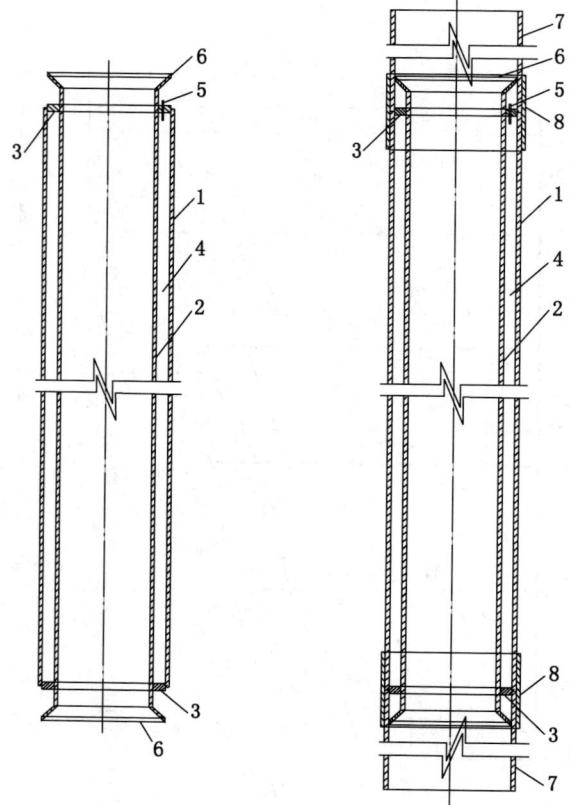

(a) 隔温管剖面示意图　　(b) 隔温管与冻结管连接示意图

1—外层管（套管）；2—内层管（冻结管）；3—封头圈；4—密封舱；
5—抽真空管；6—导向管；7—冻结管；8—外接箍

图 8-5　中排孔隔温管结构

9 联络通道、洞门等其他冻结工程施工

9.1 基础资料

施工前应通过资料调阅、物理勘探、实地调查等手段查明周边地面环境及地下管线情况,包括周边地面及地下的建(构)筑物结构、设备、管线属性和特征及其特殊保护要求、与拟建工程的位置关系等。

9.1.1 勘察孔资料内容及要求

勘察孔资料内容及要求见表9-1。

表9-1 勘察孔资料内容及要求

对象	联络通道、洞门
资料内容及要求	施工前应核查场地条件、本工程施工影响范围内的地表及地下建(构)筑物、设备、管线的特征,与本工程的位置关系等情况,以及建(构)筑物、设备和管线等的保护要求
	应对本工程附近的水源井、降水井进行调查,收集水源井、降水井的用途、数量、方位、距离、深度,抽水层位,抽水时间,日抽水量以及抽水影响半径等资料
	应当收集与本工程毗连的地下工程的渗漏水、流水情况等资料;当本工程附近含水层地下水活动频繁时,应提供该含水层的地下水流向、流速等资料,冻结方案也应采取相应的技术措施
	联络通道勘察孔应符合下列要求: 1. 勘察孔应位于联络通道结构外侧,与联络通道结构边缘的距离为3~5 m 2. 每一个联络通道处应至少布置2个勘察孔,其中一个为取样孔,必要时增加一个静力触探孔 3. 勘察孔深度应超过开挖深度10 m以上
	根据本勘察的成果,结合邻近工程的勘察孔资料和开挖揭露的实际资料,在勘察报告中说明:勘察孔全深范围内的土层分布图、土层名称、层顶标高、层厚、取样点位置、土体性状、包含物及物理特征等;本工程及其施工影响范围内的岩土分布,以及土体和冻土的物理、力学指标,地温;含水层的岩性、位置、赋水类型、补给关系、水力联系等特征,以及地下水的水质、水温、水位、流速、流向等
	本工程及其冻结范围处在透水砂层中时,冻结设计应考虑周围降水对施工的影响

9.1.2 冻土试验资料

各地区可对本地区各土层进行冻土试验,供本地区冻结工程参照使用,但海边含盐量较高、受施工扰动过等特殊土层宜按工程单独进行冻土试验。冻土试验资料应包含以下内容:

(1) 土层的常规物理力学特征指标,包括土层的比重、密度、含水量、塑性指标、颗粒组成、内摩擦角和黏结力、膨胀量和承载力等。

(2) 冻土的热物理特性指标,包括结冰温度、导热系数、比热、冻胀率和融沉率等。

(3) 冻土的力学特性指标，包括弹性模量、泊松比、抗压强度、剪切强度、抗折强度、蠕变参数等。

9.1.3 其他资料

（1）联络通道（洞门）结构施工图。

（2）其他与联络通道（洞门）冻结法设计、施工有关的资料，包括拟建联络通道（洞门所在车站的端头井）附近工程施工的有关情况；隧道附近的交通及场地条件，地区气象资料等。

（3）两条已构筑隧道预留联络通道与洞门的位置关系。

9.2 冻结设计

9.2.1 冻结壁分类及结构设计要求

（1）冻结壁按其功能与要求分为三类，见表9-2。冻结壁设计应根据冻结壁功能要求、类别选择不同形式和安全性能的冻结壁。

表9-2 冻结壁功能类别

类别	功能与要求	适 用 范 围
Ⅰ	仅用于止水而无承载要求	富水、稳定岩层，漏水的混凝土结构，地下建（构）筑物交界面等堵水
Ⅱ	仅用于承载而无止水要求	不透水土层的加固，为增加岩土层稳定性的加固
Ⅲ	既要求承载又要求止水	含水、不稳定地层，例如含砂层、含水破碎岩层、淤泥层等的加固与堵水

（2）冻结壁结构形式的选择见表9-3。

表9-3 冻结壁结构形式的选择

序号	结 构 设 计 要 求
1	冻结壁宜按受压结构设计
2	在含水砂层、软弱黏土层等涌水量大、不稳定的地层中，应采用封闭的冻结壁结构形式
3	冻结壁结构形式选择应有利于控制土层冻胀与融沉对周围环境的影响
4	对冻结壁有严格变形控制要求时，可采用开挖区域外有效冻结壁与开挖区域内完全冻结相结合的冻结壁形式

（3）联络通道宜按断面几何形状设计冻结壁，集水井、侧向泵站宜采用满堂加固或采用"V"字形冻结壁冻结加固。

（4）开挖后冻结壁应设初次支护，冻结壁承载力设计仍应按承受全部荷载计算。

（5）洞门冻结加固方式可采用水平杯形冻结、水平板形冻结、水平环形冻结和竖直板形冻结，现场条件允许的情况下应优先采用竖直板形冻结。

（6）洞门冻结壁承载力设计应按承受全部荷载计算。洞门破除前冻结壁应达到设计承载强度，且经勘探不漏水、涌砂。

9.2.2 冻结壁设计基本参数的选取

（1）在进行冻结设计时应获得冻土的基本物理力学参数及其与温度的关系。基本物理力学参数包括单轴抗压强度、抗弯拉强度、弹性模量、泊松比、导热系数、冻胀率、融沉率等。

（2）冻结壁平均温度应根据冻结壁承受荷载大小（或开挖深度）、工艺合理性确定，宜按表 9-4 选取。

表 9-4 冻结壁平均温度设计参考值

开挖深度 H_j/m	≤30	>30
冻结壁平均温度 T_p/℃	≤ -8	≤ -10

（3）盐水温度与盐水流量：

① 盐水温度与盐水流量应满足在规定的时间内使冻结壁厚度和平均温度达到设计值的需要。

② 最低盐水温度应根据设计的冻结壁厚度、平均温度、地层环境及气候条件确定，宜按表 9-5 选取。设计冻结壁平均温度低且地温高时宜取较低的盐水温度。

表 9-5 最低盐水温度设计参考值

冻结壁平均温度 T_p/℃	-8 ~ -10	≤ -10
最低盐水温度 T_y/℃	-28 ~ -30	≤ -30

③ 积极冻结 7 d 后盐水温度宜降至 -18 ℃以下，积极冻结 15 d 后盐水温度应降至 -24 ℃以下，开始开挖构筑前盐水温度应降至设计最低盐水温度及以下。施工初次支护后可转入维护冻结，但维护冻结盐水温度不宜高于 -25 ℃，并确保冻结壁与隧道管片的交界面不化冻。

④ 开挖时，去、回路盐水温差不宜高于 2 ℃；在保证冻结壁平均温度和厚度达到设计要求且实测判定冻结壁安全的情况下，可适当提高盐水温度，但不宜高于 -25 ℃。

⑤ 冻结孔单孔盐水流量应根据冻结管散热要求、去回路盐水温差和冻结管直径确定。冻结管内盐水流动状态宜处于层流与紊流之间。冻结孔单孔盐水流量可按表 9-6 选取，冻结管直径大时宜取较大的盐水流量。

表 9-6 单孔盐水流量设计参考值

冻结孔串联长度 L_k/m	≤40	40 ~ 80	>80
单孔盐水流量 Q_{yk}/(m³·h⁻¹)	3.0 ~ 5.0	5.0 ~ 8.0	≥8.0

9.2.3 冻结壁厚度与强度设计

（1）Ⅱ类和Ⅲ类冻结壁的厚度应按承载力要求确定。

（2）冻结壁的计算方法应符合下列要求：

① 冻结壁内力宜采用数值计算方法等计算。

② 冻结壁的力学计算模型可按均质线弹性体简化，其力学特性参数宜取设计冻结壁平均温度下的冻土力学特性指标。

③ 采用数值计算方法时，数值计算应建立合理的计算模型。对于隧道的钢筋混凝土衬砌的弹性模量、泊松比、重度、未冻土的弹性模量和泊松比、重度，冻土的弹性模量和泊松比、重度宜根据现场试验或者参考类似工程经验选取。

（3）冻结壁的抗压、抗折和抗剪强度验算。冻结壁的强度可按下式验算：

$$k\gamma_0\sigma \leq R \qquad (9-1)$$

式中 σ——冻结壁应力，MPa；

γ_0——冻结壁重要性系数，γ_0 选取参考表 9-7；

R——冻土的强度指标，MPa；

k——安全系数，Ⅲ类冻结壁的强度检验安全系数宜按表 9-8 选取，Ⅱ类冻结壁的强度检验安全系数宜取Ⅲ类冻结壁的 0.9 倍。

表 9-7 冻结壁重要性系数

风险等级	破 坏 后 果	γ_0
一级	冻结壁的垮塌、变形、失稳、透水对周边环境及地下工程施工影响很严重	1.2
二级	冻结壁的垮塌、变形、失稳、透水对周边环境及地下工程施工影响一般	1.1
三级及以下	冻结壁的垮塌、变形、失稳、透水对周边环境及地下工程施工影响不严重	1.05

表 9-8 Ⅲ类冻结壁强度检验安全系数

项 目	抗 压	抗 折	抗 剪
安全系数	2.0	3.0	2.0

（4）需对冻结壁的变形进行验算，最大变形不应超过 30 mm。

（5）联络通道喇叭口处的冻结壁设计厚度不应小于 1 m，其他部位的冻结壁设计厚度不应小于 1.4 m。

（6）冻结壁与隧道管片的交接面宽度不得小于 1 m。

9.2.4 冻结孔设计

（1）冻结孔应根据设计冻结壁布置，且符合国家现行有关规范要求。冻结孔施工方法一般有两种：钻孔法和夯管法。

（2）冻结孔布置原则及要求如下：

① 冻结孔布置参数应包括冻结孔孔位、冻结孔开孔间距、成孔间距、冻结孔深度和冻结孔偏斜精度要求等。

② 冻结孔成孔控制间距应按设计冻结壁厚度、冻结壁平均温度、盐水温度和冻结工期要求等确定，布置单排冻结孔时冻结孔成孔控制间距可参考表 9-9 选取，但不宜大于冻结壁设计厚度。多排冻结孔密集布置时，内部冻结孔成孔控制间距可取边孔的 1.2 倍。

表9-9 单排冻结孔成孔控制间距设计参考值

冻结孔类型	水平或倾斜冻结孔			竖直冻结孔	
冻结孔深度 H/m	≤10	10~20	20~30	≤40	40~100
冻结孔成孔控制间距 S_{max}/mm	1100~1300	1300~1600	1600~2000	1200~1400	1400~1800

③ 联络通道冻结施工过程中,在冻结孔未穿透管片的隧道管片内表面应敷设冷冻排管。冷冻排管的敷设范围不应小于冻结壁设计厚度,冷冻排管的内径不应小于30 mm,管间距不应大于0.5 m。冷冻排管应密贴隧道管片且应敷设保温层。

④ 洞门水平冻结施工过程中,在洞门圈范围内应铺设保温板,保温板厚度为40~50 mm。

⑤ 仅需加固地层深部土体时,可采用浅部冻结管保温或下供液管、回液管的方法进行局部冻结。

9.2.5 测温孔设计

测温孔设计内容及要求见表9-10。

表9-10 测温孔设计内容及要求

项目	联 络 通 道	洞 门
测温孔布置原则	1. 冻结区域内应设置测温孔监测冻结壁厚度、冻结壁平均温度、冻结壁与隧道管片界面温度和开挖区附近地层冻结情况 2. 测温孔宜布置在冻结孔间距较大的冻结壁界面上或预计冻结壁薄弱处 3. 监测冻结壁厚度的测温孔不得少于4个,冻结壁内、外设计边界上均应布置测温孔,测温孔深度不应小于2 m;集水井中部应布置测温孔,深度应与相邻的冻结孔深度相同 4. 测温孔内宜安装测温管,测温管宜采用钢管,且不应渗漏 5. 在冻结壁解冻期间,可从联络通道内布置测温孔检测冻结壁温度回升和解冻情况	1. 应在能反映冻结壁厚度的部位和冻结孔间距较大的界面上或预计冻结壁薄弱处布置测温孔,测温孔个数不得少于3个 2. 应在能反映冻土与结构交界面温度、冻土与盾构壳交界面温度的位置布置测温孔,测温孔个数不得少于3个 3. 测温孔应在冻土的盾构切削区和非切削区分别布置,测温孔个数均不得少于3个
	测温孔要进行测斜、测深,确定测温点位置,为后续测温数据分析提供依据	
温度测点布置	1. 测点的布置应满足判断冻结壁形成质量的要求 2. 测定冻结壁与隧道管片界面温度时,测点距离界面不得大于50 mm 3. 测点布置应能满足冻结、开挖构筑及融沉注浆施工的其他要求	1. 应在能反映设计冻结壁范围、厚度的位置布置测温点,测温点深度可小于冻结孔深度0~500 mm 2. 应在能反映冻土与结构交界面温度、冻土与盾构壳交界面温度的位置布置测温点,测温点深度可小于冻结孔深度0~500 mm 3. 测温点应布置在需要计算冻结壁平均温度的截面上
测温频次	在开始冻结前应测量原始地温。从开始冻结至试挖,所有温度测点每隔12~24 h观测不应少于1次;在开挖和结构施工期间,所有测点每隔4~12 h观测不应少于1次	开始冻结前应测量原始地温;从开始冻结至盾构始发或接收,所有温度测点每隔24 h观测不应少于1次,特殊情况应加密监测频率

表 9 – 10（续）

项目	联络通道	洞门
精度要求	温度测量精度应达到 ±0.5 ℃，测温元件和仪器应经过标定	
安装要求	测温管内安装测温电缆和测温元件后，管口应进行密封和保护，防止测温元件及电缆被移位、损坏	

9.2.6 水文孔（泄压孔）设计

联络通道泄压孔设计内容及要求见表 9 – 11。

表 9 – 11 联络通道泄压孔设计内容及要求

项目	内容
数量	在与联络通道相接的隧道管片一侧应布置泄压孔，每侧泄压孔个数不宜少于 2 个
深度	泄压孔应布置在开挖区非冻土内，并宜深入地层不小于 1.0 m
参数	泄压孔孔径不宜小于 38 mm，泄压孔孔口应安装压力表以及用于泄水的旁通管和控制阀门，压力表的精度应达到 ±0.02 MPa
观测频次	在制冷站运转前，必须检测地层初始水压；制冷站运转前期，应每隔 12~24 h 观测 1 次地层水压；水压开始上升后，应每隔 6~12 h 测量不少于 1 次
泄压注意事项	泄压孔水压上升超过初始压力 0.2 MPa 时应放水泄压，泄压孔中有水成线流持续流出时，应立即关闭阀门，待压力上升超过初始压力 0.2 MPa 后再泄压。开挖前，泄压孔水压应上升超过 7 d，且水压值升高超过初始水压值 0.1 MPa 以上；打开泄压孔 24 h 以上除少量滴水外，应无水持续流出

9.2.7 冻结壁形成预计

（1）冻结壁有效厚度可按下式估算：

$$E_{yj} = 2v_{dp}t - E_{qr} \tag{9-2}$$

式中 E_{yj}——设计冻结壁有效厚度，mm；
v_{dp}——冻结壁单侧平均扩展速度，mm/d；
E_{qr}——冻土侵入开挖面以内厚度，mm；
t——冻结时间，d。

（2）冻结壁单侧平均扩展速度可按表 9 – 12 选取，或采用通用计算方法计算。

表 9 – 12 单排孔冻结壁（或冻土圆柱）单侧扩展速度设计参考值

冻结时间 t/d	0~20	21~30	31~40	41~50	51~60
冻结壁单侧平均扩展速度 $v_{dp}/(\text{mm}\cdot\text{d}^{-1})$	34	28	24	22	20

（3）冻结壁交圈时间可按下式估算：

$$t_{jq} = \frac{S_{max}}{2v_{dp}} \tag{9-3}$$

式中　t_{jq}——预计冻结壁交圈时间，d；
　　　S_{max}——冻结孔成孔控制间距，m；
　　　v_{dp}——冻结壁单侧平均扩展速度，m/d。

（4）冻结壁形成期，预计冻结壁厚度不应小于设计要求值，同时预计冻结壁平均温度不应高于设计要求值。

（5）冻结壁平均温度可采用成冰公式法、面积法和数值分析法等方法计算。

9.3　联络通道施工

9.3.1　联络通道制冷钻孔施工

（1）钻孔（夯管）设备见3.1.2冻结常用钻机。

（2）钻孔（夯管）开孔施工方法及要求见表9-13。

表9-13　钻孔（夯管）开孔施工方法及要求

项目	方法及要求
钻孔定位	用水平管结合钢卷尺进行孔位的放样，每个孔位在管片上的位置要通过换算成各点相对于中心线的弦长或弧长来放样。放样的点位要注意：开孔位置必须避开隧道管片接缝处、螺栓孔，并宜避开混凝土管片主筋和钢管片主受力肋板。如遇到需调整孔位的情况，开孔位置移动不大于100 mm，冻结孔开孔间距误差不得大于150 mm
施工顺序	首先施工对穿孔，再施工下部孔，最后施工上部孔。如果是双侧打孔，应先钻制冷站一侧孔再施工对侧孔。单侧冻结施工完，再施工测温孔和泄压孔。测温孔的布置要根据冻结孔的成孔质量，在冻结孔间距较大的地方和不同的土层并结合整个断面和设计要求进行施工
施工流程	开孔→安装孔口管及防喷装置→钻孔→补偿注浆封孔口→测斜、测深→打压试漏
开孔及安装孔口管	在水泥管片上开孔时，应先用开孔钻机进行一次开孔，不开透管片，管片厚度预留50~100 mm，然后插上缠上麻丝的孔口管（麻丝外最好涂抹速凝水泥），孔口管插入钻孔深度不得小于200 mm，与钻孔配合要紧密，不渗漏，并用不少于3个膨胀螺栓与隧道管片固定。固定孔口管用膨胀螺栓直径为12 mm，膨胀螺栓与孔口管之间用等直径钢筋焊接。 在钢管片上开孔时，应采用焊接方法固定孔口管，焊缝高度不得小于孔口管管壁厚度。开孔隔舱和四周隔舱应填满水泥，然后用10 mm厚钢板焊接密封
二次开孔	在孔口管上安装阀门和孔口防喷装置后，再用钻机或开孔器钻透隧道管片，二次开孔见下图： 1—地层；2—隧道管片；3—膨胀螺丝；4—闸阀；5—压紧装置； 6—冻结管钻杆；7—孔口管；8—闸阀 二次开孔示意图

（3）钻孔（夯管）法铺设冻结管工艺见表9－14。

表9－14　钻孔（夯管）法铺设冻结管工艺

项目	内容及要求
钻机平台搭设	钻机平台搭设应牢固平整。采用建筑钢管搭设的施工平台时，应符合现行行业标准《建筑施工扣件式钢管脚手架安全技术规程》（JGJ 130）的规定，并应在水平方向上与隧道管片固定牢固。采用自制升降施工平台时，应进行承载力验算，并应设置防升降平台掉落的保险装置
冻结孔定位	孔位要避开主力筋，按照设计角度开孔深度到250 mm，停止钻进并用膨胀螺栓安装孔口管；固定好孔口管再安装闸阀
冻结孔钻进	在孔口管上接好闸阀和孔口装置，用钻机接上金刚石钻头，通过孔口装置切割管片钻进。利用低碳钢无缝钢管作冻结管，冻结管及接头内衬管的材质应一致，管端要留坡口，采用丝扣连接，丝扣应上紧，接缝要焊接牢固，确保其同心度及连接强度。选用焊条应与管材材质相匹配，接缝要焊接2～3遍，每次焊接检查无砂眼及夹渣，方可进行下一次焊接。焊缝要饱满且符合焊接规范质量要求，焊完后冷却5～10 min方可继续钻进 孔口防喷装置与冻结管之间不得漏水、漏泥。循环液应从孔口管上的小闸阀排出，并应控制排出土体体积不大于冻结孔体积。循环水应用清水，防止单向阀有泥沙堵塞 冻结管下入地层深度不得小于设计深度，应以碰到对面管片为准。每节冻结管材应有长度及顺序编号记录。其他以设计深度加上钻头长度为准。冻结管管口露出孔口管不应小于100 mm 透孔施工在冻结管前配置金刚石取芯钻头，再配上1段长度 $L \geqslant 80$ cm的岩芯管，然后是单向阀。冻结管穿过管片后，在其上焊接止水钢环，用以封堵对面管片与冻结管之间的间隙
钻孔补偿注浆	含承压水地层每个（黏土地层每班）冻结孔成孔后必须及时注浆充填压密，同时封堵冻结管与管片之间的缝隙，保证密封装置拆除后不漏水。注浆量不少于流出量的1.5倍，有效控制地面、建（构）筑物及地下管线沉降。含承压水地层必须用压浆法在孔口管与钻孔之间充填水泥－水玻璃浆液。注浆采用P. O42.5水泥，水泥有检验合格报告
冻结孔测斜	冻结孔成孔后采用经纬仪灯光进行测斜。测斜前，应检查实际开孔位置与后视点是否一致。联络通道另一侧上部冻结孔距离隧道顶部不超过400 mm，若超过必须补孔
封闭孔底部	利用接长杆将丝堵上到孔的底部，利用反丝在卸扣的同时将丝堵上紧
打压试漏	试验压力应为盐水泵工作压力的1.5～2倍，且不宜低于0.70 MPa；经试压30 min压力下降不应超过0.05 MPa，再延续15 min压力保持不变为合格

（4）冻结孔施工质量要求如下：

① 冻结孔的开孔位置误差不宜大于100 mm，冻结孔开孔间距误差不得大于150 mm。

② 冻结孔偏斜精度要求可按表9－15选定。

表9－15　冻结孔偏斜精度要求

冻结孔类型	水平或倾斜冻结孔		
冻结孔深度 L_{ks}/m	≤10	10～20	20～30
冻结孔最大偏斜 R_p/mm	150	150～350	350～600

（5）冻结管、孔口管、供液管现场检查要求如下：

① 冻结管在投入使用前应按设计材质与规格进行验收。

② 工程中使用的冻结管厚度不得小于设计厚度（只允许正误差），尤其是采用夯管

时，冻结管管壁厚度应严格保证。

③ 孔口管施工前应严格依设计逐根检查，并保证孔口管内径比冻结管外径大 10 ~ 20 mm。安装在混凝土管片上的孔口管，管端上的鱼鳞扣长度不得小于设计。

④ 下入冻结管中的供液管应用滚球法检测确保供液管的截面面积。供液管的管径与壁厚可按表 9 - 16 选取。

表 9 - 16 供液管的管径与壁厚

供液管品种	外径/mm	壁厚/mm
焊接钢管	≥38	3 ~ 4
聚乙烯增强塑料管	≥40	≥4

（6）冻结管连接及安装内容与要求见表 9 - 17。

表 9 - 17 冻结管连接及安装内容与要求

项目	内容
连接方式	螺纹连接或内衬管对焊连接
焊接要求	内衬管的材质应与冻结管一致，管端宜留坡口，选用焊条应与管材材质相匹配，焊缝应饱满且与管壁齐平。冻结管焊接后，应将焊缝冷却 5 ~ 10 min，再将冻结管下入地层
深度要求	冻结管下入地层深度不得小于设计深度，不宜大于设计深度的 0.5 m。冻结管管口露出孔口管不宜小于 100 mm
渗漏冻结管处理	1. 试压不合格的冻结管必须进行处理，达到密封要求后才能使用。无法满足要求时应补孔 2. 向下倾斜的冻结管出现渗漏时，可在漏管中下入小直径冻结管进行处理，并在小直径冻结管外侧充满清水或泥浆。小直径冻结管应采用低碳钢无缝钢管，内径不得小于 57 mm，管壁厚度宜为 3 ~ 4 mm，宜采用直接对焊连接。下套管的冻结孔数大于冻结孔总数的 5% 时，应对冻结孔分组和积极冻结时间进行调整。小直径冻结管的下放深度和耐压要求应与普通冻结管相同 3. 向上倾斜的冻结管漏管不得采用下入小直径冻结管的方法处理；如必须下套管，须有保证套管与原冻结管之间空隙充填密实的措施

9.3.2 联络通道开挖、构筑施工

（1）施工准备工作内容及要求见表 9 - 18。

表 9 - 18 施工准备工作内容及要求

类别	工作内容及要求
技术准备	1. 勘探资料、施工图纸、冻结实测等各项技术参数齐全 2. 施工方案经过审批并进行了技术交底 3. 冻结壁厚度、平均温度等技术指标达到开挖要求
工程准备	1. 标定出开挖中线、标高 2. 具备水通、电通、路通等条件，并有足够的施工场地 3. 提升运输设备安装调试完毕 4. 具备视频监控系统及有线电话或无线直通通信系统

表 9 – 18（续）

类别	工作内容及要求
资源配置	1. 项目班子成员、技术员、质量员及作业人员配备齐全 2. 风镐、挖掘机、运输车辆、吊车、喷浆机、混凝土输送泵设备齐全 3. 水泵、聚氨酯泵、砂袋、消防器材、聚氨酯等应急物资齐全
开挖前准备	1. 隧道支撑安装： （1）隧道支撑应在冻结帷幕交圈以前安装完成，安装位置及各支撑点的顶力等应满足设计和规程要求 （2）隧道内每个联络通道预留口设 2 榀隧道支撑，分别安装在洞口两侧的第一条隧道管片环缝处 （3）每榀隧道支撑设 7~8 个支撑点，均匀地支撑在隧道管片上。支撑点与管片之间宜设置不小于 16 mm 厚的钢垫板，每个支撑点提供的支撑力不应小于 500 kN （4）支撑上半部的 4~5 个支撑点上应安装最大顶力 500 kN 的千斤顶以调整支撑力 （5）隧道支撑框架宜用型钢制作，并应满足现行国家标准《钢结构设计标准》（GB 50017）的要求。隧道支撑之间应有效连接，确保其稳定性 （6）隧道支撑安装偏离隧道管片环缝处截面不宜大于 20 mm （7）隧道支撑安装完毕，应顶实千斤顶，每个千斤顶的顶力不得大于 100 kN，各个千斤顶的顶力应均匀 （8）根据实测隧道收敛变形调整各个千斤顶的顶力，收敛大的部位要求千斤顶顶力大，不收敛的部位千斤顶不加力。隧道收敛达到报警值 10 mm 时千斤顶顶力达到设计最大值 500 kN （9）千斤顶顶力达到设计最大值后隧道仍继续变形时，应采取其他加固措施 2. 防护门安装： （1）开挖前，应在联络通道开挖侧预留洞口上安装应急防护门，并进行水密性试验，防护门设计、安装与使用各项指标应满足设计要求 （2）防护门应能灵活开关，关闭后应能承受安装位置的水土压力，有效阻止联络通道内水、土流出，开启后不得影响正常的开挖和结构施工 （3）在防护门上应安装排气管、注浆管及控制阀门，并配备注浆泵为防护门内供水 （4）防护门可安装在通道预留口隧道钢管片上。防护门结构设计和安装应符合现行国家标准《钢结构设计标准》（GB 50017）的规定 （5）安装好防护门后应进行水密性试验或气密性试验，在不停泵时试验水压或气压应能保持在设计试压值 （6）防护门开关应便于人工操作，紧固螺栓、扳手等配件及操作工具应准备齐全到位 （7）联络通道开挖时发生透水、冒砂事故时，应立即对已开挖隧道进行固体材料充填并及时关闭防护门，关闭后向防护门内注浆、压水，使防护门内水压维持在设计压力 （8）通道挖通并施工初次支护后可拆除防护门 （9）在集水井位置有透水的砂性土层时，宜设集水井井口防护门或盖板。开挖集水井发生透水冒砂事故时，应立即压填并关上防护门，关上防护门后向集水井内压水或注入聚氨酯等注浆充填材料。防护门应能承受所在深度的地下水水压

（2）开挖条件见表 9 – 19。

表 9 – 19 开 挖 条 件

项目	内 容
探孔	为了更直观地观测冻结加固效果，在隧道开挖断面区域内施工探孔，探孔无泥水流出或初次有少量出水并渐止，即可试挖
开挖应具备条件	1. 检验冻结壁厚度、平均温度等达到设计值；泄压孔水压升高至超过初始压力 0.1 MPa 以上，打开泄压孔无水持续流出（少量滴水除外），泄压孔压力上涨超过 7 d 2. 积极冻结时间、盐水温度、盐水流量、去回路盐水温差等冻结参数达到设计值；制冷机等机电设备及电源完好，冻结系统运转正常 3. 在联络通道入口未冻区内管片上开设直径 80~120 mm 的探孔，深度为进入土层不小于 500 mm，检查孔内无泥水连续流出 4. 隧道支撑和防护门按设计要求安装完成且通过验收 5. 应急预案已落实并按规定通过验收 6. 开挖相关准备工作已完成 7. 编制开挖条件分析报告并经相关单位批复确认

(3) 管片拆除方法见表 9-20。

表 9-20 管片拆除方法

项目	内 容
试挖条件	拉钢管片前,先开 200 mm×200 mm 观察孔,观测土体并试挖,满足开挖条件(无泥水流出),再正式拉管片开挖
拆除顺序	钢管片可以用千斤顶及手拉葫芦拉开。拆除顺序如图 9-1 所示,先拉一号,接着拉二、三、四号,待通道贯通后拆除安全门再拉五、六号
拆除方法	开管片时,准备 2 台 32 t 千斤顶,5 t 和 2 t 手拉葫芦各一个。2 台千斤顶架在被开管片两侧,中间用一根横梁同钢管片直接相连,通过顶推横梁向外推钢管片,5 t 手拉葫芦作为主拉拔管用,一端钩住欲开管片,另一端套挂在对面隧道管片上,水平方向加力向隧道内拉拔管片。2 t 手拉葫芦悬吊在欲拆管片上方,一端钩住欲拆管片,以防管片拉出时突然砸落在工作平台上。在用千斤顶及 5 t 手拉葫芦拉拔期间要注意观察管片外移情况,并随时注意调整 2 t 手拉葫芦拉紧程度和方向。因管片锈蚀拉出困难时,应用大锤锤振管片,减小拔出拉力。当拉拔不出时,可采用气割方法拆除

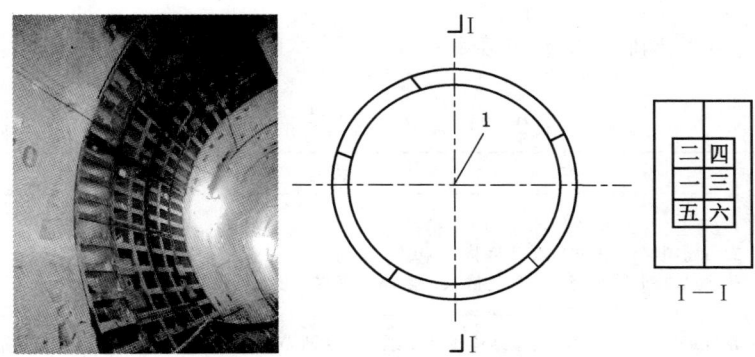

1—隧道中心线

图 9-1 钢管片拆除顺序

(4) 开挖及初次支护方法见表 9-21。

表 9-21 开挖及初次支护方法

项目	内 容
开挖	1. 土方开挖应短段掘砌、随挖随支,并应与初次支护钢支架或钢格栅间距一致。可采用全断面开挖方式,开挖面土体难以自立时应放坡,空顶距以不大于相邻两钢支架或钢格栅间距为原则 2. 开挖顺序:联络通道宜由主冻结孔向副冻结孔方向开挖。上部通道施工完成后,再开挖施工集水井 3. 开挖方法:采用人工风镐或挖掘机掘进
初次支护	1. 初次支护由型钢支架或钢筋栅格、木背板、喷射混凝土和砂浆充填层组成。型钢支架或钢筋栅格为全封闭支护结构,相邻两排支架间必须用支撑杆相互连接。喷射混凝土应分层施工,每层厚度约 5 cm。型钢或钢筋栅格支架、木背板和喷射混凝土的具体施工参数应符合设计要求 2. 喷射混凝土流程:设备安装调试→供风→配料→喷射口给水混合喷射 3. 喷射混凝土顺序:自下而上,先墙身后拱顶 4. 原材料:水泥为 P.O42.5 普通硅酸盐水泥;砂子为中粗砂;石子采用坚固碎石,粒径小于 15 mm;速凝剂掺量为水泥用量的 5%;喷射混凝土的配合比按设计要求执行。按规定提前做好材料复试,配合比经检测单位实验室试验确定

(5) 防水施工方法见表 9-22。

表 9-22 防水施工方法

项目	内　　容
施工顺序	1. 先拱顶，再侧墙，后底板 2. 先通道后喇叭口 3. 集水井先底板后侧墙 4. 将集水井侧墙与通道侧墙连接
施工方法	1. 将卷材横向平铺在喷浆层上，用钉子将卷材均匀钉在喷浆层上；相邻两张卷材应压缝 10 cm，使其牢固结合在一起 2. 注浆孔处应另剪一块卷材盖住注浆孔，呈喇叭口状包裹注浆管 15 cm 并与注浆管可靠紧密连接，用管箍固定；在钉孔处应另外剪一块卷材将钉子盖住，并紧密连接 3. 钢管片与支护层和结构层的接缝处设置兜绕成环的遇水膨胀橡胶条和预埋注浆管。隧道道床及泵房间的不锈钢管外壁须设置成环的遇水膨胀橡胶条

(6) 联络通道结构施工工艺见表 9-23。

表 9-23 联络通道结构施工工艺

项目	内　　容
结构施工顺序	1. 通道(含喇叭口)→集水井(含盖板) 2. 通道混凝土浇筑顺序为底板→侧墙→拱顶 3. 集水井混凝土浇筑顺序为底板→侧墙→集水井顶板
钢筋绑扎	钢筋绑扎与搭接应严格按结构设计图纸和相关规范要求执行。在结构混凝土与钢管片接触部位应按设计要求焊接锚筋，且纵筋与钢管片搭接处按设计要求采用 T 形焊接。钢筋施工时保护好防水层
立模板	1. 联络通道及泵站施工宜采用钢模板 2. 模板和支架应清理、整形、均匀刷涂脱模剂 3. 模板的竖直度、水平度、标高、钢筋保护层的厚度以及结构层尺寸按混凝土结构施工设计及规范要求施工、验收
浇筑混凝土	1. 浇筑前应将模板内的垃圾、泥土等杂物及钢筋上的油污清除干净，并检查钢筋的水泥砂浆垫块是否垫好 2. 混凝土使用翻斗车进行运输，混凝土入模采用小型液压混凝土泵泵入 3. 混凝土浇筑顺序：通道底板→通道侧墙→通道拱部→集水井底板→集水井墙部→集水井顶板→防火墙 4. 通道两端上部钢管片预留观察孔和注浆管
振捣	1. 浇筑混凝土时应分段分层连续进行，混凝土应对称入模以防止模板整体位移 2. 使用插入式振捣器应快插慢拔，插点要均匀排列，逐点移动，顺序进行，不得遗漏，做到均匀振实；振捣效果以不出现气泡为宜 3. 浇筑混凝土应连续进行。如必须间歇，其间歇时间应尽量缩短，并应在前层混凝土初凝之前，将次层混凝土浇筑完毕 4. 浇筑混凝土应观察模板、钢筋、预埋孔洞、预埋件等有无移动、变形或堵塞情况，发现问题应立即停止浇筑，并应在已浇筑的混凝土凝结前修正完好 5. 预留施工缝必须全长安装止水钢板，施工缝处在继续浇筑混凝土前，施工缝混凝土表面应凿毛，剔除浮动石子，用水冲洗干净后继续浇筑混凝土，应细致操作振实，使新旧混凝土紧密结合

表 9-23（续）

项目	内　容
集水管施工	1. 集水管按照设计要求安装，集水管安装前，在结构层止水带外侧部分需外包 5 mm 厚自粘性丁基橡胶带。丁基橡胶带厚度要达到要求，并且外包牢固。止水带采用 5 mm 厚止水钢板加单组分遇水膨胀密封胶封水 2. 在安装集水管前，将钢管片和限位套管内的钢板沿割除线割除，割除时严格控制割除范围大小 3. 将加工好的集水管插入限位套管内，在限位套管内剩余未割除的钢板前设置两个 O 型橡胶圈，并在 DN200 不锈钢管（或铸铁管）外围压紧 φ245 mm×8 mm 钢管 4. 在浇筑混凝土前，首先将集水管管口封堵，防止混凝土进入管内堵塞集水管
预埋件施工	预埋件施工按照图纸大样照图施工
预留洞施工	施工预留洞前，在预留洞设置处放置相应口径的管材，然后封堵管口，支模板浇筑混凝土。拆模板后将预留洞疏通即可
集水管、预埋件、预留洞防渗水措施	1. 与钢管片交界处，钢管片上气割开口应规则，泥沙应清理干净 2. 与钢管片交界处混凝土要浇捣密实，不渗水
预埋注浆孔	1. 按照设计要求，施工中在结构层中预埋一定数量融沉注浆孔管及充填注浆孔管 2. 融沉注浆孔管及充填注浆孔管埋设 结构施工时，预埋的融沉注浆管应将其里端用无纺布捆扎封堵，外端用丝堵封牢并焊接固定在钢筋上；拱顶最高处支护层与结构层之间空隙布设不少于 4 根充填注浆管，中间 2 根，两端喇叭口最高处各布置 1 根，注浆管里端用塑料薄膜绑扎并紧靠支护层，防止混凝土浇筑时进入砂浆，外端用丝堵封牢并焊接在钢筋上固定

（7）冻结管、孔口管割除及封堵方法见表 9-24。

表 9-24　冻结管、孔口管割除及封堵方法

项目	方法与要求
割除	停冻后应尽快割除隧道管片上的孔口管和冻结管，割除点与管片内壁的距离不应小于 60 mm
封堵	按设计要求充填冻结管内空隙及进行孔口封堵，防止孔口管和冻结管周围冻结壁解冻漏水： 1. 停冻后应对遗弃在地层中的冻结管采用强度等级不低于 M10 的水泥砂浆或 C15 以上混凝土进行充填，自冻结管口向孔内充填长度不应小于 1.5 m，充填时要排除冻结管内盐水 2. 割除隧道管片上的孔口管和冻结所留下的孔口，应采用速凝堵漏剂封堵或其他耐久性材料、密封性高的工艺封堵，并预埋注浆管进行注浆堵漏。常见做法为： （1）对于混凝土管片，贴近孔口对称打 2 个 45°、50 mm 深的斜孔，孔内预埋 φ12 mm 钢筋或放置膨胀螺栓固定孔口管；对于钢管片，在钢管片上焊接 2 根 φ12 mm 钢筋固定孔口管 （2）然后用硫铝酸盐超早强（微膨胀）水泥填满孔口，封堵牢固密实 （3）在孔口管管口焊接 10 mm 厚的封口钢板封闭管口

（8）钢管片格仓充填及表面防锈处理要求见表 9-25。

表 9-25　钢管片格仓充填及表面防锈处理要求

项目	内　　容
钢管片格仓充填	1. 严格按照设计要求的材料及工艺进行充填封堵 2. 对钻孔施工有影响的钢管片格仓，在钻孔施工前进行充填封堵 3. 对冻结施工有影响的钢管片格仓，在开机冻结前进行充填封堵 4. 其余钢格仓在结构施工过程中适时进行充填封堵 5. 充填封堵完成的钢格仓，表面应平整、光滑，严禁高出钢管片表面 6. 钢管片充填要密实牢固，特别是隧道顶部的钢格仓充填时要做防坠落处理（内部加焊 6 mm 钢筋），防止后期地铁运营时发生坠落，影响地铁运营
钢管片表面防锈处理	严格按照设计要求的材料对钢管片表面进行防锈处理。涂刷防锈材料前，要清理干净钢管片表面的污垢及锈迹，表面采取干燥措施后方可涂刷防锈材料。防锈材料要涂刷牢固、均匀、整齐、整洁，严禁乱涂乱抹（防锈材料一般为双组分环氧沥青漆）

9.4　地铁隧道盾构机进、出洞洞门冻结施工

盾构机出洞、进洞冻结加固分别如图 9-2、图 9-3 所示。地铁隧道盾构机进、出洞施工流程见表 9-26。

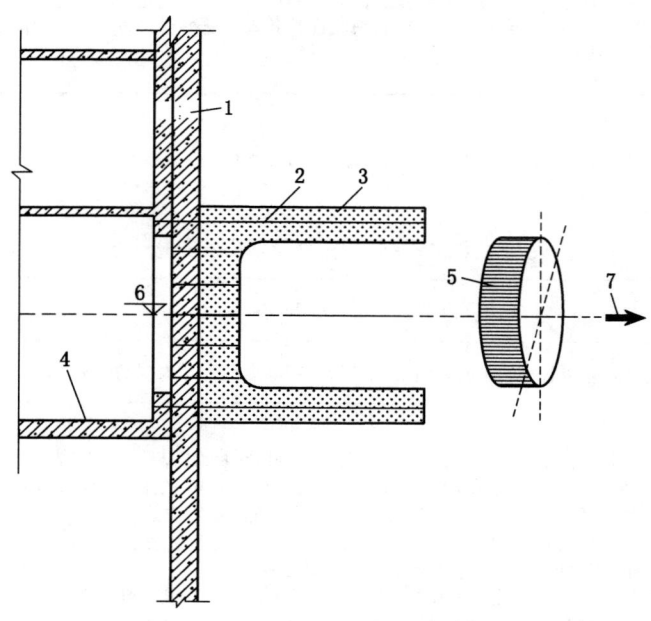

1—围护结构；2—冻结管；3—冻结加固区域；4—车站；5—盾构机刀盘；
6—隧道中心标高；7—盾构机推进方向
图 9-2　盾构机出洞冻结加固示意图

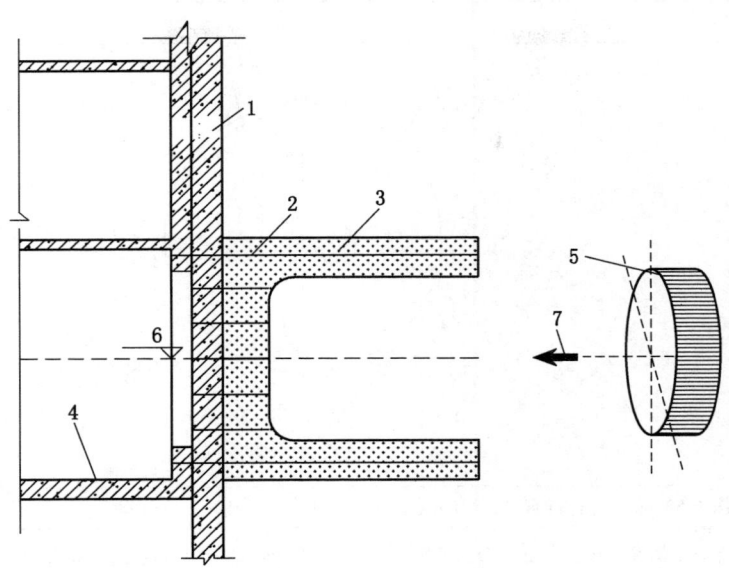

1—围护结构;2—冻结管;3—冻结加固区域;4—车站;5—盾构机刀盘;
6—隧道中心标高;7—盾构机推进方向

图9-3 盾构机进洞冻结加固示意图

表9-26 地铁隧道盾构机进、出洞施工流程

项目	施 工 流 程
出洞	冻结孔施工→安装冻结器→开机积极冻结→破除洞门,盾构机向洞口推进→推进范围内冻结管拔除→盾构机继续向前推进→解冻、融沉注浆
进洞	冻结孔施工→安装冻结器→开机积极冻结→破除洞门,盾构机向洞口推进→推进范围内冻结管拔除→盾构机进洞→解冻、融沉注浆

9.4.1 施工准备

施工准备工作内容及要求见表9-18。

9.4.2 冻结钻孔施工

冻结钻孔施工流程为:定位开孔及孔口管安装→孔口装置安装→钻孔→测量→封闭孔底部→打压试漏。

钻孔具体施工方法参照9.3.1钻孔施工。

9.4.3 探孔施工

探孔施工数量及要求见表9-27。

表9-27 探孔施工数量及要求

项目	内　　容
探孔数量	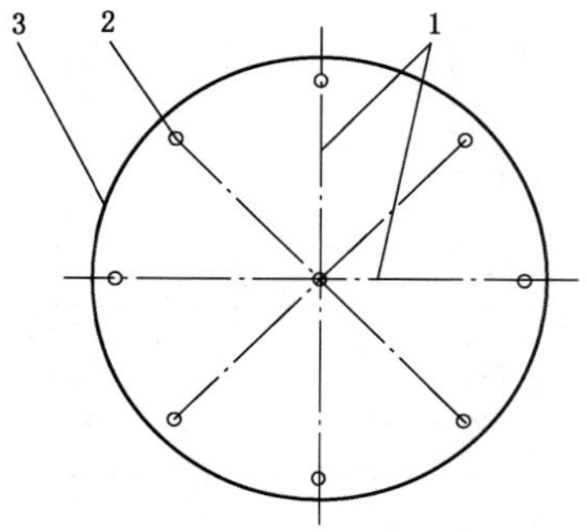 1—中心线；2—探孔；3—洞圈 9个探孔示意图
探孔深度	深入冻土50 mm，并进行测温，观测探孔是否出现渗漏水现象
评判	探孔有异常情况（渗漏）必须分析原因，采取措施进行处理。采取措施后应重新打探孔观察，确认无水、砂流出后方可凿除洞门混凝土

9.4.4　洞门凿除

在洞圈内搭设钢制脚手架，分层分块凿除洞门混凝土，首先暴露出内排钢筋，割去内排钢筋，保留外排钢筋，清理干净落在洞圈底部的混凝土碎块，然后按照先下后上的顺序逐块割断外排钢筋。

洞门凿除要连续施工，尽量缩短作业时间，以减少正面土体的流失量。整个作业过程中，由专职安全员进行全过程监督，杜绝安全事故隐患，确保人身安全，同时安排专人对洞口上的密封装置做跟踪检查，起保护作用。

9.4.5　拔管施工

拔管施工顺序、方法及要求见表9-28。

表9-28　拔管施工顺序、方法及要求

项目	水 平 冻 结 管	竖 直 冻 结 管
拔管顺序	先拔除内圈与中圈冻结孔，外圈冻结孔继续冻结。盾构机完全进（出）洞结束后，对外圈水平冻结孔进行割孔封孔处理	先拔出盾构机推进影响范围内的冻结孔，盾构机完成进、出洞后再拔出剩余冻结孔
盐水加热	用一只2 m³左右的盐水箱储存盐水，用15~45 kW的电热丝加热盐水，如图9-4所示	
盐水循环	利用流量为10 m³/h的盐水泵循环盐水，先用30~40 ℃的盐水循环5 min左右，然后将盐水温度逐步升到50~70 ℃，循环盐水30 min左右，当回路盐水温度升到25~30 ℃时，即可边循环盐水边试拔	
拔管	利用48英寸管钳转动冻结管，用2 t手拉葫芦拔出冻结管（连同孔口管一起拔除）。手拉葫芦固定在搭设的脚手架上，冻结管范围内的脚手架须特殊加固使其与槽壁紧密连接便于力的传递 上述方法不能拔出冻结管时，利用两个32 t千斤顶架设在槽壁上，水平向外顶推冻结管，具体操作如图9-5所示	竖直冻结管用汽车吊起拔松动冻结管。为防止拔断冻结管，起重机械要设限力装置

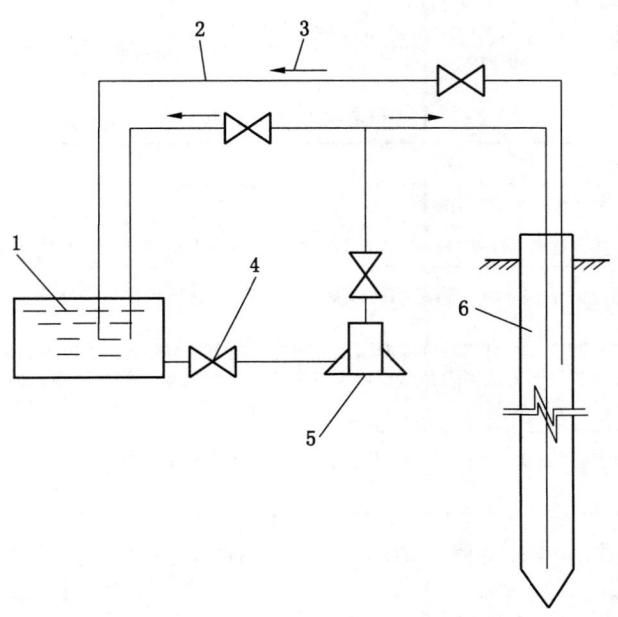

1—盐水箱；2—盐水管；3—盐水流向；4—闸阀；5—盐水泵；6—冻结管

图 9-4 热盐水循环及盐水系统示意图

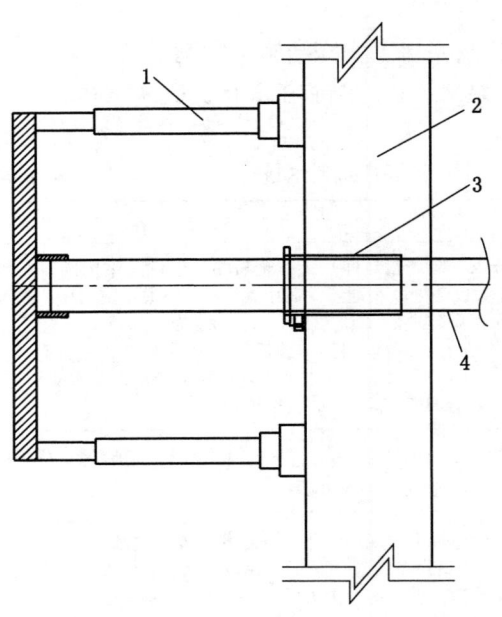

1—千斤顶；2—槽壁；3—孔口管；4—冻结管

图 9-5 千斤顶拔管示意图

9.4.6 冻结和盾构机进、出洞与配合工艺

冻结和盾构机进、出洞与配合工艺见表 9-29。

表 9-29 冻结和盾构机进、出洞与配合工艺

项 目	要 求
组织协调	专人协调冻结和推进工作
进、出洞时间	盾构机推进范围内冻结管拔除后，盾构机宜在48 h内出洞（进洞）完毕
破洞门条件	1. 应通过测温孔计算，确定冻结帷幕交圈、冻结壁与围护结构完全胶结，并达到设计强度和厚度 2. 探孔观测应无水且冻结范围内冻土与围护结构交界面探孔内温度不高于 -3 ℃ 3. 盾构机进洞时要复测刀盘里程和冻结管端头里程关系，防止盾构机刀盘顶到冻结管上，造成冻结管断裂、盐水泄漏
冻结区域停推措施	盾构机推进到冻结区域后，如果停止推进，宜每隔10 min 转动刀盘一次，每次转动时间宜大于5 min
盾构机刀盘冻住措施	若刀盘冻住，应采用向工作面打热盐水、热蒸气的方式解冻
其他	1. 进洞时，若盾构机支撑环未进入洞门，可采用千斤顶后退盾构机的脱困方式 2. 破除洞门时，准备出洞的盾构机应停在冻结壁外1~2环位置 3. 盾构机在冻结壁外1~2环位置盾尾打浆液环箍，封闭管片与土体交界面的导水通道

9.5 施工案例

9.5.1 地铁隧道联络通道及泵房工程冻结施工案例

地铁隧道联络通道及泵房工程冻结施工案例见表 9-30。

表 9-30 地铁隧道联络通道及泵房工程冻结施工案例

项目	主 要 内 容
工程概况	上海轨道交通9号线三期（东延伸）工程金桥站—申江路站区间，在隧道中心里程 SDk53+100.412（XDk53+098.210）共设2处联络通道。其中，2号联络通道隧道中心线间距为13.0 m，联络通道所在位置的隧道中心线标高下行线为 -20.723 m（上行线为 -20.712 m），上部覆土厚度22.597 m。2号联络通道结构如图9-6所示。2号联络通道外部施工环境复杂，上方有高压电杆、燃气管、上水管、电力管线和污水管等，采用矿山暗挖法施工，复合式衬砌结构，初次支护与二次衬砌之间设置防水层，初衬厚度为200 mm，二衬厚度侧墙450 mm，拱顶400 mm
地质条件	2号联络通道位于⑤$_{1-1}$灰色黏土、⑤$_{1-2}$灰色粉质黏土、⑥暗绿~草黄色粉质黏土、⑦$_{1-1}$草黄~灰色黏质粉土夹粉质黏土层，如图9-6所示
冻结设计	目前联络通道冻结设计基本实现标准化，冻结孔布置方式基本一致，因此不再赘述。冻结施工主要技术参数见表9-31，制冷站设备布置如图9-7所示，联络通道及泵站施工流程如图9-8所示，2号联络通道及泵站工程冻结钻孔立面透视图如图9-9所示、平面布置如图9-10所示
施工情况	联络通道及泵站施工采用"隧道内水平冻结加固土体，隧道内暗挖构筑"的全隧道内施工方案，即在隧道内采用冻结法加固地层，使联络通道外围土体冻结，形成强度高、封闭性好的冻结帷幕，然后在冻结帷幕中采用矿山法进行通道或泵房的开挖构筑施工。联络通道从正面开挖，挖到对面管片时，延长了冻结时间，更有利于加强反面管片和土层交接处的冻结效果

表9-30（续）

项目	主 要 内 容
结语	冻结法的加固与封水效果良好，施工安全可靠，是复杂条件下联络通道的唯一可靠施工工法。为了控制土层冻融引起的地层变形，需要在冻结加固区融化过程中进行跟踪注浆

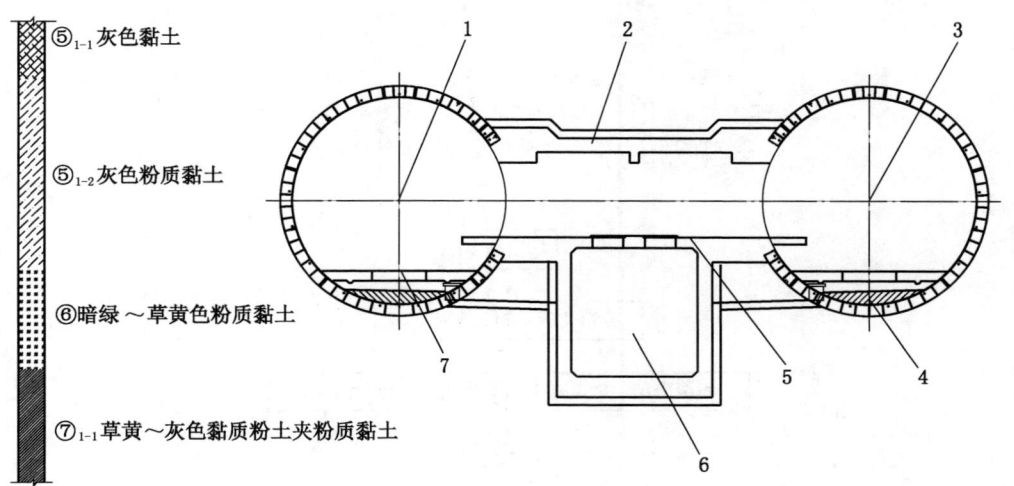

1—下行线隧道；2—联络通道顶板；3—上行线隧道；4—底板充填层；5—联络通道底板；6—集水井；7—轨道

图9-6　2号联络通道结构示意图

表9-31　2号联络通道冻结施工主要技术参数

序号	项目	参数	备注
1	冻土墙设计厚度/m	1.9~2.2	
2	冻土墙平均温度/℃	-10	
3	积极冻结时间/d	≥50	
4	冻结孔数/个	67	
5	冻结孔允许偏斜/mm	150	
6	冻结孔开孔误差/mm	≤100	
7	最低盐水温度/℃	≤-28	
8	单孔盐水流量/(m³·h⁻¹)	≥3	
9	冻结管规格/(mm×mm)	$\phi 89 \times 8$	低碳钢无缝钢管
10	测温孔数/个	8	
11	泄压孔数/个	4	
12	冻结管总长度/m	518.756	

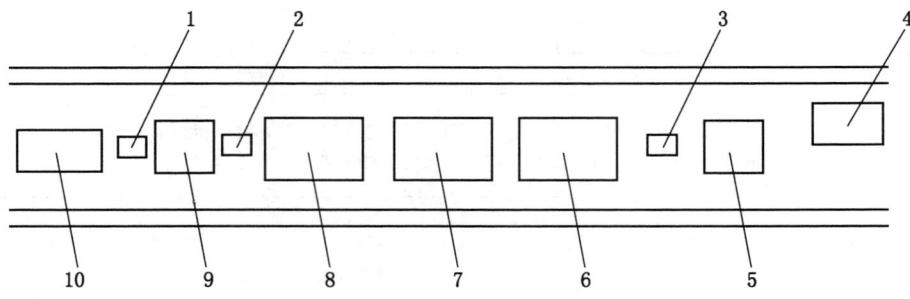

1—清水泵；2—1号盐水泵；3—2号盐水泵；4—箱式变压器；5—2号盐水箱；6—3号制冷机；
7—2号制冷机；8—1号制冷机；9—1号盐水箱；10—清水箱

图9-7 隧道内制冷站设备布置示意图

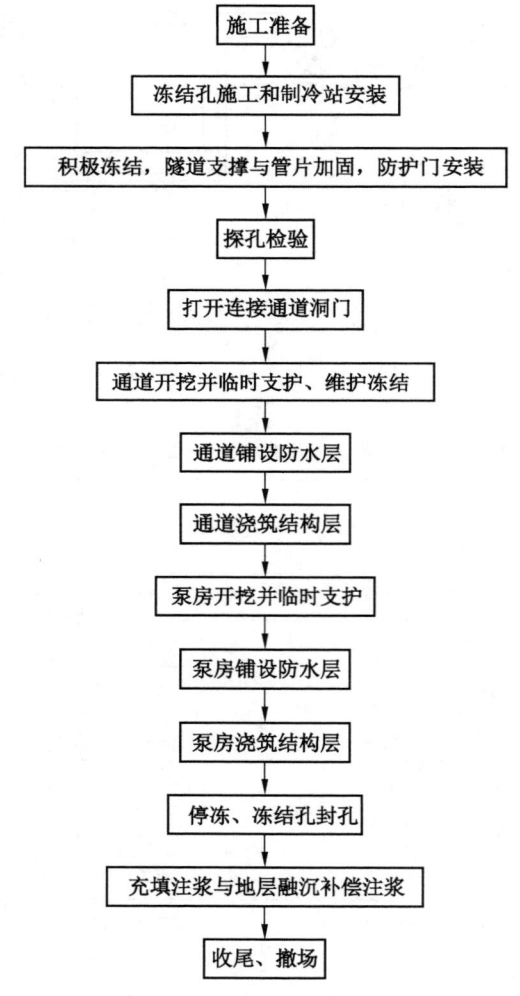

图9-8 联络通道及泵站施工流程

9 联络通道、洞门等其他冻结工程施工

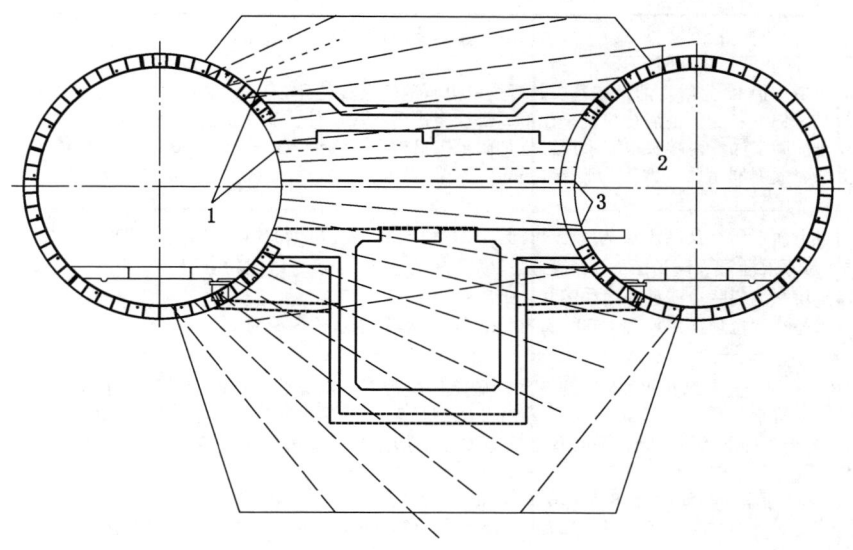

1—测温孔；2—冻结孔；3—透孔（兼作冻结孔）

图 9-9 2号联络通道及泵站工程冻结钻孔立面透视图

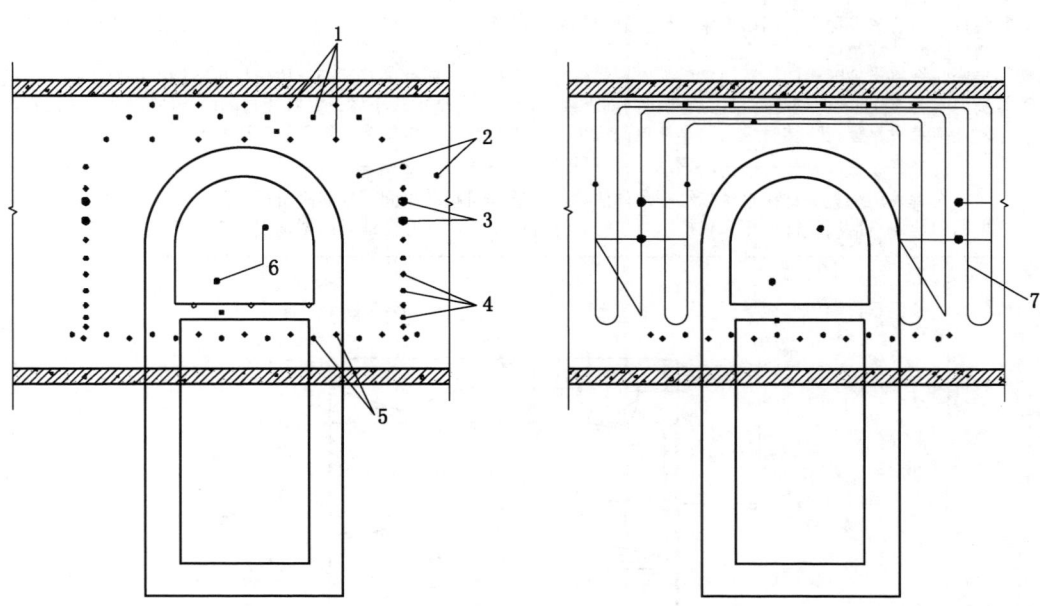

1—顶板冻结孔；2—测温孔；3—透孔（兼作冻结孔）；4—侧墙冻结孔；5—底板冻结孔；
6—泄压孔；7—冷排管

图 9-10 2号联络通道及泵站工程冻结孔平面布置示意图

9.5.2 地铁隧道洞门竖直冻结施工案例

地铁隧道洞门竖直冻结施工案例见表 9-32。

表 9 – 32　地铁隧道洞门竖直冻结施工案例

项目	主 要 内 容
工程概况	上海轨道交通 17 号线青浦站东端头井盾构机出洞洞门圈直径为 7.1 m。其中东端头井盾构机出洞处隧道中心埋深 12.091 m；为保证盾构机安全出洞，综合考虑各工况条件，盾构机出洞处采用水泥系拌合加固法和冻结法复合加固工法。两端头水泥系搅拌土加固范围沿地下连续墙方向都为 29.05 m，沿隧道方向上、下行线均为 10 m。搅拌桩墙加固深度为洞圈上 3 m、下 4 m
地质条件	洞门自上而下所涉及的土层为①$_{1-1}$填土、②$_1$粉质黏土、⑥$_1$粉质黏土、⑥$_{2-1}$砂质粉土、⑥$_{2-2}$砂质粉土、⑥$_4$粉质黏土层，隧道断面所处土层为⑥$_{2-1}$砂质粉土、⑥$_{2-2}$砂质粉土层。其中⑥$_{2-1}$、⑥$_{2-2}$砂质粉土为承压水层。洞门隧道所处地层如图 9 – 11 所示 地下水静止水位埋深一般为 1.00～1.80 m，⑥$_2$层承压水水位埋深为 1.60～2.80 m
冻结设计	1. 洞门采用竖直冻结止水加固。考虑洞门破除后进行第一次拔管，可能导致隧道下部冻结壁化冻，洞门底部布置一排水平冻结孔，从而减小盾构机出洞风险。设计冻结壁平均温度取 –10 ℃，冻结壁厚度为 1.8 m。东端头井下行线冻结孔平面和立面布置分别如图 9 – 12 和图 9 – 13 所示。冻结施工主要技术参数见表 9 – 33 2. 单个洞门需冷量为 $Q = 5.865 \times 10^4$ kcal/h 3. 竖直、水平冻结管分别选用 $\phi 127$ mm × 5 mm、$\phi 89$ mm × 8 mm 的 20 号低碳钢无缝钢管 4. 测温管选用 $\phi 89$ mm × 8 mm、$\phi 32$ mm × 3 mm 的 20 号低碳钢无缝钢管 5. 供液管选用 $\phi 48$ mm × 4.5 mm 聚乙烯增强塑料管 6. 盐水干管和配、集液管选用 $\phi 159$ mm × 5 mm 的 PE 管和无缝钢管
施工情况	竖直钻孔选用 XY – 4 型钻机钻进，水平钻孔使用 MD – 80 型钻机。水平钻孔前要安装孔口管及孔口密封装置，以防突发涌水、涌砂现象出现。制冷站放在端头井附近。积极冻结 25 d 后，通过测温孔计算确定冻结壁交圈、冻结壁与槽壁完全胶结，并达到设计强度、厚度。探孔观测无水，且探孔内温度在 –3 ℃以下，经验收合格后破除洞门。洞门采用人工风镐破除，盾构机向前推进至洞门，拔出推进范围内的竖直冻结管至洞门上方 500 mm 并恢复冻结。盾构机向前继续推进，至完全进入土体，且管片与洞门封堵完毕可停止冻结。停止冻结后，竖直冻结管采用吊车从地面拔出，并进行封孔；水平冻结管割管后进行封孔
结语	本案例采用竖直冻结 + 水平冻结止水加固洞门，盾构机顺利出洞，地表隆沉满足设计要求。类似工程可根据洞门埋深、地层条件、止水和抗压要求等，选择冻结壁厚度并考虑是否增加水平冻结孔

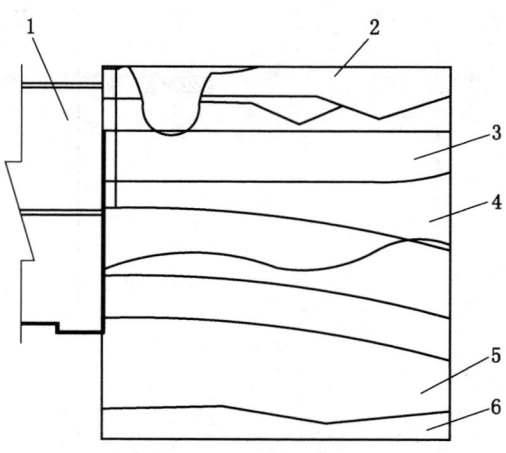

1—青浦站东端头井；2—①$_{1-1}$填土；3—⑥$_1$暗粉质黏土；4—⑥$_{2-1}$砂质粉土；5—⑥砂质粉土；6—⑥粉质黏土

图 9 – 11　青浦站东端头井盾构机出洞洞门隧道所处地层

9 联络通道、洞门等其他冻结工程施工

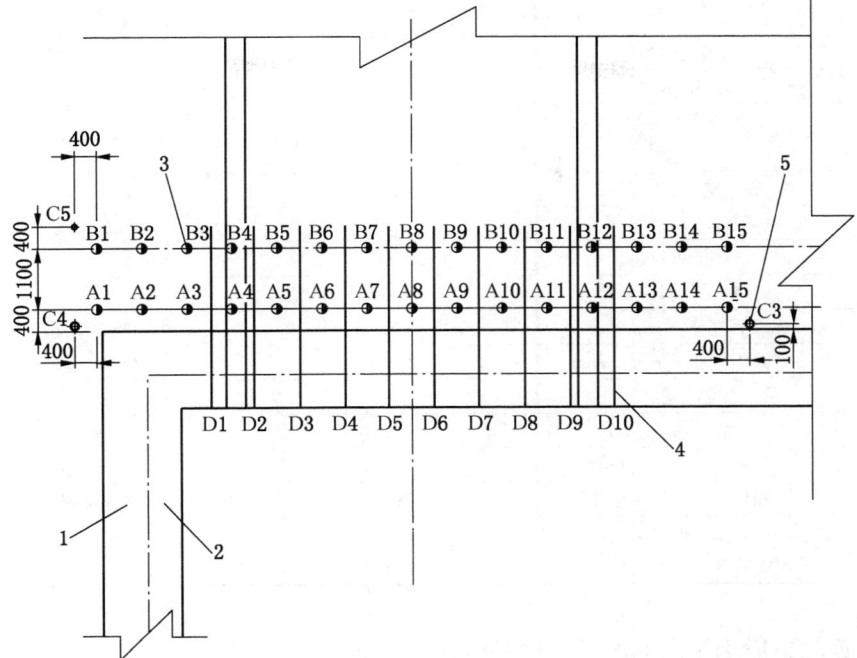

1—地下连续墙；2—内衬结构；3—竖直冻结孔；4—水平冻结孔；5—测温孔

图 9-12 青浦站东端头井下行线冻结孔平面布置示意图

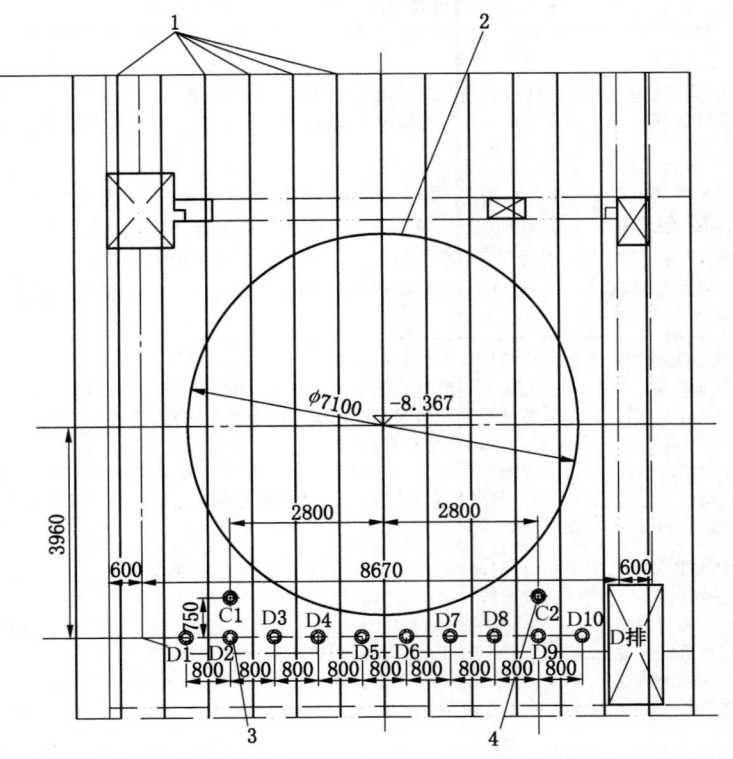

1—竖直冻结孔；2—洞门内径；3—水平冻结孔；4—水平测温孔

图 9-13 青浦站东端头井下行线冻结孔立面布置示意图

表9-33 青浦站东端头井盾构机出洞洞门冻结施工主要技术参数

序号	项 目	参 数	备 注
1	冻结壁厚度/m	1.8	
2	冻结壁平均温度/℃	≤ -10	
3	冻结孔数/个	40	
4	冻结壁交圈时间/d	18~25	
5	积极冻结时间/d	30	根据工程现场温度场监测决定
6	开孔间距/m	0.8	
7	允许偏斜/mm	≤150	
8	冻结管规格/(mm×mm)	$\phi127×5$、$\phi89×8$	20号低碳钢无缝钢管
9	供液管规格/(mm×mm)	$\phi48×4.5$	聚乙烯增强塑料管
10	测温孔数/个	5	
11	冻结孔总长度/m	532.0	1个洞门
12	测温孔总长度/m	56.8	1个洞门
13	设计最低盐水温度/℃	-28~-30	冻结7d盐水温度降至-18℃以下
14	单孔盐水流量/(m³·h⁻¹)	≥5	
15	工况需冷量/(10⁴ kcal·h⁻¹)	5.865	

9.5.3 地铁隧道盾构机出洞洞门水平冻结施工案例

地铁隧道盾构机出洞洞门水平冻结施工案例见表9-34。

表9-34 地铁隧道盾构机出洞洞门水平冻结施工案例

项目	主 要 内 容
工程概况	该工程为苏州轨道交通3号线金鸡湖西站—东方之门站—现代大道站,东方之门站南端盾构井端头加固冻结工程。左线为接收井,右线为始发井。洞门中心埋深20 m,冻结加固区为水平杯式加固。此案例指的是右线始发洞门
地质条件	冻结加固地层从上到下依次为:①₁杂填土、①₂素填土、③₁黏土、③₂粉质黏土、④₂c粉质黏土、④₂a粉质黏土、⑤₁粉质黏土、⑥₂粉质黏土。东方之门站南端盾构接收(始发)冻结加固地层位于④₂a粉质黏土、⑤₁粉质黏土、⑥₂粉质黏土、⑦₁粉质黏土地层中。场区的地下水有潜水、微承压水和承压水三种类型。实测潜水水位标高1.12~2.01 m,微承压水水头标高2.31 m。承压水含水层历史最高水头标高在-2.00 m左右
冻结设计	1. 冻结壁厚度的确定。水平冻结设计冻结壁有效厚度为"杯底"3.5 m,"杯壁"厚度1.6 m,长度10 m,冻结壁设计平均温度为不高于-10 ℃;设计取冻土单轴抗压强度为3.6 MPa(-10 ℃)。 2. 冻结孔布置。根据设计冻结壁厚度和槽壁厚度,洞门内布置2圈孔,洞门外布置1圈孔。内圈冻结孔深度5.4 m,外圈孔冻结孔深度11.4 m。冻结孔布置如图9-14所示。 3. 测温孔布置。每个洞门设置测温孔5个,其中2个布置在冻结圈径的外测,深度11.4 m,其余均布置在冻结圈径之内,深度为4.9 m。测温孔应采用钻孔埋设,其要求同冻结孔。测温孔布置如图9-14所示。 4. 冻结施工主要技术参数见表9-35。
盾构机出洞施工	1. 制冷站安装与钻孔施工同时进行,钻孔施工结束即可转入冻结器安装阶段。 2. 设备安装完毕进行调试和试运转。在试运转时,要随时调节压力、温度等参数,使机组在合理的参数条件下运行。在冻结过程中,每天检测盐水温度和流量、测温孔温度;根据测温数据分析冻结壁的扩展速度和厚度,预计冻结壁达到设计厚度的时间,必要时调整冻结系统运行参数。 3. 冻结壁温度和厚度达到设计值后,打开探孔确认无泥水涌出,即可拔管进、出洞。若盾构机还未达到出洞位置可维护冻结,但盐水温度不宜高于-25 ℃。待盾构机完全出洞后即可停止冻结
结语	该案例利用水平孔进行冻结加固和止水,水平冻结环壁长度涵盖盾构机全长,保证了盾构机顺利进、出洞,地表隆沉满足设计要求

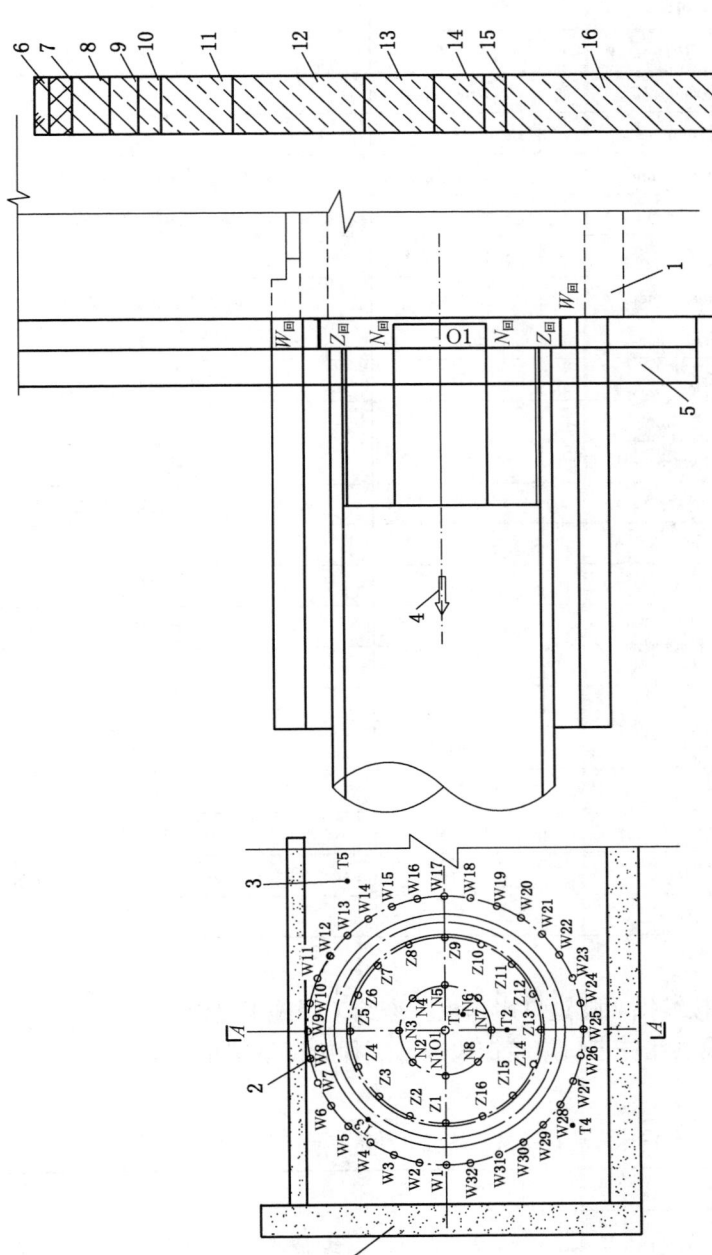

图 9-14 东方之门站盾构井南端头水平冻结加固示意图

1—内衬墙；2—冻结孔；3—测温孔；4—盾构推进；5—围护结构；6—①$_1$ 杂填土；7—①$_2$ 素填土；8—③$_1$ 黏土；9—③$_2$ 粉质黏土；10—④$_1$ 粉质黏土；11—④$_2$ 粉质黏土；12—⑤$_1$ 粉质粉土；13—⑥$_2$ 粉质黏土；14—⑦$_1$ 粉质粉土；15—⑦$_2$ 粉质粉土；16—⑦$_3$ 粉质黏土

表9-35 东方之门站盾构井南端头洞门冻结施工主要技术参数

序号	项目	参数	备注
1	冻结壁厚度/m	1.6、3.5	
2	冻结壁平均温度/℃	≤-10	
3	冻结孔数/深度/(个/m)	57/515.8	
4	开孔间距/m	0.76~1.034	
5	允许偏斜/mm	≤150	
6	冻结管规格/(mm×mm)	$\phi 89 \times 8$	20号低碳钢无缝钢管
7	供液管规格/(mm×mm)	$\phi 55 \times 4.5$	聚乙烯增强塑料管
8	测温孔数/深度/(个/米)	5/11.4、4.9	
9	测温管规格/(mm×mm)	$\phi 89 \times 8$	20号低碳钢无缝钢管
10	冻结孔总长度/m	515.8	1个洞门
11	测温孔总长度/m	37.5	1个洞门
12	供液管总长度/m	515.8	1个洞门
13	造孔总工程量/m	553.3	含测温孔,1个洞门
14	设计最低盐水温度/℃	-28~-30	冻结7d盐水温度降至-20℃以下
15	单孔盐水流量/(m³·h⁻¹)	≥5	
16	工况需冷量/(10⁴ kcal·h⁻¹)	6.4	1个洞门
17	最大用电负荷/(kV·A)	300	1个洞门
18	总工期/d	65	1个洞门
19	进场工期/d	3	
20	打钻工期/d	20	
21	冻结器安装、管路连接工期/d	2	含保温
22	积极冻结工期/d	30~35	根据测温情况
23	维护冻结工期/d	7	含凿洞门、拔管和盾构接收(始发)
24	封孔、撤场工期/d	3	

9.5.4 港珠澳大桥珠海连接线拱北隧道口岸暗挖段冻结工程施工案例

港珠澳大桥珠海连接线拱北隧道口岸暗挖段冻结工程施工案例见表9-36。

表9-36 港珠澳大桥珠海连接线拱北隧道口岸暗挖段冻结工程施工案例

项目	主 要 内 容
工程概况	1. 港珠澳大桥拱北隧道工程是该桥珠海连接线的关键性控制工程。隧道施工包括海域明挖段、口岸暗挖段、陆域明挖段三部分。口岸暗挖段(位置见图9-15)下穿拱北海关,地层条件较差、地理位置特殊,施工技术和安全风险较大,采用"管幕+冻结法"施工 2. "管幕+冻结法"即先在土体内使用顶管法施工构作一圈曲线顶管,管幕平均长度257.9 m/根,是当时国内最长的。在曲率半径 $R = 890 \sim 902.25$ m 的缓和曲线和圆曲线上设36根 ϕ1620 mm 管幕,每根管幕由60余根管节组成,每根管节长4 m。在顶管内布置冻结器,把顶管之间及周围土体冻结成冻土,形成止水帷幕。最后在一个宽18 m、高22 m的椭圆形钢筒+冻土围成的封闭圈内进行隧道暗挖

表 9 - 36（续）

项目	主 要 内 容
地质条件	1. 地层自上而下为：第一层为淤泥及淤泥质土，厚度为 5.0~7.0 m（在拱北口岸及两侧军事区上部淤泥质土基本已挖除回填，最大填高约 9 m）；第二层为砾砂层；第三层为可塑状粉质黏土，厚度不均，一般为 1.6~6.0 m；第四层为厚 3.0~7.0 m 的海相沉积淤泥质土，夹较多砂；第五层为稍密~中密状为主的粗、砾砂，局部夹中砂，厚度不均，一般为 2.4~6.5 m，局部夹透镜体状发育的可塑状黏性土；第六层为流塑状的淤泥质土，含砂及贝壳碎屑；之下主要为全－更新统的砂类土，土体工程地质条件相对较好。隧道开挖土体主要为第一~五层土体，零星进入第六层 2. 隧区内地表水主要是海水，其中砂类土特别是相对松散的粗粒类砂土为强透水层，淤泥或淤泥质土、一般性黏性土、残积土为相对弱透水层。地下水位为 3.22 m，略高于顶部冻结土层位置，但水位受潮汐影响较大
冻结设计	1. 冻结帷幕要求： （1）冻结帷幕主要以止水为目的，本身无强度要求，其设计最小厚度 2 m，最大厚度不超过 2.6 m （2）冻结帷幕最外侧设计温度不高于 -5 ℃，其他部位设计冻结壁平均温度为 -10 ℃ （3）设计积极冻结时间为 45 d，冻结孔单孔流量≥10 m³/h；积极冻结 7 d 盐水温度降至 -20 ℃以下 （4）冻结主要技术参数见表 9 - 37 （5）冻结帷幕设计如图 9 - 16、图 9 - 17 所示 2. 冻结管及监测点布置： 冻结管在顶管内设置，设计 36 根顶管，充填混凝土顶管 18 根（奇数管），空顶管 18 根（偶数管）。奇数管：内含 2 根 ϕ133 mm 冻结管（计 9284 m），2 根 ϕ89 mm 备用冻结管（计 9284 m）和 1 根 ϕ159 mm 限位管（计 4642 m）。偶数管：内含 2 根异形管（角钢 L125×125×8 mm，计 10638 m）和 2 根 ϕ133 mm 的供液干管（计 4642 m）
冻结工程施工	1. 冻结管安装： （1）奇数管安装。冻结管及限位管和干管的安装都十分特殊，全部在顶管内进行，将冻结管按长度 6 m/段两端安装法兰，直至 255 m 的长度全部拼装完成。奇数管纵向分 3 区，1 区和 3 区长度为 64 m，2 区长度约 128 m。分区目的是从 1、3 区开挖至 84 m（即停冻区域与待开挖区域保证有 20 m 搭接区），做完结构满足封水条件停止 1、3 区冻结，2 区可继续开挖 （2）偶数管安装。异形冻结管采用∠12.5 角钢在顶管内壁进行直接焊接。按每 4 节异形管用橡胶软管连接成一组，形成 16 个独立组。空管内盐水干管安装电控三通阀控制 16 组盐水回路，每组开始与三通阀出来的三通鱼鳞接头用橡胶软管连接 2. 测温系统安装： 测温孔设计在 22 个顶管内，每个顶管 32 个断面，总计 704 个测温孔；每个顶管内壁都有 32 个环向测温断面，设计合计测点 9984 个，加上顶管外安装测点，测点数量共计 10280 个。测温管的安装采取在顶管上安装孔口管、阀门、密封盒等，在密封及防喷装置的保护下装入测温管，测温管分成 2~3 段逐段接入，然后在测温管内部布置测温数据线。测温管总长度计 1642 m 3. 冻结控制施工： 根据暗挖方案，为避免冻土体积过大，纵向分区和横向分台阶进行冻结施工，在横断面上将冻结帷幕分为 A 区、B1 区、B2 区、B3 区、C 区这 5 个区域。在未开挖前，开启填混凝土顶管内的圆形冻结管 1、2、3 区去、回路，冻结 70 d 后，再开启异形管冻结 20 d。通过检测冻结帷幕厚度达到设计要求之后开始开挖，开挖断面分 5 台阶 10 步方式（前期采用 5 台阶 15 步，后期根据监测情况调整为 5 台阶 10 步）。每台阶开挖循环步长为 80 cm，加工字形支撑，紧跟施工初衬，二次衬砌距离初期支护面为 5 m。开挖导洞顺序为 1~10 步，每个导洞在上一个导洞完成 10 m 后施工。待二次衬砌完成后进行施工中板及三次衬砌。待东西各开挖 84 m 后，1、3 区二衬施工完成满足封水条件后停止 1、3 区冻结。在冻结过程中，当冻结帷幕厚度超过设计限值或地表冻胀监测超出允许范围时，启用限位管限制冻结帷幕的发展 4. 施工情况： 2015 年 6 月 4 日开始顶管内冻结系统安装；2016 年 1 月 12 日具备制冷运转条件开始圆形管冻结运转，2016 年 3 月 24 日开始异形管制冷循环系运转。2016 年 6 月 8 日具备开挖条件，开始东区上部导洞试开挖，进而分 5 台阶 14 步两侧同时全面开挖。2016 年 12 月 26 日完成上部导洞对接贯通，2017 年 9 月 20 日完成隧道主体结构施工。2017 年 9 月 24 日停止冻结，2017 年 10 月 2 日开始热盐水循环强制解冻；2017 年 10 月 25 日开始冻结系统拆除，2018 年 1 月 5 日施工结束

表 9-36（续）

项目	主 要 内 容
结语	该工程面临诸多难点：隧道顶部覆土厚度较浅，只有 4~5 m；施工地点近海边，地下水受海水潮汐影响而产生流动，进而影响冻结效果；工程所处位置特殊，地表建筑物及周围地下管线众多，施工过程不能影响拱北口岸正常通关功能，对控制地层的施工变形要求高；暗挖断面尺寸大，施工工艺复杂。该工程十分复杂，具有标志性，利用冻结法圆满地完成了封水和控制地层变形的任务

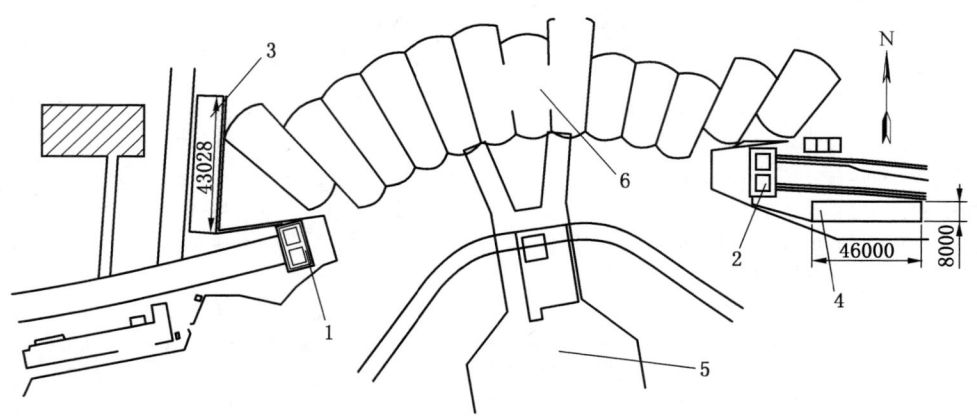

1—东侧工作井；2—西侧工作井；3—东区制冷站；4—西区制冷站；5—拱北口岸；6—澳门口岸

图 9-15 拱北隧道口岸暗挖段平面位置示意图

表 9-37 拱北隧道口岸暗挖段冻结施工主要技术参数

序号	项 目	参数	备 注
1	冻土墙设计厚度/m	2~2.6	
2	冻土墙平均温度/℃	≤-10	
3	冻结帷幕交圈时间/d	40~45	
4	积极冻结时间/d	45	
5	设计最低盐水温度/℃	-28~-30	冻结 7 d 盐水温度达 -20 ℃以下
6	维护冻结盐水温度/℃	≤-28	
7	单孔盐水流量/($m^3 \cdot h^{-1}$)	≥10	
8	冻结孔数/个	72	设计每个顶管内布置 2 个（圆形、异形）冻结管，以现场实际布置为准
9	冻结管规格/(mm×mm)	$\phi 133 \times 4.5$（∠12.5 角钢）	低碳钢无缝钢管，丝扣加焊接连接
10	测温孔数/个	704	
11	测温管长度/m	1642	
12	圆形冻结管长度($\phi 133$ mm)/m	9284	
13	备用冻结管长度($\phi 89$ mm)/m	9284	
14	异形管总长度/m	10638	角钢 L125×125×8 mm

表9-37（续）

序号	项 目	参 数	备 注
15	冻结总需冷量/kW	3251.71	工况条件
16	制冷机/台	24	20用4备
17	施工工期/d	815	包括冻结、开挖、结构施工

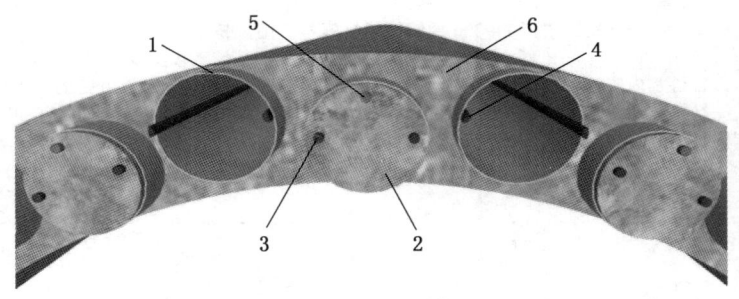

1—顶管；2—充填混凝土；3—圆形冻结管；4—异形冻结管；5—限位管；6—冻结帷幕

图9-16 冻结管布置示意图

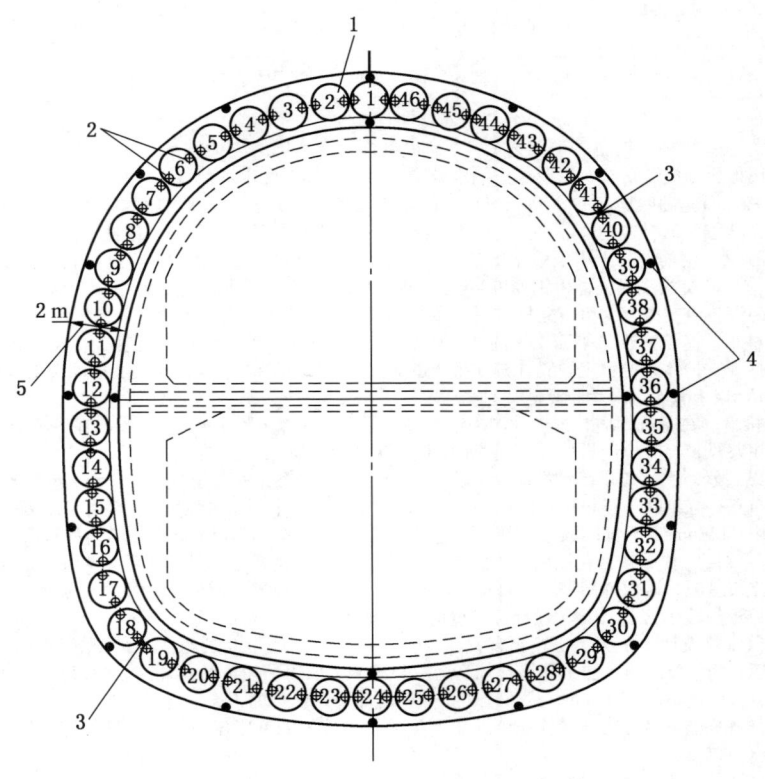

1—顶管；2—冻结孔；3—泄压孔；4—测温孔；5—冻结帷幕

图9-17 工作井端面顶管和冻结帷幕示意图

9.5.5 润扬大桥南锚碇基坑冻结排桩法施工案例

润扬大桥南锚碇基坑冻结排桩法施工案例见表9-38。

表9-38 润扬大桥南锚碇基坑冻结排桩法施工案例

项目	主 要 内 容
工程概况	润扬长江公路大桥南汊桥为主跨1490 m的钢箱梁悬索桥。南汊桥南锚碇为重力式嵌岩锚，锚碇基础尺寸为70.5 m×52.5 m×29 m（长×宽×深），为特大型嵌岩明挖深基坑工程。该工程首次采用冻结排桩法施工，其思路是：以排桩及内支撑系统抵抗基坑外侧水土压力，以冻结帷幕作为基坑开挖的封水结构。充分发挥了排桩及内支撑结构体系工艺成熟以及冻结帷幕封水性能好的特点，解决了基坑围护结构的嵌岩及封水问题。该工法在国内外尚属首次，是我国岩土工程基础施工法的创新
地质条件	南锚碇位于镇江岸农田内，距江边大堤540 m，距达标大堤270 m。锚区地面高程3.0 m，第四系覆盖层主要以软塑淤泥质亚黏土、亚黏土与粉砂互层为主，底层为3~5 m粉细砂，总厚27.80~29.40 m。基岩为风化花岗岩，高程为-24.80~-26.40 m。基坑西侧岩石呈碎裂结构，裂隙发育 南锚碇场区地下水位标高为1.8~2.2 m，区域赋存第四系孔隙微承压及基岩裂隙微承压两大含水层组，渗透系数分别为2.0 m/d和0.006~0.4 m/d，与长江水系有不同程度的水力联系
冻结排桩设计	1. 支护体系。排桩与钢筋混凝土支撑、立柱桩组合构成基坑的支护体系，承担基坑开挖后坑外水土压力及坑外四周地面的施工荷载，以及冻土隔水帷幕传给支护体系的水平荷载 （1）排桩。沿基础四周布置140根 ϕ1.5 m 的钻孔灌注桩，桩中心距在横桥向为1.70 m，在纵桥向为1.725 m，桩长35 m，嵌岩6 m。桩中心连线组成的矩形尺寸为69 m×51 m。排桩平面布置如图9-18所示 （2）压顶梁。钢筋混凝土压顶梁宽2.10 m，高1.50 m，强度等级为C30，将排桩联系为整体 （3）支撑。基坑的平面支撑由钢筋混凝土圈梁、对撑、角撑组成。因受力不同，各层支撑的断面不同，沿基坑竖向设7道支撑。支撑、立柱桩平面布置如图9-19所示，基坑支护立面图如图9-20所示 （4）立柱桩。基坑内部，平面支撑的结点处设钢格构立柱桩29根，以承担钢筋混凝土支撑传来的竖直荷载，保证整个支护体系的稳定。立柱桩在第7道支撑（-22 m）以下为钻孔灌注桩，嵌入微风化岩层的深度不于于1 m。以上其余部分为钢格构立柱 2. 隔水帷幕。在基坑四周、排桩外侧冻结形成一圈完整的冻土隔水帷幕。冻结帷幕深度为40 m，之下8 m岩层水泥注浆段，与冻土壁搭接2 m，隔水帷幕总深度为46 m （1）冻结封水。采用单圈冻结孔冻结，冻结孔间距在基坑长、短边分别为1.725 m、1.700 m；与排桩之间采用插花布置，冻结孔与排桩中心间距为1.4 m；在基坑的4个拐角各设置1个冻结孔，冻结孔总数144个。冻结孔采用 ϕ127 mm×5 mm 低碳钢无缝钢管，供液管采用 ϕ60 mm×5 mm 聚乙烯塑料管 （2）冻结深度。根据锚区范围内的岩层分布、埋深以及含水情况，冻结帷幕深40 m，并在冻结壁底部采取地面预注浆措施，确保冻结壁不被渗流水融化，并加大地下水绕流路径 （3）冻结壁厚度。经过计算，设计冻结壁的有效厚度为1.30 m （4）注浆帷幕设计。在冻结孔外侧布置注浆孔，对基岩破碎带及裂隙实施地面预注浆，达到封水目的。注浆上限标高为-35.0 m，注浆孔终孔标高为-43.0 m，采用两段下行式注浆，每级段高4 m。注浆帷幕设计要求其有效厚度不小于3.5 m，注浆压力按照受注点静水压力的1.5~4倍选取 （5）泄压孔布置。为了减少冻土壁对排桩产生的水平方向的冻胀压力，在排桩外侧设置了 ϕ250 mm 的泄压孔，深度为25 m 冻结隔水帷幕钻孔平面布置如图9-21所示。冻结主要技术参数见表9-39

表 9-38（续）

项目	主 要 内 容
施工工艺	1. 锚碇基础施工工艺流程如图 9-22 所示 2. 预注浆施工： （1）注浆深度为标高 -35.0 ~ -43.0 m，注浆段高 8 m，分 2 个段高，每段 4 m （2）注浆的终压为静水压力的 1.5 ~ 4 倍，即 0.6 ~ 1.8 MPa （3）注浆扩散半径为 2.5 ~ 4 m （4）注浆材料为 P.O32.5 水泥 + 40°Bé 水玻璃 （5）水泥浆液配合比（水灰比）为 2:1、1.5:1、1.25:1、1:1、0.8:1、0.7:1、0.6:1，共 7 种，根据注浆钻孔时的吸水量确定浆液浓度 3. 排桩施工。排桩设计净距 20 cm、垂直度 1/200、扩孔系数 1.05，跳钻成孔施工，其施工要点为： （1）选择反循环钻机钻孔，优质膨润土化学泥浆护壁 （2）取配重-减压钻进工艺控制钻孔垂直度，合理选择钻头及钻进参数 （3）用 JJC-1A 型检测仪测量孔径、孔斜，在成孔过程中和终孔验收时各检测 1 次，有问题及时解决 （4）钻进、清孔过程中，保持孔内外水头差 4. 冻结帷幕施工： （1）冻结孔、泄压孔施工。钻孔偏斜率在土层中不大于 0.3%，在基岩中不大于 0.5%。成孔后采用灯光或陀螺仪进行测斜并绘制钻孔偏斜平面图。钻孔偏斜超出规定时必须纠偏或回填土重钻。泄压孔施工时使用优质黏土粉、纤维素、面碱、聚丙烯酰胺等材料配制钻进泥浆和充填泥浆 （2）冻结管安装与试压。冻结管下放到位后，进行压力试验，初压力为 1.0 ~ 1.5 MPa，观察 30 min，降压不大于 0.05 MPa，再延长 15 min 压力不降为合格 （3）积极冻结。盐水温度为 -28 ~ -29 ℃，进、回水温差不大于 0.5 ℃，单孔流量不小于 5 m³/h。冻土发展速度为 20 mm/d （4）维护冻结。确定冻结帷幕形成并达到设计要求后，即转入维持冻结帷幕的厚度阶段 （5）基坑开挖及支护。基坑深度达 29 m，土方量近 10×10⁴ m³。水平支撑为 7 层钢筋混凝土结构。土方开挖分 8 层进行，支撑施工采用"逆作法"，开挖 1 层浇筑 1 道支撑。由于冻土存在蠕变效应，排桩暴露时间愈短愈好，可采取以下措施：①排桩暴露时间不大于 48 h；②每层开挖及支撑施工分 3 个区，即 1 个对撑、2 个角撑，施工时先对撑后角撑，开挖、支撑施工形成流水作业 （6）基坑封底及混凝土回填。基础设计封底厚 2.0 m，混凝土量为 6700 m³。为减小基底涌水等施工风险，同时缩短基岩的暴露时间，封底混凝土分 8 个区域进行浇筑，即一个区域开挖到设计标高后，快速清底并设置排水设施，然后立模浇筑混凝土。混凝土浇筑采取分层分块施工，层厚 1.5 ~ 2.0 m
信息化施工监测	1. 进行信息化施工管理，采取动态设计、动态施工。每天可以提供 1500 个左右的监测数据，并及时反馈信息，结合现场实际，及时修改完善设计，指导正确施工 2. 在基坑开挖第 3 层时，监测到第 1 道水平支撑 Z1-1 处的轴力为 10500 kN，超过设计报警值，排桩的位移亦大于设计计算值的信息后，经现场分析，并请科研单位进行正、反演分析，认为主要是冻胀力过大引起的，随即采取了以下措施，取得了较好的效果： （1）复原设计 7 道水平支撑，加密支撑间距，加大支撑截面尺寸，并对第 2 道支撑进行加强处理 （2）在原泄压孔位外侧施工泄压槽，释放冻胀力 （3）调节盐水温度，控制冻结壁厚度不再扩张，从而不引起新的冻胀力产生 （4）加大施工投入，调整施工工艺，加快施工速度，减少墙体暴露时间
结语	1. 润扬长江公路大桥南汊悬索桥南锚碇特大深基坑采用排桩冻结法施工，不仅解决了基础围护结构嵌岩问题，也解决了隔水问题。冻结法和排衬法两种技术结合，优势互补，是一种大胆创新，填补了国内嵌岩深基坑施工技术的空白，为今后桥梁大型基础施工的推广应用打下了坚实基础 2. 根据该工程的实践，认为冻结止水适用于各种不良地质条件，并且基坑越深优势越大 3. 通过信息化监测，随时掌握基坑支护结构的状态，是保证工程安全的重要手段

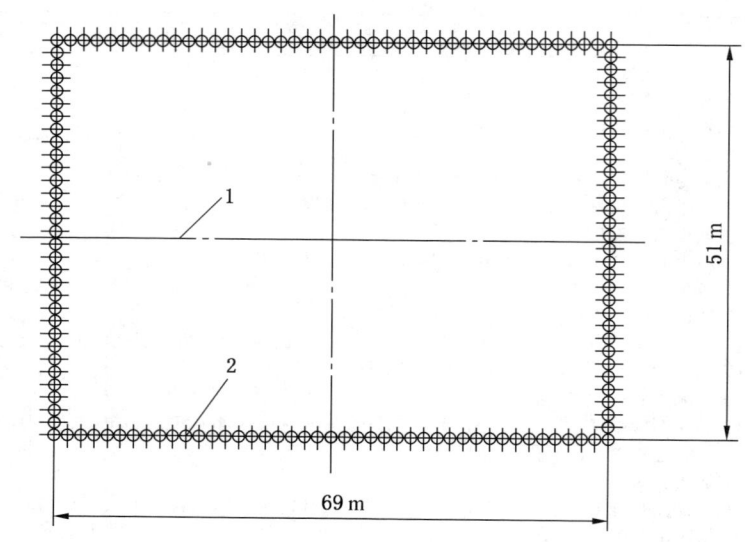

1—桥轴线；2—混凝土排桩

图 9-18 排桩平面布置示意图

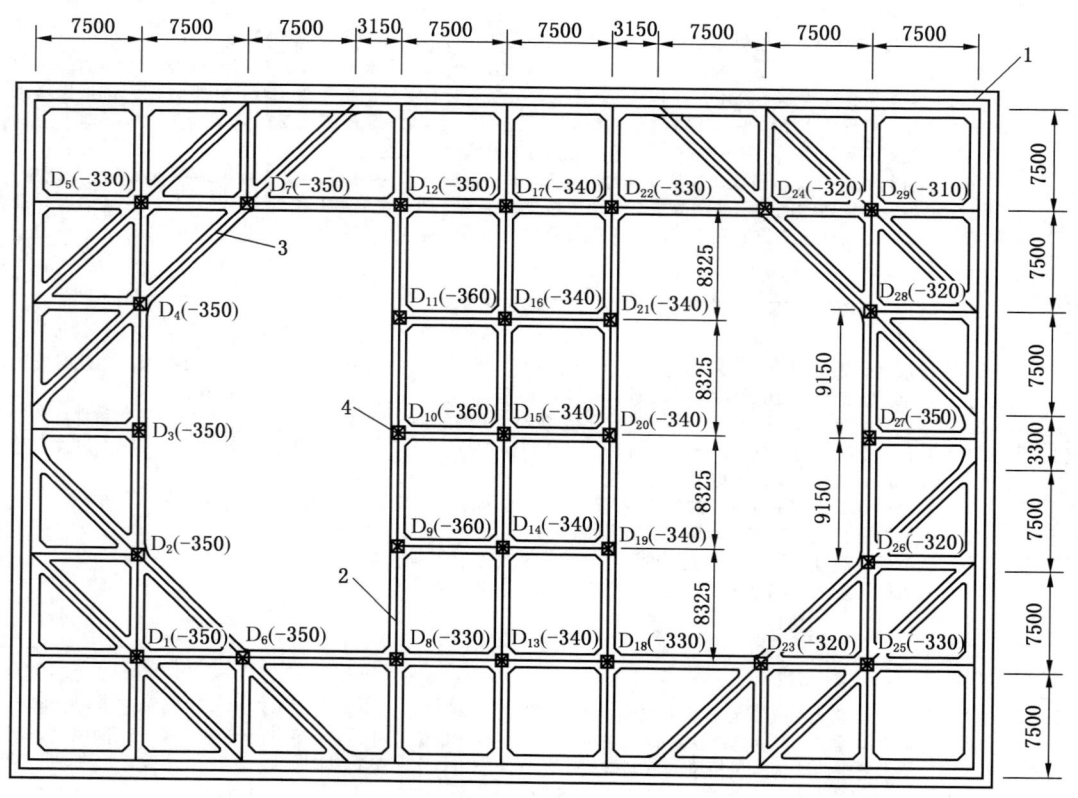

1—圈梁；2—对撑；3—角撑；4—立柱桩

图 9-19 支撑、立柱桩平面布置示意图

9 联络通道、洞门等其他冻结工程施工

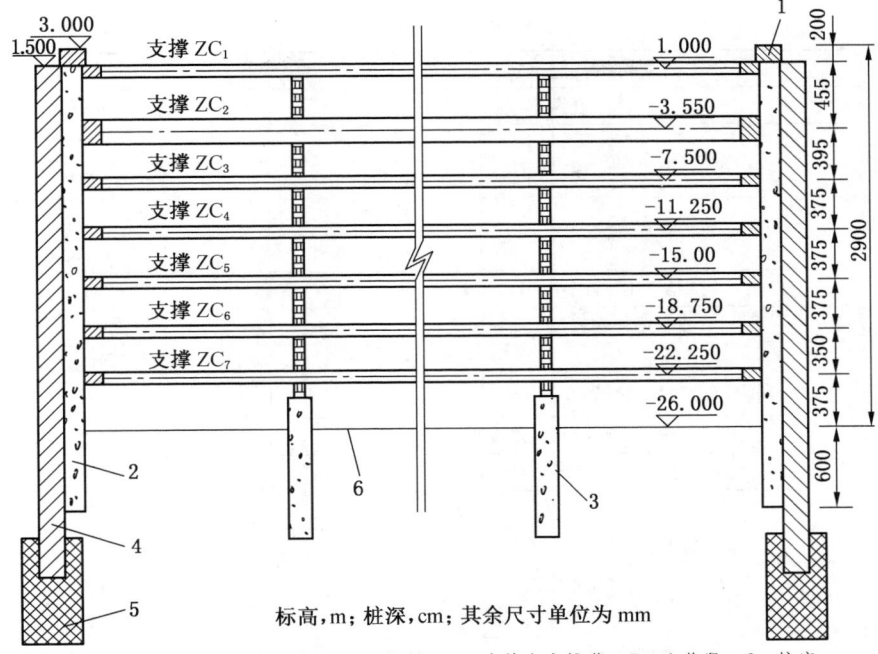

1—压顶梁；2—围护排桩；3—立柱桩；4—冻结止水帷幕；5—注浆段；6—坑底

图 9-20 基坑支护立面图

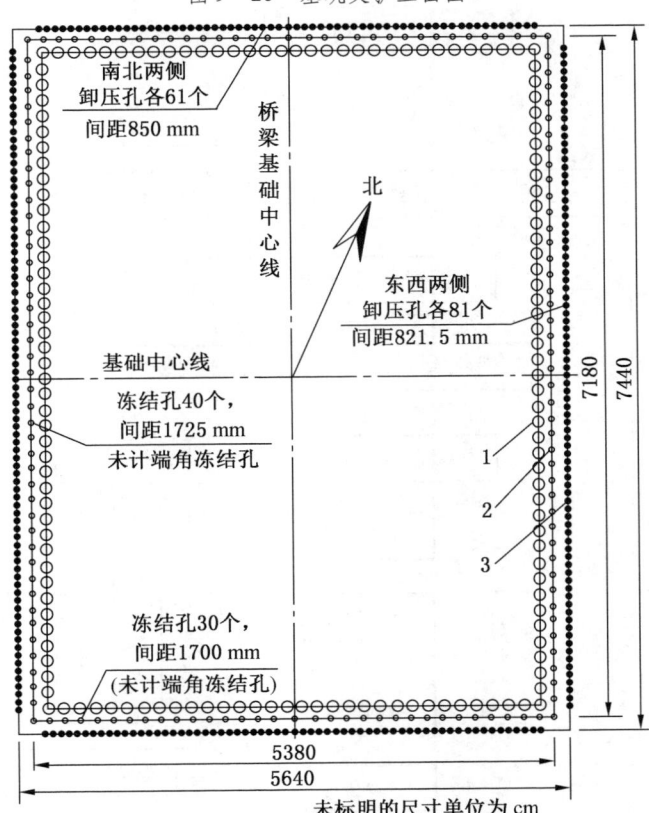

1—排桩；2—冻结孔；3—泄压孔

图 9-21 隔水帷幕钻孔平面布置示意图

表9-39 冻结主要技术参数

序号	项目		参数
1	冻结孔深度/m		40.0
2	冻结孔数量/个	矩形长边	82
3		矩形短边	62
4	冻结孔间距/m	矩形长边	1.725
5		矩形短边	1.700
6	冻结孔中心布置尺寸/(m×m)		71.8×53.8
7	排桩中心布置尺寸/(m×m)		69×51
8	泄压孔（深度/个数）/(m/个)	矩形长边	25/162
9		矩形短边	25/122
10	设计冻结壁有效厚度/m		1.30
11	设计冻结壁平均温度/℃		-7.0
12	积极冻结期/d		55
13	最大需冷量/(10^4 kcal·h^{-1})		99.3
14	设计盐水温度/℃		-25～-28
15	设计冷凝温度/℃		30
16	观测井(深度/个数)/(m/个)		46/4（坑内）、26/2（坑外）

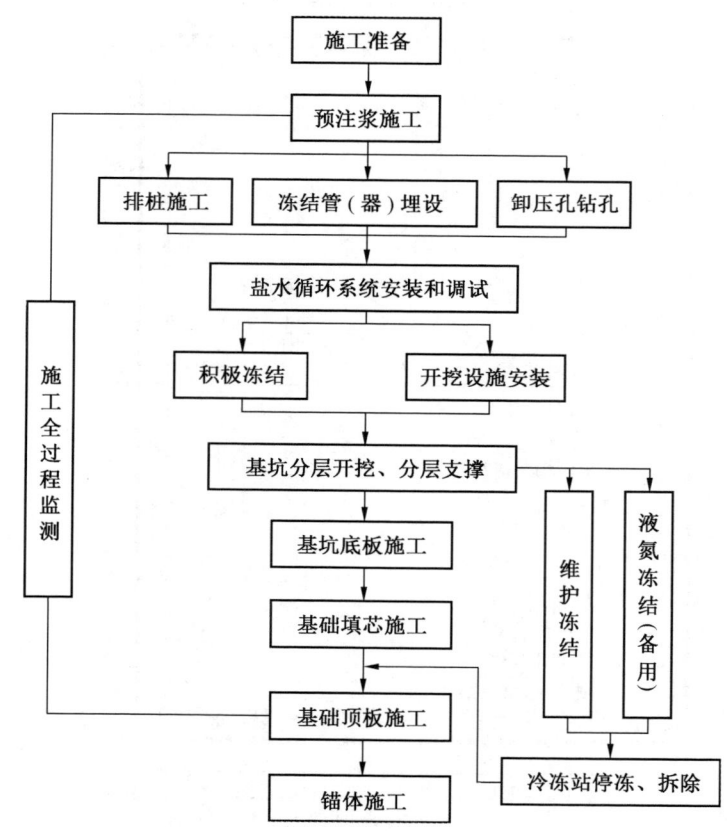

图9-22 锚锭基础施工工艺流程

9.5.6 轨道交通车站建筑物下通道冻结暗挖施工案例

轨道交通车站建筑物下通道冻结暗挖施工案例见表 9-40。

表 9-40 轨道交通车站建筑物下通道冻结暗挖施工案例

项目	主 要 内 容
工程概况	1. 上海轨道交通 13 号线华夏中路站西南角四期基坑上部有一待拆迁房屋，该房屋为二层小楼，平面尺寸约 4.3 m（宽）×11.6 m（长），进入基坑范围约 8.4 m。该房屋基础为条形砖砌基础，深约 1 m，房屋重量不大于 400 t；该房屋大约 30 年房龄。拟开挖区域为车站轨行区，结构尺寸 20.6 m（长）×11.55 m（宽）×7.79 m（高），顶面覆土厚度 10.14 m 2. 房屋墙体为空斗砖结构，结构整体性脆弱，施工要求暗挖完成后，允许有裂缝，房屋不能倒塌。由于房屋拆迁难度较大，现采用"冻结法加固 + 矿山暗挖法"对房屋基础以下部分进行暗挖、构筑施工，开挖尺寸为 20.6 m（长）×11.8 m（宽）×8.35 m（高）
地质条件	1. 工程地质：暗挖通道处土层自上至下依次为：③淤泥质粉质黏土夹粉土、④淤泥质黏土、⑤$_1$ 黏土，开挖面位于④淤泥质黏土、⑤$_1$ 黏土层，距下部⑤$_2$ 砂质粉土夹粉质黏土微承压含水层 3.6 m 2. 水文地质：浅部地下水属潜水类型，补给来源为大气降水及地表径流，勘察期间测得潜水水位埋深 0.60～1.40 m，平均水位埋深 0.84 m，⑤$_2$ 砂质粉土夹粉质黏土层为微承压含水层，所测⑤$_2$ 层微承压水水位埋深 3.22～3.23 m（2013 年 7 月 30 日—8 月 19 日）
冻结设计	1. 全方位高压喷射工法（MJS）围护桩： 房屋南侧竖直施工 17 个深 33 m、直径 2400 mm、轴心间距 1600 mm 的 MJS 围护桩 2. 冻结壁、地下连续墙、MJS 围护桩联合承载： 暗挖区北侧上、下部各施工 2 排、3 排冻结孔，南侧从东西两侧各施工 2 排冻结孔，东侧十字交叉施工 2 列冻结孔，共布置 175 个冻结孔。冻结壁与地下连续墙、MJS 围护桩共同形成封闭承载体系。冻结壁厚度为 2.0～2.9 m，平均温度 ≤ -10 ℃。在东、西两侧地下连续墙顶部外侧各布置 7 根冷冻排管，以加强其界面冻结效果。冻结孔平面、剖面布置如图 9-23～图 9-25 所示 3. 冻结温度与压力监测： （1）测温孔温度监测：为了准确掌握冻结温度场变化情况，在冻结帷幕内设置 12 个测温孔监测冻结壁厚度、平均温度、冻结壁与地下连续墙界面温度。测温孔实际位置、数量可根据冻结孔施工后的实际偏斜情况做适当调整，确保测温孔位于预计冻结壁薄弱处 （2）泄压孔压力监测：为准确判断冻结壁是否交圈，并释放土层水土冻胀压力，在暗挖区东西两侧分别布置泄压孔 4 个，共计 8 个。在暗挖区上部布置 14 个泄压孔兼融沉注浆孔
施工情况	分成 6 个区进行分区分台阶开挖。先开挖 I 区，采用 BROKK 机器人机械化施工，随挖随支护，长度开挖 10 m 后，打开 II 区防护门，采用小挖机开挖。将 II 区底部横撑和竖撑掏槽撑完以后开挖中间部分，边挖边按设计间距撑中间十字支撑。长度开挖 10 m 后，打开 III 区防护门开挖，II 区支护完成前，III 区开挖长度不大于 3 m。长度开挖 10 m 后，打开 IV 区防护门，采用小挖机开挖。将 IV 区底部横撑和竖撑掏槽撑完以后开挖中间部分，边挖边按设计间距撑中间十字支撑。IV 区开挖支护完成后，开挖 V 区，长度开挖 10 m 后，打开 VI 区防护门并开挖，边开挖边按设计撑好支撑。施工顺序如图 9-26 所示。开挖并临时支护后，进行钢筋绑扎、模板架设和混凝土浇筑施工。工程主体结构施工完毕按设计进行融沉注浆。通道自 2017 年 7 月 3 日开工至 2018 年 2 月 8 日主体结构完成
结语	该案例采用冻结暗挖法施工，达到了地面房屋不倾倒的预期目标，解决了轨道交通车站局部因地面条件限制不能采用明挖或盖挖法施工的困惑

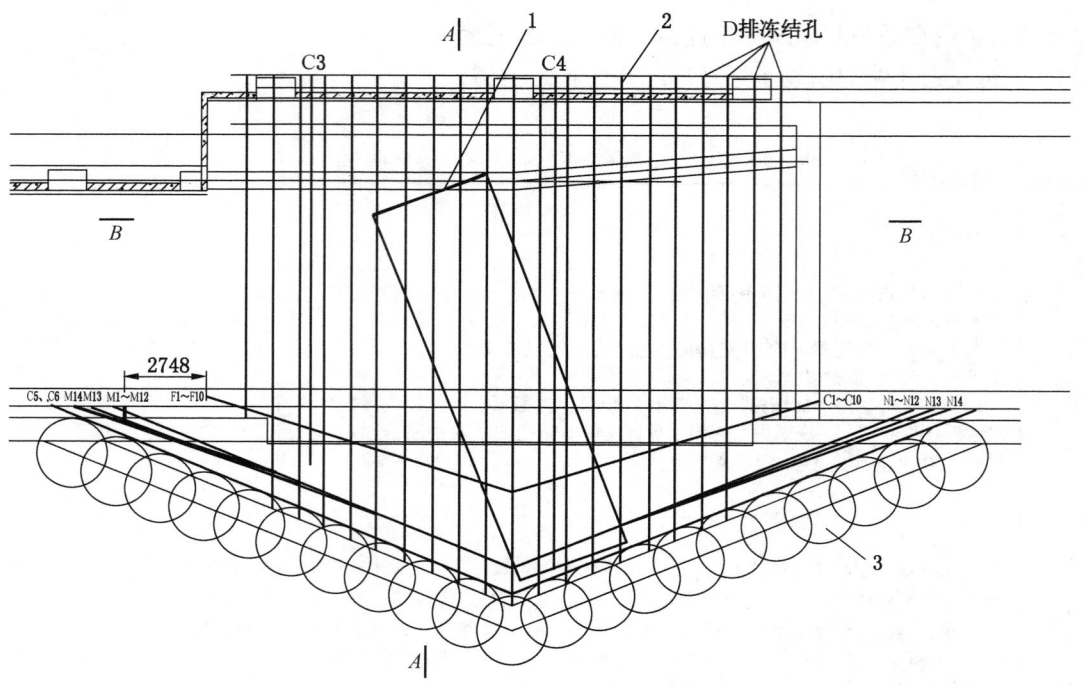

1—待拆迁房屋；2—冻结管；3—MJS 围护桩

图 9-23 冻结孔平面布置示意图

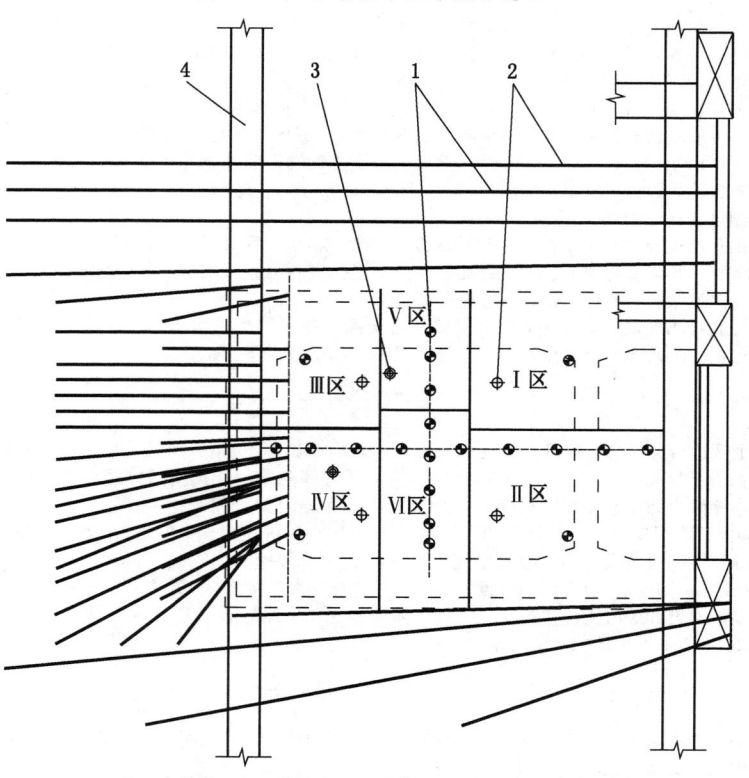

1—冻结管；2—泄压孔；3—测温孔；4—地下连续墙

图 9-24 A—A 冻结孔剖面布置示意图

9 联络通道、洞门等其他冻结工程施工 513

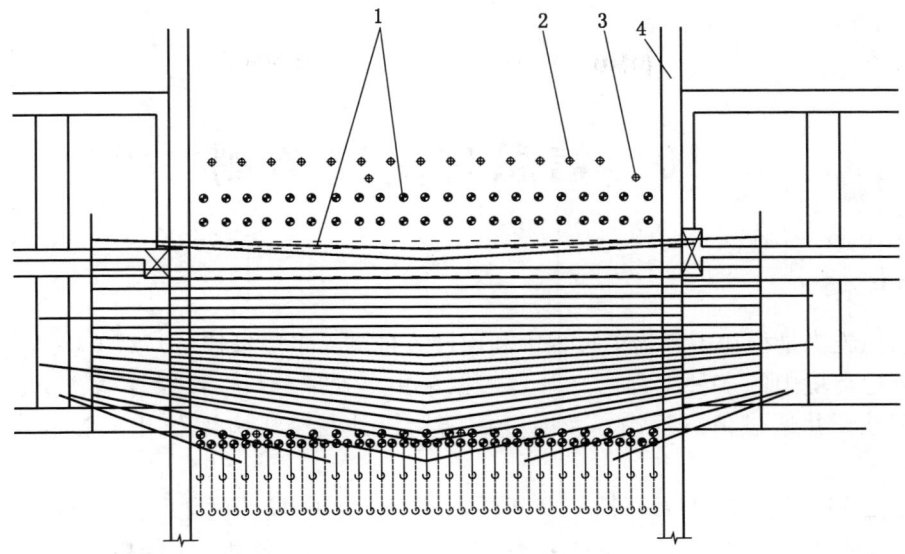

1—冻结管;2—泄压孔;3—测温孔;4—地下连续墙

图 9-25 B—B 冻结孔剖面布置示意图

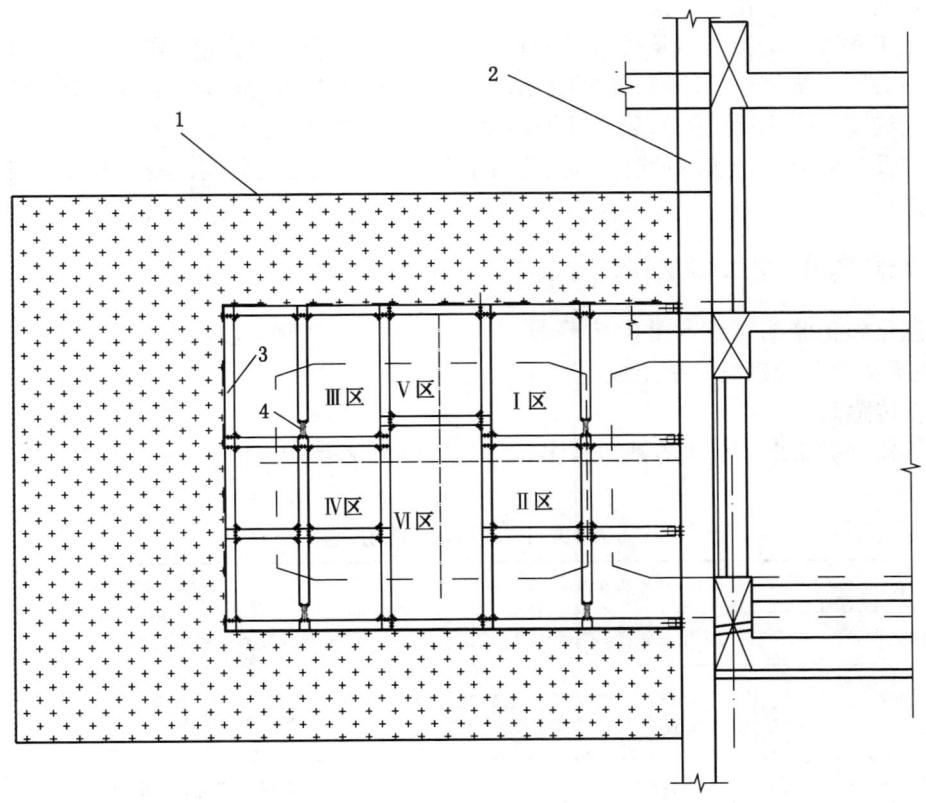

1—冻结帷幕;2—地下连续墙;3—型钢;4—可调千斤顶

图 9-26 施工顺序示意图

10 信息化施工监测

10.1 概述

信息化施工是指在工程施工过程中利用计算机与人工测量技术，对工程结构、围岩介质及周边环境中的多种工程信息开展数据采集、处理分析，及时评估、预测工程建设的安全性，并通过信息反馈，及时开展结构设计与施工方案优化调整的一种施工方法。

信息化施工遵循"初步设计—工程监测—信息反馈—设计优化"的基本流程，工程监测是核心环节。工程监测信息的全面性、准确性、及时性及其分析结果的可靠性，直接影响后续工程决策，甚至危及工程建设安全。目前，为保证工程施工的安全性、经济合理性，大型及复杂土木工程，例如大型水利水电工程、深长隧道、深厚复杂岩土层中的井筒等，已普遍采用信息化施工技术。

岩土工程冻结法施工涉及诸多复杂的影响因素，且部分工程属隐蔽工程。大量工程及科研实践表明：围绕地层冻结、掘砌的全过程，以工程结构、周围岩土体、周边环境的建筑物或结构物等为主要研究对象，开展温度、压力、应力、应变、位移等多参数、综合、实时监测及研究分析，实现信息化施工，是保障冻结法施工安全性、经济合理性的最主要及有效途径。

10.2 信息化施工监测仪器及监测系统

信息化施工监测系统通常由传感器、二次仪表、数据采集仪、数据传输设备（或线缆）、数据接收与处理终端等组成。

10.2.1 传感器

传感器种类繁多，分类方法也较多，常见的分类见表 10-1。

表 10-1 传感器的分类

分类依据	传感器的种类	说明
传感器输入参量	位移、压力、温度、流量传感器等	传感器以被测参量命名
传感器工作原理	电阻式、振弦式、电容式、电感式、压电式、超声波式、霍尔式传感器等	以传感器转换机理命名
物理现象	结构型传感器	传感器依赖其结构参数变化实现信息转换
	物性型传感器	传感器依赖其敏感器件物理特性的变化实现信息转换

表 10-1（续）

分类依据	传感器的种类	说 明
能量关系	能量转换型传感器	传感器直接将被测对象的能量转换为输出能量
	能量控制型传感器	由外部供给传感器能量，由被测量大小比例控制传感器的输出能量
输出信号	模拟式传感器	将被测量的非电学量转换成模拟量
	数字式传感器	将被测量的非电学量转换成数字量（直接或间接转化）

信息化施工监测中的待测物理量多为非电量，如位移、压力、应力、应变、温度、加速度等。根据传感器的工作原理，结合被测物理量进行传感器的分类，便于传感器的选用，其分类见表 10-2。信息化施工中最常用的三类传感器为电阻式传感器、振弦式传感器、光纤光栅式传感器。

表 10-2 常用传感器按工作原理分类

类型	传感原理	优缺点	传感器名称或监测物理量	备 注
电阻式	电阻应变效应：介质的电阻随被测物理量变化而变化	结构简单可靠，制作安装方便，零点非常稳定，长期稳定性好；对绝缘要求较高；系统需屏蔽抗电磁干扰	混凝土应变计、钢筋应力计、锚杆应力计、锚索测力计、测缝计、位移计、压力盒、土压力计、渗压计、孔隙水压力计、温度计等	根据监测物理量和监测对象选择合适类型传感器和监测量程，传感器精度能满足测量要求 对于光纤光栅式传感器而言，还要根据监测仪器选择相应的传感器中心波长
振弦式	弦的振动频率随被测物理量变化而变化	结构简单可靠，制作安装方便；对绝缘电阻要求不高；抗电磁干扰；长期观测需解决好弦的松弛问题		
光纤光栅式	光纤光栅的波长随被测物理量变化而变化	抗电磁干扰；电绝缘性能好，安全可靠；耐腐蚀，化学性能稳定；传输容量大、损耗小；可实现多点分布式测量；测量范围广		
热电式	热电阻效应：介质的电阻随温度变化	测量精度高、范围广，价格便宜	铂电阻温度计等	
	热电效应	抗干扰能力强，测量范围广，价格便宜	热电偶	
压电式	正（或逆）压电效应	结构简单，工作可靠，体积小，动态响应好；用于测量动态信号	压力、位移、加速度等	
电容式	电容随被测物理量变化而变化	信息化施工监测应用较少	压力计、应变计、位移计、加速度计等	
电感式	电磁感应原理			
压磁式	压磁效应、磁致伸缩效应			

10.2.2 监测仪器

1. 数据采集仪

根据传感器的工作原理,选择对应的数据采集仪,或者选用综合数据采集仪器进行传感器数据采集。

2. 其他监测仪器

工程施工中的大部分物理量可通过安设传感器,利用数据采集仪(二次仪表)开展数据采集,但也有部分物理量,受参数性质、作业条件等的限制,需借助专门仪器实施人工测量。常用的有光学经纬仪、全站仪、测距仪、陀螺测斜仪、分层沉降仪、测斜仪、钢尺收敛计、收敛变形仪、断面轮廓激光扫描仪、红外测温仪、点式测温计、回弹仪、超声仪、地质雷达等。

10.2.3 监测系统

监测系统设计是信息化施工的核心与关键环节,与监测方法选择、测点布置等直接相关。监测系统设计遵循的原则见表10-3,监测系统数据传输如图10-1所示。

表10-3 监测系统设计遵循的原则

遵循原则	内 容	备 注
安全可靠	1. 仪器设备(传感器、二次仪表)必须满足监测环境的安全要求(尤其是易燃、易爆环境),具有适宜的精度、可靠的工作性能,且仪器寿命必须满足监测工期要求 2. 关键测点及仪器须考虑冗余,避免个别传感器失效导致监测的整体失败 3. 测点与数据传输线路必须采取可靠的安全保护措施,避免意外损坏,导致监测中断	首要原则
重点监控	针对立井、斜井、巷(隧)道、硐室及其他地下工程,必须基于其受力变形特点,判定其受力变形的最不利部位,确定重点监控部位、方向及参量,对关键信息需实施全面监控	
施工便利	为减少监测与施工的相互干扰,传感器、二次仪表的选择,以及监测网络、通信线路的设计,应力求设备安装、调试、组网、扩充、维护方便快捷	
经济实用	监测系统的设计,在确保满足精度、可靠性、工期要求的前提下,应避免盲目追求先进性,而力求选择经济实用的仪器设备,以降低监测成本	

10.3 冻结立井信息化施工监测

10.3.1 冻结立井监测的特点

受工程与地质条件、结构与岩土介质相互作用等诸多因素影响,深厚土层及复杂岩层中立井冻结法凿井工程的设计与施工面临复杂、困难的理论与技术难题。在深厚、复杂岩土层中,为保证立井冻结法凿井的安全和质量,应采用信息化施工技术,其监测的特点见表10-4。

10.3.2 冻结立井监测内容与方法

1. 钻孔偏斜、盐水流量和盐水温度监测

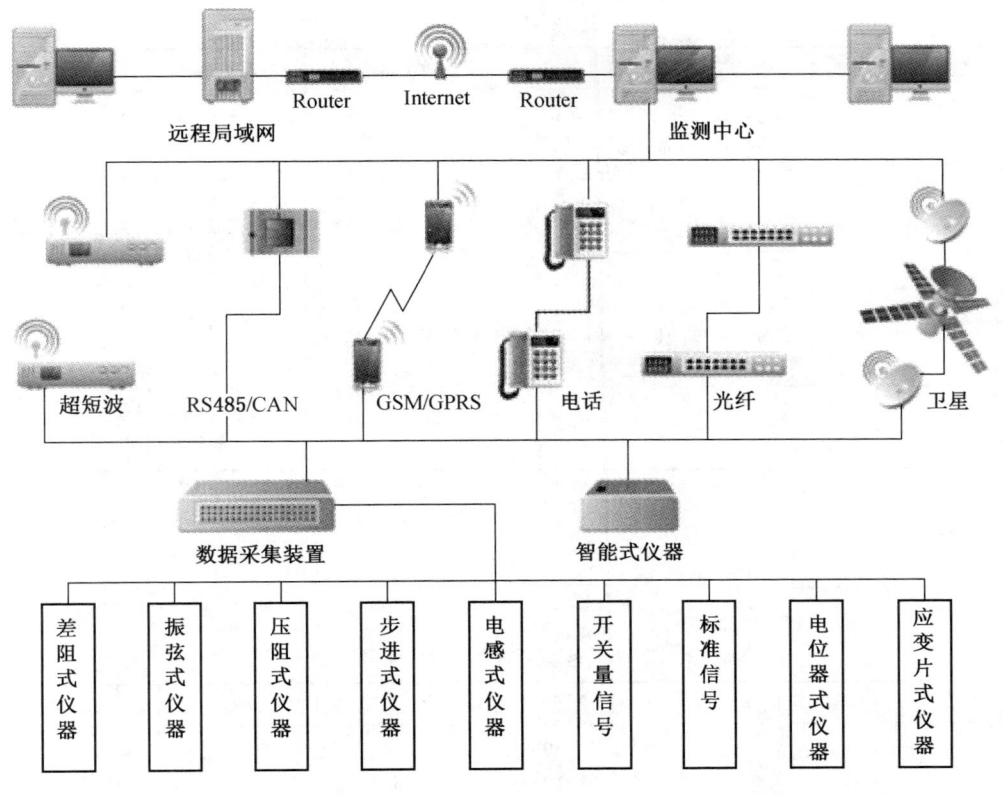

图 10-1 监测系统数据传输示意图

表 10-4 冻结立井信息化施工监测的特点

序号	监 测 特 点
1	井筒穿越各种复杂地层,须沿竖向设置多个监测层位
2	传感器埋设及监测系统施工常常与井筒掘砌施工同步实施,二者相互干扰严重
3	受高空作业等影响,立井井筒内传感器、数据采集仪、线缆等保护、更换难度大
4	冻结壁形状不规则、材质不均匀导致冻结压力、井壁应力应变等待测物理量的变化复杂,传感器量程选择困难
5	为获得准确、完整的监测数据,在冻结孔打钻阶段就要开展有关监测工作

冻结孔、测温孔、水文孔等的偏斜,以及盐水流量与温度的监测见表10-5。

表 10-5 钻孔偏斜和制冷站运转参数的监测

监测参数	监测对象	测点布置及监测频率	监测仪器	监测目的	控制指标
钻孔偏斜	钻孔	钻进过程中每20~50 m测斜1次;成孔后,每20 m复测1次	机械陀螺仪或光纤陀螺仪、激光陀螺仪	控制造孔质量,为温度场计算提供参数	符合设计要求

表 10-5（续）

监测参数	监测对象	测点布置及监测频率	监测仪器	监测目的	控制指标
盐水温度	盐水干管、冻结器头部	每根盐水干管需安装1个测温传感器；每个冻结器头部要在进、回路上各安1个测温传感器，并进行在线监测	温度计、测温元件	确保制冷站机组安全、正常运转，为分析地层冻结情况提供数据	符合设计要求
盐水流量	盐水干管、冻结器	24 h 监控盐水干管流量，并在每个冻结器上预留流量测口，可随时监测，一般至少每10 d监测1次	电磁流量计、孔板流量计、水表等		
盐水箱液位	盐水箱	24 h 自动监控	电子液位自动显示报警器	及时发现冻结管断裂等泄漏盐水情况	按系统要求

2. 地层冻结效果监测

地层冻结效果监测见表 10-6。

表 10-6 地层冻结效果监测

监测参数	监测对象或部位	测点布置及监测频率	常用监测仪器	监测目的
地层温度	冻结及其影响区地层	每 20~30 m 布置1个测点；积极冻结期，12 h 监测1次；维护冻结期，24 h 监测1次	热电偶、光纤光栅温度传感器、一线总线制数字测温系统	判断冻结壁发展情况
水文孔水位	水文孔	主要含水层	电测水位辅以测绳测量	判断冻结壁交圈情况
水文孔水压			水压传感器	
冻结管表面温度	从各圈冻结管中各选出1~2根冻结管	浅部有代表性的、较厚的地层段冻结管表面，12 h 监测1次	铠装光缆+光纤光栅温度传感器	为温度场数值计算提供数据
冻结管变形	一般选择冻结壁薄弱部位的内圈冻结管	深部厚黏土层段、厚砂层段以及黏土层与砂层交界面处的冻结管及其接头	铠装光缆+光纤光栅应变计	掌握冻结管变形与受力状况，防止冻结管断裂
冻结壁内部冻胀力	测温孔或专用测试孔	深部厚含水砂层	土压力计、孔隙水压力计	确定冻结壁初始应力状态，为判断冻结管和外层井壁的安全性提供参考

3. 井筒掘砌施工过程监测

在冻结井筒掘砌施工过程中，需监测冻结器、冻结壁、外层井壁、工作面环境等物理力学参数变化情况，选择重点监测层位需考虑的因素见表 10-7，监测的主要内容与方法见表 10-8。

表10-7 冻结井筒掘砌施工过程中选择重点监测层位需考虑的因素

类别	监测层位	需考虑的因素	择优顺序
地层方面	一般根据井筒检查孔地质柱状以及（冻结）岩、土的物理力学实验报告，主要选择厚度较大的冻结地层	1. 冻土单轴抗压强度与原始水平地压之比较小的地层。例如深埋、低含水量的黏土层，其冻土的单轴抗压强度甚至小于原始水平地压，导致冻结壁流变性显著、变形量大，易诱发冻结壁断裂与外层井壁压裂事故 2. 强冻胀性地层。大的冻胀通常发生在细粒土中，其中粉质亚黏土和粉质亚砂土中的水分迁移最为强烈，因而冻胀性最强。在常见的黏土矿物中，高岭土的冻胀量最大，水云母次之，蒙脱石最小。另外，在砂层冻结壁形成过程中，相邻两圈冻结管之间如有较大体积的封闭水体（俗称"夹层水"）存在，则会在冻结壁内部产生很大的冻胀力 3. 膨胀性地层。例如蒙脱石、高岭石和伊利石含量高的黏土（岩）具有很强的吸水膨胀性 4. 脆性破坏地层。例如有的情况下饱和粉细砂冻结壁易发生脆性破坏	1. 2. 3. 4.
井壁方面	一般根据井壁设计参数，主要选择外层井壁位置	1. 井壁的外直径、厚度、混凝土强度等级发生变化处的上方 2. 井壁的混凝土类型变化处的上方。例如由普通混凝土变为纤维混凝土处，由普通混凝土变为补偿收缩混凝土处 3. 地层的土－岩交界面上方 4. 冻结壁的厚度、强度变化处的上方	1. 2. 3. 4.

表10-8 立井井筒掘砌施工过程中监测的主要内容与方法

监测对象	物理量	监测位置	测点布置	常用传感器	监测目的	技术要点
工作面	温度	井帮及工作面	沿井帮周向设4~6个测点；工作面布置4~6条放射状测线，各测线设3~5个测点	单点数字温度计、红外测温仪	掌握井帮和工作面温度分布以及冻土向井心扩展情况，用于预测下方冻结壁发展	根据开挖情况实时监测，每个段高测量1次；掘砌地层变化时及时测量
冻结壁	井帮位移	深厚黏土层，夹层水冻胀的砂层	沿井帮周向设2~6个测点	钢尺、收敛计	掌握井帮位移变化规律，判断冻结壁的稳定性	随掘进施工及时测量
冻结壁	壁后冻土温度	砂土和黏土层	在井帮的径向钻孔内安装温度测杆，测点间距5~10 cm	热电偶、数字测温计	掌握壁后冻土升温、融化及回冻时间	井壁浇筑后连续监测，一般持续监测15~30 d
外层井壁	井壁温度	选定的井壁监测层位	布置2~4个径向测温杆，杆上设6~10个测点	热电偶、光纤测温计	掌握外壁温度变化规律，评估温度对外壁养护的影响	防止浇筑混凝土时温度测杆移动或受损
外层井壁	冻结压力	选定的井壁监测层位	沿外壁外缘周向布置4~8个测点	土压力盒	掌握外壁外载的变化规律，用于评估外壁的安全性	压力盒感应面应与外壁外侧面一致，且井帮应平整
外层井壁	钢筋应力	选定的井壁监测层位	沿井壁周向布置4~8个测点，每个测点埋设环向、竖向和径向钢筋轴力计各1支	钢筋轴力计	掌握钢筋轴力的变化规律，用于评估外壁的安全性	预先将钢筋轴力计与钢筋焊接或连接为一体

表 10-8（续）

监测对象	物理量	监测位置	测点布置	常用传感器	监测目的	技术要点
外层井壁	混凝土应变	选定的井壁监测层位	沿井壁周向布置4~8个测点，每个测点埋设环向、竖向混凝土应变计2支	混凝土应变计	掌握混凝土应变化规律，用于评估井壁破裂风险	保护应变计不受混凝土浇筑和振捣的损坏
	孔隙水压力	富水地层	每个层位设2~4个测点	孔隙水压力计	获得孔隙水压力的变化规律，用于评估井壁安全性	防止孔隙水压力计埋入地层时被水泥浆包裹住

常用井筒掘砌信息化监测系统如下：

（1）有线监测系统：各监测层位的传感器或数据采集仪通过电缆或光缆与监测室的数据采集仪、计算机相连，如图 10-2 所示。

（2）无线监测系统，利用信号无线传输装置（信号发射、接收与中继模块），将各监测层位的数据信号传输至监测室，如图 10-3 所示。

不管是有线还是无线监测系统，均可利用网络等通信技术实现异地远程操控，如图 10-1 所示。需要指出的是：有时受监测技术或费用限制，仍需采用手动监测。

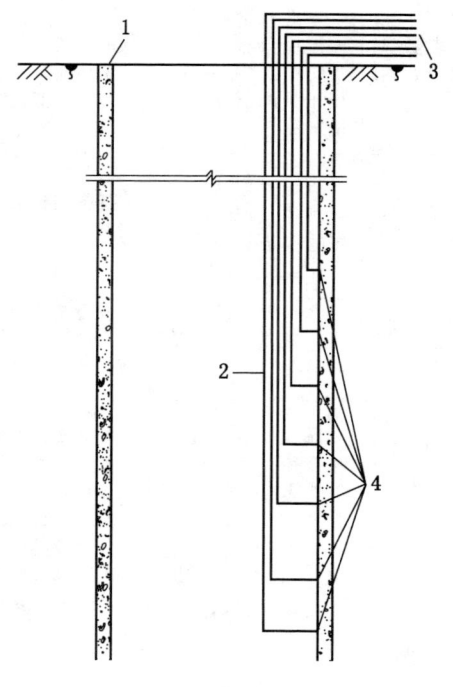

1—井口；2—总通信缆；3—至监测室二次仪表；
4—各监测层位支通信缆

图 10-2 井壁有线监测系统

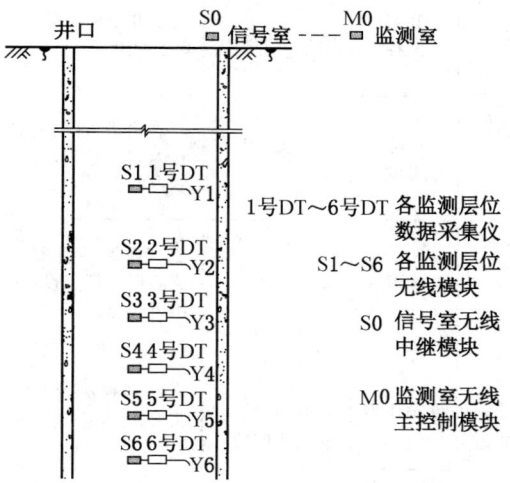

图 10-3 井壁无线监测系统

10.3.3 监测数据分析及预测预报

1. 基本方法

数据分析的基本方法见表 10-9。

表 10-9 数据分析的基本方法

方 法	内 容
允许值比较法	通过对比监测参数的实测值与限定值（或允许值），评估监测对象当时的状态。确定监测参数的限定值（或允许值）有如下几种方法： 1. 根据系统设计要求确定，例如冻结系统的运转参数 2. 根据有关规范规程的规定确定，例如井帮位移 3. 参考工程经验确定，例如井壁钢筋应力、混凝土应变等 4. 通过对工程结构的物理、力学计算确定，例如井壁极限承载力、最大收敛变形等
趋势预测法	基于一定时间段的监测数据，利用适当的数学工具，分析监测参数的变化趋势；进而通过监测参数的预测值与限定值（或允许值）的对比，预测预报监测对象的状态。例如，可通过分析温度、应力、变形等参数的变化趋势，进而预测一定时间后井壁的安全状况

2. 冻结温度场预测预报的反演分析方法

1) 模型建立

建立立井冻结温度场数值计算模型所需的参数见表 10-10。通常关注的重点是未开挖段的温度场，此时建立平面模型即可。

表 10-10 立井冻结温度场数值计算模型所需的参数

参数类型	参 数 名 称
地层参数	地层的厚度、原始温度与结冰温度，地下水的流速与流向，不同温度时地层的比重、密度、含水量、比热容、导热系数等
冷媒剂参数	不同温度下冷媒剂（常用 $CaCl_2$ 盐水）的黏度、密度、比热容、导热系数等
冻结施工参数	冻结孔与测温孔的开孔位置与偏斜，冻结管、测温管与供液管的材质、外直径与厚度，不同时间冻结器入口处（或计算位置处）盐水的温度、流速、流向等

2) 参数反演

在上述众多参数中，冻结管内缘（或外缘）的温度、地层的结冰温度，以及地层冻结前、后的导热系数和含水量，是既重要又可能有较大误差的参数，往往需要根据实测温度数据进行反演。

结冰温度一般可根据测温孔降温曲线上水平段所对应的温度确定。根据冻结温度场理论，无量纲冻结管壁温度 $\hat{T}_c = (T_c - T_d)/(T_0 - T_d)$ 与无量纲冻土导热系数 $\hat{\lambda} = \lambda_2/\lambda_1$ 之积 $\hat{\lambda}\hat{T}_c$ 可视为一个综合影响参数。其中，T_c 为冻结管内缘（或外缘）温度，T_d 为地层结冰地温，T_0 为初始地温，λ_1、λ_2 分别为地层冻结前、后的导热系数。因此，反演计算时，可固定 $\hat{\lambda}$（或 $\hat{T}_c$），反演定 $\hat{T}_c$（或 $\hat{\lambda}$）。

由于同时反演多个参数计算量太大，通常首先将导热系数作为反演对象；若反演与预测效果不好，再进一步将含水量作为反演对象。

具体的参数反演方法见表 10-11。

表 10-11 冻结温度场参数反演方法

步骤	做 法
参数初步反演	采用有限元计算参数化设计语言，根据最优化理论或基于正交表的优化方法，以计算温度与实测温度之差的平方为目标函数，编制待反演参数值能自动调整且能自动实现计算结果后处理的冻结温度场计算命令流程序，然后通过不同参数条件下冻结温度场的多次计算，得到能使目标函数最小的待反演参数值
参数校核	1. 将各点的实测温度数据按时间先后分为两组：反演参数用数据和校核参数用数据 2. 利用时间较早的一组数据进行参数初步反演 3. 利用初步反演所得参数值进行温度计算，并与对应时间点的校核数据进行对比，若二者相符较好，则说明计算模型和参数的反演值可用，反之则需调整模型与参数重新反演 需要说明的是，反演所得参数值不一定是真实的参数值，而是一个含有有关因素的影响的相当值

3) 预测预报

利用根据上述步骤得到的参数值和合适的计算模型，开展未来一段时间内温度场的计算，得到开挖到该地层时冻结壁的发展状况，获得各时间点上冻结壁厚度、平均温度、井帮温度、进入掘进荒径冻土的范围等的预测值，进而决定是否要调整盐水温度和掘进速度等施工参数。

3. 掘砌过程中冻结壁变形预测预报的反演分析方法

掘砌过程中冻结壁变形预测预报的反演分析方法见表 10-12。

表 10-12 掘砌过程中冻结壁变形预测预报的反演分析方法

步骤	做 法
模型建立	由于三维模型的单元数量巨大，数值计算需要大型、高速计算机，故实际现场多建立空间轴对称模型进行计算。考虑到冻结温度场沿井筒周向的不均匀性，且冻结壁更易在最薄弱方位发生过大变形，甚至破坏。因此，考虑以下因素，建立简化的冻结壁数值计算模型（图10-4） 1. 按冻结壁最薄弱方位的厚度、温度分布，视为空间轴对称问题，建立轴对称模型 2. 冻结管位置按设计位置考虑，不考虑钻孔偏斜 3. 模型分为已开挖支护段、模拟开挖段、下卧段三层，可模拟相同或不同土性。已开挖支护段和下卧段应有足够的高度，以保证模型上、下端面的边界效应带来的误差足够小。模拟开挖段的高度一般应能模拟 $3\sim5$ 个以上段的掘砌施工 4. 根据实际施工条件确定掘砌段高、空帮高度、各工序作业时间。视工艺、模板等不同，空帮高度一般比掘砌段略大，应按实际取值 5. 不考虑冻结壁内、外部的初始冻胀应力，并忽略模型高度段内的自重，按竖直、水平地压计算模型荷载，确定合理的应力与位移边界条件 6. 模型外半径应足够大，以保证恒定地温边界与水平位移约束边界不影响计算结果
参数反演	过程如下： 1. 建立井筒掘砌施工有限元模型 2. 计算初始自重应力场 3. 根据冻结温度场预测预报的反演分析结果，计算冻结壁温度场 4. 消除土体初始固结变形 5. 类同冻结温度场预测预报的反演方法，开展掘砌施工过程模拟及力学参数的反演。分步开挖计算，模拟实际施工过程，并比较井帮位移计算、实测值。如果两者间误差不满足要求，调整计算参数，重复 2~5 步，直至拟合精度满足要求，即可得到较为理想的冻土力学参数的反演值 6. 下部待开挖地层冻结壁受力与变形预测
预测预报	利用反演得到的冻土力学参数值，同时根据冻结壁预测厚度、平均温度、井帮温度，开展待开挖重点地层中冻结壁受力与变形的模拟计算预测预报

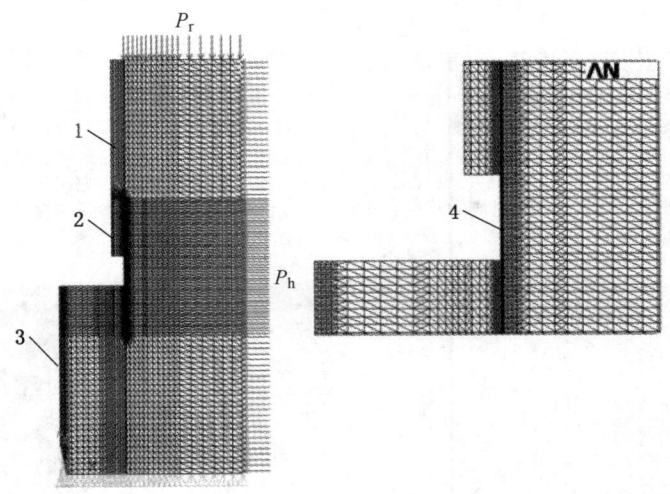

1—顶部已支护段；2—模拟开挖段；3—底部下卧段；4—井帮暴露段

图 10-4 冻结壁变形反演计算有限元模型示意图

4. 外壁监测数据分析及安全预报

井壁安全性应综合冻结压力、钢筋轴力和混凝土应变测值进行评价。钢筋轴力和混凝土应变是井壁安全性的最直接评价指标。

对于冻结压力，可按 $0.013H$（H 为测试层位深度）进行控制。对于钢筋轴力，可按钢筋屈服应力对应的轴力（即屈服应力乘以截面积）进行控制。混凝土应变按国家现行有关规范极限混凝土应变值进行控制。

10.3.4 立井信息化施工监测案例

立井信息化施工监测案例见表 10-13。

表 10-13 立井信息化施工监测案例

项 目	主 要 内 容
工程概况	山东能源新汶矿业集团龙固煤矿位于山东省巨野矿区，北风井于 2011 年开工，井筒设计净直径 6.0 m，井深 746 m，井壁结构设计参数见表 10-14
地质条件	井筒穿过表土层厚度为 675.60 m，为当时世界之最。井筒地质柱状见表 10-15。井筒表土段采用冻结法施工
监测方案	1. 地层冻结参数监测 地层冻结参数监测一般由冻结单位负责，常见监测内容包括： （1）冻结孔与测温孔的偏斜 （2）冻结器内盐水温度、流量 （3）冻结壁内、外水压 （4）测温孔各测点的温度 监测方法见表 10-5 和表 10-6 2. 井筒工作面温度及变形监测 （1）井帮温度测量：井帮温度测点暴露后，在掘进段高的下部按对称性设置 4~8 个测点，采用单点数字测温仪等传感器测量井帮温度，如图 1 所示

表 10 - 13（续）

项 目	主 要 内 容
监测方案	（2）掘进工作面土体温度测量：掘进工作面温度测点暴露后，在水平面内至少布置 2 条互相垂直的测线，每条测线均匀布置 4~8 个测点，采用单点数字测温仪等传感器测量掘进工作面温度 （3）井帮位移监测：新掘井帮暴露后，按对称性在上段高井壁模板或钢筋上设置 4~8 条钢球垂线作为基准线。在与基准线对应的井帮上分别设置位移测点，量测点到基准线的初始距离。在掘进过程中，每间隔 1~2 h 测量测点（或一个段高掘进循环内测量 2~3 次）到基准点的距离，如图 2 所示 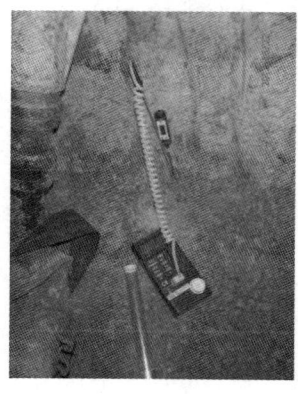  图 1　单点井帮温度测量　　　　　　图 2　悬垂法测量井帮位移示意图 （4）底鼓位移监测：过井心，至少布置 2 条互相垂直的水平测线，每条测线上均匀布置 4~8 个测点（测点可采用具有一定长度、击入土体中的钢钉，以钉帽中心为测点）。并沿上述两方向，在模板内表面各拉紧 1 根钢丝作为基准线 掘进段清底后立即布置测点，拉紧基准线，采用钢卷尺等工具测量各测点到基准线的高差；在后续掘砌过程中，按拟定的间隔时间多次测量测点到基准线的高差 3. 已成型井壁段温度、受力及变形监测 （1）监测层位： 根据井筒实际揭露的地层状况，6 个监测层位设于深部预计井帮变形较大的黏土层中，见表 10-16 （2）测点及传感器布置： ① 热电偶：沿井壁、冻结壁径向各均布若干个测点。井壁测温杆长 1000 mm，均匀布设 5 个测点，间距 250 mm，如图 3 所示；冻结壁测温杆长 400 mm，布设 5 个测点，间距 100 mm ② 混凝土应变计：按对称性在外层井壁内、外缘上各布设 4 个测点，每个测点分别布置竖向和环向应变计各一支，如图 4 所示   图 3　井壁测温杆　　　　　　　　　图 4　混凝土应变计

表 10-13（续）

项目	主 要 内 容
监测方案	③ 钢筋计：按对称性在外层井壁内、外缘上各布设 4 个测点，每个测点分别布置竖向和环向钢筋轴力计各一支，如图 5 所示 ④ 土压力盒：按对称性在外壁与井帮的接触面上布置 8 个测点，如图 6 所示 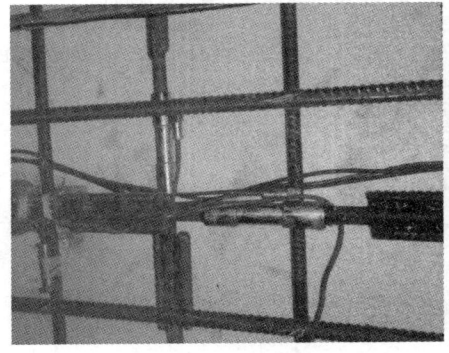 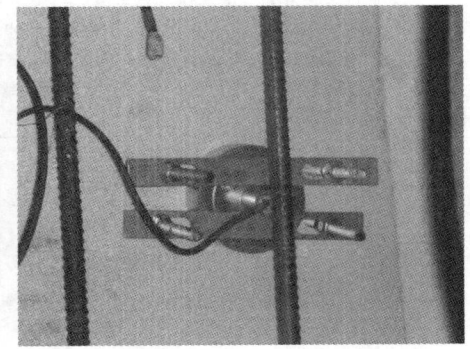 　　图 5　钢筋计　　　　　　　　　图 6　安装完成的土压力盒 （3）数据采集系统： 二次仪表采用便携式、多功能数据采集仪。在每个监测层位处安设二次仪表，并通过无线传输模块将数据传输至地面 （4）监测系统： 基本工作原理：二次仪表（数据采集仪）一端与传感器连接，另一端与无线传输模块连接，监测室计算机与主控制无线传输模块连接，主无线模块通过井口信号室的中继无线模块与各监测层位的无线模块连接，构成无线传输网络，实现计算机与二次仪表的数据通信
监测数据处理与分析	1. 数据处理方法 绘制监测量 – 时间等参量间的实时关系曲线。通过曲线趋势分析，结合冻结壁、井壁结构自身的力学特性，分析其安全性 2. 监测数据分析 （1）去回路盐水温度 – 冻结时间关系曲线： 内、外圈盐水干管的去、回路盐水温度及其温差随时间变化曲线如图 7 所示。在冻结初期，由于地层与低温盐水之间的热交换剧烈，冻结管内、外温差大，去、回路盐水温差也必然较大；随冻结管周围冻土厚度的增大，热交换强度逐渐降低，从而使得去、回路盐水温差逐渐减小，直到趋于稳定值。由图 7 可见，制冷站盐水降温过程基本正常，符合设计要求 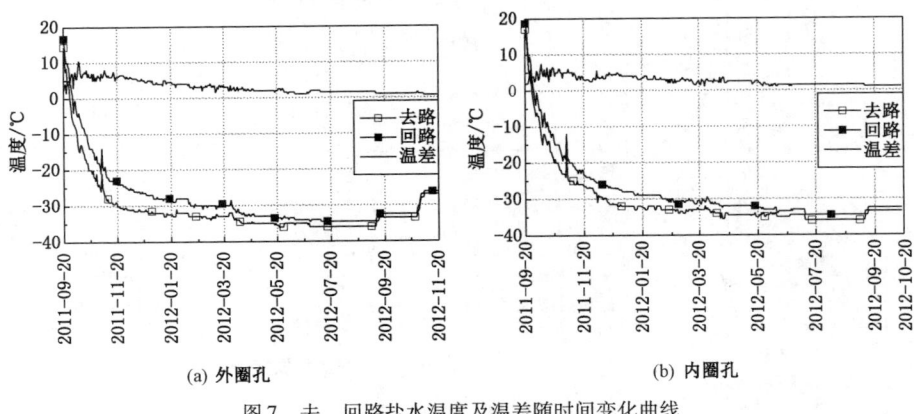 　　　　　　　　(a) 外圈孔　　　　　　　　　　　　(b) 内圈孔 图 7　去、回路盐水温度及温差随时间变化曲线

表 10-13（续）

项 目	主 要 内 容
监测数据处理与分析	（2）测温孔测点温度-冻结时间关系曲线： 该井设有 5 个测温孔，在每个测温孔中一般每 15~20 m 深度间隔设测点一个，通过连续监测，获得了大量地层温度变化数据。以 1 号测温孔为例，测温孔温度随时间的降温曲线如图 8 所示。测温孔各测点的温度整体平稳下降，反映了地层冻结系统运转正常、冻结效果良好 （3）井帮位移-暴露时间关系曲线： 垂深 400 m 以下各段高井帮位移分布如图 9 所示，可见，在测试时间段内，400 m 深以下各段高平均井帮位移均未超过 25 mm，均未超出规范规定值 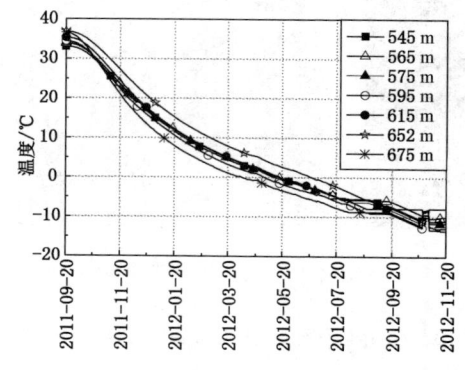 图 8　1 号测温孔各测点温度变化　　　图 9　400 m 深度以下井帮位移 （4）开挖荒径相同时，同一方向上不同深度井帮揭露时的温度： 外壁掘砌施工到 535 m 以下时井帮揭露的温度见表 10-17，可见冻结温度场在各阶段的发展达到了设计要求 （5）外壁温度-时间曲线： 以第 1、第 6 监测层位为例，外壁温度随时间变化曲线如图 10 所示 在混凝土浇筑后 0.6~0.9 d，外壁内部达到最高温度 77.8~86.4 ℃。外壁内部温度达到峰值时，峰值温度与井壁内表面温度之差介于 10.9~24.8 ℃之间，均未超过 25.0 ℃。外壁全部处于正温的时间介于 7.5~18.0 d 之间，该时间段内混凝土强度增长不受低温影响。外壁全部进入负温的时间介于 29.2~73.0 d 之间，随深度增加，井帮温度降低，进入负温所需时间缩短 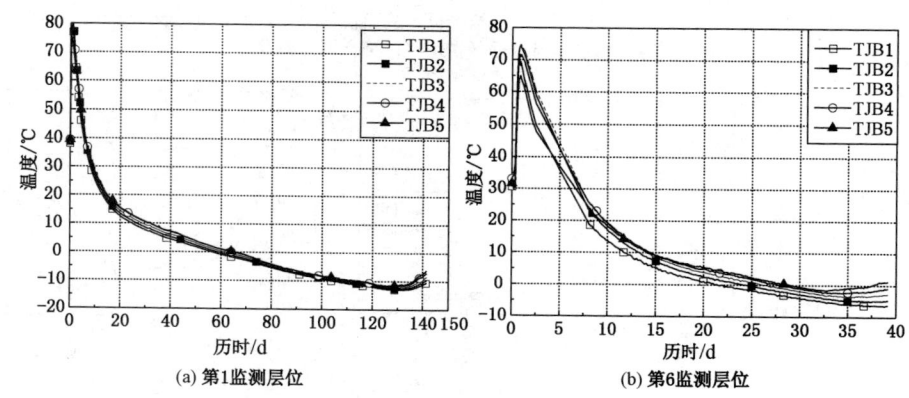 图 10　外层井壁温度实测值 （6）壁后围岩温度-时间曲线：

表 10-13（续）

项　目	主　要　内　容
监测数据处理与分析	外壁外侧围岩内各测点温度变化如图 11 所示，可见，壁后冻土最大融化范围大于 200 mm；冻土融化时间为井壁浇筑后 0.9～8.0 d；融土回冻时间为井壁浇筑后 15.0～43.0 d 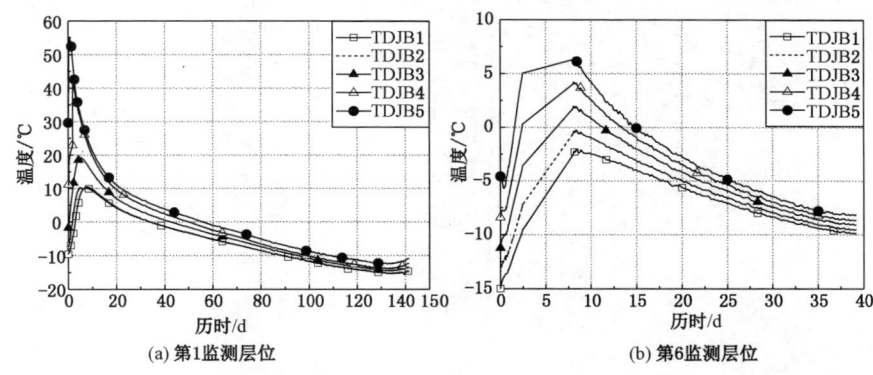 图 11　壁后围岩温度实测值 (7) 外壁混凝土应变-时间曲线： 第 1 监测层位井壁应变随时间变化曲线如图 12 所示，图中"N"表示内排，"W"表示外排。在新浇混凝土水泥水化升温过程中，外层井壁在竖向和环向均出现了拉应变，有的测点处拉应变值甚至达到 600 $\mu\varepsilon$。深入分析发现，上述拉应变值主要是由未硬化之水泥浆的高热膨胀造成的，不会造成外层井壁的拉坏。在同一测点，环向应变增长速率明显大于竖向。各点的竖向、环向最大压应变均未达到混凝土的极限应变 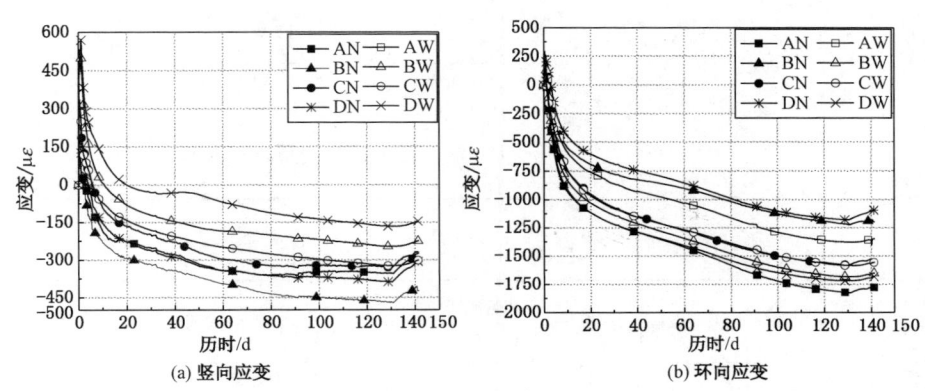 图 12　第 1 监测层位井壁应变实测值 (8) 外壁钢筋轴力-时间曲线： 根据图 13 可知，竖向钢筋在混凝土浇筑初期受压，之后转变为受拉；环向钢筋受到的压力随时间增大。图中"N"表示内排，"W"表示外排 (9) 冻结压力-时间曲线： 由图 14 可知，若永久地压假定为 $0.013H$（单位为 MPa；H 为地层深度，单位为 m），则第 1 监测层位冻结压力峰值与永久地压之比约为 0.9，相当于冻结压力峰值为 $0.0117H$；在砌壁后头 20 d，该层位冻结压力增长迅速。因此，保证外壁混凝土的 1 d、3 d、7 d、14 d 强度，对于保证外壁安全极为重要

表 10-13（续）

项　目	主　要　内　容
监测数据处理与分析	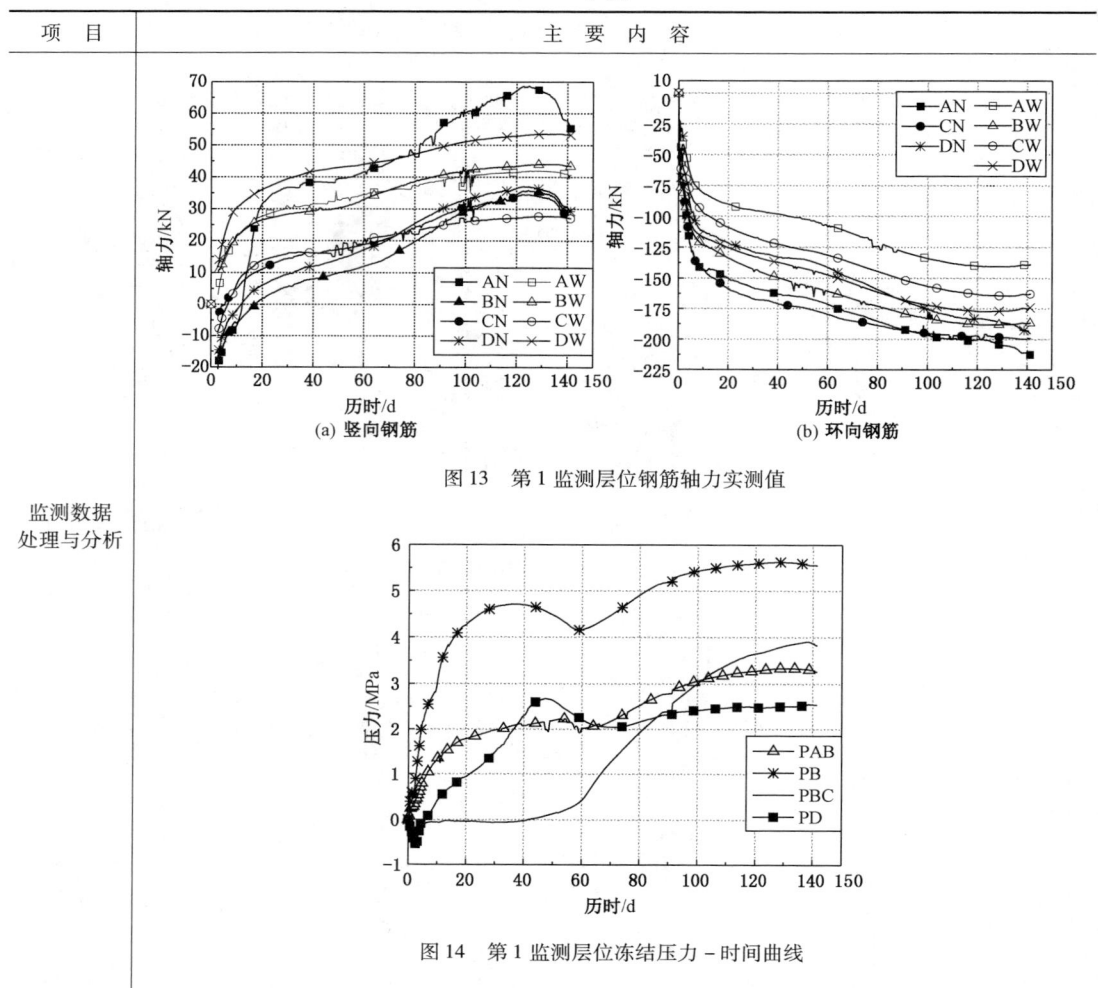 图 13　第 1 监测层位钢筋轴力实测值 图 14　第 1 监测层位冻结压力 – 时间曲线

表 10-14　井壁结构设计参数

净直径/m	起深/m	止深/m	段高/m	外壁厚度/mm	混凝土等级	竖向钢筋	环向钢筋	径向钢筋
6.0	0	8	8					
	8	100	92	450	C30	φ20@250	φ20@250	
	100	160	60	450	C40	φ20@250	φ20@250	
	160	220	60	650	C40	φ20@250	φ20@250	
	220	330	110	650	C60	φ25@250	φ25@250	
	330	410	80	850	C60	2φ25@250	2φ28@200	φ16@400×500
	410	480	70	850	C70	2φ25@250	2φ28@200	φ16@400×500
	480	580	100	1100	C70	2φ25@250	2φ32@200	φ16@400×500
	585	705	125	1100	CF80	2φ25@250	2φ32@200	φ16@400×500

表10-15 龙固煤矿北风井井筒土层段底部地质柱状

岩性	厚度/m	累计深度/m	岩性	厚度/m	累计深度/m
砂质黏土	1.60	487.50	砂质黏土	4.90	566.70
黏土	8.10	495.60	粉砂	1.40	568.10
粉砂	1.10	496.70	黏土	12.10	580.20
黏土	3.10	499.80	砂质黏土	2.60	582.80
砂质黏土	1.90	501.70	粉砂	1.20	584.00
粉砂	1.40	503.10	砂质黏土	1.00	585.00
砂质黏土	5.10	508.20	砂质黏土	1.10	585.10
黏土	23.40	531.60	黏土	20.40	605.50
粉砂	1.70	533.30	砂质黏土	19.20	624.70
砂质黏土	2.00	535.30	黏土	2.40	627.10
细砂	1.10	536.40	粉砂	1.20	628.30
黏土	10.60	547.00	黏土	16.90	645.20
砂质黏土	2.70	549.70	黏土质粉砂	6.20	651.40
黏土	3.50	553.20	泥岩	0.70	652.10
砂质黏土	4.90	558.10	砂质黏土	11.80	663.90
黏土	3.70	561.80	含砾黏土	11.70	675.60

表10-16 监 测 层 位

监测层位		井壁段次/模	对应的地层			对应的外层井壁				厚度/mm	泡沫板厚度/mm
编号	深度/m		土性	厚度/m	底深/m	混凝土等级	钢 筋				
							竖向	环向	径向		
1	492	163	黏土	8.1	495.60	C70	φ32	φ25	φ16	1100	75
2	523	175	黏土	23.4	531.60	C70	φ32	φ25	φ16	1100	75
3	573	195	黏土	12.1	580.20	C70	φ32	φ25	φ16	1100	75
4	600	206	黏土	20.4	605.50	CF80	φ32	φ25	φ16	1100	75
5	635	220	黏土	16.9	645.20	CF80	φ32	φ25	φ16	1100	75
6	670	234	含砾黏土	11.7	675.60	CF80	φ32	φ25	φ16	1150	75

表10-17 龙固煤矿北风井535 m深度以下井帮揭露时的温度实测值

工作面垂深/m	岩性	监测工作面空气温度/℃	井帮温度/℃									
			东	东南	南	西南	西	西北	北	东北	最高	最低	平均
535.5	砂质黏土	6.0	-13.8	-13.8	-13.0	-12.8	-13.3	-13.1	-12.8	-14.0	-12.8	-14.0	-13.3
555.5	黏土	8.0	-12.8	-12.3	-12.5	-12.8	-13.0	-13.5	-13.8	-12.3	-12.3	-13.8	-13.0
575.5	黏土	7.8	-12.6	-13.9	-12.1	-12.5	-12.9	-12.8	-13.6	-13.5	-12.1	-13.9	-13.0

表10-17（续）

工作面垂深/m	岩性	监测工作面空气温度/℃	井帮温度/℃									
			东	东南	南	西南	西	西北	北	东北	最高	最低	平均
595.5	黏土	5.0	-11.4	-11.4	-10.3	-11.5	-11.2	-12.6	-12.4	-11.7	-10.3	-12.6	-11.6
615.5	黏土	7.6	-12.4	-13.0	-13.4	-12.8	-13.0	-12.6	-14.5	-14.8	-12.4	-14.8	-13.3
635.5	黏土	4.5	-14.0	-14.5	-14.3	-14.0	-15.0	-15.5	-15.8	-15.5	-14.0	-15.8	-14.8
655.5	砂质黏土	4.8	-15.8	-16.4	-16.6	-18.2	-17.4	-15.2	-17.2	-16.8	-15.2	-18.2	-16.7
675.5	砾砂质黏土	0.1	-18.5	-18.0	-18.3	-18.1	-18.5	-18.8	-19.0	-19.0	-18.0	-19.0	-18.5

10.4 冻结斜井信息化施工监测

10.4.1 冻结斜井监测的特点

我国斜井井筒普遍采用非圆形断面，断面形状与外荷载的非轴对称特征导致斜井冻结壁与井壁设计远比立井复杂。斜井井壁自上而下分段掘砌，接茬缝数量多，井壁防水技术难度大。为保障冻结壁、临时支护结构、永久井壁的施工质量与安全，提高斜井井筒的掘砌效率，在掘砌实施过程中开展斜井信息化施工是十分必要的。与立井相比，冻结斜井信息化施工监测的特点见表10-18。

表10-18　冻结斜井信息化施工监测的特点

特点	内容
监测周期长	由于斜井冻结壁和井壁的形状不规则、受力不均匀，对不同阶段井壁的受力及变形等认识存在不足，为掌握不同阶段的井壁受力与变形状态，需要的监测周期较长
监测断面多	斜井的坡度小，井筒沿斜长方向常切割多层物理力学参数差异很大的围岩；含水层较多时，各含水层之间的水力联系复杂，隔水层的隔水效果差，容易使含水层相互串通，这使得斜井井壁的受力更复杂。因此，为掌握井壁的受力与变形情况，需要比立井布置更多的监测断面（监测层位）
监测点数量多	斜井冻结壁和井壁的内缘既可能产生拉应力，又可能产生压应力，应力状态十分复杂，特别是顶拱和底部仰拱内易产生拉力。为掌握井壁顶拱、侧墙、仰拱等不同位置的受力变形状态，同一监测断面内需要布置的监测点数量多

10.4.2 冻结斜井监测内容与方法

1. 钻孔偏斜、盐水流量和盐水温度监测

冻结孔、测温孔、水文孔等的偏斜，以及盐水流量与温度的监测方法与立井基本相同，可参见表10-5。

2. 地层冻结效果监测

斜井竖直孔冻结法凿井，通常采用分段分期冻结技术。地层冻结效果监测方法与立井基本相同，可参见表10-6。不同之处主要在于：

（1）斜井竖直冻结孔的有效冻结范围，一般局限于井筒开挖断面拱顶以上、底板以下各一定距离内,如果计入井筒截面高度,通常也不超过 20 m 高。这是测温孔需要重点监测的区域。

(2) 当冻结孔采用局部冻结技术时,为评估局部保温效果,应监测相应深度段冻结孔壁或冻结器外表面的温度。

3. 斜井井筒掘砌施工过程监测

斜井井筒掘砌施工过程中监测的主要内容与方法见表 10-19。

表 10-19 斜井井筒掘砌施工过程中监测的主要内容与方法

监测对象	监测参数	监测层位	测点布置	监测仪器	监测目的
井帮	温度	井帮四周	顶拱、底板、侧墙中部和各交界面	点温计	判断冻结壁的可靠性,预测工作面前方冻土扩展情况
冻结壁	内缘收敛	冻结壁较弱的地层	拱顶、侧墙上下部	收敛计	判断空帮段或临时支护段冻结壁和冻结管是否安全
冻结壁	冻土温度	冻结壁较弱、较易化冻的地层	拱顶、侧墙、底板的薄弱部位	温度传感器	掌握壁后冻土的升温及融化情况,评估冻结壁的安全性
临时支护结构	收敛	冻结壁变形大的地层	拱顶、侧墙上下部	收敛计	评估临时支护结构的安全性
临时支护结构	受力	冻结壁变形大的地层	支架拱顶、拱肩、底脚、仰拱中部等	压力枕、荷重计	评估临时支护结构的安全性
井壁	温度	冻结壁较弱的地层	拱顶和仰拱中部,拱肩和底脚	热电偶、测温杆	评估温度可能对井壁增长的影响
井壁	冻结压力	冻结壁较弱的地层	井壁外缘拱顶、仰拱底部、拱肩和底脚等处	压力盒	掌握凿井期井壁外载的变化规律,评估井壁的安全性
井壁	孔隙水压	富水地层	井壁外缘、井壁夹层	孔隙水压力计	获得孔隙水压力增长规律,判断冻结壁化冻开窗时间
井壁	钢筋轴力	冻结壁较弱的地层	拱顶、仰拱中部和拱肩处周向与轴向钢筋	钢筋计	掌握钢筋应力的变化规律,评估井壁的安全性
井壁	应变	冻结壁较弱的地层	内外缘拱顶、仰拱底部、拱肩等处,切向与轴向	混凝土应变计	掌握混凝土应变的变化规律,评估井壁的开裂与破裂风险

10.4.3 监测数据分析及预测预报

参见立井监测数据分析及预测预报方法,不同之处在于,斜井建立的数值分析模型与立井不同。

10.4.4 斜井信息化施工监测案例

斜井信息化施工监测案例见表 10-20。

表 10-20 斜井信息化施工监测案例

项目	主 要 内 容
工程概况	山东能源新汶矿业集团黑梁煤矿位于内蒙古自治区鄂托克前旗上海庙西部矿区,副斜井倾角为 23°,净宽 4.5 m,直墙高度为 1.8 m,顶、底拱半径分别为 2.25 m、6.0 m,斜长 1062 m,表土段采用冻结法施工,冻结深度 220.9 m,为国内外之最。副斜井井壁结构参数见表 10-21
地质条件	井检孔揭露地层由上而下依次为第四系、新近系、石炭系太原组地层。第四系埋深为 23.65 m,新近系埋深为 197.55 m,石炭系太原组地层埋深为 302.65 m。副斜井穿过的表土厚度为 188.9 m,基岩风化带深度为 216.72 m,厚度为 19.44 m,新近系底部含水砂砾层共 4 层,第四系松散层、新近系砂层、砾岩层水流向西北,流速较小
监测方案	1. 地层冻结参数监测: 地层冻结参数监测一般由冻结单位负责,常见监测内容包括: (1) 冻结孔与测温孔的偏斜 (2) 冻结器内盐水温度、流量 (3) 冻结壁内、外水压 (4) 测温孔各测点的温度 上述参数的监测方法与立井基本相同,可参见 10.3.2 节 2. 冻结壁温度及收敛变形监测: (1) 冻结壁温度监测:在井筒掘进后,沿井轴向每间隔 10 m 左右布置一个温度监测断面,分别在顶拱、仰拱、两侧直墙位置的冻结壁内(最深处测点距井帮 0.3~0.5 m)布置温度测点,掌握井壁砌筑前、后近井壁侧的冻结壁温度变化规律。掘进过程中,温度测点位置揭露后立即埋设传感器并进行测量,测试频率应不低于 12 h/次,可采用热电偶配合单点数字测温仪(精度 ±0.1 ℃)进行测量 (2) 井帮收敛变形监测:沿井筒轴向每隔 5 m 左右布置一个收敛监测断面,分别在拱顶、两侧直墙上布置收敛测点,有条件时可多布置测点数量,如图 1 所示。测试频率应不低于 12 h/次,采用收敛计(精度 0.1 mm)或测距仪进行测量,如图 2 所示 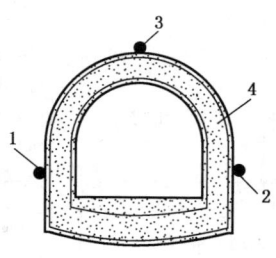  1—测点 1;2—测点 2; 3—测点 3;4—井壁 图 1 收敛测点布置示意图　　　　图 2 冻结壁收敛变形井下测量 3. 成型井壁的温度、受力及变形监测:

表 10-20（续）

项目	主 要 内 容
监测方案	（1）监测层位： 2 个典型的监测层位见表 10-22 （2）测点布置： ① 土压力盒：在井壁外缘与土体接触位置环向布置 6 个测点，如图 3 所示。每个测点布置土压力盒 1 个，如图 4 所示 ② 混凝土应变计：每个监测层位，在井壁内缘（内圈钢筋位置）沿周向布置 6 个测点，如图 5 所示；在外缘（外层钢筋位置）沿周向布置 4 个测点，各测点布置环向和轴向混凝土应变计各 1 支，如图 6 所示 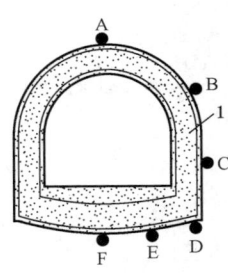 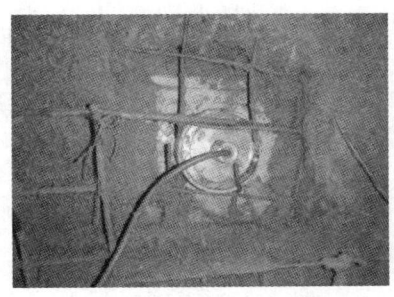 1—井壁；A~F—压力盒测点 图 3　土压力盒测点布置　　　图 4　土压力盒埋设安装 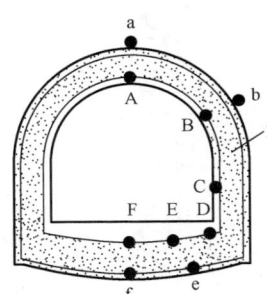 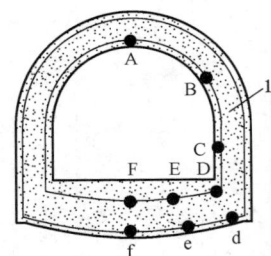 1—井壁；A~F—井壁内侧测点；　　　1—井壁；A~F—井壁内侧测点； a、b、e、f—井壁外侧测点　　　　　d、e、f—井壁外侧测点 图 5　混凝土应变计测点布置　　　　图 6　钢筋计测点布置 ③ 钢筋计：内缘布置 6 个测点，外缘布置 3 个测点，如图 6 所示 ④ 井壁温度：在顶拱、两侧直墙和仰拱位置沿井壁厚度方向各布置 1 条测线，每条测线均布置 5 个温度传感器，共计 20 个温度测点（布置方式与表 10-13 中图 3 测温杆类似） （3）数据采集系统及监测系统： 土压力、混凝土应变、钢筋轴力监测均采用振弦式传感器；采用便携式和多功能数据采集仪等采集数据；数据传输采用无线方式由井下传输至地面，配合地面数据传输设备组成整个监测系统
监测数据处理与分析	1. 冻结壁收敛变形： 受斜井冻结井筒施工工艺制约，一般情况下，掘进工作面至永久井壁支护段有 25 m 左右的临时支护段，冻结壁变形较大，根据图 7 数据分析，收敛变形速率达到 2~3 mm/d，最大收敛测值达 110 mm。结合临时支护段冻结壁温度监测情况，分析认为临时支护段是安全的

表 10 – 20（续）

项目	主 要 内 容
监测数据处理与分析	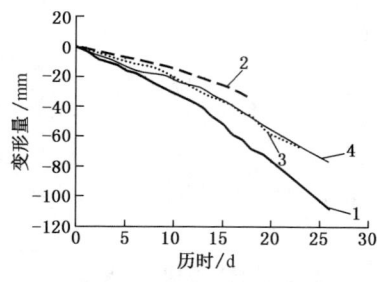 1—断面 1；2—断面 2； 3—断面 3；4—断面 4 图 7 不同断面 A、B 测点收敛测值变化曲线 2. 井壁及冻结壁温度： 典型的井壁温度 – 时间变化曲线如图 8 所示。混凝土浇筑后 1~2 d 井壁内最高温度达 83.9 ℃；此后受水泥水化反应减弱和冻结壁冷量影响，井壁逐步降温，最低温度降至约 0 ℃；随着掘砌施工的进行，斜井分段冻结的停止，冻结壁逐渐解冻，井壁逐渐升温至正常温度。根据图 9 分析得知，井帮冻土经历先升温后降温的过程，最大融化范围为 300~500 mm，随着斜井冻结分段的掘砌完成，该分段内停止冻结，冻土回冻一般较弱，井帮融化的冻土不能再进入负温 3. 冻结压力： 由图 10 和图 11 可知，冻结压力与斜井穿过的地层性质密切相关，而且方向性明显，竖直方向冻结压力变化大，水平方向冻结压力变化小，实测获得的竖向最大冻结压力达 2.4 MPa，小于井壁设计荷载 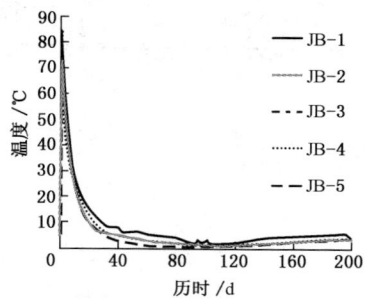 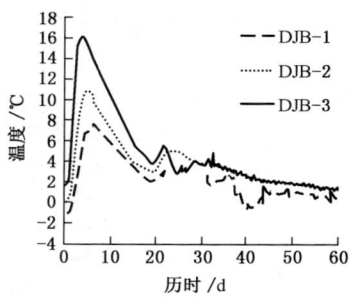 图 8 井壁底拱温度变化曲线　　图 9 冻结壁内缘附近温度变化曲线 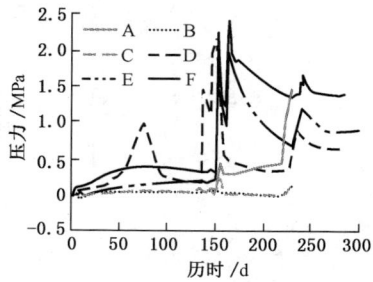 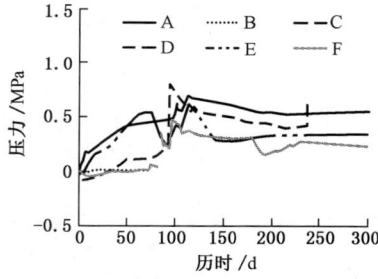 图 10 第 1 监测层位冻结压力变化曲线　　图 11 第 2 监测层位冻结压力变化曲线 4. 钢筋轴力： 由图 12 可知，环向钢筋的轴力随时间变化剧烈，在顶拱和底拱位置部分钢筋受拉，该位置井壁易开裂，这与实际相符；环向钢筋总体受力较小，测值均在 -40~30 kN 范围内，远小于钢筋的极限承载能力 由图 13 可知，轴向钢筋的轴力随时间变化剧烈，在底拱位置钢筋受拉，最大拉力达 40 kN，这使得底拱位置混凝土易开裂，与实际相符；钢筋总体受力较小，测值均在 -20~40 kN 范围内，远小于钢筋的极限承载能力

表 10-20（续）

项目	主 要 内 容
监测数据处理与分析	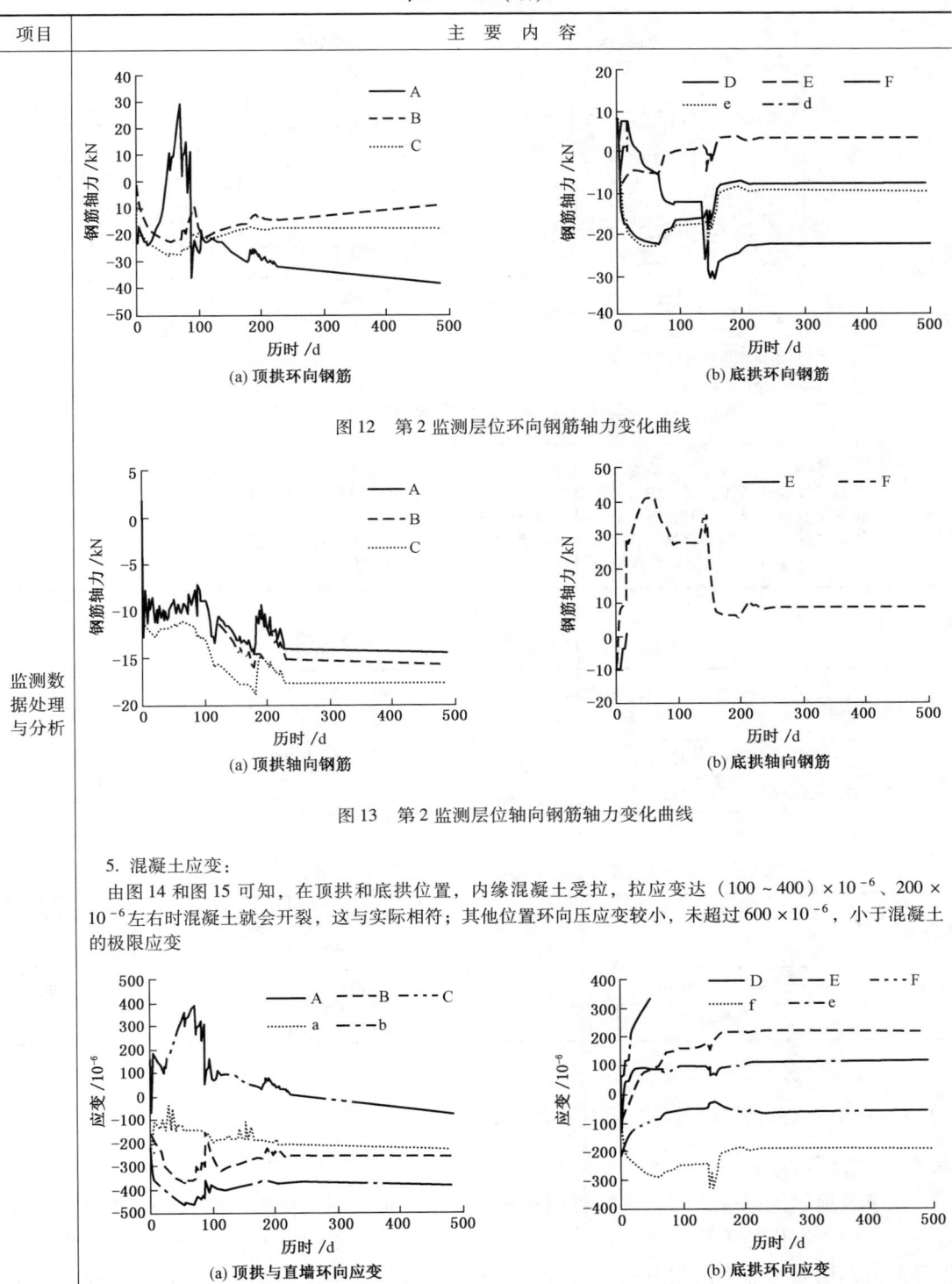 图 12　第 2 监测层位环向钢筋轴力变化曲线 图 13　第 2 监测层位轴向钢筋轴力变化曲线 5. 混凝土应变： 由图 14 和图 15 可知，在顶拱和底拱位置，内缘混凝土受拉，拉应变达 $(100\sim400)\times10^{-6}$、$200\times10^{-6}$ 左右时混凝土就会开裂，这与实际相符；其他位置环向压应变较小，未超过 600×10^{-6}，小于混凝土的极限应变 图 14　第 2 监测层位混凝土环向应变变化曲线

表 10-20（续）

项目	主 要 内 容
监测数据处理与分析	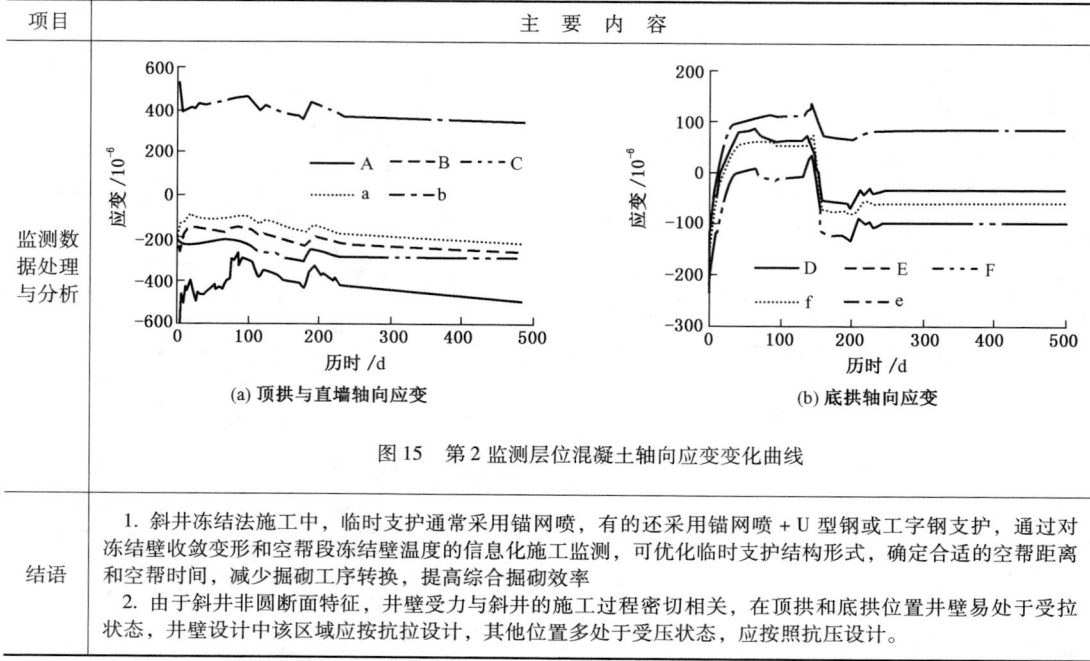 (a) 顶拱与直墙轴向应变　　　　(b) 底拱轴向应变 图 15　第 2 监测层位混凝土轴向应变变化曲线
结语	1. 斜井冻结法施工中，临时支护通常采用锚网喷，有的还采用锚网喷＋U 型钢或工字钢支护，通过对冻结壁收敛变形和空帮段冻结壁温度的信息化施工监测，可优化临时支护结构形式，确定合适的空帮距离和空帮时间，减少掘砌工序转换，提高综合掘砌效率 2. 由于斜井非圆断面特征，井壁受力与斜井的施工过程密切相关，在顶拱和底拱位置井壁易处于受拉状态，井壁设计中该区域应按抗拉设计，其他位置多处于受压状态，应按照抗压设计。

表 10-21　副斜井井壁结构参数

井别	垂深/m	斜长/m	倾角/(°)	净宽/mm	净高/mm		井壁厚度/mm		钢筋	
					直墙	顶拱	直墙、顶拱	底拱	环向	斜向
副斜井	113~138	289.2~353.2	23	4500	1800	2250	700	1000	$\phi 22$	$\phi 22$
	138~208	353.2~532.3					800	1200		

表 10-22　副斜井典型监测层位布置

序号	深度/m	岩　性	斜长里程/m	直墙与顶拱厚度/mm	底拱厚度/mm	钢筋	
						环向	斜向
1	180	黏土层	458	800	1200	$\phi 22$	$\phi 22$
2	190	上部砾石层，下部泥岩	485	800	1200	$\phi 22$	$\phi 22$

10.5　市政冻结工程信息化施工监测

10.5.1　监测特点

在市政地下工程中，冻结法主要用于地铁联络通道、盾构机进出洞和基坑等地下工程的施工。由于城市施工环境复杂，在进行冻结法施工时，不仅要考虑冻结壁与永久支护结构的安全，还要考虑周围建筑物、道路及地下管线等的安全，因此必须采用信息化监测指导施工。

市政冻结工程监测的特点如下：

（1）在市政冻结工程施工前，地层可能已受扰动，且周边环境复杂，异常数据可能由多种非冻结因素引起。

（2）除冻结壁和支护结构处，周边建筑物、管线、道路等也必须监测。

（3）除利用常规测温孔、水文孔外，常需要结合探孔温度来综合判断冻结壁的交圈情况与范围。

10.5.2 监测内容与方法

1. 地层冻结效果监测

地层冻结效果监测的内容与方法见表10-23。

表10-23 地层冻结效果监测的内容与方法

监测对象	监测参数	监测目的	监测方法及技术要点	监测仪器	监测频率	备注
冻结孔	深度、偏斜、偏斜率、相邻孔间距	确保深度、偏斜率、最大孔间距符合设计要求	<30m的水平孔采用经纬仪灯光测斜法，>30m时用水平陀螺测斜仪测量	陀螺仪或灯光测斜	每隔10~20m测斜1次	
冻结器	盐水去、回路温差	确保冻结器工作正常	在盐水去、回路上安装测温计	温度传感器	至少1次/h，给出盐水温度-时间曲线	
盐水干管	盐水流量	确保盐水流量达到设计要求	在干管上安流量计，24h监控。将专用流量测试装置接入待测冻结器的盐水循环系统，测完后复原	流量计	至少每10d抽测1次冻结器盐水流量，掌握盐水流量变化	根据情况选测
冻结壁	重点地层部位的温度	正确判断冻结壁是否交圈及其厚度、强度是否达到设计要求	测温孔一般布置在冻结壁外缘界面上及偏斜最大的两孔之间，或在难以冻结的主要含水层中。同时需注意冻结壁与结构（管片或地下连续墙）界面处的温度监测	温度传感器	一般每隔24h观测1次，开挖期间增加频率；在结构做完后宜每隔1~3d测1次，且测点可适当减少	
泄压孔	压力	分析冻结效果和冻结壁交圈情况	在隧道两侧联络通道冻结壁内侧布置泄压孔	压力表	前期每隔24~48h测1次，升压后每6~24h测量1次	

2. 工程结构及其围岩监测

工程结构及其围岩监测的内容与方法见表10-24。

表 10-24　工程结构及其围岩监测的内容与方法

监测对象	监测参数	监测目的	监测方法及技术要点	监测仪器	监测频率	备注
揭露地层	温度	了解揭露地层的实际冻结情况,判断冻结壁的可靠性	根据工程特点,在关键及薄弱部位布置测温点,点温计探头应埋入揭露面下方或钻眼测量	点温计	一般每天监测1次,必要时加大频率	联络通道、基坑冻结工程
支架	支撑力	及时调整隧道内预应力支架压力,保证管片安全	在支架千斤顶和隧道管片之间布置测点,测力计与千斤顶轴线要对中	测力计	一般冻结壁交圈前每3 d监测1次,交圈后每天监测1次	联络通道冻结工程
洞门	温度	了解洞门实际冻结情况,判断可靠性	一般在洞门周边地下连续墙与土体交界面处布置测温点	温度传感器	一般每天监测1次,必要时加大频率	洞门加固冻结工程
隧道	升降及收敛	了解施工对隧道变形的影响,保证安全	一般在联络通道两侧隧道每端各50 m范围内布设沉降测点和收敛测点。一般每半月复核1次数据,达到报警值后立即复核数据	水准仪、收敛计	每天监测1次,打冻结孔、掘砌和强制解冻阶段适当加大频率	联络通道冻结工程

3. 对周围建(构)筑物和管线不利影响监测

为保证安全,需要监测冻结地层的冻胀、融沉和开挖等过程对周围建(构)筑物和管线等的不利影响,监测内容与方法见表 10-25。

表 10-25　冻结施工对周围建(构)筑物和管线不利影响的监测内容与方法

监测对象	监测参数	监测目的	监测方法及技术要点	监测仪器	监测频率	备注
隧道管片	冻结压力	评估冻结压力对管片的不利影响	在冻结壁及其附近土体与管片的交界面上,埋设不同方向的压力传感器,监测冻结压力	土压力传感器	多为在线监测。至少冻结壁交圈前每3 d监测1次,交圈后每天监测1次	联络通道冻结工程(选测)
地面	竖直变形量	为评估建(构)筑物、地下管线的安全提供数据,为施工提供警示	在施工影响范围内的地面、建(构)筑物和管线处布设测点,详见有关规范规定。一般每半月复核1次数据,达到报警值后立即复核数据	水准仪	一般每天监测1次,打冻结孔、掘砌和强制解冻阶段适当加大频率,按有关规范执行	联络通道、基坑和大范围洞门加固冻结工程

表 10-25（续）

监测对象	监测参数	监测目的	监测方法及技术要点	监测仪器	监测频率	备注
地层	竖直变形量	为评估建（构）筑物、地下管线的安全提供数据，为施工提供警示	结合建（构）筑物、管线情况，在施工影响范围内布置地层分层沉降测点	分层沉降仪	一般每天监测 1 次，必要时加大频率	洞门加固冻结工程（选测）
土体、墙体	水平位移		在冻结壁外侧和地下连续墙上布置测斜管，在测斜管内部进行水平位移监测	测斜仪	一般每天监测 1 次，必要时加大频率	基坑和洞门加固冻结工程（选测）
重要建（构）筑物	变形量	为评估建（构）筑物的安全提供数据	在相应的建（构）筑物上布置测点	水准仪	一般每天监测 1 次，必要时加大频率	联络通道、基坑和大范围洞门加固冻结工程

4. 联络通道施工地面监测要求

联络通道施工地面监测要求见表 10-26。

表 10-26 联络通道施工地面监测要求

项 目	主 要 内 容
一般要求	1. 在联络通道施工期间应监测施工影响范围内的隧道管片和周边环境的变形。周边环境监测应包括地下管线、地表剖面及邻近建（构）筑物的变形监测 2. 周边环境保护等级划分应符合表 10-27 的规定 3. 测点布置及测量方法应符合现行国家标准《城市轨道交通工程测量规范》（GB/T 50308）、《工程测量规范》（GB 50026）、《城市轨道交通工程监测技术规范》（GB 50911）和现行行业标准《城市测量规范》（CJJ/T 8）等有关规范的规定 4. 联络通道冻结法施工开工前，应由具备相应资质的单位编制专项监测方案，并应经有关方面批准后实施 5. 监测单位应对监测数据和现场巡查情况分析整理，确保数据正确、可靠，按时提交监测报表；当监测值达到报警值时，应立即发出报警通知
具体要求	1. 联络通道监测应从钻孔开始 15 d 前至融沉注浆后 6 个月且监测数据收敛为止 2. 联络通道的施工监测范围应符合下列规定： （1）隧道管片变形监测范围不应小于联络通道两侧隧道各 50 m （2）周边环境变形监测范围不应小于联络通道施工对周边环境可能影响到的范围 3. 联络通道施工期间监测点的布设应符合下列要求： （1）地表剖面变形监测应沿隧道纵向布设监测剖面，布点间距及监测点布设方式宜按图 10-5 示意要求执行，在地面布设深层监测点时应穿透路面结构硬壳层，埋设进入原状土 600 mm 以上的沉降标杆 （2）隧道竖直位移监测点宜先密后疏布置，应在联络通道中心线对应钢管片的拱底位置布设 1 个测点，联络通道中心线两侧 10 环范围内每 2 环应布设 1 个测点，10 环范围外每 4 环应布设 1 个测点，监测点宜按环号进行编号 （3）隧道收敛监测点应在联络通道两侧第一个混凝土管片上布设 1 个断面，然后在联络通道中心线两侧 10 环范围内每 2 环应布设 1 个断面，10 环范围外每 4 环应布设 1 个断面，监测点宜按环号进行编号

表 10-26（续）

项　目	主　要　内　容
具体要求	4. 隧道变形及周边环境监测点应在施工开始前连续采集 3 次稳定的数据取平均值作为初始值，联络通道施工期间应按信息化监测要求实施同步监测。联络通道施工监测宜利用隧道施工监测测点。施工监测频率宜按表 10-28 确定，可根据监测数据变化幅度进行适当调整 5. 隧道管片监测报警值应根据地质条件、设计参数及当地经验确定，当无具体报警值时，可参照表 10-29 确定 6. 联络通道施工周边地下管线监测报警值应在调查分析管线功能、材质、工作压力、铺设年代等的基础上，结合工程经验综合确定。当无具体报警值时，可参照表 10-30 确定 7. 联络通道施工地表剖面沉降及邻近建（构）筑物的监测报警值应根据主管部门的要求确定，当无具体报警值时，可参照表 10-31 确定 8. 当冻结壁已全部融化且不注浆的情况下，实测地表剖面竖直位移变形速率收敛、速率连续 2 次小于 0.5 mm/15 d 时，可停止监测

表 10-27　周边环境保护等级划分

周边环境等级	周边环境条件
一级	联络通道施工影响范围内有江河、城市轨道交通线路、铁路、道路隧道、上水和燃气等压力干管、排水箱涵、防汛墙、高压铁塔、历史文物、近代优秀建筑等重要建（构）筑物及设施等
二级	周边环境条件不属于一级、三级时
三级	联络通道施工影响范围内没有需要保护的管线或建（构）筑物及设施等

注：1. 联络通道施工对周边环境可能影响的范围是：联络通道施工区的地表水平竖直投影向外延伸 1.5 倍中心埋深所围成的区域。
　　2. 高压铁塔、历史文物、近代优秀建筑划分应符合相关管理部门的规定。

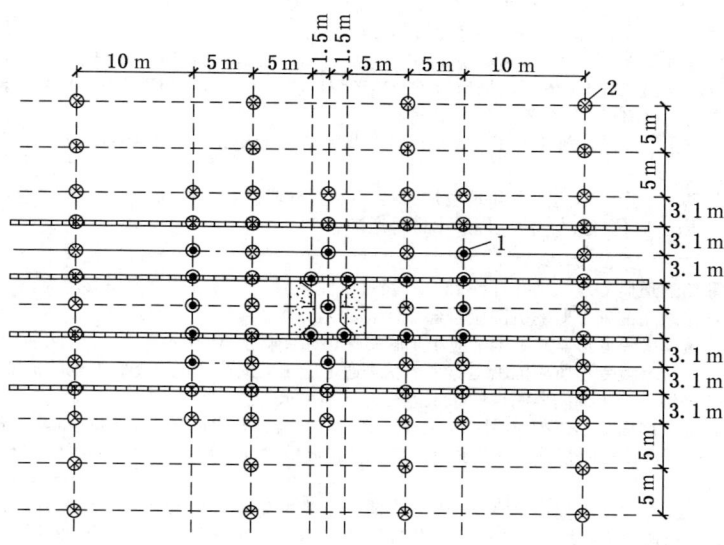

1—深层监测点；2—模拟监测点

图 10-5　联络通道施工地表剖面变形监测点布置平面图

表10-28 监测频率

监测内容	监测频率				
	钻孔期间	冻结期间	开挖	融沉注浆	
				自然解冻	强制解冻
地下管线竖直位移监测	1次/d	1次/2 d	1次/d	前3个月1次/(2~5)d 第4、5个月1次/(5~10)d 第6个月1次/(10~15)d	第1个月1次/1 d 第2个月以后1次/(10~15)d
邻近建(构)筑物竖直位移监测	1次/d	1次/2 d	1次/d		
地表剖面竖直位移监测	1次/d	1次/2 d	1次/d		
隧道竖直位移监测	1次/2 d	1次/2 d	1次/d		
隧道收敛监测	1次/2 d	1次/2 d	1次/d		

表10-29 隧道管片监测报警值

监测内容	监测报警值				累计报警值/mm
	日报警值/(mm·d^{-1})				
	钻孔期间	冻结期间	开挖	融沉注浆	
隧道竖直位移监测	±1	±1.5	±2	±2	±10
隧道收敛监测	±2				±10

表10-30 地下管线监测报警值

监测对象		日报警值/(mm·d^{-1})	累计报警值/mm
刚性管线	压力管	±2	±10
	非压力管	±2~±3	
柔性管线		±3~±5	

表10-31 地表剖面沉降及邻近建(构)筑物监测报警值

监测项目	周边环境等级					
	一级		二级		三级	
	累计值/mm	变化速率/(mm·d^{-1})	累计值/mm	变化速率/(mm·d^{-1})	累计值/mm	变化速率/(mm·d^{-1})
地表剖面竖直位移	+10~-20	3	+10~-30	4	+10~-30	5
邻近建(构)筑物竖直位移	10~20	2	10~30	3	20~50	4

注:1. 建(构)筑物竖直位移的累计报警值应根据建(构)筑物对变形的适应能力确定。
2. 建(构)筑物的变形控制指标还应满足相关规范中关于倾斜控制的要求。

10.5.3 监测数据分析及预测预报

针对地铁联络通道、盾构机进出洞及冻结基坑工程的不同结构设计及施工工艺特点,建立信息化监测系统后,应通过手动或自动监测手段,及时获取包括冻结系统、冻结壁、地下结构及周围环境等在内的多参数监测数据,进而开展数据处理分析。监测数据分析及预测预报手段、内容与方法见表 10-32。

表 10-32　监测数据分析及预测预报手段、内容与方法

项　目	工　作　内　容
数据基本分析	1. 根据监测结果,画出实测值-时间散点图、实测值变化速率-时间散点图、实测值-空间坐标图,并进行回归分析,掌握各类监测对象工程参数的发展趋势和最终变化值,以便判断设计方案、参数和施工方法、工艺的合理性,为方案优化和调整提供依据 2. 当实测值小于允许值,且实测值-时间散点图趋于收敛,变化速率趋于零时,可以正常施工;当变化速率无明显下降趋势,而此时实测值已接近允许值时,应采取加强措施,并调整设计参数和施工方法,提高稳定性 3. 实测值-时间曲线出现反弯点或者实测值变化速率持续增大,及实测值加速增大,出现反常的急剧增长现象,表明结构或环境已呈不稳定状态,应加密监测,查明原因,并采取措施进行处理,必要时停止施工,进行处理和抢险 4. 当实测值-时间曲线趋于收敛,空间分布稳定,且变化速率趋于零时,可推断地层、结构、环境已处于稳定状态,可以适当减少监测次数
评估	1. 冻结系统的工作状况评估。通过对监测数据与正常工作参数的对比,及时发现或预测冻结系统运转过程的异常现象;并通过信息反馈,及时调整系统运转参数,为快速、高质量地完成地层冻结提供保障 2. 地层冻结效果评估。通过对冻结孔成孔质量,测温孔温度、泄压孔水压等参数的监测,及时获取冻结锋面扩展速度、冻结壁厚度、平均温度等参数,为冻结壁交圈判定、地下工程开挖时间确定等提供关键依据 3. 地下结构稳定性评估预测。冻结壁达到设计状态并实现地下工程开挖后,通过对开挖面岩土温度、各类支护结构(如隧道预应力支架、洞门围护结构、基坑支撑结构)、隧道变形等的监测,并结合各工程结构热、力学参数的设计值或允许值,评估并预测地下工程结构的安全性;必要时,及时发出预警信号,及时加强冻结或强化支护,保证施工安全 4. 周围建筑物、构筑物及地下管线的安全性评估预测。通过对周围地下水位,地表与地层沉降和水平移动,建筑物与构筑物不均匀沉降、地下管线变形等的监测分析与趋势预测,及时与其允许值对比,进而评估或预测周围环境中各类建筑物、构筑物及地下管线的安全性;必要时,及时发出预警信号,并采取应急救险措施,以确保工程施工过程中周围环境、设施的安全

10.5.4　联络通道监测案例

联络通道监测案例见表 10-33。

表 10-33　联络通道监测案例

项　目	主　要　内　容
工程概况	上海轨道交通 8 号线成山路站—杨思站区间隧道联络通道结构剖面如图 10-6 所示,其埋深为 14.9 ~ 21.6 m,冻结孔及测点布置如图 10-7 所示
地质条件	土层为③灰色淤泥质粉质黏土、④灰色淤泥质黏土。其中④$_2$ 层地下水与⑤$_2$ 层微承压水相通,区间隧道 3/4 长度穿越该层

表 10-33（续）

项目	主 要 内 容
监测方案	主要监测内容如下： 1. 去、回路盐水温度 2. 冻结壁内冻胀压力及水文（泄压）孔水压力 3. 冻结壁内、外侧测温孔温度 4. 开挖面温度 测温孔和冻胀压力测孔布置如图 10-7 所示，其中上行线为 C1~C8 测温孔，下行线为 C9~C13 测温孔，每个测温孔布置 2~5 个测点；上行线和下行线各布置 X1、X2 和 X3、X4 共 4 个冻胀压力测孔
监测数据分析	1. 去、回路盐水温度： 根据图 1 测温数据分析得知，去、回路盐水温度及其温差的变化规律与立井或斜井冻结工程类似，后期温差小于 2 ℃，满足《联络通道冻结法技术规程》的要求 2. 测温孔温度： 以 1 号测温孔为例，从图 2 可见，各测点温度平稳下降至 -15 ℃以下，反映出冻结系统运转正常、地层冻结效果良好 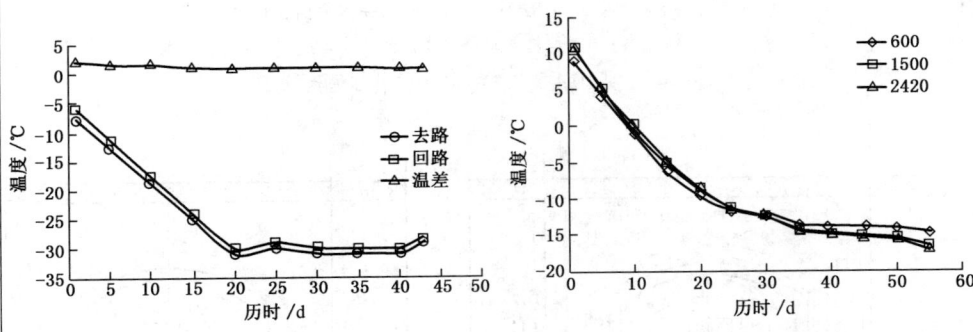 图 1　外圈孔去、回路盐水温度及温差　　　　图 2　1 号测温孔测点温度 3. 冻胀压力 从图 3 可见，冻胀压力在冻结壁交圈前变化不大，在冻结 28~30 d 冻结壁交圈后，冻胀压力快速增长并达到最大值 0.3~0.6 MPa。冻胀压力快速增长表明冻结壁已完全交圈。当泄压孔完全打开后，冻胀压力明显下降 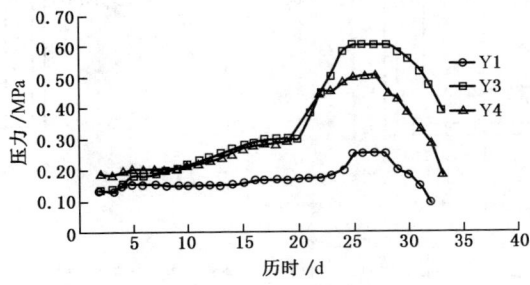 图 3　内部冻胀压力-历时曲线
结语	通过信息化监测，保证了工程施工安全，有力地指导了施工

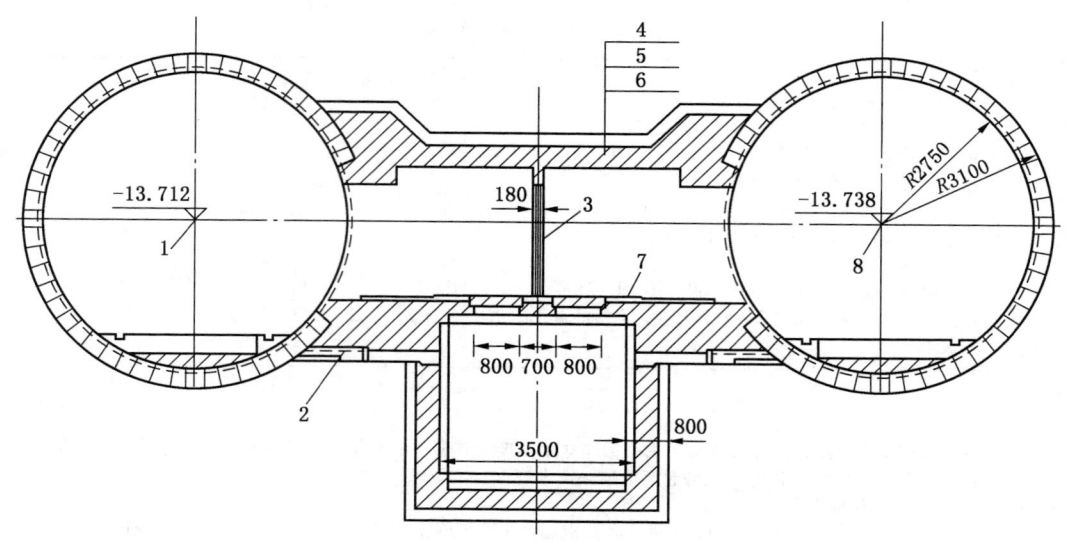

1—上行线；2—DN200 不锈钢管；3—防火门；4—支护层；
5—防水层；6—结构层；7—1:2 水泥砂浆找平；8—下行线

图 10-6 联络通道结构剖面示意图

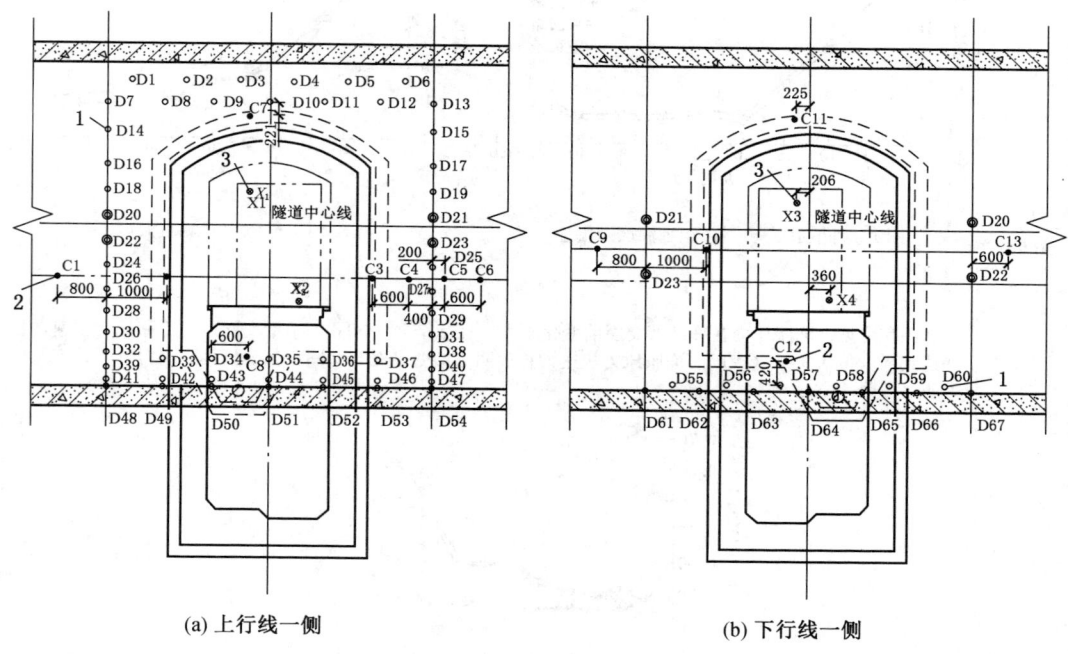

(a) 上行线一侧　　　　(b) 下行线一侧

1—冻结孔；2—测温孔；3—冻胀压力测孔

图 10-7 冻结孔及测点布置

10.5.5　盾构机出洞口监测案例

盾构机出洞口监测案例见表 10-34。

表 10-34　盾构机出洞口监测案例

项目	主 要 内 容
工程概况	上海中环线上中路越江公路隧道工程,隧道采用大直径泥水平衡盾构机施工,盾构机外径 14.87 m,盾构机长度为 12.6 m。出洞口中心距地面 16.25 m。盾构机出洞时在工作井槽壁上破洞口径 15.2 m。盾构机出洞处钢筋混凝土槽壁厚度为 1.2 m,盾构机出洞后下行坡度为 4.5%。盾构机出洞洞门结构如图 10-8 所示。盾构机出洞洞门采用冻结法施工,于 2005 年 8 月 10 日开机冻结
地质条件	出洞段地层分布见表 10-35
监测方案	主要监测内容如下: 1. 土体分层沉降 2. 冻结壁内部冻胀压力及冻结壁对连续墙的冻胀压力 3. 连续墙位移和相对弯曲变形 地下连续墙和冻结孔及测点平面布置如图 10-9 所示,其中,C1～C14 为测温孔的位置,SW1～SW3 为洞口处连续墙顶端竖向位移测点。在 C7 测温孔内深度 5.0 m、6.5 m、8.0 m 处预埋压力传感器,测量连续墙附近冻土内的冻胀压力。在洞门中心线上预埋测斜管,每 0.5 m 测斜一次,以得到连续墙弯曲变形曲线
监测数据分析	1. 土体分层沉降: 由图 1 可知,冻结过程中不同土层的沉降规律并不一致,各点的沉降量均未超过 ±15 mm 2. 冻胀压力: 由图 2 可知,在 C7 孔内,冻胀压力上部大、下部小;在冻土柱交圈期(冻结第 10～35 d),因水结冰体积膨胀,冻胀压力快速增大;冻实后,因冻土产生冷缩,冻胀压力反而略有减小 3. 槽壁位移和相对弯曲变形: 由图 3 可知,在冻结初期,由于冻胀压力很小,连续墙位移很小;在冻结壁交圈后,连续墙位移不断增加,但由于连续墙和封洞梁、围檩组成的维护结构刚度较大,连续墙的位移总量不大,最大达到 4.68 mm;随后因冻土冷缩作用,冻胀压力减小,连续墙位移相应减小;再后来,随着洞口连续墙分层剥离和封洞梁、围檩的凿除,连续墙产生较大位移,最大值达 31.56 mm 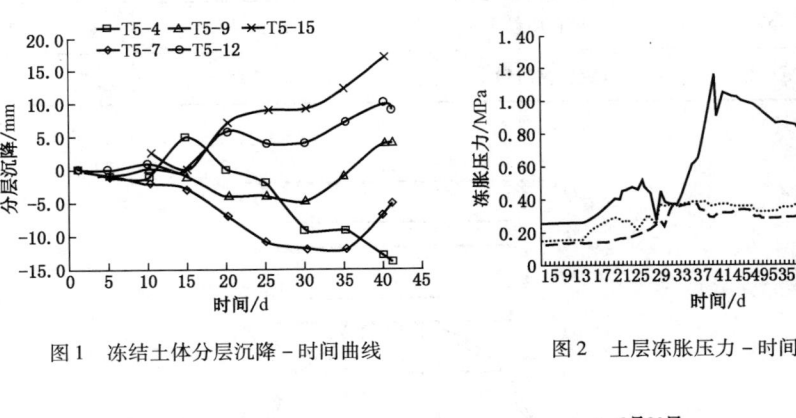 图 1　冻结土体分层沉降-时间曲线　　　图 2　土层冻胀压力-时间曲线 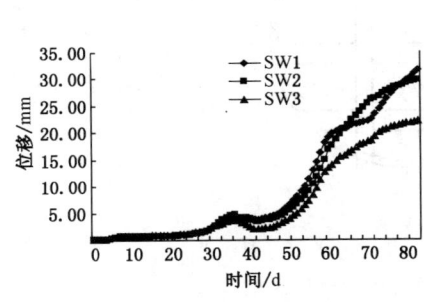 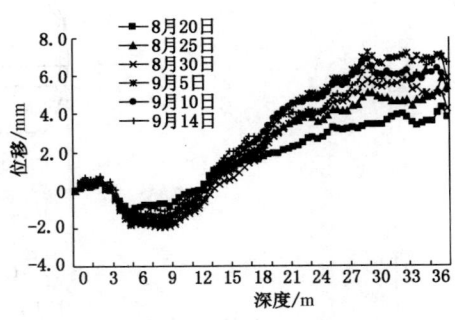 图 3　槽壁顶端位移-时间曲线　　　图 4　槽壁相对弯曲变形曲线

表10-34（续）

项目	主 要 内 容
监测数据分析	由图4可知，随冻胀压力的增大，连续墙沿深度方向的相对弯曲变大，而后因冻土冷缩以及洞口连续墙分层凿除，冻胀压力得到释放，相对弯曲略有减小
结语	通过信息化监测，获得了冻结过程中土层的沉降、冻胀压力、槽壁位移和相对弯曲变形规律，保证了施工安全

表10-35　出洞段地层分布

序号	地质编号	地层	厚度/m	底板累计深度/m
1	①$_1$	人工填土	1.40	1.40
2	②$_1$	褐黄-灰黄黏土	2.50	3.90
3	②$_3$	灰色黏质黏土	2.50	6.40
4	③	灰色淤泥质粉质黏土	2.00	8.40
5	④	灰色淤泥质黏土	6.80	15.20
6	⑤$_1$	灰色粉质黏土	3.00	18.20
7	⑤$_2$	灰色砂质黏土	9.00	27.20
8	⑤$_3$	灰色粉质黏土	1.20	28.40
9	⑦$_{1-1}$	草黄色黏质粉土	8.40	36.80

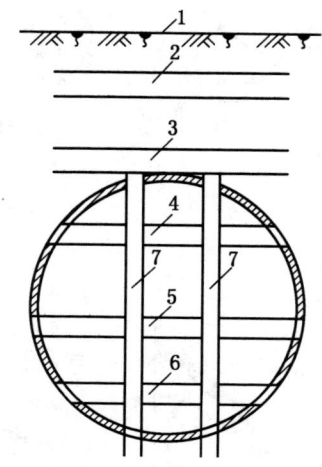

1—地表；2~6—第一~五道围檩；7—封洞梁

图10-8　洞门结构示意图

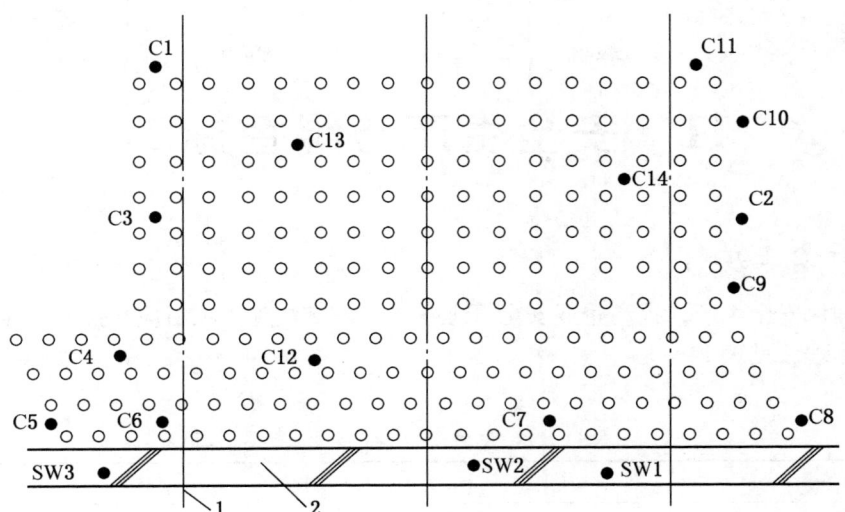

1—盾构边界；2—连续墙；C1~C14—测温孔的位置；SW1~SW3—连续墙顶端竖向位移测点

图 10-9 地下连续墙和冻结孔及测点平面布置示意图

11 安全生产与绿色施工

11.1 安全生产

为了确保安全生产，提高企业安全管理水平，冻结法施工项目应按照安全生产标准化要求进行管理，见表 11-1。

表 11-1 安全生产标准化要求

项目	标 准 要 求
基础管理	一、安全管理机构 1. 企业应设立安全生产委员会或安全生产领导机构 2. 企业设置安全生产专职管理机构 3. 安监部门配备专职安全管理人员且专业齐全，注册安全工程师比例不低于30% 4. 项目部专职安全人员应实行委派制 5. 项目部应设立安全生产管理组织机构，配备相应的安全管理人员 6. 项目负责人和专职安全管理人员持证上岗 二、安全生产规章制度 1. 企业建立健全安全生产责任制和各工种的岗位操作规程，并进行考核 2. 项目部应执行上级单位制定的安全制度，主要包括： （1）安全生产责任制 （2）安全生产目标管理制度 （3）安全奖惩制度 （4）安全生产教育培训管理制度 （5）安全风险分级管控办法 （6）事故隐患排查治理制度 （7）重大危险源管理办法 （8）危险性较大的分部分项工程安全专项施工方案编制、专家论证审查及管理办法 （9）安全监督检查管理制度 （10）安全生产会议制度 （11）安全生产标准化考核办法 （12）安全生产举报制度 （13）专业分包和劳务分包安全管理制度 （14）生产安全事故报告等制度和安全操作规程 3. 项目部应根据有关规定和管理需要制定相应的安全管理制度和办法，按相关规定审批并保存审批记录 4. 及时传达贯彻上级安全文件和会议精神并有记录 三、安全投入 1. 编制的项目安全投入计划、内容符合要求 2. 建立安全投入明细台账和使用情况记录并及时更新 3. 安全投入足额提取，资金必须专款专用 四、安全生产会议 1. 企业每季度至少召开一次安全办公会议，并形成会议纪要 2. 项目部每天召开一次安全生产碰头会 3. 项目部每周召开一次安全生产例会，并有会议记录 4. 项目部每月召开一次安全办公会，并有会议纪要

表 11-1（续）

项目	标 准 要 求
基础管理	五、安全教育培训 1. 制定安全培训计划，按照计划组织落实，每月对安全培训工作进行总结 2. 培训内容有针对性，培训课时符合要求，考核结果真实，有记录 3. 对新员工进行"三级"教育，对开（复）工及转厂人员、变换工种人员进行安全培训，有签字和记录 六、劳动用工 1. 劳动用工符合相关规定并建立台账，动态管理 2. 建立分包队伍和人员台账，掌握人员变动情况 3. 建立特种作业人员台账，持证上岗率达100% 七、安全风险分级管控 1. 编制安全生产风险报告，实施安全风险预控管理和分级管控 2. 重大危险源管理按照国家现行有关标准的规定执行，并进行辨识、评估、监控、建立台账 3. 危险性较大的分部分项工程安全专项施工方案编制、审核、审批、论证符合国家现行有关标准要求，并建立台账 4. 在重大危险源现场设立标识牌予以警示 八、隐患排查治理 1. 企业每季度至少组织一次安全隐患排查，建立隐患排查治理台账 2. 查出的隐患按"五落实"要求进行整改，实行闭环管理，企业每季度进行通报 3. 项目部每日进行安全巡检，每旬进行一次安全检查，每月至少组织一次安全隐患排查，并留有记录 4. 建立"三违"人员处罚台账 九、职业健康 1. 有专（兼）职人员负责 2. 建立危害因素清单并制定防治措施 3. 建立职业健康重点人员清单，并进行职业危害告知 4. 对职业健康重点人员进行体检，并建立职业健康档案。按照规定配发劳动防护用品 5. 按规定办理相应的保险
技术管理	1. 项目部应执行的主要技术管理制度包括：施工组织设计编制与管理办法，危险性较大的分部分项工程安全专项施工方案编制专家论证审查及管理办法，施工技术交底制度等规定 2. 施工组织设计编制内容、审批符合要求 3. 专项施工方案内容有针对性，审批、贯彻符合要求，超过一定规模的危险性较大的分部分项工程按要求进行专家论证，发生重大技术变更时应重新履行编制、审批和论证手续 4. 安全技术交底的内容、频次和对象符合要求，签字齐全 5. 施工标准、规范、规程、图册配备满足施工需要
施工设备管理	一、一般规定 1. 明确设备管理人员职责，建立施工设备台账 2. 冻结法施工用的各种设备（压力容器、仪器及仪表），应按规定进行检验和检测 3. 冻结主要设备如压缩机和蒸发器等闲置时，宜采取充氨绝氧保养 4. 运转中的冻结设备和管路应设立巡查制度，杜绝氨、盐水、油等的跑、冒、滴、漏现象 5. 现场设备安全装置齐全有效，操作规程、设备标识齐全，严禁带病作业，不得使用国家明令淘汰的设备 6. 外租设备有租赁合同、安全协议，明确双方权利，把外租设备纳入正常管理 7. 一般设备每月不少于一次全面检查，特种设备每月检查不少于两次并有记录 8. 中小型设备和手持电动工具保持设备完好 二、大型和特种设备规定 1. 装载机、塔吊、汽车吊、履带吊车、自吊车、混凝土输送泵、混凝土泵车、混凝土搅拌运输车、混凝土集中搅拌站、施工电梯、高空作业车等大型、特种设备有维修计划、记录

表 11-1（续）

项目	标 准 要 求
施工设备管理	2. 特种设备安装及拆除有方案，审批符合要求，安装完毕有验收记录 3. 多塔作业应有专项方案 4. 大型和特种设备操作人员应有接受安全技术交底记录 5. 塔吊等竖直运输设备的附着装置应符合要求，设备基础满足要求 6. 压力容器等特种设备应办理注册登记，定期检测、检验、分类编号、建卡、立账、建档，做到账、卡、物一致
现场安全作业	一、一般规定 1. 现场人员正确佩戴使用个人防护用品 2. 安全帽、安全带、安全网三证齐全，其他防护用品有合格证 3. 安全通道防护棚的材质、规格、搭设符合要求 4. 起重吊装作业：各种限位器及保险装置完好；钢丝绳、绳卡、滑轮符合要求；司机与司索、指挥人员持证上岗，信号传递良好 5. 起重吊装及模板、脚手架等拆除作业时设置警戒区域，有专人警戒 6. 制冷站必须配备防毒面具、橡胶手套、空气呼吸器等防护用品，配备足量的医疗应急药品（硼酸等），严禁携带火种进入制冷站 7. 作业人员应了解氨的特性，对一般氨事故能进行抢救、处理。每班至少检测3次氨气浓度，站内通风应良好，浓度不超标 8. 严格按照操作规程作业，设备运行中的故障、隐患及注意事项，交接班记录中必须交代清楚 二、基坑工程 1. 基坑开挖及支护符合施工方案及规范要求 2. 坑边荷载、安全防护符合要求，有降、排水措施 3. 按要求对基坑工程进行监测 4. 冻结法施工基坑，应对冻结帷幕防倾覆进行验算 三、模板工程 1. 模板支架基础、支架构造和支架稳定应符合施工方案和规范要求 2. 施工荷载符合规定 3. 混凝土浇筑施工顺序和分层厚度符合施工方案要求 4. 交叉作业有隔离防护措施 四、脚手架 1. 脚手架材质符合要求，有合格证或质量证明书，有进场检查验收记录 2. 脚手架的搭拆符合要求，搭设完成验收合格后方可使用 五、安装作业 1. 大型设备吊装、钢结构及模块结构安装时，作业面、人员通道应安全可靠；高处作业行走时设置安全绳、五点双钩式安全带等安全防护措施 2. 皮带展放及大截面电缆敷设作业应编制专项安全技术方案，附计算书 3. 大型器材的搬运应制定专项安全技术方案 4. 设备检修期间，必须设专人监护。冻结设备检修前，必须经泄压放氨确认安全后方可进行设备检修 5. 安装冻结施工设备，必须熟悉冻结工艺、三大循环及各冻结设备的用途和工作原理，熟悉冻结设备的安装程序，管路布置应整齐美观、经济合理，并符合设计要求 6. 系统安装完毕，应按照规范要求进行压气和抽真空试漏
临时用电	1. 临电施工组织设计编制和审批符合要求，现场布置与设计一致，履行验收手续 2. 供电系统设置符合TN-S要求。工作零线和保护零线分开，中性点接地电阻小于4Ω 3. 配电室、分配电箱、开关箱、线路敷设和接线符合规范要求 4. 满足"一机一箱一闸一漏"要求，回路标识齐全、准确 5. 接地装置、接地电阻符合相关规定 6. 箱式变压器和电缆等，送电前必须做有关项目的电气试验

表 11-1（续）

项目	标 准 要 求
临时用电	7. 冻结沟槽等潮湿环境及特殊场所应使用 36 V 及以下等级的安全电压 8. 外电防护和发电机使用符合国家现行有关标准规定 9. 电工维修和巡检记录符合国家现行有关标准规定
消防管理	1. 建立消防管理制度，明确管理人员 2. 消防器具配备满足要求，有管理台账和消防设施平面布置图，位置符合要求 3. 定期检查消防设施、器材，记录齐全，现场无失效和过期的消防器具 4. 执行动火审批制度，审批手续符合要求 5. 易燃易爆物品存放、搬运、使用符合国家现行有关标准规定，并有禁火标识和消防器材
应急管理	1. 企业编制生产安全事故应急预案并按规定评审、发布和修订，上报备案。项目部编制并上报审批氨泄漏、触电、火灾等现场应急处置方案，有组织机构和职责分工 2. 企业编制并实施灾害预防及处理计划 3. 项目部应与当地应急救援机构签订医疗救援协议 4. 现场应急物资应满足要求，有定期检查记录 5. 每半年进行一次应急演练，有演练方案和记录。演练后对处置方案进行适宜性评价 6. 发现氨浓度超标，立即开启局部通风机通风。如仍有上升趋势，应快速查明原因。出现氨泄漏，立即关闭氨阀停机，启动应急预案，采取控制措施，进行个体防护，设立警戒区，隔离、疏散受危险区域人员 7. 紧急疏散时，注意应向上风口转移，不在低洼处停留 8. 氨泄漏紧急处置： （1）皮肤污染时，脱去被污染的衣物，用流动的水彻底冲洗 （2）头面部灼伤时，仔细清洗眼、耳、口、鼻腔 （3）人员冻伤采用 40~42 ℃恒温热水浸泡，轻揉冻伤的部位使其复温 （4）人员烧伤，应迅速脱去患者衣服，用流动的清水冲洗降温，用清洁的布覆盖创伤面，避免创伤面感染。必要时，使用特效药物进行对症治疗，严重者送医院观察治疗 （5）人员氨中毒，应移至空气清新处使其呼吸正常，必要时给氧呼吸，进行心肺复苏
危险源管理	1. 开工前，项目部对职工进行安全知识教育，学习有关应急预案和技术措施，识别并评价危险源及风险程度，建立危险源档案和职业健康安全目标 2. 生产、使用、储存液氨总量大于或等于 10 t 的场所确定为重大危险源 3. 充氨、回收液氨时，应设专人指挥、操作、监护 4. 充氨前要对制冷站氨制冷系统按规范要求进行打压试漏，并在周边设置警戒线，以防其他人员靠近 5. 操作人员必须穿防护服装，戴防毒面具 6. 制冷站内的门窗必须为外开式，严禁使用刀闸开关 7. 制冷站内必须配备足够数量的橡胶手套、硼酸、柠檬酸、清水、毛巾、防毒面具和氨气检测仪器等防护、监测用品，并配备空气呼吸器 8. 制冷站内严禁闲杂人员进入，检查人员需进行登记，由值班领导陪同方可进入制冷站 9. 严禁携带火种及易燃易爆品进入制冷站

11.2 文明施工

企业在施工全过程中应加强文明施工管理，文明施工标准见表 11-2。

表 11-2 文明施工标准

项目	标 准 要 求
文明施工	1. 生产区、办公区、生活区布局合理，场地平整，主要场所予以硬化，整洁卫生，在显著位置挂设七牌二图（工程概况牌、企业简介牌、安全生产纪律牌、文明施工管理牌、环境保护管理牌、消防保卫措施牌、进入工地必须佩戴安全帽提示牌、施工现场总平面图、施工现场安全标志布置平面图），作业人员服装整齐。按规定悬挂警示标识

表 11-2（续）

项目	标 准 要 求
文明施工	2. 按项目规模和工作性质设置办公室、会议室、培训室 3. 施工区域要设置围挡，封闭施工，工地设门卫室，有门卫工作制度。制冷站和配电室要有醒目的警标和必要的安全保卫设施 4. 各种材料、构件、半成品必须按品种、规格规范摆放，标识清楚；库房内设置货架，材料分类摆放整齐，标识清楚，账、物、卡相符，仓库管理制度健全并上墙 5. 搅拌站、钢筋加工场、木工加工场、电焊集中加工场、非标加工场地等搭设符合要求的防护棚 6. 现场每道工序均做到活完场清 7. 制冷站内盐水系统、氨制冷系统无渗漏现象，沟槽内干净，无积水和杂物，清水泵房及冷却水循环系统无积水、杂物，排水系统良好 8. 加强"两堂一舍"及场区环境的管理，餐厅、厨房清洁卫生，餐具、饮具经常洗刷消毒。宿舍保持空气新鲜、安静舒适、衣物整齐；厕所勤打扫、勤消毒，厕所下水道无堵塞，做到无臭味、无蚊蝇 9. 工地临时办公室内做到墙面整洁，图表、资料张贴和悬挂整齐，清扫干净，无痰迹、无杂物，标语、口号醒目

11.3 绿色施工

为了节约能源，达到充分利用资源的目的，提倡绿色施工，企业应从项目设计、安装、运转、拆除各施工阶段，充分考虑节能、节水、节电、节材和环境保护，做好绿色施工，见表 11-3。

表 11-3 绿色施工标准

项目	标 准 要 求
绿色设计	1. 方案的设计应考虑经济、合理，以资源的重复利用为原则 2. 提倡新工艺、新技术、新设备、新材料的推广使用，节约资源。例如制冷设备选新型螺杆式压缩机，提高制冷效率，节约电能；选新式高效冷凝器，节约水资源；选干式蒸发器，提高热交换率，节约电能 3. 制冷站管路设计和机组布置应合理，尽量少占地，厂房宜为可拆卸式，能重复利用 4. 各种管材等选型，应根据本单位实际，尽可能重复利用 5. 制冷站选址应处于下风口，距离井口宜小于 60~80 m，尽量避免冷量损失 6. 生产区与生活区分开设置 7. 生活区配备应急处理医疗器具、药品，现场的生活设施应符合卫生防疫要求，采取防暑、降温、保暖、消毒、防毒等措施
绿色安装	1. 设备基础施工和设备安装严格按图纸要求施工 2. 管材下料焊接、安装，应先下样板再切割下料，避免材料浪费 3. 提倡修旧利废：冻结法施工所用钻头、供液管，可回收分利用；盐水、液氨回收用于下一个冻结工程 4. 安装过程中产生的废料，如管材头、焊条头等应集中收集，统一处理 5. 现场每道工序均应做到活完场清

表 11-3（续）

项目	标 准 要 求
绿色运转	1. 冻结运转中，应及时进行冻结分析，合理调配机组，节约电能 2. 加强车间管理和设备维护保养，定期检测车间氨气浓度，避免氨泄漏污染环境 3. 机加工车间、仓库、制冷站的岗位责任制要上墙；各运转设备要清洁完好，无泥浆、无灰尘、无油垢；铭牌标志清晰，安全装置齐全可靠 4. 粉尘、污水、噪声控制标准符合国家现行有关标准规定，严禁随意抛撒垃圾，焚烧各类废弃物 5. 场区内库房、车间等的临时道路，做到平坦、畅通、无淤泥、无积水 6. 固体废物堆放到指定地点，污油、含油废弃物、有毒有害废弃物集中处置
绿色拆除	一、制冷站拆除 1. 单层井壁冻结段掘砌结束，双层井壁套内壁正常，即可停冻，拆除制冷设备 2. 制冷站管路和设备拆除前，应回收并放净制冷剂和冷媒剂 3. 制冷站拆除与安装顺序相反，应遵循先上后下、先易后难、先管路后设备、先氨管路后盐水管路的原则 4. 管路拆除尽可能保留管路的整体性 二、制冷剂回收 1. 停止氨制冷系统运转，关闭高压系统通往低压系统的调节站阀门，用高压胶管与储液桶放油阀相连，开启储液桶放油阀门，放净储液桶中的冷冻机油 2. 联系厂家回收液氨，把高压胶管与氨车相连，将氨排至氨车内，尽可能回收系统中的液氨 3. 回收过程中，视冷凝压力情况多次反复将中冷器、储液桶、蒸发器中氨气抽出，排入冷凝器 4. 系统内不能完全回收的残留液氨，用高压胶管排入水中。往水中放氨时，水池周围设置警戒线及围挡，悬挂警示牌，严禁人员及火种进入危险区域，放氨时应缓慢开启阀门，注意听清氨溶于水的"啪啪"声音，切不可过于剧烈 5. 回收液氨注意事项： （1）氨是无色有毒、易燃、易爆气体，回收时严格按操作规范作业，要委派有经验的工作人员进行操作 （2）夏季气温高于30℃回收氨时，氨瓶应放置在凉棚内或用冷水淋氨瓶，防止回收过程中氨瓶压力过大，发生爆炸 （3）氨液回收后，复用前应进行纯度检验 三、冷媒剂回收 1. 关闭盐水泵，待盐水温度回升至正温 2. 利用潜水泵把系统内盐水收集到专用液体运输车中，运往下一个工地 3. 冻结管内盐水可用压风进行部分回收 4. 未能排净的盐水，按甲方要求的指定地点排放，统一处理 5. 冷媒剂回收注意事项： （1）盐水回收前应准备好储存池、水泵、容器和运输工具等 （2）盐水回收后，应及时拆除蒸发器、盐水泵和管道，并用清水洗刷涂漆防腐及充氮保养 四、供液管回收 1. 利用拔管机将冻结器内的塑料管一一拔出，盘好绑扎，待用 2. 拔管过程中应注意防止低温盐水冻伤，以及防止塑料管回弹伤人 3. 回收供液管过程中，应注意回收孔内盐水 五、环境保护 1. 企业应制定项目环境管理目标 2. 按国家、地方有关环境的法律、法规，健全环境管理制度 3. 识别环境因素应设计和覆盖施工现场不同场所和工序 4. 对重要环境因素应制定管理方案和控制措施，对不符合环境因素项应采取纠正和预防措施，并评价其有效性 5. 施工产生废水、生活污水经沉淀池沉淀，含油废水经隔油池过滤后排放；泥浆排放至业主指定地点，统一处理；盐水和液氨进行回收 6. 油料和化学剂等物品，应设专门的库房，库房地面应做防渗漏处理 7. 装载建筑材料、垃圾或渣土的运输机械，应有防尘土飞扬、洒落的措施 8. 噪声监控应符合国家相关法律规定，超标时应采取降噪措施或进行个体防护 9. 项目部应制定环境应急准备和相应措施，当出现潜在的环境危害时，有消除环境污染的应急措施，防止对环境产生二次污染 10. 制定施工现场用水用电指标，节能减排 11. 竣工时，及时清除临时设施，做到活完场清

11.4 典型施工案例

11.4.1 地铁车站洞门冻结法施工案例

地铁车站洞门冻结法施工案例见表 11-4。

表 11-4 地铁车站洞门冻结法施工案例

项目	主 要 内 容
工程 概况	南京地铁一期工程张府园车站南隧道盾构法施工时，洞门两侧出现大量流沙，附近区域的沉降量较大，为了确保地下管线和地面交通的正常使用和安全运行，在南京首次实施了地下工程的人工冻结法施工，取得了很好的效果
地质 条件	张府园车站南端头井洞门区域地质条件较为复杂，盾构机出洞口上下地层主要是砂性土，含水量高，透水性好，暴露扰动时易液化而形成流沙。前期施工出现了大量流沙，在地层中注入了大量水泥，水泥水化热会对冻结效果造成一定的不良影响
冻结 方案 设计	1. 冻结法施工适用条件： 经过方案比选，张府园盾构机出洞采用了人工冻结技术。与其他加固方法相比，冻结法具有如下特点：①适用于复杂的地质条件；②隔水性能好；③可形成任意深度、任意形状的连续冻土墙；④冻结壁具有足够的强度；⑤工程施工工期、质量、成本与安全的可控性好 2. 本工程冻土墙设计： 采用在盾构机出洞口周围土层中布置竖直冻结孔冻结的方法，在洞口外侧形成一道与工作井地下连续墙紧贴的冻土墙，其作用主要是抵抗洞口周围的水压力。由于冻结加固区外侧已有搅拌桩，可以承受土压力，所以仅按封水要求设计冻土墙，冻土墙的厚度按搅拌桩加固区与地下连续墙之间的距离确定，有效厚度为 0.5 m。由于地下连续墙混凝土的导热性好，冻土墙与地下连续墙之间不易冻结，所以要求冻结管靠近地下连续墙，并对盾构机出洞口附近工作井表面进行保温 3. 冻结孔布置： 共布置 21 个冻结孔，冻结孔深度为 18.5 m，开孔间距为 450 mm，冻结孔与工作井地下连续墙之间的间距为 250 mm；设测温孔 2 个，深度为 18.5 m。取冻结孔允许偏斜率为 5‰。冻土墙的扩展速度取 26 mm/d。设计冻结 15 d 后开始破盾构机出洞口，此时，冻土墙厚度达到 0.64 m，宽度达到 8.8 m，均能满足上述设计计算要求。设计最低盐水温度为 -24 ~ 28 ℃，并要求冻结 7 d 盐水温度达到 -22 ℃；冻土墙平均温度不高于 -9 ℃。打开隧道出洞口时冻土墙与工作井地下连续墙交界面附近温度低于 -3 ℃。冻结管外径为 108 mm；冻结 15 d 后开始打开盾构机出洞口；拔除冻结管 2 d。冻结孔布置与冻土墙形成示意图如图 11-1 所示，主要参数见表 11-5
冻结及 掘砌 施工	冻结法的工艺过程为：在盾构机出洞方向沿工作井地下连续墙外侧布置冻结孔，并在冻结孔中循环低温盐水，使冻结孔附近的含水地层结冰形成冻土墙，并在冻土墙的保护下打开盾构机出洞口和推进盾构机。冻结法加固地层的主要施工工序为：施工准备→冻结孔施工，同时安装冻结制冷系统→安装冻结盐水系统和检测系统→冻结运转→探孔检验→打开盾构机出洞口→停止冻结，拔冻结管→盾构机推进
工程 监测	1. 冻结过程温度场分析： 图 11-2 和图 11-3 所示为冻结过程中不同深度处土体与温度的关系，从图中可以看出，不同深度土体的温度变化很相似，在 0 ℃ 以上，温度下降速率较快，接近线性分布，0 ℃ 附近，温度降低较为缓慢。这主要是因为该温度段土体中水分结冰，发生相变并且放出大量潜热；随着时间的增长，温度不断下降，在土体中逐渐形成坚实的冻土壁，达到承载、堵水的效果 2. 冻结过程位移变化分析： 为了观察冻结过程中位移的变化，布设了 23 个观测孔，测点位置如图 11-4 所示。几个观测孔的位移与温度的关系如图 11-5 所示。从图中可见，8 号测点位于冻土墙东面产生流沙的区域，冻结前具有较大的初沉降（7 mm），随着温度降低，产生冻胀，冻胀量为 4 mm，但最终表现为沉降；14 号测点由于离流沙区和冻结孔较远，初始沉降量（4 mm）和冻胀量（2 mm）都较小；10 号测点由于离冻结孔最近，又处于深层搅拌桩加固区域，因而无初始沉降，冻胀量为 3 mm；18 号测点由于处于冻土墙西侧流沙区域，所以有初始沉降，但离冻结孔较远，因而冻胀量仅为 1 mm。根据冻结加固地带周围的 23 个观测点观察到的位移（观测点采用钢筋打入土体内 2000 mm），冻胀最大值均不超过 4 mm
结语	张府园南端头井洞门补充加固采用竖直冻结法施工，完成了张府园南端头井上行线洞门的开凿，使盾构机顺利出洞。施工中没有出现明显的冻胀融沉，也没有对周围环境造成影响。另外，冻结施工无噪声、无污染，对地下水位和水质也没有影响，因而取得了良好的安全、绿色施工效果

表 11-5 冻结施工主要参数

序号	项目	参数	备注
1	冻结深度/m	18.5	
2	冻土墙设计厚度/m	0.5	预计冻土墙厚度大于 0.64 m
3	冻土墙平均温度/℃	-9.0	
4	积极冻结时间/d	15	从开冻至拔管
5	冻结孔数/个	21	
6	冻结孔开孔间距/mm	450	
7	冻结孔与井壁间距/m	≤0.30	在出洞口附近
8	冻结孔允许偏斜/‰	5	
9	设计最低盐水温度/℃	-24 ~ -28	冻结 7 d 盐水温度达 -22 ℃以下
10	单孔盐水流量/(m³·h⁻¹)	7 ~ 10	
11	冻结管规格/(mm×mm)	$\phi 108 \times 5$	低碳钢无缝钢管
12	测温孔数/个	2	管材规格同冻结管
13	测温孔深度/m	18.5	
14	冻结孔总长度/m	425.5	包括冻结孔、测温孔
15	冻结总制冷量/(kcal·h⁻¹)	82700	工况条件
16	制冷机台数/台	1	YSLGF300 型
17	最大用电量/kW	155	
18	用水量/(m³·h⁻¹)	8	新水补充

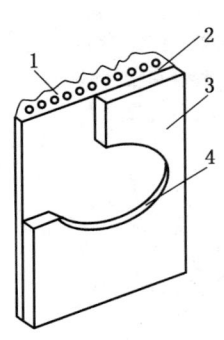

1—冻结孔；2—冻土墙；
3—工作井地下连续墙；4—盾构机出洞口

图 11-1 冻结孔布置与冻土墙形成示意图

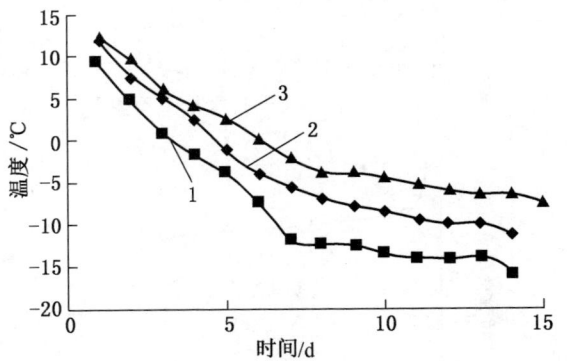

1—3 m 深度测温数据；2—6 m 深度测温数据；
3—9 m 深度测温数据

图 11-2 C1 孔不同深度处土体温度随时间下降曲线

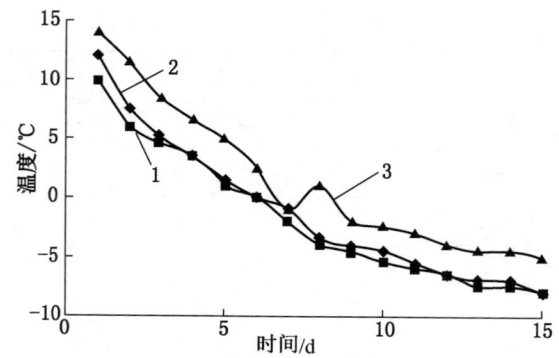

1—3 m 深度测温数据；2—6 m 深度测温数据；3—9 m 深度测温数据
图 11-3　C2 孔不同深度处土体温度随时间下降曲线

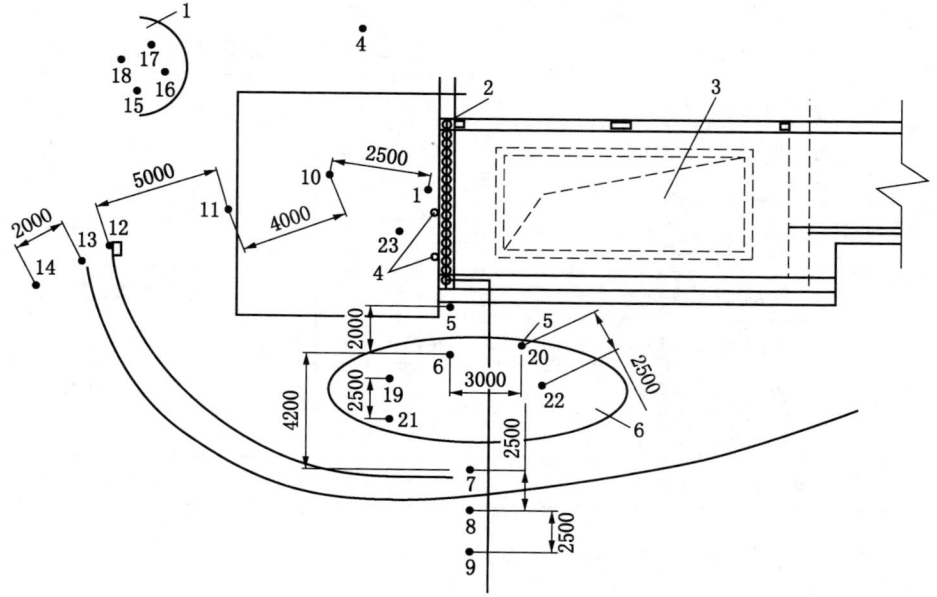

1、6—发生沉陷区域；2—冻结孔；3—盾构施工孔；4—测温孔；5—位移监测点
图 11-4　洞门区域平面图及位移观测点、冻结管布置示意图

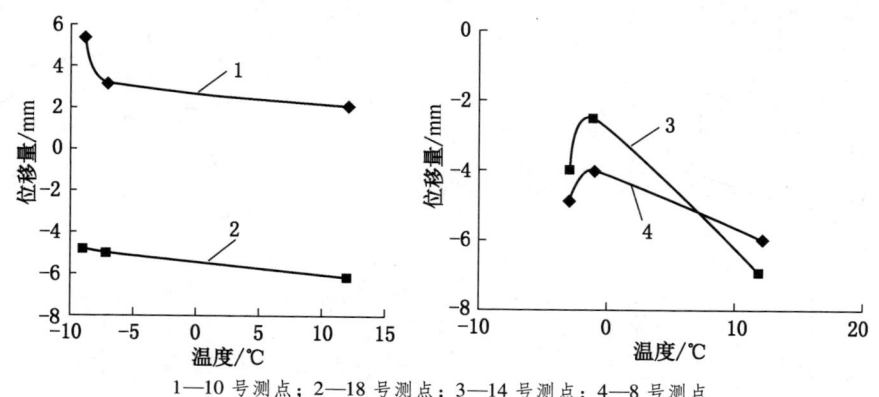

1—10 号测点；2—18 号测点；3—14 号测点；4—8 号测点
图 11-5　测点位移与温度关系曲线

11.4.2 联络通道透水事故处理案例

联络通道透水事故处理案例见表 11-6。

表 11-6 联络通道透水事故处理案例

项目	主 要 内 容
工程概况	浦东南路—南浦大桥站区间隧道工程是上海市轨道交通 4 号线工程的一个重要组成部分,是上海市的重大工程项目。2003 年 7 月 1 日,在主体工程完工后,进行联络通道施工时,发生了重大施工险情,导致浦西董家渡地区隧道塌陷,隧道附近的土体流失,进而发生地面沉降与建筑物倾斜等问题。综合比选多方面的因素后形成了东、中、西三个明挖基坑,两端临界点冻结暗挖,两侧完好隧道进行常压清理的总体原位修复方案。其中,东、中、西基坑的轴线长度分别为 174 m、27 m、64 m,江中段冻结暗挖长度约 10 m,剩余区段则是两侧的隧道清理部分,浦东侧约 1000 m,浦西侧约 700 m。修复工程平面布置如图 11-6 所示
地质条件	地层自上而下为:①层杂填土,②$_2$ 层灰色黏质粉土,⑤层灰色黏土,⑥层暗绿色粉质黏土,⑦$_1$ 层砂质粉土,⑦$_2$ 层粉细砂,⑨层粉细砂。沿线地下水主要有浅部黏性土、粉质土层中的潜水及深部粉质土、砂土层中的承压水,第⑦、⑨层为上海地区第一、二承压含水层,场区内第一、二承压水层相通
冻结设计	江中段采用两次冻结。先进行竖直冻结施工;待东基坑开挖至底板,并且浦东段完好隧道清理完成后,则从东基坑东端头实施水平冻结,实现基坑内的行车结构与完好隧道的对接。竖直冻结的目的为:①通过竖直冻结在隧道内部形成冻结塞体,切断完好隧道和破损隧道的水力联系,为完好隧道清理创造条件;②冻结塞体增大了完好隧道与破损隧道临界点处的刚度,在进行隧道切割时,阻止了破损隧道进一步向好隧道方向发展 中山南路的竖直冻结分三期进行,一期冻结为浦西侧完好隧道的试排水和隧道切割创造条件;二期冻结为浦西侧完好隧道的清理创造条件;三期冻结则是为暗挖对接进行的加固
冻结工程施工	1. 江中对接段冻结: 采用竖直冻结和水平冻结暗挖法相结合的方法施工,施工工艺流程如图 1 所示,冻结主要技术参数见表 11-7,隧道水平冻结如图 11-7 所示 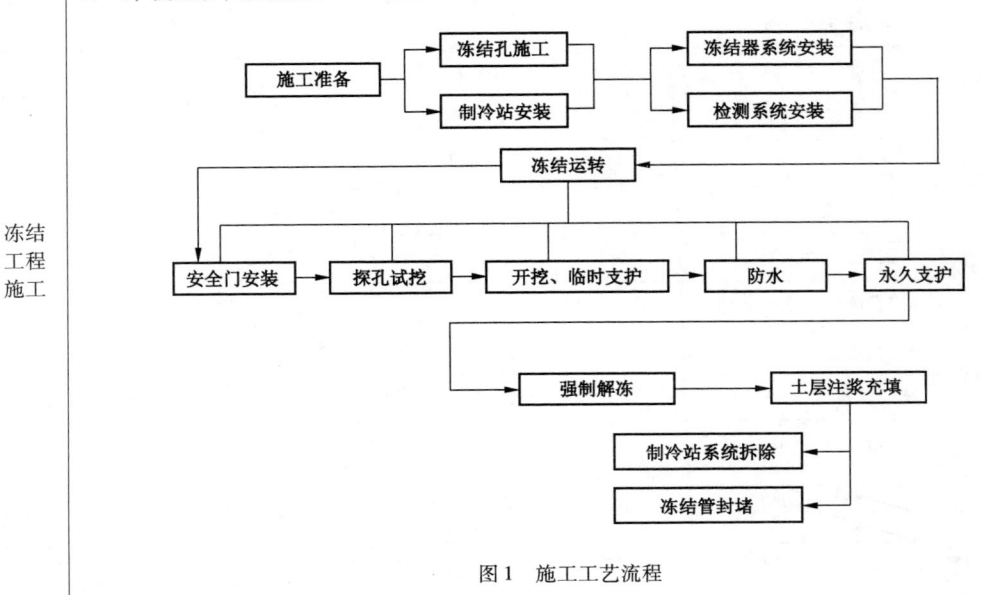 图 1 施工工艺流程

表 11-6（续）

项目	主 要 内 容
冻结工程施工	2. 南浦大桥侧对接段 采用竖直冻结矿山暗挖法施工。设计分为三期冻结：一期冻结壁设计有效厚度为 3.6 m，高度为 17.901 m，宽度为 25.0 m，用于完好隧道内试排水和西基坑端头连续墙处隧道管片切割及连续墙施工；二期冻结壁设计有效厚度为 5.3 m，高度为 17.901 m，宽度为 25.0 m，用于完好隧道一侧隧道的清淤排水及混凝土封堵墙施工；三期冻结壁设计有效厚度为 8.5 m，高度为 17.901 m，宽度为 25.0 m，用于连接段的隧道水平暗挖施工。施工工艺如图 2 所示，其冻结技术参数见表 11-8，南浦大桥侧竖直冻土墙平面、剖面图分别如图 11-8、图 11-9 所示 打隧道充填孔→隧道充填→打一期冻结孔（B、C、D 排）及其他钻孔→开机积极冻结→ 隧道切割→完好隧道一侧试排水→连续墙施工→补打 A 排冻结孔→二期冻结 （A、B、C、D 排）→完好隧道一侧清淤排水→隧道内施工封堵墙→补打 E、F 排冻 结孔→三期冻结孔冻结（A、B、C、D、E、F 排）→基坑内安装防护门、打探孔等→ 矿山暗挖法施工隧道连接段→连接段隧道永久支护→停止冻结→地层跟踪注浆→ 冻结孔充填封堵→撤场 图 2　竖直冻结矿山暗挖法分三期冻结施工工艺
结语	1. 工程于 2004 年 8 月正式开工，2007 年 6 月底实现主体结构贯通 2. 冻结法在该工程中的成功应用表明：冻结法基本不受支护范围和支护深度的限制，能有效防止涌水和城市挖掘、钻凿施工中相邻土体的变形

表 11-7　江中对接段水平冻结技术参数

序号	项目	参数	备注
1	冻结长度/m	15.885（平均）	
2	冻结帷幕设计厚度/m	3.5	
3	冻结帷幕平均温度/℃	<-14	
4	冻结帷幕交圈时间/d	30~35	
5	积极冻结时间/d	60~65	
6	冻结孔数/个	128	
7	冻结孔间距/m	0.958~1.314	
8	冻结孔允许偏斜/mm	≤200	
9	设计最低盐水温度/℃	-32~-33	冻结 7 d 盐水温度达 -20 ℃以下
10	维护冻结盐水温度/℃	-22~-25	
11	单孔盐水流量/(m³·h^{-1})	3~5	
12	冻结管规格/(mm×mm)	$\phi108\times8$	低碳钢无缝钢管
13	供液管规格/(mm×mm)	$\phi48\times5$	低碳钢无缝钢管
14	泄压孔数/深度/(个/m)	4/12.0	管材同冻结管
15	测温孔数/深度/(个/m)	14/17.3~17.8	
16	冻结孔总长度/m	2334.3	含冻结孔、泄压孔、测温孔

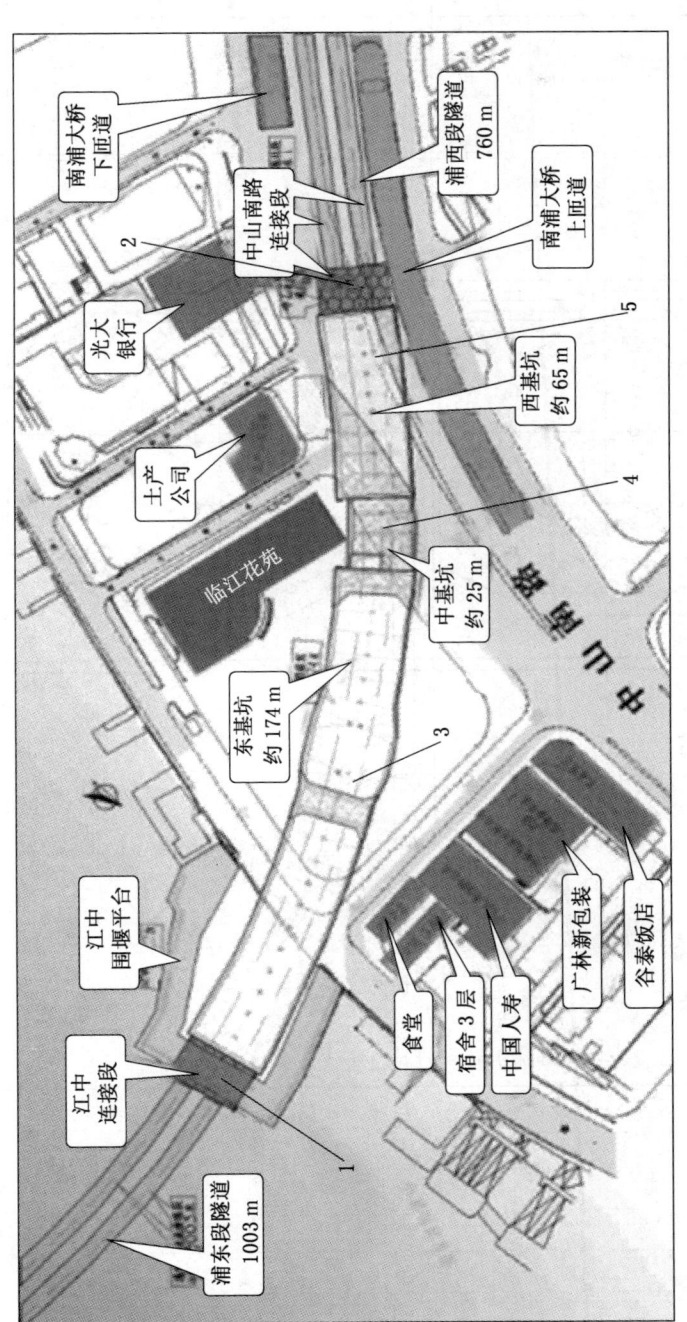

图 11-6 修复工程平面布置示意图

1—江中段冻结暗挖段；2—南浦大桥侧冻结暗挖段；3—东侧明挖基坑；4—临江花苑暗挖段；5—西侧明挖基坑

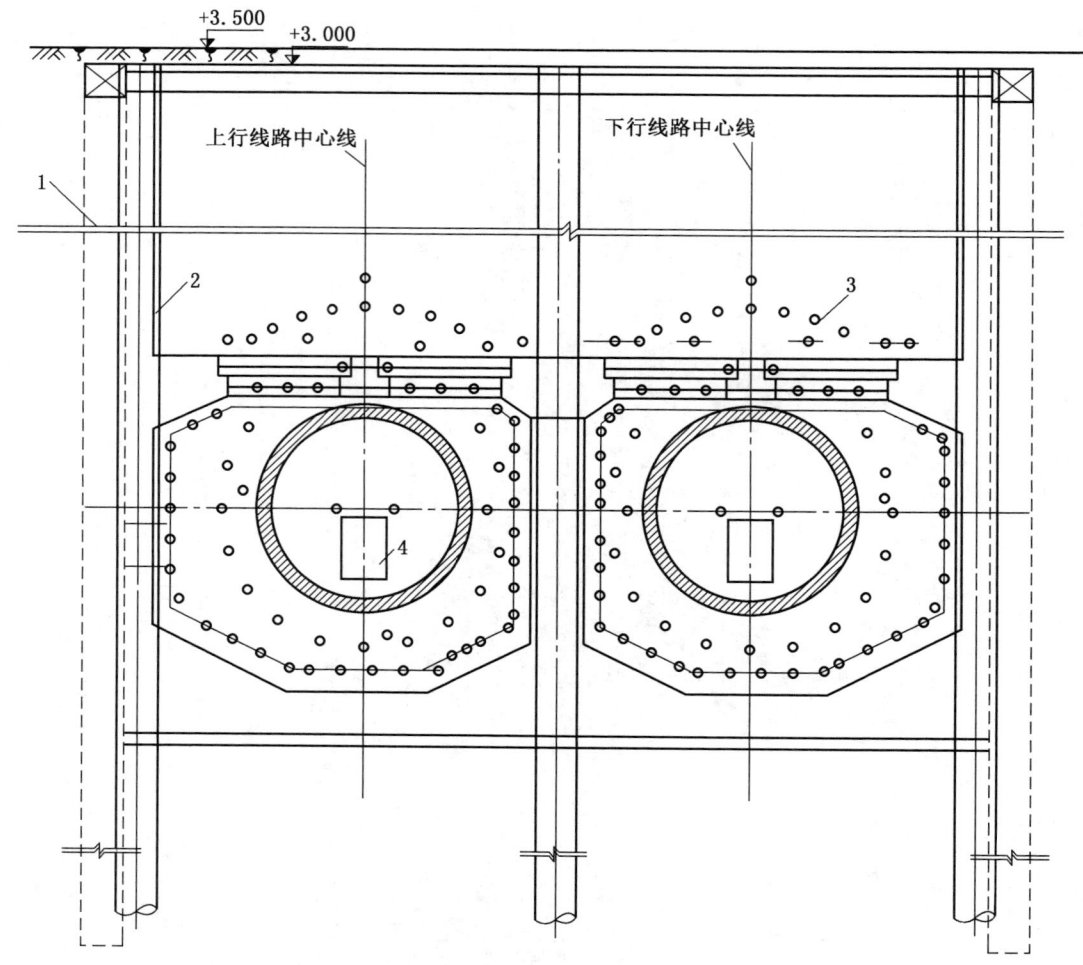

1—地下连续墙；2—钻孔灌注桩；3—水平冻结孔；4—安全防护门

图 11-7　江中对接段水平冻结孔布置

表 11-8　南浦大桥侧对接段垂直冻结技术参数

序号	项　目	各期冻结参数		
		一期	二期	三期
1	冻结长度/m	17.901	17.901	17.901
2	单根冻结管长度/m	41.165	41.165	41.165
3	设计冻结壁有效厚度/m	3.6	5.3	8.5
4	设计冻结壁平均温度/℃	≤ -12	≤ -12	≤ -15
5	冻结壁交圈时间/d	25	25	25
6	积极冻结时间/d	50~55	30	40
7	冻结孔数/深度/(个/m)	76/41.165	100/41.165	170/41.165

表 11-8（续）

序号	项目	各期冻结参数		
		一期	二期	三期
8	充填孔数/深度/(个/m)	4/33.125	4/33.125	4/33.125
9	测温孔数/个	13	19	30
10	孔隙水压力观测孔数/深度/(个/m)	2/41.165	2/41.165	2/41.165
11	分层沉降观测孔数/深度/(个/m)	3/41.165	3/41.165	3/41.165
12	冻结孔开孔间距/mm	1000~1250	1000~1250	1000~1250
13	冻结孔最大偏斜率/‰	7.0	7.0	7.0
14	设计最低盐水温度/℃	-28~-30	-28~-30	-28~-30
15	维护冻结盐水温度/℃	-20~-25	-20~-25	-20~-25
16	单孔盐水流量/(m³·h⁻¹)	5~6	5~6	5~6
17	冻结管规格/(mm×mm)	$\phi 127 \times 7$	$\phi 127 \times 7$	$\phi 127 \times 7$
18	供液管规格/(mm×mm)	$\phi 45 \times 4.5$	$\phi 45 \times 4.5$	$\phi 45 \times 4.5$
19	工况需冷量/(10^4 kcal·h⁻¹)	22.80	30.00	51.00

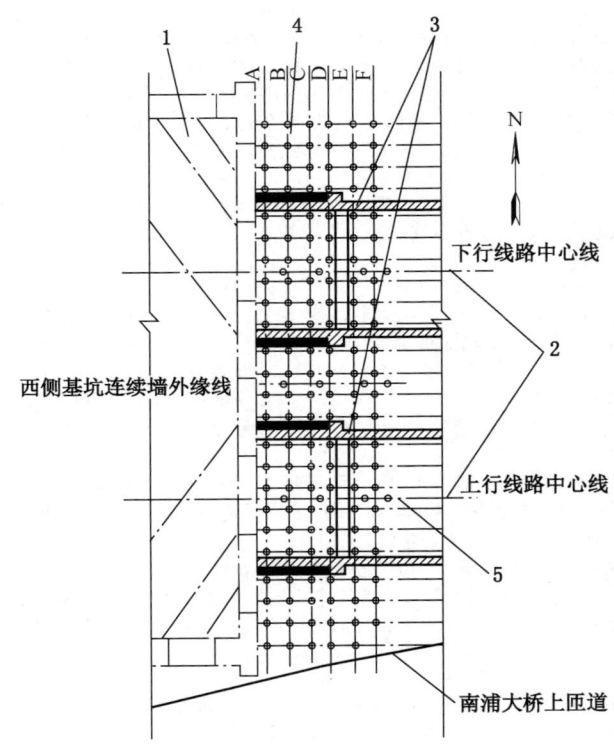

1—西侧基坑；2—隧道；3—混凝土封堵墙；
4—竖直冻结孔；5—冻结暗挖段

图 11-8 南浦大桥侧竖直冻土墙平面图

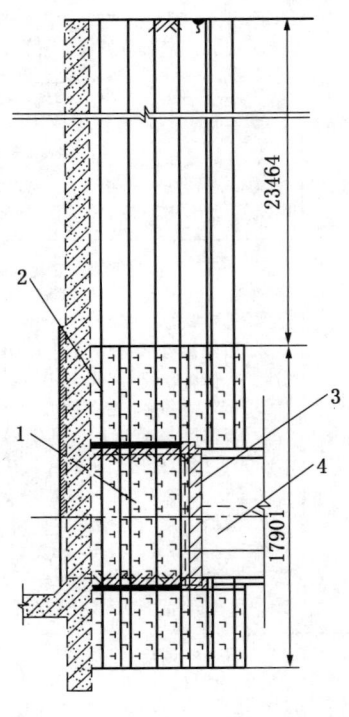

1—冻结暗挖段；2—竖直冻土墙；
3—混凝土墙；4—完好隧道

图 11-9 南浦大桥侧竖直冻土墙剖面图

11.4.3 输气管线越江隧道事故处理案例

输气管线越江隧道事故处理案例见表 11-9。

表 11-9 输气管线越江隧道事故处理案例

项目	主 要 内 容
工程概况	武汉川气东送管道工程主干线设计输气量为 $120×10^8$ m³/a，输气压力为 10 MPa，管径为 1016 mm。其武汉（大咀）长江穿越隧道采用盾构法施工。2008 年 9 月 13 日，该隧道在实现贯通之后进入盾构机出井阶段。2008 年 9 月 19 日盾构机主机进入到达井后，在拼装管片的过程中，距到达竖井内井壁 10.2 m 的隧道位置处突然发生了涌水涌砂，隧道被淹。南岸地表沉降，到达井口至长江大堤一侧隧道轴线方向出现长约 90 m、宽约 30 m 的地面塌陷，塌陷最低点深度为 6 m。隧道塌陷位置如图 11-10 所示。采用物探与钻探方法在大堤及塌陷区周围没有发现明显空洞。隧道沉降剖面如图 11-11 所示。经过专家论证，最终确定采用冻结法修复该隧道，主要包括南岸盾构机拆除区冻结法加固、南岸竖井冰塞冻结法加固以及新接收竖井地下连续墙冻结法封水三项工作
地质条件	地层上部由冲积粉质黏土、粉细砂层、含卵石中砂层及冲残积成因的黏土层组成，下部基岩由志留系灰黄色泥砂岩、紫红色泥砂岩构成，共分 8 层，具体分层为： 第①层粉质黏土：仅分布于长江干堤两侧，层厚 3.0~14.0 m，层底高程 7.7~21.4 m；第②层细砂：很湿~饱水，表层松散、下部稍密，层厚 1.90~20.30 m，层底高程 11.70~-3.60 m，标贯击数 4~13 击，平均 8.1 击；第③层粉砂：很湿，除主河道（B25~B29）缺失外，其他地段均有分布，较均匀，北岸夹有薄层粉土，稍~中密状，层厚 3.1~14.60 m，层底高程 -12.80~-5.20 m；第④层细砂：很湿，除主河道（B25~B28 附近）缺失外其他地段均有分布，稍密~中密状，层厚 2.50~13.10 m，层底高程 -1.50~-17.50 m；第⑤层含卵石粗砂：很湿，密实，卵石直径以 2~4 cm 为主，分布于整个断面，层厚 1.10~13.60 m，层底高程 -10.20~-24.00 m；第⑥层黏土：稍湿，局部含有棱角状砾石，具较强黏性，层厚由南向北逐渐变厚，勘探揭露最大厚度为 36.50 m，层面高程 -10.20~-24.00 m；第⑦层泥质砂岩强风化层：岩石裂隙极为发育，岩块部分用手可折断，大部分锤击可碎，层面高程 -12.00~-52.40 m；第⑧层泥质砂岩中微风化层：岩石呈厚层状，芯样完整，呈长柱状，少量破碎，可见少量裂隙，泥质充填，块状构造；芯样较完整，裂隙中等发育，岩石芯样均具失水崩解、遇水软化特征，属软岩，勘察揭露的最大厚度为 31.20 m 隧道修复段地下水位埋深较浅，地下水位受江水控制，是主要含水层，导水性良好，层位稳定，与江水水力联系密切，补给充足。井壁稳定性较差，如不采取有效的施工手段和施工工艺，将不同程度存在坍塌、涌砂冒水、管涌等不良地质现象
冻结处理方案	1. 该工程需采用冻结法处理的区域如图 11-12 所示，分为盾构拆除冻结加固区、冰塞冻结区和新工作井液氮冻结封水区三个区域；盾构解困冻结孔平面、剖面布置如图 11-13 和图 11-14 所示，隧道修复冰塞冻结孔平面、剖面布置如图 11-15 和图 11-16 所示，隧道修复主要冻结技术参数见表 11-10 2. 盾构拆除区冻结选用 YSDF1000 型螺杆压缩机组 5 台，YSLGF465M 型螺杆压缩机 1 台，其中 3 台备用，标准制冷量为 $446×10^4$ kcal/h；选用 IS200-150-315 型盐水泵 4 台，流量为 400 m³/h，电动机功率为 55 kW，其中 1 台备用 3. 冰塞区冻结选用 YSLGF243A1（M1）型螺杆压缩机 1 台，YSLGF465M 型螺杆压缩机 2 台，JYSL-GF300Ⅲ型螺杆压缩机 1 台，其中 2 台备用，标准制冷量为 $144×10^4$ kcal/h；选用 IS200-150-315 型盐水泵 2 台，流量为 400 m³/h，电动机功率为 55 kW，其中 1 台备用 4. 液氮堵漏区冻结方案：新工作井采用地下连续墙施工，为保证地下连续墙的接茬缝不渗漏，拟对除冻结壁外的 6 个地下连续墙接缝采用预留的 $\phi89$ mm 冻结管进行液氮冻结。在冻结孔内下放 $\phi32$ mm 的无缝钢管作为液氮冻结的供液管，利用液氮快速冻结技术，在冻结孔周围迅速形成冻结帷幕，封堵地下水。预埋液氮冻结管位置如图 11-17 所示
隧道内部充填	1. 隧道淹埋后内顶部存在空隙，为保证隧道内钻孔施工和本区域的冻结效果，冻结前进行附近隧道充填，如图 11-18 所示 2. 隧道内部采用混凝土充填，充填方法如下：钻透隧道上壁，下套管护壁，套管内下直径 160 mm 的导管，导管底部距隧道下管壁约 50 cm，导管上安装漏斗，用钻机将漏斗悬挂，将混凝土倒入漏斗内，上下提拉漏斗，使漏斗内的混凝土顺管流入隧道内部，反复操作直至隧道内部充满混凝土。提升高度以导管底部距隧道上壁约 50 cm 为准 3. 隧道内部充填 C10 级细砂碎石混凝土，其配合比为：水泥:砂:石:水 = 1:2.18:4.63:0.65，碎石最大粒径为 20 mm，砂子为细砂，水泥标号为 32.5 级

表 11-9（续）

项目	主　要　内　容
隧道内部充填	4. 隧道内混凝土充填应先充填外围，后充填中间，确保充填饱满、密实，用测绳测量混凝土灌注标高 5. 对于隧道内充填范围，在充填3d后再进行冻结孔的成孔钻孔，确保充填物的硬化与凝固，避免充填物随钻进而发生坍塌 6. 采用钻孔实际碰到的隧道上、下壁来计算充填混凝土的工程量及下套管与导管的深度。套管应超过回填层以及达到隧道上壁，确保钻孔、下冻结管顺利
冻结壁融沉注浆	考虑到冻胀融沉，本工程采用了注浆措施，保证隧道解冻后的安全使用。具体做法如下： 1. 在开挖期间不擅自停止或减少冻结孔供冷，如确因施工需要停止个别冻结孔供冷时，应分析对冻结壁整体稳定性的影响，并制定相应的技术措施 2. 水平暗挖过程中对隧道区域内的冻结管部分进行割除，隧道区域以上冻结管底部进行封底，对隧道区域以下部分冻结管重新装置循环系统，割除与安装冻结管过程必须逐一进行，并及时恢复盐水循环，保证冻结壁安全 3. 修复管片结构施工结束后方可停止冻结 4. 停冻3~7d内进行管片壁后充填注浆。注浆时要求完成冻结封孔且衬砌混凝土强度达到设计强度的60%以上 5. 管片壁后充填注浆采用1:0.8~1单液水泥浆，注浆压力大于静水压力 6. 充填注浆结束后，根据地层泥浆监测情况，进行冻结壁融沉补偿注浆。融沉补偿注浆应遵循多次、少量、均匀原则 7. 融沉补偿注浆浆液以水泥-水玻璃双液浆为主，单液水泥浆为辅。水泥-水玻璃双液浆配比为：水泥浆和水玻璃溶液体积比为1:1，其中水泥浆水灰比为1:1，水玻璃溶液采用B35~B40水玻璃和加1~2倍体积的水稀释。注浆压力不大于0.4MPa，注浆范围为整个冻结区域 8. 地层沉降大于0.5mm/d，或累计地层沉降大于3mm时，应进行融沉补偿注浆；地层隆起达到3mm时应暂停注浆 9. 冻结壁全部融化且未注浆的情况下，实测地层沉降持续半个月每天不大于0.1mm，即可停止融沉补偿注浆
冻结工程施工简况	1. 盾构解困冻结施工： 2008年11月29日开始施工冻结孔，至2009年1月17日，共完成118个冻结孔、16个测温孔。2009年1月17日试运行，1月18日正式冻结，采用盐水机组单级运转，开机4台。1月30日，盐水温度降至去路-25℃、回路-20℃，盐水机组增加至5台。积极冻结期内盐水降温曲线图如图11-19所示。2009年3月2日，根据现场实测，冻土发展速度按照25mm/d推算，封堵结构冻结帷幕沿轴线方向厚度超过4m，两侧厚度亦超过2.5m，平均温度低于-10℃，超过设计要求；盾构机周围冻结帷幕顶部由于采用全深冻结，冻结帷幕厚度远大于设计的3m，冻结帷幕平均温度亦低于-10℃，超过设计要求。盾构机底部没有有效检测手段，参照测2孔及其他在群孔内测温孔盾构机底部粉砂岩（44m以上）的发展速度（均大于60mm/d）推算，盾构机底部冻土亦交圈。至3月8日，冻结50d时，隧道开始排水清理工作，取得成功，成功取出盾构机头部 2. 竖井冰塞冻结施工： 冰塞部位A、B、C、D、E排冻孔于2008年11月3日开始施工，2008年11月30日完成，共成孔32个（冻结孔28个，测温孔4个）。F排孔于12月2日开始施工，12月5日完成，共成孔7个（冻结孔6个，测温孔1个）。2008年12月1日B、C、D、E排先开机，12月3日正式冻结。积极冻结期内盐水降温曲线如图11-20所示，单孔盐水流均大于8m³/h。截至2008年12月30日，积极冻结时间为28d，冰塞隧道冻结范围内冻土平均发展速度为35~45mm/d，冻结帷幕最薄弱处厚4.35m，两侧2.52m，平均温度为-14.7℃，均达到设计要求。至2009年1月6日，竖井冰塞具备了封堵要求，遂进行南岸竖井混凝土连续墙的施工 3. 液氮封堵水堵漏冻结工程： 为防止接茬缝漏水，在新竖井连续墙施工中，随钢筋笼下放了6根φ89mm的冻结管。地下连续墙完成后，新竖井开挖至距地面11m时，井内出现漏水并逐渐增大。经专家论证，停止施工，采用液氮冻结法封堵接茬缝。2009年3月22日开始液氮冻结，冻结7d时判断冻结壁已交圈，于是恢复施工，未再出现涌水，3月25日新工作井施工及套内壁施工顺利结束，停止冻结
结语	纵观整个工程施工，冻结法在解救盾构机、新方案实施中起到了关键作用，在长江汛期来临前完成了全部工作内容，避免了整个隧道淹埋的工程损失，为实现全线按期通气做出了重大贡献

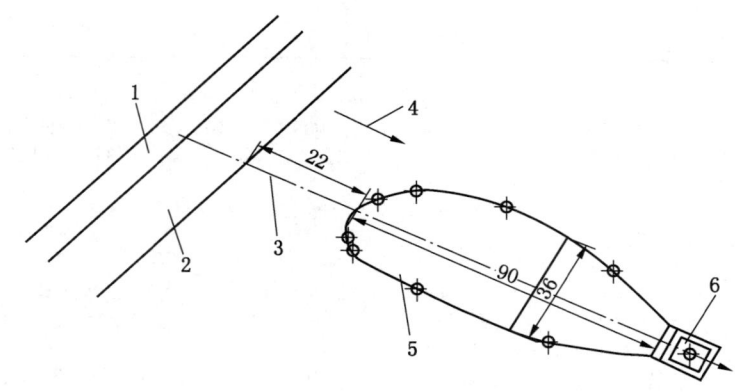

1—大堤道路；2—大堤南坡；3—隧道中心线；4—盾构机推进方向；5—塌陷区域；6—接收井

图 11-10 隧道塌陷位置示意图

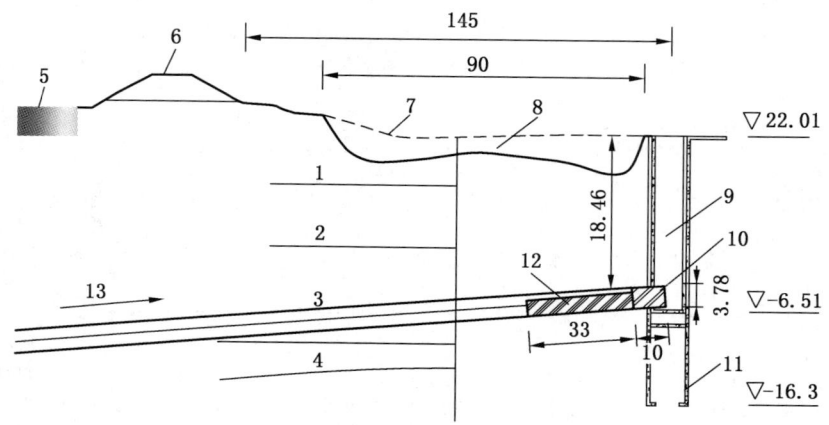

1—杂填土；2—粉土；3—粉砂；4—中砂；5—长江；6—长江大堤；7—原始地表；8—塌陷区；
9—接收井；10—盾构机；11—地下连续墙；12—盾构机拖车；13—推进方向

图 11-11 隧道沉降剖面示意图

表 11-10 川气东送武汉长江隧道修复冻结技术参数

序号	项 目	参 数	备 注
1	隧道内径/外径/m	3.08/3.54	
2	隧道中心深度/m	26.37	
3	冻土墙设计厚度/m	2.5	隧道周围冻土范围为 3 m
4	冻土墙平均温度/℃	-10	
5	积极冻结时间/d	60	
6	冻结孔数/个	120	冻结孔深度为 45 m、38 m
7	冻结孔允许偏斜/mm	100	开孔误差≤100 mm
8	设计最低盐水温度/℃	-28 ~ -30	冻结 7 d 盐水温度在 -20 ℃ 以下
9	单孔盐水流量/$(m^3 \cdot h^{-1})$	≥6	
10	冻结管规格/(mm×mm)	$\phi 127 \times 5$	低碳钢无缝钢管
11	冻结总需冷量/$(10^4 \; kcal \cdot h^{-1})$	81.5	工况条件

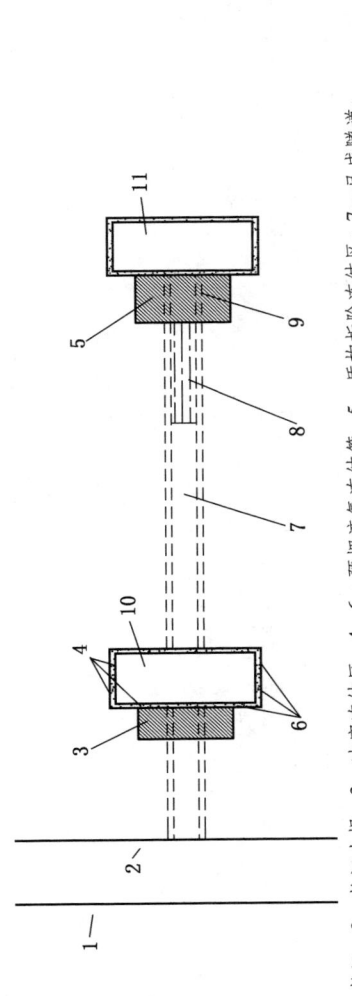

1—长江；2—长江大堤；3—冰塞冻结区；4,6—预埋液氮冻结管；5—盾构拆除冻结区；7—已成隧道；8—盾构机拖车；9—盾构机；10—新接收井；11—原接收井

图 11-12 穿越长江段隧道冻结法修复范围示意图

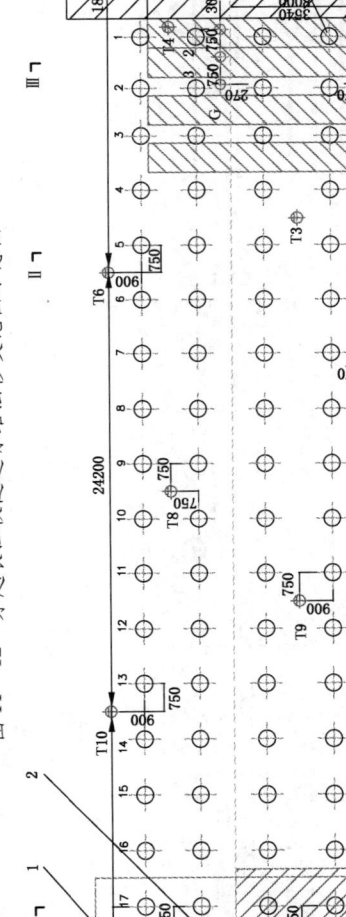

1—冰塞封堵冻结区域；2—盾构尾部拖车间隙；3—盾构接收井；4—冻结孔；5—隧道边界线；6—混凝土边墙

图 11-13 盾构解困冻结孔平面布置示意图

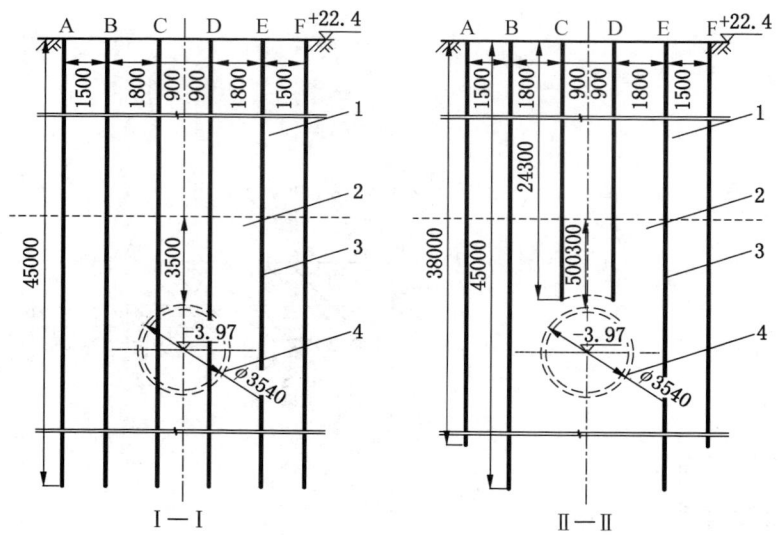

1—未冻结区域；2—冻结区域；3—冻结管；4—隧道断面

图 11-14　盾构解困冻结孔剖面布置示意图

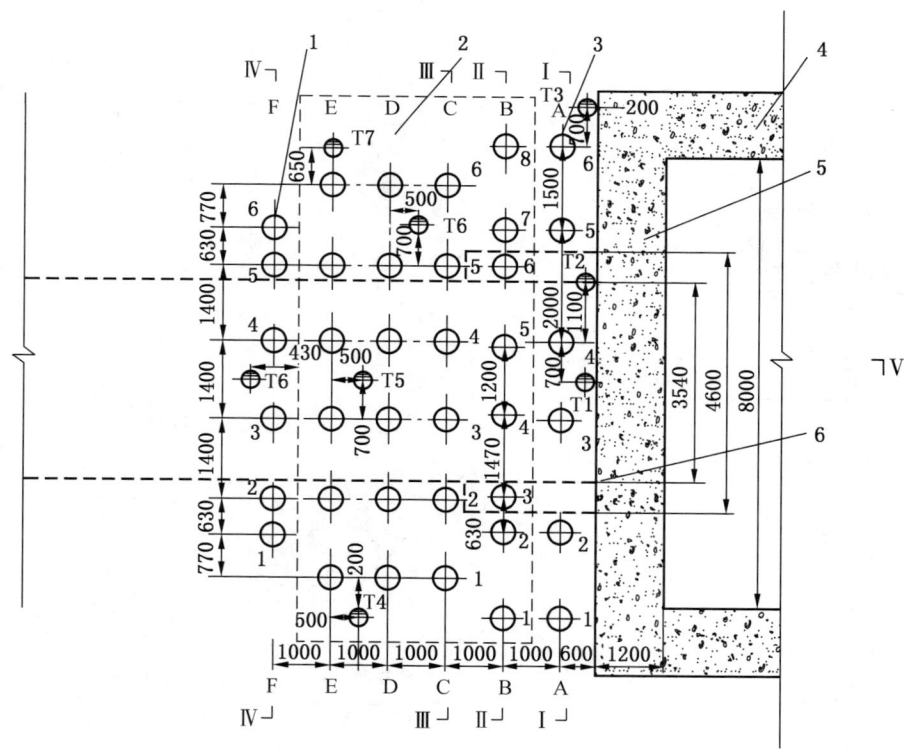

1—原隧道上部封水冻结孔；2—冰塞冻结孔；3—胶结冻结孔；4—工作井槽壁；
5—开挖断面范围；6—原隧道边界线

图 11-15　隧道修复冰塞冻结孔平面布置示意图

11 安全生产与绿色施工 567

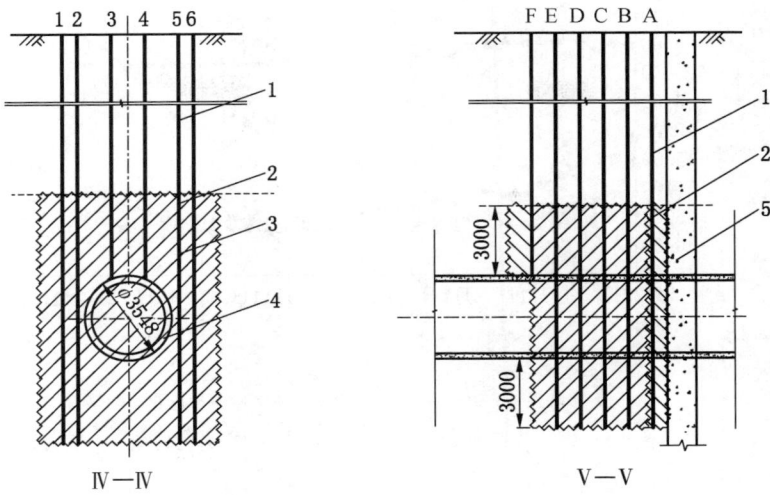

1—未冻结区；2—冻结区；3—冻结管；4—原隧道断面；5—新工作井槽壁

图 11-16 隧道修复冰塞冻结孔剖面布置示意图

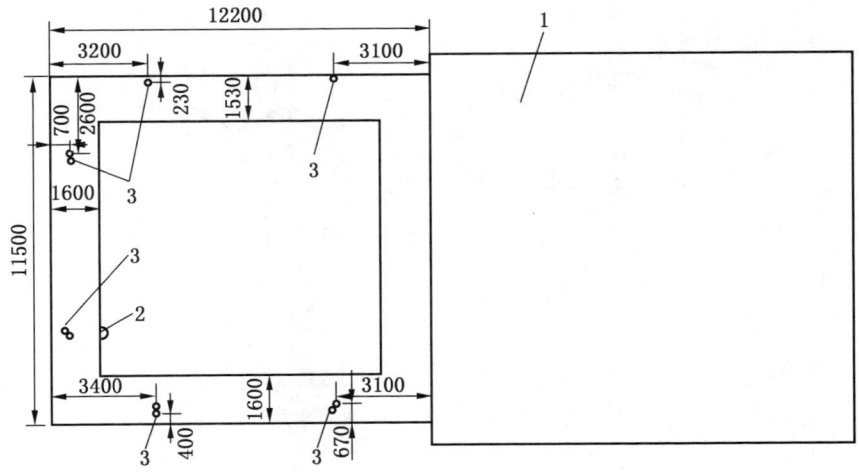

1—冰塞冻结区；2—出水点；3—液氮冻结管

图 11-17 新工作井预埋液氮冻结管位置示意图

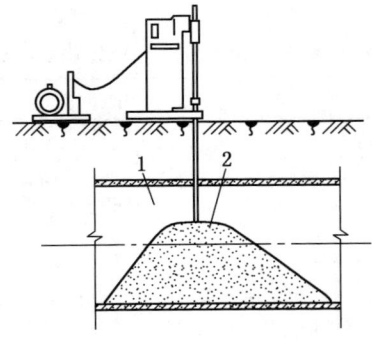

1—隧道；2—充填物

图 11-18 隧道修复打钻充填注浆

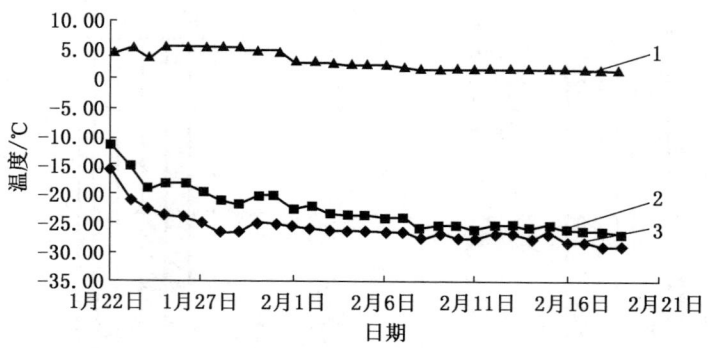

1—去回路温差；2—去路盐水温度；3—回路盐水温度

图 11-19　盾构解困冻结盐水去回路温度变化曲线

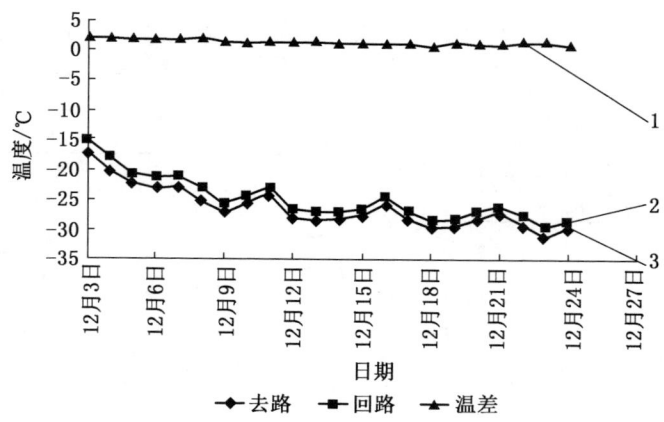

1—去回路温差；2—去路盐水温度；3—回路盐水温度

图 11-20　竖井冰塞冻结盐水去回路温度变化曲线

11.4.4　核桃峪煤矿副立井普通法凿井失败后改冻结法施工案例

核桃峪煤矿副立井普通法凿井失败后改冻结法施工案例见表 11-11。

表 11-11　核桃峪煤矿副立井普通法凿井失败后改冻结法施工案例

项目	主　要　内　容
工程概况	核桃峪煤矿位于甘肃正宁县南部，设计产量 8.0 Mt/a，采用主斜井-副（风）立井综合开拓方式，副立井井筒设计参数见表 11-12。由于井筒检查孔地质报告预计井筒施工时涌水量不大，最初采用普通法凿井。但是，在井筒进入白垩系地层后，井内涌水量远超预报值。在采用降水、注浆等各种方法治水无效后，被迫改用冻结法凿井
地质条件	副井井筒穿过的地层自上而下为：第四系黄土层，层厚 214.6 m；白垩系岩层，层厚 633.7 m；侏罗系岩层，层厚 109.24 m；三叠系岩层，未揭穿。地层倾角小于 2°，基本呈水平产状，具体地层分布见表 11-13。其中，含水层分为黄土层潜水含水层及基岩孔隙、裂隙承压水含水层两大类，总体分为三个含水层。井田内平均地温梯度为 1.0~2.9 ℃/100 m，属地温正常区

表 11-11（续）

项目	主 要 内 容
普通法转冻结法凿井情况	1. 2009 年 4 月至 12 月，采用普通法凿井，副井顺利施工了 423 m。但在副井进入白垩系洛河组含水砂岩层后，工作面涌水量增大，凿井速度急剧下降。为此，首先采取降水法治理工作面涌水未果；遂改用普通水泥注浆、化学注浆和超细水泥注浆法堵水。注浆具体情况如下： （1）第一段（化学注浆）55 m（井深 423～478 m）：用时 92 d（其中工作面注浆 85 d，壁后注浆 7 d）。工作面注入化学浆 1003.65 t、水泥 51.15 t、水玻璃 9.15 t，钻孔进尺 9207.3 m；壁后注浆注入水泥 351.4 t、水玻璃 64.73 t、化学浆 30.09 t （2）第二段（化学注浆）36 m（井深 439～475 m）：用时 70 d（其中工作面注浆 55 d，壁后注浆 15 d），工作面注化学浆 1020.675 t，钻孔进尺 9573 m （3）第三段（超细水泥注浆）28 m（井深 459～487 m）：用时 30 d，注超细水泥 137.247 t，其中 600 目 10 t、800 目 109.6 t、1250 目 5 t、2000 目 12.7 t，钻孔进尺 5043 m （4）第四段（超细水泥注浆）30 m（井深 471～501 m）：注巴斯夫 EEC 超细水泥，浆量不明 2. 注浆后再向下掘进 16.8 m，井筒涌水已超过 70 m^3/h。截至 2010 年 11 月 15 日副立井累计完成 472 m（进入洛河组岩层 40 m），在近 1 年的时间内才完成 40 m 进度，月均进尺不到 4 m。井筒涌水严重影响了工程进度与质量。据测算，副井井筒注浆段注浆费用高达 59 万元/m 经过 1 年多现场实践证明，对于含水的白垩系洛河组地层，降水、普通注浆、化学注浆和超细水泥注浆法都无法满足立井掘进的堵水需求，工程被迫停工。最终，业主决定改用冻结法来完成井筒下半段施工。在当时，国内、外还没有类似施工的成功先例。为此，各方进行了技术攻关，顺利地建成了当时世界冻结深度最大的冻结立井
冻结设计	1. 立井井筒与地层地质特点： （1）表土厚度为 214.6 m，地下水位埋深为 181.3 m （2）井深 0～472 m 段井壁已施工完成，特别地，井深 255～472 m 段是 700 mm 厚的素混凝土井壁。因此，冻结施工时必须对已成井井壁采取保护措施 （3）井筒内的水与所拟冻结地层中含水层相通，无法用水文孔来判断冻结壁是否交圈 （4）井筒冻结深度高达 950 m，为当时世界之最 （5）井筒穿过的地层主要为砂岩与砾岩，占总厚度的 84.45%，不利于钻孔偏斜的控制，对成孔质量和工期影响很大 （6）洛河组含水层厚度高达 403.02 m，且没有隔水层，不能分层、分段设计冻结壁交圈进行提前开挖 2. 针对以上特点，为实现绿色施工，采取了如下措施： （1）扩大冻结孔布置圈径，加大局部冻结管直径以利于已筑井壁的保护 （2）采用低散热同轴供、回液塑料管实现局部冻结 （3）在井筒周边布置一圈 20 个温控孔，控制冻结锋面向内发展，防止已成井壁被破坏 （4）采用大管径（φ168 mm）冻结管，加大散热面积，实现快速冻结，满足井筒尽快开挖的要求 （5）控制钻孔偏斜，要求深度 856 m 以上冻结孔间距不大于 3.5 m，深度 856～950 m 之间时孔间距不大于 5.0 m，以保证冻结壁的形成质量和安全 （6）进行冻结信息化施工，发现不利工况及时报警。通过在施工过程中合理调整冻结施工参数，使冻结壁形成与掘进施工相协调，在确保施工安全的前提下为快速掘进创造条件 井筒冻结设计参数见表 11-14
工程施工	2011 年 3 月 18 日开始钻孔，2012 年 3 月 10 日完成冻结造孔工作。制冷站从 2012 年 3 月 29 日开始运转，逐步增加投入制冷机台数，到 2012 年 8 月 6 日盐水去路温度为 -33.9 ℃，回路为 -27.2 ℃，温差为 6.7 ℃，冻结孔单孔流量达 14.2 m^3/h 以上，符合冻结设计。盐水降温情况如图 11-21 所示。 从钻孔施工开始到冻结制冷期间，井内、外水位变化曲线如图 11-22 所示。在冻结孔施工期，由于钻孔泥浆漏进井筒的影响，井内水位一直上升。2012 年 4 月 19 日以后，井外水位一直缓慢下降；到 2012 年 7 月初，井外水位保持在垂深 286 m 左右，并基本稳定。7 月初井内水位在垂深 253 m 左右，并随时间增长而稳定上升，这说明冻结壁基本交圈。为进一步判断冻结壁是否交圈，7 月 16 日开始向井筒灌水，灌水于晚上进行，白天观察，观察发现井内水位上涨率为 6 cm/d；7 月 22 日 9 时 30 分灌水结束，此时井内水位在垂深 209.85 m 处。灌水期间，井外水井水位基本保持不变。7 月 22—25 日，井内水位连续 3 d 涨幅为 5 cm/d，上升水量与计算冻胀水量基本相符，由此判定冻结壁已交圈。遂决定于 7 月 25 日 18 点 55 分对副井井筒进行排水，排水分段进行，逐段观测排后井内水位的变化，证明冻结壁已经交圈。8 月 8 日破底试挖，至 2013 年 1 月 17 日顺利掘进至冻结段底部，开始浇筑壁座，3 月 31 日内层井壁套壁完成，开始施工马头门及井底水窝；2013 年 5 月 31 日井底水窝施工结束后停止冻结

表 11-11（续）

项目	主　要　内　容
结语	1. 由于孔隙含水岩层的可注性差、可疏排性差，应采用冻结法封堵孔隙水 2. 所采用的一系列技术措施，保证了既有井壁的安全 3. 没有出现断管、片帮等事故，平均掘进速度为 91.2 m/月，最快掘进速度达到 110.4 m/月 4. 通过冻结信息化施工技术与控制冻结技术，确保了该井筒安全、快速、优质施工

表 11-12　核桃峪煤矿副井井筒设计参数

序号	项　目	参　数	序号	项　目	参　数
1	井口设计标高/m	+1195.00	4	开挖荒径/mm	10400~13400
2	井筒净直径/m	9.0	5	井筒深度/m	996.71
3	冻结段井壁结构	双层复合井壁			

表 11-13　核桃峪煤矿副井井筒冻结施工段穿过地层分布

层号	深度/m	厚度/m	地层	层号	深度/m	厚度/m	地层
1	440.81	7.61	中砂岩	22	848.3	9.08	粗砾岩
2	474.65	33.84	粉砂岩	23	856.5	8.20	砂质泥岩
3	481.50	6.85	中砂岩	24	859.15	2.65	泥岩
4	515.70	34.20	中砂岩	25	865.1	5.95	细砂岩
5	522.58	6.88	中砂岩	26	868.20	3.10	砂质泥岩
6	529.34	6.76	含砾粗砂岩	27	875.3	7.10	粗砂岩
7	545.60	16.26	中砂岩	28	878.15	2.85	砂质泥岩
8	555.57	9.97	中砂岩	29	891.85	13.70	粗砂岩
9	606.30	50.73	粗砂岩	30	899.3	7.45	粉砂岩
10	618.25	11.95	中砂岩	31	913.05	13.75	粗砂岩
11	654.44	36.19	粗砂岩	32	915.15	2.1	含砾粗砂岩
12	657.74	3.30	粉砂岩	33	929.01	13.86	粗砂岩
13	684.4	26.66	粗砂岩	34	941.7	12.69	中砂岩
14	695.02	10.62	中砂岩	35	948.1	6.4	细砂岩
15	717.5	22.48	粗砂岩	36	949.94	1.84	砂质泥岩
16	720.82	3.32	粉砂岩	37	957.04	7.1	煤8
17	765.5	44.68	粗砂岩	38	957.54	0.5	泥岩
18	774.8	9.30	中砂岩	39	963.84	6.3	砂质泥岩
19	832.2	57.40	粗砂岩	40	971.38	7.54	粉砂岩
20	836.2	4.00	含砾粗砂岩	41	984.7	13.32	砂质泥岩
21	839.22	3.02	粗砂岩	42	996.71	12.01	粉砂岩

表 11-14 核桃峪煤矿副井井筒冻结设计参数

序号	项目	参数	序号	项目	参数
1	冻结段开挖荒径/m	13.4	17	冻结壁厚度/m	4
2	已成井深度/m	472	18	冻结壁平均温度/℃	-8
3	冻结孔布置圈径/m	19.4	19	盐水温度/℃	-30
4	冻结孔深度/m	950/856	20	冻结孔单孔盐水流量/($m^3 \cdot h^{-1}$)	16
5	冻结孔数/个	44	21	冻结孔盐水循环量/($m^3 \cdot h^{-1}$)	704
6	冻结孔开孔间距/m	1.385	22	冻结孔长度/m	39424
7	冻结管规格/mm	ϕ168	23	需冷量/制冷能力/(10^4 kcal $\cdot h^{-1}$)	459.8/540
8	冻结孔偏斜率/‰	2.5	24	设计装机台数/台	9
9	冻结孔最大孔间距/m	3.4	25	钻孔工程量/m	51720
10	温控孔布置圈径/m	13.4	26	施工准备期/d	5
11	温控孔深度/m	472	27	打钻工期/d	163
12	温控孔数/个	21	28	沟槽施工和集配液圈安装/工期/d	7
13	温控孔开孔间距/m	2.005	29	积极冻结工期/d	77
14	温控孔规格/mm	ϕ127	30	井筒排水期/d	15
15	外测温孔（2个）深度/m	896	31	开挖到停机工期/d	180
16	内测温孔深度/m	592	32	总工期/d	447

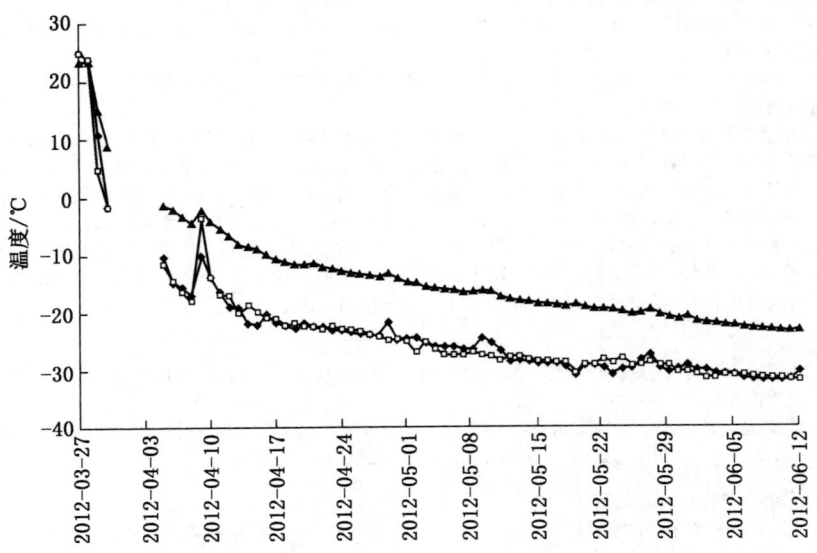

▲—盐水回水温度；◆—南进水管温度；□—北进水管温度

图 11-21 核桃峪副井盐水温度降温曲线

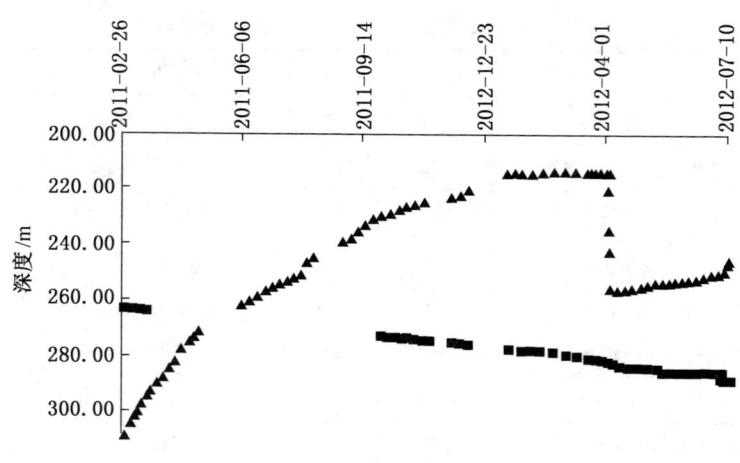

■—井外水位；▲—井内水位

图 11-22 施工期间井筒内静水水位曲线

11.4.5 上海迪斯尼乐园动力管线抢修液氮冻结施工案例

上海迪斯尼乐园动力管线抢修液氮冻结施工案例见表 11-15。

表 11-15 上海迪斯尼乐园动力管线抢修液氮冻结施工案例

项目	主 要 内 容
工程概况	1. 上海迪斯尼乐园抢修 φ600CHS、φ600CHR 两根动力管线，管底标高为 -3.50 m，场地自然地坪绝对标高为 +4.70 m。抢修动力管线东侧、西侧及北侧均已有施工完成的管线，包括： （1）两根 700CHS 及 700CHR 动力管线，其管底埋深为 5.05 m，平面位置上距离抢修动力管线最近距离为 3.24 m （2）FW、G、HWS 及 HWR 等管线均为浅埋管线，管底埋深为 1.00 ~ 2.10 m，平面位置上距离抢修动力管线最近距离为 0.405 m 2. 抢修动力管线南侧分布有沉砂池。沉砂池开挖深度为 8.35 m，采用小止口拉森钢板桩 + 两道钢支撑支护，局部穿管线处小止口拉森钢板桩无法施工，采用 6 m 长槽钢板桩替代，无插入深度 3. 由于基坑周边环境较为复杂，分布有众多已施工管线，故基坑开挖难度大、风险大。采用液氮竖直冻结加固方案，冻结深度标高为 -6.50 m（坑底以下 3.0 m），冻结半径为 4.03 m，设计坑底以上环形冻结壁厚度为 1.70 m，坑底以下冻结壁厚度为 3.0 m，邻近沉砂池侧暂考虑减小检修空间，冻结壁厚度不小于 1.50 m。冻土墙平均温度应小于 -15 ℃，开挖面平均温度应小于 -5 ℃。根据施工抢修单位提供的施工操作空间要求，开挖面积约为 14.5 m²，开挖周长约 14.0 m
地质条件	1. 地质条件：土层从上向下依次为：①杂填土，厚度为 0 ~ 1.5 m；②粉质黏土，厚度为 1.5 ~ 3.4 m；③淤泥质粉质黏土，厚度为 3.4 ~ 9.3 m 2. 水文地质条件：土层地下水属潜水类型，水位埋深在 0.70 ~ 1.60 m 之间
冻结方案	1. 冻结孔布置及材质选用： 开挖区周围冻结孔间距为 1200 mm 左右，排距为 600 mm，冻结孔数 27 个；井筒底部冻结孔间距为 1400 mm 左右，孔数 6 个；另在两侧增加 14 个倾斜孔，用来冻结封闭修复管线底部；共 47 个冻结孔。冻结维护在管线检修完成后停止。斜孔冻结管选用 φ89 mm × 5 mm 的 Q235B 低碳钢无缝钢管，直孔冻结管选用 φ89 mm × 5 mm 的 R304 不锈钢管。供液管选用 φ32 mm × 3.5 mm 的 R304 不锈钢管（采用双供液管）。液氮冻结平面、剖面布置如图 11-23 和图 11-24 所示。布置 6 个测温孔监测冻结壁厚度、冻结壁平均温度、冻结壁开挖面温度

表 11-15（续）

项目	主 要 内 容
冻结方案	2. 主要技术要求： （1）液氮储罐出口的压力控制在 0.1~0.15 MPa，冻结管出口排气温度控制在 -70~-90℃、压力控制在 0.05~0.1 MPa，压力调节可使用液氮储罐上的控制阀，温度调节使用每组回路上的截止阀 （2）根据以往工程的施工经验，液氮冻结在土层的发展平均速度为 100 mm/d。根据设计的冻结壁厚度，开挖区周围冻结孔最大成孔间距按 1400 mm 计算，冻结交圈时间约为 7 d，积极冻结时间约为 10 d （3）液氮需要量：冻结体积约为 370 m^3，每立方米冻土约需液氮 2100 kg，则总需液氮 777000 kg。维护冻结按 24 h 计算，每组每小时约需要液氮 200 kg，16 组每天维护冻结需液氮 768000 kg，维护冻结时间暂定 10 d（开挖加修复），初步估计液氮总共消耗 1545 t （4）冻结孔开孔位置误差不大于 100 mm，施工空间受限时可适当调整孔位或调整钻孔角度，但要保证不超过最大孔间距。终孔最大允许间距：开挖区周围为 1400 mm，底部为 1600 mm （5）冻结孔钻进深度不小于设计值，且不大于设计值 0.5 m （6）冻结管耐压不低于 0.8 MPa 液氮冻结系统布置如图 11-25 所示
施工情况	1. 竖直钻孔选用 XY-2 型钻机进行钻孔施工，斜孔采用 MD-50 型钻机进行钻孔施工 2. 冻结管下入孔内前要先配管，保证冻结管同心度。焊接时，焊缝要饱满，保证有足够强度，以免拔管时冻结管断裂。下放冻结管后，采用经纬仪灯光测斜法检测，然后复测冻结孔深度 3. 液氮冻结孔进、回路共分为 16 组，每组串联 3~4 个冻结孔 4. 人工风镐全断面一次开挖，开挖段高视土体加固情况一般控制在 1 m 5. 支护采用 16 号工字钢圆形支架加厚度 30~50 mm 木背板联合支护 6. 管线修复完成后进行开挖面回填，回填采用人工分层铺筑方法 2015 年 1 月 30 日—2 月 14 日施工结束
结语	液氮冻结冻结壁发展速度快，适应工期紧且需要冻结的抢险工程。该工程采用液氮冻结加固，人工开挖的方式对动力管线阀门进行更换，满足了业主工期要求，达到了工程抢险施工的目的

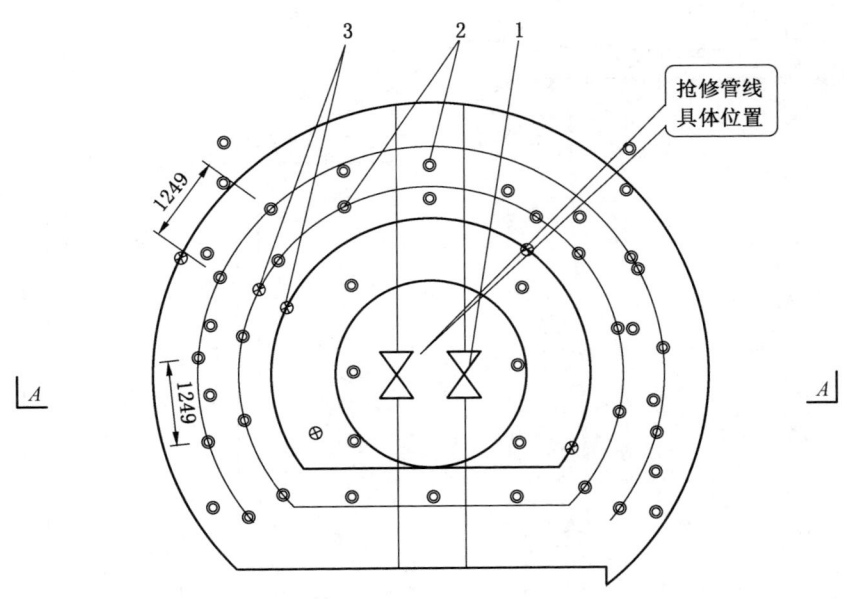

1—抢修动力管线；2—冻结孔；3—测温孔

图 11-23 液氮冻结孔平面布置示意图

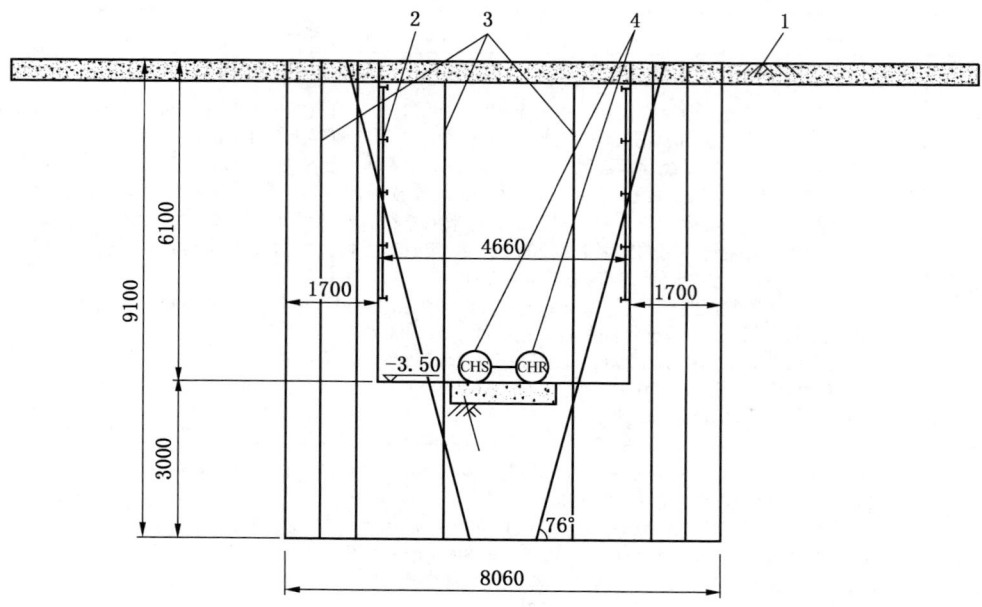

1—400 mm 砂浆垫层;2—井帮支护;3—冻结孔;4—抢修动力管线

图 11-24 液氮冻结孔 A—A 剖面布置示意图

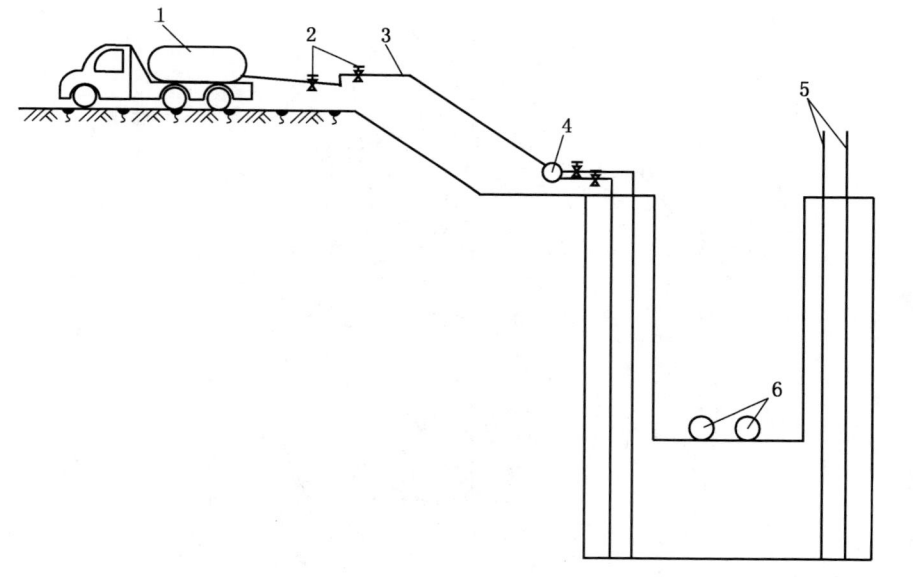

1—液氮车;2—主闸阀;3—主干管;4—分配器;5—排气管;6—控制阀

图 11-25 液氮冻结系统布置示意图

11.4.6 某斜井冻结施工工作面透水案例

某斜井冻结施工工作面透水案例见表 11-16。

表 11-16 某斜井冻结施工工作面透水案例

项目	主 要 内 容
工程概况	某斜井井筒倾角为 14°，井筒净宽为 5.2 m，井筒净高为 4.1 m，井筒长度为 1542 m。冻结斜长为 203 m，冻结段井筒垂深范围为 68.66~117.77 m。冻结段井壁采用双层井壁，外壁厚度为 80 mm（钢筋网+I16 钢骨架+喷射混凝土），内壁厚度为 720 mm（钢筋混凝土）；底部为反底拱，反底拱开挖深度为 1.5 m
地质条件	1. 地质概况： 井检孔揭露地层由上而下依次为：第四系、新近系上新统葡萄沟组、侏罗系中统西山窑组。第四系松散层，主要为砂质黏土、砾石、中细砂及砂砾石层。新近系上新统葡萄沟组，岩性主要为浅红色、绿灰色泥岩及粉砂岩、粗砂岩，多为泥质、粉砂状、粗粒状结构，泥质胶结，易风化，遇水易膨胀、崩解。侏罗系中统西山窑组，岩性主要为浅黄色粉砂岩、泥岩、细~中粒砂岩和煤层，多为泥质、粉砂状、细~中粒砂状结构，泥、钙质胶结，裂隙稍发育。地层结构见表 11-17 2. 水文地质概况： 根据井筒检查孔资料，井筒掘进层段自上而下分为三个含水层组，即第四系透水不含水层、新近系上新统葡萄沟含水层、侏罗系中统西山窑组含水层。第四系揭露厚度为 11.94 m。新近系上含水层主要位于垂深 67.17~96.76 m，渗透系数为 0.09804 m/d，为富水性较强的孔隙承压含水层；新近系上新统葡萄沟组（Ⅱ下）含水层主要位于垂深 126.37~130.4 m，为富水性较弱的裂隙承压含水层；两含水层之间存在较厚且稳定的隔水层，阻隔了两个含水层之间的水力联系。预计井筒涌水量：葡萄沟组为 252 m³/h，西山窑组为 28 m³/h，合计 280 m³/h 3. 工程地质条件： 松散岩组为无胶结、散体结构，结构体呈颗粒碎屑状，遇水塌陷、地基沉降、边坡坍塌位移，属极不稳定型。新近系上新统葡萄沟组与下伏地层侏罗系呈不整合接触，该地层均已受到不同程度的风化，结构松散，易发生压缩沉降、塑性挤出、鼓胀等，属极不稳固型。侏罗系西山窑组浅部风化层，风化深度一般为 30~50 m。岩石完整程度遭受破坏，呈碎块状、薄饼状及短柱状，近散体结构，风化裂隙较发育，经风化后岩石力学性质有所降低，略低于新鲜岩石，属不稳固型
冻结设计	1. 冻结井壁斜长为 203 m，冻结垂深范围为 68.66~117.77 m，冻结孔共 538 个 2. 采用竖孔、异径冻结方式，钻孔深度由浅入深。斜井顶板冻结壁厚度以上为非冻结段，冻结管采用 $\phi108$ mm×5 mm 无缝钢管；顶板冻结壁厚度及以下采用 $\phi159$ mm×5 mm 的无缝钢管作为冻结管。采用分段打钻、分段冻结工艺 3. 斜井顶板冻结壁厚度为 6 m，底板冻结壁厚度为 5.5 m，两帮冻结壁厚度为 3.0 m 4. 该斜井均匀分为 5 个冻结段，每段斜长为 40.6 m，水平长度为 39.394 m，每冻结段分为 2 小段，约隔 20 m 设计封头孔；沿井筒开挖方向布置 5 排冻结孔，排距为 2.6 m，外排孔间距为 2.1 m，中部冻结终孔间距为 2.9 m。钻孔总工程量为 52835.97 m 5. 设计盐水温度为 -26~-28 ℃；制冷站最大需冷量为 303.65×10⁴ kcal/h，冻结装机标准制冷量为 865×10⁴ kcal/h。积极冻结期设计盐水流量为 10 m³/h，维护冻结期为 6 m³/h 6. 顶、底板冻结壁平均温度为 -12 ℃，两帮冻结壁平均温度为 -8 ℃ 7. 为了报导冻结壁交圈情况，每段均设置 2 个水文孔 8. 各段均布设 4 个测温孔，掌握冻结壁温度场发展规律 9. 冻结钻孔布置参数见表 11-18，冻结孔平面布置如图 11-26 所示、冻结孔剖面布置如图 11-27 所示
冻结工程施工	2012 年 11 月 29 日开始冻结，2013 年 10 月 5 日停止冻结。各段送冷日期及冻结时间见表 11-19 2013 年 1 月 4 日（冻结 35 d）开始进入冻结段施工，先后采取了挖掘机挖掘、放炮作业、综掘机施工。前期采用挖掘机挖掘，由于冻土过多，施工进度慢，后改为放炮作业。鉴于爆破效果差，最终采用综掘机施工等三种挖掘工艺。初衬井壁为钢架网喷，二衬井壁使用模板台车，模板台车长 8 m。整个冻结段分四次套壁施工。2013 年 10 月 5 日冻结段掘砌完毕，掘砌斜长 203 m，掘砌工期 274 d，平均综合成井施工速度 22.23 m/月

表 11-16（续）

项目	主 要 内 容
冻结工程施工	冻结段施工期间，非冻结段井壁始终存在淋水情况。2013 年 1 月 4 日开始第 I 冻结段掘进并割除第一排冻结管，4 月 3 日关闭第 I 冻结段外排孔。由于受季节性影响，2013 年 5 月 23 日井筒掘砌至斜长 340.6 m（即冻结段掘砌长度 86.6 m）时，山上冰雪融化的水通过地层渗透，导致地下水补给量增大，造成非冻结段井壁淋水量变大，水量达 133~204 m³/h；因后方水体下移，致使冻结段部分二次浇筑的井壁接茬淋水严重，底板与井壁接触部位出水。此时，斜井井筒底板施工两个临时水仓，采取边排水边掘砌的施工方法。2013 年 7 月 12 日，掘砌至斜长 388 m（即冻结段掘砌长度 134 m），在该部位测得井筒非冻结段淋水量约为 250 m³/h，井下已无法正常施工，被迫进行壁后注浆。2013 年 8 月底，经过壁后注浆，水量控制在 110 m³/h 左右。需要说明一点，冻结段掘砌期间，冻结壁未发生异常现象
冻结终端透水事故剖析	1. 透水事故经过： 2013 年 10 月 5 日，该斜井停止冻结，冻结段二次套壁工程量仅剩余 5 m（即斜长 395~400 m）未完成，其余部位井壁施工结束。10 月 6 日掘进工作面右肩窝巷道顶板下 800 mm 左右喷浆层冲开，出现 0.4 m × 0.4 m 导水空洞，涌水量约 200 m³/h，突水点为冻结终端，距井口 457 m。此时，当班正在进行最后一模的二次套壁工作（即斜长 395~400 m 段，距掘进工作面 57 m），至突水时止，还有 8 m³ 混凝土即将完成浇筑工作，14：35 测得涌水量为 443 m³/h。10 月 7 日 7：15 涌水至距井口斜长 158 m，测得涌水量为 106 m³/h；16：15 水位上涨至井口下 130 m 处，出水量为 33 m³/h。10 月 8 日早水位上涨至井口下 122 m 处，10 月 10 日水位达到井口下 104 m（垂深 25 m）后基本停止上涨 2. 透水前探水施工情况： 2013 年 9 月 8 日，掘砌至斜长 454 m（即冻结段掘砌长度 200 m）。为保证掘砌至冻结终端（即斜长 457 m）施工安全，掘砌单位在斜长 454 m 处进行探水，探水部位为掘进工作面右肩窝巷道顶板下 800 mm 左右，垂深 106.3 m。探水钻杆采用普通矿用煤电钻，9 月 9 日探水孔钻进深度 4 m，未见水 2013 年 6 月 6 日冻结终端封尾冻结管投入运行。9 月 10 日 6 根封尾冻结管停冻，此时共计运行 94 d。按实测井帮温度进行冻结壁形成分析，粉砂岩冻土发展速度为 25 mm/d，冻结壁外侧厚度约为 2.325 m。经计算，探水钻孔孔底前方冻结壁厚度仅有 1.235 mm 2013 年 9 月 10 日冻结终端封尾冻结管割除及挖掘工作结束后，未对探水钻孔进行注浆封堵处理，掘进工作面仅进行挂网喷浆，而后转入斜井底板铺底及内壁施工工作 3. 事故原因分析： (1) 从透水前的测温孔数据、冻结孔各回路温度数据分析，未发现异常数据，表明各冻结孔运行正常，排除第Ⅳ段、第Ⅴ段冻结壁提前解冻情况 (2) 井筒出水位于冻结段前方地层，说明冻结终端地层与井检孔提供的水文地质条件不吻合 (3) 为确保冻结段掘砌施工安全，井筒施工至斜长 452 m 时应停止掘砌，冻结段终端必须保留 5 m 厚度的冻结安全岩帽。实际施工中，掘砌直至冻结终端斜长 457 m 位置，冻结岩帽未留设 (4) 冻结终端封尾管割管时冻结壁外侧理论厚度为 2.235 m，扣除探水孔占用的厚度，实际上探水孔孔底前方冻结壁厚度仅有 1.235 mm。2013 年 10 月 6 日出水时已经割管 26 d，基于掘进工作面冻结壁处于冻结段最前侧、端头，完全暴露在空气中，割掉冻结管后，冻结壁外侧冷量损失大、冻岩地层融化较快，同时由于工作面喷浆及井筒内施工、供风等因素，造成挖掘工作面前部冻结壁融化解冻速度加速，导致本身预留不足的冻岩帽更加减薄，冻岩强度降低 (5) 冻结终端斜长 457 m 处工作面，原设计为钢筋混凝土挡水墙，挡水墙厚度为 300 mm。实施施工时，仅对工作面进行简单的挂网喷浆施工。喷浆层厚度薄，未能起到承受水压、保护井筒作用。同时探水孔施工结束后，未对探水钻孔进行注浆封堵处理，形成导水通道。 上述情况表明，冻结终端未留设冻结安全岩帽以及探水孔未进行封堵施工是冻结终端发生透水事故的直接原因
结语	1. 为合理确定斜井冻结垂深范围，确保掘砌施工安全，斜井冻结终端必须位于隔水层中。为此，在冻结工程实施前，建设单位必须提供冻结终端详细、准确的地质、水文地质资料 2. 为保证冻结段掘砌安全，必须严格按照《煤矿安全规程》第四十六条规定第（二）款要求进行掘砌施工。即采用竖孔冻结法开凿斜井井筒时，沿斜井井筒方向掘进的工作面，距离每段冻结终端不得小于 5 m 3. 针对斜井冻结终端前方非冻结段施工探水孔前，应在工作面设置混凝土止浆墙，以防突发涌水现象发生。同时，探水孔施工完毕必须及时进行注浆充填封堵 4. 因初衬支护与冻结壁存在间隙，掘砌过程中应及时壁后注浆封堵，以防井壁壁后间隙形成过水通道并流入前方工作面，避免工作面带水作业 5. 当斜井冻结壁变形较小时，应取消井壁与冻结壁之间泡沫板

表11-17 地层结构

序号	名称	厚度/m	深度/m	序号	名称	厚度/m	深度/m
1	砂砾	11.94	11.94	5	粉砂岩	13.71	122.36
2	泥岩	55.23	67.17	6	泥岩	4.01	126.37
3	砂砾	29.59	96.76	7	砂砾	4.03	130.4
4	泥岩	11.89	108.65				

表11-18 斜井冻结钻孔布置参数

序号	名称		Ⅰ段	Ⅱ段	Ⅲ段	Ⅳ段	Ⅴ段	合计
1	冻结段水平长度/m		246.45~285.85	285.85~325.24	325.24~364.64	364.64~404.03	404.03~443.42	
2			39.394	39.394	39.394	39.394	39.394	196.97
3	冻结段井筒倾斜长度/m		254~294.6	294.6~335.2	335.2~375.8	375.8~416.4	416.4~457	
4			40.6	40.6	40.6	40.6	40.6	203
5	冻结段井筒荒顶板垂深/m		56.40~66.22	66.22~76.04	76.04~85.86	85.86~95.69	95.69~105.51	
6	冻结段井筒荒底板垂深/m		62.99~72.82	72.82~82.64	82.64~92.46	92.46~102.28	102.28~112.10	
7	冻结部位		顶/帮/底	顶/帮/底	顶/帮/底	顶/帮/底	顶/帮/底	
8	冻结壁厚度/m		6/3.0/5.5	6/3.0/5.5	6/3.0/5.5	6/3.0/5.5	6/3.0/5.5	
9	冻结孔深度/m		68.66~78.48	78.48~88.31	88.31~98.13	98.13~107.95	107.95~117.77	
10		冻结孔排数/排	5	5	5	5	5	
11		冻结孔排距/m	2.6	2.6	2.6	2.6	2.6	
12	冻结孔	外排孔 孔数/个	23/23	23/23	23/23	23/23	23/23	230
13		外排孔 开孔间距/m	1.64	1.64	1.64	1.64	1.64	
14		外排孔 管材规格	非冻结段φ108 mm×5 mm，冻结段φ159 mm×5 mm					
15		中排孔 孔数/个	16/14/16	16/14/16	16/14/16	16/14/16	16/14/16	230
16		中排孔 开孔间距/m	2.46	2.46	2.46	2.46	2.46	
17		中排孔 管材规格	非冻结段φ108 mm×5 mm，冻结段φ159 mm×5 mm					
18		封头孔 孔数/个	8/6/8	6/8	6/8	6/8	6/8	
19		封头孔 深度/m	68.66/73.57/78.48	83.40/88.31	93.22/98.13	103.04/107.95	112.86/117.77	
20		封头孔 管材规格	非冻结段φ108 mm×5 mm，冻结段φ159 mm×5 mm					
21	测温孔	孔数/个	4	4	4	4	4	20
22		深度/m	70.5	80.3	90.1	99.9	109.7	
23		管材规格	φ108 mm×5 mm					
24	水文孔	孔数/个	1/1	1/1	1/1	1/1	1/1	10
25		深度/m	68/72	78/81	85.5/90.5	95/96	107/110	
26		管材规格	φ108 mm×5 mm					
27	冻结孔工程量/m		8387.365	8879.201	9920.33	10961.47	12002.6	50150.97
28	钻孔总工程量/m		8809.365	9359.401	10456.73	11552.07	12658.4	52835.97

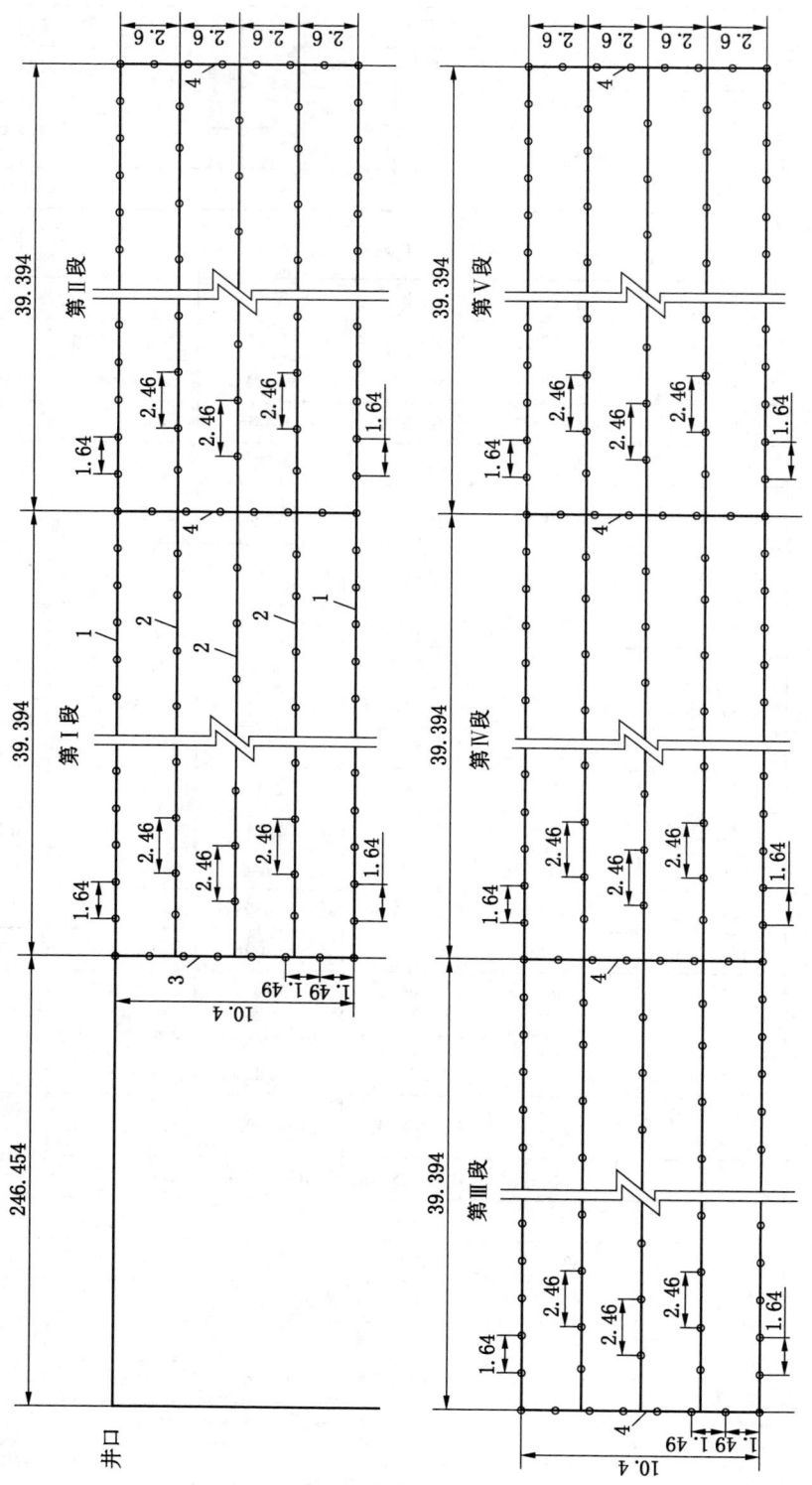

图 11-26 冻结孔平面布置示意图

1—外排孔；2—中排孔；3—封头孔；4—封尾孔

图中尺寸单位：m

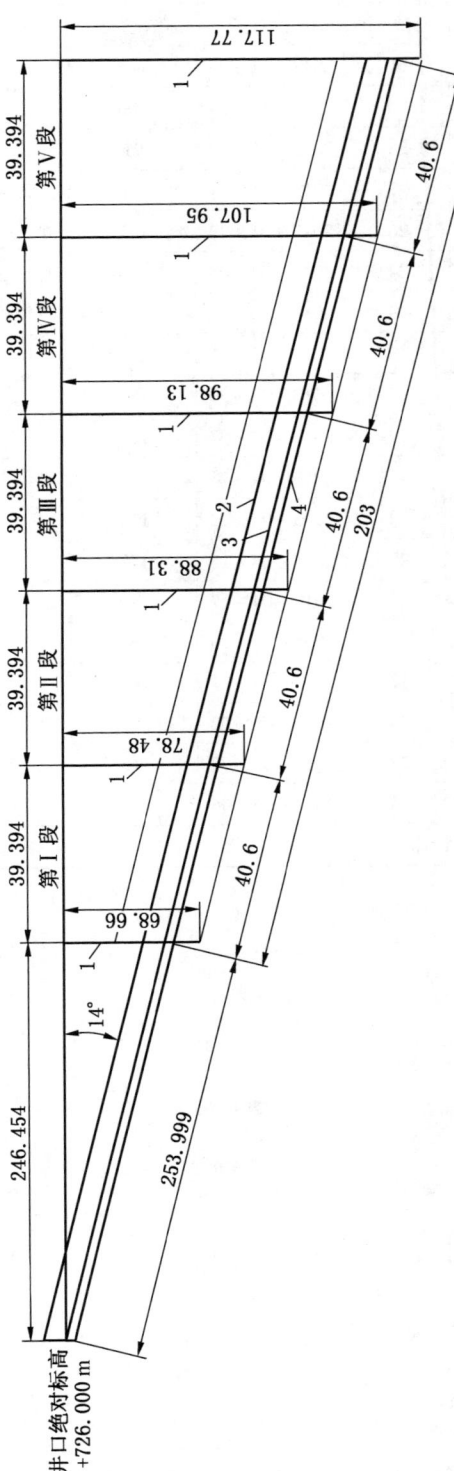

1—冻结段分界孔；2—荒顶板；3—净底板；4—荒底板

图 11-27 冻结孔剖面布置示意图

表 11-19 各段送冷日期及冻结时间

冻结段	冻结斜长/m	冻结孔垂深/m	孔数/个	送冷日期	冻结时间/d	备注
Ⅰ	0～20.3	68.66～73.57	61	2012-11-29	125	2013 年 4 月 3 日关闭外排孔
Ⅰ	20.3～33	73.57～76.64	30	2012-12-24	100	
Ⅰ	33～40.6	76.64～78.48	23	2013-01-02	91	
Ⅱ	40.6～52.02	78.48～81.25	27	2013-01-11	114	1. 2013 年 5 月 5 日关闭外排孔 2. 2013 年 5 月 28 日恢复外排孔运行，2013 年 7 月 11 日再次关闭
Ⅱ	52.02～60.9	81.25～83.4	26	2013-01-22	103	
Ⅱ	60.9～71.05	83.4～85.85	24	2013-02-03	116	
Ⅱ	71.05～81.2	85.85～88.31	29	2013-02-21	118	
Ⅲ	81.2～101.5	88.31～93.22	53	2013-03-11	123	2013 年 7 月 13 日关闭外排孔
Ⅲ	101.5～111.65	93.22～95.67	24	2013-03-30	188	
Ⅲ	111.65～121.8	95.67～98.13	29	2013-04-07	180	
Ⅳ	121.8～126.87	98.13～99.36	12	2013-04-11	176	
Ⅳ	126.87～131.94	99.36～100.58	12	2013-04-12	175	
Ⅳ	131.94～142.09	100.58～103.04	29	2013-04-15	172	
Ⅳ	142.09～152.24	103.04～105.5	24	2013-04-17	170	
Ⅳ	152.24～157.31	105.5～106.72	12	2013-04-20	167	
Ⅳ	157.31～162.38	106.72～107.95	17	2013-04-21	166	
Ⅴ	162.38～172.53	107.95～110.41	25	2013-05-02	155	2013 年 10 月 5 日停机
Ⅴ	172.53～182.68	110.41～112.86	28	2013-05-09	148	
Ⅴ	182.68～203	112.86～117.77	53	2013-06-06	120	

说明：表中冻结斜长以冻结起始点进行计算

12 冻结法凿井工程定额与预算

12.1 工程预算概述

12.1.1 工程预算的特点和作用

施工单位根据拟建项目的施工图纸，结合施工组织设计、工程预算定额、取费标准等有关资料，计算出来的该项工程预算价格（预算成本），即称为工程预算。

工程预算不仅是计算建安工程项目全部费用的重要依据，而且也是对全部建安工程项目投资进行筹措、分配、管理、控制和监督的重要依据。它最突出的作用，就是依据规范计算单位工程所需的工时、材料、机械使用量并计算出单位工程造价。

12.1.2 工程预算编制的主要依据

（1）施工图纸和设计说明书，以及与主体工程相关的定型产品标准图集（图册）。

（2）预算定额和工程量计算规则，以及施工规范、验收标准、安全规程等国家现行有关规范。

（3）各类费用计算标准及相关费用的调整规定。

（4）施工组织设计（施工措施），工程更改及设计变更，材料代用，隐蔽工程等签证手续。

（5）有关设备技术手册、材料应用手册，以及所需要设备与定额外材料价格手册、由甲方提供的设备（供货）清单等资料。

（6）合同或协议书。

12.1.3 工程预算编制的主要步骤

（1）收集并掌握各种有关资料。

（2）熟悉核对施工图纸。

（3）深入现场向有关部门了解情况。

（4）计算工程量。

（5）套用定额。

（6）计算并编写编制说明。

12.1.4 工程预算费用组成

建筑安装工程费由直接费、间接费、利润和税金构成。

1. 直接费

直接费由直接工程费和措施费构成，见表 12-1。

2. 间接费

间接费由规费和企业管理费构成，见表 12-2。

3. 利润

利润指施工企业完成所承包工程获得的盈利。

表12-1 直接工程费和措施费构成

项 目	内 容
人工消耗	包括基本用工和其他用工（含超运距用工、辅助用工、人工幅度差）两种
材料消耗	包括主要材料（含定额外材料）、辅助材料、周转性材料和其他材料四种
机械台班消耗	包括定额机械耗用台班（含机械幅度差）和其他机械费（所占比例不大的零星小型机械）两种
措施费	指为了完成项目施工，发生在该工程前和施工过程中非实体项目的费用。包括：非实体消耗费用、其他直接费、临时设施费、文明安全施工费、环境保护费
特殊凿井费	冻结工程是特殊工程的一种，并不构成实体，但因冻结工程施工工艺复杂，发生费用特别大，而且编制了以人工、材料、机械使用费出现形式的工程定额，因此列为直接工程费

表12-2 间接费构成

项 目	内 容
规费	指政府和有关权力部门规定的必须缴纳的费用。包括：工程排污费、工程定额测定费、社会保障费（养老保险、医疗保险、失业保险、生育保险）、住房公积金、危险作业意外伤害保险费
企业管理费	指建筑安装企业组织施工和经营管理所需费用。包括：管理人员工资、办公费、差旅交通费、固定资产使用费、工具用具使用费、劳动保险费、工会经费、职工教育经费、财产保险费、财务费、税金（指企业按规定缴纳的房产税、车船使用税、土地使用税、印花税等）及其他

4. 税金

税金指国家税法规定的应列入建筑安装工程造价内的营业税、城市维护建设税及教育费附加等。

12.2 预算定额

现行的井巷工程消耗量定额、冻结工程消耗量定额和市政预算定额，是施工阶段编制预算的计价定额，也是完成规定计量单位分部、分项工程计价所需的人工、材料、机械消耗量的标准。定额是编制井巷工程量清单报价及施工图预算的依据，也是进行工程结算和编制招标工程标底或投标报价的依据。

12.2.1 定额的适用范围、结构、出现形式及特点

定额的适用范围、结构、出现形式及特点见表12-3。

表12-3 定额的适用范围、结构、出现形式及特点

项目	内 容
适用范围	1. 是编制工程量清单报价、编制施工图预算、办理工程进度款和竣工结算以及工程施工招标编制标底的依据 2. 是施工企业进行经济活动分析、编制企业定额、选择合理的工程施工方案，进行技术经济比较的参考依据 3. 是完成分部、分项工程计价的人工、材料、施工机械台班消耗量标准，也是计取相关费用及价差调整的基础

表 12 - 3（续）

项目	内 容
结构	1. 根据井巷工程的施工方法和施工特点，2007 统一基价井筒掘砌工程消耗量定额编为：立井井筒掘砌分 34 个定额项目、524 个定额子目进行编制；斜井井筒掘砌结构近似立井，不再详述；辅助费定额分 6 个定额项目、526 个定额子目进行编制。井巷工程消耗量定额 2015 统一基价已颁发，正在宣贯中。2015 统一基价井筒掘砌工程消耗量定额编为：立井井筒掘砌分 33 个定额项目、814 个定额子目进行编制；斜井井筒掘砌结构近似立井，不再详述；辅助费定额分 7 个定额项目、499 个定额子目进行编制 2. 市政工程开挖构筑部分采用地方市政定额，鉴于各地方有不同市政定额，不再分别论述 3. 根据冻结工程的施工方法和施工特点，冻结工程基础定额编为：15 个定额项目、160 个子目。无论煤炭矿山井巷工程、冶金矿山井巷工程，还是市政联络通道冻结工程，目前冻结法施工工程预算均采用煤炭建设特殊凿井工程消耗量定额编制
出现形式	1. 消耗量定额的出现形式为分部、分项定额，定额项目和子目的设置可满足按施工组织设计或技术措施来编制预算的需要 2. 立井井筒掘砌工程定额包括： （1）立井井筒掘进，包括打眼、装药爆破、装岩、清理工作面等工序。掘进时采用的临时支护按照不同的支护形式单独计算 （2）立井井筒砌碹，包括拆圈、立模、砌壁、充填、拆模、养护等工序 （3）立井井筒锚喷支护，包括准备材料、冲洗岩帮、打锚杆孔、安装锚杆、注砂浆、喷射混凝土、养护、清理工作面等程序 （4）立井井筒掘进及掘进时采用的临时支护，以 100 m³ 计；井筒砌碹项目，以 100 m³ 计；井筒喷射混凝土支护项目，以 100 m³ 计；井筒锚杆架设项目，以 100 根计；立井井筒反井钻机施工项目，以 100 m 计；立井井筒冻结段复合井壁铺塑料板施工项目，以 100 m² 计；立井井筒冻结段壁间注沥青防水层项目，以 1 t 计；立井井筒模板组装、拆卸项目，以 1 次/套计。斜井井筒掘进及掘进时采用的临时支护、井筒砌碹项目，均以 100 m³ 计；井筒锚杆架设项目，以 100 根计。按定额子目分别出现人工、材料、机械台班消耗量和定额人工费、材料费、机械费、基价 3. 斜井井筒掘砌定额与立井井筒掘砌定额内容基本相同，不再详述 4. 冻结联络通道工程预算编制一般采用地方市政定额，不再详述 5. 冻结工程涉及：钻机造孔、冻结管和测温管安装、水文管安装、供液管安装，以单孔或单管 100 m 计；集、配液圈制作和安装项目以 10 m 计；制冷人工材料消耗及场区照明以月计；制冷站材料摊销以站为单位，按定额子目分别出现人工、材料、机械台班消耗量和定额人工费、材料费、机械费、基价
特点	1. 编制预算时，按计算工程量套用定额子目，直观、方便，施工图预算编制准确 2. 适应市场经济，有利于合理确定和控制造价，有利于工程施工招标标底和投标报价的编制 3. 更符合工程的具体条件和实际情况，提高了预算编制的准确性

12.2.2 定额的构成

以下以冻结法施工煤炭立井井筒消耗量定额为例，对定额构成进行具体描述。

1. 立井井筒掘砌消耗量定额

立井井筒掘砌消耗量定额见表 12 - 4。

表 12 - 4 立井井筒掘砌消耗量定额

序号	项 目	定额单位	子目数/个	工 作 内 容	套用定额子目的依据
1	立井井筒掘进（浅孔爆破）	100 m³	60	打眼、装药爆破、装岩、清理工作面等	井筒净直径、普氏岩石系数
2	立井井筒掘进（中深孔爆破）	100 m³	16		
3	立井井筒挂圈背板临时支护	100 m³	48	准备材料、铺设井圈、背板等	井筒净直径、普氏岩石系数

表12-4(续)

序号	项目	定额单位	子目数/个	工作内容	套用定额子目的依据
4	立井井筒喷射混凝土临时支护	100 m³	1	准备材料、冲洗岩帮、喷射混凝土、养护、清理工作面等	喷射混凝土体积
5	立井井筒表土段临时锁口封砌	100 m³	9	准备材料、砌筑、清理工作面等	砌体材料种类、厚度
6	立井井筒混凝土砌壁(普通金属模板)	100 m³	14	拆圈、立模、砌壁、充填、拆模、养护等	混凝土砌壁厚度
7	立井井筒混凝土砌壁(整体金属模板)	100 m³	5	拆圈、立模、砌壁、充填、拆模、养护等	混凝土砌壁厚度
8	立井井筒粗料石砌壁	100 m³	2	拆圈、立模、砌壁、充填、拆模、养护等	粗料石砌壁厚度
9	立井井筒混凝土砖砌壁	100 m³	2	拆圈、立模、砌壁、充填、拆模、养护等	混凝土砖砌壁厚度
10	立井井筒喷射混凝土支护(不带金属网)	100 m³	6	准备材料、冲洗岩帮、喷射混凝土、养护、清理工作面等	喷射混凝土支护体积
11	立井井筒喷射混凝土支护(带金属网)	100 m³	5	准备材料、冲洗岩帮、挂金属网、喷射混凝土、养护、清理工作面等	喷射混凝土支护体积
12	立井井筒锚杆架设(注浆)	100 根	12	准备材料、打锚杆孔、安装锚杆、注砂浆等	锚杆架设工程量
13	立井井筒锚杆架设(不注浆)	100 根	12	准备材料、打锚杆孔、安装锚杆	锚杆架设工程量
14	立井井筒壁座掘进	100 m³	20	打眼、装药爆破、装岩、清理工作面等	普氏岩石系数、壁厚
15	立井井筒壁座砌筑	100 m³	5	拆圈、立模、砌壁、充填、拆模、养护等	混凝土砌壁厚度
16	立井井筒反井掘进(普通法施工)	100 m³	12	打眼、装药爆破、装岩、清理工作面等	掘进断面、普氏岩石系数
17	立井井筒反井钻机施工	100 m	4	准备设备、材料,设备、材料井上下运输,设备安装固定、反井打钻、设备拆除、清理工作面等	普氏岩石系数
18	立井井筒刷大	100 m³	16	打眼、装药爆破、装岩、清理工作面等	刷大断面、普氏岩石系数
19	立井井筒冻结段风镐掘进(表土冻结深度<100 m)	100 m³	36	风镐掘挖、装土、清理工作面等	井筒净直径、岩石类型
20	立井井筒冻结段风镐掘进(表土冻结深度<200 m)	100 m³	36	风镐掘挖、装土、清理工作面等	井筒净直径、岩石类型

表 12-4（续）

序号	项目	定额单位	子目数/个	工作内容	套用定额子目的依据
21	立井井筒冻结段风镐掘进（表土冻结深度＜300 m）	100 m³	36	风镐掘挖、装土、清理工作面等	井筒净直径、岩石类型
22	立井井筒冻结段风镐掘进（表土冻结深度＜400 m）	100 m³	36		
23	立井井筒冻结段风镐掘进（表土冻结深度＜500 m）	100 m³	30		
24	立井井筒冻结段风镐掘进（表土冻结深度＞500 m）	100 m³	30		
25	立井井筒冻结段爆破掘进	100 m³	36	打眼、装药爆破、装岩、清理工作面等	井筒净直径、岩石类型
26	立井井筒冻结段混凝土砌壁（普通金属模板）	100 m³	4	拆圈、立模、砌壁、充填、拆模、养护等	内、外壁混凝土砌壁厚度
27	立井井筒冻结段混凝土砌壁（整体金属模板）	100 m³	4		
28	立井井筒冻结段混凝土砌壁（液压滑升模板）	100 m³	2		
29	立井井筒冻结段复合井壁混凝土预制块砌筑外壁	100 m³	1	砌壁、养护等	外壁混凝土体积
30	立井井筒冻结段复合井壁铺塑料板	100 m²	2	打眼、铺设固定塑料板等	射钉枪或风钻木塞方式
31	立井井筒冻结段复合井壁铺泡沫塑料板保护层	100 m²	2	打眼、铺设固定泡沫塑料板等	铺设 1 层或 2 层
32	立井井筒冻结段壁间注沥青防水层	100 m²	1	准备材料、注沥青等	沥青防水层设计用量
33	立井井筒整体金属模板组装拆卸	1 次/套	9	组装模板、拆卸模板等	井筒净直径、设计模板组装次数
34	立井井筒滑模组装、拆卸	1 次/套	10		

2. 钻机造孔定额

钻机造孔定额见表 12-5。

3. 冻结制冷定额

冻结制冷定额见表 12-6。

4. 辅助费综合定额

辅助费综合定额见表 12-7。

表12-5 钻机造孔定额

序号	项 目	定额单位	下管效率/(m·台$^{-1}$·班$^{-1}$)	工 作 内 容	说 明（注：管材型号尺寸单位均为mm）
1	造孔设备			钻进、测斜、纠偏、下管	定额选用普遍采用的DZJ-2000型钻机，以TBM-1200/70型泥浆泵（一台使用、一台备用）、JDT3D-5A型陀螺测斜仪作为配套设备，造孔效率基本保持原定额水平
2	补孔率				冻结孔
3	冻结管、测温管安装	100 m	140	配管焊接、场内运搬、配合钻机下管、试压	管材计算，管材分为$\phi127\times8$、$\phi140\times8$、$\phi168\times8$三种规格，定额不考虑拔管；采用外管箍焊接的方式连接，管材制作损耗率为3%
4	水文管安装	100 m		配管焊接、场内运搬、过滤管绑扎、配合钻机下管	单层报导时，管材规格为$\phi127\times8$；双层报导时，管材规格为$\phi140\times8$、$\phi89\times5$；三层报导时，管材规格为$\phi140\times8$、$\phi89\times5$、$\phi57\times5$，过滤管用铁丝网、棕皮等绑扎
5	供液管安装	100 m	1280	配管焊接、场内运搬、下管、拆除回收	材料计算：塑料软管分$\phi62\times6$、$\phi75\times7$两种规格，定额按两次摊销。上部接头钢管长度按1.5 m考虑，下部配重钢管经计算按5 m考虑，底部花管按1.1 m考虑计算，并焊接圆钢支撑
6	集、配液圈制作	10 m		配管、下料加工、焊法兰盘、试压、场内运搬	定额以管材$\phi159\times8$、$\phi219\times8$、$\phi273\times8$、$\phi325\times10$四种规格分档，管材及法兰盘一次摊销
7	集、配液圈安装	10 m		安装、试压、场内运搬、管路保温、拆除	管路采用棉被套，塑料薄膜绑扎保温
8	冻结管头部安装	10个孔		焊短管、胶皮管连接、头部焊接安装、拆除	1. 集、配液圈连接短管长度按0.3 m计算，头部短管长度按0.6 m计算，胶皮管分$\phi50$、$\phi70$两种规格，每孔布置2根，每根长度按1.8 m计算，用8号铁丝绑扎连接； 2. 定额以塑料管$\phi62\times6$、$\phi75\times7$两种规格分档
9	盐水钢管安装	10 m		焊法兰盘、管件制作、安装保温、拆除回收	1. 管长度按每根6 m，焊接两个法兰盘，管材两次摊销计算。同集、配液圈一样采用棉被套、塑料薄膜绑扎保温 2. 以管材$\phi159\times8$、$\phi219\times8$、$\phi273\times8$、$\phi325\times10$四种规格分档

表 12-5（续）

序号	项　目	定额单位	下管效率/$(m \cdot 台^{-1} \cdot 班^{-1})$	工作内容	说　明（注：管材型号尺寸单位均为 mm）
10	打钻场区照明	月		打钻场区照明安装、维护及耗电	灯具配备及耗电按照明面积计算。照明面积包括泥浆站、配电房、测斜房、维修间、电气焊间、材料库、配管站、钻场等

表 12-6　冻结制冷定额

序号	项　目	定额单位	工作内容	说　明
1	首次充氨及溶化氯化钙	t	设备运转、充氨、化盐水	1. 充氨：以标准制冷量中型制冷站为基础计算 2. 溶化氯化钙：人工按中型站配备，以每班溶化氯化钙 20 t 考虑
2	制冷人工、材料消耗	月	制冷站氨制冷系统、盐水循环系统、冷却水循环系统运行操作人工及材料消耗	1. 劳动力配备：定额按标准制冷量设计了 11 种站型，根据不同站型的设备安装情况，进行人工消耗量计算 2. 材料消耗： （1）液氨：制冷设备在运转过程中需定期补充液氨，以保证制冷站正常制冷。根据调研资料分析测算，定额按首次充氨量的 6% 计算确定每月补充液氨消耗量 （2）氯化钙：考虑盐水泵的运转及管路盐水损失，定期以每月按首次氯化钙用量的 1% 补充氯化钙消耗量 （3）水：制冷系统运行所需的新鲜冷却水消耗量，定额按商品水考虑。定额消耗量依据《建井工程手册》并结合调研施工组织设计和现场实际情况计算 （4）冷冻机油：根据调研统计资料分析，按每台氨压缩机（40×10^4 kcal/h）每小时耗油量 134 g 计算确定
3	制冷站设备运行机械费			本消耗量定额中不出现冻结制冷机械台班消耗量定额。计算机械费用时，根据冻结工程施工组织设计中安装的各种制冷、供冷机械（含辅助机械）的型号、数量、运转及停滞（备用）时间，计算各机械台班消耗量，套取"机械台班费用定额"的台班单价，计算冻结制冷机械费用
4	制冷站材料摊销			材料摊销是指制冷站房内安装的包括氨、清水、盐水系统中的管路、阀门、法兰盘、弯头、电缆等周转摊销性材料的摊销费用；编制预算时，根据冻结工程施工组织设计中计算的标准制冷量站型档次，套用本项定额
5	冻结场区照明	月	冻结场区照明安装、维护及耗电	灯具配备及耗电按照明面积计算，定额按制冷站型分档。照明面积包括：制冷机房、清水泵房、配电房、测温房、维修间、材料库等

表12-7 辅助费综合定额

序号	项目	定额单位	子目数/个	工作内容	套用定额子目的依据
1	立井井筒表土段（普通法施工）	10 m	162	包括从井筒破土至全部工程按设计要求竣工验收过程中的全部工作。费用范围包括：提升运输、给排水系统、通风安全系统、运输系统、供电照明系统、其他系统	按井筒净直径、涌水量分别套用定额子目，按10 m综合成井计算
2	立井井筒基岩段	10 m	108		按井筒净直径、井深、涌水量分别套用定额子目，按10 m综合成井计算
3	斜井井筒表土段	10 m	10		按井筒掘进断面、涌水量分别套用定额子目，按10 m综合成井计算
4	斜井井筒基岩段	10 m	144		按井筒掘进断面、支护方式、斜长、涌水量分别套用定额子目，按10 m综合成井计算
5	立井硐室	100 m³	42		按硐室类别、井深、涌水量分别套用定额子目，按100 m³综合成井计算
6	斜井硐室	100 m³	60		按硐室类别、支护形式、斜长、涌水量分别套用定额子目，按100 m³综合成井计算

12.3 冻结立井井筒工程预算示例

12.3.1 某冻结立井井筒工程技术特征

某冻结立井井筒技术特征见表12-8。

表12-8 某冻结立井井筒技术特征

序号	井筒特征		某立井		
1	井底标高/m		-605.900（+542.400）相对标高（绝对标高）		
2	井筒深度/m		605.9		
3	冻结深度/m		555.3		
4	井筒直径/mm	净直径	6000		
		掘进直径	8000/8600/9000/8200/7400		
5	冻结段井筒	部位	Ⅰ段	Ⅱ段	Ⅲ段
		外壁净直径/m	7000	7600	8000
6	支护结构		钢筋混凝土双层复合井壁、钢筋混凝土井壁		
7	支护厚度/mm	外壁	500（C30/C40）		
		内壁	500/800/1000（C30/C40/C50/C60）		
		整体井壁段	1500（C60）		
		单层井壁段	1100（C60）/700（C60）		
8	断面/m²	净断面	28.26		
		掘进断面	50.24/58.06/63.59/52.78/43.0		

12.3.2 某冻结立井井筒冻结设计参数

某冻结立井井筒冻结设计参数见表12-9。

表12-9 某冻结立井井筒冻结设计参数

序号	项目	参数	备注
1	井筒净直径/m	6.0	
2	井筒最大掘进荒径/m	9.0	

表 12-9（续）

序号	项 目		参 数	备 注
3	防片帮孔	布孔圈径/m	10.6	
		孔间距/m	2.537	
		孔数/个	13	
		深度/m	110	
4	主孔	布孔圈径/m	13.2	
		孔间距/m	1.380	
		孔数/个	30	
		深度/m	555.3	
5	测温孔数/深度/(个/m)		3/555.3	
6	水文孔数/深度/(个/m)		1/60	
7	冻结管规格/(mm×mm)		$\phi140\times5$	300 m 以下 $\phi140\times6$
8	测温管规格/(mm×mm)		$\phi140\times5$	
9	水文管规格/(mm×mm)		$\phi140\times5$	
10	冻结孔工程量/m		18089	
11	钻孔总工程量/m		19814.9	

12.3.3　某冻结立井井筒工程预算书

1. 编制说明

1) 编制依据

某立井井筒冻结、掘砌工程招标文件、答疑及技术方案。

2) 采用定额

(1)《煤炭建设工程费用定额及造价管理有关规定》(2007 基价)。

(2) 关于印发《建筑业营业税改征增值税煤炭建设工程计价依据调整办法》的通知（中煤建协字〔2016〕46 号）。

(3) 关于发布《煤炭建设工程费用定额及煤炭建设其他费用规定（修订）》的通知（中煤建协字〔2011〕72 号）。

(4)《煤炭建设工程施工机械台班费用定额》(2007 基价)。

(5)《煤炭建设特殊凿井工程消耗量定额》(2007 基价)。

(6) "关于调整煤炭建设工程定额人工单价的通知"（中煤建协字〔2012〕54 号）。

3) 取费费率

企业管理费、组织措施费、利润按照《煤炭建设工程费用定额及造价管理有关规定》(2007 基价) 一类地区对应的费率；规费执行造价管理部门批复的费率；税金：11%。

4) 人工单价

冻结工：66.7 元/工日；其他工：65.59 元/工日。

5) 施工用电单价

发电单价：2.10 元/度；供电单价：0.49 元/度。

2. 冻结立井井筒工程冻结部分预算书

某冻结立井井筒工程冻结部分预算书见表 12-10 和表 12-11。

3. 冻结立井井筒工程掘砌部分预算书

某冻结立井井筒工程掘砌部分预算书见表 12-12 ~ 表 12-16。

表 12-10 单位工程预算总表

工程名称：某冻结立井井筒工程　　　　金额单位：元

序号	费用项目名称	计算基础	费率/%	合计	钻机造孔	冻结器下放	站外管路安装	冻结制冷	冻结孔充填
(一)	工程定额基价	1.1+1.2+1.3		17735436	5537857	2136556	143412	9871760	45851
1.1	人工费	定额人工费		3207802	1445914	117105	27679	1614470	2634
1.2	材料费	定额材料费		4148167	1254041	1951458	108279	791594	42795
1.3	机械费	定额机械费×0.9445		10379467	2837902	67993	7454	7465696	422
(二)	企业管理费	定额人工费	67.36	2160776	973968	78882	18645	1087507	1774
(三)	利润	定额人工费	36	1154808	520529	42158	9964	581209	948
(四)	组织措施费	定额人工费	56.41	1809522	815640	66059	15614	910723	1486
(五)	价差	价差合计		5644233	3048570	127420	22625	2444034	1584
(六)	规费	6.1+6.2		1982894	885306	80489	16851	998447	1801
6.1	(1)社会保障费	(定额人工费+人工价差)	36.36	1814715	821016	66028	15610	910565	1496
6.2	(2)其他规费	(一)+(二)+(三)+(四)+(五)	0.59	168179	64290	14461	1241	87882	305
(七)	税前工程造价	(一)+(二)+(三)+(四)+(五)+(六)		30487669	11781870	2531564	227111	15893680	53444
(八)	税金	(七)×费率	11	3353644	1296006	278472	24982	1748305	5879
(九)	建安工程造价	(七)+(八)		33841313	13077876	2810036	252093	17641985	59323
(十)	冻结工程凿井措施费			1472330					
	冻结工程造价			35313643					

表12-11 建筑安装工程预算表

工程名称：某冻结立井井筒工程

序号	定额编号	分部分项工程名称	单位	工程量	基价	人工单价	材料单价	机械单价	合价	人工合价	材料合价	机械合价
一		钻机造孔							5704615	1445914	1254041	3004661
1	10001	钻孔深度≤100 m，砂土	100 m	0.564	5252	1436	693	3123	2962	810	391	1761
2	10002	钻孔深度≤100 m，黏土	100 m	0.036	8616	2377	1182	5057	310	86	43	182
3	10007	钻孔深度≤150 m，砂土	100 m	7.332	5622	1529	784	3309	41221	11211	5748	24262
4	10008	钻孔深度≤150 m，黏土	100 m	2.644	8994	2457	1316	5221	23780	6496	3480	13804
5	10011	钻孔深度≤150 m，风化岩	100 m	4.324	15647	3926	3483	8238	67658	16976	15060	35621
6	10055	钻孔深度＞500 m，砂土	100 m	19.17	10678	2862	1764	6052	204697	54865	33816	116017
7	10056	钻孔深度＞500 m，黏土	100 m	6.914	15190	4028	2706	8456	105024	27850	18709	58465
8	10059	钻孔深度＞500 m，风化岩	100 m	152.754	31260	7871	7042	16347	4775090	1202327	1075694	2497070
9	10060	钻孔深度＞500 m，基岩	100 m	9.908	48502	12561	9954	25987	480558	124454	98624	257479
10	10153	打钻场区照明，冻结深度＞500 m	月	2	1658	420	1238		3316	840	2476	
二		冻结器下放							2140551	117105	1951458	71988
1	10065换	冻结管安装，钻孔深度≤200 m，管材规格140×8~无缝钢管φ140×5	100 m	14.3	9054.96	372	8344.96	338	129486	5320	119333	4833
2	10077换	冻结管安装，钻孔深度＞500 m，管材规格140×8~无缝钢管φ140×5	100 m	90	8997.95	372	8299.95	326	809816	33480	746996	29340
3	10077换	冻结管安装，钻孔深度＞500 m，管材规格140×8~无缝钢管φ140×6	100 m	76.59	10520.02	372	9822.02	326	805728	28491	752269	24968
4	10077换	测温管安装，钻孔深度＞500 m，管材规格140×8~无缝钢管φ140×5	100 m	16.659	8997.95	372	8299.95	326	149897	6197	138269	5431
5	10079换	水文管安装，钻孔深度≤100 m，管材规格127×8~无缝钢管φ127×5	100 m	0.6	12340.76	338	11702.76	300	7404	203	7022	180

表12-11（续）

序号	定额编号	分部分项工程名称	单位	工程量	基价	人工单价	材料单价	机械单价	合价	人工合价	材料合价	机械合价
6	10088	供液管安装，钻孔深度<200 m，管材规格75×7	100 m	14.3	1421	240	1141	40	20320	3432	16316	572
7	10096	供液管安装，钻孔深度>500 m，管材规格75×7	100 m	166.59	1308	240	1028	40	217900	39982	171255	6664
三		站外管路安装							143850	27679	108279	7892
1	10100	集配液圈制作，管材规格 φ377×8	10 m	15.6	5893	945	4546	402	91931	14742	70918	6271
2	10104	集配液圈安装，管材规格 φ377×8	10 m	15.6	1122	552	543	27	17503	8611	8471	421
3	10106	冻结器头部安装，规格 φ75×7	10个	4.3	5126	530	4420	176	22042	2279	19006	757
4	10109 换	盐水干管安装，管材规格 φ377×8^无缝钢管 φ377×8	10 m	5.4	2291.54	379	1830.54	82	12374	2047	9885	443
四		冻结制冷							10310453	1614470	791594	7904389
1	10111	首次充氨	t	21	3754	272	3006	476	78834	5712	63126	9996
2	10112	溶化氯化钙	t	121	1015	68	913	34	122815	8228	110473	4114
3	10123	冻结制冷人工，材料消耗，标准制冷量<1200×10⁴ kcal/h	月	7.933	249524	201240	48284		1979474	1596437	383037	
4	10141	制冷站材料摊销，标准制冷量<1200×10⁴ kcal/h	站	1	210881		210881		210881		210881	
5	10156	冻结场区照明，标准制冷量<1200×10⁴ kcal/h	月	7.933	3551	516	3035		28170	4093	24077	
6	3085	螺杆氨压缩机 HJLG20ⅢTA185 高（185 kW）	台班	3195	911.66			911.66	2912754			2912754
7	3080	螺杆氨压缩机 HJLG25ⅢTA 低（250 kW）	台班	3195	764.32			764.32	2442002			2442002

表12-11（续）

序号	定额编号	分部分项工程名称	单位	工程量	基价	直接定额费/元 人工单价	材料单价	机械单价	合价	人工合价	材料合价	机械合价
8	3117	卧式蒸发器 YZA-200	台班	3195	89.97			89.97	287454			287454
9	3136	盐水搅拌机 LJ-4003 kW	台班	6390	15.9			15.9	101601			101601
10	3128	蒸发式冷凝器 EXV-Ⅱ-34021 kW	台班	3900	220.21			220.21	858819			858819
11	3152	高压储氨器 ZA-5	台班	1065	29.26			29.26	31162			31162
12	3190	集油器 JY-300	台班	705	2.14			2.14	1509			1509
13	3165	热虹吸氨喷储液器 HZA-3.5	台班	1065	14.99			14.99	15964			15964
14	3260	盐水泵 12Sh-6300 kW	台班	705	1275.12			1275.12	898960			898960
15	2010	清水泵 IS65-50-1605.5 kW	台班	705	25.11			25.11	17703			17703
16	3085b	螺杆氨压缩机 HJLG20ⅢTA185（185 kW 备用）	台班	1035	44.04			44.04	45581			45581
17	3080b	螺杆氨压缩机 HJLG25ⅢTA 低（250 kW 备用）	台班	1035	140.12			140.12	145024			145024
18	3117b	卧式蒸发器 YZA-200（备）	台班	1035	35.23			35.23	36463			36463
19	3136b	盐水搅拌机 LJ-4003 kW（备）	台班	2070	1.15			1.15	2381			2381
20	3128b	蒸发式冷凝器 EXV-Ⅱ-34021 kW（备）	台班	1035	50.71			50.71	52485			52485
21	3152b	高压储氨器 ZA-5（备）	台班	345	11.46			11.46	3954			3954
22	3165b	热虹吸氨喷储液器 HZA-3.5（备）	台班	345	5.87			5.87	2025			2025
23	3260	盐水泵 12Sh-6300 kW（备）	台班	705	45.82			45.82	32303			32303
24	2010	清水泵 IS65-50-1605.5 kW（备）	台班	705	3.03			3.03	2136			2136
五		冻结孔充填										
1	10215	充填材料 水泥浆，钻孔深度<600 m	100 m³	0.98	46812	2688	43668	456	45876	2634	42795	447
		合计							18345346	3207802	4148167	10989377
										2634	42795	447

表12-12 建筑安装工程预算总表

工程名称：某冻结立井井筒工程　　　　　　　　　　　　　　　　　　　　　　　　　　　　　金额单位：元

序号	工程名称	单位	工程量	直接定额费	辅助费	企业管理费	利润	组织措施费	价差	规费	（社会保障）	（其他规费）	单列费用	税金	工程造价
	合计	m	616.6	15994680	7546581	1574909	939346	2655057	9290533	2656277	2352269	304008	1969044	4688907	47315336
	冻结段	m	542.3	14588126	6795769	1430581	853263	2411743	8433441	2412453	2136350	276103	1969044	4278386	43172808
一	冻结段（临时锁口）	m	12	230072	145062	25096	14969	42309	130454	41099	36395	4704	20262	71426	720749
二	冻结段（①－③）	m	228	4861946	2756176	509652	303979	859196	2930695	854293	756520	97773	684915	1513694	15274546
三	冻结段（③－④）	m	180	5127141	2298512	496776	296299	837488	2936073	838261	742323	95938	704781	1488886	15024218
四	冻结段（④－⑤）	m	107.3	3844430	1422631	352366	210167	594036	2147055	599090	530525	68565	494175	1063034	10726984
五	冻结段（⑤－⑥）	m	15	524537	173388	46691	27849	78714	289164	79710	70587	9123	64911	141346	1426311
	基岩段	m	74.3	1406554	750812	144328	86083	243314	857092	243824	215919	27905		410521	4142528
六	普通法施工的基岩段	m	74.3	1406554	750812	144328	86083	243314	857092	243824	215919	27905		410521	4142528

表12-13 分部分项工程量清单计价表

工程名称：某冻结立井井筒工程　　　　　　　　　　　　　　　　　　　　　　　　　　　　　金额单位：元

序号	定额编号	分部分项工程名称	单位	工程量	合计		直接定额费					
							人工费		材料费		机械费	
					单价	金额	单价	金额	单价	金额	单价	金额
	一	冻结段（临时锁口）	m	12	20799	230072	16016	128184	1621	82414	19474	
1	78-0436	冻结段风镐掘进（冻结深度＞500 m），ϕ6 m，砂土层	100 m³	6.036	53182	125543	16325	96673	9784		3162	19086
2	87-0491调	冻结段混凝土砌壁（普通金属模板），外壁，δ＞400	100 m³	1.41375	53182	75185	16325	23079	36704	51890	153	216
3	670-3460	钢筋（地面制作，井下绑扎）	1 t	6.624	4273	28304	1273	8432	2974	19700	26	172
4		连接套	个	260	4	1040			4	1040		

表 12-13（续）

金额单位：元

序号	定额编号	分部分项工程名称	单位	工程量	直接定额费 合计		人工费		材料费		机械费	
					单价	金额	单价	金额	单价	金额	单价	金额
5		外加剂单列项	t	6.14	3300	20262			3300	20262		
	二	冻结段（①—③）				4861946		1545316		2739990		576640
6	19-0065	掘进（中深孔爆破），$\phi 6\,m$, $f < 6$	100 m³	33.198	10417	345824	3927	130369	1877	62313	4613	153142
7	19-0065	掘进（中深孔爆破），$\phi 6\,m$, $f < 6$	100 m³	81.486	10417	848840	3927	319996	1877	152949	4613	375895
8	88-0495 调	冻结段混凝土砌壁（整体金属模板）外壁，$\delta > 400$ 换 C30	100 m³	26.86132	42485	1141203	10598	284676	31453	844869	434	11658
9	87-0492 调	冻结段混凝土砌壁（普通金属模板）内壁，$\delta < 500$ 换 C30	100 m³	15.3075	43877	671647	13077	200176	30668	469450	132	2021

表 12-14 井巷工程辅助费

工程名称：某冻结立井井筒工程

金额单位：元

定额编号	费用名称	定额单位	工程量	涌水量/$(m^3 \cdot h^{-1})$	巷道工程量	人工			材料		机械			基价/元		
						井上/工日	井下/工日	单价	摊销费经修辅材支抨	一类费用	电力/$(kW \cdot h^{-1})$ 小计	其中：排水		定额基价	调整后基价
25-0058 调	辅助费	10 m	1.2	<700		322	148		4979	20581	13904	82		54535	72555
570-8004	供热系统费用	10 m	1.2	<6		12	11681		442	776	220	34		4413	4413
612-9010 调	汽车排抨	100 m³	6.036		平均运距	13.8				5690	703			8731	8731
综合单价		m	1												12088.5
辅助费金额		m	12												145062
25-0058 调	辅助费	10 m	22.8	<700		322	148		4979	20581	13904	82		54535	72555
570-8004	供热系统费用	10 m	22.8	<6		12	11681		442	776	220	34		4413	4413
612-9010 调	汽车排抨	100 m³	114.684		平均运距	13.8				5690	703			8731	8731

表 12-14（续）

金额单位：元

定额编号	费用名称	定额单位	工程量	涌水量/(m³·h⁻¹)	巷道工程量	人工		材料		机械			基价/元	
						井上工日	井下工日	摊销费经修	辅材安拆	一类费用	电力/(kW·h⁻¹)	小计 其中：排水	定额基价	调整后基价
	综合单价	m	1											12088.49
	辅助费金额	m	228											2756176
说明	辅助费：立井开拓，井筒基岩段，立井井筒，两砌一防，冻深＞300 m；选用＜5 m³/h 基岩段相应条件定额调 1.3390；立井井筒钢筋混凝土支护调 1.0800 供热系统：立井开拓，立井井筒（单井筒） 汽车排矸：立井开拓，不设矸石山，一翊调 0.9200													

表 12-15 工程量计算表

工程名称：某冻结立井井筒工程

序号	分部分项工程名称	单位	数量	计算公式
一	冻结段立井井筒			
1	冻结风窑箭掘进（临时锁口）	m	12	
2	冻结段混凝土砌壁（冻结深度＞500 m），φ6 m，砂土层	100 m³	6.036	50.3×12
3	钢筋（地面制作，井下绑扎）	1 t	1.41375	3.14×(7.004+0.5)×0.5×12 单层钢筋人工耗量调系数1.11
4	连接套	个	6.624	3.804÷8×24.7÷0.3
5	外加剂单列项	t	260	
二	冻结段（Ⅰ-③）	m	6.14	12÷3.8×24.7÷0.3
6	掘进（中深孔爆破）φ6 m，f＜6	100 m³	228	
7	掘进（中深孔爆破）φ6 m，f＜6	100 m³	33.198	50.3×66
8	冻结段混凝土砌壁（整体金属模板）外壁，δ＞400 换 C30	100 m³	81.486	50.3×162
9	冻结段混凝土砌壁（普通金属模板）内壁，δ＜500 换 C30	100 m³	26.86132	3.14×(7.004+0.5)×0.5×228
10	冻结段混凝土砌壁（普通金属模板）内壁，δ＜500	100 m³	15.3075	3.14×(6+0.5)×0.5×150
11	钢筋（地面制作，井下绑扎）	1 t	9.1845	3.14×(6+0.5)×0.5×90 单层钢筋人工耗量调系数1.11
12	冻结段复合井壁铺塑料板（射钉枪）	100 m²	239.349	131.408×1.1+94.8
13	整体金属模板组装拆卸（一次），φ6 m	1次/套	52.76707	7.002×3.14×240
			1	

表 12-16 工料机价差表

工程名称：某冻结立井井筒工程

序号	工料机名称	单位	数量	预算单价	实际单价	差价
1	井下直接工	工日	60278.88	77	106.74	1792694
2	地面辅助工	工日	28881.92	42	64.9	661396
3	钢筋（$\phi 5 \sim 9$ mm）	kg	103276.32	2.77	4	127030
4	钢筋（$\phi 10 \sim 20$ mm）	kg	910975.18	2.77	4	1120499
5	水泥（42.5 级）	kg	3470167.7	0.27	0.35	277613
6	水泥（52.5 级）	kg	4490344.81	0.29	0.4	493938
7	中（粗）砂	m^3	7635.75	45.18	120	571307
8	碎石（>20 mm）	m^3	15217.7	44.5	135	1377202
9	水胶炸药	kg	66149.73	6.41	13.4	462387
10	电雷管	个	33239.42	1.03	5.83	159549
11	水	m^3	10650.17	0.78	0.68	-1065
12	机械费中（工）	工日	6169.57	42	64.9	141283
13	机械费中（电耗量）	kW·h	1793344.06	0.43	0.49	107601
14	机械费中（水耗量）	m^3	22077.69	0.78	0.68	-2208
15	辅助人工（井上）	工日	31039.69	42	64.9	710809
16	辅助人工（井下）	工日	11800.85	64	93.85	352255
17	辅助机械（电）	kW·h	1122208.06	0.43	0.49	67332
18	辅助机械（煤）	kg	720250.46	0.22	0.35	93633
19	辅助机械（水）	m^3	2096.44	0.78	0.68	-210
20	辅助机械（柴油）	kg	235602.79	3.5	6.8	777489
21	合计	元				9290534

12.4 冻结斜井井筒工程预算示例

12.4.1 某冻结斜井井筒工程技术特征

主斜坡道标段开口标高 +17.3 m，施工斜长 1234 m，平均坡度 11.6%，最大坡度 12%，净断面 20.17 m^2。主斜坡道工程划分为三段施工，即明槽段掘砌、冻结段掘砌及基岩段掘砌三部分，具体为：

明硐段施工：+17.30 ~ +15.60 m，斜长 13.327 m，钢筋混凝土支护。明槽段掘砌：+15.60 ~ +7.13 m 标高区间为明槽开挖，其中 +15.6 ~ +12.5 m 采用普通明沟开挖，斜长 25.372 m；+12.5 ~ +7.13 m 采用先冻结后明槽开挖，斜长 43.294 m。

冻结段掘砌：斜长 1066.01 m，深度 138.629 m，冻结段垂深 +7.13 ~ -121.329 m，采用双层钢筋混凝土+锚网喷+钢棚支护。

基岩段掘砌：斜长 85 m，净断面 20.17 m^2，采用钢筋混凝土、锚杆喷射混凝土等方式支护。

12.4.2 某冻结斜井井筒冻结设计参数

某冻结斜井井筒冻结设计参数见表12-17。

表12-17 某冻结斜井井筒冻结设计参数

明槽冻结段（明槽段33.04/33.297，相接段9.92/9.997）					
明槽段1			相接段2		明槽冻结段
水平长度/m		36.017	水平长度/m	6.943	42.960
倾斜长度/m		36.297	倾斜长度/m	6.997	43.294
斜长里程/m		38.699~74.996	斜长里程/m	74.996~81.993	38.699~81.993
冻结部位		顶/帮/底	冻结部位	顶/帮/底	
冻结壁厚度/m		—/4.0/9	冻结壁厚度/m	3~4/2.8/6	
距荒径/m		0.8/2.8	距荒径/m	1.6	
排距/m		2.0/2.65	排距/m	2.2/2.6	
排数/排		7	排数/排	5	
孔间距/m	左排1/右排1	1.738	孔间距/m	左排	1.571
	左排2/右排2	1.738		右排	1.571
	左中排	2.030		左中排	1.976
	右中排	2.030		右中排	1.976
	中排	2.030		右中排	1.976
孔数/个	左排1/右排1	20/20	孔数/个	左排	4
	左排2/右排2	19/19		右排	4
	左中排	17		左中排	3
	右中排	17		中排	3
	中排	17		右中排	3
孔深/m	左排1/右排1	16.233~17.337	孔深/m	左排	17.419~18.008
	左排2/右排2	16.342~17.229		右排	17.419~18.008
	左中排	16.229~17.337		左中排	17.578~18.072
	右中排	16.229~17.337		中排	17.464~17.958
	中排	16.172~17.210		右中排	17.578~18.072
边排最大孔间距/m		2.0	边排最大孔间距/m	2.0	
中排最大孔间距/m		3.0	中排最大孔间距/m	3.0	
测温孔（m/个）		18/3	测温孔（m/个）	18/2	
水文孔（m/个）		6/1	水文孔（m/个）	—	
封头孔（m/个）		15.858/9、16.046/10	封尾孔（m/个）	18.205/7	
封头孔孔间距/m		1.662	封尾孔孔间距/m	1.667	
冻结孔工程量/m		2623.692		429.227	3052.919
总工程量/m		2683.692		465.227	3148.919
井筒需冷量/(10^4 kcal·h^{-1})					45.993
开冻至开挖/d					65

表 12-17（续）

段号		1	2	3	4	5
		暗挖冻结段（暗挖段 81.993~356.993）				
水平长度/m		54.575	54.575	54.575	54.575	54.575
倾斜长度/m		55	55	55	55	55
斜长里程/m		81.993~136.993	136.993~191.993	191.993~246.993	246.993~301.993	301.993~356.993
冻结部位		顶/帮/底	顶/帮/底	顶/帮/底	顶/帮/底	顶/帮/底
冻结壁厚度/m		6/2.7/4	6/2.7/4	6/2.7/4	6/2.7/4	6/2.9/5
距荒径/m		1.550	1.550	1.550	1.550	1.650
排距/m		2.540	2.540/2.500	2.500/2.540	2.500	2.550
排数/排		5	5	5	5	5
孔间距/m	左排/右排	1.605	1.605	1.605	1.605	1.633
	左/右中排	2.099	2.099	2.099	2.099	2.111
	中排	2.099	2.099	2.099	2.099	2.084
孔数/个	左/右边排	33/33	33/33	33/33	33/33	34/32
	左/右中排	26/26	26/26	26/26	26/26	25/25
	中排	25	25	25	25	26
孔深/m	左/右边排	16.490~22.990	23.392~29.732	30.134~36.634	37.035~43.403	44.800~51.322
	左/右中排	16.420~23.060	23.322~29.802	30.064~36.704	36.966~43.423	44.861~51.125
	中排	16.551~22.929	23.453~29.671	30.195~36.572	37.097~43.308	44.731~47.981
左/右排最大孔间距/m		2.0	2.0	2.0	2.0	2.1
中排最大孔间距/m		2.5	2.5	2.5	2.5	2.6
测温孔（m/个）		20/3	25/3	32/3	32/3	50/3
水文孔（m/个）		13.400/1	20.200/1	27.050/1	32.50/1	46.421/1
封头/尾孔（m/个）		23.191/7	29.933/7	36.835/7	43.577/7	51.423/7
冻结孔工程量/m		2984.726	4003.535	5033.620	6049.394	7179.973
总工程量/m		3058.126	4098.735	5156.670	6177.894	7376.394
井筒需冷量/(10^4 kcal·h^{-1})		35.02	46.326	57.717	68.866	73.215
开冻至开挖/d		65	65	65	65	70

12.4.3 某冻结斜井井筒工程预算书

1. 编制说明

1）编制依据

（1）某冻结斜井井筒工程招标文件及图纸、工程量清单等相关资料。

（2）冻结斜井井筒工程招标答疑文件及技术方案。

2）采用定额

（1）《煤炭建设特殊凿井工程消耗量定额》(2007 基价)、《煤炭建设井巷工程消耗量定额》(2007 基价) 及参照 2010 年版《冶金矿山井巷工程预算定额》有关规定，《煤炭建设工程费用定额及造价管理有关规定》(2007 基价)。

（2）关于印发《建筑业营业税改征增值税煤炭建设工程计价依据调整办法》的通知（中煤建协字〔2016〕46 号）；"营改增"有关文件：冶建定〔2016〕9 号、冶建定〔2016〕10 号、冶建定〔2017〕09 号等。

（3）关于发布《煤炭建设工程费用定额及煤炭建设其他费用规定（修订）》的通知（中煤建协字〔2011〕72 号）。

（4）《煤炭建设工程施工机械台班费用定额》(2007 基价)。

（5）"关于调整煤炭建设工程定额人工单价的通知"（中煤建协字〔2012〕54 号）。

3）取费费率

（1）企业管理费、组织措施费、利润按照《煤炭建设工程费用定额及造价管理有关规定》(2007 基价) 一类地区对应的费率。

（2）规费执行造价管理部门批复的费率。

（3）税金：11%。按财税〔2016〕36 号文中规定的"一般计税方法"进行编制。

4）施工用电单价

0.58 元/度。

2. 冻结斜井井筒工程冻结部分预算书

某冻结斜井井筒工程冻结部分预算书见表 12-18 和表 12-19，其他表略。

表 12-18 单位工程预算总表

工程名称：某冻结斜井井筒工程

序号	项目名称	金额/元
1	分部分项工程	109294832
1.1	钻机造孔	31245032
1.2	冻结器下放	21185519
1.3	站外管路安装	3297428
1.4	冻结制冷	53566853
2	临时设施费	7615168
2.1	冻结工程临时设施费	747765
2.2	冻结工程大临设施费	6867403
	合计	116910000

表12-19 分部分项工程量清单计价表

工程名称：某冻结斜井井筒工程

序号	项目编码	项目名称	项目特征	计量单位	数量	金额/元 综合单价	合价
一		明槽冻结段		m	43.294	64911.42	2810275
1	060202001001	钻机造孔—明槽冻结段	1. 冻结深度：16.233~18.072 m 2. 表土深度：7.4 m 3. 地层类别：砂土、黏土、砾石	m	3148.92	80.80	254426
2	060202002001	冻结器下放—明槽冻结段		m	3148.92	106.71	336009
3	060202003001	站外供冷管路安装—明槽冻结段		m	374.57	390.08	146112
4	060202004001	冻结制冷—明槽冻结段		m	43.294	47898.74	2073728
二		冻结段-1		m	55	61926.40	3405952
1	060202001002	钻机造孔—冻结段1	1. 冻结深度：16.49~23.19 m 2. 表土深度：7.4 m 3. 地层类别：砂土、黏土、砾石	m	3058.13	80.67	246696
2	060202002002	冻结器下放—冻结段1		m	3058.13	118.27	361683
3	060202003002	站外供冷管路安装—1		m	475.85	345.58	164444
4	060202004002	冻结制冷—冻结段1		m	55	47875.09	2633130
三		冻结段-2		m	55	65433.13	3598822
1	060202001003	钻机造孔—冻结段2	1. 冻结深度：23.392~29.933 m 2. 表土深度：7.4 m 3. 地层类别：砂土、黏土、砾石	m	4098.74	82.40	337755
2	060202002003	冻结器下放—冻结段2		m	4098.74	112.39	460665
3	060202003003	站外供冷管路安装—2		m	475.85	345.58	164444
4	060202004003	冻结制冷—冻结段2		m	55	47926.53	2635959
		合计					9815049

3. 冻结斜井井筒工程掘砌部分预算书

某冻结斜井井筒工程掘砌部分预算书见表12-20和表12-21，其他表略。

表12-20 建筑安装工程预算总表

工程名称：某冻结斜井井筒工程

序号	项目名称	金额/元
1	分部分项工程	89221216
2	临时设施费	868784
2.1	掘砌工程临时设施（含大临设施费）	868784
3	其他项目费	6000000
3.1	暂列金额	6000000
	合计	96090000

表 12-21 分部分项工程量清单计价表

工程名称：某冻结斜井斜井筒工程

序号	项目编码	项目名称	项目特征描述	计量单位	工程数量	金额/元 综合单价	合价
1	060205001001	斜坡道明槽开挖回填	1. 明槽段开挖回填；2. 工作内容：包含基槽开挖、基坑降水、余土外运、回填、压实等	m³	9118.510	59.07	538602
2	060210002001	斜坡道砌碹支护	1. 明碹段；2. 包含支护工程、防水卷材铺设、壁同注浆等全部工作内容	m³	1363.500	1207.42	1646312
3	060212014001	零星砌体	1. 明碹段垫层；2. 工作内容：包含垫层铺设等全部工作内容	m³	226.310	561.06	126973
4	060212009001	铺砌巷道地板	1. 明碹段；2. 工作内容：包含地面铺设等全部工作内容	m³	104.960	538.39	56509
5	060212016001	现浇混凝土构件钢筋	1. 明碹段墙、拱、基础；2. 工作内容：包含钢筋制作、绑扎等全部工作内容	t	170.570	7236.32	1234299
6	060210001001	斜坡道掘进	1. 冻结段；2. 工作内容：包含掘进工程等全部工作内容	m³	55175.000	238.17	13141058
7	060210003001	斜坡道喷射支护	1. 冻结段 D1A-D1B；2. 工作内容：包含支护工程等全部工作内容	m³	691.000	1698.92	1173954
8	060210003002	斜坡道喷射支护	1. 冻结段 D1B-D1B；2. 工作内容：包含支护工程等全部工作内容	m³	320.720	1218.61	390832
9	060210004001	斜坡道锚杆（索）架设	1. 冻结段 D1-D1；2. 工作内容：包含锚杆架设等全部工作内容	根	8855.000	40.65	359980
10	060210005001	斜坡道支架架设	1. 冻结段 D1B-D1B；2. 拱架类别：工字钢 I14；3. 拱架间距：0.7 m	t	63.800	8903.21	568025
11	060210005002	斜坡道支架架设	1. 冻结段 D1-D1；2. 工作内容：包含支护工程、防水卷材铺设、壁同注浆等全部工作内容	m³	7257.600	1168.67	8481716
12	060210003003	斜坡道喷射支护	1. 冻结段 D2A-D2A；2. 工作内容：包含支护工程等全部工作内容	m³	289.900	1715.07	497198
13	060210003004	斜坡道喷射支护	1. 冻结段 D2B-D2B；2. 工作内容：包含支护工程等全部工作内容	m³	203.100	1211.45	246045
14	060210004002	斜坡道锚杆（索）架设	1. 冻结段 D2-D2；2. 工作内容：包含锚杆架设等全部工作内容	根	4225.000	40.65	171758
15	060210005002	斜坡道支架架设	1. 冻结段 D2B-D2B；2. 拱架类别：工字钢 I14；3. 拱架间距：0.7 m	t	34.430	8975.96	309042
16	060210002003	斜坡道砌碹支护	1. 冻结段 D2-D2；2. 工作内容：包含支护工程、防水卷材铺设、壁同注浆等全部工作内容	m³	3807.000	1128.60	4296588
17	060210003005	斜坡道喷射支护	1. 冻结段 D3A-D3A；2. 工作内容：包含支护工程等全部工作内容	m³	205.600	1672.05	343773
18	060210003006	斜坡道喷射支护	1. 冻结段 D3B-D3B；2. 工作内容：包含支护工程等全部工作内容	m³	380.500	1205.29	458614
19	060210004003	斜坡道锚杆（索）架设	1. 冻结段 D3-D3；2. 工作内容：包含锚杆架设等全部工作内容	根	4596.000	40.65	186840
20	060210005003	斜坡道支架架设	1. 冻结段 D3B-D3B；2. 拱架类别：工字钢 I14；3. 拱架间距：0.7 m	t	64.090	8961.50	574343
21	060210002004	斜坡道砌碹支护	1. 冻结段 D3-D3；2. 包含支护工程、防水卷材铺设、壁同注浆等全部工作内容	m³	4273.000	1175.07	5021083
22	060210003007	斜坡道喷射支护	1. 冻结段 D4A-D4A；2. 工作内容：包含支护工程等全部工作内容	m³	251.900	1660.32	418235
合计							89221216

12.5 冻结联络通道工程预算示例

12.5.1 某冻结联络通道工程技术特征

该冻结联络通道工程长度为 17.829 m，联络通道标准段断面尺寸为 3.7 m×4.1 m，泵房断面尺寸为 3.1 m×3.6 m，深度为 2.1 m，初次支护厚度为 0.25 m，二次衬砌厚度为 0.3 m。

12.5.2 某冻结联络通道工程冻结设计参数

某冻结联络通道工程冻结施工主要技术参数见表 12-22。

表 12-22 某冻结联络通道工程冻结施工主要技术参数

序号	项 目	参数	备 注
1	冻结壁设计厚度/m	2.0	
2	冻结壁平均温度/℃	≤ -10	冻结壁与管片交界面 ≤ -5 ℃
3	开冻到开挖时间/d	45	冻结
4	最低盐水温度/℃	-28	冻结 7 d 达 -18 ℃以下
5	单孔盐水流量/(m³·h⁻¹)	5	
6	冻结孔数/个	72	三三串联
7	冻结孔开孔误差/mm	≤100	为避开管片缝或螺栓除外
8	冻结孔允许偏斜/mm	≤150	
9	冻结孔最大孔间距/mm	1500	
10	冻结管总长度/m	640.99	
11	测温孔/(个/m)	8/26	
12	泄压孔/(个/m)	4/8	
13	联络通道需冷量/(10⁴ kcal·h⁻¹)	11.2	

12.5.3 某冻结联络通道工程预算书

1. 编制说明

1) 编制依据

(1) 某冻结联络通道工程招标文件及图纸、工程量清单等相关资料；

(2) 冻结联络通道工程招标答疑及技术方案。

2) 采用定额

(1) 《煤炭建设特殊凿井工程消耗量定额》(2007 基价) 及参照《上海市市政工程预算定额 (2000)》《上海市建筑和装饰工程预算定额 (2000)》和《上海市轨道交通工程预算定额》(2006 年) 等有关规定，《煤炭建设工程费用定额及造价管理有关规定》(2007 基价)。

(2) 关于印发《建筑业营业税改征增值税煤炭建设工程计价依据调整办法》的通知（中煤建协字〔2016〕46号）。

(3) 关于发布《煤炭建设工程费用定额及煤炭建设其他费用规定（修订）》的通知（中煤建协字〔2011〕72号）。

(4)《煤炭建设工程施工机械台班费用定额》(2007基价)。

(5) "关于调整煤炭建设工程定额人工单价的通知"（中煤建协字〔2012〕54号）。

3) 取费费率

(1) 执行中煤建协字〔2007〕第90号文、中煤建协字〔2011〕第72号文颁发的《煤炭建设工程造价费用定额及造价管理有关规定（修订）》。

(2)《上海市建设工程安全防护、文明施工措施费用管理暂行规定》（沪建交〔2006〕445号）、《上海市建设工程施工费用计算规则（2000）》、关于调整《上海市建设工程施工费用计算规则（2000）》部分内容及标准的通知（沪建市管〔2010〕29号）和《工程勘察和工程设计收费标准》（计价格〔2002〕10号）。

(3) 税金：10%。

4) 人工单价

冻结工：56元/工日；其他工：55元/工日。

5) 施工用电单价

1.2元/度。

2. 冻结联络通道工程冻结部分预算书

某冻结联络通道工程冻结部分预算书见表12-23和表12-24，其他表略。

表12-23 单位工程预算总表

工程名称：某冻结联络通道工程

序号	项目名称	金额/元
1	分部分项工程量清单计价合计	2308076
2	措施项目清单计价合计	146020
3	其他项目清单计价合计	0
4	规费	0
5	税金	245410
	合计	2699506

表12-24 分部分项工程量清单计价表

工程名称：某冻结联络通道工程

序号	项目编码	项目名称	计量单位	工程数量	金额/元	
					综合单价	合计
1	B1	打钻期间提升系统	台班	8.00	976.41	7811.28
2	B2	供水系统安装	套	1.00	1458.22	1458.22

表 12-24（续）

序号	项目编码	项目名称	计量单位	工程数量	金额/元 综合单价	合计
3	B3	排污系统安装	套	1.00	519.61	519.61
4	B4	排污台班	台班	27.50	110.21	3030.64
5	60202001001	打钻施工平台搭设	台	1.00	19498.75	19498.75
6	60202001002	端头井工作平台搭设	台	1.00	26194.62	26194.62
7	60202001003	钻机升降平台制作与安装	套	1.00	20994.92	20994.92
8	60202001004	混凝土墙开孔	孔	84.00	416.93	35022.45
9	60202001005	孔口装置制作与安装	套	84.00	894.28	75119.22
10	60202001006	逆止阀制作安装	套	72.00	419.41	30197.48
11	60202001007	钻机造孔	10 m	67.50	3889.47	262535.40
12	60202001008	钻孔时注浆	孔	72.00	769.49	55403.50
13	60202001009	打钻场区照明	月	1.17	2534.87	2957.35
14	60202002001	冻结管、测温管安装	100 m	6.67	8160.50	54429.74
15	60202002002	泄压管安装	孔	4.00	1166.21	4664.83
16	60202002003	供液管安装	100 m	6.41	2380.18	15256.73
17	60202003001	集配液圈制作	100 m	0.30	7225.13	2167.54
18	60202003002	集配液圈安装	100 m	0.30	9879.33	2963.80
19	60202003003	冻结器头部安装	10 孔	7.20	4690.68	33772.93
20	60202003003	盐水干管安装	10 m	140.00	2339.03	327464.58
		合计				2308076.18

3. 冻结联络通道工程开挖构筑部分预算书

某冻结联络通道工程开挖构筑部分预算书见表 12-25 和表 12-26，其他表略。

表 12-25　建筑安装工程预算总表

工程名称：某冻结联络通道工程

序号	项目名称	金额/元
1	分部分项工程量清单计价合计	669959.30
2	措施项目清单计价合计	47629.81
3	其他项目清单计价合计	0.00
4	规费	0.00
5	税金	24950.57
	合计	742539.68

表 12-26　分部分项工程量清单计价表

工程名称：某冻结联络通道工程

序号	项目编码	项目名称	计量单位	工程数量	金额/元	
					综合单价	合计
1	60201002001	开挖期间提升系统	台班	105.00	819.15	86010.42
2	60201002002	安全防护门制作	台	1.00	11433.46	11433.46
3	60201002003	安全防护门安装	台	1.00	3367.79	3367.79
4	60201002004	隧道预应力支架制作安装	套	2.00	13304.20	26608.41
5	60201002005	钢管片缝除锈焊接	项	1.00	4305.83	4305.83
6	60201002006	开挖平台搭建	台	1.00	10358.41	0358.41
7	60201002007	拆除钢管片	套	1.00	2659.23	2659.23
8	60201002008	开挖冻土	100 m^3	2.24	31344.66	70212.03
9	60201002009	渣土外运	m^3	268.80	112.17	30152.51
10	60201002010	临时钢支架制作（通道）	架	20.00	3764.45	75289.03
11	60201002011	临时钢支架制作（集水井）	架	5.00	1287.77	6438.84
12	60201002012	临时钢支架安装（通道）	架	20.00	1716.31	34326.24
13	60201002013	临时钢支架安装（集水井）	架	5.00	583.86	2919.30
14	60201002014	喷射混凝土	100 m^3	0.42	68436.84	28743.47
15	60201002015	注浆管制作安装	套	42.00	51.04	2143.63
16	60201002016	防水作业	100 m^2	1.62	17305.04	28034.16
17	60201002017	钢筋绑扎	t	22.00	2872.13	63186.79
18	60201002018	不锈钢排水管制作安装	根	2.00	11690.85	23381.69
19	60201002019	预埋管道制作安装	组	1.00	1406.99	1406.99
20	60201002020	模板支架安装固定	项	1.00	4749.33	4749.33
21	60201002021	隧道内运输台班	台班	105.00	265.52	27879.55
22	60201002022	割除冻结管及封孔	孔	72.00	376.81	27130.66
23	60201002023	浇筑混凝土	10 m^3	6.50	5238.64	34051.14
24	60201002024	撤场	台班	10.00	2224.43	22244.29
25	60201002025	融沉注浆	100 m^3	0.75	57234.80	42926.10
		合计				**669959.30**

附录 A 1995—2019年立井井筒冻结法凿井数据统计资料

序号	井筒名称（矿名+井名）	矿井设计产能/(10^4 t·a^{-1})	建设单位	设计单位	冻结法施工单位	掘砌施工单位	井筒参数/m 直径	井筒参数/m 深度	井筒参数/m 土厚	井壁最大厚度(mm)/(混凝土等级) 土层段 内壁	井壁最大厚度(mm)/(混凝土等级) 土层段 外壁	井壁最大厚度(mm)/(混凝土等级) 岩层段 内壁	井壁最大厚度(mm)/(混凝土等级) 岩层段 外壁	冻结控制层 深度/m	冻结控制层 岩性	冻结控制层 冻结壁均温/℃	冻结控制层 冻土单轴抗压强度/MPa	冻结控制层 冻结壁设计厚度/m	冻结深度/m	布孔圈数/圈	外圈孔布置直径/m	冻结施工起止时间
1	远大石膏矿风井[①]		枣庄矿务局		北京中煤		4.5	83.8	40.1	600			350	40.1	流砂	-5.0	7.8	1.0	43.0	1	8.0	1995年1月—1995年9月
2	宣东二号煤矿主井		下花园煤矿		北京中煤	中煤一建49处	6.0	829.6	43.6	800			450	43.6	砂砾	-6.0	9.0	1.0	85.0	1	9.8	
3	宣东二号煤矿副井					中煤五建3处	6.5	850.3	56.7	800			450	56.7	砂砾	-6.0	9.0	1.5	95.0	1	10.5	
4	邢东煤矿主井		邢台矿业集团		北京中煤					750												1997年10月—1998年
5	顾桥煤矿副井	1000	淮南矿业集团	合肥设计公司	北京中煤		8.4	838.8	259.0	800 (C55)	650 (C50)			259.0	碎石层	-11/-12	17.8	6.07	319.0	2	18.8	2003年8月—2004年3月
6	金黄庄煤矿主井				北京中煤		5.0	973.0	126.6	900				126.6	含黏土粉细砂	-8.0	8.5	2.3	165/134.4	1	9.7	2002年12月—2007年8月
7	金黄庄煤矿副井	45	新汶矿业集团	济南设计公司	北京中煤	新汶华新	6.0	925.0	117.2	950				117.2	砂质黏土	-8.0	8.5	2.5	165/137.7	1	10.8	2006年11月—2007年5月
8	金黄庄煤矿风井				北京中煤		5.5	695.1	119.7	900				119.7	粉质黏土	-8.0	8.5	2.3	165/139.7	1	9.7	2006年11月—2007年8月

① 事故修复成井20.6 m。

（续）

序号	井筒名称（矿名+井名）	矿井设计产能/(10^4 t·a^{-1})	建设单位	设计单位	冻结法施工单位	掘砌施工单位	井筒参数/m 直径	井筒参数/m 深度	井筒参数/m 土厚	井壁最大厚度(mm)/混凝土等级 土层段 内壁	井壁最大厚度 土层段 外壁	井壁最大厚度 岩层段 内壁	井壁最大厚度 岩层段 外壁	冻结控制层 深度/m	冻结控制层 岩性	冻结控制层 冻结壁均温/℃	冻结控制层 冻土单轴抗压强度/MPa	冻结控制层 冻结壁设计厚度/m	冻结深度/m	布孔圈数/圈	外圈孔布置直径/m	冻结施工起止时间
9	神木新2号井		神木县供水处	陕西水电设计公司	北京中煤	私企	2.6	84.0	31.3	200	300	200	300	31.3	砂层	-7.0	8.5	2.0	89.0	1	6.0	2007年6月—2008年4月
10	神木新3号井		神木县供水处	陕西水电设计公司	北京中煤	私企	2.6	84.2	47.5	200	300	200	300	47.5	粉砂层	-7.0	8.5	2.0	89.2	1	6.0	2007年6月—2008年4月
11	神木新4号井						3.5	92.6	75.0	200	300	200	300	75.0	粉砂层	-7.0	8.5	2.0	97.7	1	6.9	2007年6月—2008年4月
12	神木新5号井		神木县供水处	陕西水电设计公司	北京中煤		2.6	96.9	35.3	200	300	200	300	35.3	粉砂层	-7.0	8.5	2.0	101.9	1	6.0	2007年7月—2008年5月
13	神木新6号井						2.6	110.0	29.5	200	300		300	29.5	粉砂层	-7.0	8.5	2.0	115.0	1	6.0	2007年7月—2008年5月
14	赵官煤矿主井	45	山东新汶矿业集团	济南设计公司	北京中煤	新汶华新	5.0	553.0	267.7	1100				267.7	砂土	-14.0	11.6	4.3	312.0	2	13.4	
15	赵官煤矿副井						6.0	511.0	267.9	1300				267.9	砂土	-14.0	11.6	5.1	312.0	2	16.0	
16	赵官煤矿风井						5.5	370.0	267.7	1200				237.7	砂土	-13.0	11.6	4.0	315.0	2	13.7	2007年12月—2008年9月
17	霍尔辛赫煤矿风井	300	山煤进出口公司	天地科技	天地科技	华煤	5.0	511.9	166.8	450(C35)	400(C30)	350(C30)		166.8	黏土	-8.0	9.7	2.6	210.0	1	9.6	2005年7月—2006年3月
18	丰龙煤矿主井		江西丰龙矿业公司		北京中煤	河北煤建四处	5.0	941.3	70.5	800				70.0	砂土	-6.0	3.5	1.3	80.0	1	8.6	2006年8月—2007年1月
19	丰龙煤矿副井	90					6.5	930.3	70.0	850				70.0	砂土	-6.0	3.5	1.4	80.0	1	10.2	2006年8月—2007年1月
20	丰龙煤矿北翼风井						5.5	890.0		700				37.2	灰岩	-5.0		1.3	110.0	1	9.9	2010年3月—2011年6月

附录 A 1995—2019 年立井井筒冻结法凿井数据统计资料

序号	井筒名称（矿名+井名）	矿井设计产能/(10⁴ t·a⁻¹)	建设单位	设计单位	冻结法施工单位	掘砌施工单位	井筒参数 直径	井筒参数 深度	井筒参数 土厚	井壁最大厚度(mm)/(混凝土等级) 土层段 内壁	土层段 外壁	土层段 内壁	土层段 外壁	岩层段 内壁	岩层段 外壁	深度/m	岩性	冻结壁均温/℃	冻土单轴抗压强度/MPa	冻结壁设计厚度/m	冻结深度/m	布孔圈数/圈	外圈孔布置直径/m	冻结施工起止时间
21	北阳庄煤矿风井	180	蔚州矿业公司		北京中煤	温州私企	6.0	455.0	195.0	500(C30)	550(C30)		500(C25)			141.5		-7.0	5.5	2.0	210.0	2	11.0	2008年11月—2009年5月
22	鲁新煤矿主井	500	内蒙古鲁能开发公司	济南设计公司	北京中煤	新汶华新	5.0	310.0	14.8	800						75.0	粗砂	-7.0	3.7	2.0	184.0	2	9.6	2008年9月—2009年6月
23	红一煤矿主井	240	青铜峡能铝集团	北京华宇公司	北京中煤	华煤	6.0	478.5	345.2	650(C60)	650(C60)	800(C60)	750(C60)			345.2	粉砂层	-12.0	3.6	5.8	412.0	3	18.1	
24	红二煤矿副井				天地科技	中煤三建71处	8.0	730.0	299.5	900(C70)	750(C70)	900(C70)	750(C70)			273.4	砂质黏土	-12.0		5.2	411.0	3	18.6	2011年6月—2014年11月
25	泊江海子煤矿副井	300	银宏能发公司	安徽煤炭工业设计公司	北京中煤	中煤三建71处	10.5	611.7	6.9	1100(C65)	850(C30)	1050(C75)	1000(C75)			325.0	砂质泥土	-8.0	3.6	4.0	564.0	1	18.0	2009年7月—2010年10月
26	山东张集煤矿副井	120	丰源实业公司	济南设计公司	天地科技	华煤	9.0	671.2	449.7	800(C30)	900(C65)	1100(C80)	500(C50)			449.7	黏土	-16.0	5.5	8.5	615.0	3	23.5	2009年9月—2011年7月
27	核桃峪煤矿副井	120	华能甘肃能公司	武汉设计公司	天地科技	中煤49处	7.2	950.0	214.6	500(C50)	450(C50)	1600(C80)	600(C600)			214.6	黄土夹古土	-8.0	6.0	4.0	950.0	1	19.4	
28	红庆梁煤矿风井	600	红庆矿业公司	北京华宇公司	天地科技	中煤71处	6.0	465.0	0.9	600(C30)	550(C30)	800(C70)	450(C40)			410.0	砂质泥岩	-8.2		3.6	477.0	1	13.8	2012年7月—2014年4月
29	长坡矿风井	300	新汶矿业集团	北京华宇公司	北京中煤	新汶华新	6.0	478.0	156.7	600(C30)	550(C30)	600(C50)	550(C40)			156.7	砾岩	-10.0		2.3	385.0	2	11.9	2012年7月—2013年9月
30	伊梨一矿副井	1000	新汶矿业集团	北京华宇公司	北京中煤	新汶华新	7.2	473.5	168.0	700(C50)	550(C50)	900(C75)	600(C75)			168.0	细砂	-7.0		4.0	430.0	2	14.3	

（续）

（续）

序号	井筒名称（矿名+井名）	矿井设计产能/(10^4 t·a^{-1})	建设单位	设计单位	冻结法施工单位	掘砌施工单位	井筒参数/m 直径	井筒参数/m 深度	井筒参数/m 土厚	井壁最大厚度(mm)/(混凝土等级) 土层段 内壁	井壁最大厚度(mm)/(混凝土等级) 土层段 外壁	井壁最大厚度(mm)/(混凝土等级) 岩层段 内壁	井壁最大厚度(mm)/(混凝土等级) 岩层段 外壁	冻结控制层 深度/m	冻结控制层 岩性	冻结控制层 冻结壁均温/℃	冻结控制层 冻土单轴抗压强度/MPa	冻结控制层 冻结壁设计厚度/m	冻结深度/m	布孔圈数/圈	外圈孔布置直径/m	冻结施工起止时间
31	小保当一号煤矿进风井		小保当矿业公司	北京华宇公司	天地科技	中煤三建30处	7.8	387.0	92.2	600(C50)	450(C50)	600(C50)	450(C50)	92.2	细砂	−8.0		2.2	237.0	1	13.2	2014年8月—2015年7月
32	小保当一号煤矿回风井					中煤三建30处	7.8	387.0	82.3	600(C50)	450(C50)	600(C50)	450(C50)	82.3	细砂	−7.9		2.2	232.0	1	13.2	2014年8月—2015年8月
33	小保当二号煤矿进风井					陕煤矿建	7.8	372.0	79.3	600(C50)	450(C50)	600(C50)	450(C50)	79.3	细砂	−7.6		2.2	254.0	1	13.5	2014年9月—2015年8月
34	小保当二号煤矿回风井					川煤	7.8	369.0	73.6	600(C50)	450(C50)	600(C50)	450(C50)	73.6	细砂	−7.7		2.2	262.0	1	13.5	2014年9月—2015年9月
35	塔什店煤矿副井	120	邢美矿业公司	新疆煤炭设计公司	天地科技	中煤四处	6.5	687.5	11.3		1000	450		390.0	砂砾岩	−9.0	7.5	5.0	492.0	1	14.8	2015年1月—2016年4月
36	塔什店煤矿风井						5.5	476.0	74.5		900	450		457.0	砂砾岩	−8.0		3.4	505.0	1	13.8	2014年9月—2015年
37	济西煤矿主井	45	山东武所电生建煤矿		特号公司冻结处	中煤一建31处	4.5	483.0	457.8	838	500	450		457.0	黏土	−15.0	3.6	7.5	488.0	2	8.3	2002年6月—2003年5月
38	济西煤矿副井					中煤三建71处	5.0	483.0	457.8	838	500	450		413.0	黏土	−15.0	3.6	7.6	458.0	2	8.5	2002年6月—2003年6月
39	涡北煤矿主井	120	淮北矿业集团	淮北工业建筑设计公司	特号公司冻结处	中煤三建29处	5.0	679.5	413.9	1000	600	350		413.0	砂层	−15.0	13.9	6.8	477.0	2	8.6	2003年11月—2004年7月
40	涡北煤矿副井					中煤一建49处	6.5	697.5	410.5	1400	600	450		410.0	砂层	−15.0	13.9	7.0	483.0	2	9.6	2004年2月—2004年10月

(续)

序号	井筒名称(矿名+井名)	矿井设计产能/(10^4 t·a^{-1})	建设单位	设计单位	冻结法施工单位	掘砌施工单位	井筒参数/m 直径	井筒参数/m 深度	井筒参数/m 土厚	井壁最大厚度(mm)/(混凝土等级) 土层段 内壁	井壁最大厚度(mm)/(混凝土等级) 土层段 外壁	井壁最大厚度(mm)/(混凝土等级) 岩层段 内壁	井壁最大厚度(mm)/(混凝土等级) 岩层段 外壁	冻结控制层 深度/m	冻结控制层 岩性	冻结控制层 冻结壁均温/℃	冻结控制层 冻土单轴抗压强度/MPa	冻结控制层 冻结壁设计厚度/m	冻结深度/m	布孔圈数/圈	外圈孔布置直径/m	冻结施工起止时间
41	城郊煤矿东风井	240	河南正龙煤业公司	郑州设计公司	特凿公司冻结处	河南永煤三公司	5.0	494.6	354.8	800	700		400	354.0	砂层	-12.0	6.8	5.2	423.0	2	7.7	2003年10月—2004年9月
42	赵固一矿副井	240	赵固能源公司	郑州设计公司	特凿公司冻结处	河南郑建公司	6.8	715.0	522.0	1200	900		650	522.0	砂质黏土	-15.0	5.5	9.5	575.0	3	12.5	2003年10月—2004年9月
43	孙疃煤矿主井	180	淮北矿业集团	合肥设计公司	特凿公司冻结处	中煤一建49处	5.0	572.0	203.9	500	450		500	203.0	钙质黏土层	-10.0	3.3	4.0	269.0	2	5.7	2004年10月—2005年3月
44	孙疃煤矿副井	180	淮北矿业集团	合肥设计公司	特凿公司冻结处	中煤一建31处	6.8	600.5	210.1	650	550		650	210.0	钙质黏土层	-10.0	3.3	5.1	264.0	2	7.8	2004年12月—2005年5月
45	郭屯煤矿风井	240	菏泽煤电公司	济南设计公司	特凿公司冻结处	中煤一建31处	5.5	778.0	563.6	1300	1075		500	554.0	黏土	-19.0	5.3	10.5	702.0	4	13.8	2005年6月—2006年9月
46	五沟煤矿主井	60	皖北煤电集团	合肥设计公司	特凿公司冻结处	中煤三建71处	5.0	472.0	273.9	600	550		600	273.8	黏土	-12.0	3.1	4.5	314.0	2	7.1	2005年5月—2005年10月
47	五沟煤矿副井	60	皖北煤电集团	合肥设计公司	特凿公司冻结处	中煤三建71处	6.0	502.0	272.3	700	600		700	272.3	黏土	-12.0	3.1	5.0	309.0	2	8.2	2005年5月—2005年12月
48	五沟煤矿风井	60	皖北煤电集团	合肥设计公司	特凿公司冻结处	中煤三建71处	5.0	472.0	273.0	650	500		500	273.0	黏土	-12.0	3.1	4.5	316.0	2	7.1	2005年5月—2005年11月
49	刘店煤矿主井	150	淮北矿业集团	合肥设计公司	特凿公司冻结处	中煤一建49处	5.0	713.0	318.9	700	550		600	318.0	黏土层	-12.0	4.2	5.2	383.0	3	7.3	2005年7月—2006年6月
50	刘店煤矿副井	150	淮北矿业集团	合肥设计公司	特凿公司冻结处	中煤五建2处	6.8	713.0	319.1	1000	700		700	319.0	黏土层	-12.0	4.2	6.0	382.0	3	9.4	2005年10月—2006年8月

（续）

序号	井筒名称（矿名+井名）	矿井设计产能/(10^4 t·a^{-1})	建设单位	设计单位	冻结法施工单位	掘砌施工单位	井筒参数/m			井壁最大厚度（mm）/（混凝土等级）						冻结控制层					布孔圈数/圈	外圈孔布置直径/m	冻结施工起止时间
							直径	深度	土厚	土层段			岩层段		深度/m	岩性	冻结壁均温/℃	冻土单轴抗压强度/MPa	冻结壁设计厚度/m	冻结深度/m			
										内壁	外壁	内壁	外壁									
51	祁东煤矿东风井	150	皖北煤电集团	合肥设计公司	特凿公司冻结处	开冻建设集团	5.5	1028.0	349.7	1000	600		600	349.0	黏土层	−15.0	5.0	5.6	382.0	2	8.6	2005年8月—2006年2月
52	李堂煤矿主井	60	徐州李堂矿业公司	济南设计公司	特凿公司冻结处	中煤一建49处	5.0	820.0	427.4	750	800		850	420.0	黏土层	−15.0	3.9	6.6	468.0	3	8.9	2006年1月—2007年2月
53	李堂煤矿副井	60			特凿公司冻结处	中煤一建49处	5.0	800.0	430.0	750	800		850	425.0	黏土层	−15.0	3.9	6.6	475.0	3	8.9	2006年1月—2007年2月
54	桃园煤矿新副井	180	淮北矿业集团	淮北工业设计公司	特凿公司冻结处	中煤三建29处	6.5	825.0	289.7	800	550		500	276.0	黏土层	−12.0	3.9	6.0	340.0	3	9.0	2006年5月—2007年2月
55	钱营孜煤矿主井	180	皖北煤电集团	合肥设计公司	特凿公司冻结处	中煤一建49处	5.0	325.0	219.8	500	450		500	210.0	黏土	−10.0	5.0	4.1	286.0	2	6.5	2006年10月—2007年5月
56	钱营孜煤矿风井	180			特凿公司冻结处		6.0	325.0	221.5	600	500		500	220.0	黏土	−10.0	2.78/6	4.5	325.0	2	7.6	2006年10月—2007年5月
57	秦楼铜矿主井	150	淮北矿业公司	马鞍山矿山设计公司	特凿公司冻结处	中煤三建71处	4.0	606.0	159.1	400	300		300	159.0	黏土砾石层	−6.0	3.7	1.8	186.0	1	4.3	2007年10月—2008年9月
58	秦楼铜矿副井	150			特凿公司冻结处		3.0	606.0	159.1	300	200		300	159.0	黏土	−5.0	3.4	1.5	186.0	1	3.5	2007年10月—2008年9月
59	李楼铁矿1号主井	400	安徽开发矿业公司	中冶京诚公司	特凿公司冻结处	河北煤建4处	5.2	687.5	122.2	300	450		350	120.0	砾石层	−7.0	10.0	1.8	155.0	1	5.0	2007年11月—2008年5月
60	李楼铁矿2号主井	400			特凿公司冻结处		5.2	687.5	124.2	400	450		350	124.0	砾石层	−7.0	10.0	1.8	165.0	1	5.0	2007年11月—2008年5月
61	梅姚铁矿井筒冻结工程	240	蚌埠震兴路桥公司	怀远设计公司	特凿公司冻结处	温州矿建	2.6	680.0	40.0	400	400		350	40.0	砂层	−5.0	9.0	0.6	50.0	1	2.7	2007年10月—2008年2月

附录 A 1995—2019 年立井井筒冻结法凿井数据统计资料

(续)

序号	井筒名称(矿名+井名)	矿井设计产能/(10^4 t·a^{-1})	建设单位	设计单位	冻结法施工单位	掘砌施工单位	井筒参数/m 直径	井筒参数/m 深度	井筒参数/m 土厚	井壁最大厚度(mm)/(混凝土等级) 土层段 内壁	井壁最大厚度(mm)/(混凝土等级) 土层段 外壁	井壁最大厚度(mm)/(混凝土等级) 岩层段 内壁	井壁最大厚度(mm)/(混凝土等级) 岩层段 外壁	冻结控制层 深度/m	冻结控制层 岩性	冻结控制层 冻结壁均温/℃	冻结控制层 冻土单轴抗压强度/MPa	冻结控制层 冻结壁设计厚度/m	冻结深度/m	布孔圈数/圈	外圈孔布置直径/m	冻结施工起止时间
62	胡家河煤矿主井	500	陕西彬长公司	西安设计公司	特醤公司冻结处	中煤一建31处	6.5	539.0	12.0	600	350	600	350	540.0	煤层	-8.0	9.8	4.0	548.0	1	7.2	2007年11月—2009年3月
63	胡家河煤矿副井			西安设计公司	特醤公司冻结处	中煤一建49处	8.5	568.3	11.9	700	400	700	400	570.0	煤层	-8.0	9.8	4.5	578.0	1	8.6	2007年11月—2009年4月
64	五河铁矿风井	0.6	五河县金盛矿业公司		特醤公司冻结处		3.5	700.0	79.8	450	350		350	70.0	黏土砾石	-5.0	5.6	1.2	96.0	1	3.5	2008年9月—2009年1月
65	许昌铁矿主井		温州矿山公司	马鞍山矿山设计公司	特醤公司冻结处	河南郑建集团	4.5	592.5	187.9	500	400		350	187.0	粉质黏土	-8.0	4.8	2.3	207.0	1	5.0	2008年7月—2009年1月
66	吴集铁矿主井	400	安徽开发矿业公司	中冶京诚设计公司	特醤公司冻结处	河北煤建4处	5.2	686.0	132.3	450	400		400	132.0	砾石层	-5.0	5.0	1.6	157.0	1	5.0	2008年7月—2008年12月
67	吴集铁矿副井	400	安徽开发矿业公司	中冶京诚设计公司	特醤公司冻结处	中煤三建29处	6.5	601.0	130.3	550	500		400	130.0	砾石层	-6.0	5.0	1.7	150.0	1	5.9	2008年7月—2008年11月
68	周油坊铁矿1号措施井	200	金日盛矿业公司	马鞍山矿山设计公司	特醤公司冻结处	温州建设集团	5.0	450.0	168.3	400	300		350	117.0	砂土	-7.0	10.9	2.0	220.0	1	5.0	2008年9月—2009年3月
69	周油坊铁矿1号北风井			马鞍山矿山设计公司	特醤公司冻结处	温州建设集团	4.5	440.0	143.3	450	300		350	116.0	砂土	-7.0	10.9	2.2	180.0	1	5.4	2008年9月—2009年3月
70	付老庄铁矿措施井	200	富凯矿业公司	马鞍山矿山设计公司	特醤公司冻结处	温州建设集团	4.5	442.5	247.8	600	450		400	247.0	黏土层	-9.0		3.9	270.0	2	5.7	2008年12月—2009年12月

（续）

序号	井筒名称（矿名+井名）	矿井设计产能/(10^4 t·a^{-1})	建设单位	设计单位	冻结法施工单位	掘砌施工单位	井筒参数/m			井壁最大厚度 (mm)/（混凝土等级）							冻结控制层					布孔圈数	外圈孔布置直径/m	冻结施工起止时间
							直径	深度	土厚	土层段			岩层段			深度/m	岩性	冻结壁均温/℃	冻土单轴抗压强度/MPa	冻结壁设计厚度/m	冻结深度/m			
										内壁	外壁		内壁	外壁									
71	刘塘坊铁矿措施井	200	刘塘坊矿业公司	马鞍山矿山设计公司	特凿公司冻结处	中煤三建71处	4.0	355.0	267.4	650	500		350			239.0	含钙质亚黏土	-10.0	5.4	3.5	310.0	2	5.1	2008年4月—2008年12月
72	刘塘坊铁矿西风井						4.5	355.0	267.4	650	500		350			239.0	含钙质亚黏土	-10.0	5.4	3.8	310.0	2	5.6	2008年7月—2009年2月
73	潍坊万宝铁矿主井	40	潍坊万宝矿业公司	马鞍山矿山设计公司		温州锐锋矿建公司	4.5	460.0	58.0	900	600		600			54.0	砾石层	-8.0	3.6	1.4	113.0	1	4.4	2008年9月—2009年4月
74	潍坊万宝铁矿副井				特凿公司冻结处	温州井巷二公司	4.5	460.0	58.0	900	600		600			56.0	中砂层	-8.0	3.6	1.4	110.0	1	4.4	2008年9月—2009年4月
75	潍坊万宝铁矿风井					温州锐锋矿建公司	3.0	400.0	60.0	700	500		600			49.0	中粗砂	-8.0	3.6	1.1	123.0	1	3.6	2008年11月—2009年4月
76	杨村煤矿副井	45	肥城矿业集团	济南设计公司	特凿公司冻结处	鸡西龙煤	6.0	675.0	496.0	1050	950		850			467.0	钙质黏土	-16.0	3.6	7.9	588.0	4	11.0	2008年11月—2009年9月
77	朱集西煤矿井	400	皖北煤电集团	南京设计公司	特凿公司冻结处	开冻建设集团	7.5	893.2	479.1	1150	1150		1300			470.0	黏土	-18.0	7.3	9.5	532.0	4	13.6	2009年4月—2010年2月
78	陈蛮庄煤矿风井	90	肥城煤电集团	济南设计公司	特凿公司冻结处	鸡西龙煤	5.5	890.0	572.5	1100	1100		1250			558.0	黏土	-20.0	8.8	9.9	644.0	4	13.2	2009年2月—2010年1月
79	塔然高勒煤矿主井	1000	杭锦旗能源公司	武汉设计公司	特凿公司冻结处	中煤三建29处	8.2	645.1		750（修复井，上部原有井壁）			550	750		510.0	砾岩层	-8.0	12.0	3.1	658.0	1	8.0	2009年1月—2010年4月

附录 A 1995—2019 年立井井筒冻结法凿井数据统计资料

（续）

序号	井筒名称（矿名+井名）	矿井设计产能/(10⁴ t·a⁻¹)	建设单位	设计单位	冻结法施工单位	掘砌施工单位	井筒参数/m 直径	井筒参数/m 深度	井筒参数/m 土厚	井壁最大厚度(mm)/(混凝土等级) 土层段 内壁	井壁最大厚度(mm)/(混凝土等级) 土层段 外壁	井壁最大厚度(mm)/(混凝土等级) 岩层段 内壁	井壁最大厚度(mm)/(混凝土等级) 岩层段 外壁	冻结控制层 深度/m	冻结控制层 岩性	冻结控制层 冻结壁均温/℃	冻结控制层 冻土单轴抗压强度/MPa	冻结控制层 冻结壁设计厚度/m	冻结深度/m	布孔圈数/圈	外圈孔布置直径/m	冻结施工起止时间
80	马鞍山铁矿猪施井	150	安徽洪鑫源矿业公司	长沙设计公司	特凿公司冻结处	安徽龙达集团	4.5	604.0	0.0	400	400		400	604.0	泥质粉砂岩	−8.0	68.9	3.0	610.0	1	5.3	2009年5月—2011年6月
81	内蒙古马泰壕煤矿风井	800	鄂尔多斯永煤矿业投资公司	石家庄设计公司	特凿公司冻结处	中煤三建71处	6.5	428.0	8.2	300	300	500	400	420.0	砂质泥岩	−8.0	8.2	4.5/9.0	423.0	1	8.3	2009年2月—2010年2月
82	雅店煤矿副井	600	彬县煤炭公司	北京华宇公司	特凿公司冻结处	中煤三建29处	8.5	469.7	8.9	700	400	800	450	370.0	细粒砂岩	−8.0	7.9	3.8	394.5	1	8.2	2012年12月—2014年1月
83	邹庄煤矿主井	240	淮北矿业集团	淮北工业建筑设计公司	特凿公司冻结处	中煤三建29处	5.0	766.0	252.4	650	500	500		248.0	黏土	−15.0	4.3	4.5	316.0	2	7.0	2009年6月—2010年2月
84	邹庄煤矿风井	240			特凿公司冻结处	中煤建五3处	6.0	744.0	243.9	650	500	800	500	243.0	黏土	−15.0	4.3	5.0	315.0	3	8.1	2009年7月—2010年3月
85	李粮店煤矿风井	240	华豫煤业公司	郑州设计公司	特凿公司冻结处	中煤三建30处	6.0	605.5	540.0	900	950		650	530.0	粉质黏土	−15.0	4.9	7.5	615.0	4	10.4	2009年6月—2010年7月
86	孟村煤矿主井	600	彬长胡家河矿业公司	西安设计公司	特凿公司冻结处	中煤一建31处	6.5	570.0	17(回填土)	550	400	550	400	557.0	煤层	−8.0	9.8	3.8	580.0	2	7.0	2009年12月—2011年1月
87	孟村煤矿副井				特凿公司冻结处		8.5	600.0		700	400	700	400	557.0	煤层	−8.0	9.8	4.3	610.0	2	8.4	2009年11月—2011年1月
88	孟村煤矿回风立井				特凿公司冻结处	中煤一建49处	7.5	610.0	17(回填土)	400	350	650	400	557.0	煤层	−8.0	9.8	4.0	620.0	2	7.5	2010年6月—2012年8月

（续）

序号	井筒名称（矿名+井名）	矿井设计产能/(10⁴t·a⁻¹)	建设单位	设计单位	冻结法施工单位	掘砌施工单位	井筒参数/m 直径	井筒参数/m 深度	井筒参数/m 土厚	井壁最大厚度(mm)/混凝土等级 土层段 内壁	井壁最大厚度 土层段 外壁	井壁最大厚度 岩层段 内壁	井壁最大厚度 岩层段 外壁	冻结控制层 深度/m	冻结控制层 岩性	冻结控制层 冻结壁均温/℃	冻结控制层 冻土单轴抗压强度/MPa	冻结控制层 冻结壁设计厚度/m	冻结深度/m	布孔圈数/圈	外圈孔布置直径/m	冻结施工起止时间
89	付老庄铁矿主井	200	富凯矿业公司	中钢马鞍山设计公司	特嘉公司冻结处	鸡西龙煤	4.5	505.0	223.9	650	450	400		195.6	粉质黏土层	−9.0		3.9	283.0	2	5.5	2010年6月—2011年4月
90	付老庄铁矿副井				特嘉公司冻结处	鸡西龙煤	5.5	505.0	223.9	900	500	450		195.6	粉质黏土层	−9.0		4.2	283.0	2	6.6	2010年3月—2011年1月
91	伊犁四矿（伊新）风井	600	新汶集团（伊犁）能源开发公司	济南设计公司	特嘉公司冻结处	华新建设公司	6.0	217.2	94.5	400	350	400	350	93.0	砾石层	−8.0		2.0	207.0	1	5.4	2010年4月—2010年10月
92	巴彦高勒煤矿主井	1000	黄陶勒盖煤炭公司	武汉设计公司	特嘉公司冻结处	中煤三建29处	8.2	679.3	109.2	700	650	1600	600	582.1	粗粒砂岩	−8.0	7.9	4.5	592.0	2	8.8	2010年5月—2012年4月
93	双合煤矿主井	45	双合煤矿	济南设计公司	特嘉公司冻结处	中煤三建71处	5.5	1002.5	207.9	650	450	600		200.4	黏土层	−12.0	3.3	3.3	305.0	2	5.9	2010年10月—2011年6月
94	双合煤矿副井				特嘉公司冻结处	中煤三建71处	6.0	1020.5	208.4	700	500	650		200.0	黏土层	−12.0	3.3	3.6	275.0	2	6.6	2010年11月—2011年6月
95	张庄铁矿主井	500	张庄矿业公司	马鞍山矿山工程设计公司	特嘉公司冻结处	中煤三建71处	6.0	692.0	200.0	650	450	500		200.0	黏土层	−9.0	4.9	3.2	268.0	2	6.4	2011年2月—2011年10月
96	张庄铁矿副井				特嘉公司冻结处	中煤五建3处	7.3	547.0	203.6	850	550	550		203.0	黏土层	−9.0	4.9	4.0	257.0	2	7.8	2011年1月—2011年8月
97	张庄铁矿进风井	500	张庄矿业公司	马鞍山矿山工程设计公司	特嘉公司冻结处	中煤三建71处	6.5	482.0	209.7	750	550	550		209.0	黏土层	−9.0	4.9	3.6	276.0	2	7.0	2011年1月—2011年11月

附录 A　1995—2019 年立井井筒冻结法凿井数据统计资料

（续）

序号	井筒名称（矿名+井名）	矿井设计产能/(10^4 t·a^{-1})	建设单位	设计单位	冻结法施工单位	掘砌施工单位	井筒参数/m 直径	井筒参数/m 深度	井筒参数/m 土厚	井壁最大厚度(mm)/(混凝土等级) 土层段 内壁	井壁最大厚度 土层段 外壁	井壁最大厚度 岩层段 内壁	井壁最大厚度 岩层段 外壁	深度/m	岩性	冻结控制层 冻结壁均温/℃	冻土单轴抗压强度/MPa	冻结壁设计厚度/m	冻结深度/m	布孔圈数/圈	外圈孔布置直径/m	冻结施工起止时间
98	信湖煤矿副井	300	淮北矿业集团	合肥设计公司	特凿公司冻结处	中煤三建30处	8.1	1035.0	425.4	1000	950	500		420.0	钙质黏土	-15.0	5.5	9.0	492.0	4	13.1	2010年10月—2012年6月
99	沛城煤矿新主井	45	徐州煤电公司	中煤国际工程设计公司	特凿公司冻结处	中煤三建29处	5.0	623.0	182.5	500	400	450		182.0	黏土层	-15.0	3.5	3.0	256.0	2	5.6	2010年12月—2011年7月
100	沛城煤矿新副井				特凿公司冻结处	中煤三建29处	5.0	653.0	182.2	500	400	450		182.0	黏土层	-15.0	3.3	3.0	226.0	2	5.6	2010年12月—2011年7月
101	核桃峪煤矿回风井	120	华能甘肃能发公司	武汉设计公司	特凿公司冻结处	中煤三建36处	7.0	975.0	216.5	修复井 550		1000	650	908.0	含砾粗砂岩	-10.0	20.0	4.4		2	8.0	2011年3月—2012年11月
102	高家堡煤矿风立井	500	陕西正通煤业公司	武汉设计公司	特凿公司冻结处	中煤三建36处	7.5	821.5	22.6	500		1100	800	820.0	砂岩	-10.0	20.0	4.4	830.0	2	8.4	2011年1月—2013年6月
103	钱营孜煤矿西风井	240	恒源煤电公司	南京设计公司	特凿公司冻结处	中煤三建71处	5.0	325.0	227.8	450	400	500		212.5	黏土层	-12.0	3.5	4.0	332.0	2	6.0	2011年5月—2011年12月
104	祁南煤矿技改箕斗井	180	淮北矿业集团	淮Развит设计公司	特凿公司冻结处	中煤三建29处	7.2	1043.0	336.9	800	700	600		305.0	黏土层			6.3	398.0	3	9.5	2011年10月—2012年9月
105	花草沟煤矿副井	90	宏能煤业公司	济南设计公司	特凿公司冻结处	鸡西龙煤	6.5	549.0	2.2	500	500	700	500	400.0	砂（岩）层	-10.0	12.3	4.3	460.0	2	7.4	2011年8月—2012年12月
106	霍邱夏楼铁矿南风井		中煤三建公司	五矿邯邢设计公司	特凿公司冻结处		4.5	544.6	193.9	450	400	350		190.0	黏土层	-9.0	4.9	2.6	230.0	1	4.9	2011年9月—2012年3月
107	霍邱夏楼铁矿中风井				特凿公司冻结处	中煤三建29处	5.0	514.1	193.9	450	400	190		190.0	黏土层	-9.0	4.9	2.8	230.0	1	5.1	2012年1月—2012年7月

（续）

序号	井筒名称（矿名+井名）	矿井设计产能/(10^4 t·a^-1)	建设单位	设计单位	冻结法施工单位	掘砌施工单位	井筒参数/m 直径	井筒参数/m 深度	井筒参数/m 土厚	井壁最大厚度(mm)/混凝土等级 土层段 内壁	土层段 外壁	岩层段 内壁	岩层段 外壁	冻结控制层 深度/m	岩性	冻结壁均温/℃	冻土单轴抗压强度/MPa	冻结壁设计厚度/m	冻结深度/m	布孔圈数/圈	外圈孔布置直径/m	冻结施工起止时间
108	恒源煤矿改建项目进风井	200	恒源煤电公司	合肥设计公司	特醤公司冻结处	中煤三建71处	7.0	1018.5	182.2	500	450	1550	500	182.2	黏土层	0.7	2.432/3.17	2.2/3.5	316.0	2	7.0	2011年12月—2012年10月
109	恒源煤矿改建项目回风井	200	恒源煤电公司	合肥设计公司	特醤公司冻结处	中煤五建3处	6.0	978.5	182.2	450	400	1350	450	182.2	黏土层	0.7	2.432/3.17	2.0/3.2	315.0	2	6.3	2011年12月—2012年9月
110	新庄煤矿主井	800	华亭煤业集团	北京华宇公司	特醤公司冻结处	中煤三建36处	9.0	790.5	30.8	700	450	500	650	650.0	砂岩	-10.0	18.0	4.0	673.0	2	9.5	2012年2月—2013年12月
111	楚王寺煤矿主井①	1000	中煤第三建设集团	北京华宇公司	特醤公司冻结处	中煤三建30处	8.5	651.7	157.9	850	600	500	600	157/498	亚黏土粗砂岩	1.2	2.78/6	3.7	662.0	2	9.3	2011年2月—
112	寿阳平安煤矿立井	90	平安煤业公司	枣庄市设计公司	特醤公司冻结处	温州矿建	7.0	274.0	107.4	500	450	500	450	107.4	亚黏土层	-8.0	4.4	2.5	120.0	1	6.0	2012年9月—2013年5月
113	寿阳平安煤矿回风立井	90	平安煤业公司	枣庄市设计公司	特醤公司冻结处	温州矿建	5.0	239.0	103.9	400	350	450	450	108.0	亚黏土层	-8.0	4.4	1.8	140.0	1	4.8	2012年11月—2013年12月
114	横山堡矿副井	180	新矿内蒙古能源公司	大地开发集团	特醤公司冻结处	山东矿管集团	7.0	656.0	250.2	550	550	900	550	226.0	黏土层	-9.0	7.2	4.2	392.0	3	7.7	2012年6月—2013年4月
115	邵寨煤矿副立井	120	华能甘肃能发公司	武汉设计公司	特醤公司冻结处	中煤三建36处	8.0	878.0	317.9	修复井700	550	1700	500	805.0	细粒砂岩	-9.0	20.0	4.5	815.0	2	9.0	2012年9月—2014年7月
116	金川东部贫矿开采项目	30	金川集团	兰州有色冶金设计公司	特醤公司冻结处	温州矿建	5.0	445.0	55.7	650	550	600	600	36.0	黄土	-8.0		1.3	90.0	1	5.6	2012年11月—2013年7月

① 因业主手续问题而长期停工，冻结段井筒没能施工完毕，维护冻结时长已达8年有余。

附录 A 1995—2019 年立井井筒冻结法凿井数据统计资料

（续）

序号	井筒名称（矿名+井名）	矿井设计产能/(10⁴ t·a⁻¹)	建设单位	设计单位	冻结法施工单位	掘砌施工单位	井筒参数/m 直径	井筒参数/m 深度	井筒参数/m 土厚	井壁最大厚度(mm)/(混凝土等级) 土层段 内壁	井壁最大厚度(mm)/(混凝土等级) 土层段 外壁	井壁最大厚度(mm)/(混凝土等级) 岩层段 内壁	井壁最大厚度(mm)/(混凝土等级) 岩层段 外壁	冻结控制层 深度/m	冻结控制层 岩性	冻结控制层 冻结壁均温/℃	冻结控制层 冻土单轴抗压强度/MPa	冻结控制层 冻结壁设计厚度/m	冻结深度/m	布孔圈数/圈	外圈孔布置直径/m	冻结施工起止时间
117	白家海子煤矿副井	1500	联海煤业公司	南京设计公司	特凿公司冻结处	中煤五建3处	10.5	755.0	45.3	900	650	1800	700	578.9	中粒砂岩	−10.0		4.8	770.0	2	10.6	2012年10月—2014年12月
118	白家海子煤矿回风井		金源招贤矿业公司	北京华宇公司	开滦集团制冷处	中煤三建30处	7.0	704.0	45.0					390.5	砂岩	−9.0	16.3	3.7	719.0	2	15.8/11.5	2012年9月—2014年9月
119	招贤煤矿副井	240	淄博矿业集团	济南设计公司	特凿公司冻结处	中煤五建2处	8.4	587.6	39.0	600	400	700	400	360.0	砾岩	−8.0		4.5	515.0	2	8.1	2013年5月—2014年7月
120	油房壕煤矿风井	500	伊泰广联煤化公司	南京设计公司	特凿公司冻结处	中煤三建29处	7.6	613.5	5.7	500	500	1150	450	511.7	中粒砂岩	−9.0	4.7	4.2	630.0	2	8.0	2013年6月—2014年9月
121	红庆河煤矿风井	1500	淮北矿业集团		特凿公司冻结处	中煤三建30处	7.6	708.0	9.8	600	450	1200	500	511.0	砾岩	−10.0	9.7	3.7	665.0	2	8.1	2013年4月—2014年7月
122	红庆河矿措施井			南京设计公司	特凿公司冻结处	中煤五建3处	9.5	787.0	14.8	800	800	1500	600	511.0	砾岩	−10.0	9.7	4.2	695.0	2	9.5	2013年7月—2014年10月
123	袁店一井煤矿东风井	180	淮北矿业集团	淮北设计公司	特凿公司冻结处	中煤三建29处	6.5	757.5	268.9	650	550	450	450	251.8	含钙黏土层	−12.0	3.3	5.3	315.0	3	8.3	2013年9月—2014年6月
124	曹家滩煤矿进风井	1500	陕西曹家滩矿业公司	武汉设计公司	特凿公司冻结处	中煤三建30处	7.8	344.2	116.8	450	500	600	500	116.8	黏土层	−10.0	2.9	2.6	261.0	2	7.1	2013年12月—2014年9月
125	曹家滩煤矿回风井				特凿公司冻结处	中煤三建30处	7.8	343.5	112.3	450	500	600	500	112.3	黏土层	−10.0	3.1	2.6	260.0	2	7.1	2013年12月—2014年9月
126	许疃煤矿北风井	300	淮北矿业集团	淮北设计公司	特凿公司冻结处	中煤三建36处	6.5	470.0	348.2	950	900	450	450	322.5	钙质黏土	−15.0		6.5	410.0	3	9.8	2013年10月—2014年12月

(续)

序号	井筒名称（矿名+井名）	矿井设计产能/(10^4 t·a^{-1})	建设单位	设计单位	冻结法施工单位	掘砌施工单位	井筒参数/m 直径	井筒参数/m 深度	井筒参数/m 土厚	井壁最大厚度(mm)/(混凝土等级) 土层段 内壁	井壁最大厚度 土层段 外壁	井壁最大厚度 岩层段 内壁	井壁最大厚度 岩层段 外壁	冻结控制层 深度/m	冻结控制层 岩性	冻结控制层 冻结壁均温/℃	冻结控制层 冻土单轴抗压强度/MPa	冻结壁设计厚度/m	冻结深度/m	布孔圈数/圈	外圈孔布置直径/m	冻结施工起止时间
127	巴拉素煤矿中央回风井	1000	巴拉素煤业公司	西安设计公司	特凿公司冻结处	中煤三建30处	8.0	541.2	6.6	500	450	1200	450	225.0	细粒砂岩	-8.0	12.7	2.6	555.0	2	8.1	2014年4月—2018年6月
128	塔什店1号矿主井	120	邢美矿业	新疆设计公司	特凿公司冻结处	中煤河北四处	5.5	742.5	100.0	修复井	修复井550	900	450	346.5	细粒砂岩	-8.0	5.3	3.7	499.0	2	6.9	2015年1月—2016年6月
129	王庄矿北栗楼回风井	710	潞安能源公司	北京华宇公司	特凿公司冻结处	中煤一建49处	8.0	458.0	105.2	450	450	750	600	95.6	黏土层	-10.0	5.4	2.8	204.0	2	7.1	2015年5月—2015年12月
130	木盘川进风井	800	彬长大佛寺矿业公司	西安设计公司	特凿公司冻结处	中煤三建36处	7.5	424.5	30.2	700	400	700	400	235.0	砂岩	-8.0	5.4	3.0	286.0	2	7.1	2016年3月—2017年7月
131	木盘川回风井	800	彬长大佛寺矿业公司	西安设计公司	特凿公司冻结处	中煤三建36处	7.5	420.7	32.3	700	400	700	400	249.0	砂岩	-8.0	5.4	3.0	300.0	2	7.1	2016年3月—2017年6月
132	廖家铁矿秦楼矿段主井	20	淮北长兴矿业公司	中钢马鞍山设计公司	特凿公司冻结处	淮北永胜矿山公司	5.0	607.0	148.3	550	500	550	500	148.3	黏土层	-7.0	3.9	2.4	207.0	2	5.5	2018年4月—2018年11月
133	开富煤矿回风井	120	神木开富矿业公司	大地开发集团	特凿公司冻结处	中煤三建29处	6.0	160.0	38.4	600	550	600	550	30.0	黄土层	-8.0		2.7	140.0	2	5.8	2019年7月
134	袁店二号煤矿安技改西风井	150	亳州煤业公司	淮北工业设计公司	特凿公司冻结处	中煤三建29处	5.5	440.0	280.6	800	650	800	650	262.4	黏土层	-12.0	2.9	5.0	350.0	2	7.6	2019年8月
135	丁集煤矿安技改二副井		淮沪煤业有限公司	合肥设计公司	特凿公司冻结处	中煤五建3处	8.6	1042.0	533.1	1300	1150	700	700	533.0	砾石层	-20.0	6.1	11.6	574.0	4	15.6	2019年9月
136	丁集煤矿安技改二回风井		淮沪煤业有限公司	合肥设计公司	特凿公司冻结处	中煤三建71处	7.5	1020.0	534.8	1150	1000	650	650	534.0	砾石层	-20.0	6.1	10.4	574.0	4	13.55	2019年12月

附录 A 1995—2019 年立井井筒冻结法凿井数据统计资料

(续)

序号	井筒名称(矿名+井名)	矿井设计产能/(10^4 t·a^{-1})	建设单位	设计单位	冻结法施工单位	掘砌施工单位	井筒参数/m 直径	井筒参数/m 深度	井筒参数/m 土厚	井壁最大厚度(mm)/(混凝土等级) 土层段 内壁	土层段 外壁	岩层段 内壁	岩层段 外壁	深度/m	冻结控制层 岩性	冻结壁均温/℃	冻土单轴抗压强度/MPa	冻结壁设计厚度/m	冻结深度/m	布孔圈数/圈	外圈孔布置直径/m	冻结施工起止时间
137	酒村煤矿进风立井		山西高河能源公司	北京华宇公司	特凿公司冻结处	中煤三建29处	7.5	433.5	130.5	450	500	750	700	128.0	粉质黏土层	-10.0	6.2	3.0	273.0	2	6.9	2017年1月—2017年3月
138	刘庄煤矿新主井	800	国投新集公司	合肥设计公司	特凿公司	江苏华美集团	8.0	789.0	255.4	950	550	1100		255.0	砂层			5.5	307.0			2004年1月—2004年10月
139	刘庄煤矿西进风井	800	国投新集公司	合肥设计公司	特凿路桥处	中煤一建49处	7.0	800.0	320.5	1050	700	1200		320.0	砂层	-14.0		6.2	418.0	1	9.3	2004年8月—2005年9月
140	刘庄煤矿西回风井		国投新集公司	合肥设计公司	特凿路桥处	中煤三建29处	6.0	800.0	318.4	950	550	1100		318.0	砂层	-14.0		5.8	410.0	1	8.4	2004年7月—2005年8月
141	潘一煤矿主井	400	淮南矿业集团	合肥设计公司	特凿路桥处	中煤三建71处	6.0	703.2	345.5	1100	600	550		340.0	黏土		7.0	6.3	398.0			2004年7月—2005年7月
142	潘一煤矿副井	600	淮南矿业集团	合肥设计公司	特凿路桥处	河南煤建	8.1	733.2	344.8	1200	800	600		340.0	黏土			7.2	393.0			2004年6月—2005年7月
143	潘一煤矿第二副井		淮南矿业集团	合肥设计公司	特凿路桥处	中煤三建71处	7.0	845.5	159.7	600	500	500		159.0	钙质黏土			3.9	330.0			2005年4月—2005年11月
144	青东煤矿主井	180	淮北矿业集团	合肥设计公司	特凿公司	中煤三建29处	5.0	655.0	228.4	550(C30)	400(C30)	550(C45)	400(C50)		砂质黏土	-15.0	7.0	4.1	285.0	2	6.5	2005年7月—2007年10月
145	青东煤矿风井		淮北矿业集团	合肥设计公司	特凿路桥处	中煤三建71处	6.0	655.0	230.1	500(C30)	500(C30)	500(C45)	500(C50)		砂质黏土	-15.0	7.0	4.5	295.0	2	7.3	2005年7月—2005年10月

（续）

序号	井筒名称（矿名+井名）	矿井设计产能/(10^4t·a^{-1})	建设单位	设计单位	冻结法施工单位	掘砌施工单位	井筒参数/m			井壁最大厚度（mm）（混凝土等级）					冻结控制层					布孔圈数/圈	外圈孔布置直径/m	冻结施工起止时间
							直径	深度	土厚	土层段		岩层段		深度/m	岩性	冻结壁均温/℃	冻土单轴抗压强度/MPa	冻结壁设计厚度/m	冻结深度/m			
										内壁	外壁	内壁	外壁									
146	口孜东煤矿主井	500	国投新集公司	合肥设计公司	特凿公司路桥处	江苏华美集团	7.5	1100.0	568.5	1150	1150		500	560.3	钙质黏土	-16~-18	4.0	11.5	737.0	3	15.4	2005年11月—2008年7月
147	口孜东煤矿副井			合肥设计公司	特凿公司路桥处	中煤三建29处	8.0	1032.0	572.0	1200	1200		550	557.6	钙质黏土	-16~-18	4.0	12.5	617.0	3	16.8	2005年12月—2008年3月
148	朱集煤矿回风井	400	淮南矿业集团	合肥设计公司	特凿公司路桥处	中煤三建30处	7.5	895.0	330.9	900	650		500	330.1	砂质黏土	-15.0	6.3	6.1	375.0	3	9.5	2007年1月—2007年11月
149	朱集煤矿轩石井			合肥设计公司	特凿公司路桥处	中煤三建71处	8.3	890.0	327.7	1000	750		500	325.5	砂质黏土	-15.0	6.3	6.6	375.0	3	10.3	2007年2月—2007年12月
150	潘一煤矿东区主井	350	淮南矿业集团	合肥设计公司	特凿公司路桥处	中煤三建71处	7.6	1033.0	205.8	600	500	500	500	200.6	砂质黏土	-10.0	3.9	4.1	278.0	2	7.7	2008年5月—2009年1月
151	潘一煤矿东区副井			合肥设计公司	特凿公司路桥处	中煤三建71处	8.6	1058.0	207.6	650	500	550	500	203.4	砂质黏土	-10.0	3.9	4.7	288.0	2	8.7	2008年6月—2009年1月
152	长城煤矿堡主井	180	铁法煤业集团	沈阳设计公司	特凿公司路桥处	铁法煤矿矿建公司	5.5	1050.0	30.8	400	400		450	30.8	细砂	-5~-7	7.1	1.0	76.0	1	4.1	2008年4月—2008年8月
153	长城煤矿堡副井			沈阳设计公司	特凿公司路桥处	铁法煤矿矿建公司	7.0	1032.7	30.9	550	400		450	30.9	细砂	-5~-7	7.1	1.2	85.0	1	5.2	2008年5月—2008年10月
154	长城煤矿堡风井			沈阳设计公司	特凿公司路桥处	铁法煤矿矿建公司	5.5	980.0	32.4	400	400		450	32.4	细砂	-5~-7	7.1	1.0	80.0	1	4.1	2008年5月—2008年10月
155	新集三煤矿西风井	90	国投新集公司	合肥设计公司	特凿公司路桥处	中煤三建29处	5.0	470.0	201.2	750	500		450	201.2	钙质黏土	-14.0	4.1	3.6	355.0	2	5.5	2008年10月—2010年7月

附录 A 1995—2019 年立井井筒冻结法凿井数据统计资料（续）

序号	井筒名称(矿名+井名)	矿井设计产能/(10⁴t·a⁻¹)	建设单位	设计单位	冻结法施工单位	掘砌施工单位	井筒参数/m 直径	井筒参数/m 深度	井筒参数/m 土厚	井壁最大厚度(mm) 土层段 内壁	井壁最大厚度(mm) 土层段 外壁	井壁最大厚度(mm) 岩层段 内壁	井壁最大厚度(mm) 岩层段 外壁	冻结控制层 深度/m	冻结控制层 岩性	冻结控制层 冻结壁均温/℃	冻结控制层 冻土单轴抗压强度/MPa	冻结控制层 冻结壁设计厚度/m	冻结深度/m	布孔圈数/圈	外圈孔布置直径/m	冻结施工起止时间
156	和县铁矿措施井	120	和县和成矿业	马鞍山矿山设计公司	特普公司路桥处	温州矿建公司	4.7	540.0	49.0	450(C30)	400(C30)	450(C40)	400(C40)	49.0	细砂	−7.0	9.0	1.0	72.0			2008年6月—2008年12月
157	和县铁矿南风井		和县和成矿业	马鞍山矿山设计公司	特普公司路桥处	温州矿建公司	3.0	530.0	50.4	400(C30)	300(C30)	400(C40)	300(C30)	50.4	细砂	−7.0	9.0	0.8	80.0	1	3.4	2008年5月—2008年11月
158	鲁新煤矿副井	500	内蒙古鲁能开发公司	济南设计公司	特普公司路桥处	中煤三建29处	7.0	340.0	93.0	500	500	700	550	53.0	粉土	−10.0	3.6	3.1	278.0	1	6.2	2008年6月—2009年3月
159	鲁新煤矿风井		内蒙古鲁能开发公司	沈阳设计公司	特普公司路桥处	中煤三建29处	6.0	310.0	102.0	450	450	450	450	58.5	粉土	−10.0	3.5	2.7	187.0	1	5.4	2008年6月—2008年12月
160	母杜柴登煤矿主井	600	鄂尔多斯伊化矿业	南京设计公司	特普公司路桥处	江苏华美集团	6.5	664.5	128.9	400	350	500	650	128.89/675	细砂/基岩	−10.0	12.5/27	2.8	675.0	2	8.1	2008年10月—2011年2月
161	杨村煤矿主井	500	国投新集公司	南京设计公司	特普公司路桥处	中煤三建29处	7.5	1020.0	538.3	1150	1150		500	441.9/520.8	黏土/砂层	−18.0	5.86/7.23	10.7	723.0	4	14.9	2009年6月—2014年2月
162	杨村煤矿风井		国投新集公司	合肥设计公司	特普公司路桥处	中煤三建29处	7.8	986.9	538.9	1200	1200	500	550	466.9/523.7	黏土/砂层	−18.0	5.86/7.23	11.0	800.0	4	15.5	2010年2月—2015年10月
163	新集一煤矿西副井	500	国投新集公司	合肥设计公司	特普公司路桥处	中煤三建29处	7.2	762.5	190.0	800	500	450	450	176.8	粗砂	−12.0	4.3	4.0	300.0	2	7.6	2009年7月—2010年1月
164	新集一煤矿中央风井	90	国投新集公司	合肥设计公司	特普公司路桥处	中煤三建29处	6.5	466.5	161.0	750	500	450		155.0	黏土	−10.0	3.9	3.5	217.0	2	6.5	2009年4月—2010年1月
165	泊江海子煤矿风井	300	银宏能发公司		特普公司路桥处	中煤三建29处	7.6	569.0	6.9	850	550	850	550	485.8	侏罗组底板	−12.0	27.0	3.1	556.0	1	7.7	2009年6月—2010年6月

（续）

序号	井筒名称（矿名+井名）	矿井设计产能/(10^4 t·a^{-1})	建设单位	设计单位	冻结法施工单位	掘砌施工单位	井筒参数/m 直径	井筒参数/m 深度	井筒参数/m 土厚	井壁最大厚度(mm) 土层段 内壁	井壁最大厚度(mm) 土层段 外壁	井壁最大厚度(mm) 岩层段 内壁	井壁最大厚度(mm) 岩层段 外壁	冻结控制层 深度/m	冻结控制层 岩性	冻结控制层 冻结壁均温/℃	冻结控制层 冻土单轴抗压强度/MPa	冻结控制层 冻结壁设计厚度/m	冻结深度/m	布孔圈数/圈	外圈孔布置直径/m	冻结施工起止时间
166	查干淖尔煤矿副立井	800	冀能峰峰集团	武汉设计公司	特凿公司路桥处	中煤三建36处	9.0	210.0	54.1	800	550	800	550	54.1/210	黏土/泥岩	-12.0	2.388/2.1	3.4	220.0	2	8.0	2009年9月—2010年11月
167	查干淖尔煤矿回风井	800	冀能峰峰集团	武汉设计公司	特凿公司路桥处	中煤三建36处	6.0	210.0	57.5	550	450	550	450	57.5/192.2	亚黏土/泥岩	-12.0	2.388/2.1	3.1	220.0	2	6.0	2009年9月—2010年8月
168	红四煤矿主井	240	宁夏宝丰集团	合肥设计公司	特凿公司路桥处	中煤三建29处	5.5	963.0	466.1	1000	800	500		448.7	黏土	-15.0	4.4	7.5	645.0	3	10.0	2010年4月—2012年2月
169	板集煤矿主井①	300	国投新集公司	合肥设计公司	特凿公司路桥处	江苏华美集团	6.2	795.3	585.9	850	修复钻井法施工的井壁			580.0	砂质黏土	-10.0	3.7	3.0	660.0	2	7.2	2010年9月—2013年7月
170	板集煤矿副井①	300	国投新集公司	合肥设计公司	特凿公司路桥处	江苏华美集团	7.3	795.5	581.3	1000	修复钻井法施工的井壁			575.0	粉细砂	-15.0	6.0	5.0	673.0	2	8.3	2010年7月—2014年7月
171	板集煤矿风井①	300	国投新集公司	合肥设计公司	特凿公司路桥处	江苏华美集团	6.5	777.8	583.3	900	修复钻井法施工的井壁			580.0	砂质黏土	-10.0	3.5	3.0	666.0	1	7.4	2010年9月—2013年8月
172	班台子铁矿主井	200	班台子矿业公司	合肥设计公司	特凿公司路桥处	温州通业公司	4.5	550.0	260.0	800	450	450		260.0	砂层	-10.0	5.5	3.6	310.0	1	5.5	2011年6月—2012年6月
173	班台子铁矿副井	200	班台子矿业公司	合肥设计公司	特凿公司路桥处	温州通业公司	5.5	550.0	260.0	800	450	450		260.0	砂层	-10.0	5.5	4.1	305.0	2	6.3	2011年6月—2012年6月
174	班台子铁矿风井	200	班台子矿业公司	合肥设计公司	特凿公司路桥处	温州通业公司	5.5	530.0	260.0	800	450	450		260.0	砂层	-10.0	5.5	3.6	260.0	1	5.9	2011年12月—2012年8月
175	班台子铁矿措施井	200	班台子矿业公司	合肥设计公司	特凿公司路桥处	温州通业公司	5.0	550.0	260.0	750	450	450		260.0	砂层	-10.0	5.5	3.4	282.0	1	5.7	2011年6月—2012年5月
176	班台子铁矿北风井	200	班台子矿业公司	合肥设计公司	特凿公司路桥处	温州通业公司	5.0	535.0	230.0	750	450	450		220.0	砂层	-10.0	5.5	3.4	256.0	1	5.7	2012年6月—2013年1月

① 事故修复井。

附录 A 1995—2019 年立井井筒冻结法凿井数据统计资料

(续)

序号	井筒名称（矿名+井名）	矿井设计产能/(10^4 t·a^{-1})	建设单位	设计单位	冻结法施工单位	掘砌施工单位	井筒参数/m 直径	井筒参数/m 深度	井筒参数/m 土厚	井壁最大厚度(mm)/(混凝土等级) 土层段 内壁	土层段 外壁	岩层段 内壁	岩层段 外壁	深度/m	岩性	冻结壁均温/℃	冻土单轴抗压强度/MPa	冻结壁设计厚度/m	冻结深度/m	布孔圈数/圈	外圈孔布置直径/m	冻结施工起止时间
177	丁家寨煤矿主井	60	宁夏宝丰集团	合肥设计公司	特凿公司路桥处	中煤三建29处	5.0	904.0	278.6	450	450	600	500	265.1	粉砂	-15.0	4.3	4.5	653.0	2	6.6	2011年5月—2013年1月
178	祁南煤矿回风井	300	淮北矿业集团	合肥设计公司	特凿公司路桥处	中煤三建29处	7.5	1029.0	338.6	850	750		500	318.0	钙质黏土	-15.0	3.3	6.5	389.0	3	9.9	2011年9月—2012年9月
179	张集煤矿第二副井	1240	淮南矿业集团	约翰芬雷公司	特凿公司路桥处	中煤三建71处	8.8	876.5	338.0	900	750		500	284/332.2	黏土/钙质黏土	0.8	3.46/5.272	7.4	406.0	3	11.7	2011年12月—2012年10月
180	刘庄煤矿东回风井	800	国投新集公司	合肥设计公司	特凿公司路桥处	江苏华美集团	6.5	558.0	467.4	1200	1150		550	436.9	砂质黏土	-18.0	3.7	8.7	520.0	3	12.0	2012年12月—2017年6月
181	新河煤矿新建副井	30	新河矿业有限公司	淄博矿业集团设计公司	特凿公司路桥处	中煤三建36处	6.5	303.8	218.2	550	500		450	218.2	砾石层	-12.0		4.0	245.0	2	7.8	2013年9月—2014年6月
182	顾桥煤矿东进风井	1000	淮南矿业集团	合肥设计公司	特凿公司路桥处	中煤三建71处	7.5	1055.6	404.4	950	850		550	404.4	砂质黏土	-15.0	3.7	8.1	472.0	3	11.7	2014年1月—2015年1月
183	顾桥煤矿东回风井				特凿公司路桥处	中煤三建71处	7.0	1035.6	401.4	950	850		500	401.4	固结黏土	-15.0	3.7	8.2	464.0	3	11.3	2013年10月—2014年9月
184	李楼店煤矿西风井	240	华楼煤业公司	郑州设计公司	特凿公司钻井处	中煤三建30处	6.0	503.0	460.9	900	950		650	460.0	砂质黏土	-15.0	4.9	6.3	513.0	3	18.4	2009年6月—2010年7月
185	赵家寨煤矿西风井	120	新郑煤电公司	武汉设计公司	特凿公司钻井处	河南郑建集团	5.5	291.3	170.6	400	450	400	450	151.0	细砂	-7.0	11.0	2.2	274.0	1	10.3	2010年4月—2010年12月

（续）

序号	井筒名称（矿名+井名）	矿井设计产能/(10^4 t·a^{-1})	建设单位	设计单位	冻结施工单位	掘砌施工单位	井筒参数/m 直径	井筒参数/m 深度	井筒参数/m 土厚	井壁最大厚度(mm)/(混凝土等级) 土层段 内壁	井壁最大厚度(mm)/(混凝土等级) 土层段 外壁	井壁最大厚度(mm)/(混凝土等级) 岩层段 内壁	井壁最大厚度(mm)/(混凝土等级) 岩层段 外壁	冻结控制层 深度/m	冻结控制层 岩性	冻结控制层 冻结壁均温/℃	冻结控制层 冻土单轴抗压强度/MPa	冻结控制层 冻结壁设计厚度/m	冻结深度/m	布孔圈数/圈	外圈孔布置直径/m	冻结施工起止时间
186	平煤一矿北三回风井	120	平煤股份一矿	武汉设计公司	特凿公司钻井处	平煤建工建井二处	6.5	1075.0	91.0	400	400	400	400	658.0	砂质泥岩	0.8	卵石层12，砂质泥岩层20	2.3/3.9	660.0	2	14.0	2010年7月—2012年8月
187	平煤一矿北三进风井	120	平煤股份一矿	武汉设计公司	特凿公司钻井处	平煤建工建井二处	7.5	672.0	91.0	450	450	850	850	670.0	砂质泥岩	0.8	卵石层12，砂质泥岩层20	3.1/3.91	672.0	2	16.8	2011年6月—2013年6月
188	徐楼铁矿二期混合井	150	徐楼矿业公司	马鞍山矿山设计公司	特凿公司钻井处	温州建峰	5.0	418.0	67.0	600	400	300	300	67.0	黏土	−5.0	1.6	1.5	81.0	1	9.3	2010年7月—2011年2月
189	徐楼铁矿二期辅助井	150	徐楼矿业公司	马鞍山矿山设计公司	特凿公司钻井处	淮北永旭矿山公司	4.5	374.0	67.2	600	400	300	300	245.8	黏土	−10.0	13.8	1.0	374.0	1	10.0	2010年10月—2011年5月
190	平禹九煤矿回风井	120	河南平禹煤电公司	武汉设计公司	特凿公司钻井处	平煤建工建井二处	5.5	446.0	360.5	700	700	500	500	356.3	砂质黏土	−15.0	5.1	5.2	446.0	3	15.6	2011年4月—2012年8月
191	河南顺发煤矿主井	30	宏福煤业公司	郑州设计公司	特凿公司钻井处	河南郑建集团	5.0	105.0	40.0	350	350	400	400	40.0	粉土	−7.0	4.0	0.8	105.0	1	9.6	2012年5月—2012年12月
192	安徽周油坊2号铁矿副井	200	金日盛矿业	马鞍山矿山设计公司	特凿公司钻井处	温州建设集团	5.5	218.0	134.5	350	350			114.2	中砂层	−7.0	4.9	2.3	218.0	1	10.8	2012年6月—2013年4月
193	田陈煤矿北区新回风井	120	枣庄矿业集团	济南设计公司	特凿公司钻井处	中煤一建31处	4.5	210.0	30.7	350	350	350	350	30.7	砂质黏土	−7.0	4.4	0.8	210.0	1	9.8	2012年9月—2013年3月

附录 A　1995—2019 年立井井筒冻结法凿井数据统计资料

(续)

序号	井筒名称（矿名+井名）	矿井设计产能/(10^4 t·a^{-1})	建设单位	设计单位	冻结法施工单位	掘砌施工单位	井筒参数/m 直径	井筒参数/m 深度	井筒参数/m 土厚	井壁最大厚度(mm)/(混凝土等级) 土层段 内壁	井壁最大厚度(mm)/(混凝土等级) 土层段 外壁	井壁最大厚度(mm)/(混凝土等级) 岩层段 内壁	井壁最大厚度(mm)/(混凝土等级) 岩层段 外壁	深度/m	冻结控制层 岩性	冻结控制层 冻结壁均温/℃	冻结控制层 冻土单轴抗压强度/MPa	冻结控制层 冻结壁设计厚度/m	冻结深度/m	布孔圈数/圈	外圈孔布置直径/m	冻结施工起止时间
194	梧桐庄煤矿南风井	120	冀能峰峰集团	五矿邯邢设计公司	特凿公司钻井处	中煤三建36处	6.0	160.0	137.3	450	450	450	450	137.3	砂砾石	-7.0	5.5	2.7	160.0	1	11.7	2012年10月—2013年7月
195	大贾庄铁矿主井	500	河北钢铁集团	中冶北方公司	特凿公司钻井处	中煤三建36处	6.0	690.5	139.1	350	400	800	400	139.1	砂质黏土	-8.0	4.4	2.2	277.0	1	12.7	2012年10月—2013年12月
196	大贾庄铁矿1号副井	500	河北钢铁集团	中冶北方公司	特凿公司钻井处	中煤三建36处	7.5	535.5	140.7	350	400	800	400	140.7	砂质黏土	-8.0	4.4	2.6	204.0	1	14.0	2012年10月—2013年7月
197	重新集铁矿2号副井	200	金日盛矿业公司	中冶京诚公司	特凿公司钻井处	中煤三建29处	6.0	136.0	56.8	400	400	400	400	55.0	黏土	-7.0	4.0	1.3	136.0	1	10.5	2013年7月—2014年2月
198	黄屯硫铁矿风井	200	庐江金鼎矿业公司	长沙矿山设计公司	特凿公司钻井处	中煤三建36处	5.0	369.0	13.0	300	300	450	450	13.0	黏土	-3.0	3.2	0.9	379.0	1	11.0	2013年3月—2013年10月
199	黄屯硫铁矿措施井	200	庐江金鼎矿业公司	长沙矿山设计公司	特凿公司钻井处	中煤三建36处	5.0	394.0	15.4	300	300	450	450	13.0	黏土	-3.0	3.2	0.9	404.0	1	11.0	2013年3月—2013年8月
200	马城铁矿3号回风井	800	河北钢铁集团	中冶北方公司	特凿公司钻井处	中煤三建71处	8.0	949.0	112.2	500	450	500	400	112.2	黏土	-8.0	4.0	2.1	196.0	1	14.0	2014年1月—2014年10月
201	顾桥煤矿主井					中煤五建3处	7.5	811.3	316.1	800 (C60)	550 (C60)	800 (C60)	550 (C60)	320.8	砂砾岩	-15.0	5.5	5.6	325.0	2	17.6/14.4	2003年4月—2004年3月
202	顾桥煤矿风井	500		合肥设计公司	开凿集团制冷处	中煤三建71处	7.5	811.3	322.0	总厚度1000～1800 (C30～C55)		单层500 (C30)		318.4	砂砾岩	-15.0	6.4	5.9	389.0	2	18.5/15	2003年4月—2004年3月
203	顾桥煤矿副井		淮南矿业集团			淮南建井处	8.1	705.9	462.6					502.0	细砂	-16.5	6.6	11.2	500.0	3	27.6/21.4/16/14.2	2004年11月—2005年12月

(续)

序号	井筒名称(矿名+井名)	矿井设计产能/(10⁴t·a⁻¹)	建设单位	设计单位	冻结法施工单位	掘砌施工单位	井筒参数/m 直径	井筒参数/m 深度	井筒参数/m 土厚	井壁最大厚度(mm)/(混凝土等级) 土层段 内壁	井壁最大厚度(mm)/(混凝土等级) 土层段 外壁	井壁最大厚度(mm)/(混凝土等级) 岩层段 内壁	井壁最大厚度(mm)/(混凝土等级) 岩层段 外壁	冻结控制层 深度/m	冻结控制层 岩性	冻结控制层 冻结壁均温/℃	冻结控制层 冻土单轴抗压强度/MPa	冻结控制层 冻结壁设计厚度/m	冻结深度/m	布孔圈数/圈	外圈孔布置直径/m	冻结施工起止时间
204	刘庄煤矿风井	800	开滦集团	开滦设计公司	开滦集团制冷处	开滦集团矿建处	5.5	885.0	151.3					116.0	细砂	−8.0	2.0		165.0	1	9.2	2003年7月—2004年2月
205	丁集煤矿主井	500	淮南矿业集团	合肥设计公司	开滦集团制冷处	中煤三建29处	7.5	885.0	530.4					514.0	细砂	−16.5	6.5	11.7	565.0	3	28.2/21.2/14.8	2003年7月—2005年3月
206	丁集煤矿副井	500	淮南矿业集团	合肥设计公司	开滦集团制冷处	中煤一建49处	8.0	855.0	525.3					502.0	细砂	−16.3	6.4	12.3	565.0	3	31/23.2/16	2003年7月—2005年3月
207	潘北煤矿风井	400	淮南矿业集团	淮北工业设计公司	开滦集团制冷处	中煤三建71处	7.0	703.2	348.0	总厚度900~1700 (C30~C55)		单层600 (C30)		317.0	粗砂	−15.0	5.8	6.3	395.0	2	18.4/13.4/14.6	2004年7月—2005年6月
208	袁店煤矿主井	180	淮北矿业集团	南京设计公司	开滦集团制冷处	中煤一建49处	5.0	749.0	254.7					246.4	砂层	−15.0	3.5	4.4	298.0	2	14.0	2005年7月—2007年10月
209	袁店煤矿副井	180	淮北矿业集团	合肥设计公司	开滦集团制冷处	中煤三建71处	6.5	800.2	254.7	800		500		250.0	砂层	−15.0	3.5	5.2	305.0	2	17/12.7/11.9	2005年7月—2007年10月
210	界沟煤矿副井	60	淮北矿业集团		开滦集团制冷处	开滦集团矿建处	5.0		288.0	600				279.9	砂层	−15.0	3.6	4.5	328.0	2	14.4/10	2006年4月—2006年12月
211	顾桥煤矿南区进风井	1000	淮南矿业集团	合肥设计公司	开滦集团制冷处	中煤三建71处	8.6	852.6	345.0	600~950 (C30~C55)	550~800 (C30~C55)	单层600~700 (C30~C40)		290.1	粗砂	−14.0	2.8	6.1	345.0	2	20.6/14.1/15.7	2006年12月—2008年1月
212	顾桥煤矿南区回风井	1000	淮南矿业集团	合肥设计公司	开滦集团制冷处	中煤一建49处	7.2	827.0	305.0					305.0	粗砂	−14.0	2.8	5.6	350.0	2	18.2/12.3/13.8	2006年12月—2008年1月

附录 A　1995—2019 年立井井筒冻结法凿井数据统计资料（续）

序号	井筒名称（矿名+井名）	矿井设计产能/(10^4 t·a^{-1})	建设单位	设计单位	冻结法施工单位	掘砌施工单位	井筒参数/m 直径	井筒参数/m 深度	井筒参数/m 土厚	井壁最大厚度(mm)/(混凝土等级) 土层段 内壁	井壁最大厚度(mm)/(混凝土等级) 土层段 外壁	井壁最大厚度(mm)/(混凝土等级) 岩层段 内壁	井壁最大厚度(mm)/(混凝土等级) 岩层段 外壁	冻结控制层 深度/m	冻结控制层 岩性	冻结控制层 冻结壁均温/℃	冻结控制层 冻土单轴抗压强度/MPa	冻结控制层 冻结壁设计厚度/m	冻结深度/m	布孔圈数/圈	外圈孔布置直径/m	冻结施工起止时间
213	祁东煤矿南区进风井	400	皖北煤电集团	合肥设计公司	开滦集团制冷处	开滦集团矿建处	6.5	531.5	425.0	600(C60)	550(C60)			425.0	细砂	−15.0	6.2	7.8	460.0	3	20.2/14/10.8	2008年4月—2009年7月
214	潘一东煤矿第二副井	300	淮南矿业集团	合肥设计公司	开滦集团制冷处	中煤五建3处	8.6	1034.2	203.6	450(C20)	600(C60)	600(C60)	550(C60)	184.9	中砂	−12.0	4.8	4.1	276.0	2	16.8/13.6	2008年1月—2009年6月
215	北阳庄煤矿主井	180	开滦集团	开滦设计公司	开滦集团制冷处	中煤一建63处	467.5	186.00	450	450(C20)	450(C20)		186.00	凝灰岩	砂层	−8.0	4.5	2.2	190.0	1	10.0	2008年11月—2010年6月
216	北阳庄煤矿副井						488.2	186.00	500	600(C20)	500(C20)		186.00	砂砾岩	砂层	−8.0	4.5	2.7	190.0	1	12.4	2008年11月—2009年9月
217	朱集西煤矿副井	400	皖北煤电集团	南京设计公司	开滦集团制冷处	中煤五建3处	8.0	1015.2	468.7	1200(C75)	1200(C70)	1200(C75)	1200(C70)	410.3	细砂	−18.0	6.0	10.0	540.0	3	29/22.8/16.4/14.2	2009年4月—2010年7月
218	察哈素煤矿副井	800	国电投内蒙古能源公司	南京设计公司	开滦集团制冷处	中煤三建30处	9.2	485.1	3.4	950	450	900	500	274.2	巨砾岩	−8.0	7.0	4.0	452.5	1	16.9	2009年4月—2010年7月
219	察哈素煤矿风井					河北煤建4处	7.2	452.0	3.4	1050	600			281.0	巨砾岩	−8.0	7.0	3.5	395.0	1	15.0	2009年11月—2011年3月
220	红一煤矿主井	240	中电投宁夏能源公司	武汉设计公司	开滦集团制冷处	华煤	6.0	524.0	361.2	800	750	950		345.2	粉砂	12.0	6.6	5.8	412.0	3	18.1/13.7/9.8	2009年11月—2011年3月
221	红一煤矿副井					中煤三建71处	8.0	453.0	359.1	950	950	单层800(C60)		304.6	粉砂	−12.5	6.5	7.2	432.0	3	2.1/16/12.6	2009年10月—2011年1月
222	红一煤矿风井						6.0	453.0	363.9	400~800(C40~C60)	400~750(C40~C60)			298.1	粉砂	−12.0	6.4	5.7	450.0	3	17.7/13.5/10.2	2009年6月—2010年6月

（续）

序号	井筒名称（矿名+井名）	矿井设计产能/(10^4 t·a^{-1})	建设单位	设计单位	冻结法施工单位	掘砌施工单位	井筒参数/m 直径	井筒参数/m 深度	井筒参数/m 土厚	井壁最大厚度(mm)/(混凝土等级) 土层段 内壁	井壁最大厚度(mm)/(混凝土等级) 土层段 外壁	井壁最大厚度(mm)/(混凝土等级) 岩层段 内壁	井壁最大厚度(mm)/(混凝土等级) 岩层段 外壁	冻结控制层 深度/m	冻结控制层 岩性	冻结控制层 冻结壁均温/℃	冻结控制层 冻土单轴抗压强度/MPa	冻结控制层 冻结壁设计厚度/m	冻结深度/m	布孔圈数/圈	外圈孔布置直径/m	冻结施工起止时间
223	龙祥煤矿主井	240	龙祥矿业公司	济南设计公司	开滦集团制冷处	开滦集团矿建处	5.0		364.5	1375				337.4	细砂层	-12.0	5.1	5.5	410.0	2	15/12/10.4	2011年6月—2012年6月
224	龙祥煤矿副井	180					6.0		364.1	1578				334.9	细砂层	-12.0	5.1	6.4	448.0	2	17./14/11.8	2011年6月—2012年6月
225	红二煤矿风井	180	宁夏能源公司	武汉设计公司	开滦集团制冷处	中煤三建71处	6.0	730.0	295.2	500~700(C45~C65)	550~750(C45~C65)	单层 750~500(C65~C45)		253.6	粉砂	-12.0	5.6	4.6	374.0	3	15.5/12.7/10	2011年9月—2014年3月
226	林南仓煤矿新风井	180	开滦集团	开滦设计公司	开滦集团制冷处	中煤一建63处	6.5	654.5	12.0	1000(C20)	400(C25)	550(C25)	450(C25)	240.0	泥层	-8.0	5.5	2.0	245.0	1	12.0	2009年7月—2010年4月
227	磁西煤矿主井	180		邯郸设计公司	开滦集团制冷处	中煤一建49处	7.0	967.0	136.0	450 mm, (C40, C50)	600 mm, 550 mm (C40, C50)	550 mm, 650 mm (C40, C45)		128.0	砂层	-8.0	1.7	2.1	200.0	1	11.8	2010年9月—2011年7月
228	磁西煤矿副井	180	冀中能源		开滦集团制冷处	中煤五建3处	8.0	1340.0	189.0	700(C55)	650(C55)	700(C55)	650(C55)	155.3	砂层	-10.0	2.0	2.9	250.0	1	13.2	2011年4月—2011年10月
229	磁西煤矿风井	180		开滦设计公司	开滦集团制冷处	河南煤建	7.0	1305.0	189.0	650	650	550		155.3	砂层	-10.0	2.0	2.6	250.0	1	11.8	2011年2月—2011年8月
230	潘三煤矿新西风井	500	淮南矿业集团	合肥设计公司	开滦集团制冷处	龙煤集团22处	7.0	690.2	441.2	900	850	600		440.1	细砂层	-15.0	6.2	8.6	508.0	3	25.6/19.9/12/14.2	2010年9月—2011年11月

附录 A 1995—2019 年立井井筒冻结法凿井数据统计资料

(续)

序号	井筒名称(矿名+井名)	矿井设计产能/(10^4 t·a^{-1})	建设单位	设计单位	冻结法施工单位	掘砌施工单位	井筒参数/m 直径	井筒参数/m 深度	井筒参数/m 土厚	井壁最大厚度(mm)/(混凝土等级) 土层段 内壁	井壁最大厚度(mm)/(混凝土等级) 土层段 外壁	井壁最大厚度(mm)/(混凝土等级) 岩层段 内壁	井壁最大厚度(mm)/(混凝土等级) 岩层段 外壁	冻结控制层 深度/m	冻结控制层 岩性	冻结控制层 冻结壁均温/℃	冻结控制层 冻土单轴抗压强度/MPa	冻结控制层 冻结壁设计厚度/m	冻结深度/m	布孔圈数/圈	外圈孔布置直径/m	冻结施工起止时间
231	祁南煤矿副井	180	淮北矿业集团	合肥设计公司	开滦集团制冷处	中煤五建3处	8.2	1065.0	340.2	950(C60)	800(C55)	950(C60)	800(C55)	300.0	砂层	-15.0	3.3	6.8	400.0	3	21.4/16.4/15.8/13.5	2011年11月—2012年11月
232	平煤八矿二号进风井		平煤集团	平煤设计公司	开滦集团制冷处	平煤建工建井2处	7.6		415.5	600	1000	500		415.5	砾石	-15.2	6.2	8.3	453.0	3	23.2/19.4/14.6	2011年10月—2013年5月
233	张集煤矿东进风井	1240	淮南矿业集团	约翰芬雷设计公司	开滦集团制冷处	中煤五建3处	7.2	1027.5	277.7	700(C65)	700(C65)	700(C65)	700(C65)	248.4	细砂层	-15.0	4.8	6.1	373.0	3	18.5/13.6/12	2012年10月—2013年8月
234	张集煤矿东回风井					中煤三建71处	8.0	1008.5	277.4	500~950(C35~C65)	550~800(C30~C65)	单层500~600(C40)		248.9	细砂层	-15.0	4.8	6.8	374.0	3	20.6/15.2/13	2012年10月—2013年8月
235	刘河煤矿中央风井	30	河南神火煤电集团	武汉设计公司	开滦集团制冷处	华探	5.0	386.5	231.8	600	550	400		231.8	中砂	-8.0	5.6	3.6	288.0	2	12.2/9.5	2012年6月—2013年8月
236	袁大滩煤矿进风井		陕西中能煤田	西安设计公司	开滦集团制冷处	中煤一建四处	7.5	372.3	78.6	700	450	1150		127.5	砂岩	-7.0	5.6	2.8	359.4	2	14.7/11.4	2013年4月—2014年7月
237	袁大滩煤矿回风井						7.5	348.2	78.6	700	450	1150		127.5	砂岩	-7.0	5.6	2.8	382.3	2	14.7/11.4	2013年4月—2014年7月
238	许疃煤矿新主井		淮北矿业集团	南京设计公司	开滦集团制冷处	中煤三建36处	6.5	527.0	354.1	1553		500		339.3	砂层	-15.0	6.5	6.5	416.0	3	19.7/15/11.6	2013年6月—2014年7月

（续）

序号	井筒名称（矿名+井名）	矿井设计产能/(10^4t·a^{-1})	建设单位	设计单位	冻结法施工单位	掘砌施工单位	井筒参数/m 直径	井筒参数/m 深度	井筒参数/m 土厚	井壁最大厚度（mm）（混凝土等级）土层段 内壁	井壁最大厚度（mm）（混凝土等级）土层段 外壁	井壁最大厚度（mm）（混凝土等级）岩层段 内壁	井壁最大厚度（mm）（混凝土等级）岩层段 外壁	冻结控制层 深度/m	冻结控制层 岩性	冻结控制层 冻结壁均温/℃	冻结控制层 冻土单轴抗压强度/MPa	冻结壁设计厚度/m	冻结深度/m	布孔圈数/圈	外圈孔布置直径/m	冻结施工起止时间
239	马城铁矿1号主井		首钢马城矿业	中冶北方公司	开滦集团	开滦集团	6.5	796.5	154.4	950				150.4	中粗砂	-8.0	5.3	2.0	226.0	1	11.55/12.55	2013年10月—2014年6月
240	马城铁矿2号进风井		首钢马城矿业	中冶北方公司	制冷队	开滦集团一矿处	8.0	918.5	154.4	1275				150.4	中粗砂	-8.0	5.3	2.0	280.0	1	13.55/14.55	2013年8月—2014年6月
241	马庄矿风井①	45	河南煤化焦煤公司	郑州设计公司	兖矿新陆公司	河南煤建集团	3.8	273.5	45.0	250	250	250	250	45.0	砂	-5.0	2.8	2.2	57/63	2	3.6	1995年1月
242	许厂煤矿主井	300	淄博矿业集团	济南设计公司	兖矿新陆公司	中煤一建31处	4.5	250.0	191.8	800~950				191.8	黏土	-8.0	3.2	3.5	230.0	2	5.3	1996年11月
243	许厂煤矿副井		淄博矿业集团	济南设计公司	兖矿新陆公司	中煤一建49处	6.5	250.0	190.1	1000~1200				190.1	黏土	-8.0	3.2	4.5	230.0	2	6.8	1996年9月
244	许厂煤矿风井					中煤一建31处	5.0	250.0	191.6	900~1000				191.6	黏土	-8.0	3.2	3.7	230.0	2	5.8	1996年2月
245	古城矿主井	180	临沂矿业集团	济南设计公司	兖矿新陆公司	中煤一建31处	5.5	672.8	175.5	850~950				160.0	砂	-7.0	4.4	2.7	250.0	2	5.9	1996年2月
246	古城矿副井		临沂矿业集团	济南设计公司	兖矿新陆公司	中煤一建31处	6.0	688.8	170.7	900~1000				160.0	砂	-7.0	4.4	2.9	250.0	2	6.2	
247	汶阳矿混合井	24	肥城矿业集团	肥城设计公司	兖矿新陆公司	新矿华新建工	5.0	292.5	20.4	350	350	350	350	20.4	砂	-4.0	3.2	1.8	130/88	1	4.8	

① 事故修复井。

附录 A 1995—2019 年立井井筒冻结法凿井数据统计资料

（续）

序号	井筒名称（矿名+井名）	矿井设计产能/(10^4 t·a^{-1})	建设单位	设计单位	冻结法施工单位	掘砌施工单位	井筒参数/m 直径	井筒参数/m 深度	井筒参数/m 土厚	井壁最大厚度（mm）/（混凝土等级）土层段 内壁	井壁最大厚度（mm）/（混凝土等级）土层段 外壁	井壁最大厚度（mm）/（混凝土等级）岩层段 内壁	井壁最大厚度（mm）/（混凝土等级）岩层段 外壁	冻结控制层 深度/m	冻结控制层 岩性	冻结控制层 冻结壁均温/℃	冻结控制层 冻土单轴抗压强度/MPa	冻结控制层 冻结壁设计厚度/m	冻结深度/m	布孔圈数/圈	外圈孔布置直径/m	冻结施工起止时间
248	汶口石膏矿主井		新汶矿业集团	新矿设计公司	兖矿新陆公司	新矿华新工程处	4.5	270.0	20.5	300	300	300	300	20.5	砂	−5.0	3.2	1.6	30/50	1	4.2	1996年3月—
249	汶口石膏矿副井		新汶矿业集团	新矿设计公司	兖矿新陆公司	新矿华新工程处	3.5	265.0	20.5	300	250	300	250	20.5	砂	−5.0	3.2	1.2	30/50	1	3.5	1996年8月—
250	汶口石膏矿风井		新汶矿业集团	新矿设计公司	兖矿新陆公司	新矿华新工程处	3.0	250.0	20.5	300	250	300	250	20.5	砂	−5.0	3.2	1.2	85.0	1	3.6	1996年8月—
251	金桥煤矿主井	60	济宁司法局	南京设计公司		中煤五建1处	4.5	506.0	376.4	850~1200	850~1200			376.4	黏土	−12.0	3.2	6.1	385/412	2	7.3	1996年1月—
252	金桥煤矿副井①	60	济宁司法局	南京设计公司		枣庄中兴建安	5.0	496.2	383.1	950~1350	950~1350			383.1	黏土	−12.0	3.2	6.7	385/412	2	7.8	1997年2月—
253	金桥煤矿副井①	60	济宁司法局	济南设计公司	兖矿新陆公司	中煤一建49处	5.0	496.2	383.1	950~1350	950~1350			220.0	黏土	−10.0	3.8	4.0	255.0	1	5.5	2000年3月—2000年12月
254	岱庄煤矿主井	70	淄博矿业集团	济南设计公司		中煤五建2处	4.5	432.0	273.5	500	400	500	400	273.5	黏土	−10.0	3.1	4.0	320.0	2	6.4	1998年2月—
255	岱庄煤矿副井	70	淄博矿业集团	济南设计公司		中煤一建31处	6.5	450.0	274.4	650	550	650	550	274.5	黏土	−10.0	3.1	5.0	320.0	2	7.6	1997年12月—
256	岱庄煤矿风井	70	淄博矿业集团	济南设计公司			5.0	460.0	276.0	600	500	600	500	276.0	黏土	−10.0	3.1	4.2	315.0	2	6.8	1997年9月—
257	泰岳石膏矿		泰安市岱岳区	肥矿设计公司	兖矿新陆公司	新矿华新建工	6.0	250.0	19.0	400	400	400	400	19.0	砂	−6.0	4.0	1.8	230.0	1	5.1	1998年5月—

① 事故处理井。

（续）

序号	井筒名称（矿名+井名）	矿井设计产能/(10^4 t·a^{-1})	建设单位	设计单位	冻结法施工单位	掘砌施工单位	井筒参数/m 直径	井筒参数/m 深度	井筒参数/m 土厚	井壁最大厚度（mm）/（混凝土等级）土层段 内壁	井壁最大厚度（mm）/（混凝土等级）土层段 外壁	井壁最大厚度（mm）/（混凝土等级）岩层段 内壁	井壁最大厚度（mm）/（混凝土等级）岩层段 外壁	冻结控制层 深度/m	冻结控制层 岩性	冻结控制层 冻结壁均温/℃	冻结控制层 冻土单轴抗压强度/MPa	冻结控制层 冻结壁设计厚度/m	冻结深度/m	布孔圈数/圈	外圈孔布置直径/m	冻结施工起止时间
258	葛亭煤矿主井	120	淄博矿业集团	济南设计公司	兖矿新陆公司	中煤三建29处	5.0	410.0	270.1	600	400	600	400	270.1	黏土	-10.0	2.9	4.2	298.0	2	6.8	1998年11月—
259	葛亭煤矿副井	180	淄博矿业集团	山东冶金设计公司	兖矿新陆公司	中煤三建71处	5.0	410.0	268.2	600	400	600	400	268.2	黏土	-10.0	2.9	4.2	296.0	2	6.8	1999年1月—
260	莱州仓上金矿		莱州金矿业公司				4.5	900.0	40.0	600~1000				25.4	砂	-6.0	3.6	2.1	56.0	1	4.5	1999年12月—2000年3月
261	唐口煤矿主井	300	淄博矿业集团	济南设计公司	兖矿新陆公司	中煤一建49处	7.5	989.0	194.2	1300				194.2	砂	-8.0	4.4	3.7	245.0	2	7.8	2001年1月—2001年8月
262	唐口煤矿副井					中煤五建3处	7.0	989.0	194.6	1150				194.6		-8.0	4.4	3.4	255.0	2	7.3	2001年1月—2001年8月
263	唐口煤矿风井					中煤一建31处	6.0	989.0	193.0	950				193.0		-8.0	4.4	2.9	245.0	2	6.3	2001年1月—2001年8月
264	梁宝寺一号煤矿主井	420	肥城矿业集团	南京设计公司	兖矿新陆公司	龙矿鸡西二处	5.0	760.0	370.9	1200~1350				370.9	黏土	-12.0	2.1	5.7	461.0	2	7.5	2002年3月—2003年8月
265	梁宝寺一号煤矿副井					中煤五建3处	6.5	790.0	371.6	1350~1650				371.6		-12.0	2.1	6.7	461.0	2	8.5	2002年5月—2003年10月
266	梁宝寺一号煤矿风井					河南煤建集团	5.0	760.0	370.9	1200~1350				370.9	黏土	-12.0	2.1	5.7	461.0	2	7.5	2002年1月—2003年7月

附录A 1995—2019年立井井筒冻结法凿井数据统计资料

（续）

序号	井筒名称（矿名+井名）	矿井设计产能/(10^4t·a^{-1})	建设单位	设计单位	冻结法施工单位	掘砌施工单位	井筒参数/m 直径	井筒参数/m 深度	井筒参数/m 土厚	井壁最大厚度(mm)/(混凝土等级) 土层段 内壁	井壁最大厚度(mm)/(混凝土等级) 土层段 外壁	井壁最大厚度(mm)/(混凝土等级) 岩层段 内壁	井壁最大厚度(mm)/(混凝土等级) 岩层段 外壁	深度/m	冻结控制层 岩性	冻结控制层 冻结壁均温/℃	冻结控制层 冻土单轴抗压强度/MPa	冻结控制层 冻结壁设计厚度/m	冻结深度/m	布孔圈数/圈	外圈孔布置直径/m	冻结施工起止时间
267	聚源石膏矿主混井	60	聚源矿业公司	南京设计公司	兖矿新陆公司	中煤三建71处	5.0	280.0	21.4	600				21.4	泥砂岩	-2.5	1.9	0.6	135.0	1		2002年7月—2003年1月
268	聚源石膏矿副风井		聚源矿业公司	南京设计公司	兖矿新陆公司	中煤三建71处	3.5	280.0	21.4	500				21.4		-2.5	1.9	0.6	135.0	1		2002年7月—2003年1月
269	山东龙固煤矿副井	600	新汶矿业集团	济南设计公司	兖矿新陆公司	中煤三建71处	7.0	874.6	567.7	2200				567.7	黏土	-17.0	6.5	12.5	650.0	3	13.5	2003年2月—2005年1月
270	鑫安煤矿主井	45	华宁矿业公司	宁夏设计公司	兖矿新陆公司	中煤一建31处	5.0	430.0	81.7	1000	600			81.7	砂/黏土	-6.0	4.0	1.5	136.0	2	4.5	2003年4月—2003年8月
271	山东赵楼煤矿主井①	300	兖煤菏泽能化公司	济南设计公司	兖矿新陆公司	中煤一建31处	7.0	955.0	473.0	1000~2000	550~600			473.0	黏土	-17.0	6.2	6.3/9.5	527.0	3	12.0	2003年6月—2005年5月
272	山东赵楼煤矿副井①		兖煤菏泽能化公司	济南设计公司	兖矿新陆公司	中煤一建31处	7.2	935.0	475.0	1000~2150	550~600			475.0	黏土/砂	-16.0	2.4	6.5/9.5	530.0	3	12.3	2003年6月—2005年5月
273	山东赵楼煤矿风井①		兖煤菏泽能化公司	济南设计公司	兖矿新陆公司	中煤一建49处	6.5	857.0	471.0	900~2000	550~600			471.0		-15.0	2.4	4.5/9.0	534.0	3	11.3	2003年6月—2005年5月
274	宁夏亘元煤矿风井		宁夏煤业集团	宁夏设计公司	兖矿新陆公司	中煤三建71处	6.0	525.0	262.6	650~1050				262.6	砂	-12.0	4.0	4.8	275.0	2	7.0	2003年7月—2004年3月
275	山东彭庄煤矿主井	110	菏泽煤电公司	济南设计公司	兖矿新陆公司	中煤五建3处	5.0	505.5	299.1	800~1200				299.1	黏土	-12.0	3.8	5.3	378.0	2	7.0	2003年8月—2004年7月

① 全国首个矿井建设期间井下降温工程，获煤炭行业"太阳杯"。

（续）

序号	井筒名称（矿名+井名）	矿井设计产能/(10^4 t·a^{-1})	建设单位	设计单位	冻结法施工单位	掘砌施工单位	井筒参数/m 直径	井筒参数/m 深度	井筒参数/m 土厚	井壁最大厚度(mm)/岩层段等级 土层段 内壁	井壁最大厚度(mm)/岩层段等级 土层段 外壁	井壁最大厚度(mm)/岩层段等级 岩层段 内壁	井壁最大厚度(mm)/岩层段等级 岩层段 外壁	冻结控制层 深度/m	冻结控制层 岩性	冻结控制层 冻结壁均温/℃	冻结控制层 冻土单轴抗压强度/MPa	冻结控制层 冻结壁设计厚度/m	冻结深度/m	布孔圈数/圈	外圈孔布置直径/m	冻结施工起止时间
276	山东彭庄煤矿副井	110	菏泽煤电公司	济南设计公司	兖矿新陆公司	中煤五建3处	6.0	490.5	299.6	900~1350				299.7	黏土	-12.0	3.8	6.0	378.0	2	7.8	2003年8月—2004年7月
277	山东北宅煤矿东风井		龙口煤电公司	济南设计公司	兖矿新陆公司	龙口矿务局工程处	5.0	258.0	69.3	800				69.3	砂质黏土	-8.0	3.2	2.4	135.0	2	4.7	2003年12月—2004年4月
278	山东滨湖煤矿主井	110	枣庄矿业集团	济南设计公司	兖矿新陆公司	枣庄中兴建安	5.0	116.0	513.0	800				116.0	砂	-8.0	12.0	2.2	140.0	2	4.7	2004年2月—2004年7月
279	山东滨湖煤矿副井			济南设计公司	兖矿新陆公司		6.5	114.0	538.0	900				114.0	砂	-8.0	12.0	2.6	140.0	2	5.8	2004年2月—2004年7月
280	山东王楼煤矿主井	45	临沂矿业集团	济南设计公司	兖矿新陆公司	中煤一建31处	5.5	737.5	266.2	900~1100				266.2	砂质黏土	-10.0	5.5	4.9	291.0	2	6.6	2004年5月—2005年1月
281	山东王楼煤矿副井			济南设计公司	兖矿新陆公司		6.0	766.5	269.8	1000~1200				269.8	砂质黏土	-10.0	5.5	5.3	291.0	2	7.1	2004年5月—2005年2月
282	毛家寨铁矿主井	120	昌邑矿业公司	山东冶金设计公司	兖矿新陆公司	温州巷道二公司	5.5	170.0	24.2	800				24.2	砂	-6.0	3.0	0.8	80.0	1	4.4	2004年5月—2004年10月
283	毛家寨铁矿猎槽施井			山东冶金设计公司	兖矿新陆公司		3.5	165.0	24.2	800				24.2	砂	-6.0	3.0	0.6	80.0	1	3.4	2004年5月—2004年10月
284	毛家寨铁矿风井			山东冶金设计公司	兖矿新陆公司		4.0	160.0	22.5	800				22.5	砂	-6.0	3.0	0.6	80.0	1	3.6	2004年5月—2004年10月
285	顾北煤矿主井	400	淮南矿业集团	合肥设计公司	兖矿新陆公司	中煤三建71处	7.6	675.9	464.0	2100				464.0	砂质黏土	0.8	5.0	7.2/9.6	490.0	3	12.8	2004年6月—2005年9月

（续）

序号	井筒名称（矿名+井名）	矿井设计产能/(10⁴ t·a⁻¹)	建设单位	设计单位	冻结法施工单位	掘砌施工单位	井筒参数/m 直径	井筒参数/m 深度	井筒参数/m 土厚	井壁最大厚度(mm)/(混凝土等级) 土层段 内壁	井壁最大厚度(mm)/(混凝土等级) 土层段 外壁	井壁最大厚度(mm)/(混凝土等级) 岩层段 内壁	井壁最大厚度(mm)/(混凝土等级) 岩层段 外壁	冻结控制层 深度/m	冻结控制层 岩性	冻结控制层 冻结壁均温/℃	冻结控制层 冻土单轴抗压强度/MPa	冻结控制层 冻结壁设计厚度/m	冻结深度/m	布孔圈数/圈	外圈孔布置直径/m	冻结施工起止时间
286	济阳煤矿主井	45	新汶矿业集团	济南设计公司	兖矿新陆公司	中煤一建49处	5.0	536.2	280.3	800~1150				280.3	黏土	-12.0	3.4	5.9	355.0	2	7.5	2004年7月—2005年6月
287	济阳煤矿副井			济南设计公司	兖矿新陆公司	中煤一建49处	6.0	566.2	277.7	900~1300				277.7	黏土质砂	-12.0	3.4	6.5	360.0	2	8.5	2004年7月—2005年7月
288	郭屯煤矿副井	240	菏泽煤电公司	济南设计公司	兖矿新陆公司	中煤五建3处	6.5	883.0	583.1	950~2500				583.1	砂质黏土	-20.0	6.4	11.0	702.0	4	13.8	2004年9月—2006年10月
289	亭南煤矿主井①	120	亭南煤业公司	煤科院抚顺分院	兖矿新陆公司	中煤一建49处	5.0	411.3	10.3	600				386.0	砂质黏土	-5.7	4.0	2.3	386.0	1	5.3	2004年1月—2004年9月
290	亭南煤矿副井		亭南煤业公司		兖矿新陆公司	龙煤鸡西矿业分公司	6.0	427.0	10.3	600				386.0	砂/砾石	-5.7	4.0	2.3	386.0	1	5.8	2004年1月—2004年9月
291	石嘴山一煤矿南翼立风井	120	宁夏煤业公司	宁夏煤炭设计公司	兖矿新陆公司	中煤五建2处	6.0	525.0	256.9	650~1050				256.9	砂土	-12.0	5.1	4.8	270.0	2	7.0	2005年4月—2005年12月
292	爱民温都煤矿主井	120	平煤阿鲁科尔沁旗煤业公司	沈阳设计公司	兖矿新陆公司	沈阳矿务局建工程处	5.5	378.0	118.0	1000				118.0	黏土	-8.0	2.7	2.6	280.0	1	5.0	2005年8月—2006年3月
293	爱民温都煤矿副井	120	平煤阿鲁科尔沁旗煤业公司	沈阳设计公司	兖矿新陆公司	沈阳矿务局建工程处	6.5	333.0	118.0	1100				118.0	黏土	-8.0	2.7	2.7	280.0	1	5.6	2005年8月—2006年3月
294	爱民温都煤矿风井	120	平煤阿鲁科尔沁旗煤业公司	沈阳设计公司	兖矿新陆公司	沈阳矿务局建工程处	6.0	308.0	115.7	1000				115.0	黏土	-8.0	2.7	2.4	280.0	1	4.7	2005年8月—2006年3月

① 事故修复井。

（续）

序号	井筒名称（矿名+井名）	矿井设计产能 (10^4 t·a^{-1})	建设单位	设计单位	冻结法施工单位	掘砌施工单位	井筒参数/m 直径	井筒参数/m 深度	井筒参数/m 土厚	井壁最大厚度（mm）/（混凝土等级）土层段 内壁	井壁最大厚度 土层段 外壁	井壁最大厚度 岩层段 内壁	井壁最大厚度 岩层段 外壁	深度/m	冻结控制层 岩性	冻结控制层 冻结壁均温/℃	冻结控制层 冻土单轴抗压强度 MPa	冻结控制层 冻结壁设计厚度/m	冻结深度/m	布孔圈数/圈	外圈孔布置直径/m	冻结施工起止时间
295	多伦煤矿主井	120	多伦协鑫矿业公司	大雁设计公司	兖矿新陆公司	天地科技公司	5.0	359.0	87.8	850				130.0	白垩系泥岩	-8.0	岩石抗压强度	2.1	158.0	1	4.8	2005年8月—2006年1月
296	多伦煤矿副井				兖矿新陆公司		5.5	334.0	87.8	1000				130.0		-8.0	<15	2.5	158.0	1	5.2	2005年8月—2006年1月
297	赵庄二号煤矿副井	90	山西晋煤集团	武汉设计公司	龙口矿务局工程处		6.5		62.9	1000				62.9	砂	-8.0	3.2	2.5	115.0	1	5.8	2005年12月—2006年4月
298	霄云煤矿主井	90	济宁矿业集团	济南设计公司	兖矿新陆公司	中煤一建31处	5.0	790.0	420.4	1550				420.4	黏土	-15.0	3.7	7.0	470.0	2	8.9	2005年12月—2006年12月
299	霄云煤矿副井				兖矿新陆公司	开滦建设集团	5.0	790.0	403.9	1600				403.9		-15.0	3.7	7.0	470.0	2	9.4	2005年12月—2006年12月
300	邳州四户石膏矿主井	20	盛昌集团	徐矿设计公司	兖矿新陆公司	江苏华美集团	6.0	168.0	62.2	800				62.2	泥岩	-7.0	2.5	1.8	70.0	1	4.7	2005年12月—2006年3月
301	梁宝寺二号煤矿主井	150	肥城矿业集团	南京设计公司	兖矿新陆公司	中煤一建49处	5.0	1100.5	448.9		1100~1900		400	448.0		-17.0	5.2	7.8	510.0	4	9.8	2006年4月—2007年6月
302	梁宝寺二号煤矿副井				兖矿新陆公司	中煤三建29处	6.5	1130.5	464.4		1200~2100		500	464.0	砂质黏土	-18.0	7.2	8.8	536.0	4	11.5	2006年4月—2007年6月
303	梁宝寺二号煤矿风井				兖矿新陆公司	中煤一建31处	5.5	1028.5	453.9		1100~2000		450	453.0		-17.0	5.2	8.2	526.0	4	10.5	2006年4月—2007年6月

附录 A 1995—2019 年立井井筒冻结法凿井数据统计资料（续）

序号	井筒名称（矿名+井名）	矿井设计产能/(10^4t·a^{-1})	建设单位	设计单位	冻结法施工单位	掘砌施工单位	井筒参数 直径/m	井筒参数 深度/m	井筒参数 土厚/m	井壁最大厚度(mm)/(混凝土等级) 土层段 外壁	井壁最大厚度 土层段 内壁	井壁最大厚度 岩层段 外壁	井壁最大厚度 岩层段 内壁	冻结控制层 深度/m	冻结控制层 岩性	冻结壁均温/℃	冻土单轴抗压强度/MPa	冻结壁设计厚度/m	冻结深度/m	布孔圈数/圈	外圈孔布置直径/m	冻结施工起止时间
304	王楼二（军城）煤矿主井	45	东山矿业公司	济南设计公司	兖矿新陆公司	中煤一建31处	5.0	462.5	262.5		800~1100			262.5	砂岩	-10.0	5.5	4.5	355.0	2	6.5	2006年4月—2006年12月
305	王楼二（军城）煤矿副井				兖矿新陆公司		6.0	492.5	261.5		900~1150			261.5	砂岩	-10.0	5.5	5.0	355.0	2	7.3	2006年4月—2007年1月
306	河南赵固一煤矿主井	240	焦煤集团	郑州设计公司	兖矿新陆公司	河南煤建集团	5.0		518.0		1700			518.0	砂/砾石	-15.0	5.6	8.0	575.0	3	9.5	2006年5月—2008年4月
307	河南赵固一煤矿风井			徐矿设计公司	兖矿新陆公司		5.0		524.0		1800			524.0	砂/砾石	-15.0	4.4	8.0	575.0	3	8.0	2006年5月—2008年4月
308	邳州宝隆石膏矿	20	盛昌集团		兖矿新陆公司	江苏华美集团	5.5	170.0	60.1		900			60.1	砂	-8.0	4.0	1.8	66.0	1	4.7	2006年9月—2006年12月
309	邳州云坛石膏矿三号井	20	盛昌集团		兖矿新陆公司	江苏华美集团	5.5	170.0	58.0		900			50.0	砂	-8.0	4.0	1.8	50.0	1	4.7	2006年12月—2007年3月
310	李官集铁矿主井	100	新汶矿业集团	济南设计公司	兖矿新陆公司	新矿华新建工	4.0	437.0	72.8		750			72.8	砂质黏土	-7.0	3.3	2.4	155.0	1	4.0	2007年1月—2007年5月
311	李官集铁矿副井				兖矿新陆公司	新矿华新建工	5.0	367.0	72.8		850			72.8	砂质黏土	-7.0	3.3	2.8	155.0	1	4.6	2007年1月—2007年5月
312	李官集铁矿风井	100	山东新汶集团	济南设计公司	兖矿新陆公司	新矿华新建工	4.0	147.0	58.2		750			58.2	砂质黏土/砂	-7.0	3.6	2.0	126.0	1	4.0	2007年1月—2007年5月
313	葛店矿副井	75	神火煤电公司	郑州设计公司	兖矿新陆公司	郑州煤建集团	6.5	738.5	182.0	1000		700		182.0	黏土	-8.0	3.2	3.2	250.5	2	6.3	2007年2月—2007年7月

(续)

序号	井筒名称(矿名+井名)	矿井设计产能/(10^4 t·a^{-1})	建设单位	设计单位	冻结法施工单位	掘砌施工单位	井筒参数/m 直径	井筒参数/m 深度	井筒参数/m 土厚	井壁最大厚度(mm)/(混凝土等级) 土层段 内壁	井壁最大厚度 土层段 外壁	井壁最大厚度 岩层段 内壁	井壁最大厚度 岩层段 外壁	冻结控制层 深度/m	冻结控制层 岩性	冻结控制层 冻结壁均温/℃	冻结控制层 冻土单轴抗压强度/MPa	冻结壁设计厚度/m	冻结深度/m	布孔圈数/圈	外圈孔布置直径/m	冻结施工起止时间
314	神木输水13号		神木县供水处	陕西水电设计公司	兖矿新陆公司	中铁十六局	3.5	169.3	71.9		300~400			71.9		-7.0		1.5	174.4	1	3.5	2007年5月—2008年1月
315	神木输水14号		神木县供水处	陕西水电设计公司	兖矿新陆公司	中铁十六局	3.5	177.3	98.5		300~400			98.5	砂土岩	-8.0	3.5	1.8	182.3	1	3.6	2007年5月—2008年1月
316	神木输水15号		神木县供水处	陕西水电设计公司	兖矿新陆公司	中铁十六局	3.5	146.8	71.5		300~400			71.5		-7.0		1.5	151.8	1	3.5	2007年5月—2007年12月
317	神木输水16号		神木县供水处	陕西水电设计公司	兖矿新陆公司	中铁十六局	3.5	123.4	56.0		300~400			56.0		-6.0		1.2	128.5	1	3.5	2007年5月—2007年10月
318	神木输水17号		神木县供水处	陕西水电设计公司	兖矿新陆公司	中铁十六局	3.5	115.4	47.9		300~400			47.9	砂土岩	-6.0	3.5	1.2	120.4	1	3.5	2007年5月—2007年10月
319	神木输水19号		神木县供水处	陕西水电设计公司	兖矿新陆公司	中铁十六局	2.6	89.0	41.3		300~400			41.3		-6.0		1.2	94.0	1	3.0	2007年5月—2007年9月
320	黑城子煤矿主井		伊泰益蒙矿业公司	大地开发集团	兖矿新陆公司	中煤三建71处	5.5	303.0	162.4		900			114.3		-8.0		2.3	235.0	2	5.1	2007年8月—2008年3月
321	黑城子煤矿副井		伊泰益蒙矿业公司	大地开发集团	兖矿新陆公司	中煤一建63处	7.0	303.0	158.7		1100			110.3	泥质粉砂	-8.0	3.8	2.7	275.0	2	6.4	2007年8月—2008年3月
322	黑城子煤矿风井		伊泰益蒙矿业公司	大地开发集团	兖矿新陆公司	中煤三建71处	6.5	303.0	160.3		1000			110.9		-8.0		2.6	215.0	2	5.9	2007年8月—2008年3月
323	灵东煤矿主井	500	扎赉诺尔煤业公司	沈阳设计公司	兖矿新陆公司	中煤三建29处	6.5	495.0	21.5		1350				泥砂岩	表土-5,基岩-12	2.4	1.6	474.0	1	6.4	2007年8月—2008年8月

附录 A 1995—2019 年立井井筒冻结法凿井数据统计资料

（续）

序号	井筒名称（矿名+井名）	矿井设计产能/(10^4 t·a^{-1})	建设单位	设计单位	冻结法施工单位	掘砌施工单位	井筒参数/m 直径	井筒参数/m 深度	井筒参数/m 土厚	井壁最大厚度(mm)/(混凝土等级) 土层段 内壁	井壁最大厚度(mm)/(混凝土等级) 土层段 外壁	井壁最大厚度(mm)/(混凝土等级) 岩层段 内壁	井壁最大厚度(mm)/(混凝土等级) 岩层段 外壁	冻结控制层 深度/m	冻结控制层 岩性	冻结控制层 冻结壁均温/℃	冻结控制层 冻土单轴抗压强度/MPa	冻结控制层 冻结壁设计厚度/m	冻结深度/m	布孔圈数/圈	外圈孔布置直径/m	冻结施工起止时间
324	灵东煤矿副井	500	扎赉诺尔煤业公司	沈阳设计公司	兖矿新陆公司	中煤三建29处	7.0	475.0	21.5	1250					泥砂岩	表土−5,基岩−12		1.8	397.0	1	6.7	2007年8月—2008年8月
325	灵东煤矿风井		扎赉诺尔煤业公司	沈阳设计公司	兖矿新陆公司	中煤三建29处	6.0	475.0	21.5	1050							2.4	1.5	315.0	1	5.8	2007年8月—2008年8月
326	榆树井煤矿主井	300	临沂矿业集团	济南设计公司	兖矿新陆公司	临矿华新建工	5.0	365.5	26.9	1000				255.0	泥岩	−9.0	8.0	2.5	265.0	1	5.4	2007年8月—2008年5月
327	榆树井煤矿副井		临沂矿业集团	济南设计公司	兖矿新陆公司	临矿华新建工	7.0	347.5	30.2	1100				255.0	泥岩	−9.0		3.0	269.0	1	6.5	2007年8月—2008年5月
328	邳州通胜三石膏矿	20	盛昌集团	徐矿设计公司	江苏华美集团		5.5	175.0	55.1	900				55.1	砂	−8.0	3.2	1.8	66.0	1	4.7	2007年11月—2008年2月
329	铁北煤矿新风井	300	扎赉诺尔煤业公司	沈阳设计公司	兖矿新陆公司	中煤三建29处	4.5	365.0	18.8	1000				281.5	泥砂岩	−10.0	5.8	3.1	347.0	2	5.3	2007年12月—2008年11月
330	龙塘沿铁矿主井	130	安徽利成矿业公司	马鞍山矿山设计公司		华冶公司	4.7	661.3	56.2	700				56.2	黏土	−6.0	2.8	2.0	94.0	1	8.5	2008年4月—2008年8月
331	龙塘沿铁矿副井		安徽利成矿业公司	马鞍山矿山设计公司		华冶公司	5.0	585.6	56.2	700				56.2	黏土	−6.0	2.8	2.2	94.0	1	8.8	2008年4月—2008年8月
332	新上海1号煤矿主井	400	临矿集团			临矿华新建工	6.0	516.0	41.5	1600				285.0	泥岩	−10.0	6.0	2.8	512.0	2	5.5	2008年1月—2009年2月
333	新上海1号煤矿副井		临矿集团	济南设计公司		中煤五建2处	8.0	546.0	42.7	2050				285.0	泥岩	−10.0	6.0	3.5	554.0	2	6.5	2008年1月—2009年2月
334	新上海1号煤矿风井		临矿集团			中煤一建49处	6.0		41.5	1600				285.0	泥岩	−10.0	6.0	2.8	525.0	2	5.5	2008年1月—2009年2月

(续)

序号	井筒名称(矿名+井名)	矿井设计产能/(10^4 t·a^{-1})	建设单位	设计单位	冻结法施工单位	掘砌施工单位	井筒参数/m 直径	井筒参数/m 深度	井筒参数/m 土厚	井壁最大厚度(mm)/(混凝土等级) 土层段 内壁	井壁最大厚度(mm)/(混凝土等级) 土层段 外壁	井壁最大厚度(mm)/(混凝土等级) 岩层段 内壁	井壁最大厚度(mm)/(混凝土等级) 岩层段 外壁	冻结控制层 深度/m	冻结控制层 岩性	冻结控制层 冻结壁均温/℃	冻结控制层 冻土单轴抗压强度/MPa	冻结控制层 冻结壁设计厚度/m	冻结深度/m	布孔圈数/圈	外圈孔布置直径/m	冻结施工起止时间
335	潘一东煤矿东风井	300	淮南矿业集团	合肥设计公司	兖矿新陆公司	中煤五建3处	8.0	1033.0	205.1	1050			500	205.1	黏土/砂	-12.0	3.2	3.8	249.0	2	7.4	2008年2月—2009年9月
336	虎豹湾煤矿风井	500	蒙大新能化开发公司	兖矿新陆公司	兖矿新陆公司	河南煤建集团	6.5	565.0	81.4		1000/1650	1000/600		81.4	砂质泥岩	-10.0	6.4	3.0	580.0	2	6.5	2008年6月—2009年4月
337	敏东矿主井	500	国网能源	沈阳设计公司	兖矿新陆公司	中煤三建29处	6.0	371.0	53.5			1000/650		53.3	砂砾石	-8.0	4.0	2.5	260.0	1		2008年7月—2009年3月
338	敏东矿副井				兖矿新陆公司		7.5	410.7	44.9		1100/650			44.9	砂砾石	-8.0		3.0	260.0	1		2008年7月—2009年3月
339	敏东矿风井				兖矿新陆公司		6.0	360.5	46.3		1000/600			46.3	砂砾石	-8.0		2.5	260.0	1		2008年7月—2009年3月
340	宝龙山煤矿主井	120	宝龙山金田矿业公司	长春设计公司	兖矿新陆公司	中煤二十九处	5.0	251.0	178.5		900			178.5	砂质黏土	-8.0	3.5	2.3	195.0	1	4.8	2008年9月—2009年4月
341	宝龙山煤矿副井				兖矿新陆公司	中煤二十九处	6.0	276.5	178.6		950			178.6		-8.0		2.6	195.0	1	5.4	2008年9月—2009年4月
342	母杜柴登煤矿主井	600	伊化矿业资源公司	沈阳设计公司	兖矿新陆公司	河南煤建集团	6.5	762.0	124.7		800~1800			330.0	砂岩	-10.0	7.9	4.1	777.0	2	7.1	2008年9月—2010年4月
343	塔然高勒煤矿风井	1000	杭锦旗能源公司	西安设计公司	兖矿新陆公司	中煤一建49处	6.0	569.0	3.7		1000			569.0	砂岩/砂砾岩	-10.0	14.5	3.2	579.0	1	6.3	2009年1月—2009年9月
344	白音蔡干煤矿主井	220	内蒙古五九煤炭公司	沈阳设计公司	兖矿新陆公司	枣矿中兴建安	5.0	145.3	73.8		750			73.8	黏土	-8.0	3.0	2.1	83.0	1	4.6	2009年4月—2009年7月
345	白音蔡干煤矿副井				兖矿新陆公司		6.5	115.3	68.0		800			68.0		-8.0		2.3	77.0	1	5.4	2009年4月—2009年7月
346	白音蔡干煤矿风井				兖矿新陆公司		4.0	91.0	68.5		700			68.5		-8.0		2.0	77.0	1	4.3	2009年4月—2009年7月

附录 A 1995—2019 年立井井筒冻结法凿井数据统计资料（续）

序号	井筒名称（矿名+井名）	矿井设计产能/(10⁴t·a⁻¹)	建设单位	设计单位	冻结法施工单位	掘砌施工单位	井筒参数 直径	井筒参数 深度	井筒参数 土厚	井壁最大厚度(mm)/(混凝土等级) 土层段 内壁	土层段 外壁	岩层段 内壁	岩层段 外壁	深度/m	冻结控制层 岩性	冻结壁均温/℃	冻土单轴抗压强度/MPa	冻结壁设计厚度/m	冻结深度/m	布孔圈数/圈	外圈孔布置直径/m	冻结施工起止时间
347	张集煤矿主井	200	丰源实业公司	济南设计公司	兖矿新陆公司	中煤一建31处	5.5	591.0	456.7	900~2000				456.7	砂质黏土	-16.0	4.2	7.8	583.0	3	10.2	2009年8月—2010年9月
348	麦垛山煤矿副井	800	神华宁煤集团	北京华宇公司	兖矿新陆公司	中煤五建1处	9.4	578.0	50.0	1400				251.0		-10.0	4.0	4.5	492.0	1	8.9	2009年1月—2009年12月
349	麦垛山煤矿风井				兖矿新陆公司		6.5	568.0	50.0	1100				273.0	砂岩	-10.0		3.5	518.0	1	7.2	2009年1月—2009年12月
350	锦界煤矿进风井	1000	锦界能源公司	大地开发公司	兖矿新陆公司		5.5	120.4	20.8	400	350	400	350	20.8	中粒砂岩	-8.0	2.8	2.2	90.0	1	4.8	2009年11月—2010年6月
351	锦界煤矿回风井				兖矿新陆公司		5.5	120.7	20.8	400	350	400	350	20.8	中粒砂岩	-8.0		2.2	90.0	1	4.8	2009年11月—2010年6月
352	红旗煤矿主井	45	宏河矿业集团	济南设计公司	兖矿新陆公司	中煤一建31处	5.0	453.0	333.8	1000~1200		450		333.8	砂质黏土	-14.0	4.5	4.8	380.0	2	7.3	2010年1月—2011年7月
353	红旗煤矿副井				兖矿新陆公司		5.0	409.0	333.8	1000~1200		450		333.8	砂质黏土	-14.0	4.5	4.8	380.0	2	7.3	2010年1月—2011年7月
354	安里煤矿主井	45	河南天中煤业	郑州设计公司	兖矿新陆公司	河南煤建集团	5.0	541.8	414.2	900~1300				387.2		-13.0	10.1	6.2	484.8	2	7.7	2010年1月—2011年3月
355	安里煤矿副井				兖矿新陆公司		5.5	566.8	411.2	1000~1400				382.0	黏土	-13.0	10.1	6.5	483.0	2	8.2	2010年1月—2011年3月
356	平禹九煤矿主井	120	平煤神马集团	武汉设计公司	兖矿新陆公司	平煤建工3处	5.5	804.2	358.1	1425				358.1	黏土	-14.0	5.5	5.7	541.0	3	7.8	2010年4月—2012年3月
357	沙章图煤矿主井	300	鄂托克前旗新权商贸公司	大地开发公司	兖矿新陆公司	新矿华新建工	5.5	740.0	216.0	1153		1153		216.0		-10.0	5.8	2.9	275.0	1	5.5	2010年5月—2011年3月
358	沙章图煤矿副井				兖矿新陆公司		7.0	728.0	211.7	1203~1703		1703~1603		211.7	砂质黏土	-10.0	5.8	3.5	366.0	2	7.1	2010年5月—2011年3月
359	沙章图煤矿风井				兖矿新陆公司		6.5	352.0	235.7	1155~1403		1403		235.7	砂质黏土	-10.0	3.1	3.1	303.0	1	6.3	2010年5月—2011年3月

(续)

序号	井筒名称(矿名+井名)	矿井设计产能/(10^4t·a^{-1})	建设单位	设计单位	冻结法施工单位	掘砌施工单位	井筒参数/m 直径	井筒参数/m 深度	井筒参数/m 土厚	井壁最大厚度(mm)/岩层段(混凝土等级) 土层段 内壁	井壁最大厚度(mm)/岩层段(混凝土等级) 土层段 外壁	井壁最大厚度(mm)/岩层段(混凝土等级) 岩层段 内壁	井壁最大厚度(mm)/岩层段(混凝土等级) 岩层段 外壁	冻结控制层 深度/m	冻结控制层 岩性	冻结控制层 冻结壁均温/℃	冻结控制层 冻土单轴抗压强度/MPa	冻结控制层 冻结壁设计厚度/m	冻结深度/m	布孔圈数/圈	外圈孔布置直径/m	冻结施工起止时间
360	隆德煤矿回风井	500	华电煤业	北京圆之翰设计公司	兖矿新陆公司	兖矿新陆公司	6.0	230.0	67.0	800				67.0	中砂	-8.0	5.5	2.2	102.0	1	5.2	2010年9月—2011年2月
361	黑梁煤矿风井	180	鄂托克前旗百汇商贸公司	大地开发公司	兖矿新陆公司	新矿华新建工	5.5	281.0	197.6	1150				193.3	砂质黏土	-10.0	5.7	2.8	272/243	1	5.4	2010年12月—2011年4月
362	高家堡煤矿副井	500	正通煤业公司	济南设计公司	兖矿新陆公司	中煤五建3处	8.5	841.5	22.8	1050~2000				420.0	砂质泥岩	-11.0	7.6	4.7	850/623/38	2	9.1	2010年12月—2012年10月
363	刘桥一煤矿北回风井	140	恒源煤电公司	合肥设计公司	兖矿新陆公司	中煤三建29处	6.5	490.0	139.6	950				198.0	砂质黏土	-10.0	4.6	2.6	198.0	1	6.2	2011年3月—2012年12月
364	龙固煤矿北风井	600	新巨龙能源公司	济南设计公司	兖矿新陆公司	河南煤建集团	6.0	746.0	675.6	900~2200				675.6	含砾黏土	-15~-21	4.8	7.5/11.5	730.0	3	14.2	2011年3月—2013年1月
365	金鸡滩煤矿风井	1000	陕西未来能化公司	北京圆之翰设计公司	兖矿新陆公司	中煤五建31处	7.0	241.1	6.0	900				233.3	砂岩	-10.0	4.0	3.0	252.0	1	5.8	2011年8月—2012年6月
366	花草滩煤矿主井	90	宏能煤业公司	重庆设计公司	兖矿新陆公司	龙煤集团22处	5.5	468.0	400.0	900~1350				400.0	泥岩	-10.0	22.9	4.8	460.0	2	6.5	2011年8月—2012年7月
367	转龙湾煤矿回风井	1000	兖煤鄂能化公司	南京设计公司	兖矿新陆公司	中煤一建31处	6.5	176.5	26.8	750				1.4	砂岩	-8.0	4.8	2.3	110.0	2	5.6	2011年11月—2012年4月
368	金家渠煤矿副井	400	神华宁煤集团	武汉设计公司	兖矿新陆公司	中煤五建	9.0	548.3	14.6	1400				460.9	砂岩	-10.0	20.2	4.2	482.0	2	6.8	2012年1月—2012年12月
369	金家渠煤矿回风井				兖矿新陆公司	中煤五建二处	6.0	528.5	25.0	1000				474.9	砂岩	-10.0	20.2	3.1	497.0	2	5.1	2012年1月—2012年12月

附录 A 1995—2019 年立井井筒冻结法凿井数据统计资料

（续）

序号	井筒名称（矿名+井名）	矿井设计产能/(10⁴t·a⁻¹)	建设单位	设计单位	冻结法施工单位	掘砌施工单位	井筒参数/m 直径	井筒参数/m 深度	井筒参数/m 土厚	井壁最大厚度(mm)/(混凝土等级) 土层段 内壁	井壁最大厚度 土层段 外壁	井壁最大厚度 岩层段 内壁	井壁最大厚度 岩层段 外壁	深度/m	冻结控制层 岩性	冻结壁均温/℃	冻土单轴抗压强度/MPa	冻结壁设计厚度/m	冻结深度/m	布孔圈数/圈	外圈孔布置直径/m	冻结施工起止时间
370	横山堡煤矿主井	180	新矿内蒙古能源公司	大地开发集团	兖矿新陆公司		5.5	626.0	250.9	1100~1500				270.8	砂岩	-10.0	6.5	2.9	420.0	2	6.1	2012年2月—2012年12月
371	营盘壕煤矿主井	1000	兖煤鄂能化公司	济南设计公司	兖矿新陆公司	中煤三建71处	9.4	849.5	43.6	1600~2500				429.1	砂岩	-10.0	19.9	4.8	865.0	3	9.7	2012年3月—2014年1月
372	营盘壕煤矿副井	1000	兖煤鄂能化公司	济南设计公司	兖矿新陆公司	中煤五建3处	10.0	789.5	48.4	1750~2450				429.4	砂岩	-10.0	19.9	5.1	805.0	3	10.1	2012年3月—2014年1月
373	营盘壕煤矿风井		兖煤鄂能化公司	济南设计公司	兖矿新陆公司	中煤三建71处	7.5	757.0	43.8	1050~2000				445.5	砂岩	-10.0	19.9	4.4	772.0	3	8.2	2012年3月—2013年12月
374	石拉乌素煤矿主井	1000	昊盛煤业公司	大地开发集团	兖矿新陆公司	河南煤建集团	9.0	748.5	6.6	1200~1950				340.1	砂层	-10.0	20.2	4.7	760.0	2	9.2	2012年5月—2014年1月
375	石拉乌素煤矿副井		昊盛煤业公司	济南设计公司	兖矿新陆公司	中煤五建3处	10.0	718.0	6.6	1300~2100				325.2	砂层	-10.0	20.2	5.0	730.0	2	9.7	2012年5月—2014年1月
376	长城矿副井	300	长城煤业公司	大地开发集团	兖矿新陆公司	新矿华新建工	7.0	524.0	120.3	1200~1400				120.3	砂岩	-10.0	5.4	3.2	356.0	2	6.9	2012年7月—2013年5月
377	邵寨煤矿风井	120	灵台邵寨煤业公司	武汉设计公司	兖矿新陆公司	靖远煤业	6.0	864.5	293.8	500	800	1550	1750	564.0	砂岩	-10.0	4.1	4.8	830.0	2	7.6	2012年8月—2013年10月
378	东大煤矿主井	45	东大矿业公司	南京设计公司	兖矿新陆公司	江苏华美集团	5.0	830.0	53.4		800			53.4	砂质黏土	-8.0	11.0	2.0	115.0	1	4.5	2013年3月—2013年8月
379	东大煤矿副井		东大矿业公司	南京设计公司	兖矿新陆公司	江苏华美集团	6.5	850.0	53.4		900			53.4	砂质黏土	-8.0	11.0	2.2	115.0	1	5.4	2013年3月—2013年8月

（续）

序号	井筒名称（矿名+井名）	矿井设计产能/(10^4t·a^{-1})	建设单位	设计单位	冻结法施工单位	掘砌施工单位	井筒参数/m 直径	井筒参数/m 深度	井筒参数/m 土厚	井壁最大厚度(mm)/(混凝土等级) 土层段 内壁	井壁最大厚度 土层段 外壁	井壁最大厚度 岩层段 内壁	井壁最大厚度 岩层段 外壁	冻结控制层 深度/m	冻结控制层 岩性	冻结壁均温/℃	冻土单轴抗压强度/MPa	冻结壁设计厚度/m	冻结深度/m	布孔圈数/圈	外圈孔布置直径/m	冻结施工起止时间
380	凤凰山铁矿东风井	400	临沂矿业集团	中国恩菲工程公司	兖矿新陆公司	中煤三建71处	5.5	889.4	10.3		600			68.8	砂质黏土	-10.0	3.2	3.0	270.0	1	5.0	2013年5月—2013年12月
381	红柳煤矿副井	800	神华宁煤集团	北京华宇公司	兖矿新陆公司	中煤五建2处	9.4	946.0	476.8			1150~1650		476.8	砂岩	-10.0	19.5	4.5	588.0	3	10.0	2013年9月—2015年1月
382	红柳煤矿回风井				兖矿新陆公司	中煤五建2处	6.0	893.0	342.7			850~1150		342.7	砂岩	-10.0	17.4	3.5	587.0	3	7.8	2013年9月—2015年1月
383	万福煤矿主井	180	兖煤菏泽能化公司	济南设计公司	兖矿新陆公司	中煤一建31处	5.5	879.3	754.0	1000	2550			754.0	砂质黏土	-23.0	18.2	11.4	840.0	4	13.5	2013年12月—2016年9月
384	万福煤矿副井	180		济南设计公司	兖矿新陆公司	中煤三建5处	7.0	893.0	749.0	900	2300		1800	749.0	砂岩	-23.0	18.2	12.5	894.0	4	15.8	2013年12月—2016年8月
385	万福煤矿风井			中国恩菲工程公司	河南国龙矿业公司		6.0	879.0	754.0	500	600	500	1600	754.0	砂质黏土	-23.0	18.2	12.0	840.0	4	14.5	2013年2月—2015年10月
386	莱州金矿副井	180	莱州瑞海矿业公司	中钢马鞍山矿山设计公司	兖矿新陆公司	中煤三建71处	6.5	1326.5	41.0	350	600	350	600	52.0	变辉长岩	-10.0	冻土许用抗压强度3.2	2.0	82.0	2	11.1	2017年2月—2017年6月
387	廖家铁矿风井	20	长兴业公司		淮北永山矿业公司		2.3	231.0	148.3		300		300	165.7	风化蚀变闪长玢岩	-10.0	无	2.2	200.0	2	6.6	2018年12月—2019年7月
388	隆尧亦城煤矿风井	15	隆尧亦城煤矿	石家庄设计公司	中煤邯郸特凿公司	河北煤建	3.5	183.0	172.1	500				172.4	砂质黏土	-6.0	9.9	1.6	83.0	1	8.0	1995年8月—1996年1月
389	隆尧亦城煤矿主井		隆尧亦城煤矿			矿建四处	4.5	183.6	172.1	500				172.4	砂质黏土	-6.0	9.9	2.0	83.0	1	8.5	1995年8月—1996年1月

（续）

序号	井筒名称（矿名+井名）	矿井设计产能/(10^4 t·a^{-1})	建设单位	设计单位	冻结法施工单位	掘砌施工单位	井筒参数/m 直径	井筒参数/m 深度	井筒参数/m 土厚	井壁最大厚度(mm)/(混凝土等级) 土层段 内壁	土层段 外壁	岩层段 内壁	岩层段 外壁	冻结控制层 深度/m	冻结控制层 岩性	冻结控制层 冻结壁均温/℃	冻结控制层 冻土单轴抗压强度/MPa	冻结壁设计厚度/m	冻结深度/m	布孔圈数/圈	外圈孔布置直径/m	冻结施工起止时间
390	赤城煤矿主井延伸	15	隆尧赤城煤矿	石家庄设计公司	中煤邯郸特凿公司	河北煤建四处	4.5	183.0	172.1	600				172.14	砂质黏土	−7.0	11.27	1.6	188.0	1	9.5	1996年9月—1997年4月
391	赤城煤矿副井延伸						3.5	179.0	172.1	500				172.14	砂质黏土	−7.0	11.27	1.6	184.0	1	8.0	1997年12月—1998年5月
392	里彦煤矿主井	60	里彦煤矿	兖州煤矿设计公司	中煤一建 31处	中煤一建 31处	5.0	302.0	224.00	700	850			150.20	砂质黏土	−7.0	9.80	2.00	188.0	1	10.00	1995年6月—1996年2月
393	里彦煤矿副井						6.0	311.3	149.06	800	950			148.90	黏土质砂	−7.0	9.80	2.30	198.0	1	11.70	1995年10月—1996年5月
394	邢台二煤矿主井	60	河北邢台开发公司	石家庄设计公司	中煤邯郸特凿公司	河北煤建四处	3.5	170.0	126.7	500				40.00	黄土	−6.0	3.52	1.0	40.0	1	6.0	1998年1月—1998年6月
395	邢台二煤矿副井						2.3	170.0	126.7	400				40.00	黄土	−8.0	4.40	0.70	42.0	1	4.1	1998年9月—1998年12月
396	兴业石膏矿主井	20	邢台军转干业公司	石家庄设计公司	中煤一建 49处	中煤一建 49处	4.0	170.0	66.2	650				66.24	粗砂	−5.0	8.82	1.0	82.0	2	8.0	1996年2月—1996年6月
397	中关煤矿主井	3	沙河市白塔镇中关村	石家庄设计公司	中煤邯郸特凿公司	河北煤建四处	3.0	110.0	68.7	930				64.00	砂土	−5.0	7.84	0.9	74.0	1	7.0	1996年5月—1996年9月
398	峰城北徐楼煤矿主井	45	丰源煤电公司	枣庄市工业设计公司	中煤一建 31处	中煤一建 31处	4.5	342.0	81.1	700	400			79.50	砂土	−5.0	8.82	1.3	100.0	1	8.5	1996年5月—1996年9月
399	峰城北徐楼煤矿副井						5.0	354.5	81.1	700	400			79.20	砂土	−5.0	8.82	1.3	100.0	1	9.0	1996年8月—1996年12月
400	北新石膏矿主井	60	隆尧北新集团	石家庄设计公司	中煤邯郸特凿公司	中煤一建 49处	5.0		73.5	600				75.00	细砂	−6.0	8.82	1.2	85.0	1	8.7	1996年9月—1997年2月

（续）

序号	井筒名称（矿名+井名）	矿井设计产能/(10^4 t·a^{-1})	建设单位	设计单位	冻结法施工单位	掘砌施工单位	井筒参数/m 直径	井筒参数/m 深度	井筒参数/m 土厚	井壁最大厚度(mm)(混凝土等级) 土层段 内壁	井壁最大厚度(mm)(混凝土等级) 土层段 外壁	井壁最大厚度(mm)(混凝土等级) 岩层段 内壁	井壁最大厚度(mm)(混凝土等级) 岩层段 外壁	冻结控制层 深度/m	冻结控制层 岩性	冻结控制层 冻结壁均温/℃	冻结控制层 冻土单轴抗压强度/MPa	冻结控制层 冻结壁设计厚度/m	冻结深度/m	布孔圈数/圈	外圈孔布置直径/m	冻结施工起止时间
401	华丰煤矿主井	60	邢台平安煤业公司	石家庄设计公司	中煤邯郸特凿公司	中煤一建49处	3.5	143.0	135.2	500				135.20	砂砾石	-7.0	11.27	1.9	148.0	2	7.5	1996年11月—1997年8月
402	华丰煤矿副井	60	邢台平安煤业公司	石家庄设计公司	中煤邯郸特凿公司	中煤一建49处	2.5	145.1	135.20	500				135.2	砂砾石	-7.0	11.27	1.50	150.0	2	6.50	1998年3月—1998年10月
403	五郭乡煤矿副井	60	内邱县五郭乡煤矿	石家庄设计公司	中煤邯郸特凿公司	中煤一建49处	2.5	139.6	17.0	500				17.00	中细砂	-5.0	8.80	0.5	22.0	1	4.5	1997年4月—1997年7月
404	政宏煤矿主井	90	河北邢台宏煤矿	天地科技	中煤邯郸特凿公司	中煤一建31处	4.0	270.0	241.4	700				241.36	砂砾石	-7.0	10.78	2.93	252.0	1	9.8	1997年8月—1998年2月
405	政宏煤矿风井	6	河北邢台宏煤矿	石家庄设计公司	中煤邯郸特凿公司	中煤一建31处	3.0	270.0	241.4	500				241.36	砂砾石	-7.0	10.78	2.20	252.0	1	8.0	1997年5月—1998年1月
406	春光煤矿主井		河北春光煤矿	石家庄设计公司	中煤邯郸特凿公司	中煤一建31处	3.0	176.0	153.1	600				151.90	砾石	-6.0	3.91	1.8	181.0	1	7.5	1997年7月—1998年2月
407	宏旭煤矿副井		河北邢台宏旭煤矿	石家庄设计公司	中煤邯郸特凿公司	中煤一建31处	2.8	153.0	137.6	500				130.47	砂土	-7.0	10.78	1.4	158.0	1	6.8	1997年7月—1998年1月
408	昭阳煤矿主井	30	新光集团	石家庄设计公司	中煤邯郸特凿公司	中煤一建31处	4.3	170.0	49.5	550				49.46	细砂	-5.0	8.82	1.1	75.0	2	7.8	1997年8月—1998年1月
409	昭阳煤矿副井			石家庄设计公司	中煤邯郸特凿公司	中煤一建31处	3.8	170.0	49.5	1425				286.34	砂土	-10.0	4.99	1.1	85.0	2	7.3	1997年10月—1998年2月
410	双碑石膏矿主井	9	隆尧县双碑石膏矿	石家庄设计公司	中煤邯郸特凿公司	中煤一建31处	4.5	170.0	71.40	600				71.40	粗砂	-5.0	8.82	1.00	90.0	1	8.20	1994年5月—1994年10月

附录 A　1995—2019 年立井井筒冻结法凿井数据统计资料（续）

序号	井筒名称（矿名+井名）	矿井设计产能/(10^4t·a^{-1})	建设单位	设计单位	冻结法施工单位	掘砌施工单位	井筒参数 直径	井筒参数 深度	井筒参数 土厚	井壁最大厚度(mm)/(混凝土等级) 土层段 内壁	土层段 外壁	岩层段 内壁	岩层段 外壁	冻结控制层 深度/m	岩性	冻结壁均温/℃	冻土单轴抗压强度/MPa	冻结壁设计厚度/m	冻结深度/m	布孔圈数/圈	外圈孔布置直径/m	冻结施工起止时间
411	坡冢煤矿主井	240	永夏矿区建设管委会	郑州设计公司	中煤邯郸特凿公司	河南煤建三处	5.0	539.6	292.68	1425				293.00	砂土	-10.0	5.40	砂4.20	393.0	2	14.40	1997年8月—1998年7月
412	坡冢煤矿副井					河南煤建一处	6.5	539.6	293.1	1675				293.0	黏土	-10.0	5.4	砂4.90	404.0	2	17.0	1998年2月—1999年1月
413	城冢煤矿西风井					河南煤建三处	5.0	512.5	420.9	1700		1700		420.9	砂质黏土	-14.5	6.9	6.9	465.0	3	18.2	2007年8月—2008年6月
414	邢东煤矿副井	60	邢台矿务局	石家庄设计公司	中煤一公司特凿处	中煤一建49处	6.0	842.5	232.00	1100				232	砾石	-8.0	11.76	3.60	255.0	2	13.00	1998年7月—1998年12月
415	柳泉煤矿主井	90	河北沙河矿产品经销公司	石家庄设计公司	中煤邯郸特凿公司	河北煤建四处	3.6	300.0	80.0	500				80	细砂	-6.0	9.80	2.2	152.0	1	8.0	1998年8月—1999年2月
416	柳泉煤矿副井						3.0	300.0	80.0	500				80	细砂	-6.0	9.80	1.90	152.0	1	7.0	1999年4月—1999年11月
417	铁东煤矿风井	21	内蒙古元宝山公司		中煤邯郸特凿公司	鸡西建井处	3.5	350.0	75.7	600				74.79	黏土	-7.0	11.27	1.0	135.0	1	7.3	1998年8月—1998年12月
418	铁东煤矿罐笼井						4.5	350.0	79.7	700				74.79	黏土	-7.0	11.27	1.2	135.0	1	8.5	1998年9月—1999年1月
419	沽沅煤矿主井	6	沽源县煤矿	石家庄设计公司	中煤邯郸特凿公司	河北煤建四处	3.5	183.0	99.0	500				99.00	砾石	-6.0	9.80	1.50	105.0	1	7.4	1998年12月—1999年2月
420	沽沅煤矿风井	6	河北沽源煤矿	石家庄设计公司	中煤邯郸特凿公司	河北煤建四处	3.5	183.0	99.0	500				99.00	砾石	-6.0	9.80	1.50	101.0	1	6.5	2001年4月—2001年7月

(续)

序号	井名称(矿名+井名)	矿井设计产能/(10^4 t·a^{-1})	建设单位	设计单位	冻结法施工单位	掘砌施工单位	井筒参数/m			井壁最大厚度(mm)/(混凝土等级)				冻结控制层						布孔圈数/圈	外圈孔布置直径/m	冻结施工起止时间
							直径	深度	土厚	土层段 内壁	土层段 外壁	岩层段 内壁	岩层段 外壁	深度/m	岩性	冻结壁均温/℃	冻土单轴抗压强度/MPa	冻结壁设计厚度/m	冻结深度/m			
421	鑫源煤矿主井	90	河北内邱鑫源煤矿	石家庄设计公司	中煤一公司一特凿处	河北煤建四处	2.8	260.0	158.63		600			158.63	砂土	-7.0	11.27	1.50	165.0	1	7.00	1999年7月—2000年3月
422	鑫源煤矿副井	45	河北内邱鑫源煤矿	南京设计公司	中煤邯郸特凿公司	河北煤建四处	3.8	260.0	158.63		600			158.63	砂土	-7.0	11.27	1.70	165.0	1	8.00	2001年5月—2001年11月
423	鲁西煤矿主井	90	临沂矿业集团	南京设计公司	中煤邯郸特凿公司	中煤五建3处	4.5	342.8	224.62	土层：内壁500 (C40)，外壁450 (C40); 岩层：内壁500 (C40)，外壁450 (C40)				234	黏土	-10.0	5.06	4.30	286.0	2	12.30	2000年6月—2000年11月
424	鲁西煤矿副井						5.0	362.0	224.62		1000			234	黏土	-10.0	5.06	4.30	286.0	2	12.80	2000年6月—2000年11月
425	湘西煤矿主井	90	湘西矿业公司	石家庄设计公司	中煤邯郸特凿公司	中煤三建29处	5.0	330.0	192.4		900			192.40	砂土	-7.0	9.80	3.00	225.0	2	11.5	2001年3月—2001年7月
426	湘西煤矿副井	90	湘西矿业公司	石家庄设计公司	中煤邯郸特凿公司	中煤三建29处	6.0	330.0	188.00		1000			188.00	砂土	-7.0	9.80	2.50	235.0	2	12.40	2001年9月—2002年1月
427	兴华煤矿副井	90	河北邢台兴华煤矿	石家庄设计公司	中煤邯郸特凿公司	河北煤建四处	4.5	320.0	220.6		750			220.59	砾石	-8.0	11.76	2.50	240.0	1	9.80	2001年5月—2001年12月
428	莱州金矿主井	45	莱州市仓上金矿	山东黄金烟台设计公司	中煤三建29处	中煤三建29处	4.0	162.5	40.0	700			350	17.20	黏土	-6.0	3.53	1.10	60.0	1	7.0	2001年5月—2001年9月
429	兴华煤矿主井	90	邢台兴华煤矿	石家庄设计公司	中煤一建一特凿处	河北煤建四处	4.3	330.0	220.59		700			220.59	砾石	-8.0	11.76	2.40	240.0	1	9.40	2001年7月—2002年1月

附录 A 1995—2019 年立井井筒冻结法凿井数据统计资料

（续）

序号	井筒名称（矿名+井名）	矿井设计产能/(10^4t·a^{-1})	建设单位	设计单位	冻结法施工单位	掘砌施工单位	井筒参数/m 直径	井筒参数/m 深度	井筒参数/m 土厚	井壁最大厚度(mm)/(混凝土等级) 土层段 内壁	井壁最大厚度 土层段 外壁	井壁最大厚度 岩层段 内壁	井壁最大厚度 岩层段 外壁	冻结控制层 深度/m	冻结控制层 岩性	冻结控制层 冻结壁均温/℃	冻结控制层 冻土单轴抗压强度/MPa	冻结控制层 冻结壁设计厚度/m	冻结深度/m	布孔圈数/圈	外圈孔布置直径/m	冻结施工起止时间
430	金地联办铁矿主井	40	河北沙河市金地联办铁矿	石家庄设计公司	中煤邯公司特凿处	河北煤建四处	4.0	360.0	68.90	600				53.20	砂层	-6.0	9.80	1.00	71.0	1	7.60	2001年8月—2001年11月
431	金地联办铁矿副井	40	河北沙河市金地联办铁矿	石家庄设计公司	中煤邯郸特凿公司	河北煤建四处	4.5	360.0	68.90	600				53.20	砂层	-6.0	9.80	1.00	64.0	1	7.90	2002年1月—2002年3月
432	隆西石青矿主井	40	隆尧隆西石青公司	长沙矿山设计公司	中煤邯郸特凿公司	河北煤建四处	5.0	350.0	59.5	700				59.52	砂土	-6.0	8.80	1.0	80.0	1	8.6	2001年9月—2002年1月
433	近大煤矿主井	45	内丘县远大煤矿	石家庄设计公司	中煤邯郸特凿公司	河北煤建四处	4.2	340.0	160.0	600				159.98	含砂黏土	-7.0	6.80	1.8	175.0	2	8.4	2002年4月—2002年8月
434	西庞煤矿箕斗井		西庞煤矿	郑州设计公司	中煤邯郸特凿公司	中煤一建31处	4.3	526.0	159.0	750	1675		1675	137.00	黏土	-7.0	3.90	1.7	175.0	2	8.6	2002年5月—2002年9月
435	西庞煤矿副井	45	辉县龙田煤业公司	石家庄设计公司	中煤邯郸特凿公司	河北煤建4处	5.0	521.0	429.9		1875		1875	429.86	砂质黏土	-15.0	13.50	6.8	485.0	2	17.3	2002年6月—2003年5月
436	葛村煤矿副井		葛村煤矿		中煤邯郸特凿公司	中煤一建31处	4.3	521.0	426.8					426.8	砂质黏土	-15.0	13.5	6.8	485.0	2	18.4	2002年9月—2003年9月
437	邢北煤矿主井	15	邢台县邢北煤矿	石家庄设计公司	中煤邯郸特凿公司	中煤一建31处	4.5	526.0	195.5	700				230.31	黏土质粉砂	-8.0	10.70	2.7	225.0	1	9.9	2002年10月—2003年4月
438	邢北煤矿副井	15	邢台县邢北煤矿	石家庄设计公司	中煤邯郸特凿公司	中煤一建31处	4.5	526.0	195.5	700				230.31	黏土质粉砂	-8.0	10.70	2.7	230.0	1	9.9	2002年8月—2003年4月
439	王回铁矿回风井	50	山东金鼎矿业有限公司	山东冶金设计公司	中煤邯郸特凿公司	中煤三建29处	3.5	300.0	175.80	600				175.80	黏土砾石层	-7.0	3.90	1.70	180.0	1	8.10	2002年9月—2003年3月

（续）

序号	井筒名称（矿名+井名）	矿井设计产能/（10⁴ t·a⁻¹）	建设单位	设计单位	冻结法施工单位	掘砌施工单位	井筒参数/m			井壁最大厚度（mm）/（混凝土等级）					冻结控制层					冻结深度/m	布孔圈数/圈	外圈孔布置直径/m	冻结施工起止时间
							直径	深度	土厚	土层段		岩层段		深度/m	岩性	冻结壁均温/℃	冻土单轴抗压强度/MPa	冻结壁设计厚度/m				
										内壁	外壁	内壁	外壁									
440	大鲁台铁矿主井	45	莱州市金仓矿业公司	山东冶金设计公司	中煤邯郸特凿公司	中煤三建29处	3.7	320.0	21.5	700	350			21.50	细砂	−6.0	9.80	1.00	30.5	2	7.0	2002年10月—2003年1月
441	鑫丰铁矿张家主井		山东鑫丰铁矿	山东冶金设计公司	中煤邯郸特凿公司	中煤三建29处	4.5	162.5	17.20	700	350			17.20	含砾石粗砂	−6.0	9.80	1.1	30.5	2	7.5	2002年10月—2003年1月
442	王旺铁矿进风井	50	山东金鼎矿业公司	山东冶金设计公司	中煤邯郸特凿公司	中煤三建29处	3.5	350.0	175.8		600		600	175.80	黏土砾石层	−7.0	3.90	1.7	180.0	1	8.1	2002年10月—2003年3月
443	远大煤矿副井	45	内丘县远大煤矿	石家庄设计公司	中煤邯郸特凿公司	中煤三建29处	2.8	300.0	157.5		600			159.98	含砂黏土	−7.0	3.90	1.5	167.0	1	6.8	2002年11月—2003年2月
444	王庄煤矿风井	700	北京华宇公司	北京华宇公司	中煤邯郸特凿公司	河南一处	5.5	245.0	90.3				900	90.25	黏土	−8.0	4.40	2.4	165.0	1	10.5	2003年1月—2003年5月
445	张大煤矿主井	15	潞安集团	武汉设计公司	中煤邯郸特凿公司	中煤三建29处	3.5	340.0	225.7	850	850			175.99	黏土	−8.0	4.40	2.0	180.0	1	8.8	2003年2月—2003年9月
446	隆西石膏矿副井		隆尧隆西石膏公司	长沙矿山设计公司	中煤邯郸特凿公司	河北煤建四处	5.5	240.0	59.5	600				59.52	砂土	−6.0	8.80	1.0	85.0	1	9.0	2003年2月—2003年6月
447	邢周石膏矿二矿主井	60	隆尧邢周石膏公司	长沙矿山设计公司	中煤邯郸特凿公司	河北煤建四处	5.0	240.0	89.3	1578			600	89.20	含砂	−6.0	6.30	1.6	145.0	1	9.0	2003年3月—2003年6月
448	涡北煤矿风井	120	淮北矿业集团	南京设计公司	中煤邯郸特凿公司	一建公司49处	5.0	679.5	413.2		400			363.20	砂	−15.0	15.9	6.6	474.0	2	17.0	2003年4月—2004年8月
449	张屯煤矿副井	15	焦作煤业集团	武汉设计公司	中煤邯郸特凿公司	一建公司49处	4.5	340.0	225.7	850	850			175.99	黏土	−8.0	4.4	2.4	180.0	1	10.0	2003年4月—2003年10月

附录 A 1995—2019 年立井井筒冻结法凿井数据统计资料（续）

序号	井筒名称（矿名+井名）	矿井设计产能/(10^4 t·a^{-1})	建设单位	设计单位	冻结法施工单位	掘砌施工单位	井筒参数/m 直径	井筒参数/m 深度	井筒参数/m 土厚	井壁最大厚度(mm)/(混凝土等级) 土层段 内壁	井壁最大厚度 土层段 外壁	井壁最大厚度 岩层段 内壁	井壁最大厚度 岩层段 外壁	冻结控制层 深度/m	冻结控制层 岩性	冻结控制层 冻结壁均温/℃	冻结控制层 冻土单轴抗压强度/MPa	冻结控制层 冻结壁设计厚度/m	冻结深度/m	布孔圈数/圈	外圈孔布置直径/m	冻结施工起止时间
450	义桥煤矿主井	45	济宁能源开发集团	济南设计公司	中煤邯郸特凿公司	一建公司49处	5.0	380.0	251.7	1000	1000			251.70	黏土	-10.0	5.3	3.9	290.0	2	13.2	2003年4月—2003年10月
451	义桥煤矿副井				中煤邯郸特凿公司	一建公司49处	5.0	410.0	253.3	1000	1000			253.3	黏土	-10.0	5.3	3.6	290.0	2	12.6	2003年5月—2003年11月
452	界沟煤矿主井	60	安徽界沟矿业公司	合肥设计公司	中煤邯郸特凿公司	中煤三建30处	5.0		288.2	1250	1250			288.2	黏土	-10.0	5.3	5.7	315.0	2	15.4	2003年5月—2004年7月
453	界沟煤矿副井				中煤邯郸特凿公司	中煤三建30处	6.0		286.4	1450	1450			287.7	黏土	-10.0	5.3	5.7	332.0	2	16.9	2003年5月—2004年7月
454	司马煤矿风井	300	潞安集团	太原设计公司	中煤邯郸特凿公司	一建公司31处	5.0	265.0	151.20	400	400	500	500	139.3	黏土	-8.0	4.4	3.1	160.4	1	10.9	2003年6月—2003年11月
455	司马煤矿副井				中煤邯郸特凿公司	一建公司31处	7.0	265.0	113.0	500	500	500	500	107.6	黏土	-8.0	4.4	2.6	148.6	1	13.1	2003年8月—2004年1月
456	司马煤矿主井	300	潞安集团	太原设计公司	中煤邯郸特凿公司	一建公司31处	5.0	265.0	113.0	400	400	500	500	107.6	黏土	-8.0	4.4	2.2	148.1	1	10.2	2003年8月—2004年2月
457	宏政煤矿主井	15	河北宏政矿业公司	河北曲正设计公司	中煤邯郸特凿公司	河北煤建四处	4.5	300.0	218.8	800				218.8	粗砂	-8.0	11.8	2.4	230.0	2	9.7	2003年7月—2004年4月
458	宏政煤矿副井				中煤邯郸特凿公司	河北煤建四处	4.5	300.0	218.8	800				218.8	粗砂	-8.0	11.8	2.4	242.0	2	9.7	2003年9月—2004年4月
459	宏旭煤矿副井		邢台县宏旭煤矿	河北曲正设计公司	中煤邯郸特凿公司	河北煤建四处	4.0	330.0	155.0	500				130.47	黏土	-7.0	3.92	1.40	158.0	2	8.0	2003年10月—2004年3月
460	建昌营煤矿2号主井	30	昌盛泰实业集团	天地科技	中煤邯郸特凿公司	双鸭山建井处	4.5	208.0	74.8	700				74.8	卵砾层	-6.0	3.5	1.3	145.0	1	8.3	2003年10月—2004年7月

（续）

序号	井筒名称（矿名+井名）	矿井设计产能/(10^4 t·a^{-1})	建设单位	设计单位	冻结法施工单位	掘砌施工单位	井筒参数/m 直径	井筒参数/m 深度	井筒参数/m 土厚	井壁最大厚度(mm)/(混凝土等级) 土层段 内壁	井壁最大厚度(mm)/(混凝土等级) 土层段 外壁	井壁最大厚度(mm)/(混凝土等级) 岩层段 内壁	井壁最大厚度(mm)/(混凝土等级) 岩层段 外壁	冻结控制层 深度/m	冻结控制层 岩性	冻结控制层 冻结壁均温/℃	冻结控制层 冻土单轴抗压强度/MPa	冻结控制层 冻结壁设计厚度/m	冻结深度/m	布孔圈数/圈	外圈孔布置直径/m	冻结施工起止时间
461	葛泉煤矿副井	60	河北金牛能源公司	石家庄设计公司	中煤邯郸特凿公司	河北煤建四处	5.0	265.5	173.6	700				173.6	卵石层	-8.0	4.7	2.2	189.0	1	10.3	2004年1月—2004年6月
462	葛泉煤矿主井	60	河北金牛能源公司	石家庄设计公司	中煤邯郸特凿公司	中煤一建31处	4.5	253.0	173.6	700				173.6	卵石层	-8.0	4.7	2.0	189.0	1	9.5	2004年1月—2004年5月
463	西葛泉铁矿主井	20	河北金牛能源公司	石家庄设计公司	中煤邯郸特凿公司	河北煤建四处	4.2	494.0	90.0	600				90.0	卵砾石层	-6.0	9.8	1.2	100.0	1	8.0	2004年2月—2004年5月
464	张屯煤矿主井延伸	15	焦作煤业集团	武汉设计公司	中煤邯郸特凿公司	河南一处	3.5	340.0	225.7	850				176.0	黏土	-8.0	4.4	2.2	190~240	1	8.8	2004年3月—2004年5月
465	常村煤矿西坡回风井	400	潞安矿业集团	北京圆之翰设计公司	中煤邯郸特凿公司	中煤一建31处	6.0	355.5	70.3	800				70.29	黏土	-10.0	5.3	1.8	151.0	1	11.5	2004年4月—2004年8月
466	常村煤矿西坡进风井	400	潞安矿业集团	北京圆之翰设计公司	中煤邯郸特凿公司	中煤一建31处	6.0	414.4	70.3	800				70.29	黏土	-10.0	5.3	1.8	154.0	1	11.5	2004年6月—2004年9月
467	许疃煤矿中央风井	400	淮北矿业集团	南京设计公司	中煤邯郸特凿公司	中煤三建29处	5.0	457.0	352.1	1678	400			336.68	黏土	-15.0	7.04	6.3	396.5	2	18.1	2004年7月—2005年8月
468	IV矿群闪锌矿	30	河北石头圆图IV矿群	石家庄设计公司	中煤邯郸特凿公司	河北煤建四处	3.3	200.0	39.3	500				39.29	砂砾石	-6.0	3.53	0.6	65.0	1	6.7	2004年7月—2005年1月
469	许庄煤矿主井	9	邢台许庄煤矿	石家庄设计公司	中煤邯郸特凿公司	河北煤建四处	4.5	350.0	177.9	800	800			177.85	砾石	-8.0	4.70	2.4	214.0	1	10.2	2004年7月—2005年1月

（续）

序号	井筒名称（矿名+井名）	矿井设计产能/(10^4t·a^{-1})	建设单位	设计单位	冻结法施工单位	掘砌施工单位	井筒参数/m			井壁最大厚度(mm)/岩层段(混凝土等级)						冻结控制层					冻结深度/m	布孔圈数/圈	外圈孔布置直径/m	冻结施工起止时间
							直径	深度	土厚	土层段		岩层段		深度/m	岩性	冻结壁均温/℃	冻土单轴抗压强度/MPa	冻结壁设计厚度/m					
										内壁	外壁	内壁	外壁										
470	孙疃煤矿风井	180	淮北矿业集团	南京设计公司	中煤邯郸特凿公司	中煤三建29处	6.0	572.0	204.2	1150			400	204.20	黏土	-15.0	4.97	5.8	269.0	2	17.1	2004年8月—2005年2月
471	许庄煤矿副井	60	河北邢台许庄煤矿	石家庄设计公司	中煤邯郸特凿公司	河北煤建四处	4.5	280.0	177.9	800			800	177.85	砾石	-8.0	3.53	2.4	223.0	1	10.2	2004年9月—2005年3月
472	新桥煤矿副井	120	河南永煤集团	郑州设计公司	中煤邯郸特凿公司	河南三处	6.5	548.0	390.2	1700			1700	392.00	砂质黏土	-18.0	7.80	7.5	553.0	2	21.0	2004年10月—2005年9月
473	新桥煤矿主井				中煤邯郸特凿公司	河南一处	5.0	612.0	392.0	1450			1450	390.00	砂质黏土	-18.0	7.80	6.5	602.0	2	18.0	2004年12月—2005年10月
474	昌盛煤矿副井	30	昌盛泰实业集团	河北曲正设计公司	中煤邯郸特凿公司	双鸭山建井处	3.5	200.0	59.5		700			74.79	卵砾层	-6.0	0.9	0.8	88.0	1	6.5	2004年12月—2005年3月
475	昌盛煤矿主井				中煤邯郸特凿公司		4.5	200.0	59.5		600			74.79	卵砾层	-6.0	0.9	1.0	88.0	1	8.0	2004年12月—2005年3月
476	吴桂桥煤矿主井	60	河南吴桂桥煤矿	郑州设计公司	中煤邯郸特凿公司	中煤一建31处	5.0	500.0	393.5	850(C60)	850(C60)	800(C60)	800(C60)	311.60	黏土	-15.0	4.2	5.3	420.0	2	16.0	2005年1月—2005年12月
477	东荣一煤矿副井	90	双鸭山矿业集团	黑龙江龙煤设计公司	中煤邯郸特凿公司		6.5	282.9	176.7	1575			1575	157.00	细砂岩	-8.0	9.8	3.7	288.0	2	14.5	2005年2月—2005年12月
478	东荣一煤矿主井				中煤邯郸特凿公司		5.5	317.6	147.2	1675			1675	147.20	粉砂岩	-8.0	9.9	3.0	323.0	2	11.9	2005年2月—2005年4月
479	吴桂桥煤矿副井	60	河南吴桂桥煤矿	郑州设计公司	中煤邯郸特凿公司	中煤一建10处	5.2	500.0	379.0	900(C60)	900(C60)	850(C60)	850(C60)	297.10	砂质黏土	-15.0	4.5	5.4	420.0	2	16.5	2005年3月—2006年1月

（续）

序号	井筒名称（矿名+井名）	矿井设计产能/(10^4t·a^{-1})	建设单位	设计单位	冻结法施工单位	掘砌施工单位	井筒参数/m 直径	井筒参数/m 深度	井筒参数/m 土厚	井壁最大厚度(mm)/(混凝土等级) 土层段 内壁	井壁最大厚度 土层段 外壁	井壁最大厚度 岩层段 内壁	井壁最大厚度 岩层段 外壁	冻结控制层 深度/m	冻结控制层 岩性	冻结控制层 冻结壁均温/℃	冻结控制层 冻土单轴抗压强度/MPa	冻结控制层 冻结壁设计厚度/m	冻结深度/m	布孔圈数/圈	外圈孔布置直径/m	冻结施工起止时间
480	花园煤矿主井	45	济宁矿业集团	济南设计公司	中煤邯郸特凿公司	中煤一建31处	4.5	558.5	479.5	750	800		700	512.00	含砾粉质黏土	−20.0	8.3	8.3	483.0	3	21.3	2005年4月—2006年5月
481	花园煤矿副井				中煤邯郸特凿公司		5.0	588.5	479.5	850	850		800	476.8	含砾粉质黏土	−20.0	8.7	8.7	483.0	3	22.3	2005年5月—2006年7月
482	新能煤业公司风井	300	山西新能煤业公司	南京设计公司	中煤邯郸特凿公司	中煤五建1处	5.0		49.6	700		700		49.6	砂砾层	−8.0	4.8	1.0	125.0	1	9.6	2005年4月—2005年8月
483	杨柳煤矿风井	180	淮北矿业集团	南京设计公司	中煤邯郸特凿公司		5.0	529.0	134.6	1050	1050		1050	130.3	粉砂	−10.0	13.5	2.2	176.0	2	9.8	2005年5月—2006年3月
484	刘店煤矿风井	150	淮北矿业集团	南京设计公司	中煤邯郸特凿公司	中煤三建29处	5.5	700.0	318.8	1450	1450		1450	311.1	黏土	−15.0	8.9	5.5	422.0	2	16.4	2005年5月—2006年6月
485	郭屯煤矿主井	240	菏泽煤电公司	北京华宇公司	中煤邯郸特凿公司	中煤五建1处	5.0	858.0	587.4	2300	2300		2300	570.8	黏土	−18.0	4.5	11.0	610.0	4	27.0	2005年5月—2006年9月
486	新能煤业公司主井	300	山西新能煤业公司		中煤邯郸特凿公司		5.0	280.0	49.6	700	700		700	49.6	砂砾层	−8.0	4.8	1.0	125.0	1	9.6	2005年5月—2005年8月
487	新能煤业公司副井				中煤邯郸特凿公司		6.8	280.0	49.6	700	700		700	49.6	砂砾层	−8.0	4.8	1.3	125.0	1	11.6	2005年6月—2005年10月
488	东庞煤矿新风井	180	河北金牛能源公司	重庆设计公司	中煤邯郸特凿公司	河北煤建四处	5.5	640.0	170.0	1100				170.0	砾石	−7.0	2.2	2.2	228.0	1	11.1	2005年6月—2006年1月
489	东庞煤矿扩改副井				中煤邯郸特凿公司		5.5	223.7	102.5	850				102.5	砂土夹砾石	−7.0	1.3	1.7	142.0	1	9.9	2005年6月—2005年10月

附录 A 1995—2019 年立井井筒冻结法凿井数据统计资料

（续）

序号	井名名称（矿名+井名）	矿井设计产能/(10^4 t·a^{-1})	建设单位	设计单位	冻结法施工单位	掘砌施工单位	井筒参数/m 直径	井筒参数/m 深度	井筒参数/m 土厚	井壁最大厚度(mm)/(混凝土等级) 土层段 内壁	井壁最大厚度(mm)/(混凝土等级) 土层段 外壁	井壁最大厚度(mm)/(混凝土等级) 岩层段 内壁	井壁最大厚度(mm)/(混凝土等级) 岩层段 外壁	冻结控制层 深度/m	冻结控制层 岩性	冻结控制层 冻结壁均温/℃	冻结控制层 冻土单轴抗压强度/MPa	冻结控制层 冻结壁设计厚度/m	冻结深度/m	布孔圈数/圈	外圈孔布置直径/m	冻结施工起止时间
490	青东煤矿副井	180	淮北矿业集团	合肥设计公司	中煤邯郸特凿公司	中煤五建4处	7.0	684.0	231.9		1225			231.9	黏土	-15.0	7.2	5.0	298.0	2	17.0	2005年7月—2007年10月
491	东庞煤矿技改主井		河北金牛能源公司	重庆设计公司	河北煤建四处		4.5	204.4	102.5	750				102.5	砂土夹砾石	-7.0	1.3	1.4	145.0	1	8.7	2005年9月—2006年1月
492	霍尔辛赫煤矿主井	300	凌志达煤业公司	天地科技	中煤邯郸特凿公司	中煤一建63处	6.0	525.0	154.8	500(C45)	450(C45)	500(C45)	450(C45)	205.00	砂质黏土	-8.0	11.0	2.1	205.0	1	11.1	2005年10月—2006年2月
493	霍尔辛赫煤矿副井						6.5	556.0	154.8	500(C45)	450(C45)	500(C45)	450(C45)	230.00	砂质黏土	-8.0	12.0	2.4	230.0	1	11.8	2005年10月—2006年4月
494	高河煤矿主井	750	高河能源有限公司	北京华宇	中煤邯郸特凿公司	中煤五建3处	8.2	484.0	158.0	1350		600		158.0	黏土	-8.0	11.0	3.0	246.0	2	15.5	2006年1月—2006年5月
495	高河煤矿副井					中煤三建29处	8.2	514.0	158.0	1350		600		158.0	黏土	-8.0	11.0	3.0	245.0	2	15.0	2006年4月—2006年8月
496	高河煤矿风井						7.5	484.0	158.0	1350		550		158.0	黏土	-8.0	11.0	2.8	233.0	2	14.4	2005年10月—2006年3月
497	口改东矿风井	500	国投新集公司	合肥设计公司	中煤邯郸特凿公司	中煤一建49处	7.5	1005.0	573.2	500(C30)	1200(C75)	500(C40)		564.0	黏土	-17.0	4.5	11.5	626.0	4	31.4	2005年11月—2008年3月
498	梧桐庄煤矿西风井	120	峰峰集团	中煤邯郸设计公司	中煤邯郸特凿公司	中煤一建49处	5.0	538.0	92.0	900		900		92.0	砾岩	-8.0	12.0	1.5	150.0	1	9.8	2005年12月—2006年5月
499	东安煤矿主井	60	唐山亨达东安矿业公司	中钢石家庄设计公司	中煤邯郸特凿公司	河北煤建四处	4.0	350.0	45.0	600		600		45.0	黏土	-6.0	3.5	1.8	70.5	1	6.8	2006年7月—2006年10月
500	东安煤矿风井						2.5	350.0	45.0	500		500		45.0	黏土	-6.0	3.5	1.8	74.0	1	5.1	2006年8月—2006年10月

（续）

序号	井筒名称（矿名+井名）	矿井设计产能/(10^4t·a^{-1})	建设单位	设计单位	冻结法施工单位	掘砌施工单位	井筒参数/m 直径	井筒参数/m 深度	井筒参数/m 土厚	井壁最大厚度(mm)/(混凝土等级) 土层段 内壁	井壁最大厚度 土层段 外壁	井壁最大厚度 岩层段 内壁	井壁最大厚度 岩层段 外壁	冻结控制层 深度/m	冻结控制层 岩性	冻结控制层 冻结壁均温/℃	冻结控制层 冻土单轴抗压强度/MPa	冻结控制层 冻结壁设计厚度/m	冻结深度/m	布孔圈数/圈	外圈孔布置直径/m	冻结施工起止时间
501	钱营孜煤矿副井	180	皖北煤电集团	合肥设计公司	中煤邯郸特凿公司	中煤三建29处	6.5	360.0	218.2	600	500	600	500	212.9	黏土	−15.0	4.7	4.2	360.0	2	14.6	2006年10月—2007年4月
502	郓城煤矿副井	300	山东省监狱管理局	济南设计公司	中煤邯郸特凿公司	中煤三建71处	7.2	936.8	536.6	2325	2325			476.8	含砂砾粉质黏土	−20.0	5.6	11.0	540.0	4	28.7	2006年11月—2008年1月
503	新河二号煤矿主井	45	里能矿业集团	天地科技	中煤五建3处	中煤五建2处	5.5	988.0	233.8	1050	700			233.8	黏土质砂	−10.0	4.9	4.3	278.0	2	13.6	2006年12月—2007年6月
504	新河二号煤矿副井	45	里能矿业集团	天地科技	中煤五建3处	华美工程公司	6.0	1008.0	233.0	1150	700			233.0	细砂	−10.0	5.0	4.7	278.0	2	14.8	2007年1月—2007年6月
505	高河小庄煤矿进风井	750	高河能源有限公司	北京华宇公司	中煤邯郸特凿公司	中煤三建29处	7.5	484.0	180.8	1300	1300			180.8	粉土	−8.0	11.0	3.3	230.0	2	15.0	2007年2月—2007年6月
506	高河小庄煤矿回风井	750	高河能源有限公司	北京华宇公司	中煤邯郸特凿公司	中煤五建2处	7.5	485.0	180.8	1300	1300			180.8	粉土	−8.0	11.0	3.3	230.0	2	15.0	2007年3月—2007年8月
507	黄岗梁铁矿七区主井	60	西北矿业公司	中钢集团设计公司	中煤邯郸特凿公司	中煤一建63处	5.0	275.0	138.2	450(C20)	350(C20)	450(C20)	350(C20)	138.2	黑云母长英角岩	−10.0	12.5/27	2.2	150.0	1	9.8	2007年4月—2008年4月
508	黄岗梁铁矿七区副井	60	西北矿业公司	中钢集团设计公司	中煤邯郸特凿公司	中煤一建63处	5.0	275.0	138.2	450(C20)	350(C20)	450(C20)	350(C20)	138.2	黑云母长英角岩	−10.0	12.5/27	2.2	150.0	1	9.8	2007年4月—2008年1月
509	神木7号输水隧洞		神木县政府	陕西水电设计公司	中煤邯郸特凿公司	温州二井巷	2.6	119.3	19.2	300	300			19.230	砂泥岩	−6.0	8.8	1.0	124.26/70	1	5.2	2007年7月—

附录 A 1995—2019 年立井井筒冻结法凿井数据统计资料（续）

序号	井筒名称（矿名+井名）	矿井设计产能/(10^4t·a^{-1})	建设单位	设计单位	冻结法施工单位	掘砌施工单位	井筒参数/m 直径	井筒参数/m 深度	井筒参数/m 土厚	井壁最大厚度(mm)/(混凝土等级) 土层段 内壁	井壁最大厚度(mm)/(混凝土等级) 土层段 外壁	井壁最大厚度(mm)/(混凝土等级) 岩层段 内壁	井壁最大厚度(mm)/(混凝土等级) 岩层段 外壁	冻结控制层 深度/m	冻结控制层 岩性	冻结控制层 冻结壁均温/℃	冻结控制层 冻土单轴抗压强度/MPa	冻结控制层 冻结壁设计厚度/m	冻结深度/m	布孔圈数/圈	外圈孔布置直径/m	冻结施工起止时间
510	神木10号输水隧洞		神木县政府	陕西水电设计公司	中煤邯郸特凿公司	温州二井巷	2.6	136.8	19.0	300	300			18.963	砂泥岩	-6.0	8.8	1.0	141.76/75	1	5.2	2007年7月—
511	神木11号输水隧洞		神木县政府	陕西水电设计公司	中煤邯郸特凿公司	温州二井巷	3.0	141.7	31.9	750	750			31.934	砂泥岩	-6.0	8.8	1.4	146.74/49	2	7.1	2007年8月—
512	神木12号输水隧洞		神木县政府	陕西水电设计公司	中煤邯郸特凿公司	温州二井巷	3.0	143.9	49.4	750	750			49.408	砂泥岩	-6.0	8.8	1.4	148.91/65	2	7.1	2007年8月—
513	神木8号输水隧洞		神木县政府	陕西水电设计公司	中煤邯郸特凿公司	温州二井巷	2.6	123.6	11.4	300	300			11.436	砂泥岩	-6.0	8.8	1.0	128.64/70	1	5.2	2007年8月—
514	神木9号输水隧洞		神木县政府	陕西水电设计公司	中煤邯郸特凿公司	温州二井巷	2.6	134.5	21.8	300	300			21.908	砂泥岩	-6.0	8.8	1.0	139.53/75	1	5.2	2007年8月—
515	干沟煤矿主井	240	天原煤业公司	新疆煤炭设计公司	中煤邯郸特凿公司	中煤三建29处	5.0	300.0	100.0	500	500			130.0	炭质泥岩	-8.0	11.0	1.7	130.0	1	9.0	2007年9月—2008年3月
516	干沟煤矿风井		天原煤业公司	新疆煤炭设计公司	中煤邯郸特凿公司	中煤三建29处	3.0	300.0	100.0	500	500			130.0	炭质泥岩	-8.0	11.0	1.6	130.0	1	7.0	2008年6月—2008年12月
517	王庄煤矿副井	700	潞安矿业集团	北京华宇公司	中煤邯郸特凿公司	中煤五建1处	7.0	462.0	147.6	1250	1250			147.6	粉土	-10.0	10.5	2.6	252.0	2	12.3	2007年9月—2008年1月
518	王庄煤矿回风井	700	潞安矿业集团	北京华宇公司	中煤邯郸特凿公司	中煤五建1处	5.5	426.3	151.0	1150	1150			151.0	粉质黏土	-10.0	10.5	2.3	251.0	2	10.8	2007年9月—2008年1月
519	李村煤矿主井		潞安矿业集团	北京圆之翰设计公司	中煤邯郸特凿公司	中煤五建1处	6.5	567.5	120.2	550(C40)	500(C40)	550(C40)	500(C40)	120.16	粉质黏土	-10.0	12.5	2.0	265.0	2	11.4	2007年11月—2008年4月
520	李村煤矿副井	400	潞安矿业集团	北京圆之翰设计公司	中煤邯郸特凿公司	中煤五建1处	8.2	597.1	120.3	650(C40)	600(C40)	650(C40)	600(C40)	120.30	粉质黏土	-10.0	12.5	2.6	276.0	2	14.3	2007年11月—2008年5月
521	李村煤矿风井		潞安矿业集团	北京圆之翰设计公司	中煤邯郸特凿公司	中煤一建31处	7.0	565.0	203.0	550(C40)	500(C40)	550(C40)	500(C40)	109.26	砂质黏土	-10.0	12.5	2.6	225.0	2	11.9	2007年11月—2008年6月

（续）

序号	井筒名称（矿名+井名）	矿井设计产能/(10⁴ t·a⁻¹)	建设单位	设计单位	冻结法施工单位	掘砌施工单位	井筒参数/m 直径	井筒参数/m 深度	井筒参数/m 土厚	井壁最大厚度(mm)/(混凝土等级) 土层段 内壁	土层段 外壁	岩层段 内壁	岩层段 外壁	深度/m	冻结控制层 岩性	冻结壁均温/℃	冻土单轴抗压强度/MPa	冻结壁设计厚度/m	冻结深度/m	布孔圈数/圈	外圈孔布置直径/m	冻结施工起止时间
522	谢桥煤矿风井	400	淮北矿业集团	南京设计公司	中煤邯郸特凿公司	河北煤建4处	7.5	986.2	271.9	750(C30)	650(C30)	750(C50)	650(C50)	268.9	黏土	-15.0	7.3	5.1	335.0	3	17.4	2008年3月—2008年10月
523	谢桥煤矿二副井	500	淮北矿业集团	南京设计公司	中煤邯郸特凿公司	中煤一建49处	8.2	1011.0	294.2	850(C50)	700(C50)	850(C50)	700(C50)	290.8	粉砂	-15.0	7.3	5.3	355.0	3	18.8	2008年4月—2008年12月
524	胡家河煤矿风井	500	彬长开发公司	西安设计公司	中煤邯郸特凿公司	中煤三建29处	7.0	538.4	10.5	950	950			353.6	粗粒岩	-10.0	5.0	3.8	541.0	2	13.9	2008年6月—2009年3月
525	龙王庙煤矿主井	45	金狮矿业公司	江苏第一设计公司	中煤邯郸特凿公司	中煤一建31处	4.5	473.5	259.6	450(C55)	500(C45)	750(C50)	350(C30)	259.6	黏土砾石	-15.0	5.0	4.0	272.0	2	11.6	2008年7月—2009年10月
526	龙王庙煤矿副井	45	金狮矿业公司	江苏第一设计公司	中煤邯郸特凿公司	中煤一建31处	6.0	498.5	259.6	450(C55)	500(C45)	850(C50)	350(C30)	259.6	黏土砾石	-15.0	5.0	4.6	272.0	2	14.5	2008年9月—2009年10月
527	龙王庙煤矿风井	45	金狮矿业公司	江苏第一设计公司	中煤邯郸特凿公司	中煤一建31处	4.5	463.5	259.6	450(C55)	500(C45)		350(C30)	259.6	黏土砾石	-15.0	5.0	4.0	272.0	2	116.0	2008年7月—2009年10月
528	山东煤矿主井	15	横山波罗山东煤矿	西安设计公司	中煤邯郸特凿公司	温州二井巷	5.0	100.0	66.8	500	500			66.8	黄土	-6.0	9.0	1.5	75.0	1	9.0	2008年8月—2008年11月
529	山东煤矿副井	15	横山波罗山东煤矿	西安设计公司	中煤邯郸特凿公司	温州二井巷	4.7	100.0	66.8	500	500			66.8	黄土	-6.0	9.0	1.5	75.0	1	8.7	2008年10月—2008年12月
530	双鸭山煤矿南翼风井	150	双鸭山矿业集团	黑龙江龙煤设计公司	中煤邯郸特凿公司	双鸭山建井处	5.0	326.0	175.8	650	400		400	175.8	粉砂岩	-8.0	11.8	2.8	336.0	2	11.3	2008年8月—2009年5月
531	屯留南煤矿回风井	600	潞安矿业集团	北京华宁公司	中煤邯郸特凿公司	中煤五建1处	7.5	526.0	76.7	1150	1150			76.7	粉质黏土	-10.0	13.8	2.5	207.0	2	13.6	2008年10月—2009年6月
532	屯留南煤矿进风井	600	潞安矿业集团	北京华宁公司	中煤邯郸特凿公司	中煤三建29处	7.5	547.0	76.8	1150	1150			76.8	粉质黏土	-10.0	13.8	2.5	193.0	2	13.6	2008年12月—2009年6月

附录 A　1995—2019 年立井井筒冻结法凿井数据统计资料

（续）

序号	井筒名称（矿名+井名）	矿井设计产能/(10⁴t·a⁻¹)	建设单位	设计单位	冻结法施工单位	掘砌施工单位	井筒参数 直径	井筒参数 深度	井筒参数 土厚/m	井壁最大厚度(mm)/(混凝土等级) 土层段 内壁	土层段 外壁	岩层段 内壁	岩层段 外壁	冻结控制层 深度/m	冻结控制层 岩性	冻结控制层 冻结壁均温/℃	冻结控制层 冻土单轴抗压强度/MPa	冻结控制层 冻结壁设计厚度/m	冻结深度/m	布孔圈数/圈	外圈孔布置直径/m	冻结施工起止时间
533	麻家梁煤矿主井	1200	同煤矿业集团	太原设计公司	中煤邯郸特凿公司	中煤一建10处	9.0	602.8	380.0	1000(C50)	800(C45)	1000(C50)	800(C45)	275.9	黏土	-12.0	15.1	4.7	386.0	2	18.0	2008年10月—2009年8月
534	麻家梁煤矿风井	120	同煤矿业集团	济南设计公司	中煤邯郸特凿公司	中煤一建10处	8.0	536.0	344.5	900(C50)	700(C45)	900(C50)	700(C45)	250.6	中砂	-12.0	15.1	4.2	350.0	2	15.7	2008年11月—2009年7月
535	杨营煤矿主井	500	肥城矿业集团		中煤五建3处		5.5	645.0	496.1	1900	1900			496.1	砂质黏土	-18.0	7.8	8.3	540.0	4	22.0	2008年11月—2009年8月
536	虎豹湾煤矿主井	500	蒙大矿业公司	合肥设计公司	中煤邯郸特凿公司	中煤一建49处	6.0	610.0	81.8	450(C40)	450(C40)	900(C60)	450(C60)	81.8	红土	-10.0	7.5	2.5	631.0	2	14.2	2008年12月—2009年9月
537	杨营煤矿副井	90	新集能源公司	济南设计公司	中煤邯郸特凿公司	中煤一建49处	7.5	1001.9	536.7	1150	1150	1150	1150	641.7	泥岩	-18.0	7.3	10.6	725.0	4	29.1	2008年12月—2014年5月
538	陈蛮庄煤矿	600	肥城矿业集团	沈阳设计公司	中煤邯郸特凿公司	中煤一建31处	5.0	963.0	568.8	1000	1000	1000	1000	568.8	黏土	-18.0	8.1	9.8	629.0	4	23.8	2009年1月—2009年12月
539	母杜柴登煤矿副井	150	伊化矿业资源公司	邯郸设计公司	中煤邯郸特凿公司	中煤一建49处	9.4	711.0	124.7	1300(C55)	700(C45)		1000(C60)	124.7	细砂	-10.0	13.8	3.0	721.0	2	20.2	2009年4月—2010年10月
540	三元煤矿南翼风井	1000	山西三元煤业公司		中煤邯郸特凿公司	郑州煤建	5.0	370.0	191.6	800	800			191.6	粉砂	-10.0	12.3	2.3	250.0	2	10.2	2009年4月—2009年9月
541	塔然高勒煤矿副井		杭锦能源公司	约翰芬雷设计公司	中煤邯郸特凿公司	中煤一建49处	9.0	603.1	4.2	550(C30)	450(C45)			603.1	粗粒砂岩	-8.0	11.8	3.0	614.0	1	16.4	2009年4月—2010年11月

(续)

序号	井筒名称（矿名+井名）	矿井设计产能/(10⁴t·a⁻¹)	建设单位	设计单位	冻结法施工单位	掘砌施工单位	井筒参数/m			井壁最大厚度(mm)/(混凝土等级)								冻结控制层					冻结深度/m	布孔圈数/圈	外圈孔布置直径/m	冻结施工起止时间
							直径	深度	土厚	土层段 内壁	土层段 外壁	岩层段 内壁	岩层段 外壁	深度/m	岩性	冻结壁均温/℃	冻土单轴抗压强度/MPa	冻结壁设计厚度/m				
542	黄岗梁铁矿六区副井	60	西北矿业公司	中钢集团设计公司	中煤邯郸特齐公司	中煤一建63处	5.0	294.0	189.0	350 (C20)	450 (C20)	350 (C20)	350 (C20)	189.0	冲洪积层含砂黏土卵砾石层	-10.0	12.5	2.3	302.0	1	10.0	2009年7月—2011年7月
543	黄岗梁铁矿六区主井						5.0	296.0	189.0	350 (C20)	450 (C20)	350 (C20)	350 (C20)	189.0	冲洪积层含砂黏土卵砾石层	-10.0	12.5	2.3	304.0	1	10.0	2009年7月—2011年7月
544	王村煤矿回风立井	400	潞安矿业集团常村煤矿	北京圆之韬设计公司	中煤邯郸特齐公司	中煤一建49处	7.5	482.9	39.7	500 (C35)	500 (C35)	500 (C35)	500 (C35)	39.7	黏土	-10.0	54.0	1.6	168.0	1	12.8	2009年10月—2010年2月
545	王村煤矿副立井						7.5	511.8	33.6	500 (C35)	500 (C35)	500 (C35)	500 (C35)	33.6	黏土	-10.0	54.0	1.2	180.0	1	12.8	2009年12月—2010年5月
546	葫芦素煤矿副井	1300	中天合创	邯郸设计公司	中煤邯郸特齐公司	中煤一建31处	10.0	525.0	41.1	850 600 (C45)	950 (C45)	950 (C65)		376.3	细粒砂岩	-10.0	27.4	3.5	525.0	2	19.9	2009年11月—2010年9月
547	泊江海子煤矿主井	300	银宏能发公司	合肥设计公司	中煤邯郸特齐公司	华煤集团公司	9.5	556.0	7.0		1450		1800	553.7	砂质泥岩	-8.0	11.8	3.3	556.0	1	17.9	2010年2月—2011年2月
548	小庄煤矿副井	600	彬长开发公司	北京华宇公司	中煤邯郸特齐公司	中煤五建3处	8.5	377.5	13.6		1000		1000	182.0	含砾砂岩	-10.0	12.3	2.8	250.0	2	14.7	2010年3月—2010年7月
549	小庄煤矿主井						7.5	388.0	13.6		1100		1100	182.0	含砾砂岩	-10.0	12.3	2.5	242.0	2	13.3	2010年3月—2010年8月
550	红四煤矿副井	240	宁夏宝丰集团	合肥设计公司	中煤邯郸特齐公司	中煤一建31处	7.0	988.0	446.1	1150 (C65)	950 (C65)	750 (C50)		682.0	黏土	-15.0	7.5	8.5	682.0	3	24.3	2010年9月—2011年12月

附录 A 1995—2019 年立井井筒冻结法凿井数据统计资料（续）

序号	井筒名称（矿名+井名）	矿井设计产能/(10^4 t·a^{-1})	建设单位	设计单位	冻结法施工单位	掘砌施工单位	井筒参数/m 直径	井筒参数/m 深度	井筒参数/m 土厚	井壁最大厚度(mm)/(混凝土等级) 土层段 内壁	井壁最大厚度 土层段 外壁	井壁最大厚度 岩层段 内壁	井壁最大厚度 岩层段 外壁	深度/m	冻结控制层 岩性	冻结控制层 冻结壁均温/℃	冻结控制层 冻土单轴抗压强度/MPa	冻结壁设计厚度/m	冻结深度/m	布孔圈数/圈	外圈孔布置直径/m	冻结施工起止时间
551	门克庆煤矿风井	1200	中天合创公司	邯郸设计公司	中煤邯郸特凿公司	中煤一建十处	8.0	736.4	69.0	700(C30)	500(C40)	1300(C65)	500(C55)	353.4	细粒砂岩	-10.0	24.9	4.5	747.0	2	17.6	2010年10月—2011年11月
552	门克庆煤矿主井			邯郸设计公司	中煤邯郸特凿公司	中煤一建49处	9.6	785.0	67.3	600(C65)	850(C65)	1300(C65)		358.4	细粒砂岩	-10.0	24.9	4.8	802.0	2	19.8	2010年10月—2012年2月
553	三元煤矿南翼进风井	150	山西三元煤业公司			郑州煤建	6.0	378.0	191.6		900	900		191.6	粉砂	-8.0	12.3	2.6	265.0	2	11.9	2010年11月—2011年4月
554	古城煤矿副立井	800	潞安矿业集团	北京圆之翰设计公司	中煤邯郸特凿公司	中煤三建29处	8.5	551.0	74.6		1300	1300		74.6	砂质黏土	-10.0	6.7	2.5	170.0	2	14.7	2011年3月—2011年7月
555	古城煤矿回风井			武汉设计公司	中煤邯郸特凿公司	中煤三建29处	8.0	516.5	79.4		1150	1150		79.4	粉质黏土	-10.0	6.7	2.6	178.0	2	14.1	2011年3月—2011年7月
556	榆树沟煤矿副井	120	冀中能源邯冶公司	合肥设计公司	中煤邯郸特凿公司	中煤五建2处	7.0	254.0	156.8	550(C45)	450(C45)	550(C45)	450(C40)	156.8	黏土	-8.0	10.8	2.5	254.0	2	13.0	2011年6月—2011年10月
557	榆树沟煤矿主井				中煤邯郸特凿公司		5.5	254.0	156.8	600(C55)	500(C55)	600(C55)	500(C55)	156.8	黏土	-8.0	10.8	2.2	254.0	2	11.5	2011年7月—2012年1月
558	任楼煤矿风井	150	佰源煤电公司		中煤邯郸特凿公司	中煤一建49处	6.0	342.0	261.3	903(C40)	1153(C40)	450(C40)		261.5	黏土	-12.0	3.9	4.5	308.0	2	14.6	2011年7月—2012年6月
559	小庄2号煤矿副井	600	彬长开发公司	北京华宇公司	中煤邯郸特凿公司	中煤五建3处	6.5	638.0	246.0	800	600	800	600	246.0	卵石层	-10.0	5.3	4.6	533.0	2	14.9	2011年9月—2012年5月
560	小庄煤矿风井	600	彬长开发公司	北京华宇公司	中煤邯郸特凿公司	中煤三建36处	7.5	533.0	246.0	1600	1600	1600		246.0	卵石层	-10.0	5.4	4.6	533.0	2	16.3	2011年9月—2012年6月

（续）

序号	井筒名称（矿井名+井名）	矿井设计产能/(10^4 t·a^{-1})	建设单位	设计单位	冻结法施工单位	掘砌施工单位	井筒参数/m			井壁最大厚度(mm)/(混凝土等级)					冻结控制层							布孔圈数/圈	外圈孔布置直径/m	冻结施工起止时间
							直径	深度	土厚	土层段			岩层段			深度/m	岩性	冻结壁均温/℃	冻土单轴抗压强度/MPa	冻结壁设计厚度/m	冻结深度/m			
										内壁	外壁		内壁	外壁									
561	高家堡煤矿主井	500	正通煤业公司	济南设计公司	中煤邯郸特凿公司	中煤一建31处	7.5	859.0	26.5	550(C40)	500(C40)		1350(C70)	500(C40)	788.00	细粒砂岩	-10.0	4.5	4.5	791.0	3	16.7	2011年10月—2012年12月
562	丁家梁煤矿进风井	60	宁夏宝丰集团	合肥设计公司	中煤邯郸特凿公司	中煤一建31处	5.5	904.0	270.3	450(C40)	450(C40)		650(C55)	550(C55)	626.0	粉砂	-12.0	4.1	4.9	662.0	2	14.3	2012年2月—2013年3月
563	古城煤矿桃园进风井	1000	潞安矿业集团	北京圆之翰设计公司	中煤邯郸特凿公司	中煤一建49处	9.0	662.5	131.0	800(C45)	700(C45)		800(C45)	700(C45)	131.0	中砂	-10.0	12.3	3.0	229.0	2	15.8	2012年4月—2012年11月
564	古城煤矿桃园回风井					中煤三建29处	7.5	667.5	124.5	600(C45)	550(C45)		600(C45)	550(C45)	124.5	黏土	-10.0	12.3	2.6	233.0	2	13.6	2012年5月—2012年10月
565	新庄煤矿风井	800	华能甘肃能发公司	北京华宇公司	中煤邯郸特凿公司	陕煤1处	7.5		210.6	600(C60)	500(C60)		1350(C70)	550(C50)	210.6	砾石	-10.0	4.7	表土4.0 m	910.0	2	15.9	2012年4月—2013年10月
566	垚志达煤矿副井	120	垚志达煤业公司	山西中远设计公司	中煤邯郸特凿公司	湖南楚湘建设公司	7.0	339.0	13.8	600(C25)	600(C25)				248.0	泥岩	-10.0	12.3	2.6	248.0	1	12.6	2012年5月—2013年3月
567	垚志达煤矿副井						5.5	339.5	13.8	600(C25)	600(C25)				248.0	泥岩	-10.0	12.3	2.6	248.0	1	10.7	2012年5月—2013年1月
568	垚志达煤矿主井					中十冶	6.0	373.0	4.7	600(C25)	600(C25)				328.0	泥岩	-10.0	12.3	3.4	328.0	1	11.2	2012年6月—2013年4月
569	园子沟煤矿主井	600	麟北煤业公司	北京华宇公司	中煤邯郸特凿公司	中煤三建36处	8.2	596.5	359.0	500	450		800	450	359.0	泥岩	-10.0	13.5	3.5	369.0	2	14.9	2012年11月—2013年6月

附录 A　1995—2019 年立井井筒冻结法凿井数据统计资料

(续)

| 序号 | 井筒名称(矿名+井名) | 矿井设计产能/(10^4t·a^{-1}) | 建设单位 | 设计单位 | 冻结法施工单位 | 掘砌施工单位 | 井筒参数/m ||| 井壁最大厚度（mm）/(混凝土等级) ||||| 冻结控制层 ||||| 布孔圈数/圈 | 外圈孔布置直径/m | 冻结施工起止时间 |
||||||||| 直径 | 深度 | 土厚 | 土层段 || 岩层段 || 深度/m | 岩性 | 冻结壁均温/℃ | 冻土单轴抗压强度/MPa | 冻结壁设计厚度/m | 冻结深度/m |||
												内壁	外壁	内壁	外壁									
570	依兰第三煤矿副井	240	中煤龙化公司	邯郸设计公司	中煤邯郸特凿公司	中煤五建3处	8.2	691.0	6.2	600(C50)	400(C50)	1100、950、600、550、700、750(C50、C60、C20)	—	70.0	泥岩	-6.0	9.8	1.8	73.0	1	13.0	2012年11月—2013年3月
571	依兰第三煤矿风井	240	中煤龙化公司	邯郸设计公司	中煤邯郸特凿公司	中煤一建49处	7.0	660.8	6.2	600(C50)	350(C50)	1100、950、600、550、700、750(C50、C60、C20)	—	70.0	泥岩	-6.0	9.8	1.6	73.5	1	12.0	2013年3月—2013年9月
572	依兰第三煤矿主井	240	中煤龙化公司	邯郸设计公司	中煤邯郸特凿公司	中煤一建49处	6.0	661.0	6.2	600(C50)	350(C50)	1100、950、600、550、700、750(C50、C60、C20)	—	70.0	泥岩	-6.0	9.8	1.4	70.0	1	10.5	2013年5月—2013年9月
573	白家峁煤矿主井	1500	联海煤业公司	南京设计公司	中煤邯郸特凿公司	中煤一建31处	9.5	765.0	45.4	700(C50)	500(C40)	1950(CF70)	550(C60)	765.0	煤	-10.0	22.9	4.5	780.0	3	19.7	2013年5月—2015年4月
574	雅店煤矿风井	400	彬县煤炭公司	北京华宇公司	江西矿建2处	中煤三建20处	7.0	432.8	9.0	550(C40)	350(C40)	650(C65)	400(C65)	383.0	砂岩	-10.0	12.3	3.6	383.0	2	14.1	2013年6月—2014年3月
575	雅店煤矿主井	400	彬县煤炭公司	北京华宇公司	中煤邯郸特凿公司	中煤五建2处	5.5	434.3	9.0	450(C40)	350(C40)	450(C70)	350(C70)	375.0	砂岩	-10.0	12.3	3.2	375.0	2	11.9	2013年6月—2014年5月
576	大海则煤矿副井	2500	中煤榆林能化公司	西安设计公司	中煤邯郸特凿公司	中煤一建10处	9.6	702.0	22.0	600(C30)	500(C30)	1700(C70)	600(C50)	357.0	砂岩	-10.0	13.5	4.5	718.0	2	20.1	2013年6月—2015年5月
577	大海则煤矿二副井	2500	中煤榆林能化公司	西安设计公司	中煤邯郸特凿公司	中煤一建10处	10.0	667.0	13.2	650(C30)	500(C30)	1750(C70)	600(C50)	334.5	砂岩	-10.0	13.5	4.5	692.0	2	20.6	2013年6月—2015年5月
578	红庆河煤矿主井	1500	伊泰广联煤化公司	南京设计公司	中煤邯郸特凿公司	中煤一建49处	9.5	787.0	14.8	800(C40)	800(C40)	1500(C70)	600(CF70)	245.4	泥岩	-10.0	6.8	4.0	695.0	2	18.5	2013年7月—2014年9月

（续）

序号	井筒名称（矿名+井名）	矿井设计产能/(10^4t·a^{-1})	建设单位	设计单位	冻结法施工单位	掘砌施工单位	井筒参数/m 直径	井筒参数/m 深度	井筒参数/m 土厚	井壁最大厚度（mm）/（混凝土等级） 土层段 内壁	井壁最大厚度 土层段 外壁	井壁最大厚度 岩层段 内壁	井壁最大厚度 岩层段 外壁	深度/m	岩性	冻结控制层 冻结壁均温/℃	冻土单轴抗压强度/MPa	冻结壁设计厚度/m	冻结深度/m	布孔圈数/圈	外圈孔布置直径/m	冻结施工起止时间
579	楚王寺煤矿副井①	1000	同煤矿业集团	北京华宇公司	中煤邯郸特凿公司	中煤一建10处	9.4	601.4	170.2	600(C45)/850(C50)	550(C45)/650(C50)	850(C50)	650(C50)	170.2	砂质黏土	-10.0	5.3	3.4	240.0	2	16.8	2013年10月—
580	福城煤矿副立井	400	福城矿业公司	西安设计公司	中煤邯郸特凿公司	华新建	7.5	539.0	119.4	750(C40)	450(C40)	1000(C65)	500(C40)	119.4	黏土	-12.0	3.3	3.3	425.0	2	14.5	2013年10月—2014年7月
581	福城煤矿风立井	400	福城矿业公司	西安设计公司	中煤邯郸特凿公司	华新建	6.5	524.6	135.5	550(C40)	400(C40)	850(C45)	400(C40)	135.5	黏土	-12.0	3.3	3.3	380.0	2	13.3	2014年2月—2014年9月
582	霍尔辛赫煤矿风井	300	霍尔辛赫煤业公司	天地科技公司	中煤邯郸特凿公司	中煤一建4处	8.5	592.3	128.0	650(C45)	650(C45)	650(C45)	650(C45)	128.0	黏土	-8.0	4.4	2.4	215.0	1	14.7	2014年2月—2014年10月
583	高河煤矿鲍村进风井	750	潞安矿业集团	北京华宇公司	中煤邯郸特凿公司	中煤一建49处	7.5	481.0	211.8	750(C35)	600(C45)	750(C50)	600(C50)	211.8	砂砾石层	-8.0	11.8	3.2	290.0	2	14.1	2014年6月—2015年5月
584	高河煤矿鲍村回风井	750	潞安矿业集团	北京华宇公司	中煤邯郸特凿公司	中煤三建29处	7.5	470.5	213.6	750(C35)	600(C35)	750(C50)	600(C50)	213.6	砂砾石层	-8.0	11.8	3.2	294.0	2	14.1	2014年6月—2015年6月
585	五阳煤矿南岭回风井		潞安矿业集团				8.5	771.3	30.7	750(C45)	600(C45)	500(C45)	300(C45)	252.7	砂岩	-8.0	10.8	2.9	275.7	1	14.6	2014年8月—2015年3月
586	五阳煤矿南岭进风井	300		邯郸设计公司	中煤邯郸特凿公司	中煤一建49处	8.8	803.6	38.3	700(C45)	600(C45)	500(C45)	300(C45)	204.9	砂岩	-8.0	10.8	2.5	228.5	1	14.6	2014年10月—2015年2月
587	东周进风井						6.0	480.0	11.6	500(C45)	400(C45)	500(C45)	400(C45)	183.0	泥岩	-8.0	10.8	2.7	245.0	1	11.0	2015年12月—2016年5月

① 因业主手续问题而停工，冻结段井筒没能施工完毕，维护冻结时长已达8年有余。

附录 A 1995—2019 年立井井筒冻结法凿井数据统计资料

（续）

序号	井筒名称（矿名+井名）	矿井设计产能/(10^4 t·a^{-1})	建设单位	设计单位	冻结法施工单位	掘砌施工单位	井筒参数 直径/m	井筒参数 深度/m	井筒参数 土厚/m	井壁最大厚度(mm)/(混凝土等级) 土层段 内壁	土层段 外壁	岩层段 内壁	岩层段 外壁	冻结控制层 深度/m	岩性	冻结壁均温/℃	冻土单轴抗压强度/MPa	冻结壁设计厚度/m	冻结深度/m	布孔圈数/圈	外圈孔布置直径/m	冻结施工起止时间
588	王庄煤矿北栗进风井	700	潞安矿业集团	北京华宇公司	中煤邯郸特凿公司	中煤一建49处	8.0	460.0	90.7	450	450	750	600	90.7	碎石土	-10.0	5.3	2.8	223.0	2	14.1	2015年5月—2015年11月
589	王庄煤矿北栗回风井	700	潞安矿业集团	北京华宇公司	中煤邯郸特凿公司	中煤一建49处	8.0	458.0	105.2	450	450	750	600	100.2	黏土	-10.0	5.3	2.8	204.0	2	14.1	2015年7月—2015年12月
590	李村煤矿尧神沟回风井	300	潞安矿业集团	北京圆之翰设计公司	中煤邯郸特凿公司	中煤一建49处	7.5	599.5	112.6	650 (C40)	500 (C40)	650 (C50)	500 (C40)	112.6	泥岩	-8.0	10.8	2.6	276.0	2	13.3	2015年6月—2016年7月
591	李村煤矿尧神沟进风井	300	潞安矿业集团	北京圆之翰设计公司	中煤邯郸特凿公司	中煤一建49处	8.0	635.5	126.5	700 (C40)	550 (C40)	700 (C30)	550 (C40)	126.5	砂质泥岩	-8.0	10.8	3.0	248.0	2	14.0	2015年6月—2016年7月
592	葫芦素煤矿西翼风井	1300	中天合创公司	邯郸设计公司	中煤邯郸特凿公司	中煤一建10处	5.5	650.0	41.1	500 (C45)	300 (C40)	500 (C65)	300 (C40)	376.3	砂岩	-10.0	27.4	3.0	673.0	2	11.5	2016年8月—2017年12月
593	巴拉素煤矿主井	1000	巴拉素煤业公司	西安煤矿设计公司	中煤邯郸特凿公司	中煤一建4处	9.6	590.0	5.0	600 (C30)	600 (C40)	1550 (C70)	600 (C40)	221.9	砂岩	-10.0	12.8	3.8	610.0	2	18.7	2016年12月—2018年8月
594	霍尔辛赫煤矿中部进风井	400	潞安矿业集团	天地科技公司	中煤邯郸特凿公司	中煤五建1处	10.0	625.0	135.7	750 (C45)	650 (C45)	750 (C45)	650 (C45)	135.7	黏土	-10.0	12.3	2.6	237.0	2	15.3	2017年3月—2017年8月
595	巴隆煤矿主井	800	佰源投资公司	北京圆之翰设计公司	中煤邯郸特凿公司	中煤一建49处	8.2	850.0	205.0	650 (C30)	600 (C30)	2000 (C75)	650 (C45)	205.0	红土	-10.0	5.3	4.5	860.0	3	19.6	停工
596	查干淖尔煤矿一号主立井	800	峰峰矿业集团	武汉设计公司	中煤邯郸特凿公司	中煤一建63处	6.8	298.0	43.2	650 (C60)	700 (C60)	650 (C60)	700 (C60)	298.0	粉砂岩	-10.0	3.1	6.0	308.0	2	8.6	停工

（续）

序号	井筒名称（矿名+井名）	矿井设计产能/(10^4t·a^{-1})	建设单位	设计单位	冻结法施工单位	掘砌施工单位	井筒参数/m			井壁最大厚度（mm）/（混凝土等级）							冻结控制层					冻结深度/m	布孔圈数/圈	外圈孔布置直径/m	冻结施工起止时间
							直径	深度	土厚	土层段			岩层段			深度/m	岩性	冻结壁均温/℃	冻土单轴抗压强度/MPa	冻结壁设计厚度/m				
										内壁	外壁		内壁	外壁									
597	酒村煤矿进风井	750	潞安矿业集团	北京华宇公司	中煤邯郸特凿公司	中煤三建29处	7.5	433.5	130.5	750（C40）	700（C40）		750（C40）	700（C40）		130.5	黏土	-10.0	6.2	3.0	273.0	2	13.8	2018年11月—2019年6月
598	酒村煤矿回风井			北京华宇公司	中煤邯郸特凿公司	中煤一建49处	7.5	427.4	131.2	750（C40）	700（C40）		750（C40）	700（C40）		128.8	黏土	-10.0	6.2	3.0	284.0	2	13.8	2018年9月—2019年7月
599	汉水泉煤矿主井	800	京能哈密煤业公司		中煤邯郸特凿公司	开滦建设集团	8.6	543.0	191.9	450（C50）	550（C50）		700（C60）	500（C60）		191.9	砂岩	-10.0	9.6	3.2	402.0	2	14.8	停工
600	司马煤矿进风井		潞安环保能源公司	太原设计公司	中煤邯郸特凿公司	中煤五建2处	6.5	296.5	171.50	450	450		450	450		184.16	细粒砂岩	-8.0	10.78	2.80	227.0	2	12.10	2017年7月—2018年12月
601	司马煤矿回风井		潞安环保能源公司	太原设计公司	中煤邯郸特凿公司	中煤五建2处	7.0	296.5	170.95	500	500		500	500		186.65	中粒砂岩	-8.0	10.78	2.80	241.5	2	12.80	2017年6月—2018年11月
602	东庞煤矿西庞风井		冀中能源集团	石家庄设计公司	中煤邯郸特凿公司	河北煤建四处	4.5	297.0	136.00	400	350		400	350		136.00	砂砾	-10.0	10.00	2.00	175.0	1	9.56	2017年12月—2018年8月
603	东达煤矿450竖井		东圣化工集团	长沙矿山设计公司	中煤邯郸特凿公司	温州井建	5.5	650.0	6.40	1000	1000	500	800~1000	500	500	198.41	泥粉晶云岩	-8.0	11.76	2.80	465.0	1	11.50	2017年11月—2019年5月
604	纳林河二号煤矿二号风井		蒙大矿业公司	西安设计公司	中煤邯郸特凿公司	中煤一建49处	6.0	616.6	72.40	500	500					200.00	细粒砂岩	-8.0	18.03	3.60	555.3	2	13.20	2018年1月—2018年12月
605	巴彦高勒煤矿回风井	4	黄陶勒盖煤炭公司	武汉设计公司	中煤邯郸特凿公司	中煤一建49处	7.0	695.0	107.40	1000	1000	1200~1400				277.20	粗砂岩	-8.0	12.60	3.50	339.0	2	14.20	2018年10月—2019年8月

附录 A 1995—2019 年立井井筒冻结法凿井数据统计资料

（续）

序号	井筒名称（矿名+井名）	矿井设计产能/(10⁴ t·a⁻¹)	建设单位	设计单位	冻结法施工单位	掘砌施工单位	井筒参数/m 直径	井筒参数/m 深度	井筒参数/m 土厚	井壁最大厚度(mm)/(混凝土等级) 土层段 内壁	土层段 外壁	岩层段 内壁	岩层段 外壁	冻结控制层 深度/m	冻结控制层 岩性	冻结壁均温/℃	冻土单轴抗压强度/MPa	冻结壁设计厚度/m	冻结深度/m	布孔圈数/圈	外圈孔布置直径/m	冻结施工起止时间
606	巴拉素煤矿二号回风井		巴拉素煤业公司	西安设计公司	中煤邯郸特凿公司	中煤五建3处	6.5	546.2	9.70	500	350	500~900	350	280.00	细粒砂岩	-10.0	9.33	3.80	435.0	2	13.50	2018年9月—2019年7月
607	新巨龙煤矿东副立井		新巨龙能源公司	济南设计公司	中煤邯郸特凿公司	中煤一建31处	7	967	631.00	1200	1200	1650	400	602.61	黏土	-20.0	3.43×1.8	11.90	930.0	4	30.76	2017年11月—2020年6月
608	麻家梁煤矿2号回风井		麻家梁煤业公司	太原设计公司	中煤邯郸特凿公司	中煤一建49处	7.0	559.0	111.00	550	500	750	550	111.00	黏土	-10.0	5.29	2.80	203.0	2	13.15	2019年9月—
609	园子沟煤矿回风井		麟北煤业公司	北京华宇公司	中煤邯郸特凿公司	中煤三建36处	6.0	610.0	28.93	400	400	700	400	350.00	砂质泥岩	-10.0	16.87	3.50	350.0	2	12.90	2019年9月—
610	里必煤矿副立井		华晋晋城能源公司	西安设计公司	中煤邯郸特凿公司	中煤一建31处	10.5	436.0	15.30	450	350	450	350	20.80	风化粉砂岩	-10.0	3.16	3.00	101.0	1	15.10	2019年5月—2019年12月
611	高家堡煤矿进风井		正通煤业公司	济南设计公司	中煤邯郸特凿公司	中煤一建31处	6.5	986.6	56.50	450	450	1650	450	194.25	泥岩	-10.0	5.75	4.80	980.0	2	16.30	2019年3月—
612	高家堡煤矿回风井		正通煤业公司	济南设计公司	中煤邯郸特凿公司	中煤一建49处	6.5	927.8	51.06	450	450	1400	450	194.25	泥岩	-10.0	5.75	4.80	818.0	2	15.80	2019年3月—
613	龙固煤矿副井	45	徐州煤炭工业公司	江苏煤矿设计院	中煤五建3处	中煤五建3处	5	475	192.8	750	400	750	400	188.75	砂层	-7	3.92	3.8	248	2	6.5	1994年8月—1995年4月

（续）

序号	井筒名称（矿名+井名）	矿井设计产能/(10^4 t·a^{-1})	建设单位	设计单位	冻结法施工单位	掘砌施工单位	井筒参数/m 直径	井筒参数/m 深度	井筒参数/m 土厚	井壁最大厚度(mm)/(混凝土等级) 土层段 内壁	井壁最大厚度 土层段 外壁	井壁最大厚度 岩层段 内壁	井壁最大厚度 岩层段 外壁	冻结控制层 深度/m	冻结控制层 岩性	冻结壁均温/℃	冻土单轴抗压强度/MPa	冻结壁设计厚度/m	冻结深度/m	布孔圈数	外圈孔布置直径/m	冻结施工起止时间
614	运河煤矿主井	60	济宁运河煤矿	济南设计公司	中煤五建3处	中煤五建3处	4.5	532.7	204.5	400(C40)	400(C30)	400(C40)	400(C300)	141.5	砂层	−8	4.3	2.97	240	2	5.25	1995年5月—1995年12月
615	运河煤矿副井				中煤五建3处	中煤五建3处	5	576.7	209.3	450(C40)	400(C30)	450(C40)	450(C30)	160.32	砂层	−8	4.3	3.7	245	2	6	1995年8月—1996年2月
616	孟巴煤矿主井	100	孟加拉国	江苏第一设计公司	中煤五建3处	中煤五建3处	6	326	124.2	内、外层井壁合计厚900				124.2	细砂	−7	3.67	2.3	278	2	6.15	1996年8月—1996年12月
617	孟巴煤矿副井				中煤五建3处	中煤五建3处	6	320	122.2	内、外层井壁合计厚900				122.2	细砂	−7	3.67	2.3	272	2	6.15	1996年12月—1997年3月
618	吉山煤矿混合井	15	濉溪矿业集团	淮北矿务局设计院	中煤五建3处	中煤五建3处	5	180.75	60.62	400(C40)	300(C40)	400(C40)	300(C40)	60.62	细砂	−6	3.25	1.19	90	1	4.5	1996年6月—1996年12月
619	吉山煤矿风井				中煤五建3处	中煤五建3处	3.5	131.979	73.53	300(C40)	300(C40)	300(C40)	300(C40)	73.53	细砂	−6	3.25	0.87	107	2	3.6	1996年10月—1997年1月
620	泗河煤矿主井	45	山东微山泗河煤矿	济南设计公司	中煤五建3处	中煤五建3处	4.5	321.5	162.4	350(C40)	400(C35)	350(C40)	400(C35)	160.87	砂层	−8	4	2.34	180	2	5	1997年9月—1998年2月
621	泗河煤矿副井				中煤五建3处	中煤五建3处	5	339	165.8	400(C40)	450(C30)	400(C40)	450(C30)	159.35	砂层	−8	4	2.53	185	2	5.5	1997年10月—1998年4月
622	临汶石膏矿主井		新汶矿务集团		中煤五建3处	中煤五建3处	φ5.0	194.5	18.45	内、外层井壁合计厚700				18.45	砂层	−6	2.25	0.41	47	2	4.2	1998年4月—1998年6月
623	临汶石膏矿风井				中煤五建3处	中煤五建3处	φ3.5	193.5	18.45	内、外层井壁合计厚600				18.45	砂层	−6	2.25	0.3	47	1	2.95	1998年5月—1998年11月
624	唐阳煤矿主井	45	山东裕隆集团公司	济南设计公司	中煤五建3处	中煤五建3处	4.5	342.1	249	400(C50)	400(C40)	400(C50)	350(C30)	249	粉砂	−7	4.58	4.06	322	2	6.35	1998年5月—1998年11月
625	唐阳煤矿副井				中煤五建3处	中煤五建3处	5	370.1	245.1	500(C50)	500(C40)	500(C50)	400(C40)	233.2	细砂	−7	4.58	4.2	310	2	6.65	1998年6月—1999年1月

附录 A　1995—2019 年立井井筒冻结法凿井数据统计资料（续）

序号	井名称（矿名+井名）	矿井设计产能/(10^4 t·a^{-1})	建设单位	设计单位	冻结法施工单位	掘砌施工单位	井筒参数/m			井壁最大厚度（mm）/（混凝土等级）					冻结控制层							布孔圈数/圈	外圈孔布置直径/m	冻结施工起止时间
							直径	深度	土厚	土层段		岩层段		深度/m	岩性	冻结壁均温/℃	冻土单轴抗压强度/MPa	冻结壁设计厚度/m	冻结深度/m			
										内壁	外壁	内壁	外壁									
626	梁北煤矿东风井	90	许昌新龙矿业公司	武汉设计公司	中煤五建3处	中煤五建3处	4.5	404	148.2	400(C40)	300(C30)	400(C40)	300(C30)	148.24	砂层	−7	3.66	2.37	205	1	4.8	2000年1月—2000年5月
627	高庄煤矿副井	90	枣庄矿业集团	枣庄设计公司	中煤五建3处	中煤五建3处	6.5	276.3	87.5	450(C30)	450(C30)	550(C30)	450(C30)	79.8	中粗砂	−7	11		153.6	1	4.8	2001年6月—2001年10月
628	张集北煤矿风井	400	淮南矿业集团	合肥设计公司	中煤五建3处	中煤五建3处	6	473.5	323.3	750(C50)	600(C45)	750(C50)	600(C45)	323.3	砂层	−12	13.8	6.2	479	2	8.5	2003年4月—2004年1月
629	张集北煤矿主井					中煤五建4处	5.5	493.5	315	700(C50)	550(C45)	700(C50)	550(C45)	286	砂层	−12	13.8	6	363	2	8	2003年6月—2004年1月
630	新源煤矿主井	108	枣庄矿业集团	济南设计公司	中煤五建3处	中煤一建49处	5	406	120.3	400(C30)	300(C30)	500(C40)	300(C40)	120.3	卵石	−7	4.4	2.82	306	2	5.55	2003年4月—2003年9月
631	新源煤矿副井			南京设计公司	中煤五建3处	中煤五建3处	6.5	426	120.48	500(C30)	400(C40)	500(C40)	400(C40)	120.4	卵石	−7	4.4	3.61	297	2	6.4	2003年5月—2003年11月
632	锦丘煤矿主井	108	锦丘矿业公司	南京设计公司	中煤五建3处	中煤五建3处	4.5	406	90.26	400(C40)	400(C40)	400(C40)	400(C40)	90.26	粗砂	−6	4	1.7	126	1	4.55	2003年5月—2003年8月
633	锦丘煤矿副井	108	锦丘矿业公司	南京设计公司	中煤五建3处	中煤五建2处	5	426	91.01	400(C40)	400(C30)	400(C40)	400(C30)	91.01	含黏土粗砂	−6	4	1.9	129	1	4.8	2003年7月—2003年10月
634	新安煤矿新主井	60	枣庄矿业集团	济南设计公司	中煤五建3处	中煤五建3处	5	215.15	106.6	400(C40)	400(C30)	400(C40)	400(C30)	106.6	黏土	−7	4.4	2.14	126	1	4.8	2003年5月—2003年9月
635	许楼煤矿主井	90	山东七五生建煤矿		中煤五建3处	中煤三建71处	5	707.4	57.95	400	300	400	300	57.95	砂层	−7	2.75	1.56	335	2	5.7	2003年6月—2004年2月

（续）

序号	井筒名称（矿名+井名）	矿井设计产能/(10^4 t·a^{-1})	建设单位	设计单位	冻结法施工单位	掘砌施工单位	井筒参数/m			井壁最大厚度(mm)/(混凝土等级)					冻结控制层						布孔圈数/圈	外圈孔布置直径/m	冻结施工起止时间
							直径	深度	土厚	土层段		岩层段		深度/m	岩性	冻结壁均温/℃	冻土单轴抗压强度/MPa	冻结壁设计厚度/m	冻结深度/m			
										内壁	外壁	内壁	外壁									
636	东大煤矿主井	45	东大矿业公司	南京设计公司	中煤五建3处	中煤五建3处	4.5	637.3	66.2	400(C40)	400(C40)	400(C40)	400(C40)	66.2	黏土	-6	3.2	1.43	126	1	4.55	2003年9月—2003年12月
637	东大煤矿副井			济南设计公司	中煤五建3处	河北煤建4处	5	641	66.2	400(C40)	400(C40)	400(C40)	400(C40)	66.2	黏土	-6	3.2	1.55	126	1	4.8	2003年10月—2004年1月
638	丁集煤矿风井	500	淮南矿业集团		中煤五建3处	中煤五建4处	7.5	833	528.65	1050(C70)	1050(C70)	1050(C70)	1050(C70)	443.6	黏土	-16	1.98	10.5	558	3	14	2004年2月—2005年3月
639	阳城煤矿主井	240	济宁矿业集团	南京设计公司			5	382.8	223.8	500(C55)	450(C50)	500(C55)	450(C55)	223.8	黏土	-8	4.8	3.6	288	2	5.9	2004年2月—2004年6月
640	阳城煤矿副井						6.5	378	232.6	600(C550)	550(C500)	600(C55)	500(C55)	232.6	黏土	-8	4.8	4.8	293	2	7.45	2004年3月—2004年8月
641	阳城煤矿风井						5	349.5	221.9	500(C55)	450(C50)	500(C55)	450(C55)	221.9	黏土	-8	4.8	3.6	293	2	5.9	2004年2月—2004年7月
642	泰安石膏矿主井	30	山东三河口生建煤矿	苏州设计院	中煤五建3处	中煤五建3处	6	415	15.9	500(C35)	500(C30)	500(C40)	300(C30)	15.9	粗砂	-6	3.2	0.28	122	1	5.2	2004年4月—2004年6月
643	泰安石膏矿风井				中煤五建3处	中煤五建3处	4.5	206	15.95	350(C35)	400(C30)	350(C400)	300(C30)	15.95	细砂	-4	2.6	0.25	73	1	4.2	2004年4月—2004年6月
644	北徐楼煤矿风井	90	山东丰源煤电公司		中煤三建71处	中煤三建71处	5	558	95.8	内、外层井壁合计厚度750				95.8	砂层	-6	4	2.06	125	1	4.8	2004年8月—2004年12月
645	大泥河铁矿主井	50	盛大矿业公司	鞍钢集团矿业设计院	中煤五建3处		4		30	内、外层井壁合计厚度400				30	砾石	-6	3.33	0.34	52	1	3.8	2004年5月—2004年11月
646	大泥河铁矿副井						5		30	内、外层井壁合计厚度500				30	砾石	-6	3.33	0.5	52	1	4.4	2004年5月—2004年11月
647	大泥河铁矿风井						4		31.6	内、外层井壁合计厚度400				31.6	砾石	-6	3.33	0.384	57	1	3.8	2004年4月—2004年10月

附录 A　1995—2019 年立井井筒冻结法凿井数据统计资料

序号	井筒名称（矿名+井名）	矿井设计产能/(10⁴ t·a⁻¹)	建设单位	设计单位	冻结法施工单位	掘砌施工单位	井筒参数			井壁最大厚度（mm）/（混凝土等级）						冻结控制层					冻结深度/m	布孔圈数/圈	外圈孔布置直径/m	冻结施工起止时间
							直径	深度	土厚	土层段				岩层段			深度/m	岩性	冻结壁均温/℃	冻土单轴抗压强度/MPa	冻结壁设计厚度/m				
										内壁	外壁	内壁	外壁	内壁	外壁										
648	薛湖煤矿主井	120	河南神火煤电公司	郑州设计公司	中煤五建3处	中煤五建3处	5	830	391	900(C60)	800(C60)	900(C60)	800(C60)			391	砂质黏土	−14	6.67	6.6	460	3	8.65	2004年10月—2005年6月
649	薛湖煤矿副井				中煤五建3处	中煤五建3处	6.5	850	398.28	1050(C70)	850(C60)	1050(C70)	850(C70)			398.28	砂质黏土	−14	6.67	8.4	460	3	10.65	2004年10月—2005年6月
650	薛湖煤矿东风井				中煤五建3处	中煤五建3处	5.5	659	362.3	900(C60)	800(C60)	900(C60)	800(C60)			361.6	细砂	−12	6.28	6.8	430	3	9.05	2005年6月—2005年12月
651	顾北煤矿风井	400	淮南矿业集团	合肥设计公司	中煤五建3处	中煤五建3处	7	681.3	464.35	1000(C70)	1000(C70)	1000(C70)	1000(C70)			456.35	钙质黏土	−14	5.38	9.2	502	3	12.5	2004年11月—2005年8月
652	滕东煤矿主井	45	山东滕东生建煤矿	南京设计公司	中煤五建3处	中煤五建3处	5.5	922.1	22.9	500(C40)	400(C30)	500(C40)	400(C30)			22.9	含砾粗砂	−6	2.1	0.7	50	1	4.25	2004年11月—2005年2月
653	滕东煤矿副井				中煤五建3处	中煤五建3处	6	950	22.9	550(C40)	450(C30)	550(C40)	450(C30)			22.9	含砾粗砂	−6	2.1	0.7	50	1	4.5	2005年1月—2005年4月
654	泉店煤矿主井	120	河南神火煤电公司	郑州设计公司	中煤三建71处	中煤三建71处	5	622.6	455.3	850(C70)	850(C70)	850(C70)	850(C70)			411.6	粉砂	−14	5.35	7.13	513	3	9.5	2005年9月—2006年8月
655	泉店煤矿副井				中煤五建3处	中煤五建3处	6.5	650.6	440.1	1000(C65)	1000(C70)	1000(C70)	1000(C70)			385.59	细砂	−14	5.01	8.81	500	3	11.25	2005年9月—2006年5月
656	泉店煤矿风井				中煤五建3处	河南煤建集团	5	547.6	455.3	850(C70)	850(C70)	850(C70)	850(C70)			411.6	粉砂	−14	6.8	7.13	523	3	9.5	2005年11月—2006年6月
657	付村煤矿中央风井	120	枣庄矿业集团		中煤五建3处	中煤五建3处	5	454.3	76.45	450(C45)	400(C45)	450(C45)	400(C45)			69.5	黏土质砂	−6	3.44	1.77	185	1	4.8	2006年8月—2006年12月
658	郓城煤矿主井	240	里能集团	济南设计公司	中煤五建3处	中煤五建3处	7	916.8	534.2	1100(C70)	1100(C75)	1100(C70)	1100(C70)			467.97	细砂	−17	7.04	10.5	590	4	13.6	2006年6月—2007年4月

（续）

（续）

序号	井筒名称（矿井名+井名）	矿井设计产能/(10^4t·a^{-1})	建设单位	设计单位	冻结法施工单位	掘砌施工单位	井筒参数/m			井壁最大厚度（mm）/（混凝土等级）					冻结控制层					冻结深度/m	布孔圈数/圈	外圈孔布置直径/m	冻结施工起止时间
											土层段				岩层段		深度/m	岩性	冻结壁均温/℃	冻土单轴抗压强度/MPa	冻结壁设计厚度/m				
							直径	深度	土厚	内壁	外壁	内壁	外壁									
659	新河二号煤矿主井	45	里能集团	济南设计公司	中煤五建3处	中煤五建2处	5.5	988	233.75	600(C45)	450(C40)	600(C45)	450(C40)	233.7	细砂	-10	4	4.26	278	2	6.8	2006年12月—2007年6月
660	新河二号煤矿副井						6	1008	232.99	650(C45)	500(C40)	650(C45)	500(C40)	232.99	细砂	-10	4	4.65	278	2	7.4	2007年1月—2007年6月
661	赵固二煤矿主井	180	焦煤矿业集团	武汉设计公司	中煤五建3处	中煤五建3处	5	711.5	528.85	850(C80)	650(C80)	850(C80)	850(C80)	493.05	细砂	-16	8.15	7.2	615	3	8.75	2006年10月—2007年8月
662	赵固二煤矿副井	180	焦煤矿业集团	武汉设计公司	中煤五建3处	中煤五建3处	6.9	739.5	524.4	1200(C80)	800(C80)	1200(C80)	800(C80)	465.25	细砂	-16	8.15	9.4	628	3	12.3	2006年12月—2007年9月
663	赵固二煤矿风井	180	焦煤矿业集团		中煤五建3处	中煤五建3处	5.2	711.5	519.5	900(C80)	700(C80)	950(C80)	700(C80)	498.8	粉砂	-16	8.15	7.5	628	3	9.25	2006年11月—2007年10月
664	新庄煤矿北进风井		河南神火煤电公司		中煤五建3处	河南煤建集团	6.5	783.9	187.6	内、外层井壁合计厚度900				181.35	细砂	-8	4.8	2.9	225	2	6.2	2007年2月—2007年5月
665	朱集煤矿主井	400	淮南矿业集团	合肥设计公司	中煤五建3处	华煤集团	7.6	984	323.4	900(C60)	700(C55)	900(C60)	700(C55)	320.3	砂砾	-15	6.6	6	399	3	9.55	2007年6月—2008年3月
666	朱集煤矿副井	400	淮南矿业集团	合肥设计公司	中煤五建3处	中煤三建71处	8.2	958	328.1	950(C60)	750(C55)	950(C60)	750(C55)	318.3	中砂	-15	6.6	6.4	375	3	10.2	2007年4月—2007年11月
667	薛湖煤矿中央风井	120	河南神火煤电公司	郑州设计公司	中煤五建3处	中煤五建3处	5.5	760.5	395.23	900(C60)	800(C60)	900(C60)	800(C60)	321.58	细砂	-12	5.5	7	450	3	9.15	2007年6月—2008年1月
668	陈四楼煤矿北风井	240	河南龙宁能源公司	郑州设计公司	中煤五建3处	中煤五建3处	5	462	376.3	800(C60)	800(C60)	800(C60)	800(C60)	315.81	粉砂	-12	6.14	6.22	410	3	8.15	2007年7月—2008年1月

(续)

附录 A 1995—2019年立井井筒冻结法凿井数据统计资料

序号	井筒名称（矿名+井名）	矿井设计产能/(10⁴t·a⁻¹)	建设单位	设计单位	冻结法施工单位	辐砌施工单位	井筒参数/m 直径	井筒参数/m 深度	井筒参数/m 土厚	井壁最大厚度(mm)/(混凝土等级) 土层段 内壁	土层段 外壁	岩层段 内壁	岩层段 外壁	深度/m	冻结控制层 岩性	冻结壁均温/℃	冻土单轴抗压强度/MPa	冻结壁设计厚度/m	冻结深度/m	布孔圈数/圈	外圈孔布置直径/m	冻结施工起止时间
669	九里山煤矿新风井	90	焦作煤业集团	焦作宏图公司	中煤五建3处	中煤五建3处	6	295.8	173	500(C60)	500(C60)	500(C70)	500(C600)	173	砂土	−7.1	4.3	3.2	268	2	6.4	2007年9月—2008年2月
670	孔庄煤矿混合井	180	大屯煤电公司	北京华宇公司	中煤五建3处	中煤五建2处	8.1	1088	153	500(C60)	500(C60)	500(C70)	500(C60)	153	细砂	−10	4.6	3.1	347	2	7.55	2007年8月—2008年6月
671	李楼煤矿1号副井	500	安徽开发矿业公司	中冶京城公司	中煤五建3处	中煤五建3处	6	660	124.2	450(C40)	500(C60)	450(C40)	500(C40)	73.3	砾石	−7	3.32	2.31	170	1	5.5	2008年2月—2008年5月
672	新河煤矿主井	60	焦煤业集团				4	598.5	214.1	400(C60)	350(C65)	400(C60)	350(C65)	214.1	中砂	−8	4.9	2.54	292	1	4.55	2008年1月—2008年7月
673	新河煤矿副井			郑州设计公司	中煤五建3处		6	607.5	218.1	450(C75)	450(C75)	450(C75)	450(C75)	218.1	中砂	−8.5	5	3.57	292	1	6.25	2008年1月—2008年7月
674	新河煤矿风井						4.5	573.9	211.7	450(C70)	350(C70)	450(C70)	350(C70)	211.7	中砂	−8	4.9	2.7	288	2	5.15	2008年1月—2008年7月
675	谢桥煤矿复斗井	400	淮南矿业集团	合肥设计公司	中煤三建71处	中煤三建71处	7.6	986.2	331.95	850(C60)	800(C60)	850(C60)	800(C60)	287.95	细砂	−14	5.92	6.1	395	3	9.65	2008年7月—2009年3月
676	麻家梁煤矿副井	1200	同煤矿业集团	太原设计公司	中煤五建4处	中煤五建4处	9.3	537.2	276.48	1000	1000	450(C40)	800	269	中砂	−10	6.42	5.45	348	2	9.9	2008年10月—2009年7月
677	李楼铁矿南风井	500	安徽开发矿业公司	中冶京城公司	中煤五建3处	中煤五建3处	5.5	601	121.5	450(C40)	500(C40)	450(C40)	500(C40)	95	粉质黏土	−7	2.95	2.17	200	2	5.75	2008年12月—2009年4月
678	李楼铁矿北风井						5	290	160	400(C40)	400(C40)	400(C40)	400(C40)	160	砾石	−7	4.5	2.21	175	1	5	2009年6月—2009年10月

(续)

序号	井筒名称(矿井名+井名)	矿井设计产能/(10^4t·a^{-1})	建设单位	设计单位	冻结法施工单位	掘砌施工单位	井筒参数/m 直径	井筒参数/m 深度	井筒参数/m 土厚	井壁最大厚度(mm)/(混凝土等级) 土层段 内壁	井壁最大厚度 土层段 外壁	井壁最大厚度 岩层段 内壁	井壁最大厚度 岩层段 外壁	深度/m	冻结控制层 岩性	冻结控制层 冻结壁均温/℃	冻结控制层 冻土单轴抗压强度/MPa	冻结控制层 冻结壁设计厚度/m	冻结深度/m	布孔圈数/圈	外圈孔布置直径/m	冻结施工起止时间
679	朱集西煤矿主井	400	皖北煤电公司	南京设计公司	中煤五建3处	中煤三建71处	6	993.2	470.6	950(C70)	950(C70)	950(C70)	450(C70)	470.65	砾石	−16~−18	7.7	8.3	529	4	11.3	2009年4月—2010年2月
680	陈蛮庄煤矿副井	90	肥城矿业集团	济南设计公司	中煤五建3处	中煤一建31处	6.5	993	556.85	1250(C70)	1200(C70)	1250(C75)	1200(C70)	482.09	黏土质砂	−18	7.5	11	640	5	14.8	2009年2月—2010年2月
681	顺和煤矿副井	60	永煤矿业集团	郑州设计公司	中煤五建3处	中煤五建3处	6	776.5	437.66	900(C70)	850(C70)	900(C700)	850(C70)	432.96	粗砂	−14	7.15	8	500	4	11.2	2009年8月—2010年2月
682	梁北煤矿北进风井	90	河南神火煤电公司	武汉设计公司	中煤五建3处	中煤五建3处	6.5	547.8	182.5	650(C500)	600(C50)	750(C50)	700(C50)	182.5	砂质黏土	−7.5	4.565	3.66	269	2	7.1	2010年1月—2010年6月
683	虎豹湾煤矿副井	500	蒙大新能化开发公司	济南设计公司	中煤五建3处	中煤五建3处	7	582.38	83.94	500(C30)	550(C30)	1250(C600)	550(C40)	69.39	粉土	−6	3.214	2.7	600	2	8.3	2008年11月—2009年7月
684	李粮店煤矿主井	240	华稷煤业公司	郑州设计公司	中煤五建3处	中煤五建3处	5	755.5	479.2	850(C80)	700(C80)	850(C80)	700(C50)	394.8	细砂	−15	6.4	7	772	4	9	2010年1月—2010年11月
685	李粮店煤矿副井		中天合创能源公司	河南煤建集团	中煤五建3处	中煤五建3处	6.5	780.5	481.49	950(C80)	900(C80)	950(C800)	900(C80)	391.25	细砂	−15	6.4	9	800	5	12.1	2009年12月—2011年1月
686	葫芦素煤矿主井	300	中天合创能源公司	天津设计公司	中煤五建2处	中煤五建2处	9.6	669.482	42.93	800(C35)	600(C40)	900(C65) 单层井壁		522.56	粉砂岩	−5	12.8	5	525	2	9.7	2009年11月—2010年9月
687	葫芦素煤矿回风井	300	中天合创能源公司	天津设计公司	中煤五建2处	中煤五建2处	8	681.286	41.05	700(C35)	600(C40)	1000(C75) 单层井壁		125	粉砂岩	−5	12.8	4.3	672	2	8.8	2009年11月—2010年12月

附录 A 1995—2019 年立井井筒冻结法凿井数据统计资料

（续）

序号	井筒名称（矿名+井名）	矿井设计产能/(10^4t·a^{-1})	建设单位	设计单位	冻结法施工单位	掘砌施工单位	井筒参数/m 直径	井筒参数/m 深度	井筒参数/m 土厚	井壁最大厚度(mm)/(混凝土等级) 土层段 内壁	土层段 外壁	岩层段 内壁	岩层段 外壁	深度/m	冻结控制层 岩性	冻结壁均温/℃	冻土单轴抗压强度/MPa	冻结壁设计厚度/m	冻结深度/m	布孔圈数/圈	外圈孔布置直径/m	冻结施工起止时间
688	刘塘坊铁矿北风井	150	中钢集团刘塘坊	中钢马鞍山设计公司	中煤五建3处	中煤五建3处	5	525	260.25	700(C50)	500(C50)	700(C50)	500(C500)	260.25	细砂	-9	5.9	3.45	310	2	6.15	2010年5月—2010年10月
689	门克庆煤矿副井	1200	中天合创能源公司	西安设计公司	中煤五建3处	中煤五建3处	10	755.5	54.5	900(C30)	600(C40)	1300(C75)单层井壁		760.23	粉砂岩	-8	14.55	5.1	772	2	10.1	2010年10月—2012年1月
690	巴彦高勒煤矿副井	1000	黄陶勒盖能源公司	武汉设计公司	中煤五建3处	中煤五建3处	9	643.4	90.52	750(C30)	750(C35)	1700(C60)	650(C40)	649.67	粉砂岩	-8	12.9	4.7	655	2	10.35	2011年3月—2012年2月
691	红四煤矿风井	240	宁夏宝丰集团	合肥设计公司	中煤五建3处	中煤五建3处	6	963	470.3	1000(C600)	800(C60)	1000(C60)	800(C60)	470.3	砾石	-15	9	8	642	3	10.85	2010年9月—2011年8月
692	纳林河煤矿二号副井	800	蒙大矿业公司	中煤西安设计公司	中煤五建3处	中煤五建3处	10.5	588.45	76.74	700(C30)	650(C30)	1800(C60)	700(C40)	521	细粒砂岩	-8	11.4	4.7	521	3	10.75	2011年1月—2011年10月
693	潘三煤矿深部进风井	500	淮南矿业集团	合肥设计公司	中煤五建3处	中煤三建71处	8.6	1004.2	274.6	850(C50)	750(C50)	850(C65)	750(C60)	273.6	砾石	-14	6.55	5.2	380	3	9.65	2011年6月—2011年12月
694	红二煤矿主井	240	青铜峡铝集团	武汉设计公司	中煤五建3处	中煤五建3处	5.5	525	305.2	750(C65)	750(C65)	750(C55)	700(C65)	266.54	细砂	-9.8	3.465	4.5	409	3	7.3	2013年7月—2014年4月
695	丁家梁煤矿副井	60	宁夏宝丰集团	合肥设计公司	中煤五建3处	中煤五建3处	6.8	929	278.2	600(C55)	450(C55)	750(C55)	650(C55)	278.2	砾石	-10	5.5	5.8	651	2	8.85	2012年3月—2013年11月
696	新庄煤矿副井	800	华能甘肃能发公司	北京华宇公司	中煤五建3处	中煤一建31处	9	990.3	209.78	950(C50)单层井壁		1000(C70)	600(C50)	900	中粒砂岩	-10	17	5.4	908	2	9.7	2012年3月—2013年10月

(续)

| 序号 | 井筒名称(矿名+井名) | 矿井设计产能/(10^4 t·a^{-1}) | 建设单位 | 设计单位 | 冻结法施工单位 | 掘砌施工单位 | 井筒参数/m ||| 井壁最大厚度(mm)/(混凝土等级) |||||| 冻结控制层 ||||| 布孔圈数/圈 | 外圈孔布置直径/m | 冻结施工起止时间 |
							直径	深度	土厚	土层段 内壁	土层段 外壁	岩层段 内壁	岩层段 外壁	深度/m	岩性	冻结壁均温/℃	冻土单轴抗压强度/MPa	冻结壁设计厚度/m	冻结深度/m		
697	顾桥煤矿深部进风井	900	淮南矿业集团	合肥设计公司	中煤五建3处	中煤三建71处	8.6	1057.6	264.59	900(C50)	700(C50)	900(C60)	700(C50)	264.59	砾岩	-15	6.25	5.9	360	3	9.5	2012年2月—2012年9月
698	邵寨煤矿主井①	120	邵寨煤业公司	武汉设计公司	中煤五建3处	中煤一建2处	5.5	866	289.73	750(C65)单层井壁		1150(C80)	400(C45)	695.67	粗砾岩	-10	14.2	4	750	2	7.3	2013年3月—2013年10月
699	横山堡煤矿回风井	180	新矿内蒙古能源公司	大地开发集团	中煤五建3处	新矿内蒙能源公司	6.5	347	246.85	750	650	750	550	329	细砂岩	-10	5.85	4.2	329	2	7	2012年7月—2013年1月
700	红庆梁煤矿副井	600	北京昊华公司	北京华宇公司	中煤五建3处	中煤五建3处	9.5	510	1.5	550(C50)	500(C50)	900(C70)	500(C70)	401.2	粗砂岩	-8	7.47	4.5	404	2	9.15	2012年9月—2013年5月
701	园子沟煤矿回风井	600	麟北煤业公司		中煤五建3处	中煤三建29处	7.5	596	13.2	450(C55)	400	750	400	349.14	中粒砂岩	-10	6.76	3.3	360	2	7	2012年11月—2013年6月
702	白家海子煤矿中央进风井	1500	联海煤业公司	南京设计公司	中煤五建3处	中煤三建30处	6.8	679	45.4	500(C50)	500(C50)	1100(C70)	500(C55)	388.5	细砂岩	-10	7.7	3.6	715	2	7.7	2013年5月—2014年9月
703	大南湖煤矿风井	1000	中煤哈密煤业公司	邯郸设计公司	中煤五建3处	开冻建设集团	7.5	326	203.2	650(C40)	450(C40)	650(C55)	450(C55)	203.2	砂砾岩	-8	6	3	230	1	6.85	2013年1月—2013年9月
704	大南湖煤矿1号副井	3000	中煤榆林能工公司	西安设计公司	中煤五建3处	中煤五建4处	10	661	16.96	650(C30)	500(C30)	1800(C75)	500(C40)	678	粗粒砂岩	-10	15.02	4.5	678	2	10.3	2013年6月—2015年8月

① 事故修复井。

附录 A 1995—2019 年立井井筒冻结法凿井数据统计资料

(续)

序号	井筒名称(矿名+井名)	矿井设计产能/(10^4t·a^{-1})	建设单位	设计单位	冻结法施工单位	掘砌施工单位	井筒参数/m			井壁最大厚度(mm)/(混凝土等级)						冻结控制层					布孔圈数/圈	外圈孔布置直径/m	冻结施工起止时间
							直径	深度	土厚	土层段			岩层段		深度/m	岩性	冻结壁均温/℃	冻土单轴抗压强度/MPa	冻结壁设计厚度/m	冻结深度/m			
										内壁	外壁	内壁	外壁									
705	大海则煤矿回风井	3000	中煤榆林能工公司	西安设计公司	中煤五建3处	中煤一建10处	8	668.9	25.85	500(C30)	450(C40)	1600(C75)	450(C40)	686	中粒砂岩	−10	15.02	4.2	686	2	8.85	2013年6月—2015年6月
706	招贤煤矿回风立井	240	金源招贤矿业公司	北京华宇公司	中煤五建3处	中煤五建3处	6	564	37.09	500(C40)	400(C40)	700(C60)	400(C40)	514	细砂岩	−8	6.67	4.1	514	2	6.6	2013年9月—2014年5月
707	红庆河煤矿副井	1500	伊泰广联煤化公司	南京设计公司	中煤五建3处	中煤五建3处	10.5	718	10.35	900(C50)	850(C50)	1600(C70)	600(C60)	521.39	砾岩	−10	13.61	4.7	694	2	10.25	2013年7月—2014年8月
708	唐口煤矿南部进风井	500	唐口煤业公司	济南设计公司	中煤五建3处	中煤五建3处	7	1037.933	218.4	700(C50)	450(C40)	500(C65)	900(C40)	214	细砂	−10	4.2	3.8	470	2	7.25	2014年5月—2015年2月
709	唐口煤矿南部回风井	500	唐口煤业公司	济南设计公司	中煤五建3处	华煤集团公司	6	1003	219.2	650(C50)	450(C40)	850(C60)	450(C40)	201.15	粉砂	−10	5.52	3.4	460	2	6.4	2014年7月—2015年1月
710	小纪汗煤矿小冻进风井	1000	榆横煤电公司	西安设计公司	中煤五建3处	中煤五建3处	6.5	395.845	69.74	500(C40)	300(C30)	500(C50)	300(C300)	69.74	亚黏土	−10	2.68	2.8	255	2	6.15	2016年12月—2017年4月
711	徐庄煤矿西风井	180	大屯煤电公司	邯郸设计公司	中煤五建3处	中煤五建2处	5.5	610	179.65	500(C50)	500(C50)	500(C60)	500(C50)	179.65	中砂	−10	5	2.8	400	2	5.9	2017年4月—2018年1月
712	巴拉素煤矿副井	1000	巴拉素煤业公司	西安设计公司	中煤五建3处	中煤五建3处	10.5	533.55	5.56	600(C30)	500(C30)	1500(C70)	500(C40)	224.03	细粒砂岩	−10	6	4.2	548	2	10.1	2016年12月—2018年6月
713	常村煤矿曲జ进风井	800	涓安环保能源公司	北京圆之翰设计公司	中煤五建3处	中煤三建29处	6	450.85	79.45	400(C35)	400(C35)	400(C35)	400(C35)	79.45	粉土层	−10	4.17	2	260	2	5.6	2018年1月—2018年8月

（续）

序号	井筒名称（矿名+井名）	矿井设计产能/(10⁴ t·a⁻¹)	建设单位	设计单位	冻结法施工单位	掘砌施工单位	井筒参数/m 直径	井筒参数/m 深度	井筒参数/m 土厚	井壁最大厚度(mm)/岩层段 土层段 内壁	井壁最大厚度 土层段 外壁	井壁最大厚度 岩层段 内壁	井壁最大厚度 岩层段 外壁	深度/m	岩性	冻结壁均温/℃	冻土单轴抗压强度/MPa	冻结壁设计厚度/m	冻结深度/m	布孔圈数/圈	外圈孔布置直径/m	冻结施工起止时间
714	姑山铁矿充填井	70	马钢集团	金建工程设计公司	中煤五建3处	中煤五建3处	4.5	397	53.2	500 (C40)	300 (C40)	500 (C40)	300 (C40)	53.2	卵石	−7	2.81	1.6	67	2	4.55	2018年4月—2018年6月
715	泉店煤矿西风井	120	神火兴隆矿业公司	中赛国际公司	中煤五建3处	中煤五建3处	6.0	348.5	295.1	750 (C60)	750 (C60)	500 (C60)	750 (C60)	295.1	砾石层	−12.0	6.6	4.8	358.0	3	7.7	2019年4月—2019年11月
716	青东煤矿东风井	180	淮北矿业集团	合肥设计公司	中煤五建3处	中煤五建3处	5.5	646.0	234.6	600 (C50)	650 (C50)	600 (C50)	650 (C50)	216.5	砂质黏土	−12.0	4.9	4.2	305.0	3	6.6	2019年11月29日开机冻结
717	海孜煤矿西部井		淮北矿业集团	淮北工业设计公司	淮北矿业工程公司	淮北矿业工程公司	6.0	364.0	250.0	700	600		600			−8.0		3.7	267.0	2	13.2	1997年12月—1998年8月
718	陈楼煤矿块段进风井		淮北矿业集团童亭煤矿	淮北工业设计公司	淮北矿业工程公司		4.5												252.0	1	10.8	2000年
719	杨庄煤矿西风井		淮北矿业集团	淮北工业设计公司	淮北矿业工程公司	淮北矿业工程公司	4.0	230.0	79.0	400	300	400		78.9	黏土	−8.0	4.4	2.6	135.0	1	9.0	2005年4月—2005年7月
720	杨庄煤矿西部混合井		淮北矿业集团	淮北工业设计公司	淮北矿业工程公司		5.0	178.0	81.5	600	550	1150	750	81.5	黏土	−10.0		2.8	105.0	1	9.6	2005年
721	杨柳煤矿主井	180	淮北矿业集团	淮北工业设计公司	淮北矿业工程公司		5.0	604.4	135.5	500	500	450		130.0	细砂	−10.0	3.8	2.2	198.0	2	9.8	2006年
722	杨柳煤矿副井		淮北矿业集团	淮北工业设计公司	淮北矿业工程公司		6.5	634.0	137.0	1250			750	130.0	细砂	−10.0	3.8	2.8	213.0	2	12.2	2006年

附录 A 1995—2019 年立井井筒冻结法凿井数据统计资料（续）

序号	井筒名称（矿名+井名）	矿井设计产能/(10^4 t·a^{-1})	建设单位	设计单位	冻结法施工单位	掘砌施工单位	井筒参数/m 直径	井筒参数/m 深度	井筒参数/m 土厚	井壁最大厚度(mm)/(混凝土等级) 土层段 内壁	井壁最大厚度(mm)/(混凝土等级) 土层段 外壁	井壁最大厚度(mm)/(混凝土等级) 岩层段 内壁	井壁最大厚度(mm)/(混凝土等级) 岩层段 外壁	冻结控制层 深度/m	冻结控制层 岩性	冻结控制层 冻结壁均温/℃	冻结控制层 冻土单轴抗压强度/MPa	冻结控制层 冻结壁设计厚度/m	冻结深度/m	布孔圈数/圈	外圈孔布置直径/m	冻结施工起止时间
723	桃园煤矿北风井		淮北矿业集团	淮北工业设计公司	淮北矿业工程公司	淮北矿业工程公司	4.5	337.5	273.1	500	600		500	273.0	细砂	-13.0	4.9	4.3	348.5	3	13.5	2006年6月—2006年12月
724	桃园煤矿北进风井		淮北矿业集团		淮北矿业工程公司		5.0	395.0	273.1	500	600		500	268.0	细砂	-13.0	4.9	4.6	326.0	3	14.0	2006年8月—2007年2月
725	袁店第一煤矿风井		淮北矿业集团		淮北矿业工程公司		5.0	687.2	260.8	1325			400	250.1	细砂	-10.0	3.2	4.4	305.0	2	14.0	2007年
726	临涣煤矿东进风井		淮北矿业集团	淮北工业设计公司	淮北矿业工程公司	淮北矿业工程公司	4.5	456.0	217.3	500	500		500	217.3	黏土	-10.0	3.4	4.0	262.0	2	13.0	2007年7月—2007年12月
727	邹庄煤矿副井		神源煤化公司		淮北矿业工程公司		6.8	831.0	259.4	1250				259.4		-15.0		5.5	330.0	3	18.0	2009年
728	海孜煤矿新副井		淮北矿业集团	淮北工业设计公司	淮北矿业工程公司	淮北矿业工程公司	6.5	1056.5	245.6	550	600		550	214.2	黏土	-13.0	3.9	5.0	295.0	2	16.0	2009年11月—2010年2月
729	杨柳煤矿东风井		淮北矿业集团	淮北工业设计公司	淮北矿业工程公司	淮北矿业工程公司	6.5	592.0	125.9	500	500		700	113.0	黏土	-10.0	3.8	2.8	180.0	2	12.5	2011年8月—2011年12月
730	祁南煤矿北风井		淮北矿业集团	淮北工业设计公司	淮北矿业工程公司	淮北矿业工程公司	5.5	396.4	292.6	650	500		400	276.0	细砂	-15.0	5.0	5.0	349.0	3	15.2	2011年8月—2012年2月
731	杨庄煤矿风井		淮北矿业集团	淮北工业设计公司	淮北矿业工程公司	淮北矿业工程公司	5.0	356.0	74.1	400	400		800	74.1	黏土	-10.0	2.2	2.5	122.0	1	9.8	2012年2月—2012年6月
732	临涣煤矿东回风井		淮北矿业集团	淮北工业设计公司	淮北矿业工程公司	淮北矿业工程公司	6.5	445.0	219.6	550	750		450	219.6	黏土	-15.0	3.9	5.1	278.0	3	16.5	2012年3月—2012年11月

(续)

序号	井筒名称(矿名+井名)	矿井设计产能/(10^4 t·a^{-1})	建设单位	设计单位	冻结施工单位	掘砌施工单位	井筒参数/m 直径	井筒参数/m 深度	井筒参数/m 土厚	井壁最大厚度(mm)/(混凝土等级) 土层段 内壁	井壁最大厚度 土层段 外壁	井壁最大厚度 岩层段 内壁	井壁最大厚度 岩层段 外壁	冻结控制层 深度/m	冻结控制层 岩性	冻结壁均温/℃	冻土单轴抗压强度/MPa	冻结壁设计厚度/m	冻结深度/m	布孔圈数/圈	外圈孔布置直径/m	冻结施工起止时间
733	孙疃煤矿北回风井		淮北矿业集团	淮北工业设计公司	淮北矿业工程公司	淮北矿业工程公司	6.5	542.1	173.6	500	500			165.5	黏土	-12.0	3.2	5.1	230.0	2	16.0	2013年5月—2013年12月
734	孙疃煤矿南风井		淮北矿业集团	淮北工业设计公司	淮北矿业工程公司	淮北矿业工程公司	6.5	538.5	220.1	650	550	650		216.5	黏土	-12.0	2.8	5.0	275.0	2	16.1	2014年3月—2014年9月
735	杨柳煤矿西风井		淮北矿业集团	淮北工业设计公司	淮北矿业工程公司	淮北矿业工程公司	6.5	246.7	181.1	550	550	650		180.2	黏土	-10.0	2.9	4.3	236.0	2	15.2	2014年2月—2014年8月
736	园子沟煤矿副井		麟北煤业公司	北京华宇工程公司	中煤特殊公司	重庆中环建设公司	9.2	617.4	7.5	550	450	650		335.0	中、粗粒砂岩,砂砾层	-5	5.6	1.0	354.4			2012年11月—2013年5月
737	夹河煤矿新风井		徐州矿业集团		江苏矿业工程公司	江苏矿业工程公司	5.5	1060.0											164.0			2007年8月
738	垞城煤矿新风井		徐州矿业集团		江苏矿业工程公司	江苏矿业公司	5.5	439.0											292.0			2008年9月
739	红阳煤矿风井		辽阳灯塔红祥矿		辽宁东煤建设公司		3.5	500.0	101.0										140.0			2008年9月
740	红阳煤矿南风井		沈煤集团		辽宁东煤建设公司		6.5	980.0	171.8										210.0			2009年1月
741	碱场煤矿南风井		沈煤集团盛隆公司		辽宁东煤建设公司		5.0	540.0	120.0										130.0			2010年1月
742	板石煤矿西风井		珲春矿业集团		辽宁东煤建设公司		5.5	460.0	88.4										88.5			2010年1月

附录 B 1970—2019 年斜井井筒冻结法凿井数据统计资料

序号	井筒名称	矿井设计产能/(10^4t·a^{-1})	建设单位	设计单位	冻结施工单位	掘砌施工单位	井筒净断面参数 斜角/(°)	井筒净断面参数 净宽/m	井筒净断面参数 直墙高度/m	井筒净断面参数 顶拱半径/m	井筒净断面参数 底拱半径/m	土层厚度/m	控制层位掘进断面尺寸/m 深度	控制层位掘进断面尺寸/m 直墙高度	控制层位掘进断面尺寸/m 顶拱半径	控制层位掘进断面尺寸/m 底拱半径	控制层位井筒支护方式 外壁/mm	控制层位井筒支护方式 内壁/mm	控制层位冻结壁 直墙厚度/m	控制层位冻结壁 顶板厚度/m	控制层位冻结壁 底板厚度/m	平均温度/℃	冻结深度范围/m	冻结段井筒斜长/m	布孔排数/排	冻结段数段	冻结施工起止时间
1	江苏卜飞桥煤矿斜井						25	3.1		1.55	3.1	114.9											26.0~47.7	61.5	2/6	2	1970年
2	山东鹤阳煤矿	60	肥城矿业集团	济南设计公司	兖矿新陆公司	兖矿三十二处	24	4.2	1.3	2.1		22		1.8	2.5	平底	400		2.2	4	3.5	−8	20.0~24.0	36.1	2	1	1970年4月—1970年10月
3	江苏义安煤矿																						5.6~13.5	42.7	2	1	1970年
4	榆树林子煤矿主斜井	3	榆树林子矿业公司		中煤一建特凿处		25	2.28		2.4		43.75	40.30			宽3.38，高3.68	300厚粒石	250厚混凝土	2.0, 1.7	5.0	5.0	−5	15.2~63.0	114.0	3~5	3	1985年7月
5	王洼矿主斜井	21	宁夏发电集团	武汉设计公司	中煤一建特凿处	中煤一建63处	22	3.20		3.10	6.5	63.0	63.0		宽4.60，高4.50	3.6	钢筋混凝土700 mm		2.0	10.0	3.0	−6	40.0~59.0	46.4	3	3	1987年3月—1987年5月
6	王洼矿风斜井						25	2.20		2.1		63.1	63.0		宽3.60		钢筋混凝土700 mm		2.0	10.0	3.0	−6	47.0~88.0	88.5	3	3	1987年5月—1987年10月
7	王洼煤矿一号副斜井		中铝宁夏王洼煤业公司				25	3.60	1.4	1.8	3	41.0	60.6	1.4	2.4	3.6	300	300	2.5	4.0	3.5	−6	39.0~72.8	77.9	4	1	2006年9月—2007年1月
8	王洼煤矿二号主斜井	600		宁夏设计公司	兖矿新陆公司		22	5.00	2.0	2.5	6.8	40.0	40.0	2.0	3.1	6.8	300	250	2.0	4.0	3.0	−6	15.1~40.1	67.0	前5后4	2	2007年3月—2007年8月
9	王洼煤矿二号副斜井						22	3.80	1.7	1.9	5.0	40.0	40.0	1.7	2.4	5.3	300	150	2.0	3.0	3.0	−6	14.9~40.0	67.0	前5后4	4	2007年3月—2007年8月

（续）

序号	井筒名称	矿井设计产能/(10⁴ t·a⁻¹)	建设单位	设计单位	冻结施工单位	掘砌施工单位	井筒净断面参数 斜角/(°)	净宽/净高/m	直墙高度/m	顶拱半径/m	底拱半径/m	土层厚度/m	深度/m	控制层位掘进断面尺寸 直墙高度/m	顶拱半径/m	底拱半径/m	控制层位井筒支护方式 外壁/mm	内壁/mm	控制层位冻结壁 直墙厚度/m	顶板厚度/m	底板厚度/m	平均温度/℃	冻结深度范围/m	冻结段井筒斜长/m	布孔排数/排	冻结段数/段	冻结施工起止时间
10	山西华晋煤矿矿井斜井	120	长治南烨实业集团	北京华宁工程公司	河南国控集团	河南国控集团	16	4.20	1.7	2.1	平底	62.57	36.1	1.7	2.1	平底		450	2	4	4		41.0~47.3	42.2	5	1	2008年10月—2011年9月
11	庞庞塔煤矿1号井副斜井	1000	霍州煤电集团吕临能化有限公司	北京圆之翰设计公司	兖矿新陆公司	河南煤建集团	23	4.80		5.2×4.5		85.0	102.1		5.2×4.5		400	300	2.6	5.0	5.0	−8	47.1~102.1	130.0	5	2	2009年5月—2010年1月
12	庞庞塔煤矿2号井副斜井				开滦集团制冷处	开滦集团矿建处	25	5.20	1.49	2.6	水平梁	90.0	95.51	2.5	3.3	水平梁	29U钢棚+网+喷射混凝土130 mm	钢筋混凝土570 mm	3.0	5.0	3.0	−8	47.5~95.5	116.2	5	2	2009年6月—2010年7月
13	庞庞塔煤矿主斜井	1000	霍州煤电集团吕临能化有限公司	北京圆之翰设计公司	中煤邯郸特雷公司	中煤一建10处	16	5.20	1.5	2.6	水平梁	73.65	36.77	2.3	3.3	水平梁	29U钢棚+网+喷射混凝土130 mm	钢筋混凝土570 mm	2.5	8.0	5.0	−10	41.6~122.4	288.4	5	5	2009年9月—2010年12月
14	庞庞塔煤矿副斜井				江苏矿业公司	江苏矿业公司	25	5.20				90.0											~95.5	290.7	5	5	2009年6月—2010年6月
15	马泰壕煤矿主斜井	800	鄂尔多斯煤炭集团公司	石家庄设计公司	中煤五建3处	中煤三建71处	16	5.40	1.4	2.7	3.5	5.2	139.8	1.4	3.5	7.4	18号工字钢+网片	600 C45混凝土	2.5	5.0	5.0	顶−9 帮−6 底−9	22.5~145.0	440.6	5	5	2009年9月—2010年10月

(续)

序号	井筒名称	矿井设计产能/(10^4 t·a^{-1})	建设单位	设计单位	冻结施工单位	掘砌施工单位	井筒净断面参数 斜角/(°)	净宽/m	直墙高度/m	顶拱半径/m	底拱半径/m	土层厚度/m	控制层位掘进断面尺寸/m 深度	直墙高度	顶拱半径	底拱半径	控制层位井筒支护方式 外壁/mm	内壁/mm	控制层位冻结壁 直墙厚度/m	顶板厚度/m	底板厚度/m	平均温度/℃	冻结深度范围/m	冻结段井筒斜长/m	布孔排数	冻结段数	冻结施工起止时间
16	黑梁煤矿副斜井	180	鄂托克前旗百汇商贸公司	大地开发集团	兖矿新陆公司	华煤集团	23	4.50	1.8	2.3		31.3	31.3	1.8	2.3		500		3.0	6.0	6.0	-10	14.937~42.822、113.499~208	272.5	5	4	2010年11月—2011年11月
17	黑梁煤矿主斜井(斜长28.6~80.2 m)	180	鄂托克前旗百汇商贸公司	大地开发集团	兖矿新陆公司	华煤集团	20	4.80	1.4	2.4		25.8	25.8	1.4	2.4		300	300	1.4	3.0	2.5	-7	15.2~42.6	80.2	5	2	2010年11月—2011年6月
18	黑梁煤矿主斜井(斜长159.1~289.1 m)				中煤五建3处		20	5.00	1.4		6.0	197.6	214.3	2.6	3.5	7.2	挂网+U型钢棚+200 mm喷浆混凝土C20	1000 C55混凝土	3.4	6.5	5.5	顶-15/帮9.5/底-15	121.1~220.1	289.1	5	7	2012年5月—2013年9月
19	查干淖尔煤矿主斜井	800	峰峰集团	武汉设计公司	中煤邯郸特普公司	中煤一建63处	16	5.00	1.4	2.5	5.0	65.8	67.221	2.38	2.9	6.2		内外壁共厚400	3.0	7.0	5.0		16.507~96.105	285.0	5	5	2010年2月—2011年6月
20	长城煤矿主斜井	120	鄂托克旗百汇商贸公司	大地开发集团	兖矿新陆公司	中煤三建29处	21.5	4.60	1.5	2.3		25.3	30.4	1.5	2.3		230	120	1.4	3.0	2.5	-7	24.79~30.361	44.42	5	1	2011年7月—2012年3月
21	金鸡滩煤矿主斜井		陕西未来能化公司		兖矿新陆公司		14	5.60	1.6	2.8	15	23.8	25.0	1.6	2.8	15.0	300	300	2.6	2.6	2.6	-8	35~43	77.0	5	2	2011年10月—2012年5月
22	金鸡滩煤矿副斜井	1000		北京国之韵设计公司		中煤三建30处	5	6.00	1.6	3.0	10.5	27.0	34.0	1.6	3.0	10.5	400	300	2.6	4.0	4.0	-8	27~45	282.6	5	6	2011年8月—2012年8月

（续）

序号	井筒名称	矿井设计产能/(10⁴ t·a⁻¹)	建设单位	设计单位	冻结施工单位	掘砌施工单位	井筒净断面参数 斜角/(°)	净宽/m	直墙高度/m	顶拱半径/m	底拱半径/m	土层厚度/m	深度/m	控制层位掘进断面尺寸/m 直墙高度	顶拱半径	底拱半径	控制层位井筒支护方式 外壁/mm	内壁/mm	控制层位冻结壁 直墙厚度/m	顶板厚度/m	底板厚度/m	平均温度/℃	冻结深度范围/m	冻结段井筒斜长/m	布孔排数/排	冻结段数/段	冻结施工起止时间
23	古城煤矿主斜井	800	潞安矿业集团	北京京诚之瀚设计公司	中煤邯郸特凿公司	中煤建设五处1处	15	6.00	4.2	3.0	7.2	94.0	94.0	2.1	3.9	8.1	内外壁共厚900		4.5	6.0	5.0	−10.0	13.45~146.31	503.9	5	6	2011年6月—2012年
24	常家梁煤矿主斜井	400	秦晋煤业公司	黑龙江龙煤设计公司			21	4.50	1.6	2.25	平底	71	71	1.6	2.25	平底	400	250	2.6	5	4.5	顶−8/帮−6/底−8	9.53~94.73	243.65	5	5	2011—2013年
25	常家梁煤矿副斜井						21	5.20	1.6	2.6	平底	71	71	1.6	2.6	平底	450	250	2.6	5	4.5	顶−8/帮−6/底−8	9.87~96.19	248.0	5	5	2011—2013年
26	常家梁煤矿风斜井						21	3.80	1.6	1.9	平底	71	71	1.6	1.9	平底	400	200	2.6	5	4.5	顶−8/帮−6/底−8	9.93~94.89	248.1	5	5	2011—2013年
27	福城煤矿副斜井		福城矿业公司	西安设计公司	邯郸特凿公司	华新矿建工	23	4.60	4.1	2.3	4.7	177.0	102.9	1.8	3.2	4.2	170	680	3.4	6.0	5.0	顶−10/帮−8/底−10	97.5~200.0	268.0	5	9	2013年1月—2013年12月
28	福城煤矿新副斜井						23	4.60	1.6	2.3	4.7	25.6	36.9	1.6	2.3	4.7	400	350	2.1	3.0	5.0	−8	17.88~40.36	28.7	前5后4	2	2011年11月—2012年4月
29	大南湖煤矿主斜井	1000	中煤哈密煤业公司	邯郸设计公司	中煤建设五处3处	开冻集团矿建处	14	5.20	1.5	2.6		239.3	112.1	2.4	3.4		钢筋网+Φ16钢骨架+160mm喷射混凝土C20	720 C40混凝土	3.0	6.0	5.5	顶−12/帮−8/底−12	68.7~117.8	203.0	5	5	2012年11月—2013年10月

附录 B 1970—2019 年斜井井筒冻结法凿井数据统计资料

（续）

序号	井筒名称	矿井设计产能/(10⁴t·a⁻¹)	建设单位	设计单位	冻结施工单位	掘砌施工单位	井筒净断面参数 斜角/(°)	净宽/m	直墙高度/m	顶拱半径/m	底拱半径/m	土层厚度/m	控制层位掘进断面尺寸/m 深度	直墙高度	顶拱半径	底拱半径	控制层位井筒支护方式 外壁/mm	内壁/mm	控制层位冻结壁 直墙厚度/m	顶板厚度/m	底板厚度/m	平均温度/℃	冻结深度范围/m	冻结段井筒斜长/m	布孔排数	冻结段数段	冻结施工起止时间
30	大南湖煤矿副斜井						6.5	6.00	1.8	3		239.3	66.6	2.8	3.8		钢筋网+I16钢骨架+160 mm喷射混凝土C20	720 C40 混凝土	3.2	6.0	5.5	顶-10/帮-8/底-10	65.9~72.1	58.4	5	3	2013年4月—2013年10月
31	袁大滩主斜井	800	中能煤田公司	西安设计公司	邯郸特凿公司	陕西天工建设集团	14	5.95	6.3	2.5		97.3	97.3	2.3	3.2	350	350	3.4	6.0	5.0	-10	27.0~115.8	385.0	5	11	2013年8月—2014年11月
32	袁大滩副斜井	800	中能煤田公司	西安设计公司	邯郸特凿公司	中十冶集团	6	5.50	6.8	3		64.8	69	2.8	3.7	300	400	3.4	6.0	5.0	-10	22.0~85.2	681.0	5	18	2013年8月—2015年4月
33	袁大滩冻结段治理工程					中煤一建31处	14	5.00	3.8	2.15		97.3	97.3	1.95	2.85	350	700	2.5	6.0	5.0	-8	160.0	385.0	6	4	2016年6月—2018年4月
34	李家坝煤矿主斜井		宁夏煤电公司	天地科技	唐山开滦制冷处	中煤三建71处	20	6.90	6.3			2.8	141.5	2.1	2.9		700	3.5	6.0	6.0	-10	98.6~154.4	163.2	6	4	2012年6月—2014年3月
35	李家坝煤矿副斜井	90					20	5.70	6.08			3.5				700		3.0	6.0	6.0	-10	96.8~154.0	167.2	5	8	2012年4月—2013年3月
36	李家坝煤矿风斜井			天地科技			24	6.10	6.1									3.2	6.0	6.0	-10	93.7~139.5	152.7	5	4	2012年3月—2013年8月

（续）

序号	井筒名称	矿井设计产能/(10^4t·a^{-1})	建设单位	设计单位	冻结施工单位	掘砌施工单位	井筒净断面参数 斜角/(°)	净宽/m	直墙高度/m	顶拱半径/m	底拱半径/m	土层厚度/m	控制层位掘进断面尺寸/m 深度	直墙高度	顶拱半径	底拱半径	控制层位井筒支护方式 外壁/mm	内壁/mm	控制层位冻结壁 直墙厚度/m	顶板厚度/m	底板厚度/m	平均温度/℃	冻结深度范围/m	冻结段井筒斜长/m	布孔排数/排	冻结段数段	冻结施工起止时间
37	塔林煤矿主斜井	90	塔林煤炭公司	中冶北方工程公司	开滦集团制冷处	开滦集团矿建处	21	4.80	1.3	2.4	4.0	8.5	95.0	2.2	2.4	4.8	200	500	3.0	5.0	5.0	-10	22.9~144.7	347.0	5	12	2014年3月—2015年1月
38	马城铁矿主斜坡道	2200	马城矿业公司	中冶北方工程公司	中煤一建特凿处	中煤一建31处	11.6	4.8	2.1	2.4	3.1	100	100	2.1	2.4	3.1	400	650	明挖4.0 暗挖2.1	明6.0 暗6.0	明5.0	-10	15.85~-146.33	1109.3	明挖7 暗挖5	明挖1 暗挖19	2018年4月—
39	里必煤矿主斜井	400	华晋煤能公司	北京华宇工程公司	中煤邯郸特凿公司	中煤五建2处	16	5.4	1.3	2.7	12.35	16.5	31.57	1.3	2.7	12.35	160	500	1.3	6.0	5.0	-10	12.93~66.38	234.217	5~2	5	2019年2月—
40	开诺煤矿副斜井	120	开诺矿业公司	大地开发集团	兖矿新陆公司	河南煤建集团	6	5.4	1.6	2.7	4.01	36.0	36.0	1.3	2.7	4.01	450	650	2.6	5.0	5.0	-10	11.439~149.044	1529.762	前7排明挖、后5排暗挖	5	2019年12月—
41	鹤岗峻德煤矿主斜井冻结	320	龙煤集团鹤岗公司				23	4.3				51							2.5	8.0	4.0		22.3~68.8	119.05	4		

附录 C 1993—2019 年联络通道、洞门等其他冻结工程数据统计资料

序号	联络通道工程名称	建设单位	设计单位	施工单位	埋深/m	长度/m	冻结施工起止时间
1	上海地铁 1 号线长沙路泵站加固构筑①	上海地铁公司		北京中煤	15	最长冻结管 4.0	1993 年 11 月—1994 年 1 月
2	上海地铁 1 号线思南路旁通道冻结加固构筑	上海地铁公司		北京中煤			1994 年 5 月—1994 年 7 月
3	上海地铁 1 号线宁海西路联络通道冻结加固构筑②	上海地铁公司					1994 年 3 月—1994 年 9 月
4	上海地铁 2 号线杨高路～中央公园区间联络通道	上海地铁公司	上海隧道设计院	北京中煤	结构最深处埋深 23.2	中心间距 13.2	1998 年 2 月—1998 年 6 月
5	上海地铁 2 号线江苏路～中山公园区间联络通道③	上海地铁公司	上海隧道设计院	北京中煤	中心标高 -14.468	中心间距 12.00	1998 年 11 月—1999 年 2 月
6	上海地铁 2 号线静安寺～石门一路区间联络通道	上海地铁公司	上海隧道设计院	北京中煤	结构埋深 24.426	中心间距 12.355	1998 年 11 月—1999 年 2 月
7	上海地铁 2 号线陆家嘴～河南路区间联络通道④	上海地铁公司	上海隧道设计院	北京中煤	中心标高 -26.30	中心间距 12.394	1998 年 12 月—1999 年 2 月
8	上海地铁 1 号线延伸中山北路～延长路联络通道	上海地铁公司		北京中煤	顶板距地面 23.5	中心间距 14.113	2002 年 3 月—2002 年 11 月

① 簸箕形冻结加固旋喷桩死角。
② 隧道内冻结地面打垂直孔冻结。
③ 国内首次全断面水平冻结加固土体。
④ 国内第一个冻结法施工的江底地铁隧道联络通道。

（续）

序号	联络通道工程名称	建设单位	设计单位	施工单位	埋深/m	长度/m	冻结施工起止时间
9	上海地铁明珠线临平路~溧阳路区间联络通道	上海地铁公司	上海隧道设计院		顶板距地面13.73	中心间距13.4819	2002年5月—2002年12月
10	上海地铁明珠线浦东南路~兰村路区间联络通道	上海地铁公司	上海隧道设计院		中心标高-15.8	中心间距13.481	2002年6月—2002年12月
11	上海地铁明珠线西藏南路~南浦大桥区间联络通道	上海地铁公司	上海隧道设计院		上、下行线隧道的中心标高分别为-12.880、-14.451	中心线水平间距11.999	2003年1月—2003年8月
12	上海地铁明珠线鲁班路~西藏南路区间联络通道	上海地铁公司	天地科技	北京中煤	中心标高-20.467	中心线间距12.2908	2003年2月—2003年9月
13	上海地铁明珠线浦电路~兰村路区间联络通道	上海地铁公司	天地科技	北京中煤	中心标高-15.007	中心线间距13.4819	2003年4月—2003年9月
14	上海地铁1号线延伸新客站~中山北路联络通道	上海地铁公司		北京中煤	结构埋深14.506	中心线间距12.7199	2002年7月—2003年1月
15	上海地铁明珠线上体场~宜山路泵站	上海地铁公司			隧道中心标高-15.553	最长冻结管12.536	2004年3月—2004年11月
16	上海地铁2号线西延伸中山公园~古北路联络通道	上海地铁公司	天地科技	北京中煤	隧道中心标高-15.787	中心间距11.961	2005年7月—2005年11月
17	上海地铁6号线成山路~高青路区间联络通道	上海地铁公司		北京中煤	中心标高-13.342	隧道中心距约12	2005年8月—2006年1月
18	天津地铁1号线下瓦房~南楼区间联络通道	上海地铁公司	铁道三院集团	北京中煤	结构埋深17.004	中心线间距约11.022	2005年2月—2005年8月
19	天津地铁1号线南楼~土城区间联络通道	上海地铁公司	铁道三院集团	北京中煤	结构埋深15.54	中心线间距12.6	2005年4月—2005年10月
20	上海地铁9号线一期合川路~虹梅路联络通道	上海地铁公司	天地科技	北京中煤	隧道中心标高-13.169	中心间距12.6	2005年11月—2006年3月

附录 C　1993—2019 年联络通道、洞门等其他冻结工程数据统计资料

（续）

序号	联络通道工程名称	建设单位	设计单位	施工单位	埋深/m	长度/m	冻结施工起止时间
21	上海地铁 M8 线四平路～曲阳路联络通道	上海地铁公司	天地科技	北京中煤	中心标高−14.118	隧道中心距为 12	2005 年 9 月—2005 年 12 月
22	上海地铁 6 号线浦电路～世纪大道区间联络通道	上海地铁公司	天地科技	北京中煤	中心标高−14.273	隧道中心距为 12	2006 年 1 月—2006 年 4 月
23	上海地铁 2 号线西延伸联络通道修复工程	上海地铁公司	天地科技	北京中煤			2006 年 7 月—2006 年 12 月
24	上海地铁 6 号线源深路～世纪大道间隧道泵站工程	上海地铁公司	天地科技	北京中煤	隧道中心标高−8.591	独立泵站	2006 年 5 月—2006 年 10 月
25	上海地铁 9 号线一期 R413 七宝～中春路联络通道工程	上海地铁公司	天地科技	北京中煤	隧道中心标高−12.9	中心间距 14.519	2006 年 7 月—2006 年 12 月
26	上海地铁 9 号线 R410 宜山路盾构进洞联络通道工程	上海地铁公司	天地科技	北京中煤	隧道中心标高−15.3	中心间距 12.434	2006 年 7 月—2007 年 7 月
27	上海地铁 8 号线一期 Xib 标耀华路联络通道工程	上海地铁公司	天地科技	北京中煤	隧道中心标高−11.7	中心间距 12.0	2007 年 2 月—2007 年 7 月
28	上海地铁 7 号线 5 标铜川路联络通道及泵站加固工程	上海地铁公司	天地科技	北京中煤	隧道中心标高−11.605	中心间距 13.2	2007 年 6 月—2007 年 12 月
29	上海地铁 7 号线 15 标南陈路～上海大学区间联络通道及泵站工程	上海地铁公司	天地科技	北京中煤	隧道中心标高−12.42	中心间距 13.2	2007 年 11 月—2008 年 2 月
30	上海地铁 11 号线 4 标联络通道及泵房工程	上海地铁公司	天地科技		四个联络通道		2007 年 4 月—2008 年 3 月
31	上海地铁 7 号线中山北路站～长寿路站区间联络通道	上海地铁公司	天地科技	北京中煤	隧道中心标高−18.89	中心间距 15.875	2008 年 2 月—2008 年 7 月
32	上海地铁 7 号线昌平路～静安寺站区间联络通道	上海地铁公司	天地科技		隧道中心标高−15.38	中心间距 12.499	2008 年 7 月—2008 年 12 月
33	上海地铁 7 号线静安寺站～常熟路站三区间联络通道	上海地铁公司	天地科技		隧道中心标高−19.22	中心间距 12.50	2008 年 7 月—2008 年 12 月

(续)

序号	联络通道工程名称	建设单位	设计单位	施工单位	埋深/m	长度/m	冻结施工起止时间
34	上海地铁7号线17标新沪路站~大华三路站联络通道及泵房工程	上海地铁公司	天地科技	北京中煤	隧道中心标高 -15.39	中心间距13.199	2008年3月—2008年9月
35	上海地铁7号线大华三路站~新村路站联络通道及泵房工程	上海地铁公司	天地科技	北京中煤	隧道中心标高 -15.55	中心间距14.2	2008年2月—2008年8月
36	上海地铁9号线宜山路站~徐家汇站~东安路站区间隧道联络通道及泵站工程	上海地铁公司	天地科技	北京中煤	隧道中心标高 -11.43	中心间距10.27	2008年2月—2008年7月
37	上海地铁10号线7号马当路~陕西南路~高安路联络通道及泵站工程	上海地铁公司	天地科技	北京中煤	隧道中心标高 -17.33	中心间距11.00	2008年9月—2009年1月
38	上海地铁7号线8标常熟路站~肇嘉浜路站~零陵路站~浦江南浦站区间盾构推进工程联络通道及泵站工程	上海地铁公司	天地科技	北京中煤	隧道中心标高 -17.73	中心间距12.40	2008年2月—2008年7月
39	上海地铁9号线一期商城路站~世纪大道站区间盾构隧道联络通道	上海地铁公司	天地科技	北京中煤	中心标高 -15.99	中心间距11.00	2008年11月—2009年3月
40	上海地铁10号线5.1标段天潼路站~四川北路站~溧阳路站~曲阳路站盾构区间联络通道	上海地铁公司	上海隧道城机设计院、南京设计公司	北京中煤	中心标高 -11.953	中心间距13.2	2009年3月—2009年9月
41	上海人民路越江公路大隧道区间联络通道	上海城投公司	天地科技	北京中煤	隧道中心标高 -30.0	中心间距23.862	2009年2月—2009年7月
42	上海新建路越江公路大隧道区间联络通道	上海城投公司	天地科技	北京中煤	隧道中心标高 -32.3	中心间距25.48	2009年3月—2009年8月
43	上海轨道交通10号线十标段：动物园站~虹梅路站区间联络通道	上海地铁公司	天地科技	北京中煤	中心标高 -6.5	中心间距24.5	2009年6月—2010年3月
44	上海轨道交通10号线十标段：动物园站~空港一路站区间联络通道	上海地铁公司	天地科技	北京中煤	中心标高 -19.745	中心间距12.00	2009年6月—2010年3月

附录 C 1993—2019 年联络通道、洞门等其他冻结工程数据统计资料

(续)

序号	联络通道工程名称	建设单位	设计单位	施工单位	埋深/m	长度/m	冻结施工起止时间
45	上海地铁 2 号线西延伸淞虹路站~4 号工作井区间盾构推进工程钢筋混凝土泵站施工工程	上海地铁公司	南京设计公司	北京中煤	中心标高 −16.276、−22.271	独立泵站	2009 年 7 月—2009 年 12 月
46	上海轨道交通 7 号线 L-2D 标潘广路区间联络通道冻结加固工程	上海地铁公司	天地科技	北京中煤			2009 年 6 月—2009 年 11 月
47	上海虹桥交通枢纽仙霞西路道路新建工程下穿机场隧道联络通道	上海地铁公司	天地科技	北京中煤	拱顶中心设计高 −15.061	中心间距 22.72	2009 年 10 月—2010 年 1 月
48	上海轨道交通 11 号线区间隧道冻结修复工程①	上海地铁公司	天地科技	北京中煤	中心标高 −14.507、−14.557	隧道修复	2009 年 3 月—2009 年 11 月
49	杭州地铁 1 号线滨江路站~富春路站区间联络通道	上海地铁公司	天地科技	北京中煤	中心标高 −23.495、−23.552	中心间距 12.00	2010 年 6 月—2009 年 12 月
50	上海龙耀路过江隧道区间联络通道冻结工程	上海城投公司	上海市政设计院、天地科技		底部标高 −28.8	24.460	2009 年 10 月—2010 年 1 月
51	上海轨道交通 10 号线虹桥机场东站~空港一路区间隧道联络通道		天地科技	北京中煤	中心标高 −19.7	12.000	2010 年 6 月—2010 年 10 月
52	苏州轨道交通 1 号线人民路站~临顿路站~仓街站区间联络通道及泵房工程	苏州地铁公司	中铁四院集团公司、天地科技	北京中煤	轨面标高 −15.5、−17.8	12.002~16.360	2010 年 6 月—2010 年 11 月
53	上海轨道交通 12 号线顾戴路站~东兰路站区间隧道联络通道	上海地铁公司	上海市政设计院、天地科技	北京中煤	隧道中心标高 −20.5	12.000	2011 年 4 月—2011 年 9 月
54	上海地铁 13 号线 6 号线大渡河站~金沙江站区间隧道联络通道	上海地铁公司	天地科技	北京中煤	隧道中心标高 −17.8	11.999	2011 年 1 月—2011 年 6 月
55	上海地铁 13 号线金沙江站~隆德路站区间隧道联络通道	上海地铁公司	天地科技		隧道中心标高 −23.3	14.242	2011 年 9 月—2012 年 1 月

① 区间隧道修复上行线垂直+水平盐水冻结,下行线垂直液氮冻结。

(续)

序号	联络通道工程名称	建设单位	设计单位	施工单位	埋深/m	长度/m	冻结施工起止时间
56	上海地铁11号线二期北段10标济三风井联络通道	上海地铁公司	天地科技	北京中煤	隧道中心标高 −19.4、−18.6	17.37、16.53	2011年9月— 2012年1月
57	上海地铁11号线3.1标石龙路站~江边风井联络通道		南京设计公司		隧道中心标高 −24.15	12.400	2011年2月— 2011年6月
58	上海地铁11号线8标徐家汇至上体馆联络通道				隧道中心标高 −19.7	12.000	2010年8月— 2010年12月
59	上海地铁11号线8标上海交大~徐家汇站区间联络通道	上海地铁公司	天地科技	北京中煤	隧道中心标高 −20.7	23.000	2011年8月— 2011年12月
60	上海地铁11号线8标上海交大~徐家汇站区间泵站①				隧道中心标高 −23.68	独立泵站	2012年3月— 2012年8月
61	无锡地铁1号线7标广石路站~江海路站~无锡火车站区间联络通道兼泵房工程及端头井加固工程	无锡地铁	天地科技	北京中煤	隧道中心标高 −13.4、−29.13	13.00、13.70	2011年10月— 2012年4月
62	郑州轨道交通1号线一期工程04合同段紫荆山路站~东明路站~航海站区间隧道联络通道	郑州地铁公司	天地科技	北京中煤	轨面标高70.834、71.134 72.599、	13.45、13.00、14.10	2011年9月— 2012年1月
63	上海地铁9号线三期松江体育中心站~松江站区间联络通道	上海地铁公司	天地科技	北京中煤	隧道中心标高 −13.0	12.400	2012年2月— 2012年8月
64	杭州地铁2号线钱江世纪城~钱江站区间隧道联络通道	杭州地铁公司	天地科技	北京中煤	隧道中心标高 −24.84	12.000	2012年4月— 2013年4月
65	宁波地铁1.2标民泽站~大卿桥站区间隧道联络通道	宁波城投集团	天地科技	北京中煤	隧道中心标高 −15.5、−16.5	12.000、13.200	2012年1月— 2012年7月
66	上海地铁12号线东兰路~虹梅路联络通道	上海地铁公司	上海市政设计院、天地科技	北京中煤	隧道中心标高 −9.9	19.200	2012年8月— 2013年1月

① 独立泵站。

附录 C　1993—2019 年联络通道、洞门等其他冻结工程数据统计资料

（续）

序号	联络通道工程名称	建设单位	设计单位	施工单位	埋深/m	长度/m	冻结施工起止时间
67	杭州地铁 2 号线 3 标杭发厂站～人民广场站区间联络通道	杭州地铁公司	天地科技	北京中煤	隧道中心标高−15.5	12.400	2012 年 8 月—2012 年 12 月
68	宁波地铁 1 号线 2 标西门口站～鼓楼站联络通道	宁波城投集团	天地科技	北京中煤	隧道中心标高−18.4	14.300	2012 年 6 月—2012 年 12 月
69	无锡地铁 2 号线 8 标广益新城站～华复路站区间联络通道	无锡地铁公司	天地科技	北京中煤	隧道中心标高−14.3	14.000	2012 年 10 月—2013 年 5 月
70	上海地铁 9 号线二期工程松江体育中心站～醉白池站～松江南站区间联络通道	上海地铁公司	天地科技	北京中煤	隧道中心标高−16.13	12.400	2013 年 1 月—2013 年 7 月
71	北京地铁 6 号线二期工程十四标王～郝区间联络通道	北京地铁公司	天地科技	北京中煤	覆土厚度 11.96	13.342、15.000	2013 年 6 月—2014 年 3 月
72	杭州地铁 2 号线 4 标建设一路～建设三路联络通道	杭州地铁公司	天地科技	北京中煤	隧道中心标高−15.9、−16.7	13.200、12.000	2012 年 1 月—2013 年 3 月
73	南昌地铁 1 号线 6 标彭家桥站～师大南路站～丁公路北站～八一广场站区间联络通道	南昌地铁公司	天地科技	北京中煤	覆土厚度 16.178、13.708、14.842	13.6、13.4、13.4	2014 年 2 月—2015 年 3 月
74	南京地铁 3 号线 9 标大行宫站～常府街站区间联络通道	南京地铁公司	天地科技	北京中煤	埋深 18.1、21.7	11、21.7	2014 年 5 月—2015 年 1 月
75	郑州地铁 2 号线 1 标端头水平加固及联络通道	郑州地铁公司	天地科技	北京中煤	中心标高 65.0		2014 年 7 月—2014 年 12 月
76	上海地铁 12 号线 14 标南京西路～汉中路联络通道	上海地铁公司	天地科技	北京中煤	隧道中心标高−21.34、−28.69、−24	前两个为独立泵站,最后一个中心间距为 14.101	2014 年 7 月—2015 年 2 月
77	武汉地铁 1 号线 19 标金银潭站～环湖西路区间联络通道	武汉地铁公司	天地科技	北京中煤	中心线标高−21.5、−20.7	14.2、14.81、13	2014 年 5 月—2014 年 11 月

（续）

序号	联络通道工程名称	建设单位	设计单位	施工单位	埋深/m	长度/m	冻结施工起止时间
78	南昌地铁1号线7标联络通道	南昌地铁公司	天地科技	北京中煤	中心标高+3.632、+1.03（地面标高+20）	13.4、14.006	2014年3月—2014年10月
79	上海地铁13号线2标准海中路~淡水路~南京中路联络通道	上海地铁公司	天地科技	北京中煤	隧道中心标高-28.898、-23、-22	10.174、11.5	2014年3月—2014年11月
80	苏州地铁2号线06标太东路站~西公田站盾构区间联络通道及泵房工程	苏州地铁公司	天地科技	北京中煤	隧道中心标高-15.0	12.0	2014年11月—2015年3月
81	苏州轨道交通4号线人民路~松陵大道~中上路区间联络通道	苏州地铁公司	天地科技	北京中煤	隧道中心标高-17.32、-19.346、-18.4	13.0、13.0、15.44	2014年12月—2015年5月
82	郑州南四环至郑州南站城郊铁路工程一期工程土建施工08标段5号联络通道	郑州地铁公司	天地科技	北京中煤	轨面标高73.4	15.124	2015年9月—2016年2月
83	郑州南四环至郑州南站城郊铁路工程一期工程土建施工08标段6号联络通道	郑州地铁公司	天地科技	北京中煤	轨面标高74.7	16.500	2015年9月—2016年3月
84	上海轨道交通9号线三期（东延伸）平度路站~金桥路站区间联络通道1号联络通道	上海地铁公司	天地科技	北京中煤	中心标高-16.7	12.427	2016年3月—2016年10月
85	上海轨道交通9号线三期（东延伸）平度路站~金桥路站区间联络通道2号联络通道	上海地铁公司	天地科技	北京中煤	中心线标高-17.1	12.000	2016年3月—2016年10月
86	上海轨道交通9号线三期（东延伸）金桥路站~申江路站区间联络通道及泵房	上海地铁公司	天地科技	北京中煤	中心线标高-17.735、-20.723	12.000、13.000	2016年1月—2016年10月
87	上海轨道交通9号线三期（东延伸）金桥路站~申江路站区间联络通道及泵站	上海地铁公司	天地科技	北京中煤	中心线标高-16.443	17.289	2016年5月—2017年1月

附录 C 1993—2019 年联络通道、洞门等其他冻结工程数据统计资料

（续）

序号	联络通道工程名称	建设单位	设计单位	施工单位	埋深/m	长度/m	冻结施工起止时间
88	福州轨道交通 1 号线工程茶亭站～达道路站区间隧道 1 号联络通道及泵站工程	福州地铁公司	天地科技	北京中煤	21.4	9.15	2015 年 11 月—2016 年 3 月
89	福州轨道交通 1 号线工程茶亭站～达道路站区间隧道 2 号联络通道及泵站工程	福州地铁公司			23.9	12	2015 年 12 月—2016 年 4 月
90	南昌轨道交通 2 号线前湖大道站～学府大道东站～翠苑路站～地铁大厦站区间联络通道及泵房工程	南昌地铁公司		北京中煤	中心标高＋3.226、−2.739、0.153、＋2.577、−1.785（地面标高＋23）	12.000、14.070、11.235、13.500、13.500	2016 年 1 月—2017 年 3 月
91	南昌轨道交通 3 号线前湖大道站～学府大道东站～翠苑路站～地铁大厦站区间联络通道及泵房工程		天地科技	北京中煤	中心标高＋3.226、−2.739、0.153、＋2.577、−1.785（地面标高＋24）	12.000、14.070、11.235	2016 年 2 月—2017 年 4 月
92	南昌轨道交通 4 号线前湖大道站～学府大道东站～翠苑路站～地铁大厦站区间联络通道及泵房工程	南昌地铁公司			中心标高分别为＋2.577、−1.785（地面标高＋25）	13.500、13.502	2016 年 3 月—2017 年 5 月
93	上海轨道交通 17 号线 7 标东段盾构工作井～蟠龙路站区间联络通道兼泵站工程				顶部埋深 13.1、17.2	13.000、17.185	2016 年 7 月—2017 年 2 月
94	上海轨道交通 17 号线 8 标中国博览会北站～虹桥火车站区间 1 号联络通道	上海地铁公司	天地科技	北京中煤	顶部埋深 18.4	13.000	2016 年 8 月—2016 年 12 月
95	上海轨道交通 17 号线 8 标中国博览会北站～虹桥火车站区间 3 号联络通道兼泵房				顶部埋深 24.3	19.024	2016 年 9 月—2017 年 1 月

(续)

序号	联络通道工程名称	建设单位	设计单位	施工单位	埋深/m	长度/m	冻结施工起止时间
96	天津地下交通工程6号线Z1尖山路站~Z1文化中心站盾构区间冻结加固工程①	天津地铁公司	天地科技	北京中煤	中心标高−21.161	垂直30.3、水平6	2016年1月—2016年7月
97	广州轨道交通3号线北延伸段机场南站~机场北站矿山法隧道施工②	广州地铁公司	天地科技	北京中煤	7.231~16.051	59.269	2016年12月—2017年11月
98	郑州轨道交通1号线河南大学站~文苑北路站区间联络通道	郑州地铁公司	天地科技	北京中煤	轨面标高71.5	14	2016年1月—2016年6月
99	郑州轨道交通1号线文苑北路站~龙子湖中心站区间联络通道	郑州地铁公司	天地科技	北京中煤	轨面标高72.1	13	2016年1月—2016年7月
100	上海轨道交通明珠二期（临平路~长阳路）联络通道	上海机施公司	上海隧道院	特酱公司	中心埋深17	13	2002年7月—2002年10月
101	上海共和新路高架工程延长路~广中路区间隧道联络通道	上海隧道盾构分公司	上海隧道院	特酱公司	中心埋深15	13	2002年8月—2002年12月
102	上海地铁4号线长阳路~杨树浦路区间隧道联络通道	上海隧道盾构分公司	上海隧道院	特酱公司	中心埋深18	13.5	2002年9月—2002年12月
103	上海地铁4号线大连路隧道（隧道连通一、二）	上海隧道公司	上海隧道院	特酱公司	中心埋深28	18	2003年1月—2003年5月
104	上海轨道交通明珠线二期大木桥路~东安路联络通道	上海基础公司	上海隧道院	特酱公司	中心埋深20	13.2	2003年2月—2003年6月
105	上海轨道交通明珠二期（鲁班路~大木桥路）区间隧道联络通道	上海隧道盾构分公司	上海隧道院	特酱公司	中心埋深23	14	2003年3月—2003年7月

① 垂直冻结加固、水平冻结加固。
② 曲线大断面隧道。

附录 C 1993—2019 年联络通道、洞门等其他冻结工程数据统计资料

(续)

序号	联络通道工程名称	建设单位	设计单位	施工单位	埋深/m	长度/m	冻结施工起止时间
106	上海轨道交通明珠线二期张杨路~浦电路联络通道	上海市政二公司轨道分公司	天地科技	特凿公司	中心埋深17	12	2003年6月—2003年12月
107	上海复兴东路越江隧道工程联络通道	上海城建集团	上海隧道院	特凿公司	中心埋深27、23、22、23.6	20.3、16、15、16.2	2003年11月—2004年6月
108	上海轨道交通 M8 线 IV 标歇山路新村~江浦路盾构区间联络通道	上海基础公司	上海隧道院	特凿公司	中心埋深21	15	2003年12月—2004年4月
109	上海轨道交通明珠二期宜山路出入场左线区间隧道	上海隧道盾构分公司	上海隧道院	特凿公司	中心埋深23	14	2003年12月—2004年4月
110	南京地铁一期工程[许—南区间隧道]联络通道	中铁隧道集团TBM三公司	天地科技	特凿公司	中心埋深21	14.3	2004年1月—2004年5月
111	广州地铁3号线天河客运站折返线联络通道	中铁二局股份公司	天地科技	特凿公司	中心埋深8.3	138.8	2004年3月—2006年12月
112	上海轨道交通8号线 IV 标江浦路站~黄兴路站盾构区间联络通道	上海基础公司	天地科技	特凿公司	中心埋深18	15	2004年4月—2004年7月
113	天津地铁1号线小白楼~下瓦房站区间隧道联络通道	上海隧道盾构分公司	天地科技	特凿公司	中心埋深23	14.1	2004年7月—2004年10月
114	上海轨道交通8号线6标中山北路~中兴路站区间联络通道	上海隧道盾构分公司	上海隧道院	特凿公司	中心埋深20	13.5	2004年11月—2005年2月
115	上海翔殷路隧道江中段联络通道(2条)	上海隧道公司	上海隧道院	特凿公司	中心埋深25	21、21	2005年2月—2005年7月
116	上海轨道交通8号线西藏路~陆家浜路区间隧道联络通道	上海隧道盾构分公司	上海隧道院	特凿公司	中心埋深17	13	2005年4月—2005年7月
117	上海轨道交通2号线威宁路~北新泾区间联络通道	上海机施公司	上海隧道院	特凿公司	中心埋深20	13.4	2005年5月—2005年8月

（续）

序号	联络通道工程名称	建设单位	设计单位	施工单位	埋深/m	长度/m	冻结施工起止时间
118	上海轨道交通2号线虹桥临空园区~北新泾区间联络通道	中铁十九局	天地科技	特凿公司	中心埋深19	13	2005年5月—2005年8月
119	上海轨道交通8号线9标复兴路~陆家浜路区间隧道联络通道	上海隧道盾构分公司	上海隧道院	特凿公司	中心埋深20	13	2005年7月—2005年11月
120	上海轨道交通8号线10标周家渡路~西藏南路区间联络通道	上海隧道盾构分公司	上海隧道院	特凿公司	中心埋深28	13	2005年8月—2006年7月
121	上海轨道交通6号线工程17标段浦电路~蓝村路区间联络通道	上海机械施工公司	上海隧道院	特凿公司	中心埋深21	15	2005年8月—2005年12月
122	上海轨道交通8号线Ⅳ标敏山新村~四平路盾构推进工程联络通道	上海基础公司	上海隧道院	特凿公司	中心埋深20	13.2	2005年10月—2006年2月
123	上海轨道交通9号线R413标工程东岔道井~西岔道井联络通道	中铁二局城通公司	上海隧道院	特凿公司	中心埋深17	14	2006年1月—2006年10月
124	上海轨道交通8号线联络通道~西藏南路区间联络通道及风井进出洞加固工程	上海隧道盾构分公司	上海隧道院	特凿公司	中心埋深19	13.6	2006年4月—2006年12月
125	上海轨道交通7号线2标场中路~汶水路联络通道	上海机施公司	上海隧道院	特凿公司	中心埋深23	14.2	2007年5月—2007年10月
126	11.13标莘车场站~同济嘉定校区站11号线北段一期区间联络通道	上海隧道公司	上海隧道院	特凿公司	中心埋深21、19、20	13、12.5、13.5	2007年7月—2008年5月
127	上海轨道交通10号线1标三门路~殷高路~江湾体育场区间隧道联络通道	上海隧道盾构分公司	上海隧道院	特凿公司	中心埋深23、21	13、14	2007年10月—2008年6月
128	上海轨道交通7号线8标、10号线5标、10号线6标、13号线世博园区专用交通联络线世博园过江段联络通道	上海基础公司	天地科技	特凿公司	中心埋深25、22、21、23	14、13、13.5、13	2007年11月—2008年1月

（续）

序号	联络通道工程名称	建设单位	设计单位	施工单位	埋深/m	长度/m	冻结施工起止时间
129	上海轨道交通7号线16标段场中路站~上大路站区间联络通道泵站工程	上海市政一公司	天地科技	特酱公司	中心埋深25	14	2008年1月—2008年5月
130	上海轨道交通7号线场中路站~上大路站区间联络通道土建工程及上大路站~南陈路站区间联络通道	上海市政一公司	天地科技	特酱公司	中心埋深28	16	2008年11月—2009年2月
131	上海轨道交通7号线浦江耀华站~长青路区间联络通道	上海隧道盾构分公司	上海隧道院	特酱公司	中心埋深23	13.5	2008年2月—2008年4月
132	上海轨道交通7号线长青路~浦江耀华联络通道及泵站施工	上海隧道盾构分公司	上海隧道院	特酱公司	中心埋深22	12.8	2008年2月—2008年4月
133	上海轨道交通7号线浦江浦南联络通道及泵站施工	上海隧道盾构分公司	上海隧道院	特酱公司	中心埋深21	14	2008年2月—2008年6月
134	上海轨道交通7号线25标沪南路站~白杨路站~龙阳路站区间单圆盾构推进白杨路站~沪南路站联络通道	上海基础公司	上海隧道院	特酱公司	中心埋深23	13	2008年2月—2008年4月
135	上海轨道交通10号线工程8标末园路~虹桥路区间隧道联络通道	上海隧道盾构分公司	上海隧道院	特酱公司	中心埋深21	13	2008年4月—2008年10月
136	上海轨道交通10号线虹桥路~交通大学区间隧道冰冻法地基加固工程	上海隧道盾构分公司	上海隧道院	特酱公司	中心埋深22.5	14	2008年5月—2008年7月
137	上海轨道交通10号线龙柏新村~紫藤路站联络通道	宏润建设集团	天地科技	特酱公司	中心埋深21	13.8	2008年4月—2008年10月
138	上海轨道交通10号线（M1）龙西路站~水城路站隧道区间联络通道	腾达建设集团	天地科技	特酱公司	中心埋深22	13	2008年4月—2008年10月

(续)

序号	联络通道工程名称	建设单位	设计单位	施工单位	埋深/m	长度/m	冻结施工起止时间
139	上海轨道交通7号线8标区间单圆盾构推进工程常熟路站~肇嘉浜路站、肇嘉浜路站~零陵路站联络通道	上海基础公司	天地科技	特辚公司	中心埋深23、20	13、13	2008年5月—2008年7月
140	上海轨道交通10号线8标交通大学~上海图书馆区间隧道联络通道	上海隧道盾构分公司	天地科技	特辚公司	中心埋深19.8	13.2	2008年5月—2008年7月
141	上海轨道交通10号线9标段古北路站~水城路站联络通道	上海市政二公司	天地科技	特辚公司	中心埋深20	13	2008年5月—2008年7月
142	上海轨道交通11号线10标中山北路~隆德路~愚园路区间隧道联络通道	上海隧道盾构分公司	天地科技	特辚公司	中心埋深22、20	13、13.5	2008年6月—2008年8月 2008年7月—2008年9月
143	上海轨道交通9号线8标打浦桥站~马当路站联络通道	上海机施公司	天地科技	特辚公司	中心埋深19	13	2008年7月—2008年9月
144	南京地铁2号线TA07标莫愁湖站~汉中门~茶亭门~吉庆门盾构区间联络通道	中铁一局集团	天地科技	特辚公司	中心埋深22、21、23	14、13、13.5	2008年8月—2008年10月
145	上海西藏南路越江隧道工程江中段联络通道(2个)	上海市政二公司	天地科技	特辚公司	中心埋深28、26	14、13	2008年10月—2009年1月
146	上海轨道交通10号线2标权场路站~江湾体育场站区间联络通道及泵房(2个)	上海机施公司	天地科技	特辚公司	中心埋深22、20.5	14、13.5	2008年12月—2009年5月
147	上海轨道交通10号线6标西藏南站~天潼路站区间联络通道	上海基础公司	天地科技	特辚公司	中心埋深21	13	2008年12月—2009年3月
148	上海轨道交通10号线南京东路~豫园、豫园~老西门区间联络通道	上海隧道盾构分公司	天地科技	特辚公司	中心埋深25、22.5	13、13	2009年4月—2009年8月

附录 C 1993—2019 年联络通道、洞门等其他冻结工程数据统计资料

（续）

序号	联络通道工程名称	建设单位	设计单位	施工单位	埋深/m	长度/m	冻结施工起止时间
149	上海轨道交通 2 号线淞虹路～诸光路站Ⅱ标诸光路～虹桥西站区间联络通道	上海机施公司	天地科技	特凿公司	中心埋深 25	16	2009 年 2 月—2009 年 7 月
150	上海轨道交通 10 号线 3.1 标段国权路站～同济大学站区间联络通道	上海机施公司	天地科技	特凿公司	中心埋深 20	12.8	2009 年 2 月—2009 年 8 月
151	上海人民路越江隧道新建工程北线盾构联络通道	上海基础公司	天地科技	特凿公司	中心埋深 22	13	2009 年 3 月—2009 年 8 月
152	天津市区至滨海新区快速轨道交通工程中山门西段土建工程 SZ0 标盾构区间联络通道	中铁十八局五公司	天地科技	特凿公司	中心埋深 18	14	2009 年 7 月—2009 年 11 月
153	武汉地铁 2 号线范汉区间联络通道	中铁一局	天地科技	特凿公司	中心埋深 19	13	2009 年 8 月—2010 年 1 月
154	广州轨道交通 28 号线延长线工程盾构 3 标段南洛区间联络通道	广东基础公司	天地科技	特凿公司	中心埋深 17	13	2009 年 8 月—2009 年 12 月
155	天津轨道交通 2 号线 10 标盾构工程红星路站～靖江路站、靖江路站～翠阜新村站区间联络通道	中铁三局桥隧分公司	天地科技	特凿公司	中心埋深 22、20.5	13、13	2009 年 8 月—2009 年 12 月
156	天津地铁 2 号线津赤路站～李明庄站区间联络通道	中铁一局二公司	天地科技	特凿公司	中心埋深 16	14	2009 年 8 月—2009 年 12 月
157	苏州轨道交通 1 号线金枫路站～汾湖路站～玉山公园站～苏州乐园站区间联络通道	中铁二局	天地科技	特凿公司	中心埋深 21、19、20.5	14.5、13、13.5	2009 年 9 月—2010 年 1 月
158	南京地铁 2 号线 TA04 标中元盾构区间联络通道	中铁三局桥隧分公司	天地科技	特凿公司	中心埋深 19	13	2009 年 10 月—2010 年 1 月
159	沈阳地铁 1 号线一期工程第十三合同段区间联络通道	中铁隧道集团	天地科技	特凿公司	中心埋深 20	14	2009 年 11 月—2010 年 5 月

(续)

序号	联络通道工程名称	建设单位	设计单位	施工单位	埋深/m	长度/m	冻结施工起止时间
160	天津地铁2号线14标博山道~津赤路区间联络通道	中铁一局二公司	天地科技	特酱公司	中心埋深21	13	2010年1月—2010年4月
161	天津地铁3号线第十合同段营口道站~和平路站区间联络通道	中铁隧道集团	天地科技	特酱公司	中心埋深18	12	2010年2月—2010年6月
162	沈阳地铁2号线第十二合同段区间联络通道		天地科技	特酱公司	中心埋深20	13	2010年2月—2010年7月
163	杭州地铁1号线16、17号盾构1号、2号、3号、5号联络通道	中铁一局集团	大地开发集团	特酱公司	中心埋深28.16、22.74、21.35、24.39	20.16、18.73、17.23、16	2010年2月—2010年11月
164	天津地铁2号线外环路~华苑路区间联络通道	天津地铁公司	大地开发集团	特酱公司	中心埋深19	13	2010年3月—2010年6月
165	沈阳地铁1号线云沈区间联络通道	中铁十八局五公司	大地开发集团	特酱公司	中心埋深17.8	13	2010年3月—2010年7月
166	杭州地铁1号线工程九堡东站~乔司南站区间联络通道	中铁十一局	天地科技	特酱公司	中心埋深19.5	14.2	2010年3月—2010年7月
167	杭州轨道交通1号线西兴路站~滨和路站~滨江站区间隧道联络通道	北京城建中南盾构公司	天地科技	特酱公司	中心埋深21、20.5	13、13.5	2010年5月—2011年5月
168	苏州轨道交通1号线金枫路站~汾湖路站区间联络通道及泵站	中铁二局	天地科技	特酱公司	中心埋深20.5	13.5	2010年6月—2010年10月
169	天津地铁3号线宜兴阜站~津卫公路站~磨床场站区间联络通道	中煤三建	约翰芬雷设计公司	特酱公司	中心埋深22、20.5	13、13	2010年6月—2010年12月
170	苏州轨道交通1号线金枫路站~玉山公园~苏州乐园站区间联络通道及泵站	中铁二局	天地科技	特酱公司	中心埋深19	13	2010年7月—2010年12月

(续)

序号	联络通道工程名称	建设单位	设计单位	施工单位	埋深/m	长度/m	冻结施工起止时间
171	哈尔滨地铁一期土建工程九标段盾构进洞加固及联络通道	中铁十四局	天地科技	特萨公司	中心埋深20	14	2010年7月—2011年1月
172	郑州城市快速交通农业东站~七里河~新郑州站区间联络通道	上海隧道公司	约翰芬雷设计公司	特萨公司	中心埋深21	13	2010年7月—2011年5月
173	武汉轨道交通2号线金雅园站~常青花园站盾构区间联络通道	中铁十七局	约翰芬雷设计公司	特萨公司	中心埋深12	12	2010年10月—2011年2月
174	杭州地铁1号线工程湘湖及湘滨区间(19号盾构)K0+900联络通道及K1+465联络通道	中铁四局六公司	约翰芬雷设计公司	特萨公司	中心埋深21、22	13.8、13	2010年10月—2011年5月
175	杭州地铁1号线工程富春路站至城站区间盾构隧道联络通道	中铁二局	约翰芬雷设计公司	特萨公司	中心埋深16.643、19.759	17、13.898	2010年11月—2011年3月
176	武汉轨道交通2号线金雅园站~汉口火车站站区间联络通道及泵房工程	中铁十七局	约翰芬雷设计公司	特萨公司	中心埋深18	13	2011年2月—2011年5月
177	杭州地铁1号线工程滨康站~西兴路站区间联络通道	北京城建中南盾构公司	约翰芬雷设计公司	特萨公司	中心埋深20.6	14	2011年2月—2011年6月
178	天津地铁3号线14B铁东路~张兴庄站区间隧道联络通道	中铁十八局	约翰芬雷设计公司	特萨公司	中心埋深18	13	2011年2月—2011年7月
179	天津地铁2号线芥园西道站~咸阳路站~红旗路站区间隧道联络通道	天津市政一公司	约翰芬雷设计公司	特萨公司	中心埋深21、18	13.8、13	2011年2月—2011年7月
180	天津地铁3号线第7标段吴家窑站~西康路站区间联络通道	中铁隧道三公司	约翰芬雷设计公司	特萨公司	中心埋深19.2	13	2011年3月—2011年7月
181	宁波轨道交通1号线海晏北路~福庆路站、世纪大道~福明路站区间联络通道	中铁十九局	约翰芬雷设计公司	特萨公司	中心埋深18.6	14	2011年5月—2011年9月

(续)

序号	联络通道工程名称	建设单位	设计单位	施工单位	埋深/m	长度/m	冻结施工起止时间
182	无锡轨道交通1号线土建工程17标民广场站~滨湖路站、大学城站~滨湖路站盾构区间冷冻法联络通道	中铁一局	约翰芬雷设计公司	特酱公司	中心埋深23、20	13、13.2	2011年5月—2012年9月
183	哈尔滨地铁1期8标工程大学站~太平站~交通大学站区间冷冻法联络通道	中铁一局	约翰芬雷设计公司	特酱公司	中心埋深21、19	13.5、13	2011年5月—2011年11月
184	天津地铁3号线金狮桥站~中山路站区间联络通道		约翰芬雷设计公司	特酱公司	中心埋深18	13	2011年6月—2011年10月
185	沈阳工业展览馆~文体路站区间1号、2号联络通道	中铁五局	约翰芬雷设计公司	特酱公司	中心埋深20、22	13、13	2011年6月—2012年1月
186	天津地铁3号线第12合同段中山路段~小树林站盾构区间联络通道	中铁十八局	约翰芬雷设计公司	特酱公司	中心埋深21	13.2	2011年6月—2012年2月
187	杭州地铁2号线SC2-5标区间8、9号联络通道	中铁隧道集团	约翰芬雷设计公司	特酱公司	中心埋深18、22	14、12.9	2011年8月—2012年2月
188	上海地铁2号线汉王区~浦三路站~严明路站区间联络通道（二期）东明路站~浦三路站区间联络通道	中铁十九局	约翰芬雷设计公司	特酱公司	中心埋深21、19.5	13、13	2011年9月—2012年1月
189	武汉地铁2号线汉王区间范王区间联络通道	中铁二局	中铁四院集团	特酱公司	中心埋深18、16	13、13	2011年9月—2012年3月
190	宁波轨道交通1号线一期工程TJ-YII标盾构区间冷冻法联络通道	中铁一局	约翰芬雷设计公司	特酱公司	中心埋深21.5、19、20.5	13.5、13、13	2011年11月—2012年5月
191	上海轨道交通11号线北段（二期）工程GT-11标联络通道	中铁二局	约翰芬雷设计公司	特酱公司	中心埋深23、21、20.6	13、13、14	2011年11月—2012年3月
192	樱福区间联络通道	中铁十九局	约翰芬雷设计公司	特酱公司	中心埋深19	13.5	2011年12月—2012年6月

附录 C 1993—2019 年联络通道、洞门等其他冻结工程数据统计资料

序号	联络通道工程名称	建设单位	设计单位	施工单位	埋深/m	长度/m	冻结施工起止时间
193	宁波轨道交通1号线一期工程TJ-1标联络通道	宁波城轨集团	约翰芬雷设计公司	特凿公司	中心埋深20.5	13	2011年11月—2012年3月
194	宁波地铁1号线望春桥站~泽民站区间联络通道	中铁二局	约翰芬雷设计公司	特凿公司	中心埋深21	13	2011年11月—2012年3月
195	无锡地铁1号线14标新光路站~梁东路站~落霞路站区间联络通道	中铁十一局	约翰芬雷设计公司	特凿公司	中心埋深21.5、20	13、13	2011年11月—2012年12月
196	郑州地铁1号线一期工程土建施工06标博学路站~体育中心站区间联络通道、车辆出入线区间联络通道	北京建工集团与郑州一建集团联合体	约翰芬雷设计公司	特凿公司	中心埋深18、15	13、14	2012年2月—2012年6月
197	郑州地铁1号线一期工程凯旋路站~西三环站区间2号联络通道	中铁十一局	约翰芬雷设计公司	特凿公司	中心埋深16.3	13	2012年2月—2012年6月
198	武汉轨道交通二号线一期工程中山公园江汉路站~循礼门站区间联络通道	上海隧道盾构分公司	中铁四院集团	特凿公司	中心埋深16	13.2	2012年4月—2012年8月
199	无锡地铁1号线10标永丰路站~太湖广场站联络通道	中铁十九局	约翰芬雷设计公司	特凿公司	中心埋深23	13	2012年4月—2012年8月
200	无锡轨道交通1号线土建08标三阳广场站北端头盾构进出洞门土体冻结加固及火车站~胜利门站区间联络通道	中铁十四局	约翰芬雷设计公司	特凿公司	中心埋深23.935	16	2012年5月—2013年4月
201	杭州地铁2号线人民路站~杭发厂站区间隧道人民路站北端头井盾构进、出洞冻结加固工程和潘水路站~人民路站~杭发厂站区间联络通道	宏润建设集团	约翰芬雷设计公司	特凿公司	中心埋深23、18	11、12	2012年6月—2013年2月

(续)

序号	联络通道工程名称	建设单位	设计单位	施工单位	埋深/m	长度/m	冻结施工起止时间
202	杭州地铁2号线SG2-1标段南部卧城站~潘水路站区间1号联络通道及2号联络通道	中铁一局	约翰芬雷设计公司	特酱公司	中心埋深21.5、19	13、12.5	2012年6月—2013年4月
203	上海轨道交通12号线26标复兴岛站~利津路站区间1号、2号联络通道	上海基础公司	约翰芬雷设计公司	特酱公司	中心埋深21.7、23.3	14、16	2012年7月—2013年1月
204	武汉轨道交通4号线一期工程区间及车站土建施工第五标段工程区间联络通道	腾达建设集团	中铁四院集团	特酱公司	拱顶埋深15	13	2012年7月—2013年3月
205	南京地铁3号线土建工程D3-TA16标联络通道	中铁十九局	约翰芬雷设计公司	特酱公司	中心埋深20	13.5	2012年7月—2013年2月
206	无锡地铁3号线土建工程11标盾构区间联络通道	中铁十局	约翰芬雷设计公司	特酱公司	中心埋深18	13	2012年8月—2013年8月
207	杭州SG2-4标7号盾构联络通道	上海城建集团	约翰芬雷设计公司	特酱公司	中心埋深18	12.8	2012年10月—2013年2月
208	宁波轨道交通2号线一期工程TJ2101标段盾构区间冷冻法联络通道	中铁一局	约翰芬雷设计公司	特酱公司	中心埋深19	13	2012年10月—2013年5月
209	宁波轨道交通2号线一期工程TJ2107标段桃渡路站~逻路站、逻路站~环城北路站区间、环城北路站~汽车市场站区间联络通道	宏润建设集团	约翰芬雷设计公司	特酱公司	中心埋深21.5、19、20.5	13.5、13、13	2012年10月—2014年9月
210	上海地铁12号线虹莘路站~顾戴路站区间联络通道	上海市政一公司	约翰芬雷设计公司	特酱公司	中心埋深20	13.5	2013年1月—2014年5月
211	无锡地铁2号线土建工程13标盾构区间联络通道	中铁十八局	约翰芬雷设计公司	特酱公司	中心埋深22	14	2013年3月—2013年7月

附录 C 1993—2019 年联络通道、洞门等其他冻结工程数据统计资料

(续)

序号	联络通道工程名称	建设单位	设计单位	施工单位	埋深/m	长度/m	冻结施工起止时间
212	武汉轨道交通 4 号线一期罗家港站～园林路站区间盾构联络通道	腾达建设集团	中铁四院集团	特谱公司	中心埋深 17	13	2013 年 3 月—2013 年 7 月
213	南昌轨道交通 1 号线一期工程土建九标盾构联络通道	广东水电二局	约翰芬雷设计公司	特谱公司	中心埋深 21	35	2013 年 4 月—2014 年 9 月
214	宁波轨道交通 2 号线一期地下土建工程 TJ2109 标孔浦站后孔浦区间联络通道	中交隧道工程局	约翰芬雷设计公司	特谱公司	中心埋深 17.9	13	2013 年 4 月—2013 年 9 月
215	无锡地铁 2 号线土建工程 08 标靖海公园站～广益新城站、华夏路站～友谊路站盾构区间联络通道	中铁十七局	约翰芬雷设计公司	特谱公司	中心埋深 15.378、18.045	14、13	2013 年 5 月—2013 年 11 月
216	武汉地铁 4 号线武昌火车站～首义路站盾构区间联络通道	宏润建设集团	中铁四院集团	特谱公司	中心埋深 18	13	2013 年 5 月—2013 年 10 月
217	宁波轨道交通 2 号线一期土建工程 TJ2102 标盾构区间联络通道	中铁十一局	约翰芬雷设计公司	特谱公司	中心埋深 17	13	2013 年 6 月—2013 年 10 月
218	上海轨道交通 12 号线 11 标浦江南浦站～大木桥站区间联络通道	上海隧道盾构分公司	约翰芬雷设计公司	特谱公司	中心埋深 19	13.8	2013 年 6 月—2013 年 11 月
219	宁波轨道交通 2 号线一期工程 TJ2101 标段栎社国际机场站～栎社站区间联络通道	中铁一局	约翰芬雷设计公司	特谱公司	中心埋深 21、19.5、20.5	14、13、13.5	2013 年 9 月—2014 年 1 月
220	南昌地铁 1 号线八号标区间联络通道	中铁隧道三公司	约翰芬雷设计公司	特谱公司	中心埋深 25、122、23、21	13、13、13.5、13	2013 年 10 月—2014 年 12 月
221	武汉轨道交通 4 号线二期复兴路～拦江路区间 1 号、2 号联络通道	中铁隧道集团	中铁四院集团	特谱公司	中心埋深 17、19	13.5、13	2013 年 10 月—2014 年 5 月
222	武汉轨道交通 3 号线王家墩中心站～王家墩北站区间联络通道	武汉市政集团隧道公司	中铁四院集团	特谱公司	中心埋深 16	13	2013 年 11 月—2014 年 5 月

(续)

序号	联络通道工程名称	建设单位	设计单位	施工单位	埋深/m	长度/m	冻结施工起止时间
223	宁波轨道交通2号线一期工程TJ2105标丽园南路站~云霞路站~宁波火车站区间联络通道	中铁十九局	约翰芬雷设计公司	特凿公司	中心埋深21,19	14,13	2013年12月—2014年9月
224	杭州地铁4号线近江路站~景芳路站区间联络通道	中铁二局	约翰芬雷设计公司	特凿公司	中心埋深17	13	2013年12月—2014年10月
225	上海轨道交通12号线浦江南浦站~龙华路站区间联络通道	上海隧道公司	约翰芬雷设计公司	特凿公司	中心埋深19	14	2013年12月—2014年11月
226	上海轨道交通12号线漕宝路站~龙漕路站区间联络通道	上海隧道公司	约翰芬雷设计公司	特凿公司	中心埋深20	13	2013年12月—2014年11月
227	宁波轨道交通1号线二期工程TJ211标环南路~邱隘站（原五乡园站）联络通道	中铁四局二公司	约翰芬雷设计公司	特凿公司	中心埋深16	13	2014年1月—2014年8月
228	南昌地铁1号线三标八一桥西站~珠江路站区间联络通道	中铁十六局	约翰芬雷设计公司	特凿公司	中心埋深25	14	2014年1月—2014年6月
229	宁波轨道交通2号线TJ2107标桃渡路站~通途路站（原外滩大桥正大路站）区间联络通道	宏润建设集团	约翰芬雷设计公司	特凿公司	中心埋深17	13.5	2014年1月—2014年9月
230	杭州地铁4号线近江站~城星路站区间联络通道	宏润建设集团	约翰芬雷设计公司	特凿公司	中心埋深20	13	2014年4月—2014年9月
231	杭州地铁4号线景芳路站~艮山西路站区间联络通道	中铁二局	约翰芬雷设计公司	特凿公司	中心埋深18.8	13	2014年3月—2014年11月
232	上海轨道交通12号线龙漕路站~龙华路站区间联络通道	上海隧道公司	约翰芬雷设计公司	特凿公司	中心埋深19	13	2014年4月—2014年8月
233	武汉轨道交通3号线王家墩北站~范湖站区间联络通道	中铁一局	中铁四院集团	特凿公司	拱顶埋深15.5	13	2014年4月—2014年10月

附录 C 1993—2019 年联络通道、洞门等其他冻结工程数据统计资料

序号	联络通道工程名称	建设单位	设计单位	施工单位	埋深/m	长度/m	冻结施工起止时间
234	南昌地铁 1 号线八标艾溪湖东站~艾溪湖西站区间 2 号联络通道	中铁隧道集团三公司	约翰芬雷设计公司	特酱公司	中心埋深 25	13	2014 年 4 月—2014 年 11 月
235	南昌地铁 1 号线八标艾溪湖东站~定修井站区间联络通道	中铁隧道集团三公司	约翰芬雷设计公司	特酱公司	中心埋深 20	12	2014 年 5 月—2014 年 11 月
236	武汉轨道交通 4 号线二期复兴路~拦江路区间 3 号联络通道	中铁隧道集团	中铁四院集团	特酱公司	拱顶埋深 13.5	12.4	2014 年 6 月—2014 年 12 月
237	福州地铁 1 号线 09 标城门站~三角埕站区间联络通道	中铁十九局	南京设计公司	特酱公司	拱顶埋深 13.3	13.5	2014 年 6 月—2014 年 11 月
238	杭州地铁 1 号线下沙延伸段 2 标文汇路~绿茵路区间联络通道	中铁二局	大地开发集团	特酱公司	中心埋深 17.8	13	2014 年 7 月—2014 年 12 月
239	南昌地铁 1 号线三标八一桥西站~绿茵路区间联络通道	中铁十六局	约翰芬雷设计公司	特酱公司	中心标高 20.862	13.4	2014 年 7 月—2015 年 4 月
240	苏州地铁 Ⅱ - Y - TS - 03 标独墅湖南~月亮湾区间联络通道	中铁十八局	约翰芬雷设计公司	特酱公司	中心埋深 19.572	13.4	2014 年 8 月—2015 年 1 月
241	武汉轨道交通 3 号线第十标段范菱区间联络通道	中铁一局	中铁四院集团	特酱公司	拱顶埋深 13	13	2014 年 7 月—2014 年 11 月
242	福州地铁 1 号线秀山站~罗汉山站区间联络通道	中铁十七局	南京设计公司	特酱公司	拱顶埋深 15.7	13.2	2014 年 8 月—2015 年 2 月
243	福州轨道交通 1 号线 03 标火车站~斗门站区间联络通道	中铁十一局	南京设计公司	特酱公司	拱顶埋深 14.5	13	2014 年 8 月—2015 年 6 月
244	武汉轨道交通 3 号线第八 B 标段双王区间联络通道	武汉市政集团隧道公司	中铁四院集团	特酱公司	拱顶埋深 25	14	2014 年 9 月—2015 年 4 月
245	福州轨道交通 1 号线 09 标黄山站~排下站区间联络通道	中铁十九局	南京设计公司	特酱公司	拱顶埋深 13.7	13	2014 年 9 月—2014 年 11 月

(续)

序号	联络通道工程名称	建设单位	设计单位	施工单位	埋深/m	长度/m	冻结施工起止时间
246	郑州轨道交通2号线一期工程02工区北环路站～东风路站区间联络通道	中铁隧道公司	约翰芬雷设计公司	特凿公司	拱顶埋深18.8	13.5	2014年9月—2015年1月
247	沈阳至铁岭城际铁路（松山路～道义）工程～辽区间联络通道兼泵站工程	北京市政四建公司	约翰芬雷设计公司	特凿公司	中心埋深21、19	13、13	2014年10月—2015年5月
248	南宁轨道交通1号线一期工程土建施工TJSG-15标南湖站～金湖广场站～会展中心站区间联络通道	中铁一局集团	约翰芬雷设计公司	特凿公司	轨面埋深20.332	16.4	2014年10月—2015年5月
249	南昌地铁1号线3标绿茵路～会展路区间联络通道	中铁十六局	约翰芬雷设计公司	特凿公司	拱顶埋深16	13.4	2014年10月—2015年2月
250	宁波轨道交通地铁1号线二期工程TJ1211标五乡西站～U型槽区间联络通道	中铁四局二公司	约翰芬雷设计公司	特凿公司	中心埋深16	13	2014年10月—2015年4月
251	郑州地铁2号线一期工程广～新1号区间联络通道	中铁五局城轨分公司	约翰芬雷设计公司	特凿公司	拱顶埋深17.8	13.4	2014年11月—2015年5月
252	郑州地铁2号线一期工程广～新2号区间联络通道	中铁五局城机分公司	约翰芬雷设计公司	特凿公司	拱顶埋深15.5	13	2014年11月—2015年4月
253	郑州地铁2号线一期工程新～国区间联络通道	中铁五局城机分公司	约翰芬雷设计公司	特凿公司	拱顶埋深13.6	12	2014年12月—2015年4月
254	苏州地铁Ⅱ-Y-TS-03标月亮湾站～松涛街站区间联络通道	中铁十八局	约翰芬雷设计公司	特凿公司	中心埋深19.631	13	2015年1月—2015年5月
255	杭州地铁1号线迎宾路站～江陵路站区间联络通道	中铁二局	大地开发集团	特凿公司	中心埋深17.899、20.243	13、13	2015年1月—2015年4月
256	福州轨道交通1号线09合同段城一三区间盾构排下站～城门站区间联络通道	中铁十九局	南京设计公司	特凿公司	拱顶埋深13.3	13.5	2015年1月—2015年6月

附录 C 1993—2019 年联络通道、洞门等其他冻结工程数据统计资料

（续）

序号	联络通道工程名称	建设单位	设计单位	施工单位	埋深/m	长度/m	冻结施工起止时间
257	天津地铁 6 号线宜宾道站～鞍山西道站区间联络通道	中铁二局城通分公司	约翰芬雷设计公司	特酱公司	中心埋深 20.868	15.2	2015 年 1 月—2015 年 6 月
258	武汉轨道交通天河飞机场停车场出入场线区间联络通道	中铁十一局城轨	中铁四院集团	特酱公司	拱顶埋深 21	13	2015 年 1 月—2015 年 5 月
259	郑州地铁 2 号线一期工程东大街站～陇海东路站～帆布厂街站区间联络通道	中铁三局桥隧分公司	约翰芬雷设计公司	特酱公司	拱顶埋深 16.3、12.6	12.02、19	2015 年 2 月—2015 年 10 月
260	天津地铁 6 号线南何庄区间～新外环东路区间联络通道	中建交通建设集团	约翰芬雷设计公司	特酱公司	拱顶埋深 15.3	15	2015 年 2 月—2015 年 7 月
261	福州地铁 1 号线象～秀区间联络通道	中铁十七局	南京设计公司	特酱公司	拱顶埋深 13.09	13.5	2015 年 3 月—2015 年 7 月
262	天津地铁 5 号线 RI 合同段职业大学站～北辰道站区间联络通道	中铁三局天津建设公司	约翰芬雷设计公司	特酱公司	拱顶埋深 9	14	2015 年 3 月—2015 年 10 月
263	广佛线二期工程新城东站～东平站区间联络通道	中铁十一局	约翰芬雷设计公司	特酱公司	轨顶埋深 22.149	19.29	2015 年 4 月—2015 年 11 月
264	武汉轨道交通 7 号线一期工程方马城站～长丰站区间 1 号联络通道兼泵站工程	中铁隧道公司	中铁四院集团	特酱公司	中心埋深 20.9	13	2015 年 4 月—2015 年 9 月
265	郑州轨道交通 2 号线一期工程 02 工区国基路站～北环路站区间联络通道	中铁隧道公司	约翰芬雷设计公司	特酱公司	轨面埋深 20.315	16	2015 年 4 月—2015 年 8 月
266	郑州轨道交通 2 号线一期工程 02 工区国基路站～北环路站区间联络通道	中铁隧道公司	约翰芬雷设计公司	特酱公司	轨面埋深 23.92	13	2015 年 5 月—2015 年 9 月
267	武汉轨道交通 3 号线 21 标宏～三区间联络通道	中铁十一局城轨公司	中铁四院集团	特酱公司	拱顶埋深 13.97	12	2015 年 5 月—2015 年 8 月

(续)

序号	联络通道工程名称	建设单位	设计单位	施工单位	埋深/m	长度/m	冻结施工起止时间
268	南宁轨道交通1号线一期土建施工TJSG-7标动物站~鲁班路站区间1号联络通道	广东华隧建设公司	约翰芬雷设计公司	特殊公司	轨面埋深23.3	13	2015年5月—2015年11月
269	武汉轨道交通3号线十二标段菱角湖站~香港路站区间联络通道	上海城建集团	中铁四院集团	特殊公司	拱顶埋深13.21	12	2015年5月—2015年10月
270	南宁轨道交通1号线一期工程民族大学站~清川路站区间2号、3号联络通道	中铁大桥工程局	中铁第一设计院	特殊公司	中心埋深23、20.557	13.5、13.5	2015年6月—2015年12月
271	武汉轨道交通3号线第8B标段宗关~双墩站区间联络通道	武汉市政集团隧道公司	中铁四院集团	特殊公司	拱顶埋深27	16	2015年6月—2015年10月
272	武汉轨道交通3号线香港路~惠济二路区间联络通道	武汉轨道交通	中铁四院集团	特殊公司	中心标高15.15	13.3	2015年6月—2015年10月
273	广州轨道交通6号线二期一标长湴~植物园区间隧道1号联络通道	中铁一局	南京设计公司	特殊公司	中心标高14.4	12	2015年6月—2015年10月
274	武汉轨道交通3号线七标王家湾站~宗关站区间联络通道	中铁隧道集团	中铁四院集团	特殊公司	拱顶埋深32.2、25.7	13、13.5	2015年7月—2015年9月
275	郑州地铁2号线东大街站~紫荆山站区间联络通道	中铁三局桥隧分公司	约翰芬雷设计公司	特殊公司	中心埋深29、23	12、12	2015年7月—2015年12月
276	南宁轨道交通1号线一期土建施工TJSG-7标动物站~鲁班路站区间2号联络通道	广东华隧建设公司	约翰芬雷设计公司	特殊公司	轨面标高21.392	12.232	2015年7月—2015年11月
277	南京地铁4号线一期TA02标区间联络通道	中铁十一局	约翰芬雷设计公司	特殊公司	中心埋深18.8	12.27	2015年7月—2015年12月
278	南宁轨道交通2号线一期11标朝~火区间盾构段联络通道	中铁隧道公司	中铁隧道勘察设计院	特殊公司	中心埋深23.71	11.5	2015年7月—2015年12月

附录 C 1993—2019 年联络通道、洞门等其他冻结工程数据统计资料

（续）

序号	联络通道工程名称	建设单位	设计单位	施工单位	埋深/m	长度/m	冻结施工起止时间
279	天津地铁 5 号线第 R1 合同段职业大学站～淮河道站区间 1 号联络通道	中铁三局天津建设公司	约翰芬雷设计公司	特雷公司	中心埋深 17.772	14	2015 年 7 月—2015 年 12 月
280	天津地铁 5 号线第 R1 合同段职业大学站～淮河道站区间 2 号联络通道	中铁三局天津建设公司	约翰芬雷设计公司	特雷公司	中心埋深 15.585	14	2015 年 7 月—2016 年 1 月
281	天津地铁 6 号线南翠屏站～水上公园东路站区间联络通道	中铁建大桥工程局	约翰芬雷设计公司	特雷公司	中心埋深 18.772	15	2015 年 8 月—2015 年 12 月
282	天津地铁 5 号线 R1 合同段丹河北道站～北辰道站区间 1 号联络通道	中铁三局天津建设公司	约翰芬雷设计公司		中心埋深 17.585	14	2015 年 9 月—2016 年 1 月
283	天津地铁 5 号线 R1 合同段丹河北道站～北辰道站区间 2 号联络通道	中铁三局天津建设公司	约翰芬雷设计公司	特雷公司	中心埋深 15.46	14	2015 年 9 月—2016 年 1 月
284	天津地铁 5 号线志成路站～思源道站区间联络通道	中铁十八局	约翰芬雷设计公司	特雷公司	中心埋深 −15.663	16.248	2015 年 9 月—2016 年 1 月
285	郑州地铁 2 号线东大街站～紫荆山站区间联络通道	中铁三局桥隧分公司	约翰芬雷设计公司	特雷公司	中心埋深 29、23	12、12	2015 年 9 月—2015 年 12 月
286	上海轨道交通 9 号线三期（东延伸）工程金海路站～顾唐路站区间联络通道	上海机施公司	天地科技	特雷公司	拱顶埋深 20.567	13.64	2015 年 9 月—2016 年 1 月
287	上海轨道交通 9 号线三期（东延伸）工程金海路站～顾唐路站区间联络通道	上海机施公司	天地科技	特雷公司	拱顶埋深 17.857	14.17	2015 年 9 月—2016 年 1 月
288	武汉轨道交通 6 号线第 19 标段东金 2 号区间联络通道	中铁一局	中铁四院集团	特雷公司	拱顶埋深 16.5	14.38	2015 年 9 月—2015 年 12 月
289	南宁轨道交通 1 号线 10 标台～火区间联络通道	中铁十六局	约翰芬雷设计公司	特雷公司	拱顶埋深 20.5	38.294	2015 年 8 月—2015 年 12 月

（续）

序号	联络通道工程名称	建设单位	设计单位	施工单位	埋深/m	长度/m	冻结施工起止时间
290	南昌轨道交通2号线一期工程04标地铁大厦站～雅苑路站区间联络通道	中铁隧道二局	约翰芬雷设计公司	特蕴公司	中心埋深16.481	13.52	2015年10月—2016年1月
291	上海轨道交通9号线三期民雷站～曹路站区间联络通道	中铁十九局	约翰芬雷设计公司	特蕴公司	拱顶埋深21.061	12	2015年10月—2016年1月
292	武汉地铁2号线北延线工程盘～宏区间6号联络通道	中铁十一局	中铁四院集团	特蕴公司	中心埋深18.66	13.4	2015年11月—2016年2月
293	武汉2号线北延线盘龙城站～宏图大道站区间4号联络通道	中铁十一局	中铁四院集团	特蕴公司	拱顶埋深18.2	13.05	2015年11月—2016年3月
294	郑州地铁2号线一期工程东大街～紫荆山站区间隧道1号联络通道	中铁三局桥隧分公司	约翰芬雷设计公司	特蕴公司	中心埋深29	12	2015年11月—2016年4月
295	郑州地铁2号线一期工程东大街～紫荆山站区间隧道2号联络通道	中铁三局桥隧分公司	约翰芬雷设计公司	特蕴公司	中心埋深23	12	2015年11月—2016年4月
296	福州地铁1号线1标新店出入段～象峰站联络通道	中铁十七局	南京设计公司	特蕴公司	中心埋深13.059	13.5	2015年12月—2016年4月
297	武汉地铁6号线8标前进村站～红建路站区间联络通道	中铁五局城轨分公司	约翰芬雷设计公司	特蕴公司	拱顶埋深11.2	12.2	2016年1月—2016年6月
298	武汉轨道交通6号线第7标段海前区间2号联络通道	武汉市政集团湖北益通公司联合体	北京城建设计集团	特蕴公司	拱顶埋深10.185	15.613	2016年1月—2016年4月
299	天津地铁1号线东延至国家会展中心1项目第1合同段双林～李楼区间1号联络通道	中铁十八局		特蕴公司	中心埋深17.235	12.5	2016年1月—2016年4月
300	天津地铁1号线东延至国家会展中心1项目第1合同段双林～李楼区间2号联络通道	中铁十八局	天地科技		中心埋深20.35	15.96	2016年1月—2016年6月

附录 C　1993—2019 年联络通道、洞门等其他冻结工程数据统计资料

(续)

序号	联络通道工程名称	建设单位	设计单位	施工单位	埋深/m	长度/m	冻结施工起止时间
301	天津地铁 1 号线东延线第 1 合同段季楼站～洪泥河桥站区间联络通道	中铁十八局	天地科技	特酱公司	中心埋深 20.579	14.87	2016 年 1 月—2016 年 5 月
302	天津地铁 5、6 号线文化中心部分第 3 合同段下瓦房站～甬堤道站区间联络通道	天津城建集团	约翰芬雷设计公司	特酱公司	中心埋深 25.245	15.845	2016 年 1 月—2016 年 7 月
303	杭州地铁 2 号线 13 标庆春东路～庆菱路区间联络通道	中铁隧道集团	约翰芬雷设计公司	特酱公司	中心埋深 19.24	13.456	2016 年 1 月—2016 年 6 月
304	昆明轨道交通 3 号线延长线联络通道	中铁隧道二公司	约翰芬雷设计公司	特酱公司	中心埋深 17.52	19.18	2016 年 2 月—2016 年 6 月
305	上海轨道交通 9 号线三期唐庸路站～民雷路区间联络通道	中铁十九局	天地科技	特酱公司	拱顶埋深 17.857、20.567	14.17、13.64	2015 年 10 月—2016 年 2 月
306	武汉轨道交通 6 号线一期工程车城东路站～江城大道区间联络通道	武汉阳市政集团	北京城建设计集团	特酱公司	拱顶埋深 17.86	13	2016 年 2 月—2016 年 6 月
307	武汉轨道交通 6 号线第 7 标段海前区间 2 号区间联络通道	武汉市政集团湖北益通公司联合体	北京城建设计集团	特酱公司	拱顶埋深 11.521	17.9778	2016 年 3 月—2016 年 8 月
308	上海轨道交通 17 号标 9 标 1 号风井～漕盈路站区间 4 号联络通道	上海基础公司	约翰芬雷设计公司	特酱公司	中心埋深 20.423	13	2016 年 3 月—2016 年 11 月
309	上海轨道交通 17 号标 9 标 1 号风井～漕盈路站区间 5 号联络通道	上海基础公司	约翰芬雷设计公司	特酱公司	中心埋深 18.993	17.52	2016 年 3 月—2016 年 10 月
310	上海轨道交通 17 号标 9 标 1 号风井～漕盈路站区间 6 号联络通道	上海基础公司	约翰芬雷设计公司	特酱公司	中心埋深 17.45	13	2016 年 3 月—2016 年 8 月
311	武汉地铁 6 号线 8 标马钟区间 4 号联络通道	中铁五局城机分公司	约翰芬雷设计公司	特酱公司	拱顶埋深 11.89～15.03	16.52	2016 年 3 月—2016 年 7 月

（续）

序号	联络通道工程名称	建设单位	设计单位	施工单位	埋深/m	长度/m	冻结施工起止时间
312	武汉地铁6号线江汉路站~大智路站区间2号联络通道	中铁三局二公司	中铁四院集团	特凿公司	拱顶埋深15.1	13.43	2016年3月—2016年8月
313	武汉地铁6号线10标琴~武区间1号联络通道	中铁一局	中铁四院集团	特凿公司	拱顶埋深23.7	12.035	2016年4月—2016年10月
314	武汉地铁6号线江汉路站~大智路站区间1号联络通道	中铁三局二公司	中铁四院集团	特凿公司	拱顶埋深10.1	9	2016年4月—2016年7月
315	武汉轨道交通6号线第16标段唐家墩站区间联络通道	中铁上海局城轨分公司	中铁四院集团	特凿公司	拱顶埋深10.6	13	2016年4月—2016年8月
316	杭州地铁2号线学~古区间联络通道	宏润建设公司	约翰芬雷设计公司	特凿公司	中心埋深20.241	14.944	2016年5月—2016年8月
317	杭州地铁6号线8标红马区间2号联络通道	中铁五局城轨分公司	约翰芬雷设计公司	特凿公司	拱顶埋深18.87	11.4	2016年4月—2016年7月
318	杭州地铁6号线8标红马区间3号联络通道	中铁五局城轨分公司	约翰芬雷设计公司	特凿公司	拱顶埋深17.6	10.287	2016年4月—2016年7月
319	杭州地铁2号线13标庆菱路~建国路区间1号、2号联络通道	中铁隧道集团	江苏工业设计一院	特凿公司	中心埋深23.79、18.3	11.023、11.65	2016年6月—2016年11月
320	上海轨道交通5号线南延伸工程3标段金海湖路站~南桥新城区间联络通道	中铁十一局	约翰芬雷设计公司	特凿公司	拱顶埋深19.444、20.44	11、13	2016年7月—2016年12月
321	杭州地铁4号线南延伸段甬江路站~近江站区间联络通道	中铁隧道集团	约翰芬雷设计公司	特凿公司	中心埋深20.649	12	2016年7月—2016年10月
322	杭州地铁2号线SC2-15A标中河路站~凤起路站区间联络通道	腾达建设集团	天地科技	特凿公司	中心埋深18.119	16	2016年7月—2016年10月
323	杭州地铁2号线下宁桥站~学院路区间联络通道	中铁十一局	北京城建设计集团	特凿公司	中心埋深19.196	15	2016年7月—2016年10月

附录 C 1993—2019 年联络通道、洞门等其他冻结工程数据统计资料

序号	联络通道工程名称	建设单位	设计单位	施工单位	埋深/m	长度/m	冻结施工起止时间
324	武汉地铁 7 号线 14 标建南区间联络通道	中铁一局城机公司	北京城建设计集团	特酱公司	拱顶埋深 9.37	18.57	2016 年 7 月—2016 年 11 月
325	上海轨道交通 5 号线南延伸工程 3 标段望园路~金海湖站区间联络通道	中铁十一局	天地科技	特酱公司	拱顶埋深 17.431	14.494	2016 年 8 月—2016 年 12 月
326	天津地铁 5 号线工程直沽站~下瓦房站区间联络通道	上海基础公司	约翰芬雷设计公司	特酱公司	中心埋深 27.1	16.298	2016 年 8 月—2017 年 1 月
327	武汉轨道交通 7 号线 10 标 1 号联络通道	中铁隧道公司	中铁四院集团	特酱公司	中心埋深 23.42	14.68	2016 年 8 月—2016 年 12 月
328	武汉轨道交通 7 号线土建第五段王家墩东站~王家墩中心站区间联络通道	中铁十一局	中铁四院集团	特酱公司	中心埋深 27.4	13	2016 年 8 月—2017 年 1 月
329	武汉轨道交通 7 号线 10 标 2 号联络通道	中铁隧道公司	约翰芬雷设计公司	特酱公司	中心埋深 32.51	13	2016 年 9 月—2016 年 12 月
330	上海轨道交通 17 号线 9 标 1 号风井~漕盈路站区间~武区间 1 号联络通道	上海基础公司	中铁四院集团	特酱公司	中心埋深 20.42、19、17.4	13、17.52、13	2016 年 9 月—2016 年 12 月
331	武汉地铁 6 号线 10 标零~武区间 2 号联络通道	中铁一局	中铁四院集团	特酱公司	中心埋深 34.8	13.935	2016 年 7 月—2016 年 10 月
332	武汉轨道交通 7 号线 10 标 3 号联络通道	中铁隧道公司	中铁四院集团	特酱公司	中心埋深 24.09	13	2016 年 9 月—2016 年 12 月
333	武汉地铁 8 号线 1 标宏图大道站~塔子湖站区间 1 号联络通道	中国水电八局	约翰芬雷设计公司	特酱公司	拱顶埋深 21.1	25.86	2016 年 9 月—2017 年 1 月
334	武汉地铁 8 号线 1 标塔子湖站~幸福大道站区间联络通道	中国水电八局	约翰芬雷设计公司	特酱公司	拱顶埋深 15.2	16.135	2016 年 11 月—2017 年 3 月

(续)

序号	联络通道工程名称	建设单位	设计单位	施工单位	埋深/m	长度/m	冻结施工起止时间
335	杭州地铁4号线南延伸段浦沿站～杨家墩站区间联络通道	宏润建设公司	约翰芬雷设计公司	特酿公司	中心埋深10.73	12	2016年12月—2017年3月
336	武汉地铁7号线7标香～三区间1号联络通道①	武汉地铁公司	约翰芬雷设计公司	特酿公司	最深埋深33.5	16.8	2016年12月—2017年9月
337	杭州地铁2号线21标育英路站～三墩站区间联络通道	中铁四局城轨分公司	江苏工业设计一院	特酿公司	中心埋深20.06	13	2017年1月—2017年5月
338	郑州地铁5号线众意路站～CBD站区间联络通道	郑州建工一公司	约翰芬雷设计公司	特酿公司	中心埋深21	13.6	2017年1月—2017年5月
339	天津地铁6号线工程左江道站～梅江道区间联络通道	中铁建大桥工程局	约翰芬雷设计公司	特酿公司	中心埋深24.5	10.2	2017年1月—2017年7月
340	武汉轨道交通7号线10标徐～湖区间联络通道	中铁隧道公司	约翰芬雷设计公司	特酿公司	拱顶埋深19.78、16.788	11.64、11.18	2017年2月—2017年6月
341	北京地铁8号线三期工程05标段天桥站～永定门外站区间三坝村站联络通道	中铁五局	约翰芬雷设计公司	特酿公司	中心埋深23.6、31.5	12、12	2017年2月—2017年9月
342	杭州地铁2号线21标育英路站区间联络通道	中铁四局城轨分公司	约翰芬雷设计公司	特酿公司	中心埋深22	10.15	2017年2月—2017年6月
343	武汉轨道交通7号线3标长丰站～常码头站区间2号联络通道	中铁隧道公司	约翰芬雷设计公司	特酿公司	中心标高17.3	15.9	2017年2月—2017年7月
344	武汉轨道交通21号线BT一标新荣站～黄浦新城区间联络通道	中建三局	中铁四院集团	特酿公司	中心埋深22.4、16.75	12.21、13	2017年3月—2017年9月
345	天津地铁5号线凌宾路～昌凌路区间联络通道	天津城建集团	中铁四院集团	特酿公司	中心标高-19.7、-23.2	20.4、14	2017年3月—2017年8月

① Z字型通道及泵站。

附录 C　1993—2019 年联络通道、洞门等其他冻结工程数据统计资料

（续）

序号	联络通道工程名称	建设单位	设计单位	施工单位	埋深/m	长度/m	冻结施工起止时间
346	杭州地铁 2 号线 22 标勾～新区间联络通道	中铁七局三公司	约翰芬雷设计公司	特萨公司	轨面标高－19.35、－16.55	12、12	2017 年 4 月—2017 年 9 月
347	武汉地铁 7 号线 7 标香～三区间 2 号联络通道	武汉地铁公司	约翰芬雷设计公司	特萨公司	最深埋深 28	13.5	2017 年 3 月—2017 年 9 月
348	郑州地铁 5 号线 8 标经开第八大街～经开第三大街区间联络通道	中铁七局五局	约翰芬雷设计公司	特萨公司	中心埋深 26.35、18.65	14.2、14.72	2017 年 4 月—2017 年 9 月
349	杭州地铁 2 号线 22 标董～勾区间 3 号联络通道	中铁七局三公司	约翰芬雷设计公司	特萨公司	轨面标高－19.35	12	2017 年 4 月—2017 年 9 月
350	杭州地铁 4 号线 4 标复兴路～水澄桥区间联络通道	中铁十一局	约翰芬雷设计公司	特萨公司	中心埋深 26.67	12	2017 年 4 月—2017 年 8 月
351	武汉轨道交通 7 号线土建工程第五标段常码头站～王家墩中心站区间联络通道	中铁十一局	中铁四院集团	特萨公司	拱顶埋深 17.3	15.9	2017 年 2 月—2017 年 6 月
352	武汉轨道交通 21 号线 BT 一标后湖大道站～百步亭站区间联络通道	中建三局	中铁四院集团	特萨公司	中心埋深 21.6	16.2	2017 年 4 月—2017 年 7 月
353	北京地铁 16 号线西苑站～万泉河桥站区间 CT1 联络通道、CT2 联络通道	中铁一局城轨公司	约翰芬雷设计公司	特萨公司	中心埋深 29、25.39	15.109、11	2017 年 5 月—2017 年 11 月
354	杭州地铁 4 号线 2 标中医药大学站～联庄站区间联络通道	腾达建设集团	江苏第一设计公司	特萨公司	中心埋深 22.15	12.166	2017 年 6 月—2017 年 10 月
355	上海轨道交通 13 号线东明路站～华鹏路站区间联络通道	中铁二局	南京设计公司	特萨公司	中心埋深 21.7、23.39	13.2、16.93	2017 年 7 月—2017 年 12 月
356	上海轨道交通 14 号线金粤路站～桂桥路站区间联络通道	中铁十九局城轨公司	约翰芬雷设计公司	特萨公司	中心埋深 21.7	16.836	2017 年 7 月—2017 年 12 月

(续)

序号	联络通道工程名称	建设单位	设计单位	施工单位	埋深/m	长度/m	冻结施工起止时间
357	苏州地铁 3 号线 13 标东振路站～星港街站区间联络通道	中铁隧道公司	约翰芬雷设计公司	特酶公司	中心埋深16.5	13.04	2017年8月—2018年1月
358	福州地铁 2 号线福州大学～董屿区间 1 号、2 号联络通道	中交二航局	约翰芬雷设计公司	特酶公司	拱顶埋深18.37、16.8	13、13	2017年9月—2018年4月
359	珠海横琴新区马骝洲交通隧道（横琴第三通道）联络通道	上海隧道公司	约翰芬雷设计公司	特酶公司	拱顶埋深21	16.8	2017年9月—2018年2月
360	宁波轨道交通 3 号线 TJ3102 标体育宫站～明楼站区间联络通道	中铁上海工程局	北京城建设计集团	特酶公司	拱顶埋深18.7	11.241	2017年9月—2018年1月
361	厦门轨道交通 2 号线新阳大道站～长庚医院站区间联络通道	中交建股份公司	约翰芬雷设计公司	特酶公司	拱顶埋深17.68	13.5	2017年10月—2018年2月
362	广州地铁 8 号线 9 标亭～白区间联络通道	中铁十一局城轨公司	约翰芬雷设计公司	特酶公司	拱顶标高为 −3.273	10.7	2017年10月—2018年1月
363	济南轨道交通 R1 线二标大～济演区间联络通道	中铁十局一公司	铁道三院集团	特酶公司	拱顶埋深13.56、18.75、17.45、13.4	13、17、16、14	2017年10月—2018年6月
364	南宁轨道交通 3 号线工程科园大道～创业路站区间联络通道	中铁十九局城轨公司	铁道三院集团	特酶公司	拱顶埋深18	14	2017年11月—2018年2月
365	沈阳地铁 10 号线柳条湖～北大营街站区间 1 号、2 号联络通道	中铁一局一公司	约翰芬雷设计公司	特酶公司	拱顶埋深18、20	10、13	2017年11月—2018年6月
366	郑州地铁 5 号线农业东路～心怡路站区间 2 号联络通道	中铁十八局一公司	约翰芬雷设计公司	特酶公司	中心埋深23.2	13.015	2017年12月—2018年3月
367	南宁轨道交通 3 号线青秀山站～市博物馆站区间联络通道	中铁隧道公司	南京设计公司	特酶公司	隧道埋深28	13	2018年1月—2018年5月
368	济南轨道交通 R1 线王府庄站～大杨庄站区间 2 号联络通道	中铁十四局隧道公司	南京设计公司	特酶公司	隧道中心标高：左线为 +9.875，右线为 +10.282	10.95	2018年1月—2018年5月

附录 C 1993—2019 年联络通道、洞门等其他冻结工程数据统计资料

(续)

序号	联络通道工程名称	建设单位	设计单位	施工单位	埋深/m	长度/m	冻结施工起止时间
369	杭州地铁 5 号线 21 标通惠路站~火车南站区间联络通道	中铁二局	江苏第一设计公司	特睿公司	中心埋深 26	11.2	2018 年 1 月—2018 年 5 月
370	福州地铁 2 号线 5 标洪湾站~金山站区间联络通道	中交公路三局	约翰芬雷设计公司	特睿公司	泵站底板埋深约 27	13	2018 年 1 月—2018 年 5 月
371	杭州地铁 6 号线 2 标双浦站~河山路站区间联络通道	宏润建设集团	江苏第一设计公司	特睿公司	中心埋深 15.56、18.5	15.9、15.6	2018 年 1 月—2018 年 6 月
372	杭州地铁 5 号线 4 标常五区间联络通道	中铁大桥局	江苏第一设计公司	特睿公司	中心埋深 22、18	15.964、16.0	2018 年 3 月—2018 年 8 月
373	武汉轨道交通 8 号线 3 期野芷湖站~黄家湖地铁小镇站区间联络通道	中铁十一局	中赞国际工程公司	特睿公司	中心埋深 23	13	2018 年 3 月—2018 年 8 月
374	杭州地铁 5 号线一期中央公园站~仓前站区间联络通道	中铁隧道局	南京设计公司	特睿公司	中心埋深 16.5	16	2018 年 3 月—2018 年 7 月
375	郑州地铁交通 2 号线二期 03 标田园路站~金达街站~刘庄站区间联络通道	中铁十一局城轨公司	约翰芬雷设计公司	特睿公司	中心埋深 19.5、16.2、14.5、19.78	13、13.4、13.4、12.6	2018 年 3 月—2018 年 10 月
376	福州轨道交通 2 号线 10 标鼓山站~洋里站区间联络通道	中交二公局一公司	南京设计公司	特睿公司	中心埋深 25.7	25.32	2018 年 4 月—2018 年 10 月
377	郑州地铁 5 号线心怡路站~金水东路站区间联络通道	中铁十八局一公司	约翰芬雷设计公司	特睿公司	中心埋深 17.84	13.49	2018 年 4 月—2018 年 8 月
378	济南地铁 R3 线四标西周庄站~盛福庄区间联络通道	中铁五局	中冶赛迪	特睿公司	中心埋深 19	13.4	2018 年 4 月—2018 年 8 月
379	福州地铁 2 号线 4 标橘园洲站~厚庭站 1 号、2 号联络通道联络通道	中交二航务	南京设计公司	特睿公司	中心埋深 22.65、24.76	13、13	2018 年 4 月—2018 年 10 月

(续)

序号	联络通道工程名称	建设单位	设计单位	施工单位	埋深/m	长度/m	冻结施工起止时间
380	上海轨道交通 14 号线金园五路站～临洮路站区间联络通道	上海机施公司	天地科技	特酱公司	中心标高－14.4、－16.5	15、13	2018年4月—2018年10月
381	杭州地铁 5 号线 5 标蒋村站～浙大紫金港站区间联络通道	中铁隧道三公司	江苏第一设计公司	特酱公司	中心埋深 26	18	2018年4月—2018年8月
382	南昌地铁 2 号线 4 标红阳区间联络通道	中铁隧道二公司	约翰芬雷设计公司	特酱公司	中心埋深 18	9.1	2018年5月—2018年9月
383	广州地铁 14 号线一期 17 标江浦路～街口路区间 5 号、6 号联络通道	中铁十五局	约翰芬雷设计公司	特酱公司	中心埋深 22、20.5	13、13	2017年12月—2018年7月
384	哈尔滨地铁 2 号线太阳岛～冰雪大世界区间 1 号、2 号联络通道	中铁隧道公司	约翰芬雷设计公司	特酱公司	中心埋深 22.42、25.32	16.7、13.00	2018年5月—2018年10月
385	武汉地铁 7 号线 3 标常青码头站～长丰站区间联络通道	中铁隧道公司	中铁四院集团	特酱公司	中心埋深 22.6	26.6	2018年6月—2018年10月
386	昆明轨道交通 6 号线二期塘子巷站～拓东体育馆站、拓东体育馆站～菊华综合枢纽站区间联络通道	中铁建大桥局二公司	约翰芬雷设计公司	特酱公司	18.23、13.6	15.061、15.109	2018年3月—2018年8月
387	无锡地铁 3 号线土建工程 11 标建设工程	中铁四局二公司	约翰芬雷设计公司	特酱公司	18.75、24.9	12.924、13	2018年4月—2019年1月
388	成都轨道交通 10 号线二期工程土建 1 标项目部联络通道冷冻法施工	中铁建大桥局	中铁上海设计院	特酱公司	20.7、21.3	13、13	2018年9月—2019年3月
389	厦门轨道交通 2 号线一期海东区间联络通道	中铁十四局	约翰芬雷设计公司	特酱公司	22.487、34.416、44.451	14.018、14.067、14.052	2018年8月—2018年12月
390	呼和浩特轨道交通 2 号线一期工程 03 标盾构区间联络通道冻结施工	中铁十六局北京城物公司	约翰芬雷设计公司	特酱公司	22.8、23.47、24.45	11.9、12.96、11.98	2018年9月—2019年6月
391	济南轨道交通 R1 线王府庄站～大杨庄站区间 2 号联络通道	中铁十四局隧道公司	约翰芬雷设计公司	特酱公司	30.8	13.113	2018年2月—2018年7月

附录C 1993—2019年联络通道、洞门等其他冻结工程数据统计资料

(续)

序号	联络通道工程名称	建设单位	设计单位	施工单位	埋深/m	长度/m	冻结施工起止时间
392	郑州轨道交通5号线土建05标农心盾构区间2号联络通道工程合同补充协议(心金区间)	中铁十八局一公司	约翰芬雷设计公司	特凿公司	21	13.015	2018年3月—2018年7月
393	杭州地铁5号线一期工程SG5-2标段中央公园站~仓前站区间联络通道	腾达建设集团	南京设计公司	特凿公司	9.64	16	2018年2月—2018年6月
394	杭州地铁5号线一期工程五褉1号、2号、3号,常五1号、2号联络通道	中铁建大桥局	江苏第一设计公司	特凿公司	22.127、18.118	16、15.964	2018年10月—2019年3月
395	武汉地铁8号线三期工程野芷湖站~黄家湖地铁小镇站1号联络通道及泵房工程	中铁十一局	中铁四院集团	特凿公司	24.381	13	2018年4月—2018年9月
396	福州地铁2号线10标鼓山站~下岐路站区间联络通道	中交二公局一公司	约翰芬雷设计公司	特凿公司	26	25.32	2018年5月—2018年10月
397	郑州施工C合同段田园路站~金达街站~刘庄站区间联络通道区间联络通道	中铁十一局城轨公司	约翰芬雷设计公司	特凿公司	21.521、26.5	14、12.642	2018年4月—2018年10月
398	上海轨道交通14号线工程土建4标金园五路站~临洮路站盾构区间2座联络通道、临洮路站~嘉怡路站盾构区间1座联络通道	上海机施公司	天地科技	特凿公司	19.81、21.65	15、13	2018年8月—2019年6月
399	济南地铁R3线4标西周庄站~盛福庄站区间盾构联络通道	中铁五局	中冶赛迪	特凿公司	18	13.4	2018年5月—2018年9月
400	杭州地铁5号线一期工程土建SG5-5标盾构联络通道及废水泵房工程(蒋村~浙大紫金港)	中铁隧道三公司	江苏第一设计公司	特凿公司	20.2	18	2018年5月—2018年8月

(续)

序号	联络通道工程名称	建设单位	设计单位	施工单位	埋深/m	长度/m	冻结施工起止时间
401	杭州地铁5号线一期工程SG5-8标段巨州路~上埠路~沈半路站区间联络通道兼泵站工程及洞门加固工程	腾达建设集团	江苏第一设计公司	特酱公司	18.84、25.06	12.847、10.26	2018年6月—2019年1月
402	哈尔滨轨道交通2号线一期工程五标段冰太区间1号、2号、3号联络通道	中铁隧道公司	约翰芬雷设计公司	特酱公司	22.8、28.4、16.116、12.447、12.544	13、16.73、17.09、24.69、16.68	2018年5月—2019年9月
403	郑州轨道交通4号线一期工程土建施工05标段鑫~通~副~龙区间联络通道	上海隧道公司	约翰芬雷设计公司	特酱公司	14.35、23.2	14.56、13	2018年3月—2018年9月
404	杭州地铁SG5-7标段盾构区间联络通道及泵房施工	中铁一局城轨公司	江苏第一设计公司	特酱公司	18.248	12.729	2018年6月—2018年10月
405	太原轨道交通2号线 SGTJ-202标段化章街站~通达街站~康宁街站盾构区间联络通道及泵房工程	中铁十七局上海城轨公司	约翰芬雷设计公司	特酱公司	24.5、22	14.2、12.7	2018年9月—2019年2月
406	济南轨道交通 R3 线六标段盾构区间联络通道	北京建工集团	中铁设计集团	特酱公司	16.31、20、18.44、22.23	13、14.3、18.5、17	2018年10月—2019年7月
407	郑州轨道交通4号线龙源五街~龙源八街区间联络通道	中铁十一局	约翰芬雷设计公司	特酱公司	28	16.421	2018年8月—2018年12月
408	上海轨道交通15号线元江路站~双柏路站、元江路车辆段出入场线盾构段联络通道及泵房工程	宏润建设集团	天地科技	特酱公司	27.49、25、25	14.025、12.5、12.5	2018年12月—2019年7月
409	杭州地铁5号线一期工程土建施工 SG5-1标段区间联络通道及泵站工程	中铁隧道局	南京设计公司	特酱公司	16.9、19.56、17.1	15.8、15.79、20.4	2018年10月—2019年9月
410	北京地铁7号线东延工程施园站~环球影城站联络通道	中铁二局	约翰芬雷设计公司	特酱公司	25.94	17.543	2019年2月—2019年8月

附录 C　1993—2019 年联络通道、洞门等其他冻结工程数据统计资料

（续）

序号	联络通道工程名称	建设单位	设计单位	施工单位	埋深/m	长度/m	冻结施工起止时间
411	武汉轨道交通 8 号线二期工程第二标段省中、中水区间联络通道	中铁一局城轨公司	中铁四院集团	特酶公司	18、17	13.5、13.5	2018 年 10 月— 2019 年 8 月
412	福州地铁 6 号线一期工程壶区间联络通道冻结施工	中国水电七局	南京设计公司	特酶公司	21、19.112	12、14	2018 年 12 月— 2019 年 11 月
413	杭州地铁 5 号线一期工程 SG5－9 标冻冻法联络通道加固工程	中铁二局	江苏第一设计公司	特酶公司	23.2	14.633	2019 年 1 月— 2019 年 5 月
414	武汉轨道交通 5 号线工程第五标段徐杨路区间及杨余区间联络通道	中铁一局城轨公司	中铁四院集团	特酶公司	20、19	16.5、13	2018 年 11 月— 2019 年 5 月
415	杭州地铁 6 号线一期工程土建施工 SG6－4 标段美院象山站～枫桦西路区间联络通道通兼泵站	中铁隧道局杭州公司	天地科技	特酶公司	21.952、16.117	12、12	2018 年 12 月— 2019 年 4 月
416	洛阳地铁 1 号线 03 标段盾构工程塔湾～史家湾区间冷冻区间联络通道及泵房工程	中水电十一局轨道分局	约翰芬雷设计公司	特酶公司	23.815、13.407	13.588、15	2018 年 12 月— 2019 年 3 月
417	上海轨道交通 15 号线 22 标区间联络通道含泵站工程	中铁十九局城轨公司	约翰芬雷设计公司	特酶公司	20.648	13.582	2018 年 12 月— 2019 年 3 月
418	杭州地铁 5 号线一期工程 SG5－17 标江晖路站～滨康路站～青年路站区间隧道联络通道		天地科技		20.114、18.389、21.083	15.8、12、12	2019 年 2 月— 2019 年 8 月
419	杭州地铁 5 号线一期工程 SG5－19 标金鸡路站～人民广场区间联络通道	宏润建设集团	中铁二院集团		20.83	13	2019 年 4 月— 2019 年 8 月
420	杭州地铁 5 号线一期工程 SG5－11 标城市之星站～打铁关站～至善桥站区间联络通道		江苏第一设计公司		20.4、33.5、37.963	13、12.094、11.042	2019 年 3 月— 2019 年 10 月

（续）

序号	联络通道工程名称	建设单位	设计单位	施工单位	埋深/m	长度/m	冻结施工起止时间
421	武汉轨道交通5号线六标建设二路站～和平公园站区间联络通道	中铁十一局	约翰芬雷设计公司	特雷公司	25	15.7	2018年12月—2019年3月
422	浙江杭海城际铁路海昌路站～浙大国际学院站盾构区间	浙江交工集团	约翰芬雷设计公司	特雷公司	23.7、29.113、23.7	12.402、13.4、13.113	2019年3月—2019年9月
423	郑州轨道交通4号线土建施工04标龙源八街～龙源十一街区间联络通道	中铁十一局	约翰芬雷设计公司	特雷公司	23.071	14.509	2019年2月—2019年8月
424	厦门本岛至翔安过海通道工程10号联络通道	中铁隧道公司	中铁四院集团	特雷公司	37.503	25	2019年4月—2019年9月
425	南昌轨道交通3号线柏岗站～沥山站1号联络通道兼泵房工程，沥山～振兴大道站区间1联络通道及2号联络通道兼泵房工程	中铁隧道三公司	约翰芬雷设计公司	特雷公司	22.4、24.199、25.751	14、15、14	2019年5月—2019年12月
426	福州地铁6号线土建2标4工区中～莲盾构区间、出入段盾构区间联络通道	中铁一局城轨公司	南京设计公司	特雷公司	18.629、26.426、27.84、23.246	13.860、11.386、19.528、19.489	2019年5月—2019年12月
427	杭州地铁5号线绿汀路站东、西折返线盾构区间冷冻加固联络通道工程	中铁十一局	南京设计公司	特雷公司	20.041	15.8、15.8	2019年5月—2019年12月
428	杭州地铁6号线一期工程SG6-10标段奥体中心站～博览中心站江世纪城站区间隧道工程及洞门联络通道兼泵房站及加固工程	腾达建设集团	中铁第五勘察设计院	特雷公司	22.572	16.01	2019年6月—2019年10月
429	洛阳轨道交通1号线土建03标段夹马营站～启明南路站08工区联络通道兼泵房站	中铁十一局	约翰芬雷设计公司	特雷公司	23.815	13.588	2019年6月—2019年10月
430	洛阳轨道交通1号线土建03标段08工区启明南路站～塔湾站区间联络通道工程	中国水电十一局	约翰芬雷设计公司	特雷公司	13.407	15	2019年7月—2019年11月

附录 C　1993—2019 年联络通道、洞门等其他冻结工程数据统计资料

序号	联络通道工程名称	建设单位	设计单位	施工单位	埋深/m	长度/m	冻结施工起止时间
431	洛阳轨道交通 1 号线工程正秦岭路站～武汉路站区间 2 号联络通道兼泵房	中铁十一局城轨公司		特酱公司	25.58	13.239	2019 年 8 月—2019 年 12 月
432	昆明轨道交通 5 号线土建八标福～会、滇～金～福、会～宝区间及出入场线联络通道含泵房	中铁十一局城轨公司	约翰芬雷设计公司	特酱公司	33.741、28.692	13.038、14	2019 年 7 月—
433	上海市轨道交通 14 号线工程土建 16 标昌邑路站～歇浦路站～云山路站盾构区间、龙居路站～云山路联络井、云山路站柴桑浜桥区间通道	上海隧道公司	约翰芬雷设计公司	特酱公司	34.293	12.03	2019 年 8 月—
434	南通轨道交通 1 号线 04 标段三工区世中区间及海盘区间盾构联络通道及泵房工程	中铁十一局城轨公司	约翰芬雷设计公司	特酱公司	17.87、17.68	12.5、13.21	2019 年 9 月—
435	武汉轨道交通 5 号线第七标段建设十一路站～红钢城站区间联络通道	武汉市政工程建设集团	武汉市政工程设计研究院	特酱公司	32	13	2019 年 9 月—
436	福州地铁 1 号线二期 2 标安梁区间联络通道及泵房工程	中铁四局城轨分公司	约翰芬雷设计公司	特酱公司	23.781、27.29	12.1、22.827	2019 年 9 月—
437	新建铁路珠机城际城机交通工程拱北至横琴段金横区间 4 号横通道工程	中交珠海城轨投资公司	约翰芬雷设计公司	特酱公司	27	17	2019 年 1 月—2019 年 5 月
438	杭州地铁 5 号线 14 标冷冻施工工程	中铁十四局	中铁四院集团	特酱公司	20、22、22	10、10、11	2019 年 2 月—2019 年 11 月
439	南京地铁 1 号线玄武门～许府巷区间联络通道	中铁隧道集团	中煤五建上海分公司	中煤隧道公司	19.2	13	2003 年 4 月—2003 年 6 月
440	南京地铁 1 号线张府园～新街口区间联络通道	上海机施公司	中煤五建上海分公司	中煤隧道公司	20	13	2004 年 1 月—2004 年 5 月

（续）

序号	联络通道工程名称	建设单位	设计单位	施工单位	埋深/m	长度/m	冻结施工起止时间
441	南京地铁2号线所街站~向兴站联络通道	中铁十九局	中煤五建上海分公司	中煤隧道公司	19	线间距13.2	2007年1月—2007年5月
442	上海地铁7号线24标杨高路~锦绣路~沪南路联络通道	中铁四局	中煤五建上海分公司	中煤隧道公司	19.7	线间距13	2007年6月—2008年1月
443	上海地铁8号线2标济阳路~杨思路联络通道	宏润集团	南京设计公司	中煤隧道公司	16.5	线间距14.8	2007年11月—2008年3月
444	南京地铁2号线元通站~向兴站联络通道	中铁十九局	中煤五建上海分公司	中煤隧道公司	20.2	线间距13	2008年2月—2008年6月
445	上海地铁8号线凌兆路~卢恒路联络通道	上海隧道公司	南京设计公司	中煤隧道公司	17.5	线间距13	2008年6月—2008年9月
446	上海地铁7号线锦秋~上大联络通道	上海市政一公司	南京设计公司	中煤隧道公司	16	线间距14.2	2008年6月—2009年1月
447	上海地铁11号线铜川~西站联络通道	中铁十九局	南京设计公司	中煤隧道公司	19.8	线间距13.6	2008年6月—2009年1月
448	上海地铁13号线马当~卢浦联络通道	上海隧道公司	南京设计公司	中煤隧道公司	16.7	线间距13.2	2008年9月—2008年12月
449	上海地铁2号线广兰~塘镇1号联络通道	上海市政二公司	南京设计公司	中煤隧道公司	20	线间距13	2008年9月—2008年12月
450	上海地铁2号线广兰~塘镇3号联络通道	上海市政二公司	南京设计公司	中煤隧道公司	20.2	线间距11	2008年10月—2009年1月
451	上海地铁11号线铜川~枫桥联络通道	上海机施公司	南京设计公司	中煤隧道公司	17.6	线间距13	2008年10月—2009年1月
452	南京地铁2号线所街站~集庆门站联络通道	中铁十九局	中煤五建上海分公司	中煤隧道公司	19	线间距13	2008年10月—2009年1月

附录 C　1993—2019 年联络通道、洞门等其他冻结工程数据统计资料

（续）

序号	联络通道工程名称	建设单位	设计单位	施工单位	埋深/m	长度/m	冻结施工起止时间
453	上海地铁 13 号线世博～卢浦联络通道①	上海基础公司	中煤五建上海分公司	中煤隧道公司	27.8	线间距 13	2008 年 10 月—2009 年 2 月
454	上海地铁 2 号线广兰～塘镇 2 号联络通道	上海市政二公司	南京设计公司	中煤隧道公司	20.5	线间距 11.5	2008 年 12 月—2009 年 2 月
455	上海地铁 9 号线 3 标商城路～小南门联络通道①	上海隧道公司	南京设计公司	中煤隧道公司	20	线间距 14	2008 年 12 月—2009 年 3 月
456	上海地铁 7 号线顾村～陆翔联络通道	上海机施公司	南京设计公司	中煤隧道公司	14	13	2009 年 1 月—2009 年 5 月
457	上海地铁 7 号线陆翔～潘广联络通道	中铁十九局	南京设计公司	中煤隧道公司	19.2	19.65	2009 年 1 月—2009 年 5 月
458	南京地铁 1 号线南延段胜太路～百家湖联络通道	天津城建集团	南京设计公司	中煤隧道公司	20	线间距 13.2	2009 年 2 月—2009 年 6 月
459	上海地铁 7 号线潘广～工作井联络通道	宏润集团	南京设计公司	中煤隧道公司	15.5	线间距 13	2009 年 4 月—2009 年 6 月
460	上海地铁 13 号线世博～长青联络通道	上海基础公司	中煤五建上海分公司	中煤隧道公司	18.8	线间距 12.6	2009 年 4 月—2009 年 7 月
461	南京地铁 2 号线新街口站～大行宫站联络通道	上海隧道公司	中煤五建上海分公司	中煤隧道公司	19	线间距 13.2	2009 年 4 月—2009 年 7 月
462	南京地铁 2 号线大行宫站～逸仙桥站联络通道	上海隧道公司	中煤五建上海分公司	中煤隧道公司	19	线间距 13.2	2009 年 4 月—2009 年 7 月

① 过江段。

(续)

序号	联络通道工程名称	建设单位	设计单位	施工单位	埋深/m	长度/m	冻结施工起止时间
463	天津地铁2号线沙柳～博山道联络通道	中铁十八局	约翰芬雷设计公司	中煤隧道公司	21.5	11.5	2009年5月—2009年7月
464	南京地铁1号线南延段岔路口～河定桥联络通道	上海机施公司	中煤五建上海分公司	中煤隧道公司	17	线间距13	2009年6月—2009年9月
465	杭州地铁1号线下沙西站～下沙中心站区间隧道联络通道及泵站冻结加固与结构工程	腾达建设集团	中煤五建上海分公司	中煤隧道公司	16	13	2010年2月—2010年6月
466	天津地铁3号线红旗南路站～水上公园站区间联络通道	中铁十六局	约翰芬雷设计公司	中煤隧道公司	18.5	线间距13	2010年3月—2010年6月
467	苏州地铁1号线土建工程I-TS-16标星湖街站～南施街站联络通道及泵房工程	中铁十九局	中煤五建上海分公司	中煤隧道公司	19.2	线间距13	2010年4月—2010年7月
468	杭州地铁1号线下沙中心站～下沙东站区间隧道联络通道及泵站工程	腾达建设集团	中煤五建上海分公司	中煤隧道公司	16.5	13	2010年6月—2010年10月
469	天津地铁3号线水上北路站～吴家窑站区间联络通道	中铁十六局	中铁二院工程集团	中煤隧道公司	15.6	线间距13.2	2010年6月—2010年10月
470	苏州地铁1号线土建工程I-TS-16标南施街站～星塘街站联络通道及泵房工程	中铁十九局	中煤五建上海分公司	中煤隧道公司	19	线间距13	2010年7月—2010年11月
471	天津地铁3号线13标段北站～铁东路站联络通道及泵站冻结加固工程	中交一航局	约翰芬雷设计公司	中煤隧道公司	17.5	线间距14	2010年8月—2010年11月
472	天津地铁2号线红星路～新开路区间隧道联络通道及泵站冻结加固工程	中铁三局	约翰芬雷设计公司	中煤隧道公司	25.1	33.4	2010年8月—2010年12月

附录 C 1993—2019 年联络通道、洞门等其他冻结工程数据统计资料

序号	联络通道工程名称	建设单位	设计单位	施工单位	埋深/m	长度/m	冻结施工起止时间
473	杭州地铁 1 号线 13 号彭埠站～建华站盾构区间联络通道①	中铁十六局	约翰芬雷设计公司	中煤隧道公司	25.1	33.4	2010 年 9 月—2011 年 7 月
474	杭州地铁 1 号线 8 号九堡站～九堡东站盾构区间联络通道	中铁十六局	约翰芬雷设计公司	中煤隧道公司	21.5	13.5	2010 年 11 月—2011 年 8 月
475	天津地铁 2 号线新开路～天津站区间隧道联络通道及泵站工程	中铁三局	约翰芬雷设计公司	中煤隧道公司	18	线间距 11	2010 年 12 月—2011 年 5 月
476	苏州地铁 1 号线土建工程 I－TS－16 标星塘街站～钟南街站联络通道及泵房工程	中铁十九局	中煤五建上海分公司	中煤隧道公司	18.5	线间距 13	2010 年 12 月—2011 年 7 月
477	香港昂船洲盾构进出洞冰冻结法地基加固及连接通道冻结工程	香港环保署	约翰芬雷设计公司	中煤隧道公司	25.82	15.6	2011 年 1 月—2012 年 1 月
478	上海地铁 13 号线华江路站～金沙江西路站区间联络通道	申通地铁集团	南京设计公司	中煤隧道公司	22.402	12.725	2011 年 3 月—2011 年 6 月
479	香港昂船洲污水处理厂连接隧道矿山法开挖连接通道②	香港环保署	约翰芬雷设计公司	中煤隧道公司	25.82	15.6	2011 年 4 月—2012 年 12 月
480	上海轨道交通 12 号线顾戴路站～东兰路站区间隧道联络通道工程	申通地铁集团	南京设计公司	中煤隧道公司	18.636	12	2011 年 4 月—2012 年 1 月
481	杭州地铁 1 号线 12 号龙翔桥～凤起路站盾构区间联络通道	中铁十六局	约翰芬雷设计公司	中煤隧道公司	19.7	13	2011 年 7 月—2011 年 12 月
482	杭州地铁 1 号线 7 号城站～湖滨盾构区间联络通道	中铁十六局	约翰芬雷设计公司	中煤隧道公司	18.7	13	2011 年 8 月—2012 年 3 月

① 亚洲最长联络通道。
② 矿山法。

（续）

序号	联络通道工程名称	建设单位	设计单位	施工单位	埋深/m	长度/m	冻结施工起止时间
483	上海地铁12号线24标隆昌路站～内江路站区间联络通道	上海隧道公司		中煤隧道公司	18	13	2011年9月—2012年3月
484	上海地铁12号线20标提篮桥站～大连路站区间隧道联络通道	上海机施公司	中铁二院集团	中煤隧道公司	17.3	中心距12.726	2011年10月—2012年2月
485	上海地铁12号线20标大连路站～长阳路站区间隧道联络通道	上海机施公司		中煤隧道公司	17.5	13	2011年10月—2012年2月
486	上海地铁11号线上体馆站～龙华站区间联络通道	上海市第二市政	约翰芬雷设计公司	中煤隧道公司	17.5	15	2011年11月—2012年2月
487	上海地铁11号线龙华站～云锦路站区间联络通道	上海市第二市政	约翰芬雷设计公司	中煤隧道公司	17.8	15.2	2011年11月—2012年2月
488	上海地铁11号线云锦路站～石龙路站区间联络通道	上海市第二市政	约翰芬雷设计公司	中煤隧道公司	18.5	15.6	2011年11月—2012年2月
489	宁波地铁1号线一期工程Ⅳ标区隧道联络通道	上海隧道二公司	约翰芬雷设计公司	中煤隧道公司	18.2	13	2011年11月—2012年3月
490	宁波地铁1号线8标东环南路～盛莫路联络通道及泵房工程	市政二公司		中煤隧道公司	18.5	线间距13	2011年11月—2012年3月
491	上海地铁13号线2标淮海中路至淡水路至南京中路联络通道工程	申通地铁集团	上海隧道城机设计院	中煤隧道公司	28	12.8	2012年1月—2014年4月
492	宁波地铁1号线8标盛莫路～福庆路联络通道及泵房工程	市政二公司	约翰芬雷设计公司	中煤隧道公司	18.5	13	2012年3月—2012年8月
493	上海地铁12号线24标内江路站～复兴岛站区间联络通道施工工程	上海隧道公司	中铁二院集团	中煤隧道公司	18	13	2012年3月—2012年9月
494	无锡地铁1号线土建工程15标联络通道及泵站工程	中铁道公司	中煤五建上海分公司	中煤隧道公司	17.5	15	2012年5月—2012年10月

附录 C 1993—2019 年联络通道、洞门等其他冻结工程数据统计资料

（续）

序号	联络通道工程名称	建设单位	设计单位	施工单位	埋深/m	长度/m	冻结施工起止时间
495	无锡地铁 1 号线 13 标新光路站～金城路站区间隧道联络通道	无锡地铁集团	中煤五建上海分公司	中煤隧道公司	17.92	15	2012 年 5 月—2012 年 10 月
496	无锡地铁 1 号线 13 标清名路～金城路站区间联络通道兼泵房	无锡地铁集团	中煤五建上海分公司	中煤隧道公司	17.92	15	2012 年 6 月—2012 年 12 月
497	上海地铁 9 号线 3 期松江新城站～松江体育中心站区间联络通道	上海市第二市政	约翰芬雷设计公司	中煤隧道公司	19.8	13.5	2012 年 6 月—2012 年 9 月
498	苏州地铁 2 号线 10 标吴路站～旺吴路站联络通道及泵房工程	中铁十七局	中煤隧道工程有限公司	中煤隧道公司	18	13	2012 年 6 月—2012 年 12 月
499	无锡地铁 2 号线土建工程 14 标项目荣区间联络通道	中铁隧道集团	中煤五建上海分公司	中煤隧道公司	17	14	2012 年 11 月—2013 年 2 月
500	苏州地铁 2 号线 10 标土建工程旺吴路站～石湖路站联络通道及泵房工程	中铁十七局	中煤隧道公司	中煤隧道公司	19	13	2012 年 11 月—2013 年 4 月
501	宁波地铁 2 号线一期 TJ 2106 标区间联络通道工程	上海隧道公司	约翰芬雷设计公司	中煤隧道公司	18.5	13	2012 年 11 月—2013 年 10 月
502	南京地铁 3 号线土建工程 D3－TA15 标盾构区间联络通道及泵房工程	中铁十五局	北京城建设计总院	中煤隧道公司	17	线间距 12	2012 年 12 月—2013 年 12 月
503	江苏常熟发电有限公司隧道冻结临时封堵墙及取水口冻结加固	常熟电厂	约翰芬雷设计公司	中煤隧道公司	24.8	21.625	2012 年 12 月—2013 年 7 月
504	杭州地铁 1 号线文泽路～下沙江滨区间隧道联络通道工程	杭州地铁集团	中铁隧道设计公司	中煤隧道公司	15.356	12.608	2013 年 1 月—2013 年 5 月
505	杭州地铁 2 号线外环路站～内环路站区间隧道联络通道及泵站冻结加固与结构工程	杭州地铁集团	中铁隧道设计公司	中煤隧道公司	15.5	13	2013 年 1 月—2013 年 5 月

(续)

序号	联络通道工程名称	建设单位	设计单位	施工单位	埋深/m	长度/m	冻结施工起止时间
506	南京地铁 3 号线 TA08 标浮~大区间联络通道工程	中铁一局	南京设计公司	中煤隧道公司	20	13.8	2013年2月—2013年5月
507	无锡地铁 2 号线土建工程 10 标东林广场~上马墩区间联络通道及泵站工程	广水二局	中煤五建上海分公司	中煤隧道公司	14.5	线间距13	2013年4月—2013年8月
508	杭州地铁 2 号线内环路站~钱江世纪城站区间隧道联络通道冻结加固与结构工程	杭州地铁集团	中铁隧道设计公司	中煤隧道公司	19	线间距13.2	2013年5月—2013年10月
509	杭州地铁 1 号线文泽路站~海文路站区间隧道联络通道工程	杭州地铁集团	中铁隧道设计公司	中煤隧道公司	15.356	12.608	2013年6月—2013年10月
510	上海地铁 12 号线 8 标虹梅路~漕宝路站区间隧道联络通道工程	上海机施公司	天地科技	中煤隧道公司	18.5	13	2013年6月—2013年10月
511	南京地铁 10 号线 TA02 标盾构绿博园~江心洲区间隧道联络通道及泵房工程[1]	上海机施公司	上海隧道轨设计总院	中煤隧道公司	中心埋深22.206	线间距12.999	2013年6月—2013年10月
512	南京地铁 3 号线 9 标大行宫站~常府街站区间隧道联络通道工程	南京地铁公司	北京城建设计总院	中煤隧道公司	16.9	14.3	2013年7月—2014年6月
513	无锡地铁 2 号线土建工程 10 标上马墩~靖海站区间联络通道及泵站工程	广东水电二局	中煤五建上海分公司	中煤隧道公司	14.5	14	2013年8月—2013年12月
514	上海地铁 12 号线 8 标桂林公园站~漕宝路站区间隧道联络通道工程	上海机施公司	天地科技	中煤隧道公司	19.2	13	2013年10月—2014年3月
515	南京地铁 3 号线 TA05 标五塘广场站~小市站盾构区间隧道联络通道工程	中铁隧道集团	南京设计公司	中煤隧道公司	19.7	13	2013年10月—2014年3月

[1] 江底隧道联络通道。

附录C 1993—2019年联络通道、洞门等其他冻结工程数据统计资料

序号	联络通道工程名称	建设单位	设计单位	施工单位	埋深/m	长度/m	冻结施工起止时间
516	宁波地铁2号线一期轻纺城~萧池站联络通道及泵站	宁波城轨集团	约翰芬雷设计公司	中煤隧道公司	18.9	15.118	2013年11月—2014年3月
517	宁波地铁2号线一期鄞州大道站~石瑛站盾构区间联络通道工程	宁波城轨集团	约翰芬雷设计公司	中煤隧道公司	21.88	12.868	2013年11月—2014年3月
518	北京地铁6号线一期二十六标东部新城站~东小营站区间联络通道及泵房工程	中铁二十二局	中铁一院集团	中煤隧道公司	21	线间距11	2013年12月—2014年3月
519	上海地铁13号线武宁路站~长寿路站区间联络通道	上海隧道公司	天地科技	中煤隧道公司	24.02	14.416	2014年1月—2014年4月
520	福州地铁1号线08合同段三叉街站~白湖亭站区间联络通道①	中铁三局	南京设计公司	中煤隧道公司	21	13	2014年3月—2014年8月
521	上海地铁12号线14标南京西路~汉中路联络通道工程	申通地铁集团	南京设计公司	中煤隧道公司	19.193		2014年4月—2014年6月
522	南昌地铁1号线一期工程（二标段）珠江路站~长江路站区间联络通道	中铁三局	南京设计公司	中煤隧道公司	16.7	线间距13.6	2014年4月—2014年7月
523	杭州地铁4号线一期SG4-5标良山西路站~官河站区间联络通道工程	中铁一局	约翰芬雷设计公司	中煤隧道公司	20	线间距13	2014年4月—2014年7月
524	郑州地铁2号线1标端头井水平加固及联络通道冻结工程	郑州城轨公司	天地科技	中煤隧道公司	33.508	13.007	2014年4月—2015年7月
525	北京地铁7号线双井站附属结构北换乘通道	北京地铁运营公司	中铁一院集团	中煤隧道公司	20.2	8.68	2014年5月—2014年7月

① 冻结+矿山。

（续）

序号	联络通道工程名称	建设单位	设计单位	施工单位	埋深/m	长度/m	冻结施工起止时间
526	上海地铁 12 号线嘉善路站~陕西南路站区间联络通道	上海基础公司	南京设计公司	中煤隧道公司	27.925	11.004	2014 年 6 月—2014 年 10 月
527	南昌地铁 1 号线一期工程（二标段）长江路站~蛟桥站区间联络通道①	中铁三局	南京设计公司	中煤隧道公司	17.3	线间距 13	2014 年 7 月—2015 年 4 月
528	苏州地铁 2 号线尹山湖中路站~邀湖路站区间联络通道工程	苏州城轨集团	约翰芬雷设计公司	中煤隧道公司	18.888	13.4	2014 年 8 月—2014 年 12 月
529	福州地铁 1 号线 08 合同段白湖亭站~葫芦阵站联络通道②	中铁三局	南京设计公司	中煤隧道公司	18	13.5	2014 年 8 月—2015 年 1 月
530	上海地铁 12 号线陕西南路站~南京西路站区间联络通道	上海基础公司	约翰芬雷设计公司	中煤隧道公司	28.6	11.627	2014 年 10 月—2015 年 3 月
531	武汉地铁 3 号线兴业路~后湖大道站区间联络通道	武汉地铁集团	约翰芬雷设计公司	中煤隧道公司	16.9	16.098	2014 年 11 月—2015 年 10 月
532	武汉地铁 3 号线二七路站~兴业路站区间联络通道	武汉地铁集团	约翰芬雷设计公司	中煤隧道公司	19.5	16.07	2014 年 11 月—2015 年 10 月
533	杭州地铁 1 号线下沙延伸段 3 标文海南路站~文泽路站区间 1 号联络通道	中铁三局	南京设计公司	中煤隧道公司	17.8	线间距 13	2014 年 12 月—2015 年 5 月
534	杭州地铁 1 号线下沙延伸段 3 标文海南路站~文泽路站区间 2 号联络通道	中铁三局	南京设计公司	中煤隧道公司	18	线间距 13.2	2014 年 12 月—2015 年 5 月

① 矿山法。
② 冻结＋矿山。

附录 C　1993—2019 年联络通道、洞门等其他冻结工程数据统计资料

（续）

序号	联络通道工程名称	建设单位	设计单位	施工单位	埋深/m	长度/m	冻结施工起止时间
535	福州地铁 1 号线 08 合同段胡芦库站～黄山站区间联络通道①	中铁三局	南京设计公司	中煤隧道公司	19.6	12.7	2014 年 12 月—2015 年 8 月
536	福州轨道交通 1 号线三角埕～胪雷区间联络通道	福州地铁集团	南京设计公司	中煤隧道公司	17.188	12	2015 年 1 月—2015 年 10 月
537	天津地铁 6 号线工程土建施工第 9 合同段新开河～外院附中站联络通道兼泵房	中铁三局	约翰芬雷设计公司	中煤隧道公司	15.6	13.5	2015 年 2 月—2015 年 7 月
538	南昌轨道交通 2 号线龙岗站～国体中心站区间联络通道①	南昌城轨集团	中铁二院集团	中煤隧道公司	15.9	13.5	2015 年 3 月—2016 年 1 月
539	天津地铁 5 号线工程土建施工第 R2 合同段辽河北道站～宜兴埠站区间联络通道	中铁四局	约翰芬雷设计公司	中煤隧道公司	15.6	13	2015 年 5 月—2015 年 10 月
540	天津地铁 5 号线辽河北道～宜兴埠北区间联络通道	天津城轨集团	天地科技	中煤隧道公司	13	15	2015 年 5 月—2015 年 10 月
541	郑州地铁 2 号线农业路站～黄河路站盾构区间联络通道	中铁一局	天地科技	中煤隧道公司	21	13	2015 年 2 月—2015 年 7 月
542	郑州地铁 2 号线黄河路站～紫荆山站盾构区间联络通道	中铁一局	约翰芬雷设计公司	中煤隧道公司	20.5	13	2015 年 2 月—2015 年 7 月
543	武汉轨道交通 6 号线老关村站～国际博览中心站盾构区间联络通道	武汉地铁集团	约翰芬雷设计公司	中煤隧道公司	21.71	20.028	2015 年 6 月—2016 年 3 月
544	南宁轨道交通 1 号线 10 标广西大学站～白苍岭站联络通道	南宁城轨集团	约翰芬雷设计公司	中煤隧道公司	17.933	17.15	2015 年 6 月—2016 年 4 月

① 冻结+矿山。

(续)

序号	联络通道工程名称	建设单位	设计单位	施工单位	埋深/m	长度/m	冻结施工起止时间
545	武汉地铁6号线老关村~博览中心站区间联络通道及泵房冻结工程	武汉地铁集团	约翰芬雷设计公司	中煤隧道公司	20.171	20.208	2015年8月—2015年11月
546	天津地铁1号线东延3标会展中心站~文化中心站区间联络通道	上海隧道公司	约翰芬雷设计公司	中煤隧道公司	15.6	13	2015年8月—2015年11月
547	合肥轨道交通1号线4标芜湖路站~南一环站区间联络通道	合肥城轨公司	南京设计公司	中煤隧道公司	19.7	17.66	2015年9月—2015年12月
548	郑州轨道交通1号线体育中心站~龙子湖中心站区间联络通道	郑州城轨公司	天地科技	中煤隧道公司	20.77	13	2015年11月—2016年4月
549	南京地铁4号线TA04标九华山站~岗子村站1号联络通道工程	中铁二局	约翰芬雷设计公司	中煤隧道公司	15	13	2016年2月—2016年6月
550	南京地铁4号线TA04标九华山站~岗子村站2号联络通道工程	中铁二局	约翰芬雷设计公司	中煤隧道公司	15	13	2016年2月—2016年6月
551	南京宁和城际物流通交通一期工程TA07标华新路站~油坊桥站区间联络通道兼泵站工程[1]	中铁一局	约翰芬雷设计公司	中煤隧道公司	15.6	13.8	2016年2月—2016年6月
552	杭州地铁2号线16标凤武区间洞门及联络通道工程	中铁四局	约翰芬雷设计公司	中煤隧道公司	19	13	2016年2月—2016年10月
553	杭州地铁2号线17标武林门站~沈塘桥站区间洞门及联络通道工程	中铁一局	约翰芬雷设计公司	中煤隧道公司	18.2	线间距13	2016年2月—2016年10月
554	杭州地铁2号线17标沈塘桥站~下宁桥站区间洞门及联络通道工程	中铁一局	约翰芬雷设计公司	中煤隧道公司	18.6	线间距11.6	2016年2月—2016年10月
555	天津地铁1号线东延2标机场大道站~奥体中心站盾构区间大联络通道	天津城轨集团	约翰芬雷设计公司	中煤隧道公司	16.5	16.8	2016年3月—2016年8月

① 冻结+矿山。

附录 C 1993—2019 年联络通道、洞门等其他冻结工程数据统计资料

(续)

序号	联络通道工程名称	建设单位	设计单位	施工单位	埋深/m	长度/m	冻结施工起止时间
556	常州轨道交通 1 号线一期工程 M1－GC－TJ－14 标段新桥站～旅游学校站联络通道兼泵房工程	中铁四局	中煤隧道公司	中煤隧道公司	19.2	13	2016 年 3 月—2016 年 8 月
557	天津地铁 1 号线东沽路～会展中心 1 号联络通道	中铁一局	天地科技	中煤隧道公司	18	13	2016 年 3 月—2016 年 9 月
558	天津地铁 1 号线东沽路～会展中心 2 号联络通道	中铁一局	天地科技	中煤隧道公司	18.5	13	2016 年 3 月—2016 年 9 月
559	天津地铁 6 号线水上公园东路站～肿瘤医院站洞门	天津城轨集团	约翰芬雷设计公司	中煤隧道公司	13.48	13	2016 年 3 月—2016 年 10 月
560	上海轨道交通 9 号线杨高中路～芳甸路站区间泵站冻结	申通地铁集团	中铁二院集团	中煤隧道公司	16.783	6.8	2016 年 3 月—2016 年 11 月
561	上海轨道交通 9 号线碧云路～平度路站区间联络通道	申通地铁集团	中铁二院集团	中煤隧道公司	17.055	16	2016 年 3 月—2016 年 11 月
562	天津地铁 1 号线奥体中心站～会展中心站区间联络通道	天津城轨集团	约翰芬雷设计公司	中煤隧道公司	20.23	16.8	2016 年 3 月—2016 年 9 月
563	天津地铁 5 号线土建施工第 R2 合同段宜兴埠北站～张兴庄站区间联络通道	中铁四局	约翰芬雷设计公司	中煤隧道公司	18	13.5	2016 年 5 月—2016 年 9 月
564	武汉地铁 7 号线新河街站～螃蟹岬站区间联络通道	中铁十五局	南京设计公司	中煤隧道公司	21	线间距 14	2016 年 5 月—2016 年 9 月
565	南京宁和城际轨道交通一期工程 TA07 标油坊桥站～中和街站盾构区间联络通道兼泵站工程①	中铁一局	约翰芬雷设计公司	中煤隧道公司	15.6	13.8	2016 年 7 月—2016 年 11 月

① 冻结＋矿山。

(续)

序号	联络通道工程名称	建设单位	设计单位	施工单位	埋深/m	长度/m	冻结施工起止时间
566	上海地铁5号线奉浦～环路4号联络通道	申通地铁集团	天地科技	中煤隧道公司	18.466	11.803	2016年7月—2016年12月
567	上海地铁5号线环城东路～望园路区间1号联络通道	上海隧道公司	上海隧道设计院	中煤隧道公司	18	13.5	2016年7月—2016年12月
568	上海地铁5号线环城东路～望园路区间2号联络通道				19	13.5	2016年7月—2016年12月
569	上海地铁5号线环城东路～望园路区间3号联络通道				18	13.5	2016年7月—2016年12月
570	上海北横通道新建工程Ⅱ标盾构出洞冻结加固工程	申通地铁集团	南京设计公司	中煤隧道公司	17.22	15	2016年7月—2016年12月
571	武汉轨道交通7号线一期工程瑞安街站～建安街站区间联络通道及泵站工程	武汉地铁集团	南京设计公司	中煤隧道公司	15.9	15.2	2016年8月—2016年12月
572	上海轨道交通17号线诸光路站～青浦路站区间9号联络通道工程	申通地铁集团	南京设计公司	中煤隧道公司	隧道中心标高-14.811	13	2016年9月—2017年1月
573	上海轨道交通17号线诸光路站～青浦路站区间8号联络通道工程	申通地铁集团	南京设计公司	中煤隧道公司	隧道中心标高-16.845	13	2016年10月—2017年2月
574	杭州地铁5号线SG-3标常二路～杭师大区间二联络通道	杭州地铁集团	江苏第一设计公司	中煤隧道公司	隧道中心标高-12.891	15.6	2016年10月—2017年1月
575	常州轨道交通1号线北郊中学～常州北站联络通道	常州地铁集团	南京设计公司	中煤隧道公司	中心标高-14.715	12	2016年10月—2017年1月
576	常州轨道交通1号线新龙站～森林公园1号联络通道	常州地铁集团	南京设计公司	中煤隧道公司	隧道中心标高-15.072	14	2016年11月—2017年1月
577	宁波地铁3号线大通桥～中兴大桥南区间1号联络通道工程	宁波城物集团	南京设计公司	中煤隧道公司	隧道中心标高-22.594	15.33	2016年11月—2017年3月

附录 C　1993—2019 年联络通道、洞门等其他冻结工程数据统计资料

（续）

序号	联络通道工程名称	建设单位	设计单位	施工单位	埋深/m	长度/m	冻结施工起止时间
578	宁波地铁 3 号线大通桥～中兴大桥南区间 2 号联络通道及泵站工程	宁波城轨集团	南京设计公司	中煤隧道公司	隧道中心标高 −34.989	12.856	2016 年 12 月—2017 年 4 月
579	宁波地铁 3 号线大通桥～中兴大桥南区间 3 号联络通道工程	宁波城轨集团	南京设计公司	中煤隧道公司	隧道中心标高 −23.301	13.254	2016 年 12 月—2017 年 2 月
580	上海市轨道交通 17 号线漕盈路站～青浦路站区间 7 号联络通道工程	申通地铁集团	南京设计公司	中煤隧道公司	隧道中心标高 −15.042	13	2016 年 12 月—2017 年 2 月
581	常州轨道交通 1 号线新龙站～森林公园站区间 1 号联络通道	常州地铁集团	南京设计公司	中煤隧道公司	隧道中心标高 −18.165	14	2016 年 12 月—2017 年 4 月
582	常州轨道交通 1 号线常州北站～新桥站联络通道	常州地铁集团	南京设计公司	中煤隧道公司	隧道中心标高 −12.282	14	2016 年 12 月—2017 年 4 月
583	杭州地铁 2 号线三墩站～董家路站区间 1 号联络通道	杭州地铁集团	天地科技	中煤隧道公司	中心标高 −17.030	13	2016 年 12 月—2017 年 3 月
584	杭州地铁 2 号线三墩站～董家路站区间 2 号联络通道	杭州地铁集团	天地科技	中煤隧道公司	中心标高 −15.830	12	2016 年 12 月—2017 年 4 月
585	天津地铁 5 号线月牙河～幸福公园站联络通道	天津城轨集团	约翰芬雷设计公司	中煤隧道公司	隧道中心高程 −16.700	14.103	2016 年 12 月—2017 年 2 月
586	天津地铁 5 号线文化中心站区间第三合同段围堤道站联络通道	天津城轨集团	约翰芬雷设计公司	中煤隧道公司	联络通道埋深约 17.48	17.07	2017 年 2 月—2017 年 5 月
587	武汉市轨道交通 21 号线工程谌家矶站～路桥分界区间联络通道	武汉地铁集团	南京设计公司	中煤隧道公司	覆土 16.63	15.492	2017 年 2 月—2017 年 5 月
588	常州轨道交通 1 号线旅游学校站～新龙站区间区间联络通道工程	常州地铁集团	南京设计公司	中煤隧道公司	中心标高 −15.900	14	2017 年 2 月—2017 年 5 月
589	天津地铁 5 号线工程会展中心站～解放南路站 1 号联络通道	天津城轨集团	约翰芬雷设计公司	中煤隧道公司	覆土约 17.55	10	2017 年 2 月—2017 年 5 月

(续)

序号	联络通道工程名称	建设单位	设计单位	施工单位	埋深/m	长度/m	冻结施工起止时间
590	天津地铁5号线工程会展中心站~解放南路站2号联络通道	天津城轨集团	约翰芬雷设计公司	中煤隧道公司	覆土约21.15	12	2017年2月—2017年5月
591	天津地铁5号线肿瘤医院~体育中心站区间联络通道	天津城轨集团	约翰芬雷设计公司	中煤隧道公司	隧道中心高程左线-16.294	14.322	2017年3月—2017年9月
592	杭州地铁2号线三墩站~董家路站区间	杭州地铁公司	中铁二院集团	中煤隧道公司	17.03、15.85	13、12	2017年2月—2017年7月
593	杭州地铁2号线23标新月路~新良路区间2号联络通道及泵站	杭州地铁集团	天地科技	中煤隧道公司	隧道中心标高上行线-17.252	12	2017年3月—2017年5月
594	杭州地铁2号线23标新月路~新良路区间1号联络通道	杭州地铁集团	天地科技	中煤隧道公司	隧道中心标高上行线-14.420	12	2017年3月—2017年5月
595	杭州地铁5号线仓前站~杭师大站联络通道	杭州地铁集团	天地科技	中煤隧道公司	隧道中心标高-13.877	13	2017年3月—2017年6月
596	常州轨道交通1号线森林公园~百丈出入段线联络通道	常州地铁集团	约翰芬雷设计公司	中煤隧道公司	隧道中心标高-9.579	12	2017年4月—2017年8月
597	武汉轨道交通7号线王家墩东站~新华路站区间联络通道	武汉地铁集团	约翰芬雷设计公司	中煤隧道公司	轨顶标高-2.076	15.54	2017年4月—2017年7月
598	杭州地铁4号线联庄~水澄桥区间1号联络通道	杭州地铁集团	约翰芬雷设计公司	中煤隧道公司	隧道中心标高约-20.045	12.407	2017年5月—2017年8月
599	杭州地铁4号线联庄~水澄桥站区间2号联络通道及泵站	杭州地铁集团	约翰芬雷设计公司	中煤隧道公司	隧道中心标高约-26.352	12	2017年5月—2017年8月
600	常州轨道交通1号线新区公园~黄河路站区间1号联络通道	常州地铁集团	天地科技	中煤隧道公司	中心标高-22.806	11.822	2017年5月—2017年8月
601	常州轨道交通1号线新区公园~黄河路站区间2号联络通道	常州地铁集团	天地科技	中煤隧道公司	中心标高-19.519	11.726	2017年5月—2017年8月

附录 C 1993—2019 年联络通道、洞门等其他冻结工程数据统计资料

(续)

序号	联络通道工程名称	建设单位	设计单位	施工单位	埋深/m	长度/m	冻结施工起止时间
602	武汉轨道交通 7 号线新华路站~香港路站区间联络通道及泵站	武汉地铁集团	约翰芬雷设计公司	中煤隧道公司	隧道轨顶标高+2.697	15.559	2017 年 5 月—2017 年 9 月
603	杭州地铁 2 号线 23 标新良路站~良渚站区间联络通道及泵站	杭州地铁集团	天地科技	中煤隧道公司	隧道中心上行线-15.058	12	2017 年 5 月—2017 年 8 月
604	无锡地铁 1 号线南延线 01 标长厂溪站~雪浪坪站区间联络通道及泵房工程	无锡地铁集团	济南设计公司	中煤隧道公司	轨面标高-15.697	13.584	2017 年 5 月—2017 年 10 月
605	上海地铁 13 号线 2 期长清路站~华夏中路站区间联络通道及侧向泵站	申通地铁集团	南京设计公司	中煤隧道公司	10.14	17.2	2017 年 5 月—2018 年 2 月
606	上海轨道交通 13 号线陈春东路站~莲溪路站联络通道及泵站工程	申通地铁集团	南京设计公司	中煤隧道公司	隧道中心标高-17.845	12.56	2017 年 6 月—2017 年 8 月
607	宁波轨道交通 3 号线大通桥站~中兴大桥南站联络通道兼泵站	宁波地铁集团	南京设计公司	中煤隧道公司	15.33	26.4	2017 年 2 月—2017 年 6 月
608	宁波地铁 3 号线一期工程明楼站~中兴大桥南站区间联络通道	宁波城轨集团	南京设计公司	中煤隧道公司	隧道中心标高-13.934	13.124	2017 年 7 月—2019 年 10 月
609	上海地铁 13 号线华鹏路~下南路区间联络通道	申通地铁集团	南京设计公司	中煤隧道公司	隧道中心标高-15.591	15.701	2017 年 7 月—2017 年 10 月
610	武汉地铁 21 号线黄浦新城~朱家河站 3 号竖路联络通道及泵站工程	武汉地铁集团	济南设计公司	中煤隧道公司	12.64	15.33	2017 年 7 月—2017 年 10 月
611	南京至高等城际轨道禄口机场溧水段工程中山东路站~中间盾构工作井盾构区间 1 号联络通道	上海隧道公司	约翰芬雷设计公司	中煤隧道公司	15	13	2017 年 7 月—2017 年 10 月
612	上海浦东机场捷运系统工程 T4 预留站~S1 卫星厅站~T1 航站楼站区间 4 号联络通道	上海浦东国际机场	南京设计公司	中煤隧道公司	隧道中心标高-13.034	10.4	2017 年 11 月—2018 年 1 月

(续)

序号	联络通工程名称	建设单位	设计单位	施工单位	埋深/m	长度/m	冻结施工起止时间
613	苏州轨道交通3号线工程玉山路站～竹园路站区间联络通道	苏州城轨集团		中煤隧道公司	隧道中心埋深约21.11	17	2017年11月—2018年4月
614	无锡地铁3号线新锡路站～无锡新区站区间1号联络通道	无锡地铁集团	济南设计公司	中煤隧道公司	轨面标高−15.697	13.584	2018年1月—2018年5月
615	上海轨道交通13号线华夏中路～张江出场线侧向泵站	申通地铁集团	南京设计公司	中煤隧道公司	隧道中心标高−15.586	6	2018年1月—2018年3月
616	上海浦东国际机场三期扩建工程捷运系统工程S1卫星厅站～T1航站楼站区间1号联络通道	上海浦东国际机场	南京设计公司	中煤隧道公司	隧道中心标高−12.502	12	2018年1月—2018年4月
617	上海浦东国际机场三期扩建工程捷运系统工程S1卫星厅站～T1航站楼站区间2号联络通道	上海浦东国际机场	南京设计公司	中煤隧道公司	隧道中心标高−10.362	12	2018年1月—2018年3月
618	上海浦东国际机场三期扩建工程捷运系统工程S1卫星厅站～T4预留站区间3号联络通道	上海浦东国际机场	南京设计公司	中煤隧道公司	隧道中心标高−7.412	10.2	2018年1月—2018年4月
619	上海轨道交通13号线二期工程成山路站～东明路站区间联络通道及泵站工程	申通地铁集团	南京设计公司	中煤隧道公司	隧道中心标高−22.916	13.2	2018年1月—2018年4月
620	上海轨道交通15号线武威东路站～古浪路站区间联络通道及泵站工程	申通地铁集团	约翰芬雷设计公司	中煤隧道公司	隧道中心标高−14.149	15.654	2018年3月—2018年6月
621	上海轨道交通14号线金港路站～金粤路站区间联络通道	申通地铁集团	南京设计公司	中煤隧道公司	隧道中心标高−17.806	13	2018年3月—2018年6月
622	无锡地铁3号线新锡路站～无锡新区站区间2号联络通道	无锡地铁集团	济南设计公司	中煤隧道公司	轨面标高−18.923	16.652	2018年4月—2018年7月

附录 C 1993—2019 年联络通道、洞门等其他冻结工程数据统计资料

(续)

序号	联络通工程名称	建设单位	设计单位	施工单位	埋深/m	长度/m	冻结施工起止时间
623	呼和浩特轨道交通1号线孔家营站~呼钢东路站区间联络通道及泵站	呼市城轨公司	南京设计公司	中煤隧道公司	覆土约18.1	14	2018年4月—2018年6月
624	济南地铁R3线工业北路站~王舍人站区间3号联络通道	济南城轨集团	济南设计公司	中煤隧道公司	覆土17.94	12.986	2018年5月—2018年8月
625	上海轨道交通15号线古浪路站~祁安路站区间联络通道及泵站	申通地铁集团	约翰芬雷设计公司	中煤隧道公司	隧道中心标高 −16.365	17.997	2018年6月—2018年9月
626	郑州地铁2号线金河路~黄河迎宾馆区间联络通道	郑州城轨公司	南京设计公司	中煤隧道公司	隧道中心标高 70.091	13	2018年6月—2018年9月
627	徐州轨道交通2号线汉源大道站~新源大道站区间联络通道及泵站工程	徐州城轨公司		中煤隧道公司	隧道中心标高 21.489	13.066	2018年6月—2018年9月
628	济南地铁R3线工业北路站~王舍人站区间1号联络通道	济南城轨集团	济南设计公司	中煤隧道公司	覆土20.37	13.896	2018年6月—2018年10月
629	济南地铁R3线工业北路站~王舍人站区间2号联络通道	济南城轨集团	济南设计公司	中煤隧道公司	覆土16.33	13	2018年6月—2018年10月
630	轨道交通2号线二期黄河迎宾馆~田园路区间1号联络通道	郑州城轨公司	南京设计公司	中煤隧道公司	隧道中心标高约 +68.806	13	2018年7月—2018年10月
631	轨道交通2号线二期黄河迎宾馆~田园路区间2号联络通道	郑州城轨公司	南京设计公司	中煤隧道公司	隧道中心标高约 +66.315	13	2018年7月—2018年10月
632	苏州轨道交通3号线现代大道~娄江大道联络通道为上下叠加式联络通道右线	苏州城轨集团		中煤隧道公司	覆土15	左线隧道到竖井约10.528 m,右线隧道到竖井约7 m	2018年7月—2018年10月
633	徐州轨道交通2号线新元大道~新区东站区间联络通道	徐州城轨公司	南京设计公司	中煤隧道公司	覆土约20	11	2018年8月—2018年11月
634	呼和浩特轨道交通1号线一期工程长乐宫~展览馆区间联络通道	呼市城轨公司	济南设计公司	中煤隧道公司	顶板埋深15.36	14	2018年9月—2018年12月

(续)

序号	联络通道工程名称	建设单位	设计单位	施工单位	埋深/m	长度/m	冻结施工起止时间
635	苏州地铁3号线狮山路站~玉山路区间联络通道	苏州城轨公司		中煤隧道公司	埋深约23.80	11.682	2018年9月—2018年11月
636	上海轨道交通15号线铜川路站~上海西站站联络通道及泵站工程	申通地铁集团	约翰芬兰设计公司	中煤隧道公司	隧道中心标高 -25.280	13.748	2018年9月—2019年1月
637	杭州地铁5号线浙大紫金港~三坝站区间1号联络通道	杭州地铁集团	江苏第一设计公司	中煤隧道公司	隧道中心标高 -18.450	13	2018年9月—2019年1月
638	杭州地铁5号线浙大紫金港~三坝站区间2号联络通道	杭州地铁集团	江苏第一设计公司	中煤隧道公司	隧道中心标高 -20.803	15.02	2018年9月—2019年1月
639	合肥轨道交通3号线淮南路站~阜阳路站区间联络通道	合肥城轨公司		中煤隧道公司	埋深17.167	11.5	2018年9月—2019年1月
640	上海轨道交通18号线周浦站~沪南公路站区间1号联络通道及泵站工程	申通地铁集团	南京设计公司	中煤隧道公司	隧道中心标高 -18.314	13	2018年10月—2019年1月
641	上海轨道交通18号线周浦站~沪南公路站区间2号联络通道及泵站工程	申通地铁集团	南京设计公司	中煤隧道公司	隧道中心标高 -16.015	15.8	2018年10月—2018年12月
642	上海轨道交通15号线祁安路站~南大路站区间联络通道及泵站	申通地铁集团	约翰芬兰设计公司	中煤隧道公司	隧道中心标高 -17.342	14.517	2018年10月—2019年1月
643	苏州地铁3号线现代大道~娄江大道站区间联络通道（重叠）	苏州城轨集团		中煤隧道公司	覆土15	左线隧道到竖井约10.528 m，右线隧道到竖井约7 m	2018年10月—2019年1月
644	京沈高铁北京望京隧道4号联络通道	中铁十四局	济南设计公司	中煤隧道公司	轨面标高6.998	24.044	2018年10月—2019年5月
645	京沈高铁北京望京隧道5号联络通道	中铁十四局	济南设计公司	中煤隧道公司	轨面标高4.568	23.775	2018年10月—2019年5月
646	京沈高铁北京望京隧道6号联络通道	中铁十四局	济南设计公司	中煤隧道公司	轨面标高1.868	23.006	2018年10月—2019年5月

附录 C 1993—2019 年联络通道、洞门等其他冻结工程数据统计资料

（续）

序号	联络通道工程名称	建设单位	设计单位	施工单位	埋深/m	长度/m	冻结施工起止时间
647	呼和浩特轨道交通 1 号线一期工程展览馆～万达联络通道	呼市城轨公司		中煤隧道公司	埋深约 7.8	14	2018 年 11 月—2019 年 1 月
648	上海轨道交通 18 号线周浦站～沪南公路站区间 1 号联络通道及泵站工程	申通地铁集团	南京设计公司	中煤隧道公司	隧道中心标高 −18.314	13	2018 年 11 月—2019 年 1 月
649	杭州地铁 5 号线三坝站～益乐路站区间联络通道	杭州地铁集团	北京城建设计发展集团	中煤隧道公司	隧道中心标高 −14.533	13	2018 年 11 月—2019 年 1 月
650	常州轨道交通 2 号线紫云路～青洋路区间 1 号联络通道	常州地铁集团		中煤隧道公司	隧道中心标高 −14.232	12	2018 年 11 月—2019 年 1 月
651	常州轨道交通 2 号线紫云路～青洋路区间 2 号联络通道	常州地铁集团		中煤隧道公司	隧道中心标高 −14.232	12	2018 年 11 月—2019 年 1 月
652	南昌地铁 3 号线八一广场站～永叔路站区间联络通道	南昌城轨集团	约翰芬雷设计公司	中煤隧道公司	隧道中心标高 8.812	16	2018 年 11 月—2019 年 1 月
653	无锡地铁 3 号线吴桥～盛岸 1 号联络通道	无锡地铁集团	济南设计公司	中煤隧道公司	埋深 16.6	16.77	2018 年 12 月—2019 年 4 月
654	无锡地铁 3 号线三院～火车站 4 号联络通道	无锡地铁集团	济南设计公司	中煤隧道公司	埋深 15.5	13.406	2019 年 1 月—2019 年 4 月
655	无锡地铁 3 号线三院～吴桥 3 号联络通道	无锡地铁集团	济南设计公司	中煤隧道公司	埋深 17.5	13	2019 年 1 月—2019 年 4 月
656	无锡地铁 3 号线吴桥～盛岸 2 号联络通道	无锡地铁集团	济南设计公司	中煤隧道公司	埋深 19.3	13.41	2019 年 1 月—2019 年 4 月
657	徐州轨道交通 2 号线大龙湖站～市政府站区间 1 号联络通道及泵房工程	徐州城轨公司	济南设计公司	中煤隧道公司	覆土约 21.00	12	2019 年 1 月—2019 年 4 月

(续)

序号	联络通道工程名称	建设单位	设计单位	施工单位	埋深/m	长度/m	冻结施工起止时间
658	徐州轨道交通2号线大湖站~市政府站区间2号联络通道	徐州城轨公司	济南设计公司	中煤隧道公司	覆土约16.20	14	2019年1月—2019年5月
659	上海轨道交通15号线武威东路站~上海西站区间2号联络通道及泵站工程	申通地铁集团	约翰芬雷设计公司	中煤隧道公司	隧道中心标高−22.967	14.856	2019年1月—2019年3月
660	杭州地铁5号线火车南站~新城路站区间联络通道	杭州地铁集团	江苏第一设计公司	中煤隧道公司	轨面标高−12.893	13	2019年1月—2019年3月
661	郑州地铁4号线龙源十一街~龙湖内环路站区间联络通道	郑州城轨公司	济南设计公司	中煤隧道公司	隧道中心标高67.726	19.352	2019年1月—2019年5月
662	郑州地铁4号线会展中心~如意湖站区间联络通道	郑州城轨公司	济南设计公司	中煤隧道公司	隧道中心埋深26	13	2019年1月—2019年4月
663	南昌地铁2号线永叔路~丁公路南站区间联络通道	南昌城轨公司	约翰芬雷设计公司	中煤隧道公司	隧道中心标高5.41	12.884	2019年2月—2019年4月
664	上海轨道交通15号线武威东路站~上海西站区间1号联络通道及泵站工程	申通地铁集团	约翰芬雷设计公司	中煤隧道公司	隧道中心标高−16.015	15.8	2019年2月—2019年5月
665	济南地铁R3线工业北路站~西周庄站1号联络通道	济南城轨集团	济南设计公司	中煤隧道公司	覆土15.2	13	2019年2月—2019年5月
666	济南地铁R3线工业北路站~西周庄站2号联络通道	济南城轨集团	济南设计公司	中煤隧道公司	覆土17.2	18.83	2019年2月—2019年5月
667	济南地铁R3线工业北路站~西周庄站3号联络通道	济南城轨集团	济南设计公司	中煤隧道公司	覆土14	13.22	2019年2月—2019年6月
668	郑州地铁4号线龙湖岛区间内环路~龙湖内环路站联络通道	郑州城轨公司	济南设计公司	中煤隧道公司	隧道中心标高66.804	15.492	2019年4月—2019年7月

附录 C　1993—2019 年联络通道、洞门等其他冻结工程数据统计资料

(续)

序号	联络通道工程名称	建设单位	设计单位	施工单位	埋深/m	长度/m	冻结施工起止时间
669	昆明轨道交通 4 号线昆明东站～麻苴站 1 号联络通道	昆明城轨集团	济南设计公司	中煤隧道公司	埋深12.04	14.8	2019 年 4 月—2019 年 7 月
670	上海轨道交通 15 号线梅岭北路～铜川路区间联络通道	申通地铁集团	约翰芬雷设计公司	中煤隧道公司	隧道中心标高－19.196	13	2019 年 5 月—2019 年 7 月
671	杭州地铁 5 号线新城路站～香樟路站区间 2 号联络通道	杭州地铁集团	江苏第一设计公司	中煤隧道公司	轨面标高－11.552	12	2019 年 5 月—2019 年 8 月
672	上海轨道交通 15 号线吴中路～姚虹路联络通道	申通地铁集团	南京设计公司	中煤隧道公司	底部埋深约28.4	11.511	2019 年 6 月—2019 年 9 月
673	郑州地铁 3 号线东风路～农业路区间联络通道	郑州城轨公司	通用技术设计公司	中煤隧道公司	轨面标高74.354	13	2019 年 6 月—2019 年 9 月
674	上海轨道交通 15 号线南大路站～丰翔路站区间联络通道	申通地铁集团	约翰芬雷设计公司	中煤隧道公司	隧道中心标高－15.546	15.14	2019 年 6 月—2019 年 8 月
675	杭州地铁 5 号线新城路站～香樟路站区间 1 号联络通道	杭州地铁集团	江苏第一设计公司	中煤隧道公司	轨面标高－15.895	14.104	2019 年 6 月—2019 年 9 月
676	杭州地铁 6 号线公建中心～建业路联络通道	杭州地铁集团	天地科技	中煤隧道公司	隧道中心标高－10.983	15.6	2019 年 6 月—2019 年 8 月
677	昆明轨道交通 4 号线昆明东站～麻苴站 1 号联络通道			中煤隧道公司	埋深12.04	14.8	2019 年 4 月—2019 年 7 月
678	昆明轨道交通 4 号线昆明东站～麻苴站 2 号联络通道	昆明城轨集团	济南设计公司	中煤隧道公司	埋深15.5	13	2019 年 6 月—2019 年 9 月
679	昆明轨道交通 4 号线昆明东站～麻苴站 3 号联络通道			中煤隧道公司	埋深20.5	13	2019 年 9 月—2019 年 12 月
680	杭州轨道交通 6 号线江陵路～星民站联络通道	杭州地铁集团	中铁五院集团	中煤隧道公司	隧道中心标高11.307	12.97	2019 年 7 月—2019 年 11 月

(续)

序号	联络通道工程名称	建设单位	设计单位	施工单位	埋深/m	长度/m	冻结施工起止时间
681	杭州地铁6号线中医院大学~伟业路站区间1号联络通道	杭州地铁集团	天地科技	中煤隧道公司	隧道中心标高 -4.775	16.462	2019年9月—
682	杭州地铁6号线中医院大学~伟业路站区间2号联络通道	杭州地铁集团	天地科技	中煤隧道公司	隧道中心标高 -11.954	11.6	2019年9月—
683	杭州地铁1号线南阳大道站~向阳路站区间1号隧道联络通道及泵站	杭州地铁集团	北京城建设计发展集团	中煤隧道公司	16.268	14.08	2019年10月—
684	杭州地铁1号线南阳大道站~向阳路站区间2号隧道联络通道及泵站	杭州地铁集团	北京城建设计发展集团	中煤隧道公司	17.769	12.13	2019年10月—
685	上海轨道交通18号线御桥站~莲溪路站区间联络通道及泵房工程	申通地铁集团	天地科技	中煤隧道公司	隧道中心标高 -22.858	14.07	2019年7月—2019年9月
686	上海轨道交通14号线真光路站~铜川路站区间联络通道及泵站工程	申通地铁集团	天地科技	中煤隧道公司	隧道中心埋深约22.6	13	2019年8月—2019年10月
687	上海轨道交通15号线桂林路~林公园站区间联络通道	申通地铁集团	南京设计公司	中煤隧道公司	隧道中心标高 -19.489	13	2019年8月—2019年11月
688	上海轨道交通15号线古北路站~天山路站2号联络通道	申通地铁集团	上海隧道城轨设计院	中煤隧道公司	隧道中心标高 -25.161	12.423	2019年10月—
689	天津地铁4号线南段工程5合同跃进北路站~航双路站区间联络通道及泵站	天津城轨集团	通用技术设计公司	中煤隧道公司	22.5	15	2019年10月—
690	南通地铁1号线平潮站~南通西站联络通道工程	南通城轨公司	通用技术设计公司	中煤隧道公司	14.19	13	2019年10月—
691	南通地铁1号线南通西站~集成村站区间1号联络通道	南通城轨公司	通用技术设计公司	中煤隧道公司	18.32	12.5	2019年11月—

附录 C 1993—2019 年联络通道、洞门等其他冻结工程数据统计资料

(续)

序号	联络通道工程名称	建设单位	设计单位	施工单位	埋深/m	长度/m	冻结施工起止时间
692	上海轨道交通 15 号线古北路站～天山路站 1 号联络通道	申通地铁集团	上海隧道院设计院	中煤隧道公司	隧道中心标高 −27.276	13	2019 年 11 月—
693	杭州杭富城际铁路 SGHF–7 标高～富区间 2 号联络通道	杭州地铁集团	中国电建	中煤隧道公司	15.2	14	2019 年 11 月—
694	上海轨道交通 18 号线 9 标芳芯路站～龙阳路站区间联络通道及泵房	申通地铁集团	上海隧道院设计院	中煤隧道公司	隧道中心标高 −19.975	13.35	2019 年 12 月—
695	济南轨道交通 R2 线历山北路站～二环东路站区间 2 号联络通道及历山北路站大里程端头冷冻加固	济南城轨集团	通用技术设计公司	中煤隧道公司	19.493	22.16	2019 年 12 月—
696	杭州杭富城际铁路 SGHF–7 标富～桂区间 1 号联络通道	杭州地铁集团	中国电建	中煤隧道公司	18.181	14	2019 年 12 月—
697	杭州杭富城际铁路 SGHF–7 标富～桂区间 2 号联络通道	杭州地铁集团	中国电建	中煤隧道公司	16.256	14	2019 年 12 月—
698	上海轨道交通 14 号线工程土建 9 标武定路站～静安寺站联络通道及泵站	申通地铁集团	上海隧道院设计院	中煤隧道公司	14.775	11.399	2019 年 12 月—
699	郑州地铁 3 号线黄河路～农业路区间联络通道	郑州城轨公司	通用技术设计公司	中煤隧道公司	22.06	13	2019 年 12 月—
700	杭州地铁 7 号线农都路～耕文路区间联络通道	杭州地铁集团	江苏第一设计公司	中煤隧道公司	16.844	14.084	2019 年 12 月—
701	南京地铁 5 号线吉印大道～九龙湖区间矿山法联络通道	南京地铁公司		中煤隧道公司	10.702	14.922	2019 年 12 月—
702	杭州地铁 8 号线一期工程河庄站～河景路站 1 号联络通道	杭州地铁集团	中赟国际公司	中煤隧道公司	隧道中心标高 −15.945	13	2019 年 12 月—
703	杭州地铁 8 号线一期工程河庄站～河景路站 2 号联络通道	杭州地铁集团	中赟国际公司	中煤隧道公司	隧道中心标高 −14.329	13	2019 年 12 月—

（续）

序号	联络通道工程名称	建设单位	设计单位	施工单位	埋深/m	长度/m	冻结施工起止时间
704	杭州地铁8号线一期工程青蓬路站～义蓬东二路站区间联络通道	杭州地铁集团	江苏第一设计公司	中煤隧道公司	隧道中心标高−14.332	13	2019年12月—2019年12月
705	杭州地铁6号线08标建业路～长河路区间1号联络通道	杭州地铁集团	中铁五院集团	中煤隧道公司	隧道轨面标高−12.939	14	2019年12月—2019年12月
706	杭州地铁1号线滨江二路站～南阳大道站区间联络通道	杭州地铁集团	天地科技	中煤隧道公司	隧道中心标高−10.983	15.6	2019年8月—2019年11月
707	郑州地铁4号线会展中心～商鼎路站区间联络通道	郑州城轨公司	济南设计公司	中煤隧道公司	覆土厚28.336	13.56	2019年9月—2019年12月
708	上海轨道交通15号线梅岭北路～大渡河区间联络通道	申通地铁集团	约翰芬雷设计公司	中煤隧道公司	隧道中心标高−19.196	13	2019年9月—2019年12月
709	上海轨道交通14号线真光路站～真光新村站区间联络通道及泵站工程	申通地铁集团	天地科技	中煤隧道公司	覆土厚19.388	11.836	2019年10月—2019年12月
710	南京轨道交通1号线TA7标张府园站～三山街区间联络通道冻结工程	上海机施公司	中国矿业大学	兖矿新陆公司	16.2	14.9	2003年3月—2003年8月
711	上海轨道交通8号线曲阳路站～虹口足球场站区间联络通道及泵站冻结工程	上海机施公司	中国矿业大学	兖矿新陆公司	22.5	13.5	2005年2月—2005年7月
712	上海轨道交通8号线曲阳路站～虹口足球场站区间联络通道及泵站强制解冻壁沉注浆工程	上海机施公司	中国矿业大学	兖矿新陆公司	22.5	13.5	2005年7月—2005年8月
713	上海轨道交通10号线外环路站～龙柏新村站（外环路站～虹井路站）区间联络通道及泵站冻结工程	宏润建设集团	天地科技	兖矿新陆公司	28.5	22	2007年7月—2007年12月

附录 C　1993—2019 年联络通道、洞门等其他冻结工程数据统计资料

（续）

序号	联络通道工程名称	建设单位	设计单位	施工单位	埋深/m	长度/m	冻结施工起止时间
714	上海轨道交通 8 号线成山路站~杨思站站区间联络通道及泵站冻结工程	宏润建设集团	天地科技	兖矿新陆公司	18.85	12.8	2007 年 12 月—2008 年 4 月
715	上海轨道交通 7 号线东明路站~杨高南路站 23A 标联络通道及泵站冻结工程	中铁十七局	天地科技	兖矿新陆公司	21.66	13.5	2008 年 1 月—2008 年 5 月
716	上海轨道交通 10 号线航中路站（航中路站~紫藤路站）区间联络通道及泵站冻结工程	宏润建设集团	天地科技	兖矿新陆公司	20.149	16.328	2008 年 2 月—2008 年 9 月
717	上海轨道交通 7 号线 23B 云台路站~高科西路站（东明路~云台路）区间联络通道及泵站冻结工程	中铁四局	天地科技	兖矿新陆公司	17.9	13	2008 年 7 月—2008 年 12 月
718	上海轨道交通 11 号线真南路站~上海西站区间联络通道及泵站冻结工程	上海基础公司	天地科技	兖矿新陆公司	20.02	12.139	2008 年 10 月—2009 年 2 月
719	上海轨道交通 9 号线二期 9 标中华路站~小南门（西藏南路~中华路）站区间联络通道及泵站加固工程	中铁隧道集团	天地科技	兖矿新陆公司	24.76	13.5	2008 年 12 月—2009 年 5 月
720	上海 8B 标唐镇东延伸~华夏东站区间联络通道及泵站冻结加固工程	中铁二局	天地科技	兖矿新陆公司	18.5	13.5	2008 年 12 月—2009 年 5 月
721	上海轨道交通 2 号线东延伸唐镇站~唐镇东延伸区间联络通道及泵站冻结加固工程	中交隧道局	天地科技	兖矿新陆公司	19.7	14	2009 年 1 月—2009 年 5 月

（续）

序号	联络通道工程名称	建设单位	设计单位	施工单位	埋深/m	长度/m	冻结施工起止时间
722	上海轨道交通2号线东延伸川沙东站~航脸站区间泵站冻结加固工程	上海城建集团	天地科技	兖矿新陆公司	17.2	12.7	2009年3月—2009年5月
723	上海轨道交通2号线东延伸川沙站~川沙站东站区间泵站1、泵站2冻结加固工程	上海城建集团	天地科技	兖矿新陆公司	18.3	12.7	2009年7月—2010年3月
724	苏州轨道交通1号线I-TS-01标木渎站~金枫路站区间联络通道及泵站冻结加固工程	中铁十一局	兖矿新陆	兖矿新陆公司	21.6	14.5	2010年8月—2010年12月
725	天津地铁3号线第十四合同段宜兴埠站~张兴庄站区间联络通道及泵站冻结加固工程	上海井巷市政公司	天地科技	兖矿新陆公司	19.8	15	2011年1月—2011年4月
726	上海轨道交通12号线30标金京路站~申江路站区间，中央风井~金海路站区间联络通道及泵站冻结加固工程	中铁十三局	天地科技	兖矿新陆公司	17.12	12.8	2011年6月—2011年12月
727	上海轨道交通12号线28标巨峰路站~杨高北路站~金京路站区间联络通道及泵站冻结加固工程	中铁四局	天地科技	兖矿新陆公司	17.98	13	2012年1月—2012年7月
728	上海轨道交通11号线GF-13标严御路站~御桥路站区间联络通道及泵站冻结加固工程	腾达建设集团	约翰芬雷设计公司	兖矿新陆公司	19.83	14.2	2012年4月—2012年8月
729	武汉轨道交通2号线一期10标中山公园站~青年路站~王家墩东站区间联络通道冻结加固工程	武汉丰盛开发公司	兖矿新陆公司	兖矿新陆公司		15	2012年1月—2012年8月

附录 C 1993—2019 年联络通道、洞门等其他冻结工程数据统计资料

(续)

序号	联络通道工程名称	建设单位	设计单位	施工单位	埋深/m	长度/m	冻结施工起止时间
730	上海轨道交通 12 号线 3 标虹莘路～七莘路～中春路站区间联络通道及泵站冻结加固工程	中交隧道局	天地科技	兖矿新陆公司	23.11	12.5	2012 年 4 月—2012 年 9 月
731	南京轨道交通 3 号线 XK04 标吉印大道站～秣周路站区间联络通道及泵站冻结加固工程	中铁十八局	约翰芬雷设计公司	兖矿新陆公司	20	23.532	2012 年 8 月—2013 年 3 月
732	昆明轨道交通 2 号线昆明北站～圆通街站区间联络通道及泵站	中铁二局	约翰芬雷设计公司	兖矿新陆公司	20	14	2013 年 1 月—2013 年 7 月
733	宁波地铁 2 号线 9 标孔浦站～大通桥站区间联络通道及泵站	中交隧道局	大地开发集团	兖矿新陆公司	19.5	15	2013 年 9 月—2014 年 1 月
734	昆明轨道交通 1 号线环城南路站～得胜桥站区间联络通道及泵站	中铁二局	约翰芬雷设计公司	兖矿新陆公司	22.5	11	2013 年 12 月—2014 年 6 月
735	武汉轨道交通地铁 3 号线 19 标民之家～后湖大道站冻结区间联络通道	中铁四局	兖矿新陆公司	兖矿新陆公司	21.2	14.6	2014 年 5 月—2014 年 12 月
736	苏州轨道交通汽车客运南～庞金路站区间联络通道及泵站工程	中铁七局	兖矿新陆公司	兖矿新陆公司	23.17	14	2014 年 8 月—2015 年 1 月
737	苏州轨道交通 2 号线延伸线工程松涛街站～金谷路站区间联络通道及泵房工程	中铁十七局	兖矿新陆公司	兖矿新陆公司	23.6	13	2014 年 9 月—2015 年 1 月
738	苏州轨道交通 2 号线延伸线工程迎春南路站～尹中路站区间联络通道及泵房工程	中铁十一局	兖矿新陆公司	兖矿新陆公司	25.1	13	2014 年 12 月—2015 年 4 月
739	苏州轨道交通 2 号线延伸线工程兴中路站～花港路盾构区间联络通道及泵站工程	中铁上海工程局	兖矿新陆公司	兖矿新陆公司	23.3	13.5	2015 年 1 月—2015 年 7 月

(续)

序号	联络通道工程名称	建设单位	设计单位	施工单位	埋深/m	长度/m	冻结施工起止时间
740	苏州轨道交通中山路站～汽车客运站区间联络通道及泵站工程	中铁七局	兖矿新陆公司	兖矿新陆公司	22.18	14	2015年2月—2015年5月
741	武汉轨道交通3号线19标市民之家～宏图大道站区间联络通道及泵站	中铁四局	兖矿新陆公司	兖矿新陆公司	19	15.2	2015年2月—2015年7月
742	南宁轨道交通1号线青川站～动物园站区间联络通道及泵站工程	广东华隧建设公司	约翰芬雷设计公司	兖矿新陆公司	23.6	13.542	2015年7月—2016年1月
743	昆明轨道交通3号线东标段2工区项目文化宫站～省博物馆站区间联络通道及泵房工程	中铁十一局	约翰芬雷设计公司	兖矿新陆公司	27.8	15	2015年8月—2016年6月
744	武汉轨道交通3号线东标段省博物馆站～常青路站区间联络通道	中铁十一局	约翰芬雷设计公司	兖矿新陆公司	20	21.5	2015年10月—2016年7月
745	广州轨道交通9号线2标花都汽车城站～广州北站区间联络通道	广东华隧建设公司	约翰芬雷设计公司	兖矿新陆公司	17.5	13	2015年11月—2016年4月
746	昆明轨道交通3号线东标段省博物馆站～西昌路站区间联络通道及泵站	中铁二局	约翰芬雷设计公司	兖矿新陆公司	30	13	2015年11月—2016年7月
747	武汉城际铁路1号线联络通道及泵站，盘龙城站～宏图大道站区间联络通道，2号联络通道	中铁十一局	兖矿新陆公司	兖矿新陆公司	19.2、18.5、21	14.5、13.2、13.6	2015年12月—2016年3月
748	南昌轨道交通2号线一期施工2标前胡大道～岭北三路～卧龙山站～国体中心站区间联络通道及泵房	中铁二局	约翰芬雷设计公司	兖矿新陆公司	17.6、18.3	15.3、14.7	2016年1月—2016年6月

（续）

序号	联络通道工程名称	建设单位	设计单位	施工单位	埋深/m	长度/m	冻结施工起止时间
749	武汉地铁6号线15标香港路站～苗栗路站～三眼桥站～唐家墩站区间联络通道及泵房	中铁二局	兖矿新陆公司	兖矿新陆公司	15	12	2016年1月—2016年7月
750	南宁轨道交通1号线火车站～明秀路站区间联络通道加固及冻结施工	中铁十六局	约翰芬雷设计公司	兖矿新陆公司	21	18	2016年8月—2017年1月
751	兰州轨道交通1号线五里铺～东部市场站区间联络通道冻结加固工程	中铁二局	兖矿新陆公司	兖矿新陆公司	27	12	2017年1月—2017年4月
752	南昌地铁2号线02标岭北三路站～卧龙山站区间5号联络通道及泵房工程	中铁二局	约翰芬雷设计公司	兖矿新陆公司			2017年1月—2017年5月
753	南昌轨道交通2号线南昌火车站～丁公路南站区间隧道联络通道及泵站工程	中铁四局	广州地铁设计研究院	兖矿新陆公司	17.5	10.8	2017年1月—2017年5月
754	苏州地铁Ⅲ-TS-11标北港路站～群星二路站～东兴路站盾构区间联络通道及泵房工程	中铁七局	兖矿新陆公司	兖矿新陆公司	21	13	2017年1月—2018年4月
755	武汉轨道交通7号线5标区间1号联络通道	中铁十一局	兖矿新陆公司	兖矿新陆公司	17.5	17.5	2017年2月—2017年7月
756	兰州城市轨道交通1号线迎马区间1号联络通道	中铁十六局	兖矿新陆公司	兖矿新陆公司	25.8	14.5	2017年5月—2017年12月
757	广州轨道交通14号线12标嘉禾望岗～东平路段3号联络通道	广东华隧建设公司	约翰芬雷设计公司	兖矿新陆公司	13.15	13	2017年6月—2017年9月
758	南宁轨道交通3号线2工区创业路站～安吉大道站联络通道	中铁十二局	约翰芬雷设计公司	兖矿新陆公司	21	13.5	2017年6月—2017年12月

（续）

序号	联络通道工程名称	建设单位	设计单位	施工单位	埋深/m	长度/m	冻结施工起止时间
759	合肥轨道交通 3 号线 15 标新海大道站～天水路站区间 1 号联络通道，天水路站～岱河路站区间 1 号联络通道及泵站，2 号联络通道工程	中铁十七局	兖矿新陆公司	兖矿新陆公司			2017年7月—2018年1月
760	南宁轨道交通 3 号线科园大道～平乐大道联络通道加固及结构施工	中铁十六局	约翰芬雷设计公司	兖矿新陆公司	21	13.8	2017年7月—2018年1月
761	福州地铁 2 号线 8 标紫阳站～五里亭站联络通道及泵站工程①	中交隧道局	南京设计公司	兖矿新陆公司	18.3	65.8	2017年7月—2018年5月
762	南昌轨道交通 2 号线阳明公园站～青山路口站区间盾构区间联络通道	广州建恒机电设备安装公司	约翰芬雷设计公司	兖矿新陆公司	17	14	2017年8月—2018年5月
763	苏州地铁 3 号线苏街站～黄亭路站区间联络通道及反泵站工程	中铁十一局	兖矿新陆公司	兖矿新陆公司	16.1	14	2017年9月—2018年1月
764	宁波地铁 3 号线一期中铁二局 TJ3104 标联络通道	中铁二局	南京设计公司	兖矿新陆公司	21.5	14–17	2017年9月—2018年4月
765	广州轨道交通 21 号线 13 标金坑站～镇龙南站区间联络通道	中铁二局	约翰芬雷设计公司	兖矿新陆公司	5号18.6、7号17.2、9号17.77、10号19.5	5号13、7号13.153、9号13、10号11.3	2017年9月—2018年4月
766	广州轨道交通 21 号线 14 标镇龙站～镇龙南站区间联络通道	广东华隧建设公司	约翰芬雷设计公司	兖矿新陆公司	21.3	37.63	2017年9月—2018年5月
767	上海轨道交通 18 号线 6 标周浦站～繁荣路站区间联络通道	中铁四局	南京设计公司	兖矿新陆公司	24.8	15.2	2017年11月—2018年1月
768	上海轨道交通 18 号线 5 标下盐路站～沈梅路站，沈梅路站～出入场线区间联络通道	中铁一局	南京设计公司	兖矿新陆公司	14.574～22.7	25.392	2017年12月—2019年10月

① 水平冻结长度最长。

附录 C　1993—2019 年联络通道、洞门等其他冻结工程数据统计资料

（续）

序号	联络通道工程名称	建设单位	设计单位	施工单位	埋深/m	长度/m	冻结施工起止时间
769	兰州城市轨道交通 1 号线西关什字站～省政府站～东方红广场站区间联络通道兼泵房工程	中铁二十一局	兖矿新陆公司	兖矿新陆公司	19.8	17	2018 年 1 月—2018 年 5 月
770	郑州轨道交通 5 号线 2 标花园路～文化路区间联络通道及泵房工程	中铁十二局	南京设计公司	兖矿新陆公司	24、25	13、13	2018 年 1 月—2018 年 6 月
771	兰州轨道交通 1 号线马滩站～土门墩站区间 1 号联络通道兼泵房工程	中铁十六局	兖矿新陆公司	兖矿新陆公司	25	14	2018 年 1 月—2018 年 10 月
772	上海轨道交通 14 号线云山路站～蓝天路站，黄杨路站～锦绣东路站联络通道	上海城建集团	南京设计公司	兖矿新陆公司	12	13	2018 年 2 月—2018 年 6 月
773	福州地铁 2 号线紫阳站～水部站联络通道及泵站工程	中交隧道局	南京设计公司	兖矿新陆公司	20.14	11	2018 年 2 月—2018 年 8 月
774	广州站区间 21 号苏元站～水西站区间 3 号联络通道	中铁十四局	约翰芬雷设计公司	兖矿新陆公司	22.3	14.5	2018 年 3 月—2018 年 8 月
775	郑州联络通道及泵房工程 4 号线工程丰区间联络通道及泵房工程	中铁十五局	中铁隧道设计院	兖矿新陆公司	22.3	14	2018 年 5 月—2018 年 9 月
776	上海轨道交通 14 号线封浜站～金园五路站区间联络通道及泵站工程	中铁大桥局	上海城建设计院	兖矿新陆公司	14～18	13	2018 年 6 月—2018 年 12 月
777	上海轨道交通 15 号线虹梅南路站～景洪路站～朱梅路站～罗秀路站区间联络通道及泵站工程	中铁十一局	南京设计公司	兖矿新陆公司	12～18	12	2018 年 7 月—2019 年 4 月
778	佛山轨道交通 2 号线 TJ1 标绿连区区间联络通道	中交二航局	约翰芬雷设计公司	兖矿新陆公司	1 号 23.3、2 号 27.1	1 号 15.11、2 号 14	2018 年 8 月—2019 年 2 月

（续）

序号	联络通道工程名称	建设单位	设计单位	施工单位	埋深/m	长度/m	冻结施工起止时间
779	呼和浩特轨道交通 2 号线 8 标内蒙古体育场站~内蒙古体育馆站区间联络通道及泵房	呼市城轨公司	中铁设计咨询集团	兖矿新陆公司	26.07	13.69	2018年9月—2019年1月
780	佛山轨道交通 2 号线 TJ3 标花仙区间 2 号联络通道①	中交二公局	约翰芬雷设计公司	兖矿新陆公司	21.756	12.395	2018年9月—2019年3月
781	上海轨道交通 15 号 2 标紫竹高新区站~永德路站区间~元江路站区间联络通道及泵站工程	中交隧道局	天地科技	兖矿新陆公司	16.3~20.1	12	2018年9月—2019年10月
782	上海轨道交通 15 号 5 标双柏路站~曙建路路站~景西路路站~虹梅南路区间联络通道及泵站工程	中铁大桥局	天地科技	兖矿新陆公司	16.28~22.89	13.117、16.353	2018年7月—2019年3月
783	太原轨道交通 2 号线一期工程 SGTJ-201 标段盾构区间联络通道及泵房工程	中铁十八局	兖矿新陆公司	兖矿新陆公司	26.94	14.2	2018年9月—2019年4月
784	呼和浩特轨道交通 2 号线 2 标帅家营站~喇嘛营站区间 1 号联络通道	呼市城轨公司	中铁设计咨询集团	兖矿新陆公司	21.81	16	2018年10月—2019年2月
785	呼和浩特轨道交通 2 号线 2 标帅家营站~喇嘛营站区间 2 号联络通道及泵房	呼市城轨公司	中铁设计咨询集团	兖矿新陆公司	28.74	14.178	2018年10月—2019年2月
786	呼和浩特轨道交通 2 号线 2 标帅家营站~喇嘛营站区间 3 号联络通道	呼市城轨公司	中铁设计咨询集团	兖矿新陆公司	24.8	12	2018年10月—2019年2月

① 地面垂直冻结和洞内水平冻结，泵房冻结加固，二次开挖。

附录 C　1993—2019 年联络通道、洞门等其他冻结工程数据统计资料

（续）

序号	联络通道工程名称	建设单位	设计单位	施工单位	埋深/m	长度/m	冻结施工起止时间
787	上海轨道交通 18 号线 3 标鹤立西路~下盐路区间联络通道及泵房工程	中铁二局	南京设计公司	兖矿新陆公司	11.458、14.747、14.904	15.294、13、15.518	2018 年 10 月—2019 年 6 月
788	昆明轨道交通 5 号线土建 8 标滇~金区间洞门加固反联络通道冻结加固工程	中铁十一局	通用技术设计公司	兖矿新陆公司	14	13.5	2018 年 11 月—2019 年 6 月
789	上海轨道交通 18 号线 3 标航头路~鹤立西路区间联络通道及泵房工程	中铁二局	南京设计公司	兖矿新陆公司	16.424、14.233	13.742、13.459	2018 年 11 月—2019 年 6 月
790	呼和浩特轨道交通 2 号线 2 标帅家营站~阿尔山站区间联络通道及泵房	呼市城轨公司	中铁设计咨询集团	兖矿新陆公司	25.16	15.64	2019 年 2 月—2019 年 6 月
791	昆明轨道交通 6 号线东郊路站~菊华站区间联络通道及泵房冻结加固工程	中铁大桥局	约翰芬雷设计公司	兖矿新陆公司	21	16	2019 年 3 月—2019 年 8 月
792	佛山轨道交通 2 号线 TJ1 标南湖~绿岛湖区间联络通道	中交二航局	中交第二公路勘察设计公司	兖矿新陆公司	1号22.3、2号27.88、4号22.59	1号16.556、2号11.628、4号15.587	2019 年 3 月—2019 年 8 月
793	呼和浩特轨道交通 2 号线 7 标公主府站~内蒙古体育场站区间 1 号联络通道及泵房	呼市城轨公司	中铁工程设计咨询集团	兖矿新陆公司	22.7	10	2019 年 4 月—2019 年 7 月
794	宁波地铁 4 号线机械法联络通道总承包项目冻结法联络通道工程	中铁上海工程局	南京设计公司	兖矿新陆公司	19	10.557、12.618	2019 年 4 月—2019 年 10 月
795	洛阳轨道交通 1 号线盾构区间施工 1-2 标段冻结联络通道及泵房工程	中铁七局	中铁六院集团	兖矿新陆公司	26.018	8.196	2019 年 4 月—2019 年 10 月

(续)

序号	联络通道工程名称	建设单位	设计单位	施工单位	埋深/m	长度/m	冻结施工起止时间
796	郑州轨道交通4号线长丰区间联络通道及泵房工程土建施工02标工程	中铁十五局	中铁隧道设计公司	兖矿新陆公司	22.3	13	2019年4月—2019年12月
797	呼和浩特轨道交通2号线7标公主府站～内蒙古体育场站区间2号联络通道	呼市城轨公司	中铁设计咨询集团	兖矿新陆公司	21.91	10	2019年5月—2019年7月
798	呼和浩特轨道交通2号线6标大学西街站～中山路站区间联络通道	呼市城轨公司	中铁设计咨询集团	兖矿新陆公司	24.66	12	2019年6月—2019年10月
799	青岛地铁1号线2标青岛站～文区间联络通道（含泵房）工程	中铁十二局	南京设计公司	兖矿新陆公司	17	15.087	2019年9月—
800	呼和浩特轨道交通2号线6标新华广场站～火车站站区间联络通道	呼市城轨公司	中铁设计咨询集团	兖矿新陆公司	29.36	12	2019年8月—2019年12月
801	呼州轨道交通2号线6标定西路站～五里铺站区间联络通道及泵房	呼市城轨公司	中铁设计咨询集团	兖矿新陆公司	25.12	14.6	2019年9月—
802	上海轨道交通2号线张江高科～金科路区间联络通道及泵房工程	上海市政二公司	南京设计公司	中煤邯郸特凿公司	20.566	12.2	2008年7月—2008年10月
803	上海轨道交通2号线金科路～广兰路区间隧道联络通道及泵房工程	中铁十七局	南京设计公司	中煤邯郸特凿公司	17.775	12.67	2008年9月—2009年2月
804	上海轨道交通2号线龙阳路～张江高科区间联络通道工程	中铁二局		中煤邯郸特凿公司	21.363	12.4	2008年10月—2009年1月
805	上海地铁14号线世博～长青联络通道	上海基础公司	南京设计公司	中煤邯郸特凿公司			2009年4月—2009年7月
806	天津地铁2号线沙柳～博山道联络通道	中铁十八局		中煤邯郸特凿公司			2009年5月—2009年7月

(续)

序号	联络通道工程名称	建设单位	设计单位	施工单位	埋深/m	长度/m	冻结施工起止时间
807	北京地铁6号线二期新增暗挖段泵房冻结工程	中铁二十二局	约翰芬雷设计公司	中煤邯郸特凿公司	26.7	6.85	2013年7月—2013年10月
808	北京地铁6号线二期16标东部新东区间联络通道及泵房工程	中铁十八局					2013年12月—2014年3月
809	武汉轨道交通7号线一期14标建南区间冷冻法联络通道	中铁一局城轨公司	中铁隧道设计公司	中煤邯郸特凿公司	13	15.613	2015年3月—2015年6月
810	武汉地铁8号线4标汪岳区间冷冻法联络通道	中铁四局五公司		中煤邯郸特凿公司	18.94	13.02	2016年12月—2017年2月
811	武汉轨道交通7号线一期15标板野区间联络通道	宏润建设集团	中铁隧道设计公司		18.42	13.02	2017年1月—2017年4月
812	武汉轨道交通8号线一期2标竹赵区间冷冻法联络通道	中铁一局城轨公司	中铁隧道设计公司	中煤邯郸特凿公司	24.27	16.8	2016年11月—2017年2月
813	武汉轨道交通8号线一期2标百新区间及泵房工程	中建三局	中铁隧道设计公司		19.28	13.95	2017年3月—2017年7月
814	武汉轨道交通8号线一期2标竹区间冷冻法联络通道	中铁一局城轨公司	中铁隧道设计公司	中煤邯郸特凿公司	27.4	16.2	2017年4月—2017年9月
815	广州地铁21号线大观园站~智慧城区间1号联络通道	北京城建设计集团		中煤邯郸特凿公司	20.87	11.287	2018年3月—2018年7月
816	广州地铁21号线大观园站~智慧城区间2号联络通道		中铁隧道设计公司	中煤邯郸特凿公司	23.464	13.007	2017年12月—2018年5月
817	广州地铁21号05标1号、2号、3号联络通道冻结工程	广州市地铁集团	中铁隧道设计公司	中煤邯郸特凿公司	21	7.8	2017年11月—2018年8月

（续）

序号	联络通道工程名称	建设单位	设计单位	施工单位	埋深/m	长度/m	冻结施工起止时间
818	北京地铁7号线03标联络通道	北京市地铁集团	中铁第五勘察设计院	中煤邯郸特凿公司	22	9.5	2018年10月—2019年5月
819	北京地铁新机场06标联络通道	北京市地铁集团	中煤邯郸设计公司	中煤邯郸特凿公司	23	7.5	2018年9月—2019年1月
820	北京地铁新机场线07标联络通道	北京市地铁集团	中煤邯郸设计公司	中煤邯郸特凿公司	19	7.5	2018年8月—2019年5月
821	武汉地铁21号线百新区间联络通道	武汉市地铁集团	中铁第四勘察设计院	中煤邯郸特凿公司	18	7	2017年2月—2017年8月
822	郑州地铁3号线A2标联络通道	郑州地铁集团	约翰芬雷设计公司	中煤邯郸特凿公司	22	8	2019年3月—2019年9月
823	杭州轨道交通杭富线07标1号、2号联络通道	杭州地铁集团	华东设计院	中煤邯郸特凿公司	21	8	2019年6月—2019年12月
824	绍兴地铁1号线02标1号联络通道	绍兴地铁集团	江苏第一设计公司	中煤邯郸特凿公司	17	6	2019年8月—
825	杭州轨道交通杭富线07标1号联络通道	杭州地铁集团	华东勘测设计公司	中煤邯郸特凿公司	21	8	2019年11月—
826	郑州地铁3号线兴东区间1号联络通道	中国建筑股份公司	约翰芬雷设计公司	中煤邯郸特凿公司	18.58	14.2	2019年11月—
827	郑州地铁3号线兴东区间2号联络通道	中国建筑股份公司	约翰芬雷设计公司	中煤邯郸特凿公司	16.52	13	2019年11月—
828	北京地铁17号线18标次渠~次渠备1号联络通道	北京市政建设集团	中煤天津设计公司	中煤邯郸特凿公司	14.81	13	2019年11月—
829	杭州地铁7号线6标靖2区间2号联络通道	中铁一局	杭州城建设计公司	中煤邯郸特凿公司	15	12	2019年12月—

(续)

序号	联络通道工程名称	建设单位	设计单位	施工单位	埋深/m	长度/m	冻结施工起止时间
830	佛山南海区桂城至三山枢纽段华翠路站~夏西站区间联络通道	佛山南海轨投公司	北京城建设计院	五公司三处	15.36	12.85	2017年12月—2018年4月
831	佛山南海区桂城至三山枢纽段夏西站~夏东站区间联络通道	昆明城投集团	中铁二院集团	五公司三处	16.185	11.41	2017年12月—2018年4月
832	昆明地铁4号线斗南站~鲜花大道站区间联络通道	昆明城投集团	中铁二院集团	五公司三处	18.87	中心间距17.814	2019年3月—2019年7月
833	呼和浩特地铁1号线乌兰恰特~市政府区间联络通道及泵房	呼市城轨公司	济南设计公司	五公司三处	20	中心间距14	2019年1月—2019年4月
834	太原地铁2号线207标长风街~王村南街区间1号联络通道	中铁十一局	开滦集团设计院	开滦建设集团	24/27	17.2、14.2	2019年2月—2019年8月
835	太原轨道交通2号线一期工程SGTJ-208双塔西街~大南门区间联络通道	中铁三局	开滦集团设计院	开滦建设集团	25.078	14.2	2019年4月—2019年9月
836	昆明市轨道交通4号线牛街庄站~云大西路站间1号、2号联络通道	中铁三局	通用技术设计公司	开滦建设集团	29.831、29.318	16、13.868	2019年5月—2019年9月
837	南宁地铁5号线02标旱新区间1号、2号联络通道	中铁隧道公司	中铁六院集团	开滦建设集团	29.16、14.55	13、13	2019年12月
838	杭州地铁6号线SG6-3标河山路~凤凰公园站~美院象山站间1号、2号联络通道	中铁三局	天地科技	开滦建设集团	15、15.2	12、12.8	2019年9月
839	杭州地铁6号线钱江世纪城站~丰北站区间联络通道	中铁二局	江苏第一设计公司	开滦建设集团	17.611	17.675	2019年12月
840	广州轨道交通7号线林头站~南涌站联络通道	中铁一局	通用技术设计公司	开滦建设集团	17	12	2019年12月

附录 D 2000—2019 年盾构机进出洞冻结法施工数据统计资料

序号	联络通道工程名称	建设单位	设计单位	冻结施工单位	盾构施工单位	埋深/m	冻结施工起止时间
1	南京地铁 1 号线三山街盾构进出洞冻结加固	上海地铁公司	上海隧道轨道设计院	北京中煤	上海隧道盾构公司	地坪标高约 +4.0, 洞口中心标高 −9.881	2000 年
2	上海地铁明珠线浦东南路车站盾构进出洞加固	上海地铁公司		北京中煤	上海隧道盾构公司		2001 年
3	上海地铁 M8 线长阳路车站盾构进出洞加固	上海地铁公司		北京中煤	上海机施公司	洞门中心标高 −15.25	2002 年
4	上海地铁明珠线东安路车站盾构进出洞加固	上海地铁公司		北京中煤			2002 年
5	杭州地铁 1 号线武林广场站端头井液氮冻结①	杭州地铁集团	约翰芬蒿设计公司	北京中煤	中铁隧道集团三公司	洞门中心标高 −16.4	2010 年 2 月— 2010 年 11 月
6	上海地铁 13 号线 6 标金沙江站端头井出洞加固②	上海城投集团	天地科技	北京中煤	上海基础工程集团公司	洞门中心标高 −12.37	2011 年 1 月— 2011 年 5 月
7	上海地铁 11 号线北段二期上体馆站头井出洞加固③	上海城投集团	天地科技	北京中煤	上海城建集团	洞门中心标高 −11.5	2011 年 3 月— 2011 年 7 月
8	上海地铁 11 号线北段二期龙华西路端头井进洞加固③	上海地铁公司	天地科技	北京中煤	上海城建集团	洞门中心标高 −11.5	2011 年 8 月— 2012 年 7 月
9	上海轨道交通 M11 线济三风井~ 三林站区间隧道济三风井盾构进洞水平冻法冻结加固工程③	上海地铁公司	天地科技	北京中煤	上海基础公司	洞门中心标高 −10.4	2011 年 9 月— 2011 年 12 月
10	上海地铁 11 号线 8 标徐家汇北端头井③	上海地铁公司	天地科技	北京中煤	上海隧道公司	洞门中心标高 −18.9	2010 年 11 月— 2011 年 7 月

① 垂直冻结，冻结深度 27.9665 m。
② 垂直冻结，冻结深度 24.04 m。
③ 水平冻结。

附录 D 2000—2019 年盾构机进出洞冻结法施工数据统计资料

(续)

序号	联络通道工程名称	建设单位	设计单位	冻结施工单位	盾构施工单位	埋深/m	冻结施工起止时间
11	郑州轨道交通 1 号线一期工程 04 合同东明路站东端头井盾构始发冰冻加固工程①	郑州地铁公司	天地科技	北京中煤	上海隧道公司	隧道中心标高 75.69	2011年6月—2011年11月
12	上海地铁 12 号线 18 标天潼路站端头井冻结加固工程②	上海地铁公司	天地科技	北京中煤	上海隧道公司	洞门中心标高 −25.9	2012年5月—2012年8月
13	上海地铁 12 号线 9 标龙漕路站端头井加固③	上海地铁公司	天地科技	北京中煤	上海隧道公司	中心标高 −8.359	2013年9月—2013年12月
14	上海轨道交通 13 号线一期隆德路站~武宁路站区间武宁路站西端头井上、下行线盾构进洞冻结加固工程②	上海地铁公司	天地科技	北京中煤	上海建工集团	隧道中心标高 −17.61	2013年7月—2013年12月
15	南昌地铁 1 号线 5 标端头井加固工程	南昌地铁公司	天地科技	北京中煤	中铁五局城轨分公司	中心标高 +3.5	2014年3月—2014年6月
16	天津地铁 5 号线工程直沽站~下瓦房站区间直沽站端右线盾构进洞垂直冻结加固工程④	天津地铁公司	天地科技	北京中煤	上海基础集团	中心标高 −21.161	2016年6月—2016年7月
17	上海轨道交通 17 号线漕盈路盾构出洞免挖管垂直冻结地基加固工程④	上海地铁公司	天地科技	北京中煤	上海隧道公司	中心标高 −8.766	2015年10月—2015年12月
18	上海轨道交通 17 号线淀山湖大道盾构进(出)洞免挖管水平加固冻结地基加固工程④	上海地铁公司	天地科技	北京中煤	上海基础集团	上下行线中心标高 −9.458、−9.459	2015年10月—2015年12月

① 垂直冻结。
② 水平冻结。
③ 垂直加固冻结,水平加固冻结。
④ 垂直冻结加固。

(续)

序号	联络通道工程名称	建设单位	设计单位	冻结施工单位	盾构施工单位	埋深/m	冻结施工起止时间
19	上海番广路~逸仙路盾构进（出）洞冻结法地基加固工程[①]	上海地铁公司	天地科技	北京中煤	上海隧道公司	中心线标高 −13.78、−13.93	2015年12月— 2016年6月
20	福州轨道交通1号线茶亭站南端头井盾构进洞水平冻结加固工程[①]	福州地铁公司	天地科技	北京中煤	中铁十局集团一公司	中心标高 −9.96	2015年4月— 2015年8月
21	上海地铁11号线北段二期9标龙华西路端头井进洞加固[②]	申通地铁集团	约翰芬雷设计公司	中煤隧道公司	中煤隧道公司	19.81	2012年1月— 2014年4月
22	常州轨道交通1号线新区公园~黄河路区间北端头左线接收洞门加固	常州地铁集团	天地科技	中煤隧道公司	中铁十四局	22.9	2016年9月— 2017年1月
23	天津地铁5号线文化中心左线盾构接收洞门加固	天津城轨集团	约翰芬雷设计公司	中煤隧道公司	上海隧道公司	23.32	2016年9月— 2017年1月
24	天津地铁5号线工程辛存公园北端头左线接收洞门加固工程	天津城轨集团	天地科技	中煤隧道公司	中煤隧道公司	17.38	2016年9月— 2017年1月
25	天津地铁6号线水上公园东路站~肿瘤医院站右线接收端头加固工程	天津城轨集团	约翰芬雷设计公司	中煤隧道公司	中铁隧道公司	17.58	2016年10月— 2017年3月
26	天津地铁5号线文化中心右线盾构接收洞门加固	天津城轨集团	约翰芬雷设计公司	中煤隧道公司	上海隧道公司	23.32	2016年10月— 2017年3月
27	常州轨道交通1号线一期工程新区公园~黄河路区间北端头右线接收洞门加固	常州地铁集团	天地科技	中煤隧道公司	中铁十四局	22.9	2016年10月— 2017年2月

① 水平冻结加固。
② 洞门。

附录 D 2000—2019 年盾构机进出洞冻结法施工数据统计资料

(续)

序号	联络通道工程名称	建设单位	设计单位	冻结施工单位	盾构施工单位	埋深/m	冻结施工起止时间
28	常州轨道交通1号线一期工程新区公园~河海大学区间南端头左线接收洞门加固	常州地铁集团	天地科技	中煤隧道公司	中铁十四局	22.648	2016年12月—2017年3月
29	武汉轨道交通7号线王家墩东站右线洞门冻结	武汉地铁集团	约翰芬雷设计公司	中煤隧道公司	中煤隧道公司	23.123	2016年12月—2017年3月
30	昆明轨道交通2号线龚家村站北端头右线洞门冻结	昆明地铁集团	通用技术设计公司	中煤隧道公司	中煤隧道公司	23.183	2017年1月—2017年10月
31	常州轨道交通1号线一期工程新区公园~河海大学区间南端头右线接收洞门加固	常州地铁集团	天地科技	中煤隧道公司	中铁十四局	22.648	2017年1月—2017年4月
32	昆明轨道交通2号线龚家村站北端头左线洞门冻结	昆明地铁集团	通用技术设计公司	中煤隧道公司	中煤隧道公司	23.183	2017年2月—2017年12月
33	武汉轨道交通7号线王家墩东站左线洞门冻结	武汉地铁集团	约翰芬雷设计公司	中煤隧道公司	中煤隧道公司	23.123	2017年2月—2017年5月
34	上海轨道交通10号线新江湾城站上行线盾构进洞冻结加固	申通地铁集团	天地科技	中煤隧道公司	上海隧道公司	15.795	2017年3月—2017年5月
35	上海轨道交通10号线新江湾城站下行线盾构进洞冻结加固	申通地铁集团	天地科技	中煤隧道公司	上海隧道公司	15.795	2017年4月—2017年5月
36	上海轨道交通15号线上海西站南端头井洞门冻结加固工程	申通地铁集团	约翰芬雷设计公司	中煤隧道公司	上海基础公司	22.087	2017年7月—2017年9月
37	上海轨道交通15号线上海西站南端头井洞门冻结加固工程	申通地铁集团	约翰芬雷设计公司	中煤隧道公司	上海基础公司	22.087	2017年7月—2018年1月
38	上海轨道交通15号线武威东路站北端头井洞门冻结加固工程上行线	申通地铁集团	约翰芬雷设计公司	中煤隧道公司	上海基础公司	20.667	2017年11月—2018年1月

(续)

序号	联络通道工程名称	建设单位	设计单位	冻结施工单位	盾构施工单位	埋深/m	冻结施工起止时间
39	上海轨道交通15号线武威东路站北端头井洞门冻结加固工程下行线	申通地铁集团	约翰芬雷设计公司	中煤隧道公司	上海基础公司	20.667	2017年12月—2018年2月
40	苏州地铁3号线东方之门站南端头井右线洞门加固	苏州地铁公司	中铁上海工程局	中煤隧道公司	中铁上海工程局	23.1	2017年11月—2018年3月
41	昆明轨道交通2号线龚家村站南端头左线洞门冻结	昆明城轨集团	通用技术设计公司	中煤隧道公司	中煤隧道公司	16.114	2017年11月—2018年1月
42	昆明轨道交通2号线龚家村站南端头右线洞门冻结	昆明城轨集团	通用技术设计公司	中煤隧道公司	中煤隧道公司	16.114	2018年1月—2018年3月
43	上海武宁路快速化建工程二表段DN2400顶管出洞液氮冻结①	上海城投集团	约翰芬雷设计公司	中煤隧道公司	上海隧道公司	14.81	2018年2月—2018年3月
44	上海轨道交通14号线工程浦东大道站底板与预留结构接口段冻结加固工程	申通地铁集团		中煤隧道公司	上海隧道公司	28.097	2018年3月—2018年8月
45	郑州地铁4号线会展中心站北端头洞门加固工程左线	郑州城轨公司	济南设计公司	中煤隧道公司	中铁隧道二处	22.344	2018年3月—2018年6月
46	郑州地铁4号线副CBD内环路站南端头洞门加固工程右线	郑州城轨公司	南京设计公司	中煤隧道公司	上海隧道公司	17	2018年3月—2018年4月
47	郑州地铁4号线副CBD内环路站南端头洞门加固工程左线	郑州城轨公司	南京设计公司	中煤隧道公司	上海隧道公司	17	2018年3月—2018年5月
48	苏州地铁3号线东方之门站北端头井洞门加固右线	苏州地铁公司	中铁上海工程局	中煤隧道公司	中铁上海工程局	23.1	2018年4月—2018年7月
49	郑州地铁4号线副CBD内环路站北端头洞门加固工程右线	郑州城轨公司	南京设计公司	中煤隧道公司	上海隧道股份	16.5	2018年4月—2018年6月

① 液氮冻结。

附录 D　2000—2019 年盾构机进出洞冻结法施工数据统计资料

（续）

序号	联络通道工程名称	建设单位	设计单位	冻结施工单位	盾构施工单位	埋深/m	冻结施工起止时间
50	无锡地铁3号线火车站端头洞门加固工程左线	无锡地铁集团	济南设计公司	中煤隧道公司	中铁隧道三处	17.213	2018年4月—2018年6月
51	郑州地铁4号线副CBD内环路站北端头洞门加固工程左线	郑州城轨公司	南京设计公司	中煤隧道公司	上海隧道股份	16.5	2018年5月—2018年6月
52	苏州地铁3号线东方之门站北端头左线洞门加固	苏州城轨集团	中铁上海工程局	中煤隧道公司	中铁上海局	23.1	2018年5月—2018年8月
53	郑州地铁4号线会展中心站北端头洞门加固工程右线	郑州市城公司	济南设计公司	中煤隧道公司	中铁隧道三处	22.444	2018年5月—2018年7月
54	上海轨道交通18号线杨高中路站进出洞冻结加固工程上行线	申通地铁集团	南京设计公司	中煤隧道公司	上海基础公司	24.83	2018年5月—2018年6月
55	上海轨道交通18号线杨高中路站进出洞冻结加固工程下行线	申通地铁集团	南京设计公司	中煤隧道公司	上海基础公司	24.83	2018年5月—2018年7月
56	上海轨道交通18号线9号新桥站北端头井洞门冻结加固工程上行线	申通地铁集团	天地科技	中煤隧道公司	中铁四局	21.589	2018年6月—2018年10月
57	杭州地铁5号线三坝村站右线接收洞门加固（东端头）	杭州地铁集团	江苏第一设计公司	中煤隧道公司	中铁十六局	23.74	2018年6月—2018年9月
58	杭州地铁5号线三坝村站右线接收洞门加固（西端头）	杭州地铁集团	江苏第一设计公司	中煤隧道公司	中铁十六局	23.7	2018年6月—2018年9月
59	无锡地铁3号线火车站端头洞门加固工程右线	无锡地铁集团	济南设计公司	中煤隧道公司	中铁隧道三处	17.213	2018年6月—2018年8月
60	常州轨道交通2号线三角场站—紫云站区间左线始发洞门液氮冻结[1]	常州地铁集团	济南设计公司	中煤隧道公司	中铁隧道公司	16	2018年7月—2018年8月

[1] 液氮冻结。

（续）

序号	联络通道工程名称	建设单位	设计单位	冻结施工单位	盾构施工单位	埋深 m	冻结施工起止时间
61	郑州地铁4号线龙湖岛站南端头左线洞门	郑州城轨公司	济南设计公司	中煤隧道公司	上海隧道股份	20.4	2018年7月—2018年9月
62	上海轨道交通18号线9标御桥站北端头井洞门冻结加固工程下行线	申通地铁集团	天地科技	中煤隧道公司	中铁四局	21.589	2018年7月—2018年10月
63	上海轨道交通15号线铜川路站北端头井上行线盾构接收工程	申通地铁集团	约翰芬雷设计公司	中煤隧道公司	上海基础公司	24.696	2018年7月—2018年10月
64	上海轨道交通15号线铜川路站北端头井下行线盾构接收工程	申通地铁集团	约翰芬雷设计公司	中煤隧道公司	上海基础公司	24.696	2018年7月—2018年10月
65	南昌地铁2号线一期工程6标丁公路南站洞门加固	南昌城轨集团	约翰芬雷设计公司	中煤隧道公司	上海市政集团	17.393	2018年8月—2018年10月
66	郑州地铁4号线龙湖岛站南端头右线洞门	郑州城轨公司	济南设计公司	中煤隧道公司	上海隧道股份	20.4	2018年9月—2018年10月
67	郑州地铁4号线龙湖岛站北端头左线洞门	郑州城轨公司	天地科技	中煤隧道公司	上海隧道股份	24.5	2018年9月—2018年11月
68	上海轨道交通18号线江浦公园站下行线进、出洞冻结加固工程	申通地铁集团	南京设计公司	中煤隧道公司	上海隧道公司	17.795	2018年9月—2018年11月
69	上海轨道交通15号线上海南站北端下行线盾构始发洞门冻结加固工程	申通地铁集团	南京设计公司	中煤隧道公司	上海基础公司	25.199	2018年9月—2018年12月
70	上海轨道交通15号线上海南站北端上行线盾构始发洞门冻结加固工程	申通地铁集团	南京设计公司	中煤隧道公司	上海隧道公司	25.199	2018年10月—2019年1月
71	郑州地铁4号线龙湖岛站北端头右线洞门	郑州城轨公司	济南设计公司	中煤隧道公司	上海隧道股份	24.5	2018年10月—2018年12月

附录 D 2000—2019 年盾构机进出洞冻结法施工数据统计资料

（续）

序号	联络通道工程名称	建设单位	设计单位	冻结施工单位	盾构施工单位	埋深/m	冻结施工起止时间
72	南京地铁 7 号线螺塘街站洞门加固工程	南京地铁集团	济南设计公司	中煤隧道公司	中铁一局	25.64	2018 年 11 月—2019 年 3 月
73	上海轨道交通 15 号线上海南站南端下行线盾构始发洞门冻结加固工程	申通地铁集团	南京设计公司	中煤隧道公司	上海隧道公司	25.199	2018 年 11 月—2019 年 3 月
74	上海轨道交通 15 号线上海南站南端上行线盾构始发洞门冻结加固工程	申通地铁集团	南京设计公司	中煤隧道公司	上海隧道公司	25.199	2018 年 11 月—2019 年 1 月
75	上海轨道交通 15 号线罗秀路站北端头井盾构始发洞门冻结加固工程	申通地铁集团	南京设计公司	中煤隧道公司	上海隧道公司	16.793	2018 年 11 月—2019 年 1 月
76	上海轨道交通 18 号线龙阳路站北端头井上行线冻结加固工程	申通地铁集团	天地科技	中煤隧道公司	上海基础公司	24.219	2018 年 11 月—2019 年 1 月
77	杭州地铁 5 号线平海路站南端头盾构接收冻结加固工程	杭州地铁集团	天地科技	中煤隧道公司	中铁四局	17.842	2018 年 11 月—2019 年 5 月
78	上海轨道交通 18 号线平凉路站下行线冻结加固工程	申通地铁集团	天地科技	中煤隧道公司	上海基础公司	18.045	2018 年 12 月—2019 年 2 月
79	上海轨道交通 15 号线长风公园站南端头井上行线冻结加固	申通地铁集团	南京设计公司	中煤隧道公司	上海隧道公司	17.844	2018 年 12 月—2019 年 1 月
80	上海轨道交通 15 号线罗秀路站北端头井盾构始发洞门冻结加固工程下行线	申通地铁集团	南京设计公司	中煤隧道公司	上海隧道公司	16.793	2019 年 1 月—2019 年 3 月
81	上海轨道交通 18 号线莲溪站接收洞门加固工程下行线	申通地铁集团	南京设计公司	中煤隧道公司	中铁四局	24.863	2019 年 1 月—2019 年 4 月
82	上海龙耀路隧道南端头井洞门冻结加固工程	黄浦江越江投资公司	南京设计公司	中煤隧道公司	上海基础公司	22.175	2019 年 1 月—2019 年 3 月

(续)

序号	联络通道工程名称	建设单位	设计单位	冻结施工单位	盾构施工单位	埋深/m	冻结施工起止时间
83	上海轨道交通14号线浦东大道站西端头井接收冻结加固	申通地铁集团	约翰芬雷设计公司	中煤隧道公司	上海基础公司	22.977	2019年2月—2019年5月
84	上海轨道交通15号线吴中路站南端头井盾构始发冻结加固	申通地铁集团	南京设计公司	中煤隧道公司	上海机施公司	18.93	2019年2月—2019年4月
85	上海轨道交通15号线长风公园站南端头井下行线冻结加固	申通地铁集团	南京设计公司	中煤隧道公司	上海基础公司	17.844	2019年2月—2019年4月
86	上海轨道交通14号线浦东南路站西端头井上行线冻结加固	申通地铁集团	约翰芬雷设计公司	中煤隧道公司	上海基础公司	21.227	2019年3月—2019年5月
87	上海轨道交通14号线源深路站东端头井下行线冻结加固工程	申通地铁集团	约翰芬雷设计公司	中煤隧道公司	上海基础公司	22.879	2019年3月—2019年6月
88	上海轨道交通18号线平凉路上行线冻结加固工程	申通地铁集团	天地科技	中煤隧道公司	上海基础公司	18.045	2019年3月—2019年4月
89	上海轨道交通15号线吴中路北端头井盾构始发冻结加固	申通地铁集团	南京设计公司	中煤隧道公司	上海机施公司	18.201	2019年3月—2019年5月
90	上海轨道交通15号线古北路站南端头井下行线冻结加固	申通地铁集团	南京设计公司	中煤隧道公司	上海基础公司	26.988	2019年3月—2019年4月
91	上海轨道交通15号线古北路站北端头井上行线冻结加固	申通地铁集团	南京设计公司	中煤隧道公司	上海基础公司	27.391	2019年3月—2019年5月
92	上海轨道交通15号线古北路站北端头井下行线冻结加固	申通地铁集团	南京设计公司	中煤隧道公司	上海基础公司	27.391	2019年3月—2019年4月
93	上海轨道交通15号线古北路站南端头井上行线冻结加固	申通地铁集团	南京设计公司	中煤隧道公司	上海基础公司	26.988	2019年3月—2019年5月
94	上海轨道交通14号线武定路站南端头井洞门加固	申通地铁集团	天地科技	中煤隧道公司	上海隧道公司	15.783	2019年3月—2019年6月

（续）

序号	联络通道工程名称	建设单位	设计单位	冻结施工单位	盾构施工单位	埋深/m	冻结施工起止时间
95	上海轨道交通18号线蓬溪路站接收洞门加固工程上行线	申通地铁集团	南京设计公司	中煤隧道	中铁四局	24.863	2019年4月—2019年5月
96	上海轨道交通18号线北中路站始发洞门冻结加固工程：上行线	申通地铁集团	南京设计公司	中煤隧道	中铁四局	16.639	2019年4月—2019年9月
97	上海轨道交通15号线桂林路站北端头井上行线盾构始发	申通地铁集团	南京设计公司	中煤隧道	上海机施公司	25.065	2019年5月—2019年8月
98	上海轨道交通15号线桂林路站北端头井下行线盾构接收	申通地铁集团	南京设计公司	中煤隧道	上海机施公司	25.065	2019年5月—2019年6月
99	上海轨道交通18号线江浦公园站上行线冻结加固工程	申通地铁集团	天地科技	中煤隧道	上海隧道公司	17.795	2019年5月—2019年7月
100	上海轨道交通18号线芳芯路站北端头井始发洞门冻结	申通地铁集团	天地科技	中煤隧道	中铁四局	24.36	2019年5月—2019年8月
101	上海轨道交通18号线杨高中路站北端头井盾构接收冻结加固工程	申通地铁集团	约翰芬雷设计公司	中煤隧道	上海隧道公司	24.83	2019年6月—2019年10月
102	上海轨道交通14号线浦东大道站西端头井始发冻结加固工程	申通地铁集团	约翰芬雷设计公司	中煤隧道	上海基础公司	22.977	2019年6月—2019年10月
103	上海轨道交通14号线源深路站东端头井上行线冻结加固工程	申通地铁集团	南京设计公司	中煤隧道	上海基础公司	22.879	2019年6月—2019年8月
104	上海轨道交通15号线长风公园站2号出入口顶管接收冻结加固	申通地铁集团	南京设计公司	中煤隧道	上海隧道公司	10.759	2019年6月—2019年9月
105	上海轨道交通15号线姚虹路站—古北路站西端头井下行线盾构接收冻结加固工程	申通地铁集团	南京设计公司	中煤隧道	上海基础公司	16.452	2019年7月—2019年9月
106	上海轨道交通15号线天山路站北端头井下行线盾构接收北端头井下行线	申通地铁集团	南京设计公司	中煤隧道	上海基础公司	26.963	2019年7月—2019年8月

(续)

序号	联络通道工程名称	建设单位	设计单位	冻结施工单位	盾构施工单位	埋深/m	冻结施工起止时间
107	上海轨道交通18号线龙阳路站南端头井上行线洞门加固工程	申通地铁集团	天地科技	中煤隧道公司	中铁四局	24.219	2019年8月—2019年9月
108	上海轨道交通14号线昌邑路站西端头井下行线盾构接收冻结加固工程	申通地铁集团	约翰芬雷设计公司	中煤隧道公司	上海基础公司	25.687	2019年8月—2019年10月
109	南京地铁7号线东青石站洞门加固	南京地铁集团		中煤隧道公司	中铁三局	16.24	2019年8月—2019年12月
110	上海轨道交通14号线静安寺站北端头井上行线洞门加固	申通地铁集团	天地科技	中煤隧道公司	上海隧道公司	22.71	2019年8月—2019年12月
111	济南轨道交通R2线历山北路站右线接收洞门垂直加固	济南城轨集团	通用技术设计公司	中煤隧道公司	中铁十二局	18.945	2019年8月—2019年11月
112	上海轨道交通18号线龙阳路站南端头井下行线洞门加固工程	申通地铁集团	天地科技	中煤隧道公司	中铁四局	24.219	2019年9月—2019年11月
113	上海轨道交通15号线姚虹路站~古北路站西端头井上线盾构接收冻结加固工程	申通地铁集团	南京设计公司	中煤隧道公司	上海基础公司	27.641	2019年9月—2019年11月
114	上海轨道交通15号线天山路站南端头井上行线接收冻结加固	申通地铁集团	南京设计公司	中煤隧道公司	上海基础公司	26.963	2019年9月—2019年10月
115	上海轨道交通14号线昌邑路站西端头井上行线盾构接收冻结加固工程	申通地铁集团	约翰芬雷设计公司	中煤隧道公司	上海基础公司	25.687	2019年10月—2019年11月
116	上海轨道交通15号线天山路站南端头井下行线接收冻结加固	申通地铁集团	南京设计公司	中煤隧道公司	上海基础公司	26.963	2019年10月—2019年11月
117	上海轨道交通18号线北中路站始发洞门冻结加固工程：下行线	申通地铁集团	南京设计公司	中煤隧道公司	中铁四局	17.36	2019年10月—2019年11月

附录 D 2000—2019 年盾构机进出洞冻结法施工数据统计资料

(续)

序号	联络通道工程名称	建设单位	设计单位	冻结施工单位	盾构施工单位	埋深/m	冻结施工起止时间
118	上海轨道交通 14 号线源深路站西端头井下行线	申通地铁集团	南京设计公司	中煤隧道公司	上海基础公司	23.976	2019 年 10 月—2019 年 12 月
119	上海轨道交通 18 号线民生路站北端头井下行线冻结加固工程	申通地铁集团	南京设计公司	中煤隧道公司	上海隧道公司	20.836	2019 年 10 月—2019 年 12 月
120	上海轨道交通 18 号线丹阳路站南端始发冻结下行线	申通地铁集团	天地科技	中煤隧道公司	上海基础公司	24.479	2019 年 10 月—2019 年 11 月
121	杭州地铁 6 号线江南风井西端头垂直加固	杭州地铁集团	天地科技	中煤隧道公司	上海隧道股份	27.414	2019 年 10 月—2019 年 12 月
122	上海轨道交通 18 号线抚顺路站南端头下行线洞门工程	申通地铁集团	天地科技	中煤隧道公司	上海机施公司	22.544	2019 年 10 月—2019 年 12 月
123	天津地铁 4 号线六纬路站盾构到达冻结工程	天津城市集团	通用技术设计公司	中煤隧道公司	中铁四局	29.498	2019 年 10 月—2019 年 12 月
124	南京轨道交通 1 号线 TA7 标张府园北端头冻结液氮速冻工程	上海机施公司	中国矿业大学	兖矿新陆公司	上海机施公司	16.2 (长度 2.5)	2003 年 8 月—2003 年 10 月
125	上海上中路中环线越江隧道浦东盾构出洞冻结加固工程	上海隧道公司	中国矿业大学	兖矿新陆公司	上海隧道股份	26.9 (15×20×22)	2005 年 9 月—2005 年 12 月
126	上海上中路中环线越江隧道浦东盾构出洞强制解冻融沉注浆工程	上海隧道公司	中国矿业大学	兖矿新陆公司	上海隧道股份	26.9 (15×20×22)	2005 年 12 月—2006 年 2 月
127	上海轨道交通 10 号线 8 标上海图书馆站西端头井盾构出洞冻结加固工程	上海城建集团	天地科技	兖矿新陆公司	上海城建集团	19.3 (2.4×12.8×12.7)	2008 年 4 月—2008 年 7 月
128	郑州地铁 5 号线 6 标郑州东站盾构进出洞冻结加固	中铁四局	约翰芬雷设计公司	兖矿新陆公司	中铁四局	28 (长度 5.5)	2016 年 1 月—2016 年 7 月
129	南昌轨道交通 2 号线南昌火车站盾构出洞冻结加固工程	中铁四局	约翰芬雷设计公司	兖矿新陆公司	中铁四局	26 (冻结板块 21×12.7×5)	2016 年 7 月—2017 年 1 月

(续)

序号	联络通道工程名称	建设单位	设计单位	冻结施工单位	盾构施工单位	埋深/m	冻结施工起止时间
130	南昌轨道交通2号线南昌八一广场站盾构出洞冻结加固工程	上海城建集团	广州地铁设计院	兖矿新陆公司	上海城建集团	22.6（冻结板块22.6×12.7×3）	2016年11月—2017年8月
131	郑州轨道交通5号线1标出入场线侧式泵站冻结加固工程	中铁十五局	约翰芬雷设计公司	兖矿新陆公司	中铁十五局	22.7	2017年1月—2017年5月
132	广州轨道交通9号线一期工程清塘站端头冷冻法加固工程①	北京建工集团	约翰芬雷设计公司	兖矿新陆公司	北京建工集团	14	2017年1月—2017年6月
133	广州轨道交通21号线10标谴岗站～水西站区间盾构机刀盘换刀液氮抢险	中铁十四局	兖矿新陆公司	兖矿新陆公司	中铁十四局	35（长度2.5）	2018年1月—2018年3月
134	南昌地铁2号线福州路站洞门加固工程	中铁一局	约翰芬雷设计公司	兖矿新陆公司	中铁一局	21（长度3）	2018年1月—2018年7月
135	佛山轨道交通2号线TJ1标季华西路垂直冻结工程	中交二航局	中国矿业大学	兖矿新陆公司	中交二航局	32（长度5）	2018年6月—2019年10月
136	上海轨道交通15号7标罗秀路端头井加固	中铁十一局	南京设计公司	兖矿新陆公司	中铁十一局	23（长度3）	2018年7月—2019年1月
137	孟加拉国卡那普利河底隧道始发端洞门加固工程	中交二航局	约翰芬雷设计公司	兖矿新陆公司	中交二航局	34（长度3.5，隧道直径大，为12.2）	2018年8月—2019年1月
138	上海轨道交通18号线9标北中路站～芳芯路站盾构区间端头洞门水平冻结施工	中铁四局	南京设计公司	兖矿新陆公司	中铁四局	21（长度3）	2019年3月—2019年6月
139	昆明轨道交通5号线工程土建六标广福路站端头洞门冷冻法工程	中铁二十局	通用技术设计公司	兖矿新陆公司	中铁二十局	11.8（长度13/宽度2.5）	2019年6月—2019年11月

① 已贯通隧道增加车站，管片拆除加固。

附录 D 2000—2019 年盾构机进出洞冻结法施工数据统计资料

（续）

序号	联络通道工程名称	建设单位	设计单位	冻结施工单位	盾构施工单位	埋深/m	冻结施工起止时间
140	昆明轨道交通 2 号线二期工程盘龙村站区间洞门加固工程	上海隧道公司	通用技术设计公司	兖矿新陆公司	上海隧道股份	14（长度 13/宽度 2.5）	2019 年 6 月—2019 年 11 月
141	昆明轨道交通 5 号线土建 8 标汇～宝～宝区间洞门加固工程	中铁建十一局	通用技术设计公司	兖矿新陆公司	中铁建十一局	18（长度 13/宽度 2.5）	2019 年 7 月—
142	上海地铁 12 号线 9 标龙华路站水平端头井加固①	上海地铁公司	天地科技	北京中煤	上海城建市政集团	隧道中心标高 -7.65	2012 年 9 月—2013 年 3 月
143	上海地铁 13 号线大渡河车站 3 号出入口冻结工程②	上海地铁公司	天地科技	北京中煤	上海市政公司	底板标高 -5.795, 出入口长度 11.975	2012 年 9 月—2013 年 6 月
144	上海地铁 M10 号线 8 标交通大学～上海图书馆区间东端头下行线盾构进洞冻结加固工程①	上海地铁公司	天地科技	北京中煤		隧道中心标高 -8.86	2008 年
145	上海地铁 M7 号线 12B 标长清路站～耀华路站区间耀华路站端头井盾构进洞冻结加固工程③	上海地铁公司	天地科技	北京中煤	上海隧道公司	隧道中心标高 -16.469	2008 年
146	杭州地铁 1 号线武林广场站～文化广场站～艮山门站盾构区间（10、11 号盾构）武林广场站北端头井盾构进出洞水平冰氮地基加固工程①	上海地铁公司	约翰芬雷设计公司	北京中煤	中铁隧道集团三公司	洞门中心标高 -16.4	2010 年 3 月
147	上海西藏南路越江隧道盾构机出洞地基加固冻结工程	上海市建设工程管理公司	上海城建设计院	中煤邯郸特凿公司	上海市政二公司	中心标高 -15.2	2008 年 10 月—2009 年 2 月

① 水平冻结。
② 车站出入口暗挖工程。
③ 上行线水平液氮冻结，下行线盐水冻结。

附录 E 1998—2019 年隧道及其他冻结法施工数据统计资料

序号	隧道及其他工程名称	建设单位	设计单位	冻结法施工单位	掘砌施工单位	埋深/m	长度/m	冻结施工起止时间
1	北京地铁"复～八线"隧道拱顶水平冻结加固	北京地铁公司	北京城建设计总院	北京中煤	北京城建公司	顶板距地面 13	冻结长度 45	1998年1月—1998年4月
2	广州地铁 2 号线中山堂～越秀公园区间隧道水平冻结加固①	广州地铁集团	广州市地铁设计院	北京中煤	中铁十二局	15～21	累长 115	2001年3月—2001年12月
3	上海地铁明珠线上体场穿越段冻结加固构筑	上海地铁公司	天地科技	北京中煤	北京中煤	顶板距地面 14.27	穿越段总长度 22.6	2003年3月—2004年9月
4	上海地铁 2 号线河南路～陆家嘴区间旁通道排水管修复②	上海地铁公司	天地科技	北京中煤	北京中煤	距江底约 12	138.8	2006 年
5	上海地铁 M8 线中兴路～曲阜路区间泵站排水管②	上海地铁公司	天地科技	北京中煤	北京中煤	隧道中心距地面 25.615	最长冻结孔 12.5	2005 年
6	广东深圳地铁 A4 标段帷幕冻结工程③	深圳地铁公司	中铁二院集团公司	中煤邯郸特凿公司	中铁十五局集团	21.6	冻结深度 25	2002年12月—2003年4月
7	广州地铁 3 号线天河客运站折返线双线隧道冻结工程	广州地铁集团	广州市地铁设计院	中煤隧道公司	中铁二局	埋深 8 m，隧道面马蹄形，隧道坡度 2‰，双线隧道，净高 9.146 m，净宽 11.4 m，最大开挖跨度约 13.4 m	2005年7月
8	上海地铁 13 号线一期工程 3 标人场线单侧排水泵房工程	中铁二局						2011年7月—2011年10月
9	江苏常熟热发电有限公司隧道冻结临时封堵墙及取水口冻结加固	常熟电厂	约翰芬雷设计公司	中煤隧道公司	中煤隧道公司	埋深 24.8，长 21.625		2012年12月—2013年7月

① 国内第一个全断面地铁隧道冻结工程。
② 液氮冻结复修通道排水管。
③ 冻结孔布置周长约 104 m。

附录 E 1998—2019 年隧道及其他冻结法施工数据统计资料

(续)

序号	隧道及其他工程名称	建设单位	设计单位	冻结法施工单位	掘砌施工单位	埋深/m	长度/m	冻结施工起止时间
10	上海迪士尼抢修动力管线冻结修复	申通地铁集团	上海广联建设公司	中煤隧道公司	中煤隧道公司	埋深6.5，长4	宽4	2014年10月—2015年1月
11	上海市北横通道新建工程	申通地铁集团	南京设计公司	中煤隧道公司	中煤隧道公司	埋深17.22，长15		2016年7月—2016年12月
12	上海地铁13号线华夏中路站基坑暗挖工程	申通地铁集团	南京设计公司	中煤隧道公司	中煤隧道公司	埋深10.14，长20.6，宽11.8，高8.35		2017年7月—2018年1月
13	上海轨道交通14号线浦东大道站暗挖加固工程	申通地铁集团	约翰芬雷设计公司	中煤隧道公司	中煤隧道公司	埋深6.3，长29.7，宽24.8，开挖高度为7.933～8.925		2018年7月
14	上海轨道交通18号线民生路站～昌邑路站清障暗挖冻结加固工程	申通地铁集团	南京设计公司	中煤隧道公司	中煤隧道公司	埋深17.684，长28.8，宽3.1，高7.1		2019年6月—2019年11月
15	上海轨道交通14号线桂桥路站管幕冻结暗挖工程	申通地铁集团	南京设计公司	中煤隧道公司	中煤隧道公司	埋深7.1，长100，宽22.376，高7.865		2019年10月—2019年12月
16	厦门本岛至翔安过海通道工程五刘区间左线盾构刀盘修复及换刀地层冻结加固①	厦门城集团	约翰芬雷华能设计公司	中煤隧道公司		埋深39.442 m，该区间陆域段长约320 m，原为海域经回填成，海域段长1.1 km，海水深度约4～13 m，盾构(停机)处海水深度约5.7 m（高潮位约8.75 m），隧道顶部覆土厚度约19.66 m，海面垂直冷冻加固范围为刀盘周边3 m，冻结深度为39.4 m		2017年8月—2018年1月
17	南通地铁1号线南通汽车站站地连墙液氮冻结工程②	南通城轨公司	约翰芬雷华能设计公司	中煤隧道公司		埋深16.75，长6，宽2.4，深22		2019年4月—2019年5月

① 海上冻结。
② 液氮冻结。

(续)

序号	隧道及其他工程名称	建设单位	设计单位	冻结法施工单位	掘砌施工单位	埋深/m	长度/m	冻结施工起止时间
18	佳木斯江北水源工程松花江穿越工程（氟利昂常规冻结）	北京五维地下工程公司（总包）	中国矿业大学	兖矿新陆公司	北京城建集团	盾构机直径3.3 m，冻结深度19.5 m，长度8.3 m，宽度4.5 m	8.3	2002年5月—2002年11月
19	佳木斯输水隧道二次入洞液氮速冻工程①			兖矿新陆公司			8.3	2002年5月—2002年11月
20	中国石油川气东输武汉长江盾构隧道整治工程	中国石油管道局	兖矿新陆公司	兖矿新陆公司	兖矿新陆公司	39	45	2008年11月—2009年6月
21	甘肃省引洮供水一期工程总干渠7号隧洞57+883～58+055段主洞冻结开挖工程②	甘肃引洮工程管理局	兖矿新陆公司	兖矿新陆公司	兖矿新陆公司	埋深234 m，拯救TBM机后续隧道冻结施工，埋深245 m，净径4.96 m，高5.88 m	隧道：宽5.95 m，高5.88 m	2013年3月—2014年11月
22	广州盾构换刀冻结技术研究模拟实验工程	广东华隆建设公司	兖矿新陆公司	兖矿新陆公司	广州华隆建设公司	16	钢套筒内模拟冷冻效果	2016年12月—2017年2月
23	宁夏六盘山隧道出口F2断层破碎带处理工程③	宁夏六盘山铁路公司	兰州铁道设计院	兖矿新陆公司	中铁三局	净宽5.55 m，净高8.235 m	开挖宽6.95，高9.035	2016年7月—2017年3月
24	兰州城市轨道交通1号线一期工程土建Ⅱ标段施工总承包项目TJ-10工区省政府站地面段与商务区交接位土体加固工程	中铁二十一局	兖矿新陆公司	兖矿新陆公司	中铁二十一局	40	地连墙接茬封水	2018年5月—2018年12月
25	宁波镇海石塘下输油管廊迁改工程冻结工程	中石化宁波工程公司	中国矿大	兖矿新陆公司	江苏油建公司	17.5	12	2019年7月—2019年11月
26	广州轨道交通18和22号线万横区间液氮冷冻加固抢险工程④	中铁十五局集团	兖矿新陆公司	兖矿新陆公司	中铁十五局集团	20.6	2.5	2019年8月—2019年10月

① 液氮冻结。
② 输水隧道。
③ 铁路隧道。
④ 液氮垂直冻结加固。

附录 F 冻结法施工建设单位、设计单位、施工单位全称与简称对照

序号	简　　称	单　位　全　称
一	建设单位	
1	安徽开发矿业公司	安徽开发矿业有限公司
2	巴拉素煤业公司	陕西延长石油巴拉素煤业公司
3	北京城建设计集团	北京城建设计发展集团股份有限公司
4	北京城建中南盾构公司	北京城建中南盾构工程有限公司
5	北京地铁集团	北京市地铁集团有限责任公司
6	北京地铁运营公司	北京市地铁运营有限公司
7	北京昊华公司	北京昊华能源股份有限公司
8	北京建工集团	北京建工集团有限责任公司
9	北京建工集团与郑州一建集团联合体	北京建工集团有限公司与郑州市第一建筑工程集团有限公司联合体
10	北京市政建设集团	北京市政建设集团有限责任公司
11	北京市政四建公司	北京市市政四建设工程有限责任公司
12	北京五维工程公司	北京五维地下工程公司
13	班台子矿业公司	安徽李营子班台子矿业公司
14	蚌埠震兴路桥公司	蚌埠市震兴路桥工程有限公司
15	彬长矿业集团	陕西彬长矿业集团有限公司
16	彬长开发公司	陕西彬长矿区开发建设有限责任公司
17	彬县煤炭公司	彬县煤炭有限责任公司
18	亳州煤业公司	安徽省亳州煤业有限公司
19	曹家滩矿业公司	陕西陕煤曹家滩矿业有限公司
20	昌盛泰实业集团	内蒙古昌盛泰实业集团公司
21	长城煤矿公司	鄂托克前旗长城煤矿有限公司
22	长兴矿业公司	淮北市长兴矿业有限公司
23	常州地铁集团	常州地铁集团有限公司
24	春光煤矿	河北省委党校春光煤矿
25	大佛寺矿业公司	陕西彬长大佛寺矿业有限公司
26	大屯煤电公司	上海大屯能源股份有限公司
27	东大矿业公司	滕州市东大矿业有限责任公司
28	东圣化工集团	湖北东圣化工集团东达矿业有限公司

（续）

序号	简　称	单 位 全 称
29	鄂托克前旗百汇商贸公司	内蒙古鄂托克前旗百汇商贸有限公司
30	鄂托克前旗福城矿业公司	鄂托克前旗福城矿业有限公司
31	肥城矿业集团	肥城矿业集团有限责任公司
32	峰峰矿业集团	冀中能源峰峰矿业集团有限公司
33	丰龙矿业公司	江西丰龙矿业有限责任公司
34	丰盛开发公司	武汉市丰盛城建综合开发有限公司
35	丰源煤电公司	山东丰源煤电股份有限公司
36	丰源实业公司	山东单县丰源实业有限公司
37	佛山南海铁投公司	佛山市南海区铁路投资有限公司
38	福城矿业公司	鄂托克前旗福城矿业有限公司
39	福州地铁公司	福州地铁集团有限公司
40	富凯矿业公司	安徽富凯矿业有限公司
41	沽源金牛公司	冀中能源股份有限公司沽源金牛能源有限公司
42	广东华隧建设公司	广东华隧建设股份有限公司
43	广东基础公司	广东省基础工程公司
44	广东水电二局	广东水电二局股份有限公司
45	广州地铁集团	广州市地铁集团有限责任公司
46	郭庄矿业公司	山东滕州郭庄矿业有限公司
47	国电投内蒙古能源公司	国电建投内蒙古能源有限公司
48	国投新集公司	国投新集能源股份有限公司
49	海孜煤电公司	淮北矿业集团海孜煤电公司
50	昊盛煤业公司	内蒙古昊盛煤业有限公司
51	汉阳市政集团	武汉市汉阳市政建设集团有限公司
52	杭锦旗能源公司	神华杭锦旗能源有限责任公司
53	杭州地铁集团	杭州地铁集团有限责任公司
54	河北钢铁集团	河北钢铁集团有限公司
55	合肥城轨公司	合肥城市轨道交通有限公司
56	河南龙宇能源公司	河南龙宇能源股份有限公司
57	河南平禹煤电公司	河南平禹煤电有限责任公司
58	河南神火煤电公司	河南神火煤电股份有限公司
59	河南永煤集团	永煤集团股份有限公司
60	河南正龙煤业公司	河南省正龙煤业有限公司
61	菏泽煤电公司	山东鲁能菏泽煤电开发公司
62	亨达东安矿业公司	唐山亨达东安矿业有限公司
63	横山波罗山东煤矿	陕西横山县波罗镇山东煤矿
64	恒源煤电公司	安徽恒源煤电股份有限公司

(续)

序号	简　称	单　位　全　称
65	恒源投资公司	陕西晋煤鄂托克前旗恒源投资实业公司
66	宏福煤业公司	河南宏福煤业有限公司
67	宏河矿业集团	山东宏河矿业集团有限公司
68	宏能煤业公司	张掖市宏能煤业有限公司
69	红庆梁矿业公司	昊华红庆梁矿业有限公司
70	洪鑫源矿业公司	安徽省洪鑫源矿业有限公司
71	宏润建设集团	宏润建设集团股份有限公司
72	宏政矿业公司	河北宏政矿业有限公司
73	呼市城轨公司	呼和浩特市城市轨道交通建设管理有限责任公司
74	胡家河矿业公司	陕西彬长胡家河矿业有限公司
75	湖西矿业公司	山东湖西矿业有限责任公司
76	华晋晋能公司	山西中煤华晋晋城能源有限公司
77	华能甘肃能发公司	华能甘肃能源开发有限公司
78	华亭煤业集团	华亭煤业集团有限责任公司
79	华辕煤业公司	郑州华辕煤业有限公司
80	淮北矿业集团	淮北矿业集团有限责任公司
81	淮南矿业集团	淮南矿业集团有限公司
82	黄浦江越江投资公司	上海黄浦江越江设施投资建设发展有限公司
83	黄陶勒盖煤炭公司	内蒙古黄陶勒盖煤炭有限公司
84	辉县龙煤公司	辉县市龙田煤业有限公司
85	霍尔辛赫煤业公司	山西霍尔辛赫煤业有限公司
86	济南城轨集团	济南轨道交通集团有限公司
87	济宁能源开发集团	济宁能源开发集团有限公司
88	冀能峰峰集团	冀中能源峰峰集团有限公司
89	冀中能源集团	冀中能源集团有限责任公司
90	焦作煤业集团	焦作煤业（集团）有限责任公司
91	界沟矿业公司	安徽界沟矿业有限公司
92	金仓矿业公司	莱州市金仓矿业有限公司
93	金川集团	金川集团股份有限公司
94	金鼎矿业公司	山东金鼎矿业有限公司
95	金牛能源公司	河北金牛能源股份有限公司
96	金日盛矿业公司	安徽金日盛矿业有限责任公司
97	金狮矿业公司	安徽宿州金狮矿业有限公司
98	金源招贤矿业公司	陕西金源招贤矿业有限公司
99	京能哈密煤业公司	新疆京能哈密煤业有限公司
100	锦界能源公司	陕西国华锦界能源有限公司

（续）

序号	简　　称	单　位　全　称
101	昆明城轨集团	昆明轨道交通集团有限公司
102	里能集团	山东省里能集团有限公司
103	李堂矿业公司	徐州李堂矿业有限公司
104	联海煤业公司	内蒙古鄂尔多斯联海煤业公司
105	麟北煤业公司	陕西麟北煤业开发有限责任公司
106	临沂矿业集团	临沂矿业集团有限责任公司
107	凌志达煤业公司	凌志达煤业有限公司与山西煤炭进出口集团公司
108	刘塘坊矿业公司	中钢集团安徽刘塘坊矿业公司
109	龙田煤业公司	辉县市龙田煤业有限公司
110	隆西石膏公司	隆尧县隆西石膏有限公司
111	龙祥矿业公司	山东龙祥矿业有限责任公司
112	隆尧北新集团	河北隆尧北新集团公司
113	隆尧亦城煤矿	河北隆尧县亦城煤矿
114	庐江金鼎矿业公司	安徽省庐江县金鼎矿业有限责任公司
115	潞安环保能源公司	山西潞安环保能源开发公司
116	潞安矿业集团	山西潞安矿业（集团）有限责任公司
117	麻家梁煤业公司	同煤浙能麻家梁煤业有限责任公司
118	马城矿业公司	首钢滦南马城矿业有限公司
119	蒙大矿业公司	乌审旗蒙大矿业有限责任公司
120	蒙大新能化开发公司	蒙大新能源化工开发公司
121	南昌城轨集团	南昌轨道交通集团有限公司
122	南京地铁公司	南京地下铁道有限责任公司
123	南宁城轨集团	南宁轨道交通集团有限公司
124	南通城轨公司	南通市城市轨道交通有限公司
125	南烨实业集团	长治市南烨实业集团有限公司
126	内蒙古鲁能开发公司	内蒙古鲁新能源开发公司
127	内蒙古五九煤炭公司	内蒙古五九煤炭有限责任公司
128	宁波城轨集团	宁波市轨道交通集团有限公司
129	宁夏宝丰集团	宁夏宝丰能源集团有限公司
130	宁夏发电集团	宁夏发电集团有限责任公司
131	宁夏煤电公司	国网能源宁夏煤电有限公司
132	宁夏能源公司	中电投宁夏能源有限公司
133	平安煤业公司	山西寿阳段王平安煤业公司
134	青铜峡能铝集团	中电投宁夏青铜峡能源铝业集团有限公司
135	三元煤业公司	山西三元煤业股份有限公司
136	沙河矿产品经销公司	沙河市矿产品经销有限公司

(续)

序号	简　称	单　位　全　称
137	山西新能煤业公司	山西新能煤业有限公司
138	山煤进出口公司	山西煤炭进出口集团公司
139	陕西未来能化公司	陕西未来能源化工有限公司
140	上海城建市政集团	上海城建市政工程（集团）有限公司
141	上海城投集团	上海城投（集团）有限公司
142	上海地铁公司	上海地铁运营有限公司
143	上海基础公司	上海市基础工程集团有限公司
144	上海机施公司	上海市机械施工集团有限公司
145	上海建工集团	上海建工（集团）总公司
146	上海市政一公司	上海市第一市政工程有限公司
147	上海市政二公司轨道分公司	上海市第二市政工程有限公司轨道分公司
148	上海隧道盾构分公司	上海隧道工程股份有限公司盾构分公司
149	上海隧道公司	上海隧道股份有限公司
150	绍兴地铁集团	绍兴市地铁集团有限责任公司
151	邵寨煤业公司	灵台邵寨煤业有限责任公司
152	申通地铁集团	上海申通地铁集团有限公司
153	深圳地铁公司	深圳市地铁有限公司
154	神木县供水处	神木县城供水管理处
155	神源煤化公司	安徽神源煤化工有限公司
156	沈煤集团	沈煤（集团）公司
157	升富矿业公司	神木县升富矿业有限公司
158	盛大矿业公司	山东盛大矿业有限公司
159	双合煤矿	山东双合煤矿有限公司
160	双鸭山矿业集团	双鸭山矿业集团有限公司
161	苏州城轨集团	苏州轨道交通集团有限公司
162	濉溪矿业集团	安徽濉溪矿业集团有限公司
163	泰普煤业公司	榆林市榆阳区泰普煤业有限公司
164	唐口煤业公司	山东唐口煤业有限公司
165	腾达建设集团	腾达建设集团股份有限公司
166	天津城轨集团	天津轨道交通集团有限公司
167	天津城建集团	天津城建集团有限公司
168	天津地铁公司	天津市地下铁道集团有限公司
169	天津市政一公司	天津第一市政公路工程有限公司
170	天原煤业公司	新疆振兴天原煤业有限公司
171	亭南煤业公司	淄博矿业集团亭南煤业有限公司
172	皖北煤电集团	皖北煤电集团有限责任公司

(续)

序号	简　称	单　位　全　称
173	温州矿山公司	温州矿山井巷工程有限公司
174	吴桂桥煤矿	河南吴桂桥煤矿有限公司
175	无锡地铁集团	无锡地铁集团有限公司
176	武汉地铁集团	武汉地铁集团有限公司
177	武汉市政集团隧道公司	武汉市市政建设集团有限公司隧道工程公司
178	武汉市政集团＆湖北益通公司联合体	武汉市政集团有限公司＆湖北益通建设工程有限责任公司联合体
179	厦门城轨集团	厦门轨道交通集团有限公司
180	小保当矿业公司	陕西小保当矿业有限公司
181	新集能源公司	中煤新集能源股份有限公司
182	新巨龙能源公司	山东新巨龙能源有限责任公司
183	新矿内蒙古能源公司	新矿内蒙古能源有限责任公司
184	新龙矿业公司	河南许昌新龙矿业有限公司
185	兴隆矿业公司	河南神火兴隆矿业有限责任公司
186	新汶矿业集团	山东新汶矿业集团有限公司
187	邢北煤矿	邢台县邢北煤矿有限公司
188	邢美矿业公司	新疆邢美矿业有限公司
189	邢台矿业集团	邢台矿业（集团）有限公司
190	邢台许庄煤矿	河北省邢台县许庄煤矿
191	邢周石膏公司	隆尧邢周石膏矿业有限公司
192	徐州城轨公司	徐州市城市轨道交通有限责任公司
193	徐楼矿业公司	淮北徐楼矿业有限公司
194	徐州煤电公司	华润天能徐州煤电有限公司
195	兖煤鄂能化公司	兖州煤业鄂尔多斯能源化工有限公司
196	垚志达煤业公司	山西垚志达煤业有限公司
197	伊化矿业资源公司	伊化矿业资源有限责任公司
198	伊泰广联煤化公司	内蒙古伊泰广联煤化有限公司
199	伊泰益蒙矿业公司	内蒙古伊泰益蒙矿业有限责任公司
200	银宏能发公司	内蒙古银宏能源开发有限公司
201	永峰矿业公司	淮北市永峰矿业有限公司
202	永厦矿区建设管委会	永厦矿区建设管理委员会
203	榆横煤电公司	陕西华电榆横煤电有限公司
204	榆树林子矿业公司	敖汉旗榆树林子矿业有限公司
205	蔚州矿业公司	开滦集团蔚州矿业有限公司
206	塬林煤炭公司	内蒙古塬林煤炭有限公司
207	枣庄矿务局	枣庄矿务局远大公司

附录 F　冻结法施工建设单位、设计单位、施工单位全称与简称对照

(续)

序号	简　　称	单　位　全　称
208	淄博矿业集团	山东淄博矿业集团有限公司
209	扎赉诺尔煤业公司	内蒙古自治区扎赉诺尔煤业有限公司
210	张庄矿业公司	安徽马钢张庄矿业有限公司
211	赵固能源公司	焦作赵固（新乡）能源有限公司
212	浙江交工集团	浙江交工集团股份有限公司
213	正通煤业公司	陕西正通煤业有限责任公司
214	郑州城轨公司	郑州市轨道交通有限公司
215	郑州建筑一公司	郑州市第一建筑工程集团有限公司
216	中国建筑股份公司	中国建筑股份有限公司
217	中国水电七局	中国水利水电第七工程局有限公司
218	中国水电八局	中国水利水电第八工程局有限公司
219	中国水电十一局	中国水利水电第十一工程局有限公司
220	中国水电十一局轨道分局	中国水利水电第十一工程局有限公司轨道交通分局盾构工程处
221	中交二公局一公司	中交二公局第一工程有限公司
222	中交二航局	中交第二航务工程有限公司
223	中交建股份公司	中国交通建设股份有限公司
224	中交建设集团	中国交通建设集团有限公司
225	中交三公局	中交第三公路工程局有限公司
226	中交隧道工程局	中交隧道工程局有限公司
227	中交珠海城轨投资公司	中交珠海城际轨道交通投资建设有限公司
228	中煤哈密煤业公司	中煤能源哈密煤业有限公司
229	中煤华晋晋能公司	山西中煤华晋晋城能源有限公司
230	中煤龙化公司	中煤能源黑龙江煤化工公司
231	中煤三建集团	中煤矿山建设集团有限责任公司
232	中煤榆林能化公司	中煤陕西榆林能源化工公司
233	中天合创公司	中天合创能源有限责任公司
234	中铁一局	中铁一局集团有限公司
235	中铁一局城轨公司	中铁一局集团城市轨道交通工程有限公司
236	中铁一局二公司	中铁一局集团第二工程有限公司
237	中铁二局	中铁二局集团有限公司
238	中铁二局城通公司	中铁二局股份有限公司城通公司
239	中铁三局桥隧分公司	中铁三局集团有限公司桥隧工程分公司
240	中铁三局二公司	中铁三局集团第二工程有限公司
241	中铁三局天津建设公司	中铁三局集团天津建设工程有限公司
242	中铁四局二公司	中铁四局集团第二工程有限公司

（续）

序号	简　称	单　位　全　称
243	中铁四局五公司	中铁四局集团第五工程有限公司
244	中铁四局六公司	中铁四局第六工程有限公司
245	中铁四局城轨分公司	中铁四局集团有限公司城市轨道交通工程分公司
246	中铁五局	中铁五局（集团）有限公司
247	中铁五局城轨分公司	中铁五局（集团）有限公司城市轨道交通工程分公司
248	中铁七局三公司	中铁七局集团第三工程有限公司
249	中铁七局五局	中铁七局集团第五工程局
250	中铁十局一公司	中铁十局集团第一工程有限公司
251	中铁十一局	中铁十一局集团有限公司
252	中铁十一局城轨公司	中铁十一局集团城市轨道工程有限公司
253	中铁十四局	中铁十四局集团有限公司
254	中铁十四局隧道公司	中铁十四局集团隧道工程有限公司
255	中铁十五局	中铁十五局有限公司
256	中铁十六局	中铁十六局集团有限公司
257	中铁十六局北京城轨公司	中铁十六局集团北京轨道交通工程建设有限公司
258	中铁十七局	中铁十七局集团有限公司
259	中铁十七局上海城轨公司	中铁十七局集团上海轨道交通工程有限公司
260	中铁十八局	中铁十八局集团有限公司
261	中铁十八局一公司	中铁十八局集团第一工程有限公司
262	中铁十八局五公司	中铁十八局集团第五工程有限公司
263	中铁十九局	中铁十九局集团有限公司
264	中铁十九局城轨公司	中铁十九局集团轨道交通工程有限公司
265	中铁二十二局	中铁二十二局
266	中铁大桥局	中国铁建大桥工程局集团有限公司
267	中铁大桥局二公司	中铁建大桥工程局集团第二工程有限公司
268	中铁上海工程局	中铁上海工程局工程有限公司
269	中铁上海局城轨分公司	中铁上海工程局有限公司城市轨道交通工程分公司
270	中铁隧道集团	中铁隧道集团有限公司
271	中铁隧道二公司	中铁隧道集团二处有限公司
272	中铁隧道三公司	中铁隧道集团三处有限公司
273	中铁隧道局杭州公司	中铁隧道局集团有限公司杭州公司
274	中铁隧道集团 TBM 三公司	中铁隧道集团股份有限公司 TBM 三公司
二	设计单位	
1	北京城建设计总院	北京城建设计研究总院有限责任公司
2	北京城建设计发展集团	北京城建设计发展集团股份有限公司
3	北京华宇公司	中煤科工集团北京华宇工程有限公司

(续)

序号	简　称	单　位　全　称
4	北京勘测设计公司	北京城建勘测设计研究院有限责任公司
5	北京圆之翰设计公司	北京圆之翰煤炭工程设计有限公司
6	长沙矿山设计公司	长沙矿山设计研究院
7	大地开发集团	大地工程开发（集团）有限公司
8	大雁设计公司	呼伦贝尔大雁规划勘察设计公司
9	邯郸设计公司	中煤邯郸设计工程有限责任公司（2019年11月30日前）
10	杭州城建设计公司	杭州市城建设计研究院有限公司
11	河北曲正设计公司	河北曲正工程设计有限公司
12	合肥设计公司	煤炭工业合肥设计研究院设计有限责任公司
13	黑龙江龙煤设计公司	黑龙江龙煤矿业工程设计研究院有限公司
14	华东勘测设计公司	华东勘测设计研究院有限公司
15	淮北设计公司	淮北工业建筑设计院有限责任公司
16	济南设计公司	煤炭工业济南设计研究院设计有限责任公司
17	焦作宏图设计公司	焦作宏图矿业设计公司
18	江苏第一设计公司	江苏省第一工业设计院
19	开滦集团设计院	唐山开滦集团设计院
20	马鞍山矿山设计公司	中钢马鞍山矿山工程设计公司
21	南京设计公司	中煤科工集团南京设计研究院有限公司
22	山东冶金设计公司	山东省冶金设计研究院
23	山西中远设计公司	山西中远设计工程有限公司
24	陕西水电设计公司	陕西水利电力勘测设计院
25	上海城建设计院	上海市城市建设设计研究院
26	上海广联建设公司	上海广联建设发展有限公司
27	上海市政设计院	上海市政工程设计院
28	上海隧道城轨设计院	上海市隧道工程轨道交通设计研究院
29	上海隧道设计院	上海隧道工程设计院
30	沈阳设计公司	中煤科工集团沈阳设计研究院有限公司
31	太原设计公司	煤炭工业太原设计研究院
32	天地科技	天地科技股份有限公司
33	天津设计公司	中煤天津设计工程有限责任公司（2019年12月1日后）
34	通用技术设计公司	通用技术集团工程设计有限公司
35	武汉设计公司	中煤科工集团武汉设计研究院有限公司
36	武汉市政设计院	武汉市政工程设计研究院
37	五矿邯邢设计公司	五矿邯邢矿业邯郸地质勘查设计有限公司
38	西安设计公司	中煤西安设计工程有限责任公司
39	烟台设计公司	山东黄金集团烟台设计公司

（续）

序号	简　　称	单　位　全　称
40	兖矿新陆公司	兖矿新陆建设发展有限公司
41	约翰芬雷设计公司	约翰芬雷华能设计公司
42	郑州设计公司	煤炭工业部郑州设计研究院
43	中钢集团设计公司	中钢集团工程设计院
44	中钢马鞍山设计公司	中钢集团马鞍山矿山工程勘察设计有限公司
45	中国恩菲工程公司	中国恩菲工程技术有限公司
46	中交第二公路设计公司	中交第二公路勘察设计公司
47	中煤五建上海分公司	中煤第五建设有限公司上海分公司
48	中铁二局	中铁二局集团有限公司
49	中铁设计集团	中国铁路设计集团有限公司
50	中铁设计咨询集团	中铁工程设计咨询集团有限公司
51	中铁一院集团	中铁第一勘探设计院集团有限公司
52	中铁二院集团	中铁二院工程建设集团有限责任公司
53	铁道三院集团	铁道第三勘察设计院集团有限公司
54	中铁四院集团	中铁第四勘察设计院集团有限公司
55	中铁五院集团	中铁第五勘察设计院集团有限公司
56	中铁六院集团	中铁第六勘察设计院集团有限
57	中铁上海工程局	中铁上海工程局集团有限公司
58	中铁上海设计院	中铁上海设计院集团有限公司
59	中铁隧道设计公司	中铁隧道勘测设计院有限公司
60	中冶北方工程公司	中冶北方工程技术公司
61	中冶京诚工程公司	中冶京诚（秦皇岛）工程技术公司
62	中冶赛迪公司	中冶赛迪工程技术股份有限公司
63	中赟国际工程公司	中赟国际工程股份有限公司
三	冻结法施工单位	
1	北京中煤	北京中煤矿山工程有限公司
2	特凿公司冻结处	中煤特殊凿井有限责任公司
3	特凿公司路桥处	中煤特殊凿井有限责任公司路桥处
4	天地科技	中国煤炭科工集团天地科技股份有限公司
5	河南国控集团	河南国控建设集团有限公司
6	开滦建设集团	唐山开滦建设（集团）有限责任公司
7	兖矿新陆公司	兖矿新陆建设发展有限公司
8	中煤邯郸特凿公司	中煤邯郸特殊凿井有限公司（2010年11月24日后，原中煤一建特凿处）
9	中煤隧道公司	中煤隧道有限公司
10	中煤五建3处	中煤第五建设有限公司第三工程处
11	中煤一建特凿处	中煤第一建设公司特殊凿井处（2010年11月23日前）

(续)

序号	简　称	单　位　全　称
四	掘砌施工单位	
1	安徽龙达集团	安徽龙达建筑集团公司
2	重庆巨能集团	重庆巨能建设（集团）有限公司
3	重庆中环建设公司	重庆中环建设有限公司
4	河北煤建4处	中煤河北煤炭建设4处
5	河南煤建集团	河南煤炭建设集团有限公司
6	河南郑建团	河南郑建团公司
7	湖南楚湘建设公司	湖南楚湘建设工程有限公司
8	华煤集团	华煤集团有限公司
9	华新建工矿建	华新建工矿建第十六项目部
10	淮北矿业工程公司	淮北矿业集团工程建设有限公司
11	淮北永旭矿山公司	淮北永旭矿山工程有限公司
12	江苏华美集团	江苏华美工程建设集团
13	江苏矿业公司	江苏矿业工程有限公司
14	开滦集团矿建处	唐山开滦建设（集团）有限责任公司矿建处
15	龙煤集团22处	龙煤矿山建设集团第22处
16	平煤建工建井2处	平煤建工集团建井二处
17	陕西天工集团	陕西天工建设集团有限公司
18	铁法煤业矿建公司	铁法煤业集团矿山建设工程公司
19	温州建设集团	温州建设集团公司
20	温州井巷二公司	温州第二井巷工程公司
21	温州锐锋矿建公司	温州锐锋矿山建设公司
22	温州通业公司	温州通业建设工程有限公司
23	新矿内蒙古能源公司	新矿内蒙古能源有限公司
24	兖矿三十二处	兖州矿务局第三十二工程处
25	中煤三建29处	中煤矿山建设集团有限责任公司第二十九工程处
26	中煤三建30处	中煤矿山建设集团有限责任公司第三十工程处
27	中煤三建36处	中煤矿山建设集团有限责任公司第三十工程处
28	中煤三建71处	中煤矿山建设集团有限责任公司第七十一工程处
29	中煤五建1处	中煤第五建设有限公司第一工程处
30	中煤五建2处	中煤第五建设有限公司第二工程处
31	中煤五建3处	中煤第五建设有限公司第三工程处
32	中煤一建10处	中煤第一建设有限公司第十工程处
33	中煤一建31处	中煤第一建设有限公司第三十一工程处
34	中煤一建49处	中煤第一建设有限公司第四十九工程处
35	中煤一建63处	中煤第一建设有限公司第六十三工程处
36	中十冶集团	中十冶集团有限公司

参 考 文 献

[1] 沈季良. 建井工程手册（四）[M]. 北京：煤炭工业出版社，1986.
[2] 崔云龙. 简明建井工程手册 [M]. 北京：煤炭工业出版社，2003.
[3] 中国矿业学院. 特殊凿井 [M]. 北京：煤炭工业出版社，1981.
[4] 翁家杰. 井巷特殊施工 [M]. 北京：煤炭工业出版社，1991.
[5] 崔广心，杨维好，吕恒林. 深厚表土中的冻结壁与井壁 [M]. 徐州：中国矿业大学出版社，1998.
[6] 陈文豹. 冻结法凿井施工手册 [M]. 北京：煤炭工业出版社，2017.
[7] 马巍，王大雁. 冻土力学 [M]. 北京：科学出版社，2014.
[8] 马芹永. 人工冻结法的理论与施工技术 [M]. 北京：人民交通出版社，2007.
[9] 陈湘生. 地层冻结法 [M]. 北京：人民交通出版社，2013.
[10] 杨平. 城市地下工程人工冻结法理论与实践 [M]. 北京：科学出版社，2015.
[11] 岳丰田，翁家杰，张勇，等. 液氮地层冻结的理论与实践 [M]. 徐州：中国矿业大学出版社，2015.
[12] 岩土工程勘察技术规范：YS 5202—2004 [S]. 北京：中国计划出版社，2005.
[13] 工程岩体分级标准：GB/T 50218—2014 [S]. 北京：中国计划出版社，2014.
[14] 煤炭工业矿井建设岩土工程勘察规范：GB 51144—2015 [S]. 北京：中国计划出版社，2016.
[15] 煤矿冻结法开凿立井工程技术规范：MT/T 1124—2011 [S]. 北京：煤炭工业出版社，2011.
[16] 煤矿立井井筒及硐室设计规范：GB 50384—2016 [S]. 北京：中国计划出版社，2016.
[17] 煤矿井巷工程施工规范：GB 50511—2010 [S]. 北京：中国计划出版社，2011.
[18] 岩土锚杆与喷射混凝土支护工程技术规范：GB 50086—2015 [S]. 北京：中国计划出版社，2016.
[19] 郭崇光，李振栓，赵莹，等. 水文地球物理测井方法与应用 [M]. 北京：煤炭工业出版社，2006.
[20] 宋延杰，陈科贵，王向公. 地球物理测井 [M]. 北京：石油工业出版社，2011.
[21] 王群. 地球物理测井概论 [M]. 北京：石油工业出版社，2010.
[22] 盛天宝，陈文豹. 赵固矿区 500 m 以上冲积层冻结法凿井技术 [M]. 北京：煤炭工业出版社，2011.
[23] 周兴旺. 注浆施工手册 [M]. 北京：煤炭工业出版社，2013.
[24] 天津大学物理化学教研室. 物理化学 [M]. 第一版. 北京：人民教育出版社，1979.
[25] 董天禄，等. 离心式/螺杆式制冷机组及应用 [M]. 第一版. 北京：机械工业出版社，2003.
[26] 液体无水氨：GB/T 536—2017 [S]. 北京：中国标准出版社，2018.
[27] 设备及管道绝热技术通则：GB/T 4272—2008 [S]. 北京：中国标准出版社，2009.
[28] 危险化学品重大危险源辨识：GB 18218—2018 [S]. 北京：中国标准出版社，2018.
[29] 危险货物分类和品名编号：GB 6944—2012 [S]. 北京：中国标准出版社，2012.
[30] 化学品分类和危险性公示通则：GB 13690—2009 [S]. 北京：中国标准出版社，2010.
[31] 危险货物品名表：GB 12268—2012 [S]. 北京：中国标准出版社，2012.
[32] 危险货物包装标志：GB 190—2009 [S]. 北京：中国标准出版社，2010.
[33] 常用化学危险品贮存通则：GB 15603—1995 [S]. 北京：中国标准出版社，1996.
[34] 刘德辉. 化学危险品最新实用手册 [M]. 北京：中国物资出版社，1995.
[35] 化学品安全技术说明书内容和项目顺序：GB/T 16483—2008 [S]. 北京：中国标准出版社，2009.
[36] 煤矿井巷工程质量验收规范：GB 50213—2010 [S]. 北京：中国计划出版社，2010.
[37] 煤矿安全规程 [M]. 北京：煤炭工业出版社，2016.
[38] 张世芳. 永夏矿区深厚冲积层特殊凿井技术 [M]. 北京：煤炭工业出版社，2003.

[39] 邵景柱. 复杂条件下的冻结井筒施工成套技术 [M]. 徐州：中国矿业大学出版社，2010.
[40] 黄德发. 冻结法凿井施工技术应用与管理 [M]. 北京：煤炭工业出版社，2010.
[41] 王文顺. 深厚表土层中冻结壁稳定性研究 [M]. 徐州：中国矿业大学出版社，2011.
[42] 陈文豹. 程村主副井深厚冲积层冻结法凿井技术 [M]. 北京：煤炭工业出版社，2008.
[43] 东南大学，浙江大学，湖南大学，苏州科技学院. 土力学 [M]. 第二版. 北京：中国建筑工业出版社，2005.
[44] 土的工程分类标准：GB/T 50145—2007 [S]. 北京：中国计划出版社，2007.
[45] 冻土地区建筑地基基础设计规范：JGJ 118—2011 [S]. 北京：中国建筑工业出版社，2011.
[46] 矿山立井冻结法施工及质量验收标准：GB/T 51277—2018 [S]. 北京：中国计划出版社，2018.
[47] 矿山斜井冻结法施工及质量验收标准：GB/T 51288—2018 [S]. 北京：中国计划出版社，2018.